普通高等教育“十一五”国家级规划教材

工业微生物学

第二版

岑沛霖　蔡　谨　编著

化学工业出版社

·北京·

图书在版编目（CIP）数据

工业微生物学/岑沛霖，蔡谨编著．—2版．—北京：化学工业出版社，2008.7（2022.11重印）
普通高等教育“十一五”国家级规划教材
ISBN 978-7-122-03168-6

Ⅰ.工…　Ⅱ.①岑…②蔡…　Ⅲ.工业微生物学-高等学校-教材　Ⅳ.Q939.97

中国版本图书馆CIP数据核字（2008）第093725号

责任编辑：赵玉清　　文字编辑：刘　畅
责任校对：吴　静　　装帧设计：尹琳琳

出版发行：化学工业出版社（北京市东城区青年湖南街13号　邮政编码100011）
印　　装：大厂聚鑫印刷有限责任公司
787mm×1092mm　1/16　印张26¾　字数719千字　　2022年11月北京第2版第10次印刷

购书咨询：010-64518888　　售后服务：010-64518899
网　　址：http://www.cip.com.cn
凡购买本书，如有缺损质量问题，本社销售中心负责调换。

定　　价：68.00元

第二版前言

自 2000 年《工业微生物学》第一版出版发行后，得到了广大读者的认可、支持和鼓励，重印了六次。许多读者在使用本书过程中也提出了不少宝贵的意见和建议。

在本书成稿后的近十年间，工业微生物学与生物科学和生物技术的其他分支学科一样，得到了飞速发展。工业微生物学的一个重大进展是许多微生物基因组完成了测序。据基因组在线数据库（Genome OnLine Database）的统计，到 2007 年年中，已经有 400 多种微生物完成了基因组测序，另外有超过 1000 种微生物基因组的测序正在进行中。巨大的微生物基因库资源为生物科学的发展、对了解和改造微生物提供了强有力的支持。虽然由于微生物的多样性，无数种微生物的基因组还有待于测定，但从某种意义上说，微生物学也进入了后基因组时代。许多利用基因组数据进行分析、探索及利用的工具已建立，如“Entrez Gene”、“Integr8”、“CMR”、“ERGO”及“BLAST”等，它们为微生物的分类、遗传和进化等领域的研究提供了强有力的工具。从工业微生物学的角度分析，微生物基因组的信息为代谢工程、蛋白质工程等应用创造了条件，为获得新的微生物代谢产物及提高已经工业化生产的微生物代谢产物产量等都将做出重要贡献。与微生物基因组研究成果相适应的是工业微生物学的另一项重大的技术进展：微生物高通量筛选技术。多年来的实践已经证明，无论是从自然界中筛选微生物，还是从传统的微生物诱变育种后筛选高产菌株、或利用 DNA 重排技术筛选性能更优良的生物催化剂，所筛选的菌株数越多，获得优良性状微生物菌株的可能性也越高。而高通量筛选技术的发展就为我们提供了更有力的手段。已经发展起来的一系列通过各种物理、化学和生物方法对微生物进行鉴别的技术、各种机器人及自动化设备，可以快速地对大量样本进行筛选，以获得所需性状的微生物菌株。近年来，许多工业发酵产物，特别是次级代谢产物产量的大幅度提高就得益于上述技术的发展。

近年来，以原油为代表的一次性能源价格的大幅度提升为工业微生物学的发展提供了新的契机。人们正面临着从碳氢化合物经济向碳水化合物经济过渡的发展模式转变。利用微生物将碳水化合物等原料转化为燃料（如生物乙醇和生物柴油等）、基本化工原料（如各种烃、醇、酸、酯等）及新材料（如生物高分子材料、生物纳米材料等）的过程正在加速研究开发并实现工业化。一些传统的石油化工产品已经或即将成为以碳水化合物为原料通过生物技术生产的产品，如氢气、甲烷、乙醇、丙酮、乳酸、丁醇、丁酸等。由这些化合物出发，又可以进一步转化成乙烯、丙烯酸、丁二烯等及相应的高分子材料。

为了更好地反映工业微生物学领域的最新进展，我们对第一版的内容进行了补充和修改。在第二版的上篇中，反映了在微生物分类学和遗传育种等方面的新进展，下篇中则改写了第 6 章和第 11 章。由于篇幅所限，附录部分做为网上资料，可登录 www. cip. com. cn 免费下载，我们也将及时更新。

由于时间和作者的学术水平的限制，第二版中仍会留下许多遗憾，希望读者能够理解并继续给予支持。

编著者
于西子湖畔求是园
2008 年 4 月

第一版前言

工业微生物学是微生物学的一个重要分支，它的研究对象是那些通过工业规模培养能够获得特定产物或达到特定社会目标的微生物。研究这些微生物的形态、营养及生长规律；研究它们的代谢及其调节和控制；研究改变微生物的遗传和代谢特性的方法，达到强化特定产物或特定功能的目的。

工业微生物学涉及轻工业、食品工业、医药工业、化学工业、农林渔牧业和环境保护等许多领域，与工农业生产和人们的日常生活有着极其密切的关系，对可持续发展战略有着十分重要的意义。工业微生物学的相关产业已成为整个国民经济的支柱，具有举足轻重的地位。

无论是传统的发酵工业还是以基因工程为核心的现代生物技术，都离不开微生物这个主角，是微生物独有的生长特性和代谢活动造就了这些研究和生产领域。事实上，也正是工业微生物发酵所带来的巨大经济和社会效益，使得人类对微生物这类微小的生物更加刮目相看，人类对微生物的研究和应用正在不断地深入和拓展。可以预料，工业微生物学在21世纪中将会得到更大的发展。

在多年的教学实践和对相关院校的了解中，我们深深地感到目前缺少一本《工业微生物学》教科书。这与工业微生物学的发展以及大专院校中相关专业的不断建立是不相称的，这正是我们编写这本《工业微生物学》教科书的主要原因。本书分为上、下两篇。上篇（第1至第5章）主要是介绍微生物学的基本理论和方法：包括绪论、微生物的形态和分类、微生物的营养和生长、微生物的代谢和调控、微生物菌种选育等章节。下篇（第6至第12章）介绍工业微生物学的具体应用：第6章到第10章中，介绍了有机溶剂及有机酸、氨基酸、核苷酸、酶制剂和抗生素这些重要的工业微生物发酵产物，阐述了这些产物的发酵微生物及合成途径、代谢及调控机理、筛选和育种方法等；第11章介绍了利用微生物作为宿主进行基因重组的特点、方法和注意事项；第12章介绍了用于环境保护的微生物及其生长和代谢的特点。

在本书的编写过程中，我们一方面注意保持学科的系统性和完整性，另一方面强调了工业微生物的特殊性。在内容的选择上，力求基本理论可靠、论述准确、信息量大、尽可能包括工业微生物学的最新进展和研究成果。在不影响完整性的前提下，对与其他学科重复的内容做了简化。

本书可以作为下列专业大学本科或研究生的教科书或教学参考书：生物工程、生物技术、生物化工、微生物学、发酵工程、制药工程、食品工程及环境工程等。本书对从事医药、食品、酶制剂、有机酸、溶剂等微生物发酵生产，及其他生物技术和环境保护等领域的生产，管理、研究和开发的科技人员也有一定的参考价值。

本书的上篇由蔡谨撰写，下篇由岑沛霖撰写；北京化工大学谭天伟教授和浙江工业大学周晓云教授对本书进行了细致的审阅，提出了许多宝贵的修改意见和建议。在本书的出版过程中，还得到了生物化工专业教学指导委员会的大力支持。化学工业出版社为本书的编辑出版付出了大量的心血，在此，我们表示衷心感谢。

由于作者的水平有限，书中的缺点和错误在所难免，我们衷心地欢迎本书的读者批评指正。

编著者
于西子湖畔求是园
一九九九年九月

目 录

上篇 工业微生物学基础

下篇 工业微生物学应用

上篇　工业微生物学基础

1 绪 论

微生物是生物界中数量极其庞大的一个类群，它是自然界生态平衡和物质循环中必不可少的重要成员，与人类及其生存环境的关系十分密切。对它们的研究可以扩展我们对生命的了解，也为新药物、新酶制剂、新的生物能源及新的生物反应过程的开发提供了巨大的潜力。对于微生物个体来说，它的存在对我们人类有时是有利的，有时既无利也无害，有时又是有害的，但总体来说是利大于害。无数事实已经证明，自从人类认识微生物并逐渐掌握其活动规律后，就可能将原来无利的微生物变成有利的，小利的变成大利的，有害的变成小害、无害甚至有利，从而大大改善了人类的生活质量并推动了人类的文明进步。目前，微生物在解决人类的粮食、能源、健康、资源和环境保护等问题中正显露出越来越重要且不可替代的独特作用。

21 世纪的微生物学研究也面临着巨大挑战：尽管许多微生物的全基因组序列已被测定，但是确定每个基因对生物体功能的影响还很困难，另外，了解基因组对生命演化的影响也是微生物学所面临的重要挑战；据估计自然界中 99% 的微生物仍无法培养，对这部分微生物的生态、遗传以及代谢性能了解很少。在工农医等方面被利用并获得经济和社会效益的微生物仍很少，只有数百种，大部分微生物的功能还有待于发掘利用；虽然我们对微生物多样性已经有所认识，但是这种多样性对于生态系统功能的影响还不是很清楚。

1.1 微生物及其特点

1.1.1 微生物

微生物（microorganism，microbe）并不是生物分类学上的名词，它是包括所有形体微小的单细胞，或个体结构简单的多细胞，或没有细胞结构的低等生物的通称。微生物是一群进化地位较低的简单生物，其类群十分庞杂，有原核类的细菌、放线菌、蓝细菌、立克次体、衣原体和支原体，真核类的酵母菌、霉菌、担子菌、原生动物和显微藻类，还有不具细胞结构的病毒和类病毒等。因为肉眼在一定（25cm）的明视距离处难以分辨小于 0.2mm 的物体细节，而绝大多数微生物都小于 0.1mm，所以，必须借助光学显微镜甚至电子显微镜才能观察微生物的形态结构和大小。但也有例外，在非洲纳米比亚海岸的海床沉积物中，科学家发现了目前肉眼可见的世界上最大细菌——纳米比亚硫珍珠状菌（*Thiomargarita namibiensis*），这种细菌呈球状，一般直径有 0.1～0.3mm，有的可达 0.75mm，它们比一般细菌大 1000 倍以上；另外，一些真核微生物的个体，如霉菌的菌丝体肉眼可见，有些个体更大，如蘑菇、木耳、马勃等担子菌。个别担子菌体形巨大，很多学者认为世界上最大生物属于这些巨型蘑菇。当然，对于大多数微生物来讲，显微镜是观察和研究它们的必备条件。

1.1.2 微生物的特点

在生命科学研究和工业发酵生产广泛采用微生物为材料和对象的根本原因是由于微生物个体一般是一个能自我增殖、多功能和大交换面积的单细胞反应体系。其特点可概括为体积小、面积大，吸收快、转化快，生长旺、繁殖快，易变异、适应性强，种类多、分布广五大特性。

1.1.2.1 体积小、面积大

通常，微生物个体都极其微小，它们的测量单位是微米（μm，即 10^{-6}m），甚至是纳米（nm，即 10^{-9}m）。各类微生物个体大小的差异十分明显。粗略估计，真核微生物、原核微生物、非细胞微生物、生物大分子、分子和原子之间大小之比，大都以 10 比 1 的比例递减。

杆状细菌的平均长度和宽度约 2μm 和 0.5μm，3000 个头尾衔接的杆菌的长度仅为一粒籼米的长度，而 60～80 个肩并肩排列的杆菌长度仅为一根头发的直径。至于细菌的体重就更微乎其微，每毫克的细菌约含有 10 亿～100 亿个。

球菌的体积约为 10^{-12}cm^3，密度为 1.1g/cm^3，每个细胞质量为 1.1×10^{-12}g，即每克细菌含 9000 亿个细胞。

众所周知，任何物体被分割得越细，其单位体积中物体所占的表面积就越大。物体的表面积和体积之比称为比表面积。若以人体的“面积/体积”比值为 1，则大肠杆菌的“面积/体积”比值为 30 万。不言而喻，微生物这种小体积、大比表面积的体系，特别有利于它们与周围环境进行物质交换和能量、信息交换。这就是微生物与一切大型生物相区别的关键所在，也是赋予微生物如下的四大特性的根本所在。

1.1.2.2 吸收快、转化快

生物界的一个普遍规律是，某一生物的个体越小，其单位体重所消耗的食物就越多。例如，有一种体重仅 3g 的地鼠，每日要消耗与体重相等的粮食；而体重不足 1g 的闪绿蜂鸟，每日消耗其体重两倍的食物；单细胞的微生物个体，比上述的动物不知要小多少倍，而且其整个细胞表面都有吸收营养物的功能，这就使它们的“胃口”变得特别大。例如在适合的环境中，大肠杆菌每小时就能轻而易举地消耗掉相当于自重 2000 倍的糖。（而人则需要 40 年）。若以成年人每年消耗的粮食相当于 200kg 糖来计，那么，一个细菌一小时内消耗的糖按重量比相当于一个人在 500 年时间内所消耗的粮食；另外，产朊假丝酵母合成蛋白质的能力比大豆强 100 倍，比食用公牛强 10 万倍；在呼吸速率方面，一些微生物也比高等动植物强几十到几百倍见表 1.1.1。

表 1.1.1 若干微生物和动、植物组织的比呼吸速率

生物材料名称	温度/℃	$-Q_{O_2}$①/[μL/(mg·h)]	生物材料名称	温度/℃	$-Q_{O_2}$①/[μL/(mg·h)]
固氮菌	28	2000	面包酵母	28	110
醋杆菌	30	1800	肾和肝组织	37	10～20
假单胞菌	30	1200	根和叶组织	20	0.5～4

① $-Q_{O_2}$ 为每小时每毫克生物（干重）所消耗 O_2 的微升数。

营养物吸收快、转化快的结果是微生物迅速地生长繁殖，同时，使人类能利用微生物这一特性，将廉价原料高效转化成食品、化工和医药产品。

1.1.2.3 生长旺、繁殖快

在生物界中，微生物具有惊人的繁殖速度，其中，以二等分裂的细菌最为突出。例如：培养在 37℃下的牛奶中的大肠杆菌，12.5min 就能繁殖一代。若以 20min 分裂一次计算，单个细菌经过 24h 可产生 4722×10^{21} 个后代，设定一个大肠杆菌重量为 1×10^{-12} g，那么，总重可达 4722×10^{3}kg，若将细菌平铺在地面，能将整个地球表面覆盖。经过 48 小时，单个细菌可变成 2.2×10^{43} 个，总重量达 2.2×10^{28}kg，相当于 4000 个地球的重量。当然，由于种种条件的限制，细菌不可能始终以这种几何级数的繁殖速度，细菌几

何级数生长速度只能维持数小时。一般在液体培养时，每毫升培养液内细菌个数只能达到 10^8～10^9，最多达到 10^{10}，很少超过 10^{11}。尽管如此，它们的繁殖速度仍然比高等动植物高上亿倍。

另外，以寄生在细菌或放线菌体内的噬菌体为例，它们在宿主细胞内，能在不到半小时的时间内，从原先的1个增加到150个左右的后代（如大肠杆菌 T_2 噬菌体），多者可达一千（如大肠杆菌 $\phi\times174$ 噬菌体），甚至一万个（如噬菌体 f_2）。

微生物的高速繁殖特性，为工业发酵生产等实际应用提供了产量高、周转快等有利条件。例如生产单细胞蛋白的酵母菌，每隔8～12h就可"收获"一次，每年可"收获"数百次。这是其他任何农作物不可能达到的；一只500kg重的食用公牛，一天只能从食物中转化0.5kg的蛋白质；同等重量的大豆，在合适的栽培条件下，一天可产生50kg的蛋白质；同样重量的酵母菌一天却能产生50000kg的优质蛋白质。一个占地总面积 $20m^2$ 左右的发酵罐一天生产的优质单细胞蛋白的量相当于一头牛。这在畜牧业更是无法想象的。据计算，一个年产105t酵母菌的工厂，如以酵母菌的蛋白质含量为45%计，则相当于在562500亩农田上所生产的大豆的蛋白质质量，高产的同时还不受气候和季节影响。

微生物生长旺、繁殖快的特性也为理论研究带来了便利——使科研周期大大缩短，效率提高。当然，对于危害人、动植物的病原微生物或使物品霉变的霉腐微生物，它们的这个特性也给人类带来了极大的麻烦和祸害。

1.1.2.4 易变异、适应性强

微生物个体一般都是单细胞，通常是单倍体，加之它们具有繁殖快、数量多及与外界环境直接接触等原因，即使变异的频率十分低（一般为 10^{-10}～10^{-5}），也可在短时间内出现大量的变异后代。因此，微生物的变异性使其具有极强的适应能力，诸如抗热性、抗寒性、抗盐性、抗干燥性、抗酸性、抗缺氧、抗高压、抗辐射及抗毒性等能力。这是微生物在漫长的进化历程中所经受各种复杂环境条件的影响和选择的结果。

在医疗实践中，常见致病菌对抗生素产生抗药性变异。例如，1943年青霉素刚问世时，它对金黄色葡萄球菌（*Staphylococcus aureus*）的作用浓度是0.02μg/ml，二十年后，有的菌株抗药性比原始菌株提高了一万倍（即200μg/ml）。40年代初刚使用青霉素时，即使严重感染的病人，只要每天分数次共注射10万单位青霉素即可，而至今，成人每天要100万单位左右。病情严重时，要用到数千万甚至上亿单位。

青霉素产生菌产黄青霉（*Penicillium chrysogenum*）的产量变异同样也说明了微生物变异的潜力很大。1943年，每毫升青霉发酵液中只有约20单位的青霉素，经育种工作者的努力，1955年达到了8000U/ml，1969年已达15000U/ml，该菌产量变异逐渐积累，至今，在最佳的发酵条件下，其发酵水平可达每毫升5万单位以上，甚至有接近10万单位。利用变异使产量大幅度提高，这在动植物育种工作中简直是不可思议的。

而对于微生物学工作者来讲，这是菌种选育和发酵生产中需要特别关注的。变异不仅有可能提高产量，还能改善产品质量。减少或去除发酵副产物，简化产物分离提纯工艺，降低成本。如青霉素的原始生产菌株产黄青霉 Wis Q-176 在深层发酵中会产生黄色素，很难除去，影响产品质量。经过诱变育种获得的无色突变株 DL3D10 不再产生黄色素。

微生物对各种环境条件尤其是极端恶劣的环境具有惊人的适应能力。许多微生物具有耐酸碱、耐缺氧、耐毒性、抗辐射、抗渗透压等特性。例如在海洋深处的某些硫细菌可在250℃甚至300℃的高温条件下正常生长；大多数细菌能耐0～－196℃（液氮）的低温，甚

至在-253℃（液体氢）下仍能保持生命；一些嗜盐菌能在约32%的饱和盐水中正常生活；许多微生物尤其是细菌芽孢可在干燥环境中保存几十年、几百年甚至上千年。氧化硫硫杆菌（*Thiobacillus thiooxidans*）是耐酸菌的典型，它的一些菌株能生长在5%～10%（0.5～1.0mol/L，pH0.5）的H_2SO_4中。有些耐碱的微生物如脱氮硫杆菌（*Thiobacillus denitrificans*）生长的最高pH值为10.7，有些青霉和曲霉也能在pH9～11的碱性条件下生长；在抗辐射方面，人和其他哺乳动物的辐射半致死剂量低于1000R，大肠杆菌是10000R，酵母菌为30000R，原生动物为100000R，而抗辐射能力最强的生物——耐辐射微球菌（*Micrococcus radiodurans*）则可达到750000R；在抗静水压方面，酵母菌为50MPa，某些细菌、霉菌为300MPa，植物病毒可抗500MPa。

1.1.2.5 种类多、分布广

由于微生物的发现比动植物要迟得多，加上微生物种的分类和鉴定较为复杂和困难，所以，目前已确定的微生物种数仅十万种左右，但是，从生理类型、代谢产物和生态分布等角度看，微生物种数应大大超过动植物种数。据估计目前至多只确定了10%～20%，而得到开发利用的只占1%。据估计微生物的生物量占整个地球生物量的60%，而现在已知的微生物物种数量占地球上实际存在物种数量的10%还不到。

如此众多的微生物世界充满整个地球，它们的分布可谓无处不在。生物界的许多极限都是微生物开创的。从生物圈、土壤圈、水圈直至大气圈、岩石圈，到处都有微生物家族的踪迹。例如万米深、水压高达1.155×10^8Pa的深海底部有硫细菌生存；在85km的高空，近100℃的温泉，-250℃的环境下，中均有微生物的存在。前苏联科学家在南极冰川钻探时，于地下4.5～293m不同深度的岩心中多次发现有球菌、杆菌和微小的真菌。而人类正常生活和生产的环境，也正是微生物生长生活的适宜环境。因此，人类生活在微生物的汪洋大海之中，每一个健康人的皮肤上、口腔里、胃肠道、呼吸道等器官里都生活着成千上万，甚至数也数不清的微生物，而胃肠道里面的微生物数量和种类最多，它们足有1kg重！皮肤和与外界相通的腔道，如口腔、鼻咽腔、肠道、泌尿生殖道均含大量的各类微生物寄居，它们成为人体不可缺少的一部分。通常情况下，寄居人体的正常微生物对人体有益而无害，但在特定条件下会致病。

微生物数量最多的地方是土壤，土壤是各种微生物的大本营，任取一把土，就是一个微生物世界。在肥沃的土壤中，每克土含有20亿个微生物，即使贫瘠的土壤，每克土也含有3亿到5亿个微生物。

空气中悬浮无数细小的尘埃和水滴，它们是微生物在空气中的藏身之处。哪里尘埃多，哪里的微生物就多。一般来说，陆地上空比海洋上空的微生物多，城市上空比农村上空的多，杂乱肮脏地方的空气比清洁卫生地方的空气里多。160m高空的微生物比5300m处要多100倍。

各种水域中也有无数微生物。居民区附近的河水，容易受污染，微生物较多，而大湖和海水中微生物较少。

微生物代谢类型和代谢产物的多样性也是其他任何动植物无法比拟的。因此，微生物资源极为丰富，是一个亟待开发和利用的宝地。

1.2 微生物学的发展简史

1.2.1 古代中国对微生物的利用

我国是世界文明发达最早国家之一。勤劳勇敢的中国人民，在长期的生产实践中，对微

生物的认识和利用有着悠久的历史，积累了丰富的经验。在我国，利用微生物进行谷物酿酒的历史，至少可追溯到距今四千多年前的龙山文化时期。从我国龙山文化遗址出土的陶器中有不少的饮酒用具。殷代甲骨文中记载有不少的“酒”字。公元前十四世纪《书经》中有“若作酒醴，尔惟曲蘖”的记载，意思是要酿造酒类，必须用蘖。曲是由谷物发霉而成的，蘖就是发芽的谷物，说明那时已用曲与蘖酿酒。在郑州曾发现商代酿酒工场的遗址，可见至少在商代，我国的酿酒已从农业分化成独立的手工业。利用微生物的特性，在不完全灭菌的条件下，培育出优良菌种的曲，用以酿酒及制作醋、酱等，这是我国劳动人民在酿造工艺上独特的贡献。

在农业方面，据考证，远在商代，已知使用经过一定时间储存的粪便来肥田。到了春秋战国时期，沤制粪便的应用更为普遍。公元前1世纪《胜之书》中就提出肥田要熟粪及瓜与小豆间作的耕作制度。后魏贾思勰著《齐民要术》（6世纪）总结前人经验指出，种过豆类植物的土地特别肥沃，提倡轮作。实际上是应用根瘤菌的作用为农业生产服务，而西方采用轮作制则是18世纪30年代以后的事了。

随着农业生产的发展，人们对作物、牲畜、蚕、桑的病害及其防治方法也逐步有所认识。如公元2世纪，《神农本草经》中就有蚕的“白僵（病）”记载。明朝李时珍的《本草纲目》中也有不少植物疾病的记载。

在医学方面，我国古代人民对疾病的病原及传染问题已接近正确的推论，对防治疾病有着丰富的经验。如春秋时代的名医扁鹊（约在公元前5至6世纪）即主张防重于治。左襄公时（公元前556年）已知狂犬病来源于疯狗，而很重视驱逐疯狗来预防狂犬病。公元前3世纪我国有“取（疯狗）脑傅之”的记载，这与近代防治狂犬病的免疫方法近似。公元前2世纪时，张仲景判断伤寒流行与环境和季节有关，提出禁食病死兽类的肉及不洁食品。华佗（约公元前112～212年间）首创麻醉术和剖腹外科，并主张割去腐肉以防传染。早在公元326～336年，葛洪《肘后方》中，详记天花病状及其流行方式。我国古代采用种痘以防天花的方法，是世界医学史上的一大创造。根据《医宗金鉴》记载：“种痘之法起于江右，达于京畿。究其起源，是宋真宗时峨嵋山有神人为丞相王达之子种痘而愈，其法逐传于世”。可见种痘的方法在宋真宗时代（公元998～1022年）即已广泛应用。后来传至亚洲其他国家，并于1717年经土耳其传至英国，继而传到欧洲即美洲各国，并在“人痘”的基础上发展成为“牛痘”。现在一般认为种痘是1798年英国医生秦纳（Edward Jenner）受挤奶女工很少患天花，而手上常感染牛痘的现象启发所发明的。而这是我国发明天花浆接种以后几百年的事情了。

1.2.2 微生物的发现及微生物学的发展

虽然，微生物的利用已有几千年的历史，但是，微生物的发现却只有三百多年。微生物学的发展经历了三个时期。

1.2.2.1 微生物学的启蒙时期——形态学期

微生物的发现与显微镜的发明有关。1590年，荷兰人詹森（Janssen）制作了人类史上第一架复式显微镜；1664年英国人胡克（Robert Hooke）用自己设计的显微镜观察霉菌的子实体结构及皮革表面生长的蓝色霉菌。他还观察了软木塞切片，将植物死细胞壁构成的一个个小孔称为“cell”（细胞），成为细胞学研究的开创者；第一个详细描述微生物形态的是荷兰的一个显微镜业余爱好者列文虎克（Anton van Leeuwenhoek，1632-1723），见图1.2.1。

列文虎克出生于荷兰东部一个名叫德尔福特的小城市，16岁便在一家布店当学徒，后来在当地开了家小布店，当时人们经常用放大镜检查纺织品的质量，列文虎克迷上了用玻璃

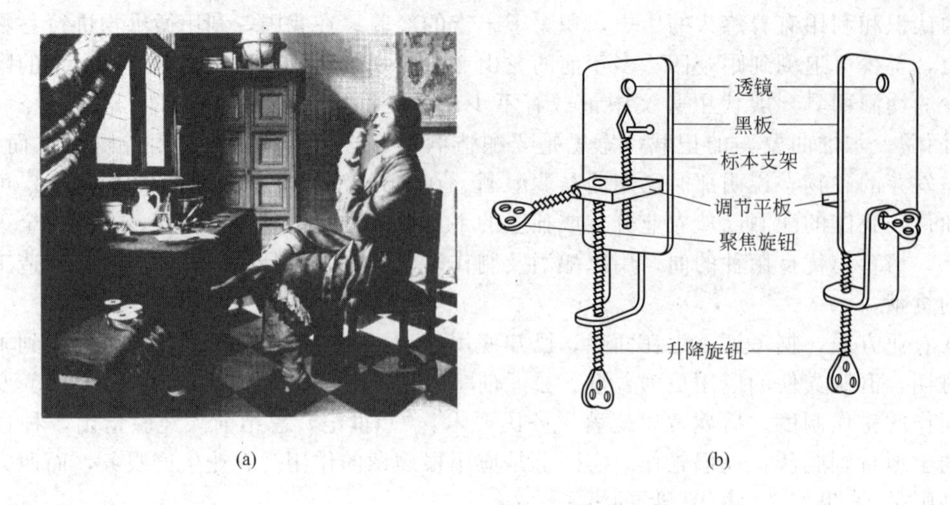

图 1.2.1 列文虎克与他的显微镜
(a) 列文虎克 (Van Leeuwenhoek) 正在用显微镜进行研究；
(b) 列文虎克自制显微镜的简图

磨放大镜。他一生中曾制作了 419 架显微镜，最大放大率达 200～300 倍。1684 年，他用显微镜观察河水、雨水、牙垢等，并将观察到的杆状、球状、螺旋状的细菌、运动的短杆菌和原生动物等的图像画下来，写了 200 多封附图的信寄给了英国皇家协会，见图 1.2.2。当时，他将发现的微生物称为"wee animalcules"（微动体）。但在他之后对微生物进一步研究的进展却很慢，直到 19 世纪出现改进型的显微镜并被广泛应用。不同时期的显微镜观察到的酵母菌形态说明了显微镜在微生物研究中的重要作用，见图 1.2.3。

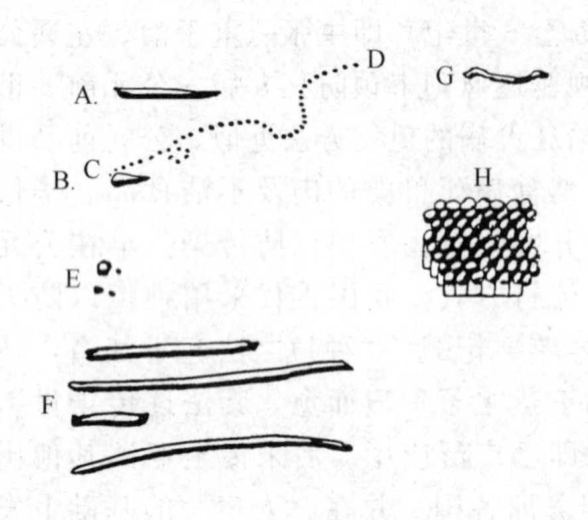

图 1.2.2 列文虎克在 1683 年寄给英国皇家协会信的部分内容
其中：A 和 B 代表杆菌，C 和 D 表示菌体运动的轨迹，E 代表球菌，F 代表长杆菌，G 代表螺旋菌，H 代表一簇球菌

1.2.2.2 微生物学的奠基时期——生理学期

虽然在 17 世纪就通过显微镜发现了微生物的存在，但是微生物学直到 19 世纪才得到发展。这么长时间耽搁的原因除了当时的显微镜过于简陋外，更重要的原因是一些研究微生物的基本技术没有建立，特别是灭菌技术和微生物纯培养技术。

19 世纪两个焦点问题的争论促使了这些微生物研究技术的诞生。问题之一是微生物能不能自发产生；另一个问题是传染病的病因是什么。在 19 世纪末这两个问题得到了明确的答案，同时，也促使微生物学成为了一门新兴而独立的学科。

1748 年，英国牧师尼达姆（John Needham）报告了腐败肉汁中的微生物是自发产生（即微生物自生说）的实验。当时，相当多的人都认同这一观点。因为新鲜的食物中并没有细菌，放置一段时间后就会腐败，显微镜观察可发现腐败食物中充满着细菌。那么，细菌从哪里来？如果微生物自生说成立，就意味着这些生命起源于非生命。自生说的最强烈也是最成功的反对者——法国化学家巴斯德（Louis Pasteur，1822-1885，见图 1.2.4）针对这问题做出了令人信服的回答。

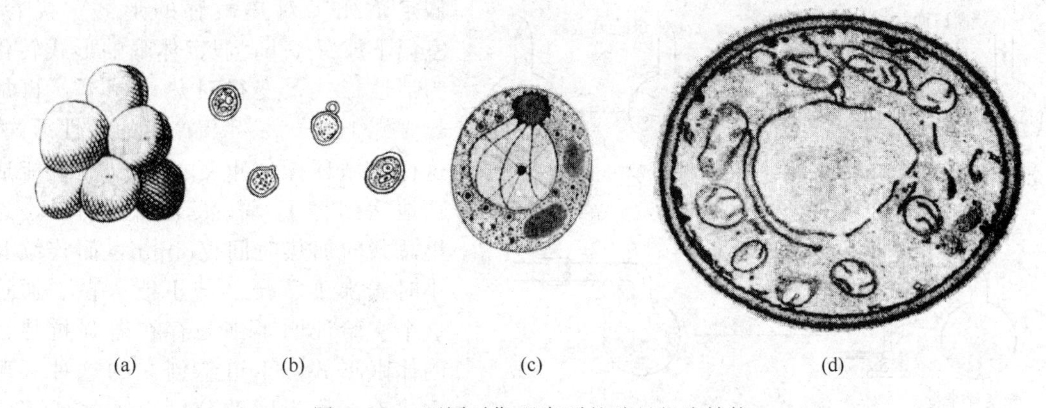

图 1.2.3 不同时期观察到的酵母细胞结构

(a) 1694 年，列文虎克画的酵母菌，完全缺乏细胞细微结构；

(b) 1860 年，巴斯德画的正在出芽生殖的酵母菌，细胞壁与细胞质界限分明，细胞质中有液泡；

(c) 1910 年，应用改进的显微镜和染色技术观察到的酵母菌更细微结构（尽管其中有人为修饰）；

(d) 1965 年，应用电子显微镜技术获得的酵母菌图片，放大 31200 倍

巴斯德首先证明了空气中存在着与腐败食物中微生物的结构相似的粒子。他认为腐败食物中的细菌来于空气，空气中这些微生物会不断地沉降到所有物品上。如果这个假设正确，那么，先杀死所有已污染食物的微生物，食物就不会腐败了。实际上，许多研究者早已发现将食物封存在玻璃烧瓶中，加热至沸腾，食物就不会腐败了。但自生说的倡导者们纷纷反驳说，微生物的自发产生需要新鲜的空气。为此，巴斯德做了一个雁颈瓶（后称巴斯德烧瓶），见图 1.2.5，简单而明确地回避了这一缺陷。他先将瓶中的内含物加热煮沸，当瓶冷却时，空气会进入瓶内，但瓶颈细细的弯管阻止了空气中微粒的进入，瓶中的内含物不会腐败。他在报告中称雁颈瓶中的内含物（如酵母液、尿、甜菜汁和胡椒水等）可保持 18 个月不变质。若将瓶颈折断，内含物马上就会腐败。这个实验巧妙地否定了微生物自生说。1877 年英国物理学家丁道尔（John Tyndall）证实灰尘中的确携带微生物，如果没有灰尘，肉汤将保持无菌。

图 1.2.4 被誉称为微生物学之父的巴斯德（Louis Pasteur）

巴斯德和其他学者在否定自生说的同时，更为重要的是在此过程中发展了有效的加热灭菌技术。后来，巴斯德又在解决葡萄酒变酸的问题时，发明了著名的巴斯德消毒法（Pasteurization）。至今巴斯德消毒法仍广泛用于酒、醋、酱油、牛奶和果汁等食品的消毒。

虽然巴斯德用简单的加热方法成功地进行了灭菌，但随后许多人发现在一些情况下，这种方法往往不能奏效。现在我们知道这是因为一些微生物会形成抗热的结构，如内生孢子（endospores）。最早研究芽孢的是英国的丁道尔（John Tyndall）和德国的科恩（Ferdinand Cohn）。两人发现巴斯德针对的苹果汁相对容易灭菌，仅需要煮沸 5min 就能灭菌，而对另一些材料进行灭菌就需要较长时间，甚至几小时。特别难灭菌的是干草浸液。丁道尔假设干草中的细菌含有两种可以相互转化的形式，一种是生长的、有活性的，对热较敏感；另一种是休眠的、潜伏的，具有强的抗热性。后来他用实验验证了这个假设。他先煮沸干草浸液 1min，

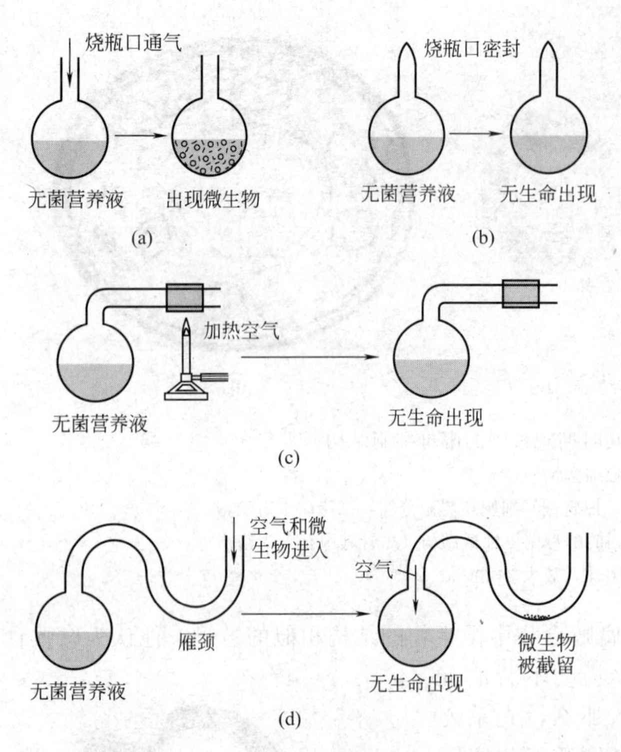

图 1.2.5 巴斯德的雁颈瓶实验

(a) 无菌营养液通向空气，则出现微生物，巴斯德认为是空气中微生物进入烧瓶，而反对者认为是空气中生命力进入烧瓶；(b) 烧瓶被加热和密封后，无生命出现，巴斯德认为是热杀死了微生物，而反对者认为是热破坏了生命力，且生命的产生需空气；(c) 烧瓶开口，通入的空气被加热，无生命出现，巴斯德认为是热杀死了空气中微生物，而反对者认为生命力被破坏；(d) 雁颈使空气自由进入烧瓶，但微生物被截留，无生命出现，巴斯德观点被证实

假定杀死了对热敏感的形式。接着，室温下放置 12h，假定休眠的形式转化为活性形式，变得对热敏感了，再加热煮沸 1min，杀死新产生的活性形式，这样的循环操作重复两次以上就能成功地达到将干草浸液灭菌的目的。这里总共的加热时间仅 3min，而连续几小时煮沸干草浸液却不能灭菌。通过这个实验证明了细菌存在着强抗热性的休眠形式。丁道尔创立的这种灭菌方式现在称为间歇分段灭菌法或丁道尔灭菌法（tyndallization）。该法适用于不宜长时间高温处理的材料的灭菌。因为它对设备的要求极其简单，所以，适用面很广。

在以上灭菌技术的基础上，后来发展出许多有效的灭菌方法，为微生物的研究奠定了基础。可以毫不含糊地说，没有灭菌就没有微生物学。

对微生物能否引起疾病的实验论证是微生物学发展的又一大推动力。在 16 世纪就有人知道病人会将一些东西传播到健康人身上，使后者患同样的病。这些可以在人群中传播的疾病被称为传染病。自从发现微生物后，人们就或多或少地怀疑这类生物与传染病的有关，但缺乏有力的证据。

1845 年，伯克利（M. J. Berkeley）第一次清楚地证明了霉菌引起爱尔兰土豆枯萎病。此病当时引起了爱尔兰大饥荒，见图 1.2.6。

随后也有许多科学家提出了一些微生物引起疾病的证据，但是，直到科赫（Robert Koch）才真正为疾病的微生物学理论和实验研究奠定了基础。这使科赫这位德国乡村医生成为该时期与巴斯德并驾齐驱的重要人物，见图 1.2.7。1876 年科赫研究家畜的炭疽病。现在知道这是由炭疽杆菌引起的疾病。科赫通过显微镜发现患此病的动物血液中总是充满着细菌。但细菌的存在并不能证明它是患病的原因，因为它也可能是患病的结果；科赫从患病动物体内取少量血液注到另一动物体内，后者就患病死亡，从其体内取少量血液注

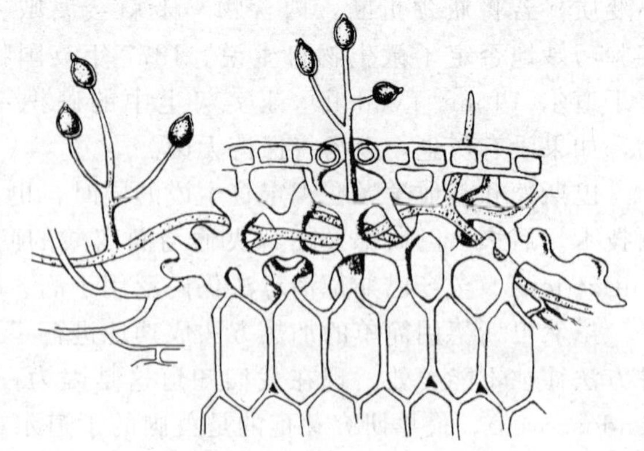

图 1.2.6 伯克利画的爱尔兰土豆枯萎病的病原微生物（1846）

注：霉菌菌丝穿过土豆的叶细胞；菌丝头部的圆形结构是孢子囊

图 1.2.7 (a) 伟大的微生物学家科赫 (Robert Koch); (b) 科赫的研究工具钟罩 (A) 用来培养微生物, 照相设备 (B)、显微镜 (C)、染料和其他化学试剂 (D)

入下一个动物，同样又出现疾病的症状。这一过程重复了二十多次。

从第一到第二十个死亡动物的血液中都发现了大量的细菌，从而初步证实细菌是患病的起因；科赫发现细菌在动物体外的营养液中也能培养，甚至体外经过多次传代的细菌仍能引起疾病。动物体内细菌和体外培养的细菌引起的疾病是相同的；微生物是混居的，即使极少量的血液中也会有多种微生物存在，并可在培养液中同时生长。为了证实是特定微生物引起了特定的疾病，就需要将微生物单独培养，得到纯培养物。科赫发现在固体培养基表面（如土豆斜面）接种细菌后，细菌会形成一个个肉眼可见的、具特定形状、大小和颜色的细胞团——菌落（colony）。他推断每个细胞团都起源于单个细菌细胞。细胞落在培养基表面，得到营养后开始扩增，因为固体表面限制了细菌向周围移动，原始细胞的所有子代都长在一起，当有大量细胞出现时，肉眼可以观察到。他认为不同形状和颜色的菌落起源于不同种的微生物。将单个菌落接种到新的培养基表面，又会产生许多相同的菌落。从这些发现中科赫建立了获得纯培养的简单有效的方法——平板划线培养法（streak plate method）。他蘸取混合的细菌培养物在固体培养基表面划线（streak），经培养后，使它们在表面形成一个个单菌落（single colonies），见图 1.2.8。挑取不同形态的单菌落分别在新培养基上划线培养，

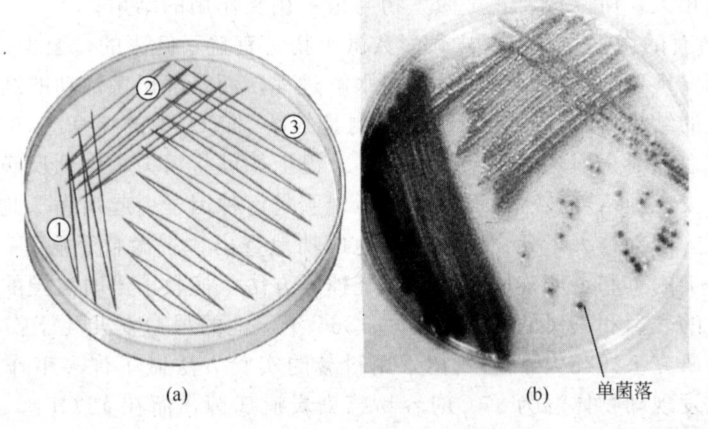

图 1.2.8 划线法获得单菌落

(a) 划线操作示意；(b) 培养后，固体培养基表面出现单菌落

若新平板上出现的菌落都是形态相同的，就说明已获得了该菌的纯培养物。这样就使混合培养物中不同细菌得到了分离。

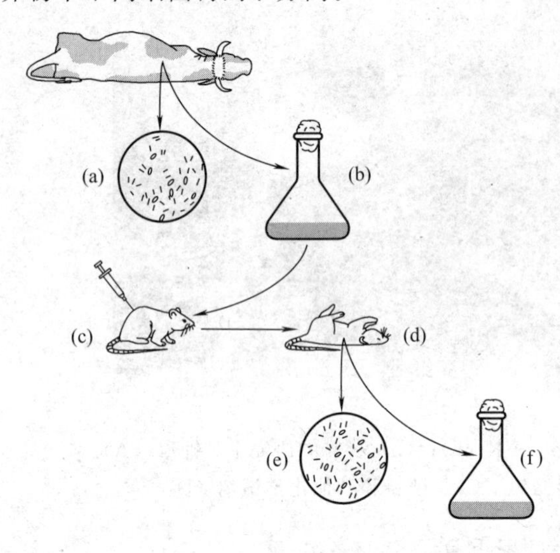

图 1.2.9 科赫定理的图示
(a) 患病死亡的动物体内能发现微生物；
(b) 可获得纯培养物；
(c) 将纯培养物注入另外的健康动物体内；
(d) 会出现同样的患病症状；
(e) 从死亡动物体内又能发现微生物；
(f) 重新得到纯培养物

在上述实验的基础上，科赫提出了指导特定微生物与特定疾病相关性研究的科赫定理（Koch' postulate，见图 1.2.9）：①在患病的动物体内总能发现特定微生物，而健康的动物体内则没有；②在动物体外可以纯培养此微生物；③将该培养物接种到易感动物体内会引起同样的疾病；④从试验动物及实验室培养物中重新分离得到的微生物应该是同种微生物。

科赫定理为后来 20 年中大量的传染病病原菌相继被发现提供了正确的实验思路。而更为重要的是他建立了微生物纯培养的方法，为微生物学的发展奠定了基础。科赫的固体培养基也是微生物学研究史上的一大突破。他受土豆片（potato slice）的启发，将动物明胶（gelatin）加入牛肉汁中制成人工固体培养基。但明胶会被一些细菌分解或由于温度太高而液化。科赫实验室助手的妻子 Fannie Eilshemius Hesse 提出采用琼脂（agar）为固体培养基的固化剂，并很快被采纳。从而使她有幸成为第一位为微生物学做出贡献的美国人；同期，科赫的另一位助手 Richard Petri 发明了培养皿（又称 Petri 皿）。在培养皿中制成的固体培养基被称为平板（plate）。科赫和其同事还发明了细菌染色法、显微镜摄影技术和悬滴培养法等细菌学研究的必备技术。这为他们进一步寻找和确证结核病、霍乱等恶性传染病的病原体奠定了基础。

这里有两点需要指出的是：

① 并不是所有的疾病都是由微生物引起的，许多疾病是由饮食、环境和遗传等因素引起的，即使是传染病，微生物也不是疾病的唯一起因，传染病与宿主的身体和精神状态、免疫力等因素密切相关，所以说，它是微生物与宿主相互作用的结果；

② 并不是所有的微生物都有害，大多数微生物是有益于健康的，至少是无害的。

早在巴斯德发现葡萄酒酿制并非是蛋白水解过程，而是酵母菌活动的结果，葡萄酒变酸是由于细菌捣乱的结果的时候，巴斯德就推测是细菌引起人类的疾病。1865 年，在巴斯德一个女儿死于败血症时正值法国巴黎流行霍乱，巴斯德就将精力集中到疾病与微生物关系的研究。但是由于没有纯培养技术，无法明确地说明是何种因子引起疾病。此时他受农业部长委托转向研究法国南部蚕大量死亡的原因。他成功地查出“蚕微粒子病”。通过采取隔离健康的蚕，将受感染的蚕和蚕卵连同桑叶一起烧掉等方法，挽救了当时法国的养蚕业。受到了法国拿破仑三世的表彰和人民的称颂。到了 1866 年，他的另一女儿死于伤寒后，他再次将目光转向疾病的研究。1878 年，巴斯德采用科赫的实验方法做了许多工作。如：细菌对温度的敏感性。他发现动物体温为 37℃时容易感染炭疽病菌，而在 42℃时，就不会感染此病菌；因为炭疽杆菌的孢子来源于土壤，所以，牛在被污染的地上食草将会染病。他提出病畜的尸体应深埋，以防蚯蚓等将病菌的孢子带上地面，重新引起炭疽病传播。他还首先发现了

“免疫”现象。当受试动物按常规接种经较高温度（42～43℃）长时间培养的老病菌后，并不会生病。继而接种新鲜的、37℃培养的病菌后，动物仍能存活。而将这些新鲜病菌接种到从未接种过的动物体内，将引起死亡，见图 1.2.10。巴斯德推论长时间热处理病菌会使其丧失毒力，而丧失病毒的病菌仍然会使动物产生抵抗这种疾病的能力。这就是免疫学的基础。后来，为了纪念牛痘术发明者——爱德华·琴纳，巴斯德把鸡霍乱的减毒菌株称为疫苗（vaccine，拉丁文 vacca 意乳牛），这个名称一直沿用至今；1981 年巴斯德用重铬酸钾处理和 42～43℃培养制备减毒炭疽杆菌，奠定了最早炭疽疫苗的基础；1884 年，巴斯德运用减毒的一般原则，将狂犬病病原体在特殊的宿主——兔子身上培养、传代，使病原体衰退。感染的兔子死亡后，抽出它们的大脑和脊髓进行干燥，制成狂犬病疫苗；1885 年他首次在遭狂犬咬伤的 9 岁患者梅斯特（Joseph Meister）身上试用并获得成功。

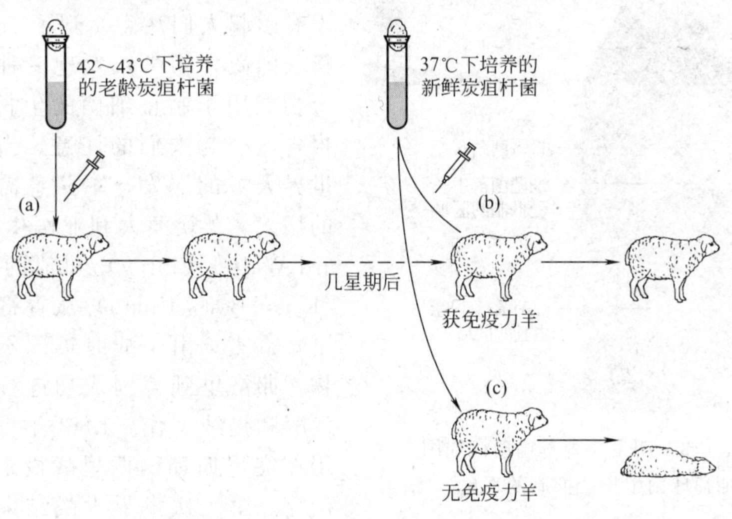

图 1.2.10　巴斯德发现的免疫现象

（a）先给羊接种热处理过的炭疽杆菌；（b）再给羊接种新鲜培养的炭疽杆菌，羊保持健康；（c）给未曾预接种的羊直接接种新鲜炭疽杆菌，则死亡

1865 年，英国外科医生李斯特（Joseph Lister）从巴斯德的研究成果中得到启发，认识到当时外科手术经常出现的伤口化脓发炎是因外界微生物的侵入。通过反复实践和总结，提出了无菌操作方法，例如：加热灭菌外科器械，用石炭酸消毒包扎物，并经常喷雾石炭酸消毒手术空间，从此建立了著名的李斯特外科消毒术。贝哲林克（M. W. Beijerinck）和维诺格拉德斯基（C. H. Виноградский）研究了豆科植物根瘤菌及土壤中的固氮菌和硝化细菌，提出了土壤细菌和自养微生物的研究方法，从而奠定了土壤微生物学发展的基础。1897 年德国人布赫涅尔兄弟（Eduard Büchner 和 Hans Büchner）用无细胞酵母菌压榨汁中的“酒化酶”（zymase）对葡萄糖进行酒精发酵成功，开创了微生物生化研究的新时代。1909 年，德国医生和化学家埃尔里赫（Paul Ehrlich）用化学药剂控制病菌，发现能治疗梅毒的药物 606，这是现代化学治疗的开始。他的成功鼓舞了无数的科学家去寻找更多、更好的化学治疗剂。终于在 1935 年，另一位德国医生杜马克（G. Domagk）及其同事发明了治疗链球菌感染的新药——红色染料“百浪多息”。同年被证实其有效抑菌成分是磺胺。此后，各种磺胺类药物应运而生。

1877 年，巴斯德在与人合作的一篇论文中报道，他们将炭疽芽孢杆菌培养物感染动物。若这种培养物被腐生细菌污染后再去感染动物，将不会使动物发病。他们指出：“从治疗的观点出发，这些事实可能带来极大的希望”。这个预言在近五十年后被证实。

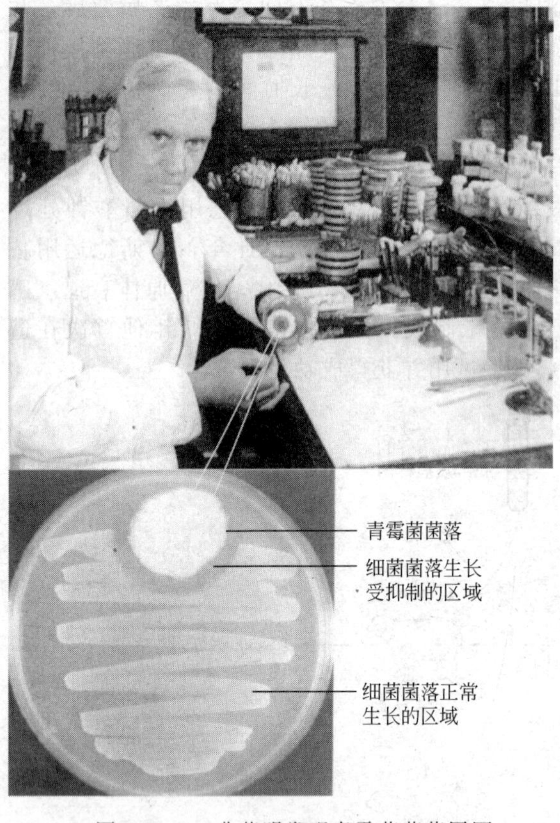

图 1.2.11 弗莱明发现青霉菌菌落周围出现葡萄球菌生长受抑制的现象

1922 年，弗莱明（Alexander Fleming）发现医学界称为“魔弹”的药物——青霉素。他的发现是很偶然的。一天早上，弗莱明发现留在工作台上的一些葡萄球菌培养物被某种污染的东西杀死了，留下一些空圈，见图 1.2.11。他马上进行了检查，发现是普通面包上的青霉菌能分泌抑制其他微生物生长的毒素。他将这种物质称为“Penicillin”（旧译盘尼西林，即青霉素）。1929 年，他报道了此项结果，可惜当时并没有引起人们注意。到了 1939 年，一位美籍法国微生物学家发现一种细菌产生的化合物能用于制止细菌的生长时，氟莱明的报告才引起人们的注意。当时由于第二次世界大战的爆发，军队急需医治伤口感染的病人。英籍澳大利亚医生弗洛里（Howard Walter Florey）和他的德裔同事钱恩（Ernst Boris Chain）从青霉菌中分离得到了青霉素。由于战时英国不能生产这种药物，弗洛里到美国成功进行了青霉素扩大发酵和提纯工作。1943 年青霉素成功地应用在突尼斯和西西里战役中的 500 名伤兵治疗。第二次世界大战结束时，青霉素被大量生产，取代了磺胺类药物。青霉素的工业化生产还为后续的微生物深层发酵工艺树立了一个典范。弗莱明、弗洛里和钱恩因此而荣获 1945 年的诺贝尔生理学或医学奖。1944 年美国微生物学家瓦克斯曼（S. Waksman）从近一万株土壤放线菌中找到了疗效显著的链霉素。接着相继发现了氯霉素、金霉素、土霉素、红霉素、新霉素、万古霉素、卡那霉素和庆大霉素等抗生素。如今的抗生素家族已有了上万名成员。

在微生物学发展的生理学期，以巴斯德和科赫为杰出代表的科学家们在微生物学实验方法上取得了突破性进展，为微生物学的建立奠定了坚实的基础。他们创立的加热灭菌和微生物纯培养等方法至今仍然是微生物学和其他相关学科研究中有效的、无法取代的武器。

1.2.2.3 微生物学的分子时代——分子生物学期

从巴斯德和科赫时代到 20 世纪 70 年代，微生物学又走过了漫长的路。今天，微生物学已成为生物科学中最复杂的学科之一，它对整个生物科学的研究和发展影响很大。从获得诺贝尔生理学或医学奖的近一半工作都与微生物有关中可见一斑。

1928 年格里菲斯（Frederick Griffith）发现了细菌的转化现象。1944 年加拿大细菌学家艾弗里（Oswald Avery）等人通过对转化现象化学本质的研究，证实了核酸才是真正的生物遗传物质。1953 年，沃森（Jame Dewey Waston）和克里克（Francis Harry Compton Crick）通过对 DNA X 射线衍射图片的分析，提出了 DNA 双螺旋结构模型，图 1.2.12。他们的这一工作被认为在整个生物学发展史上具有划时代的意义。从此，微生物学研究进入了分子时代。

此后不久，沃森和克里克又提出了 DNA 半保留复制原则；1958 年 M. Meselson 和

F. Stahl 利用氮的同位素^{15}N标记大肠杆菌的DNA，首先证实了DNA半保留复制；1956年科恩伯格（A. Kornberg）等人首先从大肠杆菌提取液中发现了DNA聚合酶Ⅰ；在1970年和1971年有人分别在大肠杆菌中发现了DNA聚合酶Ⅱ、Ⅲ；1968年，日本学者冈崎（Okazaki）等人用^{3}H-脱氧胸苷标记噬菌体T_4感染的大肠杆菌，发现DNA的半不连续复制；1970年H. Temin、Mizufani和Baltimorehh分别从致癌RNA病毒中发现逆转录酶，这不仅扩充了“中心法则”，促进了病毒学研究，而且使逆转录酶成为当今分子生物学研究的重要工具；雅各布（Francois Jacob）和莫诺（Jàcques Monod）等对大肠杆菌乳糖发酵过程酶的适应合成以及一系列有关突变型进行了广泛深入的研究，终于在1960～1961年提出了乳糖操纵子模型，开创了基因表达调节机制研究的新领域。他们早在1961年就提出mRNA的概念。后来在T_2感染大肠杆菌实验中证实了mRNA的存在；1961年开始，尼伦伯格（Marshall Warren Nirenberg）等人利用大肠杆菌无细胞体系，加标记氨基酸及聚核苷酸等进行实验，于1965年，完全确定了编码20种天然氨基酸的60多组三联密码子，编写了遗传密码字典；霍利（Robert William Holly）阐明酵母丙氨酸tRNA的核苷酸序列，后来证明所有的tRNA结构均相似；1952年J. Lederberg提出了“质粒”一词，用来表示细菌染色体外遗传物质。如今，质粒已成为基因工程必不可少的外源基因运载工具；1979年W. Arber，H. Smith和D. Nathans等人在细菌中发现了被誉称为DNA的“手术刀”——限制性内切酶。目前，常用的限制性内切酶达100多种，成为DNA体外重组技术的必备工具。建立DNA的限制酶切图谱已成为深入分析DNA分子结构和功能的基础；1976年美国成立了基因工程公司，1977年就利用大肠杆菌生产了生长激素释放抑制因子，这是通过基因工程技术由微生物生产的第一个有功能的多肽激素。随后，该公司及其他国家相继采用基因工程菌生产了人的胰岛素、生长激素、胸腺素、干扰素和大豆蛋白等药物和其他蛋白产品。

图1.2.12 沃森和克里克与DNA双螺旋模型

基因工程使得按照人们的需要去定向改造和创建新的微生物类型、获得新型微生物产品成为了可能。采用基因工程组建的“工程菌”来生产干扰素，比组织培养法提高效率数万倍；将人工合成的胰岛素基因导入无害的大肠杆菌体内也获得了高效地表达。可以预期，通过努力将会有更多更复杂的基因得以表达，人工定向控制微生物的遗传性状为人类服务的目标已为期不远。

进入20世纪70年代，分子生物学逐渐成熟并成为一门崭新的独立学科。分子生物学的发展与微生物学研究的关系非同一般，分子生物学是微生物学、遗传学和生物化学等学科研究发展的必然产物，反过来，分子生物学也为微生物学研究的进一步发展和深入提供了新的手段。如今，对微生物的研究已不仅仅停留在形态或生理生化反应，而是在基因和其他生物大分子的水平上。在分子生物学核心内容即基因工程中，微生物仍是其中的宠儿和主角。从上述实例中可知，我们对分子生物学知识的了解无不来自于微生物或者首先来自微生物学研究。分子生物学和微生物学常常在同一领域中发展，它们的差别在于前者将微生物作为反应的模型，作为操作的工具；而微生物学者更感兴趣的是将微生物作为一种生物，研究它们在自然和人工条件下的行为，所以，微生物学涉及的微生物种类更多，更广泛，无论是简单的，还是复杂的。

在微生物学发展的历程中，出现了许多科学家和其里程碑式的功绩，其中一些科学家因其杰出的成就而荣获诺贝尔奖，见附录1。

1.3 工业微生物学及其研究的对象和任务

微生物学是研究微生物的形态、生理、分类以及微生物生命活动与自然界、人类、动植物相互关系及其规律性的一门科学。随着微生物学研究的深入，研究的内容越来越广泛，在较小的领域中专门而深入地研究微生物已显得越来越重要。专门化导致微生物学产生许多分支，每个分支都有自己的研究范围，见表1.3.1。各分支的研究工作相互配合、相互促进。因为考虑的角度不同，还有许多其他分支的名称，如发酵生理学，经济微生物学等。随着现在微生物学理论和技术的发展，新的分支也不断形成，如太空微生物学，极端微生物学等。

表1.3.1 从不同角度形成的微生物学分支

从分类的角度	从生态环境的角度	从应用领域的角度	从生物基本问题的角度
病毒学 (virology)	水生微生物学 (aquatic microbiology)	工业微生物学 (industrial microbiology)	普通微生物学 (general microbiology)
细菌学 (bacteriology)	土壤微生物学 (soil microbiology)	医用微生物学 (medical microbiology)	微生物分类学 (microbial taxology)
藻类学 (phycology)	海洋微生物学 (marine microbiology)	农业微生物学 (agricultural microbiology)	微生物生理学 (microbial physiology)
真菌学 (mycology)	石油微生物学 (petroleum microbiology)	食品微生物学 (food microbiology)	微生物生态学 (microbial ecology)
原生动物学 (protozoology)		免疫学 (immunology)	微生物遗传学 (microbial genetics)

1.3.1 工业微生物学及其研究对象

工业微生物学是微生物学的一个重要分支，是微生物学在工业生产中的应用学。它从工业生产需要出发来研究微生物的生命及其代谢途径，以及人为控制微生物代谢的规律性。

工业微生物学从形成到现在，也经历了漫长的发展阶段。它是从酿酒、制醋等传统厌氧发酵技术发展起来的。从20世纪40年代发现并应用深层发酵技术生产抗生素开始，工业微生物学研究进入新的发展阶段。20世纪70年代以来，基因工程、原生质体融合技术、酶工程和发酵工程等新技术的发展，给工业微生物学注入了新的活力。

发酵是利用特定微生物的代谢活动，积累人类需要的特定代谢产物过程。可以说，微生物是发酵工业的核心和灵魂。发酵工业中一般都是应用经过人工改造的，即是代谢“异常”的微生物。因为在正常生理条件下，微生物依靠其代谢调节系统，最经济地利用环境中的营养物，按照其生长繁殖的需要合成其代谢产物，与之相反，工业生产总是希望微生物能大量积累人们所需的代谢产物。工业微生物学就是要一方面通过遗传育种方法获得高产的发酵菌种；另一方面，通过控制培养条件使微生物最大限度地生产目标产物。

工业发酵生产中常用的主要是细菌、放线菌、酵母菌和霉菌四大类微生物。此外，病毒尤其是微生物病毒是严重危害发酵工业生产的祸源之一，同时它们也是现代基因工程发酵菌构建和研究的重要工具，所以，细菌、放线菌、酵母菌、霉菌以及病毒是本书介绍的重要内容。

1.3.2 我国工业微生物学的研究概况

我国传统的发酵工业，如酿酒、制醋、制酱等有着悠久的历史。但是，真正称得上系统工业微生物学的研究，却是在新中国成立以后。20 世纪 50 年代初期，以抗生素的研制和生产为标志，我国开始逐渐形成了新型的微生物发酵工业。有机酸、氨基酸、酶制剂、维生素、激素和单细胞蛋白等现代发酵工业陆续建立。工业微生物学在医药、食品、轻工等领域得到广泛应用，形成一个庞大的产业，对整个国民经济起着极其重要的作用。

20 世纪 80 年代以来，我国的酿造行业焕发了青春。陈旧的设备不断更新，并由机械化逐渐向连续化和自动化发展，产品的质量和原料利用率不断提高。白酒、黄酒、啤酒和葡萄酒等酒类品种齐全。酱油和醋的酿造业跨进了先进行列，产品的数量和质量大幅度提高。各种名酒享誉于世。

纵观国内的抗生素工业，其发展速度之快，生产品种之多是异常惊人的。自 20 世纪 50～60 年代的青霉素、链霉素、金霉素、新霉素、氯霉素和卡那霉素大量生产，70 年代又投产的庆大霉素、巴龙霉素、新生霉素、万古霉素、杆菌肽和春雷霉素等相继问世。如今，各种天然、半合成、全合成抗生素生产种类急剧增多。一些抗肿瘤和抗病毒的抗生素也应运而生。我国的抗生素产量已居世界前列。

氨基酸可用做食品和饲料添加剂、调味剂、营养剂、代谢改善剂和药物等。利用微生物发酵生产的氨基酸与用动植物蛋白水解法相比，不仅成本降低，而且可以不随地区、气候、季节等条件的限制大量生产。利用发酵法生产谷氨酸在我国起步较晚，但随着人民生活水平的提高，谷氨酸工业得到迅速发展。味精生产企业遍布全国各地，成为世界上最大的味精生产国。在谷氨酸发酵中都采用我国自己选育的优良菌株，并获得相当可观的经济效益和社会效益。除谷氨酸外，为人类所必需的其他氨基酸、核苷酸等也已形成相当的生产规模。

维生素 C 的二步发酵法为我国中科院北京微生物研究所研制成功的。该方法的特点是原料简单、生产过程易控制而且产率较高。

有机酸是食品工业中重要的辅佐原料。我国柠檬酸工业从 20 世纪 60 年代创建以来，发展迅速。国内采用的柠檬酸生产菌能利用薯干等粗淀粉为原料进行深层发酵，其产量和质量已达到了国际先进水平。此外，葡萄糖酸、乳酸和衣康酸等有机酸在我国也有相当的生产规模。

当然，与国际先进水平相比，我国的发酵工业仍存在着相当大的差距。存在着诸如有一定的模仿能力但新产品开发能力弱，创新性基础研究不多，很多研究内容在低水平上重复，生产设备和技术老化，研究和生产资金投入相对不足等问题。

随着基因工程、原生质体技术、酶工程、发酵工程等新技术的迅速发展，我国的工业微生物学也进入一个崭新的发展时期。工业微生物学也将为解决人类面临的食品与营养、健康与环境、能源与资源等重大问题开辟新的途径，必将对我国未来国民经济的发展发挥更大的作用。

1.3.3 现代工业微生物学的发展趋势

利用微生物生产各种产物具有以下一些特殊的优点。

① 微生物生长所需要的主要原料碳源或者是可再生的生物质资源（如淀粉、纤维素等）或者是二氧化碳（如光自养菌及藻类等），也有一些利用石油烃作为碳源，这些原料来源广、产量大而且价格低廉，符合可持续发展战略的要求，利用微生物发酵生产目标产物的生产成本也具有很强的竞争力。

② 与化学反应一般要在高温高压的条件下进行不同，微生物发酵和转化通常都在常温常压和中性 pH 范围内进行，反应条件十分温和，而且能量利用率高，生物转化反应的专一性好，产品的转化率高。

③ 由于微生物的多样性和代谢途径的多样性，微生物发酵工业已经为我们提供了许多产品，同时微生物的代谢产物还是发现新化合物的巨大宝库，可以不断地从微生物代谢产物

中分离出新的、对人类的生活和工农业生产有重要意义的新产品。微生物的多样性和它们对环境的适应性也使得它们在环境工程中已经广泛应用并有着十分广阔的新的应用领域。

④ 由于微生物的可变异性，可以采用各种方法（包括基因工程和物理化学诱变等）改变微生物的遗传性质，调节和控制代谢途径，为不断地提高目标产物的生产水平或生产新的产物提供了可能性。

⑤ 微生物的培养基、他们的代谢产物及微生物菌体本身都是可以生物降解的，而且可以通过综合利用增加它们的使用价值，因此利用微生物生产目标产物的过程产生的污染物比较少，而且容易处理。

正是由于以上这些优点，微生物发酵生产已经为人类提供了丰富多彩的产品，微生物发酵工业已成为不少国家的支柱产业，同时也为工业微生物学的研究和发展指出了方向。可以预料，工业微生物将在以下一些重要领域得到发展。

（1）医药和健康　随着人们物质文明和精神文明水平的不断进步，对健康的要求也越来越高，对与健康有密切关系的医药和保健品就提出了更高的要求。目前，对人类健康威胁极大的癌症、艾滋病等的治疗用药物的研究和开发已经取得了不少进展，但是至今还缺乏对症治疗的特效药；对于给人类带来许多痛苦的常见病、多发病，如心血管系统疾病、消化系统疾病、呼吸系统疾病、老年痴呆症及肥胖症等，人们迫切需要有更好疗效的药物；对于那些特殊的疾病，如遗传病，希望能够有可靠的诊断和治疗方法；同时人们出于对健康长寿的考虑，也希望能出现更多的免疫调节剂和保健品。如今，抗生素、维生素、激素这三大类药物几乎都是通过微生物发酵而生产的。近年来，其产量不断增加，品种也在不断扩大。人干扰素、胰岛素、生长激素、乙肝疫苗等大批新型药物已由基因工程菌发酵生产。此外，抗肿瘤、抗艾滋病等重要的药物正在研制之中，微生物不但为新药的研究开发提供了巨大的新化合物资源，也为基因工程药物提供了最好的宿主细胞体系。随着对疾病致病机理认识的不断深入，针对各种致病关键酶的酶抑制剂、免疫调节剂及针对每个人不同病因的“个性化药物”等将有良好的应用前景；利用基因芯片进行疾病诊断也正向着实用化的方向发展。同时随着代谢工程和蛋白质工程的研究进展及在抗生素、蛋白质及其他生物活性物质发酵工业中的应用，微生物制药工业的生产水平将进一步提高，成本也将不断下降。

（2）资源和能源　地球上的一次性资源和能源是有限的，如石油、天然气、煤炭及各种金属矿等，随着经济发展和人们生活水平的提高，一次性资源和能源正在以越来越快的速度消耗，价格则正在以惊人的速率升高，人类总有一天会面临能源和资源危机。地球上也有着丰富的可再生资源，例如通过光合作用生长的各种植物，每年的产量如折算成能量，大大超过目前世界能源的总消耗量。它们的主要成分是淀粉、纤维素、半纤维素和木质素。纤维素、半纤维素的水解产物分别是以葡萄糖为主的六碳糖和以木糖为主的五碳糖，与淀粉一样都是微生物能够利用的碳源。因此利用微生物将可再生的生物质资源转化为能源和其他发酵产物，为解决能源和资源危机提供了一条具有重要意义的途径。木质素是由芳香族化合物缩合而成的高分子化合物，通过微生物转化也可以为我们提供精细化工和高分子聚合物的原料。近年来，以碳水化合物代替碳氢化合物为原料生产燃料和化工原料的趋势正在加速。至于金属矿产资源，目前地球上的富矿已经为数不多，因此需要解决贫矿的利用问题。已经发现许多微生物具有富集金属元素的功能，因此利用微生物富集贫矿甚至海水中的微量金属元素都存在着工业化应用前景。微生物多糖用于石油钻井和二次、三次采油，可以大大提高石油得采收率，从“枯竭”的油田中再采油10％～20％；利用微生物可以从低品位的矿石或矿渣中回收各种贵重金属，从海水中提取和富集铀等。

（3）农业和畜牧业　微生物与农业和畜牧业有着密切的关系。在自然界中，它们都是食物链中的重要环节。今天，随着“有机农业”的兴起，微生物对农业的影响已经大大超出了生态学的范畴。一方面，人们试图将一些微生物特有的基因克隆到植物中，如：固氮基因、抗虫及抗病基因等，形成了所谓“转基因植物”的新兴学科；另一方面，又在大力研究和开发微生物农药、除草剂、植物生长调节剂以代替传统的化学制剂，利用微生物将有机物转化为肥料的研究和开发也在大规模进行之中。与农业类似，微生物对现代畜牧业也起着积极的作用，同样可以将微生物基因克隆到动物体内，得到具有特殊功能的“转基因动物”；畜用抗生素、杀虫剂、激素及疫苗等都能通过微生物培养获得；担子菌往往具有特殊的营养和药用价值，它们的大规模培养技术（包括液体深层培养）正日益受到人们的重视；藻类也是一种巨大的资源，现在螺旋藻、盐藻等已经实现工业化培养，随着对藻类研究的深入及新型光生物反应器的开发，许多藻类的工业化生产将会提到议事日程。

（4）精细化学品　精细化学品是制药、食品添加剂、材料和日用化学产品的原料或中间体。过去都采用化学合成方法生产，反应条件苛刻、转化率低、环境污染严重。现在已经有越来越多的精细化学品改而采用微生物发酵或生物转化的方法生产。微生物发酵产物的典型例子有：用烷烃发酵生产二元酸、微生物多糖、可生物降解的高分子化合物等；更多的精细化学品可以通过生物转化获得，有些直接应用细胞进行生物转化，如甾族化合物、萜烯类化合物、氨基酸及有机酸等的生物转化，有些则采用从微生物中提取的酶作为生物催化剂实现生物转化，如从青霉素及头孢霉素C酶法水解生产半合成抗生素前体6-APA和7-CAC；用嗜热杆菌蛋白酶催化Aspartame（一种有天冬氨酸和苯丙氨酸组成的二肽甜味剂）合成等；因为不同光学性质的化合物往往显示出不同甚至相反的物理、化学和生物性质，近年来，用生物催化剂进行手性合成和手性拆分引起了人们的重视。可以预料，会有越来越多的精细化工产品将采用生物转化或生物合成的方法生产。

（5）环境保护　保护环境已经逐渐成为人类的共识。在生态系统中，微生物默默地承担着在各种环境条件下降解有机物和参与元素循环的任务，为保持生态平衡作出了贡献。微生物法已经成为污水、废气和固体废弃物处理的主要方法。今后，除了不断地改进微生物废物处理的方法和工艺外，还将在特殊的有毒、有害化合物的降解及受污染环境的生物修复中发挥重要作用。

总之，微生物对解决人类所面临的许多重大问题中都将发挥重要作用，这些作用主要是通过工业化生产的形式实现，因此属于工业微生物学的研究范畴。这些应用实践也对工业微生物学提出了以下新的要求。

① 加强对工业微生物的基础研究，包括：微生物的形态、营养及生长的一般规律，微生物的代谢及调控，微生物的基因及其所携带的遗传信息表达等。从基础研究中寻找提高现有微生物发酵产量的途径和方法。

② 持之以恒地从微生物代谢产物中发现新的化合物、新的具有特殊功能的生物催化剂。对于已经发现并分离的微生物，要采用新的筛选方法以发现新化合物；更重要的是要不断地寻找新的、生活在特殊环境（如高温、低温、特殊pH及离子强度、特殊有机物和深海）中的微生物。从这些新的微生物中往往能够发现新的代谢产物和代谢途径。将遗传学和分子生物学等领域的最新研究成果用于工业微生物，以提高传统发酵产物的产量或生产新的基因工程产品。从目前的进展看来，以基因重组技术为代表的包括代谢工程及蛋白质工程在内的方法在工业微生物菌种选育中有着良好的应用前景。但是，基因工程菌在多级扩大培养中遗传性能的稳定性问题尚未解决，因此，许多工业上有重要价值的发酵产品仍没有采用基因工程菌生产。这有必要进一步完善和开发各种受体-载体系统。进一步开展基因结构与功能的研究，特别是高产基因的结构、克隆、表达和调控机理的研究。研究重组微生物的生理学，研

究提高基因工程菌在传代过程中的遗传稳定性的机理和方法。进一步研究基因表达产物的积累、分离纯化和后加工的技术。

③ 注意与其他学科的交叉。工业微生物学是一门应用性很强的学科，它的发展与其他学科有着密切关系，既有赖于微生物学、生物化学等基础科学的研究进展，同时也对基础学科的发展提供了动力和应用验证的场所。与工程学科，如化学工程、控制工程和设备制造工程之间也存在着互相依赖、互相促进的关系。因此加强学科间的交流和合作具有特别重要的意义。过去的历史（如青霉素发酵的工业化）已经充分证明了这种重要性，今后的发展更离不开学科间的交叉和合作。

④ 加强对微生物发酵工艺的研究，连续培养和间歇补料培养等新型的培养基础和应用研究特别是微生物生长和发酵动力学研究。

⑤ 随着计算机技术的普及和发展，计算机在发酵过程控制方面得到了初步的应用，并取得了良好的效果。计算机控制包括各种参数的自动检测和监控，数据储存和分析，各种间接参数的估算和控制。各种发酵的数学模型的建立，过程的最优化控制等工作。

复习思考题

1. 列文虎克、巴斯德和科赫等在微生物学的建立和发展中有哪些重要的贡献？

2. 试设计一个实验方案证明微生物不是自发产生的。

3. 将下列人物与他们对微生物学的贡献进行划线配对：

爱尔利希（Ehrlich）	第一个观察细菌的人
弗莱明（Fleming）	第一个观察植物细胞并取名的人
虎克（Hooke）	彻底否定自生论
科赫（Koch）	证明微生物引起疾病
李斯特（Lister）	第一个发现青霉素
巴斯德（Pasteur）	首先使用人工合成化学治疗剂
列文虎克（Van Leeuwenhoek）	第一个在外科手术中使用消毒剂

4. 什么是微生物？它主要包括哪些类群？

5. 为什么人类直到19世纪中叶才真正开始研究并认识微生物世界？微生物学的建立必须要有哪些前提条件？

6. 将下列科学家所从事的工作与其属于微生物学的研究领域划线配对。

研究有毒废物的生物降解	免疫学
研究艾滋病病因	微生物生态学
研究利用细菌生产人体蛋白	微生物遗传学
研究艾滋病症状	微生物生理学
研究细菌毒素产生	分子生物学
研究微生物生活史	病毒学

7. 试举几个实例来说明：即使不用显微镜，也可证明在我们日常生活的环境中，到处有微生物在活动。

8. 目前所知的微生物大约有多少种？你估计今后在新种的类型和数量上将会有何发现？为什么？

9. 微生物的哪些特点可以称得上是生物界之最？

10. 试举例说明微生物能在其他生物难以生存的条件下正常活动。

11. 微生物对分子生物学的建立和发展有何贡献？

12. 工业微生物学的研究和应用对工农业生产和环境保护有何重要的意义？

13. 试分析微生物的五大共性对人类的利与弊。

14. 举例说明微生物容易变异的特性。

2　微生物的形态与分类

微生物的形态是微生物鉴别和分类的基本依据。本章主要介绍细菌和放线菌等原核微生物、酵母菌和霉菌等真核微生物以及病毒等非细胞型微生物的形态和分类的基本知识。

2.1　微生物在生物界中的地位

在人类发现微生物之前，科学家将一切生物分成两个界线分明的界——动物界和植物界。随着人们对微生物认识的逐渐深入，近一百多年来，从两界系统经历过三界系统、四界系统、五界系统甚至六界系统。1969 年魏塔克(R. H. Whittaker）在《Science》上提出的五界学说为经典，见图 2.1.1，它以纵向显示从原核生物到真核单细胞生物再到真核多细胞生物的三大进化过程，而以横向显示吸收式营养（absorption)、光合营养（photosynthesis）和摄取式营养（ingestion）这三大进化方向。五界系统包括动物界（animalia)、植物界（plantae)、原生生物界（protista，包括原生动物、单细胞藻类、黏细菌等)、真菌界（fungi，包括酵母菌、霉菌和担子菌等）和原核生物界（monera，包括细菌、放线菌和蓝细菌等)。我国学者曾在 1977 年提出在 Whittaker 五界系统基础上增设一个病毒界（vira）成为六界系统。但是，关于病毒这类非细胞生物的来历，究竟是细胞生物前的原始类型，还是细胞生物的次生类型，仍然是一个学术难题，它在生物界级分类上的确切位置未定论。但若依照六界系统分类，微生物涉及四个界：原核生物界、真菌界、原生生物界和病毒界，见图 2.1.2。

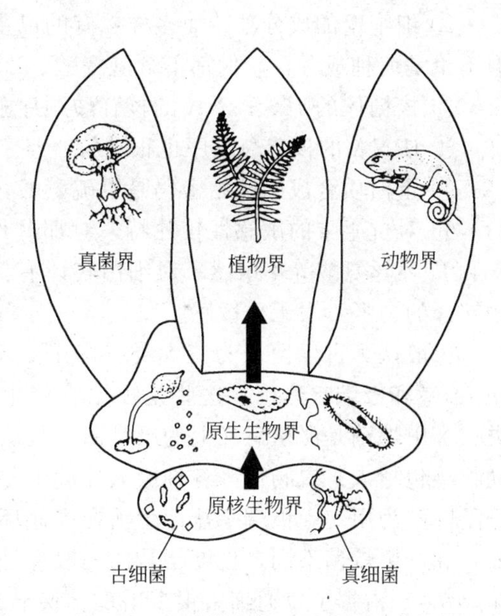

图 2.1.1　魏塔克的五界系统示意图

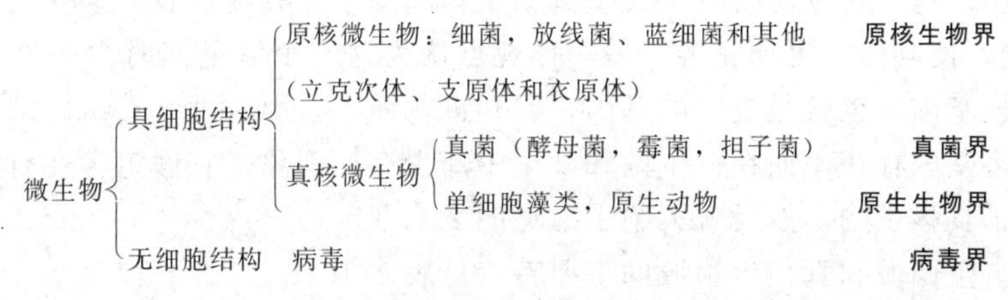

图 2.1.2　微生物涉及六界系统中的四个界

20 世纪 70 年代以后，人们对各大类生物进行了深入的分子生物学研究并积累了大量的研究资料。原核生物生物细胞的 16S rRNA 和真核生物细胞的 18S rRNA 的 碱基序列都十分保守，不受微生物所处环境条件变化及营养物质丰缺的影响，被认为是生物进化的时间标尺。分析和比较微生物种之间的小 rRNA 碱基序列的同源性，可以揭示它们之间亲缘关系的距离和系统发育地位。1977 年美国的 C. R. Woese 等人在对各类生物的 16S rRNA 核苷酸序列的同源性分析的基础上提出了三域学说（three domians theory）。域（domain）是一个比界更高的分类单位。真核生物域（eukarya）包括了所有的真核生物——动物、植物、真菌和原生生物。传统的原核生物界被分为两个域，也就是细菌域（bacteria，以前称“真细菌域”eubacteria）与古生菌域（archaea，以前称“古细菌域”archaebacteria）。真核生物域包括原生生物、真菌、动物和植物。细菌域包括蓝细菌和各种除古生菌以外的其他原核生物。古生菌包括产甲烷细菌、极端嗜盐菌和嗜热嗜酸菌等。

提出三域学说的最重要原因是发现了当时被称为“第三生物”的古生菌，与细菌相比，古生菌具有下列独特性状。

① 细胞膜的类脂特殊。古生菌所含的类脂不能被皂化，其中的中性类脂以类异戊二烯类的烃化物为主，极性类脂则以植烷甘油醚为主。

② 细胞壁的成分独特而多样。有的以蛋白质为主，有的含杂多糖，有的类似于肽聚糖，但不论是何种成分，它们都不含胞壁酸、D-氨基酸和二氨基庚二酸。

③ 核糖体的 16S rRNA 的核苷酸顺序独特，即不同于细菌，也不同于真核生物。

④ tRNA 的核苷酸顺序也很独特，且不含有胸腺嘧啶。

⑤ 蛋白质合成的起始密码是甲硫氨酸，与真核生物相同。

⑥ 对抗生素的敏感性较独特，对那些作用于细菌细胞壁的抗生素如：青霉素、头孢霉素和 D-环丝氨酸等不敏感；对细菌转译有抑制作用的氯霉素对其无作用；对能抑制真核生物转译的白喉毒素十分敏感。

一般认为古生菌分为三大类：产甲烷菌（*methanogens*）、极端嗜盐菌（*Extreme halophiles*）和极端嗜热菌。这些是根据它们生理学特征而不是按照系统学或进化关系进行分类。产甲烷菌是严格意义上的厌氧菌，是从包括水涝地、湖泊沉积物、沼泽、海洋沉积物和动物（包括人）胃肠道等各种厌氧环境中分离出来的。作为厌氧食物链的成员，它们把有机分子降解为甲烷。极端嗜盐菌生活在高盐环境，比如大盐湖，死海，蒸盐池以及盐腌食物表面。和产甲烷菌不同，极度嗜盐菌一般都是专性需氧微生物。极端嗜热嗜酸菌（*thermoacidophiles*）占据了普通细菌很少出现、狭窄的生存环境，比如温泉、被地热加热的海底沉积物和海底热泉口。它们的最适温度一般超过 80℃，它们或专性好氧，或兼性好氧，或专性厌氧。在这些生物中发现的热稳定性酶被称作极端酶（extremozymes）。

对三域的形成主要有三种观点。典型的观点认为在生物进化早期，存在着各生物的共同祖先（universal ancestor）。共同祖先首先分出细菌和古生菌，然后古生菌分支上的细胞发展成为真核生物。这一观点还吸收了关于真核生物起源于原核生物的“内共生学说”（见图 2.1.4）的精髓，使其内容更加完善。另一种观点认为这三个域是同时由一群共同祖先（它们可以相互交换基因，也就是统一的基因密码）进化而来。第三种观点试图解释为什么真核生物中有那么多基因存在，而在古生菌和细菌中却少有的现象。它假定存在有第四域，它直接将基因传给了真核生物，然后就灭绝了。见图 2.1.3。

细菌域、古生菌域和真核生物域的主要特点见表 2.1.1。

从各种生物界级分类系统的发展来看，除了动物界和植物界以外，其他各界都是随着人们对微生物认识的深入才出现和发展起来的，这也充分说明微生物在生物界级分类中占据着极为重要的地位。如果按内共生学说来分析，表面上与微生物无关的动物界和植物界实际上还携带着微生物的“影子”。

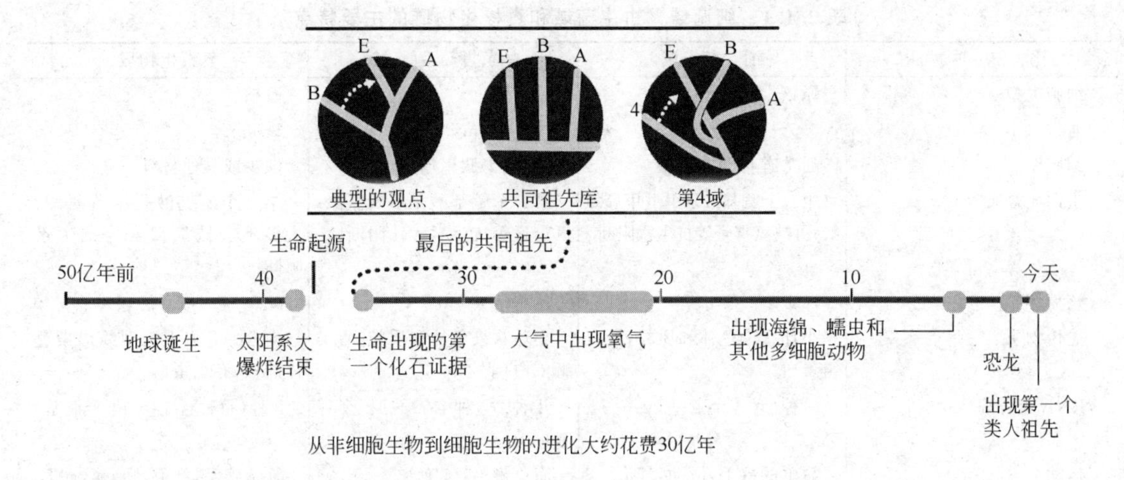

图 2.1.3 关于“三域”形成的观点

随着越来越多完整的生物基因组序列被测定，由一个共同祖先衍生出线性、分支的生命之树的概念看来过于简单了。如果一个祖先首先分出两条线：细菌和古生菌。然后从古生菌分支出真核生物，它又两次从细菌那里获得基因，一次是细菌成了叶绿体（有了光合作用），另一次细菌成了线粒体（有了呼吸作用）。这样的话，古生菌应该不含有细菌基因，真核生物也应该只具有跟光合作用和呼吸作用有关的基因。事实并非如此！属于细菌域的海栖热袍菌（*Thermotoga maritima*）基因组的 24%是古生菌的基因。属于古生菌的嗜超高温硫酸根还原古细菌（*Archaeoglobus fulgidus*）具有大量的可帮助它利用海底石油的细菌基因。另外，许多真核生物具有与光合作用和呼吸作用无关的细菌基因。有些生物同时具有三个域都有的基因。加拿大的杜利特尔 W. 福特提出了“生命的灌木”进化图（见图 2.1.5）。这里并不是单一的祖先，而是有许多根，它们的分支不断地交错、汇合。汇合并不表示整个基因组的整合，而是一个或少数基因的横向转移。横向基因转移，即基因在同时代生物之间交叉的现象，如今仍在发生。这就是质粒携带的抗生素抗性基因在众多细菌中传播的原因。有人认为横向基因传递曾经是并将继续在进化中起到的推动作用。

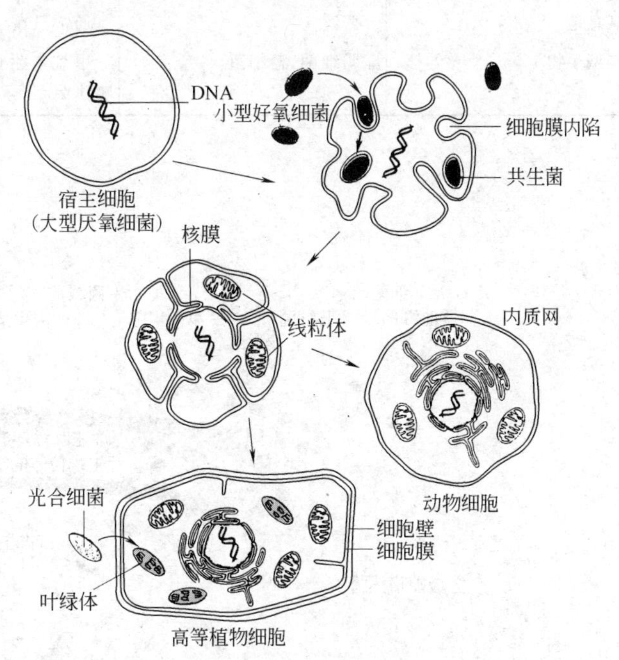

图 2.1.4 真核细胞的内共生起源假说

内共生学说认为，在细胞进化过程中，一种细胞捕捉了另一种细胞而未能消化它，结果两者发生了内共生，从而完成了进化历史上质的飞跃。具体说，由较大型的异养、厌氧原核生物吞噬一种小型的好氧原核生物，使后者成为前者的内共生生物，并逐渐发展成为现在的线粒体。如果一种细胞与原始的光合细菌发生内共生，则光合细菌就成了细胞内的叶绿体，最终演化出各种绿色植物。

表 2.1.1 细菌域、古生菌域和真核生物域的主要特点

比较项目	细菌域	古生菌域	真核生物域
细胞类型	原核	原核	真核
通常大小	0.5～4μm	0.5～4μm	＞5μm
细胞壁	通常有且含肽聚糖	有，缺少肽聚塘	缺少或其他材料
蛋白质合成	第一个氨基酸是甲酰甲硫氨酸；可被氯霉素等抗生素阻断	第一个氨基酸是甲硫氨酸；氯霉素等抗生素无法阻断	第一个氨基酸是甲硫氨酸；大多不会被氯霉素等抗生素阻断
核糖体	70S	70S	80S
遗传物质	小环状染色体和质粒；没有组蛋白	小环状染色体和质粒；有类组蛋白	内含一条以上大型线形染色体的核，有组蛋白
RNA 聚合酶	一种(含 4 个亚基)	几种(每种含 8～12 个亚基)	3 种(每种含 12～14 个亚基)
运动	简单的鞭毛，滑动，气泡	简单鞭毛，气泡	复杂鞭毛，纤毛，腿，鳍，翅膀
产甲烷	不能	能	不能
生物固氮	能	能	不能
叶绿素光合作用	有	无	有
栖息地	广泛	通常只在极端环境中	广泛
典型生物	肠细菌，蓝细菌，	甲烷产生菌，盐杆菌，极端嗜热菌	藻，原生生物，真菌，植物和动物

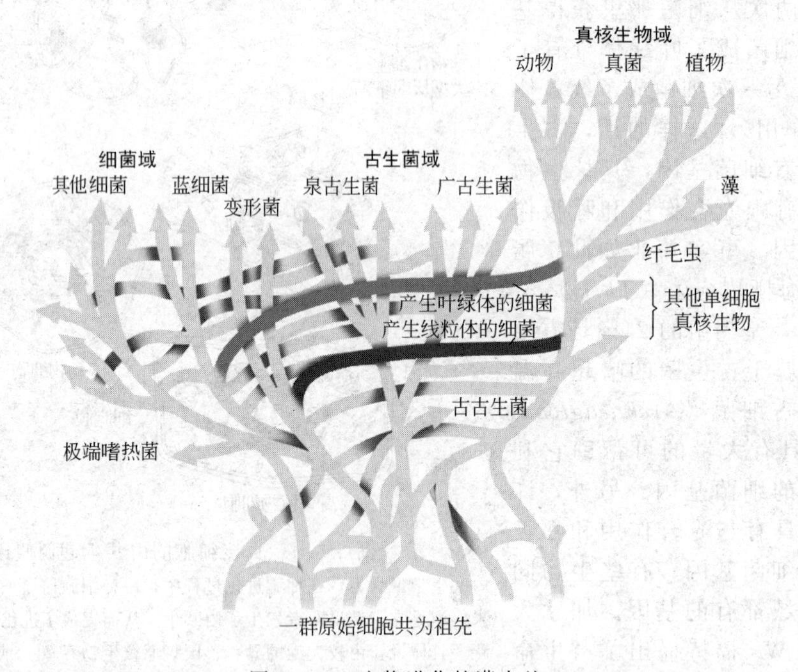

图 2.1.5 生物进化的灌木丛

尽管顶部仍然像树状，但底部并不是从一个共同祖先延伸出来的树干。生物可能来源于大量不同的原始细胞，这些细胞最后通过横向基因传递进行基因交换和共享。大多数特定序列是如何传递的还不为人所知，所以，它们的联系被画成随机摆放的树枝。但图中显示了真核生物是从细菌获得叶绿体和线粒体的

2.2 微生物的分类与命名

地球上的生物从无到有、从少到多、从简单到复杂、从低级到高级，各种生物都是进化

的产物，各种生物之间都有着或近或远的亲缘关系。生物的分类不仅仅像其他事物一样按实际需要分类，而且还根据生物的系统发生和发展，把形形色色的物种归纳为互相联系的不同类群，成为反映生物进化的分类系统。

微生物分类（classification）的目的有两个：第一，按其亲缘关系分群归类后，了解其系统发生；第二，按照分类系统编制检索表（根据一种或一套模式株的特征作为识别某种微生物的标准），在实际工作中，检索表是鉴定（identification）具体某一菌种的依据。

微生物与动、植物分类有较大的不同。由于微生物形体微小，构造简单，很难从形态构造上判断它们之间的亲缘关系；微生物的个体发育过程比较简单，很难反映其种群演化的过程；微生物缺乏化石资料，很难探讨其起源；微生物微小的个体容易随风、水传播，所以，从地理分布上难以推论其系统发生。另外由于人们对微生物的认识还有许多分歧，因而存在有不同的分类系统，使得同一种微生物可能有不同的命名。总之，现在我们对微生物的认识和技术手段还不足以将它们明确地分类，要建立真正能够反映微生物自然系谱的分类方法，还有待于长期的研究工作和新的研究方法。

2.2.1 微生物的分类和鉴定方法

微生物的分类和鉴定是微生物学的基础性工作。不论对象属于哪一类，其工作步骤离不开以下三步：①获得该微生物的纯培养物（pure culture）；②测定一系列鉴定指标；③查找权威性鉴定手册。

早期，微生物的分类依据主要停留在观察其形态和习性的水平，这些方法被称为经典的分类鉴定方法。检测的项目有形态特征、培养特征、生理特征、血清反应和噬菌体敏感性等。从20世纪60年代后，随着对细胞组分尤其是对核酸和蛋白质等生物大分子认识的深入，结合红外光谱、气相色谱、质谱、分子生物学以及计算机技术的应用，出现了一些现代的分类鉴定方法。

2.2.1.1 传统的微生物分类方法

微生物分类是在对大量单个微生物进行观察、分析和描述的基础上，以它们的形态、结构、生理生化反应和遗传性等特征的异同为依据，并根据生物进化的规律和应用方便，将微生物分门别类地排列成一个系统。因此，对分类依据的研究和探讨极其重要。传统的分类方法的分类依据主要有以下几个方面。

(1) 形态特征　菌体形态特征包括个体特征和群体特征。个体特征包括在显微镜下的细胞大小、形状、排列方式、能否运动、鞭毛着生部位和数目、有无芽孢及其着生部位和形状、有无荚膜，放线菌和真菌繁殖器官的形状、构造、孢子数目、形状、大小、颜色和表面特征等。

菌落是菌株在一定的培养基中的群体特征。分类依据有固体培养基上菌落的形状、大小、颜色、光泽、黏稠度、隆起情况、透明度及边缘特征。此外，是否分泌水溶性色素、质地、移动性和气味也是重要的特征。在半固体培养基上穿刺接种后的生长及运动情况，在液体培养基中培养液是否混浊及混浊程度，表面有无菌膜，有无沉淀及其沉淀的形态，有无气泡产生，培养液的色泽变化等也都是菌体的群体特征（即培养特征）。

(2) 生理和生化特征

① 营养来源　不同微生物有不同的营养要求。可以根据微生物对营养的不同利用能力来区分微生物。可以试验多种糖能否被微生物作为碳源和能源利用，以及微生物对特定有机化合物和 CO_2 的利用能力。对于氮源，看其是利用蛋白质、蛋白胨、氨基酸或铵盐、硝酸盐中的氮，还是大气中的游离氮。

② 代谢产物　不同微生物，因生理特性不同会产生不同的代谢产物。因此，检测其代谢

产物，可以鉴别不同的微生物。例如在培养基中检测微生物有否形成有机酸、有否产生气体，能否分解色氨酸产生吲哚，能否使硝酸盐还原产生亚硝酸盐或氨，能否产生色素或抗生素等。

③ 与温度和氧气的关系　不同微生物需不同的生长温度，对氧气的要求也不完全相同。有嗜热菌，嗜冷菌，嗜温菌之分，也有好氧菌，厌氧菌和兼性好氧菌之分。

(3) 血清学反应　有时确定微生物的种，尤其是亚种，仅依据形态、生理生化等特征很难区分开，因此，常需借助血清学反应。就是将已知菌种、型或菌株制成抗血清，根据它是否与待鉴定对象发生特异性血清反应鉴别未知菌。此反应也用于病毒分类，尤其是噬菌体分类。一般的噬菌体都是良好的抗原，把它注射到动物体内可以产生特异性抗体。噬菌体和抗体间的反应和其他常见的抗原抗体反应相似。

(4) 生态特性　微生物与其他生物的寄生或共生等关系往往有一定专一性，常常也作为分类的依据。如根瘤菌属的分类主要以其共生对象作依据。细菌的致病性在分类上也有一定的重要性。另外，微生物在自然界的分布，是否耐高渗、是否嗜盐性等，有时也作为分类的参考依据。

(5) 生活史 (life cycle)　亲代个体经一系列生长、发育阶段而产生子一代个体的全部经历，就称为该生物的生活史或生命周期。微生物个体发育的阶段变化也是分类鉴别的重要依据。

(6) 对噬菌体的敏感性　与血清反应类似，各噬菌体有严格的寄生范围，所以根据菌体对噬菌体的敏感性，可以区分不同类型的微生物。

2.2.1.2 现代微生物分类方法

随着分子生物学的发展，许多新技术、新方法用于微生物的分类，这些方法不再局限于外部形态、生理生化反应，而是深入研究细胞内部，如核酸、蛋白质、脂肪和糖类。触及生物的化学本质问题。但是其手续繁杂，代价高昂，在发现规律性方面还有待于进一步研究。目前还不能在微生物分类中普遍应用。现代分类法的分类依据主要有以下几方面。

(1) 核酸分析　DNA 是遗传物质的携带者，它决定生物的表型。遗传信息在 DNA 中的存在形式表现为 DNA 的碱基数目及其排列顺序。亲缘关系越远的种，其碱基数目和排列顺序相差越大。所以确定了碱基的数目和序列即可确定“种”。

同种生物的 DNA 碱基对的顺序和数量，在细胞中比例是稳定的，不受年龄和外界影响，所以通过测定 DNA 的碱基比例（G+C 的百分比值），可以判断微生物种属间的亲缘关系的远近。各类微生物的 G+C 比值变化幅度为 27%～75%（摩尔分数），表 2.2.1 列出了部分微生物的 G+C 含量。任何两种微生物的 G+C 含量相差 10%以上，这两种微生物就肯定不属于同一个种。然而完全不相关的两种微生物，也可能有相同的或相近的 G+C 含量，因此，在分类中使用 G+C 含量这一性状时，一定要注意与其他性状相结合。

表 2.2.1　一些微生物的 G+C 含量

菌种		G+C 的摩尔分数/%	菌种		G+C 的摩尔分数/%
细菌	大肠杆菌(*Escherichia coli*)	50～52	霉菌	米曲霉(*Aspergillus oryzae*)	52.5
	伤寒沙门杆菌(*Salmonella typhi*)	50～53		产黄青霉(*Penicillum chrysogenum*)	51～54.5
	短乳杆菌(*Lactobacillus brevis*)	45.5		大毛霉(*Mucor mucedo*)	29.5
	铜绿假单胞菌(*Pseudomonas aeruginosa*)	64～67		二孢蘑菇(*Agaricus bisporus*)	44
放线菌			酵母菌	酿酒酵母(*Saccharomyces cerevisiae*)	37～42
	灰色链霉菌(*Streptomyces griseus*)	69.5～73		异常汉逊酵母(*Hansenula anomala*)	36～37
	丙酸放线菌(*Actinomyces propionici*)	66.5		白假丝酵母(*Candida albicans*)	34～35
	星状诺卡菌(*Nocardia asteroides*)	64～69.5		深红酵母(*Rhodotorula rubra*)	66～68.5

G+C比值已在细菌和酵母的分类中应用，在指导细菌分类中特别有用。根据G+C含量已查出过去曾认为是密切相关的有机体之间有着重要的差别。如芽孢杆菌属由好氧性、革兰阳性、形成芽孢的细菌组成。多年来它们曾被认为是同源的类群。然而，通过DNA碱基成分的检测，发现这个属中的不同成员间，在G+C含量上的差别很大，G+C的百分比值从32%到50%。这样芽孢杆菌属可能有重新分类的必要。另外，《伯杰氏鉴定细菌学手册》(Bergy's Mannual of Determinative Bacteriology，1923年来共发行九个版次）的第七版中根据能在37℃生长，石蕊牛奶反应和产生气味等特征，曾经将假单孢菌属产荧光、不液化明胶的类群划分成10个种，后来根据它们的DNA中G+C比值都是60%～63%，又结合转导传递测定等实验，证明它们应归并为一个种。《伯杰氏鉴定细菌学手册》第八版中，将这10个种归为恶臭假单孢菌（*Pseudomonas putida*）。但是在一些放线菌类群中，G+C比值的变化幅度不大，有的没有规律可循。

(2) DNA杂交试验　利用测定GC含量，只能确定含有不同碱基成分的微生物属于不同菌种，但是GC含量相同并不等于碱基序列相同，所以碱基含量相同的微生物可能不是同一个种。要进一步判断微生物间的亲缘关系，就必须比较不同来源DNA的碱基序列。

目前，比较碱基序列最简便的方法是DNA杂交。其原理是利用DNA解链和碱基配对的专一性，将不同来源的DNA在体外加热解链，并在合适条件下，使互补的碱基配对结合成双链DNA，然后根据能生成双链的情况，测定杂合百分率。如果两条单链DNA的碱基序列完全相同，则它们能生成完整的双链，即杂合率100%；如果两条链的碱基序列只是部分相同，则它们生成的“双链”含有部分单链，其杂合率小于100%。因此，杂合率越高，表示两个DNA之间碱基序列的相似性越高，说明它们之间的亲缘关系也就越近。如两株大肠杆菌的DNA杂合率可高达100%，而大肠杆菌与沙门杆菌的DNA杂合率较低，约70%。如图2.2.1所示，细菌1跟细菌3的GC含量均为70%，而细菌2的GC含量为60%，根据GC含量判断它们之间的亲缘关系，似乎细菌1和细菌3比细菌1和细菌2更为接近，但通过DNA杂合实验，发现DNA1与DNA2杂合时，杂合率为90%；而DNA1与DNA3杂合时，杂合率只有40%。据此可以确定细菌1跟细菌2比细菌1跟细菌3更为近似。这样，根据DNA杂合率，能进一步区分GC含量相同、但并不是相同种的微生物，或GC含量虽然不同而DNA同源性却很高的微生物。DNA杂合在建立自然分类系统中已经成为很重要的依据。

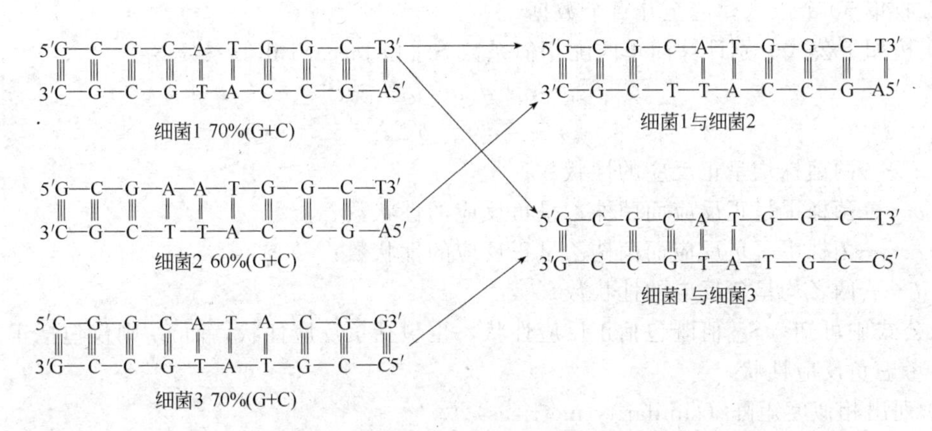

图2.2.1　细菌亲缘关系与G+C含量及DNA序列的关系

(3) 细胞壁成分分析　不同微生物的细胞壁，在其组成单位的物质基础或在结构方面有许多明显的特殊性。霉菌的细胞壁主要含有几丁质；而细菌细胞壁的主要成分是肽聚糖。革兰阴性菌细胞壁的肽聚糖含量较低，另外还有多肽、脂蛋白及脂多糖等；革兰阳性菌细胞壁肽聚糖的比例则较高，另外有蛋白质、多糖、磷壁酸和磷壁质等。同时，对肽聚糖中氨基酸性质和数量进行比较研究，也有助于革兰阳性菌的分类。

细胞壁成分分析也已经广泛用于放线菌的分类，并作为分属的依据。如白乐杰诺卡菌（*Nocardia pelletieri*）原来按其形态，有人认为应属诺卡菌属，而有人则把它列在链霉菌属。经细胞壁成分分析，发现白乐杰诺卡菌中有三株菌的细胞壁不存在作为诺卡菌属特征的阿拉伯糖，而含有链霉菌属特征的丙氨酸、谷氨酸、甘氨酸和2,6-二氨基庚二酸，从而证实这三株属于链霉菌属。近年来，有人对18个属的放线菌细胞壁进行了分析，根据细胞壁的氨基酸组成，将它们分成6个细胞壁类型；同时又根据细胞壁的糖组成，分成了4个糖类型。再结合形态特征，提出了相应的科、属的检索表。

（4）红外光谱　利用红外光谱测定物质的化学结构已成为一种常规的方法，一般认为每种物质的化学结构都具有特定的红外光谱。若两个样品红外吸收光谱完全相同，可以初步认为它们是同一种物质。所以，利用红外光谱技术测定微生物的化学成分，也能用于微生物分类。利用红外技术，曾先后对芽孢杆菌、乳杆菌、大肠杆菌和酵母菌进行分类。如Kuroda等人将$2800\sim3000cm^{-1}$，$1650\sim1750cm^{-1}$，$1370\sim1550cm^{-1}$，$950\sim1250cm^{-1}$分别命名为Ⅰ、Ⅱ、Ⅲ、Ⅳ四个部位，把它们作为属的特征，将放线菌分成链霉菌属、放线菌属、诺卡菌属和分枝杆菌属。红外技术比较适用于“属”的分类，但不适于“种”间分类。红外技术的优点是简单快速，样品用量少。

2.2.1.3　数值分类法

数值分类法（numerical taxonomy）又称统计分类法（taxonometrics）是一种现代微生物分类方法。是根据与林奈同代人阿丹松（M. Adanson，1727～1806，法国植物学家）200年前发表的分类原理基础上借助现代的计算机技术而发展起来的。现代新阿丹松学派（new Adansonian）的代表人物Sneath自1956年将其用于细菌分类以来，不少国家都采用此法。它与传统分类法的区别主要是：第一，传统法采用的分类特征有主次之分，而数值法根据“等重要原则”，不分主次，通过计算菌株间的总相似值来分群归类；第二，传统法根据少数几个特征，采用双歧法整理实验结果，排列出一个个分类群，而数值法采用的特征较多，一般是50～60个，多的则达到100个特征以上，进行菌株间两两比较，数据处理量较大，需借助于计算机才能实现。该方法的基本步骤是：

① 收集50个以上，甚至几百个数据。

② 按如下公式分别计算简单匹配相似系数S_{sm}和Jaccard相似系数S_J：

$$S_{sm}=a+d/a+b+c+d$$

$$S_J=a/a+b+c$$

式中　a——两菌株均呈正反应的性状数；

b——菌株甲呈正反应而菌株乙呈负反应的性状数；

c——菌株甲呈负反应而菌株乙呈正反应的性状数；

d——两者均呈负反应的性状数。

从公式中可知，S_{sm}值既包括正反应性状，也包括负反应性状，而S_J则仅包括正反应性状，不考虑负反应性状。

③ 列出相似度矩阵（similarity metrices）。

大量的菌株比较时，可借助计算机，并在计算机中构成相似性矩阵。对所研究的各个菌株都按配对方式计算出它们的相似系数后，可将所得数据填入相似度矩阵中，见图2.2.2（a）。为便于观察，应该将该矩阵重新安排，使相似度高的菌株列在一起，见图2.2.2（b）。

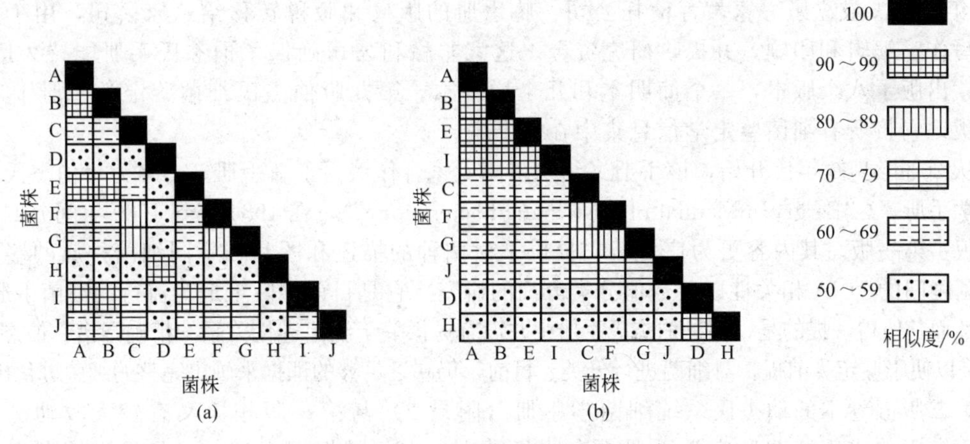

图 2.2.2 10个菌株的相似度矩阵

④ 将矩阵图转换成树状谱（dendrogram）。

矩阵图转换成树状谱后，为根据数值关系判断分类关系提供了更直观的材料。见图2.2.3。图中垂直的虚线表示各菌株相似度水平，可用作属与种两个不同层次的分类单元。

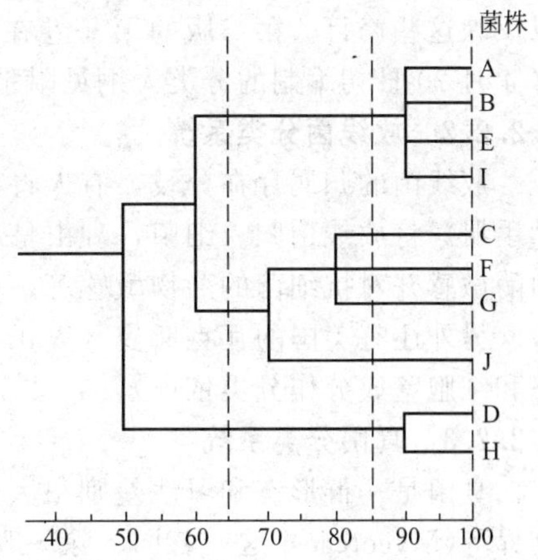

图 2.2.3 10个菌株间相似关系的树状谱

数值分类法具有很多优点，与传统法相比，得到结果偏向少，并且它是以分析多数特征为基础的方法，比只以少数特征为基础的方法，所提供的分类群更稳定。同时，有些分类群在数值法和传统法之间已显示出很好的关联度。但是也有人认为数值法这种主次不分的分类方法不能突出主要矛盾，未必能真正地反映微生物“种”的特征。另外，现代的分类方法还存在一些技术和方法上的问题，仍处于探索阶段。在目前条件下，应用最广泛的仍是实用而且简单的传统分类方法。数值分类法与传统分类法的比较见表2.2.2。

表 2.2.2 数值分类法与传统分类法的比较

项　目	传统分类法	数值分类法
分类原则	所用特征有主次之分	所用特征无主次之分
鉴定项目	较少	大量(50到数百)
数据整理	人工统计	计算机运算
检索方法	使用双歧检索表	根据相似系数大小
确定种属	主要特征相同者为同属，次要特征相同者为同种	相似系数小者为同属，相似系数大者为同种

2.2.2 微生物的分类系统

由于技术和认识上的原因，微生物分类还处于多种分类系统共存的状态。还没有一个分类系统能包括所有微生物。下面介绍的是为多数人所接受的一些分类系统。

2.2.2.1 细菌的分类系统

有一些较全面的细菌分类系统，如美国的《伯杰氏手册》，前苏联的克拉西里尼科夫著的《细菌和放线菌的鉴定》（1949）和法国普雷沃（Prévot）编写的《细菌分类学》（1961）。其中最有影响力的还是《伯杰氏手册》。它1923年出版第一版，名为《伯杰氏鉴定细菌学手册》（“Bergey’s Manual of Determinative Bacteriology”）伯杰（David H. Bergey）任主编。

1936 年，伯杰成立了一家教育信托公司，将手册的版权和版税转移给这家公司，用于新版本的写作、编辑和印刷，并提供研究资金。这家非赢利公司确保了伯杰氏手册能持久运作。接着，出版了八个版本，一个简明本和几个增补本。第九版伯杰氏细菌鉴定学手册于 1994 年出版，它将所有细菌鉴定学信息集中在一卷中。

从 20 世纪 80 年代开始，该手册又组织多国专家合作编写了新手册，书名为《伯杰氏系统细菌学手册》（“Bergry's Manual of Systematic Bacteriology”），在 1984 年到 1989 年间分四卷陆续出版了第一版。其内容更为广泛。它提供了对菌种的描述和图片，不同细菌种属的鉴定方法，菌种间的 DNA 相关性以及数值分类方面的研究。它是目前国际上最为流行的细菌手册。

然而，值得一提的是，两种伯杰氏手册中并没有提供关于细菌进化关系的精确图谱。伯杰氏手册还是以便于鉴定为前提，对细菌进行分类。目前，仍缺乏足够的证据来画出完整的细菌进化树。

第二版五卷本的伯杰氏系统细菌学手册（附录 2）与第一版相比又有较大改动，与第八、第九版伯杰氏细菌鉴定学手册也有明显区别。它不是根据表型，而是以系统发生（进化）的框架为基础。参照了 16S rDNA 的序列。编辑们预计在手册第一卷到最后一卷出版的 5、6 年间，可能会再发现 100 多个新属。他们会不断修订错误，在后继出版的各卷中，出一个新的分类大纲。伯杰氏手册公司的网站（www. cme. msu. edu/bergeys）也会定期更新以反映这些修订。第二版的第一卷在 2001 年 5 月出版；第二卷在 2004 年 2 月出版。2001 年 4 月 20 日初编制的分类大纲见附录 2。

2.2.2.2 放线菌分类系统

放线菌的归属存在分歧，有人将其划到细菌，也有人认为它是霉菌。《伯杰氏系统细菌学手册》将放线菌归入细菌，理由是放线菌无核膜、菌丝直径小且与杆菌的直径相近、对溶菌酶敏感并对抗细菌的药物敏感等。

另外还有美国的瓦克斯曼（Waksman）分类系统和美国的 Lechevalier 分类系统（以形态和细胞壁成分作分类依据）。

2.2.2.3 真菌分类系统

真菌是一群形态和习性差别很大的微生物，约有十几万种。1990 年我国学者提出“菌物界”（Myceteae）这一名词。除一般真菌外，它还包括一些既不宜归入动物，也不宜归入植物，又不同于一般真菌的真核生物，如黏菌和卵菌。所以，菌物是广义的真菌。是一大群无叶绿素、依靠细胞表面吸收有机养分、细胞壁常有几丁质的真核微生物。

真菌有性繁殖的特点也有较大的不同，这些特征都是真菌的分类依据。针对真菌的分类系统很多，看法各不相同。自 1729 年 Michei 首次对真菌进行分类以来，有代表性的真菌分类系统不下十余种。

目前为学术界广泛采用的是 Ainsworth 分类系统（真菌字典，第七版，1983）。该系统将菌物界分成黏菌门（*Myxomycota*）和真菌门（*Eumycota*）两个门。真菌门又分成五个亚门。

Ainsworth 分类系统（第七版，1983）：

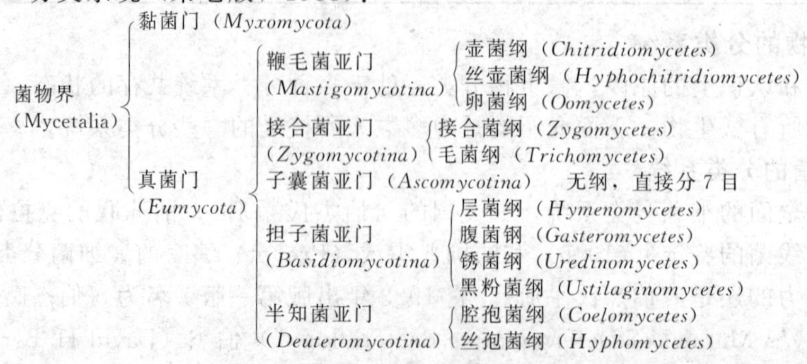

在 Ainsworth 分类系统第八版（1995）中又做了较大的变动。

Ainsworth 分类系统（第八版，1995）：

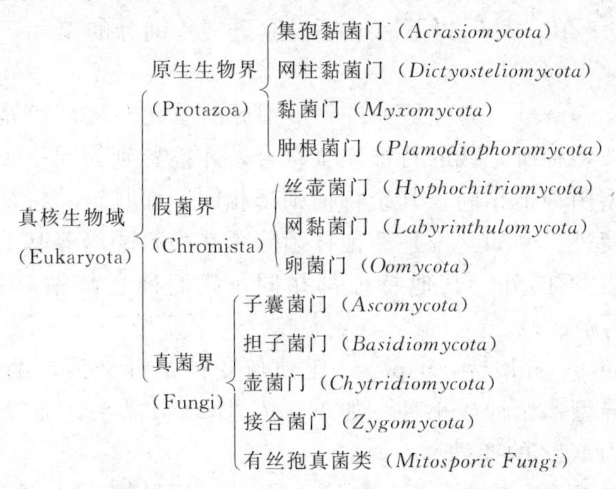

霉菌（Molds）不是分类学名词，而是俗名。是一类在营养基质上生长形成绒毛状、蜘蛛网状和絮状的真菌的统称。在第七版 Ainsworth 分类系统中，霉菌分属于鞭毛菌亚门、接合菌亚门、子囊菌亚门和半知菌亚门。真菌分类的重要依据是有性孢子特征。半知菌是一类缺乏有性阶段的真菌，也可以认为是一类尚未发现或已消失有性阶段的真菌。在第八版 Ainsworth 分类系统中，半知菌称为有丝孢真菌。

酵母菌（Yeasts）也不是分类学名词。它是指以芽殖为主，大多数为单细胞的一类真菌。在分类学上，它分属于子囊菌亚门、担子菌亚门和半知菌亚门。

2.2.3 微生物的命名法则

生物分类就是把各种生物按其亲缘关系分群归类，形成一个系统，并给每一个种冠以一个严格的名称。这就要求有一个统一的，为大家所理解的分类单位和命名法则。

和动植物分类一样，微生物的分类单位依次为界（kindom）、门（phylum）、纲（class）、目（order）、科（family）、属（genus）和种（species）。在各分类单位之间有时也可增设次要分类单位，如：亚门、亚纲、亚目，在科和属之间可加“族”。上述分类单位中以“种”概念的界定最为关键。

(1) 种的概念　在微生物尤其在原核微生物中，关于“种”的概念，人们有不同的看法。至今还没有一个公认的、明确的“种”的定义。伯杰氏手册对细菌“种”定义为：典型培养菌及所有与它密切相同的其他培养菌一起称为细菌的一个“种”。

上述定义可以通俗地理解为种是一个分类的基本单位。它是一大群表型特征高度相似、亲缘关系极其接近、与同属内其他种有着明显差异的菌株的总称。在微生物分类学中，一个种只能用该种内的一个典型菌株（type strain）来作为具体标本，这个典型菌株就是该种的模式种（type species）。

不管人们怎样理解“种”的概念，“种”都客观存在而且相对稳定。但是，另一方面，生物又是在不断变化的。同一生物的不同个体，由于所处的环境不同，其本身或后代会出现一些变异。同种生物个体间的差异是形成新种的前奏，当变异达到质变程度时就形成了新种。一定条件下，物种将保持相对稳定，这是物种存在的根据，使生物的分类有据可循，而“变”则是物种发展的需要，但也给分类工作带来很大的困难。例如，如何鉴别种内变化与种间变化的差异，还存在着混乱的认识，种的范围至今还难以明确。

随着微生物分类学的发展，人们越来越清楚地看到种的定义应建立在遗传物质即 DNA

的基础上，把 DNA 同源性的大小作为划分种的依据。但是，这会对分类学的实际应用和对历史遗产的继承带来一定的困难。

(2) 种以下的概念　在“种”以下有时还设立进一步细分的单元，如：变种、亚种、菌株、型等。

① 变种（variety，Var.）　变种是种进一步细分的单元。从自然界分离到某一微生物的纯种，必须与已知的典型种所记载的特征完全符合，才能鉴别为同一个种。有时分离到的纯种却有某一特征与典型菌种不相同，其余特征则都相同，而且这一特征又是稳定的，我们称这一纯种为典型种的变种。例如：一种芽孢杆菌除了在酪氨酸培养基上产生黑色素这一特征与典型的枯草芽孢杆菌不同外，其他特征都相同，我们称它是枯草芽孢杆菌的黑色变种（*Bacillus subtilis Var. niger*）。

② 亚种（subspecies，subsp.，ssp.）　亚种与变种是近义词，两者经常混用。有时我们将实验室获得的变异型称亚种或小种。如 *E. coli*“K12”品系，通过实验室处理得到氨基酸缺陷型，我们称其为 K12 的亚种。

③ 型（type）　型的概念已较少使用。自然界同一地区可能有同一种微生物的各种类型，它们之间的差异往往不像变种那么显著。例如：结核杆菌依其寄主不同分为人型、牛型和禽型。

④ 菌株或品系（strains）　菌株表示任何由一个独立分离的单细胞（或病毒粒子）繁殖而成的纯种群体及其一切后代，即同种微生物的每个不同来源的纯培养物。自然界不存在二个绝对相同的个体。我们从自然界分离到的微生物纯培养尽管是同属中的一个种，但由于来源不同，它们之间总会出现一些细微差异。由此可见，菌株的数量几乎是无数的，菌株强调的是遗传型纯的谱系。菌株与克隆（无性繁殖系）概念相似。同一菌种的不同菌株间，作为分类鉴别的主要性状是相同的，但是非鉴别用的“小”性状可以有很大的差异，尤其是生化性状，如代谢产物（抗生素、酶、有机酸等）的产量性状等。

菌株实际上是某一微生物达到“遗传性纯”的标志。一旦某菌株发生自发突变或经诱变、杂交或其他方式发生遗传重组后，均应确立新的菌株名称。

⑤ 群（group）　自然界常发现有些微生物的种类特征介于两种微生物之间，彼此不易严格区分，或者在研究的某一阶段还不准备作进一步鉴定，我们就把这两种微生物和介于它们之间的种类统称为一个“群”。如大肠杆菌和产气杆菌两个种区别明显，但是，自然界还存在许多介于这两种细菌之间的中间类型，就可以把它们称为大肠杆菌群。

(3) 学名　每一种微生物都有自己的名字，而且往往同时具有俗名（common name）和学名（scientific name）。俗名指普通的、通俗的、地区性的名字，具有简明和大众化的优点，但往往含义不够明确，易于重复，使用范围有限。例如“结核杆菌”（tubercle bacillus）用于表示结核分枝杆菌（*Mycobacterium tuberculosis*）、“绿脓杆菌”表示铜绿假单胞菌（*Pseudomonas aeruginosa*）、“白念菌”表示白色假丝酵母（*Candida albicans*）、“金葡菌”表示金黄色葡萄球菌（*Staphyloccus aureus*）、“丙丁菌”表示丙酮丁醇梭菌（*Clostrium acetobutylicum*）及“红色面包霉”表示粗糙脉孢菌（*Neurospora crassa*）等。

为了便于交流和避免混淆，就需要有一个统一的命名法则，给每种微生物取一个为大家公认的科学用名，即学名。微生物命名和其他高等动植物一样，采用林奈（Linnaeus）双名法（binomal system of nomenclature）。《国际细菌命名法规》颁布了国际学术界公认并通用的正式名字。一个微生物学工作者必须熟悉一批常见、常用微生物的学名，这不仅因为它们是国际通用的名字，而且可以在阅读文献和听取各种专业报告时，通过自己所熟悉的学名而立即联想起有关该菌的一系列生物学知识和实践应用知识，从而提高自己的业务工作能力。

一个种的学名由两个拉丁或希腊词或拉丁化的其他文字组成。通常由一个属名加一个种名构成。第一个字为属名，字首大写，通常是拉丁字的名词，用来描述微生物的主要特征，如形态、生理等；第二个字为种名，字首小写，往往是拉丁字的形容词，用来描述微生物的次要特征，如颜色、形状和用途等。但有时属名或种名也用人名或地名表示。在出版物中学名应排成斜体字，也可在学名之下划一条横线，以表示它应该是斜体字母。根据双名法的法规，出现在分类学文献中的学名，后面往往还应该加上首次定名人（用括号注）、现名定名人和现名定名年份，以避免发生同物异名或同名异物。但在一般使用时，这几个部分总是省略的。学名的完整表示方法是：

学名=*属名+种名加词*+（首次定名人）+现名定名人+定名年份

必需，用斜体排字　　　　可省略，用正体排字

例如：*Saccharomyces cerevisiae* 是啤酒酵母（bear yeast）的一种，酵母将糖转化为乙醇，酵母又是真菌，所以，用表示糖的拉丁字“Saccharo”，和表示真菌的希腊字“myces”组合成它的属名，“cerevisiae”来源于拉丁文的酿酒人的意思；*Saccharomyces cerevisiae* Hansen 中的 Hansen 是命名人的姓；*Saccharomyces carsbergensis* 中的种名 *carsbergensis* 用地名表示，因为该种是在丹麦的卡尔斯伯啤酒厂分离到的。

为了简便起见，有时可将属名用首位 1～3 个字母缩写并加一句号表示。如 *Saccharomyces* 可缩写成 *S*. 或 *Sar*.，即 *Sar. cerevisiae*＝*Saccharomyces cerevisiae*。当泛指某一属的微生物，而不特指某一具体种（或没有种名）时，可在属名后加 sp.（species 的单数）或 spp.（species 的复数）。如 *Saccharomyces* sp. 表示一种酵母菌。

菌株名称都在学名（即只有属名和种名）的后面自行加上数字、地名或符号等。例如：生产蛋白酶的栖土曲霉有栖土曲霉 1186，栖土曲霉 3942，它们在酶产量上有差异。枯草芽孢杆菌的两个菌株：*Bacillus subtilis* AS1.398 是蛋白酶生产菌，而 *Bacillus subtilis* BF7658 是 α-淀粉酶生产菌；丙酮丁醇梭菌的一个菌株命名为 *Clostridium acetobutylicum* ATCC824。表示菌株的符号有的是随意的，有的是研究机构的名称缩写。如前述的“BF”为“北纺”，即北京纺织工业局科学研究所。有的是菌种保藏机构的缩写，如“AS”为 Academia Sinica（中国科学院），“ATCC”即 American Type Culture Collection（美国模式菌种保藏中心）。

在少数情况下，即当该种是一亚种（subspecies，简称“subsp.”，排成正体字）和变种（variety，简称“var.”，排成正体字）时，学名就应按照“三名法”构成，即：

学名=*属名+种名加词*+（subsp. 或 var.）+*亚种（或变种）的加词*

排成斜体　排成正体，但可省略　　排成斜体

例如：*Bacillus thuringiensis* subsp. *galleria* 表示苏云金芽孢杆菌蜡螟亚种；*Saccharomyces cerevisiae* Hansen *ellipsoideus*（Hansen）Dekker 表示汉斯酿酒酵母的椭圆形变种，原来由 Hansen 定名，后来 Dekker 将其划为椭圆变种。变种名前，有时可加 Var.，如：*Candida lipolytica*（Harrison）Diddens et lodder Var. *lipolytica* 表示解脂假丝酵母解脂变种。

在实际工作中获得并鉴定了一个新种（sp. nov. 或 nov. sp.，是 species nova 的缩写）并按照法则命名发表时，应在其学名后附上“sp. nov.”符号。例如，由我国学者筛选到的谷氨酸发酵新菌种 *Corynebacterium pekinense* sp. nov. AS1.299（北京棒杆菌 AS1.299，新种）和 *C. crenatum* sp. nov. AS1.542（钝齿棒杆菌 AS1.542，新种）等。在新种发表前，模式菌株的培养物就应存放在一个永久性的菌种保藏机构，并允许人们从中获得该菌种。

2.3　原核微生物的形态

认识形态是认识微生物的第一步，在微生物学研究和发酵生产中，必须熟悉常见和常用

微生物的形态，能够区分培养菌和污染菌。微生物类群庞大、种类繁多，包括了细胞型和非细胞型。细胞型按其细胞结构又可分为原核微生物和真核微生物，因此要做到能认识微生物形态并不是一件轻而易举的确事，需要不断学习、不断积累实践经验。

2.3.1 微生物细胞

细胞几乎是所有生物的基本结构单位。所有细胞都含有蛋白质、核酸、脂类、多糖等物质，它们起源于一个共同祖先——原始细胞。经过几百万年进化，发展成了千姿百态的细胞类型。细胞形态的变化很大。小的细胞必须借助于显微镜才能观察到，支原体的直径仅0.2μm，大肠杆菌（约2μm长）比最小的原核细胞大10倍。动物细胞平均长度20μm，又比大肠杆菌大了10倍。植物细胞平均达35μm。除极少数例外，细胞的宽度几乎都不超过50μm。一些特别巨大的细胞如最大的眼虫藻长度达200μm、鸵鸟蛋为170mm×135mm，其蛋黄的宽超过70mm（已知最大的单细胞）、长颈鹿的神经细胞的长度可超过3m。生物细胞大小的比较见图2.3.1。微生物细胞大小变化也很大，图2.3.2是原核微生物细胞大小的变化。

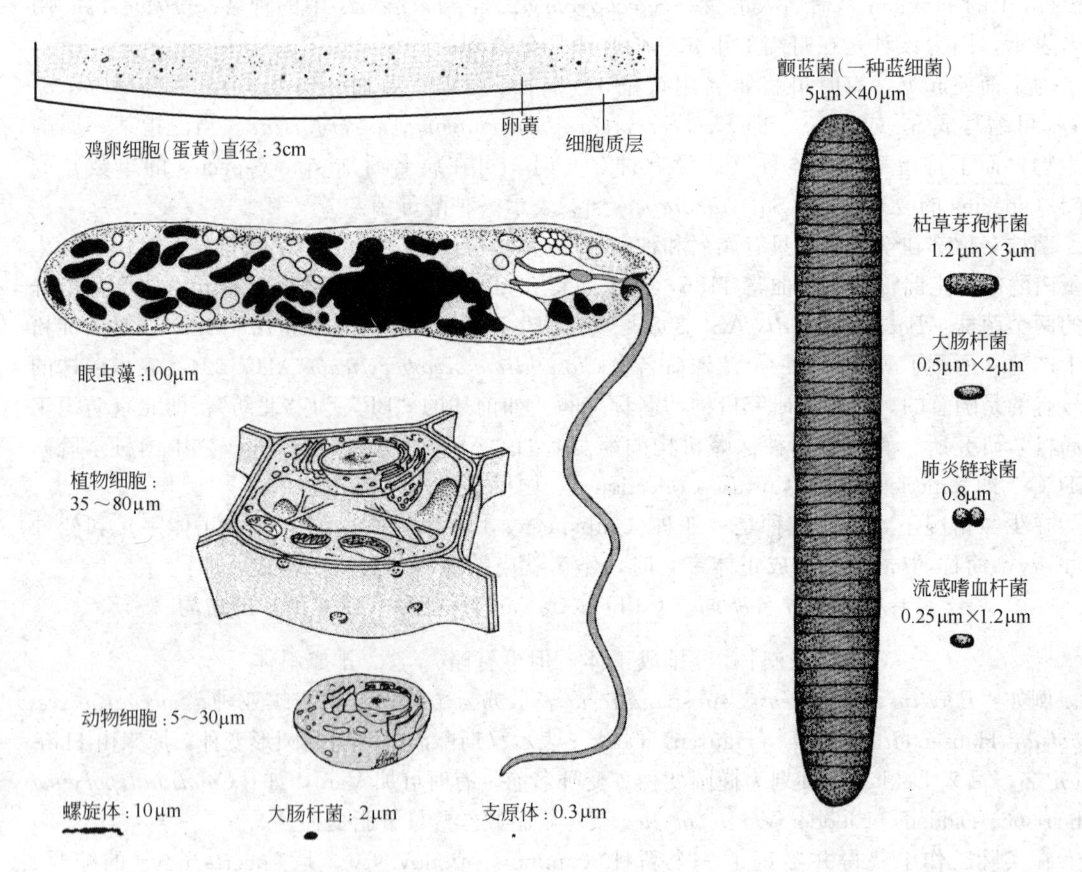

图2.3.1 生物细胞的大小变化　　图2.3.2 原核微生物细胞大小比较

除病毒等非细胞生物外，微生物分属原核生物（procaryotes）和真核生物（eucaryotes）。真核细胞与原核细胞的区别在于核。“pro”意思是“before”（前），“eu”的意思就是“true”（真），“karyo”的意思就是“nucleus”（核）。真核细胞有核膜和核仁，遗传物质以染色体形式存在。原核细胞没有核膜和核仁，没有真正的核结构，它的遗传物质只是一条裸露的DNA。由于新技术和新概念的应用和发展，对原核微生物和真核微生物细胞的细微结构及功能有了比较深入的认识。两者的主要区别见表2.3.1。

表 2.3.1 原核细胞与真核细胞的比较

结构与功能	原核细胞	真核细胞
核结构、功能		
核膜	无	有
核仁	无	有
DNA	单分子，裸露，没有组蛋白	组成多个染色体，通常与组蛋白结合
基因中的内含子	稀有	普遍
分裂方式	无丝分裂，没有有丝分裂，没有减数分裂	有丝分裂，有微管，纺锤体；有减数分裂
有性生殖	不连续过程，无减数分裂，只有部分遗传互补体重组	连续过程，减数分裂，全部染色体互补体的重组
遗传重组方式	转化，转导，接合	有性生殖，准性生殖
细胞质结构		
质膜	常缺少固醇	常含固醇
内膜	简单，有中体，无线粒体	复杂，有内质网，高尔基体，溶酶体，叶绿体（光能生物）
核糖体	70S	80S，线粒体和叶绿体的核糖体为70S
气泡	有些种有	无
呼吸系统（氧化磷酸化）	原生质体膜或中体的一部分，无线粒体	在线粒体中
细胞壁的主要成分	肽聚糖、脂多糖、脂蛋白	几丁质，纤维素或没有细胞壁
细胞大小	一般小，直径通常小于2μm（1～10μm）	通常大，直径从2μm到大于100μm
鞭毛	鞭毛亚显微大小，每根鞭毛由分子大小的一根纤维组成	鞭毛或纤毛，显微大小，由微管成分组成（9＋2型，有膜）
非鞭毛	滑动	滑动
微管	可能没有	广布于鞭毛、纤毛基体、有丝分裂纺锤体器和中心粒

2.3.2 染色技术

大多数微生物细胞极其微小又十分透明，用水浸片或悬滴观察法在光学显微镜下进行观察时，只能看到大体形态和运动情况。若要在光学显微镜下观察其细微形态和主要构造，一般都要对细胞进行染色。即用染料（dye）将细胞染色，以增加在明视野显微镜下的反差，以便于观察细胞的形态。微生物染色法种类很多，可概括如下：

- 微生物染色法
  - 死菌
    - 正染色
      - 单染
      - 复染
        - 革兰染色法
        - 芽孢染色法
    - 负染色 荚膜染色法
  - 活菌：用美蓝或TTC（氯化三苯基四氮唑）等作活菌染色

2.3.2.1 正染和负染

利用染料与细胞组分结合而进行的染色过程称为正染（positive strain）。它可分为简单染色（simple srain）和复合染色（differential strain）两种。若一个生物材料只用一种染料染色称为单染；采用两种以上的染料对细胞的不同结构进行复合染色，使各种细胞通过染色后呈现差异的染色过程称为复染或差染。如：革兰染色，芽孢染色等。

负染（negative strain）与正染的结果相反，细胞不染色而使背景染色，以便看清细胞的轮廓。这些染料不能与细胞组分结合，为不透明染料。如：印度墨水（India ink），碳素墨水等。

2.3.2.2 染料

大多数染料都是有机化合物（中性有机盐）。可分为以下三种类型：

① 碱性染料（basic dye）或称带正电染料　这类染料较常使用，染料的碱基（即阳离子部分）会是发色基团，可与细胞中酸性组分（带负电的）结合，如核酸和酸性多糖等。有的菌体蛋白质的等电点 pI 为 4～5，在 pH＞pI 条件下，带负电。菌体细胞表面一般也带负电。这样碱性染料可与一些蛋白和细胞表面结合。这类染料有孔雀绿（又称碱性绿，malachite），结晶紫（crystal violet），碱性品红（又称复红，basic fuchsin），沙黄（safranin）和美兰（methylene blue）等。

② 酸性染料（acidic dye）或称带负电染料　酸性染料与碱性染料正好相反。染料的酸根（即阴离子部分）为发色结构，它可与细胞中带正电的组成成分结合，如许多蛋白质。这类染料有伊红（eosin），酸性品红（acidic fuchsin）和刚果红（Gango red）等。

③ 其他染料　如脂溶性染料（如苏丹黑 Sudan black）可与细胞中脂类结合，可观测脂类的存在位置。

2.3.3 细菌

细菌（bacteria，bacterium）是一类细胞细而短（细胞直径约 0.5μm，长度约 0.5～5μm）、结构简单、细胞壁坚韧、以二等分裂方式繁殖和水生性较强的原核微生物。细菌是自然界分布最广、数量最多、与人类关系十分密切的一类微生物。也是工业微生物学研究的主要对象之一。

2.3.3.1 细菌的形态

细菌是单细胞微生物，它的形态就是细胞的形态。主要形态有球、杆、螺旋状，分别被称为球菌、杆菌、螺旋菌。

(1) 球菌（coccus）

细胞呈球形或近球形，见图 2.3.3。它分裂后形成的新细胞常保持一定的排列方式。这在细菌的分类鉴定上具重要意义。其按照排列形式主要可分为以下几种。

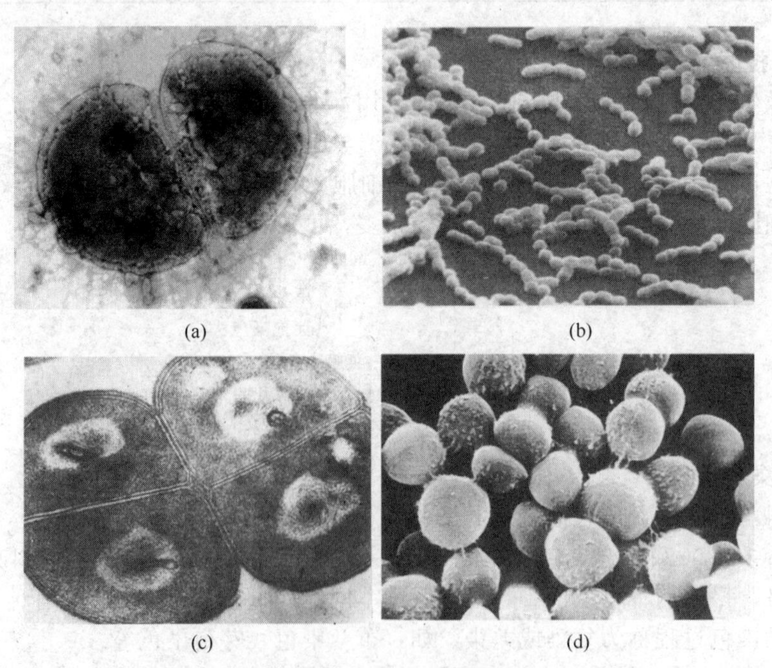

(a)　(b)　(c)　(d)

图 2.3.3　球菌的形态结构

(a) 双球菌；(b) 链球菌；(c) 四联球菌；(d) 葡萄球菌

① 单球菌　细胞分裂沿一平面进行，分裂后细胞分散而独立存在。如：尿素小球菌（*Micrococcus ureae*）。

② 双球菌　细胞分裂沿一平面进行，新形成的两个球形细胞成对排列。如：肺炎双球菌（*Diplococcus pneumoniae*）。

③ 链球菌　细胞分裂沿一平面进行，而第二次细胞分裂面与第一次分裂面平行。分裂后的细胞呈链状排列。如：溶血链球菌（*Streptococcus hemolyticus*）。链的长短往往也具特征性，例如乳链球菌（*Streptococcus lactis*）每 2～3 个细胞形成一串，而无乳链球菌（*Streptococcus agalactiae*）则形成很长的链。

④ 四联球菌　细胞分裂沿两个相互垂直的平面进行，两次分裂后形成的细胞呈田字形排列。如：四联小球菌（*Micrococcus tetragenus*）。

⑤ 八叠球菌　细胞分裂沿三个相互垂直的平面进行，分裂后每八个细胞特征性地叠在一起呈一立方体。如：尿素八叠球菌（*Sarcina ureae*）。

⑥ 葡萄球菌　细胞分裂面不规则，新形成的多个球菌聚在一起，犹如一串葡萄。如：金黄色葡萄球菌（*Staphylococcus aureus*）。

上述细胞排列方式是细菌种的特征，但是某种细菌的细胞不一定全部都按照特定的排列方式存在，只是特征性的排列方式占优势。它们细胞间的连接也不是一成不变的，在某些生长阶段，细胞间连接消失。这也是细菌与多细胞生物的区别。

(2) 杆菌（bacillus）

细胞呈杆状或圆柱形。杆菌在细菌中种类最多。工业发酵生产用细菌大多数是杆菌。杆菌的长宽比例差异很大，有的粗短，有的细长。一般讲，同一种杆菌的粗细较为稳定，但是，它的长度经常随培养时间、培养条件的变化而呈较大的变化。

杆菌细胞常沿一个平面分裂，大多数菌体分散存在，为单杆菌，但有的杆菌呈长短不同的链状，见图 2.3.4。有的细胞一个紧挨一个，呈栅栏或八字状。根据杆菌形态变化常有以下不同名称：长杆菌（细胞长宽比较大）、短杆（或球杆）菌（细胞长宽比较小）、棒杆菌（细胞一端膨大，另一端细小，并常呈八字排列）、双杆菌（细胞成对排列）、链杆菌（细胞呈链状排列）、梭状杆菌（因细胞的中部有比杆菌直径大的芽孢存在，使细胞形如梭子）和芽孢杆菌（能形成芽孢）。有的杆菌菌体很直，有的稍弯曲，有的呈纺锤状。菌的两端也有特征性变化，有半圆、钝圆、平截、略尖形等形态，见图 2.3.5。

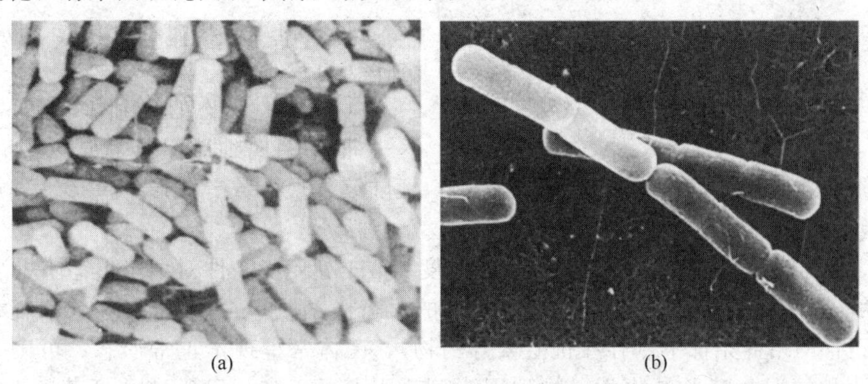

图 2.3.4　杆菌的细胞形态

(a) 单杆菌；(b) 链杆菌

(3) 螺旋菌（spirlla）

螺旋菌呈弯曲杆状，它们在细菌中种类较少，通常是病原菌。它们细胞壁较坚韧，菌体

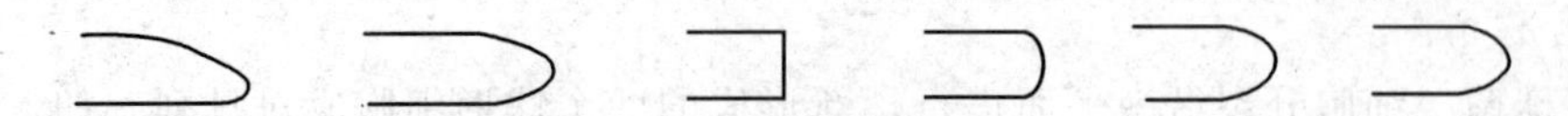

图 2.3.5 杆菌细胞两端的形态特征

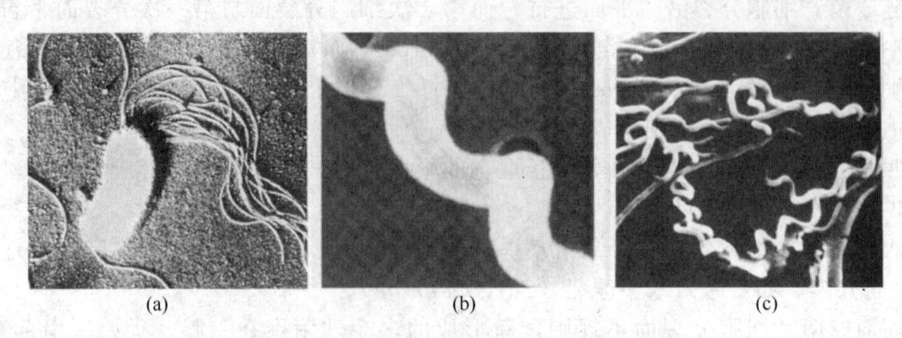

(a) (b) (c)

图 2.3.6 弧菌、螺菌和螺旋体的细胞形态

(a) 弧菌；(b) 螺菌；(c) 螺旋体

较硬，常以单细胞分散存在。按其弯曲程度可分为以下两种类型（图 2.3.6)：

① 弧菌（Vibrio） 菌体略弯曲，螺旋不满一环，呈香蕉状，往往有偏端单生或丛生鞭毛。如：霍乱弧菌（*Vibrio cholerae*），又名逗号弧菌（*Vibrio comma*）。这类菌与略微弯曲的杆菌较难区分。

② 螺菌（Spirillum） 菌体回转如螺旋状，螺旋满 2～6 环。螺旋程度、螺距随菌种而异，有的较短，螺旋紧密；有的较长，并呈较多的螺旋和弯曲，往往细胞两端有鞭毛。如：减少螺菌（*Spirillum minus*）。

值得注意的是，还有一类介于细菌和原生动物之间的原核微生物——螺旋体(spirochaeta)。它与螺旋菌的结构较接近，但因为没有细胞壁，所以菌体很柔软。其螺旋在 6 环以上，有的细胞中央有弹性轴丝。如：梅毒密螺旋体（*Treponema pallidum*）。

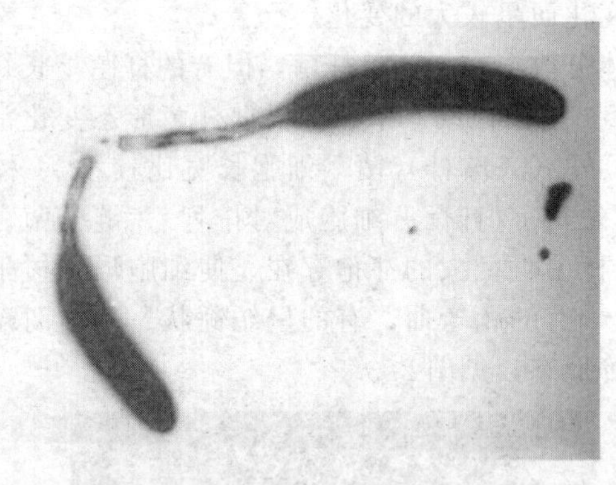

图 2.3.7 柄细菌（*Caulobacter bacterroides*，×9000）的形态

(4) 其他形态的细菌

柄细菌属细胞呈杆状或梭状，但有一细柄，可附着在基质上，见图 2.3.7。近年来，还陆续发现少数三角形、星形、方形和圆盘形等细菌，见图 2.3.8。

另外，培养时间、温度、培养基成分、浓度和 pH 等环境条件对细菌形态有非常明显的影响。一般处于幼龄及生长条件适宜时，细菌的形态整齐，呈正常的特征形态。而培养时间较长或不正常的培养条件下（存在抗生素等药物），菌体常呈现不正常形态。可以分为畸形和衰颓形两种情况。畸形是化学、物理因素刺激引起的。如：巴氏醋酸杆菌（*Acetobacter pasteurianus*）一般为短杆菌，培养温度变化可使其呈纺锤状、丝状、锁链状。衰颓形是由于培养时间过长，造成营养缺乏和代谢物积聚，引起细胞变形。如：培养时间过长的乳酪杆菌（*Bacillus casei*）从长杆形转变为分枝衰颓形。但这些都不是菌体的特征性形态结构，当转入新鲜培养基或在合适的培养条件下，菌体又会恢复原状。

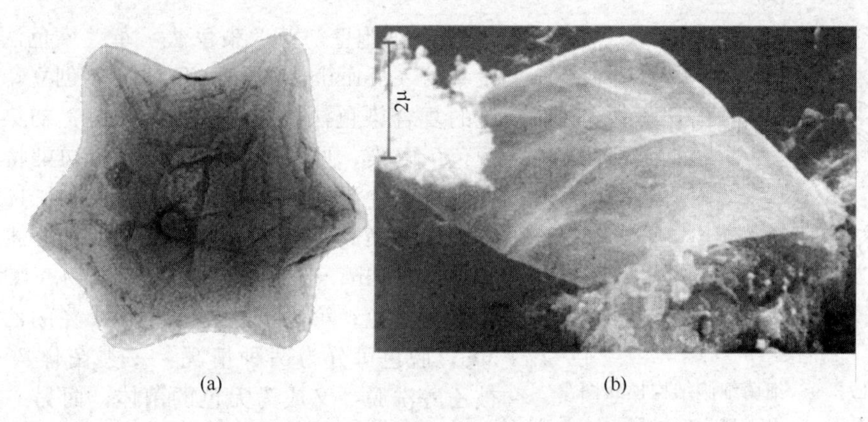

图 2.3.8 近年发现的稀有细菌形态
(a) 星形细菌；(b) 方形细菌——盐盒菌是一种嗜盐古生菌

2.3.3.2 细菌细胞大小

细菌细胞大小可利用显微镜中的测微尺测量，以微米（micrometer，μm）计。一般球菌测直径，杆菌测长和宽，螺旋菌也测长和宽，但其长度以弯曲形长度计，而不是真正的长度。通常球菌的直径 0.2～1.5μm（或 0.5～2μm），杆菌长 1～5μm，宽 0.5～1μm。例如：大肠杆菌（*E. coli*）细胞平均长度 2μm，宽度 0.5μm。1500 个 *E. coli* 头尾相接等于一粒 3mm 长的芝麻。10^9 个 *E. coli* 才达到 1mg 重。一些细菌的大小见表 2.3.2。从表中可知，产芽孢的细菌一般比不产芽孢的菌体大。

表 2.3.2 细菌细胞大小

菌名	直径或宽×长/(μm×μm)	菌名	直径或宽×长/(μm×μm)
乳链球菌(*Streptococcus lactis*)	0.5～1	嗜酸乳细菌(*Lactobacterium acidophilus*)	(0.6～0.9)×(1.5～6)
酿脓链球菌(*Streptococcus pyogenes*)	0.6～1	枯草芽孢杆菌(*Bacillus subtitus*)	(0.8～1.2)×(1.2～3)
金黄色葡萄球菌(*Staphylococcus aureus*)	0.8～1	炭疽芽孢杆菌(*Bacillus anthracis*)	(1～1.5)×(4～8)
最大八叠球菌(*Sarcina maxima*)	4～4.5	土拉巴斯德菌(*Pasteurella tularensis*)	0.2×(0.3～0.7)
旋动泡硫菌(*Thiophysa volutans*)	7～8	德氏乳细菌(*Lactobacterium delbr ücklii*)	(0.4～0.7)×(2.8～7)
大肠杆菌(*Escherichia coli*)	0.5×(1～3)	霍乱弧菌(*Vibrio cholerae*)	(0.3～0.6)×(1～3)
普通变形杆菌(*Proteus vulgaris*)	(0.5～1)×(1～3)	迂回螺菌(*Spirillum volutans*)	(1.5～2)×(10～20)
伤寒沙门杆菌(*Salmonella typhi*)	(0.6～0.7)×(2～3)		

影响菌体形态的因素也会影响菌体大小。除少数例外，一般幼龄菌比成熟菌或老龄菌的菌体大。如：培养 4 小时的枯草杆菌比培养 24 小时的细胞长 5～7 倍，但宽度变化不大。

细胞大小的测量结果只是近似值或平均值。因为细菌个体的差异、固定和染色方法的不同会造成测定结果有一定的误差。干燥和固定过程会使菌体明显收缩。如：巨大芽孢杆菌活体长是 3.7～9.7μm，染色后却只有 2.4～5.0μm。

2.3.3.3 细菌细胞的结构

细菌主要由细胞壁、细胞质膜、细胞质、拟核、内含物、中体、核糖体等构成，有的细菌还有：荚膜、鞭毛、线毛和芽孢等特殊结构。见图 2.3.9。

(1) 细胞壁　细胞壁（cell wall）是指细菌细胞的外壁。细胞壁坚韧而有弹性，内侧紧贴细胞膜，占细胞干重的约 10%～25%。

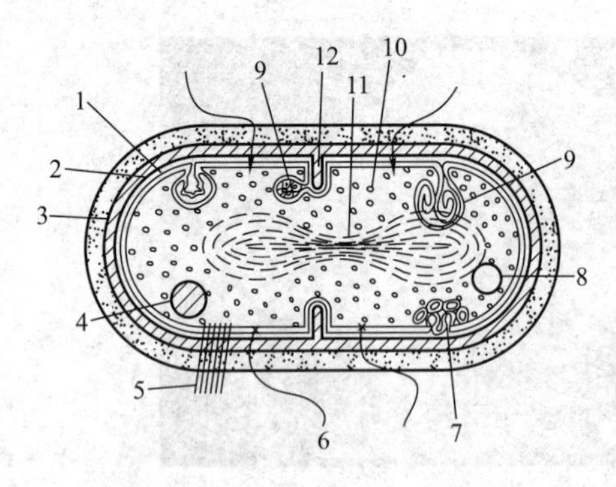

图 2.3.9 细菌细胞结构模式图

1—细胞质膜；2—细胞壁；3—荚膜；4—异染颗粒；5—线毛；6—鞭毛；7—色素体；8—脂肪滴；9—中体；10—核糖体；11—拟核；12—横隔壁

① 细胞壁与革兰染色法 革兰染色法由丹麦医生革兰（Christian Gram）于1884年创立，是细菌细胞的复合染色法。染色基本步骤是：初染—媒染—脱色—复染，见图2.3.10。第一步初染将经热固定的细菌涂片浸泡在草酸铵结晶紫溶液中1min，将整个细胞都染成紫色；第二步媒染是在上述涂片上加碘液浸3min，形成结晶紫-碘复合物，媒染后细胞仍然为紫色；第三步是脱色，用95%的乙醇浸涂片30s，脱色可分为两种情况：一类菌体染上的紫色被乙醇洗脱，又成为无色的菌体，而另一类菌体仍维持紫色；第四步复染中，用一种红色染料——沙黄（即番红，也可用其他红色染料代替）染色1～2min。结果第三步中已被脱色的菌体被染成红色，而未被脱色的菌体仍然是紫色。

经乙醇处理不褪色，保持初染时深紫色的菌体，称为革兰染色阳性菌（$GRAM^+$菌）；另一类经乙醇处理迅速脱去原色，而能染上沙黄颜色的菌体称为革兰染色阴性菌（$GRAM^-$菌）。革兰染色法在工业微生物学中有着十分重要的理论和实践意义。通过这一染色，可把几乎所有的细菌都分为两大类。因此，它是分类鉴定菌种的一个重要指标。又由于这两大类细菌在细胞结构、成分、形态、生理、生化、遗传、免疫、生态和药物敏感性等方面都呈现出明显的差异，因此，任何细菌只要通过很简单的革兰染色，即可获得不少其他重要的生物学特性方面的信息。

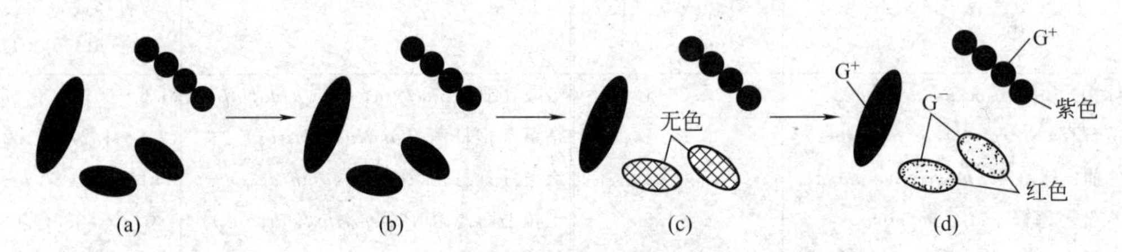

图 2.3.10 革兰染色法4步反应中的菌体颜色变化

(a) 初染；(b) 媒染；(c) 脱色；(d) 复染

② 细胞壁的结构 细胞经质壁分离并适当染色后可在光学显微镜下观察到细胞壁。而经超薄切片后置于电子显微镜下可更清晰地观察细胞壁结构，见图2.3.11。$GRAM^+$菌细胞壁较厚，约20～80nm，含40%～90%肽聚糖（peptidoglycan），另外还结合有其他多糖及一类特殊的多聚物——垣酸（teichoic acid）；$GRAM^-$菌细胞壁较薄，约10nm，只含10%肽聚糖，除周质间隙区域外，2～3nm厚的肽聚糖层紧贴细胞质膜且不易分开。肽聚糖层外还有8～10nm的外壁层（outer wall layer），主要由脂蛋白和脂多糖组成，这些成分常与细菌的抗原性、毒性和对噬菌体的敏感性有关。外壁层表面不规则，横截面呈波浪状。用扫描电镜观察，革兰阳性菌和阴性菌细胞壁外纹理有着明显差异，见图2.3.12。

用机械破碎方法释放出细胞内含物，再进行差速离心，可分离到纯的细胞壁组分。这时的壁仍保持其特有的形状。

有关革兰染色机理还存在着一些争论。目前普遍为人们所接受的一种观点是：革兰阴性菌的细胞壁中脂类含量较高，肽聚糖层又较薄，用脂溶剂乙醇处理，会溶解脂类，造成细胞壁的通透性增大，结晶紫-碘复合物被乙醇抽提出来，所以细胞被褪色；而革兰阳性菌的细

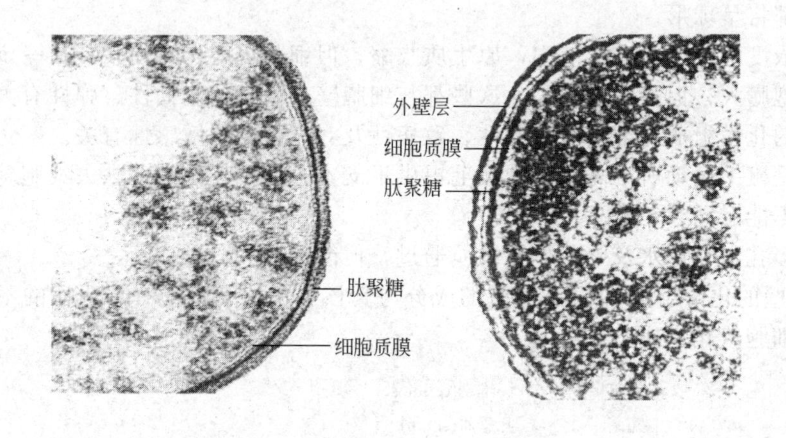

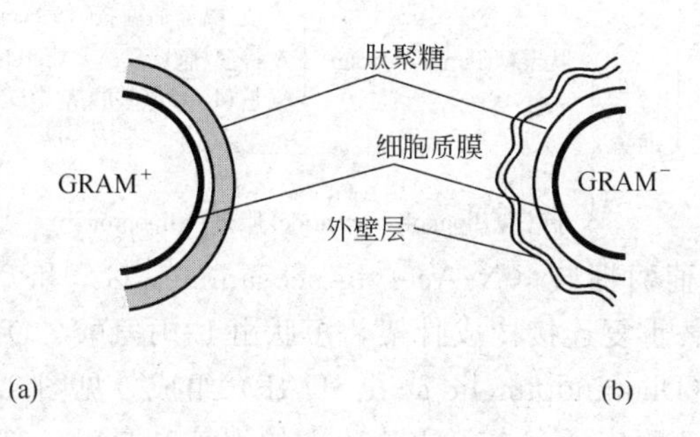

图 2.3.11 细菌的细胞壁

(a) 革兰阳性菌 (*Arthrobacter crystallopietes*); (b) 革兰阴性菌 (*Leucothrix mucor*)

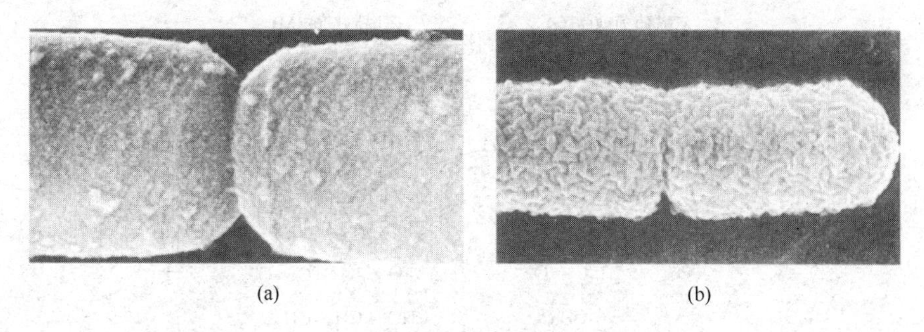

图 2.3.12 细菌的表面纹理

(a) 革兰阳性菌 (枯草芽孢杆菌 ϕ0.8μm); (b) 革兰阴性菌 (大肠杆菌 ϕ0.5μm)

胞壁中肽聚糖含量高，乙醇的脱水作用使细胞壁肽聚糖层的孔径变小，通透性降低，结晶紫-碘复合物被阻留在胞内，细胞不易褪色。

以上观点得到了实验的有力证明：用溶菌酶（lysozyme）等方法处理革兰阳性菌后，可以除去细胞壁，剩下的原生质体仍可被结晶紫-碘复合物染色，但会被乙醇褪色。这一实验证明了阳性菌的细胞壁有截留结晶紫-碘复合物的作用。此外，革兰阳性菌的阳性反应常在某些条件下发生变化。如：因为老龄菌和死菌的细胞壁通透性增大，会呈现革兰阴性反应；染色不当（如脱色过度）也会造成革兰阳性菌阴性反应。以上现象都说明细胞壁是影响革兰染色反应的主要因素。

③ 细胞壁功能　细胞壁具有保护细胞，维持细胞外形的功能。一旦失去细胞壁，各种

形态的菌体都将呈球形。

在一定浓度范围的高渗溶液中，原生质收缩，但细胞仍能保持原状；在一定浓度的低渗溶液中，细胞膨大，但不至于破裂。这些都与细胞壁具一定的坚韧性、弹性有关。

细胞壁的化学组成与细菌的抗原性、致病性及对噬菌体的敏感性有关。

细胞壁是鞭毛运动所必需的，为鞭毛提供了支点。具鞭毛的细菌失去细胞壁后，仍保持着鞭毛，但不能运动。

细胞壁多孔，允许水及一些化学物质通过，但能阻挡大分子。

④ 细胞壁的化学组成 细菌细胞壁的成分与真核生物的细胞壁有着明显的不同。以下是各种生物的细胞壁化学成分。

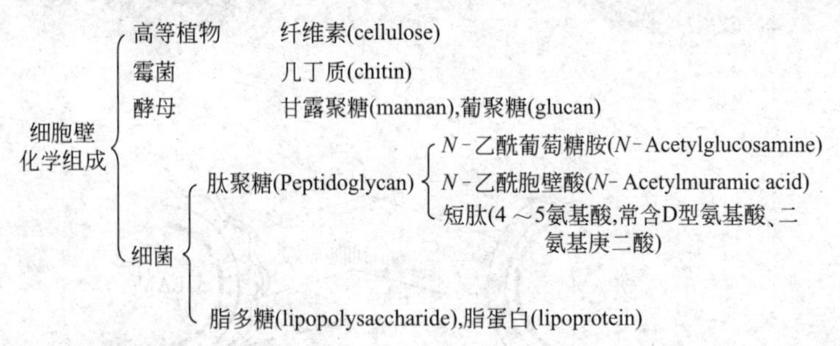

肽聚糖是 *N*-乙酰葡萄糖胺（*N*-Acetylglucosamine，G）和 *N*-乙酰胞壁酸（*N*-Acetylmuramic acid，M）交替重复连接构成骨架，短肽由 L-丙氨酸、D-丙氨酸、D-谷氨酸和 L-赖氨酸或二氨基庚二酸（Diaminopimelic acid，DAP）组成，见图 2.3.13。青霉素发现者弗莱明在 1922 年发现的溶菌酶广泛存在于卵清、人的泪液和鼻涕、部分细菌和噬菌体中，它能有效地水解细菌的肽聚糖，其作用部位就是 *N*-乙酰胞壁酸的 1 位碳和 *N*-乙酰葡萄糖胺的 4

N-乙酰葡萄糖胺(G)
N-乙酰胞壁酸(M)
溶菌酶作用位点
肽键
L-丙氨酸
D-谷氨酸
DAP
D-丙氨酸

图 2.3.13 革兰阳性菌细胞壁肽聚糖的一个重复单位

位碳之间的 β-1,4 糖苷键。短肽连接在胞壁酸上，相邻的短肽又交叉相连，从而形成网状结构，见图 2.3.14。革兰阳性菌和阴性菌的肽聚糖结构和组成不完全相同。大肠杆菌中相邻短肽是直接相连的，而金黄色葡萄球菌中则通过另一短肽（五个甘氨酸短肽）相连，构成肽桥（peptide interbridge），见图 2.3.15。二氨基庚二酸存在于所有的革兰阴性菌和部分革兰阳性菌中，而在大多数革兰阳性的球菌中都由赖氨酸代替二氨基庚二酸。有证据表明肽聚糖链的长度和交联的方式是细菌细胞形状的决定因素。

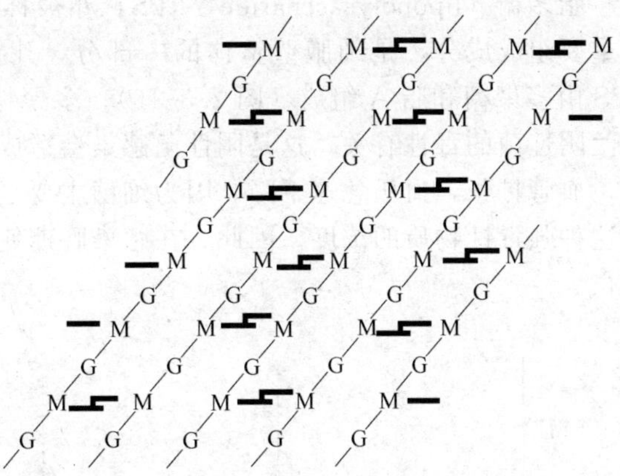

图 2.3.14 革兰阳性菌肽聚糖单位构成的网状结构

G：*N*-乙酰葡萄糖胺；M：*N*-乙酰胞壁酸；粗线为肽桥

革兰阳性菌的细胞壁中还含有垣酸，也称磷壁酸质或壁酸。垣酸有多种形式，其中，金黄色葡萄球菌等菌的垣酸是由核醇、葡萄糖、丙氨酸和磷酸组成的多聚物：

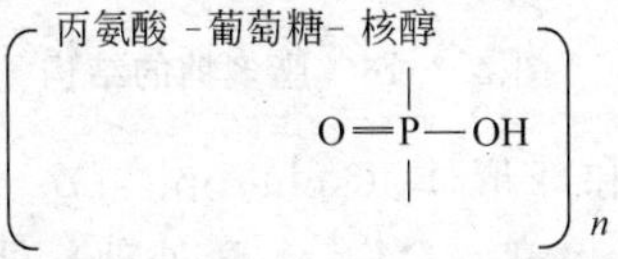

$$\left(\begin{array}{c} \text{丙氨酸-葡萄糖-核醇} \\ | \\ O{=}P{-}OH \\ | \end{array} \right)_n$$

垣酸是以磷酸二酯键结合在肽聚糖的胞壁酸上。胞壁酸、D 型氨基酸、二氨基庚二酸和垣酸是细菌和接近细菌的原核生物细胞壁所特有的化学组分。

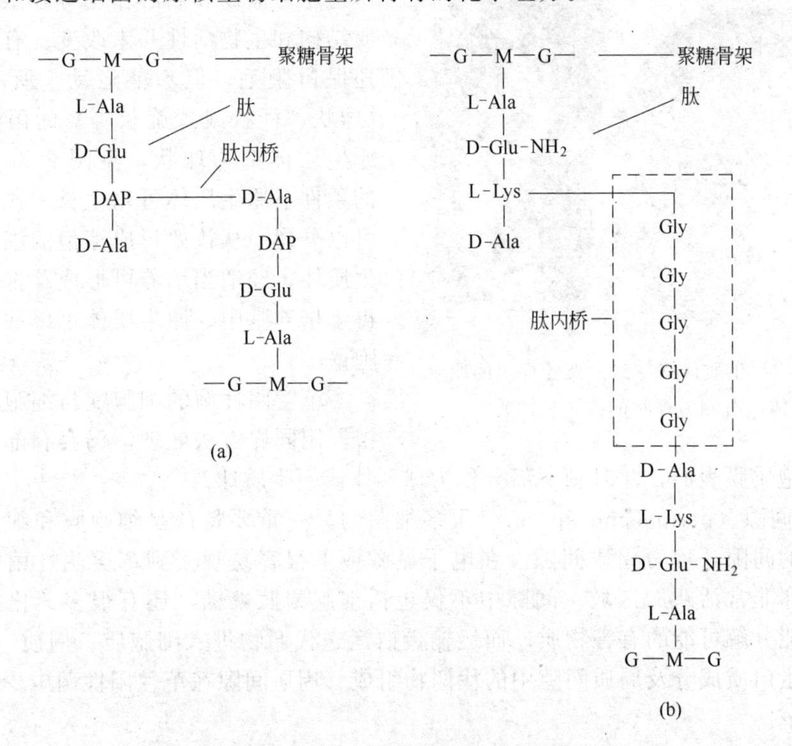

图 2.3.15 肽聚糖结构中短肽的连接形式

(a) 大肠杆菌 (GRAM⁻)；(b) 金黄色葡萄球菌 (GRAM⁺)

脂多糖（lipopolysaccharide，LPS）亦被称为内毒素（endotoxin），是革兰阴性菌外膜的重要组成成分，是细胞壁整体的一部分，死菌的细胞壁分解后，脂多糖才会释放出来。LPS由多聚糖和脂A组成（图 2.3.16）。多聚糖在延伸至胞外的重复侧链中。脂A部分与革兰阴性菌的毒性有关，这是阴性菌感染会造成潜在的、严重医学问题的原因。它会引起高烧，血管扩张，血压急速下降。因为细菌主要是在死亡时才释放内毒素，因而杀死它们会增加这种强毒性物质的浓度。因此，在感染晚期使用抗生素可能引起病症恶化，甚至导致病人死亡。

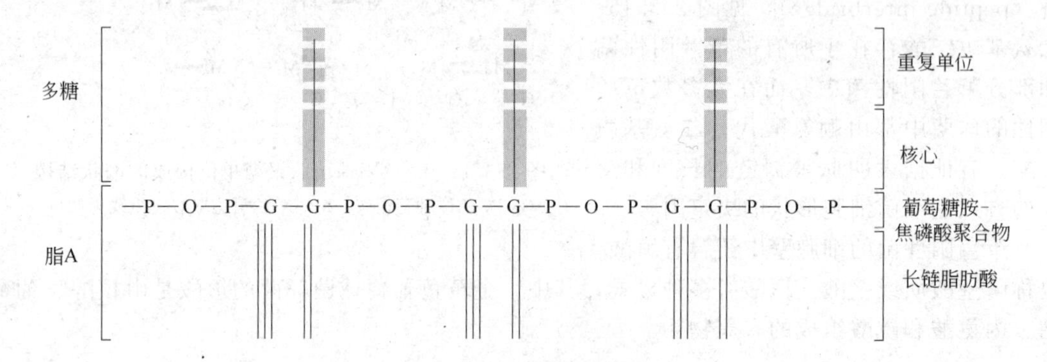

图 2.3.16　脂多糖的结构

⑤ 原生质体（protoplast）和球形体（spheroplast）　革兰阳性菌经适当方法（如溶菌酶处理）处理可完全去除细胞壁，此时剩下的部分称为原生质体。原生质体呈球状，对渗透压、振荡和离心作用等较敏感，但原生质结构和生物活性并未改变。有的原生质体还保留鞭毛，但不能运动。所有细胞形态（球状、杆状或螺旋状等）的菌体所制成的原生质体都为球状，见图 2.3.17。在合适的条件下原生质体可以生长一段时间，甚至可以分裂。从快要形成芽孢的细菌制备的原生质体，经适当培养可形成芽孢。在合适的再生培养基中，原生质体可以回复，长出细胞壁。

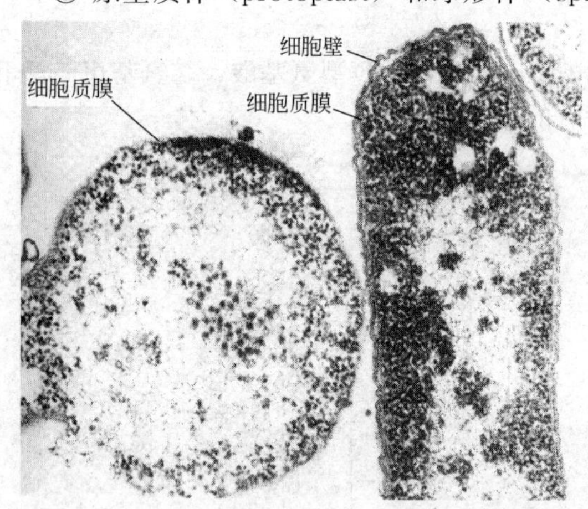

图 2.3.17　原生质体（左侧为大肠杆菌的原生质体，右侧为杆状的大肠杆菌）

革兰阴性菌的细胞壁与细胞质膜结合紧密，用同样方法处理，仍会有部分细胞壁成分遗留在细胞质膜表面，此时剩下部分称为球形体或原生质球。

⑥ 周质间隙（periplasmic space）　很多细菌的另一重要特征是细胞膜和细胞壁之间存在一个狭小的间隙，称为周质间隙。在电子显微镜下很容易观察到革兰阴性菌存在这个间隙，它是代谢非常活跃的区域。间隙中不仅包括细胞壁肽聚糖，还有很多消化酶和运输蛋白。消化酶能分解可能的有害物质，而运输蛋白运送代谢物进入细胞质。周质（periplasm）由肽聚糖、蛋白质成分及周质间隙中的代谢物组成。周质间隙在革兰阳性菌中少见。若有的话，则更狭窄。

(2) 细胞质膜（cytoplasmic membrane）　细胞质膜也称细胞膜（cell membrane）或质膜（plasmic membrane），是指紧靠细胞壁内侧，包裹细胞质的一层薄膜。它柔软而富有弹性，可用中性、碱性染料染色。在电子显微镜下观察用四氧化锇染色的细菌细胞超薄切片，可见7～8nm厚的细胞质膜，它是由两层厚约2nm的电子致密层夹着一透明层形成的“三明治”结构，内外层为蛋白质强嗜锇层，中间为脂类弱嗜层。这种结构称为单位膜，见图2.3.18（a）。

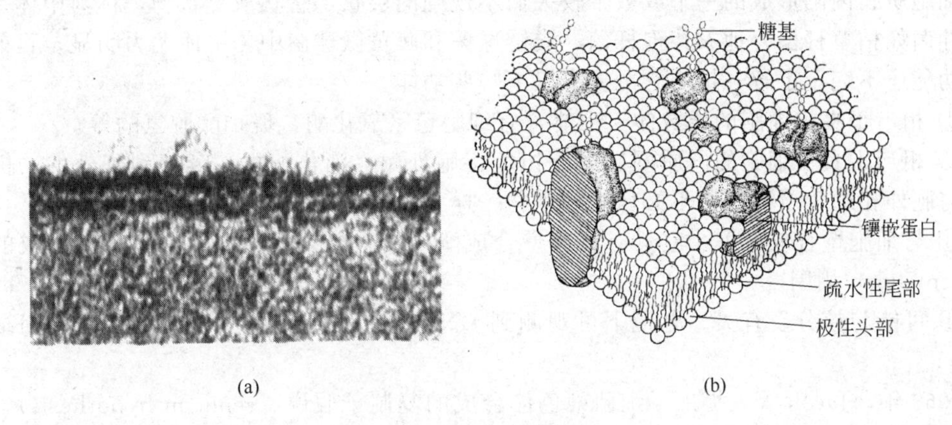

图2.3.18　细胞膜结构

（a）细胞膜电镜图片；（b）细胞膜液体镶嵌模型

① 细胞质膜组成　细菌的细胞膜与其他生物细胞质膜的组成和结构相似。约占细胞干重的10％。含60％～70％蛋白质，20％～30％脂类，2％多糖。膜中的脂类均为磷脂，由磷酸、甘油、脂肪酸和含氮碱构成。

其中：　R_1，R_2 为脂肪酸链

$$
\begin{array}{l}
R_1-\overset{\overset{\displaystyle O}{\|}}{C}-O-CH_2 \\
\qquad\qquad\qquad\quad | \\
R_2-\underset{\underset{\displaystyle O}{\|}}{C}-O-CH_2 \qquad \overset{\overset{\displaystyle O}{\|}}{} \\
\qquad\qquad\qquad\quad | \\
\qquad\qquad\quad CH_2-O-\underset{\underset{\displaystyle O^-}{|}}{\overset{\overset{\displaystyle O}{\|}}{P}}-O-X
\end{array}
$$

X为含氮碱
- $= -CH_2-CH_2-N^+(CH_3)_3$　磷脂酰胆碱
- $= -CH_2-\underset{\underset{\displaystyle NH_3^+}{|}}{CH}-COO^-$　磷脂酰丝氨酸
- $= -CH_2-CH_2-NH_3^+$　磷脂酰乙醇胺

磷脂既具有疏水性非极性基团（R_1，R_2）构成的尾部，又具有带正、负电荷的亲水极性基团构成的头部。磷脂在水溶液中，极性头部朝外，疏水性尾部朝内，易形成有高度定向性的双分子层，见图2.3.18（b）。

蛋白质主要结合在膜表面，可从外伸至内部，有的甚至从膜一侧穿到另一侧。穿越全膜、不对称地分布在膜的一侧或埋藏在磷脂双分子层内的蛋白，称为镶嵌蛋白。停留在细胞膜两侧的蛋白称为外周蛋白。暴露在膜外侧的蛋白质上有时还带糖类物质。

关于细胞膜的结构曾有许多学者提出各种各样的模型，Single和Nicolson于1972年提出的细胞膜液体镶嵌模型为多数人所认可。其要点是：细胞膜不是静态的，膜中的脂和蛋白质都能自由运动。据目前所知，磷脂双分子层通常呈液态，不同的镶嵌蛋白和外周蛋白可在磷脂双分子层液体中作侧向运动，犹如漂浮在海洋中的冰山那样。

② 细胞质膜的生理功能　细胞膜是具有高度选择性的膜。它能控制营养物质及代谢产物的进出，使细菌能在各种化学环境中吸收所需营养物质，排出过多的代谢产物；细胞膜的屏障作用是维持细胞内正常渗透压的重要因素；细胞膜中含有丰富的酶，如：琥珀酸脱氢酶、NADH脱氢酶、细胞色素氧化酶等电子传递系统及氧化磷酸化酶系，所以它又是细菌

参与细胞呼吸的部位；细胞膜含有与细胞壁和荚膜合成有关的酶等，是细胞壁各种成分（肽聚糖、垣酸和脂多糖等）和荚膜的合成场所；细胞质膜还是鞭毛的着生点及其运动能量的来源。

（3）中体（Mesosome）也称间体　除细胞质膜外，许多细菌还具有其他的细胞内膜系统。细胞质膜内陷形成的一个或数个较大而不规则的层状、管状或囊状物，称为中体。在革兰阳性菌如枯草杆菌、地衣芽孢杆菌、粪链球菌和藤黄微球菌中，中体尤为明显。目前，中体的功能还不完全了解，推测它可能有以下一些功能。

① 相当于真核细胞的线粒体。中体含有细胞色素氧化酶，琥珀酸脱氢酶等。

② 相当于真核细胞的内质网。可能担负将胞外酶（消化酶类）分泌到胞外的功能。因为它与胞外相通，所以细菌不必像真核生物一样先形成溶酶体。

③ 与细胞壁合成有关。它具有细胞壁合成酶，细胞分裂时，常见中体在新形成的横隔壁（septeum）周围。

④ 可能与核分裂有关。电镜下可观测到 DNA 复制点与细胞质膜尤其是中体相结合的现象。

1963 年，Jacob 等人提出了细菌染色体合成的复制子假说（replicon hypothesis），能较合理地解释中体在细菌染色体 DNA 的复制和分离中的作用，见图 2.3.19。其过程为：复制开始时，环状染色体 DNA 上的某一特异位点附着于中体上的一个复制区处（该处含有复制 DNA 的有关酶），DNA 链的一股被打开见图 2.3.19（a）；老中体产生了一个新的中体，同时形成了一个新的复制区，有一股 DNA 的 5′-游离端就附着在新的复制区上见图 2.3.19（b）；随着新的细胞膜（图中黑色部分）不断延伸，老的染色体 DNA 不断地向逆时针方向转动，根据 DNA 合成的滚环机制，在两股老 DNA 单链上随即合成了新的互补 DNA 链（虚线）见图 2.3.19（c）；随着细胞膜的不断延伸，复制后的 DNA 相互分离，最后成为两个子细胞中的独立染色体见图 2.3.19（d）。

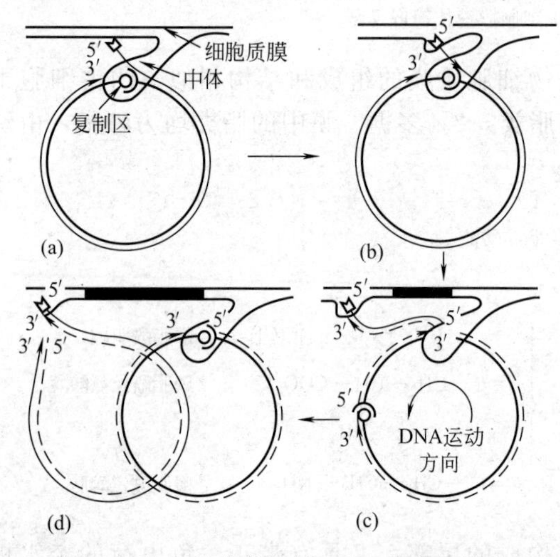

图 2.3.19　细菌染色体 DNA 的复制模式

目前，也有一些学者认为中体是人为因素造成的，即是在电镜制片过程中产生的假象。

（4）拟核（nucleoid）或称细菌染色体（bacterial chromosome）　细菌是原核生物，不像真核生物那样具有核膜的细胞核（nucleus）。过去很长时期认为它没有核。随着研究方法的改进，现在认为细菌不是没有核，而是它的核结构与形态比真核简单、原始，所以称为拟核或原核。国外的书籍中多将其称为细菌染色体或直接称为染色体（chromosome）。

用 1mol/L HCl 或核糖核酸酶（RNase）选择性地水解细菌细胞中的 RNA，再对 DNA 进行富尔根（Fulgen）染色后，可使细菌细胞的拟核显示出来。在光学显微镜下可见细菌的核为球状、棒状或哑铃状。

生长迅速的细菌在核分裂之后细胞往往来不及分裂，所以细胞中常有 2 或 4 个核。少数细菌甚至有 20～25 个核，如褐球固氮菌（*Azotobacter chroococcum*）等。而生长缓慢的细菌细胞中一般只有 1 或 2 个核。细菌除了在染色体复制的短时间内呈双倍体外，一般均为单倍体。

拟核比周围细胞质密度低，电镜下呈透明的区域，高分辨率电镜下可见核区中丝状结构，这是DNA高度折叠缠绕形成的，见图2.3.20。核区只一条大型环状双链DNA分子，长度为250～3000μm。如*E. coli*菌体长仅1～2μm，而DNA长1000～1400μm，需要折叠近千倍。拟核没有核膜和核仁，DNA裸露。也有人认为细菌DNA在细胞中存在另一种更复杂的结构层次：整个染色体DNA中有若干超螺旋的结构区。在这些区中DNA片段与类组蛋白结合构成类核小体，并不是单纯裸露的DNA。

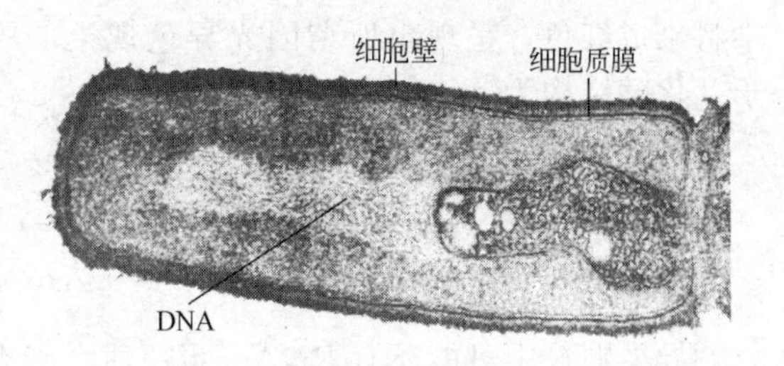

图2.3.20 枯草芽孢杆菌（直径0.8μm）电子显微镜图片

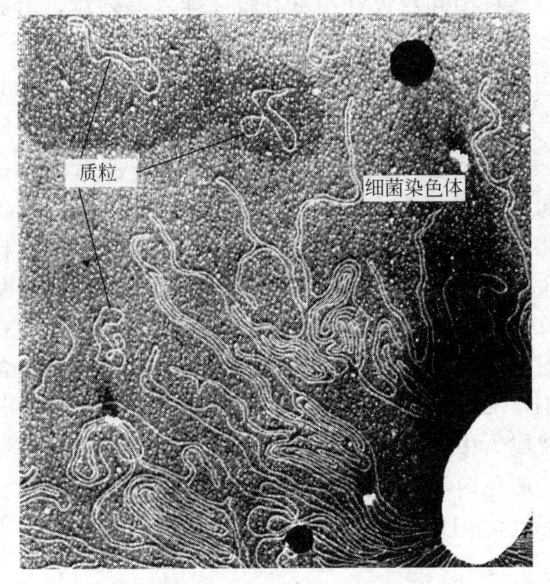

图2.3.21 细菌染色体和质粒电子显微镜图片（白色结构为轻微破裂的菌体细胞）

很多细菌细胞内还存在染色体外的遗传因子，称为质粒（plasmid）。质粒是环状分子，能自我复制，见图2.3.21。绝大多数质粒由共价闭合环状双螺旋DNA分子构成，分子质量较细菌染色体小，约10^6～10^8Da，只有约1%核基因组的长度。每个菌体内可有一个或几个、甚至很多个质粒。质粒携带着某些细菌染色体上所没有的基因，使细菌等原核生物被赋予某些对生存并非必需的特殊功能。每个质粒可以有50～100个基因。不同质粒的基因可以发生重组，质粒基因与染色体基因间也可发生重组。

质粒按功能可分为：细菌抗药性因子（R因子）、大肠杆菌性因子（F因子）和大肠杆菌素因子（Col因子）。R因子对某些抗生素或其他药物表现抗性；F因子是最早发现的与细菌有性接合有关的质粒；Col因子使大肠杆菌能产生大肠杆菌素以抑制其他细菌的生长。

质粒可以从菌体内自行消失，也可通过物理化学手段，如用重金属、吖啶类染料、丝裂霉素C、紫外线或高温处理使其消失或受抑制。没有质粒的细菌可以通过接合、转化或转导等方式，从有质粒的细菌中获得，但不能自发产生。这说明质粒对细菌的生存不是必需的。质粒可从细胞中失去，而不损害细菌的生活。但是，许多次生代谢产物如抗生素、色素等的产生、以至芽孢的形成都与质粒有关。

质粒既能自我复制，稳定遗传，也可插入细菌染色体中或与其携带的外源DNA片段共同复制增殖；它可通过转化、转导或接合作用单独转移，也可携带染色体片段一起转移，这些特性使质粒成为基因工程中常用的外源基因运载工具之一。

（5）内含物颗粒（reserve granule） 细菌的细胞质中常含有各种颗粒，大多为细胞的储藏物。内含物的多少随菌龄和培养条件不同而有较大变化。其成分主要为糖类、脂类、含氮化合物及无机盐等。常见的内含物主要有以下几种。

① 异染颗粒（metachromatic granules） 又称捩转菌素（volutin）。最早在迂回螺菌（*Spirillum volutans*）中发现。异染颗粒呈强嗜碱性，可被甲苯胺兰、次甲基兰等蓝色碱性

染料染成红色，呈现出所谓因光异色现象，故名。其主要成分为多聚偏磷酸盐，是线状分子，化学结构为：

$$H-\left[O-\underset{\underset{O}{\|}}{\overset{\overset{OH}{|}}{P}}-O\right]_n-H \quad n=2\sim10^6$$

异染颗粒中可能还有 RNA、蛋白质、脂类与 Mg^{2+}，颗粒大小为 0.5～1μm，颗粒随菌龄增大而变大，在生长后期特别明显。异染颗粒的功能是储存磷元素和能量。当环境（培养基）中缺乏磷时，它可作为磷的补充源，也可降低细胞的渗透压。

白喉杆菌和鼠疫杆菌具有特征性异染颗粒，因此异染颗粒在菌种鉴定中有一定作用。

② 聚 β-羟丁酸（Poly β-hydroxybutyric acid，PHB） PHB 是许多细菌细胞质内常含有的碳源类储藏物，见图 2.3.22。PHB 不溶于水，易被脂溶性染料，如苏丹黑（Sudan Black）着色。它具有储藏碳源、能源和降低细胞内渗透压的作用。当巨大芽孢杆菌（*Bacillus megaterium*）在含乙酸或丁酸的培养基中生长时，细胞内储存的 PHB 可达干重的 60%。在棕色固氮菌（*Azotobacter vinelandii*）的孢囊中也含有 PHB。在细胞内羟基丁酸呈酸性，而聚合成大分子时就成为中性脂肪酸，这样就能保持细胞内的中性环境，避免内源酸性造成抑制或自毁。

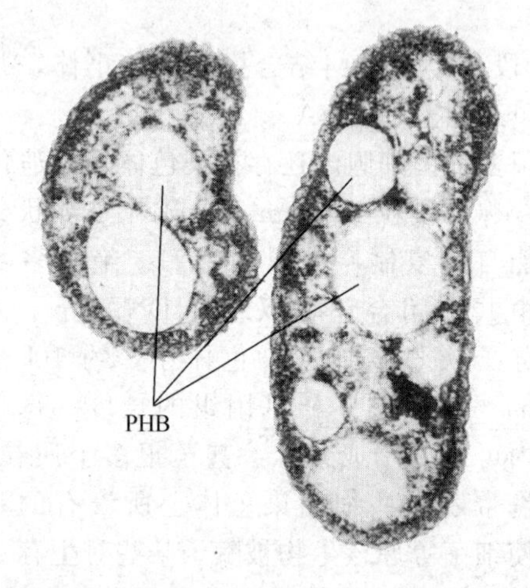

图 2.3.22 红螺菌（*Rhodospirillum sp.*）的电子显微镜图片（细胞内的 PHB 颗粒）

PHB 是相容性较好的生物材料，可制成易降解且无毒的医用塑料器皿和外科用的手术针和缝线。PHB 的结构（其中 n 一般大于 10^6）是：

$$HO-\left[\underset{\underset{CH_3}{|}}{\overset{\overset{H}{|}}{C}}-\underset{\underset{H}{|}}{\overset{\overset{H}{|}}{C}}-\overset{\overset{O}{\|}}{C}-O\right]_n-H$$

近年来发现许多细菌，如革兰阳性和阴性好氧菌、光合厌氧菌中，都存在 PHB 类化合物，但结构稍有不同。这类化合物统称为聚羟链烷酸（polyhydroxyalkanoate，PHA）：

$$HO-\underset{\underset{R}{|}}{CH}-CH_2-\underset{\underset{O}{\|}}{C}-\left[O-\underset{\underset{R}{|}}{CH}-CH_2-\underset{\underset{O}{\|}}{C}\right]_n-O-\underset{\underset{R}{|}}{CH}-CH_2-COOH$$

如果 R 是 CH_3，即为 PHB。

③ 肝糖原（glycogen）和淀粉粒（starch granule） 肝糖原和淀粉粒都是α-1,4，或α-1,6 糖苷键的葡萄糖聚合物。细菌的多糖贮存物通常较均匀地分布在胞内，颗粒较小，只能在电镜下观察到。若这类贮存物大量存在时，可以用碘使其染色，并在光学显微镜观测到。肝糖原的链短、分枝多，而且颗粒较小，可被碘液染成红色；而淀粉的链长、分枝少，可被碘液染成蓝色。

④ 硫滴 某些硫细菌，如贝氏硫细菌（*Beggiatoa*）和丝硫细菌（*Thiothrix*）等自养细菌的细胞内常含有强折光性的硫滴。它是硫元素的储藏体，也可被这些细菌作为能源利

用。纳米比亚硫磺珍珠菌（*Thiomargarita namibiensis*）是目前已知的最大细菌，直径可达750μm。它生活在非洲纳米比亚海岸的海底沉淀物中。多达50个细胞成串生长，细胞质中有数百个硫滴闪着光芒，看起来像一串珍珠。巨大的胞体使它们有足够的空间储存至少3个月的营养物（见图2.3.23）。

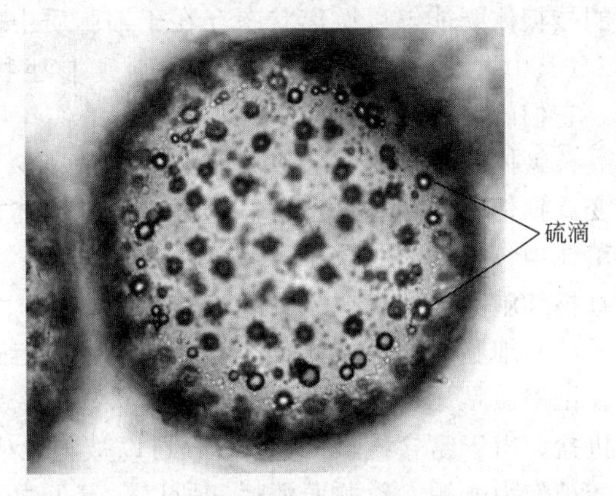

图2.3.23 纳米比亚硫磺珍珠菌（*Thiomargarita namibiensis*，thio意为硫；margarita意为珍珠）

⑤ 脂肪粒（oil granules） 脂肪粒的折光性也很强，可被脂溶性染料染色。细胞生长旺盛时，脂肪粒数量随之增多，细胞遭破坏后，脂肪粒可游离出来。

⑥ 液泡（vacuoles） 许多活细菌细胞内有液泡，可用中性红染色。液泡内充满水和盐，有时还有异染颗粒和类脂等。液泡具有调节渗透压的功能，还可与细胞质进行物质交换。

不同微生物中储藏性内含物的种类也不同。如厌气性梭状芽孢杆菌只含聚β-羟基丁酸；肠道菌（大肠杆菌，产气杆菌）只含肝糖粒；而有些光合细菌两者都有。内含物的形成一般有利于微生物。当环境中缺乏氮源，而碳源、能源丰富时，细胞会储藏大量内含物，有时可达细胞干重的50%。若将这样细胞移至氮源丰富处，这些储藏物会被酶分解，作为碳源和能源，用于合成反应。另一方面，这些储存物以多聚物的形式储藏还有利于维持细胞内环境平衡，可以避免细胞内渗透压过高等危害。

⑦ 磁小体（magnetosome） 磁性细菌（magnetotactic bacteria）能合成磁铁（Fe_3O_4）并将其储存在称为磁小体的有膜小泡中。磁性内含物使这些细菌会对磁场做出反应。游向磁极的行为称为趋磁性。趋磁行为可以帮助这些厌氧菌向食物（铁氧化物）丰富而氧气较少的沉积物方向运动。磁性细菌生活在泥土和盐水中，已被鉴定磁性细菌菌种超过十二种。大部分有鞭毛。磁小体大小几乎不变（20～100nm），数量不等（2～20粒），像一串小磁铁排成平行链状，见图2.3.24。

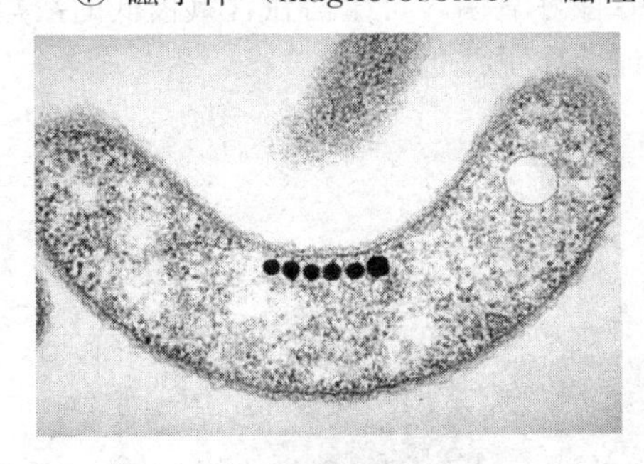

图2.3.24 趋磁水螺菌（*Aquaspirillum magnetotacticum*）的电镜照片［许多黑点内含物是磁小体，由铁氧化物（Fe_3O_4）组成］

（6）核糖体（Ribosome） 核糖体是分散在细胞质中的亚细颗粒，用电镜观察细胞超薄切片时，可观测到细胞质内这些直径约20nm、深色的核糖体颗粒。它由核糖体核糖核酸（rRNA，占60%）和蛋白质（占40%）组成。这些颗粒由大小亚基组成，沉降系数❶为70S（其中大亚基50S，小亚基30S）。

原核生物的核糖体常以游离状态分布在细胞质中，在生长旺盛的细胞中，核糖体常成串排列，称多聚核糖体（polyribosome）。核糖体之间靠mRNA连接，见图2.3.25。而真核细

❶ 沉降系数是指物质在离心力作用下的沉降速度。以漂浮单位S（Svedberg unit）表示。$S=1\times10^{-13}$秒。沉降系数与颗粒大小、形状及分子量成正比。

胞的核糖体既能够以游离状态存在于细胞质中，也可以结合到内质网上，颗粒的沉降系数为80S（其中大亚基60S，小亚基40S）。真核生物的线粒体、叶绿体和细胞核也有各自的核糖体，它们的沉降系数都为70S。

核糖体是蛋白质的合成场所，其数量多少与蛋白质合成直接相关，往往随菌体生长速率而变。据估计，快速繁殖时每个菌体的核糖体数量可达$1\times10^4\sim7\times10^4$个。而在缓慢繁殖的菌体中，核糖体的数量可减至2000个左右。原核生物细胞中平均约含15000个核糖体，而真核细胞平均约含$10^6\sim10^7$个核糖体。

（7）细胞质（cytoplasm，cytoplast） 在细胞质膜内除核区以外的细胞物质均称为细胞质。细胞质是无色、透明、黏稠的胶状物。主要成分为水、蛋白质、核酸、脂类、少量糖和无机盐。由于富含核酸（RNA），可以被碱性或中性染料染色。幼龄菌着色均匀，老龄菌中核酸被作为氮源、磷源而消耗，所以，着色力不强而且不均匀。细胞质内存在各种内含物和其他细胞器。

（8）气泡（gas vacuoles） 某些光合细菌和水生细菌的细胞质中含有几个甚至很多个充满气体的圆柱形或纺锤形气泡，见图2.3.26。气泡大小因种而异，长度约300～700nm，宽度约60～110nm，由许多气泡囊组成。气泡膜不同于真正的膜，它只含蛋白质而无磷脂。蛋白质亚单位排列成一个坚硬的结构，以对抗外部施加于该结构的压力，使之维持正常功能。气泡蛋白质中没有含硫氨基酸，芳香族氨基酸也较少，水解产物中约50%的氨基酸属非极性氨基酸，以缬氨酸、丙氨酸和亮氨酸居多。X-衍射研究表明大多数极性氨基酸构成了膜的亲水性外表，而膜的内侧主要由非极性氨基酸构成，而且绝对疏水。所以气泡只能透气而不能透过水和溶质。气泡确切的功能还不清楚。许多漂浮于湖水和海水中的某些光合或非光合性细菌以及蓝细菌等都有气泡，使之具有浮力。由于这类细菌大量生长，有气泡的细胞漂浮于水面，并随风聚集成块，常使湖内出现水华。也有人认为气泡具有吸收空气中氧为细菌利用的功能。嗜盐细菌的气泡比较显著，它们是专性好氧菌，可生活在含氧极低的浓盐水中。另外还有人推测气泡只是使细胞漂在水面，保证菌体更接近空气。

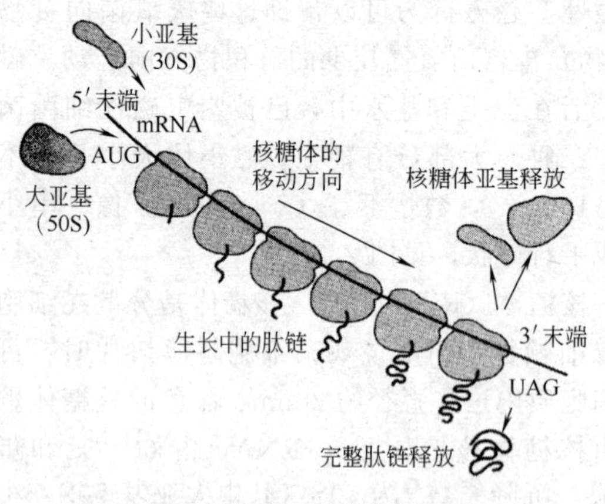

图2.3.25 核糖体亚基连在mRNA构成的多聚核糖体

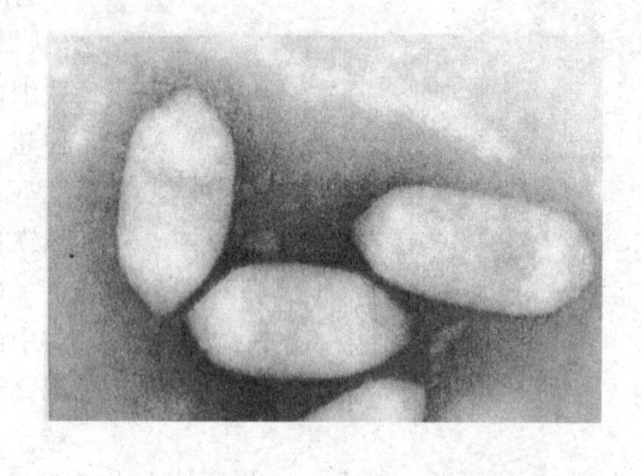

图2.3.26 *Microcyclus aquaticus* 细胞中提纯的气泡（直径约100nm）的电子显微镜图片

（9）鞭毛（flagellum） 某些细菌表面着生从胞内伸出的细长、波浪形弯曲的丝状物。它们是细菌的运动“器官”，数目有一到数十根，称为鞭毛。鞭毛的长度常常超过细胞的长度。最长可达70μm。鞭毛的直径很细（10～20nm），只有在电镜下才能看见，见图2.3.27。但采用特殊的鞭毛染色法，使染料沉积在鞭毛上，使加粗直径，则可在光学显微镜下观察到鞭毛形态。另外，用悬滴法或暗视野显微镜观察细菌的运动情况，或用半固体琼脂培养基穿刺培养并观察混浊的扩散区及从细菌生长扩散的情况，都可以间接地判断细菌是否存在鞭毛。从细菌在固体培养基上的菌落形态也可判断该菌是否有鞭毛存在。一般而言，如果某菌的菌落形状大、薄且不规则，边缘极不平整，说明该菌具有运动能力；反之，如果菌落十分圆滑、边缘平整且相对较厚，则可说明它没有鞭毛。

除尿素八叠球菌外，大多数球菌不生鞭毛；杆菌有的生鞭毛，有的则不生；螺旋菌一般都有鞭毛。

鞭毛着生的位置、数目和排列情况是细菌“种”的特征，有分类鉴定意义。例如革兰阴性杆菌中的假单胞菌属（*Pseudomonas*），鞭毛着生在菌体的一端，而埃希菌属（*Escherichia*）的鞭毛着生在菌体四周。根据鞭毛的数量和排列情况，细菌分以下几种类型（见图 2.3.28）。

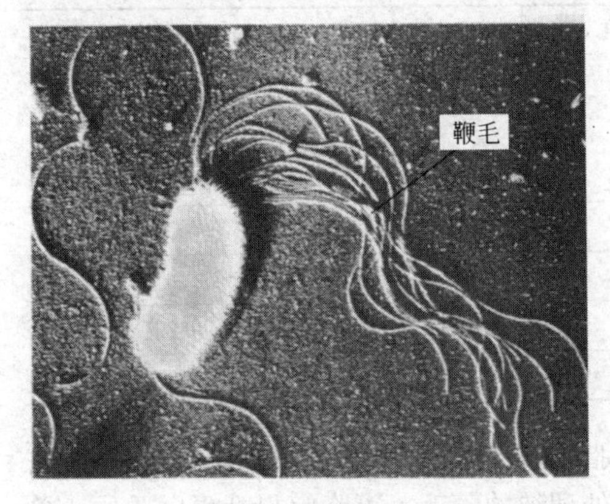

图 2.3.27　细菌（*Pseudomdnas fluorescens*）“运动器官”——鞭毛的电子显微镜图片

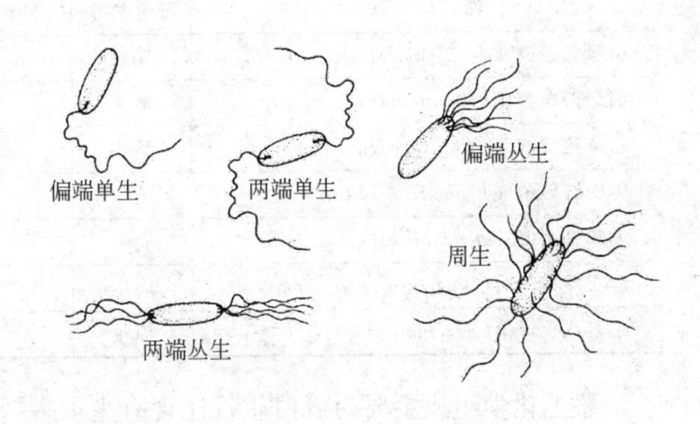

图 2.3.28　细菌鞭毛的类型

① 偏端单生鞭毛菌 在菌体的一端只生一根鞭毛，如：霍乱弧菌、荧光假单胞菌（*Pseudomonas flurescens*）。

② 两端单生鞭毛菌 在菌体两端各具一根鞭毛，如：鼠咬热螺旋体（*Spirochaeta morsusmuris*）。

③ 偏端丛生鞭毛菌 菌体一端生出一束鞭毛，如：铜绿色假单胞菌（*Pseudomonas aeruginosa*）。

④ 两端丛生鞭毛菌 菌体两端各具一束鞭毛，如：红色螺菌（*Spirillum rubrum*）、产碱杆菌（*Bacillus alcaligenes*）。

⑤ 周生鞭毛菌 周身都生有鞭毛，如：大肠杆菌、枯草杆菌等。

鞭毛通常不是直的，而是螺旋形的，平展时呈波曲状。在两个相邻弯曲间表现出恒定的长度，称为波长。各种微生物鞭毛的波长是恒定的，但也有一些细菌有两种不同波长的鞭毛。

鞭毛虽是细菌的“运动器官”，但并不是生命活动所必需的。鞭毛极其容易脱落，也会因遗传变异而丧失。幼龄菌带有鞭毛，运动活泼；而老龄菌鞭毛脱落，不能运动。有人认为，鞭毛是细菌生存适应的产物。像水生细菌通常只一根或几根端生鞭毛，而陆生细菌多为周生鞭毛，以利于在潮湿环境下活动。有些病原菌的鞭毛与致病性有关，它能协助菌体穿过动物的黏液性分泌物和上皮细胞的屏障，进入人或动物体液和组织中引起病害。

有些原核生物没有鞭毛也能运动。黏细菌、蓝细菌主要表现为“滑行”，这种运动方式只有当菌体与固体表面接触时才能发生，如果悬在水中，运动即停止。也有的通过“轴索”扭曲而运动，如螺旋体等。

鞭毛引起的运动速度很快。每秒可达菌体数倍、甚至数十倍。见表 2.3.3。例如：逗号弧菌（*Vibrio comma*）端生鞭毛，菌体约（0.3～0.5）μm×（1～5）μm，而运动速度可达 200μm/s，相当于自身长度的 40 倍；伤寒杆菌长度 1μm，运动速度有 18μm/s；又如蔓延螺菌（*Spirillum serpens*）不仅前进速度达到 50μm/s，而且鞭毛的旋转速度为 40r/s，带动菌体以 14r/s 的速度旋转，从而推动菌体前进。更有甚者，蛭弧菌（*Bdellovibrio*）菌体的旋转速度高达 100r/s 以上。这种惊人的运动速度和旋转频率是世界上最优秀的短跑冠军和芭蕾舞演员所望尘莫及的。鞭毛的运动往往受环境条件的影响，当细菌与环境相互吸引时，鞭毛作顺时针旋转；反之，则以逆时针方向转动。

表 2.3.3　一些细菌的运动速度

微　生　物	鞭毛类型	细胞长度/μM	速度/(μm/s)	速度与细胞长度比值
逗号弧菌(*Vibrio comma*)	端生	1～5	200	40
铜绿假单胞菌(*Pseudomonas aeruginosa*)	端生	1.5	55.8	37
耶拿硫螺旋菌(*Thiospirillum jenense*)	丛生	3.5	86.5	24
奥氏红硫菌(*Chromatium okenii*)	丛生	10	45.9	5
大肠杆菌(*Escherichia coli*)	周生	2	16.5	8
地衣芽孢杆菌(*Bacillus licheniformis*)	周生	3	21.4	7
尿素八叠球菌(*Sarcina ureae*)	周生	4	28.1	7

鞭毛化学组成主要为蛋白质，还含有少量多糖、脂类和核酸等。采用适当的物理化学方法处理纯的鞭毛，可降解得到蛋白质的亚单位，该亚单位称为鞭毛蛋白（flagellin），分子质量为 15000～40000Da。鞭毛蛋白是一种很好的抗原物质，这种鞭毛抗原又称为 H（hauch）抗原。各种细菌的鞭毛蛋白由于氨基酸组成不同导致 H 抗原性质上存在差异，故可通过血清学反应，进行细菌分类鉴定。

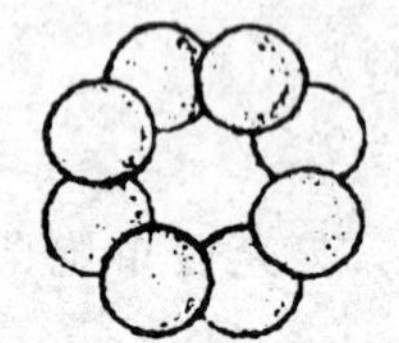
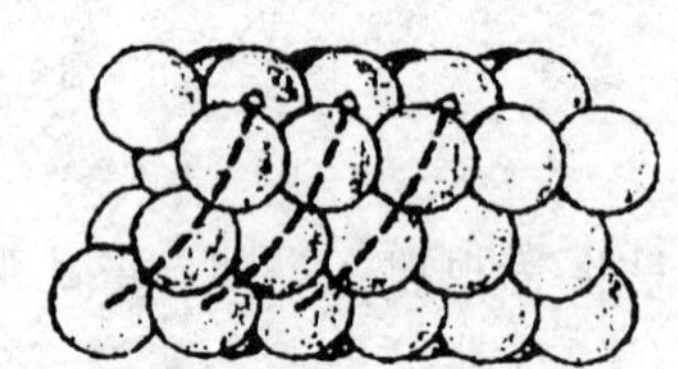

图 2.3.29　鞭毛丝结构图解

鞭毛丝一般由三股以螺旋方式平行排列或中间方式紧密结合在一起的鞭毛蛋白链组成，每股链则由许多球状鞭毛蛋白亚基螺旋排列而成。见图 2.3.29。X 射线衍射研究指出鞭毛为中空螺旋结构，一般直径为 12～20nm，长度为 2～5μm。鞭毛起源于细胞质膜内侧的基粒（basal body），因此细胞壁经消化而移去后剩下的原生质体仍能保留鞭毛。

通过电镜研究得知，鞭毛丝状体通过短钩形鞘伸出。鞘末端有 4 个很薄的片状同心环状体，与细胞壁和细胞质膜相连，见图 2.3.30。钩形鞘是连接鞭毛丝基部的一个弯曲的筒状部分，直径约 17nm，稍大于鞭毛丝，长约 45nm，同样由蛋白亚基组成，分子量因种而异。基粒连接在鞭毛钩的下端，由几种多肽组成，相对分子质量为 9000～60000。基粒结

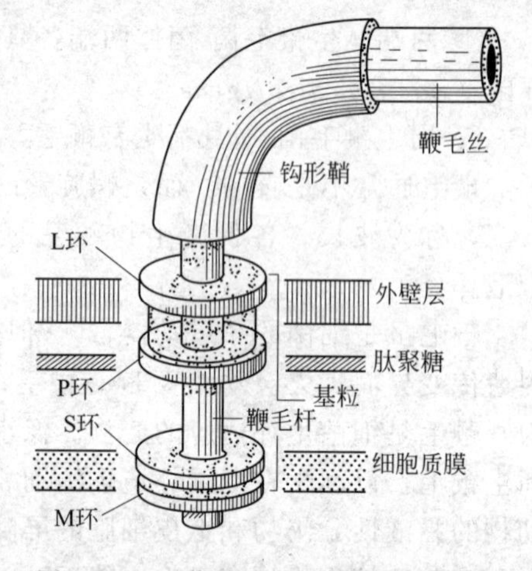

图 2.3.30　革兰阴性菌鞭毛细微结构

构比鞭毛丝和鞭毛钩都复杂，它包括一条中心杆及连接于杆上的2～4个环。中心杆长约27nm，直径约7nm，位于套环中。革兰阴性菌的L环和P环分别包埋在细菌的外壁层（脂多糖层）和内壁层（肽聚糖层），而S环在细胞膜表面，M环在细胞膜中或恰好居于膜下。革兰阳性菌只有S环和M环。S环可能与细胞壁外表面上的磷壁酸质多聚体相连，M环则与细胞膜相连。这一差别表明S环和M环是鞭毛功能所必需的。

鞭毛运动的机理至今尚未探明。有人认为，细菌鞭毛运动是由于鞭毛基部的一个鞭毛"发动器"，当S环和M环彼此向相反方向旋转时，"发动器"启动，导致中心杆转动，使丝状体急速旋转，推动菌体前进。但是，"发动器"是怎样的结构？它又如何获得能量？这些不得而知。也有人认为鞭毛运动是由丝状体与基粒中的环状体相互收缩引起的。另外还有人认为是由于鞭毛蛋白大分子链反复收缩、松弛，产生波浪运动，从而推动或拉动菌体运动。

（10）线毛（pilus或fimbria） 线毛又称伞毛，菌毛或纤毛。线毛是长在细菌体表的一种纤细、中空，短直而又数量较多的蛋白质附属物。线毛直径7～9nm，内径2～2.5nm，长度2～20nm，每个菌体约有250～300根。它们比鞭毛更细、更短，而且又直又硬，数量很多。线毛只有在电子显微镜下才能观测到，见图2.3.31。线毛在革兰阴性菌，尤其是肠道细菌和某些假单胞菌属菌株的细胞表面很常见，少数革兰阳性菌也有线毛。与鞭毛相似，线毛也由蛋白组成，也起源于细胞质膜内侧的基粒。但是线毛不具有运动功能，因此也见于非运动细菌。某些不具鞭毛的细菌生有线毛，有的细菌则两者兼有。

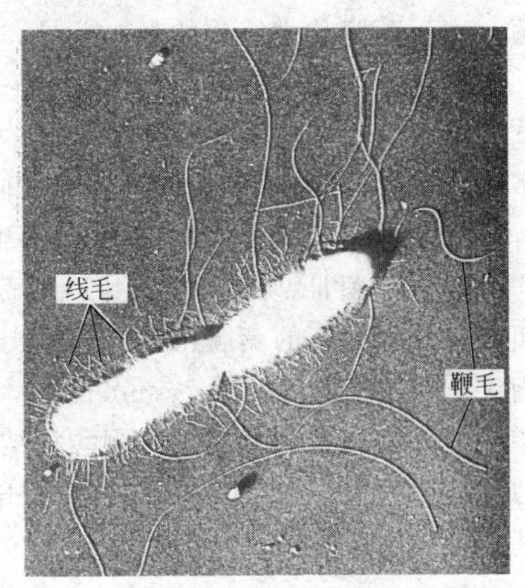

图2.3.31 细菌（*Salmonella typhi*，直径约0.9μm）线毛与鞭毛的电子显微镜图片

不同类型线毛具不同的功能：①性线毛（sex pili）是在性质粒（F因子）控制下形成的，故又称F-线毛（F-pili）。它比普通线毛粗而长，数量较少，大肠杆菌约有四根。性线毛是细菌接合时遗传物质转移的通道。当不同性别的细菌接合时，通过性线毛，雄性株就将遗传物质传递给不具性质粒的雌性菌株，使之也能产生性线毛。至于遗传物质如何传递的，还有待于进一步研究。②线毛作为噬菌体（phage）的吸附位点。如大肠杆菌噬菌体M13就可吸附在大肠杆菌的性线毛上，进而侵入细胞。③线毛作为附着到哺乳动物细胞或其他物体上的工具。线毛的附着性可能对细菌在自然环境中的生存有意义。它可附着在动物的呼吸道、消化道、泌尿生殖道的黏膜表面。有线毛者以致病性革兰阴性菌居多。

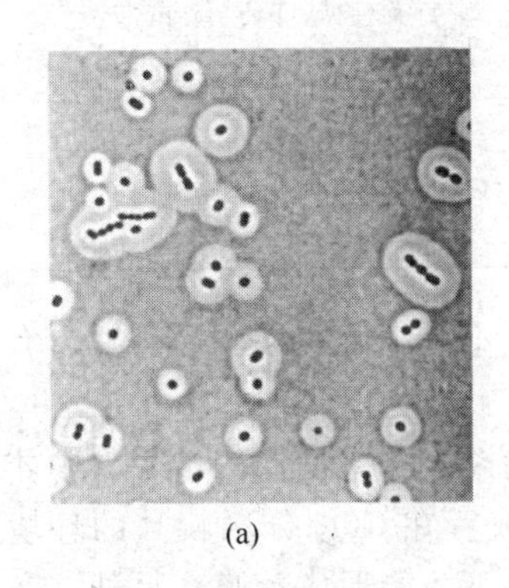

(a)

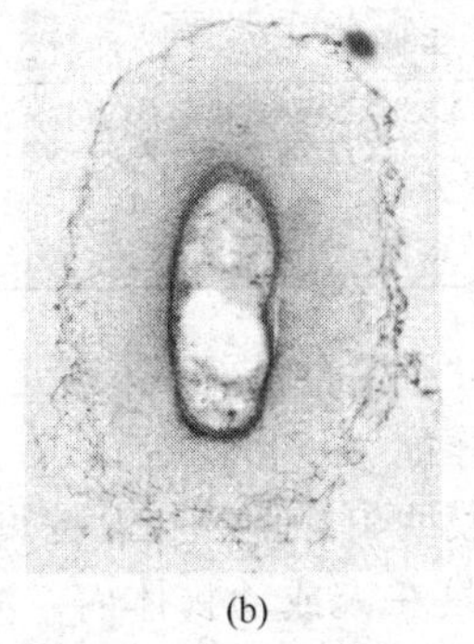

(b)

图2.3.32 细菌的荚膜

（a）细菌（*Acinetobacter* sp.）负染后相差显微镜图片；（b）细菌（*Rhizobium trifolii*，不包括荚膜的菌体直径0.7μm）电子显微镜图片

（11）荚膜（capsule） 某些细菌生活在一定的营养条件下时，会在细胞壁表面形成一层松散的黏液状物质，称为荚膜。荚膜不易着色，但可用负染法在暗色背景和折光性强（或染色）的菌体

之间形成一透明区，见图 2.3.32。根据荚膜的形状和厚度的不同，可以出现以下四种情况：①若这种黏液物质具一定外形，相对稳定地附着在细胞壁外，这时称为荚膜或大荚膜(macrocapsule)。荚膜厚度因菌种、环境而异，一般可达 200nm。荚膜与细胞的结合力较弱，通过液体振荡培养或离心便可得到荚膜物质。②如果这种黏液物质的厚度很薄，小于 200nm，那么就称为微荚膜（microcapsule)。它与细胞表面结合较紧，光学显微镜下不能看到。但可采用血清学方法证明其存在。微荚膜易被胰蛋白酶消化。③这种黏液物质没有明显的边缘，比荚膜疏松，而且可扩散到周围环境中，使培养基的黏度增加，这种黏液物质层称为黏液层（slime layer)。④通常情况下，每个菌体外面包围着一层荚膜，但是有些细菌的荚膜物质相互融合，连在一起，组成了共同的荚膜，多个菌体包含在荚膜中，此时，可称为菌胶团。肠膜明串珠菌（*Leuconostoc mesenteroides*）在蔗糖培养基中长成一串，就是因为外表形成了一个共同的厚荚膜。

将荚膜物质提纯，发现有的具抗原性或半抗原性，如肺炎球菌与特异性抗血清作用时，荚膜会增大，这称为荚膜膨胀试验。人们常通过荚膜的血清学反应进行细菌鉴定。像炭疽杆菌，由于荚膜化学组成的微小差异，通过荚膜膨胀试验，可将其分成 70 多个型。

荚膜的化学组成因菌种而异，它含大量水分，约占重量的 90%以上，其余为多糖、多肽、蛋白质、脂及其它们的复合体——脂多糖、脂蛋白等，见表 2.3.4。荚膜多糖又称胞外多糖，它可能是由一种单糖形成的同型多糖，像肠膜明串珠菌、牛链球菌（*Streptococcus bovis*）在蔗糖培养基中，合成的葡聚糖黏液层；有的荚膜由两种以上单糖组成异型多糖，如肺炎双球菌Ⅲ型的荚膜，由 D-葡萄糖和 D-葡萄糖醛酸通过 β-1,3 和 β-1,4 糖苷键相间连接而成；炭疽杆菌的荚膜由 D-谷氨酸聚合而成；巨大芽孢杆菌的荚膜由蛋白质与多糖组成；痢疾志贺菌（*Shigella dysenteriae*）的荚膜是多糖-多肽-磷酸的复合物。有的胞外多糖常与磷酸、醋酸、延胡索酸或丙酮酸相结合。从结构上看，大多数细菌的荚膜是一种聚合物的均匀结构，但也有例外，如巨大芽孢杆菌的荚膜膨胀试验表明，它们以多糖为骨架，多肽填充其间，属于非均匀结构。

表 2.3.4　不同细菌荚膜物质的化学组成

类　别	菌　种	荚 膜 组 成	分 解 产 物
革兰阳性细菌	炭疽芽孢杆菌	多肽	D-谷氨酸
	巨大芽孢杆菌	多肽、多糖	D-谷氨酸、氨基糖
	肺炎双球菌	多糖	D-葡萄糖、D-葡萄糖醛酸
	肠膜明串株菌	多糖	葡萄糖
革兰阴性细菌	痢疾志贺菌	多糖-多肽-磷酸复合物	—
	大肠杆菌	多糖	半乳糖、葡萄糖、葡萄糖醛酸
	荚膜醋杆菌	多糖	葡萄糖

产荚膜是微生物的遗传特征之一，是“种”的特征。但荚膜不是细菌的必要结构，没有荚膜（如发生突变或酶处理后）的菌株照样能够正常生活。

荚膜的形成与环境密切相关。如：肠膜明串珠菌只在含糖量高、含氮量低的培养基中才大量形成荚膜；某些病原菌，像炭疽杆菌只在人或动物体内，或者在 CO_2 分压较高的环境中才形成荚膜；大肠杆菌需在丰富的碳水化合物和较低温度条件下才能形成荚膜。另外，产荚膜细菌也不是在整个生活周期内都能形成荚膜的，如某些链球菌在生长早期能形成，而在生长后期则消失；肺炎双球菌则在缓慢生长时才能形成荚膜。

产荚膜的细菌在固体培养基上形成的菌落表面湿润、有光泽、呈黏液状，称光滑

(smooth，S-）型菌落。不产荚膜的细菌形成的菌落表面干燥、粗糙，称粗糙（rough，R-）型菌落。

荚膜的主要作用是能保护细胞免遭干燥影响，同时也是细胞外的碳源和能源的储备物质。当环境缺乏营养时，它可被细胞利用。另外，荚膜能保护病原菌免遭宿主吞噬细胞的吞噬，增强其致病能力。如具有荚膜的S型肺炎球菌对人体毒力强，能引起肺炎，但如果细胞失去荚膜（即成为R型菌株）后，致病力就下降。大多数具荚膜的病原菌并不是荚膜有毒，而是荚膜有利于菌体在人体内大量繁殖所致。当然也有些菌的荚膜本身具有毒性，如流感嗜血杆菌（*Haemophilus influenzae*）、肺炎克氏杆菌（*Klebsiella pneumoniae*）等。

荚膜使菌体易于附着到适当的物体表面。例如引起龋齿的唾液链球菌、变异链球菌等会分泌己糖基转移酶，将蔗糖转化为荚膜物质——果聚糖，使细菌易于黏附在牙齿表面，细菌发酵产生乳酸，会腐蚀牙齿的珐琅质引起龋齿。

荚膜也会对工业生产造成危害。如食品工业中的黏性面包、黏性牛奶就是因为污染了产荚膜细菌所引起的；在制糖工业中，由于产荚膜菌大量繁殖，会增大糖液的黏度，影响过滤速度，降低糖产量。

在另一方面，荚膜也可以成为有价值的材料。例如：利用明串珠菌将蔗糖转化为荚膜物质——葡聚糖，可进一步用于生产代血浆中的主要成分——左旋糖酐。左旋糖酐有维持血液渗透压，增大血容量的作用，在临床上还用来抗休克、消肿和解毒；甘蓝黑腐病黄单胞菌（*Xanthomonas campestris*）分泌的黏液层被称为黄原胶（xanthan），它是良好的食品添加剂，可以增加食品的黏度和口味，同时，它又是石油开采中优良的压浆剂。

（12）芽孢（spore，endospore） 某些细菌在生长的一定阶段，细胞内形成一个圆形、椭圆形或圆柱形，对不良环境条件具较强抗性的休眠体，称为芽孢。因为细菌芽孢的形成都在胞内，所以又称为内生孢子（endospore），以区别于放线菌、霉菌等形成的外生孢子（exospore）。

能否形成芽孢是细菌“种”的特征。能产生芽孢的杆菌主要有二个属：好气性芽孢杆菌属（*Bacillus*）和厌气性梭状芽孢杆菌属（*Clostridium*）。此外，有些微好气芽孢乳杆菌属（*Sporolactobacillus*）、厌气性脱硫肠状菌属（*Desulfotomaculum*）及多孢子菌属（*Polysporobacterium*）也能产生芽孢；而球菌只有生孢八叠球菌属（*Sporosarcina*）能产芽孢；螺菌、弧菌只有极少数种能产芽孢。

各种细菌芽孢在细胞中的位置、形状和大小是一定的，这在分类鉴定上有一定的意义，但有时它也受环境的影响。多数好氧性芽孢杆菌的芽孢位于细胞中央或近中央，直径小于细胞宽度。如：枯草芽孢杆菌，巨大芽孢杆菌，蜡状芽孢杆菌等。多数厌氧性芽孢杆菌的芽孢位于细胞中央，但是直径大于细胞宽度，梭状芽孢杆菌就是因为这种特点而得名。也有少数厌氧菌的芽孢位于细胞的一端，直径又大于细胞宽度，呈鼓槌状。如：破伤风梭状芽孢杆菌（*Clostridium tetani*），见图2.3.33。

芽孢具有很强的抗热、抗干燥、抗辐射、抗化学药物和抗静水压能力。解热糖梭菌的营养细胞在50℃温度下，短时间就死亡，而其芽孢在132℃，处理4.4min，才被杀死90%；芽孢抗辐射能力也比营养细胞强一倍；另外，芽孢具有惊人的休眠能力，在普通保藏条件下，它能存活几年至几十年；在特定的自然条件中它能存活几百年至几千年，甚至更长。所以，我们常利用芽孢这一特性，将菌种以芽孢的形式长期保藏。有些菌种的芽孢可保存30年。

我们常以芽孢作为评价杀菌效果的参照物。嗜热脂肪芽孢杆菌的芽孢是目前所知抗热能力最强的，它在121℃温度下，湿热蒸汽处理12min才能被杀灭。根据对嗜热脂肪芽孢杆菌

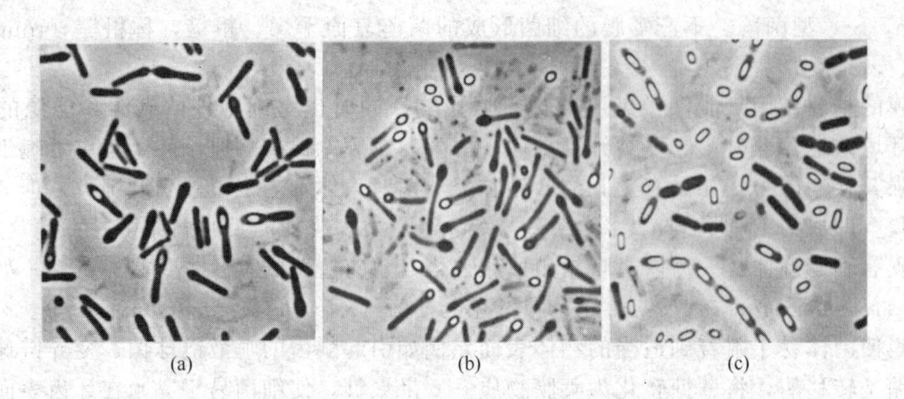

图 2.3.33 细菌芽孢在光学显微镜下的形态及其在胞内的位置
(a) 近中央；(b) 末端；(c) 中央

芽孢的致死效果，人们确立了实验室一般灭菌的操作参数：在 121℃温度下，湿热蒸汽处理 15～20min，或在 150～160℃温度的干热空气下，处理 1～2h，以达到彻底灭菌的目的。

在光学显微镜下，芽孢是折光性很强的小体。芽孢壁厚而致密，不易着色，必须采用特殊的芽孢染色法。利用扫描电子显微镜，可看到各种芽孢的表面特征，有的光滑、有的具脉纹或沟嵴，见图 2.3.34。利用切片技术和透射电子显微镜，能看到成熟芽孢的核心、内膜、初生细胞壁、皮层、外膜、外壳层及外孢子囊等多层结构，见图 2.3.35。细菌芽孢的结构组成见以下表解：

芽孢细菌
- 芽孢囊：产芽孢母细胞的外壳
- 芽孢
  - 孢外壁：有的芽孢无此壁，主要为脂蛋白，透性差
  - 芽孢衣(孢子壳)：疏水性角蛋白，抗酶解，抗药物。多价阳离子不易通过
  - 皮层：主要含芽孢肽聚糖，DPA-Ca，体积大、渗透压大
  - 核心
    - 芽孢壁(孢子层)：含肽聚糖，可发展成新细胞壁
    - 芽孢膜(孢子膜)：含磷脂、蛋白质，可发展成新细胞膜
    - 芽孢质：含DPA-Ca，核糖体，RNA和酶类
    - 核区：含DNA

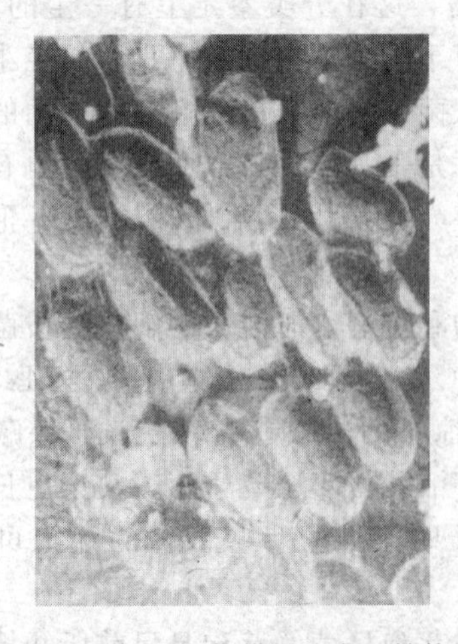

图 2.3.34 细菌芽孢的表面结构

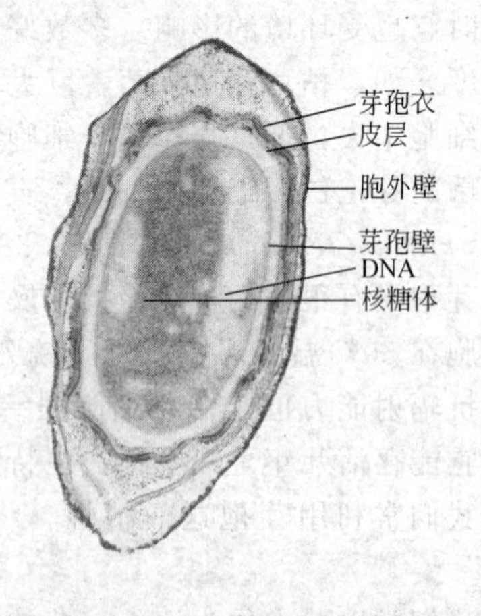

图 2.3.35 成熟芽孢的电子显微镜图片

芽孢的化学组成上有一些重要的特点：

① 含有吡啶-2,6-二羧酸（DPA），DPA的结构式见图2.3.36。DPA是芽孢所特有的，营养细胞和其他生物细胞中都没有。它可能位于芽孢的核（Core）中心，可能以钙盐形式存在，它们在芽孢中的堆集造成细胞质体积缩小到最小体积。

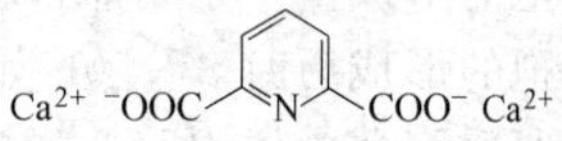

图2.3.36　吡啶-2,6-二羧酸（DPA）钙盐结构

② 含有芽孢特有的芽孢肽聚糖，结构式见图2.3.37。

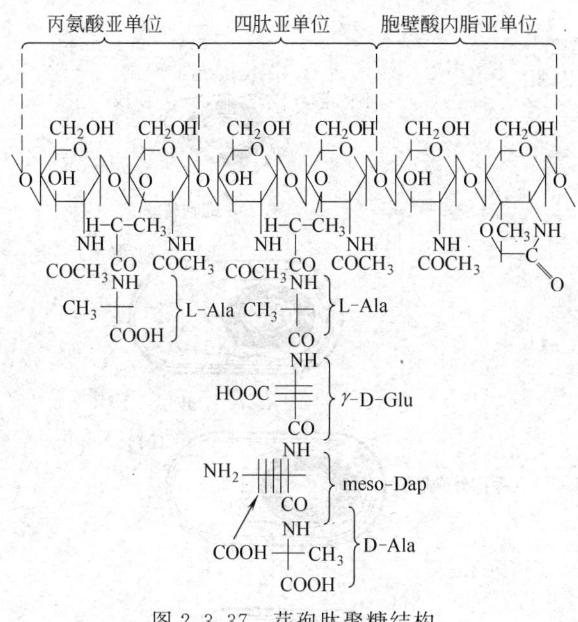

图2.3.37　芽孢肽聚糖结构

③ 芽孢平均含水40%，皮层70%，多为结合水。而营养细胞含水约80%。在形成芽孢的过程中，细胞质收缩，水分降低。水分可以自由进出芽孢。但芽孢细胞质的物理状态，即胶体结构的程度和紧密的皮质层阻止了细胞质的吸水和核膨胀。

④ 芽孢中酶的分子量较营养细胞的正常酶要小。分子量低的蛋白质由于其分子中键的作用较强而更加稳定、耐热。

在芽孢形成过程中，DPA很快合成。DPA形成后，芽孢就具抗热性。芽孢萌发后，DPA释放到培养基中，同时也丧失了抗热性。过去一般认为DPA与芽孢抗热性有关，即DPA与Ca^{2+}螯合使芽孢中生物大分子形成耐热性凝胶。但是已经有人分离到了无DPA的突变体仍具抗热性，从而否认了DPA与芽孢抗热性有关的假设。

芽孢的抗热机制至今仍然不清。有人提出了渗透调节皮层膨胀学说，即：芽孢衣（Coat）对多价阳离子和水分的透性差，皮层离子强度高，从而皮层有极高的渗透压，能够夺取核心部分的水分，引起皮层膨胀。总的讲，芽孢含水量不比营养细胞低多少，只是核心部分处于高度失水状态，所以才有极强的抗热性。

在产芽孢的细菌中，芽孢囊（sporangium）就是母细胞的空壳；胞外壁（exosporium）位于芽孢的最外层，是母细胞的残留物。胞外壁可有可无，或紧或松，占芽孢干重的2%～10%。它分内外两层（外层约6nm厚，内层约19nm厚），主要成分是脂蛋白，也含少量氨基糖，透性差；芽孢衣（spore coat）的厚度约3nm，层次较多（3～15层），主要含疏水性的角蛋白以及少量磷脂蛋白。芽孢衣对溶菌酶、蛋白酶和表面活性剂具有很强的抗性，对多价阳离子的透性很差；皮层（cortex）在芽孢中占有很大体积（30%～60%），内含芽孢特有的芽孢肽聚糖，其特点是呈纤维束状、交联度小、负电荷强、可被溶菌酶水解，还含有占芽孢干重7%～10%的DPA-Ca，不含垣酸。皮层的渗透压高达2MPa左右，含水量约70%，略低于营养细胞，而比芽孢的平均含水量（40%）高许多；芽孢核心（core）又称芽孢原生质体，它是由芽孢壁、芽孢膜、芽孢质和核区四部分构成，芽孢核心的含水量极低。

细菌只有在营养耗尽、生长停滞的时期才形成芽孢；若在生长末期加入新鲜的营养物质，芽孢的形成即被抑制；因此芽孢形成的能量是由内源代谢提供的。根据电子显微镜观察，芽孢的形成由一系列非常复杂的过程组成，绝非是细胞质简单的浓缩和核物质的简单分配。芽孢的形成历时 8～10h 如图 2.3.38 所示，分为以下七个阶段：①核物质凝集，DPA 浓缩；②质膜藉中体内陷，形成双层膜，构成芽孢的横隔壁；③芽孢横隔壁环绕，形成光学显微镜下折光性强的前芽孢（forespore）；④前芽孢周围形成新的壁（原始皮层，primordial cortex）；⑤皮层加厚，形成芽孢外壳（outer coat）；⑥内、外皮层发育，芽孢成熟；⑦母细胞裂解，芽孢囊溶解，游离出芽孢。

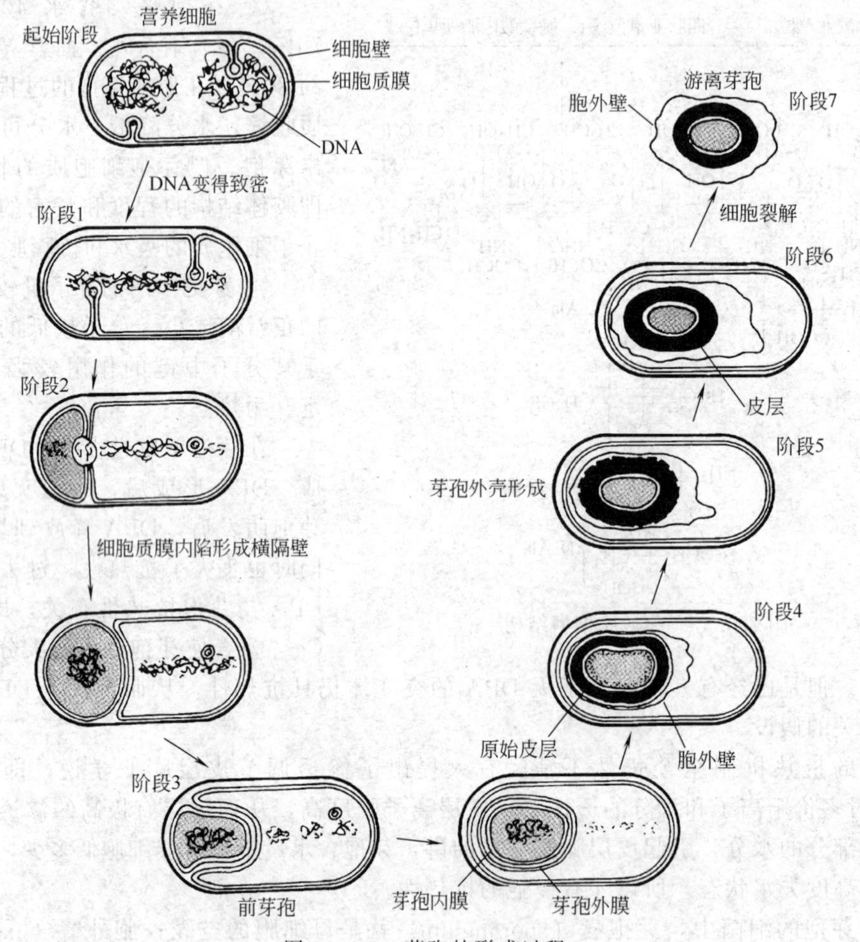

图 2.3.38 芽孢的形成过程

在光学显微镜下观察芽孢的形成过程，只能看到以下变化：首先在细胞的一端出现折光性较强的区域，即前孢子阶段；然后折光性逐渐增强，形成成熟的孢子；经过几小时后，成熟的芽孢部分或全部脱离孢子囊壁而释放，呈游离状。

芽孢可保持休眠状态，存活数年至数十年，并能在几分钟内苏醒。如：芽孢在 60～70℃加热数分钟就会使芽孢停止休眠而萌发：芽孢逐渐变大，裂解酶将孢子壁和芽孢衣分解，芽孢衣沿赤道分开并拉向两边，新的营养细胞破出，芽孢萌发过程中的形态见图 2.3.39。芽孢萌发的标志是折光性下降，对染料的亲和力增大及抗热性降低。

芽孢的结构复杂，是一种特殊的休眠体。它本身具维持生命活动的所有功能，在适宜的环境条件下就会萌发。但与其他外生孢子不同，一个营养细胞只能形成一个芽孢，一个芽孢只能产生一个新细胞，所以芽孢不是细菌的繁殖“器官”。

芽孢与营养细胞的区别见表 2.3.5。

（13）伴孢晶体（parasporalbodies，spore-companioned crystal） 有一些芽孢杆菌（如苏云金杆菌等）在形成芽孢的同时，在细胞内产生晶体状内含物，称伴孢晶体。一个细菌只产生一个伴孢晶体，见图 2.3.40。

因菌种或营养条件的不同，伴孢晶体呈斜方形、长斜方形、方形或不规则。当培养基中含丰富的动物性蛋白质或其分解产物时，伴孢晶体就会大而典型。

伴孢晶体由蛋白质组成，但对胰蛋白酶、糜蛋白酶等蛋白酶不敏感。在水、稀硝酸、稀盐酸中均不溶，但能溶于 Na_2CO_3，NaOH 等碱性溶液。

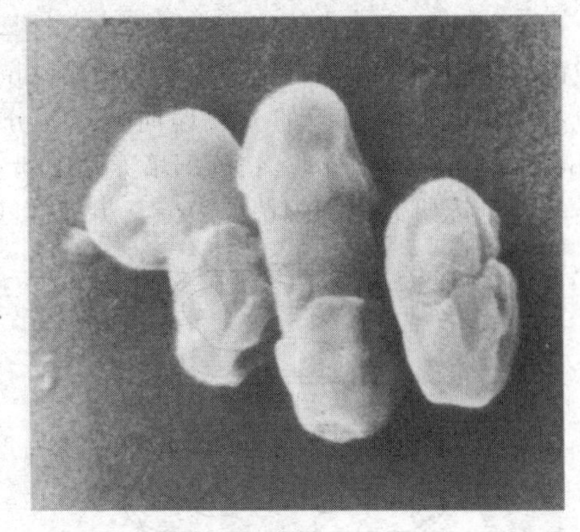

图 2.3.39 芽孢（×30000）萌发过程中的形态

表 2.3.5 细菌芽孢与其营养细胞的区别

比较项目	营养细胞	芽孢	比较项目	营养细胞	芽孢
结构	典型的革兰阳性菌	厚皮层,芽孢衣,孢外壁	酶活性	高	低
显微镜下	无折光性	具折光性	代谢(耗氧)	高	低或无
化学组成			大分子合成	活跃	无
钙	含量低	含量高	mRNA	有	含量低或无
DPA	无	有	抗热性	弱	强
PHB	有	无	抗化学药品和抗酸性	弱	强
多糖	高	低	染料染色	易染	需特殊染色
蛋白质	较低	较高	溶菌酶作用	敏感	不敏感
含硫氨基酸	低	含量高			

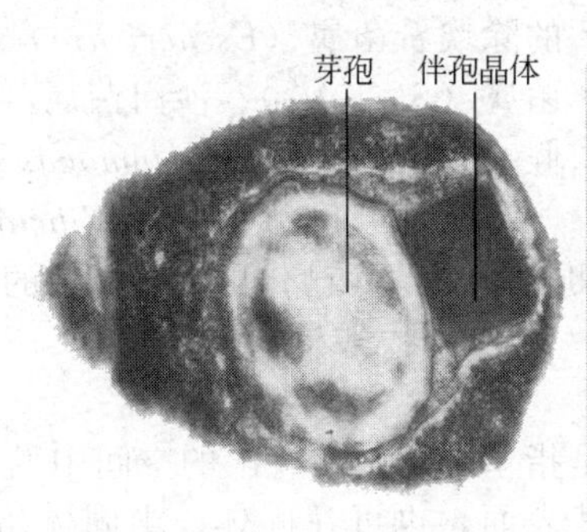

图 2.3.40 苏云金杆菌（*Bacillus thuringiensis*）和伴孢晶体电子显微镜图片

伴孢晶体是一种毒蛋白。由于鳞翅目幼虫的中肠呈碱性（pH 值 9.0～10.5），晶体毒素到达昆虫肠道中，立即溶解并吸附在上皮细胞上，很快引起肠道麻痹、穿孔，毒素随即进入体腔和血液，破坏昆虫正常生理并且影响昆虫的神经传导，最终造成瘫痪死亡。这种毒素对人畜毒性很低，故国内外均以工业化方式大量生产有关苏云金杆菌，作为生物农药。苏云金杆菌的伴孢晶体由 18 种氨基酸组成，晶体尺寸为 0.6μm×2.0μm，见图 2.3.40。已经证明苏云金杆菌的伴孢晶体对 200 多种昆虫、尤其对鳞翅目昆虫有毒害作用。近年来国内外正在将苏云金杆菌的毒素蛋白基因转移到农作物的细胞内，这种转基因农作物不断释放出的毒素能抵御害虫侵袭，而且对人畜无害，也不会污染环境。

2.3.3.4 细菌的繁殖方式

细菌的繁殖方式较简单，一般为无性繁殖。表现为细胞横分裂，称为裂殖。如果裂殖形成的子细胞大小相等，则称为同形裂殖（homotypic division）。大多数细菌繁殖属同形裂殖。也有少数种类的细菌的分裂偏向一边，分裂产生两个大小不等的子细胞，称为异形裂殖（heterotypic division）。在陈旧培养基中偶尔也会出现这种现象。

经电镜研究得知细菌分裂分三步进行（见图 2.3.41）：

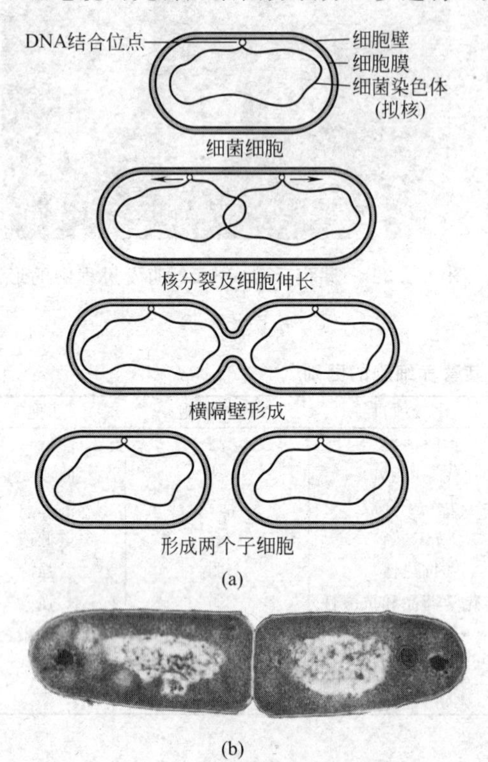

图 2.3.41 细菌细胞分裂
（a）分裂的三阶段过程；
（b）大肠杆菌同形裂殖的电子显微镜图片

（1）核分裂 细菌染色体复制后，随着细胞的生长而移向细胞两极，与此同时，细胞赤道附近的质膜从外向内环状推进，然后闭合形成一个垂直于长轴的细胞质隔膜，将细胞质和两个“细胞核”隔开；

（2）形成横隔壁 随着细胞膜向内凹陷，母细胞的细胞壁向内生长，将细胞质隔膜分成两层，每层分别成为子细胞的细胞质膜。随后，横隔壁也分成两层。这时，每个子细胞便都有了一个完整的细胞壁；

（3）子细胞分离 有些细菌细胞在横隔壁形成后不久便相互分离，呈单个游离状态。而有的种在横隔壁形成后暂时不发生分离，呈双球菌、双杆菌、链状菌等。一些球菌，因分裂面的变化，成为四联球菌、八叠球菌等。

除无性繁殖外，通过电子显微镜观察和遗传学研究已证实细菌还存在有性生殖，但频率较低。实验室条件下存在有性接合现象的除埃希菌属（*Escherichia*）外，还有志贺菌属（*Shigella*）、沙门菌属（*Salmonella*）、假单胞菌属（*Pesudomonas*）、沙雷菌属（*Serratia*）和弧菌属（*Vibrio*）等。目前，对大肠杆菌的有性生殖研究得较透彻，通过中断杂交方法，已作出大肠杆菌的基因图谱，并常用于许多基因的定位研究。

2.3.3.5 细菌的培养特征

（1）细菌的菌落特征 菌落（colony）就是指单个细胞在有限的空间中发展成肉眼可见的细胞堆，见图 2.3.42。菌落可在固体培养基表面，也可在固体、半固体培养基的深层，甚至在液体培养基中生长。

如果菌落由一个单细胞发展而来，它就是一个纯种细胞群，称纯无性繁殖系，或称克隆（clone）。挑取单菌落是一种常用的菌株纯化手段。如果各菌落连成一片则称菌苔（lawn）。在适宜的条件下，24h 内每个菌落的细菌数目可达几十亿个，见图 2.3.43。

在一定的培养条件下，各种细菌形成的菌落具一定特征。如：菌落大小、形状（圆形、假根状、不规则状等）、边缘情况（整齐、波形、裂叶状、锯齿形等）、隆起情况（扩展、台状、低凸、凸面、乳头状等）、光泽（闪光、金属光泽、无光泽等）、表面状态（光滑、皱褶、颗粒状、龟裂状、同心环状等）、质地（油脂状、膜状、黏、脆等）、颜色、透明程度等，见图 2.3.44。菌落的特征对细菌的分类、鉴定有重要的意义。

菌落特征决定于组成菌落的细胞结构与生长行为。如肺炎双球菌有荚膜菌株的菌落是光

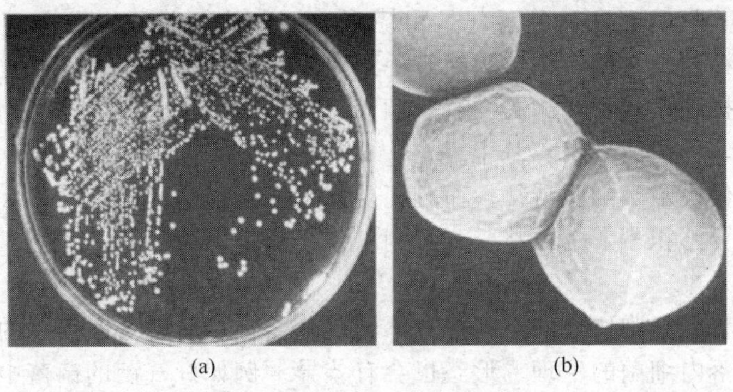

图 2.3.42 细菌菌落

(a) 固体培养基表面形成的细菌（*Staphylccoccus aureus*）菌落；

(b) 细菌（*Staphylccoccus aureus*）细胞的电子显微镜图片（×57000）

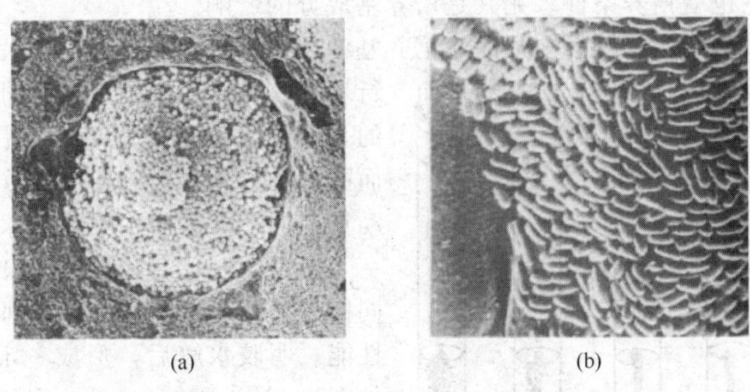

图 2.3.43 细菌菌落中的细胞形态

(a) 固体培养基上链球菌菌落的电镜扫描图片（×4800）；

(b) 固体培养基上 *Vibrio cholerae* 菌落的边缘（×5400）

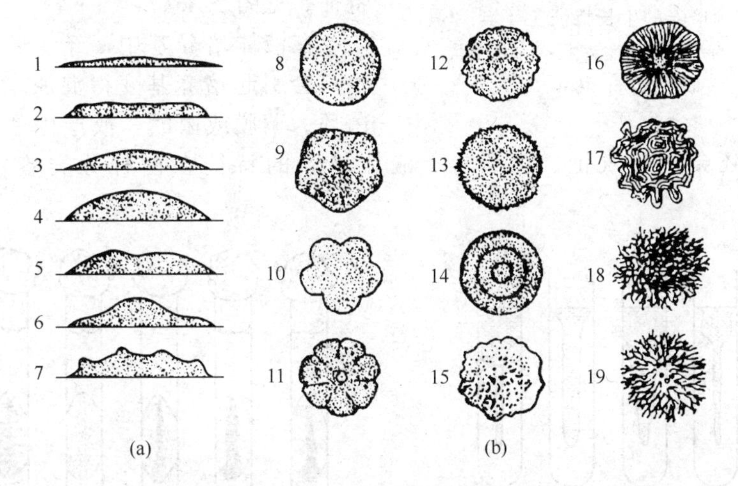

图 2.3.44 细菌菌落特征

(a) 侧面观：1—扁平；2—隆起；3—低凸起；4—高凸起；5—脐状；6—草帽状；7—乳头状；

(b) 正面观—表面结构、形态和边缘：8—圆形、边缘完整；9—不规则，边缘波浪；

10—不规则、颗粒状、边缘叶状；11—规则、放射状、边缘叶状；12—规则、边缘扇边状；

13—规则、边缘齿状；14—规则、有同心环、边缘完整；15—不规则、毛毯状；

16—规则、菌丝状；17—不规则、鬈发状、边缘波状；18—不规则、丝状；19—不规则、根状滑型的，而其无荚膜的突变株菌落却是粗糙型的。有的细菌，如炭疽杆菌的细胞生长成链状，菌落表面粗糙而且卷曲，菌落边缘有毛边突起。扫描电镜观察结果也表明菌落特征与其中的细胞形状、排列方式密切相关。有的菌落有颜色，有些色素不溶于水，存在于细胞内；有的是水溶性的，可扩散到培养基中。

菌落特征不仅决定于细胞特征，而且还受邻近菌落影响。菌落靠得太近，由于营养物有限和有害代谢物分泌积累，生长将受到抑制。划线法分离菌种时，相互靠近的菌落较小，而分散的菌落较大。

因为菌落内各个细胞所处的空间位置不同，营养物摄取、代谢产物的积累及空气供应也不一样，同一菌落内细菌的生理、形态也会有差异。例如好气菌的菌落中，由于个体间的争夺，使得越接近菌落表面的个体越易获得氧气，越接近培养基的营养越丰富，因而造成同一菌落中细胞间的差异。

从上可知，细菌菌落的形态是由细胞表面状况、排列方式、代谢产物、好气性和运动性所决定的，同时它也受培养条件、尤其是培养基成分的影响。

（2）细菌的其他培养特征　在半固体培养基中用接种针穿刺将菌种接入培养基的深层进行培养，可以鉴定细菌的运动特征。不能运动的，即无鞭毛的菌株，只能沿穿刺方向生长，而能运动的菌株会向四周扩散，且各种细菌运动扩散的形状不同，见图 2.3.45。

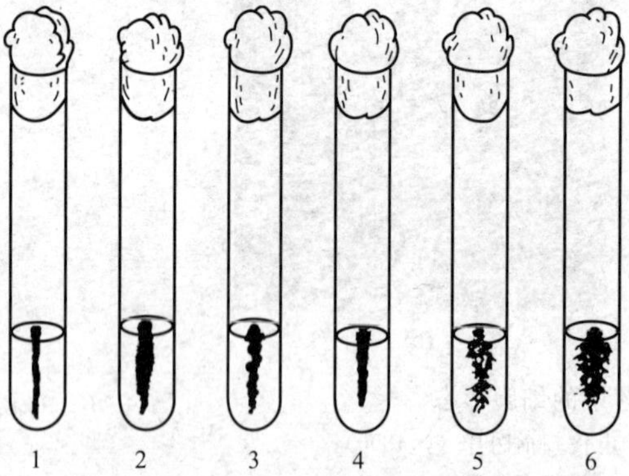

1　2　3　4　5　6

图 2.3.45　细菌在琼脂培养基中穿刺培养的生长特征

1—丝状；2—有小刺；3—念珠状；4—绒毛状；5—假根状；6—树状

若以明胶代替琼脂作为培养基的凝固剂，同样进行穿刺培养，可以鉴别菌株产蛋白酶的性能。明胶水解后，形成一定形状的溶解区，见图 2.3.46。这种方法也可用于菌种鉴定。

在固体培养基的表面以划线法将菌株接入培养，2～5d 后可以看到因种而异的群体生长特征。见图 2.3.47。

在液体培养基中，经 1～3d 培养，菌体生长会引起培养基变得混浊，或在表面形成菌环、菌膜或菌醭，或产生絮状沉淀。见图 2.3.48。有的还会产生气泡、色素等。液体培养的特征在菌种分类鉴定中有一定的意义。

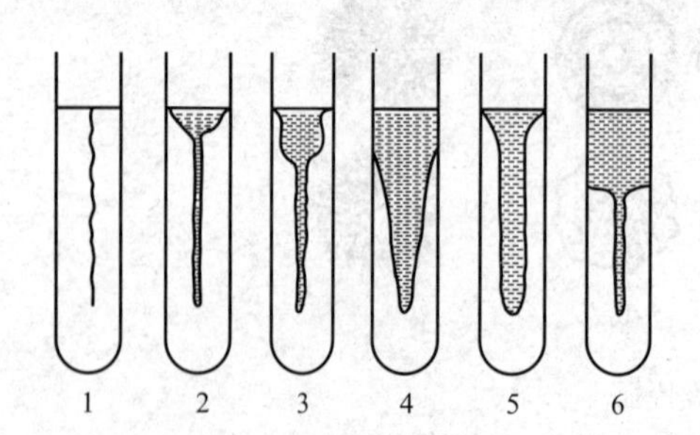

图 2.3.46　细菌在明胶培养基中穿刺培养并液化明胶的特征

1—不液化；2—火山口状；3—芜菁状；4—漏斗状；5—袋状；6—层状

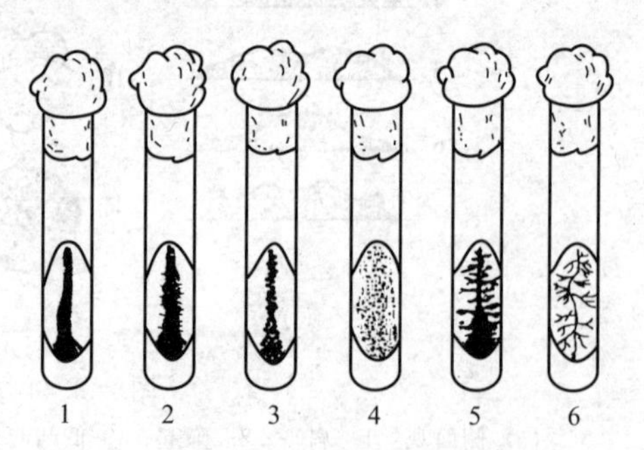

图 2.3.47　细菌在琼脂斜面划线培养的生长特征

1—丝状；2—有小刺；3—念珠状；4—扩展状；5—树状；6—假根状

2.3.3.6 常见的细菌

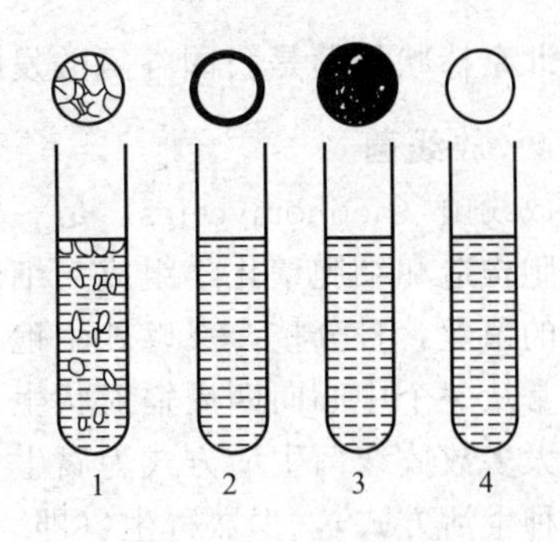

图 2.3.48 细菌在肉汤培养基中的表面生长特征

1—絮状；2—环状；3—浮膜状；4—膜状

(1) 大肠埃希杆菌（*Escherichia coli*） 大肠埃希杆菌，简称为大肠杆菌，是最为著名的原核生物。由法国细菌学家 Theodor Escherich 于 1885 年首先分离得到。作为消化道最普通的居住者，Escherich 将它命名为 *Bacterium coli*，以示它是杆状（Bacterium 意为"杆状"）及居住在消化道（coli 意为大肠 colon）的细菌。后来为纪念这位发现者，将该属名改为 *Escherich*。如今，我们对 *E. coli* 的了解远远多于其他生物，甚至包括我们人类本身。*E. coli* 的结构和功能常被用做其他所有生物的原始模型。

大肠杆菌归埃希杆菌属（*Escherichia*）。细胞呈杆状，(0.5×1.0)～3.0μm，有的近似球形，有的则成为长杆状；运动或不运动，运动者周生鞭毛；属于革兰阴性菌。大肠杆菌一般无荚膜、无芽孢；菌落白色或污白色，边缘圆或波形，光滑闪光，扩展；它能使牛奶迅速产酸凝固，但不胨化、不液化明胶；产吲哚，甲基红阳性；VP 阴性。

尽管 *Escherich* 属菌株和大多数大肠杆菌是无害的，但也有些大肠杆菌是致病的，会引起腹泻和尿路感染。如 O-157（肠胃出血性大肠杆菌）本身对人无害，但它借助于一种新基因产生一种叫"贝洛毒素"的有害物质，破坏人体的红血球、血小板和肾脏组织。有鞭毛的大肠杆菌的菌体在医学上称"O 抗原"，根据其性质不同，可将所有大肠杆菌分为 173 类，O-157 即指编号为 157 的大肠杆菌 O 抗原。

大肠杆菌的特点是它易于在实验室操作、生长迅速，而且营养要求低。它是第一个被发现存在有性生殖的细菌（Joshua Lederberg 和 Edvard L. Tatum，1946）。大肠杆菌能作为宿主供大量的细菌病毒生长繁殖，为详细研究病毒的性质和复制提供了可能。大肠杆菌也是最早用作基因工程的宿主菌。工业上常将大肠杆菌用于生产谷氨酸脱羧酶、天冬酰胺酶和制备天冬氨酸、苏氨酸及缬氨酸等。大肠杆菌也是食品业和饮用水卫生检验的指示菌。

(2) 枯草芽孢杆菌（*Bacillus subtilis*） 枯草芽孢杆菌属芽孢杆菌属（*Bacillus*）。为直状、近直状的杆菌（0.3～2.2)×(1.2～7.0μm)。周生或侧生鞭毛。无荚膜。革兰阳性。芽孢 0.5μm×(1.5～1.8)μm，中生或近中生。菌落形态变化大，圆或不规则，表面粗糙、不透明、污白色或微黄色。在 1%葡萄糖营养琼脂试管穿刺培养表面生长物较厚，常粗糙，呈褐色。能液化明胶，胨化牛奶，还原硝酸盐，水解淀粉。主要进行有氧呼吸，并以 2,3-丁二醇、羟基丁酮和 CO_2 为主要产物。

枯草芽孢杆菌是工业发酵的重要菌种之一。可用于生产淀粉酶、蛋白酶、5′-核苷酸酶、某些氨基酸及核苷。

(3) 北京棒状杆菌（*Corynebacterium Pekinensis*） 北京棒杆菌的细胞为短杆状或小棒状，有时微弯曲，两端钝圆，不分枝，单个或呈"八"字排列。革兰阳性，无芽孢，不运动。在普通肉汁琼脂平皿上菌落呈圆形，24h 后菌落呈白色，直径 1mm，一周后可达 4.5～6.5mm，呈淡黄色，中间隆起，表面湿润、光滑、有光泽，边缘整齐，半透明，无黏性，无水溶性色素。不液化明胶，不能使石蕊牛奶发生变化，7d 后呈微碱性；不同化酪蛋白，不水解淀粉，不分解油脂；能使葡萄糖、麦芽糖、蔗糖迅速产酸；在海藻糖及肌醇中生长缓慢；能使糊精、半乳糖及木糖弱产酸，但均不产气。其生长需生物素，硫胺素也能促进生长。好氧或兼性厌氧。26～27℃生长良好，41℃生长弱，55℃会使其致死。

北京棒状杆菌是我国谷氨酸发酵的主要菌种之一。

2.3.4 放线菌

放线菌（actinomycetes）是一类介于细菌和真菌之间的单细胞微生物。一方面，放线菌的细胞构造和细胞壁化学组成与细菌相似，与细菌同属原核生物；另一方面，放线菌菌体呈纤细的菌丝，且分枝，又以外生孢子的形式繁殖，这些特征又与霉菌相似。放线菌菌落中的菌丝常从一个中心向四周辐射状生长，并因此而得名。

大多数放线菌生活方式为腐生（即分解已死的生物或其他有机物以维持自身的正常生活的一种生活方式），少数寄生（即一种生物寄居于另一种生物体内或体表，从而摄取营养以维持生命的生活方式）。腐生型放线菌在自然界物质循环中起着相当重要的作用。而寄生型的可引起人和动植物的疾病。放线菌在自然界分布很广，主要存在于土壤中，在中性或偏碱性有机质丰富的土壤中较多。土壤特有的泥腥味主要是放线菌产生的代谢物引起的。在空气、淡水、海水等处放线菌也有一定的分布。

放线菌对人类最突出的贡献就是它能产生大量的、种类繁多的抗生素。到目前为止，在医药、农业上使用的大多数抗生素是由放线菌生产的。如：链霉素，土霉素，金霉素，卡那霉素，庆大霉素，庆丰霉素，井冈霉素等。已经分离得到的放线菌产生的抗生素种类已达4000 种以上。

有些放线菌还用来生产维生素和酶；我国使用的菌肥“5406”就是由泾阳链霉菌（*Streptomyces jingyangensis*）生产的；放线菌在甾体转化、烃类发酵和污水处理等方面也有应用。

少数寄生性放线菌可引起人和动植物病害。如：人畜的皮肤病，脑膜炎，肺炎等及植物病害马铃薯疮痂病和甜菜疮痂病。放线菌具有特殊的土霉味，易使水和食品变味。有的放线菌能破坏棉毛织品和纸张等，给人类造成经济损失。

2.3.4.1 放线菌的形态构造

大部分放线菌由分枝状菌丝组成。菌丝大多无隔膜，仍属单细胞。菌丝的粗细与杆菌相近（1μm 左右），放线菌菌丝见图 2.3.49。细胞壁含胞壁酸、二氨基庚二酸，不含几丁质、纤维素。革兰阳性。

（1）基内菌丝　又称营养菌丝或初级菌丝体，它匍匐生长在培养基内。主要功能是吸收营养物。一般无隔膜（诺卡菌除外）。直径 0.2～1.2μm，但长度差别很大，短的小于100μm，长的可达 600μm 以上；有的无色，有的产生色素，呈黄、橙、红、紫、蓝、绿、褐、黑色等。色素有水溶性的，也有脂溶性的。

（2）气生菌丝　又称二级菌丝体。它是基内菌丝生长到一定时期，长出培养基外，伸向空间的菌丝。它较基内菌丝粗，直径 1～1.4μm，其长度差别则更悬殊。形状有直、弯曲、分枝状。有的有色素，显微镜下色泽较深。

（3）孢子丝　又称繁殖菌丝或产孢丝。当气生菌丝生长发育到一定阶段，气生菌丝上分化出的可形成孢子的菌丝。见图 2.3.50。孢子丝的形状及在气生菌丝上排列的方式随种而异。有的直形，有的波浪形或螺旋形。螺旋的数目、疏密程度、旋转方向等都是种的特征。螺旋的数目通常为 5～10 转，也有少至 1 个多至 20 个的；旋转方向多为逆时针，少数是顺时针。孢子丝排列方式有的交替着生，有的丛生或轮生。见图 2.3.51。上述特征均为菌种鉴定的依据。

孢子丝生长到一定阶段就形成孢子。放线菌形成的孢子有球形，椭圆形，杆形，柱形，瓜子形等。同一孢子丝上分化出的孢子的形状、大小有时也不一致。所以，不能将其作为区分菌种的唯一依据。

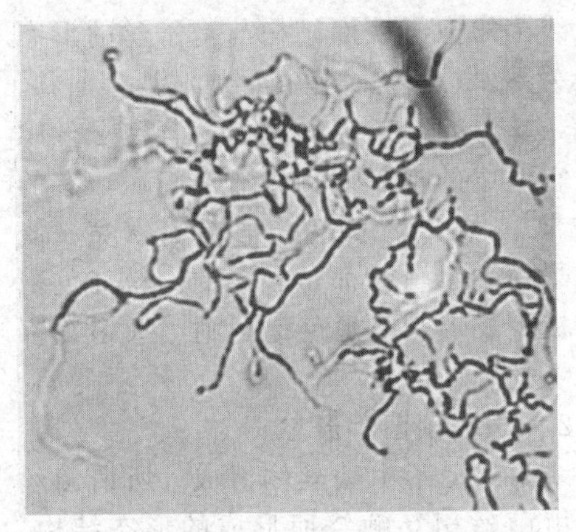

图 2.3.49 放线菌（*Nocardia* sp.）幼龄菌丝体（菌丝的直径 0.8～1μm）光学显微镜图片放线菌的菌丝由于形态、功能不同，分为基内菌丝、气生菌丝和孢子丝。

图 2.3.50 放线菌孢子丝的光学显微镜图片
（a）单轮生；（b）螺旋状

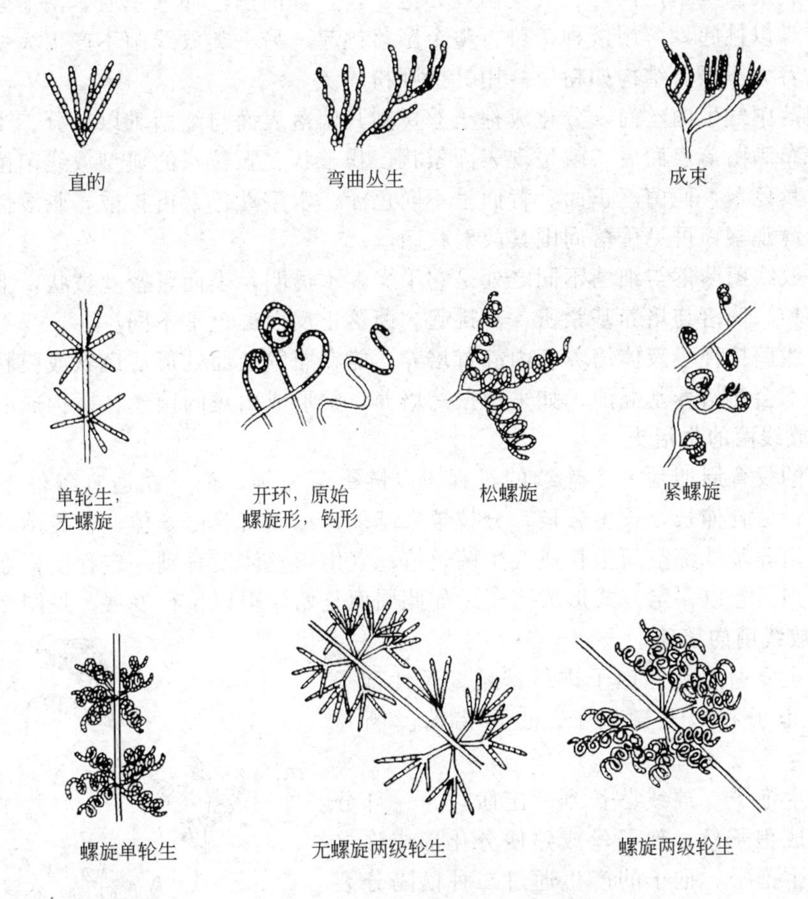

图 2.3.51 放线菌孢子丝类型

电镜下可见孢子表面结构的差异。有的表面光滑，有的带小疣、刺、或毛发状物，见图 2.3.52。孢子表面结构是鉴定放线菌菌种的依据。

放线菌的孢子常带色素，呈白、灰、黄、橙黄、红、蓝、绿色等。成熟孢子堆的颜色在一定培养基和培养条件下较稳定。所以，它也是菌种鉴定的重要特征。

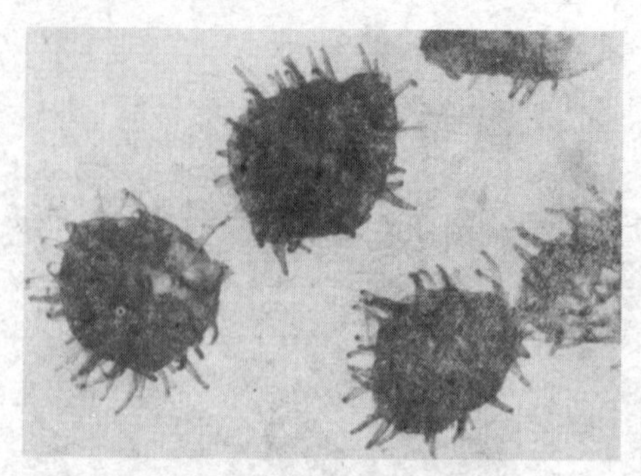

图 2.3.52 庆丰链霉菌的孢子表面结构（×36000）

放线菌的孢子表面结构与孢子丝的形态有一定关系。一般孢子丝直形或波浪弯曲状，这类孢子丝上的孢子表面光滑；若孢子丝螺旋状，它形成的孢子表面则有的光滑，有的带刺或带毛；白色、黄色、淡绿、灰黄、淡紫色孢子的表面一般都是光滑的，粉红色孢子只有极少数带刺，黑色孢子则绝大多数都带刺和毛发。

2.3.4.2 放线菌菌落形态

放线菌的菌落由菌丝体组成。所谓菌丝体，是由菌丝相互缠绕而形成的形态结构。菌落特征介于细菌和霉菌之间。因为其气生菌丝较细，生长缓慢，菌丝分枝并相互交错缠绕，所以形成的菌落质地硬而且致密，菌落较小而不广泛延伸。菌落表面呈紧密的绒状或坚实、干燥、多皱。

大部分放线菌具基内菌丝、气生菌丝和孢子丝，基内菌丝伸入基质，菌落紧贴培养基表面，接种针难以挑起，若用接种铲可将整个菌落挑起。另一类放线菌不产生大量菌丝，如诺卡菌，其黏着力不强，结构如粉质。用针挑则粉碎。

幼龄菌落中气生菌丝尚未分化成孢子丝，则其菌落表面与细菌难以区分。当孢子丝形成大量孢子并布满菌落表面后，就呈现表面絮状、粉末状、颗粒状的典型放线菌菌落。由于菌丝和孢子常具色素，使菌落正面、背面呈不同色泽。水溶性色素可扩散，脂溶性色素则不扩散。用放大镜观察，可见菌落周围具放射状菌丝。

总之，放线菌菌落与细菌不同之处是它干燥，不透明，表面紧密丝绒状，上面有一层色泽鲜艳的干粉。菌落与培养基紧密，难挑起。菌落正反面颜色常不同。

若将放线菌接种于液体培养基内静置培养，能在瓶壁液面处形成斑状或膜状菌落，或沉降于瓶底而不会使培养基混浊；如采用振荡培养，常形成由短的菌丝体所构成的球形颗粒。

2.3.4.3 放线菌的生活史

放线菌的发育周期是一个连续的过程。以链霉菌为例，孢子在适宜条件下萌发，长出1～3个芽管；芽管伸长，长出分枝；分枝越来越多，形成营养菌丝体；营养菌丝体发育到一定阶段，向培养基外部空间生长成气生菌丝体；气生菌丝体发育到一定程度，在它的上面形成孢子丝；孢子丝以一定方式形成孢子。如此周而复始，得以生存发展。见图 2.3.53。

2.3.4.4 放线菌的繁殖

放线菌主要通过无性孢子进行繁殖。无性孢子主要有分生孢子和孢子囊孢子。也可借菌丝断片繁殖。

(1) 分生孢子　放线菌长到一定阶段，一部分气生菌丝形成孢子丝，孢子丝成熟便分化形成许多孢子，称分生孢子。孢子的产生通过二种横隔分裂方式，见图 2.3.54。

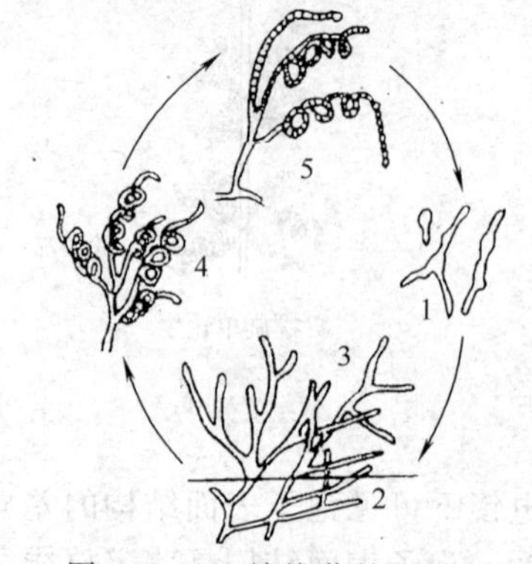

图 2.3.53 放线菌的生活史
1—孢子萌发；2—基内菌丝体；3—气生菌丝体；4—孢子丝；5—孢子丝分化形成孢子

① 细胞质膜内陷，由外逐渐向内收缩并合成横隔膜，将孢子丝分隔成许多孢子。此为主要方式。

② 细胞壁与质膜同时内陷，逐渐向内缢缩，形成横隔壁，然后断裂形成一串孢子。诺卡菌属常以

这种方式繁殖。

(2) 孢子囊孢子 有的放线菌由菌丝盘卷形成孢子囊。其间产生横隔，形成孢子。孢子囊成熟后，释放出孢子。孢子囊可在气生菌丝、也可在基内菌丝上形成。见图 2.3.55。

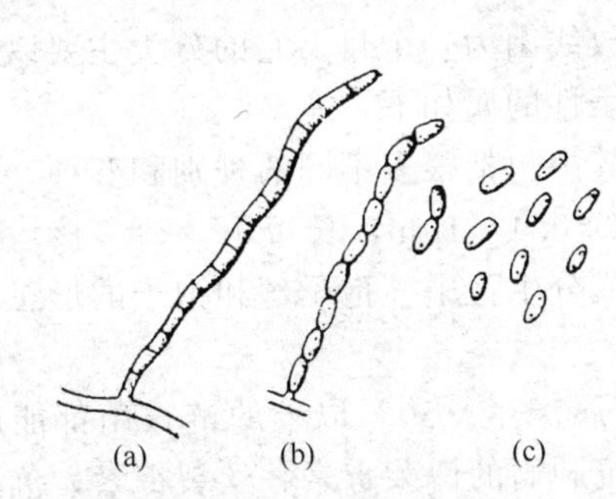

图 2.3.54 横隔分裂形成孢子的过程

(a) 孢子丝中形成横隔；(b) 沿横隔断裂形成孢子；(c) 成熟的孢子

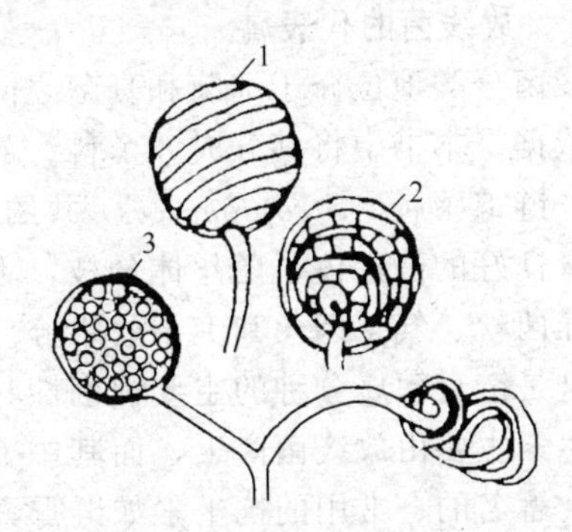

图 2.3.55 粉红链孢霉 (*Streptosporangium*) 孢子囊形成过程

1—孢子囊形成初期；2—孢子囊继续生长，囊内形成横隔；3—成熟孢子囊，孢囊孢子不规则排列

(3) 菌丝断片 放线菌也可藉菌丝断裂的片段，形成新菌丝体。这种现象常见于液体培养。工业发酵生产抗生素时，放线菌就以此方式大量繁殖。如果静止培养，培养物表面往往形成菌膜，膜上也可生出孢子。

(4) 其他方式 小单孢菌科 (*Micromonosporaceae*) 中多数种的孢子着生在直而短的营养菌丝的分叉顶端上，一个枝叉顶端形成一个球形、椭圆形或长圆形的孢子，这些孢子也称分生孢子。它们聚在一起，很像一串葡萄。某些放线菌偶尔也会产生厚壁孢子。

放线菌的孢子具有较强的耐干燥能力，但不耐高温，60～65℃处理 10～15min 即会失去生活能力。

2.3.4.5 放线菌生理

除少数自养型菌种如自养链霉菌 (*Streptomyces autotrophicus*) 外，绝大多数放线菌属于异养型。异养菌的营养要求差别很大，有的能利用简单化合物，有的却需要复杂的有机化合物。它们能利用不同的碳水化合物，包括糖、淀粉、有机酸、纤维素、半纤维素等作为能源。最好的碳源是葡萄糖、麦芽糖、糊精、淀粉和甘油，而蔗糖、木糖、棉子糖、醇和有机酸次之。有机酸中以醋酸、乳酸、柠檬酸、琥珀酸和苹果酸易于利用，而草酸、酒石酸和马尿酸较难利用。某些放线菌还可利用几丁质、碳氢化合物、丹宁以至橡胶。

氮源以蛋白质、蛋白胨以及某些氨基酸最合适，硝酸盐、铵盐和尿素次之。除诺卡菌外，绝大多数放线菌都能利用酪蛋白，并能液化明胶。

和其他生物一样，放线菌的生长一般都需要 K、Mg、Fe、Cu 和 Ca 等金属离子。其中 Mg 和 K 对于菌丝生长和抗生素的产生有显著作用。各种抗生素的产生所需的矿物质营养并不完全相同，如弗氏链霉菌 (*Streptomyces fradiae*) 产生新霉素时，必需 Zn 元素，而 Mg、Fe、Cu、Al 和 Mn 等不起作用。Co 是放线菌产生维生素 B_{12} 的必需元素，当培养基中含 1～2mg/kg 的 Co 时，可提高灰色链霉菌 (Streptomyces griseus) 的维生素产量三倍，如果培养基中的 Co 含量高至 20～50mg/kg 时则产生毒害作用。另外，Co 还有促进孢子形成的功能。

大多数放线菌是好气的，只有某些种是微量好气菌和厌气菌，因此，工业化发酵生产抗生素过程中必须保证足够的通气量；温度对放线菌的生长亦有影响，大多数放线菌的最适生长温度为23～37℃，高温放线菌的生长温度为50～65℃，也有许多菌种在20～30℃以下仍生长良好；放线菌菌丝体壁细菌营养体抗干燥能力强，很多菌种在盛有 $CaCl_2$ 和 H_2SO_4 的干燥器内能存活一年半左右。

2.3.4.6 放线菌的代表属

放线菌分类地位介于细菌和真菌之间。分类学上放线菌为一个目。它的分类主要以形态结构为依据。本书中将其分成8个科。放线菌中有代表性的属如下：

（1）链霉菌属（*Streptomyces*）共约1000多种，其中包括很多不同的种别和变种。它们具有发育良好的菌丝体，菌丝体分枝，无隔膜，直径约0.4～1μm，长短不一、多核。菌丝体有营养菌丝、气生菌丝和孢子丝之分。孢子丝可形成分生孢子。孢子丝和孢子的形态因种而异，这是链霉菌属分种的主要识别性状。

抗生素主要由放线菌产生，而其中90%由链霉菌属产生。50%以上的链霉菌都能产生抗生素。著名的、常用的抗生素如链霉素、土霉素、抗肿瘤的博莱霉素、丝裂霉素，抗真菌的制霉菌素，抗结核的卡那霉素，能有效防治水稻纹枯病的井冈霉素等都是链霉菌的次生代谢产物。有的链霉菌能产生一种以上的抗生素，而它们在化学上常常互不相关。而从世界上许多地区发现的不同种别，却可能产生同一种抗生素。

（2）诺卡菌属（*Nocardia*）又称原放线菌属（*Proactinomyces*），在培养基上形成典型的菌丝体，剧烈弯曲如树根或不弯曲，具有长菌丝。这个属的特点是在培养15h至4d内，菌丝体产生横隔膜，分枝的菌丝体突然全部断裂成长短相近的杆状、球状或带叉的杆状体。每个杆状体内至少有一个核，因此可以复制并形成新的多核的菌丝体。此属中的多数种没有气生菌丝，只有营养菌丝。少数种在营养菌丝表面覆盖极薄的一层气生菌丝枝——子实枝或孢子丝。孢子丝直形，个别种呈钩状或初旋，具横隔膜。以横隔分裂形成孢子，孢子杆状、柱形，两端截平或椭圆形等。

菌落外貌和结构多样，一般比链霉菌菌落小，表面崎岖多皱，致密干燥，一触即碎，或如面团；有的种菌落平滑或凸出，无光或发亮呈水浸样。

此属多为好气性腐生菌，少数为厌气性寄生菌。能同化各种碳水化合物，有的能利用碳氢化合物和纤维素等。

诺卡菌主要分布在土壤中。已报道有100多种，能产生30多种抗生素。如对结核分枝杆菌（*Mycobactterium tuberculosis*）和麻疯分枝杆菌（*Mycobacterium leprae*）有特效的利福霉素（rifomycin），对引起植物白叶枯病的细菌，及对原虫子病毒有作用的间型霉素（formycin），对革兰阳性菌有作用的瑞斯托菌素（ristocetin）等。另外，有些诺卡菌还用于石油脱蜡、烃类发酵及污水处理中分解腈类化合物。

（3）放线菌属（*Actinomyces*）放线菌属多为致病菌。只有营养菌丝，直径小于1μm，有横隔，可断裂成"V"形或"Y"形体。无气生菌丝，也不形成孢子。一般为厌气菌或兼性厌气菌。引起牛颚肿病的牛型放线菌（*Actinomyces bovis*）是此属的典型代表。另一类是衣氏放线菌（*Actinomyces israelii*），它寄生在人体，可引发颚骨肿瘤和肺部感染。它们的生长需要较丰富的营养，通常在培养基中需加入血清或心、脑浸汁等。

（4）小单孢菌属（*Micromonospora*）菌丝体纤细，直径0.3～0.6μm，无横隔膜，不断裂，菌丝体侵入培养基内，不形成气生菌丝。只在营养菌丝上长出很多分枝小梗，顶端着生一个孢子。其菌落较链霉菌的小得多，一般2～3mm，通常橙黄色或红色，也有深褐色、黑色、蓝色等。菌落表面覆盖着一薄层孢子堆。

该属多为好气性腐生菌，能利用各种氮化物和碳水化合物。大多数分布在土壤或湖底泥土中，堆肥和厩肥中也不少。该属约有30多种，能产生30多种抗生素。例如庆大霉素就是由绛红小单孢菌（*Micromonospora purpurea*）和棘孢小单孢菌（*Micromonospora echinospora*）产生的。有人认为该属菌产生抗生素的潜力很大，且有的种还积累维生素 B_{12}。

（5）链孢囊菌属（*Streptosporangium*）链孢囊菌属能形成孢子囊孢子，有时还可形成螺旋孢子丝，成熟后分裂出分生孢子。其营养菌丝体分枝较多，但横隔稀有，直径 0.5～1.2μm，气生菌丝体呈丛生、散生或同心环排列。

该属菌约有 15 种以上，其中不少种可产生广谱抗生素。粉红链孢囊菌（*Streptosporangium roseum*）产生的多霉素（polymycin），可抑制革兰阳性菌、革兰阴性菌和病毒等，对肿瘤也有抑制作用。绿色链孢囊菌（*Streptosporangium viridogriseum*）产生的绿菌素（sporaviridin）对细菌、霉菌、酵母菌都有作用。由西伯利亚链孢囊菌（*Streptosporagium sibiricum*）产生的两性西伯利亚霉素，对肿瘤有抑制作用。

（6）游动放线菌属（*Actinoplanes*）通常在沉没水中的叶片上生长。一般没有或极少气生菌丝体。营养菌丝直径约 0.2～2.6μm，有分枝，隔膜有或无。以孢子囊孢子繁殖，孢囊形成于营养菌丝体上或孢囊梗上。孢囊梗直形或分枝，每分枝顶端形成一至数个孢囊，孢囊孢子通常略有棱角，并有一至数个发亮小体和几根端生鞭毛，能运动，这是该属菌最突出的特点。

2.3.4.7 放线菌与细菌的比较

放线菌是具有明显分枝的菌丝，有分生孢子，在液体、固体培养基中生长状态如真菌。过去曾被划为真菌。但它在许多方面更像细菌，比较如下：

① 同为单细胞，菌丝比真菌细，其直径与细菌接近；

② 同属原核生物，无核膜，核仁，线粒体，核糖体 70S 等；

③ 细胞壁含胞壁酸，二氨基庚二酸，不含几丁质，纤维素，GRAM 染色阳性；

④ 对环境的 pH 要求与细菌相近。近中性或微偏碱。不同于真菌（一般偏酸性）；

⑤ 对抗生素的反应像细菌。凡能抑制细菌的抗生素也能抑制放线菌；抑制真菌的抗生素（如：多烯类抗生素）对放线菌无抑制作用；

⑥ 对溶菌酶敏感。

总之，放线菌是一类介于细菌和真菌之间，而更接近于细菌的原核生物。有人称其为丝状的细菌，分类上归为细菌。

2.3.5 蓝细菌

蓝细菌（cyanobacteria）原称蓝藻或蓝绿藻（blue-green algae）。因为它与高等绿色植物和高等藻类一样，含有光合色素——叶绿素 a，也能进行产氧型光合作用，所以，过去将其归于藻类。现代技术研究表明，蓝细菌的细胞核没有核膜，没有有丝分裂器，没有叶绿体，核糖体为 70S，细胞壁与细菌的相似，由肽聚糖构成，因而对青霉素和溶菌酶敏感，并含二氨基庚二酸，革兰染色反应阴性，因此现在将蓝细菌归属于原核微生物。

蓝细菌分布极广，从热带到两极，从海洋到高山，到处都有它们的踪影。土壤、岩石、以至在树皮或其他物体上均能成片生长。许多蓝细菌生长在池塘和湖泊中，并形成菌胶团浮于水面。有的在 80℃以上的热温泉、含盐多的湖泊或其他极端环境中，是占优势甚至是唯一进行光合作用的生物。在贫瘠的沙质海滩和荒漠的岩石上也能找到它们的踪迹，因而蓝细菌有“先锋生物”的美称。

蓝细菌的细胞构造与革兰阴性菌极为相似。细胞壁的外层为脂多糖层，内层为肽聚糖层。许多种类在细胞壁外，还有多糖类的荚膜物质。细胞内进行光合作用的部位是类囊体（thylakoids），数量很多，它们以平行或卷曲的形式分布在细胞质膜附近，见图 2.3.56。在类囊体的膜上含有叶绿素 a、β-胡萝卜素、氧类胡萝卜素和光合电子传递链的有关组分。类囊体所特有的藻胆蛋白体（phycobilisome）着生在类囊体膜的外表面，呈盘状结构。它含有75%藻青蛋白、12%别藻蓝素和约12%的藻红蛋白等成分。

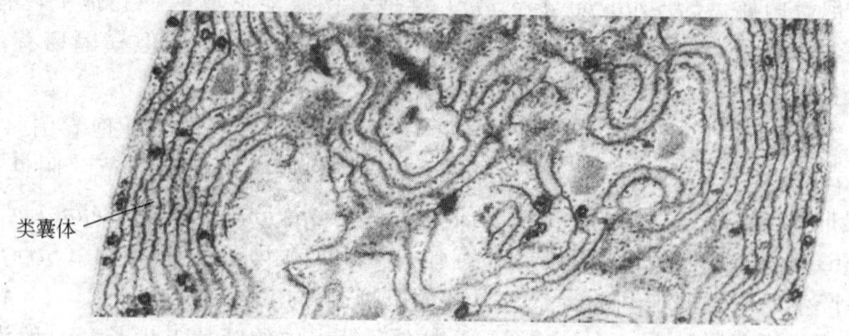

图 2.3.56　蓝细菌（*Anabaena azollae*，×14800）的光合膜

蓝细菌形态差异较大，已知有球状或杆状单细胞和丝状聚合体（细胞链）两种形体，见图 2.3.57 。细胞直径从一般细菌大小（0.5～1μm）到 60μm，这么大的细胞，在原核微生物中极少见。极大多数蓝细菌个体直径或宽度为 3～10μm，当许多个体聚集在一起，可形成肉眼可见的群体。若其生长茂盛，可使水的颜色随菌体颜色而变化。如铜色微囊藻（*Microcysis aerugeosa*）在夏秋雨季大量繁殖，形成“水华”（water bloom），使水体变色。

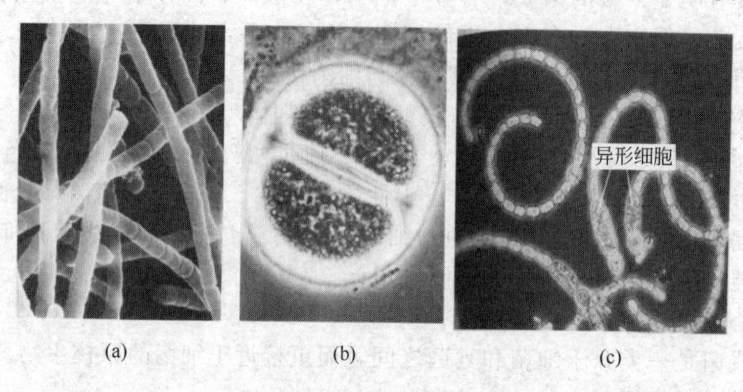

图 2.3.57　蓝细菌的形态

（a）链杆状（*Phormidium luridum*×4400）；（b）球状（正在分裂的 *Chroococcus turgidus*×930）；

（c）丝状聚合体，异形细胞为固氮处

蓝细菌的营养要求简单。不需要维生素，以硝酸盐或氨作为氮源。很多种蓝细菌具有固氮作用。多数为专性光能生物，其中一些是专性光能自养型，亦有一些是化能异养型。

由于蓝细菌是光能自养型生物，能像绿色植物一样进行产氧光合作用，能同化 CO_2 成为有机物质，加之许多种还能固氮，因此，它们对生长条件及营养的要求都不高，只要有空气、阳光、水分和少量无机盐，便能大量成片生长。菌体外包的胶质层可以使其保持水分，具有极强的耐干燥能力。例如：保存了 87 年的葛仙米（*Nostoc commune*，又名地木耳）干标本，移植到适宜的培养基中仍能继续生长。

蓝细菌没有有性生殖，以裂殖为主，也可出芽生殖，极少数有孢子。

已知蓝细菌有 20 多种具固氮作用，故在农业上，尤其是热带，已成为保持土壤氮素营养水平的主要因素。在水稻田中培养蓝细菌作为生物氮肥，可以提高土壤的肥力。临床上它能用于治疗肝硬化、贫血、白内障、青光眼、胰腺炎等疾病，对糖尿病、肝炎也有一定疗效。另外，蓝细菌可能是第一个产氧的光合生物，也是最先使空气从无氧转为有氧的生物。正是由于蓝细菌本身在地球演变中的重要地位、多种多样的实际应用及结构上的特殊性，使它成为一类具有理论研究价值和经济效益的重要微生物。

2.3.6 立克次体，支原体，衣原体

立克次体、支原体和衣原体是一些形态上与其他微生物类群接近，生理上较特殊，与人类关系密切的原核微生物。

2.3.6.1 立克次体

立克次体（rickettsia）是由美国病理学家立克次（Howard Taylor Ricketts）首先描述的，他最终不幸感染了斑疹伤寒而死亡。为了纪念他，人们于1916年将这类病原体称为立克次体，见图2.3.58。

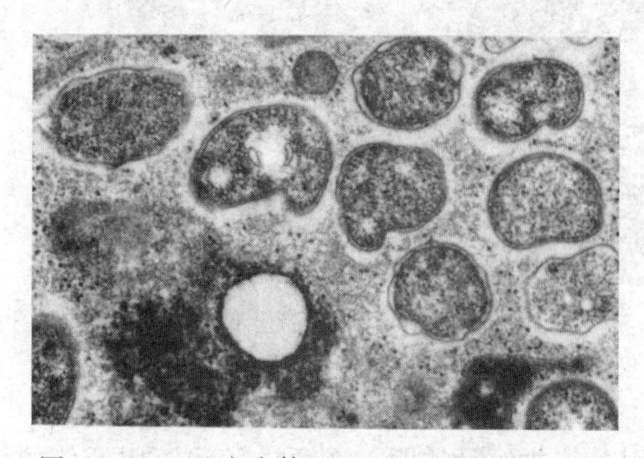

图2.3.58 立克次体（*Rickettsia prowazekii*，×42500，细胞外有明显的内外膜结构）

立克次体是一类介于细菌和病毒之间，又接近于细菌的原核微生物。它具以下一些特点：

① 立克次体的个体大小介于细菌和病毒之间。球形（$\phi 0.2\sim 0.5\mu m$）或杆形［$(0.3\sim 0.5)\mu m\times(0.3\sim 2)\mu m$］。除伯氏立克次体（*Rickettsia burneti*，又名Q热立克次体）外均不能透过细菌滤器（$0.22\mu m$，Seitz滤器，石棉板制作）。但随着宿主和发育阶段的不同，常表现出球状、双球状、短杆状、长杆状甚至丝状等多种形态。

② 立克次体的细胞结构像细菌。具有细胞壁和细胞膜。革兰阴性，细胞壁含有胞壁酸和二氨基庚二酸。有拟核，有的还有核糖体，含双链DNA和RNA。此外，细胞还含有蛋白质、中性脂肪、磷脂、多糖和某些酶类。

③ 立克次体是专性活细胞内寄生。除五日热（战壕热）立克次体（*Rickettsia wolhynica*）外，均不能在人工培养基上生长繁殖。立克次体主要以节肢动物（虱子、蚤）为媒介，寄生在它们的消化道表皮细胞中，然后通过节肢动物叮咬和排泄物传播给人和其他动物。

④ 立克次体以二等分分裂，即裂殖的方式繁殖。

⑤ 立克次体对热、干燥、光照、脱水及普通化学剂的抗性较差，但能耐低温。对磺胺及抗生素敏感，但对干扰素不敏感，而细菌对干扰素敏感。

⑥ 有的立克次体不致病，而有的则会酿成严重疾病，它是流行性斑疹伤寒，恙虫病，Q热的病源体。

2.3.6.2 支原体

支原体（mycoplasma）是介于细菌和立克次体之间的一类原核微生物。1898年被发现，1976年才被确定分类地位。它具有以下一些特点。

① 支原体是已知的可自由生活的最小生物。其细胞球形（最小直径$0.1\mu m$）或丝状，长短不一，长度从几μm到$150\mu m$。

② 支原体突出特点是不具细胞壁，只有细胞膜，所以，细胞柔软，形态多变，见图2.3.59。因细胞柔软且具扭曲性，致使细胞可以通过孔径比自身小得多的细菌滤器。其细胞呈革兰阴性；细胞膜类似于动物细胞，其中含固醇。通过电子显微镜和生化分析，得知细胞膜厚约7～10nm，由三层组成，内层和外层均为蛋白质，中层为类脂和胆固醇；具有类核，基因组比大多数原核生物小，相对分子质量在4×10^8和1×10^9之间，相当于立克次体和衣原体，但约为大肠杆菌的1/5～1/2，DNA的G+C含量只有23%～40%。细胞质中含有大量的核糖体。

③ 典型的支原体菌落如“油煎蛋状”，中间密集较厚，颜色较深，并陷入培养基，边缘

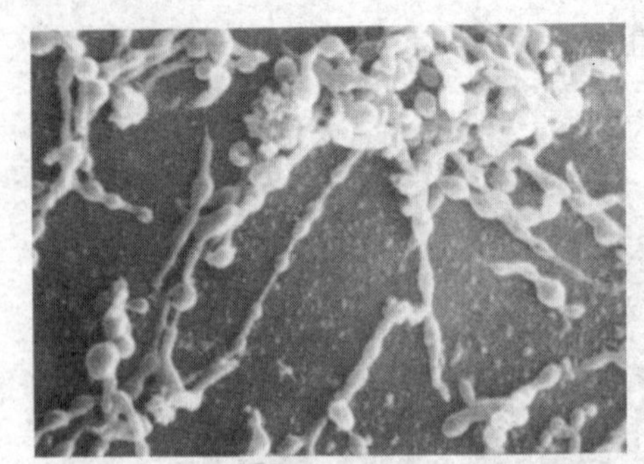

图 2.3.59 支原体（*Mycoplasma pneumoniae*）扫描电镜图片

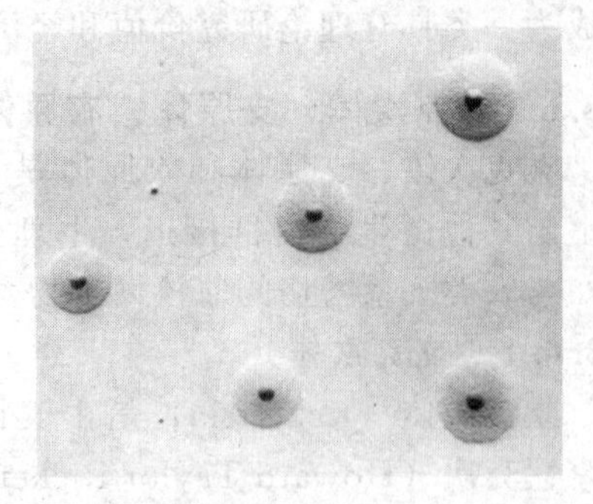

图 2.3.60 支原材（*Mycoplasma pneumoniae*）在固体培养基上的“油煎蛋状”菌落

平坦，较薄而且透明，颜色也较浅。用低倍的光学显微镜或解剖镜可见，见图 2.3.60。

④ 支原体以二等分分裂方式繁殖。

⑤ 支原体生长不受抑制细胞壁合成的抗生素，如青霉素、环丝氨酸等的作用，但对干扰蛋白质合成的土霉素、四环素等其他抗生素敏感。对溶菌酶无反应，对干扰素不敏感。

支原体广泛分布于土壤、污水、温泉或其他温热的环境以及昆虫、脊椎动物和人体内。大多腐生，极少数是致病菌。如传染性牛胸膜肺炎便是由蕈状支原体（*Mycoplasma mycoides*）引起的。绵羊和山羊缺乳症则是由无乳支原体（*Mycoplasma agalaciae*）引起的。支原体一般不使人致病，至今确认的只有肺炎支原体（*Mycoplasma pneumoniae*）会引起人类原发性非典型肺炎。

2.3.6.3 衣原体

衣原体（chlamydia）是介于立克次体和病毒之间、能通过细菌滤器、专性活细胞寄生的一类原核微生物，见图 2.3.61。过去曾认为它是“大病毒”，以后，发现它们的性质更接近细菌而不同于病毒。它们的特点如下。

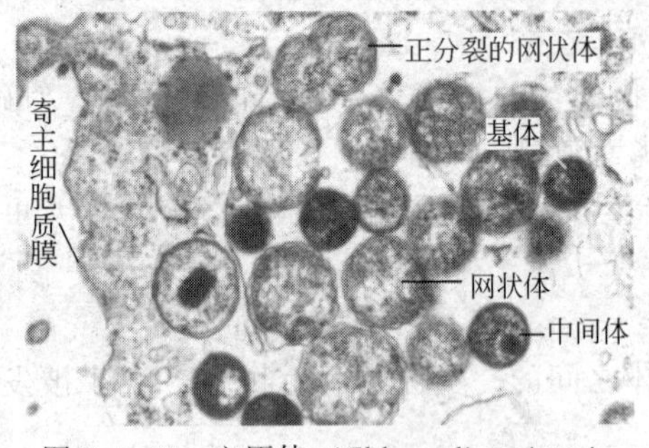

图 2.3.61 衣原体（Chlamydia psittaci，×25000）在寄主细胞质中的细胞（基体、中间体和网状体）形态

① 衣原体的个体比立克次体稍小，但形态相似，球形，直径 0.2～0.3μm。光学显微镜下勉强可见。

② 衣原体具有细胞壁，其中含胞壁酸和二氨基庚二酸，呈革兰阴性。70S 的核糖体由 30S 和 50S 两亚基构成。胞内含有 DNA 和 RNA，DNA 相对分子质量约 4×10^8，G+C 比约 29%。

③ 细胞以二等分分裂方式繁殖。

④ 衣原体是专性活细胞内寄生，在宿主细胞内的发育繁殖具有独特的生活周期。衣原体虽有一定的代谢活动，能进行有限的大分子合成，但缺乏产生能量的系统，必需依赖宿主获取 ATP，这是它区别于立克次体的最显著特征。衣原体不需媒介直接侵染鸟类、哺乳动物和人类。如鹦鹉热衣原体（*Chlamydia psittaci*）引起鹦鹉热病，有时可传至人体。沙眼衣原体（*Chlamydia trachomatis*）是人类沙眼的病原体。另有性病淋巴肉芽肿，是由性病肉芽肿衣原体（*Lymphogranuloma venereum*）引起的，是一种接触传染的性病。

⑤ 衣原体不耐热，在 60℃下，10min 即被灭活。但它不怕低温，冷冻干燥可保藏数年。它对磺胺类药物和四环素、红霉素、氯霉素等抗生素敏感，对干扰素敏感。

综上所述，以上三类微生物都是介于细菌和病毒之间的原核微生物。表2.3.6比较了这几类微生物的主要特征。

表2.3.6 立克次体、支原体、衣原体与细菌、病毒的比较

特征	细菌	支原体	立克次体	衣原体	病毒
直径/μm	0.5～2.0	0.2～0.25	0.2～0.5	0.2～0.3	<0.25
可见性	光镜可见	光镜勉强可见	光镜可见	光镜勉强可见	电镜可见
细菌滤器	不能滤过	能滤过	不能滤过	能滤过	能滤过
革兰染色	阳性或阴性	阴性	阴性	阴性	无
细胞壁	坚韧细胞壁	缺	与细菌相似	与细菌相似	无
繁殖方式	两等分分裂	两等分分裂	两等分分裂	两等分分裂	复制
培养方法	人工培养基	人工培养基	宿主细胞	宿主细胞	宿主细胞
核酸种类	DNA和RNA	DNA和RNA	DNA和RNA	DNA和RNA	DNA和RNA
核糖体	有	有	有	有	无
大分子合成	有	有	进行	进行	利用宿主系统
产生ATP系统	有	有	有	无	无
增殖过程中结构的完整性	保持	保持	保持	保持	失去
入侵方式	多样	直接	昆虫媒介	不清楚	决定于宿主细胞
对抗生素	敏感	敏感(除青霉素)	敏感	敏感	不敏感
对干扰素	某些菌敏感	不敏感	有的敏感	有的敏感	敏感

2.4 真核微生物

凡是细胞核具有核膜、能进行有丝分裂、细胞质中存在线粒体或同时存在叶绿体等细胞器的微小生物，称为真核微生物，见图2.4.1。

真核微生物主要包括：

- 真核微生物
  - 真菌
    - 酵母菌
    - 丝状真菌——霉菌
    - 担子菌
  - 显微藻类
  - 原生动物

本节将主要讨论属于真菌界的酵母菌、霉菌和担子菌。

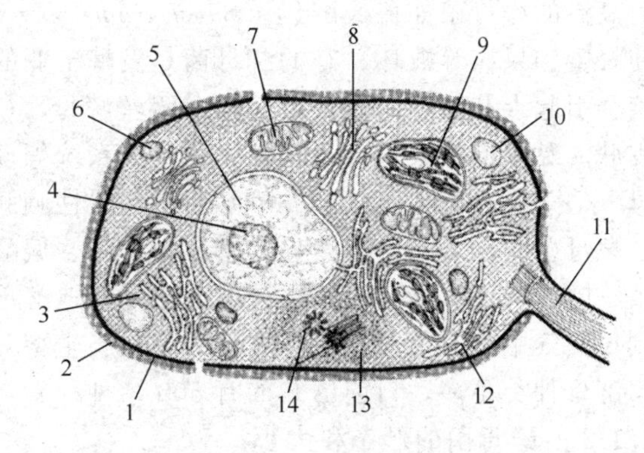

图2.4.1 真核微生物的细胞结构模式图

1—细胞质膜；2—细胞壁；3—细胞质；4—核仁；5—真核；6—内含物；7—线粒体；8—高尔基体；9—叶绿体；10—溶酶体；11—鞭毛；12—内质网；13—中心体；14—中心粒

2.4.1 酵母菌

酵母菌（yeasts）是一类真核微生物的俗称。由于有许多例外，很难对它下一个确切的定义。一般认为酵母菌具有以下五个特征：

① 个体一般以单细胞状态存在；

② 多数以出芽方式繁殖，也有的可行裂殖或产子囊孢子；

③ 能发酵糖类而产能；

④ 细胞壁常含甘露聚糖；

⑤ 喜在含糖较高、酸性的水生环境中生长。

酵母菌与人类的关系极为密切。它是人类的“家养微生物”，同时它也是发酵工业的重要微生物。利用酵母能分解碳水化合物，产生酒精和 CO_2 等的性能可以用来酿酒、制作面包。

酵母菌的蛋白含量可达干重的50%，菌体蛋白与牛肉等蛋白的氨基酸组成基本相近，含一定量的必需氨基酸，营养价值很高，它是继动物蛋白和植物蛋白之后的另一类重要的可供人类和动物作营养的蛋白质来源。人们将这类来源于酵母菌或其他微生物的蛋白称为单细胞蛋白（single cell protein，SCP）。酵母菌的世代周期为2～9h，一个占地 $20m^2$ 的发酵罐一天生产的SCP蛋白质量相当于一头牛。

一些酵母菌能利用石油馏分中的正烷烃、正烯烃和环烷烃等碳氢化合物作为生长碳源的酵母菌，可以使石油脱蜡，即除去石油中的正烷烃，降低其凝固点。尤其是假丝酵母菌属（*Candida*）既可用于脱蜡达到提高石油品质的目的，同时又可获得丰富的SCP。意大利 Sarroch BP 公司的 *Candida maltosa* 以正烷烃为碳源，其生产规模达100000吨/年。

除利用石油外，酵母菌还可利用工业废水。如热带假丝酵母（*C. tropiculis*）可利用味精生产的废水生产SCP，蛋白含量达60%，可作为动物饲料；产朊假丝酵母（*C. utilis*）利用亚硫酸纸浆废水生产SCP，这样，既消耗掉了工业废水等污染物，治理了环境，同时又获得了丰富的SCP。

从酵母菌细胞中可以提取丰富的B族维生素、核糖核酸、辅酶A、细胞色素C、麦角甾醇和凝血质等生化药物。干酵母片（食母生）中因含丰富的B族维生素，而成为良好的助消化药。

人们常将酵母菌如酿酒酵母（*S. cerevisiae*）作为基因工程中的受体菌。近年来，巴斯德毕赤酵母（*Pichia pastoris*）成为一种新型的基因表达系统，与大肠杆菌相比，它具有高表达、高稳定、高分泌、高密度生长及可用甲醇严格控制表达等优点。

酵母菌也会给人类带来危害。腐生型酵母菌能使食物、纺织品和其他原料腐败变质；少数耐高渗的酵母菌如鲁氏酵母（*Saccharomyces rouxii*）、蜂蜜酵母（*Saccharomyces mellis*）可使蜂蜜和果酱等败坏；有的酵母菌是发酵工业的污染菌，影响发酵的产量和质量；某些酵母菌会引起人和植物的病害，例如白假丝酵母（*Candida albicans*，又称白色念珠菌）可引起皮肤、黏膜、呼吸道、消化道以及泌尿系统等多种疾病，如鹅口疮和阴道炎等；新型隐球酵母（*Cryptococcus neoformans*）可引起慢性脑膜炎和轻度肺炎等。

酵母菌广泛分布于自然界。喜在糖分高、偏酸性的环境中生长。诸如果品、蔬菜、花蜜和植物叶子表面，葡萄园等果园的土壤是筛取酵母菌的好去处。在牛奶和动物排泄物中也能找到，空气中也有少量存在，它们大多是腐生型，少量寄生型。

酵母种类不多，目前已知的有500余种。

2.4.1.1 酵母菌的形态和大小

酵母菌为单细胞。通常菌体呈圆形、卵形或椭圆形，见图2.4.2。少数呈柠檬形、尖形等。有的酵母菌细胞分裂后，亲代和子代细胞的细胞壁仍以狭小面积相连，呈藕节状，称为假丝酵母，见图2.4.3。

酵母菌比细菌粗约10倍，其直径一般为2～5μm，长度5～30μm，最长可达100μm。例如，典型的酵母菌——酿酒酵母（*S. cerevisiae*）的细胞宽度为2.5～10μm，长度4.5～21μm。

酵母的大小、形态与菌龄、环境有关。一般成熟的细胞大于幼龄细胞，液体培养的细胞

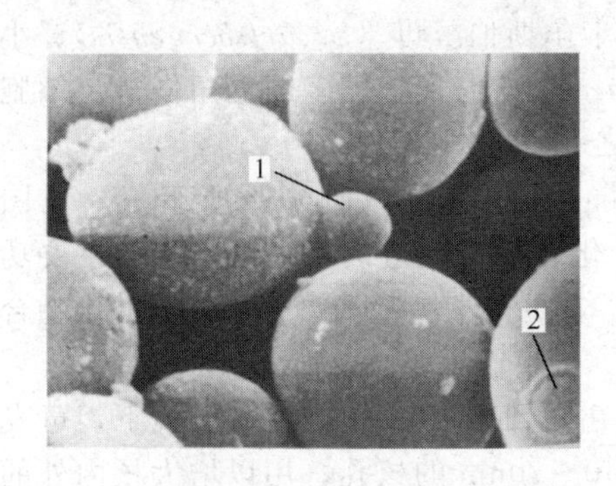

图 2.4.2　典型酵母菌（*Saccaharomyces cerevisiae*）细胞形态
1—子细胞；2—出芽痕

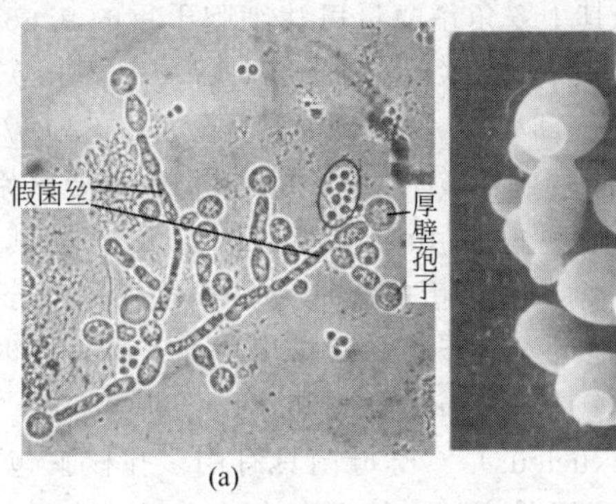

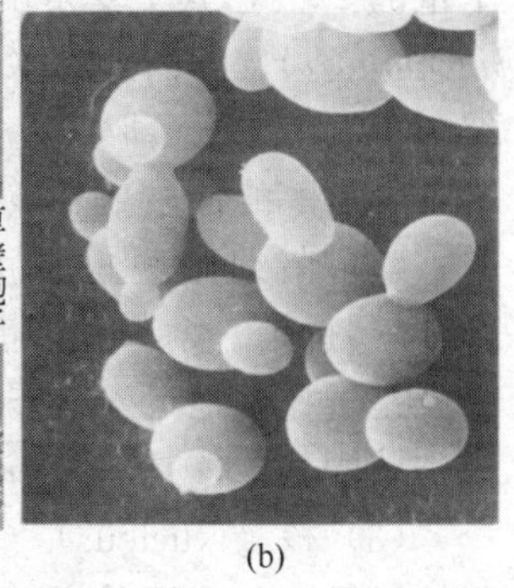

(a)　(b)

图 2.4.3　假丝酵母菌（*Candida albican*）
(a) 在人体组织中呈假菌丝；(b) 在普通培养基中呈球状

大于固体培养。有的种的细胞大小、形态极不均匀，而另一些种则较为均一。

2.4.1.2　酵母菌的细胞构造

酵母菌的细胞结构已接近于高等生物。其典型构造如图 2.4.1。一般具有细胞壁、细胞膜、细胞核、一个或多个液泡、线粒体、核糖体、内质网、微体、微丝及内含物等。此外，还有出芽痕、诞生痕。不同种的酵母菌的细胞结构上存在一定的差异。

(1) 细胞壁（cell wall）　酵母菌的细胞壁不如细菌细胞壁坚韧，其厚度 0.1～0.3μm，有的菌壁厚度随菌龄增加。细胞壁重量占细胞干重 18%～25%。电镜下细胞壁呈“三明治”结构：由内外两个电子密度较高层，夹着一层电子密度较低层。细胞壁的化学成分主要为葡聚糖（glulcan）、甘露聚糖（mannan）及蛋白质等，还有少量几丁质、脂类、无机盐。细胞壁的外层主要是甘露聚糖，内层主要是葡聚糖，中间一层主要是蛋白质。据试验，维持细胞壁强度的物质主要是位于内层的葡聚糖。见图 2.4.4。

甘露聚糖-蛋白质复合物	（外层）
糖蛋白	（中层）
碱可溶性 β-葡聚糖 碱不溶性葡聚糖（微网状） 构成细胞壁刚性骨架，维持细胞结构	（内层）

图 2.4.4　酵母菌细胞壁的化学组成

酵母菌的葡聚糖分子质量为 240000Da，是一种分枝的多糖聚合物，主链以 β-1,6 糖苷键结合，支链以 β-1,4 糖苷键结合；甘露聚糖也是一种分枝聚合物，主链以 α-1,6 糖苷键结合，而支链以 α-1,2 或 α-1,3 糖苷键结合。

用玛瑙螺（*Helix pomatia*）的胃液可制成蜗牛消化酶，内含纤维素酶、甘露聚糖酶、葡糖酸酶、几丁质酶和脂酶等 30 多种酶类。蜗牛消化酶对酵母菌的细胞壁有良好的水解作用，因而可用于制备酵母菌的原生质体，也可用它来水解酵母菌的子囊壁，借以把能抗一般酶水解的子囊孢子分离出来。

有的酵母菌如隐球酵母属（*Crypotococcus*）的细胞壁外覆盖有类似于细菌荚膜的多糖物质（capsular material），其主要成分有：磷酸甘露聚糖，β-键合甘露聚糖，杂多糖和属于鞘类脂成分的疏水物质。

(2) 细胞质膜（cell membrane）　酵母菌的细胞质膜与细菌的细胞质膜基本相同，但有的酵母菌如酿酒酵母的细胞质膜中含有甾醇，尤其以麦角甾醇居多。经紫外线照射后，可形成维生素 D_2。据报道，发酵酵母（*Saccharomyces fermentai*）所含的总甾醇量可达细胞干重的22%，其中麦角甾醇量可达细胞干重的9.66%。此外，季氏毕赤酵母（*Pichia guilliermondii*）、酿酒酵母（*Saccharomyces cerevisiae*）、卡尔斯伯酵母（*S. carlsbergensis*）、小红酵母（*Rhodotorula minuta*）和戴氏酵母（*S. delbrueckii*）也含有较多的麦角甾醇。细胞膜中含甾醇的性质是真核生物与原核生物的重要区别之一。

酵母菌细胞膜也是由双磷脂层，以及镶嵌其间的甾醇和蛋白质分子所组成。见图2.4.5。也是一个不允许蛋白质等大分子通过，小分子化合物可通过的半透膜。它的主要功能就是选择性地运入营养物质，排出代谢产物，同时，它也是细胞壁等大分子成分的生物合成和装配基地，是部分酶的合成和作用场所。

（3）核（Nucleus） 酵母菌具有用多孔核膜包裹着的细胞核。在电子显微镜下，可发现核膜是一种双层单位膜，其上存在着大量的直径为40～70nm的核孔，用以增大核内外的物质交换，见图2.4.6。核通常位于细胞中央，但由于酵母菌细胞质中液泡的逐渐增大，常将核挤到细胞的一边。细胞核内有核仁，其主要功能是进行核糖体RNA（rRNA）的合成。核仁是细胞核内折光率较强的球形体。在细胞分裂前期消失，后期在染色体的核仁组织区重新形成。它由四部分组成：①颗粒区，为直径15～20nm的颗粒，含核糖核酸蛋白；②纤维区，长5～8nm的纤维；含核糖核酸蛋白；③脱氧核糖核酸蛋白；④无定形基质。

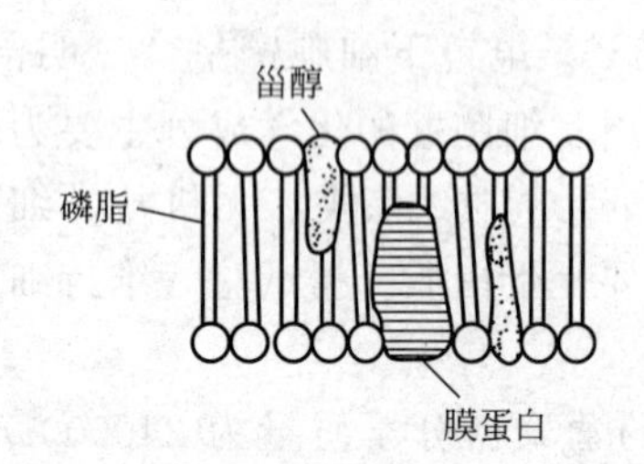

图2.4.5 酵母菌细胞质膜模式构造

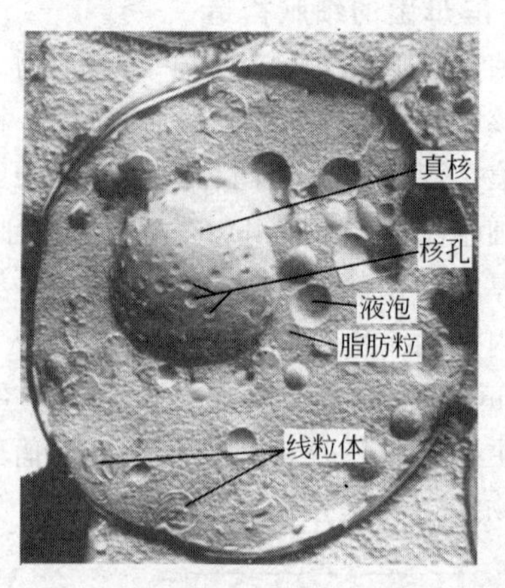

图2.4.6 酵母菌经冰冻蚀刻技术处理后的电子显微镜图片（核直径约2000nm）

在细胞分裂间期，核质内被碱性染料着色较淡的物质称为染色质。在细胞分裂期，染色质形成能被深染的染色体。它们都由DNA和蛋白质组成。不同种的酵母菌的染色体数目不同，但同种酵母菌的染色体数目稳定。酿酒酵母的核内具有17条染色体，单倍体酵母菌细胞中的DNA分子质量1×10^{10} Da，比大肠杆菌细胞DNA大10倍，是人细胞中DNA的分子质量的1%，在光学显微镜下难以观察。

除细胞核外，酵母菌的线粒体和环状的“2μm质粒”中也含有DNA。酵母线粒体中的DNA是一个环状分子，分子质量50×10^{6} Da，比高等动物线粒体中的DNA大5倍，类似于原核生物中的染色体。线粒体DNA量约占酵母细胞总DNA的15%～23%，它的复制是相对独立的。2μm质粒是1967年后才在酿酒酵母中发现的，其确切作用不清。它可作为外源DNA片段的载体，并通过转化而完成组建“工程菌”等重要的遗传工程研究。

（4）线粒体（mitochondria） 在原核生物中，氧化磷酸化作用在细胞膜上进行，电子传递中的酶及载体也分布在膜或中体上。而酵母菌等真核生物的生物氧化则集中线粒体上。线粒体是一种位于细胞质内的粒状或棒状的细胞器，见图2.4.7。它比细胞质重，具双层膜，内膜内陷，形成嵴（cristae），其上富含参与电子传递和氧化磷酸化的酶系，在嵴的两侧均匀分布着圆形或多面形的基粒。嵴间充满液体的空隙为基质（matrix），它含有三羧酸循环的酶系，是进行氧化磷酸化，产生 ATP 的场所。酵母菌的线粒体比高等动物的线粒体要小，其直径 0.3～1μm，长 0.5～3μm。每个细胞可有 1～20 个线粒体。而在其他真核生物细胞中，有的可多达 50 万个。酵母菌出芽生殖前期，线粒体变成丝状，并可分枝，然后分裂进入子细胞和母细胞。酵母菌线粒体 DNA 可编码若干呼吸酶，并具遗传的独立性。为环状分子，类似于原核生物的拟核 DNA。

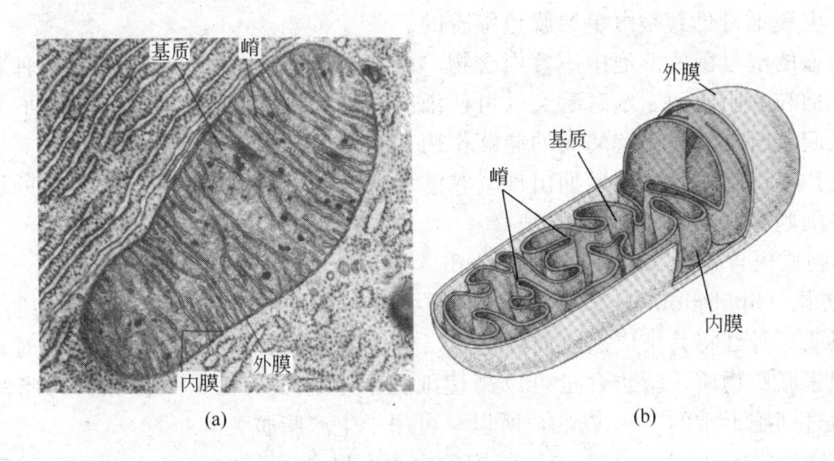

图 2.4.7 真核细胞的线粒体

(a) 透射电镜图片（×34000）；(b) 模式图

酵母细胞的线粒体是适应有氧环境而形成的。在厌氧或高糖（葡萄糖 5%～10%）条件下，酵母菌只形成一种发育得较差的线粒体前体，这种细胞没有氧化磷酸化的能力。

（5）内质网（endoplasmic reticulum，ER） 酵母菌与其他真核生物一样，细胞质中存在由不同形状、大小的膜层相互密集或平行排列而成的内质网。膜层之间存在间隙。见图 2.4.8。内质网有两种类型：膜外附着有核糖体的称为粗糙型内质网（rough ER），这是蛋白质的合成场所，另一种表面没有附着核糖体的，称为光滑型内质网（smoothER）。

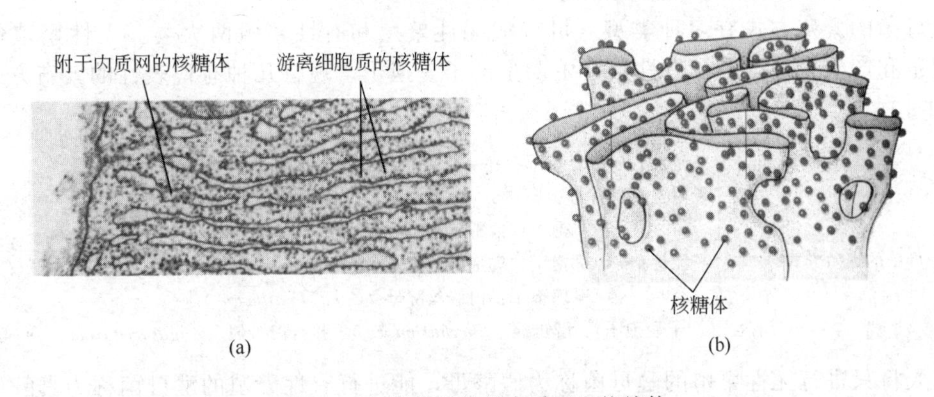

图 2.4.8 真核细胞的内质网和核糖体

(a) 透射电镜图片（×24000）；(b) 模式图

（6）核糖体（ribosome） 与其他真核生物类似，酵母菌的核糖体为 80S，由 60S 和 40S 大小两个亚基构成。它可以游离在细胞质中，也可附着在内质网上。

（7）出芽痕，诞生痕（bud scars，birth scars） 酵母菌出芽生殖时，子细胞与母细胞分离，在子、母细胞壁上都会留下痕迹。在母细胞的细胞壁上出芽并与子细胞分开的位点称出芽痕；子细胞细胞壁上的位点，称诞生痕。它通常在细胞长轴的末端。由于多重出芽，致使酵母细胞表面有多个小突起，而每个细胞出芽数量是有限的。一个酿酒酵母细胞通常可出20个芽，多的可达40个。

(8) 液泡 (vacuoles) 大多数酵母，尤其球形、椭圆形酵母细胞中都有一个液泡。长形的酵母菌有的具有二个位于细胞两端的液泡。细胞染色后，在光学显微镜下可见液泡为一个透明区域。电镜下可见其是由单层膜包围着的。

生长旺盛的酵母菌的液泡中不含内含物。而细胞老化后，可见液泡中有各种颗粒，如异染颗粒、肝糖粒、脂肪滴、水解酶类（可使细胞自溶）、中间代谢物和金属离子等。液泡的功能可能是起着营养物和水解酶类的储藏作用，同时还能调节细胞的渗透压。

液泡往往在细胞发育的中后期出现。它的多少、大小可作为衡量细胞成熟的标志。较大的液泡常将细胞核挤到细胞的边缘。

(9) 细胞质内含物 (cytoplasmic granule substance)

① 脂肪粒 (lipid globules) 大多数酵母细胞含有可被脂溶性染料染色的脂肪粒球体。如用苏丹黑或苏丹红将其染成黑色或红色。当生长在含有限量氮源的培养基中时，一些酵母菌能大量积累脂肪物质，脂肪含量可以高达细胞干重的50%～60%。如：含脂圆酵母，脂肪含量可超过细胞干重的50%以上，所以，可用于生产脂肪。

② 聚磷酸盐 (polyphosphates) 细胞质内含有聚合度为300～500的聚磷酸盐。它们是作为高能磷盐储藏的。

③ 肝糖 (polysaccharide glycogen) 肝糖是酵母储存碳水化合物的主要两种形式之一。其分子质量较大，约10^7Da。肝糖由一树状的分子构成，主链的葡萄糖残基以α-1,4糖苷键相连接，支链由α-1,6糖苷键连接，分支点间大约12～14葡萄糖残基。酵母的肝糖含量因菌种和培养条件不同而有很大变化。

④ 海藻糖 (trehalose) $C_{12}H_{22}O_{11} \cdot 2H_2O$ 属非还原性双糖。是酵母细胞储存碳水化合物的第二种形式。它的量既可以少到忽略不计，也可以高达16%。主要与细胞生长时期相关。这种糖储藏在与膜结合的泡囊中，以避免已成为溶解性的海藻糖被水解。

2.4.1.3 酵母菌的繁殖方式和生活史

酵母菌的繁殖方式有多种类型。可分成无性繁殖和有性繁殖两大类：无性繁殖包括芽殖、裂殖和产生无性孢子；有性繁殖主要是产子囊孢子。现将几种有代表性的繁殖方式表解如下：

- 酵母菌的繁殖方式
  - 无性
    - 芽殖：各属酵母菌都存在
    - 裂殖：裂殖酵母菌属 (*Schizosaccharomyces*)
    - 产无性孢子
      - 节孢子：地霉属 (*Geotricum*)
      - 掷孢子：掷孢酵母菌属 (*Sporobolomyces*)
      - 厚垣孢子：白假丝酵母 (*Candida albicans*)
  - 有性（产子囊孢子）：酵母属 (*Saccharomyces*)、接合酵母属 (*Zygosaccharomyces*) 等

有人将只进行无性繁殖的酵母菌称为假酵母，能进行有性繁殖的酵母菌称为真酵母。工业发酵中常见的酵母菌以无性繁殖中的芽殖为主要繁殖方式。

(1) 无性繁殖 (asexual reproduction) 无性繁殖是指不经过性细胞接合，由母体直接产生子代的生殖方式。如出芽繁殖、裂殖和孢子繁殖等。

① 芽殖 (budding) 芽殖是酵母菌最常见的繁殖方式。在营养良好的培养条件下，酵母菌生长迅速，这时，可以看到所有细胞上都长有芽体，而且芽体上还可形成新的芽体。出

芽过程见图 2.4.9。首先细胞核邻近的中心体[1]产生一个小突起，同时，由于水解酶对细胞壁多糖的分解使细胞壁变薄，细胞表面向外突出，逐渐冒出小芽。然后，部分增大和伸长的核、细胞质、细胞器（如线粒体等）进入芽内，最后芽细胞从母细胞得到一整套核物质、线粒体、核糖体、液泡等，当芽长到正常大小后，与母细胞脱离，成为一独立的细胞。母细胞与子细胞分离后，母细胞上留下了出芽痕，而子细胞相应位子留下了诞生痕。有的酵母的芽长到正常大小后，仍不脱落，并继续出芽，细胞成串排列，成为具发达分枝或不分枝的假菌丝（见图 2.4.10），故称假丝酵母。假丝酵母的细胞间相连面极窄。这是与真菌丝的不同之处。

根据母细胞表面留下的出芽痕数目，可以确定某细胞曾产生过的芽体数，因而能用于判断该细胞的年龄。出芽数目受到营养和其他环境条件限制。酵母菌一般可以产生 9～43 个芽。实际能看到的很少，没有或 1～6 个。

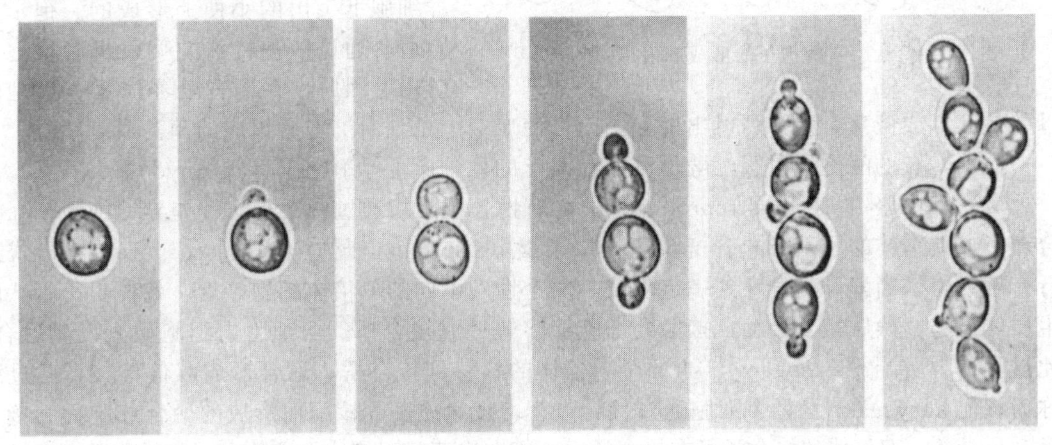

图 2.4.9 酵母菌（*Saccharomyces cerevisiae*）的芽殖过程

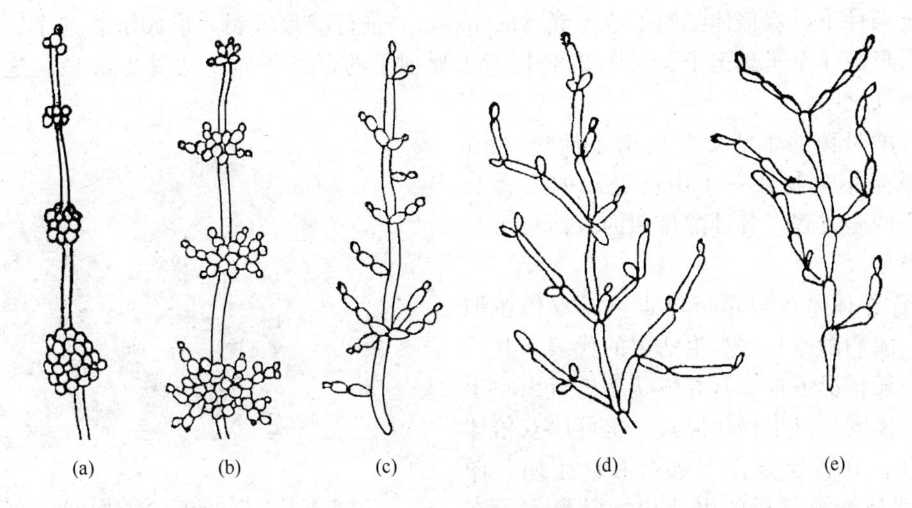

图 2.4.10 酵母菌的假菌丝类型

(a) *Mycotorula* 型；(b) *Mycotoruloides* 型；(c) *Candida* 型；

(d) *Mycocondida* 型；(e) *Blastodennrion* 型

---

[1] 中心体是一种细胞器，在细胞间期存在，附在核膜上。由一或两颗中心粒及其外围中心球组成。细胞分裂时，中心粒一分为二。两颗中心粒移向细胞核两极，四周发星丝，这与染色体移动有关。

出芽位置也有一定的规律性。双倍体酵母属，出芽位置是随机分布。单倍体[1]酵母属，出芽多数以排、环或螺旋状出现。产子囊的尖形酵母，在细胞两极出芽。如在母细胞的各个方向出芽，称多边出芽。三个方向出芽，称三端出芽。两个方向出芽，称两端出芽。

② 裂殖（fission） 裂殖酵母属（*Schizosaccharomyces*）是藉细胞横分裂而繁殖，与细菌的裂殖相似。其过程是细胞生长到一定大小时，细胞拉长，核分裂，细胞中间产生隔膜，然后，细胞分开，末端变圆。该方式形成的子细胞，称节孢子。进行裂殖的酵母菌种类很少。

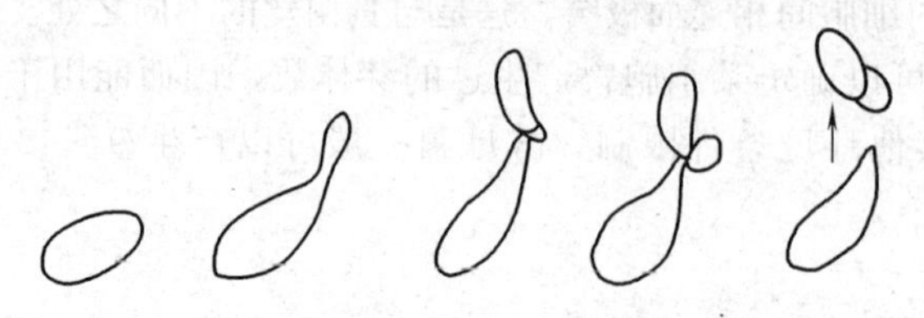

图 2.4.11 掷孢子的形成和射出过程

③ 产生掷孢子等无性孢子 掷孢子（ballistospore）是掷孢酵母属等少数酵母菌产生的无性孢子，其外形呈肾状，见图 2.4.11。这种孢子是在卵圆形的营养细胞上生出的小梗上形成的。孢子成熟后，通过一种特殊的喷射机制将孢子射出。因此，在倒置培养皿培养掷孢酵母并使其形成菌落，则常因射出掷孢子而可使皿盖上见到由掷孢子组成的菌落模糊镜像。

此外，有的酵母如白假丝酵母还能在假丝的顶端产生厚垣孢子（chlamydospore）。

（2）有性繁殖（sexual reproduction） 有性繁殖是指通过两个具有性差异的细胞相互接合，形成新个体的繁殖方式。酵母菌是以子囊（ascus）和子囊孢子（ascospore）的形式进行有性繁殖。当酵母菌发育到一定阶段，两个性别不同的单倍体细胞接近，各伸出一管状原生质体突起，然后相互接触，接触处细胞壁溶解形成接合桥。两细胞内细胞质先发生融合，此过程称为质配 plasmogamy。再两个单倍体的核移到接合桥，融合形成双倍体核，此过程称为核配 karyogamy。两个细胞通过接合过程，发生质配、核配而形成的融合细胞称为接合子（zygote）。双倍体的接合子可在接合桥垂直方向出芽，双倍体的核移入。芽脱落后，开始双倍体营养细胞的生长繁殖。可多代繁殖。所以说酵母菌的单倍体和双倍体都可独立存在。

一定条件下，双倍体细胞形成子囊（ascus），并进行减数分裂，形成子囊孢子。一般一个子囊只形成 4 个子囊孢子。见图 2.4.12。子囊孢子的形态各异，见图 2.4.13，这是酵母分类的特征之一。

（3）酵母菌的生活史 所谓生活史（life cycle）就是指生物在一生中所经历的发育和繁殖阶段的全过程。各种酵母菌的生活史可分为三个类型。

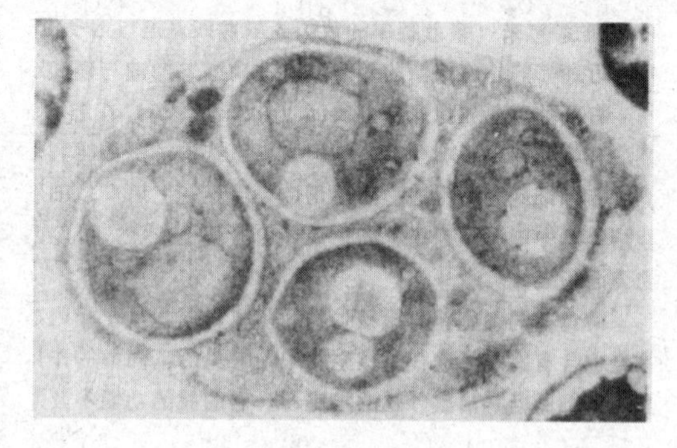

图 2.4.12 酵母菌（*Saccharomyces cerevisiae*）的子囊和子囊孢子

① 营养体既可以单倍体也可以双倍体形式存在。酿酒酵母是这类生活史的代表。其特点是：一般情况下都以营养体状态进行出芽生殖，营养体既可以单倍体形式，也可以双倍体形式存在；在特定条件下进行有性生殖。图 2.4.14 就是酿酒酵母的生活史：子囊孢子在合适条件下发芽产生单倍体的营养细胞；单倍体营养细胞不断出芽繁殖，构成单倍体世代；两种不同性别的营养细胞彼此接合，质配后即发生核配，形成双倍体营养细胞；双倍体营养细胞并不立即进行核分裂，而是不断进行出芽

[1] 单倍体指细胞内仅含一组染色体的个体。双倍体细胞中含有两套相同染色体。

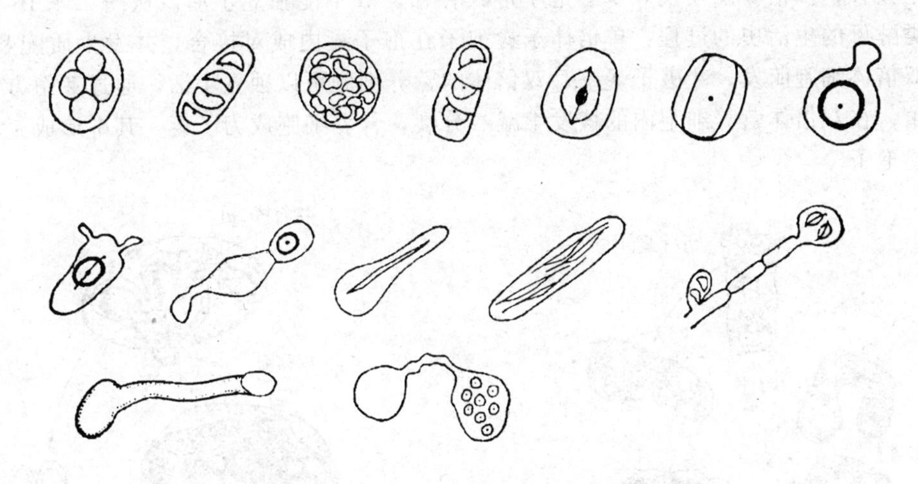

图 2.4.13 不同酵母菌形成的子囊孢子类型

繁殖，构成了双倍体世代；在特定条件下（如含醋酸钠的 McClary 培养基、石膏块、胡萝卜条等生孢培养基，适宜的温度、湿度，充足的空气），双倍体营养细胞转变成子囊，细胞核进行减数分裂，并产生四个子囊孢子；子囊经自然破壁或人工破壁（如加蜗牛酶溶壁，或加硅藻土和石蜡油研磨等）后，释放出单倍体的子囊孢子。工业常用酵母菌就属此类型。平时以双倍体细胞形式存在，芽殖为主要繁殖方式。只有在特定条件下才产生子囊孢子，继而发育成单倍体细胞。所以，工业生产中，常以酵母菌的有性繁殖来判断有否杂菌污染。如啤酒生产中常以酵母的子囊孢子形成速度、形状来判断是否被野生酵母污染。因为啤酒酵母已失去或只有很弱的产子囊孢子的能力。

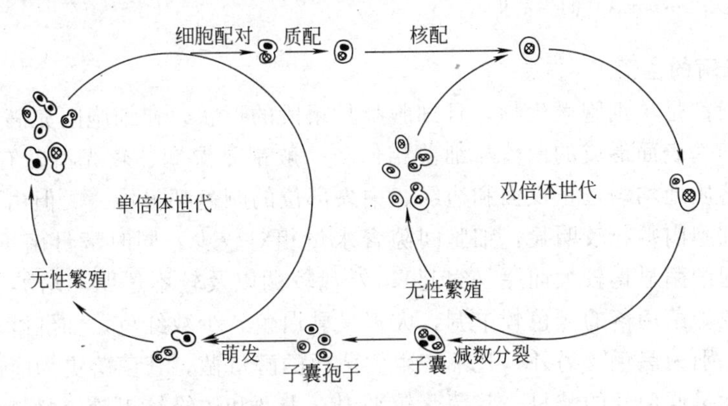

图 2.4.14 典型的酵母菌生活史

② 营养体只能以单倍体形式存在。八孢裂殖酵母（*Schizosaccharomyces octosporus*）是这类型的代表。其主要特点是：营养细胞是单倍体；无性繁殖以裂殖方式进行；双倍体细胞不能独立生活，故此阶段很短。其生活史为：单倍体营养细胞借裂殖进行无性繁殖；两个营养细胞接触后形成接合管，发生质配后即进行核配，于是两个细胞联为一体；双倍体的核分裂 3 次，第一次分裂使染色体数目减半，继而发生两次有丝分裂，形成 8 个单倍体的子囊孢子。子囊破裂，释放出子囊孢子。全部过程见图 2.4.15。

③ 营养体只能以双倍体形式存在。路德类酵母（*Saccharomyces ludwigii*）是这类的典型代表。其特点是：营养体为双倍体，不断进行芽殖，此阶段较长；单倍体的子囊孢子在子

囊内发生接合；单倍体阶段仅以子囊孢子形式存在，故不能独立生活。从图 2.4.16 可以看到路德类酵母的生活史的过程：单倍体子囊孢子在孢子囊内成对接合，并发生质配和核配；接合后双倍体细胞萌发，穿破子囊壁；双倍体的营养细胞可以独立生活，通过芽殖方式进行无性繁殖；在双倍体营养细胞内的核发生减数分裂，营养细胞成为子囊，其中形成 4 个单倍体的子囊孢子。

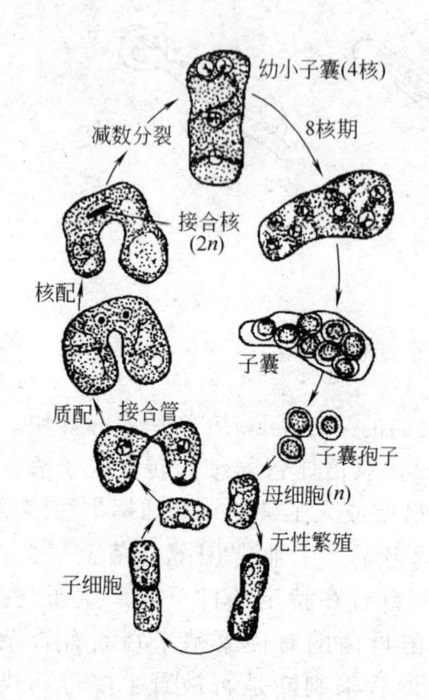

图 2.4.15 八孢裂殖酵母（*Schizosaccharomyces octosporus*）的生活史

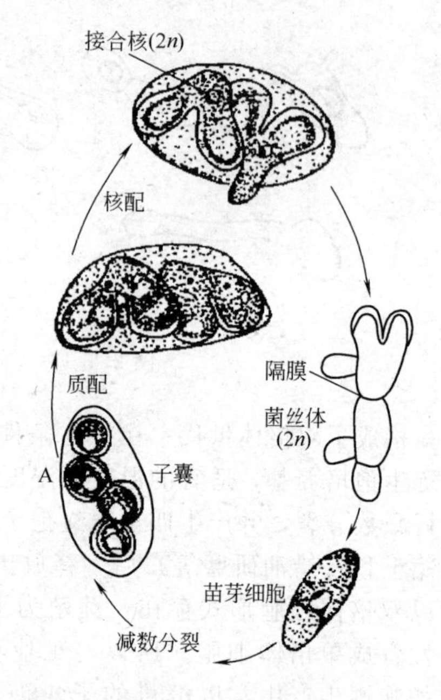

图 2.4.16 路德类酵母（*Saccharomyces ludwigii*）的生活史

2.4.1.4 酵母菌的菌落

酵母菌一般都是单细胞微生物，且细胞都是粗段的形状，在细胞间充满着毛细管水，故它们在固体培养基表面形成的菌落与细菌相似。一般都是湿润、较光滑，有一定的透明度，容易挑起，菌落质地均匀，正反面和边缘、中央部位的颜色都很均一。但由于酵母菌个体细胞比细菌大，细胞内颗粒较明显，细胞间隙含水量相对较少，同时酵母菌不能运动，所以，酵母菌菌落比起细菌显得较大而厚（突起）、外观较稠以及较不透明。培养时间长，菌落会生皱，干燥。酵母菌菌落的颜色较单调，大多呈乳白色，少数红色，如红酵母（*Rhodotorula glutinis*），个别为黑色。另外，凡不产生假菌丝的酵母菌，其菌落更为隆起，边缘十分圆整，而会产生大量假菌丝的酵母，其菌落较平坦，表面和边缘较粗糙。酵母菌的菌落一般还会散发出一股愉悦诱人的酒香味。

在液体培养基中，有的长在培养基的底部并产生沉淀；有的在培养基中均匀分布；有的在培养基表面生长并形成菌膜和菌醭，其厚度因种而异，有的甚至干而变皱。以上的生长情况反映了它们对氧的需求的差异。

酵母菌和细菌在细胞结构和菌落形态等方面有一定的相似性，但有着较大的差异。它们之间的比较见表 2.4.1。

2.4.1.5 酵母菌的分类

1970 年，罗德（Lodder J.）编写的《The Yeasts a Taxonomic Study》中描述酵母菌有 39 个属，370 多个种。

表 2.4.1　酵母菌和细菌的异同

特征	酵母菌	细菌
细胞形态	多为单细胞，球形、椭圆形等，有的有假菌丝	单细胞，呈球状、杆状等
细胞大小	细胞直径或宽度 2～5μm，长度 5～30μm	细胞直径或宽度为 0.3～0.6μm
菌落形态	较大、厚，光滑、黏稠，易挑起。乳白色，少数红色	一般为易挑起的单细胞集落，有各种颜色，表面特征各异
繁殖方式	一般为芽殖，少数为裂殖，有的产子囊孢子	一般为裂殖
细胞结构	具完整的细胞核、线粒体和内质网等；核糖体为 80S；细胞壁组成主要是葡聚糖和甘露聚糖等	只有拟核，无线粒体、内质网等；核糖体为 70S；细胞壁主要成分是肽聚糖和脂多糖等
生长 pH	偏酸性	中性偏碱

通过菌落观察和细胞镜检，如图 2.4.17 所示可以简便地将常见常用的酵母菌进行分类。

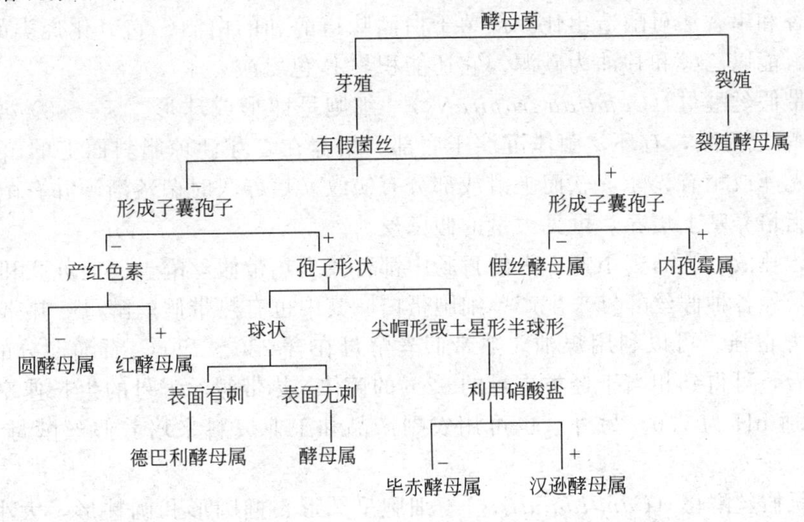

图 2.4.17　通过镜检将酵母分类

2.4.1.6　工业上常见的酵母菌

(1) 酿酒酵母（*Saccharomyces cerevisiae*）　这是发酵工业最常用的菌种之一。按细胞的长与宽的比例可将其分为以下三组。

① 细胞多为圆形或卵形，长与宽之比为 1～2。这类酵母除用于酿造饮料酒和制作面包外，还用于酒精发酵。

② 细胞形状以卵形和长卵形为主，也有些圆形或短卵形，长与宽之比通常为 2。常形成假菌丝。但不发达也不典型。这类酵母主要用于酿造葡萄酒和果酒，也可用于酿造啤酒、蒸馏酒和酵母生产。葡萄酒酿造业称之为葡萄酒酵母（*S. ellisoideus*）。

③ 大部分细胞长宽之比大于 2，它以俗名台湾 396 号酵母为代表。我国南方常将其用于以糖蜜原料生产酒精。其特点是耐高渗透压，可忍受高浓度的盐。该酵母原称魏氏酵母（*S. willanus*）。

(2) 卡尔斯伯酵母（*S. carlsbergensis*）　卡尔斯伯（Carsberg）是丹麦的一个啤酒厂的名字，卡尔斯伯酵母是该厂分离出来的。它是啤酒酿造中典型的底面酵母。细胞为圆形或卵圆形，直径 5～10μm。它与酿酒酵母在外形上的区别是：卡氏酵母细胞的细胞壁有一平端。另外，温度对两类酵母的影响也不同。在高温时，酿酒酵母比卡氏酵母生长得更快，但在低温下，卡氏酵母生长得较快。酿酒酵母繁殖速度最高时的温度为 35.7～39.8℃，而卡氏酵母是 31.6～34℃。

（3）异常汉逊酵母异常变种（*Hansenula anomala*） 细胞为圆形（直径 4～7μm），椭圆形或腊肠形［大小为（2.5～6)μm×(4.5～20)μm］，甚至有长达 30μm，多边芽殖。液体培养时，液面有白色菌醭，培养基混浊，有菌体沉淀于底部。生长在麦芽汁琼脂斜面上的菌落平坦，乳白色，无光泽，边缘呈丝状。在加盖片的马铃薯葡萄糖琼脂培养基上培养，能生成发达的树状分枝的假菌丝。

子囊由细胞直接变成的。每个子囊有 1～4 个（多为 2 个）帽形子囊孢子，子囊孢子由子囊内放出后常不散开。

从土壤、树枝、树汁、储藏的谷物、青贮饲料、湖水或溪流、污水及蛀木虫的粪便中，都曾分离到异常汉逊酵母。由于异常汉逊酵母能产生乙酸乙酯，故它在调节食品风味中起一定作用。如将其用于无机盐发酵酱油可增加香味。有的厂将其参与以薯干为原料的白酒酿造，采用浸香和串香法可酿造出比一般薯干白酒味道醇和的白酒。它氧化烃类的能力较强。能利用煤油。能以乙醇和甘油为碳源。它还能积累 L-色氨酸。

（4）热带假丝酵母（*Candida tropicalis*） 细胞呈卵形或球形，（4～8)μm×(5～11)μm。液面有醭或无醭，有环，菌体沉淀于底部。培养在麦芽汁琼脂斜面上的菌落呈白色或奶油色，无光泽或稍有光泽，软而平滑或部分有皱纹。培养久时菌落渐硬并有菌丝。在加盖的玉米粉琼脂培养基上培养，可见大量的假菌丝。

在人体、唾液、乳酒、小虾、牛的盲肠中都曾找到热带假丝酵母。前苏联和日本等国用含烃类物质培养各种假丝酵母来生产单细胞蛋白。其中也有热带假丝酵母。热带假丝酵母氧化烃类的能力很强。可以利用煤油。热带假丝酵母在含 230～290℃ 石油馏分的培养基中，经 22h 培养后，可得到相当于烃类重量的 92%的菌体。热带假丝酵母的生长速率为 0.367g/(K·h)，最适 pH 为 7.0。另外，也可用农副产品和工业废料来培养假丝酵母并作为蛋白饲料。

（5）产朊假丝酵母（*Candida utilis*） 细胞呈圆形、椭圆形和圆柱形，大小为（3.5～4.5)μm×7～13μm。液体培养无醭，有菌体沉淀，能发酵。麦芽汁培养基上的菌落为乳白色，平滑，有光泽或无光泽，边缘整齐或呈菌丝状。在加盖片的玉米粉琼脂培养基上，仅能生成一些原始的假菌丝或不发达的假菌丝，或无假菌丝。

从酒坊的酵母沉淀、牛的消化道、花、人的唾液中曾分离到产阮假丝酵母。它是人们研究最多的微生物单细胞蛋白之一。产朊假丝酵母的蛋白质和维生素 B 含量均比啤酒酵母高。它能以尿素和硝酸作氮源，在培养基中不需要加任何生长因子即可生长。特别重要的是它能利用五碳糖和六碳糖，既能利用造纸工业的亚硫酸废液，也能利用糖蜜、土豆淀粉废料、木材水解液等生产出人畜可食用的单细胞蛋白。

（6）解脂假丝酵母解脂变种（*Candida lipolytica*） 细胞呈卵形或长形，卵形细胞（3～5)μm×(5～11)μm，长细胞长度可达 20μm。液体培养时有菌醭产生，有菌体沉淀，不能发酵。麦芽汁斜面上的菌落乳白色，黏湿，无光泽。有些菌株的菌落有皱或有表面菌丝，边缘不整齐。在加盖片的玉米粉琼脂培养基上可见假菌丝和具横隔的真菌丝。在真、假菌丝的顶端或中间可见单个或成双的芽生孢子，有的芽生孢子轮生，有的呈假丝形。

从黄油、人造黄油、石油井口的油墨土和炼油厂等处均可分离出解脂假丝酵母。它不能发酵，能同化的糖和醇也很少，但是，它分解脂肪和蛋白质的能力很强。这是它与其他酵母的重要区别。它是石油发酵生产单细胞蛋白的优良菌种。它能利用正烷烃，使石油脱蜡，降低了凝固点，且比物理化学的脱蜡方法简单。它同化长链烷烃的效果比其他假丝酵母好。英国、法国等国家都用烃类培养解脂假丝酵母，生产单细胞蛋白。

解脂假丝酵母的柠檬酸产量也较高。有人在含4%～6%的正十烷、十二烷、十四烷、十六烷的培养基中，26℃振荡培养解脂假丝酵母6～8d，柠檬酸的转化率可达13%～53%，产量为5～34mg/ml。有报道将解脂假丝酵母培养在含8.0%的市售石蜡（$C_{10\sim19}$）的培养基中，加入适量的维生素B_1，可积累谷氨酸的前体物α-酮戊二酸5.68%，转化率为71%。用以上烷烃作碳源，解脂假丝酵母可产生较多的维生素B_6，产量可达400μg/L左右。

（7）白地霉（*Geotrichum candidum link*） 在28～30℃的麦芽汁中培养一天，会产生白色的、呈毛绒状或粉状的醭。具真菌丝，有的分枝，横隔或多或少，菌丝宽2.5～9μm，一般为3～7μm。裂殖，节孢子单个或连接成链，呈长筒形、方形，也有椭圆形或圆形，末端圆钝。节孢子绝大多数为（4.9～7.6）μm×16.6μm。在28～30℃的麦芽汁琼脂斜面划线培养三天，菌落白色，呈毛状或粉状，皮膜型或脂泥型。菌丝和节孢子的形态与其在麦芽汁中相似。

白地霉能水解蛋白，其中多数能液化明胶、胨化牛奶，少数只能胨化牛奶，不能液化明胶。此菌最高生长温度为33～37℃。

从动物粪便、有机肥料、烂菜、泡菜、树叶、青贮饲料和垃圾中都能分离到白地霉。其中以烂菜中最多，肥料和动物粪便中次之。白地霉的营养价值并不比产朊假丝酵母差，因此可供食用或作饲料。也可用于提取核酸。白地霉还能合成脂肪，但其产量不及红酵母和脂肪酵母等。

2.4.2 霉菌

霉菌（mould，mold）与酵母菌同属于真菌界。凡是在营养基质上能形成绒毛状、网状或絮状菌丝体的真菌的通称为霉菌，是俗名，意为发霉的真菌。按Smith分类系统，它们分属真菌界的藻状菌纲、子囊菌纲、半知菌类。

霉菌在自然界分布很广。因为霉菌会形成无数个孢子，成群地漂浮在大气中，借助风、水、动物和人类的活动到处散布。在海洋、陆地和高空中都有它们的踪迹。有人测定巴黎市中心空气中的真菌（主要是霉菌）孢子的数目，每升空气中竟有2000多个真菌孢子。在1g不太肥沃的土壤中，也可以找到成千上万，甚至数十万个真菌孢子或真菌菌丝体。

霉菌与人类日常生活和生产活动关系密切。如传统发酵的酱、酱油、豆腐乳、酒酿等。霉菌在其中的作用主要是它较强的糖化和蛋白水解能力。在近代发酵工业中，霉菌被利用来生产酒精、有机酸（柠檬酸、乳酸、衣康酸）、抗菌素（青霉素、灰黄霉素）、植物生长激素（赤霉素）、杀虫农药（白僵菌剂）、除莠剂（鲁保一号菌剂）。由于不少霉菌具有较强和完整的酶系，所以，可利用它们直接发酵生产糖化酶、蛋白酶、纤维素酶和果胶酶等酶制剂。

霉菌也给人类带来了极大的危害。它会造成农副产品、衣物、木材等发生“霉变”，并会引起一些动、植物疾病（小麦黄疸病、玉米黑粉病、稻瘟病等），少数还产生如黄曲霉毒素等，危害人类健康，每年因霉菌的侵袭损失的财富要以几百亿计算。

2.4.2.1 霉菌的形态和构造

霉菌菌体均由分枝或不分枝的菌丝（hyphae）构成。菌丝是真菌营养体的基本单位。许多菌丝分枝连接，交织在一起所构成的形态结构称菌丝体（mycelium）。菌丝可以是单细胞，即没有隔膜，但大多数霉菌是多细胞，即有分隔的。没有隔膜的细胞一般含有许多核，而有隔膜的细胞一般含有1～2核。霉菌菌丝直径2～10μm，比杆菌、放线菌菌丝宽几倍到十几倍，与酵母菌相似。见图2.4.18。

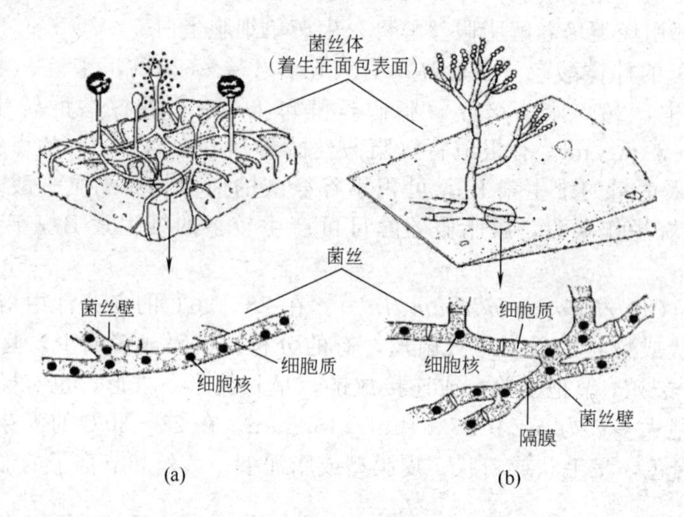

图2.4.18 霉菌的菌丝和菌丝体

（a）菌丝无隔膜的根霉（*Rhizopus stolonifer*）；（b）菌丝有隔膜的青霉（*Penicillium notatum*）

霉菌菌丝也是由细胞壁、细胞膜、细胞质、细胞核及各种内含物（肝糖、脂肪滴、异染颗粒等）所构成的，含有线粒体、核糖体等细胞器。老龄菌具大液泡。

除少数低等水生霉菌的细胞壁中含纤维素外，大部分霉菌的细胞壁主要由几丁质构成。几丁质由数百个*N*-乙酰葡萄糖胺分子，以*β*-1,4糖苷键连接而成的。几丁质和纤维素分别构成高等和低等霉菌细胞壁的网状结构——微纤丝（microfibril）。可用蜗牛消化酶等消化霉菌的细胞壁，制得原生质体。土壤中一些细菌也具有分解真菌细胞壁的酶。

霉菌的细胞膜、细胞核、线粒体和核糖体等细胞结构与其他真核生物基本相同。霉菌的菌丝由孢子发芽而成。长在培养基内，以吸收营养为主的菌丝称为营养（基内）菌丝；伸出培养基长在空气中的菌丝称为气生菌丝。在一定生长阶段，部分气生菌丝分化成为孕育（繁殖）菌丝，见图2.4.19。

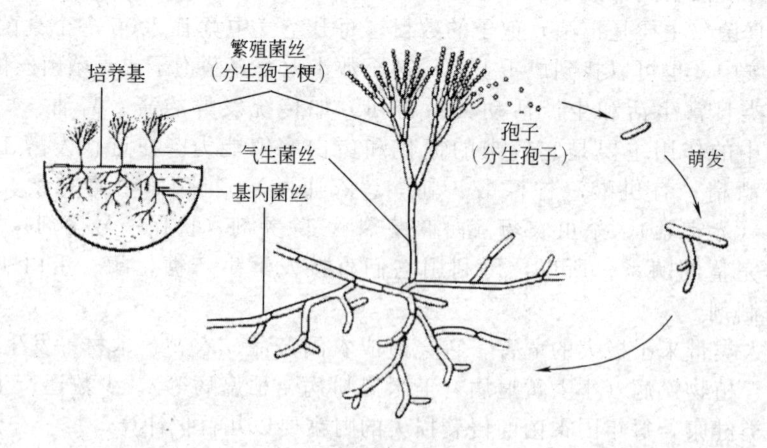

图2.4.19 霉菌的基内菌丝、气生菌丝和繁殖菌丝

有些霉菌的菌丝会聚集成团，构成一种坚硬的休眠体，该结构称为菌核。对外界不良环境它具较强的抵抗力，在适宜条件下它可萌发出菌丝。

2.4.2.2 霉菌菌落的形态特征

将霉菌接种在培养基上，经历一定时间的生长繁殖，逐渐可以看到由菌丝聚合而成的群体，这就是霉菌的菌落。霉菌菌落的形状、大小、颜色、纹饰及结构等特征随种而异。

因菌丝的粗细、组合的紧密程度、菌丝伸展的长度等差异可出现不同的外观的霉菌菌落，如蛛网状、棉絮状和丝绒状等，见图 2.4.20。由于孢子丝或菌核的形成，而使有些菌落表面呈颗粒状；霉菌菌落的直径一般为 1～2cm 或更大。比细菌菌落大几倍到几十倍。有的霉菌如根霉、毛霉、链孢霉生长很快，菌丝在固体培养基表面蔓延，以至菌落没有固定大小。霉菌菌落的质地一般比放线菌疏松，外观干燥，不透明。菌落与培养基之间连接也很紧密，不易将菌落整个挑起；霉菌菌落的边缘与中心，正面与反面的颜色往往不一致。因为越接近中心的气生菌丝的生理年龄越大，发育分化成熟也越早，颜色一般也越深。气生菌丝尤其是由它分化出来的子实体的颜色往往比分散在固体基质内的营养菌丝的颜色深。有的孢子的水溶性色素也会使周围的菌丝染色，会使菌落和培养基变色。同一种霉菌在不同成分的培养基上形成的菌落特征可能会有所变化，但各种霉菌在一定培养基上形成的菌落的大小、形状、颜色等却相对稳定。所以菌落特征也是霉菌分类鉴定的重要依据之一。

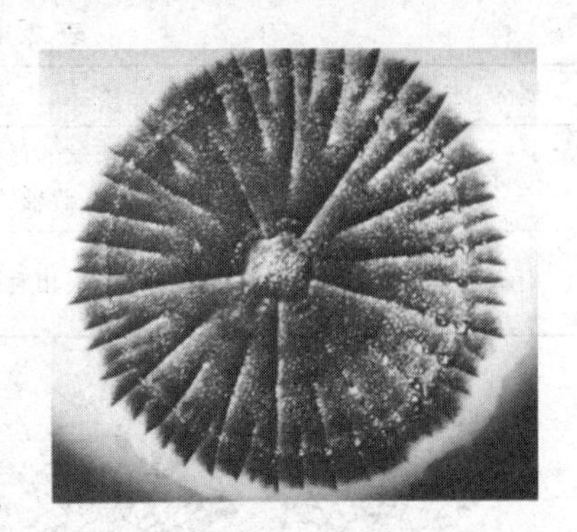

图 2.4.20 青霉（*Penicillium chrysogenum*）的菌落

2.4.2.3 霉菌的个体形态和结构

霉菌的个体形态结构复杂，相互之间的差异也较大。现在主要介绍几类常见的、具代表性的霉菌。

(1) 根霉（*Rhizopus*） 分类学上属于藻状菌纲，毛霉目，根霉属。根霉因有假根（rhizoid）而得名。假根的功能是在培养基上固着，并吸收营养。根霉属于单细胞生物，菌丝无分隔，其假根与植物中分生组织旺盛的根系是有很大差异的。具弧形匍匐菌丝（stolon）。匍匐菌丝在毛霉目真菌中常见，它是由营养菌丝产生的，靠近培养基表面横向生长的，并连接假根。当生长到一定阶段，菌丝在与假根相对位置，会向上生出孢囊梗（单生或成簇），顶端形成孢子囊，内生孢囊孢子。孢子囊的囊轴明显，囊轴基部与柄相连处成囊托。见图 2.4.21。

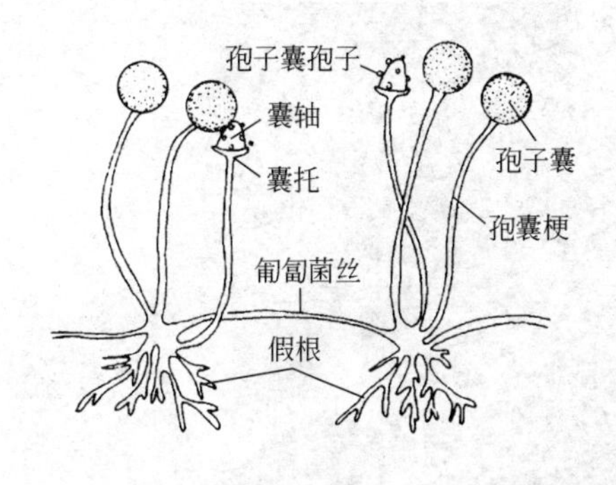

图 2.4.21 根霉的菌体形态

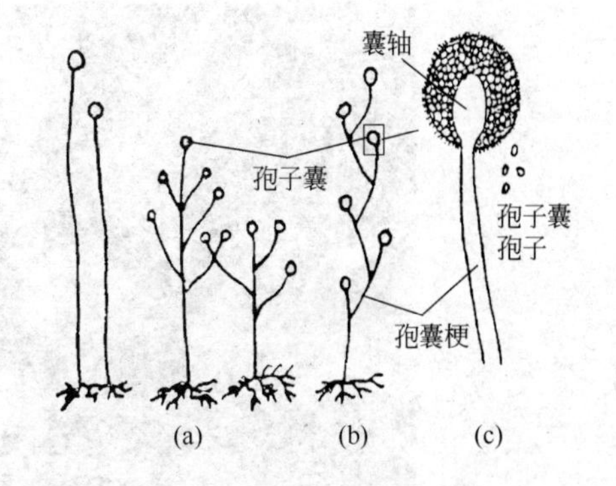

图 2.4.22 毛霉

(a) 单轴式孢囊梗；(b) 假轴式孢囊梗；(c) 孢子囊结构

(2) 毛霉（*Mucar*） 分类学上属于藻状菌纲，毛霉目，毛霉属。毛霉的外形呈毛状，属于单细胞，菌丝无隔，多核。菌丝有分枝，主要有两个类型：单轴式，假轴式。见图2.4.22。毛霉分解蛋白能力强，可用于制作腐乳。因其糖化能力强，可用于酒精和有机酸发酵原料的糖化和发酵。毛霉也会引起食物腐败。

表 2.4.2 毛霉与根霉的形态结构差异

属名	假根	匍匐菌丝	孢子囊梗	中轴
毛霉	无	无	菌丝的任何处，一般单生并分枝（单轴式，假轴式）	球形，与孢子囊梗不分隔（无囊托）
根霉	有	有	假根相对处，单生或成簇	半球形，与孢子囊梗相连处有分隔（有囊托）

根霉与毛霉同属毛霉目，它们在形态结构上较为接近，但也有一些容易区分的特征。见表2.4.2。

(3) 曲霉（*Aspergillus*） 分类学上属于子囊菌纲，曲霉属。曲霉为多细胞，菌丝有分隔。营养菌丝大多匍匐生长，无假根。分生孢子梗从厚壁而膨大的菌丝细胞（足细胞）生出，并略垂直。分生孢子梗常顶端膨大而形成棍棒形、椭圆形、半球形、球形的顶囊。顶囊表面产生小梗，单层或双层，见图2.4.23，图2.4.24；少数曲霉有闭囊壳。

(4) 青霉（*Penicillium*） 分类学上属于子囊菌纲，青霉属。青霉也是多细胞，菌丝有分隔，有分枝，与曲霉相似，但大多无足细胞。分生孢子梗具横隔。分生孢子结构与曲霉不同。分生孢子梗顶端不膨大，无顶囊。经多次分枝产生几轮小梗。小梗顶端产生成串分生孢子，状如扫帚。小梗有单轮生，对称多轮生，非对称多轮生，见图2.4.25。这些特征是其分类的依据。

根霉、毛霉、曲霉和青霉四类常见霉菌的比较见表2.4.3。

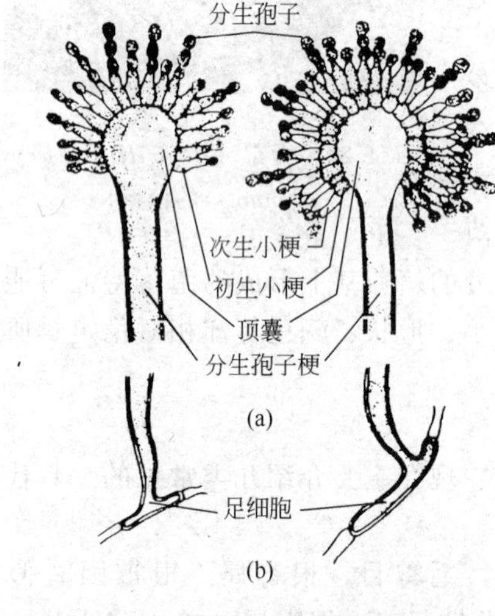

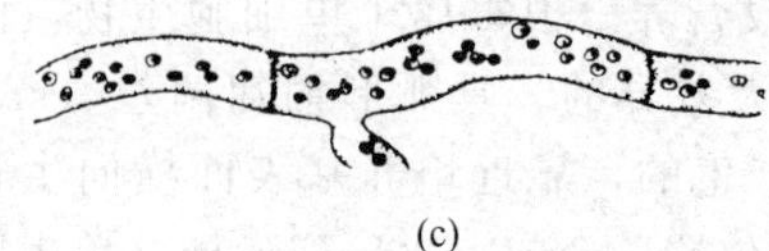

(c)

图 2.4.23 曲霉

(a) 具有单层和双层小梗的分生孢子梗；(b) 足细胞；(c) 具隔膜、多核的菌丝

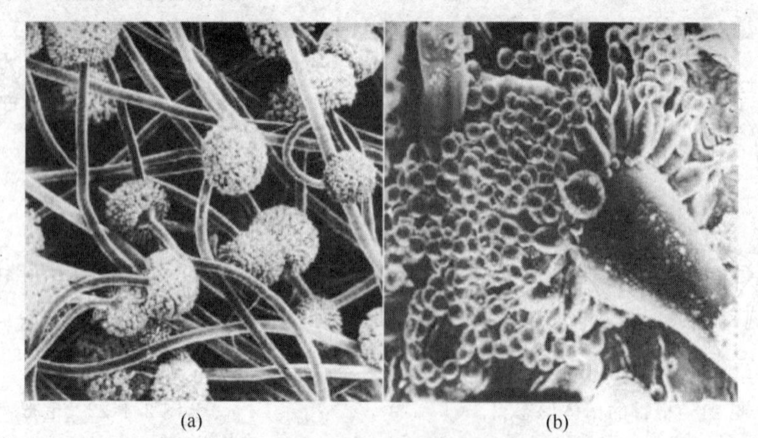

(a) (b)

图 2.4.24 曲霉的分生孢子穗扫描电镜图片

(a) *Aspergillus niger*；(b) *Aspergillus fumigatus*

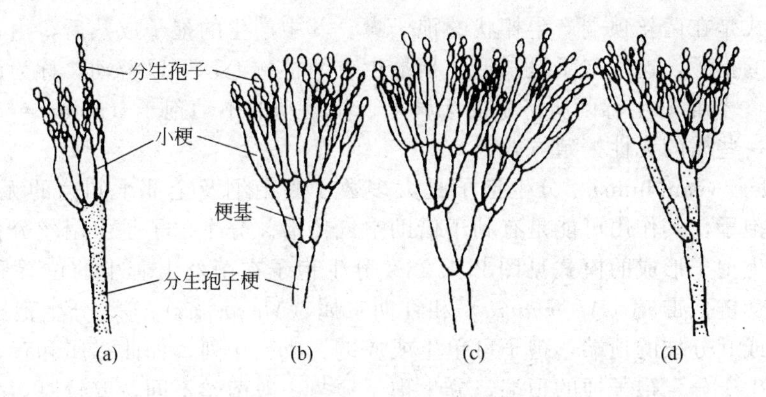

图 2.4.25 青霉的孢子穗类型

(a) 单轮生；(b) 多轮生；(c) 对称两轮生；(d) 不对称生

表 2.4.3 根霉、毛霉、曲霉和青霉四类常见的霉菌的特征比较

霉菌的一般特征	隔膜	菌丝	无性繁殖方式	无性繁殖器	有性繁殖方式	所在的属
霉菌：较粗的丝状菌丝体，一般单倍体菌落大而疏松，喜偏酸性	无隔膜，单细胞，多核，菌丝蔓延	弧形匍匐菌丝，假根	孢子囊孢子，厚壁孢子	膨大半球状囊轴，有分隔，孢子囊梗着生假根上侧	接合孢子	根霉属
		白色毛状，无匍匐菌丝和假根	孢子囊孢子，厚壁孢子	球形囊轴与孢囊梗无隔，孢囊梗着生菌丝任何处	接合孢子	毛霉属
	有隔膜，多细胞，匍匐菌丝，菌落绒毛状	足细胞	分生孢子	膨大顶囊，单或双轮辐射状分生孢子梗无分隔	子囊孢子	曲霉属
		大多无足细胞	分生孢子蓝绿色	无顶囊，分生孢子梗单、多轮分枝似帚，分生孢子梗有分隔	子囊孢子	青霉属

2.4.2.4 霉菌的繁殖方式

霉菌涉及了藻状菌纲、子囊菌纲和半知菌类的微生物，它们的进化程度不同，繁殖方式也是多样的。有的只能无性繁殖，有的既能进行无性繁殖，又能采取有性繁殖的方式。一般来讲，工业发酵中常见真菌的有性生殖只在特定条件下发生，通常的培养条件下少见。所以，通常只能根据无性繁殖的形式对它们加以区分。

(1) 霉菌的无性繁殖（asexual reproduction） 霉菌的无性繁殖主要通过产生以下四种类型的无性孢子来实现。

① 孢子囊孢子（sporangiospre）或称孢囊孢子。先是营养菌丝上长出伸向空间的繁殖菌丝，菌丝发育成孢囊梗，其顶端膨大形成孢子囊。孢子囊内有许多核，每个核外包围原生质，逐渐围绕着核生成壁，于是产生了孢子囊孢子。孢子成熟后，孢子囊破裂，释放出孢子囊孢子，见图 2.4.26。有的孢子囊壁不破裂，孢子从孢子囊上的管或孔溢出。孢子囊孢子的形状、大小和纹饰因种而异。孢子囊梗伸入孢子囊中的部分称囊轴，或中轴。

孢子囊孢子按其运动性又可分为两类：一类是游动孢子（zoospore），藻状菌纲水霉目的无性繁殖方式是在菌丝顶端产生棒状的孢子囊。其中产生的孢子成熟后，由孢子囊顶端小孔释放出大量的孢子，这些孢子呈梨形，顶端生有两根鞭毛，可以游动，称为游动孢子。见图 2.4.27。另一类是陆生霉菌所产生的无鞭毛、不运动的不动孢子（aplanospore）。这是藻状菌纲毛霉目一些属的无性繁殖方式。

② 分生孢子（canidium） 分生孢子是大多数子囊菌纲及全部半知菌的无性繁殖方式。这是一种外生孢子，其作用可能是有利于借助空气传播。分生孢子是由菌丝分化并在胞外形成的。各类分生孢子形成的模式见图 2.4.28。分生孢子在菌丝上着生的位置和排列方式有几种情况。如交链孢霉属（*Alternaria*）和红曲霉属（*Monascus*）等，分生孢子着生在未明显分化的菌丝或其分枝的顶端，孢子可单生或成链、成簇排列，如曲霉属和青霉属等，它们的分生孢子着生于分生孢子梗的顶端，分生孢子梗与一般菌丝不同，壁较厚。分生孢子梗的形态各异，既有形体非常短小，又有很长且分枝较多的。分生孢子梗有的是从普通的营养菌丝上形成，如青霉菌；有的是单个的由营养菌丝上的足细胞上长出的，如曲霉菌。分生孢子梗的顶端形态多样。如曲霉属，分生孢子梗的顶端膨大成为球形的顶囊，孢子通过初生、次生小梗孢子着生其上。而青霉属的分生孢子梗呈帚状，分生孢子生于小梗上。

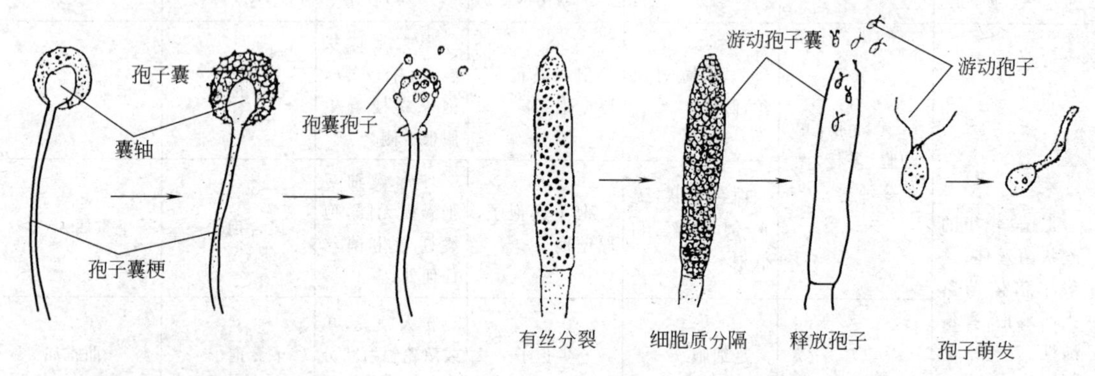

图 2.4.26 孢子囊孢子形成过程　　图 2.4.27 游动孢子的产生及其发芽

③ 厚垣孢子（chlamydospore），又称厚壁孢子。它的形成类似细菌芽孢。菌丝顶端或中间部分细胞的原生质浓缩、变圆、细胞壁加厚形成圆形、纺锤形或长方形的厚壁孢子。有的表面还有刺或疣的突起。很多真菌都能形成这类孢子，如毛霉目的总状毛霉往往在菌丝中间形成这样的孢子，见图 2.4.29。厚垣孢子也是菌体的休眠体，它能抗热、干燥等不良的环境条件。

④ 节孢子（arthrospore）它是由菌丝断裂形成的。菌丝生长到一定阶段，出现很多横隔膜，然后从横隔膜处断裂，产生许多孢子。如白地霉（*Geotrichum candidum*）幼龄菌体为多细胞丝状，衰老时，菌丝内出现许多横隔膜，然后自横隔膜处断裂，形成一串串短柱状、筒状或两端钝圆的细胞，即节孢子，见图 2.4.29。

有的霉菌还能以芽生孢子（blastospore）进行繁殖，见图 2.4.29。菌丝细胞如同发芽一样，产生小突起，经过细胞壁紧缩，最后脱离母细胞。毛霉和根霉在液体培养基中会形成一种“酵母型”细胞。

(2) 霉菌的有性繁殖（sexual reproduction） 霉菌的有性繁殖是通过产生有性孢子而进行的。霉菌的有性繁殖主要包括三阶段：质配（plasmogamy）、核配（karyogamy）和减数分裂（meiosis）。质配后，两个性细胞的核共存于一个细胞中，每个核的染色体数目都是单倍的（即 $n+n$）；核配后产生了两倍体的接合子核，核的染色体数目是双倍的（即 $2n$）。在低等真菌中，质配后立即进行核配，而高等真菌常有双核阶段，质配后两个核并不立即接

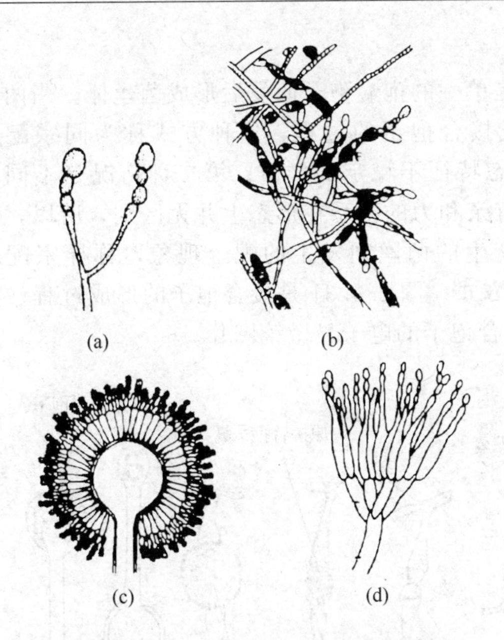

图 2.4.28 分生孢子梗和分生孢子的类型
(a) 红曲霉；(b) 交链孢霉；(c) 曲霉；(d) 青霉

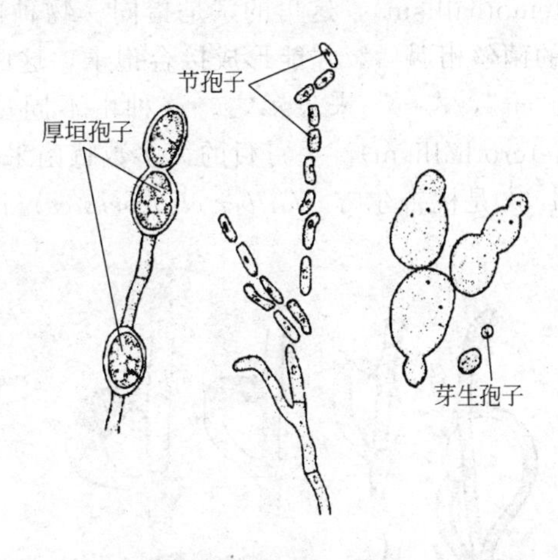

图 2.4.29 霉菌的厚垣孢子、节孢子和芽生孢子

合，需经很长时间才能核配。在此阶段，双核细胞甚至又可以各自分裂。大多数霉菌在核配后随即进行减数分裂，核的染色体数目又是单倍的，所以双倍体仅限于接合子（zygote），大多数霉菌是单倍体。

① 卵孢子（oospore） 卵孢子是由二个大小不同的配子囊结合后发育而成，小的配子囊称雄器，大的配子囊称藏卵器，藏卵器内有 1 个或数个称为卵球的原生质团。当雄器与雌器配合时，雄器中的细胞质和细胞核通过藏卵器上的受精管进入藏卵器，并与卵球配合。此后，受精卵球生出外壁即成卵孢子。图 2.4.30 为水霉卵孢子的产生过程。藻状菌纲中除毛霉目外，许多菌（如水霉属）的有性生殖方式是产卵孢子。

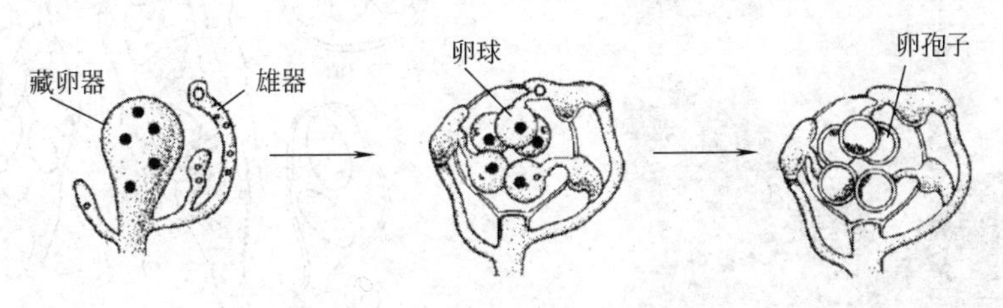

图 2.4.30 卵孢子的形成过程

② 接合孢子（zygospore） 这是菌丝无隔膜的霉菌（如毛霉目）所采用的有性繁殖方式。

接合孢子由菌丝生出形态相同或略有差异的配子囊接合而成。接合过程是：两个相邻的菌丝相遇，各自向对方生出极短的侧枝，称原配子囊。原配子囊接触后，顶端各自膨大并形成横隔，分隔形成 2 个配子囊细胞。配子囊下的部分称配子囊柄。然后相接触的两个配子囊之间的横隔消失，发生质配，核配，同时外部形成厚壁，即成接合孢子囊，其中含有单倍体和双倍体的核，但只有一个双倍体核存活下来，其余的消失。双倍体的核进行减数分裂，形成四个单倍体的核。适宜条件下接合孢子萌发形成芽管，其中一个单倍体核进入芽管，并借助多次有丝分裂产生许多单倍体的核，芽管成为一个含有许多单倍体孢子的减数分裂孢子囊

(meiosporanium)。

菌丝与菌丝之间的接合有两种情况，一种是单一的孢囊孢子萌发后形成菌丝体。当两根菌丝，甚至同一菌丝的分枝相互接触，而形成接合孢子的过程，这种方式称为同宗配合(Hemothallism)，这里的宗是指同一物种内形态特征不稳定的群体；第二种情况是不同菌系的菌丝相遇后，才能形成接合孢子，这两种有亲和力的菌系在形态上并无区别，所以，常用"+"，"－"来表示之。这种由不同母体产生的菌丝间发生的配合现象，称异宗配合(Heterothallism)。毛霉目的大多数霉菌采取此方式。图 2.4.31 是接合孢子的形成过程。图 2.4.32 是桃吉尔霉（*Gilbertella persicaria*）接合孢子的电子显微镜图片。

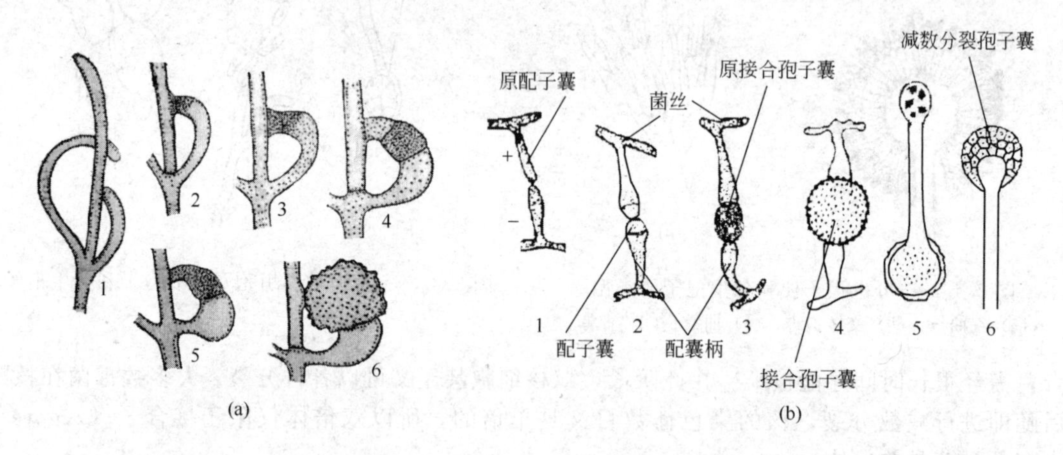

图 2.4.31 接合孢子的形成过程

(a) 同宗配合；(b) 异宗配合

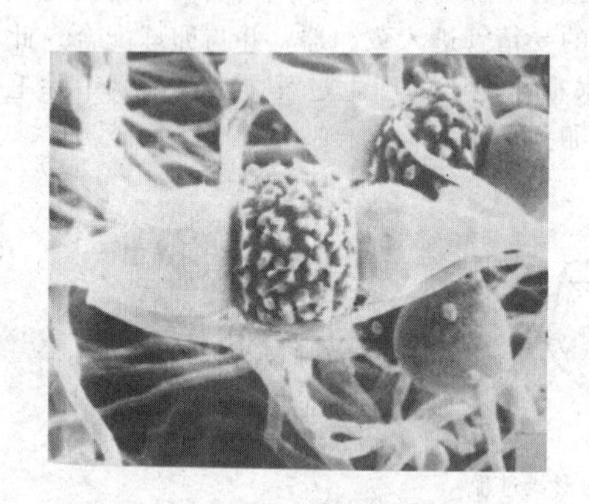

图 2.4.32 霉菌（*Gilbertella persicaria*）成熟接合孢子的扫描电镜图片

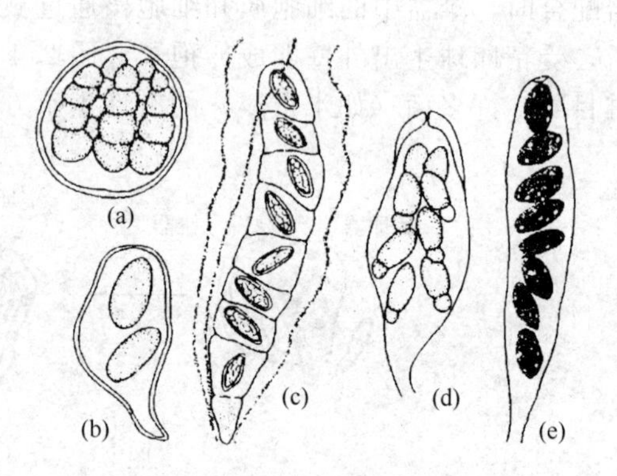

图 2.4.33 各种类型的子囊

(a) 球形；(b) 宽卵形有柄；(c) 有分隔；(d) 棍棒形；(e) 圆筒形

③ 子囊孢子（Ascospore） 在子囊内形成的有性孢子，称为子囊孢子。形成子囊孢子是子囊菌纲的主要特征。是有隔膜霉菌采取的有性生殖方式。

子囊是一种囊状结构，球形、棒形或圆筒形，还有的为长方形，因种而异，见图 2.4.33。子囊内孢子通常 1～8 或 $2n$ 个。典型的子囊有 8 个孢子。子囊孢子的形状、大小、颜色也各不相同，见图 2.4.34。子囊菌形成子囊的方式各异。最简单的是两个营养细胞接合后直接形成，如啤酒酵母。

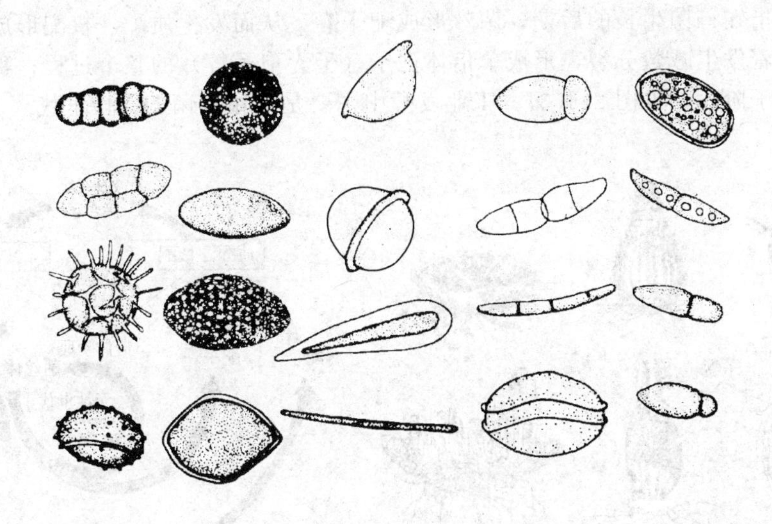

图 2.4.34 各种类型的子囊孢子

高等真菌形成子囊的两性细胞已有分化，形态上也有明显的区别。雌性的称产囊器，圆柱形或圆形，而且较大，有1或多个细胞构成，其顶端有受精丝（长形或丝状）。雄性的称雄器，一般比雌器小，圆柱形或棒形。两个性器官接触后，雄器中的细胞质和核通过受精丝进入产囊器，即发生质配。质配后，产囊器生出许多短菌丝（称产囊丝），成对的核进入产囊丝，并分裂成多核。然后，产囊丝中形成隔膜，隔成多细胞，每个细胞含1～2个核，而顶端的细胞是双核的（一个核来自雄器，另一个来自雌器，为异核体）。在这顶端细胞内发生核配，成子囊母细胞。经一次完整的减数分裂后，随即发生一次有丝分裂，形成8个子核。每个子核与周围原生质形成孢子，即子囊孢子。子囊母细胞即成为子囊，见图 2.4.35。

在子囊和子囊孢子发育过程中，雄器与雌器下面的细胞生出许多菌丝，并有规律地将产囊丝包围住，形成子囊果。子囊果主要有三类型：(a) 完全闭合的圆球形，称闭囊果；(b) 没有完全闭合，留有小孔，似烧瓶状，称为子囊壳；(c) 开口呈盘状，称为子囊盘。见图 2.4.36。

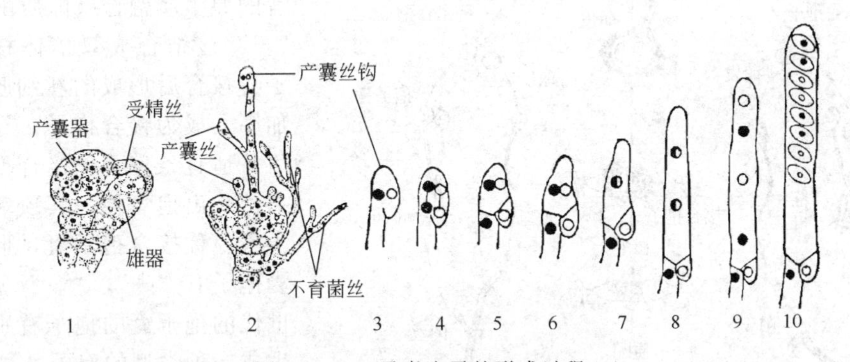

图 2.4.35 子囊孢子的形成过程

2.4.2.5 霉菌的生活史

霉菌的生活史就是指霉菌从一种孢子开始经过一定的生长发育，到最后又产生孢子的过程。它既包括霉菌的无性世代又包括霉菌的有性世代。无性世代就是指霉菌的菌丝体在适宜条件下产生无性孢子（孢子囊孢子和分生孢子等），无性孢子又萌发成菌丝体的整个过程；

有性世代就是指在霉菌生长的后期，菌丝形成配子囊，从而发生质配、核配形成双倍体的接合子细胞，接着发生减数分裂，形成单倍体孢子（子囊孢子等）的整个过程；霉菌的双倍体仅出现在接合子阶段，见图 2.4.37。工业发酵中主要是利用霉菌的无性世代。

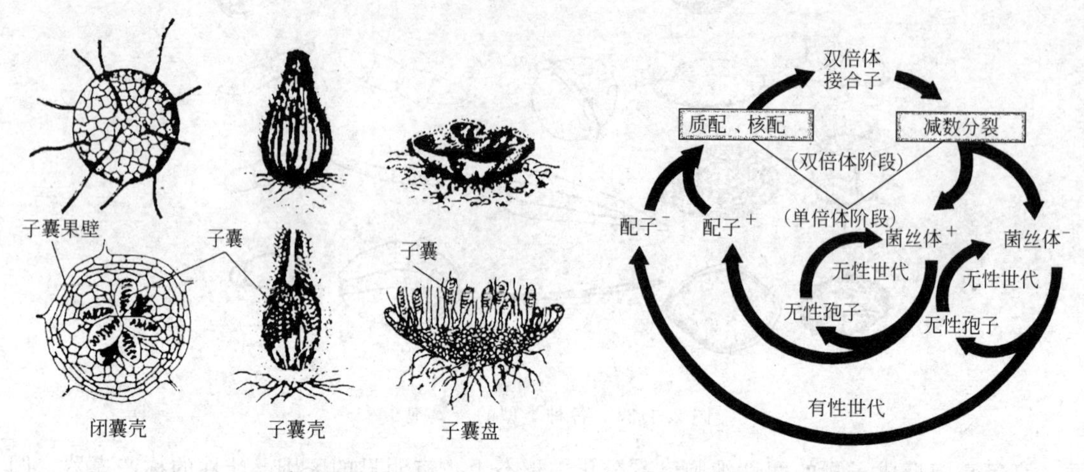

图 2.4.36 三种类型的子囊果

图 2.4.37 霉菌生活史示意图

下面以匍枝根霉（*Rhizopus stolonifer*）和烟色红曲霉（*Monascus purpureus*）为具体例子介绍霉菌的生活史。

匍枝根霉的整个生活史见图 2.4.38。其无性世代：孢子囊孢子从孢子囊破裂同时释放，适宜条件下出芽生出絮状白色气生菌丝。菌丝生出许多匍匐菌丝，并长出假根。在假根上方生出 1 到多根孢子梗。孢子梗顶端膨大，形成孢子囊，中心形成囊轴，外围形成许多孢子囊孢子，孢子囊壁破裂后孢子释放。

匍枝根霉的有性世代：相反宗系的菌丝体彼此接触（即异宗配合），长出原配子囊。原生质及核流动到正在膨大的原配子囊，靠近原配子囊顶端各形成一分隔，将其隔成两个细胞。两个相互接触的配子囊壁在接触处溶解，两者的原生质融合（即质配）。“+”，“−”核结合成双倍体核，二个配子囊接合后形成的新细胞膨大，壁加厚，成为接合孢子。经过休眠期后，适宜条件下，接合孢子减数分裂，长出孢囊梗，其顶端发展成孢子囊，称接合孢子囊。形成的孢子囊孢子有“+”，“−”型。与无性世代的孢子囊的孢子有别，后者只生成一种类型的孢子。

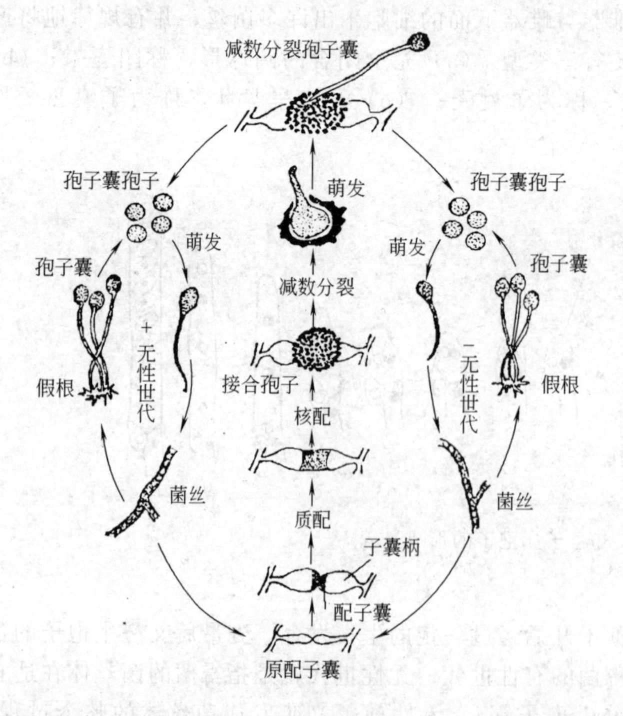

图 2.4.38 匍枝根霉（*Rhizopus stolonifer*）的生活史

烟色红曲霉的菌丝为多细胞，每个细胞多核，菌丝体有联结现象。其无性世代：在菌丝或分枝的顶端直接产生分生孢子。分生孢子单生或 2 至数个成链。一般梨形，内多核，分生孢子萌发成菌丝体。其有性世代：在菌丝顶端或侧枝顶部首先形成一个多细胞的雄器。随后雄器下细胞又以单轴方式生出一个细胞，即雌器，为产囊器的前身。由于雌器的生长发育，将雄器向下压。雌器顶部产生一隔膜，分成两个细胞。顶部为受精丝，下侧为产囊器。受精丝与雄器接触，细胞壁溶解成孔。雄器中多个核及细胞质通过受精丝进入雌器。发生质配，还未核配。雌、雄器下生出许多菌丝将其包围，形成初期闭囊壳。壳内产囊器膨大，长出产囊丝。每个产囊丝形成许多双核细胞，此时发生核配。核配后的细胞称子囊母细胞，每个子囊母细胞的核经三次分裂，形成8核，每个核发育成一个单核的子囊孢子。子囊母细胞即变成子囊。闭囊壳成熟后，其中子囊壁溶解，子囊孢子成堆留在壳内。当闭囊壳破裂后，散出子囊孢子。子囊孢子萌发后又成多核菌丝。见图2.4.39。

霉菌与放线菌、酵母菌的异同点见表2.4.4和表2.4.5。

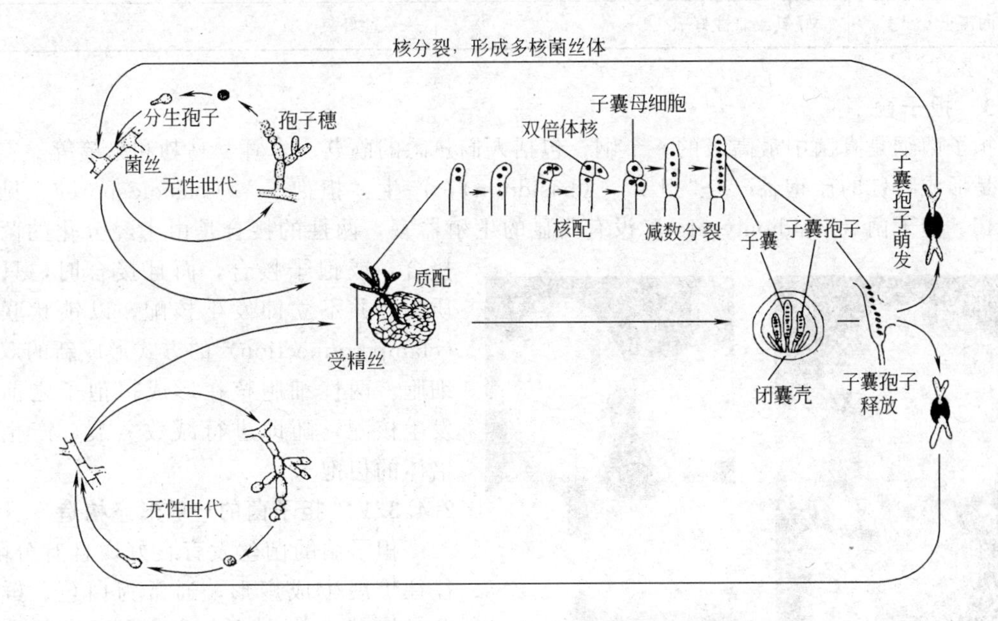

图2.4.39 烟色红曲霉（*Monascus purpureus*）的生活史

表2.4.4 霉菌与放线菌比较

特征	放线菌	霉菌
菌体形态	呈菌丝体；有气生菌丝和营养菌丝分化；菌丝宽度为0.3～1.0μm	呈菌丝体；有气生菌丝和营养菌丝分化；菌丝宽度为3～10μm
细胞器	原核；无线粒体	真核；有线粒体
细胞壁组成	肽聚糖，革兰阳性	一般为几丁质，有的含纤维素
菌落形态	表面呈绒毛状、粉状或颗粒状；菌落紧密，有皱褶，不易挑起	一般为绒状、毡状或网状，孢子和菌丝易沾起
繁殖方式	只有无性繁殖，如菌丝断裂、孢子和孢囊孢子等	有的无性繁殖（分生孢子、孢子囊孢子等），有的有性繁殖（子囊孢子、卵孢子、接合孢子等）

表 2.4.5 酵母菌与霉菌的比较

特 征	酵 母 菌	霉 菌
细胞形态	一般为单细胞，呈球形、卵形、椭圆形、腊肠形等；有的有假菌丝或真菌丝	呈菌丝体，有气生菌丝和营养菌丝分化；体积比酵母菌大，但菌丝宽度与酵母菌直径相近
菌落形态	一般为奶油状的单细胞集落，有光泽、光滑，黏稠状，易挑起	一般为绒状、毡状或网状，集落不光滑、不黏稠，气生菌丝、繁殖菌丝和孢子易挑起
繁殖方式	主要为芽殖，少数裂殖；部分进行有性繁殖，如产子囊孢子	有的无性繁殖（分生孢子、孢子囊孢子等），有的有性繁殖（子囊孢子、卵孢子、接合孢子等）
细胞壁组成	主要为甘露聚糖和葡聚糖，有的含少量几丁质	一般为几丁质，有的含纤维素
对氧的需求	好氧或兼性好氧	专性好氧

2.4.3 担子菌

担子菌纲是真菌中最高级的一个纲，包括人们熟悉的蘑菇、木耳、马勃和鬼笔等。它的特征是形成特殊的产孢器——“担子”（basidium），产生“担孢子”（basidiospore）。见图2.4.40。担子菌（basidiomycetes）没有明显的生殖器官，两性的接合是由未经分化的菌丝接合，或孢子接合，而且接合时，只行质配，并不立即发生核配，以锁状联合（clamp connection）的方式形成新的双核细胞。两性细胞核在形成担孢子之前才发生核配，随即进行减数分裂，产生单倍体的担孢子。

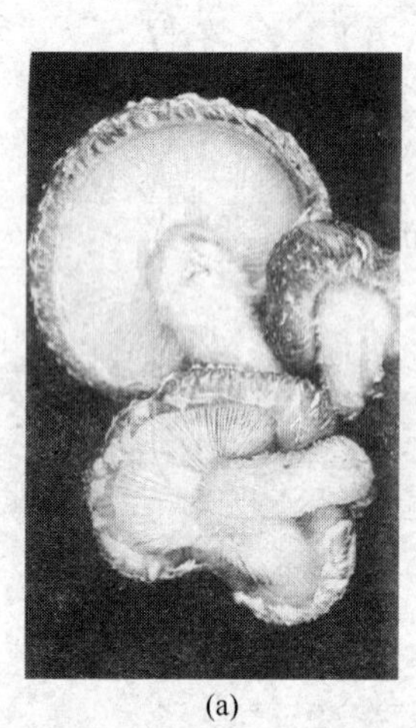

(a)

(b)

图 2.4.40 担子菌及其担孢子形态

（a）一种担子菌的子实体，背部有菌褶；

（b）担孢子的电镜图片，担孢子的基部为担子

2.4.3.1 担子菌的一般形态构造

担子菌的菌丝发育良好，且有分隔，往往扩展生成扇形，通常为白色、鲜黄色或橙黄色。菌丝体具三个明显的发育阶段：初生菌丝（primary mycelium）、二生菌丝（secondary mycelium）和三生菌丝（tertiary mycelium）。

初生菌丝为单倍体（n），是由单核的担孢子萌发而成，初期为多核，而后即产生分隔，把菌丝体分成单倍体（单核）。二生菌丝为双核体（$n+n$），它从初生菌丝发育而成。两个单核细胞进行异宗配合，发生质配后，并不马上核配，成为具双核细胞的二生菌丝。二生菌丝以锁状联合方式增殖细胞。两个核同时分裂，由“锁状联合机制”控制形成两个子细胞，每个子细胞具有两个不同的子核。二生菌丝可独立营养并占据生活史的大部分。锁状联合过程（见图2.4.41）包括以下步骤：

① 菌丝的双核细胞开始分裂之前，两核之间生出一钩状分枝；

② 细胞内一个核进入钩中；

③ 两核同时分裂成4个核；

④ 新分裂的两个核移入到细胞的一端，一个核仍留在钩中；

⑤ 钩向下弯曲与原细胞壁接触，接触处的壁溶解而沟通，同时钩的基部产生隔膜；

⑥ 钩中的核向下移，在钩的垂直方向产生一隔膜，一个细胞分成两个细胞，每个细胞具有两个不同的子核，锁状联合完成。

三生菌丝也是双核体（$n+n$），由二生菌丝特化形成。特化菌丝形成各种子实体（fruit body），而子实体是真菌产生孢子的构造，由繁殖菌丝和营养菌丝组成，其形态因种而异。如蘑菇，香菇等子实体呈伞状，由菌盖，菌柄和菌褶等组成。菌褶处着生担子和担孢子。见图 2.4.42。

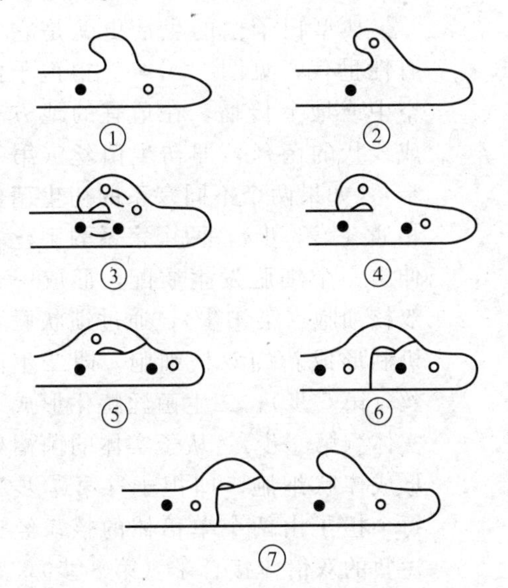

图 2.4.41 锁状联合的发生过程

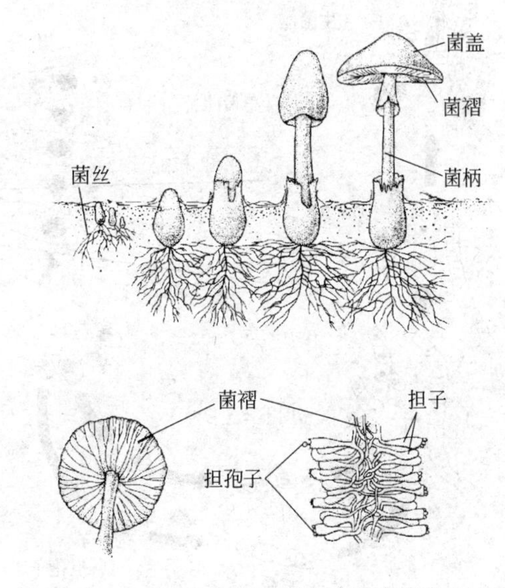

图 2.4.42 担子菌的子实体结构及其形成过程

2.4.3.2 担子菌的繁殖方式

担子菌的繁殖采取无性生殖和有性生殖两种方式。

（1）无性繁殖 担子菌的无性繁殖是通过芽殖、裂殖及产生分生孢子或粉孢子完成的。

（2）有性繁殖 担子菌的有性繁殖就是产生担孢子，其过程见图 2.4.43。担子是担子菌中产生担孢子的构造，是完成核配和减数分裂的细胞。担子产担孢子的过程见图 2.4.44。

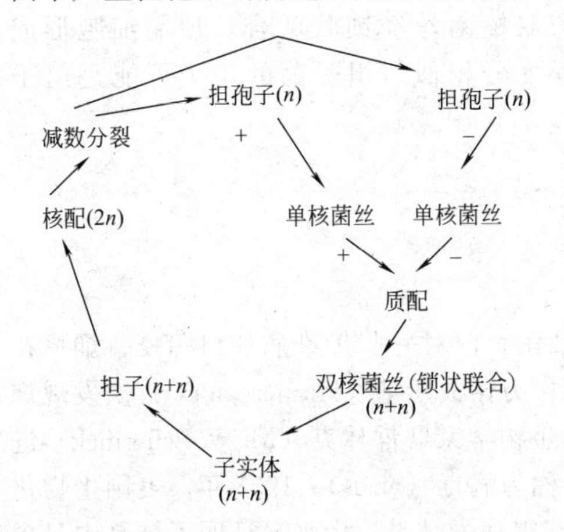

图 2.4.43 担子菌有性生殖的过程

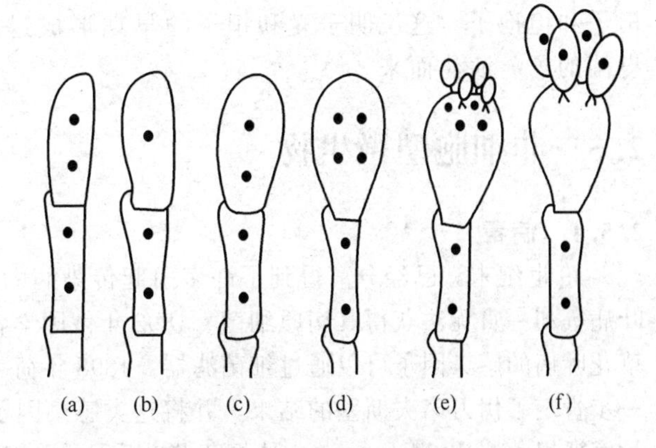

图 2.4.44 担子及担孢子的形成过程

（a）双核菌丝的顶端；（b）核配；（c）减数分裂第一阶段；（d）减数分裂第二阶段；（e）幼担孢子在小梗上发育；（f）带有四个单核担孢子的担子

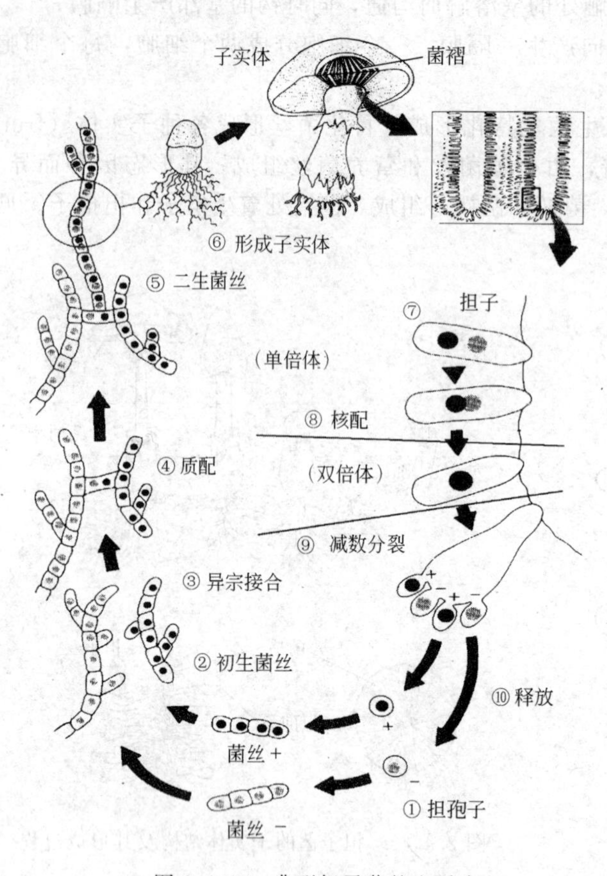

图 2.4.45 典型担子菌的生活史

双核菌丝的顶细胞逐渐增大，形成幼担子。其中二核发生核配，而后减数分裂，产生 4 个单倍体核。同时，担子顶端长出 4 个小梗，头部膨大，4 个核进入小梗，到达膨大处，发育形成 4 个单倍体的担孢子。

2.4.3.3 担子菌的生活史

典型担子菌的生活史就是它的有性世代，见图 2.4.45。担孢子由空中或地上传播，在适宜的地方长成线状的菌丝，即初生菌丝（第②步）；如果两个不同宗系的初生菌丝相遇（第③步），两个宗系的菌丝各伸出一个细胞发生质配，形成一个双核细胞（第④步）；通过锁状联合机制形成新的双核细胞，即二生菌丝（第⑤步）；二生菌丝特化形成子实体（第⑥步）；从子实体的菌褶处形成棒状细胞，即担子（第⑦步）；每个担子由两个单倍体的核，经过短暂的双倍体接合子（第⑧步），紧接着减数分裂形成新的单倍体的担孢子（第⑨步），担孢子释放（第⑩步），开始新的生命周期（第①步）。

一般认为担子菌是由子囊菌演化而来的。它们在系统发育上存在着密切的关系。担子菌的双核菌丝和子囊菌的产囊丝是同源的，都是经有性接合后产生的双核体。此外，担子菌的锁状联合类似于子囊菌产囊丝的钩形细胞结构。子囊菌钩状体形成后，钩状体的亚顶端的细胞形成子囊和子囊孢子，而担子菌的双核菌丝经锁状联合，顶端细胞形成担子和担孢子。这说明子囊和担子的早期形成过程十分相似。担子菌的担子可能是由子囊菌的子囊演化而来。

2.5 非细胞型微生物

2.5.1 病毒

19 世纪末，已经分离得到了许多引起传染病的细菌，但对一些传染病如口蹄疫、烟草花叶病等却一直无法获得其病原细菌。1892 年俄国学者伊万诺夫斯基（Ивановский）首次发现烟草花叶病的感染因子可以通过细菌滤器。1898 年荷兰生物学家贝哲林克（M. W. Beijerinck）进一步肯定了伊万诺夫斯基的结果，并将这类感染因子称为病毒（virus）。1935 年，美国生物化学家斯坦莱（W. M. Stanley）从烟草花叶病灶中分离获得病毒结晶，后来又证明了结晶中只含有蛋白质和核酸两种成分。只有核酸具有感染疾病和复制的能力。

病毒是没有细胞结构，但具有遗传、变异等生命特征的一类微生物。其主要特征是：

① 个体极小，能通过细菌滤器，需借助电子显微镜观察；

② 专性寄生，没有独立的代谢功能，只能在特定的宿主细胞内繁殖；

③ 没有细胞结构，大多数病毒只是蛋白质和核酸组成的大分子，且只含单种核酸（DNA或RNA）；

④ 繁殖方式是依靠宿主的代谢体系进行“复制”；

⑤ 它对一般的抗生素不敏感，但对干扰素敏感。

总之，病毒是一类超显微、没有细胞结构、专性寄生的大分子微生物。它们在体外具有生物大分子的特征，只有在宿主体内才表现出生命特征。

病毒分布很广，几乎所有生物都可感染相应的病毒。通常可根据宿主将病毒分为三大类：动物病毒、植物病毒和细菌病毒（或称噬菌体）。已经鉴别的病毒数量正在急剧增加。从理论上分析，在自然界存在的病毒总数应大大高于一切细胞生物的总数。据文献报道统计，已经发现的人类病毒有300多种（1984），脊椎动物病毒有931种（1981），昆虫病毒有1671种（1990），植物病毒有600余种（1983），真菌病毒有近100种（1982），已做过电镜观察的噬菌体至少有2850种或株（1987）。

病毒寄生在活细胞内。因此，如果它的宿主是人或对人类有益的动植物和微生物，就会给人类带来巨大的损害；反之，如它的寄生的对象是对人类有害的动、植物和微生物，则会对人类有益。如今，病毒已成为分子生物学的主要研究对象和利用的重要工具之一。

2.5.1.1 病毒的形态及构造

（1）病毒的大小和形态　绝大多数病毒是能通过细菌滤器的微小颗粒，因此必须借助于电子显微镜才能观察其具体形态和大小。测定病毒大小的单位是纳米（nm，10^{-9}m），多数病毒粒子的直径在100nm以下，见表2.5.1。图2.5.1较形象地表示了病毒的大小和形态。

动物病毒多为球、卵或砖形。最大的是痘病毒（poxvirus），尺寸为（200～350）nm×（200～250）nm，大小近似于最小的原核微生物——支原体。用姬母萨、荧光染料或镀银等染色方法处理后，可以在光学显微镜下观察。最小的是口蹄疫病毒（Foot-and-mouth disease virus），直径仅10～22nm。相当于最大的蛋白质分子（血红素蛋白质）。

植物病毒多为杆、丝状，也有球状。较短的杆状病毒如苜蓿花叶病毒（Alfalfa mosaic virus），长约58nm，较长的杆状病毒如甜菜黄叶病毒（beet yellow mosaic virus），长约1250nm。烟草花叶病毒（Tobacco mosaic virus）长300nm，直径15nm。

细菌病毒或称噬菌体（phage），大多为蝌蚪状，也有微球形或丝状。从形态和核酸结构上可将噬菌体分为6个群，见表2.5.2。表中所列的T系噬菌体是研究得最广泛而又较深入的细菌病毒。按照发现的先后次序编号T_1～T_7。后来发现T偶数的噬菌体结构和化学组成相同，故统称为偶数噬菌体。它们的形态都为蝌蚪状。

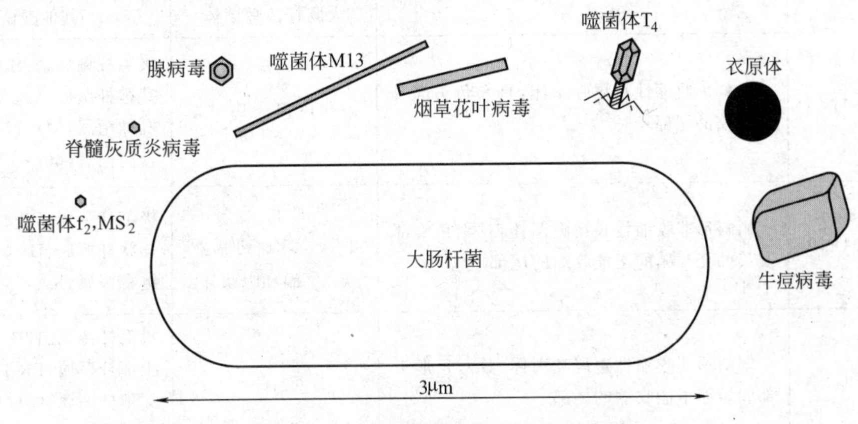

图2.5.1　病毒与细菌大小比较示意图

表 2.5.1 病毒的大小

类别	病毒	长×宽或直径/nm
动物病毒	痘病毒	(200～350)×(200～250)
	家蚕细胞核型多角体病毒	(250～400)×(40～70)
	疱疹病毒	100～150
	大蚊红色病毒	130
	新城疫病毒	115
	腺病毒	70～90
	流感病毒	80～85
	鸡瘟病毒	70～80
	家蚕细胞质型多角体病毒	60
	多瘤病毒	43
	脊髓灰质炎病毒	27～30
	口蹄疫病毒	22
植物病毒	马铃薯 Y 病毒	750×12
	马铃薯 X 病毒	520×10
	烟草花叶病毒	300×15
	黄瓜绿斑花叶病毒	280×16
	萝卜花叶病毒	120×25
	苜蓿花叶病毒	58×18
	马铃薯黄矮病毒	110
	番茄丛矮病毒	30
	芜菁黄花叶病毒	26
	烟草环斑病毒	26
	黄瓜花叶病毒	22
噬菌体	大肠杆菌噬菌体 T_2、T_4、T_6	头部 90×60 尾部 100×20
	大肠杆菌噬菌体 T_1	40 160×10
	大肠杆菌噬菌体 T_3	45 10×10
	大肠杆菌噬菌体 T_5	65 170×10
	大肠杆菌噬菌体 T_7	45 10×10
	大肠杆菌噬菌体 fd	700×5
	大肠杆菌噬菌体 f_2	25
	痢疾杆菌噬菌体	头部 65～70 尾部 150×-50
	灰色放线菌噬菌体	150×15
	分枝杆菌噬菌体	(80～90)×35 (160～190)×20
	大肠杆菌噬菌体 ϕ×174	直径 20～30
	大肠杆菌噬菌体 M_{13}	长 600～800

表 2.5.2 噬菌体六个群的形态及其核酸特征

群	核酸结构	描述	例子	
			大肠杆菌噬菌体	其他噬菌体
1	双链 DNA	蝌蚪形收缩性长尾噬菌体：具六角头部及可收缩的尾部	T_2、T_4、T_6	极毛杆菌属：12S，PB-1 芽孢杆菌属：SP50 黏球菌属：MX-1 沙门菌属：66t
2	双链 DNA	蝌蚪形非收缩性长尾噬菌体：具六角头部及长的无尾鞘的不能收缩的尾部	T_1 T_5——多阶段感染 λ——温和噬菌体	极毛杆菌属：PB-2 棒状杆菌属：B 链霉菌属：K1
3	双链 DNA	蝌蚪形非收缩性短尾噬菌体：具六角形头部和短而不能收缩的尾部	T_3、T_7	极毛杆菌属：12B 土壤杆菌属：PR-1，001 芽孢杆菌属：GA/1 沙门菌属：P_{22}

续表

群	核酸结构	描述	例子	
			大肠杆菌噬菌体	其他噬菌体
4	单链 DNA	六角形大顶壳粒噬菌体：有六角形头部，六个顶角各有一个较大的壳粒，无尾部	ϕ×174（环状 DNA） S13	沙门菌属：ϕR
5	单链 RNA	六角形小顶壳粒噬菌体：有六角形头部	f_2 Qβ MS_2	极毛杆菌属：7S，PP7 柄细菌属：
6	单链 DNA	丝状噬菌体：无头部、蜿蜒如丝	fd f_1 M13	极毛杆菌属

（2）化学组成　大多数病毒化学组成为核酸和蛋白质，少数较大的病毒还含有脂类和多糖等。脂类中磷脂占50%～60%，其余则为胆固醇。多糖常以糖脂、糖蛋白形式存在。

① 核酸　每种病毒只含单一类型的核酸（DNA 或 RNA）。动物病毒有的是 DNA 型，有的是 RNA 型；植物病毒绝大多数属 RNA 型，少数为 DNA 型；噬菌体多数为 DNA 型，少数为 RNA 型。核酸有双链的和单链的。

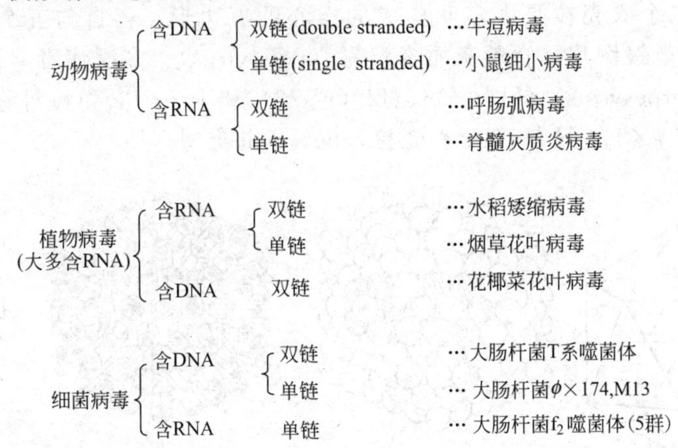

大多数 DNA 病毒含开放式双链 DNA，有的病毒则含开放或闭合单链 DNA，还有些含闭合双链 DNA 或其中一链中断的开放式双链 DNA；绝大多数 RNA 病毒含开放式单链 RNA。不同的病毒不仅核酸类型不同，而且含量也有较大的差异，如流感病毒的核酸仅占1%，烟草花叶病毒的核酸则占5%，而另一些病毒，如大肠杆菌 T 系偶数噬菌体的核酸含量高达50%以上。每个病毒的核酸含量与其结构的复杂性和功能有关。一个复杂的病毒往往需要更多的核酸（即更多的基因）。除极个别外，每个病毒粒子只含有一分子的核酸。对某种病毒来说，核酸的长度是一定的，由100～250000个核苷酸组成。最小的病毒少于10个基因，最大的病毒有几百个基因。

② 蛋白质　蛋白质是病毒的主要成分，它主要用于构成病毒的外壳，以保护病毒的核酸。病毒蛋白质外壳决定病毒感染的特异性，与易感细胞表面存在的受体有特异亲和力，能促进病毒粒子的吸附。病毒的蛋白质还决定其抗原性，会刺激机体产生相应的抗体。比较简单的植物病毒大都只含有一种蛋白质，其他病毒均含一种以上的蛋白质。一些病毒除含有结构蛋白质外，还含有少量的酶，如噬菌体的溶菌酶、核酸合成酶等。

（3）病毒的结构 许多病毒具有相同的结构形式。病毒的最小形态单位（蛋白组成的亚单位）——衣壳粒（capsomere）。它是由一种或几种多肽链折叠而成的蛋白质亚单位。衣壳粒以对称的方式，有规律地排列，构成病毒的蛋白质外壳，称衣壳（capsid）。衣壳中包含病毒的核酸，即核髓。核髓和衣壳合称核衣壳，有的病毒的核衣壳裸露，有的病毒的核衣壳外还有被膜（envelope）包围。完整的、具感染性的病毒颗粒称病毒粒子（virion），见图2.5.2。衣壳粒的排列组合方式不同，使病毒粒子表现出不同的构型和形状。

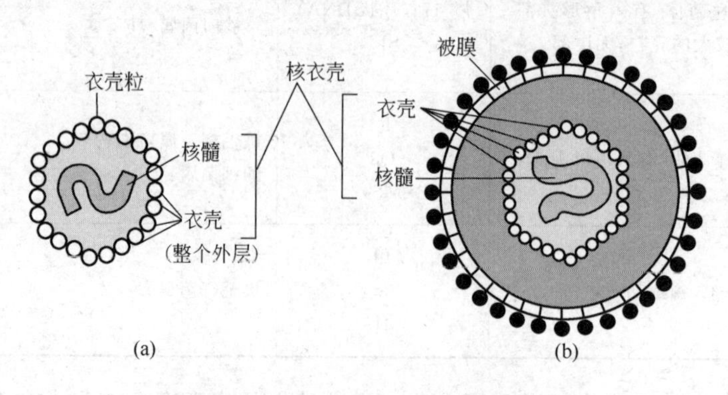

图 2.5.2 两类病毒粒子的结构模式图
（a）裸露的病毒粒子；（b）有被膜的病毒粒子

① 二十面体病毒粒子 衣壳粒沿着三根互相垂直的轴对称排列，形成二十面体。每个面是等边三角形，有三十条边和十二个顶角，见图2.5.3。腺病毒（adenovirus）的衣壳是个典型的二十面体。共由252个球形的衣壳粒排列成一个有二十个面的对称体，其中240个衣壳粒是空心的。每个衣壳粒由多肽构成六边形，各个衣壳粒与六个衣壳粒相邻。位于二十面体顶角的十二个衣壳粒是由多肽构成的空心的五边形，各自与五个衣壳粒相邻。图2.5.4为腺病毒的电镜图片；脊髓灰质炎病毒（poliovirus）、多瘤病毒（polyomavirus）和疱疹病毒粒子（herpesvirus）分别由36、42（或72）和162个衣壳粒对称排列构成各自的二十面体。噬菌体 $\phi\times174$ 只有12个衣壳粒，也属于此类型。

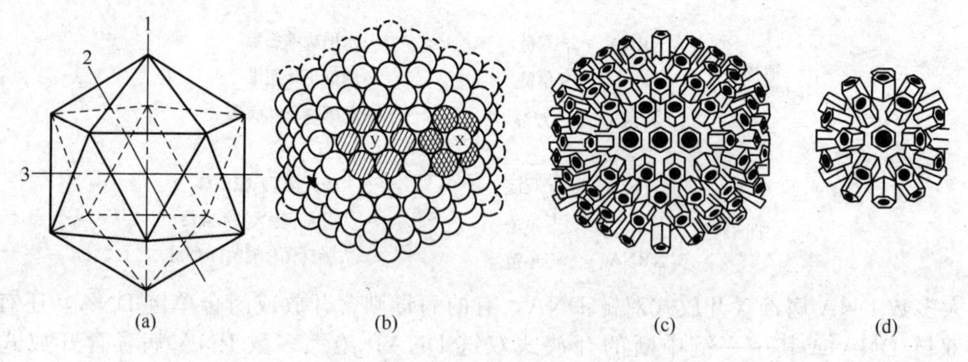

图 2.5.3 二十面体病毒粒子结构示意图
（a）二十面体的几何对称轴：1—五重对称轴；2—三重对称轴；3—双重对称轴；（b）腺病毒粒子，在252个衣壳粒中，有12个衣壳粒（五邻体X）位于顶角上，被五个相邻的衣壳粒围绕着，形成五角形聚集，另有240个衣壳粒（六邻体Y），位于边上或表面上，有六个相邻的衣壳粒围绕着，形成六角形聚集；（c）疱疹病毒；（d）多瘤病毒

② 螺旋体病毒粒子 这些病毒呈杆状或丝状。它们的衣壳似中空柱，衣壳粒与核酸呈螺旋对称排列。电子显微镜下可见其螺旋结构，内含核酸。如烟草花叶病毒的衣壳粒螺旋排列呈杆状，RNA位于衣壳内螺旋状沟中。病毒粒子全长300nm，直径15nm，由2130个衣壳粒组成130个螺旋。每一圈螺旋有 $16^1/_3$ 个衣壳粒，每49个衣壳粒组成三圈螺旋，螺距2.3nm。RNA螺旋的直径为8nm，整个结构中心是一个直径为4nm的开放孔洞，见图2.5.5。每个衣壳粒的分子质量为17400Da，RNA的分子质量为 2.06×10^6 Da。整个病毒粒子的分子质量用物

理化学方法测得（39～40）$\times 10^6$Da。已知RNA占5%～6%，所以蛋白质衣壳的分子质量为（37～38）$\times 10^6$Da，2130个衣壳粒中的每一个的分子质量为17300±800Da。

用碱或去垢剂可使烟草花叶病毒粒子降解成蛋白质和核酸两部分。在适宜的温度和离子强度下，这些因降解而产生的衣壳粒又可自发地重新组装成棒状的衣壳，与完整的病毒粒子衣壳无法区别，但由于不含核酸，因此无感染能力。如果衣壳粒重新装配时有核酸存在，则能引起烟草花叶病。

③ 有被膜的病毒粒子　有的病毒的核衣壳外有一层松散的被膜。被膜主要由蛋白质（常为糖蛋白）和脂类组成。核衣壳有的是二十面体，有的为螺旋体。如单纯疱疹病毒就是有被膜的二十面体。黏病毒也有被膜，螺旋状核衣壳盘绕在被膜内。

④ 其他　大肠杆菌偶数噬菌体呈蝌蚪状，具有直径40～100nm的二十面体头部，在头部蛋白质外壳内，一条长约50nm的DNA分子折叠盘绕其中，还有一个长约100nm的螺旋对称尾部。尾部由不同于头部的蛋白质组成，外面包围着可收缩的尾鞘，中间为一空髓，即尾髓。有的噬菌体的尾部还有颈部、尾丝、基片和刺突，见图2.5.6。T_1噬菌体的尾部不能收缩，T_3噬菌体的尾部较短，噬菌体$\phi\times 174$只有头部，没有尾部。

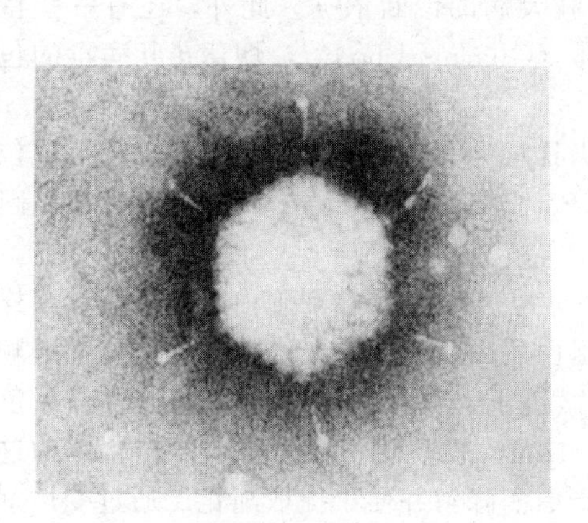

图2.5.4　腺病毒的电子显微镜图片（$\times$174000）

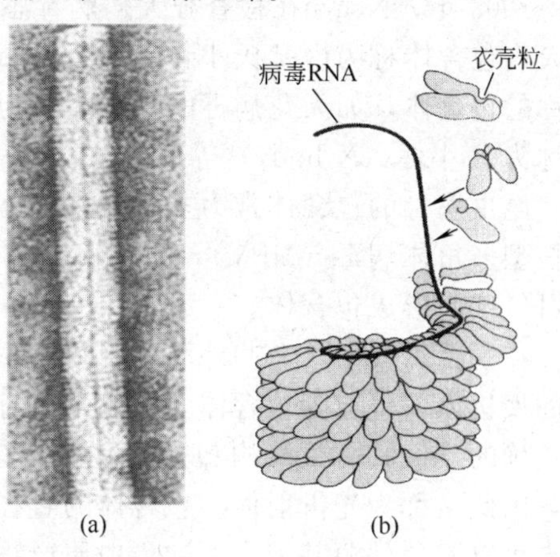

图2.5.5　烟草花叶病毒

(a) 病毒粒子电镜图片（$\times$40000）；(b) 病毒RNA和衣壳粒排列模式图

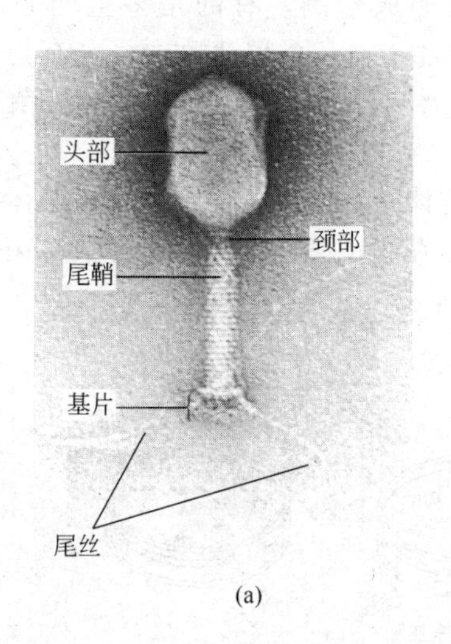

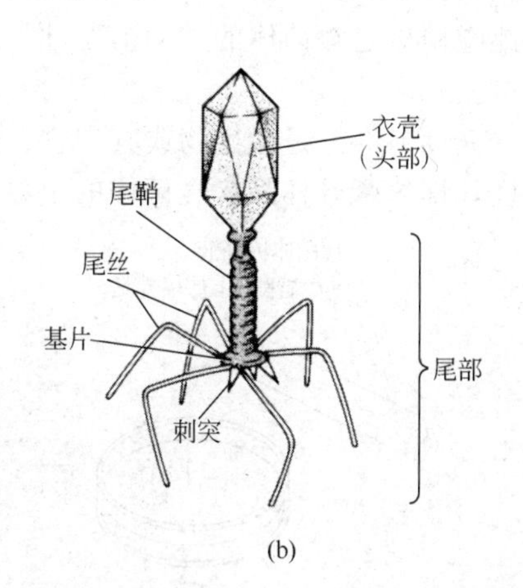

图2.5.6　大肠杆菌噬菌体T_4

(a) 电镜图片（$\times$220000）；(b) 模式图

痘病毒类是体积最大、结构最复杂的脊柱动物病毒。多数呈砖形，有的卵圆或扁平柱状。在电子显微镜下，没有明显的衣壳，但在病毒的核髓外有较复杂的脂蛋白外膜包围，最外层是双层的被膜。

弹状病毒（rhabdovirus）因病毒粒子外形如子弹而得名，其被膜表面呈现横的条纹，核衣壳为螺旋对称。如狂犬病毒（rabies virus）的核酸为单链 RNA，衣壳粒以螺旋对称排列围绕着核酸，外包脂蛋白被膜，膜上有血红蛋白凝集性质的刺突。

（4）包含体（inclusion body） 包含体是宿主细胞受病毒感染后形成的一种光学显微镜下可见的小体。其形态呈圆形、卵圆形或不定形，在细胞内包含体的大小和数量不等。包含体是病毒引起的宿主细胞病变，大多数是病毒粒子聚集体，少数是病毒蛋白和与病毒感染有关的蛋白质。一般包含体中含有一个或数个病毒粒子，也有的包含体并不含病毒粒子。包含体在细胞中的位置与病毒的类型有关，有的在细胞质（如狂犬病毒），有的在核内（如疱疹病毒），有的则在细胞质和核内都存在（如麻疹病毒）。包含体的大小、形状、组成及在胞内的位置可作为快速鉴定病毒的依据。

1903 年，Negri 在检查狂犬病病毒感染过的神经细胞时，发现了细胞内的包含体。现将狂犬病包含体称为内基氏小体（Negri body），是狂犬病的诊断依据。此外，还有一些特殊名称的包含体，如天花病毒的包含体称为顾氏小体（Guarnieri body），烟草花叶病毒的包含体称为 X 小体（X body）等。

昆虫病毒的包含体常为多角体，离体几年后仍具感染力，可用作为杀虫剂。依形成位置分核型多角体病毒（NPV），质型多角体病毒（CPV）。除病毒外，衣原体和某些理化因素也可使细胞形成包含体。

在基因工程中，有些外源基因在宿主菌体内的表达产物也会在细胞内形成一种具膜样结构的聚集体，也称为包含体。它们是没有活性的蛋白质颗粒，在一级结构上它的氨基酸顺序是正确的，但其高级结构却是紊乱的。在相差显微镜下，可观察到它们在细胞内是深色的点，因此又称为光折射体。包含体的直径约 0.5～1μm，较坚硬，不溶于水。包含体的这一特点可以避免外源基因表达的蛋白质产物被胞内蛋白酶降解并便于提取纯化。通过变性剂溶解包含体和再复性处理，可以获得有活性的蛋白质产物。

（5）噬菌斑（plaque） 噬菌斑是指在含宿主细菌的固体培养基上，噬菌体使菌体裂解而形成的空斑，见图 2.5.7。噬菌斑的形态多数会形成晕圈，有的是多重同心圆，见图 2.5.8。这些特征相对稳定，可作鉴定噬菌体的依据之一。一个噬菌斑中可含有约 10^7 个噬菌体，因此噬菌斑是噬菌体的“菌落”。图 2.5.9 是大肠杆菌噬菌体 λ 在大肠杆菌菌苔上形成的噬菌斑。

效价（滴度 title）是微生物或其产物、抗原与抗体等活性高低的标志。噬菌体效价指噬菌体的浓度，即每毫升样品含噬菌体的个数。通常是在含敏感菌的平板上形成噬菌斑进行噬

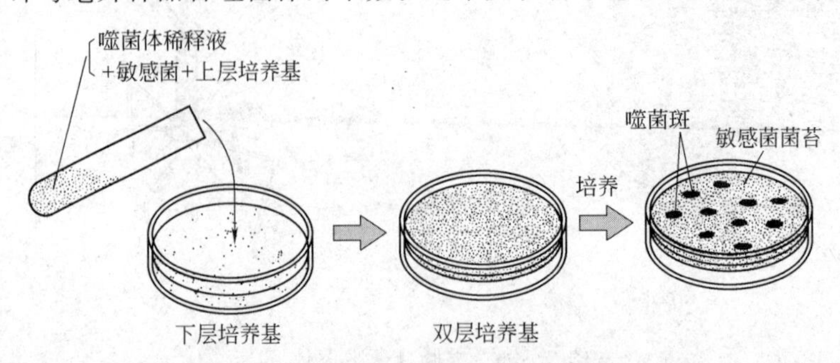

图 2.5.7 利用双层琼脂法形成噬菌斑的过程

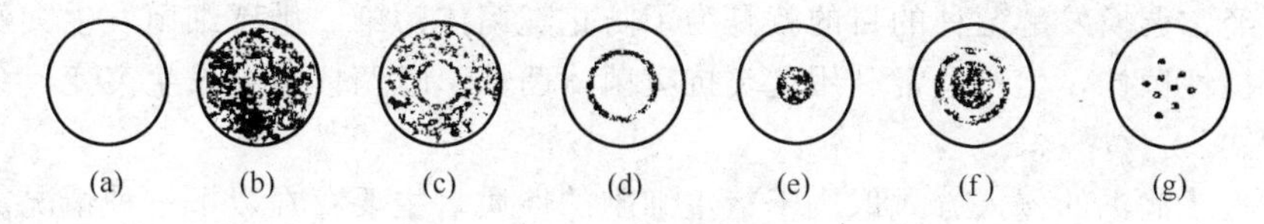

图 2.5.8 噬菌斑的形态

(a) 透明；(b) 浑浊；(c) 浑浊的中心部位透明；(d) 有一道菌生成的环；(e) 在中心部位有菌的生长带；(f) 有一道菌生成的环，并在中心部位有菌的生长带；(g) 在中心部位有针孔状菌落

菌体的计数，以每毫升中含有的噬菌斑形成单位（plaque forming unit/ml 或 pfu/ml）表示其效价。例如，若每块平皿加 1μL 稀释 10^6 倍的样品，可形成 10 个噬菌斑，则噬菌体效价为 10^{10} pfu/ml。

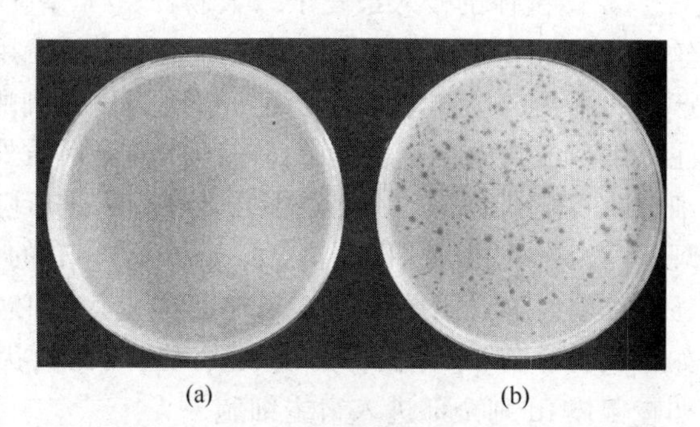

图 2.5.9 大肠杆菌噬菌体 λ 在大肠杆菌菌苔上形成的噬菌斑

(a) 大肠杆菌形成的菌苔；(b) 噬菌体 λ 造成的大小不等的噬菌斑

2.5.1.2 病毒（噬菌体）的生长繁殖

病毒是专性寄生的。病毒的繁殖方式不是二分分裂，而是感染寄主细胞后，“接管”寄主细胞的生物合成机构，进行病毒的复制。

病毒复制研究得较清楚的是大肠杆菌 T 系噬菌体。其繁殖过程包括：吸附（absorption），侵入（penetration）、增殖（复制，replication）、成熟（maturity，装配 assembly）和释放（release），见图 2.5.10。

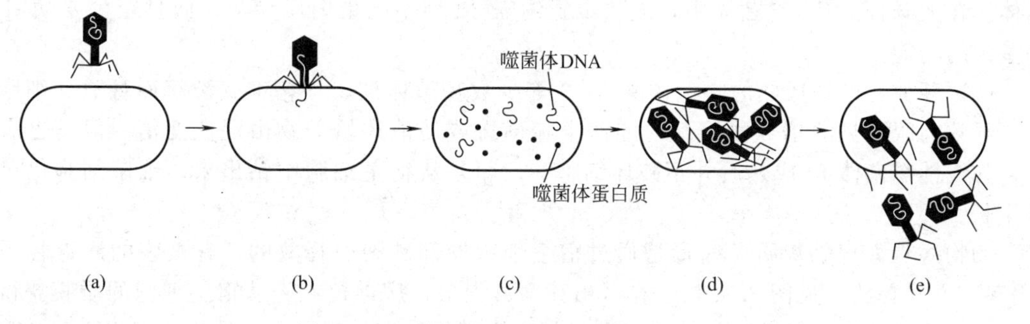

图 2.5.10 大肠杆菌 T 系噬菌体繁殖过程

(a) 吸附；(b) 侵入；(c) 增殖；(d) 成熟；(e) 释放

(1) 吸附 吸附是病毒感染寄主的第一步。病毒对宿主的吸附具有高度的特异性，如北京棒杆菌的噬菌体只会侵染北京棒杆菌。噬菌体吸附位点是细菌表面的特定受体，这些受体是细胞表面的化学组分，例如：大肠杆菌 T_3、T_4 和 T_7 噬菌体的受体为脂多糖，大肠杆菌 T_2 和 T_6 噬菌体的受体为脂蛋白，流感病毒的受体为糖蛋白，小儿麻痹症病毒的受体为脂蛋白。有的受体在鞭毛、线毛上，如 M13 吸附位点就在大肠杆菌的性线毛上。当噬菌体吸附位点与细菌表面的受体特异性吸附后，不仅病毒粒子与细胞表面形成牢固的化学结合，而且病毒粒子本身在结构上也发生巨大改变，成为不可逆的结合。大肠杆菌 T 系噬菌体的吸附是尾丝首先触及细胞表面，然后用尾钉（刺突）固定。

吸附是病毒感染宿主的必经阶段，宿主细胞表面若没有或除去特定受体后就不能进行吸附。生产上经常调换发酵菌种的目的就是为了防止噬菌体污染。敏感细菌发生突变，可成为某噬菌体的抗性菌株，生产上常利用这类抗噬菌体菌株。噬菌体也会发生突变，又能在抗性菌株上吸附。

(2) 侵入 病毒的侵入方式取决于宿主细胞的性质，主要存在以下三种情况。

① 动物病毒往往通过细胞吞噬（phagocytosis）或胞饮（cpinocytosis）而进入细胞。病毒进入细胞后，核酸再与蛋白外壳分离。

② 植物病毒通过表面伤口、昆虫口器进入植物体，没有特殊的侵入机制。

③ 噬菌体的侵入最复杂。大肠杆菌 T 系噬菌体以其尾部吸附到敏感菌的表面后，将尾丝展开，通过尾部的刺突固着在细胞上；然后用尾部释放的酶水解细胞壁的肽聚糖，使菌壁产生一小孔；接着，尾鞘收缩，将尾髓压入细胞。尾髓为一空管，通过尾髓，头部的 DNA 注入细菌细胞内。此过程中，噬菌体的蛋白质外壳始终留在胞外。如果大量噬菌体侵入同一细胞，将使细胞壁产生许多小孔，在尚未进行噬菌体增殖时就可能引起细胞立即裂解，这种现象称为自外裂解（lysis from without）。有的没有尾鞘或不能收缩的噬菌体，也能将 DNA 注入细胞。这说明尾鞘并不是噬菌体侵入所必需的，但它可以加快噬菌体的侵入速度。例如，大肠杆菌 T_2 噬菌体的核酸侵入速度比丝状噬菌体 M13 要快 100 倍。部分线性噬菌体，如噬菌体 fd 则全部进入宿主细胞。

(3) 增殖（复制） 病毒侵入胞内后，宿主细胞的代谢将发生变化，它的生物合成将受到病毒核酸的遗传信息控制。病毒先利用宿主的 RNA 聚合酶等进行转录，生成噬菌体的 mRNA。再由宿主的蛋白质合成体系进行翻译，合成复制噬菌体 DNA 所需的酶类，例如，T 偶数噬菌体要合成十几种酶。然后开始复制噬菌体的核酸，指导合成病毒的外壳蛋白和溶菌酶等。

(4) 成熟（装配） 当所有噬菌体的成分合成完毕后，就开始装配，形成大量的子代噬菌体。在大肠杆菌 T_4 噬菌体中，成熟步骤约需 30 种不同蛋白质参与，而且至少要动用 47 种基因的功能。

(5) 释放 已知成熟的噬菌体除 M13 等少数噬菌体外，均藉细胞裂解而释放。细胞裂解可导致肉眼可见的培养物溶解，如产生噬菌斑或使液体培养物由混浊变清。但是也有例外，如线性噬菌体 fd 成熟后并不破坏细胞壁，而是从宿主细胞中钻出来，细菌细胞仍可继续生长。

动物病毒如脊髓灰质炎病毒是通过宿主细胞局部破裂而释放的，有被膜的病毒粒子藉“出芽”方式释放，见图 2.5.11。在“出芽”过程中，病毒核衣壳从宿主细胞的质膜获得被膜，相当多的病毒则仍留在细胞内，通过细胞之间接触而传播。有的植物病毒很少释放到胞外，而是通过胞间连丝或融合细胞在细胞间扩散。不管何种方式释放出来的病毒粒子均可再实行感染。

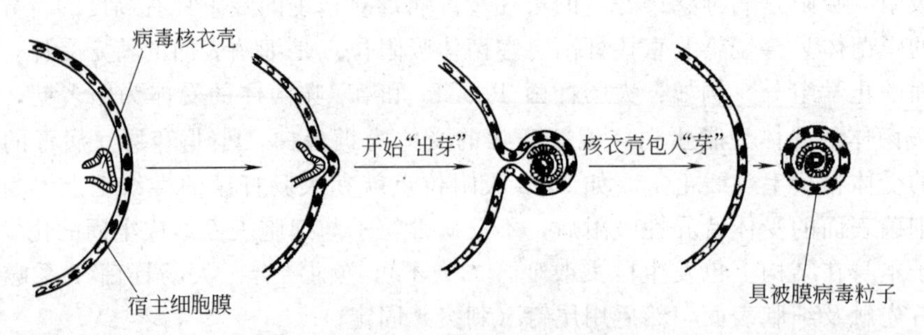

图 2.5.11 具被膜病毒粒子的释放过程

大肠杆菌 T_4 噬菌体繁殖过程的核酸和蛋白质合成的时间进程见图 2.5.12。DNA 侵入后，所合成的早期和中期 mRNA 用于编码核酸酶和 DNA 聚合酶等与 DNA 复制有关的蛋白质。后期合成的 mRNA 用来编码病毒粒子的结构蛋白和 T_4 溶菌酶等。

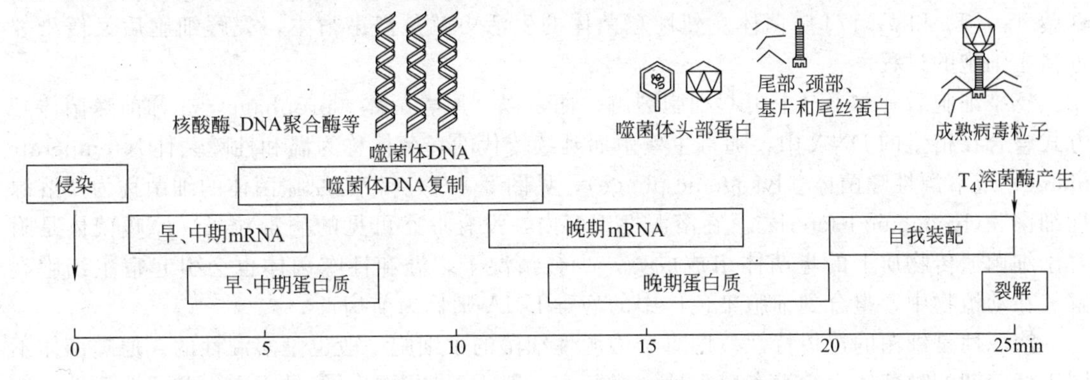

图 2.5.12 大肠杆菌 T_4 噬菌体繁殖的时间进程

大肠杆菌 T 系噬菌体的这种生长（繁殖）方式称为一步生长。它与细胞型生物完全不同，而且繁殖速度也要快百倍以上。平均每个被侵染的宿主细胞释放出来的新噬菌体粒子数量可通过一步生长曲线（one-step growth curve）试验来测定，具体方法如下。

将高浓度的敏感宿主菌培养物与适量的噬菌体悬液相混合一段时间，以离心法或加入抗病毒血清除去过量的游离噬菌体，把经过上述处理的菌悬液进行高倍稀释，以免发生第二次吸附感染，使每个菌体只含一个噬菌体。培养中隔一定时间取样，接种到敏感菌培养物中培养。通过噬菌斑测定，可获得每个噬菌体感染细菌后释放的新噬菌体粒子数目。以培养时间为横坐标，以噬菌斑数为纵坐标作图，绘成的曲线就是噬菌体的一步生长曲线，见图 2.5.13。

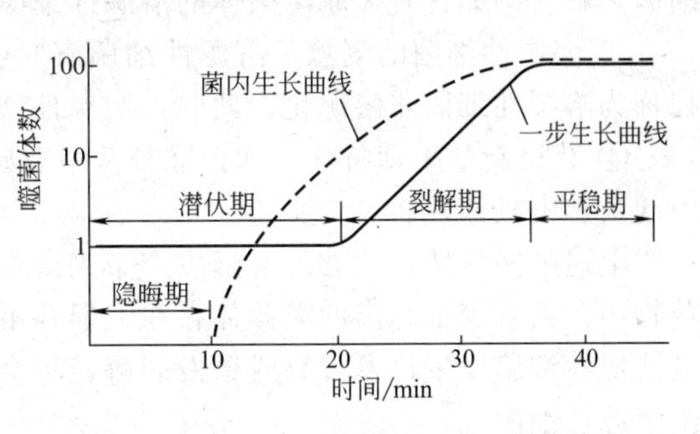

图 2.5.13 T_2 噬菌体的一步生长曲线

在噬菌体侵染开始的几分钟，没有完整的噬菌体粒子，这段时间称为潜伏期（latent phase）。潜伏期又分两段：①隐晦期（eclipse phase），在潜伏期的前期人为地（如用氯仿）裂解宿主细胞，裂解液没有侵染性；②胞内累积期（intracellular accumulation phase），又称潜伏后期。在隐晦期后，如人为地裂解宿主细胞，其裂解液有侵染性。这是噬菌体开始装配的时期，在电子显微镜下可观察到初步装配好的噬菌体粒子。

紧接着潜伏期后，宿主细胞迅速裂解，溶液中噬菌体粒子急剧增加的一段时间称为裂解期（rise phase）。因为噬菌体或其他病毒粒子没有个体生长，并且宿主细胞的裂解是突发的，所以从理论上分析，裂解期是瞬间的。但因为细菌群体中个别细胞的裂解不可能是同步的，事实上裂解期还是较长的。

在受感染的宿主细胞全部裂解、溶液中噬菌体数量达到最高点后的时期称为平稳期（plateau）。

每个敏感细胞受噬菌体侵染后能装配、释放出噬菌体的平均数量，称为裂解量（burst size）。裂解量的数值相对稳定，如：T_4 为 100，$\phi\times174$ 为 1000，f_2 为 10000，谷氨酸生产菌的噬菌体为 50～150。

2.5.1.3 噬菌体的生活史

感染宿主细胞后，立即引起细胞裂解的噬菌体称为烈性噬菌体（virulent phage）。烈性噬菌体能在短时间内连续完成繁殖的五个阶段（吸附、侵入、复制、装配和释放）。如大肠杆菌 T_4、T_7 和 $\phi\times174$ 噬菌体。烈性噬菌体的生活史就是侵染宿主，裂解细胞后又侵染邻近宿主细胞的过程。

感染细胞后，并不马上引起细胞裂解，而是以“原噬菌体（prophage，亦称前噬菌体）”方式整合在宿主的 DNA 中，随寄主繁殖而延续传代的噬菌体称为温和性噬菌体（temperate phage）或溶源性噬菌体（lysogenic phage），见图 2.5.14。带有原噬菌体的细菌称为“溶源性细菌”（lysogenic bacteria）。在溶源性细菌内，没有形态可见的病毒粒子。原噬菌体是附着于细菌遗传物质上的噬菌体组成成分。少数情况下，温和性噬菌体也会引起宿主细胞裂解。在动植物中，整合到细胞染色体中的病毒 DNA 则称为前病毒。

溶源性是细菌的遗传特性。即每个溶源性细菌的子细胞一般也是溶源性的。原噬菌体不同于营养期的噬菌体。它没有感染性，对宿主一般无不良影响。但是，它也赋予溶源性细菌以下一些特征。

① 具有产生噬菌体的潜在能力。溶源性细菌培养时，大多数原噬菌体不进行营养繁殖，但少数会自发脱离染色体，导致细菌裂解。但裂解发生的频率较低，不易察觉。

在某些物理化学因素（紫外线，X 射线，氮芥等）刺激下，原噬菌体会脱离染色体，开始复制，从而导致溶源性细菌裂解，产生大量的噬菌体。

② 具有抗同源噬菌体感染的“免疫性”。即溶源性细菌对其本身产生的噬菌体或外来的同源噬菌体不敏感，这些噬菌体虽然可以进入溶源性细菌，但不能增殖，也不能导致溶源性细菌裂解。例如含有 λ 原噬菌体的溶源性细菌，对 λ 噬菌体的毒性有“免疫性”。

③ 溶源性细菌的复愈。溶源性细菌有时会丢失原噬菌体，又成为非溶源性细菌，此过程称为溶源性细菌非溶源化。此时，溶源性细菌并没有发生裂解。

④ 获得新的生理特性。如白喉杆菌只有感染了特定的原噬菌体后，才会产生白喉毒素，引起被感染机体发病。

上述某些特性往往会给发酵生产带来潜在的危险，造成经济损失。因为在溶源性细菌培养物中，虽有少量游离的噬菌体存在，但并不引起同源菌株细胞裂解，故不易被人察觉。一旦溶源性细菌发生自发裂解或诱发裂解，将会危害发酵菌株。因此必须采取有效的手段检测出溶源性细菌。

溶源性细菌的检测往往用敏感的、非溶源性的菌株作为指示菌，这些菌株可以从自然界或菌种库中获得。将待测菌样在合适的培养基中培养，并在生长的对数期进行紫外线照射，诱导原噬菌体复制。经进一步培养后，将培养物过滤，去除活菌体，将滤液与指示菌混合后倒平皿，观察是否有噬菌斑出现。也可将滤液加到指示菌的液体培养物中，观察是否能使菌液变清。如果有噬菌斑出现或使菌液变清，则说明被测菌株是溶源性细菌。

溶源性菌株的命名是在菌株名称后加括号，内写携带原噬菌体的名称，如 *E. coli* B(λ)。

温和性噬菌体存在状态有以下三种形式。

① 游离态　游离于细胞之外，具感染性的完整病毒粒子。

② 整合态　温和性噬菌体都具有双链 DNA。进入菌体后，在染色体 DNA 的一定位置插入，作为细菌 DNA 的一部分，随细胞分裂而复制，即为整合。有的噬菌体 DNA 不整合，而是附着在细胞膜某个位点，像细菌质粒一样，随细菌分裂而繁殖。

③ 营养态　原噬菌体自发或经理化因素诱导，脱离细菌染色体，进入营养期。此时，

它在宿主细胞内指导特定的病毒核酸和蛋白质的合成。

2.5.1.4 噬菌体的分离

噬菌体广泛分布于自然界，凡有细菌的地方几乎都有噬菌体。在被噬菌体污染的发酵液中，可以分离到发酵菌的噬菌体；在土壤中可以分离到许多土壤微生物的噬菌体；在人的粪便和阴沟水中可以分离到寄生在人体肠道中细菌的噬菌体。噬菌体具有非常专一的寄生性，只能在特定的寄主细胞中增殖，所以，它的培养不能采用一般的培养基，必须以特定的、处于繁殖阶段的活细胞为培养基。噬菌体的分离与细菌分离相似，一般采用琼脂平板稀释法，但有它的一些特殊性。

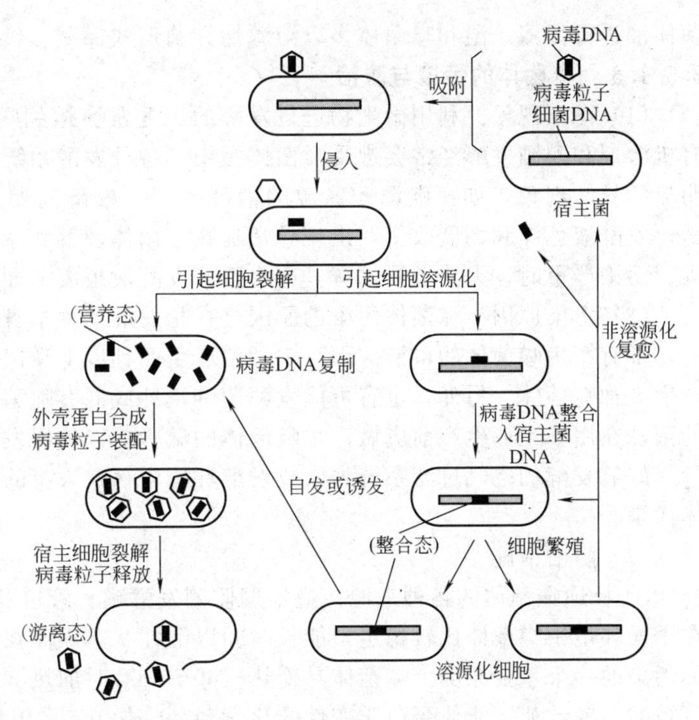

图 2.5.14 温和性噬菌体的生活史

(1) 分离样品的制备 分离源为液体时，可用一次离心分离。在10000r/m转速下离心10min，取上清液，去除沉淀的杂菌；对于土壤等固体样品，可先取1～2g固体悬浮在5～10ml培养基中，然后离心取上清液；若以溶源性细菌培养液为样品，可用紫外线或丝裂霉素C等处理并培养，再经离心分离；如果要从设备和容器表面分离噬菌体，可用灭菌棉签用力擦拭容器表面，然后将棉签浸入2～3ml培养液中充分洗脱，以此液体为分离样品；由空气中分离噬菌体时，可用真空泵抽引，将空气抽入培养基，以此培养基为分离对象。而在噬菌体密度高的空气区域内，只要将长了菌的平皿打开，在空气中暴露30～60min即可。

对噬菌体含量较少的样品可先进行扩增。将样品接入敏感的宿主菌液中培养一段时间，使噬菌体增殖。为避免杂菌繁殖，可加入过滤样品或采用抗药性宿主菌，在加抗生素的条件下培养。若可能有两种以上的噬菌体存在，应缩短培养时间，以免增殖快的噬菌体在数量上压倒增殖速度慢的噬菌体。采用多级膜过滤器也可达到浓缩目的。

(2) 宿主细胞培养 宿主细胞培养一般采用含蛋白胨、酵母膏等半合成培养基，并在其中补充20%麦芽糖、10^{-3} mol/L 的 Ca^{2+} 和 10^{-2} mol/L 的 Mg^{2+} 等，以便有利于噬菌体吸附。

(3) 分离方法 在琼脂培养基中加入宿主菌液铺成平板，然后用接种环、毛细管或微量吸管取样品在平板上点12～25个样品点，培养后检查点样部位有无噬菌斑出现。也可采用双层琼脂法，将宿主菌与培养基混合倒平板作为底层，将稀释的噬菌体样品与培养基混合铺成上层，培养后检测有无噬菌斑出现。

(4) 保藏 将噬菌斑中的噬菌体液加到敏感菌液培养，直到发生溶菌，使培养液变清。将培养液离心后的上清液再加到新鲜的敏感菌液中进一步培养，以获取高效价的噬菌体液，也可在长满噬菌斑的平板上加入2～3ml培养液，振荡一段时间，使噬菌体游离出来。

噬菌体离心获得的上清液或过滤液可在4℃下保藏。若要长期保藏，可加入甘油、血清、脱脂奶粉等保护剂后，以冷冻状态保存。最简便的方法是用灭菌滤纸片或琼脂片浸透噬菌体液进行保藏。温和噬菌体多以溶源性细菌形式保藏。

2.5.1.5 噬菌体的污染与防治

（1）污染现象　利用微生物进行发酵的工业常会遭到噬菌体的危害。如抗生素、味精、有机溶剂和酿酒发酵经常会遭受噬菌体污染。各种发酵系统在污染噬菌体后，往往出现一些明显的异常现象，如：碳源和氮源的消耗减慢，发酵周期延长，pH 值异常变化，泡沫骤增，发酵液色泽和稠度改变，出现异常臭味，菌体裂解和减少，引起光密度降低和产物锐减等。污染严重时，无法继续发酵，应将整罐发酵液报废（即倒罐）。

（2）污染原因　噬菌体污染的原因之一是发酵菌种本身。几乎所有的菌都可能是溶源性的，都有产生噬菌体的可能。而且一种菌产生两种以上噬菌体的情况也很多，最多的甚至可产生 8 种噬菌体。另外，也有可能发酵菌种不纯或混有噬菌体，因此，保藏的菌株和新分离的菌株在用于工业生产前应做产生噬菌体的试验，以确保发酵生产不被噬菌体污染。

好氧发酵的空气过滤系统失效或发酵环境中存在大量的噬菌体等原因也很容易加剧噬菌体污染。

（3）防治措施

① 杜绝噬菌体的各种来源。应定期监测发酵罐、管道及周围环境中噬菌体的数量变化。在干燥环境中噬菌体比较稳定，能长时间以活性状态漂浮在空气中，这是发酵生产易受噬菌体污染的一个重要原因。噬菌体易受热（60～70℃时加热 5～10min）变性，对氧化物敏感，可被酸、碱致死。能使蛋白质变性的化学药品，如 0.5%甲醛、1%新洁而灭、0.5%苯酚或漂白粉等都可杀灭噬菌体。应采取相应的措施消除设备中的缺陷和不合理部分，避免发酵罐和管道内的死角。空气过滤系统应严格灭菌，并确保干燥。对可能沾污噬菌体的地面可洒放漂白粉或石灰等。车间的排气系统应有分离装置，要合理设计排水沟道。

② 控制活菌体的排放。活菌体是噬菌体生长繁殖的首要条件，控制其排放能消除环境中出现特定的噬菌体。生产中的摇瓶液、取样液、废弃菌液或发酵液等均应灭菌后经管道排放；发酵罐的排气和可能发生发酵逃液的地方应接入装有杀菌药物的容器；已经被噬菌体污染的发酵液应在 80℃处理 2～5min 后，再送往提取工段或向阴沟排放。放罐后应对空罐和管道进行严格灭菌，提取后留有菌体的废弃液应经密闭下水道向远离发酵车间和空压机房的地方排放。

③ 使用抗噬菌体菌株和定期轮换生产用菌。选育和使用抗噬菌体的生产菌株是一种较经济有效的手段。定期轮换生产菌种，可以防止某种噬菌体污染扩大，并能使生产不会因噬菌体污染而中断。

④ 噬菌体污染后的补救措施。针对噬菌体对其宿主范围要求严格的特点，可以准备发酵特征基本相近而又不相互抑菌的不同菌株，一旦发生噬菌体污染后，可以大量接入另一菌种的种子液或发酵液，继续进行发酵，以达到减少损失、避免倒罐的目的。当早期发现噬菌体侵染且残糖较高时，可以先将温度升至 85～95℃，维持 10～15min，这样既能够尽量减少培养基中营养成分被破坏，又可以杀灭噬菌体。然后再补充一些促进细胞生长的玉米浆等，重新接入大量种子，就可以继续进行发酵。低剂量的氯霉素和四环素等抗生素能阻止噬菌体的发展，但对菌体没有明显的抑制作用，发酵液中适当加入抗生素可以起到防治噬菌体的作用。

2.5.1.6 干扰素

干扰素（interferon）是一类能抑制病毒在动物细胞内增殖的糖蛋白，相对分子质量在 30000 左右。干扰素是动物或动物细胞培养物对病毒感染做出反应而产生的。某些细菌、内毒素和其他非病毒物质（如双链 RNA 和聚肌胞）也能刺激其产生。目前，干扰素除从血液中提取外，还可通过哺乳动物细胞培养和基因工程大量生产。

1957年，Isaacs和Lindemann首先提出干扰素这一名称，用来指受热失活的流感病毒的刺激后绒毛膜尿囊膜所产生的一种物质。他们发现经干扰素处理的绒毛膜尿囊膜上，病毒不再复制。后来，人们发现干扰素不仅能抗病毒，而且还能通过改变细胞表面来影响动物细胞的免疫特性，抑制细胞分裂。1980年后干扰素开始临床治疗人类癌症，如骨瘤，乳癌等。

干扰素的形成和抗病毒机理见图2.5.15。动物细胞具有编码干扰素的基因（IF），被感染细胞产生干扰素与邻近细胞接触，可以诱导蛋白激酶（protein kinase，PK）和寡腺苷酸合成酶（oligoadenylate synthetase，OS）的合成。PK催化蛋白合成的启动子蛋白的磷酸化，使其失活。OS催化2′,5′-寡腺苷酸合成，后者是病毒mRNA的核酸酶激活剂。

干扰素诱导的抗病毒活性具种属特异性，也就是说，只有人产生的干扰素才能诱导和保护人类细胞。而干扰素抗病毒具广谱性，即对不同种类的病毒都有抗性。

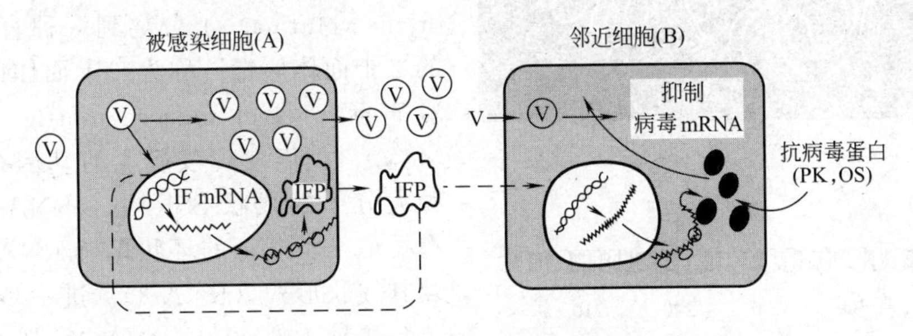

图2.5.15 干扰素形成及抗病毒机理

病毒Ⓥ感染细胞A后相继形成新的病毒粒子Ⓥ，同时刺激被感染细胞的干扰素基因（IF）转录干扰素mRNA，后者转移到细胞质后翻译成干扰素蛋白（IFP）。被感染细胞产生的IFP会诱导邻近细胞产生抗病毒蛋白（PK，OS），继而阻止病毒mRNA的翻译，保护邻近的细胞

2.5.2 类病毒

类病毒（viroid）是寄生于高等生物细胞的一类最小的病原体。类似于病毒，但不属于病毒。类病毒属于严格专性细胞内寄生。只有在宿主细胞内才表现其生命特征，才能自我复制。它的化学组成和结构比病毒更简单，没有蛋白质外壳，仅是游离的RNA分子，分子质量约100000Da，只有最小病毒的十分之一。类病毒的发现被认为是生命科学中的一个重大事件。目前，只在植物中发现存在类病毒。从1971年第一次分离纯化后，到1979年共发现约20种类病毒。

1922年在美国发现马铃薯纺锤形块茎病（potato spindle tuber disease），它可使土豆减产20%～70%。1971年，从马铃薯纺锤形块茎病中分离纯化得到马铃薯纺锤形块茎病类病毒（potato spindle tuber viroid，PSTV）。经感染性试验、RNA酶水解和紫外光谱等分析证明它是一个没有衣壳包裹的RNA分子。经电子显微镜观察，发现它是一条50～70nm长的棒状RNA分子，是由359个核苷酸组成的闭合环状RNA分子，其间有70%的碱基以氢键方式结合，共形成122个碱基对，整个棒状结构中有27个内环，最大的内环含有12个核苷酸，最大的螺旋分段含有8个碱基对，见图2.5.16。

自发现PSTD后，人们陆续发现了番茄簇顶病、柑橘裂皮病、菊花矮化病、菊花褪绿斑驳病、黄瓜白果病、椰子死亡病和酒花矮化病等18种植物疾病的类病毒。

类病毒是如何“接管”宿主代谢机构进行复制，并引起植物疾病的机制还不清楚。但类病毒明显不同于病毒，两者的比较列于表2.5.3。

表 2.5.3 病毒与类病毒特点的比较

比较内容	大小	成分	核酸分子质量/Da	耐热性	传播特性
病毒	大	核酸、蛋白质等	$10^6 \sim 10^8$	50～60℃失活	一般不通过种子传播
类病毒	小	裸露 RNA	$\sim 10^5$	至 90℃仍活	通过种子传播

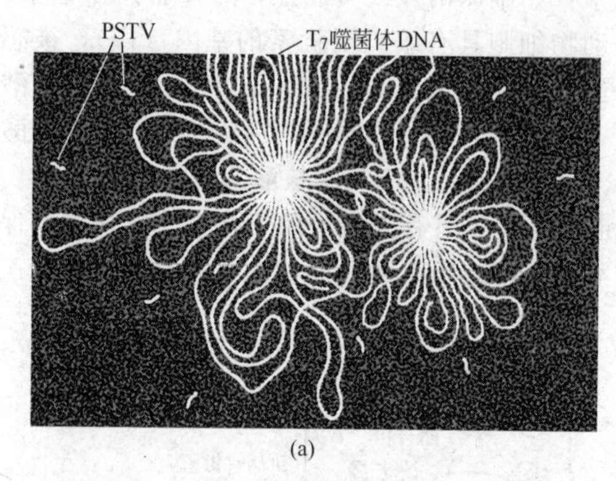

(a)

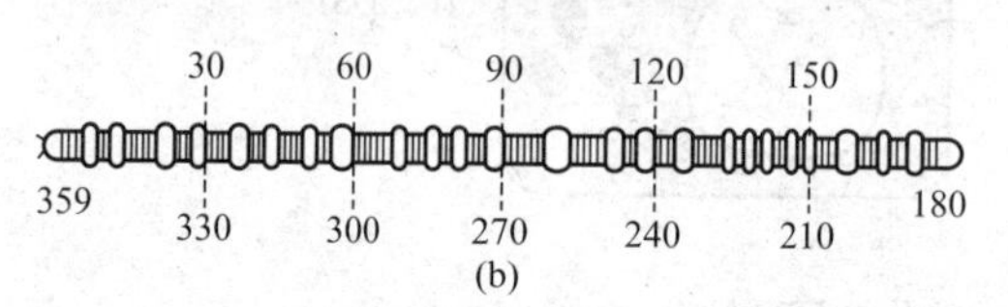

(b)

图 2.5.16 马铃薯纺锤形块茎病类病毒（PSTV）
（a）扫描电镜图中 PSTV 呈短杆状，而 T_7 噬菌体 DNA 要显得大许多；（b）PSTV 的结构模式图

2.5.3 拟病毒

拟病毒（virusoids）又称类类病毒（viroid-like），它是包裹在植物病毒粒子内的类病毒。它与普通的类病毒的差异是它的侵染对象不是高等植物或动物，而是植物病毒。

1981 年，Randles 等人在绒毛烟（nicotiana velutina）上分离到一种直径为 30nm 的二十面体病毒，称为二十面体的绒毛烟斑驳病毒（velvet tobacco mottle virus，VTMoV）。他们发现该病毒的基因组中，除一种大分子的线状 SSRNA（RNA-1）外，还有类似于类病毒的环状单链 RNA（RNA-2）及其线状形式（RNA-3）。进一步研究表明，单独接种 RNA-1 和 RNA-2，都不能引起感染和复制。只有将两者合在一起才可以感染和复制。这种环状单链 RNA（RNA-2）是一种类似于类病毒的新型分子。

以后发现还有其他的拟病毒，如苜蓿暂时性条斑病毒（lucerne transient sreak virus，LTSV）、莨菪斑驳病毒（solanum nodiflorum mottle virus，SNMV）和地下三叶草斑驳病毒（subterranean clover mottle virus，SCMoV）中的拟病毒等。

对拟病毒的研究将有助于进一步探索病毒的本质和生命起源等重大的生物学理论问题。

2.5.4 朊病毒

朊病毒（virino）又称蛋白质侵染因子（protein infection 或缩写成 prion）或普利昂。它是一类能侵染动物并在宿主细胞内复制的小分子、无免疫性的疏水性蛋白质。朊病毒在电子显微镜下呈杆状颗粒，直径 25nm，长 100～200nm，杆状颗粒不单独存在，总呈丛状排列，每丛大小和形状不一，多的可含 100 个丛。

羊瘙痒病是绵羊和山羊的一种中枢神经系统退化性紊乱疾病。具脱毛、皮肤瘙痒、失去平衡和后肢麻痹等症状。1982 年，美国科学家 S . B. Prusiner 发现羊瘙痒病的病原体是一种蛋白质，并称之为朊病毒。1997 年震撼整个世界的“疯牛病”危机就是朊病毒作祟。最为可怕的是变异的朊病毒蛋白不会引起生物体内的免疫反应，故在发病前无任何异常症状，很难早期诊断。朊病毒的发现在生物学界引起震惊，因为它的出现与公认的中心法则关于遗传信息流向的说法相抵触。

蛋白酶（胰蛋白酶、蛋白酶 K）、氨基酸修饰剂（碳酸二乙酯）和蛋白变性剂（尿素、苯酚、SDS、KSCN）对朊病毒有明显的影响，而核酸酶对它没有作用。对侵染仓鼠脑的朊病毒进行提纯后发现，朊病毒蛋白的纯度越高，其侵染性越强。朊病毒的分子质量为 27000～

30000Da，至今并未发现它含有核酸。朊病毒的抗性很强，如在120～130℃高温处理4h后仍具有感染性。

Prusiner等人研究发现朊病毒的编码基因在正常细胞中就有，其表达的是正常朊蛋白。它与朊病毒蛋白在氨基酸序列上可能是相同的，而构象上却有很多不同，朊病毒蛋白中有更多的β折叠（图2.5.17）。当朊病毒蛋白接触正常的朊蛋白，则会使后者发生错误折叠而成为朊病毒蛋白，从而发生"滚雪球"现象。

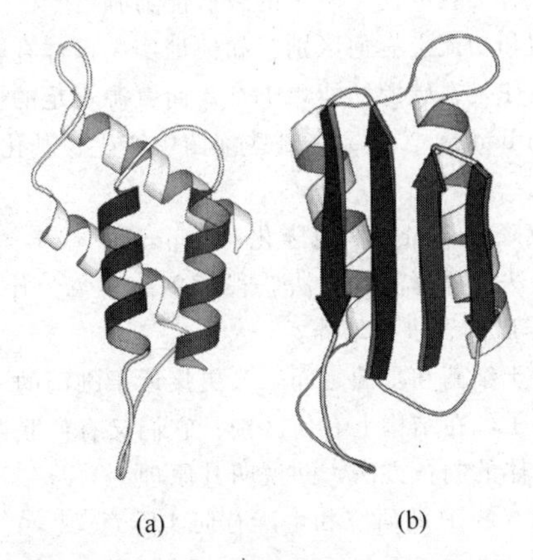

(a)　(b)

图2.5.17　朊蛋白的两种结构模型

(a) 正常朊蛋白；(b) 朊病毒蛋白（prion protein，PrP）

复习思考题

1. 什么是微生物？微生物在生物界的地位如何？根据它们的结构可以分为哪三大类？
2. 对微生物进行分类的目的是什么？为什么说微生物的分类工作比动植物分类要困难得多？
3. 为什么现代的微生物分类方法无法完全取代传统的微生物分类方法？
4. 请将下列生物的分类单元按正确的顺序排列：目、纲、属、界、种、门、科。
5. 菌株的（G+C）含量越接近，是否表明它们的亲缘关系越接近？两菌株是（G+C）含量相同是否表明它们属于同一菌种？
6. 微生物的哪些特征可作为其分类鉴定的重要依据？
7. 你能说出以下生物中哪些更接近？有同种菌吗？

特　征	A	B	C	D
菌体形态	杆状	球形	球形	杆状
革兰染色	阳性	阴性	阴性	阳性
利用葡萄糖	发酵	氧化	发酵	发酵
细胞色素氧化酶	存在	存在	缺乏	缺乏
(G+C)/%	48～52	23～40	30～40	49～53

8. 微生物学名的命名原则有哪些？"*Bacillus subtilis*（Ehrenberg）Cohn"的含义是什么？
9. 试绘出细菌的结构简图，注明其一般结构和特殊结构，以及它们的主要生理功能。
10. 试从细胞大小、结构、运动及繁殖方式等方面比较原核生物和真核生物。
11. 单细胞生物与多细胞生物的区别有哪些？链球菌、葡萄球菌是否属于多细胞生物？
12. 常用的细菌染色方法有哪些？酸性染料和碱性染料在结构和用途上有哪些区别？为什么常用碱性染料而不用酸性染料对细菌细胞进行染色？
13. 了解细菌细胞壁的结构对于研究细菌分类、噬菌体感染、抗生素和溶菌酶等对细菌的作用原理有何意义？

14. 在革兰染色法中哪一步骤可以省略而不会影响对革兰阳性菌和革兰阴性菌的正确区分？

15. 当对一株未知菌进行革兰染色时，怎样才能确证你的染色操作过程正确，结果可靠？

16. 中体（mesosome）是怎样形成的？目前推测它可能有哪些功能？

17. 芽孢是怎样形成的？为什么芽孢对外界不良环境的抵抗力很强？这一特性对工业微生物学的研究和应用有何实践意义？

18. 为什么对于同一病原菌，有荚膜的比无荚膜的致病能力强？

19. 细菌的鞭毛和线毛在结构和功能上有何区别？如何证实某菌体存在着鞭毛？

20. 为什么微生物的内含物往往是在碳源、能源丰富，而氮源不足的情况下大量形成的？

21. 何谓伴孢晶体（parasporalbodies)？它会在哪些细菌中产生？其化学本质和特性？研究伴孢晶体有何实践意义？

22. 什么是菌落（colony)、克隆（clone）和克隆化（cloning)？

23. 怎样判断是否已通过划线法或稀释法等方法获得了单菌落？为什么在采用平板培养法进行菌株的纯化和鉴别等操作时，常常将培养皿倒置进行培养？

24. 为什么说放线菌是一类介于细菌和霉菌之间，又更接近于细菌的一类原核微生物？

25. 基内菌丝、气生菌丝和孢子丝在结构上有何区别？它们又有何联系？

26. 试提出一种酵母菌原生质体的制备方法，并说明其原理。

27. 什么是单细胞蛋白（SCP)？SCP的研究和生产有何实际意义？

28. 为什么霉菌菌落的中央与边缘、正面与反面、在外形、颜色、构造等方面常有明显的差别？

29. 试从个体形态、细胞结构、菌落特征、繁殖方式及对抗生素敏感性等方面比较细菌、放线菌、酵母菌和霉菌。

30. 试比较淀粉、糖原、葡聚糖、纤维素、几丁质、肽聚糖和甘露聚糖等多糖的结构组成单元及其结构上的特点。

31. 试述担子菌的特征及其有性繁殖的过程。为什么有人推论担子菌是由子囊菌演化而来的？

32. 什么是菌丝、菌丝体、真菌丝和假菌丝？

33. 病毒与其他生物有何显著的不同？病毒粒子的共同结构形式有哪两类？病毒粒子的基本组成单位有哪些？

34. 试以烟草花叶病毒（TMV）为代表，简述螺旋对称杆状病毒的典型构造。

35. 以大肠杆菌T系噬菌体为例说明病毒的繁殖过程。

36. 溶原性细菌和敏感细菌有何区别？温和性噬菌体的游离态、整合态和营养态有何区别？

37. 噬菌体对发酵生产有哪些危害？如何确认发酵过程是否被噬菌体污染？

38. 生产上可采取哪些措施来预防及弥补噬菌体感染对发酵生产造成的影响？

39. 以双层平板法测定某样品的噬菌体效价。取10ml已稀释10^6倍的样品与0.1ml敏感菌株悬液和5ml上层培养基混匀，培养24h后，平皿中出现50个噬菌斑。试计算该样品的噬菌体效价。

40. 将以下微生物与对它们的描述进行划线配对：

藻类（algae）	非细胞结构
细菌（bacteria）	细胞壁由几丁质组成
真菌（fungi）	细胞壁由肽聚糖组成
原生动物（protozoan）	细胞壁由纤维素组成，进行光合作用
病毒（viruses）	细胞结构复杂，但缺细胞壁

41. 请比较下列概念的区别：

①真核细胞与原核细胞；②子囊孢子与孢子囊孢子；③腐生与寄生；④正染与负染；⑤传统分类方法与数值分类方法；⑥菌种（species）与菌株（strain)；⑦中体与线粒体；⑧质粒DNA与细菌染色体DNA；⑨螺旋菌与螺旋体；⑩内含物与包含体；⑪内生孢子与外生孢子；⑫原生质体与原生质球；⑬蜗牛酶与溶菌酶；⑭鞭毛（flagella）与线毛（pili)；⑮有性繁殖与无性繁殖；⑯菌落与菌苔；⑰菌丝体与子实体；⑱溶源化与非溶源化；⑲类病毒与病毒；⑳前噬菌体与细菌质粒。

42. 请辨析下列说法的正误：

(1) 在细菌等原核生物中，常有少量D型氨基酸参与其蛋白质的合成；

(2) 细菌和真菌细胞壁中都含有 *N*-乙酰葡萄糖胺；

(3) 所有细菌都是单细胞的，所有细菌都具有细胞壁；

(4) 通常是由一个50S的大亚基和一个30S的小亚基构成一个80S的细菌核糖体；

(5) 细菌细胞中的“能量加工厂”可能是中体；

(6) 菌落由单个细胞发展起来的，所以，正常情况下，其中每一个细胞的生理和形态都是一致的；

(7) 因为细菌是低等原核生物，所以，它没有有性繁殖，只具无性繁殖形式；

(8) 与细菌所有性状相关的遗传信息都储存在细菌染色体上；

(9) 淀粉与糖原的区别在于前者只存在于植物体内，而后者只存在于细菌体内；

(10) 当环境中碳源、氮源、能源丰富时，微生物细胞中很容易形成大量的内含物；

(11) 因为不具吸收营养的功能，所以，将根霉的根被称为“假根”；

(12) 产子囊孢子的细胞一定是双倍体，而出芽生殖的细胞可以是双倍体，也可以是单倍体；

(13) 担子菌的“锁状联合机制”也是一种细胞的有丝分裂形式；

(14) 溶源转变而获得的性状会随噬菌体的消失而消失；

(15) 有些病毒以双链DNA为遗传物质，而有些病毒却以双链RNA为遗传物质；

(16) 在宿主细胞内，DNA病毒转录生成mRNA，然后以mRNA为模板翻译外壳蛋白、被膜蛋白及溶菌酶；

(17) 伴孢晶体和昆虫病毒包含体的主要成分都属碱溶性结晶蛋白，它们作为杀虫剂的作用机理也一样；

(18) 衣原体就是一类大型病毒。

3　微生物的营养和生长

新陈代谢是生命的基本特征之一。微生物同其他生物一样，不断地进行新陈代谢。通过代谢，微生物与外部环境进行物质和能量的交换，从环境中获得各种物质以合成细胞物质，提供生命活动所需的能量及在新陈代谢中起调节作用。这些物质称为营养物质（nutrient）。而生物体摄取和利用营养物质的过程称为营养（nutrition）。

3.1　微生物的营养

营养物质是生命活动的基础，没有营养，微生物的生命活动就会终止，所以说，营养过程是微生物生命活动的重要特征。只有吸收营养物质，才能进一步代谢，实现微生物的生长、发育和繁殖。熟悉微生物的营养知识是研究和利用微生物的必要基础，有了营养理论，就能更自觉和有目的地选用和设计符合微生物生理需要、有利于发酵生产的培养条件。

3.1.1　微生物的营养类型

生物界存在两种典型的营养类型：①以高等植物为代表的自养型（autotroph），它们完全依靠无机养分（如CO_2，H_2O，无机盐）合成复杂的有机物，供自身生长发育需要，并以光为能源；②以高等动物为代表的异养型（heterotroph），它们必须摄取现成的有机物才能满足其生长发育的需求，并通过有机物的氧化来获取能源。

微生物除有以上两种营养类型外，还有一些中间类型。一般以能源、碳源不同分成四大类型：

能源
- 光——光能营养型
  - CO_2 为碳源（自养型）——光能自养型
  - 有机碳化物（异养型）——光能异养型
- 化合物——化能营养型
  - CO_2，CO_3^{2-} 为碳源（自养型）——化能自养型
  - 有机碳化物（异养型）——化能异养型

3.1.1.1　光能自养型或称光能无机自养型

光能自养型（photolithoautotroph，PLA）生物以CO_2作为唯一或主要碳源，以光为生活所需的能源，能以无机物（如硫化氢、硫代硫酸钠或其他无机硫化物）作供氢体，使CO_2还原成细胞的有机物。十分凑巧的是氢供体与其碳源的性质一般是一致的。即若碳源是无机的，氢供体也是无机的。该类型的代表是高等植物、藻类和少量细菌。

高等植物：$$CO_2+H_2O\xrightarrow[\text{叶绿素}]{\text{光能}}[CH_2O]+O_2$$

光合细菌
- 绿硫细菌：$CO_2+2H_2S\xrightarrow[\text{细菌叶绿素}]{\text{光能}}[CH_2O]+2S+H_2O$
- 红硫细菌：$CO_2+H_2S+2H_2O\xrightarrow[\text{细菌叶绿素}]{\text{光能}}2[CH_2O]+H_2SO_4$

植物与光合细菌的光合作用可用下式概括：

$$CO_2+2H_2A\xrightarrow[\text{光合色素}]{\text{光能}}[CH_2O]+2A+H_2O$$

高等植物以水为CO_2的还原剂，同时释放出O_2。光合细菌从H_2S、$Na_2S_2O_3$等无机硫化物得到H来还原CO_2，同时析出S或H_2SO_4。光合作用的过程较复杂，具体内容可参考有关生物化学的教材。

3.1.1.2 光能异养型

光能异养型（photoorganoheterotroph，POH）微生物利用光为能源，利用有机物为供氢体，不能以CO_2作为主要或唯一的碳源，一般同时以CO_2和简单的有机物为碳源。光能异养细菌生长时，常需外源的生长因子。如红螺菌科的细菌可以光为能源，CO_2为碳源，并需异丙醇为供氢体，同时积累丙酮。

$$(CH_3)_2CHOH+CO_2\xrightarrow[\text{光合色素}]{\text{光能}}2CH_3COCH_3+[CH_2O]+H_2O$$

3.1.1.3 化能自养型

化能自养型（chemolithoautotroph，CLA）微生物以CO_2（或碳酸盐）为碳源，以无机物氧化所产生的化学能为能源。它们可以在完全无机的条件下生长发育。这类菌以氢气、硫化氢、Fe^{2+}或亚硝酸盐为电子供体，使CO_2还原，它们分别被称为氢细菌、硫细菌、铁细菌和硝化细菌。它们广泛分布在土壤和水域中，在自然界的物质循环和转化过程中起着重要作用。它们一般生活在黑暗和无机的环境中，故又称为化能矿质营养型。

3.1.1.4 化能异养型

化能异养型（chemoorganoheterotroph，COH）生物以有机化合物为碳源，以有机物氧化产生的化学能为能源。所以，有机化合物对这些菌来讲，既是碳源，又是能源。动物和大多数微生物（几乎全部真菌、大多数细菌和放线菌）都属于此类。绝大多数工业上应用的微生物都属于化能异养型。

化能异养型微生物又可分为寄生（parasitism）和腐生（saprophytism）两种类型。寄生是指一种生物寄居于另一种生物体内或体表，从而摄取宿主细胞的营养以维持生命的现象；腐生是指通过分解已死的生物或其他有机物，以维持自身正常生活的生活方式。实际上，在寄生和腐生之间存在着不同程度的既寄生又腐生的中间类型，可称为兼性寄生（facultative parasitism）或兼性腐生（facultative saprophytism）。

上述四大类型微生物的划分并不是绝对的，在它们之间也有一些过渡类型。例如红螺菌在光照和嫌气的条件下，利用光能同化CO_2，而在黑暗和好气的条件下，也能利用有机物氧化产生的化学能实现生长，所以它兼有光能自养型和化能异养型的特征。在化能自养和化能异养型之间也有中间类型，氢单胞菌在完全无机的条件下，通过氢的氧化而获取能量，同化CO_2，而当环境中存在有机物时，它便利用有机物实行异养生活。

许多（甚至所有）异养型微生物也都可以利用CO_2，所不同的是它们不以CO_2为唯一的碳源，而是将CO_2固定在有机物上，如将CO_2固定到丙酮酸生成草酰乙酸。所以单纯就能否利用CO_2来讲，自养型与异养型也没有绝对界限。它们主要区别在于：自养型微生物利用CO_2（碳酸盐）作唯一或主要的碳源，而且同化CO_2（碳酸盐）为细胞结构物质，所需的能量来自光或无机物的氧化；异养型微生物也可以固定CO_2，但其主要碳源来自有机物，不能在完全无机的环境中生长，它们的合成反应所需能量来自光或有机物的氧化。

微生物营养类型的区分一般是以最简单的营养条件为根据。当微生物兼有两种营养类型时，光能先于化能，自养先于异养，并加以“专性”（obligatory）或“兼性”（facultatively）来描述营养的可变性。所以，氢单胞菌为“兼性化能自养型”，红螺菌是“兼性光能异养型”。

3.1.2 微生物的营养要素

微生物的营养物质应满足机体生长、繁殖和完成各种生理活动的需要。它们的作用可概括为形成结构（参与细胞组成），提供能量（机体进行各种生理活动所需的能量）和调节作用（构成酶的活性成分和物质运输系统）。

微生物细胞的化学组成从一个侧面反映了微生物生长繁殖的物质需要。虽然，随微生物种类、生理状态及环境的不同，其组成也有变化，但通过对细胞元素组成的分析可大体看出微生物所需的营养物质。表 3.1.1 显示细菌、酵母菌和霉菌的主要元素组成。这些元素主要以水、有机物和盐的形式存在于细胞中。水是微生物细胞的主要成分。有机物主要以蛋白质、糖、脂类、核酸、维生素以及激素等形式存在。

表 3.1.1 细菌、酵母和霉菌的元素组成（干重%）

元素	细菌	酵母	霉菌	元素	细菌	酵母	霉菌
碳	50～53	45～50	40～63	钠	0.5～1.0	0.01～0.1	0.02～0.05
氢	7	7	—	钙	0.01～1.5	0.1～0.3	0.1～1.4
氮	12～15	7.5～11	7～10	镁	0.1～0.5	0.1～0.5	0.1～0.5
磷	2.0～3.0	0.8～2.6	0.4～4.5	氯化物	0.5	—	—
硫	0.2～1.0	0.01～0.24	0.1～0.5	铁	0.02～0.2	0.01～0.5	0.1～0.2
钾	1.0～4.5	1.0～4.0	0.2～2.5				

我们可以将微生物的营养物质分成六大营养要素，即水、碳源、氮源、无机盐、生长因子和能源。

3.1.2.1 水

水是微生物细胞的重要组成成分，在代谢中占有重要的地位。其主要作用有以下四点。

① 直接参与一些反应，如蓝细菌利用水作为 CO_2 的还原剂。

② 作为机体内一系列生理生化反应的介质。代谢物只有先溶于水，才能参与反应。

③ 营养物质的吸收、代谢产物的排泄都需通过水，特别是微生物没有特殊的摄食器官和排泄器官，这些物质只有溶于水才能通过细胞表面。

④ 由于水的比热高，又是良好的热导体，所以它能有效地吸收代谢释放的热量，并将热量迅速地散发出去，从而有效地控制细胞的温度。因为水分子通过分子间的氢键连接，而破坏氢键需耗费额外的能量，所以提高水温所需的热量很大，水的高汽化热也有利于将发酵过程中积聚的热量带走。

水在细胞中有两种存在形式：结合水和游离水。结合水与溶质或其他分子结合在一起，很难加以利用。游离水（或称非结合水）则可以被微生物利用。不同生物及不同细胞结构中游离水的含量有较大的差别：

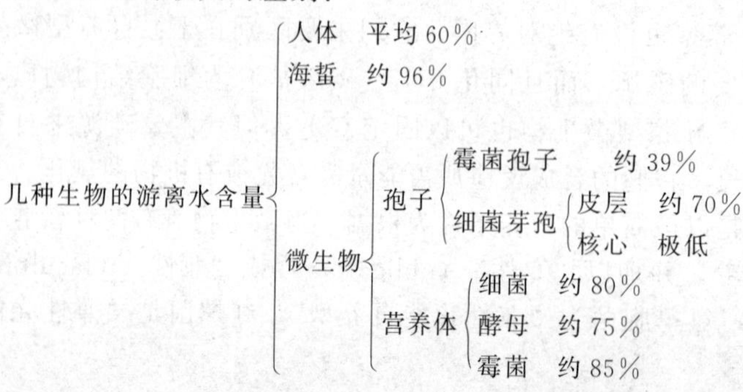

游离水的含量可用水的活度 a_w（water activity）表示，水活度定义为在相同温度、压力下，体系中溶液的水的蒸汽压与纯水的蒸汽压之比，即 $a_w=P/P_0$（P 表示溶液的蒸汽压，P_0 表示纯水的蒸汽压）。

纯水的 a_w 为 1.00，当含有溶质后，a_w<1.00。溶质浓度与水活度的关系见表 3.1.2。微生物能在 a_w＝0.63～0.99 的培养条件下生长。对某种微生物而言，它对 a_w 的要求是一定的。

表 3.1.2　一些溶液中溶质含量与水活度的关系（25℃）

水活度(a_w)	蔗糖/(g/100ml 水)	NaCl/(g/100ml 水)	甘油/(g/100ml 水)
0.995	0.92	0.87	0.25
0.980	3.42	3.50(海水)	1.00
0.960	6.50	7.00	2.00
0.900	14.00(槭树汁)	16.50	5.10
0.850	20.50(饱和)	23.00	7.80
0.800	—	30.00(饱和)	10.50
0.700	—	—	16.80
0.650	—	—	20.00

3.1.2.2　碳源

从表 3.1.1 中可知，细胞干物质中的碳约占 50%，所以说微生物对碳的需求最大。凡是可以作为微生物细胞结构或代谢产物中碳架来源的营养物质，称为碳源（carbon source）。

可作为微生物营养的碳源物质种类极其广泛，从简单的无机物（CO_2、碳酸盐）到复杂的有机含碳化合物（糖、糖的衍生物、脂类、醇类、有机酸、烃类、芳香族化合物及各种含氮化合物等）。但不同微生物利用碳源的能力不同。有的能广泛地利用不同类型的碳源，如假单孢菌属的有些种可利用 90 种以上的碳源，但有的微生物能利用的碳源范围极其狭窄，如甲烷氧化菌仅仅能利用两种有机物，甲烷和甲醇。某些纤维素分解菌只能利用纤维素。

大多数微生物是异养型的，它们以有机化合物为碳源，能利用的碳源种类很多，但其中糖类是最好的碳源，糖类中单糖优于双糖，己糖优于戊糖。葡萄糖、蔗糖通常作为培养微生物的主要碳源。在多糖中，淀粉可以为大多数微生物所利用，纤维素能为少数微生物所利用。纯多糖优于琼脂等杂多糖。醇、有机酸和脂类的利用次于糖类。少数微生物能利用酚、氰化物等有机毒物做碳源，所以可用于治理“三废”。有人从污泥中分离到了以氰化物为唯一碳源和氮源的诺卡菌和霉菌。

对于异养微生物，碳源物质通过机体内一系列复杂的化学反应，最终用于构成细胞物质或为机体提供完成整个生理活动所需的能量。所以，碳源往往也是能源物质。

自养菌以 CO_2、碳酸盐为唯一或主要碳源。因为 CO_2 是被彻底氧化的物质，所以，CO_2 转化成有机的细胞成分是一个还原过程，此过程需消耗大量能量。因此，这类微生物同时需要从光或其他无机物氧化来获取能量。这类微生物的碳源和能源分别属于不同的物质。

不少种类的异养型微生物，尤其是生长在动物的血液、组织和肠道中的致病微生物，除必需有机碳源外，还需要少量 CO_2 才能正常生长，因此，在培养这些微生物时，常要提供 10%CO_2（体积分数）；在有些好氧微生物生长时，如果用 KOH 除去 CO_2，往往也会抑制生长。

3.1.2.3 氮源

凡是构成微生物细胞物质或代谢产物中氮元素来源的营养物质，都称为氮源（nitrogen source）。细胞的干物质中氮含量仅次于碳和氧。氮是组成核酸和蛋白质的重要元素，所以，氮对微生物的生长发育有着重要的作用。从分子态的 N_2 到复杂的含氮化合物都能被不同的微生物所利用，而不同类型的微生物能利用的氮源差异较大。

固氮微生物能利用分子态 N_2 合成自己需要的氨基酸和蛋白质。它们也能利用无机氮和有机氮化物，但在这种情况下，它们便失去了固氮能力。固氮微生物主要是原核生物，如与豆类共生的根瘤菌和自生固氮菌。还有不少光合细菌、蓝藻和真菌也有固氮作用。

许多腐生细菌和动植物的病原菌不能固氮，一般利用铵盐或其他含氮盐作氮源。硝酸盐必须先还原成 NH_4^+ 后，才能用于生物合成。以无机氮化物为唯一氮源的微生物都能利用铵盐，但它们并不都能利用硝酸盐。

当无机氮化物为唯一氮源培养微生物时，培养基会表现出生理酸性或生理碱性。如以 $(NH_4)_2SO_4$ 为氮源时，NH_4^+ 被利用后，培养基的 pH 值下降，故有“生理酸性盐”之称。以 KNO_3 为氮源时，NO_3^- 被利用后，培养基的 pH 值上升，故有“生理碱性盐”之称。利用 NH_4NO_3 为氮源，可以避免 pH 值急剧升降，但是，NH_4^+ 的吸收快，NO_3^- 的吸收滞后，所以，培养基 pH 值会先降后升。所以，培养基配方中应加入缓冲物质。

从微生物所利用的氮源种类看，存在着一个明显的界限：一部分微生物不需要氨基酸为氮源，它们能将非氨基酸类的简单氮源（例如尿素、铵盐、硝酸盐和氮气）自行合成所需要的一切氨基酸，它们称为“氨基酸自养型生物”(amino acid autotroph)，反之，凡需要从外界吸收现成氨基酸作氮源的微生物，则称为“氨基酸异养型生物”（amino acid heterotroph）。所有的动物和大量异养型微生物是氨基酸异养型的，而所有绿色植物和很多微生物是氨基酸自养型的。

实验室的有机氮源有蛋白胨，牛肉膏，酵母膏，玉米浆等，工业上能够用黄豆饼粉、花生饼粉和鱼粉等作为氮源。有机氮源中的氮往往是蛋白质或其降解产物，其中，氨基酸可以直接吸收而参与细胞代谢，而蛋白质需经菌体分泌的胞外酶水解后才能利用。因为花生饼粉和黄豆饼粉中的氮主要以蛋白质形式存在，所以，被称为“迟效性氮源”。而（$(NH_4)_2SO_4$）和玉米浆等则被称为“速效性氮源”。

氮源一般只提供合成细胞质和细胞中其他结构的原料，不作为能源。只有少量细菌，如硝化细菌能利用铵盐、硝酸盐作氮源和能源。某些梭菌对糖的利用不活跃，可以利用氨基酸为唯一的能源。

3.1.2.4 无机盐

无机盐也是微生物生长所不可缺少的营养物质。其主要功能是：①构成细胞的组成成分；②作为酶的组成成分；③维持酶的活性；④调节细胞渗透压，氢离子浓度和氧化还原电位；⑤作为某些自养菌的能源。

磷、硫、钾、钠、钙、镁等盐参与细胞结构组成，并与能量转移、细胞透性调节功能有关。微生物对它们的需求量较大（10^{-4}～10^{-3}mol/L），称为“宏量元素”(major elements)。没有它们，微生物就无法生长。铁、锰、铜、钴、锌、钼等盐一般是酶的辅助因子，需求量不大（10^{-8}～10^{-6}mol/L），所以，称为“微量元素”（trace elements）。不同的微生物对以上各种元素的需求量各不相同。铁元素介于宏量元素和微量元素之间。

（1）磷 所有细菌都需要磷，磷是合成核酸、磷脂、一些重要的辅酶（NAD，NADP，CoA 等）及高能磷酸化合物的重要原料。细胞内磷酸盐也来源于营养物中的磷。一般都以 K_2HPO_4 和 KH_2PO_4 的形式人为地提供磷元素。

（2）硫　硫是蛋白质中某些氨基酸（如半胱氨酸和蛋氨酸）的组成成分，是辅酶因子（如辅酶 A，生物素，硫辛酸和硫胺素）的组成成分，也是谷胱甘肽的组成成分。硫还是某些自养菌的能源物质。微生物从含硫无机盐或有机硫化物中得到硫。一般人为的提供形式为 $MgSO_4$。微生物从环境中摄取 SO_4^{2-}，再还原成—SH。

（3）镁　镁是一些酶（如己糖激酶，异柠檬酸脱氢酶，羧化酶和固氮酶）的激活剂。是光合细菌菌绿素的组成成分。镁还起到稳定核糖体、细胞膜和核酸的作用。缺乏镁，细胞生长就会停止，首当其冲的就是核糖体和细胞膜。微生物可以利用硫酸镁或其他镁盐。

（4）钾　钾不参加细胞结构物质的组成，但是，它是细胞中重要的阳离子之一。它是许多酶（如果糖激酶）的激活剂，也与原生质的胶体特性和细胞膜的透性有关。钾在胞内的浓度比胞外高许多倍。各种无机钾盐，尤其是磷酸钾盐（磷酸二氢钾，磷酸氢二钾）可作为钾源。

（5）钙　钙一般不参与微生物的细胞结构物质（除细菌芽孢外），也是细胞内重要的阳离子之一，它是某些酶（如蛋白酶类）的激活剂，还参与细胞膜通透性的调节。各种水溶性的钙盐，如 $CaCl_2$ 及 $Ca(NO_3)_2$ 等都是微生物的钙元素来源。

（6）钠　钠也是细胞内的重要阳离子之一，它与细胞的渗透压调节有关。钠在细胞内的浓度低，细胞外浓度高。对嗜盐菌来说，钠除了维持细胞的渗透压（嗜盐菌放入低渗溶液即会崩溃）外，还与营养物的吸收有关，如一些嗜盐菌吸收葡萄糖需要 Na^+ 的帮助。

（7）微量元素　除上述几种重要的宏量元素外，正常生长的微生物还需要其他一些微量元素，如果缺乏这些元素，将会导致微生物生理活性降低，甚至停止生长。微量元素往往与酶活性有关，或参与酶的组成，或是许多酶的调节因子。

铁是过氧化氢酶、过氧化物酶、细胞色素和细胞色素氧化酶的组成元素，也是铁细菌的能源，铁含量太低会影响白喉杆菌形成白喉毒素；铜是多酚氧化酶和抗坏血酸氧化酶的成分；锌是醇脱氢酶、乳酸脱氢酶、肽酶和脱羧酶的辅助因子；钴参与维生素 B_{12} 的组成；钼参与固氮酶的组成；锰为超氧化物酶的激活剂。

在配制培养基时，可以通过添加有关化学试剂来补充宏量元素。其中首选是 K_2HPO_4 和 $MgSO_4$，它们可提供四种需要量很大的元素：K、P、S 和 Mg。对其他需要量较少的元素尤其是微量元素来说，因为它们在一些化学试剂、天然水和天然培养基组分中都以杂质等状态存在，在玻璃器皿等实验用品上也有少量存在，所以，不必另行加入。但如果要配制研究营养代谢的精细培养基时，所用的玻璃器皿是硬质材料、试剂又是高纯度的，这就应根据需要加入必要的微量元素。

3.1.2.5　生长因子

自养型的微生物可以不依赖外源有机物质，只需无机物就能合成全部细胞物质；大部分异养型微生物除需要有机碳源外，在无机氮源或其他矿物质的环境中也能够生长。但是，另外一些异养型的微生物在一般碳源、氮源和无机盐的培养基中培养还不能生长或生长较差。当在培养基中加入某些组织（或细胞）提取液时，这些微生物就生长良好。这说明这些组织或细胞中含有这些微生物生长所必需的营养因子，这些因子就称为生长因子（growth factor）。可以将生长因子定义为某些微生物不能以普通的碳源、氮源合成，而需要另外少量加入来满足生长需要的有机物质。它们包括氨基酸、维生素、嘌呤和嘧啶碱及其衍生物。有时也包括一些脂肪酸及其他膜成分。

必须指出的是各种微生物所需的生长因子互不相同，有的需要多种，有的仅需一种，有的不需要。一种微生物所需的生长因子也会随培养条件的变化而变化。如在培养基中有无前体物质、通气条件、pH 和温度等条件都会影响微生物对生长因子的需求。

从自然界直接分离到的任何微生物在其发生营养缺陷突变前的原始菌株，均称为该微生物的野生型（wild type）。绝大多数野生型菌株只需要简单的碳源和氮源等就能生长，不需要添加生长因子；野生型菌株在实验室中经过人工诱变处理后，常会丧失合成某种营养物质（通常是生长因子）的能力，这些菌株生长的培养基中必需添加某种氨基酸、嘌呤、嘧啶或维生素等生长因子。这些由野生型菌株突变而来的菌株称为营养缺陷型（auxotroph）。在微生物遗传、变异和代谢生理的研究以及微生物杂交育种和氨基酸、核苷酸等发酵生产中常采用营养缺陷型菌株；营养缺陷型菌株经回复突变或基因重组后产生的菌株，其营养要求在表型上若与野生型相同，则称为原养型（prototroph），原养型菌株的生长也不需要添加生长因子。

（1）维生素　维生素（vitamin）是一些微生物生长和代谢所必需的、微量的小分子有机物。它们的特点是：①机体不能合成，必须经常从食物中获得；②生物对其的需要量较低，微生物对维生素的需要量 1～50μg/L 或更低；③它不是结构或能量物质，但它是必不可少的代谢调节物质。大多数是酶的辅助因子；④不同生物所需的维生素种类各不相同，有的微生物可以自行合成维生素，如肠道菌可以合成维生素 K 等，有的细菌可以用于生产维生素 C。

（2）氨基酸　L-氨基酸是组成蛋白质的主要成分，此外，细菌的细胞壁合成还需要 D-氨基酸。所以，如果微生物缺乏合成某种氨基酸的能力，就需要补充这种氨基酸。补充量一般要达到 20～50μg/ml，是维生素需要量的几千倍。可以直接提供所需的氨基酸，或含有所需氨基酸的小分子肽。在有些情况下，细胞只能利用小肽，而不能利用氨基酸。这是因为单个氨基酸不能透过细胞，而小分子肽较容易透过细胞，随后由肽酶水解成氨基酸。有时培养基中一种氨基酸的含量太高，会抑制其他氨基酸的摄取，这称为“氨基酸不平衡”现象。

（3）碱基　碱基包括嘌呤和嘧啶碱，主要功能是组成核酸和一些辅酶。生物体的碱基有两种来源：食物摄取和经“从无到有”途径合成。核苷酸的合成途径有以下两条。

① 从碱基直接形成相应的单磷酸核苷酸

$$\underset{\text{鸟嘌呤}}{G}+\underset{\text{磷酸核糖焦磷酸}}{PRPP}\longrightarrow\underset{\text{鸟苷酸}}{GMP}+\underset{\text{焦磷酸}}{PPi}$$

② 间接途径

$$\text{鸟嘌呤}+\text{核糖-1-P}\longrightarrow\text{鸟嘌呤-核糖(鸟苷)}$$

$$\text{鸟苷}+ATP\longrightarrow\text{鸟苷酸}+ADP$$

如果微生物细胞中存在第二条途径，游离碱基和核苷都可用作生长因子；如果微生物细胞中只有第一条途径，那么，微生物就只能利用游离碱基，无法利用核苷。另外，核苷酸一般不能用做生长因子，因为核苷酸中磷酸基团的存在会导致它在水溶液中电离，而难以透过细胞膜进入细胞。有些微生物既不能合成碱基，也不能利用外源碱基，需要提供核苷或核苷酸，而且需要量较大。

（4）脂肪酸等类脂　某些微生物不能合成脂肪酸等类脂，必须从外界摄取长链脂肪酸，用于构建细胞膜。另外，有些微生物还需要如固醇、胆碱和肌醇等类脂用于组成细胞膜。

3.1.2.6 能源

能源是指能为微生物的生命活动提供最初能量来源的营养物或辐射能。微生物的能源谱如下：

能源谱
- 化学物质
  - 有机物：化能异养型微生物的能源（与碳源相同）
  - 无机物：化能自养型微生物的能源（不同于碳源）
- 辐射能　光能自养和光能异养型微生物的能源

化能异养型微生物的能源即碳源。化能自养型微生物的能源都是还原态的无机物，如：NH_4^+、NO_2^-、S、H_2S、H_2、Fe^{2+} 等，它们分别属于是硝化细菌、亚硝酸细菌、硫化细菌、硫细菌、氢细菌和铁细菌等。

一种营养物常有一种以上营养要素的功能，即除单功能营养物外，还有双功能，甚至三功能的营养物。如：辐射能是单功能的；还原态无机养分常是双功能的（NH_4^+ 既是硝化细菌的能源，又是它的氮源）甚至是三功能的（能源、氮源和碳源）；有机物常有双功能或三功能作用。

3.1.3 微生物的培养基

培养基（culture medium）通常指人工配制的适合微生物生长繁殖或积累代谢产物的营养基质。广义上说，凡是支持微生物生长和繁殖的介质或材料均可作为微生物的培养基。培养基是微生物学尤其是工业微生物学研究的重要内容。一个恰当的培养基配方，对发酵产品的产量和质量有着极大的影响。微生物的培养基配方犹如菜谱，种类繁多，且层出不穷。如今，培养基的种类有数万种之多。

3.1.3.1 培养基的配制原则

针对不同的微生物，不同的营养要求可以有不同的培养基。但是，它们的配制必须遵循一定的原则。

（1）营养物质应满足微生物的需要　不同营养类型的微生物对营养的需求差异很大，所以，应根据所培养菌种对各营养要素的不同要求进行配制。如自养微生物的培养基成分是无机的，而异养型微生物的培养基成分必须含有机物。针对四大类微生物，一般可以采用现成配方的培养基。如细菌采用肉汤蛋白胨培养基、放线菌采用高氏一号合成培养基、酵母采用麦芽汁培养基及霉菌采用查氏合成培养基。

（2）营养物的浓度及配比应恰当　营养物的浓度太低，则不能满足微生物生长的需要，浓度太高，又会抑制微生物的生长。如糖和盐都是良好的营养物质，但是，浓度升高，则有抑菌作用。

碳氮比（C/N）一般指培养基中元素 C 与 N 的比值。为方便测定和计算，人们常以培养基中还原糖含量与粗蛋白含量的比值来表示。在考察培养基组成时，人们常以碳氮比作为一个重要的指标。一般培养基的 C/N 为 100∶(0.5～2)；在谷氨酸生产菌发酵中，C/N 为 4∶1时，菌体大量繁殖，谷氨酸积累量较少；当 C/N 为 3∶1 时，菌体繁殖受到抑制，谷氨酸大量积累。

在设计营养物配比时，还应该考虑避免培养基中各成分之间的相互作用。如蛋白胨、酵母膏中含有磷酸盐时，会与培养基中钙或镁离子在加热时发生沉淀反应。在高温下，还原糖与蛋白质或氨基酸也会相互作用产生褐色物质。

在培养基配制时，可添加化学试剂补充宏量元素。其中，首选的是 K_2HPO_4 和 $MgSO_4$，因为它们包含了四种宏量元素。对于微量元素，一般化学试剂、水及器皿上均有存在。

（3）物理化学条件适宜

① pH 值　各大类微生物一般都有它们生长繁殖的最适 pH 值。细菌的最适 pH 值一般在 7.0～8.0，放线菌在 pH7.5～8.5 间，酵母菌在 pH3.8～6.0 间，霉菌在 pH4.0～5.8 之间。对于具体的微生物菌种来说，它们都有各自特定的最适 pH 值范围，有时会大大突破上述界限。

在微生物生长繁殖过程中会产生引起培养基 pH 值改变的代谢产物，尤其是不少微生物有很强的产酸能力，如不适当地加以调节，就会抑制甚至杀死其自身。在设计它们的培养基时，就要考虑到培养基的 pH 调节能力。一般应该加入磷酸缓冲液或 $CaCO_3$，使培养液的 pH 值稳定。

调节 K_2HPO_4 和 KH_2PO_4 两者浓度比，可获得 pH 值从 6.0～7.6 之间一系列稳定的 pH 值，当两者等物质的量浓度比时，溶液的 pH 值可稳定在 6.8。其反应式如下：

$$K_2HPO_4 + HCl \longrightarrow KH_2PO_4 + KCl$$

$$KH_2PO_4 + KOH \longrightarrow K_2HPO_4 + H_2O$$

$CaCO_3$ 在水溶液中溶解度极低，加入液体或固体培养基中，不会使培养基 pH 升高。但是，当微生物生长过程中不断产生酸时，它被逐渐溶解，并与酸反应，最终以 CO_2 形式释放到大气中，所以，它具有良好的稳定培养基 pH 的作用。

$$CO_3^{2-} \rightleftharpoons HCO_3^- \rightleftharpoons H_2CO_3 \rightleftharpoons CO_2\uparrow + H_2O$$

培养基中的蛋白质或氨基酸经发酵后，会产生氨，从而有升高培养基 pH 值的趋势。培养基的灭菌过程也会引起培养基的 pH 值发生变化。高温处理过程中，一些大分子发生分解，造成 pH 值下降。

② 其他　培养基的其他物化指标也将影响微生物的培养。培养基中水的活度应符合微生物的生理要求（a_w 值在 0.63～0.99 之间）；大多数微生物适合在等渗的环境下生长，而有些细菌如金黄色葡萄球菌（*Staphylococcus aureus*）则能在 3mol/L NaCl 的高渗溶液中生长。能在高盐环境（2.8～6.2mol/L NaCl）生长的微生物常被称为嗜盐微生物（halophiles）。

在配制培养基时，通常不必测定这些指标，因为培养基中各种成分及其浓度等指标的优化已间接地确定了培养基的水活度和渗透压。此外，各种微生物对培养基的氧化还原电位等也有不同的要求。

(4) 根据培养的目的　培养基的成分直接影响着培养的目标。在设计培养基时必须考虑是要培养菌体，还是要积累菌体代谢产物，是实验室培养还是大规模发酵等问题。

用于培养菌体的种子培养基营养成分应丰富，尤其是氮源含量宜高，即碳氮比值低。相反，用于积累大量生产代谢产物的发酵培养基，它的氮源一般应比种子培养基稍低。当然，若发酵产物是含氮化合物时，有时还应该提高培养基的氮源含量。

在设计培养基时，还应特别考虑到代谢产物是初级代谢产物，还是次级代谢产物。若是次级代谢产物还要考虑是否加入特殊元素（如维生素 B_{12} 中的 Co）或特定的前体物质（如生产下青霉素时，应加入苯乙酸）。在设计培养基尤其是大规模发酵生产用的培养基时，还应重视培养基中各种成分的来源和价格，应该优先选择来源广泛、价格低廉的培养基，提倡“以粗代精”，“以废代好”。

3.1.3.2　培养基的种类

培养基的种类繁多，因考虑的角度不同，可将培养基分成以下一些类型：

根据对培养基成分了解的程度
- 天然培养基
- 合成培养基
- 半合成培养基

根据培养基物理状态
- 液体培养基
- 固体培养基
- 半固体培养基

根据培养的目的
- 种子培养基
- 发酵培养基
- 繁殖培养基
- 保藏培养基

根据培养基的特殊用途
- 基本培养基
- 加富培养基
- 选择培养基
- 鉴别培养基
- 测定生理生化特性的培养基

表 3.1.3 几种天然培养基原材料的特性

原材料	制作特点	营养价值
牛肉膏	瘦牛肉加热抽提并浓缩而成的膏状物	主要提供碳水化合物(有机酸、糖类),有机氮化物(氨基酸、嘌呤、胍类),无机盐(钾,磷等)和水溶性维生素(主要为B族)
蛋白胨	酪素、明胶或鱼粉等蛋白质经酸、酶(胰蛋白酶、胃蛋白酶、木瓜蛋白酶)水解而成	主要提供有机氮、维生素及碳水化合物
酵母膏(酵母粉)	酵母细胞水抽提物浓缩而成的膏状物或粉剂	可提供大量的B族维生素,大量的氨基酸,嘌呤碱及微量元素
玉米浆	用亚硫酸浸泡玉米制淀粉时的废水,经减压浓缩而成的浓缩液。干物质占50%,棕黄色,久置沉淀	提供可溶性蛋白质、多肽、小肽、氨基酸、还原糖和B族维生素。
甘蔗糖蜜 甜菜糖蜜	制糖厂除去糖结晶后的下脚废液,棕黑色	主要含蔗糖和其他糖,还有氨基酸、有机酸,少量的维生素等

(1) 天然培养基 凡利用生物的组织、器官及其抽取物或制品配成的培养基,称为天然培养基(natural medium)。其优点是配制方便、经济、营养丰富,但是,它的化学成分不清楚或不稳定(受产地、品种、保存加工方法等因素影响)。常见的天然培养基成分有:麦芽汁、肉浸汁、鱼粉、麸皮、玉米粉、花生饼粉、玉米浆及马铃薯等。实验室常用牛肉膏、蛋白胨及酵母膏等。几种常用天然培养基原材料的特性见表 3.1.3。

(2) 合成培养基 使用成分完全了解的化学药品配制而成的培养基称为合成培养基(synthetic medium),有时又被称为组合培养基(defined medium)。合成培养基的优点是:成分已知、精确、重复性好,但价格较贵,培养的微生物生长较慢。适用于实验室进行微生物生理、遗传育种及高产菌种性能的研究。表 3.1.4 是一种用于培养以铵离子为能源的自养菌的合成培养基;另外,培养放线菌的高氏一号培养基和培养真菌的察氏培养基都属于合成培养基。

表 3.1.4 培养以铵盐为能源的化能自养菌的合成培养基

成分	$(NH_4)_2SO_4$	$NaHCO_3$	Na_2HPO_4	KH_2PO_4
含量/(g/L)	0.5	0.5	13.5	0.7
成分	$MgSO_4 \cdot 7H_2O$	$FeCl_3 \cdot 3H_2O$	$CaCl_2 \cdot 2H_2O$	H_2O
含量/(g/L)	0.1	0.014	0.18	加至1升

（3）半合成培养基　由部分天然材料和部分已知的纯化学药品组成的培养基称为半合成培养基（semi-defined medium）。例如，培养异养细菌用的肉汤蛋白胨培养基和培养真菌用的马铃薯蔗糖培养基等。严格地讲，凡含有未经特殊处理的琼脂的任何合成培养基，实际上都只是一种半合成培养基。其特点是配制方便，成本低，微生物生长良好。发酵生产和实验室中应用的大多数培养基都属于半合成培养基。

（4）液体培养基　各营养成分按一定比例配制而成的水溶液或液体状态的培养基称为液体培养基（liquid medium）。工业上绝大多数发酵都采用液体培养基。实验室中微生物的生理、代谢研究和获取大量菌体是也常利用液体培养基。

（5）固体培养基　固体培养基（solid medium）一般是指液体培养基中加入一定量的凝固剂配制而成的固体状态的培养基。此外，固体营养物（如麸皮、米糠、木屑、土豆块、玉米粉）与水和盐等混合构成的疏松状培养基也属于固体培养基。固体培养基在科学研究和生产实践中具有很多用途，例如它可用于菌种分离、鉴定、菌落计数、检测杂菌、选种、育种、菌种保藏、抗生素等生物活性物质的效价测定及获取真菌孢子等。在发酵工业中常用固体培养基进行固体发酵。

理想的固体培养基凝固剂应具备以下条件：①不被微生物液化、分解和利用；②在微生物生长的温度范围内保持固体状态，凝固点温度对微生物无害；③不会因消毒、灭菌而破坏；④配制方便，价格低，透明性好。

琼脂（agar）是最好的凝固剂之一，它由石花菜等红藻加工而成，主要由琼脂糖（agarose）和琼脂胶（agaropectin）两种多糖组成。除极少数菌外，大多数微生物都无法降解琼脂。琼脂在45℃以下固化，约100℃才融化。灭菌过程中不会被破坏，并且价格低廉。培养基中加0.2%～0.5%琼脂时可以获得半固体培养基，加入1.5%～2.0%琼脂即成固体培养基，加8%琼脂则成硬固体培养基。

明胶（gelatin）也是一种凝固剂。它是由动物的皮、骨、韧带等煮熬而成的一种蛋白质，含有多种氨基酸，可被许多微生物作为氮源而利用。明胶20℃凝固，28～35℃融化，所以，只能在20～25℃温度范围作凝固剂使用，适用面很窄，但可用于特殊检验。

硅胶（silica gel）是无机硅酸钠（Na_2SiO_3）和硅酸钾（K_2SiO_3）与盐酸和硫酸中和反应时凝结成的胶体。因为它完全无机，在研究分离自养菌时用作培养基的凝固剂。硅胶一旦凝固后，就无法再融化。

（6）半固体培养基　半固体培养基（semi-solid medium）是指琼脂加入量为0.2%～0.5%而配制的固体状态的培养基。半固体培养基有许多特殊的用途，如可以通过穿刺培养观察细菌的运动能力，进行厌氧菌的培养及菌种保藏等。

（7）种子培养基　种子培养基（seed culture medium）是适合微生物菌体生长的培养基，目的是为下一步发酵提供数量较多，强壮而整齐的种子细胞。一般要求氮源、维生素丰富，原料要精。值得注意的是一般氨基酸或肌苷的生产菌往往是营养缺陷型，所以，种子培养基营养丰富还可防止种子阶段出现回复突变株。

（8）发酵培养基　发酵培养基（fermentation medium）是用于生产预定发酵产物的培养基。一般的发酵产物以碳为主要元素，所以，发酵培养基中的碳源含量往往高于种子培养基。若产物的含氮量高，应增加氮源。在大规模生产时，原料应该价廉易得，还应有利于下游的分离提取工作。

（9）繁殖和保藏培养基　繁殖和保藏培养基（reproducible medium）　主要用于菌种保藏，大部分情况下就是斜面培养基。对营养缺陷型或结构类似物抗性菌株或抗生素抗性菌株来说，它们的保藏培养基中可以适当加入特定的对应成分。

(10) 基本培养基 基本培养基（minimal medium，MM）又称最低限度培养基，指能满足某菌种的野生型（原养型）菌株最低营养要求的合成培养基。不同微生物的基本培养基很不相同，有的极为简单，如大肠杆菌的基本培养基；有的极为复杂，如一些乳酸菌、酵母菌或梭菌的基本培养基。基本培养基有时也需要添加生长因子等。

若在基本培养基中加入富含氨基酸、维生素、碱基等生长因子的营养物质，如蛋白胨、酵母膏等，就可满足各种营养缺陷型的生长需求，这种培养基称为完全培养基（complete medium，CM）。

若在基本培养基中只是针对性地加入一种或几种营养成分，以满足相应的营养缺陷型生长，那么，这种培养基称为补充培养基（supplement medium，SM）。

(11) 加富培养基 加富培养基（enriched medium）是在普通培养基中加入血、血清、动（植）物组织液或其他营养物（或生长因子）的一类营养丰富的培养基。它主要用于培养某种或某类营养要求苛刻的异养型微生物，或者用来选择性培养（分离、富集）某种微生物。具有助长某种微生物的生长，抑制其他微生物生长的功能。广义上讲，保藏培养基和鉴别培养基也属于加富培养基。

(12) 选择性培养基 根据某种或某类微生物的特殊营养要求，或对某些物理、化学条件的抗性而设计的培养基，称为选择性培养基（selected medium）。目的是利用这种培养基把某种或某类微生物从混杂的微生物群体中分离出来。混合样品中数量很少的某种微生物，如直接采用平板划线或稀释法进行分离，往往因为数量少而无法获得。选择性培养的主要方法有两种，一是根据某些微生物对碳源、氮源的需求而设计，如：以纤维素为唯一碳源的培养基可用于分离纤维素分解菌；用石蜡油来富集分解石油的微生物；用较浓的糖液来富集酵母菌等；二是根据某些微生物的物理和化学抗性设计的，如分离放线菌时，在培养基中加入数滴10%的苯酚，可以抑制霉菌和细菌的生长；在分离酵母菌和霉菌的培养基中，添加青霉素、四环素和链霉素等抗生素可以抑制细菌和放线菌的生长；结晶紫可以抑制革兰阳性菌，培养基中加入结晶紫后，能选择性地培养革兰阴性菌；7.5% NaCl可以抑制大多数细菌，但不抑制葡萄球菌，从而选择培养了葡萄球菌；德巴利酵母属（*Debaryomyces*）中的许多种和酱油中酵母菌能耐高浓度（18%～20%）的食盐，而其他酵母菌只能耐受3%～11%浓度的食盐，所以，在培养基中加入15%～20%浓度的食盐，即构成耐食盐酵母菌的选择性培养基。

马丁（martin）培养基就是专门用于分离土壤中真菌的选择性培养基。其配方是：葡萄糖1%，蛋白胨0.5%，KH_2PO_4 0.1%，$MgSO_4 \cdot 7H_2O$ 0.05%，琼脂2%，孟加拉红（或称虎红）1/30000，链霉素30μg/ml，金霉素2μg/ml。此处的孟加拉红、链霉素和金霉素等的作用是抑制细菌生长，从而富集土壤中的真菌。

广义上讲，加富培养基也是一类选择性培养基。

(13) 鉴别培养基 在培养基中添加某种或某些化学试剂后，某种微生物生长过程中产生的特殊代谢产物会与加入的这些化学物反应，并出现明显的、肉眼可见的特征性变化，从而使该种微生物与其他微生物区别开来，这种培养基称为鉴别培养基（differential medium）。例如：用于检测饮水、乳品中是否含肠道致病菌的伊红-美兰乳糖培养基，即EMB（eosin methylene blue）培养基。其成分是：蛋白胨10g，乳糖10g，K_2HPO_4 2g，2%伊红20ml，0.325%美兰20ml，蒸馏水1000ml，pH7.2。其中的伊红和美兰两种苯胺染料可以抑制革兰阳性菌和一些难培养的革兰阴性菌。试样中的多种肠道菌会在EMB培养基上产生相互易区分的特征菌落，因而易于辨认。尤其是大肠杆菌，因其强烈分解乳糖而产生大量混合酸，使菌体带H^+，很容易染上酸性染料伊红，伊红又与美兰结合，其复合物为黑色，所以，大肠杆菌的菌落呈紫黑色并带金属光泽，其菌落较小。产气杆菌产酸弱，菌落呈棕色；变形杆菌不能发酵乳糖，菌落无色、透明。

明胶培养基可用于鉴别产蛋白酶的微生物，醋酸铅培养基可用于鉴别微生物能否产生H_2S。选择性培养基与鉴别培养基的功能往往结合在同一种培养基中。例如上述EMB培养基既有鉴别不同肠道菌的作用，又有抑制革兰阳性菌和选择性培养革兰阴性菌的作用。

（14）测定生理生化特性的培养基　这些是在鉴定微生物时，为了观察微生物的培养特征或测定生理生化反应而采用的培养基。它们用于研究某种微生物能同化哪些碳水化合物，发酵哪些糖类，分解哪些简单的或复杂的含氮化合物，在生长或发酵过程中形成何种代谢产物等。石蕊牛奶培养基、营养肉汁明胶培养基、甲基红及V.P试验培养基、同化碳源基础培养基、同化氮源基础培养基、糖类发酵培养基、测定各种氨基酸或维生素的基础培养基以及测定各种酶类的培养基都属于此类。

3.1.4 营养物质的跨膜运输

微生物没有专门的摄食器官，只能够通过细胞表面进行物质交换。微生物的细胞表面是细胞壁和细胞膜。细胞壁只对大颗粒的物体起阻挡作用，而许多大分子物质可自由进出细胞壁，所以物质的进出主要与细胞膜有关。也就是说，细胞膜是物质进出细胞的主要屏障。细胞膜由磷脂双分子层构成，镶嵌有膜蛋白，磷脂碳氢链“尾巴”构成的非极性区对极性分子具有高度的不渗透性。

可以通过人工制备的磷脂双分子层膜实验间接地考察细胞膜对不同类型分子的相对透性，见图3.1.1。

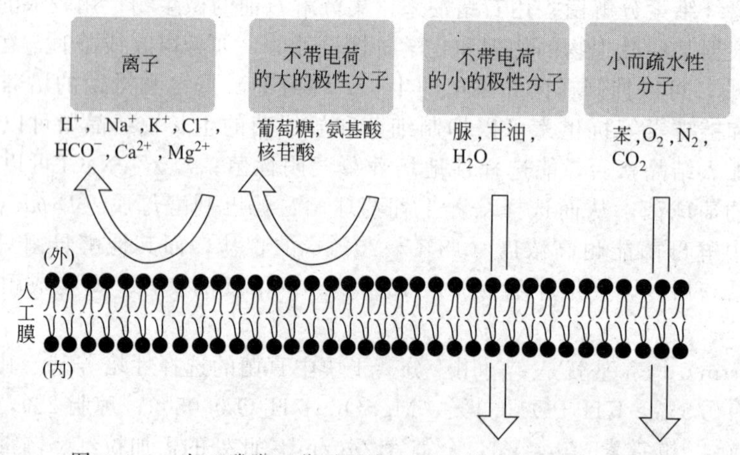

图3.1.1　人工磷脂双分子层膜对不同类型分子的相对透性

一般来说，分子越小、脂溶性越高，就越容易通过细胞膜。某些脂溶性物质可以通过磷脂层的溶解而透过细胞，它们进入细胞是单纯的物理扩散过程。不带电的极性分子，如果足够地小，也可以很快地通过膜上小孔扩散进入细胞，如乙醇和尿素等。甘油分子稍大，扩散速度就比较慢。水分子也能很快地通过磷脂层，这可能是因为水分子小而且不带电。

某些非脂溶性物质（如糖、氨基酸、核苷酸和金属离子等）透过细胞就较复杂，因为双分子层对于这些物质是天然“屏障”，人工制备磷脂双分子层膜实验表明它几乎不能透过葡萄糖分子。据此推论，这些物质很难透过细胞膜或透过速度很慢。但事实上，这些物质都能够以很快的速度通过细胞膜，并在细胞中积聚，形成细胞内外浓度梯度。有时胞内浓度要大于周围环境浓度许多倍，甚至上千倍。如：大肠杆菌在生长期中，有选择地从周围环境摄取K^+，胞内浓度比胞外高3000倍；当它以乳糖为碳源时，细胞内乳糖浓度比胞外高500倍。

这种现象不能用简单的扩散、渗透来解释。所以，除简单扩散这一物理作用外，还有一些特殊的、与生理机能紧密相关的运输形式。目前，一般认为营养物质进入细胞主要有四种方式：简单扩散（单纯扩散），促进扩散，主动运输和基团转移（位）。前两者不需能量，是被动的；后两者需要消耗能量，是主动的，并在营养物质的运输中占主导地位。

需要指出的是，具体某一营养物质也不只是选择其中一种运输方式。如，早期，人们一般认为水就是以简单扩散的形式运输。而在 1988 年 Petre Agre 等人发现了水通道蛋白后，相信水的跨膜运输不仅可以是简单扩散，还可以借助载体蛋白来完成运输。目前，科学家发现水通道蛋白广泛存在于微生物、动物和植物中。

3.1.4.1 营养物质的被动扩散

营养物质顺浓度梯度，以扩散方式进入细胞的过程称为被动扩散（passive diffusion）。这个过程遵循基本的物理化学原理，但也有明显的生物学特征。微生物细胞膜并不是典型的半透膜，而是差异膜，它对各种物质的透性是有差异的（但并无绝对透与绝对不透之分），而且这种差异现象在生命过程中还不断地变化着，如膜的结构成分和载体等的改变和调整。虽然这种变化不会影响最后的结果，也不能改变流向，但却能加快物质进出的速度。

一些细胞可以将被运输物质迅速转移或及时在酶系统作用下转化，以免在细胞内积累，从而保持了被动扩散所需的浓度梯度，保证了运输。

被动扩散主要包括简单扩散和促进扩散。两者的显著差异在于前者不借助载体，后者需要借助载体进行。

（1）简单扩散（simple diffusion） 细胞膜的中层是疏水性的，通过细胞膜需通过三步才能完成：①从水相到疏水性的脂质层；②通过脂质层；③离开脂质层，进入水相。营养物质通过细胞膜的难易程度与它们的极性有关。极性弱、脂溶性强的分子易进行简单扩散。当然，扩散的难易也与膜的结构有关（如脂肪链的长度，不饱和性）。

简单扩散的速度与该物质在细胞内外的浓度差成正比，方向从浓到稀。当细胞内外该物质的浓度达到平衡时，扩散就停止。扩散速率可用 Fick 定律描述：

$$J = D\mathrm{d}C/\mathrm{d}X$$

式中，J 为被运输物质的扩散速度；D 为扩散系数；$\mathrm{d}C/\mathrm{d}X$ 为该物质的浓度梯度。

极性分子完成前两步十分困难。事实上极性分子并不走以上的路线，因为膜是流动性的，磷脂的移动会导致膜疏水区域出现间隙（即小孔），这些小孔可允许小分子的极性分子通过。间隙的大小和形状对透过物质具有选择性，所以，对极性分子而言，简单扩散的难易程度与分子大小和形状有关。

水、某些气体（如 N_2，CO_2，O_2）、脂溶性物质（甘油，乙醇，苯）及少数氨基酸和盐可能采取简单扩散的方式通过细胞膜。

（2）促进扩散 仅仅依靠简单扩散远远不能满足细胞的营养要求。实验发现，一些极性分子的被动扩散会显现出饱和效应和结构类似物的竞争关系，这说明这些极性分子的被动运输是在载体的帮助下进行的。

促进扩散（facilitated diffusion）就是有特异的载体蛋白参加而不需要代谢能的一种运输机制。运输的方向仍然是从浓到稀，但速度较快。载体蛋白就是细胞膜上特异性的膜蛋白，这种蛋白可与被运输营养物质（溶质）发生可逆性结合，并像“渡船”一样把溶质从细胞膜的一侧运到另一侧。在运输前后，载体本身不发生变化，但它的存在可加快运输过程。图 3.1.2 表示了这种运输模型。

载体蛋白的外部是疏水性的，但与溶质的特异性结合部位却是高度亲水的。载体亲水部位取代了极性溶质分子上的水合壳，实现载体与溶质分子的结合。具疏水性外表的载体将溶

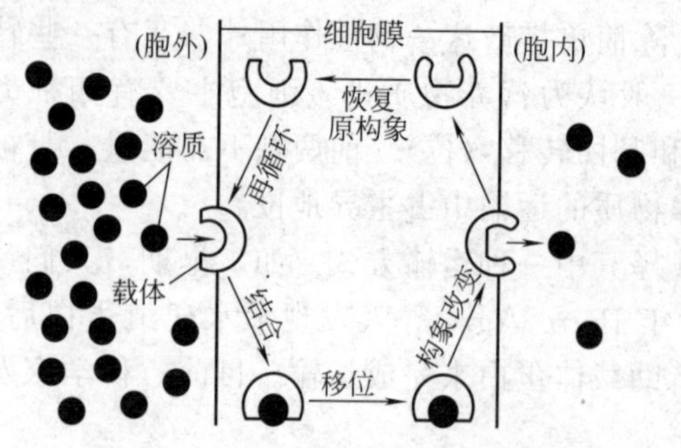

图 3.1.2 促进扩散过程的模式图

质带入脂质层，到达另一侧。因为胞内溶质浓度低，所以，溶质就会在胞内侧释放。

载体蛋白对溶质是具有选择性的。溶质和溶质类似物与载体蛋白的结合有竞争性抑制作用。载体蛋白一般由几个亚基构成，有功能亚基和调节亚基。运输（反应）速度受溶质（底物）浓度、pH 值及温度等因素影响。载体蛋白以上特性与酶极为相似，所以，也可将它们称为渗透酶（permease）。细胞中有许多不同的渗透酶，每种只帮助一类物质的运输。它们大多数为诱导酶，即当外界存在某种物质时，才诱导产生该种物质的渗透酶。促进扩散的动力仍然是浓度梯度，不需要消耗能量。

促进扩散主要在真核生物细胞中用于运输糖分，在原核生物中较少见。

3.1.4.2 微生物对营养物质的主动运输

对大多数微生物而言，环境中的盐和其他营养物质浓度总是低于细胞内浓度，也就是说，这些物质的摄取必需逆浓度梯度地“抽”到细胞内。显然，这个过程需要能量，并且需要渗透酶。我们将营养物质逆自身浓度梯度由稀处向浓处移动，并在细胞内富集的过程称为主动运输（active transport）。

主动运输中的载体蛋白（渗透酶）还能改变反应的平衡点，而一般的酶不能改变平衡点，只能加快反应速度。主动运输分为简单主动运输和基团移位两种运输机制。

（1）简单的主动运输 简单的主动运输（simple active transport）是在消耗代谢能的同时，实现溶质（营养物质）在细胞内浓集的过程。溶质在运输前后并不发生任何化学变化。简单的主动运输可能是微生物的主要运输方式。大肠杆菌对乳糖的吸收就是主动运输的典型例证。乳糖先在膜外表面与其载体——半乳糖苷渗透酶特异性结合，运到膜的内表面，在消耗能量的同时，酶的构型发生变化，对乳糖的亲和力下降而将其释放，乳糖在胞内得到浓集。如果加入能量生成的抑制剂或氧化磷酸化解偶联剂，如叠氮钠（NaN_3），即阻断了呼吸链，细胞对乳糖的吸收就会停止。这时，半乳糖苷透过酶在膜内外对半乳糖苷的亲和力相同，只能进行促进扩散。

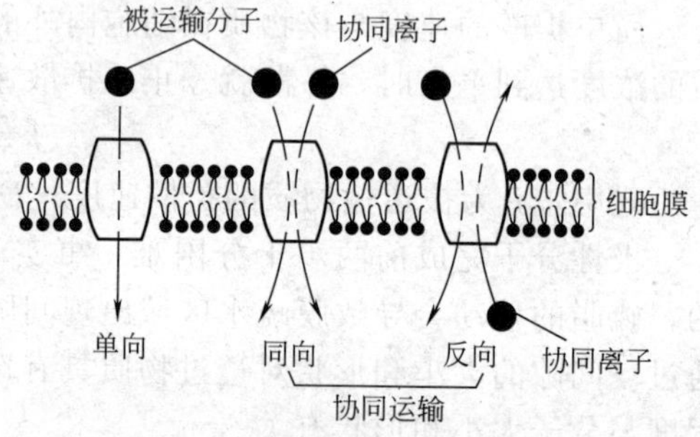

图 3.1.3 载体蛋白的运输模式

如果载体蛋白只是单纯地将某溶质从膜的一侧运输到另一侧，那么，它所形成的运输体系称为单一通道（uniport），该载体蛋白称为单向载体蛋白（uniporter）。两个不同的分子或离子被同一载体蛋白以同样方向同时或相继运输的系统称为同向通道（symport），该蛋白称为同向载体蛋白（symporter）；两个不同分子或离子被同一载体以相反方向同时或相继运输的系统称为逆向通道（antiport），相应的蛋白称为逆向载体蛋白（antiporter）。通过同向通道和逆向通道进行的物质运输统称为协同运输（cotransport），见图 3.1.3。

许多主动运输系统是被离子梯度中储存的能量驱动，而不是直接靠 ATP 水解而获能的。所有功能都是由同向通道或者逆向通道的协同系统来完成的。在细菌中，许多主动运输系统都是与 H^+ 协同运输的。例如，大多数糖和氨基酸进入细菌细胞的主动运输是由跨膜 H^+ 梯度驱动的。半乳糖苷渗透酶运输乳糖是与 H^+ 同向协同作用的结果，即每运入一个乳糖分子就有一个质子同时运入。真核细胞膜的 Na^+-K^+ ATPase 也是一种协同运输系统，在消耗 ATP 的同时将 Na^+ 泵出细胞，将 K^+ 泵入细胞，是一种逆向通道，见图 3.1.4。所以，离子梯度是由将辐射能或化学能转变为电-渗透能的机构（如与离子移位有关的 ATP 酶、光合磷酸化系统和呼吸链）完成的。

每消耗一分子 ATP，就泵出三分子 Na^+，泵进两分子 K^+。

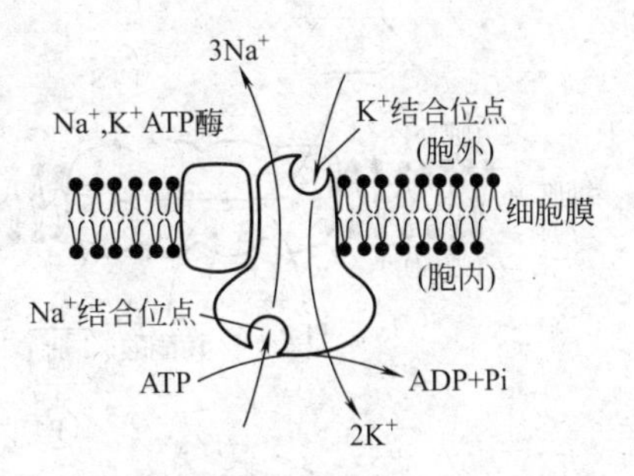

图 3.1.4 Na^+-K^+ ATPase 主动运输模式图

离子载体（ionophores）是一类可溶于脂双分子层的疏水性小分子，它可以增大脂双分子层对离子的透性，大多数离子载体由微生物合成，有的就是抗生素。离子载体有两种模式：动态载体（mobile carrier）和静态载体（static carrier），见图 3.1.5。

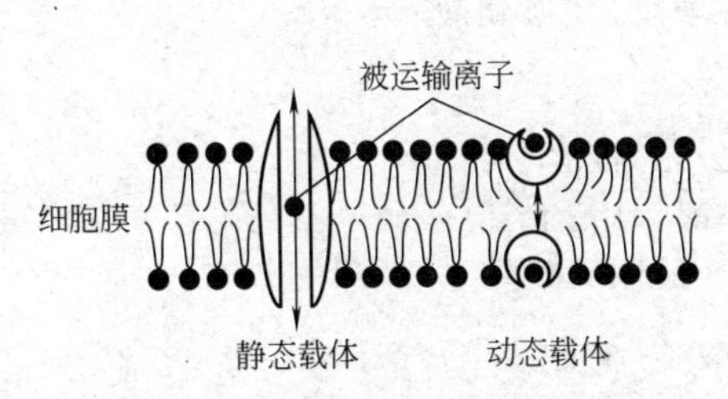

图 3.1.5 离子载体的运输模式图

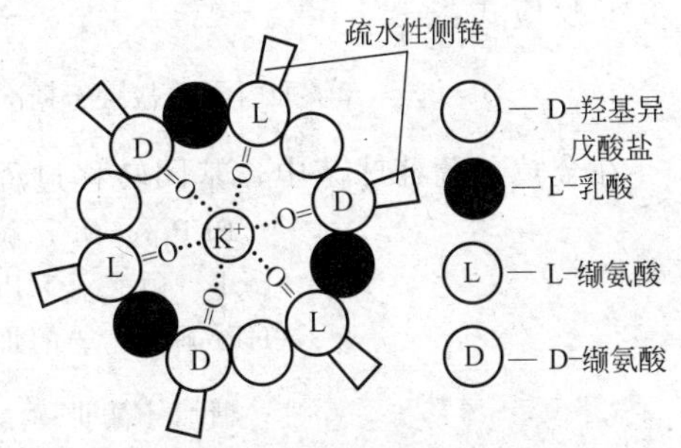

图 3.1.6 能运输碱金属的洁霉素离子载体

动态载体通过改变与营养物结合的部位（或旋转，或穿梭）来输送营养物质。静态载体在细胞膜上保持不动，但有供溶质通过的通道。

洁霉素（valinomycin）是链霉菌产生的一种抗生素，其结构为一环状缩肽分子，见图 3.1.6。分子中的氨基酸残基的亲水基团指向内部，疏水基团暴露在脂质层中，它能高度专一地将碱金属离子（K^+、Rb^+、Cs^+ 等）结合在它的环中，并把水合离子带过膜。它作为载体的能力依赖于膜的物理状态，运 K^+ 的能力随膜的黏度下降而上升，所以，它是一种动态载体。

尼日利亚菌素（nigericin）也是一种进行的 K^+、H^+ 交换的动态载体。

短杆菌肽 A（granmicidin A）是一种短芽孢杆菌产生的抗生素，由 15 个氨基酸组成的线状分子。疏水性侧链可与阳离子结合，但特异性比洁霉素低。短杆菌肽的两个单体分子头头相对形成二聚体，沿螺旋的轴向构成一个穿过膜的亲水通道，属于静态载体。因为二聚体不稳定，不断地形成和解离，通道开放的时间大概可以用秒量度。当存在较高的电化学梯度时，短杆菌肽 A 每个通道在 1s 内能运输 2×10^7 个阳离子，大约是动态载体运输量的 1000 倍。

（2）基团移位　若被运输的底物分子在膜内受到了共价修饰，以被修饰的形式进入细胞质的输送机制称为基团移位（group translocation）或基团转移（group transport）。这种运输是通过磷酸基团发生移位，即从磷酸烯醇式丙酮酸（PEP）转移到被输送的基质分子上而实现的，见图 3.1.7。因为在运输过程中，消耗了磷酸烯醇式丙酮酸上的高能磷酸键，所以，这类运输也属于主动运输。

基团移位最典型的例子是 1964 年在 *E. coli* 中发现的磷酸转移酶系统（phosphotransferase system，PTS）。它由三部分组成，酶Ⅰ，酶Ⅱ，HPr（组氨酸蛋白，histidine pro-

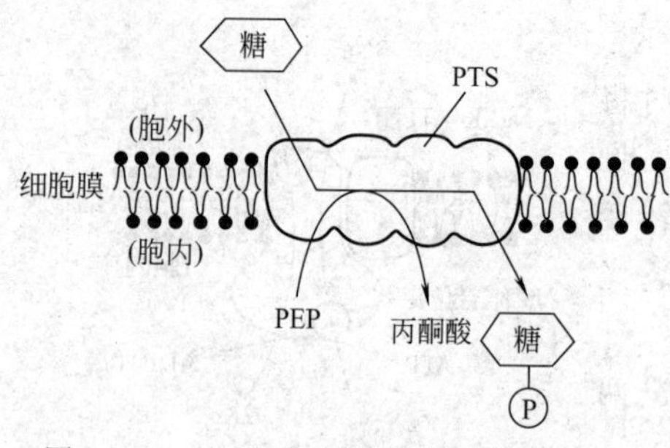

图 3.1.7 细菌运输糖的基团移位模式图

tein)，酶Ⅰ是非特异性的，是磷酸烯醇式丙酮酸-己糖磷酸转移酶。酶Ⅱ对每一种糖具有特异性，能被各种糖诱导，它包括两部分：酶$Ⅱ_a$和酶$Ⅱ_b$。HPr为热稳定性可溶蛋白，像高能磷酸载体一样起作用，是非特异性的磷酰基载体蛋白。

金黄色葡萄球菌的磷酸转移酶系统由酶Ⅰ，酶Ⅱ，HPr和酶Ⅲ组成。酶Ⅲ相当于大肠杆菌的酶$Ⅱ_b$，是高能磷酸的中间受体，经诱导产生。

大肠杆菌中基团移位过程如下：

$$\text{磷酸丙酮酸盐}_{(i)}+\text{HPr}_{(i)}\xrightarrow{\text{酶Ⅰ}}\text{Hpr-磷酸}_{(i)}+\text{丙酮酸盐}_{(i)}$$

$$\text{Hpr-磷酸}_{(i)}+\text{糖}_{(o)}\xrightarrow{\text{酶Ⅱ}}\text{糖-磷酸}_{(i)}+\text{HPr}_{(i)}$$

总反应式：

$$\text{磷酸丙酮酸盐}_{(i)}+\text{糖}_{(o)}\xrightarrow[\text{HPr}_{(i)}]{\text{酶Ⅰ 酶Ⅱ}}\text{丙酮酸盐}_{(i)}+\text{糖-磷酸}_{(i)}$$

在金黄色葡萄球菌中，基团转移过程如下：

$$\text{PEP}_{(i)}+\text{酶Ⅰ}_{(i)}\longrightarrow\text{酶Ⅰ}\sim\text{磷酸}_i+\text{丙酮酸}_{(i)}$$

$$\text{酶Ⅰ}\sim\text{磷酸}_i+\text{HPr}_{(im)}\longrightarrow\text{HPr-磷酸}_{(i)}+\text{酶Ⅰ}_{(im)}$$

$$\text{HPr-磷酸}_{(i)}+\text{酶Ⅲ}_{(im)}\xrightarrow[\text{酶Ⅱ}]{}\text{HPr}_{(i)}+\text{酶Ⅲ-磷酸}_{(im)}$$

$$\text{糖}_{(o)}+\text{酶Ⅲ-磷酸}_{(im)}\longrightarrow\text{糖-磷酸}_{(i)}+\text{酶Ⅲ}_{(i)}$$

总反应为：

$$\text{PEP}_{(i)}+\text{糖}_{(o)}\xrightarrow[\text{Hpr}]{\text{酶Ⅰ,酶Ⅱ,酶Ⅲ,}}\text{糖-磷酸}_{(i)}+\text{丙酮酸}_{(i)}$$

式中，下标i表示胞内，o表示胞外，im表示膜内。

由于膜对大多数极性的磷酸化合物有高度的不渗透性，所以，磷酸化后的糖不易再流出细胞，马上可以进入分解代谢。

根据目前所知，该方式主要用于许多单、双糖及糖的衍生物、核苷和核苷酸的运输。如大肠杆菌和伤寒杆菌的嘧啶、嘌呤碱就是通过基团移位方式输入的。

以上四大类营养物质跨膜运输方式的总结见表 3.1.5。

表 3.1.5 四种跨膜运输方式的比较

比较项目	简单扩散	促进扩散	简单的主动运输	基团移位
特异载体蛋白	无	有	有	有
运输速度	慢	快	快	快
溶质运输方向	由浓到稀	由浓到稀	由稀到浓	由稀到浓
平衡时内外浓度	相等	相等	胞内较高	胞内较高
运输分子	无特异性	特异性	特异性	特异性
能量消耗	不需要	不需要	需要	需要
运输前后的溶质分子	不变	不变	不变	改变
载体饱和效应	无	有	有	有
与溶质类似物	无竞争性	有竞争性	有竞争性	有竞争性
运输抑制剂	无	有	有	有
运输对象举例	H_2、CO_2、O_2、甘油、少数氨基酸、盐类	SO_4^{2-}、PO_4^{3-}糖(真核生物)	氨基酸、乳糖等糖类、Na^+、Ca^{2+}等无机离子	葡萄糖、果糖、甘露糖、嘌呤、核苷、脂肪酸

3.2 微生物的生长

微生物在适宜的环境条件下，不断吸收营养物质，合成自身的细胞组分，进行同化作用（assimilation），另一方面，微生物又不断地将复杂的物质分解成简单的物质，进行着异化作用（dissimilation）。若同化作用大于异化作用，那么，细胞原生质不断增加，细胞的重量和体积不断增大，这就是生长（growth）。

细胞生长是有限的，当细胞增长到一定程度时，就开始分裂，形成两个基本相似的子细胞。对于单细胞微生物，细胞分裂的结果就是个体数量增加，这就是繁殖（breed）。对多细胞微生物而言，细胞数量增加并不一定伴随着个体数目的增加，因此只能称为生长。生物从生长到繁殖是一个量变到质变的发展过程，被称为发育（development）。发育是生物的构造和机能从简单到复杂的变化过程。所以说，生长是繁殖的基础，繁殖是生长的结果。

如何表述微生物的生长呢？微生物生长有哪些规律？哪些因素会影响菌体生长？这是微生物学所关心的重要问题。

虽然生长和繁殖是不同的概念，但因为微生物个体细胞的生长时间较短，很快进入分裂即繁殖阶段，生长和繁殖实际上很难区分，另外，由于测量方法的局限，所以，我们常以细胞数目增加（即繁殖）来作为单细胞微生物生长的指标，这时所指的生长实际上是群体的生长。

3.2.1 微生物生长的测定

描述不同种类、不同生长状态微生物的生长情况，需要选用不同的测定指标。由于考察的角度、测定的条件和要求不同，形成了许多微生物生长测定的方法。有的方法直接测定细胞的数量或重量，有的方法通过细胞组分的变化和代谢活动等间接地描述细胞的生长。对单细胞微生物，既可取细胞数，也可选取细胞重量作为生长的指标；而对多细胞（尤其是丝状真菌），则常以菌丝生长的长度或菌丝的重量为生长指标。

3.2.1.1 直接法

（1）显微计数法（microscopic count） 通常采用血球计数板（hemocytometer）进行计数，即将一定稀释度的细胞悬液加到固定体积的计数器小室内，在显微镜下观测小室内细胞的个数，计算出样品中细胞的浓度。见图 3.2.1。

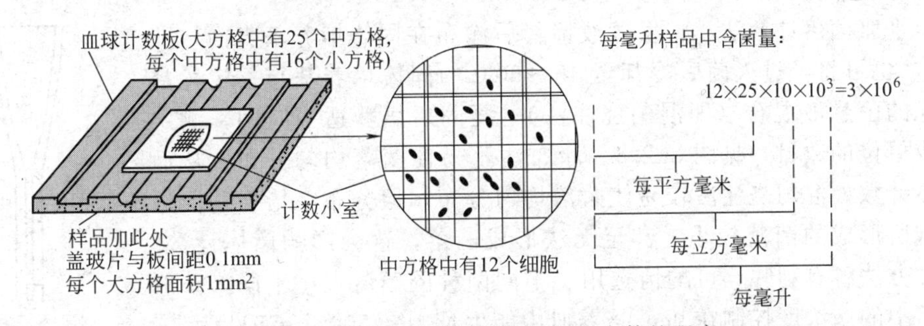

图 3.2.1 采用血球计数板测定细胞个数的程序

该法简便、快速，被广泛应用于单细胞微生物的测定，但不适用于多细胞微生物。被测定的细胞悬液中应该不存在会与细胞混淆的其他颗粒。该方法一般不能鉴别菌体死活，但有时可以预先在细胞悬液中加入染料而分辨出死菌和活菌。如：用美兰染料将酵母菌染色，活的酵母菌是无色的，死的菌体被染成蓝色，这样可以分别计算活菌数和死菌数。

将待测的细胞悬液按比例与血液混合后加入计数小室，在显微镜下测得待测细胞与红细胞的比例。因为血液中红细胞浓度是已知的，所以，可计算出每毫升样品中待测细胞数，这种方法也称比例计数法。将上述混合样品涂片后，显微镜下测定它们之间的比例，可以得到同样的结果。该方法较适用于测定细胞含量较低的样品。

(2) 比色法（colorimetry）或（比浊法，turbidimetry） 这是测定悬液中细胞数量的快速而简单的方法。因为菌体不透光，所以，在一定浓度范围内，悬液中单细胞的数量与光密度成正比。通常采用分光光度计，选择 600～700nm 之间的某一波长进行比色测定。但应该注意培养基的成分和培养产物不能在所选用的波长范围有吸收。如果样品颜色较深或其中有一些固体颗粒则不能直接采用比色法。该法也不适用于多细胞生物的生长测定。

(3) 干重测定法 将细胞培养液离心或过滤后，洗涤除去培养基成分后转移到适当的容器中，置 100～105℃干燥箱烘干或低温低压干燥（60～80℃）至恒重后，称重。该方法要求培养液中没有除细胞以外的固体颗粒，否则结果就会产生较大误差。一般细胞干重为细胞湿重的 10%～20%。以细菌为例，一个细胞重约 10^{-13}～10^{-12}g。若是固体培养物，可先加热溶解琼脂，然后过滤出菌体，洗涤、干燥后再称重。该法适合于单细胞和多细胞微生物的生长测定。

(4) 菌丝长度测定法 这是针对丝状真菌生长而确定的测定方法，一般在固体培养基上进行。最简单的方法是将真菌接种在平皿的中央，定时测定菌落的直径或面积。对生长快的真菌，每隔 24h 测定一次，对生长缓慢的真菌可数天测定一次，直到菌落覆盖了整个平皿，由此求出菌丝的生长速度。该法的缺点是没有反映菌丝的纵向生长，即菌落的厚度和深入培养基内的菌丝，另外，接种量也会影响测定结果。

另一个计算真菌生长的方法是 U 形管培养法，见图 3.2.2。U 型管底部铺设一层培养基，将真菌接种在 U 形管的一端，定时测定菌丝的长度。这种方法的优点是对生长较快的菌丝可以有足够的时间进行测量。不易被污染，缺点是不能反映菌丝的总量，通气也不够良好。

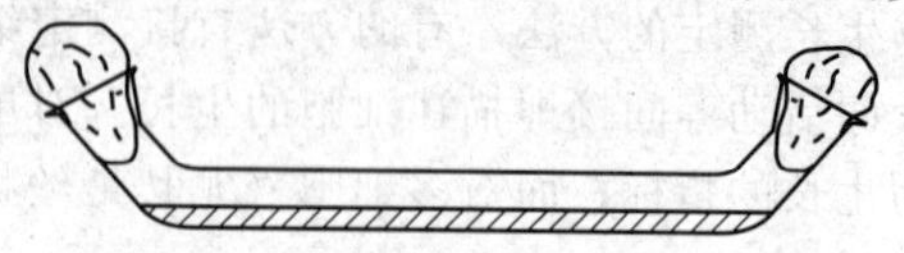

图 3.2.2 计算丝状真菌的 U 形管

(5) 细胞堆积体积测定法 将细胞悬液装入毛细沉淀管内，见图 3.2.3，在一定条件下离心，根据堆积体积计算含菌量。也可以将发酵液直接装入常用的刻度离心管内，经过一定转速和时间的离心，从得到沉淀的体积推测出细胞的质量。细胞的密度变化不大，一般是在 1.05～1.1 之间。

(6) 平皿菌落计数法 将发酵液稀释后涂布在固体培养基表面（即涂布法），也可将经过灭菌后冷却至 45～50℃的固体培养基与一定稀释度和体积的菌悬液混合（即混匀浇注法），凝固后培养适当时间，测定菌落形成单位的数目，见图 3.2.4。涂布法不易使菌落均匀分布，从而影响菌体计数。混匀浇注法较易使菌落均匀分布，但分布在培养基内的部分细胞所形成的菌落较小，甚至无法形成菌落，这会影响菌体计数。所以两种方法各有利弊，可酌情选用。不同菌种的菌落大小不同，一般应将样品中的菌浓度控制在 9cm 培养皿中能生长 50～500 个 CFU 为佳。通常是先将待测样品作一系列稀释，每个稀释度在三个以上的平皿中培养生成菌落，取其平均值，根据合适的稀释度的平皿菌落数进行含菌量计算，见图 3.2.5。

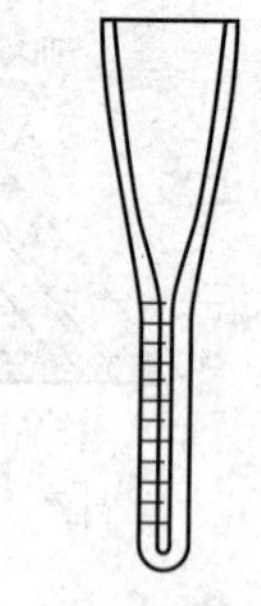

图 3.2.3 测定堆积体积的离心管

平皿菌落计数法可以反映样品中活菌的数量。该法要求菌体呈分散状态，否则单个菌落未必就是单个细胞形成的，所以，它较适合于细菌和酵母菌等单细胞微生物计数，不适于霉菌等多细胞微生物。如果培养基或培养条件不恰当，有些细胞也不能形成菌落，从而影响细

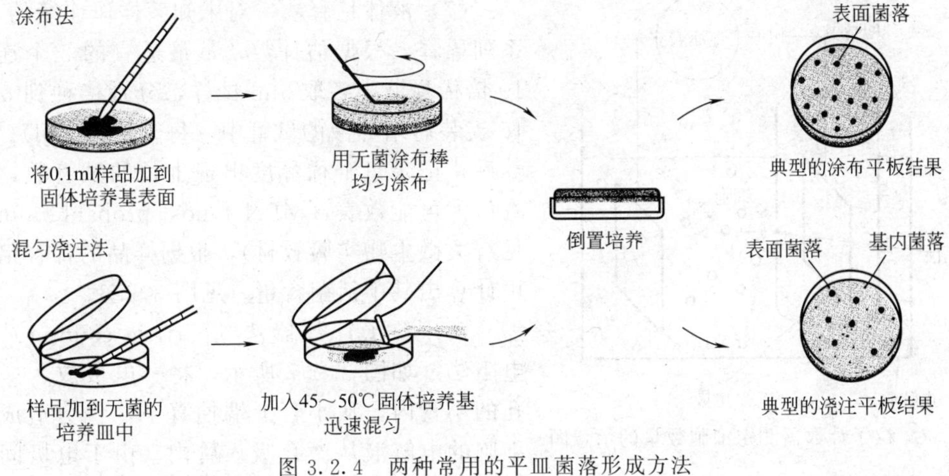

图 3.2.4 两种常用的平皿菌落形成方法

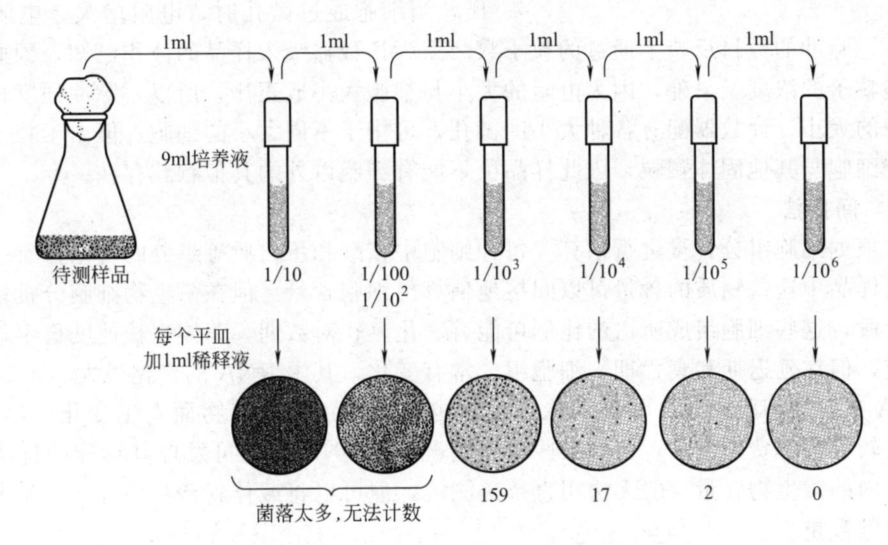

图 3.2.5 菌落计数的操作步骤

胞计数。一个细胞一般要传 25 代，才会形成肉眼容易看到的菌落。也有人将培养基放在固定于载玻片上的小环中，将细胞接种到这种微型平板上，经短时间培养后，将它们移到显微镜下观测菌落数目。与以上平皿计数法相比，它能更快地获得结果。

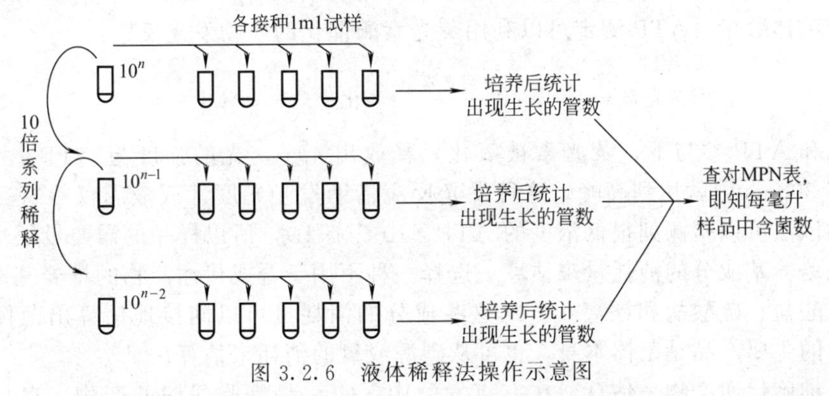

图 3.2.6 液体稀释法操作示意图

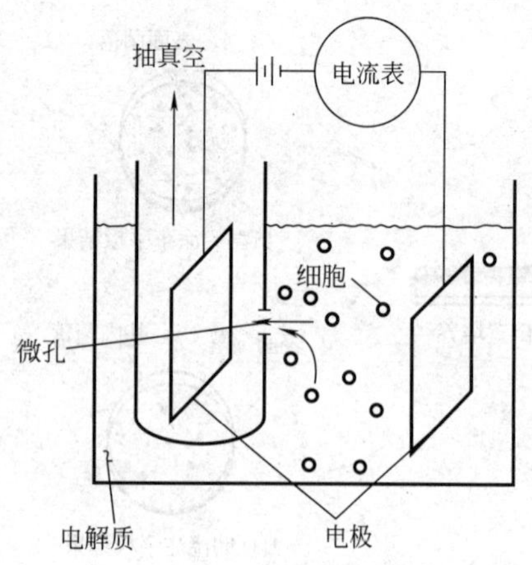

图 3.2.7 粒子计数器测定细胞数量的示意图

（7）液体稀释法 对未知菌样作连续的10倍系列稀释。根据估计数，从最适宜的3个连续的10倍稀释液中各取5ml试样，分别接种到3组共15支装有培养液的试管中（每管接入1ml）。经培养后，记录每个稀释度出现生长的试管数，然后查最大可能数表（MPN，most probable number，见有关微生物实验教材），根据样品的稀释倍数就可计算出其中活菌含量。见图3.2.6。

（8）粒子计数器法（particle counter）又称电阻法 如图3.2.7所示，将一电极放入一带微孔的小管内，从小管上端抽真空，将会造成含有细胞的电解液从微孔吸入管内。由于电极间有电压，当细胞通过微孔时，电阻增大，电阻会引起电流脉冲，脉冲的数目反映了通过的粒子数。因为计数器吸入样品的体积已知，因此可以计算出细胞粒子的浓度。另外，因为电阻的大小与细胞大小成正比，所以，脉冲强度也反映了细胞粒子的大小。计数器配有各种大小的微孔，可用于不同大小的细胞。但由于粒子计数器无法区分细胞与其他固体颗粒，因此样品中不能有细胞以外的其他颗粒存在。

3.2.1.2 间接法

（1）根据细胞组分含量进行估算 每种细胞中核酸和蛋白质等组分的含量占有一定的比例，根据样品中这些物质的含量可以间接地估算出细胞含量。但在微生物细胞分批培养的不同生长阶段，这些细胞组成所占的比例可能有变化。在对数期，菌体生长速度稳定，细胞组分也恒定，但在延迟期和衰亡期，细胞组分常有变化，其中RNA的变化最大。

DNA在各种细胞内的含量最为稳定，它也不会因加入营养物而发生变化。尽管DNA测定方法较繁琐，费用也高，但在某些特殊情况下，DNA测定可发挥其特殊的优势。如固定化载体内的微生物含量一般无法用直接法测定，但可以将载体粉碎后测定DNA来估算微生物的细胞数量。

蛋白质测定在生化技术中比较成熟。菌体除去水分后，主要是蛋白质，含量也比较稳定。可以采用双缩脲、福林试剂或凯氏定氮法等常用手段测定蛋白含量以便间接确定菌体含量。但是，许多培养基的组成中也有蛋白质，这就限制了蛋白质测定法的应用。

ATP在活细胞生长过程中是作为化学能利用的中间体。它在各种微生物细胞中的含量也很稳定，一般是10^{-6}mol/L数量级。典型细菌细胞的ATP含量为每克细胞干重含有1mg ATP。因为细胞死亡后几分钟内，ATP就会被水解，所以，以ATP为指标，可以快速、灵敏地反映活菌体数量。ATP测定可以利用荧光素酶催化的生物发光反应：

$$\text{荧光素} + O_2 + \text{ATP} \xrightarrow{\text{荧光素酶}} \text{氧化荧光素} + \text{AMP} + \text{光}$$

在氧气和ATP参与下，荧光素被氧化，释放出光子。光的强度与ATP含量成正比。发光反应在300ms内就达到高峰。这种发光反应借助发光光度计或液闪仪等特殊仪器进行测定。利用该法可以检测到很低浓度的ATP（10^{-12}g/L），所以样品的需要量很小。

（2）从培养基成分的消耗量来估算 选择一种不用于合成代谢产物的培养基成分为检测对象，如磷酸盐、硫酸盐和镁离子。从这些成分的消耗量可以间接地估算出菌体的生长速度。若发酵的主要产品是菌体本身，也可从碳源或氧的消耗来估算。

（3）从细胞代谢产物来估算 在有氧发酵中，CO_2是细胞代谢的产物，它与微生物生长密切有关。在全自动发酵罐中大多采用红外线气体分析仪来测定发酵产生的CO_2量，进而估算出微生物的生长量。

（4）从发酵液的黏度来估量　随着菌体量的增加以及黏性的发酵产物的形成，发酵液的黏度会显著地增大。发酵工厂常采用简单的黏度测定作为发酵生长量的监测指标之一。当然，发酵菌体裂解或染菌等不正常情况也会造成发酵液黏度的增大或降低，从而增加估算的误差。

（5）从发酵的放热量来估算　产热是微生物生长中的普遍现象。发酵过程中的能量平衡可用下式表示：

$$Q_{积累}=Q_{发酵}+Q_{搅拌}+Q_{蒸发}+Q_{空气}+Q_{散热}$$

式中$Q_{蒸发}$和$Q_{空气}$一般可以忽略，而$Q_{搅拌}$和$Q_{散热}$可以计算。这样可以连续测定发酵过程的产热量。

发酵热可以使用动力学量热法测定。将整个发酵罐看成一个绝热的量热器。在测定发酵热时，切断温度控制，允许温升0.5～1.0℃，单位时间内累积的热量$Q_{积累}$可从温度时间曲线的斜率（$\Delta T/\Delta t$）和系统的总热容$C_{p总}$（kJ/℃）来估算，即：

$$Q_{积累}=\Delta T/\Delta t\cdot C_{p总}$$

另一种简易方法是测定发酵罐冷却水的进口温度（$T_{进}$）、出口温度（$T_{出}$）和单位时间的消耗量W。冷却水的能量平衡可以写成下式：

$$Q_{积累}=WC_p(T_{出}-T_{进})$$

式中　C_p——水的比热容。

这种测定适用于表面积与体积比值较小的大型发酵罐。

（6）从发酵液的酸碱度来估量　在某些特定情况下，培养基pH值的变化能较好地反映底物的消耗和微生物的生长。如氨的利用结果是释放出H^+，导致pH值下降；类似地，硝酸盐作为氮源，氢离子被从培养基中移去，导致pH值上升。

3.2.2 微生物的群体生长规律

微生物在不受限制的条件下，生长的理想状态可用数学方法来描述。如果微生物细胞重量或细胞数量倍增之间的间隔恒定，那么，微生物就以对数速率增加，其生长可以用下式描述

$$dX/dt=\mu x \text{ 或 } dN/dt=\mu_n N$$

式中　X——细胞浓度，g/L；

N——细胞浓度，细胞数/L；

t——时间，h；

μ——细胞重量的比生长速率，1/h；

μ_n——细胞数的比增长速率，1/h；

μx——菌体产率，g/(L·h)。

将方程式两边积分：

$$\int_{x_0}^{x}\frac{1}{x}dx=\int_0^t\mu dt$$

若比速率μ为常数，则：
$$\ln\left(\frac{x}{x_0}\right)=\mu t$$

式中x_0是初始细胞浓度。细胞浓度增加一倍的时间称为细胞倍增时间τ，即$x_2=2x_1$所需要的时间，则

$$\tau=\ln2/\mu$$

微生物生长速度可用平均倍增时间 τ 或比生长速率 μ 来描述。

以上数学公式只是描述了理想状态下的微生物群体生长，实际上，由于微生物种类、培养条件和所处生长阶段的不同，微生物群体生长有较大的差异。以下将主要讨论微生物在分批培养、连续培养和同步分裂培养条件下的生长规律。

3.2.2.1 分批培养

微生物在化学成分一定的培养基中进行培养称为分批培养（batch culture）或间歇培养。它是一个封闭体系，初始状态下含有限的营养物和微生物。微生物在分批培养中的生长速度随时间而发生有规律性的变化。

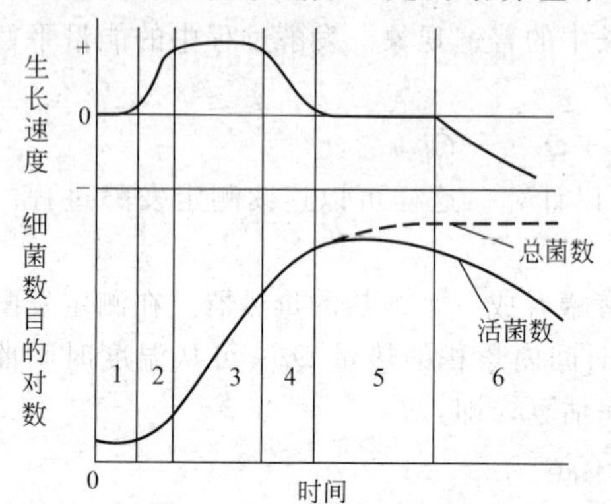

图 3.2.8 细菌的生长曲线
1、2—延迟期；3、4—对数生长期；5—稳定期；6—衰亡期

（1）细菌的生长曲线 在细菌分批培养过程中，定时取样测定单位体积里的细胞数，以单位体积中的细胞数的对数为纵坐标，以培养时间为横坐标，就可得到如图 3.2.8 所示的细菌繁殖曲线。细菌是单细胞微生物，细菌的繁殖也就是群体的生长，所以，繁殖曲线又称生长曲线。

根据细菌生长曲线的变化规律，可把分批培养的全过程分为四个阶段：延迟期，对数生长期，稳定期，衰亡期。

① 延迟期 当微生物进入一个新的培养环境时，一般并不立即进行繁殖，而是需要一个从微生物接种到培养基后的适应期。在开始一段时间内，细菌数或总重量几乎不增加，甚至还稍有减小，所以将这个时期称为延迟期（lag phase）。此时，菌体需要重新调整分子组成，包括酶和细胞结构成分，所以，又将这个时期称为调整期。

延迟期微生物有下列生理特性：第一，菌体内含物质量显著增加，菌体体积增大，杆菌则表现出菌体明显伸长，如巨大芽孢杆菌在延迟期末细胞的长度比刚接种时大 6 倍，接种时只有约 3.4μm，3.5h 后增加到 9.1μm，5.5h 后 19.8μm。第二，菌体的代谢机能非常活跃，将产生特异性酶（如诱导酶）、辅酶及某些中间代谢产物以适应环境的变化。核糖体和 ATP 合成加快，这时细胞中的 RNA，尤其 rRNA 含量较高，所以，细胞的嗜碱性强。第三，对外界理化因素（如抗生素、盐、热、紫外线和 X 光等）影响的抵抗能力较弱。

延迟期的存在可能是移种到新培养环境的微生物一时还缺乏分解或催化底物的酶，或缺乏充分的中间代谢产物。要产生诱导酶或合成有关代谢物，就需要一个适应过程，所以出现了群体生长停滞现象，但细胞却处于旺盛的生长之中，只是细胞的分裂延迟了。

延迟期的长短与菌种的遗传性、菌龄、接种量及移种前后环境的差异等有关，短的只有几分钟，长的可达几小时。从菌种来看，细菌和酵母菌的延迟期短；霉菌次之，放线菌较长；繁殖快的菌种延迟期较短；接种前菌种处于对数生长期的，延迟期较短，甚至检测不到；天然培养基比合成培养基的延迟期短；接种到相同组分培养基比不同组分培养基的延迟期短；接种量大可以缩短，甚至消除延迟期。

延迟期的存在会延长微生物正常的生长周期，在发酵工业中，使生产周期延长、设备的利用率降低，所以，应该尽量缩短延迟期。可以采取的措施有，采用适当菌龄（处于对数生长期）的健壮菌种；发酵培养基的组成应尽量接近种子培养基，或在种子培养基中加入发酵培养基的成分及增加接种量，工业上常用的接种量是 1∶10。

② 对数生长期 延迟期末，细菌已适应了新环境，细胞开始分裂，并以几何级数增长，

这一时期称为对数生长期（exponential growth phase，log phase）。微生物在这个时期，生长非常旺盛，故又称生长旺盛期。细菌细胞数接近数学公式描述的理想生长状态。图中反映出此阶段的生长曲线趋于直线。

对数生长期微生物的生理特征有：第一，菌体高速生长，生长速率常数最大，增代时间和原生质增倍的时间最短。该阶段养分充足，空间充裕，排出的代谢产物还不会影响生长。若培养基配方恰当，培养条件合适，生长速度则更快；第二，生长繁殖速度易受培养温度的影响，应该尽量接近最适生长温度；第三，处于该阶段前期的细胞对理化因素影响仍很敏感；第四，菌体大小、形态、生理特征比较一致，大多是单个存在，所以，研究微生物遗传和代谢性能时宜采用该阶段的菌体。生产中接种的种子也应该用处于对数生长期的菌体。

在分批培养中，营养物浓度较低时，微生物的生长速度和菌体产量常受到某种营养物质浓度的影响，随着营养物浓度的逐渐提高，生长速度不受影响，而只影响最终菌体生长量，如果进一步提高营养物的浓度，则生长速度和菌体产量均不受影响，见图 3.2.9。我们把在较低浓度范围内，影响菌体生长速率和菌体产量的营养物质称为限制性营养物质（或因子）。限制性营养物质通常是碳源或能源（如葡萄糖），也可以是生长因子或无机盐等。

若以比生长速率 μ 对限制性营养物质的浓度［S］作图，往往符合 Monod 公式：

$$\mu=\mu_{max}\frac{[S]}{K_S+[S]}$$

式中 μ_{max} 为最大比生长速率；［S］是培养基中限制性营养物质的浓度；K_S 为微生物以最大速度的一半的速度生长时，所要求的营养物质浓度，即 $\mu=\mu_{max}/2$ 时，$K_S=[S]$。Monod 公式只适用于单个限制性营养物质的情况。

常见的营养物质的 K_S 值很小，当［S］$>10K_S$ 时，μ 接近于 μ_{max}，比生长速率不再明显受营养物质浓度变化的影响。

③ 稳定期又称恒定期或最高生长期　当营养物质的消耗尤其是限制性营养物耗尽或营养物比例失调（如 C/N 改变），酸、醇、毒素和过氧化氢等有害代谢产物的积累，以及其他环境条件（如 pH、氧化还原电位等）发生对菌体生长不利的变化时，在对数期末期，菌体生长速率就会逐渐下降，细胞分裂速度也逐渐下降，而死亡速率上升，以致出现繁殖率与死亡率逐渐趋于平衡，活菌数基本保持稳定的阶段，这一时期称为稳定期（stationary phase）。

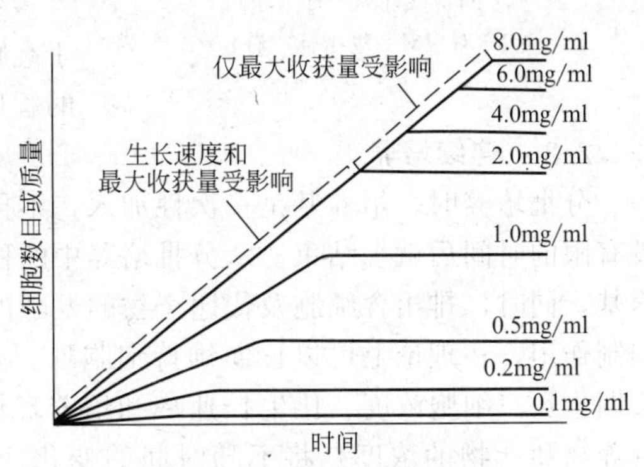

图 3.2.9　营养物浓度对生长速度和菌体产量的影响

稳定期微生物的生理特征有：第一，$\mu=0$，即菌体数处于动态平衡，此时，菌体产量达最高，若目标产物是菌体本身，则应在该阶段收获；第二，细胞分裂速度下降，细胞内开始积累内含物，如肝糖、脂肪粒、多聚 β-羟丁酸和多聚偏磷酸盐等。大多数产芽孢的细菌开始产芽孢，以适应不利的环境；第三，代谢活动继续，并保持相当水平，对于累积某些代谢产物或某些酶的发酵，此时是最佳的收获时机，有的微生物则开始合成次级代谢产物，如抗生素；第四，该时期的长短与菌种、培养条件有关，若生产需要，可在菌种或工艺上采取措施，延长稳定期。

④ 衰亡期　若将稳定期后期的菌体继续培养，细胞死亡速率将进一步上升，以致明显超过繁殖速率，体系中活菌数明显下降，就到达了衰亡期（decline phase）。若其中活菌数

以几何级数下降，称为对数衰亡期。

衰亡期的出现是由于培养环境对微生物生长明显不利，使分解代谢大于合成代谢，最终导致细胞大量死亡。

这阶段微生物的生理特性有：第一，μ为负值；第二，细胞内颗粒更明显，出现液泡，细胞出现多形态、畸形或衰退形，芽孢开始释放；第三，因细菌本身产生的酶及代谢产物的作用，使菌体死亡，并伴随着自溶，有的微生物继续产生抗生素等次级代谢产物；第四，衰亡期比其他各期时间更长，而且时间长度取决于菌种及环境条件。

(2) 丝状真菌的生长曲线　菌丝状微生物（放线菌、霉菌等）的生长曲线与单细胞微生物存在显著的不同，它们一般没有典型的对数生长期，见图 3.2.10。丝状真菌的生长过程大致可分为三个阶段：

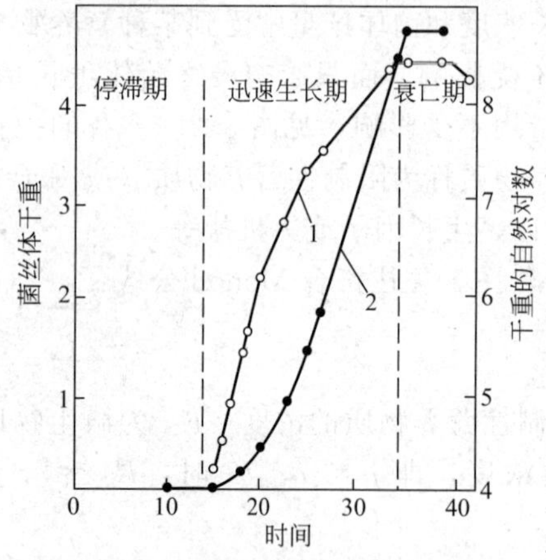

图 3.2.10　丝状真菌的生长曲线
1—对应线性纵坐标（左）；
2—对应对数纵坐标（右）

① 生长停滞期　造成生长停滞的原因有两种，一是孢子萌发前真正的停滞状态，另一种情况是生长已经开始但还无法测定。

② 迅速生长期　此时菌丝体干重迅速增加，其立方根与时间呈直线关系。因为它不是单细胞，繁殖不是以几何级数倍增，所以，它没有对数生长期。在迅速生长期中，碳、氮、磷等被迅速利用，呼吸强度达到顶峰。有些代谢产物已出现，有些还未出现。

③ 衰亡期　真菌进入衰亡期的标志是菌丝体干重下降，一般是在短期内失重很快，以后不再变化。大多数次级代谢产物（如抗生素）在此时合成。处于衰亡期的大多数细胞都出现大的空泡。菌体自溶的程度因菌种和培养条件而异。

3.2.2.2　连续培养

分批培养时，培养基是一次性加入，不再更换，微生物的生长及代谢产物的积累经过一段有限的时间后就会结束。从分批培养中的稳定期起因的分析可知，如果不断补充新鲜的培养基，同时，排出含细胞及代谢产物的发酵液，就有可能消除营养物质的不足及代谢产物的抑制作用，在理论上可以长期维持细胞处于对数生长期生长。细胞浓度、比生长速率和培养环境（如营养物和产物的浓度）将不随时间的变化而变化。这就是连续培养（continuous culture，又称开放培养，open culture）中菌体生长的重要特征。见图 3.2.11。

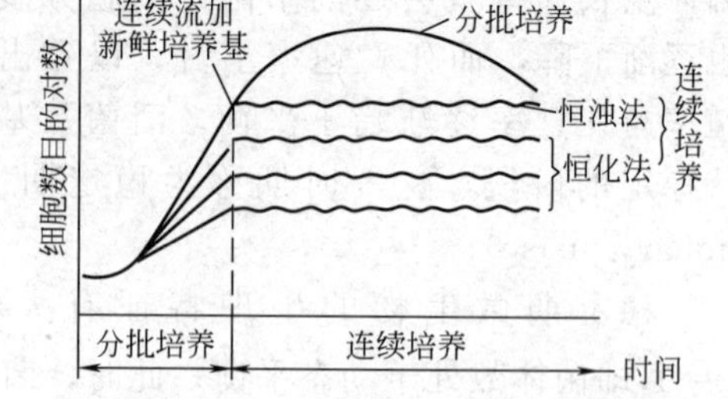

图 3.2.11　分批培养与连续培养的关系

3.2.2.3　同步分裂培养

在上述培养过程中，微生物群体以一定的速度生长，但并不是所有细胞同时进行分裂，而是有的早，有的迟，每个细胞的“年龄”并不相同。显然，这些培养条件下的微生物群体生长的生理生化特性不能很好地反映个体细胞的生理生化特性。同步分裂培养（synchronous culture）就是通过一定的手段，使培养物中所有的细胞处于同一生长阶段，使群体与个体的行为保持一致。同步分裂培养的生长曲线呈现“梯形”状，见图 3.2.12。这种培养方式主要用在实验室中进行微生物细胞的生理生化研究。

使细胞分裂同步的手段主要有两种：诱导法和选择法。

(1) 诱导法　控制培养的物化条件（如温度、营养物），诱使细胞同步生长的方法称为诱导法。如果让菌体在低于或高于最适生长温度的环境下培养一段时间，这些细胞缓慢生长，但不发生分裂，然后，再将培养温度恢复到最适生长温度，这时，大多数细胞就会同时进行分裂。例如将鼠伤寒沙门杆菌置25℃ 28min，37℃ 8min，重复几次，就能获得37℃下同步生长的培养物。

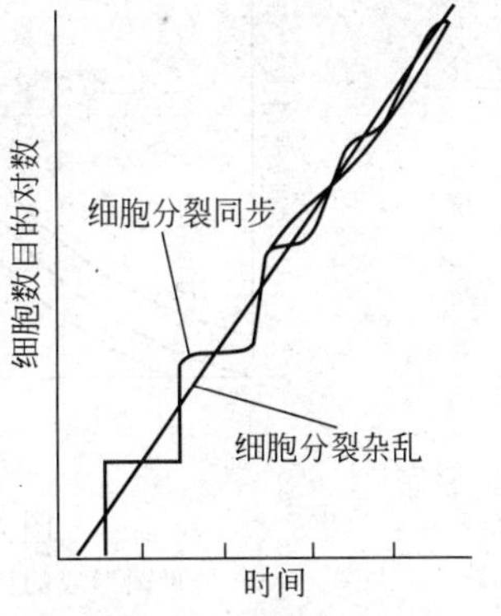

图 3.2.12　细菌的同步生长与非同步生长的曲线

也可以通过改变培养基成分来获得同步培养物。例如限制碳源或其他营养物，使细胞只能进行一次分裂而不能继续生长，从而获得刚分裂的细胞群体，然后转入适宜的培养基中，它们便进入同步生长。对于营养缺陷型菌株，同样可以通过控制它所缺乏的某种营养物质而达到同步化。例如大肠杆菌胸腺嘧啶缺陷型菌株，先在不含胸腺嘧啶的培养基中培养一段时间，所有的细胞在分裂后，由于缺乏胸腺嘧啶，DNA的合成停留在复制的前期，随后在培养基中加入适量的胸腺嘧啶，于是所有的细胞都会同步生长。

从细菌的生长曲线可知，处于稳定期的细胞，由于环境条件不利，细胞均处于衰老状态，如果移入新鲜培养基中，同样也可获得同步生长。

总之，诱导法就是创造一个微生物能生长，但是分裂受抑制的环境，一旦移去抑制条件，培养物细胞就能够同时开始分裂。

(2) 选择法　选择法是通过差速离心或过滤等手段，将处于不同生长阶段的细胞分开，从而实现同步培养。选择法的优点是它不会影响菌体的正常代谢，获得的菌体活力正常。但是，这种方法只适用于不同生长阶段的细胞大小和比重有明显差异的微生物种类。

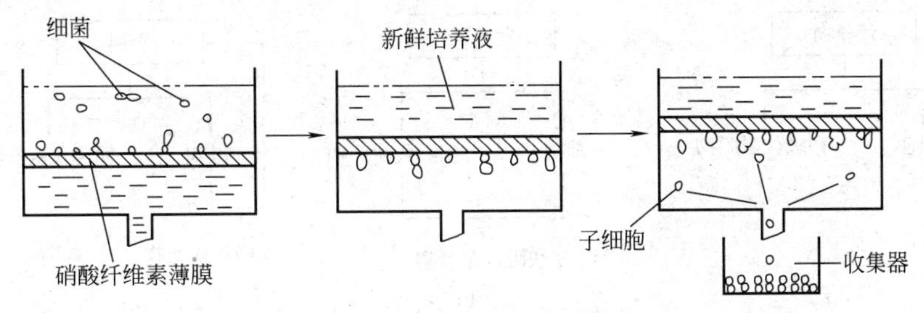

图 3.2.13　硝酸纤维素薄膜法

选择法中有一种较巧妙的操作方法——硝酸纤维素薄膜法，其大致过程如图3.2.13所示：①将菌液通过装有硝酸纤维素滤膜的过滤器，由于细菌与滤膜带有不同的电荷，所以处于不同生长阶段的细菌均附着在膜上；②将膜翻转，再用新鲜的培养液滤过培养；③附着在膜上的细菌开始分裂，分裂的子细胞不能与薄膜直接接触，由于菌体自身重量，加上它附带的培养液的重量，使菌体下落到收集器内；④收集器在短时间内获得的细菌都是处于同一分裂阶段的新细胞，用这些细胞接种培养，便能得到同步培养物。

需要指出的是，以上两类方法获得的培养物最多只能同步分裂4～5代，有的仅能维持一代。这是因为细胞个体之间差异总是存在的，这些差异随着分裂次数的增加就会逐渐增大。

3.2.2.4　微生物生长与产物形成的关系

微生物发酵形成产物的过程与微生物细胞生长的过程并不总是一致的。一般认为微生物的初级代谢（primary metabolism）是给予生物能量和生成中间产物的过程，初级代谢生成

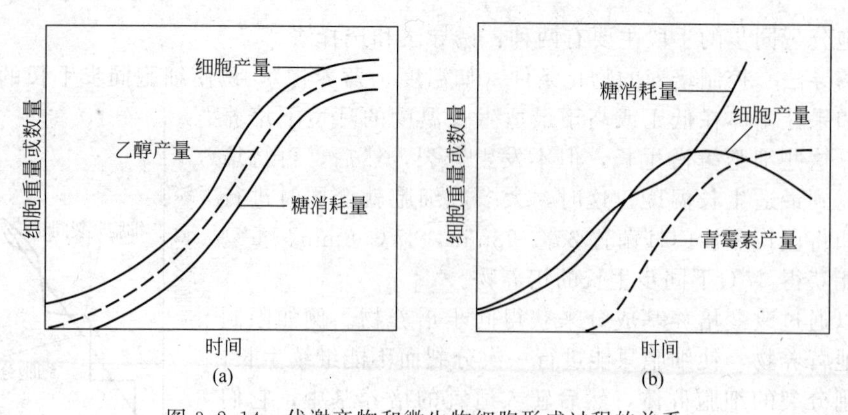

图 3.2.14 代谢产物和微生物细胞形成过程的关系

(a) 酵母菌形成的初级代谢产物——乙醇；(b) 产黄青霉形成的次级代谢产物——青霉素

的中间产物称为初级代谢产物（primary metabolite），如氨基酸、核苷酸、乙醇等，它们对微生物的生存是必需的，各种微生物形成的初级代谢产物种类也比较相似。这些产物的形成往往与微生物细胞的形成过程同步，见图 3.2.14（a）和图 3.2.15（a）。在微生物分批培养过程中，微生物生长的稳定期是这些产物的最佳收获时机；另有一些代谢产物对微生物的生存、生长或繁殖并不是必需的，称为次级代谢产物（secondary metabolite）。这些代谢产物的形成过程往往与微生物细胞生长过程不同步，见图 3.2.14（b）、图 3.2.15（b）和图 3.2.15（c）。在分批培养中，它们形成的高峰往往在微生物生长的稳定期后期或衰亡期，初级代谢产物的关键中间体多半是次级代谢的前体。不同微生物形成的次级代谢产物的种类相差较大。次级代谢产物的种类主要有抗生素、生长激素、生物碱、维生素、色素和毒素等。相当多的次级代谢产物都是重要的工业发酵产品。

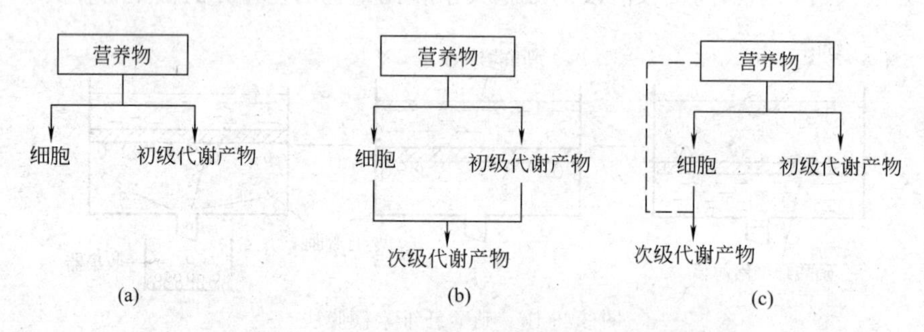

图 3.2.15 初级代谢产物和次级代谢产物

(a) 细胞与代谢物几乎同时形成；(b) 在细胞和初级代谢产物形成后，细胞将初级代谢产物转化为次级代谢产物；(c) 在细胞形成后，进一步将营养物转化为次级代谢产物

3.3 微生物的培养方法

微生物培养就是提供一个适宜特定微生物生长的理化环境，使其大量地繁殖。微生物培养的目的各有不同，有些是以大量增殖微生物菌体为目标（如单细胞蛋白或胞内产物），有些则是希望在微生物生长的同时，实现目标代谢产物的大量积累。由于培养目标的不同，在培养方法上也就存在许多差别。让所需的微生物大量繁殖，并进而产生大量目标代谢产物的过程称为微生物发酵，这尤其是指工业上大规模的微生物培养。“培养”和“发酵”两个概念经常是通用的，但它们与生物氧化中的“发酵”概念是截然不同的。

从历史发展的角度来看，微生物培养技术的发展主要有以下特点：①从少量培养发展到大规模培养；②从浅盘培养发展到厚层固体或深层（液体）培养；③从以固体培养为主发展到以液体培养为主；④从静止式液体培养发展到通气搅拌式液体培养；⑤从分批培养发展到连续培养以至多级连续培养；⑥从游离的微生物细胞培养发展到利用固定化细胞培养；⑦从单一微生物培养发展到混合微生物培养；⑧从利用野生菌种发展到利用变异菌株以及“工程菌”。

总之，微生物培养的形式丰富多样，各具特色，各有所长。根据微生物种类、培养目的和要求、规模和资金投入的不同可以有不同形式的培养装置。良好的装置应在提供丰富而均匀的营养物质的基础上，保证微生物获得适宜的温度和对绝大多数微生物所必需的良好通气条件（除少数厌氧菌外），此外，还要为微生物提供一个适宜的物理化学条件和严密的防止杂菌污染的措施。以下是一些实验室和工厂中常见的微生物培养方法：

3.3.1 固体培养

固体培养（solid-state culture）就是利用固体培养基进行微生物的繁殖。微生物贴附在营养基质表面生长，所以，又可称为表面培养（surface culture）。固体培养在微生物鉴定、计数、纯化和保藏等方面发挥着重要作用。一些丝状真菌也可进行生产规模的固体发酵。

3.3.1.1 实验室常见的固体培养

实验室主要有试管斜面、培养皿平板、较大型的克氏扁瓶（Kalle flask）和茄子瓶斜面等固体培养方法用于菌种的分离、纯化、保藏和生产种子的制备。用接种针挑取原始培养物后，在固体培养基表面划线接种，见图 3.3.1（a）和图 3.3.2。也可以用涂布棒将少量的液体培养物涂布在整个固体培养基表面，或将少量液体培养物与融化后降温至 50～60℃ 的固体培养基混匀，倒入培养皿中，浇注成平板。接种后的培养物直接放入培养箱中恒温培养。这些方法适用于好氧和兼性好氧微生物的培养。

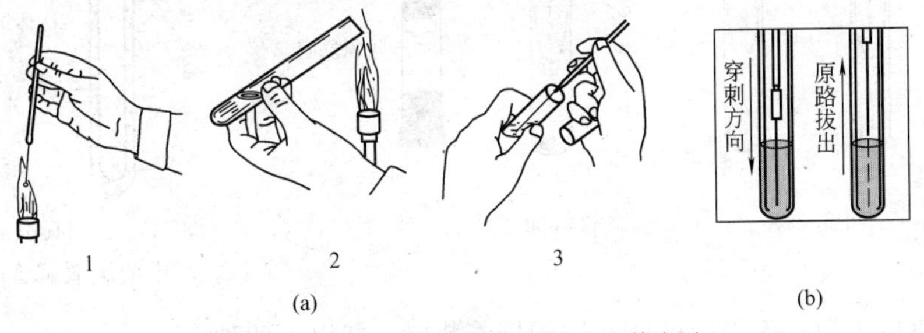

图 3.3.1 斜面接种和穿刺接种培养方法

（a）斜面接种：1. 接种针火焰灼烧灭菌；2. 管口置近火焰处；3. 用接种针蘸取菌样后，移到斜面上划线；（b）穿刺接种：将蘸取菌样的穿刺接种针（头部无环）垂直插入固体培养基内，再原路拔出

对微好氧微生物采取穿刺培养则更适宜于它们生长，见图 3.3.1（b）。玻管中加入固体培养基，灭菌后穿刺接种，然后塞上橡皮塞。越靠近培养基深处越缺氧，生长的菌厌氧程度越高。

对厌氧菌培养必须创造更严格的无氧环境。一种方法是在斜面接种后，将培养管棉塞上部截去或用火点着烧掉，用玻璃棒将管内部分的棉花压至离培养基 1cm 处，棉塞上方再压入一含水的脱脂棉，加入 1∶1 比例混合的焦性没食子酸和碳酸钠粉末，立即加上橡胶塞。焦性没食子酸和碳酸钠在有水的情况下，缓慢作用，吸收氧气，放出 CO_2，造成无氧环境，见图 3.3.3。也可将厌氧微生物固体培养物放在真空干燥器内，用泵排出其中的空气，并可进一步向其中充入氮气或 95%氮气和 5%二氧化碳的混合气体，再放置一定的温度环境中培养。

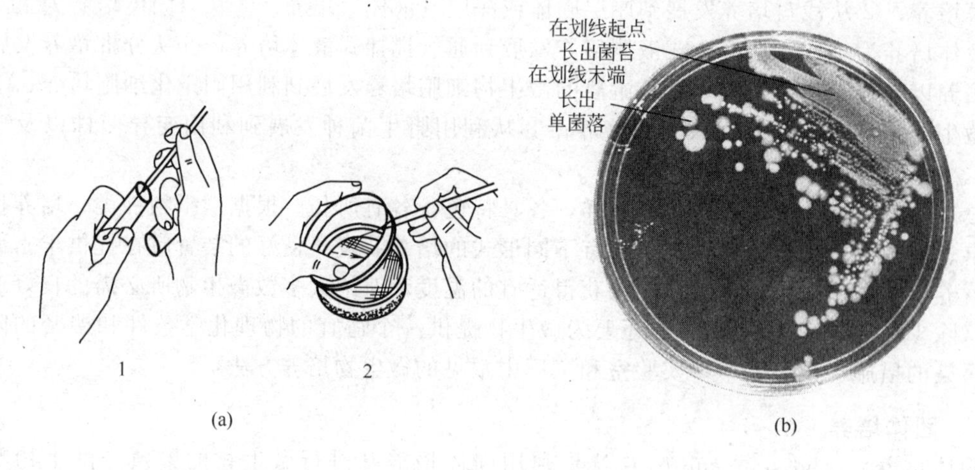

图 3.3.2 平板划线培养方法

(a) 平板划线的过程：1. 用接种针蘸取菌样；2. 在平板固体培养基表面划线；(b) 平板划线培养结果：在划线的起点，菌落相互重叠，在划线的末端，逐渐出现单菌落

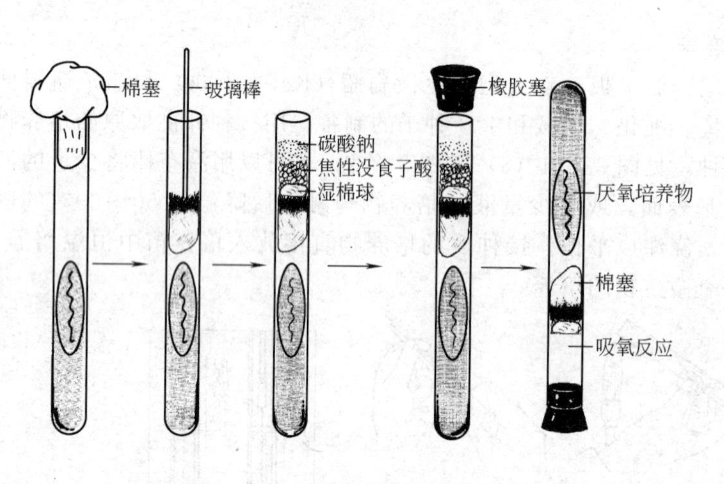

图 3.3.3 一种厌氧菌的斜面培养法

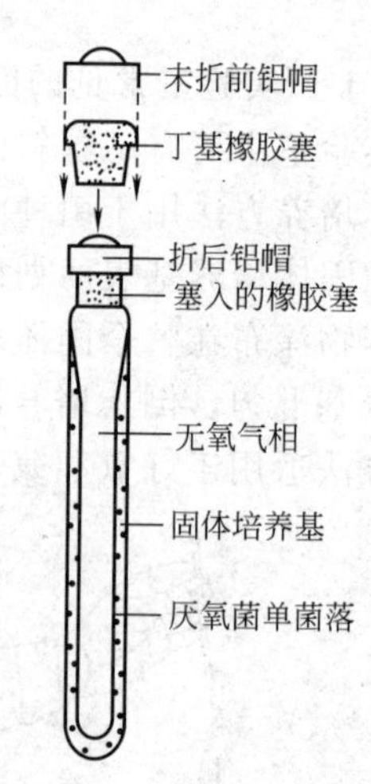

图 3.3.4 Hungate 滚管技术中的厌氧试管的剖面图

针对厌氧微生物有人采用一些专用的培养装置，如以下四种。

(1) Hungate 滚管技术　主要原理是利用除氧铜柱来制备高纯氮，并用高纯氮驱除小环境中的空气，使培养基的配制、分装、灭菌和储存，以及菌种的接种、培养、观察、分离、移种和保藏等过程始终处于高度无氧的条件下，从而保证了厌氧菌的存活。用这种方法制备的培养基称为预还原无氧灭菌培养基。将菌接种到融化的培养基中，然后将特制的试管（见图 3.3.4）用丁基橡胶塞严密塞住后平放，置冰浴中均匀滚动，使含菌的培养基布满在试管的内表面，犹如好氧菌在培养基平板表面一样，最后长出许多单菌落。

(2) 厌氧培养皿　用于厌氧培养的培养皿有几种设计：有的利用皿盖创造了一个狭窄的空间，加上含有还原剂的培养基，达到无氧的培养目的（例如 Brewer 皿，见图 3.3.5）；有的利用皿底有两个相互隔开的空间，其中一个放焦性没食子酸，另一个放 NaOH 溶液，待在皿盖平板上接入待培养的厌氧菌后，立即密闭。摇动使焦性没食子酸和 NaOH 溶液接触，发生吸氧反应，从而造成无氧环境（例如 Spray 皿和 Bray 皿，见图 3.3.5）。

(3) 厌氧罐　厌氧罐（gas pak jar）的类型很多，一般都有一个用聚碳酸酯制成的透明

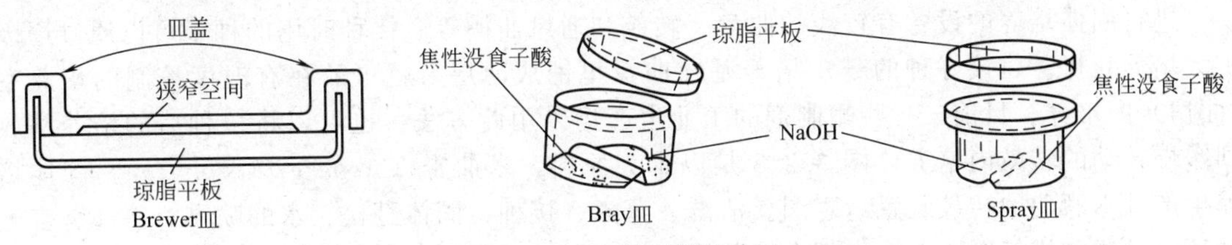

图 3.3.5 三种厌氧培养皿

罐体，上面是一个用螺旋夹紧密夹住的罐盖，盖内的中央有不锈钢丝织成的网袋，内放钯催化剂。罐内放有含美蓝的氧化还原指示剂，见图 3.3.6。使用时，先装入待培养物，然后密闭罐盖，接着抽真空→灌氮→抽真空→灌氮→抽真空→灌混合气体（N_2 ∶ CO_2 ∶ H_2＝80 ∶ 10 ∶ 10，体积分数）。罐内少量剩余氧在钯催化剂作用下，可被灌入的混合气体中的 H_2 还原成水，从而造成很高的无氧状态。真空度低于 266.64Pa 时，指示剂美蓝被还原成无色。罐内一般可以放 10 只培养皿或其他液体培养物。也可以在罐内放入商品化的“Gaspak”产气袋，将袋口剪开一只角，加入适量的水后，即会自动放出 H_2 和 CO_2。

（4）厌氧手套箱（anaerobic glove box）手套箱是由透明的材料制成的箱式结构，箱体结构严密，可以通过与箱壁相连的手套进行箱内的操作。箱内充满 85%氮气、5%二氧化碳和 10%的氢气，同时，还用钯催化剂清除氧气，使箱内保持严格的无氧状态。物料可以通过特殊的交换室进出，见图 3.3.7。

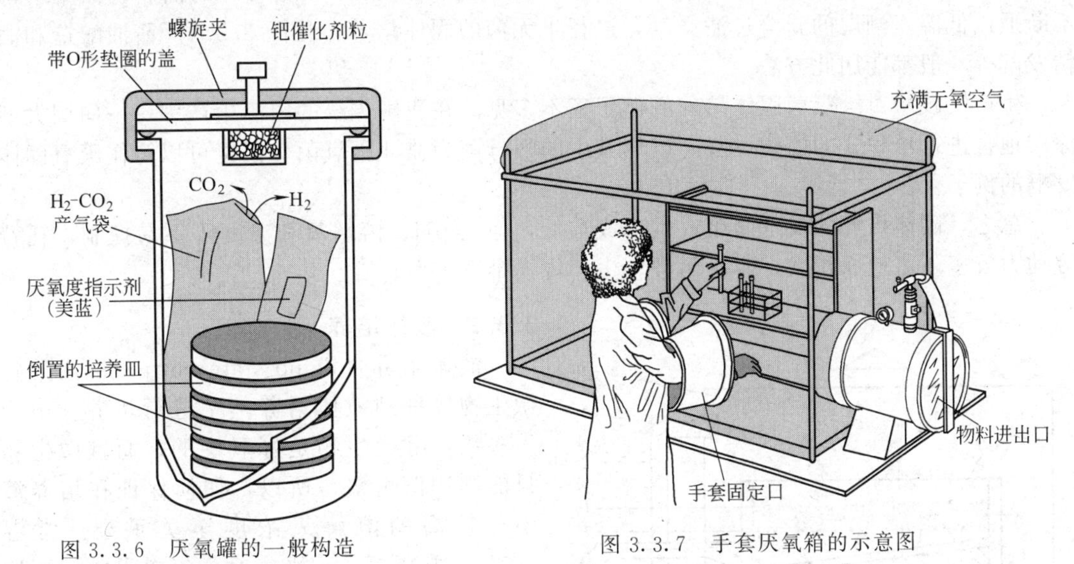

图 3.3.6 厌氧罐的一般构造

图 3.3.7 手套厌氧箱的示意图

3.3.1.2 生产中常见的固体培养

在生产实践中，好氧真菌的固体培养方法都是将接种后的固体基质薄薄地摊铺在容器的表面，这样，既可使菌体获得充足的氧气，又可以将生长过程中产生的热量及时释放，这就是传统的曲法培养的基本原理。

固体培养使用的基本培养基原料是小麦麸皮。将麸皮和水混合，必要时添加一些辅助的营养物和缓冲剂，灭菌后待冷却到合适温度便可接种。疏松的麸皮培养基的多孔结构便于空气透入，为好氧微生物提供生长必需的氧气。这时，固体培养基中的含水量控制在 40%～80%之间（典型的液体培养基含水量在 95%以上），细菌和酵母菌将无法忍受如此低水含量的环境，所以，固体培养被细菌或酵母菌污染的可能性大大降低。这也是生产实践中固体培养主要用于霉菌进行食品酿造及其酶制剂生产的原因。

进行固体培养的设备有较浅的曲盘、转鼓和通风曲槽等。接种时用的种子可以通过逐级扩大培养获得。将接好种的麸皮培养基在曲盘里铺成薄层，就可放在有温度控制的培养室（曲房）内培养。目前，一些酶制剂的工业生产仍采用此方法。也可以将接种后的培养基放到缓慢转动的转鼓内培养。图 3.3.8 是以米为原料，米曲霉（*Aspergillus oryzae*）固体培养生产日本酒曲的转鼓装置示意图。清洗、蒸煮、接种、固体翻松、水的喷淋、冷却、空气循环、过滤和排气等所有操作都在该装置上完成。

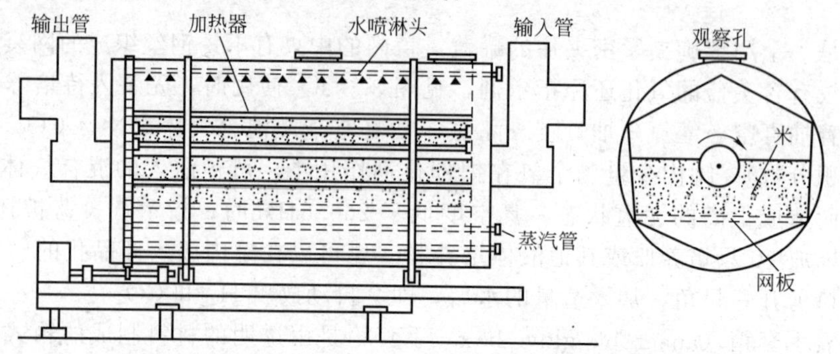

图 3.3.8 转鼓式自动固体培养装置示意图

通风曲槽的机械化程度和生产效率比较高。它一般是一个面积 $10m^2$ 左右的曲槽，曲槽上有曲架和适当材料编织成的筛板，筛板上可摊一层较厚（30cm 左右）的曲料，曲架下部不断通以低温、潮湿的新鲜过滤空气，进行半无菌的固体培养，见图 3.3.9。酱油酿造和酒精发酵等一般都能用此方法。

生产实践中对厌氧菌固体培养的例子还不多见。在我国传统的白酒生产中，一向用大型深层地窖进行堆积式的固体发酵。虽然其中的酵母菌为兼性厌氧菌，但也可以算作厌氧固体发酵的例子。

总之，固体培养的设备简单，生产成本低，但是 pH、溶解氧和温度等不易控制，耗费劳动力较多，占地面积大，容易污染，生产规模难以扩大。

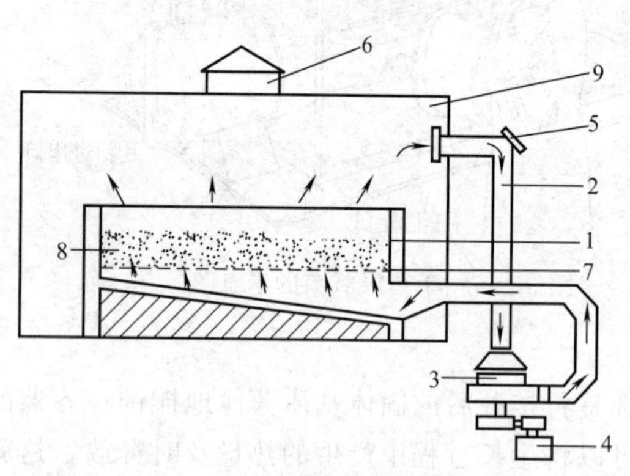

图 3.3.9 通风曲槽结构模式图

1—曲床；2—风道；3—鼓风机；4—电动机；5—入风口；6—天窗；7—帘子；8—曲料；9—曲槽罩

3.3.2 液体培养

液体培养（liquid-state culture）就是将微生物接种到液体培养基中进行培养。由于大多数发酵微生物是好氧性的，而且微生物只能利用溶解氧，所以，如何保证在培养液中有较高的溶解氧浓度至关重要。常温（20℃）常压下达到平衡时，氧在水中的溶解度仅为 6.2ml/L（0.28mmol）。这些氧只能保证氧化 8.3mg（0.046mmol）葡萄糖，仅相当于培养基中常用葡萄糖浓度的 1%。除葡萄糖外，培养基中的无机或有机养分一般都可保证微生物使用几小时至数天。所以，对好氧菌而言，生长的限制因子几乎总是氧。在好氧微生物静止培养中常常将培养液装成浅层进行浅层液体培养（shallow liquid culture），使氧不至于成为限制因子。但大多数液体培养都是采用更先进的深层培养（submerged culture）。

液体培养中，一般可通过增加液体与氧的接触面积或提高氧分压来提高溶氧速率。具体可采取以下措施：①浅层液体培养；②利用摇床作三角瓶的振荡培养；③从深层液体培养器底部通入加压空气，并用气体分布器使空气以小气泡形式均匀喷出；④对培养液进行机械搅拌，并在培养器壁上设置挡板，以降低气泡直径，增加相界面积；⑤提高罐压。

3.3.2.1 实验室常见的液体培养

在实验室进行好氧菌液体培养的方法主要有四类。

(1) 试管液体培养　此法的通气效果一般较差，仅适用于培养兼性厌氧菌，以及进行微生物的各种生理生化试验。

(2) 浅层液体培养　在三角烧瓶中装入浅层培养液，其通气量与装液量、棉塞通气程度密切相关。通气量对微生物的生长速度和生长量有很大关系，该方法一般也仅适于兼性厌氧菌。

(3) 摇瓶培养 (shaking flash cultivatun)　将装有液体培养基的三角瓶（摇瓶），上盖8～12层纱布或用疏松的棉塞塞住以阻止空气中杂菌或杂质进入瓶内，而空气可以透过棉塞供微生物呼吸之用。为使菌体获得充足的氧，一般装液量为三角瓶的10%以下，如250ml三角瓶装10～20ml培养液。有时，为提高搅拌效果，增加通气量，也可在三角瓶内设置挡板或添加玻璃珠等。将摇瓶放在摇瓶机（摇床）上以一定速度保温振荡培养，见图3.3.10。摇床有旋转式和往复式两类。摇瓶培养不仅操作简便，而且可以将许多摇瓶（在大摇床上可多达上百个）同时在相同的温度和振荡速度等条件下进行培养试验。还采用适当的传感器可以随时监测微生物生长过程中的各种变化。摇瓶培养在实验室里被广泛用于微生物的生理生化试验、发酵和菌种筛选等，也常在发酵工业中用于种子培养。

(4) 台式发酵罐 (bench top fermentor)　实验室用的发酵罐体积一般为几升到几十升。商品发酵罐的种类很多，一般都有多种自动控制和记录装置。如配置有pH、溶解氧、温度和泡沫检测电极，有加热或冷却装置，有补料、消泡和pH调节用的酸或碱储罐及其自动记录装置，甚至计算机控制。因为它的结构与生产用的大型发酵罐接近，所以，它是实验室模拟生产实践的试验工具，见图3.3.11。

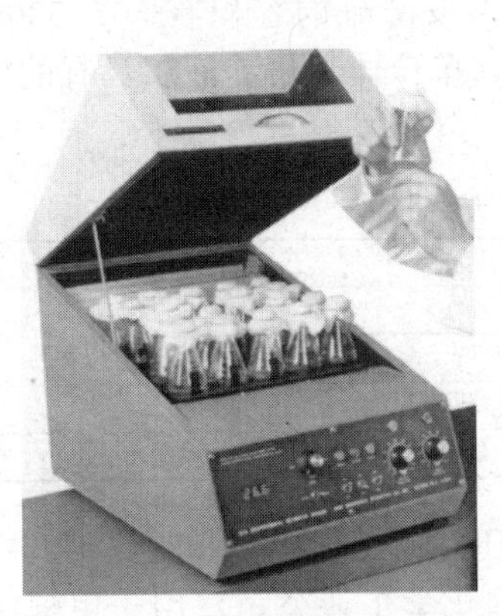

图3.3.10　小型旋转式摇床

图3.3.11　台式发酵罐

实验室中，用液体培养基进行厌氧菌培养时，一般采用加有机还原剂（如巯基乙醇、半胱氨酸、维生素C等）或无机还原剂（铁丝等）的深层液体培养基，其上方封以凡士林-石蜡层，以保证氧化还原电位保持在－420～－150mV的范围内。如放在厌氧罐中培养，则效果更好。

3.3.2.2 生产中常见的液体培养

液体培养生产效率高，适于机械化和自动化，所以，它是当前微生物发酵工业的主要生产方式。液体培养有静置培养和通气培养两种类型。静置培养适于厌氧菌发酵，如酒精、丙酮/丁醇、乳酸等发酵。通气发酵适于好氧菌发酵，如抗生素、氨基酸、核苷酸等发酵。

(1) 浅盘培养（shallow pan culture） 容器中盛装浅层液体静止培养，没有通气搅拌设备，全靠液体表面与空气接触进行氧气交换。这是最为原始的液体培养形式，劳动强度大，生产效率低，易污染。早期的青霉素和柠檬酸发酵曾采用过浅盘培养。当时生产 1kg 青霉素就需要 100 万个容积为 1L 的培养瓶。

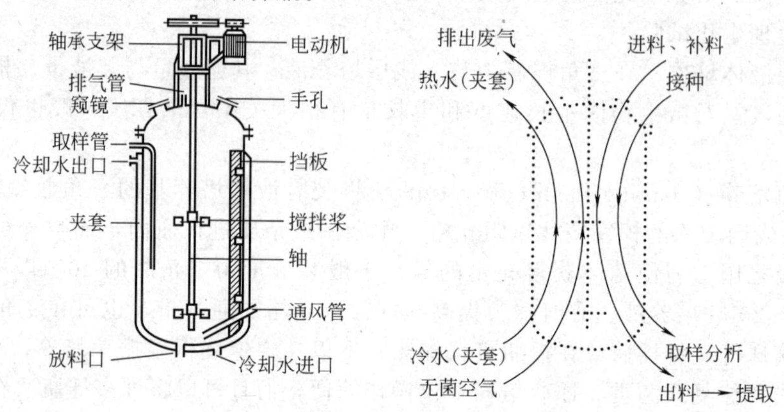

图 3.3.12 通用式发酵罐的构造及其运行原理

(2) 发酵罐深层培养（deep- liquid fermentation） 液体深层培养的主体设备是发酵罐。因在生产用的大多数微生物是好氧的，所以，好氧发酵的设备种类最多。常见的是机械搅拌发酵罐，又称通用式或标准式发酵罐。其构造及其运转原理见图 3.3.12。罐体为碳钢或不锈钢材料，圆筒形直立，扁球形的底和盖，罐体高度与罐内径比值为 1.7～4。有几组搅拌桨，沿罐壁有等周角分布的垂直挡板。有无菌空气的进气和空气分布装置。这些搅拌和通气装置能使气液快速而充分地混合，保证微生物所需的溶解氧供应。培养过程产生的热量用夹套冷却，夹套内有螺旋形导流片以提高夹套内冷却水的流动程度，增大传热系数。根据发酵产物和目标的不同，发酵罐容积有大有小，见表 3.3.1。大型发酵罐的容积有 $50\sim500m^3$，常采用列管式换热器代替夹套进行冷却，这是因为罐体越大，单位体积培养液所具有的周壁面积越小，不能满足传热的需要。

表 3.3.1 各种发酵产物的发酵罐体积大小

发酵罐体积/L	发 酵 产 物
1～20000	诊断用酶，分子生物学试剂
40～80000	一些酶和抗生素
100～150000	青霉素，氨基糖苷类抗生素，蛋白酶，淀粉酶，氨基酸
约 450	谷氨酸

在工业上除了通用式发酵罐外，用于好氧微生物发酵的还有高位筛板式和空气带升式等发酵罐。高位筛板式发酵罐体积可以很大，如英国 ICI（帝国化学工业公司）用于甲醇单细胞蛋白生产的发酵罐，容积达到 $3000m^3$，发酵时装液可达 $2100m^3$。从罐底部通入空气，巨大的气泡浮力使发酵液高速循环流动，内套管装有 19 层多孔挡板以提高空气利用率。

空气带升环流式发酵罐是在罐外装设上升管，上升管两端与罐底及罐上部相连接，构成一个循环系统。在上升管下部装设空气喷嘴，以 250～300m/s 的高速喷入上升管，借助喷嘴的作用将空气分散，与上升管内发酵液密切接触。上升管内液体上升，罐内液体下降而进入上升管，形成反复循环，不断供给发酵液以充足的空气。以上两类发酵罐设备因省去了机械搅拌装置，其造价和操作费用相应降低。

发酵罐可以为微生物提供丰富而均匀的营养，良好的通气搅拌，适宜的温度和酸碱度，并能防止杂菌污染。为此，发酵罐配备有培养基配制系统、蒸汽灭菌系统、空气压缩过滤系统和补料系统。

液体深层培养是在青霉素等抗生素发酵中发展起来的技术。由于生产效率较高，易于控制，产品质量稳定，因而在发酵工业中被广泛应用。但是，深层培养耗费的动力较多，设备较为复杂，需要较大的投资。

大型发酵罐的发酵一般需分几级进行，使发酵的种子逐级扩大，以提高发酵罐的利用率和节约能源等。罐的级数一般是根据菌体繁殖速度以及发酵罐的容积而确定的。谷氨酸发酵生产多采用二级培养；而生长较慢的青霉素和链霉素生产菌种一般需要三级培养。图3.3.13是商品酵母菌的三级培养过程。在菌种室，酵母菌的斜面种子经摇瓶培养活化，在发酵车间，经过两级种子罐培养，再转移到下一级发酵罐中完成发酵。

迄今为止，能作大规模液体培养的厌氧菌仅局限于丙酮/丁醇发酵一种。由于丙酮丁醇梭菌是严格厌氧菌，不需要通气和搅拌装置，工艺简单，便于扩大发酵罐体积，并有利于实行连续培养技术。

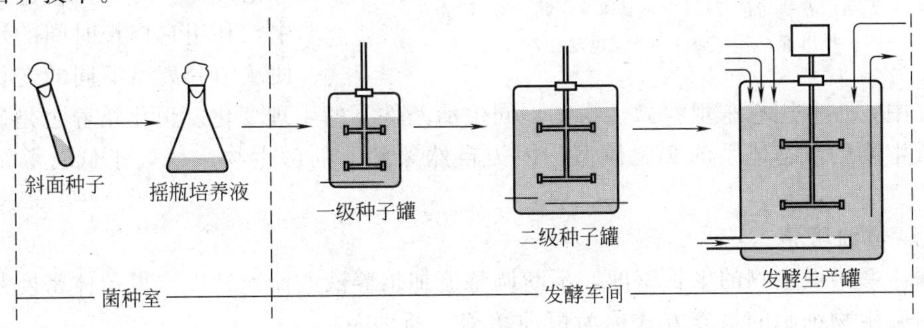

图 3.3.13 商品酵母菌的三级培养过程

3.3.3 连续培养

从微生物群体生长规律的分析可知，分批培养中，营养物不断消耗，代谢产物不断积累，微生物所处的环境不断在改变，造成微生物生长不能长久地处于对数生长期。若改变培养方法，在对数生长期的培养容器中不断添加新鲜的培养基，同时不断放出代谢物，使微生物所需的营养及时得到补充，有害的代谢产物又能够及时排除，菌体的生长不受影响地始终处于对数生长期，这就是连续培养。要达到连续培养的目的，就要在分批培养的基础上，引入有效的营养物补充和代谢物排出的控制装置。连续培养的控制方式主要有两类：恒化培养（chemostatic culture）和恒浊培养（turbidostatic culture）。

3.3.3.1 恒化培养

保持培养液的流速不变，使培养罐内的营养物质浓度基本恒定，并使微生物始终在低于其最高生长速度的条件下进行繁殖，这种连续培养方式称为恒化培养。所涉及的培养和控制装置称为恒化器（chemostat），见图 3.3.14（a）。

营养物质浓度对微生物的生长有很大影响。但当营养物浓度高到一定程度后，就不再影响微生物的生长速度，只有在营养物浓度低时才会影响生长速度，而且在一定范围内，生长速度与营养物浓度成正相关，营养物浓度越高，生长速度越快，见图 3.3.15。恒化培养中，必须将某种必需的营养物质限制在较低的浓度，使其成为限制性底物，而其他的营养物质均需过量，使微生物的生长速度主要决定于生长限制因子。恒化培养中，限制性底物的供给速率与微生物的消耗速率达到平衡，使恒化器中的化学组成能够保持稳定。恒化器培养既可以获得一定生长速度的均一菌体，又可获得虽低于最高菌体产量，却能保持稳定菌体浓度的

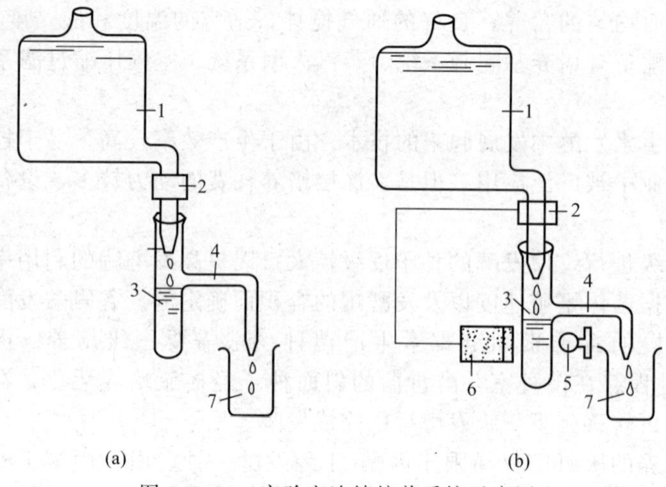

图 3.3.14 实验室连续培养系统示意图
(a) 恒化培养系统；(b) 恒浊培养系统
1—无菌培养基储存容器；2—流速控制阀；3—培养室；
4—排出管；5—光源；6—光电池；7—流出液

菌液。

能作为恒化连续培养的生长限制因子的物质有很多，这些物质必须是微生物生长所必需的，在一定浓度范围内能决定该微生物的生长速度。常用的生长限制因子有作为氮源的氨或氨基酸，作为碳源的葡萄糖、麦芽糖、乳酸，以及生长因子和无机盐等。

用不同浓度的生长限制因子进行恒化培养，可以获得不同生长速度的培养物。恒化培养主要用于实验室中与生长速度有关的理论研究。另外，在遗传学研究中，利用它作长时间的培养，以便从中分离出不同的变种。在生理学研究中，也利用它来观察微生物在不同生活条件下的生理变化。恒化培养也是研究自然条件下微生物的生态体系的实验模型，因为自然条件下的微生物一般处于低营养浓度的环境中。

3.3.3.2 恒浊培养

根据体系中微生物的生长密度，不断调整流加培养液的流速，以取得菌体密度和生长速度恒定的微生物细胞的培养方式称为恒浊培养。所涉及的培养和控制装置称为恒浊器（turbidostat），见图 3.3.14（b）。恒浊器中由浊度计检测培养室中的菌液密度，借光电效应产生的电流信号变化来自动调节培养液流进和培养物流出的速度。当培养液的流速低于微生物的生长速度时，即培养室菌液密度超过预定值，就加大培养液的流速，使浊度下降。反之亦然。以此来维持培养物的浊度，使之始终处于同一水平。这类培养器的工作精度是由浊度测量和控制的灵敏度决定的。

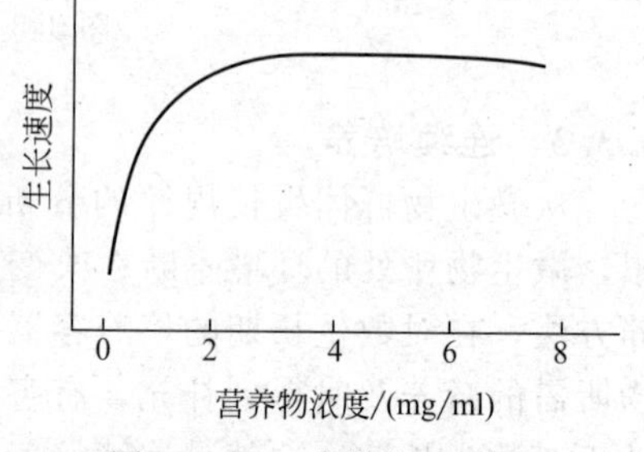

图 3.3.15 营养物浓度对细菌生长速度的影响

恒浊培养中，微生物生长速度主要受流速控制，但也与菌种、培养基成分和其他培养条件有关。恒浊培养可以不断提供具有一定生理状态的、始终以最高生长速度生长的微生物细胞。并可在一定范围内控制不同的菌液密度。在生产实践中，为了获得大量菌体或与菌体生长同步产生的初级代谢产物都可以采用恒浊培养。恒浊培养与恒化培养的比较见表 3.3.2。

表 3.3.2 恒化培养与恒浊培养的比较

装置	控制对象	生长限制因子	培养液流速	生长速度	产物	应用范围
恒化器	培养液流速	有	恒定	低于最高生长速度	不同生长速度的菌体	实验室为主
恒浊器	菌液密度	无	不恒定	最高生长速度	大量菌体或与菌体生长平行的代谢产物	生产为主

3.3.3.3 多级连续培养

连续培养也可以分级进行。以获取菌体或与菌体生长同步产生的代谢产物为目标时，只要用单级连续培养器就可以满足研究或生产的需要。若要获取与菌体生长不同步的次级代谢产物，就应该根据菌体和产物的产生规律，设计与其相适应的多级连续培养装置，第一级发酵罐以培养菌体为主，后几级发酵罐则以大量生产代谢产物为主。

我国采用的丙酮/丁醇两级连续发酵法就是一个成功的例子。丙酮丁醇梭菌的生长可以分为两个阶段，前期较短，以产菌体为主，生长温度以37℃为宜；后期较长，以产丙酮/丁醇为主，温度以33℃为宜。针对该菌特点，第一级发酵罐保持37℃，pH4.3，培养液的稀释率为0.125/h；第二级发酵罐为33℃，pH4.3，稀释率为0.04/h。这样的生产流程可连续运转一年以上，并达到比单级连续发酵高得多的生产效率。

3.3.3.4 固定化细胞连续培养

近年来，细胞固定化技术在微生物培养中的应用研究非常活跃，这给连续培养技术赋予了新的形式。固定化细胞培养与游离细胞培养相比，有以下一些优势：①固定化可提供较高的细胞密度；②固定化减少了细胞的流失，使细胞可以反复利用；③固定化可以提供对细胞有利的微环境；④某些情况下，固定化可以使菌株的遗传性状稳定；⑤可以保护某些细胞免受剪切损伤；⑥简化了下游的细胞分离步骤。

细胞固定化主要是通过包埋法、微胶囊化、吸附法等手段，将微生物细胞限制在载体的内部或表面。目前，最常用的是利用聚合物进行细胞的包埋。包埋法不会损伤细胞，但它容易造成严重的营养物和代谢产物的传质阻力，因此应尽量采用多孔材料，形成的颗粒要尽可能小。包埋材料有琼脂、海藻酸盐、κ-角叉（菜）胶、聚丙烯酰胺、壳聚糖、明胶和胶原等；微胶囊是由半透膜形成的中空球体，营养物和产物通过膜进出，因为细胞悬浮在微囊中，所以，球内扩散限制较低。许多材料可以用于做微胶囊，如尼龙、火棉胶、聚苯乙烯、丙烯酸盐、硫酸纤维素和聚脲等，见表3.3.3。

最简单的包裹方法是采用中空纤维反应器，将细胞接种到纤维外侧，营养液在纤维管内部流动，通过管壁扩散到细胞侧，代谢产物可以通过管壁扩散到营养液流动相。载体表面吸附法的应用也较为普遍，细胞吸附量及其牢固程度主要与细胞和载体表面性质有关。微孔载体材料可以获得较高的细胞吸附量。丝状菌体除了可以通过静电、氢键和范德华力等与载体相互吸引外，还能靠菌丝紧紧缠绕在载体上，较适合采用吸附法进行固定。细胞吸附的材料主要有多孔玻璃、多孔硅石、氧化铝、陶瓷、明胶、壳聚糖、活性炭、木片、聚丙烯、离子交换树脂等。细胞表面固定也可以通过化学共价偶联，见表3.3.4。由于细胞和载体表面的

表3.3.3 包埋固定化细胞的例子

细胞	载体	应用
S. cerevisiae	κ-角叉(菜)胶或聚丙烯酰胺	将葡萄糖转化成乙醇
E. aerogenes	κ-角叉(菜)胶	将葡萄糖转化成2,3-丁二醇
E. coli	κ-角叉(菜)胶	将富马酸转化成天冬氨酸
Trichoderma reesei	κ-角叉(菜)胶	纤维素生产
Z. mobilis	海藻酸钙	将葡萄糖转化成乙醇
Acetobacter sp.	海藻酸钙	将葡萄糖转化成葡萄糖酸
Morinda citrifolia	海藻酸钙	形成蒽醌
Canada tropicallis	海藻酸钙	苯酚降解
Nocardia rhodocrous	聚氨基甲酸乙酯	睾丸激素转化
E. coli	聚氨基甲酸乙酯	青霉素G转化成6-APA
Rhodotorula minuta		将琥珀酸酯转化成醇

表 3.3.4 细胞表面固定的例子

细 胞	载 体	应 用
Lactobacillus sp	明胶(吸附)	将葡萄糖转化成乳酸
Clostridium acetobutylicum	离子交换树脂(吸附)	将葡萄糖转化成醋酸和丁醇
Streptomyces	Sephadex(吸附)	链霉素
E. coli	氧化钛(共价固定)	—
B. subtillis	琼脂糖(共价固定)	—
Solanum aviculare	聚苯氧(共价固定)	产糖碱类固醇(steroid glycoalkaloids)

反应基团较难相配，偶联试剂对细胞有较大毒性，所以，共价固定化方法较少使用于活细胞。

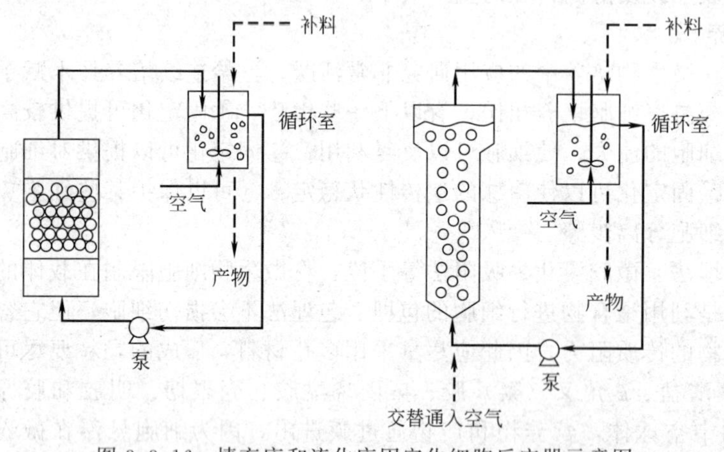

图 3.3.16 填充床和流化床固定化细胞反应器示意图
分批培养时，只按实线运行；连续培养时，按实线和虚线运行

因为固定化载体常常是易碎的，以及固定的细胞容易脱落等原因，固定化细胞培养器（或称反应器）中的剪切力也不宜过高，一般采用填充柱、流动床或气升式反应器。机械搅拌式反应器只适用于载体牢固、不易脱落的固定化细胞。通常是将固定化细胞装在反应器内，一端流入培养基，另一端放出发酵液，而固定化微生物细胞始终停留在反应器内。固定化细胞反应器可以进行连续培养，也可以是分批培养，见图 3.3.16。这里指的连续培养并不一定是严格意义上的恒浊培养或恒化培养，只是指培养可以不间断地连续进行。

虽然固定化细胞有许多优点，但是也存在着一些问题有待于进一步研究解决，主要是：固定化细胞的成本还比较高；固定化过程中及固定化细胞使用时的污染控制比较困难；细胞固定到固体载体中后，增加了营养物质、氧和产物的传质阻力，特别是好氧发酵时的氧传递问题比较难以解决；固定化细胞在长期使用中的遗传稳定性也将成为问题；此外，固定化细胞培养的另一个缺陷是它一般只能用于细胞分泌型产物的发酵。因此，目前固定化细胞还处于实验室研究阶段，真正在工业发酵中的应用还有待于进一步的研究和开发。

3.3.3.5 连续培养的局限性

与分批培养相比，连续培养最大的优越性是培养可连续运行，生产周期缩短，能提高设备利用率和生产效率。另外，它还便于自动化控制，产品的质量稳定。但是，连续培养也有一些致命的缺点。①连续培养是数百、数千小时长时间的连续操作，它较易受杂菌的污染，即使初始染菌数量极少，也可能引起严重的后果。另外，连续发酵的设备较复杂，也容易导致染菌。而一旦染菌，造成的后果比批式培养会更严重。特别是连续培养中常见的多级（多罐）发酵，一个生产罐染菌，所有的罐都要停止运作，必须灭菌后再启动。②连续培养的收率和产物浓度相对批式培养要低，这将不利于下游的提取操作。③连续培养的营养物质利用率较低，会增加生产成本。④连续培养必须与整个作业的其他工序连贯进行，它对设备的要求较高，需要复杂的检测和控制系统。⑤连续培养更易受菌种退化的影响，因为退化菌往往比生产菌更具生长优势，少数退化菌经较长时间的培养，会逐渐占据优势，从而造成减产。

正是由于连续培养存在上述问题，在工业生产上的应用还不多见，只局限于酒精发酵、单细胞蛋白培养及丙酮/丁醇发酵等少数几个工业发酵产品。

3.3.4 补料分批培养

连续培养的局限性限制了它在实际生产中的广泛运用。在生产实践中，完全封闭式的分批培养或纯粹的连续培养较为少见。更多见的是两者的折中形式——补料分批培养（fed-batch culture），又称为半连续培养（semi-continuous culture）或流加培养。

补料分批培养是根据菌株生长和初始培养基的特点，在分批培养的某些阶段适当补加培养基，使菌体或其代谢产物的生产时间延长。补料分批培养的优点体现在如下几个方面。

（1）可以消除底物抑制　某些微生物的生长受到高浓度底物的抑制，如果采用间歇培养，将限制初始底物浓度，这样，也就限制了菌体密度和产物浓度的提高。采用补料分批培养可以从较低的底物浓度开始培养，就不存在底物抑制的问题，随后通过不断的流加限制性底物，使菌体能够不断生长，代谢产物也能不断地积累。对于存在葡萄糖效应的体系，通过补料操作，可以避免葡萄糖效应对微生物生长和产物积累的影响。

（2）可以达到高密度细胞培养　由于补料分批培养能不断地向发酵罐补偿限制性底物，微生物始终能有充分的营养繁殖，菌体密度就可以不断增加，通过选择适当的补料策略并配合氧传递条件的改进，最高细胞密度可达到150g干细胞/L。对于以细胞本身或胞内产物作为目标产物的发酵过程，高密度培养显然可以大大提高生产效率。

（3）延长次级代谢产物的生产时间　次级代谢产物的合成往往与细胞生长速率无关，常常在生长到达稳定阶段时才开始合成，因此与稳定阶段的细胞密度和延续时间直接相关。一般的间歇培养中稳定阶段的时间比较短，因为营养物质已经消耗而只能维持很短的时间就会进入细胞死亡阶段，使次级代谢产物的生产时间很短，从而影响了产量。通过补料就可以给微生物生长提供所需要的营养，延长稳定期的时间，因此能达到较高的生产水平。

（4）稀释有毒代谢产物　微生物在代谢过程中，都会分泌出一些有毒的代谢产物，对微生物本身的生长产生影响。通过流加就能够稀释有毒的代谢产物，减轻毒害作用。对于目标产物抑制的情况，流加操作也能起到稀释产物，降低抑制作用的效果。

（5）降低染菌和避免遗传不稳定性　补料分批培养的操作时间有限，因此在染菌控制方面不像连续培养那样严格，菌种的遗传不稳定性问题的影响也与间歇培养类似，操作和控制都比较简单。

正是由于补料分批培养具有上述优点，因此在发酵工业中得到了广泛的应用。在需要细胞高密度培养、生产次级代谢产物等发酵工业中普遍采用了补料分批培养技术，为提高发酵工业的生产水平作出了贡献。例如，在抗生素发酵生产中常采用这种培养方式。在青霉素发酵中，前期是菌体生长阶段，后期是产物形成阶段。前期希望菌体能以最大比生长速率快速生长，后期则能限制生长和控制氧的消耗，使青霉素快速合成。在前期过多的葡萄糖将导致有机酸积累和溶解氧下降，葡萄糖不足将使有机氮源中的碳被迅速利用而导致pH上升。因此，可以用pH或溶氧为控制参数进行前期的葡萄糖补加，在后期一般采用控制溶氧和补加葡萄糖的操作方式。

通过补料分批培养可以获得高密度的培养物。例如用分批培养法培养大肠杆菌，其菌体浓度一般不超过40g/L；当采用中间补料进行培养时，维持溶氧浓度2～33mg/kg，在培养过程中不断加入葡萄糖溶液或固体葡萄糖，同时增加供氧量，包括导入与纯氧混合的空气甚至纯氧，11h后，其菌体浓度可达125g/L。表3.3.5列举了一些具有代表性的补料分批培养过程。

表 3.3.5 补料分批培养的实例

产物	补料物	产物	补料物
酵母菌	麦芽汁、氮、磷、镁	蛋白酶	葡萄糖、酪蛋白胨
单细胞蛋白	甲醇	纤维素酶	葡萄糖
谷氨酸	氨水	葡萄糖苷酶	淀粉
赖氨酸	乙醇、尿素，葡萄糖	淀粉酶	葡萄糖
柠檬酸	铵盐、糖	青霉素酰化酶	苯乙酸铵
乳酸	葡萄糖	青霉素	葡萄糖、氨水、苯乙酸
葡萄糖酸	碳酸钙、氢氧化钙	新生霉素	各种碳源和氮源
乙醇	葡萄糖	灰黄霉素	碳水化合物
甘油	糖、碳酸钙	利福霉素	葡萄糖、脂肪酸
丙酮和丁醇	麦芽汁	赤霉素	葡萄糖
维生素 B_2	糖	四环素	葡萄糖
维生素 B_{12}	葡萄糖、拟维生素 B_{12}	链霉素	葡萄糖和氨水

广义上讲，微生物培养中补充酸或碱以调节发酵液 pH 值的过程也属于补料分批培养。

3.3.5 混菌培养

大规模的微生物培养基本上都是采用纯种（单菌）培养，需要严格地防止其他微生物的侵入，以保证产量和产品的纯度。而在自然生态环境中，各种生物都是混居的。有时，它们各自的代谢活动具有互补性，并且，不会互相抑制生长，表现出互生关系（symbiosis）。如果能够在工业发酵中将两种或更多种具有互补性质的菌种进行混合培养，有时也能获得良好的效果。混菌培养（multiple strain culture，mixed culture）的一个典型例子是将苯丙氨酸营养缺陷型的乳酸杆菌和叶酸营养缺陷型的链球菌混合培养，它们就能相互交换生长因子共同生长，而将它们分开进行纯培养，它们的生长都将受到抑制。几乎所有的传统食品发酵都是利用天然微生物的混菌培养，一些典型的例子包括：奶酪的制作是在新鲜的消毒牛奶中接入乳酸链球菌和乳酸杆菌，发酵产生的乳酸使蛋白发生凝固，形成蛋白沉淀块，细菌或一些霉菌会使蛋白块进一步老化。参与奶酪制作的霉菌有 *Penicillum camemberti* 和 *Penicillum roqueforti*，另外还要接入 *Brevibacterium linens*，*Propionibacterium shermanii*，*Leuconostos sp*. 和 *Streptococcus diacetilactis* 等菌株以增加其口味和芳香。传统的葡萄酒酿造是由一组酵母菌共同完成的。在发酵初期，酒精敏感菌占据优势，它们包括 *Kloekera apiculata*，*Hanseniaspora quille mondii* 和 *Candida pulcherrina* 等，然后是 *Saccharomyces rosei*、*S. veronae* 和 *S. cerevisiae* Var. Ellipsoideus 等酵母起作用。当酒精含量升至 10%以上时，*S. serevisiae* Var. Ellipsoideus，*S. oviformis*，*S. chevaleiri* 和 *S. italicus* 等酵母将占据优势。乳酸菌能够与酵母一起用于威士忌的发酵生产，一方面，乳酸杆菌混入酵母菌中可以降低体系的 pH 值，减少染菌的可能性，另一方面，乳酸杆菌还能增加威士忌的口味和芳香。世界各国用各种方法制备的酸菜、发酵饮料及其他发酵食品都是混菌发酵的产品。为了提高这类发酵产品的质量并对质量能够进行控制，研究混菌发酵的微生物并人为地控制混菌培养中各种微生物之间的比例是非常重要的。

典型的废水生物处理也是采用混菌培养。如活性污泥（activated sludge）就是由许多细菌、原生动物和其他微生物群体与污水中悬浮有机物、胶状物和吸附物质一起构成的凝絮团。利用纤维素酶生产菌、产酸菌和产甲烷菌混合培养可以厌氧消化纤维素质的废水。土豆加工的淀粉质废水可以利用 *Endomycopsis fibuligera* 产生的淀粉酶水解淀粉，产朊假丝酵母（*candida utilis*）则利用淀粉水解物大量生长，从而使产朊假丝酵母的 SCP 生产与废水处理同步进行。

有人研究了用固定化的混合菌种将淀粉原料转化成乙醇。他们用海藻酸钠包埋黑曲霉（*Asperigillus niger*）和运动发酵单胞菌（*Zymomonas mobilis*），形成固定化细胞小球。黑曲霉好氧，故长在小球表层，运动发酵单胞菌厌氧，生长在小球中间。当淀粉液流过固定化细胞反应器时，表层的黑曲霉将淀粉分解成葡萄糖并进入小球内层，运动发酵单胞菌随即将葡萄糖转化成乙醇。

某些假单胞菌能将甲烷氧化成甲醇，但是，假单胞菌会被终产物甲醇抑制，若在培养基中同时接入甲醇利用菌——生丝微球菌（*Hyphomicrobium*），就能消除产物抑制现象，其机理见图 3.3.17。

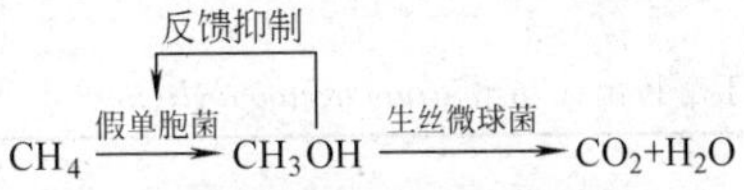

反馈抑制

$$CH_4 \xrightarrow{\text{假单胞菌}} CH_3OH \xrightarrow{\text{生丝微球菌}} CO_2+H_2O$$

图 3.3.17 利用混合微生物使甲烷降解的机理示意图

以上实例中，许多发酵过程是纯菌株无法实现的，只有混合菌株才能完成，所以，采用混菌培养有可能获得新型的或优质的发酵产品。混菌培养有时比单菌培养反应更快、更有效、更简便。但是，混菌培养的反应机制较复杂，随着对单菌培养技术和微生物互生现象研究的深入，混菌培养将可能成为一个新的发展方向。

3.4 影响微生物生长的环境因素

微生物与所处的环境之间具有复杂的相互影响和相互作用，一方面，微生物需要从环境中摄入生长和生存所必需的营养物质，只能在一定的环境条件（如温度，湿度及 pH 等）下才能够生存，而环境条件的变化会引起微生物的形态、生理、生长和繁殖特征发生变化；另一方面，微生物也向环境中排泄出各种代谢产物，抵抗和适应环境变化，甚至影响和改变环境。本节主要探讨非生物环境因子，即物理和化学因子对微生物的影响，以及在微生物学研究和应用中如何利用这些影响因素。

环境因子对微生物的影响主要有三种情况：①有利于微生物进行正常代谢；②不利于微生物正常代谢，微生物生长受到抑制或被迫改变其原有的一些特征；③恶劣的环境可造成微生物死亡或发生遗传变异。

3.4.1 物理因子对微生物生长的影响

这里主要讨论温度、水、表面张力和辐射等物理因子对微生物生长的影响。

3.4.1.1 温度对微生物生长的影响

温度主要通过影响微生物细胞膜的流动性和生物大分子的活性来影响微生物的生命活动。一方面，随着温度的升高，细胞内酶反应速度加快；代谢和生长也相应地加快；另一方面，随着温度进一步增高，生物活性物质（如蛋白质、核酸等）发生变性，细胞功能下降，甚至死亡。所以，每种微生物都有个最适生长温度。微生物作为整体可以在较广的温度范围中生长，已知的所有微生物可以在－10～95℃范围内生长，极端下限为－30℃，极端上限为105～300℃。但是对于特定的某一种微生物，它只能在一定的温度范围内正常生长，温度的下限和上限分别称为该微生物的最低和最高生长温度。当低于最低生长温度或高于最高生长温度时，微生物就停止生长，甚至死亡，见图 3.4.1。

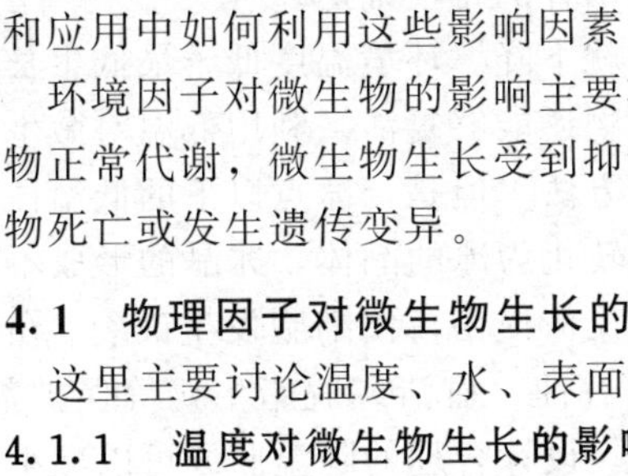

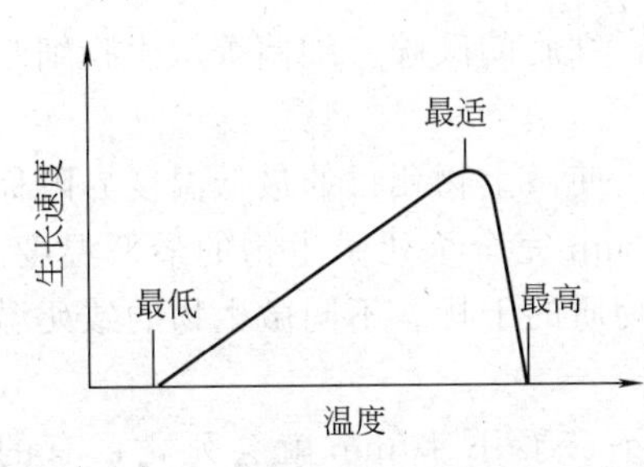

图 3.4.1 温度对生长速度的影响

表 3.4.1 同一微生物不同生理活动的最适温度

菌 名	最适生长温度/℃	最适发酵温度/℃	积累产物的最适温度/℃
灰色链霉菌(*Streptomyces griseus*)(链霉素生产菌)	37	28	—
产黄青霉菌(*Penicillium chrysogenum*)(青霉素生产菌)	30	25	20
北京棒杆菌(*Corynebacterium pekinense*)(谷氨酸生产菌)	32	33～35	—
嗜热链球菌(*Streptococcus thermophilus*)	37	47	37
乳酸链球菌(*Streptococcus lactis*)	34	40	产细胞 25～30，产乳酸 30
丙酮丁醇梭菌(*Clostridium acetobutylicum*)	37	33	—

需要指出的是微生物不同的生理活动需要在不同的温度条件下进行，所以，生长速率、发酵速度、代谢产物累积速度的最适温度往往不在同一水平的温度下。例如乳酸链球菌在34℃时繁殖速度最快，25～30℃时细胞产量最高，40℃时发酵速度最快，30℃乳酸产量最高。其他微生物也有类似特点，见表 3.4.1。

最适生长温度是指某微生物群体生长繁殖速度最快的温度，但它不等于发酵的最适温度，也不等于积累代谢产物的最适温度，更不等于积累某一代谢产物的最适温度。在较高温度下，细胞分裂虽然较快，但维持时间不长，容易老化。相反，在较低温度下，细胞分裂虽较慢，但维持时间较长，结果细胞的总产量反而较高。同样，发酵速度与代谢产物积累量之间也有类似的关系。所以，研究不同微生物在生长或积累代谢产物阶段时不同的最适温度，对提高发酵生产的效率具有十分重要的意义。在青霉素发酵生产中，采用各阶段变温培养比在 25℃下恒温培养的产量高 14%以上，具体做法是：接种后在 30℃下培养 5h，将温度降至25℃培养 35h，再下降至 20℃培养 85h，最后又升温至 25℃培养 40h 后放罐。另外，不同微生物产生同一代谢产物的最适温度也不相同，要根据不同菌种的特性确定。

如果环境温度低于最适生长温度，微生物的代谢活动就下降。环境温度低于最低生长温度时，微生物生长代谢将停止；一旦环境温度回升，微生物还能够复活。利用低温对微生物生长代谢活动的影响已形成了许多微生物菌种的低温保存方法。但是，冰点以下的低温往往会造成微生物死亡。这主要是因为温度降低，细胞内水分转化为冰的晶体，冰晶的形成不但会引起细胞脱水，而且会对细胞结构，尤其是细胞膜造成机械损伤，使细胞发生破裂。在冷藏微生物菌种时，应采用一些措施预防细胞损伤，如加入甘油、血清或脱脂牛奶等保护剂，降低脱水的有害作用，防止冰晶过大，以保护细胞膜结构。设计合理的降温曲线可以减小冰晶体对细胞膜的机械损伤。

实验室中常利用冰晶体会损伤微生物细胞的特性来进行细胞的破碎。细菌等微生物细胞经历三次以上的反复冻融过程可达到较好的破壁效果。

如果环境温度超过了最高生长温度，微生物就会死亡。使微生物死亡的最低温度界限称为致死温度。致死温度与处理时间有关。一般是指能在 10min 完全杀死微生物的最低温度。测定微生物致死温度一般在生理盐水中进行，以减少有机物质的干扰。不同微生物的致死温度是不同的，见表 3.4.2。

多数细菌、酵母菌、霉菌的营养细胞和病毒，在 50～65℃下 10min 就会死亡；有的更敏感，如梅毒密螺旋体在 43℃下 10min 即死亡。另一些微生物抗热性很强，嗜热脂肪芽孢杆菌（*Bacillus stearothermophilus*）是目前所知抗热性较强的微生物之一，营养细胞可在 80℃下生长，其芽孢在 120℃下 12min 才死亡。其他细菌芽孢的抗热性也很强，见表3.4.3。

表 3.4.2 一些细菌的致死温度

菌名	致死温度/℃	致死时间/min	菌名	致死温度/℃	致死时间/min
大豆叶斑病假单孢菌	48～49	10	普通变形菌	55	60
胡萝卜软腐欧文菌	48～51	10	黏质沙雷杆菌	55	60
维氏硝化杆菌	50	5	肺炎链球菌	56	5～7
白喉棒杆菌	50	10	伤寒沙门杆菌	58	30
锦葵黄单孢菌	50～51	10	大肠杆菌	60	10
甘兰黑腐病黄单孢菌	51	10	嗜热乳杆菌	71	30
根瘤土壤杆菌	53	10			

表 3.4.3 几种细菌芽孢的抗热性

细菌种类	湿热灭菌温度/℃	杀菌所需时间/min	细菌种类	湿热灭菌温度/℃	杀菌所需时间/min
蜡状芽孢杆菌	100	6	肉毒梭状芽孢杆菌	120～121	10
枯草芽孢杆菌	100	6～17	嗜热脂肪芽孢杆菌	120～121	12
炭疽芽孢杆菌	105	5～10			

少数动物病毒也具较强的抗热性，如脊髓灰质炎病毒在75℃ 30min才死亡。噬菌体要比宿主细胞的抗热性强，一般在65～80℃才失活。通常可先用60℃处理15～20min使宿主死亡而分离得到噬菌体。放线菌和霉菌的孢子比营养细胞的抗热性强，76～80℃ 10min才会死亡。

高温对微生物的致死作用主要是它引起菌体蛋白和核酸发生不可逆变性，也可能是它破坏了细胞的其他组成，或者可能是细胞膜被溶解而形成小孔，使细胞内含物泄漏而引起死亡。高温对微生物的致死作用已广泛用于灭菌和消毒。

根据最适生长温度不同，可将微生物分为三大类：嗜冷微生物（psychrophile）、嗜温微生物（mesophile）和嗜热微生物（thermophile），见表3.4.4。温度对三类微生物生长速度的影响见图3.4.2。近年来，发现一些生活在热泉的细菌的最适生长温度在90℃左右；一些生活在深海热泉口的古生菌的最适生长温度超过100℃。这些微生物被称为极端嗜热微生物(hyperthermophiles)。

表 3.4.4 微生物的生长温度类型

微生物类型		生长温度范围/℃			分布区域
		最低	最适	最高	
嗜冷微生物	专性嗜冷型	－12	5～15	15～20	地球两极
	兼性嗜冷型	－5～0	10～20	25～30	海洋、冷泉、冷藏食品
嗜温微生物	室温型	10～20	20～35	40～45	腐生环境
	体温型	10～20	35～40	40～45	寄生环境
嗜热微生物		25～45	50～60	70～95	温泉、堆肥、土壤

(1) 嗜冷微生物，或称低温微生物　能在0℃以下生长的微生物称为嗜冷微生物。它们分布在地球两极地区的水域和土壤中，那里大部分地区几乎终年冰冻，但即使在其微小的液态水间隙中也有微生物存在。它们有的分布在平均温度5℃的海洋中，有的在只有1～2℃的海洋深处生存，有的分布在冷泉中。冷藏食品腐败往往是由这类微生物引起的。

嗜冷微生物可分为专性嗜冷型和兼性嗜冷型。专性嗜冷菌的最适温度在15℃左右或者

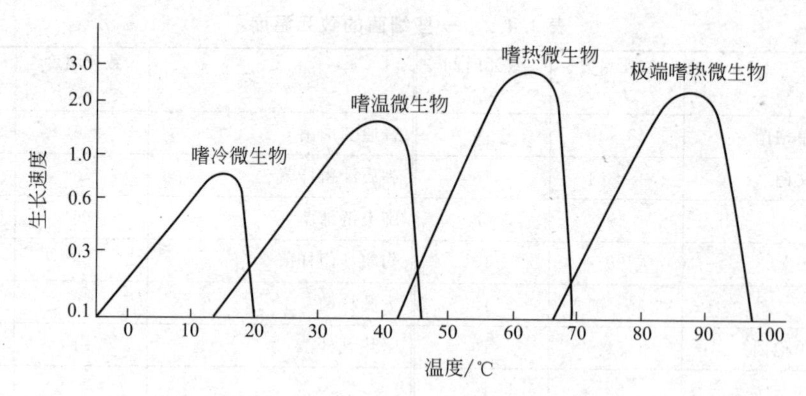

图 3.4.2 温度对典型嗜冷微生物、嗜温微生物和嗜热微生物生长的影响

更低，最高生长温度约 20℃，可在 0℃以下甚至－12℃的环境中生长。它们分布在常冷的环境中，即使短时的受热或室温条件，都会使其死亡。兼性嗜冷菌最适生长温度为 20℃左右，而其最高生长温度可达 35℃甚至更高，能在最低温度 0℃时生长，但生长不良。细菌和霉菌中都有兼性嗜冷型。定居和生长在冷藏食品上的微生物都是兼性嗜冷型。

嗜冷微生物能在低温下生长的机理还不清楚。许多学者认为是由于它们的酶能在低温下有效地催化，而在 30～40℃，这些酶反而会失活。此外，它们的膜中不饱和脂肪酸成分较多，所以在低温下仍能保持半流动状态，可以进行物质的传递。

（2）嗜温微生物　它们的最适生长温度在 25～37℃之间，自然界绝大多数微生物属于嗜温微生物。这类微生物最低生长温度约为 10～20℃，它们可分为室温型和体温型。室温型为腐生或植物寄生；体温型为动物寄生。室温型适于 20～25℃生长，如土壤微生物、植物病原微生物。体温型微生物多为人及温血动物的病原菌，它们的最适生长温度与其宿主体温相近，在 35～40℃之间，它们生长的极限温度范围在 10～45℃。人体寄生菌的最适生长温度为 37℃左右。

（3）嗜热微生物　这类微生物能在 45～50℃以上温度的环境中生长，最适温度在 50～60℃左右。它们在环境温度低于 35～40℃时一般不能生长，常出现在温泉、堆肥和土壤中。分布在温泉中的细菌，有的能在近 100℃的高温下生长。工业中常用的德氏乳酸杆菌就属于此类，其最适生长温度在 45～50℃。

如果嗜热微生物在 37℃下也能生长的称为兼性嗜热微生物；而在 37℃下不能生长的称为专性嗜热微生物。其中，如果最高生长温度超过 75℃，称为高度嗜热微生物；如果最高生长温度在 55～75℃之间，称为中度嗜热微生物。

嗜热微生物的耐热性可能与以下一些特点有关：①菌体内酶蛋白有较强的抗热性；②蛋白合成机构——核糖体有较强的抗热性；③核酸具较高的热稳定性，如 tRNA 中 G+C 含量高，融解温度高；④膜内含饱和脂肪酸或直链脂肪酸多，所以，膜具有较强的热稳定性；⑤在较高温度促进下，能迅速合成生物大分子，弥补高温造成的损伤。

以上的推断是初步的，实际情况有时会有所不同。例如：*Sulfolobus* 和 *Acidianus* 能在 65～96℃生长，最适生长温度 90℃，它们的 DNA 中 G+C 比例却都较低。*Sulfolobus* 的 G+C比例为 38%，*Acidianus* 的 G+C 比例只有 31%。而在体外，当 G+C 比例为 30%～40%时，在 90℃DNA 就会快速融解。显然，菌体内存在着更复杂的 DNA 保护机制。

微生物抗热性与菌龄也有关系。一般幼龄的比老龄的对热更敏感，例如菌龄为 1.75h 和 2.75h 的大肠杆菌在 53℃加热 5min，其菌数分别下降到万分之一和万分之五，而菌龄为 62h 的菌数只下降到十二分之一。

一般而言，原核生物耐热能力比真核生物强，非光合生物比光合生物强，构造简单的比构造复杂的强。表 3.4.5 列出了不同生物种类的最高生长温度。

表 3.4.5 不同生物种类生长最高温度比较

生物种类	最高生长温度/℃	生物种类	最高生长温度/℃
动物			
鱼及其他水生脊椎动物	38		
昆虫	45～50	原核微生物	
介形虫	49～50	细菌	
植物		蓝细菌	70～73
导管植物	45	向光性细菌	70～73
苔藓类	50	化能异养细菌	>90
		古生菌	
真核微生物		甲烷细菌	>100
原生动物	56	极端嗜热菌	>100
藻类	55～60		
真菌	60～62		

3.4.1.2 水分对微生物生长的影响

微生物的生命活动离不开水。前面已经述及微生物需在水活度 $\alpha_\omega=0.63\sim0.99$ 的环境中生长。培养基中添加溶质会造成水活度下降，超过一定程度后，生长在低水活度的微生物就需要做更多的功来获取水，从而导致生长速率下降。不同菌种都有生长的最低 α_ω 值。见表 3.4.6。因为各种溶质的解离和水合程度不同，所以，它们对水活度的影响程度也不同。

表 3.4.6 一些微生物生长的最低水活度

微生物类群	最低水活度	微生物类群	最低水活度
		霉菌	
细菌		黑曲霉	0.88
大肠杆菌	0.935～0.960	灰绿曲霉	0.78
沙门杆菌	0.945	酵母菌	
枯草芽孢杆菌	0.950	假丝酵母	0.94
盐杆菌	0.750	裂殖酵母	0.93

细胞内溶质浓度与胞外溶液的溶质浓度（如 0.85%NaCl 溶液）相等时的状态，称为等渗状态。溶液的溶质浓度高于胞内溶质浓度，则称为高渗溶液。能在此环境生长的微生物，称为耐高渗微生物。当溶质浓度很高时，细胞就会脱水，发生质壁分离，甚至死亡。盐渍（5%～30%食盐）和蜜饯（30%～80%糖）可以抑制或杀死微生物，这是一些常用食品保存法的依据。若溶质浓度低于胞内溶质浓度，则称为低渗溶液。微生物在低渗溶液中，水分将向胞内转移，细胞膨胀，甚至胀破。这是低渗破碎细胞法（通常将洗净并离心得到的菌体投入 80 倍预冷的 5×10^{-4} mol/L $MgCl_2$ 溶液中，剧烈搅拌，使细胞内容物释放到溶液中）的原理。该方法对细胞壁较牢固的革兰阳性菌等不适用。

干燥环境（$\alpha_\omega<0.60\sim0.70$）条件下，多数微生物代谢停止，处于休眠状态，严重时引起脱水，蛋白质变性，甚至死亡。这是干燥条件能保存食品和物品，防止腐败和霉变的原理，同时，这也是微生物菌种保藏技术的依据之一。不同微生物在不同的生长时期对干燥环境的抵抗能力不同。酵母菌失去水后可保存数个月；产荚膜的菌比不产荚膜的菌对干燥环境的抵抗力强；小型、厚壁细胞的微生物比长型、薄壁细胞的微生物抗干燥能力强；芽孢、孢

子抗干燥的能力比营养细胞强。

3.4.1.3 表面张力对微生物生长的影响

在液体表面有种尽可能缩小表面积的力称为表面张力。常温下纯水的表面张力为 7.2×10^{-4} N/cm，一般液体培养基的表面张力在 $4.5\sim6.5\times10^{-4}$ N/cm。一些无机盐可以增强溶液的表面张力，如矿泉水的表面张力较大。许多物质如有机酸、蛋白质、醇和肥皂等都能降低表面张力。凡能改变（通常是降低）液体表面张力的物质称为表面活性剂。它分为阳离子型、阴离子型和非离子型三类。表面活性剂的存在会影响微生物的生长和繁殖。阴离子型表面活性剂如肥皂、十二烷基磺酸钠（SDS）等，它们有抑菌作用，但很弱。肥皂对肺炎球菌或链球菌有效，但对葡萄球菌、革兰阴性菌、细菌芽孢和结核分枝杆菌等无效。一般认为，用肥皂洗手主要是机械地除菌，而不是杀菌。阳离子型表面活性剂有季铵盐类化合物等。它们能被吸附在细胞膜表面，使细胞膜损伤，从而抑制细菌。如新洁而灭高度稀释后仍有强烈的抑菌作用，浓度高时，能杀死细菌。某些高分子化合物是非离子型表面活性剂，如聚醚类表面活性剂等。

表面活性剂在发酵工业中的重要用途是作为消泡剂以除去泡沫，防止发酵罐因泡沫过多而产生跑液。过去常用植物油作为消泡剂，近年来，已经采用聚醚类表面活性剂代替植物油，具有更好的消泡效果。表面活性剂的另一个重要用途是改变细胞膜的通透性，使胞内合成的代谢产物能够顺利的排到胞外，这样，一方面降低了产物的胞内浓度，因此减少了产物抑制，另一方面则有利于提高发酵产物的产量并简化产物的分离提取过程。表面活性剂也常用于与微生物细胞膜结合的酶的提取，因为这些酶在细胞破碎后仍然很难从膜上溶解下来。

3.4.1.4 辐射对微生物生长的影响

辐射（radiation）是能量通过空间传播的一种物理现象。能量借波动而传播的现象称电磁辐射（electromagnetic radiation）。与微生物学有关的电磁辐射主要有可见光和紫外光。而能量借原子或亚原子粒子高速运动传递的现象称微粒辐射（granular radiation）。与微生物学有关的微粒辐射主要有 X、α、β 和 γ 射线，因为它们均能引起被作用物的电离，所以，常被称为电离辐射（ionizing radiation）。见图 3.4.3。

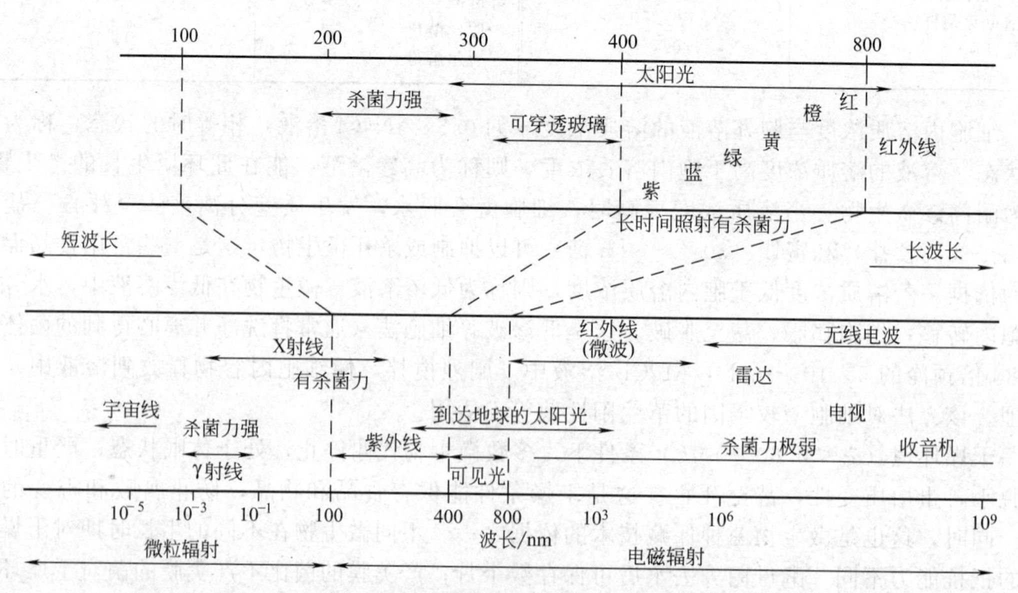

图 3.4.3 微粒辐射和电磁辐射能谱及其对微生物的影响

（1）可见光（visible ray） 波长400～800nm的电磁辐射称为可见光，它为光合细菌提供了能源（800～1000nm的红外线也可为光合菌提供能量）。一般来讲，可见光对大多数化能微生物没有影响，但是，太强或连续的可见光照射也会引起微生物死亡。

（2）紫外线（ultraviolet ray） 紫外线的波长范围是100～400nm，其中260～280nm的生物效应最大，杀菌能力也最强，因为核酸（DNA、RNA）的吸收峰为260nm，蛋白质的吸收峰在280nm。紫外线对DNA的作用可引起其产生胸腺嘧啶二聚体，它使得DNA复制错误或无法复制，轻则使微生物发生变异，重则导致菌体死亡。紫外线是常用的物理杀菌剂和诱变剂。紫外线除了引发胸腺嘧啶二聚体外，还会使空气中分子氧变成臭氧O_3，臭氧不稳定，释放的原子氧O有杀菌作用。

不同微生物、不同生长阶段的生物对紫外线的抵抗能力不同。革兰阴性菌比革兰阳性菌敏感，带色菌比不带色菌抗性强，多倍体比单倍体抗性强，孢子和芽孢比营养细胞抗性强，干燥细胞比湿细胞抗性强。

（3）电离辐射 电离辐射波长短，能量高。它们并不是直接作用于微生物细胞，而是间接地通过射线引起环境水分子和细胞内水分子电离，产生自由基，后者与细胞中生物大分子反应，使之失活。水分解成自由基的过程如下：

$$H_2O \longrightarrow e^- + H_2O^+$$
$$H_2O^+ \longrightarrow OH^* + H^+$$
$$e + H_2O \longrightarrow H_2O^- \longrightarrow H^* + OH^-$$

上述离子常与液体中存在的氧分子作用，产生一些具强氧化性的过氧化物如H_2O_2与HO_2等：

$$O_2 + e^- \longrightarrow O_2^-$$
$$O_2^- + H^+ \longrightarrow HO_2$$
$$O_2 + 2e^- \longrightarrow O_2^{2-}$$
$$O_2^{2-} + 2H^+ \longrightarrow H_2O_2$$

这些强氧化性基团可使细胞中蛋白质或酶发生变化，造成细胞损伤或死亡。

电离辐射是非专一性的，能作用于一切细胞成分，微生物的死亡通常是它们对DNA作用的结果。γ射线具有非常强的穿透能力和杀菌效果，可用做诱变剂和杀菌剂。

3.4.1.5 液体静压力（对微生物生长的影响）

自然界深海中，有很高的静压力，深达11km处的压力可达水面的1000倍以上。通常陆生细菌和海洋细菌在20～60MPa时就有不利的影响，在如此高的压力下绝大多数微生物都不能生长，但是人们发现此深海中仍然有极少数微生物存在。这些微生物反而不适应在常压下生活，它们被称为专性嗜压菌。虽然它们对高压环境能够具有某种程度的适应性，它们的生长却极其缓慢。例如将*Pseudomonas bathycetes*放在101.325MPa、3℃培养，结果发现延迟期长达约4个月，传代时间为33d，一年后才达到静止期。高压条件下的微生物生长一般是正常条件下的微生物的1000分之一。

另一类高压环境是深油井和硫泉内。在这些环境中，每下降10m压力平均增加约101.325kPa。每下降1m温度也平均升高0.014℃。在约4000米深的油井和硫泉内，压力约为40MPa，温度达到60～105℃。从这样的环境中仍能分离出耐热的硫酸还原菌。

3.4.1.6 声波对微生物生长的影响

频率2×10^4 Hz以上的超声波具有强烈的生物学效应。超声振荡在液体介质中会引起空化作用，产生大量直径10μm左右的空泡，空泡随后爆炸。在此过程中，产生高达几百兆帕的冲击波和局部高温，可使细胞破裂，见图3.4.4。几乎所有微生物细胞都会受其破坏，其

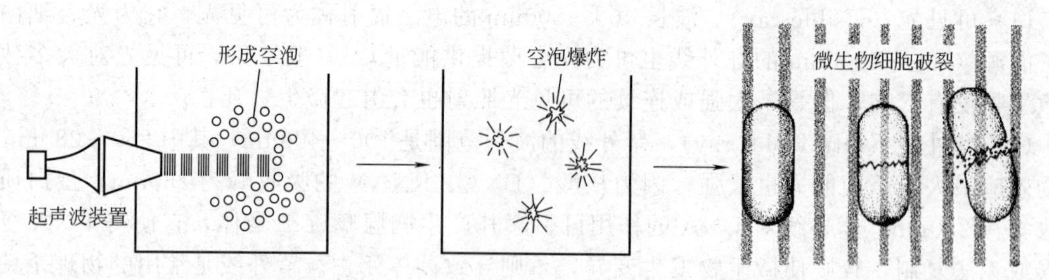

图 3.4.4 超声波破碎细胞（杀菌）的机理

效果与声波频率、处理时间、微生物种类、细胞大小、形状和数量等因素相关。淋病奈氏球菌对其极为敏感，而发光细菌却要处理 1.5h 才死亡，病毒对其抗性较强。一般来讲，高频率比低频率杀菌效果好；球菌较杆菌抗性强；革兰阳性菌比革兰阴性菌抗性强；细菌芽孢具有更强的抗性，大多数情况下不受超声波的影响。

因为超声波能引起细胞破裂，内含物外溢，所以，实验室也常用超声波来破碎细胞。超声波产生的热量可用冰水浴来冷却，为防止泡沫可适当地加入消泡剂，为防止氧化作用可通入氮气及其他惰性气体。

3.4.2 化学因子对微生物生长的影响

影响微生物生长的化学因子有很多，除了前述的营养物质外，主要还有氢离子浓度和氧化还原电位。

3.4.2.1 氢离子浓度对微生物生长的影响

氢离子浓度可表示为环境或培养基中的 pH 值。环境中 pH 值对微生物生长的影响很大。主要效应是引起细胞膜电荷变化，以及影响营养物离子化程度，从而影响微生物对营养物的吸收；pH 值也会影响生物活性物质如酶的活性。

与温度对微生物的影响类似，微生物存在最低生长 pH 值、最适生长 pH 值和最高生长 pH 值。不同微生物对环境 pH 值适应的范围不同，见表 3.4.7。微生物生长的最适 pH 值通常在 4.0～9.0 的范围内。一般真菌生长的 pH 值范围广，而细菌较窄（3～4pH 单位）。细菌、放线菌一般适应于中性偏碱性环境，而酵母菌、霉菌适应于偏酸性环境。最适生长 pH 值偏酸性的微生物，称为嗜酸性微生物，其中不能在中性环境生长的称专性嗜酸微生物，如乳酸杆菌和假单胞杆菌。既能适应酸性，也能在中性环境中生长的称兼性嗜酸菌；最适生长 pH 值偏碱性的称嗜碱性微生物，如链霉菌。

表 3.4.7 不同微生物对氢离子浓度的适应范围

微生物种类	pH 值			微生物种类	pH 值		
	最低	最适	最高		最低	最适	最高
氧化硫杆菌	1.0	2.0～2.8	4.0～6.0	亚硝酸细菌	7.0	7.8～8.6	9.4
嗜酸乳杆菌	4.0～4.6	5.8～6.6	6.8	一般放线菌	5.0	7.0～8.0	10.0
大豆根瘤菌	4.2	6.8～7.0	11.0	一般酵母菌	3.0	5.0～6.0	8.0
褐球固氮菌	4.5	7.4～7.6	9.0	黑曲霉	1.5	5.0～6.0	9.0

同一种微生物在不同的生长阶段和不同生理生化过程中，对环境 pH 值也有不同的要求。例如：丙酮丁醇梭菌在 pH5.5～7.0 时，以菌体生长繁殖为主，pH4.3～5.3 时，才进行丙酮和丁醇发酵。

同一种微生物由于培养环境 pH 值不同，可能积累不同的代谢产物。例如黑曲霉在 pH2～3 的环境中发酵蔗糖，产物以柠檬酸为主，只产极少量的草酸；当 pH 值接近中性，则大量产生草酸，而柠檬酸的产量很低；又如酵母菌生长在最适 pH 值时，进行乙醇发酵，不产生甘油和醋酸；如果环境 pH 值大于 8，发酵产物除乙醇外，还有甘油和醋酸。因此，在发酵过程中，根据不同的目的，常采用变动 pH 的方法，以提高生产效率。

虽然微生物能适应的环境 pH 值范围较广，但是各种微生物细胞内的 pH 值却都接近中性，因为胞内的 DNA、ATP 和叶绿素等对酸性敏感，RNA 和磷脂等对碱性敏感。微生物胞内酶的最适 pH 值一般为中性，胞外酶最适 pH 值接近其所处的环境。

大多数微生物能分解糖，产生酸性物质，造成环境的 pH 值下降。少数微生物能分解尿素成氨，使环境 pH 值上升。蛋白质脱羧产胺反应也会使 pH 值上升。所以说，微生物的代谢活动会改变环境的 pH 值，从而影响其生存。pH 值变化的程度与培养基的 C/N 比值有关，C/N 比值高，则 pH 值下降明显，反之，pH 有可能会上升。

pH 值变化往往对发酵生产不利，需及时调整 pH 值，可以采用以下这些措施。

- pH 值调节措施
  - 治标
    - 过酸时，加入 NaOH、Na_2CO_3
    - 过碱时，加 H_2SO_4，HCl
  - 治本
    - 过酸时
      - 加适量 N 源：尿素，$NaNO_3$，硫酸铵，蛋白质
      - 提高通气量
    - 过碱时
      - 加适量碳源：糖，乳酸，油脂
      - 降低通气量

这些调节措施可分为“治标”和“治本”两大类。前者是根据表面现象而进行直接、快速但不能持久的调节；后者则根据内在机制所采用的间接、缓效但能持久发挥作用的调节。

环境 pH 值超过最低生长 pH 值或最高生长 pH 值就会使微生物致死，因此，强酸或强碱都具有杀菌作用。无机酸如硫酸、盐酸等杀菌力虽很强，但腐蚀性太强，没有作为杀菌剂的实用价值，某些有机酸如苯甲酸等可以作为防腐剂，在面包等食品中添加丙酸可以防霉。酸菜、饲料青贮则是利用乳酸菌发酵产生的乳酸抑制腐败微生物的生长，使之得以长久保存。强碱可以用作杀菌剂，但是它的毒性太大，其用途局限于排泄物及环境的消毒。

3.4.2.2 氧化还原电位对微生物生长的影响

氧化还原电位 E_h 对微生物生长有明显影响。环境 E_h 主要与氧分压有关，环境中氧气越多，E_h 越高。E_h 也受 pH 影响，pH 值低时，E_h 高，反之则 E_h 低。标准氧化还原电位 E'_h是 pH7.0 时测得的氧化还原电位。在自然环境中，E'_h的上限为＋0.82V，这是当环境中存在高浓度氧气，但没有利用氧气的系统（呼吸链）的情况下测得的。E'_h的下限为－0.42V，是在富含氢气的环境下测量的。

微生物代谢活动常消耗氧气，并产生维生素 C、硫化氢、含巯基化合物等还原性物质，从而使 E_h 下降；向培养基中添加化学试剂可以改变 E_h，如：抗坏血酸、硫化氢、铁、含巯基的二硫苏糖醇、半胱氨酸和谷胱甘肽等还原剂可使 E_h 减小；加入高铁化合物和氧气等氧化剂可使 E_h 增加。微生物培养时常将空气或氧气强力通入培养基中，维持适当的 E_h。分子氧在水中的溶解度很低，影响微生物生长的是溶于水的溶解氧。

可以根据微生物适合生长的环境 E_h 将其分成好氧（需氧）性微生物和厌氧性微生物。好氧性微生物，在 E_h＞＋0.1V 均可生长，最适 E_h 为＋(0.3～0.4）V。厌氧性微生物只能在＜＋0.1V 的环境中生长。

好氧微生物又可以分为专性好氧微生物、兼性好氧微生物和微好氧微生物。专性好氧微生物必须在有氧的情况下生长，有完整的呼吸链，以氧气为最终电子受体，细胞内含超氧化物歧化酶（superoxide dismutase，简写 SOD）和过氧化氢酶。多种细菌和大多数真菌属于专性好氧微生物。兼性好氧微生物在有氧和无氧的条件下都能生长，但在有氧的条件下生长

得更好。它在有氧时表现为好氧呼吸，无氧情况下进行酵解或无氧呼吸，细胞内也含有SOD和过氧化氢酶。许多酵母菌和细菌属于兼性好氧微生物，如酿酒酵母、肠杆菌科细菌等。微好氧微生物只能在较低的氧分压下生活，如霍乱弧菌、一些氢单胞菌属和发酵单胞菌属的种。

厌氧微生物又分为耐氧性微生物和专性厌氧微生物。耐氧性微生物不能利用氧气，但氧气的存在对它无害。它没有呼吸链，只能通过酵解获取能量。细胞内存在SOD和过氧化物酶，但缺乏过氧化氢酶。多数乳酸菌都是耐氧微生物。

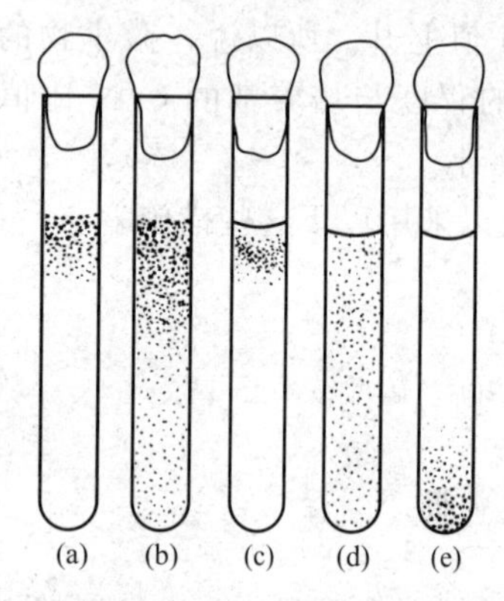

图3.4.5　五类与氧气关系不同的微生物在半固体培养基中的生长状态

(a) 好氧菌；(b) 兼性好氧菌；(c) 微好氧菌；(d) 耐氧菌；(e) 厌氧菌

专性厌氧微生物不能利用氧气，并且氧气存在会对它们造成损害，即使短时接触空气，也会抑制生长甚至致死。专性厌氧微生物通过酵解、无氧呼吸或循环光合磷酸化等获取能量，细胞内缺乏SOD，细胞色素氧化酶，大多数还缺少过氧化氢酶。以上五类微生物在深层固体培养基中的生长特性有较大的差异，见图3.4.5。

在微生物世界中，绝大多数种类都是好氧微生物和兼性好氧微生物，厌氧性微生物的种类相对较少，但近年来已发现了越来越多新的厌氧微生物。厌氧性微生物不能利用氧气是因为它们无法进行以分子氧为终受体的电子传递，而氧气对厌氧性微生物的损害可能是因为没有SOD，不能消除氧气产生的超氧阴离子自由基（$\cdot O_2^-$），以致毒害细胞。不能利用的氧气会引起较高的E_h，同样对它们的生存不利。

超氧阴离子自由基是活性氧的形式之一，因有奇数电子，故带负电。它既有分子性质，又有离子性质，它的反应性极强，性质不稳定，在细胞内可破坏各种生物大分子和膜，也可形成其他活性氧化物，故对生物十分有害。在体内，超氧阴离子自由基可由酶促（如黄嘌呤氧化酶）或非酶促反应形成：

$$O_2 + e \longrightarrow O_2^-$$

好氧性生物因为含有SOD，剧毒的$\cdot O_2^-$就被歧化成毒性稍低的H_2O_2，在过氧化氢酶的作用下，H_2O_2进一步变成无毒的H_2O。厌氧微生物因为没有SOD，就无法使$\cdot O_2^-$歧化，这样，在有氧的存在下，它们体内形成的$\cdot O_2^-$就使自身受到伤害。绝大多数的耐氧微生物能合成SOD，且有过氧化物酶，因此，剧毒的$\cdot O_2^-$也能够先歧化成H_2O_2，再还原成H_2O。即：

$$2\cdot O_2^- + 2H^+ \xrightarrow[\text{好氧菌,耐氧菌}]{\text{SOD}} H_2O_2 + O_2 \begin{cases} \xrightarrow[\text{好氧菌}]{\text{过氧化氢酶}} H_2O + \frac{1}{2}O_2 \\ \xrightarrow[\text{耐氧菌}]{\text{过氧化物酶}} 2H_2O \end{cases}$$

3.5 消毒和灭菌

发酵是利用特定的一种或几种微生物的代谢活动，大量生产菌体或特定的代谢产物。在此过程中，需要保证没有其他杂菌的侵染，否则，将可能产生以下一些不利的后果：①杂菌消耗培养基成分，造成生产水平下降；②杂菌菌体大量繁殖及其代谢产生某些化合物会造成目标产物提取的难度增大，如果污染杂菌有可能影响发酵液的过滤（滤速降低，滤渣含水量增高），也会使溶媒提取时易发生乳化现象；③杂菌产生某些对生产菌有毒害或者能分解预期产物的物质。这在抗生素发酵中很常见，如某些杂菌会产β-内酰胺酶，从而分解含β-内酰胺结构的抗生素；④若是噬菌体污染，则会造成发酵菌体细胞的溶解；⑤若杂菌的生长速度超过生产菌，就会取而代之。

正是由于上述原因，消毒和灭菌工作在发酵产业中起到决定性的作用。虽然，生产上也有轻度染菌对生产和产品质量影响不大的情况，但这是极少数在一定条件下的例外。

消毒（disinfection）字意为去除感染，消去毒害，即杀死引起感染的微生物。通常是指杀死病原微生物。工业上指消除杂菌，除去引起感染的微生物。灭菌（sterilization）的英文字意为使之失去生殖能力，即杀死一切微生物（繁殖体孢子）的措施，包括杂菌和生产菌、病原和非病原菌在内。灭菌可分杀菌和溶菌，前者使菌体死亡，但形体尚存，后者使细胞溶化，消失。

消毒和灭菌都可以采用类似的各种物理和化学方法，但它们也存在一定的差异。消毒偏向于利用一些化学因素，较为温和；而灭菌偏向于利用一些物理因素，较为剧烈。消毒的结果不一定灭菌，灭菌的结果应该无菌。

除杀死微生物以外，我们常采取一些抑制微生物生长的手段，即抑菌。它包括防腐和化疗。总之，灭菌、消毒和抑菌都是常用的控制有害微生物的措施。

- 控制有害菌措施
  - 杀灭
    - 彻底杀灭——杀菌
      - 杀菌
      - 溶菌
    - 部分杀灭——消毒
  - 抑制
    - 控制霉腐微生物——防腐
    - 抑制宿主体内病原菌——化疗

3.5.1 常见的灭菌和消毒的物理方法

最常用的物理方法是高温灭菌（消毒）法。因为微生物的生物功能完全依赖于蛋白质、核酸等生物大分子，而高温可引起这些活性大分子氧化或变性失活，从而导致微生物死亡。

当环境温度超过微生物的最高生长温度，将会引起微生物死亡。不同微生物的最高生长温度不同，不同生长阶段的微生物抗热性也不一样，因而可以根据不同对象，通过控制热处理的温度和时间达到灭菌或消毒的目的。常见的高温灭菌（消毒）方法主要有干热和湿热两大类。

- 高温灭菌（消毒）法
  - 干热灭菌法
    - 火焰灼烧法
    - 烘箱热空气灭菌法
  - 湿热灭菌（消毒）法
    - 常压下
      - 巴氏消毒法
      - 煮沸消毒法
      - 间歇灭菌法
    - 加压下
      - 常规加压灭菌法
      - 连续加压灭菌法

对于不能进行高温处理的物品可以采取过滤除菌、紫外线、γ射线照射等物理方法，或采取化学控菌的方法。

3.5.1.1 干热灭菌法

干热灭菌（dry heat sterilization）时，微生物主要由于氧化作用和细胞蛋白质凝固而死亡。干热灭菌的 Q_{10} 值通常约为 2～3。

（1）灼烧法（incineration） 这是最简单、最彻底的干热灭菌方法，它将被灭菌物品放

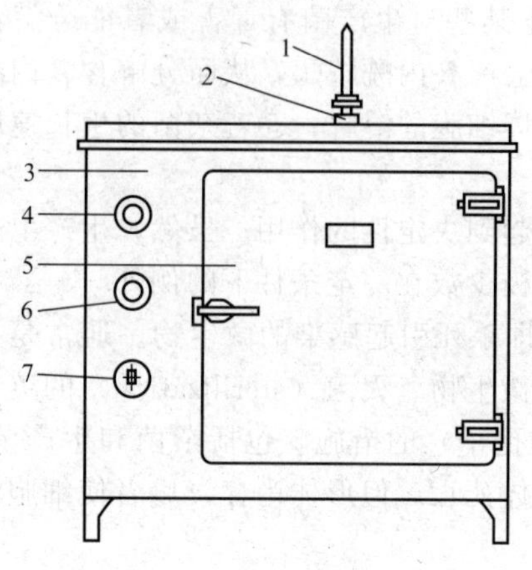

图 3.5.1 烘箱热空气法

1—温度计；2—通气孔；3—箱体；4—温度调节器；5—箱门；6—指示灯；7—鼓风开关

将包扎好的待灭菌物（培养皿，吸管，试管）放入箱内。注意不能放得太挤，以免妨碍空气流通。关上门，接通电源，待温度上升至160～170℃时，借调节器的自动控制，维持此温度2h，时间到后，中断电源，待温度降至70℃以下方可开门

在火焰中灼烧，使所有的生物质碳化。但是，该法对被灭菌物品的破坏极大，适用的范围较小。常用于实验室接种针、勺、试管或三角瓶口和棉塞的灭菌（见图 3.3.1），也用于工业发酵罐接种时的火环保护。

（2）烘箱热空气法（hat-air oven） 将物品放入烘箱内（见图 3.5.1），然后升温至 150～170℃，维持 1～2h。一般的营养体在 100℃，维持 1h 即会死亡，芽孢在 160℃，维持 2h 才会全部死亡。所以，经过烘箱热空气法可以达到彻底灭菌的目的。该法适用于玻璃、陶瓷和金属物品的灭菌。其优点是灭菌后物品干燥，缺点是操作所需时间长，易损坏物品，对液体的样品不适用。

3.5.1.2 湿热灭菌法

湿热灭菌（moist heat sterilization）时，微生物死亡与细胞蛋白质等大分子变性有关，其 Q_{10} 值比干热灭菌的高，对芽孢（在 100～135℃）约为 8～10，对营养细胞则更高，因此，湿热灭菌比干热灭菌更有效。

湿热法就是利用水蒸气的热量将物品灭菌。同样温度下，湿热灭菌的效果与干热灭菌的比较见表 3.5.1。水蒸气具有穿透能力强，易于传导热量的优点，干热和湿热空气穿透力的比较见表 3.5.2。实验表明蛋白质的含水量与其凝固温度成反比，见表 3.5.3，因此湿热更易将蛋白质的氢键打断，使其发生变性凝固。另外，由于蒸汽在被灭菌的物品表面凝结，释放出潜热，这种潜热能迅速提高灭菌物品的温度，缩短灭菌所需的时间。总之，湿热灭菌具有经济和快速等特点，广泛用于培养基和发酵设备等的灭菌。

表 3.5.1 干热与湿热空气对不同细菌的致死时间比较

加热方式 / 细菌种类	干热 90℃	90℃，相对湿度分别为	
		20%	80%
白喉棒杆菌	24h	2h	2min
痢疾杆菌	3h	2h	2min
伤寒杆菌	3h	2h	2min
葡萄球菌	8h	3h	2min

表 3.5.2 干热和湿热空气穿透力的比较

加热方式	温度/℃	加热时间/h	透过布的层数及其温度/℃		
			20 层	40 层	100 层
干热	130～140	4	86	72	70 以下
湿热	105	4	101	101	101

表 3.5.3 蛋白质含水量与其凝固温度的关系

蛋白质含水量/%	蛋白质凝固温度/℃	灭菌时间/min	蛋白质含水量/%	蛋白质凝固温度/℃	灭菌时间/min
50	56	30	6	145	30
25	74～80	30	0	160～170	30
18	80～90	30			

湿热条件下，多数细菌和真菌的营养体在60℃左右，5～10min即死亡；酵母菌和真菌的孢子稍耐热，80℃以上才会死亡；而细菌的芽孢一般在120℃，维持15min才能杀死。(嗜热脂肪芽孢杆菌的芽孢在121℃，需要12min才能杀死。)

常用湿热法有以下几种。

(1) 巴斯德消毒法（Pasteurization） 巴斯德消毒法是19世纪60年代，由巴斯德发展起来的。该法主要针对牛奶、啤酒、果酒和酱油等不易长时间高温灭菌的液体食品，其目的是杀死无芽孢的病原菌（如牛奶中的结核杆菌和沙门杆菌），但又能保持食品的风味。

巴斯德消毒法的一般操作是将待消毒的液体食品置于60～85℃下处理15s～30min，然后迅速冷却。多年来，具体的处理温度和时间都有所变动。较为传统的操作是低温维持法（low temperature holding method，LTH）或称低温长时法（low temperature long time，LTLT），即将液体食品（如牛奶）置于62.9℃（145 ℉）下处理30min。对于较稠的食品（如冰淇淋，奶油）常采用69.5℃（155 ℉）；另一类是高温瞬间法（high temperature short time，HTST），将液体食品置71.6℃（161 ℉）下处理15～17s。近年来，由于设备的改良，尤其是采用流动连续操作系统（见图3.5.2）后，巴斯德消毒法逐渐演化成一种采用更高温度、更短时间的灭菌方法，即超高温巴斯德灭菌法（ultrapasteurization），让液体食品停留在140℃左右（如137℃或143℃）的温度下保持3～4s，急剧冷却至75℃，然后经均质化后冷却至20℃。该法能够达到灭菌之目的，而且处理后的牛奶等饮料可存放长达6个月。

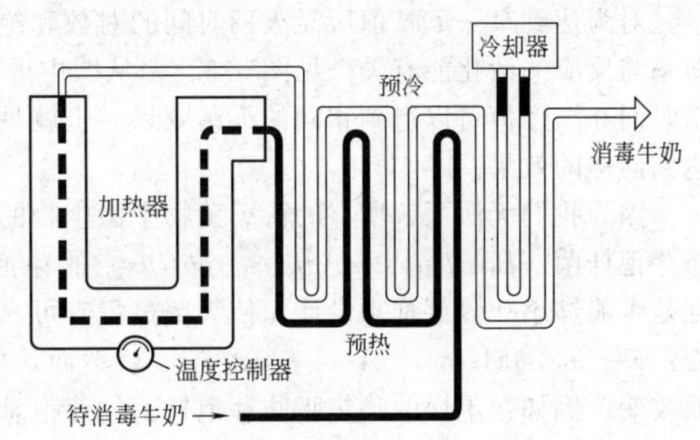

图3.5.2 高温瞬间巴斯德消毒法的操作流程图

(2) 煮沸消毒法 人们常将饮用水加热至100℃，煮沸数分钟，以达到消毒的目的。在条件有限的情况下，可采用该法消毒物品。

(3) 间歇灭菌法，或称丁达尔灭菌法（Tyndallization） 间歇灭菌法是在80～100℃蒸煮15～60min，再搁置室温（28～37℃）下过夜，并重复以上过程三遍以上。其中蒸煮过程可以杀死微生物的营养体，但不能杀死芽孢，室温过夜促使芽孢萌发形成营养体，再经蒸煮过程可杀死新的营养体。循环三次以上可以保证彻底杀死包括芽孢在内的微生物。这种方法可以在较低的温度下，达到彻底灭菌的目的，对设备的要求较低，适用于不耐高温的物品灭菌，但其缺点是费时。

(4) 常规加压灭菌法 蒸汽加压灭菌是目前应用最广、最有效的灭菌手段。蒸汽（湿热）灭菌过程是个一级反应，可用下式表示：

$$-\mathrm{d}N/\mathrm{d}t=kN$$

式中 N——现存的活菌数；

t——灭菌处理的时间；

k——反应速率常数或比死亡速率。

对于一级反应，其反应速度，即k值随温度升高而增大。上式积分可得如下表达式：

$$N_\mathrm{t}/N_0=\mathrm{e}^{-kt}$$

式中 N_0——灭菌处理开始时存在的活菌数目；

N_t——经过t时间后存在的活菌数目。

Arrhenius 曾提出温度与反应速度常数之间的关系式：

$$\mathrm{d}\ln k/\mathrm{d}T = E/RT^2$$

式中 E——活化能；

R——气体常数；

T——绝对温度。

积分后可得：

$$K = A\mathrm{e}^{-E/RT}$$

式中 A——Arrhenius 常数。

将上述两式联立就可得培养基在一恒定温度下灭菌的表达式：

$$\ln(N_0/N_t) = A \cdot t \cdot \mathrm{e}^{-E/RT}。$$

式中，$\ln(N_0/N_t)$ 被称为 *Del* 系数，它表示在一定热量和时间条件下，活菌数目减少的数量。对为达到某一 *Del* 值所需灭菌时间的对数和绝对温度的倒数作图，可得一直线。直线的斜率与反应的活化能有关。见图 3.5.3。从图中可清楚地看到，在相当大的范围内，不同灭菌时间和温度值可以得到相同的灭菌效果。也就是说，高温瞬时灭菌和低温长时间灭菌均可达到同样的效果。

因为我们无法了解所有的待灭菌物中微生物的热致死特性，所以，常假设杂菌是嗜热脂肪芽孢杆菌（*Bacillus stearothermophilus*）的芽孢，一种已知耐热性最强的微生物，并根据是否能够杀死该芽孢来设计，使灭菌过程有可靠的保障。嗜热脂肪芽孢杆菌的热致死特性为：$E=283.3\mathrm{kJ/mol}$；$A=1\times10^{36.2}\mathrm{s}^{-1}$。然而，应该考虑到这些参数会随着培养基的不同而改变，例如：干燥的嗜热脂肪芽孢杆菌的芽孢悬浮在含水量较低的脂肪和油中比其在其他湿润条件下的耐热性强十倍。

在考虑获得预期 *Del* 系数的同时，我们还要注意到灭菌过程对培养基成分的破坏。图 3.5.4 说明了延长培养基的灭菌时间对随后的发酵过程的影响。曲线开始一段产量上升是因为短时灭菌造成培养基的“烹饪效应”而使菌体能更快地获取养分。

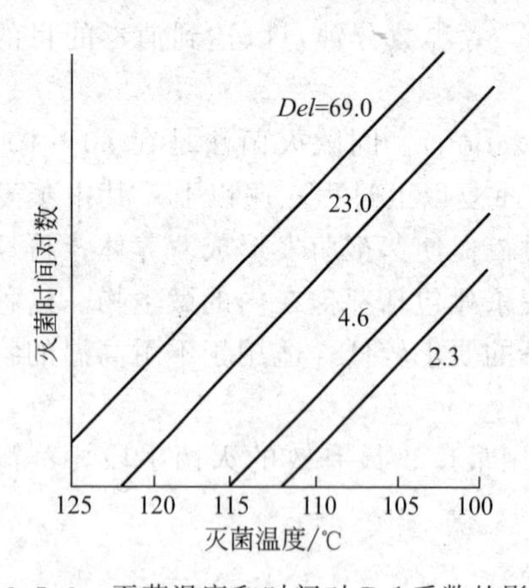

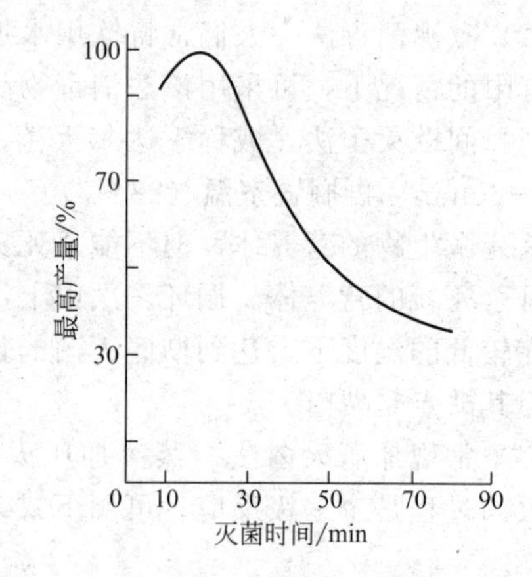

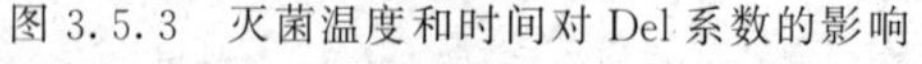

图 3.5.3 灭菌温度和时间对 Del 系数的影响　　图 3.5.4 灭菌时间对相继发酵产量的影响

实验室常用高压蒸汽锅灭菌。高压蒸汽灭菌不是靠压力，而是靠蒸汽的高温。其主要过程是煮沸灭菌锅内的水或通入水蒸气，驱尽空气，使锅或罐内温度升至 100℃以上。纯蒸汽压力与纯蒸汽温度的关系见表 3.5.4。若锅内留有空气，锅内温度将达不到压力表所对应的温度。一般将蒸汽压升至 0.1MPa，此时的温度是 121℃，维持 15～30min。有时待灭菌物品中有糖等易受热变性的化合物，则要适当地降低灭菌的压力和时间，尽管这样做会增大染菌的危险性。也可以采用分别灭菌的方法以避免热敏物质的降解或营养物之间的反应。灭菌

表 3.5.4 纯蒸汽压力与纯蒸汽温度的关系

蒸汽压力				蒸汽温度	
绝对压力	表压				
大气压/atm	千克力/厘米^2(kgf/cm^2)	磅/英寸^2(lbf/in^2)	兆帕(MPa)	y/℃	x/°F
1.00	0.00	0.00	0.000	100.0	212
1.25	0.25	3.75	0.025	107.0	224
1.50	0.50	7.50	0.050	112.0	234
1.75	0.75	11.25	0.075	115.5	240
2.00	1.00	15.00	0.100	121.0	250
2.50	1.50	22.50	0.150	128.0	262
3.00	2.00	30.00	0.200	134.5	274

注：1 千克力/厘米^2 (kgf/cm^2)＝10^5Pa；1 磅/英寸^2＝6894.76Pa；x°F＝9/5×y℃＋32；y℃＝5/9×(x°F－32)。

完毕后应缓慢地放气减压，以免被处理容器内液体突然沸腾，弄湿棉塞或冲出容器。当压力降到零时，才能打开灭菌锅的盖子。高压蒸汽灭菌锅适用于一切微生物实验室、医疗保健单位和工厂菌种室的培养基、器材和其他物料的灭菌。图 3.5.5 是一种直接利用蒸汽加热的灭菌器。

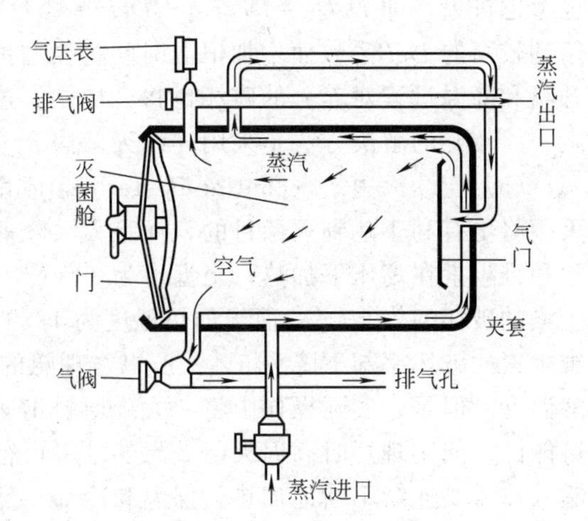

图 3.5.5 一种高压蒸汽灭菌装置

发酵工厂将培养基和发酵设备放在一起灭菌的过程称为实罐灭菌（实消）。发酵罐体单独的灭菌过程称为空罐灭菌（空消）。空罐灭菌一般用于连续灭菌的罐体准备以及染菌罐处理等。实罐灭菌和空罐灭菌都属常规加压灭菌，也可称为批式灭菌。培养基连续经过流动式灭菌器灭菌后再进入发酵罐的过程称为连续灭菌（连消）。

实罐灭菌先将输料管路内的污水排掉，冲洗干净，然后将配制好的培养基用泵打入发酵罐（种子罐或料罐）内，同时开动搅拌器。灭菌前先将各排气阀打开，将蒸汽引入夹套或蛇管进行预热，待罐温升至 80～90℃时，将排气阀逐渐关小。接着，将蒸汽从进气口、排料口和取样口直接通入罐中（如有冲视镜管也应同时进汽），使罐温上升到 118～120℃，罐压维持在 (0.9～1.0)×10^5 Pa（表压），保温 30min 左右。各路蒸汽进口的进汽要通畅，防止短路逆流。罐内液体翻动要激烈。排气也要通畅，但排气量不宜过大，以节约蒸汽。灭菌将要结束时，立即引入无菌空气，以保持罐压，然后再开夹套或蛇管冷却水冷却。这样可以避免罐压迅速下降而产生负压并抽吸外界空气。在引入无菌空气前，罐内压力必须低于空气过滤器压力，否则，培养基或物料将倒流入过滤器内。灭菌时，总蒸汽压力要求不低于 (3.0～3.5)×10^5 Pa，使用压力不低于 2×10^5 Pa（总蒸汽压力系指蒸汽总管道压力，使用压力系指通入罐中时的蒸汽压力）。

空罐灭菌即发酵罐的罐体灭菌。空罐灭菌一般维持罐压 (1.5～2.0)×10^5 Pa、罐温 125～130℃、时间 30～45min，灭菌时要求总蒸汽压力不低于 (3.0～3.5)×10^5 Pa，使用蒸汽压力不低于 (2.5～3.0)×10^5 Pa。灭菌结束后，为避免罐压急速下降造成负压，要等到经过连续灭菌的无菌培养基输入罐内后，才可以开冷却水冷却。

实罐灭菌和空罐灭菌必须避免“死角”，即活蒸汽到达不了或达不到灭菌温度的地方。因为“死角”处只能靠热传导进行灭菌，假如积垢过多，单靠热传导会造成灭菌不彻底而染菌。

除了灭菌温度和时间外，蒸汽灭菌效果还受到其他一些因素的影响，如灭菌物品的含菌量，容器内残留空气量，灭菌对象的 pH 值等。pH6.0～8.0 时，微生物不易死亡，pH 值小于 6.0 时，则容易被杀死。灭菌对象的体积将影响热传导，体积越大，灭菌所需的时间也越长。

实罐灭菌需要较长时间在罐内加热和冷却培养基，如一个 $50m^3$ 的发酵罐，装料 $35m^3$，从预热到消后冷却，就需要 8h 左右。这段时间发酵罐不能用于发酵，所以，实罐灭菌的设备利用率要低于连续灭菌。由于实罐灭菌是间歇性操作，蒸汽负荷高峰相对集中，这也将给蒸汽的供应系统带来一定的困难。然而，实罐灭菌的操作比较简单，染菌的机会较少，而且当采用较低的冷却温度和较大的冷却面积时，对培养基的质量影响较小。

为了降低高温对培养基成分的破坏，在设计批式灭菌的工序时，应该将升温和降温过程也考虑进去，即 $Del_{总}=Del_{升温}+Del_{冷却}+Del_{恒温期}$。*Del* 系数随发酵罐体积增大而增大。为达到较高的 *Del* 系数而增加恒温时间将会增加养分的破坏，而且，随着发酵罐体积的增大，升温和降温过程对养分的破坏也将会加剧。这是批式灭菌的规模增大会造成产量下降的原因之一。较好的解决方法是采用连续灭菌法。

(5) 连续灭菌法（continous sterilization） 在考察 *Del* 系数时，显然可见采用高温瞬时灭菌将更有利于达到灭菌目的，而且大大降低了对培养基成分的破坏。有人做过试验，将芽孢和维生素在高压下加热，当温度为 118℃，加热时间为 15min 时，杀死 99.99%芽孢，维生素的破坏率为 10%；而当加热温度为 128℃，时间 1.5min 时，芽孢同样可杀死 99.99%，维生素的破坏率却下降为 5%。所以，理想的手段是将培养基瞬间升温，然后迅速降温至发酵温度。但是，实际操作中将一大罐原料迅速加热到高温，持续片刻后又迅速冷却显然是不可能的。能实现短时高温灭菌效果的唯一可行方法是流动式连续灭菌。就是将培养基在发酵罐外按需要连续不断地加热、保温和冷却，然后送入发酵罐内。一般采用 135～140℃、5～15s 短暂的加热过程，然后需要在维持罐内继续保温 5～8min，以达到彻底灭菌的目的。输送培养基泵的出口压力一般为 6×10^5 Pa，所以总蒸汽压力要求达到 $(4.5\sim5.0)\times10^5$ Pa 以上。两者压力接近时才能使培养基的流速维持均匀稳定，否则，流速的变化将影响灭菌的效果。连续加压灭菌既达到了灭菌的目的，又减少了营养物质的损失。同时，总的灭菌时间减少了，还能提高发酵罐的利用率。操作过程的劳动强度低，适合采用自动化操作。

典型的培养基的连续灭菌的流程见图 3.5.6。

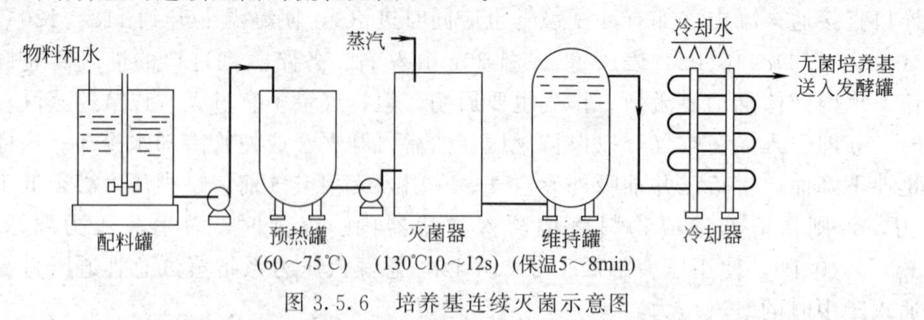

图 3.5.6 培养基连续灭菌示意图

连续处理过程主要优点是可以使用一个较高的灭菌温度和较短的恒温时间，所以养分损失较小。连续灭菌过程中培养基是一点点加入的，所以相对于批式灭菌系统其升温和降温所需的时间也较短。但是，批式灭菌与连续灭菌法相比仍有它的优势，如：①设备投资省，连续灭菌需要较高的控制精度，需要较为成熟的计算机控制系统；②受污染的风险小，因为连续灭菌时必须将无菌发酵液通过无菌操作输送到发酵罐中；③更易于人工控制；④便于对固体成分较高的培养基进行灭菌。所以，目前连续灭菌只是一种供选用的灭菌方法，批式灭菌仍被大多数发酵企业所采用。

发酵过程中需要添加各种各样添加剂，对添加剂灭菌的方法应依其性质、体积和进料速度而定。如果，添加剂是以大剂量进料，那需要采用连续灭菌法。一般采取将蒸汽通入补料的储罐进行批式灭菌。如糖水罐灭菌的压力 1×10^5Pa，时间 30min 左右。油（消泡剂）罐灭菌的压力 $(1.5\sim1.8)\times10^5$Pa，时间 60min。灭菌时，糖水要翻腾良好，但温度不能过高，否则，将使糖分大量破坏。不论采用哪种灭菌法，都需对进料的辅助设备和管路进行灭菌，一般都应灭菌保温 60min。

大多数生产用微生物存在“异种”基因，所以，它们将受到严格的污染控制。这些微生物发酵的废液在排放之前必须灭活。灭活可采取分批或连续法。批式操作是将蒸汽通入恒温槽中，连续法是采用前面讨论过的热交换器。无论哪种方法，处理液都要冷却到 60℃以下再倾倒。

虽然，高温是有效的灭菌手段，但是，它也对被灭菌物品带来以下一些不利的影响：

高温灭菌的不利影响
- 形成沉淀物
  - 有机物　多肽类沉淀
  - 无机物　磷酸盐、碳酸盐沉淀
- 破坏营养成分　（产生氨基糖、焦糖和黑色素）
- 改变 pH 值　（一般会降低 pH 值）
- 降低培养基浓度（冷凝水的聚集）

高温灭菌过程对培养基的破坏主要有两种情况：造成培养基成分相互作用；造成热稳定性差的化学成分的破坏。前者在降低培养基质量的同时，还会引起培养基变色、沉淀。变色反应一般是由来自还原糖的羰基与氨基酸和蛋白质中的氨基反应而引起的。在加热情况下，培养基中 Ca^{2+}、Fe^{3+} 等成分易与磷酸盐发生沉淀反应。后者使某些维生素、氨基酸、蛋白质和糖等遭到破坏。例如：10%的葡萄糖溶液经 121℃灭菌 15min 后，会被破坏 24%。

在某些特殊情况下，可采取过滤除菌等方法。然而，对于大多数发酵过程，以上问题都可以通过选择合适的灭菌条件加以解决。

① 分开灭菌　对培养基中糖类等不耐高温的成分与培养基其他成分分开灭菌，冷却后再混合。将培养基中 Ca^{2+}、Fe^{3+} 成分与磷酸盐分别灭菌，以免发生沉淀反应。

② 低温灭菌　葡萄糖经过 112℃（0.75×10^5Pa）灭菌 15min，只会破坏了 0.60%。所以，对这些成分可通过降低灭菌温度或缩短灭菌时间，尽可能减少损失。

③ 间歇灭菌　采用丁达尔灭菌法。

④ 连续灭菌　连续灭菌可以缩短灭菌的时间，减少营养成分的损失。

在实际工作中，无论采用哪种灭菌的方法，都不能也没有必要做到理论上的彻底无菌。对发酵工业而言，只要做到残留杂菌的概率在 1%以下，就可满足发酵的基本要求。过高的灭菌指标往往造成营养物的过度损失、能耗及其他操作成本的增加。

3.5.1.3 过滤除菌法

过滤器主要有两类。一类是绝对过滤器（absolute filter），过滤介质呈膜状，其滤孔比要除去的颗粒的直径小。理论上可以 100%除去微生物；另一类是深层过滤器（depth filter），其空隙的直径比要除去的颗粒的直径大。它们由毡毛、棉花、石棉和玻璃纤维等组成。“绝对”和“深层”术语的描述并不准确。因为绝对过滤器的过滤作用并不只发生在过滤器的表面，其实它也有一定厚度，过滤器的内部与表面一样有过滤作用。因此，有人将前者称为固定孔过滤器（fixed pore filter），其空隙的孔径均一；后者称为非固定孔过滤器（non-fixed pore filter），其空隙的孔径不均一。绝对过滤器去除颗粒的主要机理是拦截作用

(interception)，可以通过控制孔的大小来保证除去一定大小范围的颗粒。因为也有一定的厚度，所以，也可通过惯性碰撞（inertial impaction）、扩散（diffusion）和吸附（electrostatic attraction）等作用去除比孔径小的颗粒。这些作用在空气过滤时显得格外重要。绝对过滤器的主要缺点是流动阻力会造成巨大的压力降。若采用带许多皱褶的滤膜可以增大表面积，减小压力降。深层过滤器除菌的工作机理是通过惯性碰撞、扩散和吸附等作用，而非拦截。从理论上讲，它不可能绝对地去除所有的颗粒。深层过滤介质可分为两类。一类如棉花纤维、玻璃纤维、合成纤维和颗粒状活性炭等，它们要填充在一定的容器中定形；另一类已制成板或管状，如石棉板和烧结材料等。后者的除菌效率比前者高。

（1）培养基的过滤除菌　对于含酶、血清、维生素和氨基酸等热敏物质的培养基，无法采用高温灭菌法，但可以通过过滤手段除去菌体。过滤介质有醋酸纤维素、硝酸纤维素、聚醚砜、尼龙、聚丙烯腈、聚丙烯、聚偏氟乙烯等膜材料，也有石棉板、烧结陶瓷和烧结金属等深层过滤材料。实验室中常用察氏（Seitz）滤器和一些膜过滤器，见图 3.5.7。

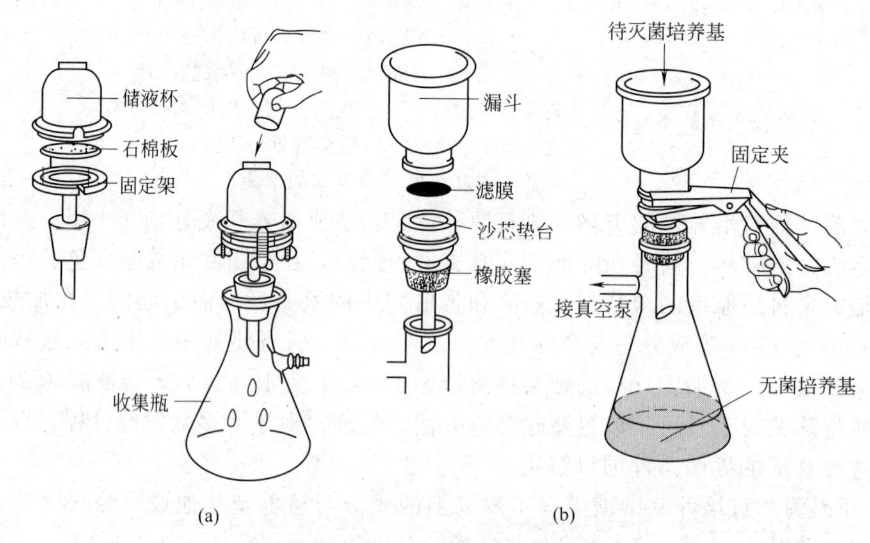

图 3.5.7　实验室用过滤除菌装置

(a) 经典的察氏过滤器；(b) 常见的膜过滤器

实验室常用的滤膜孔径是 0.45μm 和 0.22μm，可以拦截细菌、放线菌、酵母和霉菌等通过。图 3.5.8 是采用醋酸纤维素膜过滤器所拦截的大肠杆菌。常用的过滤器一般无法去除病毒，如果有必要，可使用孔径 0.04μm 的过滤器去除病毒。通常情况下，可将一系列不同的滤器组合使用。如用于制备无菌、无支原体的血清过滤系统。它包括四个按顺序安装的过滤器。第一道过滤器是带正电的聚丙烯膜过滤器，其直径 5μm，用于去除粗糙的沉淀物、块状物等；第二道也是带正电的聚丙烯膜过滤器，其直径 0.5μm，可以去除大部分微生物和脂类物质等；第三道是带正电的单层尼龙/聚酯膜过滤器，其孔径 0.1μm，可进一步去除微生物和内毒素；第四道过滤器与第三道相似，但它是双层结构，可以去除支原体，并保证绝对无菌。联合使用多级

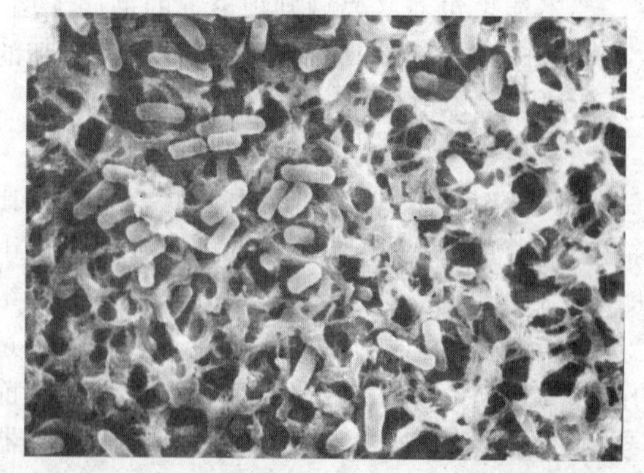

图 3.5.8　醋酸纤维素膜过滤器拦截的大肠杆菌图片

过滤器可以延长昂贵的小孔径过滤器的使用寿命。

(2) 空气过滤除菌　绝大多数工业生产菌属好氧性，发酵过程中必须通入空气来满足其生理需求。以一个 $50m^3$ 的发酵罐为例，若装料系数为 0.7，每立方米发酵液中每分钟需通气 $0.8m^3$，培养时间为 170h，那么，发酵过程中需通气 $2.86\times10^5 m^3$。而大气中约含 10^3～10^4 个/m^3 微生物，因此，通入的空气还必须经过除菌。工业发酵中的空气系统通常采用过滤法来除去空气中的微生物、灰尘和水分等，其一般过程见图 3.5.9。

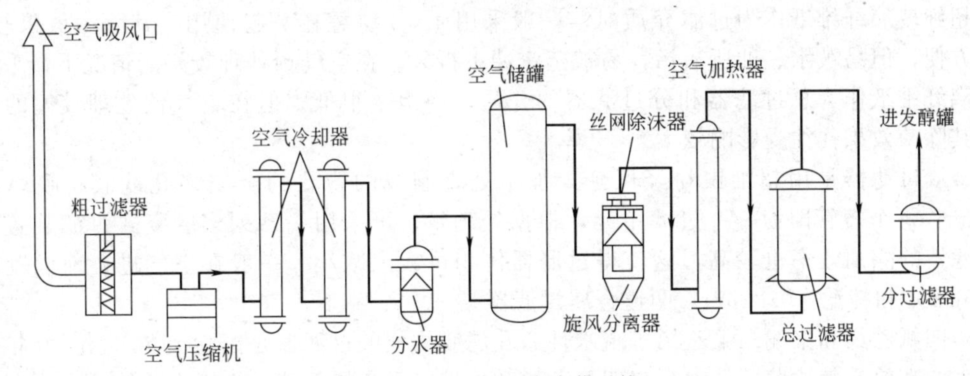

图 3.5.9　空气过滤除菌系统

通常将天空高处的空气吸入后，经过粗过滤器初滤，然后进入空气压缩机。提高空气吸入口的高度可以减少吸入空气的微生物的含量。据报道，吸气口每提高 10m，其微生物数量减少一个数量级。由于空气中的微生物数量因地区、气候而不同，因此吸气口的高度也应因地制宜，一般以离地面 5～10m 较好。在吸气口处需要设置防止颗粒及杂质吸入的筛网（也可装在粗过滤器上）。吸入空气在进入压缩机前先经过粗过滤器过滤，可以减少进入空压机的灰尘和微生物，减少往复式压缩机活塞和汽缸的磨损，也减轻过滤除菌的负荷。常用的粗过滤器由油浸铁丝网、油浸铁环或泡沫塑料等材料构成。

从空气压缩机出来的空气（一般压力在 2.0×10^5 Pa 以上，温度 120～150℃），先冷却至适当温度（20～25℃）除去油和水，再加热至 30～35℃，最后通过总空气过滤器和分过滤器（有时不用分过滤器）除菌，获得洁净度、压力、温度和流量都符合工艺要求的灭菌空气。

空气中的微生物通常不单独存在，而是依附在尘埃和雾滴上。因此，空气进入压缩机前应尽量去除尘埃和雾滴。空气中的雾滴不仅带有微生物，而且还会使空气过滤器中的过滤介质受潮而降低除菌效率，以及使空气过滤器的阻力增大。因此，必须设法使进入过滤器的空气保持相对湿度在 50%～60%左右。从空气压缩机出来的空气，温度为 120℃（往复式压缩机）或 150℃（涡轮式压缩机），其相对湿度大大降低，如果在此高温下就进入空气过滤器，可减少压缩空气中夹带的水分，使过滤介质保持干燥。但是，一般的过滤介质耐受不了这样的高温，因此，压缩空气一般是先经过一级冷却器将温度降至 40～50℃左右，再经二级冷却器将温度降至 20～25℃。冷却后空气的相对湿度提高到 100%，所以，水分凝结成水滴或雾沫，用旋风分离器和丝网除沫器等将它们分离出去。然后再将压缩空气加热，降低其相对湿度，使未除尽的水分不至于凝结出来。

空气通过往复式压缩机的汽缸后所夹带的油雾滴，同样也会黏附微生物、降低过滤器的除菌效率及使过滤阻力增大，通过以上冷却分离过程可以和水分一起分离除去。如果往复式压缩机采用半无油润滑或无油润滑的，可大大降低压缩空气的油雾含量。

空气过滤介质不仅要有较高的除菌效率，而且，要有耐受高温灭菌、不易受油水沾污、阻力小、成本低、来源充足、经久耐用和便于调换操作等特点。常用的空气过滤介质有棉花和活性炭（总过滤器和分过滤器）、玻璃棉和活性炭（一级过滤）、超细玻璃纤维纸（一般用在分过滤器）、石棉滤板（分过滤器）、烧结陶瓷和金属。

棉花和活性炭过滤器，因其介质层厚、体积大、吸油水的容量大，受油水影响相对要小。但这种过滤器调换介质时较为麻烦，填充也不易均匀，气体处理的量不大且质量差，尤其是遇水湿润会造成气阻增大。这种过滤器已逐渐被淘汰。

超细玻璃纤维纸作为过滤介质时，一般采用 4～6 层叠在一起使用。其除菌效果较好，调换方便，但易被水、油所沾污，易被蒸汽冲击折裂。在空气预处理较好的情况下，采用超细玻璃纤维纸作为总过滤器和分过滤器的介质，染菌率很低。但在空气预处理较差的情况下，其除菌效果往往受影响较大。

金属过滤器是用超细镍粉经压延等加工处理制成的管状的金属多孔滤膜，膜厚度约 0.7mm，每个短管即为一个过滤单元，根据处理量，可采用一系列多管复式过滤装置。金属过滤器的除菌效率也较高，这使得过滤器体积可大大减小。一般在空气进罐前设置粗滤（0.45μm）和精滤（0.22μm）两道金属过滤器。

聚四氟乙烯和聚偏二氟乙烯等疏水性微孔滤膜构成的过滤器是国际上 20 世纪 80 年代发展起来的高效空气滤菌新技术。聚四氟乙烯和聚偏二氟乙烯等疏水性微孔滤膜不会受潮，质地柔软，可以随意折叠，具有体积小、过滤面积大、可蒸汽灭菌、抗气流和抗氨（有时空气需加氨调整 pH 值）等优点。因为膜孔径可以均匀控制，所以气体净化的质量高。上述优势使这类绝对过滤器已成为较理想的空气滤菌的替代产品。

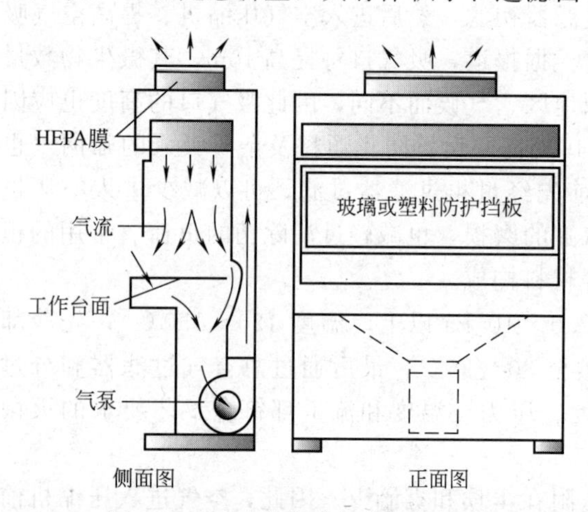

图 3.5.10　生物安全柜的基本构造

除了发酵设备外，实验室中的生物安全柜和超净室也是通过空气过滤系统，送入无菌的空气。高效微粒空气过滤器（high efficiency particulate air，HEPA）是生物安全柜的核心部分，见图 3.5.10。它的滤网由叠片状硼硅微纤维制成，像纸一样。具有强效的微粒过滤作用，对直径为 0.3μm 微粒有 99.99%的过滤效率。在柜内的工作台面形成一个无菌的超净环境。在进行微生物毒株等感染性强的实验材料时，可保护操作者本人、实验室环境以及实验材料，使其避免暴露在可能产生的感染性气溶胶和溅出物。根据保护的程度差异，将其分为生物安全柜Ⅰ、Ⅱ、Ⅲ级。

3.5.1.4　紫外线灭菌

紫外线是一种较常用的杀菌剂。在波长 260nm 处最易被 DNA 吸收，致死能力最强。实际应用中，紫外灭菌灯的发射波长接近该值，如最常见的是波长 254nm。紫外线对芽孢和营养细胞都能起作用，但其穿透力很弱，容易被固体物质吸收，它不能透过普通玻璃。一般只用于物体表面和空间的消毒。其灭菌的原理主要是它作用于生物体的 DNA，促其形成胸腺嘧啶二聚体，造成菌体死亡。另外，它可使空气中氧形成臭氧（O_3），臭氧也会与生物体的活性成分发生氧化反应，造成它们失活。使用紫外灯灭菌时，可以根据 $1W/m^3$ 来计算剂量。若以面积来计算，一般 30W 紫外灯可用于 $15m^2$ 的房间消毒，照射时间为 20～30min，有效照射距离 1m 左右。

3.5.1.5 γ射线灭菌

^{60}Co等放射性元素可放出γ射线，是较先进的杀菌剂。将待灭菌物品通过传送带经过^{60}Co照射区就可达到灭菌的目的。其优点每次可对较多的物品进行灭菌，尤其适用于密封的物品和不耐热物品的灭菌。它不会在物品上留下污染物。如医用一次性塑料用品就是用^{60}Co照射灭菌的。但是，该法对设备的要求高，适用范围有限。如培养基等就不宜通过该法灭菌。

3.5.1.6 微波灭菌

微波（microwave）是指频率在300～30000MHz的电磁波，它介于普通的无线电波与红外辐射之间。微波的杀菌作用主要是微波的热效应造成的。微生物在微波电磁场的作用下，吸收微波的能量，产生热效应，同时，微波造成的分子加速运动使细胞内部受到损害，从而导致微生物死亡。微波产生热效应的特点是加热均匀，热能利用率高，穿透能力强，加热时间短。可以利用微波进行培养基灭菌和酒类消毒等。

3.5.2 常用控菌的化学方法

能抑制、杀死微生物的化学因素种类较多，用途也相当广泛，主要可以分为以下几类：

- 化学因素
  - 表面消毒剂
    - 液体消毒剂
    - 气体消毒剂
  - 防腐剂
  - 化学治疗剂（抗代谢药物，抗生素）

凡用于杀死微生物的化学药品都称为化学消毒剂；凡用于抑制体外微生物生长的化学药品称为防腐剂；实际上，小剂量的消毒剂也就是防腐剂。

3.5.2.1 化学表面消毒剂

化学消毒剂的种类较多，主要见表3.5.5。

（1）乙醇　乙醇的杀菌机理是它的脱水作用、溶解细胞膜脂和进入蛋白质的肽键空间结构，引起蛋白质变性。70%～75%是乙醇消毒的最佳浓度。乙醇浓度过高时，会使菌体表面蛋白变性，形成一层蛋白质沉淀膜，阻止乙醇进入菌体。浓度太低时，乙醇无法起到原有的作用。乙醇主要用于物体的表面和皮肤的消毒。

（2）甲醛　甲醛的杀菌机理是它能破坏蛋白质的氢键，并能与氨基结合，从而造成蛋白质变性。它的杀菌效果较好，对营养体和孢子都有作用。工厂和实验室常采用甲醛熏蒸进行空间消毒。熏蒸的要求是6g甲醛/m^3，熏8～12h。可以采用加热或加入高锰酸钾促进甲醛蒸发。甲醛对人体有害，被认为是强烈致癌物，并有强烈的刺激性气味，可以在熏蒸后，用氨水中和气味。

（3）来苏儿（2%煤酚皂）　石炭酸（苯酚）能使蛋白质变性，并能损伤细胞膜，因而是较好的消毒剂。石炭酸的水溶性较差，通常将它与皂液和煤油混合，增加其溶解度，这种混合液称为来苏儿。常用于物体表面、地面和皮肤等消毒。

早期，新研制的消毒剂常与石炭酸作比较，以石炭酸系数（phenol coefficient，P.C.）作为评价的指标。所谓的石炭酸系数是指在一定时间内，被试药物能杀死全部供试菌的最高稀释度与达到同效的石炭酸稀释度比率。如供试菌为沙门杆菌，受试药1∶300稀释度，10min可杀菌，石炭酸在1∶100稀释度，10min可以杀菌，那么，受试药的石炭酸系数为3。

（4）过氧化氢（H_2O_2）　3%的过氧化氢也是一种皮肤伤口消毒剂。其杀菌机理是利用其氧化性使蛋白质活性基团被氧化而失活。

（5）过氧乙酸　过氧乙酸是一种高效、速效、广谱和无毒的化学杀菌剂。0.001%浓度

表 3.5.5 主要的表面消毒剂及其应用

类型	名称及使用方法	作用机制	应用范围
醇类	70%～75%乙醇	蛋白变性,破坏细胞膜,脱水,溶解类脂	皮肤,器皿
醛类	0.5%～10%甲醛 2%戊二醛(pH 值 8 左右)	破坏蛋白质氢键或氨基 破坏蛋白质氢键或氨基	物品消毒,接种室熏蒸 物品消毒
酚类	3%～5%石炭酸 2%煤酚皂(来苏儿)	蛋白质变性,损伤细胞膜 蛋白质变性,损伤细胞膜	地面,家具,器皿 皮肤
酸类	5～10ml 醋酸/m^2	破坏细胞膜和蛋白质	房间熏蒸消毒
氧化剂	0.1%高锰酸钾 3%过氧化氢 0.2%～0.5%过氧乙酸 约 1mg/L 臭氧	氧化蛋白质活性基团 氧化蛋白质活性基团 氧化蛋白质活性基团 氧化蛋白质活性基团	皮肤、水果、蔬菜 污染物品表面 皮肤、塑料、玻璃,人造纤维 食品
气体	600mg/L 环氧乙烷	有机物烷化,酶失活	手术器械,食品,毛皮
重金属盐类	0.05%～0.1%升汞 2%红汞 0.01%～0.1%硫柳汞 0.1%～1%$AgNO_3$ 0.1%～0.5%$CuSO_4$	与蛋白质巯基结合使失活 与蛋白质巯基结合使失活 与蛋白质巯基结合使失活 变性、沉淀蛋白 与蛋白质巯基结合使失活	非金属物品,器皿 皮肤、黏膜、小伤口 皮肤、手术部位、生物制品防腐 皮肤,新生儿眼睛 杀植物真菌
卤素及其化合物	0.2～0.5mg/L 氯气 10%～20%漂白粉 0.5%～1%漂白粉 0.2%～0.5%氯胺 4mg/L 二氯异氰尿酸钠 3%二氯异氰尿酸钠 2.5%碘酒	破坏细胞膜、蛋白质 破坏细胞膜、蛋白质 破坏细胞膜、蛋白质 破坏细胞膜、蛋白质 破坏细胞膜、蛋白质 破坏细胞膜、蛋白质 酪氨酸卤化,酶失活	饮水,游泳池水 地面 饮水,空气(喷雾),体表 室内空气(喷雾),表面消毒 饮水 空气(喷雾),排泄物 皮肤
表面活性剂	0.05%～0.1%新洁尔灭 0.05%～0.1%杜灭芬	蛋白变性,破坏膜 蛋白变性,破坏膜	皮肤,黏膜,手术器械 皮肤,金属,棉织品,塑料
染料	2%～4%龙胆紫	与蛋白质的羧基结合	皮肤,伤口

的过氧乙酸水溶液能在 10min 内杀死大肠杆菌。它的分解产物是醋酸、过氧化氢、水和氧。它适用于塑料、玻璃制品、棉布、人造纤维等制品的消毒，也适用于果蔬和鸡蛋等食品表面的消毒。

(6) 红汞　也属于重金属，它能与蛋白质的巯基结合，使蛋白质变性失活。医学上常用于皮肤伤口的消毒。

(7) 硝酸银 ($AgNO_3$)　硝酸银属重金属，能造成蛋白质变性沉淀。它常在医学上用于皮肤和眼睛等部位的消毒。

(8) 氯、次氯酸钠、漂白粉（次氯酸钙）　利用它们的氧化性破坏细胞膜和酶蛋白的结构，从而造成菌体死亡。可以利用它们进行环境消毒和空间消毒。氯常用于自来水的消毒，处理浓度为 0.2～1mg/kg。漂白粉含有效氯为 28%～35%，0.5%～1%的漂白粉水溶液在 5min 内，可杀死大多数细菌。5%漂白粉水溶液在 1h 内可杀死细菌的芽孢。

(9) 二氧化氯　它是近年来发展起来的含氯消毒剂的换代产品，具有杀菌能力强、效果持续时间长和用量省等优点，尤其是水体经其消毒后，不会像氯气和漂白粉那样残留有毒物质。可广泛用于生活用水和污水的消毒处理，也适用于食品加工和养殖业中的消毒、灭菌、防腐、保鲜、除臭和漂白等。常见的产品是含 2%二氧化氯的无色或微黄色透明液体。

（10）碘酒　2.5%的碘溶解于酒精中，就成了另一种皮肤消毒剂。其杀菌机理是利用碘与蛋白质中的酪氨酸发生卤化反应，而使得蛋白失活。

（11）新洁而灭（benzalkonium bromide）　新洁而灭是季胺类，属阳离子表面活性剂。它对微生物的营养细胞有杀灭作用，但对芽孢杆菌仅有抑制作用。它与菌体表面结合，破坏膜结构，并能使蛋白变性。常将5%左右的新洁而灭原液稀释使用。以0.01%做创面消毒，以0.1%做皮肤和器械等的消毒。因为新洁而灭的稀溶液对人体无刺激，不污染衣物，性质较稳定，易于保存，故应用较广。

（12）龙胆紫（结晶紫染料）　2%～4%的结晶紫溶液也是较好的皮肤伤口消毒剂。结晶紫染料能与蛋白质的羧基结合，造成蛋白变性，达到杀菌的目的。

（13）硫磺粉　硫磺燃烧产生SO_2，SO_2与水结合形成H_2SO_3，在菌体表面夺取氧成为H_2SO_4，从而致使菌体脱氧死亡。硫磺粉常被用于厂区消毒。

3.5.2.2　防腐剂

防腐是利用物理和化学的手段，完全抑制霉腐微生物的生长繁殖，防止食品等发生霉变的措施。此时，微生物并没有被杀灭，而只是受到抑制。防腐的手段很多，如造成低温、隔氧（或充氮）、干燥、高渗、高酸等保藏环境。而添加防腐剂（antiseptics）也是一种常用的防腐措施。如酱油中的苯甲酸钠，饮料和化妆品中的山梨酸钠都是良好的防腐剂。

3.5.2.3　化学治疗剂

所谓的化学治疗就是利用具高度选择毒力的化学物质来抑制宿主体内病原微生物的生长繁殖，甚至杀灭，达到治疗疾病的目的。化学治疗剂（chemotherapeutant）主要有抗代谢类药物、抗生素和中草药等。

（1）抗代谢类药物　有些化合物在结构上与生物体所必需的代谢物很相似，以至于可以和特定的酶结合，从而阻碍酶的功能，干扰代谢的正常进行，这些物质称为抗代谢物。若用于疾病的治疗，可以称为抗代谢类药物。

磺胺类药物是典型的抗代谢类药物，至今，已合成过许多磺胺类药物，其中有代表性的见表3.5.6，它们都有相同的核心结构。磺胺类药物可以治疗许多传染病，其作用机理较清楚。因为它的核心结构与细菌的生长因子对氨基苯甲酸（PABA）相似，见图3.5.11，两者有竞争性拮抗作用。许多细菌需外界提供PABA作为生长因子，用于合成四氢叶酸（FH_4，THFA）。四氢叶酸是合成代谢中不可缺少的重要辅酶，专门用于转移一碳单位。四氢叶酸在细菌胞内合成的过程如图3.5.12所示。

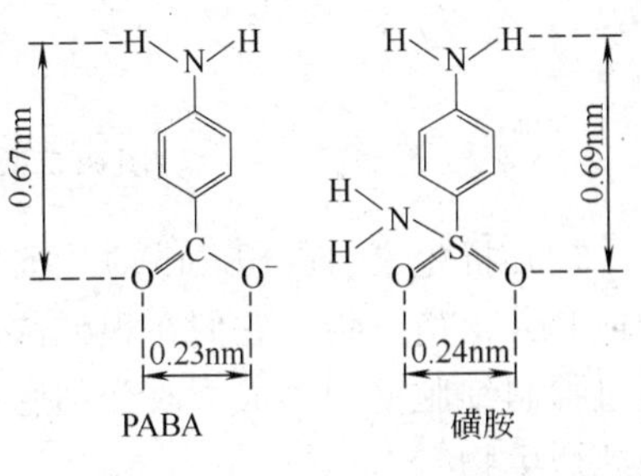

图3.5.11　PABA与磺胺结构的比较

磺胺可竞争性地抑制酶①催化的反应。此外，TMP（三甲基苄二氨嘧啶）能抑制酶③，使二氢叶酸无法还原成四氢叶酸，所以，它是磺胺药的增效剂，可以加强磺胺药的作用。

以PABA为生长因子的细菌，如链球菌会因为磺胺类药的存在而不能存活；而人体不存在这一反应酶系，所以，不能利用PABA来合成FH_4，需要体外直接提供FH_4，所以，磺胺类药物对人体本身的代谢没有影响；有些致病菌也没有该酶系，必需外界提供FH_4，磺胺药对这些菌也无效；另外，当环境中含有大量的PABA或FH_4时，磺胺药也会失效。

表 3.5.6 若干磺胺药物的分子结构

母体结构	R 基团	名称
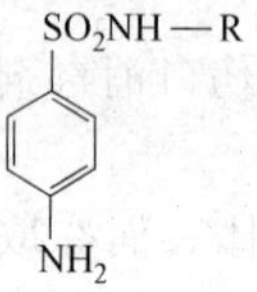 SO_2NH—R（苯环对位 NH_2）	—H	磺胺（sulfanilamide）
	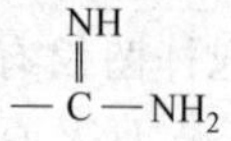 $—C(=NH)—NH_2$	磺胺胍（sulfaguanidine）
	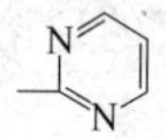 N, N（嘧啶环）	磺胺嘧啶（sulfadiazine）
	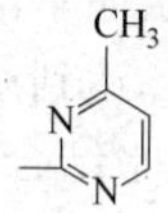 CH_3, N, N（嘧啶环）	磺胺甲基嘧啶（sulfamerzine）
	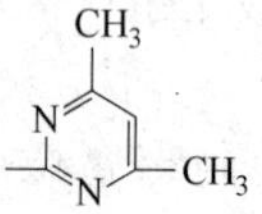 CH_3, N, N, CH_3（嘧啶环）	磺胺二甲嘧啶（sulfamerhazine）
	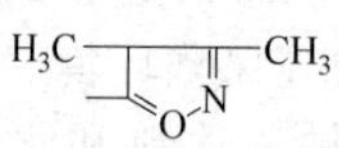 H_3C, CH_3, O—N（异噁唑环）	硫代异噁唑（sulfisoxazole）

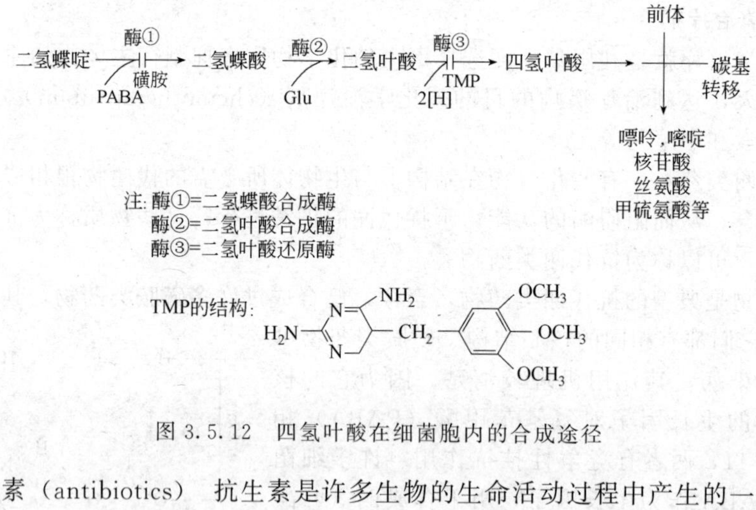

二氢蝶啶 —(酶①; PABA; 磺胺)→ 二氢蝶酸 —(酶②; Glu)→ 二氢叶酸 —(酶③; TMP; 2[H])→ 四氢叶酸 → 碳基转移（前体 → 嘌呤，嘧啶 核苷酸 丝氨酸 甲硫氨酸等）

注: 酶①=二氢蝶酸合成酶
酶②=二氢叶酸合成酶
酶③=二氢叶酸还原酶

TMP的结构: H_2N—（嘧啶环，N, N, NH_2）—CH_2—（苯环，OCH_3, OCH_3, OCH_3）

图 3.5.12 四氢叶酸在细菌胞内的合成途径

(2) 抗生素（antibiotics） 抗生素是许多生物的生命活动过程中产生的一类次级代谢产物或其人工衍生物，它们在很低浓度时就能抑制或影响其他种类生物的生命活动。抗生素可通过抑制细胞壁的合成、改变细胞膜的通透性、抑制蛋白质或核酸的合成等反应机理抑制或杀死微生物。

除了微生物能分泌抗生素外，人、动物以及植物也能产生抗生素，但微生物是抗生素舞台上的主角。在 9000 多种已知的天然抗生素中，仅放线菌产生的就有 4000 多种。

抗生素除了抑制或杀死其他微生物作用外，有的对肿瘤有抑制作用，如博莱霉素；有的对于原虫有抑制作用，如巴龙霉素可治疗阿米巴痢疾；有的能治疗胃溃疡；有的能治疗高血压；有的降低胆固醇；有的抗生素还有镇咳、止血、改善心血管功能、刺激抗体形成、增强机体免疫功能等作用。在工业发酵中，抗生素可以用于控制杂菌污染。

从青霉素首次临床应用迄今已有 70 余年，经过几代科学家的研究开发，如今抗生素的种类繁多，除了天然抗生素外，半合成的抗生素数量至少 7 万种以上。在医学、兽医学、农作物保护、家畜饲养和生物化学研究等方面起着巨大的作用。

3.6 菌种保藏

菌种是一个国家的重要自然资源。菌种保藏是一项重要的工业微生物学基础工作。优良的菌种来之不易，所以，在科研和生产中应设法减少菌种的退化和死亡。菌种保藏的目的是保证菌种经过较长时间后仍然保持着生活能力，不被其他杂菌污染，形态特征和生理性状应尽可能不发生变异，以便今后长期使用。

3.6.1 菌种的退化及防治

3.6.1.1 菌种退化

生产菌株生产性状的劣化、遗传标记的丢失称为菌种退化（degeneration）。菌种退化可以是形态上的，也可以是生理上的。如产孢子能力、发酵主产物比例下降等。

就产量性状而言，菌种的负变就是退化。其他原有的典型性状变得不典型时，也是退化。最易察觉到的是菌落和细胞形态的改变。例如苏云金芽孢杆菌（*Bacillus thuringiensis*）的芽孢和伴孢晶体变得小而少等；其次，就是生长速度缓慢，产孢子越来越少。例如，细黄链霉菌（*Streptomyces microflavus*）“5406”在平板培养基上菌苔变薄、生长缓慢，不再产生典型而丰富的橘红色分生孢子层，有时甚至只长些浅黄绿色的基内菌丝；再次，则是代谢产物生产能力或其对宿主寄生能力的下降。比如赤霉素生产菌种藤仓赤霉（*Gibberella fujikuroi*）产赤霉素能力的下降，枯草杆菌（*Bacillus subtilis*）“B. F. 7658”生产 α-淀粉酶能力的衰退，以及白僵菌（*Beauveria bassiana*）对宿主致病能力的下降等；最后，退化还表现在抗不良环境条件（抗噬菌体、抗低温等）能力的减弱等。

菌种退化是发生在细胞群体中一个由量变到质变的逐渐演化过程。首先，在细胞群体中出现个别发生负变的菌株，这时如不及时发现并采取有效的措施，而一味地移种传代，则群体中这种负变个体的比例逐渐增大，最后占据了优势，整个群体发生严重的退化。所以，开始时，所谓“纯”的菌株，实际上其中已包含着一定程度的不纯因素；同样，到了后来，整个菌种虽已“退化”，但也是不纯的，即其中还会有少数尚未退化的个体存在。

3.6.1.2 菌种退化的原因

（1）基因突变　菌种退化的主要原因就是那些控制生产性状的基因发生负突变。在生物进化的历史长河中，遗传性变异是绝对的，而它的稳定性是相对的；退化性变异是大量存在的，而进化性变异则是个别的。在自然条件下，个别适应性变异通过自然选择就可保存和发展，最后成为进化的方向。在人为条件下，人们通过人工选择，有意识地筛选出个别正突变体用于生产实践。相反，如不自觉、认真地去选择，大量自发突变菌株就会趁机泛滥，最后导致菌种退化。这也说明菌种的生产性状不进则退。

从生物体角度讲，生产实践中采用的优良菌株往往是不正常的，许多菌种是营养缺陷型，一旦发生回复突变，成为野生型，回到了正常的生理状态，生长力变得旺盛，在群体中就具有生长优势，随着传代次数增加，回复突变菌株在数量上逐渐占据优势，成为主要菌株，但对生产而言则是菌种发生了退化。表 3.6.1 中说明了产腺苷的芽孢杆菌黄嘌呤缺陷型菌株随着接种传代次数的增加，出现产量下降和回复突变子增加的现象。可以看出，总保藏时间相同的情况下，回复子的比例随传代次数的增加而增加，回复子的比例越大，腺苷产量越低，这明确证实了基因突变与菌种退化的关系，并且，突变依赖于传代。

对于非营养缺陷型的生产菌，也可自发突变成为负突变的菌株。当这些突变有利于它适应环境时，它们也能在数量上占据优势，造成菌种退化。如青霉素生产菌的两个变异菌株

表 3.6.1 产腺苷的黄嘌呤缺陷型菌株在接种传代中的产量和回复子数量的变化

实验	传代次数	每代斜面保存的时间/天	回复子比例	腺苷产量/(g/L)
Ⅰ	1	(147)	$1/4.5\times10^6$	13.2
Ⅱ	2	(133)(14)	$1/2.4\times10^6$	14.9
Ⅲ	6	(47)(3)(9)(3)(71)(14)	$1/2.2\times10^5$	10.7
Ⅳ	7	(47)(3)(9)(3)(13)(58)(14)	$1/3.5\times10^6$	13.1
Ⅴ	9	(47)(3)(9)(3)(13)(8)(3)(47)(14)	$1/5.3\times10^3$	8.1
Ⅵ	12	(47)(3)(9)(3)(13)(8)(3)(4)(14)(6)(6)(31)	$1/1.0\times10^3$	7.4

br bio nic 和 w hi met 都保持高产性状。但如果把 bio nic 每隔两周传代一次，则第 10 代产量降至 75%，第 11 代为 50%，第 14 代只有约 33%；而 w hi met 在 4℃保藏半年产量并没下降。把退化菌株与 4℃保藏菌混合接种到基本培养基筛得异核体，再分出两类菌株，则发现 bio nic 都是低产的，而 w hi met 都是高产的。保持异核体前性状表明了基因突变是其产量退化的原因。

(2) 分离现象 遗传育种获得的菌种若是多核，或是单核但 DNA 双链之一发生突变，随着传代，其生产性状也将发生退化。这种退化不是基因突变引起的，而是由于诱变获得的高产株本身不纯。高产突变只发生在一个核和一条 DNA 单链上，随着细胞分裂，核发生分离，突变基因和未突变基因发生分离，出现了突变的高产菌株和未突变的低产菌株。

退化是菌种自发突变的结果，培养环境营养不良、发酵时间过长而积累有害产物都会加快菌种退化。根据菌种退化原因分析，可以制定出一些防治退化的措施。

3.6.1.3 菌种退化的防治

(1) 从菌种选育时考虑 在育种过程中，应尽可能使用孢子或单核菌株，避免对多核细胞进行处理，采用较高剂量使单链突变的同时，另一条单链丧失了模板作用，可以减少出现分离回复现象。同时，在诱变处理后应进行充分的后培养及分离纯化，以保证获得菌株的“纯度”。

增加突变位点的筛选，也能预防回复子、减少菌种退化的可能性。如图 3.6.1 所示，黄

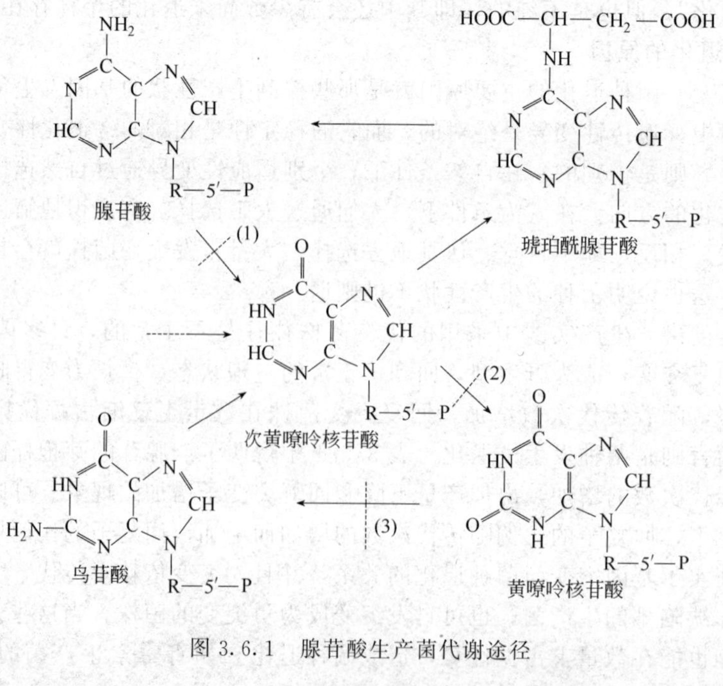

图 3.6.1 腺苷酸生产菌代谢途径

嘌呤缺陷型腺苷酸生产菌的代谢中，次黄嘌呤核苷酸是腺苷酸和鸟苷酸的共同前体，位点2处酶基因发生突变，则使鸟苷酸途径阻塞，前体转向合成腺苷酸，但位点2基因回复突变则又可使鸟苷酸途径畅通，腺苷酸产量下降。但是，如果筛选2、3位点同时突变的突变株，则能保持菌株的稳定性，因为二个位点同时回复突变的可能性极低。

(2) 从菌种保藏角度考虑　微生物都存在着自发突变，而突变都是在繁殖过程中发生或表现出来的，减少传代次数就能减少自发突变和菌种退化的可能性。所以，不论在实验室还是在生产实践上，必须严格控制菌种的传代次数。斜面保藏的时间较短，只能作为转接和短期保藏的种子用，应该在采用斜面保藏的同时，采用沙土管、冻干管和液氮管等能长期保藏的手段。

(3) 从菌种培养角度考虑　各种生产菌株对培养条件的要求和敏感性不同，培养条件要有利于生产菌株，不利于退化菌株的生长。如营养缺陷型生长菌株培养时应保证充分的营养成分，尤其是生长因子；对一些抗性菌株应在培养基中适当添加有关药物，抑制其他非抗性的野生菌生长。另外，应控制碳源、氮源、pH值和温度，避免出现对生产菌不利的环境，限制退化菌株在数量上的增加。例如在赤霉素生产菌 *Gebberella fujikuroi* 的培养基中加入糖蜜、天冬酰胺、谷氨酰胺、5′-核苷酸或甘露醇等丰富的营养物后，有防止菌种退化的效果；在栖土曲霉 *Aspergillus terricola* 3.942 的培养中，有人采用改变培养温度的措施，即从28～30℃提高到33～34℃来防止它产孢子能力的退化。由于微生物生长过程产生的有害代谢产物，也会引起菌种退化，因此应避免将陈旧的培养物作为种子。

(4) 从菌种管理的角度考虑　要防止菌种退化，最有效的方法是定期使菌种复壮（rejuvenation）。所谓的菌种复壮就是在菌种发生退化后，通过纯种分离和性能测定，从退化的群体中，找出尚未退化的个体，以达到恢复该菌种原有性状的一种措施。但这是一种消极的措施。有人对 *Streptomycees microflavus* “5406”的分生孢子，采用－30～－10℃的低温处理5～7d，使其死亡率达到80%。结果发现，在抗低温的存活个体中，留下了未退化的健壮个体，从而达到了复壮的目的。

广义的复壮应是一项积极的措施，是在菌种尚未退化之前，定期地进行纯种分离和性能测定，以使菌种的生产性能保持稳定，广义的复壮过程有可能利用正向的自发突变，在生产中培育出更优良的菌株。

3.6.2 菌种保藏的原理和方法

人们在长期的实践中，对微生物种子的保藏建立了许多方法。各种方法所适用微生物的种类和效果都不一样，在具体应用中各有优缺点。采用的措施有的简单，有的复杂，但它们的原理基本上是一致的，即选用优良的纯种，最好是休眠体（分生孢子、芽孢等），创造一个使微生物代谢不活泼，生长繁殖受抑制，难以突变的环境条件。其环境要素是干燥、低温、缺氧、缺营养以及添加保护剂等。以下是一些常用的菌种保藏方法。

3.6.2.1 定期移植保藏法

将菌种接种于适宜的斜面或液体培养基，也可进行穿刺培养，待生长成健壮的菌体（对数期细胞、有性孢子或无性孢子）后，将菌种放置4℃冰箱保藏，每间隔一定时间需重新移植培养一次。芽孢杆菌每3～6个月移种一次，其他细菌每月移种一次。如保藏温度高，则间隔的时间要短；放线菌4～6℃保藏，每3个月移种一次；酵母菌在4～6℃保藏，每4～6个月移种一次。某些种类酵母，如芽裂酵母、阿氏假囊酵母、棉病囊霉等，必须每1～2个月移种一次；丝状真菌在4～6℃保藏，每4个月移种一次；担子菌4～6℃保藏，每3个月移种一次。

定期移植保藏法是最早使用而且至今仍然普遍采用的方法。在实验室和工厂中，即便同时采用几种方法保藏同一菌种，这种方法仍是必不可少的。该法简单易行，代价小，能随时观察保藏菌株是否死亡、变异、退化或染菌。然而，这种方法的缺点也是显而易见的：其保藏过程中微生物仍然有活动，所以，保藏的时间较短，菌种容易退化。采用无菌的橡皮塞代替棉塞，可以避免水分散发并且能隔氧，能适当延长保藏期。

3.6.2.2 液体石蜡保藏法

液体石蜡保藏法如图 3.6.2 所示，这种方法是定期移植保藏法的补充。在生长良好的斜面表面覆盖一层无菌的液体石蜡，液面高出培养基 1cm，将其置试管架上以直立状态低温保藏。液体石蜡可以防止水分蒸发、隔绝氧气，所以能延长保藏的时间。但其缺点是必须直立放在冰箱内，占据较大的空间。

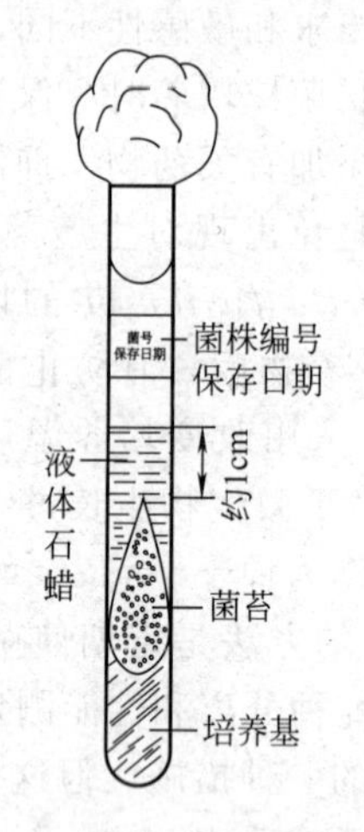

图 3.6.2 液体石蜡保藏法示意图

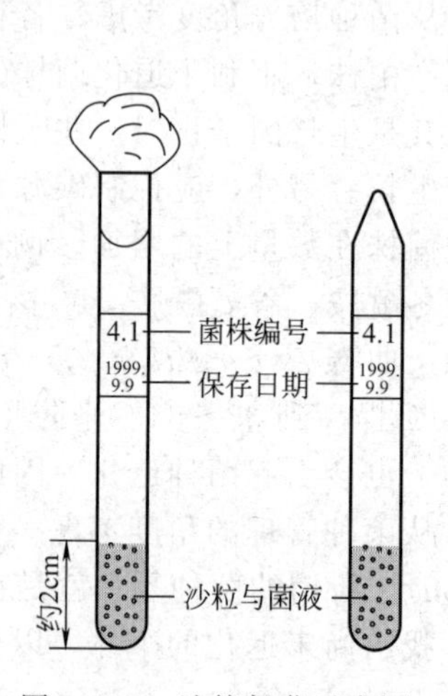

图 3.6.3 沙管保藏示意图

3.6.2.3 沙管保藏法、土壤保藏法

土壤是自然界微生物的共同活动场所，土壤颗粒对微生物具有一定的保护作用。沙管保藏法见图 3.6.3。取河沙过 24 目筛，用 10%～20%的盐酸浸泡除去有机质，洗涤，烘干，分装入安瓿管，加塞灭菌。需要保藏的菌株先用斜面培养基培养，再用无菌水制成细胞或孢子悬液，将 10 滴悬液注入装有洗净、灭菌河沙的沙管内，使细胞或孢子吸附在沙上，放到干燥器中吸干沙中的水分，将干燥后的沙管用火焰熔封管口。可以室温或低温保藏。土壤法以土壤代替河沙，不需酸洗，经风干、粉碎、过 24 目筛，分装灭菌后，同上制备。以上两种方法统称为沙土管法，其特点是干燥、低温、隔氧、无营养物。保藏的效果较好，制作也简单，比液体石蜡法保藏时间长。此法适用于芽孢杆菌、梭状芽孢杆菌、放线菌和一些丝状真菌的保藏。保藏时间可达数年，甚至数十年。

3.6.2.4 麸皮保藏法

麸皮保藏法（或称曲法保藏）常用于放线菌和霉菌的保藏。我国制曲已有悠久历史，曲既是酿造的酶制剂，又是保藏酿造用微生物的一种方式。将麸皮（也可用各种谷物代替）与水或其他培养基成分以一定的比例拌匀，加水或培养液与麸皮的比例为 1∶0.8 或 1∶1 或 1∶1.5，原则是按照不同菌种对水分要求不同而定。将拌匀的麸皮分装在试管或安瓿管等容器中，装入的麸皮应保持疏松，不要紧压。高温灭菌后，将菌种的孢子液接入。适宜温度下培养，直至长出菌丝。再放在干燥器中干燥后，20℃以下温度保藏。也可将小管用火焰熔封。该法操作简单，菌种保藏时间长，不易退化。工厂中经常采用。

3.6.2.5 蒸馏水保藏法

这是最简单的保藏方法。每个试管中装 5ml 灭菌的无菌水，用接种针从斜面或平板上挑取一环菌种细胞，接入蒸馏水中并使之悬浮，试管用无菌的橡皮塞塞紧，放置10℃低温保藏。需用时，可从管内移出一环接到培养基上，而原来的管加塞后仍可继续保藏。该法为菌种创造了一个无营养的环境，所以，也是一种保藏菌种的好方法。根据DeVay试验，该法适宜保藏诡谲棒状杆菌（*Cornebacterium insidiosum*）、根瘤病土壤杆菌（*Agrobacterium tumefaciens*）、假单胞菌（*Pseudomonas* sp.）等。也有人将其用于酵母菌保藏。

3.6.2.6 冷冻干燥保藏法

冷冻干燥保藏法（lyophilization，Freeze-Drying）是将菌液在冻结状态下升华其中水分，最后获得干燥的菌体样品。它同时具备干燥、低温和缺氧的菌种保藏条件，所以，可使微生物菌种得到较长时间的保存。冻干的菌种密封在较小的安瓿中，避免了保藏期间的污染，也便于大量保藏。它是目前被广泛推崇的菌种保藏方法。但是，该法操作相对繁琐，技术要求较高。

根据文献记载，除不生孢子只产菌丝体的丝状真菌不宜用此法外，其他多数微生物，如病毒、细菌、放线菌、酵母菌、丝状真菌等都能冻干保藏。许多菌种用此法可保藏10年以上。

冷冻干燥法一般过程见图3.6.4。预先将安瓿管用2%盐酸浸泡，洗净、烘干后，加入菌种编号标签纸条，加棉塞，湿热灭菌后烘干。微生物斜面培养至稳定期（最好形成孢子），加入保护剂制成细胞悬液。液体培养的菌体最好用离心法除去培养基后加保护剂制成细胞悬液。在冷冻干燥脱水的过程中，保护剂起到稳定细胞膜的作用，即能推迟或逆转膜成分的变性，又可以使细胞免于冰晶损伤。保护剂还在菌种保藏和复苏过程中起稳定细胞的作用。保护剂一般为脱脂牛奶或马血清等。脱脂牛奶可由新鲜的牛奶制备，最好将新鲜牛奶冷藏过夜，除去表面脂肪皮膜。再每次用离心机3000r/min离心20～30min，离心2～3次，彻底去除脂肪。分装后116℃高压灭菌15～20min。也可用脱脂奶粉制备保护剂，用蒸馏水配制成10%或20%（质量浓度）浓度后，分装灭菌。

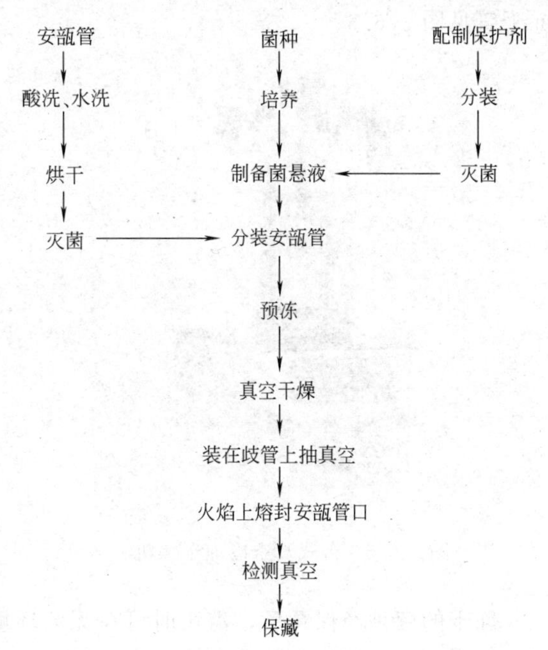

图3.6.4 冷冻干燥保藏菌种的一般过程

悬液的细胞浓度以10^8～10^{10}个/ml为宜。将2～3ml保护剂加入斜面内，用接种针轻刮菌苔，注意不使悬液中带入培养基，也不能有过多的气泡。随即将悬液分装安瓿管。为避免保护剂或带入的培养基中某些成分或产物的影响，在1h内必须将分装安瓿管放到－40～－25℃的低温冰箱或冻干装置中预冻。

预冻的目的是使水分在真空干燥时直接由冰晶升华为水蒸气。预冻一定要彻底，否则，干燥过程中一部分冰会融化而产生泡沫或氧化等副作用，或使干燥后不能形成易溶的多孔状菌块，而变成不易溶解的干膜状菌体。预冻的温度和时间很重要，预冻温度一般应在－30℃以下。在－10～0℃范围内冻结，所形成的冰晶颗粒较大，易造成细胞损伤。－30℃下冻结，冰晶颗粒细小，对细胞损伤小。

待结冰坚硬后（约需0.5～1h），可开始真空干燥。要求真空度在15min内达到0.5mmHg，并逐渐达到0.1～0.2mmHg。在0.2mmHg真空度后水分大量升华，此时也可以略加温，以加快样品中水分升华，但需注意不能超过30℃。抽真空过程中样品应始终保持冷冻状态，当样品基本干燥后，样品温度上升，加速了样品残留水分的蒸发。少量样品经4h左右便可以干燥。当真空度达到0.01mmHg时继续抽几分钟后，一边抽气，一边即可用喷灯熔封安瓿管口。然后以高频电火花检查各安瓿的真空情况，管内呈灰蓝色光表示已达真空。检查时电火花应射向安瓿的上半部，切勿直射样品。制成的安瓿管可在4℃冰箱或室温下保藏。

真空冷冻干燥装置有各种形式，根据需要的工作量可选用单管式、歧管式、钟罩式、离心式、舱箱式等类型的真空干燥机。排列越是后面的类型，处理的量越大，设备也越复杂。一般实验室采用小型的真空冷冻干燥机，见图3.6.5，这种装置每次能冻干10～20支安瓿，冻干管见图3.6.6。

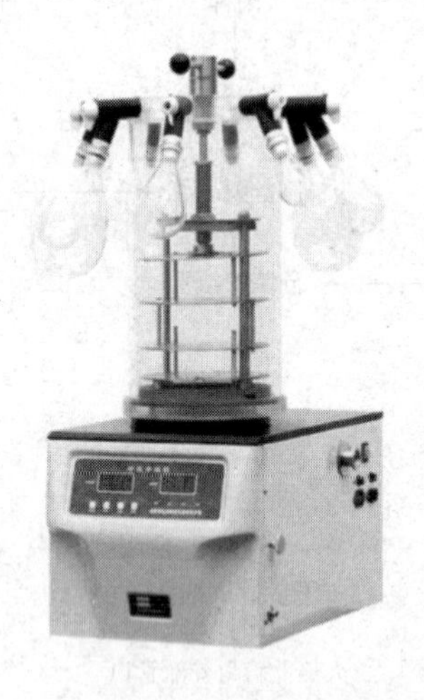

图3.6.5 台式真空冷冻干燥机

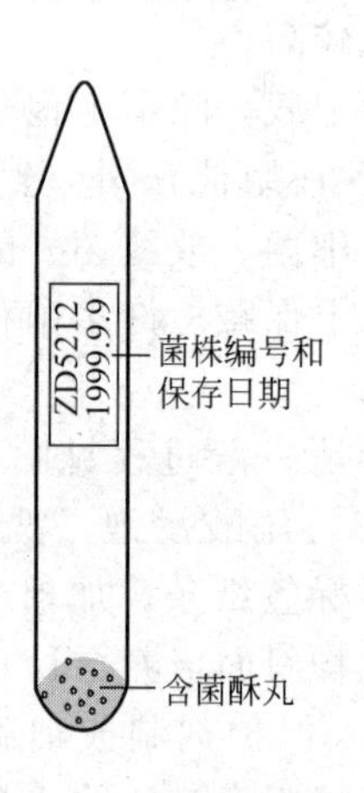

图3.6.6 冷冻干燥保藏管

冻干的菌种经保藏后，需用时可在无菌环境下开启安瓿恢复培养。先用锉刀在安瓿上部横锉一道痕迹。用烧热的玻璃棒置痕迹处，安瓿壁即出现裂纹。也可将安瓿上部置酒精灯上烧热，用冷的无菌水或培养基滴在痕迹处使其崩裂而打开安瓿瓶。将无菌的培养基注入安瓿中，溶解干燥的样品酥丸，摇匀。用无菌吸管取出悬液并移入适宜的培养基中培养。

研究表明，冻干法保藏菌种的存活率受到多方面的影响。不同的生物承受冻干处理过程的能力不同，所以，有些菌种不适合用冻干法保藏。冻干前的培养条件和菌龄也是影响因素，适宜条件下培养至稳定期的细胞和成熟的孢子具有较强的耐受冻干的能力。提倡采用较浓的菌悬液，虽然其存活率低，但绝对量比较高。保护剂对存活的影响很大，保护效果与保护剂化学结构有密切关系，有效的保护剂应对细胞和水有很强的亲和力，脱脂牛奶作为保护剂对多种微生物均有满意的结果。冻结速度慢会损坏细胞，而冻结速度过快（几秒钟内完成冻结）也会在细胞内形成冰晶，损害细胞膜，影响存活。干燥样品中残留少量水分（0.9%～2.5%）对生物的生存有利；冻干管应避光保藏，尤其是避免直射光。适宜的恢复培养条件可以提高存活率。

3.6.2.7 液氮超低温保藏法

这是鉴于有些微生物不宜采用冷冻干燥法，而其他方法又不能长期保藏，根据液氮保存精子和血液等先例的启发而发展起来的菌种保藏法。液氮超低温保藏技术已被公认为当前最有效的菌种长期保藏技术之一，也是适用范围最广的微生物保藏法。几乎所有微生物及动物细胞等均可采用液氮超低温保藏，只有少量对低温损伤敏感的微生物例外。液氮保藏的另一大优点是可利用各种培养形式的微生物进行保藏，不论孢子或菌体、液体培养物或固体培养物均可使用该法。

液氮超低温保藏过程是将菌种悬浮液封存于圆底安瓿管或塑料的液氮保藏管（材料应能耐受较大温差骤然变化）内，放到－196～－150℃的液氮罐（见图3.6.7）或液氮冰箱内保藏。操作过程中一大原则是“慢冻快融”。

图3.6.7　常用的小型液氮罐

细胞冷冻损伤主要是细胞内结冰和细胞脱水造成的物理伤害。当细胞冷冻时，细胞内外均会形成冰晶，其冻结的情况因冷冻的速度而异。冷冻速度缓慢时，只有细胞外形成冰晶，细胞内不结冰，此现象为细胞外冻结。当冷冻速度较快时，细胞内外均形成冰晶，称为细胞内冻结。细胞缓慢冷冻时，主要发生细胞脱水现象。细胞大量脱水后电解质浓度升高，以致渗透压发生变化而导致细胞质壁分离。轻度的质壁分离损伤是可逆的，当脱水严重时，细胞内有的蛋白质、核酸等细胞成分的结合水也被排出，发生永久性损伤，导致死亡。细胞内结冰，特别是大冰晶，会造成细胞膜损伤而使细胞死亡。

对于抗冻性强的微生物，细胞外冻结几乎不会使细胞受损伤，而对于多数细胞来说，不论细胞外或细胞内冻结均易受到损伤。为了减轻冷冻损伤程度，可采用保护剂。液氮保藏一般选用渗透性强的保护剂，如甘油和二甲亚砜。它们能迅速透过细胞膜，吸住水分子，保护细胞不致大量失水，延迟或逆转细胞膜成分的变性并使冰点下降。通常将菌种悬浮在10%（体积分数）甘油蒸馏水或10%（体积分数）二甲亚砜蒸馏水保护剂中。孢子或菌体悬液的浓度大于10^8个/ml为好。事先，保护剂甘油应在121℃，蒸汽灭菌15min，二甲亚砜应过滤除菌。

细胞的冻伤程度随细胞的表面积大小、细胞壁厚薄和细胞浓度而异，因而要根据所保藏的微生物种类来设计降温曲线。一般可由室温开始以每分钟下降1～7℃的速度降至－40℃，然后，再快速降温至－150℃或－196℃。分两个或三个阶段降温可减轻细胞的冻伤程度。对一些厚壁的微生物细胞，即使每分钟下降100℃也不会引起细胞的内冻结。而对于一些细胞壁薄的微生物，特别是无细胞壁的原生质体，降温的速度影响很大。有人报道用液氮保藏青霉素生产菌的原生质体时，采用1℃/min降温速度慢速冷冻，原生质体存活率可达53.7%～78.5%，而快速冷冻则造成原生质体破裂死亡。

微生物细胞的浓度对冷冻损伤程度也有影响。如去甲万古霉素生产菌用液氮保藏时，孢子浓度大于10^7个/ml的存活率比10^5个/ml孢子浓度时高15倍以上。

菌体的生长阶段对液氮保藏的效果也有影响。不同生理状态的微生物对冷冻损伤的抗性不同。一般来说，对数生长期菌体对冷冻损伤的抗性低于稳定期的菌体，对数生长期末期菌体的存活率最低。

细胞解冻的速度对冷冻损伤的影响也很大。因为，缓慢解冻会使细胞内再生冰晶或冰晶的形态发生变化而损伤细胞，所以，一般采取快速解冻。在恢复培养时，将保藏管从液氮中取出后，立即放到38～40℃的水浴中振荡至菌液完全融化，此步骤应在一分钟内完成。液氮冷冻保藏管应严格密封。若有液氮渗入管内，在从液氮容器中取出时，管中液氮的体积将膨胀680倍，具很强的爆炸力，必须特别小心。因为液氮容易渗透逃逸，所以需要经常补充液氮。这是该法操作费用较大的原因。

3.6.2.8　甘油保藏法

该法与液氮超低温保藏法类似。菌种悬浮在10%（体积分数）甘油蒸馏水，置低温

(−80～−70℃) 保藏。该法较简便，保藏期较长，但需要有超低温冰箱。实际工作中，常将待保藏菌培养至对数期的培养液直接加到已灭过菌的甘油中，并使甘油的终浓度在10%～30%左右，再分装于小离心管中，置低温保藏。基因工程菌常采用该法保藏。

3.6.3 国内外菌种保藏机构

菌种保藏机构的任务是在广泛收集生产和科研菌种、菌株的基础上，把它们妥善保藏，使之达到不死、不衰、不乱和便于交换使用的目的。国际上很多国家都设立了菌种保藏机构。例如：中国微生物菌种保藏管理委员会（CCCCM），美国典型菌种保藏中心（ATCC），美国的北部地区研究实验室（NRRL），英国的国家典型菌种保藏所（NCTC），日本的大阪发酵研究所（IFO），东京大学应用微生物研究所（IAM），荷兰的真菌中心收藏所（CBS），法国的里昂巴斯德研究所（IPL），德国菌株保藏中心（GSM）及德国的科赫研究所（RKI）等。

中国微生物菌种保藏管理委员会成立于 1979 年，它的任务是促进我国微生物菌种保藏的合作、协调与发展，以便更好地利用微生物资源，为我国的经济建设、科学研究和教育事业服务。该委员会下设六个菌种保藏管理中心，其负责单位、代号和保藏菌种的性质如下：

普通微生物菌种保藏管理中心（CCGMC）：

中科院微生物所，北京（AS），真菌、细菌；

中科院武汉病毒研究所，武汉（AS-IV），病毒；

农业微生物菌种保藏管理中心（ACCC）：

中国农业科学院土壤肥料研究所，北京（ISF）；

工业微生物菌种保藏管理中心（CICC）：

轻工业部食品发酵工业科学研究所，北京（IFFI）；

医学微生物菌种保藏管理中心（CMCC）：

中国医学科学院皮肤病研究所，南京（ID），真菌；

卫生部药品生物制品检定所，北京（NICPBP），细菌；

中国医学科学院病毒研究所，北京（IV），病毒；

抗生素菌种保藏管理中心（CACC）：

中国医学科学院抗生素研究所，北京（IA）；

四川抗生素工业研究所，成都（SIA）；

华北制药厂抗生素研究所，石家庄（IANP）；

兽医微生物菌种保藏管理中心（CVCC）：

农业部兽医药品检察所，北京（CIVBP）。

中国微生物菌种保藏管理委员会汇集了六个保藏管理中心及其所属专业实验室、菌种站保藏的部分微生物名录，编写出版《中国菌种目录》一书，其中包括病毒、噬菌体、细菌、放线菌、酵母菌和丝状真菌六部分。除上述保藏单位外，我国还有许多从事微生物研究并保藏有一定数量各类专用微生物菌种的科研单位和大专院校。

我国菌种保藏一般采用三种方法：①斜面定期移植法；②液体石蜡封藏法；③冷冻干燥保藏法。对放线菌还另有沙土法，对丝状真菌另加麸皮法保藏。

在国际著名的美国 ATCC（American Type Culture Collection），目前已改为仅采用两种最有效的方法，即保藏期一般达 5～15 年的冷冻干燥保藏法和保藏期一般达 20 年以上的液氮保藏法，以达到最大限度减少传代次数，避免菌种退化，见图 3.6.8。图中表示当菌种保藏机构收到合适菌种时，先将原种制成若干液氮保藏管作为保藏菌种，然后再制成一批冷冻干燥管作为分发用。经 5 年后，假定第一代（原种）的冷冻干燥保藏菌种已分发完毕，就

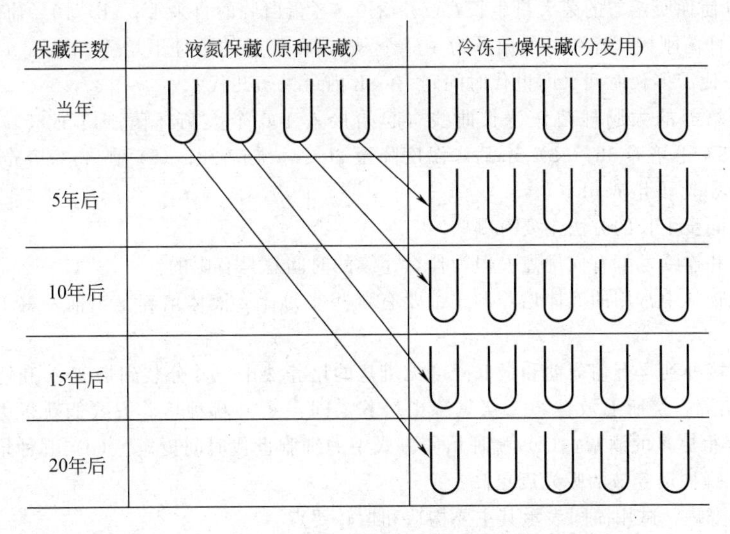

图 3.6.8 ATCC 采用两种保藏方法示意图

再打开一瓶液氮保藏原种，这样，至少在 20 年内，凡获得该菌种的用户，至多只是原种的第二代，可以保证所保藏的分发菌种的原有性状。

复习思考题

1. 什么是营养和营养物质？营养物质有哪些生理功能？

2. 试比较微生物与动、植物的营养要素和营养方式有何异同？

3. 微生物在利用碳源和氮源方面有哪些特点？

4. 什么是能源？试以能源为主，碳源为辅对微生物营养类型进行分类。

5. 经常有人将主要的营养物质写成 CHONPS，请问每个字母分别代表什么？

6. 配制异养微生物的培养基时，是否需要专门加入作为能源的物质？而配制自养微生物的培养基时，是否也有此必要？

7. 什么是生长因子？它主要包括哪几类化合物？是否任何微生物都需要生长因子？如何才能满足微生物对生长因子的需求？

8. 淀粉是许多细胞都可利用的营养物，但淀粉分子太大，无法透过细胞膜，那么细胞是怎样从淀粉中获得葡萄糖的，葡萄糖又是怎样通过细胞膜的？

9. 为什么实验室配制培养基时，一般采用蛋白胨而不是以蛋白质为氮源？为什么枯草杆菌能水解明胶，而大肠杆菌则不能？

10. 实验室和发酵工业中常用的天然提取物（蛋白胨、牛肉膏、酵母膏、玉米浆和糖蜜等）主要能为微生物生长提供哪些营养要素？

11. 为什么植物病原菌以真菌居多，而动物病原菌以细菌居多？

12. 在设计大生产用的发酵培养基时，为何必须遵循经济节约的原则？应该从哪些方面来考虑这一原则？

13. 什么是选择性培养基？它在工业微生物学工作中有何重要性？试举一例并分析其中的选择性原理。

14. 琼脂的哪些物理和化学性质使得它成为最有效的固体培养基凝固剂？

15. 以 EMB（伊红美蓝乳糖琼脂培养基）为例，分析鉴别培养基的作用原理。

16. 什么是微生物的最适生长温度？温度对同一微生物的生长速度、生长量、代谢速度及各代谢产物的累积量的影响是否相同？研究这一问题有何实践意义？

17. 在微生物培养过程中，引起 pH 值改变的原因有哪些？在实践中如何保证微生物处于较稳定和合适的 pH 值环境中？

18. 将大肠杆菌（*Escherichia coli*）和产黄青霉（*Penicillium chrysogenum*）混合培养物接种到以下哪

个培养基中，可以使你所希望的菌大量生长？(a) 含0.5%蛋白胨的自来水；(b) 10%葡萄糖的自来水。

19. 假设枯草杆菌刚接入摇瓶时的菌数为100个/ml，在最适的条件下培养8h后，菌数为104个/ml，问枯草杆菌繁殖一代需多长时间（即世代时间）？在8h内可繁殖几代？

20. 请为下列培养的大肠杆菌作生长曲线（起始接入100个大肠杆菌，其在35℃下的世代时间为30min）：(a) 在35℃下培养5h；(b) 5h后，温度降至20℃，维持2h；(c) 在35℃培养5h后，温度降至5℃维持2h，接着35℃下培养5h。

21. 获得细菌同步生长的方法主要有哪些？

22. 连续培养和连续发酵有何优点？但为什么连续的时间总是有限的？

23. 工业微生物学中常用的液体培养形式主要有哪些？为什么液体培养是当前发酵工业中首选的发酵形式？

24. 将酵母菌接种到含有葡萄糖和最低限度无机盐的培养液中，并分装到烧瓶A和烧瓶B中，将烧瓶A放在30℃好氧培养，烧瓶B放在30℃厌氧罐中培养，问：(a) 哪种培养方式能获得更多的ATP？(b) 哪种培养方式能获得更多的酒精？(c) 哪种培养方式中的细胞世代时间更短？(d) 哪种培养方式能获得更多的细胞量？(e) 哪种培养液的吸光度更高？

25. 什么是发酵罐？试用简图表示其主要构造和运转要点。

26. 为什么高浓度的糖或盐可以用于食品的防腐？为什么将它们归为物理防腐而非化学防腐？

27. 试述工业发酵过程中染菌的原因、危害和防治手段。

28. 什么是“石炭酸系数”？乙醇和异丙醇对金黄色葡萄球菌的石炭酸系数分别为0.039和0.054，哪个是更有效的杀菌剂？

29. 湿热灭菌与干热灭菌的具体操作方式各有哪些？各有哪些特点？哪类灭菌方式更有效？

30. 为什么说致死温度这一指标并不能准确地反映加热灭菌的有效程度？

31. 为什么采用烘箱热空气灭菌完毕后，必需等到箱体内温度降至70℃以下时才能打开箱门取物？

32. 高压蒸汽灭菌锅的作用原理、主要操作步骤和指标是什么？高压蒸汽灭菌前，为什么要将锅内的冷空气排尽？灭菌完毕后，为什么要待压力降到0左右时，才能打开排气阀，开盖取物？

33. 与间歇灭菌相比，连续灭菌有哪些优点？又有哪些不足之处？

34. 列举几种过滤除菌的操作方式，并说明其实际用途。

35. 请用图表示营养物质运输的四类方式，并加以说明。

36. 什么是渗透酶？它与普通意义上的酶是否有差异？

37. 菌种保藏的基本原理是什么？菌种保藏方法及其特点主要有哪些？

38. 一支生产性能优良的菌株在斜面保藏过程中，为什么会出现退化？应采取哪些措施以防止菌种退化？

39. 请比较下列概念的区别：

(1) 生长与繁殖；(2) 大量元素与微量元素；(3) 营养缺陷型与野生型；(4) 自养与异养；(5) 同步生长与连续生长；(6) 间歇培养与连续培养；(7) 液体发酵与固体发酵；(8) 初级代谢与次级代谢；(9) 主动运输与被动运输；(10) 好氧与厌氧；(11) 灭菌与消毒；(12) “实消”与“连消”；(13) 抗代谢药物与抗生素；(14) 选择培养基与鉴别培养基。

40. 请辨析下列说法：

(1) 除少数光合细菌以外，水并不参与微生物的代谢反应；

(2) 当菌体生长、氧吸收和糖利用的比速度下降时，青霉素的合成达到最高值；

(3) 恒化培养与恒浊培养的区别在于前者的培养物群体始终处于对数生长期；

(4) 营养物跨膜的主动运输必须依靠载体和能量，而被动运输不需要载体和能量；

(5) 大多数微生物可以合成自身所需的生长因子，不必从外界摄取；

(6) $(NH_4)_2SO_4$ 是一种良好的速效性氮源，但被单独利用时，它会引起培养基pH值下降；

(7) 一切好氧微生物都含有超氧化物歧化酶（SOD）；

(8) 为防止冰晶体对微生物细胞的损伤，菌体冷冻的速度越快越好。

4 微生物代谢的调节

微生物的新陈代谢错综复杂，参与代谢的物质又多种多样，即使同一种物质也会有不同的代谢途径，而且各种物质的代谢之间存在着复杂的相互联系和相互影响。在长期的进化过程中，微生物建立了一套严密、精确、灵敏的代谢调节体系，能严格地控制代谢活动，使之有序而高效地运行，并能灵活地适应外界环境，最经济地利用环境中的营养物。

微生物的代谢调节具有多系统、多层次的特点，目前，人们对此了解还十分有限。本章将主要讨论对酶的调节。微生物细胞内的遗传物质上储存着能催化所有生化反应所需的酶以及调节酶活性的信息。微生物可以按照适应环境的需要调节酶的表达（即酶蛋白的合成）及调节酶的活性（即酶的激活或抑制）。

了解微生物的代谢调节系统不仅有理论意义，更重要的是能有目的地改造微生物和为微生物提供最适合的环境条件，使微生物能最大限度地生产人类所需的代谢产品。从某种意义上讲，越是理想的高产菌株，背离它自然进化中发展起来的调控机制就越远。遗传育种工作就是为获得目标代谢产物合成不受或少受代谢调控的“不正常”的菌株。

4.1 酶合成的调节

这是通过调节酶合成的量来控制微生物代谢速度的调节机制。这类调节在基因转录水平上进行，对代谢活动的调节是间接的、也是缓慢的。它的优点是通过阻止酶的过量合成，能够节约生物合成的原料和能量。酶合成的调节主要有两种类型：酶的诱导和酶的阻遏。

4.1.1 酶的诱导

按照酶的合成与环境影响的不同关系，可以将酶分为两大类，一类称为组成酶（structural enzymes），它们的合成与环境无关，随菌体形成而合成，是细胞固有的酶，在菌体内的含量相对稳定。如糖酵解途径（EMP）有关的酶。另一类酶称为诱导酶（inducible enzyme），只有在环境中存在诱导剂（inducer）时，它们才开始合成，一旦环境中没有了诱导剂，合成就终止。例如，在对数生长期的大肠杆菌培养基中加入乳糖，就会产生与乳糖代谢有关的 β-半乳糖苷酶和半乳糖苷透过酶等。这时，细胞生长速度和总的蛋白质合成速度几乎没有改变，见图 4.1.1。这种环境物质促使微生物细胞中合成酶蛋白的现象称为酶的诱导。

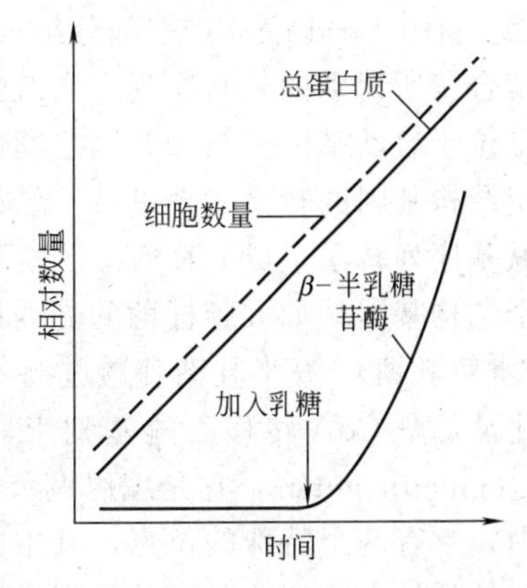

图 4.1.1 培养基中加入乳糖诱导 β-半乳糖苷酶的合成

早期，诱导酶被称为“适应酶”。有人发现某些细菌只有生长在含淀粉的培养基中才会产生淀粉酶；而曲霉只有生长在含有蔗糖的培养基中才会产生蔗糖酶。Karstron 曾系统地研究了这种适应现象，见表 4.1.1。表中显示，只有事先生长在含乳糖的培养基中的肠膜状明串珠菌才能发酵乳糖，只有事先生长在含阿拉伯糖的培养基中，该菌才能发酵阿拉伯糖。但是，无论事先是生长在含葡萄糖、阿拉伯糖、乳糖或是不含糖而含其他碳源的培养基中的肠膜

表 4.1.1 肠膜状明串珠菌适应酶的生成

预培养基中含糖的种类	能发酵		
	葡萄糖	乳糖	阿拉伯糖
葡萄糖	+	−	−
乳糖	+	+	−
阿拉伯糖	+	−	+
不含糖	+	−	−

状明串珠菌，一旦转移到葡萄糖培养基中时，都能立即发酵葡萄糖。根据这一现象，Karstron 认为该菌与阿拉伯糖或乳糖发酵有关的酶是适应酶，而发酵葡萄糖的酶是组成酶。

其后，人们发现适应现象不仅存在于微生物利用某些糖的酶系，微生物对蛋白质、氨基酸及芳香族化合物等的利用也存在这种适应现象。甚至细胞色素和细菌叶绿素也是由适应酶催化生成的。酵母菌在有氧的环境中会生成细胞色素，环境无氧时，细胞色素就消失，再回到有氧环境，又恢复生成细胞色素。紫色细菌的叶绿素在黑暗中消失，见光后又会恢复合成能力。因此，适应酶普遍存在于整个微生物世界中。

Monod 和 Cohn（1952）在研究大肠杆菌 β-半乳糖苷酶适应生成的问题时，发现酶底物（乳糖）的结构类似物，如甲基-β-D-硫代半乳糖苷，也可以像乳糖一样，诱导 β-半乳糖苷酶的生成，相反，有些可以作为该酶底物的物质，如苯基-β-D-半乳糖苷，却不能诱导 β-半乳糖苷酶的合成。因此，他们将适应酶改称为诱导酶，将诱导酶生成的物质称为诱导物。在大多数情况下，诱导酶的底物就是有效的诱导物，但诱导物也不一定就是诱导酶的底物，有些非底物的诱导剂比底物具有更好的诱导效果，见表 4.1.2。

表 4.1.2 某些诱导酶的正常底物和非底物高效诱导物

酶	正常底物	非底物的高效诱导剂
β-半乳糖苷酶	乳糖	异丙基-β-D-硫代半乳糖苷
青霉素酶	苄基青霉素	2,6-二甲氧基苯基青霉素
丁烯二酸顺反异构酶	顺丁烯二酸	丙二酸
脂肪族酰胺酶	乙酰胺	*N*-甲基乙酰胺
甘露糖链霉素酶	甘露糖	α-甲基甘露糖苷

Monod 和 Jacob（1961）提出了操纵子学说用于解释酶的诱导机制。操纵子（operon）指一组功能上相关的基因，它们由启动基因（promoter）、操纵基因（operator）和结构基因（structural gene）三部分组成，见图 4.1.2。启动基因是一种能被依赖于 DNA 的 RNA 聚合酶所识别的碱基序列，它既是 RNA 聚合酶的结合位点，又是转录的起始点。操纵基因是位于启动基因和结构基因之间的碱基序列，它能与阻遏物（repressor）相结合，以此来决定结构基因的转录能否进行。结构基因是确定酶蛋白氨基酸序列的 DNA 模板，可根据它的碱基序列转录生成 mRNA，然后再通过蛋白质翻译生成相应的酶。一个操纵子往往含有多个结构基因，如大肠杆菌的乳糖操纵子中就有三个紧邻的结构基因，分别是 β-半乳糖苷酶（水解乳糖）、β-半乳糖苷透过酶（控制乳糖透过细胞膜进入细胞）和半乳糖苷转乙酰酶（催化从乙酰 CoA 转移乙酰基到半乳糖苷受体上）的遗传基因。在操纵子附近还有调节基因（regulator gene），它是编码调节蛋白（regulatory protein）的基因。调节蛋白是一类变构蛋白，它有两个特殊的位点，其中的一个位点能与操纵基因结合，另一个能与效应物结合。在酶的诱导中，调节蛋白就是阻遏物，效应物就是诱导物，大肠杆菌乳糖操纵子的阻遏蛋白已被分离纯化，它的相对分子质量约为 160000，由四个相同的亚单元所组成。在没有诱导物

存在时，阻遏物与操纵基因相结合，使得RNA聚合酶无法从起始点滑向结构基因，转录无法进行，结构基因处于休眠状态。当诱导物出现时，阻遏物与诱导物结合，随即发生变构效应。经变构后阻遏物无法再与操纵基因结合，操纵子的“开关”被打开，使结构基因的转录、翻译过程能够顺利进行。当诱导物耗尽后，阻遏物可再与操纵基因结合，操纵子的“开关”又被关上。这时，细胞内已转录生成的mRNA迅速被核酸内切酶降解，操纵子控制的有关酶蛋白在细胞内的含量急剧下降。如果调节基因发生突变，正常的阻遏物无法产生，那么，操纵子的“开关”始终开启着，原有的调节机制被解除，诱导酶就成了组成酶。

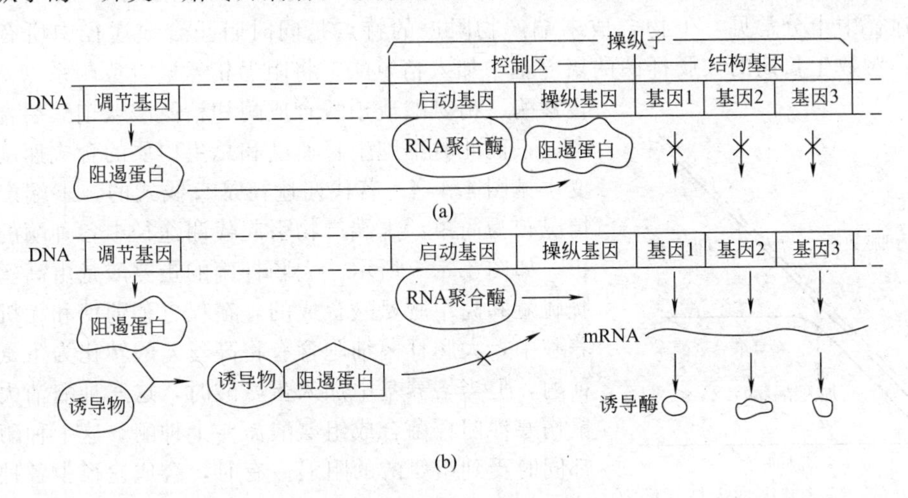

图 4.1.2 酶诱导的操纵子模型

(a) 没有诱导物存在时，结构基因的表达被阻断；(b) 在诱导物存在时，结构基因表达生成诱导酶

酶的诱导又可以分为两种情况。一种是同时诱导，即加入一种诱导剂后，微生物能同时或几乎同时合成几种酶，它主要存在于较短的代谢途径中，合成这些酶的基因由同一个操纵子所控制。例如将乳糖加入到*E. coli*培养基中，即可同时诱导β-半乳糖苷酶、β-半乳糖苷透过酶和半乳糖苷转乙酰酶的合成，这三种酶都由乳糖操纵子控制。另一种称为顺序诱导，第一种酶的底物会诱导第一种酶的合成，第一种酶的产物又可诱导第二种酶的合成，依此类推合成一系列的酶。例如：先合成能分解底物的酶，再依次合成分解中间代谢物的酶，以达到对较复杂代谢途径的分段调节。在*E. coli*中，最初的诱导物乳糖诱导了代谢乳糖酶系的合成，将乳糖转化成半乳糖，半乳糖在细胞内浓度升高，又触发与半乳糖代谢相关酶的诱导合成，见图4.1.3。

由于存在酶的诱导机制，微生物只有在代谢活动需要时才合成有关的酶，从而避免了营养物和能量的浪费。

诱导酶与组成酶在本质上是相同的，两者的区别在于酶合成调节体系受控制的程度不同。在微生物育种中，常采取诱变等手段使诱导酶转化为组成酶，以利于大量积累所需的代谢产物。

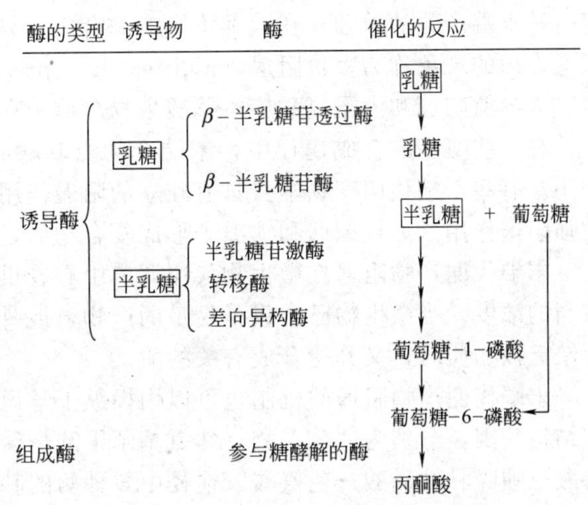

图 4.1.3 分解乳糖有关酶的顺序诱导

4.1.2 酶合成的阻遏

在某代谢途径中，当末端产物过量

时，微生物的调节体系就会阻止代谢途径中包括关键酶在内的一系列酶的合成，从而彻底地控制代谢，减少末端产物生成，这种现象称为酶合成的阻遏（enzyme repression）。合成可被阻遏的酶称为阻遏酶（repressible enzyme）。阻遏的生理学功能是节约生物体内有限的养分和能量。酶合成的阻遏主要有末端代谢产物阻遏和分解代谢产物阻遏两种类型。

4.1.2.1 末端代谢产物阻遏

由于某代谢途径末端产物的过量积累而引起酶合成的（反馈）阻遏称为末端代谢产物阻遏（end-product repression）。通常发生在合成代谢中，特别是在氨基酸、核苷酸和维生素的合成途径中十分常见。生物合成末端产物阻遏的特点是同时阻止合成途径中所有酶的合成。如：对数生长期的大肠杆菌的培养基中加入精氨酸，将阻遏精氨酸合成酶系（氨甲酰基转移酶、精氨酸琥珀酸合成酶和精氨酸琥珀酸裂合酶）的合成，而此时细胞生长速度和总蛋白质的合成速度几乎不变，见图 4.1.4。若代谢途径是直线式的，末端产物阻遏情况较为简单，末端产物引起代谢途径中各种酶的合成终止。如图 4.1.5 所示，大肠杆菌的蛋氨酸是由高丝氨酸经胱硫醚和高半胱氨酸合成的，在仅含葡萄糖和无机盐的培养基中，大肠杆菌细胞含有将高丝氨酸转化为蛋氨酸的三种酶，但当培养基中加入蛋氨酸时，这三种酶消失。又如鼠伤寒沙门杆菌合成组氨酸需要十种酶，这十种酶的合成都同时受到组氨酸的阻遏。有时，合成途径中各种酶受末端产物阻遏的程度会有所不同，如大肠杆菌的精氨酸生物合成酶系中每个酶受精氨酸阻遏的程度存在着差异。

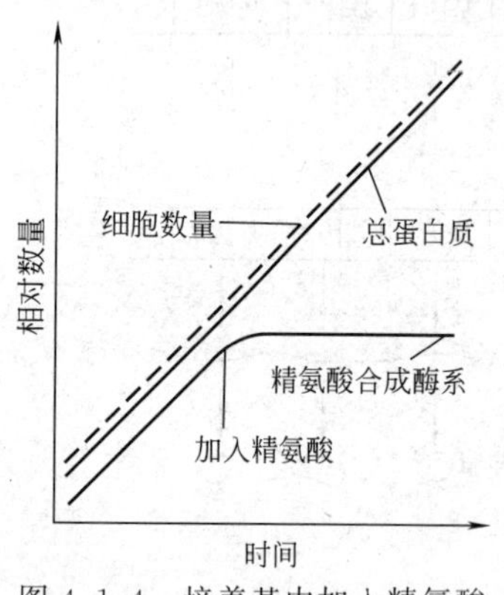

图 4.1.4 培养基中加入精氨酸阻遏精氨酸合成酶系的合成

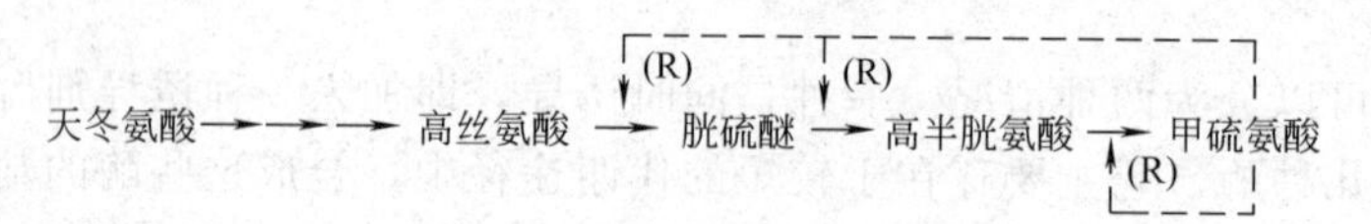

图 4.1.5 甲硫氨酸反馈阻遏大肠杆菌的蛋氨酸合成酶的合成
（R）：表示反馈阻遏

对于分支代谢途径来说，情况比较复杂。每种末端产物只专一地阻遏合成它自身那条分支途径的酶，而代谢途径分支点前的“公共酶”则受所有分支途径末端产物的共同阻遏。任何一种末端产物的单独存在，都不影响酶合成，只有当所有末端产物同时存在时，才能发挥阻遏作用的现象称为多价阻遏（multivalent repression）。多价阻遏的典型例子是芳香族氨基酸、天冬氨酸族和丙酮氨酸族氨基酸生物合成中存在的反馈阻遏。

在一些氨基酸合成途径中，末端产物氨基酸必须和它的 tRNA 结合后，才能起到阻遏作用。有些末端代谢产物本身具有独立的阻遏作用，但若与某些物质结合形成复合物，则会增强阻遏作用。如杆菌肽和铁离子形成复合物后，反馈阻遏作用增强。

末端代谢产物阻遏在微生物代谢调节中有着重要的作用，它保证了细胞内各种物质维持适当的浓度。当微生物已合成了足量的产物，或外界加入该物质后，就停止有关酶的合成。而缺乏该物质时，又开始合成有关的酶。

末端代谢产物阻遏的机制也可以用操纵子学说解释。如大肠杆菌色氨酸操纵子控制着 5 个结构基因，分别为“分支酸→邻氨基苯甲酸→磷酸核糖邻氨基苯甲酸→羧苯氨基脱氧核糖磷酸→吲哚甘油磷酸→色氨酸”途径中 5 种酶的基因。其调节基因远离操纵子，所表达的调节蛋白不能直接与操纵基因结合，结构基因的表达能顺利进行。这时的调节蛋白称为原阻遏物（prerepressor）。当代谢产生末端代谢产物色氨酸后，色氨酸作为效应物与原阻遏物结合，使后者发生变构效应，并能与操纵基因结合，从而阻止了结构基因的表达。其过程见图4.1.6。

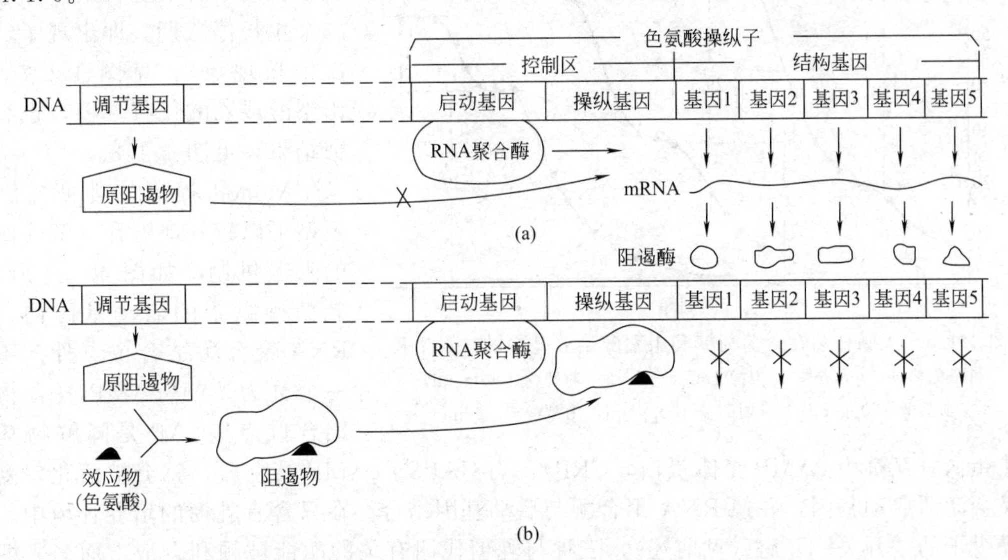

图4.1.6 酶阻遏的色氨酸操纵子模型

(a) 在没有效应物（色氨酸）存在时，结构基因表达色氨酸合成酶系（邻氨基苯甲酸合成酶Ⅰ和Ⅱ、吲哚甘油磷酸酯合成酶、色氨酸合成酶B和A）；(b) 色氨酸与原阻遏物结合构成阻遏物，色氨酸合成酶系的合成被阻断

4.1.2.2 分解代谢物阻遏

当细胞内同时存在两种可利用底物（碳源或氮源）时，利用快的底物会阻遏与利用慢的底物有关的酶合成。现在知道，这种阻遏并不是由于快速利用底物直接作用的结果，而是由这种底物分解过程中产生的中间代谢物引起的，所以称为分解代谢物阻遏（catabolite repression）。

分解代谢物阻遏过去被称为葡萄糖效应。1942年Monod在研究大肠杆菌利用混合碳源生长时，发现葡萄糖会抑制其他糖的利用。例如大肠杆菌在含乳糖和葡萄糖的培养基中，优

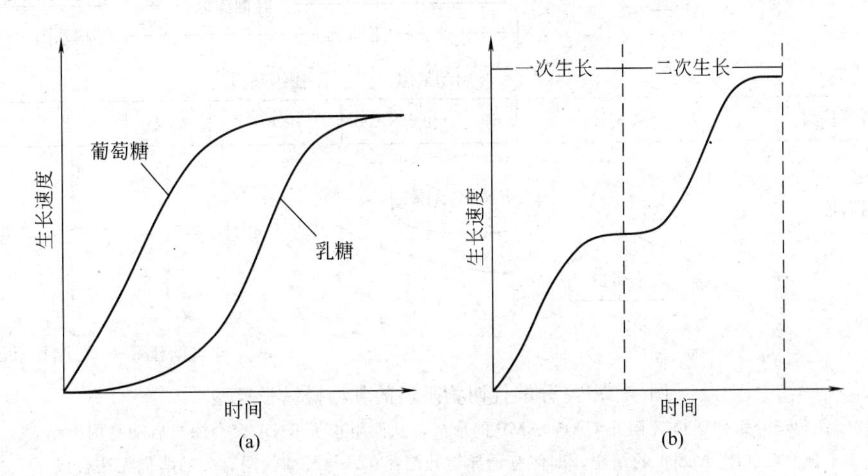

图4.1.7 培养基中不同糖对大肠杆菌生长速度的影响

(a) 单独加入葡萄糖时，菌体生长几乎没有延迟期；单独加入乳糖时，菌体生长有明显的延迟期；(b) 同时加入葡萄糖和乳糖时，菌体呈二次生长

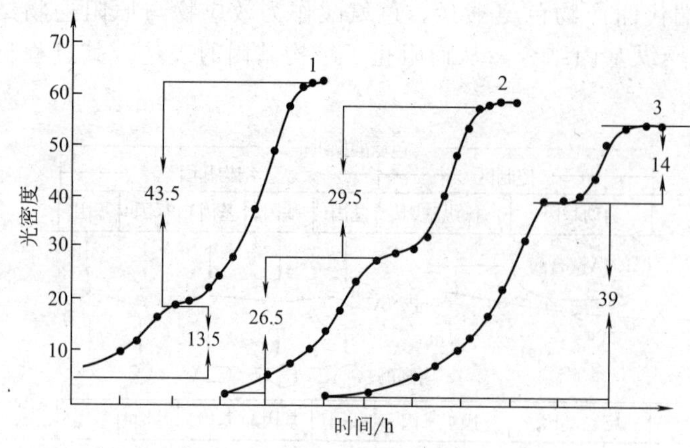

图 4.1.8 大肠杆菌在含葡萄糖和山梨醇培养基中的二次生长

1—葡萄糖 50μg/ml，山梨醇 150μg/ml；2—葡萄糖 100μg/ml，山梨醇 100μg/ml；3—葡萄糖 150μg/ml，山梨醇 50μg/ml

先利用葡萄糖，并只有当葡萄糖耗尽后才开始利用乳糖，这就形成了在两个对数生长期中间的第二个生长停滞期，即出现了“二次生长现象”，见图 4.1.7。用山梨醇或乙酸代替乳糖，也有类似结果，见图 4.1.8。

Monod 提出的乳糖操纵子模型可以较好地解释分解代谢物的阻遏机制。如图 4.1.9 所示，乳糖操纵子的启动基因内，除 RNA 聚合酶结合位点外，还有一个称为 CAP-cAMP 复合物的结合位点。CAP 是降解物基因活化蛋白（又称为 cAMP 受体蛋白，CRP），当 CAP 与 cAMP 结合后，就会被活化，复合物又会激活启动基因，并使 RNA 聚合酶与启动基因结合。在只含有乳糖的培养环境中，乳糖操纵子的“开关”开启（见前述），三种与乳糖代谢有关的酶能被顺利合成。而当乳糖与葡萄糖同时存在时，因为分解葡萄糖的酶类属于组成酶，能迅速地将葡萄糖降解成某种中间产物（X），X 既会阻止 ATP 环化形成 cAMP，同时又会促进 cAMP 分解成 AMP，从而降低了 cAMP 的浓度，继而阻遏了与乳糖降解有关的诱导酶合成。在如葡萄糖培养基中的大肠杆菌细胞内，cAMP 浓度比生长在乳糖培养基中的低 1000 倍，只有当葡萄糖耗尽后，cAMP 才能回升到正常浓度，操纵子重新开启，并开始利用乳糖作为碳源，形成菌体的二次生长。

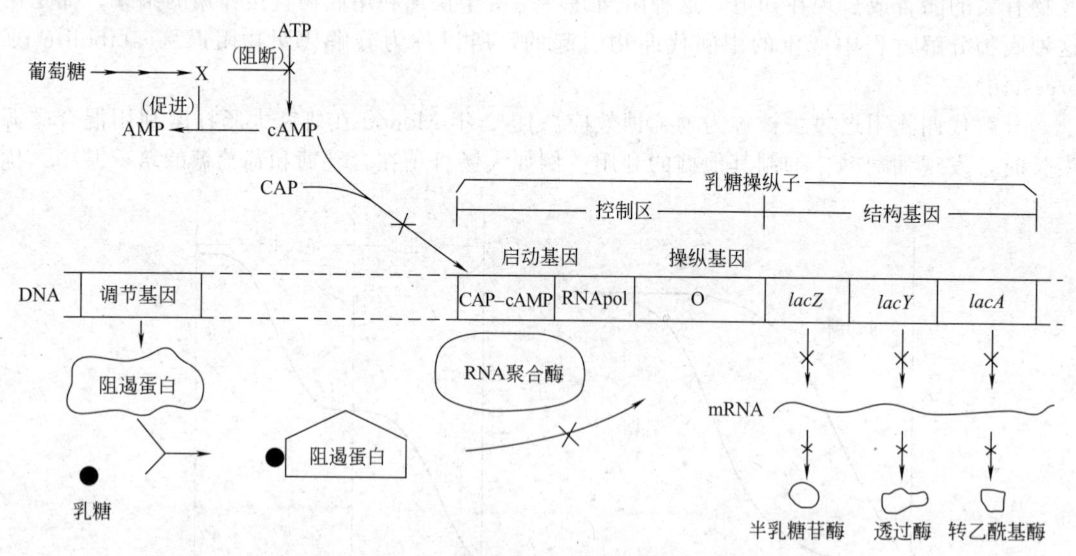

图 4.1.9 分解代谢物阻遏的乳糖操纵子模型

葡萄糖分解代谢物 X 阻止 CAP-cAMP 的形成，从而阻止了 RNA 聚合酶与启动基因上结合位点（RNApol）的结合，即使有诱导物乳糖存在，与乳糖代谢有关的酶仍无法合成

酶的诱导、分解代谢物阻遏和末端产物阻遏可以同时发生在同一微生物体内。这样，当某些底物存在时微生物内就会合成诱导酶，几种底物同时存在时，优先利用能被快速或容易

代谢的底物；而与代谢较慢的底物有关酶的合成将被阻遏；当末端代谢产物能满足微生物生长需要时，与代谢有关酶的合成又被终止。

操纵子学说是从原核微生物代谢调节的研究中建立起来的，对于真核微生物，情况更复杂。酶合成的调节除可以发生在上述的转录水平，也可能发生在翻译水平。蛋白质翻译水平上的调节是指改变某些氨酰 tRNA 的浓度以调节蛋白质的合成速度，高浓度的氨酰 tRNA 可阻止肽链的合成。

4.2 酶活性的调节

通过改变酶分子的活性来调节代谢速度的调节方式称为酶活性的调节。与酶合成调节方式相比，这种调节方式更直接，并且见效快。是发生在蛋白质水平上的调节。

某些酶的活性受到底物或产物或其结构类似物的影响，这些酶称为调节酶（regulatory enzyme）。这种影响可以是激活、也可以是抑制酶的活性。我们把底物对酶的影响称为前馈，产物对酶的影响称为反馈。见图 4.2.1。前馈作用一般是激活酶的活性。在分解代谢中，后面的反应可被较前面反应的中间产物所促进，如粪链球菌（*Streptococcus feacalis*）的乳酸脱氢酶活性可被1,6-二磷酸果糖所激活；又如在粗糙脉孢霉（*Neurospora crassa*）培养时，柠檬酸会促进异柠檬酸脱氢酶活性。

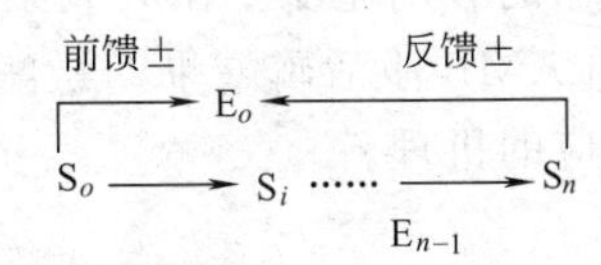

图 4.2.1　底物或产物对酶活性的调节

＋表示激活；－表示抑制

调节酶通常是变构酶，一般具有多个亚基，包括催化亚基和调节亚基。变构酶的激活和抑制过程见图 4.2.2。激活过程的效应物称为激活剂（activator），而抑制过程的效应物称为抑制剂（inhibitor）。在微生物代谢调节中更常见的是反馈调节，尤其是末端产物对酶活的反馈抑制。抑制剂与调节亚基结合引起酶构象发生变化，使催化亚基的活性中心不再能与底物结合，酶的催化性能随之消失。调节酶的抑制剂通常是代谢终产物或其结构类似物，作用是抑制酶的活性。效应物的作用是可逆的，一旦效应物浓度降低，酶活性就会恢复。调节酶常常是催化分支代谢途径一系列反应中第一个反应的酶，这样就避免了不必要的能量浪费。

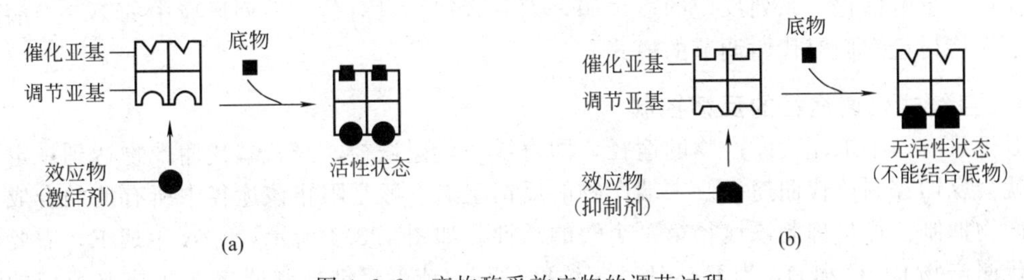

图 4.2.2　变构酶受效应物的调节过程

（a）激活剂激活无活性的酶；（b）抑制剂抑制有活性的酶

在微生物的代谢活动中，三磷酸腺苷（ATP）是为许多反应提供能量的高能磷酸化物。ATP 释放出能量后转化为二磷酸腺苷（ADP）或单磷酸腺苷（AMP），也可以由 AMP 或 ADP 合成 ATP。细胞中的 ATP、ADP 和 AMP 含量处于相对平衡的状态。有人用能荷（energy charge）来表示细胞中的能量状态。能荷（EC）可用下式来表示：

$$EC=\frac{[ATP]+[ADP]/2}{[ATP]+[ADP]+[AMP]}$$

系统中只有 ATP 时，EC 值为 1；只有 AMP 时，EC 值等于零。大肠杆菌在生长期的

EC 值为 0.8，稳定期时逐渐降低到 0.5，当 *EC* 值小于 0.5 时，细胞将死亡。

酶活性将受到细胞能荷的调节，能荷不仅能调节分解代谢形成 ATP 的酶活性，也能调节合成代谢利用 ATP 的酶活性。如异柠檬酸脱氢酶和磷酸果糖激酶等会受到高能荷的抑制，而丙酮酸羧化酶、乙酰 CoA 羧化酶和天门冬氨酸激酶等会受到高能荷的激活。

巴斯德在研究酵母的酒精发酵时发现：厌氧条件下酵母菌进行酒精发酵，葡萄糖的消耗速度很快；而在有氧条件下，酵母菌进行呼吸作用，糖的消耗速度较低，酒精产量也降低。这种呼吸抑制发酵作用的现象被后人称为巴斯德效应（Pasteur effect）。巴斯德效应的本质是能荷调节。糖酵解（EMP）和三羧酸循环（TCA）途径都能产生 ATP。有氧条件下，TCA 循环活泼，呼吸链的氧化磷酸化大量合成 ATP，细胞能荷增加，异柠檬酸脱氢酶受到 ATP 抑制，导致柠檬酸的积累，柠檬酸和 ATP 都是磷酸果糖激酶活性的抑制剂，从而限制了葡萄糖的利用速度。在厌氧条件下，酵母菌无法通过呼吸链产生 ATP，细胞能荷较低，ADP 和 AMP 激活磷酸果糖激酶，使利用葡萄糖生产酒精的速度加快。图 4.2.3 说明了巴斯德效应的机理。

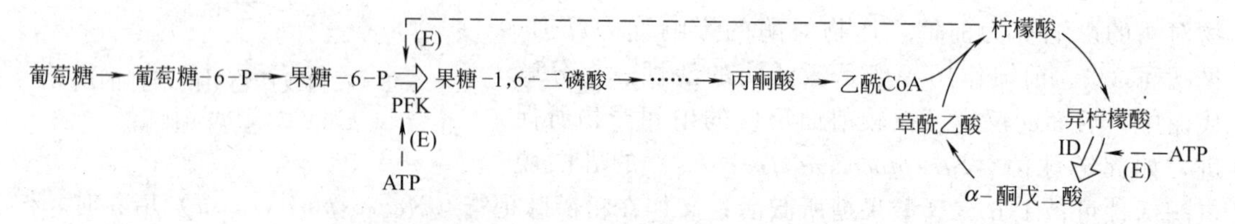

图 4.2.3 巴斯德效应的本质

PFK—磷酸果糖激酶；ID—异柠檬酸脱氢酶；(E)—表示抑制

4.3 微生物代谢调节的模式

在微生物合成代谢过程中，反馈阻遏和反馈抑制往往共同对代谢起着调节作用，它们通过对酶的合成和酶的活性进行调节，使细胞内各种代谢物浓度保持在适当的水平。反馈阻遏是转录水平的调节，产生效应慢，反馈抑制是酶活性水平调节，产生效应快。此外，前者的作用往往会影响催化一系列反应的多个酶，而后者往往只对是一系列反应中的第一个酶起作用。下面将讨论它们对代谢调节的模式。

4.3.1 直线式代谢途径的反馈控制

对于只有一个末端代谢产物的途径，即直线式代谢途径，当末端代谢产物达到一定浓度时，就会反馈控制该代谢途径。末端产物的反馈阻遏一般是阻止该途径中所有酶的合成，而末端产物抑制往往是抑制该途径第一个酶的活性。如图 4.3.1 所示，由 A 生成 E，需要经过中间代谢产物 B、C 和 D，当 E 达到一定浓度后，它或者反馈抑制催化 A 生成 B 反应的酶活性，或者反馈阻遏分别催化 A 到 B、B 到 C、C 到 D 和 D 到 E 反应的所有酶的合成。

在研究大肠杆菌的异亮氨酸合成途径时，首先发现了直线式代谢途径的反馈抑制。苏氨酸是合成异亮氨酸的前体，在培养基中给苏氨酸缺陷型大肠杆菌补充苏氨酸时，该菌株可以合成异亮氨酸，但若同时在培养基中添加异亮氨酸，就不能利用苏氨酸合成异亮氨酸了。这是因为异亮氨酸抑制了由苏氨酸转化为异亮氨酸途径的第一个酶，即 L-苏氨酸脱氨酶，见图 4.3.2。后来发现其他氨基酸和核苷酸的代谢途径中也有类似的现象。如图 4.3.3 所示的大肠杆菌中由氨甲酰磷酸和天冬氨酸合成胞嘧啶核苷三磷酸（CTP）时需要七种酶，当 CTP 达到一定浓度后，便反馈抑制催化第一个反应的酶，即天门冬氨酸转氨甲酰酶。

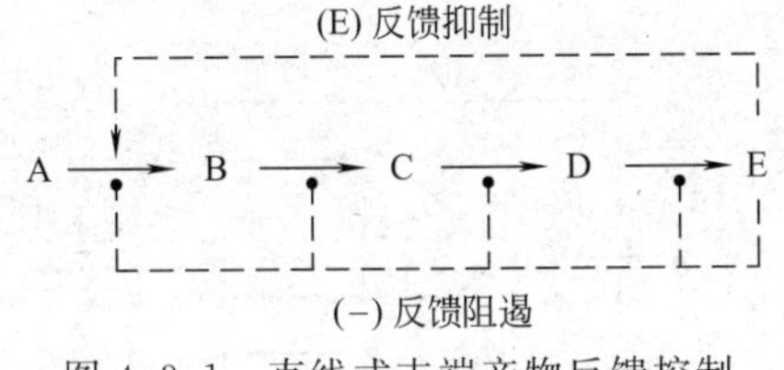

图 4.3.1 直线式末端产物反馈控制

(E)—表示抑制

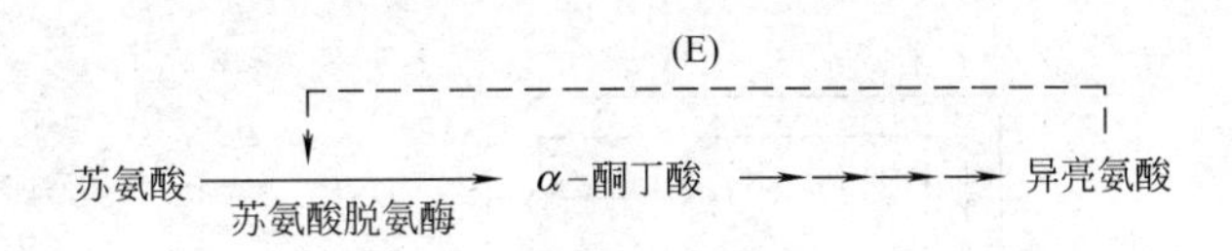

图 4.3.2 异亮氨酸合成途径中的直线式反馈抑制

(E)—表示抑制

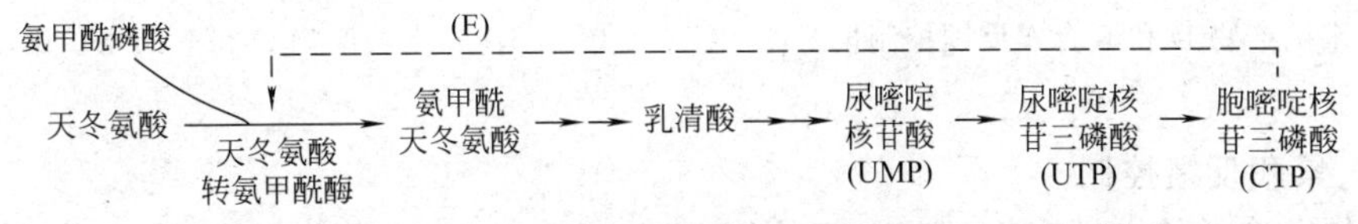

图 4.3.3 大肠杆菌 CTP 合成途径中的直线式反馈抑制

(E)—表示抑制

反馈阻遏还有另一种形式，即末端产物阻遏与中间产物诱导的混合形式。如图 4.3.4 所示，末端产物 D 的积累会阻遏该途径中第一个酶的合成。当末端产物 D 浓度下降时，第一个酶恢复合成，从而导致中间产物 B 在胞内累积。B 浓度的增高，又诱导第二、三个酶的合成，使途径逐渐畅通。当 D 浓度上升到一定值时，第一个酶的合成受阻，B 浓度下降，不再诱导第二、三个酶的合成，该途径逐渐阻塞。这种模式存在于粗糙链孢霉的亮氨酸合成途径中，产物亮氨酸会阻遏该合成体系的第一个酶——异丙基苹果酸合成酶的合成，同时抑制其活性。这个酶的产物异丙基苹果酸却能诱导反应序列中第二、三个酶的合成。

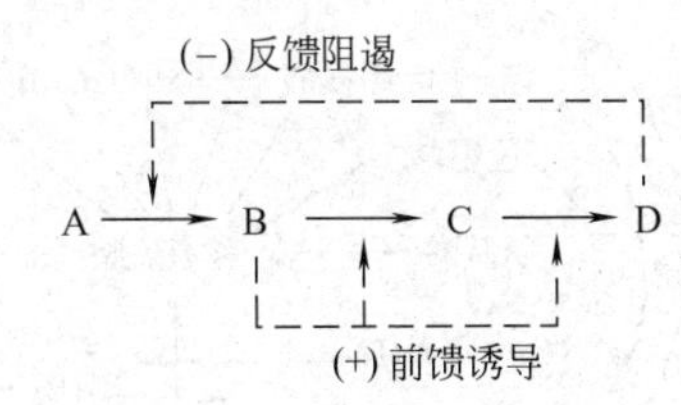

图 4.3.4 末端产物阻遏和中间产物诱导的混合控制

4.3.2 分支代谢途径的反馈控制

由几种末端代谢产物共同对生物合成途径进行控制的体系较为复杂。即便是同一代谢途径，不同菌种也会有不同的控制模式。这些控制可以是反馈阻遏或反馈抑制单独作用的结果，也可以是两者共同作用的结果。

4.3.2.1 协同或多价反馈控制

分支代谢途径的几个末端产物同时过量时，该途径的第一个酶才会受到反馈阻遏或反馈抑制（见图 4.3.5）。如多黏芽孢杆菌（*Bacillus polymyxa*）在合成天门冬氨酸族氨基酸时，天门冬氨酸激酶受赖氨酸和苏氨酸的协同反馈抑制。如果仅是苏氨酸或赖氨酸过量，并不能引起抑制作用。

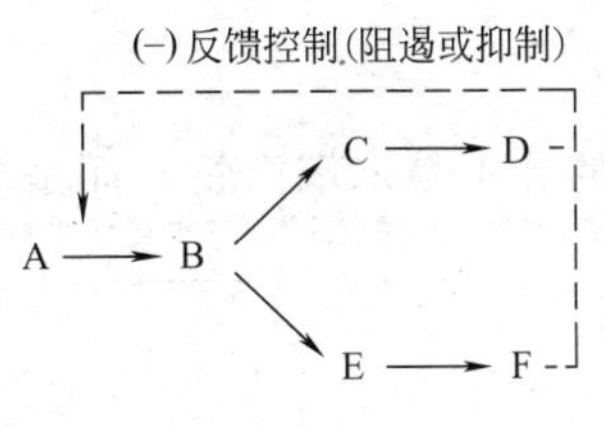

图 4.3.5 末端产物 D 和 F 协同反馈控制模式

4.3.2.2 合作反馈控制

这类控制体系与协同反馈控制类似，但是该体系中的末端产物都有较弱的独立控制作用，当所有的末端产物同时过剩时，会导致增效的阻遏或抑制，即其阻遏或抑制的程度比这些末端产物各自独立过量时的总和还要大，因此，又称为增效反馈控制（synergistic feedback control），见图 4.3.6。当只有一个末端产物（图中的 D）过量时，紧接着分支点（图中的 B）后的反馈控制立即起作用，限制该末端产物的合成，代谢将转向细胞仍需要合成的其他产物继续进行（图中的 F）。

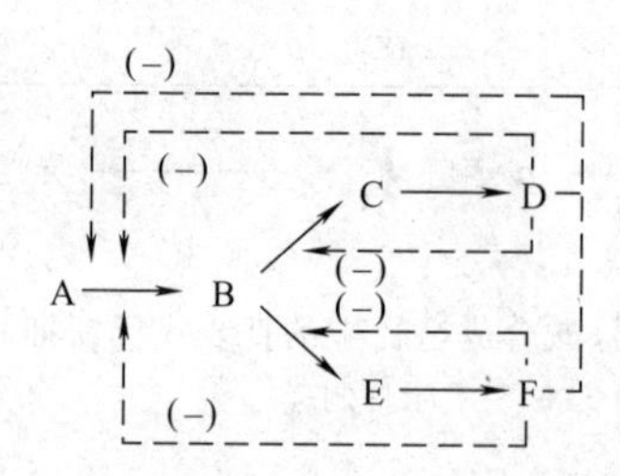

图 4.3.6 末端产物 D 和 F 合作反馈控制模式

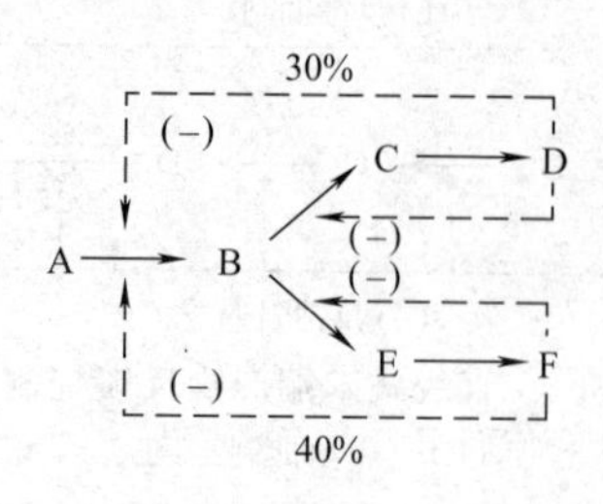

图 4.3.7 末端产物 D 和 F 的累积反馈控制模式

4.3.2.3 累积反馈控制

每个分支途径的末端产物都独立于其他末端产物，以一定百分比控制该途径第一个共同的酶所催化的反应。当几个末端产物同时存在时，它们对酶反应的抑制是累积的，各末端产物之间既无协同效应，也无拮抗作用。如图 4.3.7 所示，D 和 F 分别独立地抑制第一个酶活性的 30% 和 40%，那么，当 D 和 F 均过量时，它们对第一个酶的总抑制是 58%，即 100% − (100% − 30%) × (100% − 40%) = 58%。与合作反馈控制的情况相似，每个末端产物肯定会对紧接分支点 B 后的反应施加控制，以使共同的中间产物 B 不再用于已过量的产物合成。

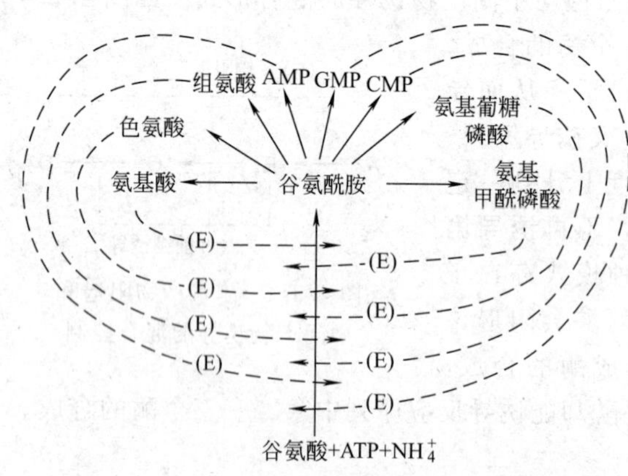

图 4.3.8 谷氨酰胺合成酶的累积反馈抑制
(E)—表示抑制

累积反馈抑制最早在大肠杆菌的谷氨酰胺合成酶调节中发现，见图 4.3.8。该酶受 8 个最终产物的累积反馈抑制，只有当它们同时存在时，酶活性才会被完全抑制。如色氨酸单独存在时，可抑制酶活性的 16%，CTP 为 14%，氨基甲酰磷酸为 13%，AMP 为 41%，这 4 种产物同时过量时，酶活性被抑制 63%。所剩的 37% 酶活性则受到其他四种产物——组氨酸、丙氨酸、葡萄糖磷酸和甘氨酸的累积抑制。

4.3.2.4 顺序反馈控制

在顺序反馈控制体系中，直接对第一个共同的酶起控制作用的并不是末端产物，而是分支点上的中间产物。如图 4.3.9 所示，每个末端产物均对紧接分支点 B 后导向各自分支途径的酶进行控制，D 抑制 B 向 C 转化，F 抑制 B 向 E 转化，D、F 单独或两者共同的抑制作用将导致 B 的积累，过量的 B 又会抑制 A 向 B 转化。顺序反馈控制存在于枯草芽孢杆菌芳香族氨基酸合成和球形红假单孢杆菌苏氨酸合成的代谢途径，分别见图 4.3.10 和图 4.3.11。

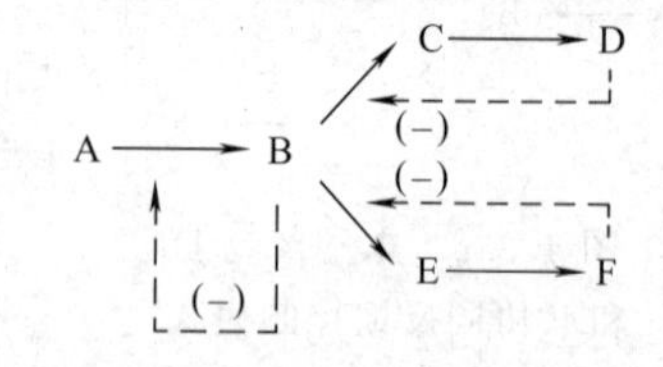

图 4.3.9 顺序反馈控制的模式

4.3.2.5 同工酶控制

同工酶又称同功酶，是指催化相同的生化反应，但酶蛋白结构有差异，而且控制特征也不同的一组酶的通称。它们虽然在同一细胞个体或组织中，但在生理、免疫和理化性质上存

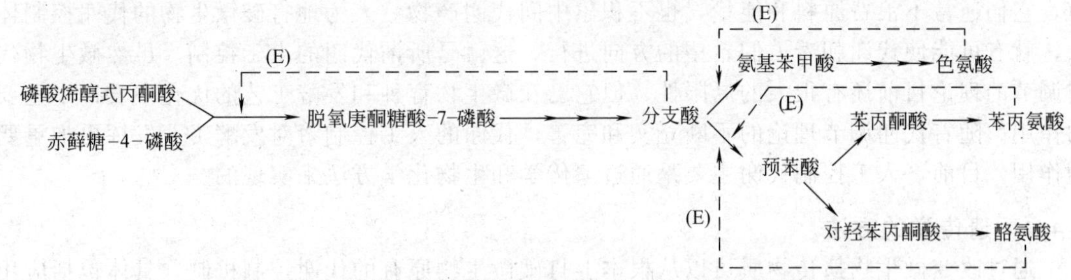

图 4.3.10 枯草杆菌芳香族氨基酸合成途径中的顺序反馈抑制

(E)—表示抑制

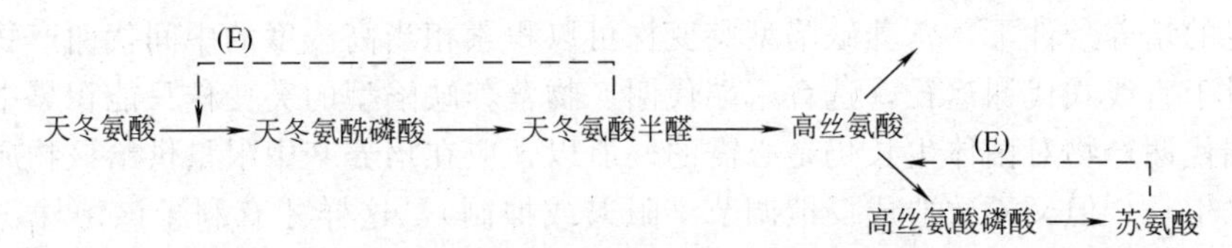

图 4.3.11 球形红假单胞菌苏氨酸合成途径中的顺序反馈抑制

(E)—表示抑制

在差异。如果代谢途径中某一反应受到一组同工酶的催化，那么不同的同工酶可能受各不相同的末端产物控制。如果紧接分支点后的酶受其对应的末端产物控制，那么，同工酶控制体系将更有效。如图 4.3.12 所示，从 A 到 B 反应由同工酶 a 和 b 催化，当末端产物 F 过量时，受 F 控制的从 A 到 B 的同工酶 b 和从 B 到 E 的酶被抑制，而同工酶 a 不受影响，使 A 能顺利合成 D，因此，F 的过量不会干扰 D 的合成。同样道理，D 的过量也不会干扰 F 的合成。

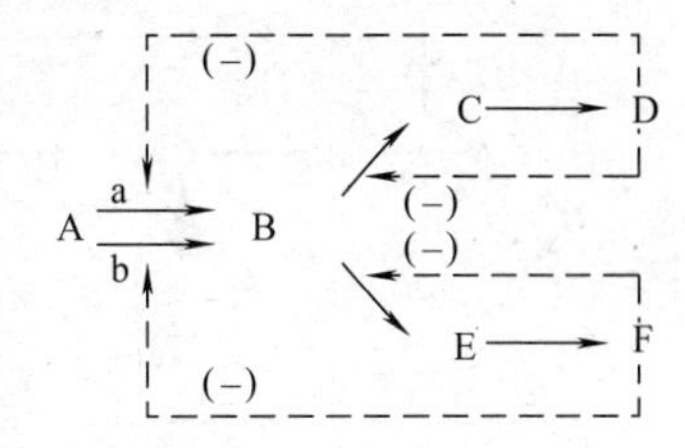

图 4.3.12 末端代谢产物 D 和 F 的同工酶控制模式

通过同工酶进行反馈控制的实例很多，例如大肠杆菌有三个天门冬氨酸激酶和两个高丝氨酸脱氢酶参与催化赖氨酸和苏氨酸的合成。天冬氨酸激酶Ⅰ和高丝氨酸脱氢酶Ⅰ可被苏氨酸抑制和阻遏，高丝氨酸脱氢酶Ⅱ可被甲硫氨酸阻遏，天冬氨酸激酶Ⅲ可被赖氨酸抑制和阻遏，见图 4.3.13。

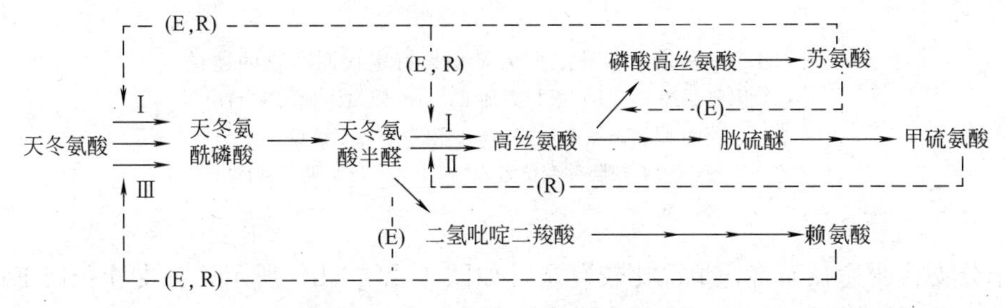

图 4.3.13 大肠杆菌合成苏氨酸、甲硫氨酸和赖氨酸中的同工酶调节

E—表示反馈抑制；R—表示反馈阻遏

4.4 代谢的人工控制及其在发酵工业中的应用

工业发酵的目的就是大量地积累人们所需要的微生物代谢产物。在正常生理条件下，微生物总是通过其代谢调节系统最经济地吸收利用营养物质用于合成细胞结构，进行生长和繁

殖，它们通常不浪费原料和能量，也不积累中间代谢产物。人为地打破微生物的代谢控制体系，就有可能使代谢朝着人们希望的方向进行，这就是所谓代谢的人工控制。虽然微生物代谢调节的理论目前还有很大的局限性，但它已在微生物育种和发酵工艺的优化中发挥了重要的作用。随着代谢调节理论的不断充实和完善，代谢的人工控制将对发酵工业发挥更加重要的作用。目前，人工控制代谢主要是通过遗传学和生物化学方法来实现的。

4.4.1 遗传学的方法

通过改变微生物遗传物质可以从根本上打破微生物原有的代谢控制机制，具体包括应用特定的营养缺陷型突变株和抗反馈调节的突变株的选育。

4.4.1.1 营养缺陷型突变株的应用

在一定的培养条件下，营养缺陷型突变株可以积累相当高浓度的中间代谢产物或末端代谢产物。对于直线式代谢途径，选育末端代谢产物营养缺陷型的突变株只能积累中间代谢产物，而末端代谢产物对菌体生长仍是必需的。所以，应在培养基中限量供给该物质使之足以维持该菌株生长，但又不致造成反馈调节（阻遏或抑制），这样才有利于该菌株积累中间代谢产物。如图 4.4.1（a）所示，末端产物 E 对途径第一个酶有反馈阻遏或反馈抑制，而菌株失去了将 C 转化成 D 的能力，是 E 的营养缺陷型。假如在培养基中限量添加 E，菌体得以生长，中间产物 C 能够大量积累。枯草芽孢杆菌的精氨酸缺陷型就是一个典型例子，鸟氨酸积累量可达到 25g/L。

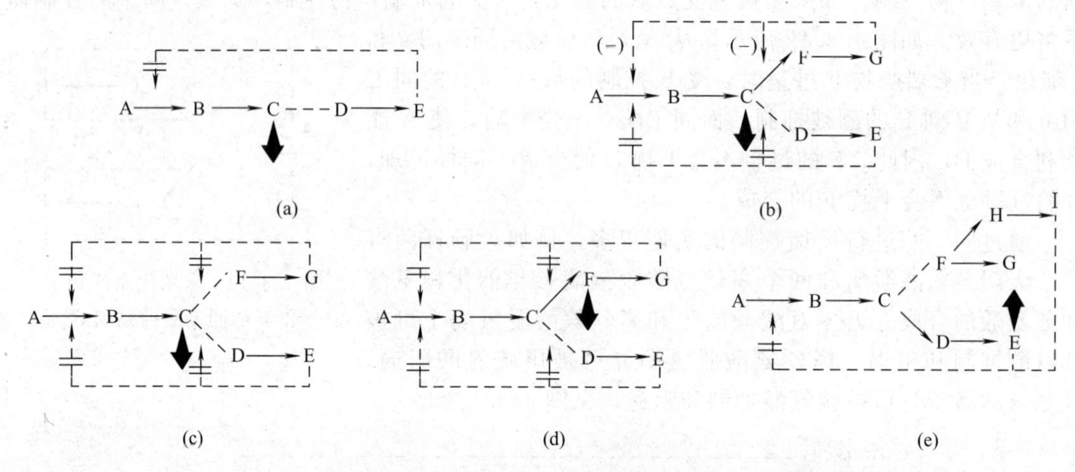

图 4.4.1 利用营养缺陷型大量积累特定代谢产物的途径

（a）限量添加 E；（b）限量添加 E；（c）限量添加 E 和 G；

（d）限量添加 E 和 G；（e）限量添加 I 和 G

“---”——营养缺陷突变位置；“≠”——反馈调节解除

对于分支代谢途径而言，情况比较复杂。如图 4.4.1（b）所示，分支途径因 E 和 G 对途径第一个酶有协同反馈控制，而突变株失去了将 C 转变成 D 的能力，产物 E 无法正常生成，从而解除了 E 和 G 的协同反馈控制。若培养基中限量补充 E，由于末端产物 G 对 C 到 F 反应的控制，就会造成中间产物 C 的积累；图 4.4.1（c）与图 4.4.1（b）的情况相似，但该突变株是 E 和 G 双重缺陷型，因而需限量添加 E 和 G；图 4.4.1（d）是另一种营养缺陷型，突变株失去了从 F 转变成 G 的能力，在限量补充 E 和 G 的情况下，可以积累 F；图 4.4.1（e）中末端产物 E 和 I 对途径第一个酶有协同反馈控制作用，突变株失去了将 C 转变成 F 的能力，所以，它也是双重营养缺陷菌株。如果培养基中限量添加 G 和 I，可以积累末端产物E。

在许多微生物中，可用天冬氨酸为原料，通过分支途径合成赖氨酸、苏氨酸和蛋氨酸。赖氨酸是重要的必需氨基酸，在食品、医药和畜牧业上需求量很大。但在代谢途径中，一方面由于赖氨酸和苏氨酸对天冬氨酸激酶有合作反馈抑制作用，另一方面，天冬氨酸除合成赖氨酸外，还作为合成苏氨酸和蛋氨酸的原料。因此，正常的细胞内难以积累较高浓度的赖氨酸。为了解除正常的调节以获得赖氨酸的高产菌株，有人选育谷氨酸棒杆菌（*Corynebacterium glutamicum*）的高丝氨酸缺陷型作为赖氨酸的发酵菌种。该菌种由于不能合成高丝氨酸脱氢酶（HSDH），故不能合成高丝氨酸，也不能合成苏氨酸和蛋氨酸，在补充适量高丝氨酸（或苏氨酸和蛋氨酸）条件下，菌株能大量产生赖氨酸，见图4.4.2。

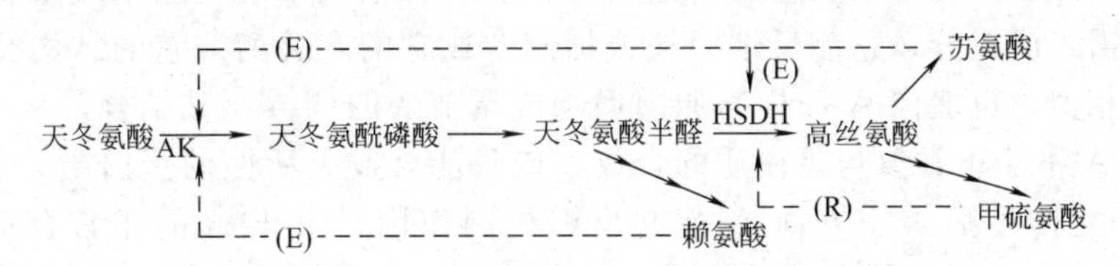

图4.4.2 谷氨酸棒杆菌的代谢调节与赖氨酸生产

(E)—表示反馈抑制；(R)—表示反馈阻遏

肌苷酸是重要的呈味核苷酸，它是嘌呤核苷酸生物合成途径中的一个中间代谢产物，见图4.4.3。选育在肌苷酸转化成腺苷酸或鸟苷酸的几步反应中的营养缺陷型菌株，才能积累肌苷酸。如腺苷酸琥珀酸合成酶缺失的腺嘌呤缺陷型在少量添加腺苷酸的培养基中能正常生长并积累肌苷酸。

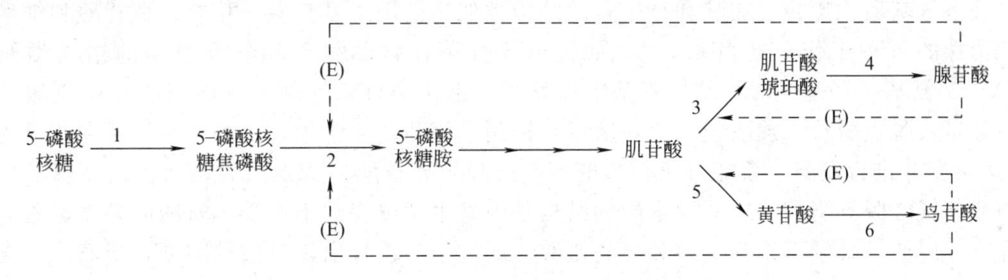

图4.4.3 肌苷酸合成途径的代谢调节

(E)—表示反馈抑制；1—5-磷酸核糖焦磷酸激酶；2—5-磷酸核糖焦磷酸转氨酶；3—腺苷酸琥珀酸合成酶；4—腺苷酸琥珀酸分解酶；5—肌苷酸脱氢酶；6—黄苷酸转氨酶

次级代谢产物青霉素与初级代谢产物赖氨酸是同一分支代谢途径的两个产物，见图4.4.4。它们的共同前体是α-氨基己二酸。赖氨酸对合成α-氨基己二酸的酶有反馈阻遏或抑制作用，当赖氨酸达到一定浓度后，便阻止α-氨基己二酸的合成，也阻止了青霉素的合成。选育赖氨酸营养缺陷型，就可解除赖氨酸反馈调节，同时，也切断了通向赖氨酸的代谢支路，使大量生成的α-氨基己二酸用于青霉素的合成。

4.4.1.2 抗反馈控制突变株的应用

抗反馈控制突变株就是指对反馈抑制不敏感或对阻遏有抗性，或两者兼而有之的菌株。在这类菌株中，反馈调节已经解除，所以能大量积累末端代谢产物。抗反馈抑制突变株可以从结构类似物抗性突变株和营养缺陷型回复突变株中获得。

添加了结构类似物的培养基就像一个筛子，可以将解除了反馈控制的突变株筛选出来。这些与末端代谢产物结构类似的化合物会干扰正常菌体的代谢，甚至引起菌体死亡，所以又

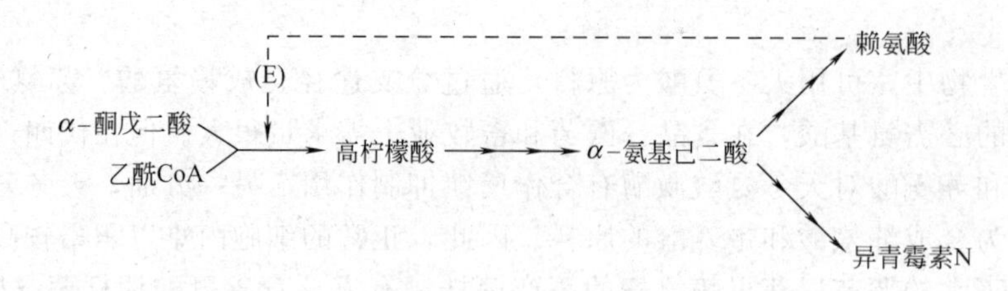

图 4.4.4 青霉菌（*Penicillum chrysogonum*）合成赖氨酸和青霉素中的反馈抑制
(E)—表示反馈抑制

称为抗代谢物。这里以氨基酸代谢为例进行讨论。正常情况下，代谢末端产物氨基酸A是菌体蛋白的必需组成成分，它能反馈阻遏或抑制合成它的有关酶。它的结构类似物A′在空间结构上与之相似，也能像A一样与原阻遏物或调节酶的调节亚基结合，从而发生阻遏或抑制作用。但A′不能正常参与蛋白质的合成，或只能合成无活性的蛋白质。所以当结构类似物A′达到一定浓度后，一方面A′能起反馈控制作用，阻止A的正常合成，另一方面A′又无法代替A参与正常蛋白质的合成，从而造成正常的细胞因缺乏A而饥饿死亡。但如果突变株解除了反馈控制，即末端产物氨基酸A无法与原阻遏物或调节亚基结合，那么A′也就无法起反馈调节作用，A′的毒害作用就表现不出来。我们说该菌株对A′有抗性而得以生存下来。根据以上原理，只要选取结构类似物抗性突变株，就有可能得到解除了反馈调节的突变株。当然，结构类似物抗性菌株不一定都是解除反馈调节的菌株。一般来说，A′与原阻遏物或调节亚基的亲和力没有A强，所以可以用加入A的方法消除A′的毒性。

许多氨基酸、嘌呤、嘧啶和维生素的结构类似物已用于氨基酸、核苷、核苷酸和维生素高产菌株的育种工作，见表4.4.1。如钝齿棒杆菌在含苏氨酸和异亮氨酸的结构类似物AHV（α-氨基-β-羟基戊酸）的培养基中培养时，由于AHV可以干扰该菌的高丝氨酸脱氢酶、苏氨酸脱氢酶及二羧酸脱水酶，所以，抑制了该菌的正常生长。如果采用诱变获得的抗AHV突变株进行发酵，就能分泌较多的苏氨酸和异亮氨酸。这是因为该菌株的高丝氨酸脱氢酶或苏氨酸脱氢酶和二羧酸脱水酶的结构基因发生了突变，不再受苏氨酸或异亮氨酸的反馈抑制，促使了大量积累苏氨酸和异亮氨酸。如进一步选育出蛋氨酸缺陷型，蛋氨酸合成途径上的两个反馈阻遏也被解除，则苏氨酸的产量将进一步提高。

表 4.4.1 选育抗反馈突变菌株所使用的结构类似物

目标产物	苯丙氨酸	酪氨酸	酪氨酸	色氨酸	缬氨酸
结构类似物	对氟苯丙氨酸	对氟苯丙氨酸	D-酪氨酸	5-甲基色氨酸	α-氨基丁酸

目标产物	异亮氨酸	亮氨酸	苏氨酸	蛋氨酸
结构类似物	缬氨酸	三氟亮氨酸	α-氨基-β-羟基戊酸	乙硫氨酸

目标产物	蛋氨酸	组氨酸	腺嘌呤	尿嘧啶
结构类似物	α-甲基蛋氨酸	2-噻唑丙氨酸	2,6-二氨基嘌呤	5-氟尿嘧啶

从营养缺陷型回复突变株也有可能获得解除反馈调节的菌株。调节酶的变构特性是由其结构基因决定的，如果调节酶的基因发生突变而失活，则有两种可能性：一是催化亚基和调节亚基的基因均发生突变；另一种可能仅仅是催化亚基发生突变。如果前者发生回复突变，则又有两种可能性，一是催化亚基和调节亚基恢复到第一次突变前的活性水平，另一种可能是催化亚基得以恢复，而调节亚基丧失了调节的功能。由于调节酶失活与否可以直接表现为

某种营养缺陷，因此，可以用营养缺陷型回复突变的方法，从营养缺陷型回复突变株中获得对途径调节酶解除了反馈调节的突变株。

4.4.1.3 选育组成型和超产突变株

如果调节基因发生突变，以致产生无效的阻遏物而不能与操纵基因结合，或操纵基因突变，从而造成结构基因不受控制地转录，酶的生成将不再需要诱导剂或不再被末端产物或分解代谢物阻遏，这样的突变称为组成型突变。少数情况下，组成型突变株可产生大量的、比亲本高得多的酶，这种突变称为超产突变。

在恒化培养器中以低浓度的底物诱导剂连续培养细菌，就可能选育出组成型突变的菌株。用这种方法已选出不需乳糖诱导就大量积累β-半乳糖苷酶的大肠杆菌。

采用在添加或不添加诱导剂的培养基中交替培养的方法，也可以从群体中筛选出抗反馈调节的菌株。例如，先用含葡萄糖的培养基培养诱变过的大肠杆菌群体，占少数的抗反馈调节菌株和占多数的原始菌株都能生长，再将混合培养物转移到含乳糖的培养基中，因为原始菌株需要时间诱导产生乳糖代谢的酶，而抗反馈调节的菌株就能迅速适应此培养基。将混合培养物及时转移回葡萄糖培养基中，解除反馈调节菌株就会逐渐占据优势。

如果某种化合物是诱导酶的良好底物，但不是好的诱导剂，那么，以这种物质作碳源，就可选出组成型突变株。例如利用乙酰-β-半乳糖苷可选出β-半乳糖苷酶的组成型突变株。

4.4.1.4 增加结构基因数目

增加发酵产品的结构基因数目当然可以提高发酵产物的产量。现代基因操作技术完全可以担此重任。如大肠杆菌引入一个携带β-半乳糖苷酶基因的质粒后，可以增加3倍的β-半乳糖苷酶产量。携带细菌结构基因的转导噬菌体溶源化大肠杆菌后，该原噬菌体可被诱导复制，噬菌体复制结果是在每个细胞中增加许多基因数目，这些基因编码的酶就可大量合成。

4.4.2 生物化学方法

4.4.2.1 添加前体绕过反馈控制点

不通过遗传学方法也能改变菌株的调节机制，采取添加前体绕过反馈调节点是一种有效的方法，能使某种代谢产物大量积累。如图4.4.5所示，在发酵培养基中添加C，可以大量积累D。其原因是D的前体C来自外源，并不会因为D的积累而有很大的波动。由于F对从C到E的反应有反馈调节，所以，只有少部分的C用于合成F，大部分外源的C用于合成D。

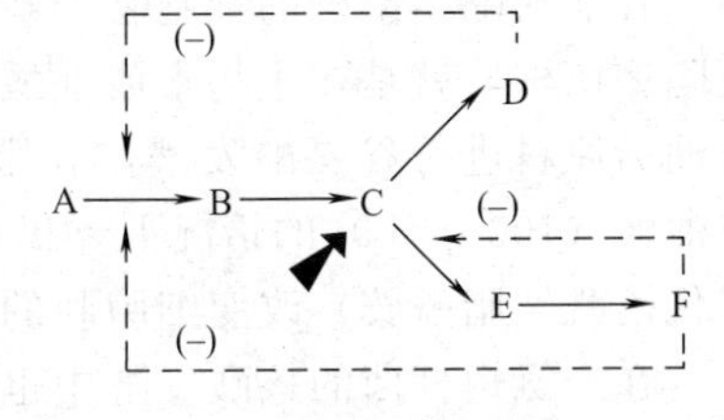

图4.4.5 添加前体绕过反馈调节点

4.4.2.2 添加诱导剂

诱导酶只有在诱导剂存在时才形成，因此，在培养基中加入诱导剂，可以大量合成这类酶。从提高诱导酶合成量来说，最好的诱导剂往往不是该酶的底物，如大肠杆菌β-半乳糖苷酶的最有效诱导剂是异丙酰-β-D-硫代半乳糖苷（IPTG），它不被β-半乳糖苷酶分解。高浓度底物诱导剂的利用速率太快时，也会引起分解代谢物的阻遏，因此对于许多工业发酵生产胞外酶的过程来说，如果以高浓度底物为诱导剂，产量反而不高。用底物的衍生物做诱导剂，因为利用速度缓慢，可以消除分解代谢物的阻遏，显著提高酶的产量。例如利用蔗糖单棕榈酸酯代替蔗糖作诱导剂可以使双孢拟内孢霉的转化酶产量提高约80倍。

4.4.2.3 发酵与分离过程耦合

反馈调节的启动因素就是超过菌体正常需求量的末端代谢产物，也就是说，只有末端代谢产物的浓度超过一定值后，菌体的反馈调节机制才会发挥作用。如果我们在发酵的同时就将末端代谢产物不断地移走，使发酵体系中末端代谢产物的浓度始终处于较低的水平，那么菌体内代谢途径将始终畅通无阻。

与发酵过程耦合的分离手段很多，有膜分离、离子交换分离和萃取等，这些分离装置应该具有分离效率高、抗污染、易于重复使用等特点。

4.4.2.4 控制细胞膜的通透性

微生物细胞膜对细胞内外物质的运输具有高度的选择性。细胞内代谢产物常以较高浓度积累在细胞内，并反馈控制它的进一步合成。采用生理学方法，可以改变细胞膜通透性，使细胞内代谢产物迅速渗透到细胞外，消除反馈控制，有利于提高发酵产量。

生物素是脂肪酸生物合成中乙酰 CoA 羧化酶的辅基，该酶催化乙酰 CoA 的羧化生成丙二酸单酰 CoA，进而合成细胞膜磷脂的主要成分脂肪酸。因此，只要控制生物素的含量就可以改变细胞膜的成分，进而改变膜的通透性，影响到代谢产物的分泌。

在谷氨酸发酵生产中，生物素的浓度对谷氨酸的积累有明显的影响，只有把生物素的浓度控制在亚适量情况下，才能大量分泌谷氨酸，若过量供给生物素，菌体内虽有大量谷氨酸积累，但不能分泌到体外。表 4.4.2 列出了培养基中生物素浓度不同时的发酵结果，可以看到当生物素含量为 2.5mg/ml 时，谷氨酸的产量最高，继续增加生物素，谷氨酸产量反而下降。

表 4.4.2 生物素对谷氨酸棒杆菌的谷氨酸产量的影响

生物素/(mg/ml)	残糖/%	谷氨酸/(mg/ml)	α-酮戊二酸/(mg/ml)	乳酸/(mg/ml)
0.0	8.5	1.0	微量	微量
0.5	2.5	17.0	3.0	7.6
1.0	0.5	25.0	4.6	7.4
2.5	0.4	30.8	10.1	6.9
5.0	0.1	10.8	7.0	13.7
10.0	0.2	6.7	8.0	20.5
25.0	0.1	7.5	10.1	23.1
50.0	0.1	5.1	6.2	30.0

当培养液中生物素含量较高时，添加适量的青霉素也有提高谷氨酸产量的效果。其原因是青霉素可抑制细菌细胞壁肽聚糖合成中转肽酶活性，结果引起其结构中肽桥间无法交联，造成细胞壁缺损，这有利于代谢产物渗漏到胞外。

甘油缺陷型菌株的细胞膜中磷脂比野生型菌株低，容易造成谷氨酸大量渗漏。应用甘油缺陷型菌株，就是在生物素或油酸过量情况下，也可以获得大量的谷氨酸。解烃棒杆菌利用石油为原料进行谷氨酸发酵，在限量供给甘油（200μg/L）和大量供给生物素（100μg/L）或油酸（100μg/L）的情况下，仍可获得 72g/L 的谷氨酸。用外加阳离子表面活性剂（如聚氧化乙酰硬脂酰胺）改变细胞膜的通透性也可以使谷氨酸大量渗出。

在产氨短杆菌的核酸发酵中也有类似情况，但控制因素是 Mn^{2+}。若培养基中 Mn^{2+} 的浓度高，菌体生长良好，呈正常的卵圆形，但很少生成肌苷酸。当限量供应 Mn^{2+}（不超过 10μg/L）时，生长受抑制，菌体伸长，呈不规则形状，但大量产生肌苷酸。此时，菌体内脂肪酸（软脂酸和油酸）的含量显著下降，这说明 Mn^{2+} 与生物素的作用相似，主要影响细胞膜磷脂的合成，改变细胞膜通透性，使核苷酸能不断渗到体外。

遗传学方法也能用于改变细胞膜的通透性。应用谷氨酸生产菌的油酸缺陷型菌株，在限量补充油酸的培养基中，因为油酸是细菌细胞膜磷脂中重要的脂肪酸，油酸缺陷型突变株不能合成油酸而使细胞膜缺损，使细胞膜发生渗漏而提高谷氨酸的产量。

4.4.2.5 控制发酵的培养基成分

次级代谢产物的生成大多与快速被利用碳源（主要是葡萄糖）的消耗密切相关。只有在葡萄糖几乎耗尽，生长停止时，才开始大量合成次级代谢产物。如果仅是由于氮或磷等耗尽而导致生长停止，而培养基中还有大量葡萄糖存在时，次级代谢产物不会大量地合成。显然，这是因为葡萄糖（或其他快速被利用碳源）的分解代谢物阻遏着次级代谢所需酶的合成。只有葡萄糖被消耗到一定浓度，使分解代谢物水平降低，才会解除这种阻遏。如果此时加入蛋白合成抑制剂氯霉素，则次级代谢将会受阻，这可以说明次级代谢有关的酶是新合成的，并非只是酶的激活。

在发酵工业中为了提高次级代谢产物的产量，常采用混合碳源培养基或在后期限量流加葡萄糖的方法。混合碳源由能被快速利用的葡萄糖和缓慢利用的乳糖或蔗糖等组成。例如：早期生产青霉素时常采用葡萄糖和乳糖为混合碳源，葡萄糖被快速利用以满足青霉菌生长的需要，当葡萄糖耗尽，才利用乳糖并开始合成青霉素。乳糖不是青霉素的直接前体，它之所以有利于青霉素合成，是因为它利用缓慢，使分解代谢物处于较低水平，不至于阻遏青霉素合成。当生长停止后限量流加葡萄糖也是为了达到同样的目的。

复习思考题

1. 用图示说明微生物的糖代谢、脂肪代谢、蛋白质代谢和核酸代谢之间的相互关系。

2. 何谓巴斯德效应？在酵母菌发酵生产中，若希望获得大量的菌体，则应该采用怎样的培养条件？若希望得到大量的酒精或甘油，则应该采用怎样的培养条件？

3. 酶活性调节与酶合成调节有何区别？它们之间又有何联系？

4. 图示并解释乳糖操纵子的作用机制。

5. 假单胞菌内有一质粒带有 mer 操纵子，它含有汞还原酶的基因，该酶可催化 Hg^{2+} 还原成非离子的汞（Hg^0），Hg^{2+} 对细胞有毒，Hg^0 无毒。

（a）你能推测该操纵子的诱导物是何物？（b）mer 基因编码的一种蛋白与细胞周质中的 Hg^{2+} 结合，并带人细胞。为什么要将该毒物带人细胞内？（c）mer 操纵子的存在对假单胞菌的生存有何意义？

6. 分支代谢途径中存在哪些反馈控制的类型？它们各自有哪些特点？

7. 为什么有些突变菌株对末端代谢产物的结构类似物具有抗性？试举例说明这些菌株对工业菌种选育的重要性。

8. 何谓分解代谢物阻遏？在含乳糖和葡萄糖的培养基中，*E. coli* 生长周期中会出现什么现象？请从操纵子模型来解释这一现象。

9. 细胞膜缺损突变株在发酵工业中有何应用价值？试举例说明。

10. 北京棒杆菌存在以下代谢的合作反馈控制：

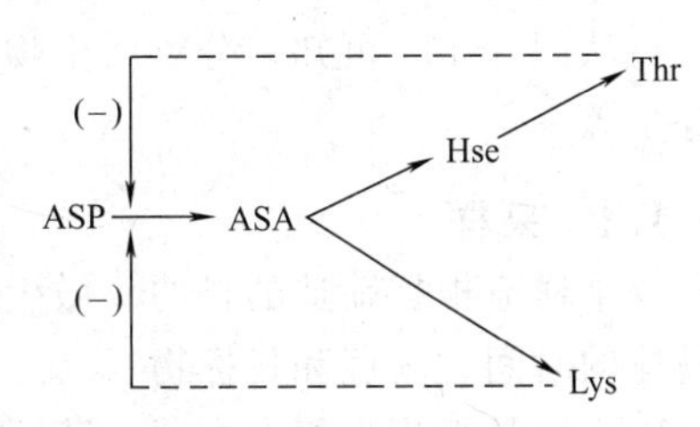

（1）从诱变处理后的菌悬液中筛选 Hse 营养缺陷型突变株，其 Lys 的产量会比野生型菌株高得多。

（2）将以上得到的突变株进一步诱变处理后，在含 AEC 的选择性培养基平板上，筛选到 Hse 营养缺陷型和 AEC 抗性的双重突变菌株，其 Lys 的产量将进一步提高。（注：AEC 是 Lys 的结构类似物）请解释以上育种方法的思路。

11. 请简述下列概念的区别：

（1）反馈抑制与反馈阻遏；（2）酶的诱导与酶的阻遏；（3）协同反馈控制与合作反馈控制；（4）同工酶与变构酶；（5）操纵子与操纵基因；（6）末端代谢产物阻遏与分解代谢产物阻遏。

12. 请辨析下列说法：

（1）反馈抑制作用的酶一定是变构酶，而反馈阻遏作用的酶不一定是变构酶。

（2）因为葡萄糖分解物对利用乳糖酶系具反馈抑制作用，所以，同时存在葡萄糖和乳糖的培养基中，大肠杆菌会出现二次生长现象。

（3）一个操纵子中的结构基因通过转录、转译控制蛋白质的合成，而操纵基因和启动基因通过转录、转译控制结构基因的表达。

（4）渗透酶属于诱导酶，而其他种类的酶往往属于组成酶。

5 微生物的菌种选育

优良的微生物菌种是发酵工业的基础和关键，要使发酵工业产品的种类、产量和质量有较大的改善，首先必须选育性能优良的生产菌种。理想的工业发酵菌种应符合以下要求：①遗传性状稳定；②生长速度快，不易被噬菌体等污染；③目标产物的产量尽可能接近理论转化率；④目标产物最好能分泌到胞外，以降低产物抑制并利于产物分离；⑤尽可能减少产物类似物的产量，以提高目标产物的产量及利于产物分离；⑥培养基成分简单、来源广、价格低廉；⑦对温度、pH、离子强度、剪切力等环境因素不敏感；⑧对溶氧的要求低，便于培养及降低能耗。

菌种选育包括根据菌种自然变异而进行的自然选育，以及根据遗传学基础理论和方法，人为引起的菌种遗传变异或基因重组，如诱变育种、杂交育种、原生质体融合和基因工程等技术。后一类方法在微生物的菌种选育工作中占据主导地位，其中通过分子生物学手段，定向构建基因工程菌是微生物育种的重要发展趋势。当然，菌种选育的前提条件是从自然界获得相应的原始菌种。

5.1 从自然界中获得新菌种

自然界中微生物资源极其丰富，土壤、水、空气、动植物及其腐败残骸都是微生物的主要栖居和生长繁殖场所。微生物种类之多，至今仍是一个难以估测的未知数。从微生物的营养类型和代谢产物及其能在各种极端环境条件（高热、高压、低温、强碱、强酸及高渗透压等）下生存的角度分析，微生物种类应大大超过所有动植物之和。随着微生物学研究工作的不断深入，微生物菌种资源开发和利用的前景十分广阔。

新的微生物菌种需要从自然生态环境中混杂的微生物群中挑选出来，因此必须要有快速而准确的新种分离和筛选方法。典型的微生物新种分离筛选过程示于图 5.1.1。

从图 5.1.1 可知，分离微生物新种的具体过程大体可分为采样、增殖、纯化和性能测定等步骤。

5.1.1 采样

采样应根据筛选的目的、微生物分布情况、菌种的主要特征及其生态关系等因素，确定具体的时间、环境和目标物。

土壤是微生物的大本营，菜园和耕作层土壤是有机质较多的土层，常以细菌和放线菌为主；果园树根土层中，酵母菌含量较高；动植物残体及霉腐土层中，分布着较多的霉菌。此外，豆科植物根系土中，往往存在根瘤菌；河流湖泊的淤泥中能分离到产甲烷菌；油田和炼油厂周围土层中常见分解石油的微生物等。季节、表面的植被、温湿、通风情况、养分、水分、酸碱度和光照等都会影响土壤中的微生物分布，故在采土样时应予以重视。采土样地点选好后，用小铲子去除表土，取离地面 5～15cm 处的土样几克，盛于预先灭菌的牛皮纸袋中扎紧，并标明时间、地点和环境等情况，以备查考。

各种水体也是工业微生物菌种的重要来源，许多具有光合作用能力的微生物及兼性或专性厌氧微生物都能从各种水体中筛选得到。

随着工业的发展，许多人工合成物排入环境中。有证据表明微生物正在“学习”代谢这些陌生的非天然“营养物”。各种污染物，甚至一些剧毒的污染物都有可能在环境中找到对应的微生物，如已经分离到了能分解剧毒物氰和腈化物的微生物有诺卡菌、腐皮镰孢霉、木霉、假单胞菌、无色杆菌和产碱菌等14个属，共计49个种。污染源附近的土壤、水体、污泥、污水往往是对各类污染物具降解或转化能力的细菌、放线菌或真菌等微生物理想的采样地点。

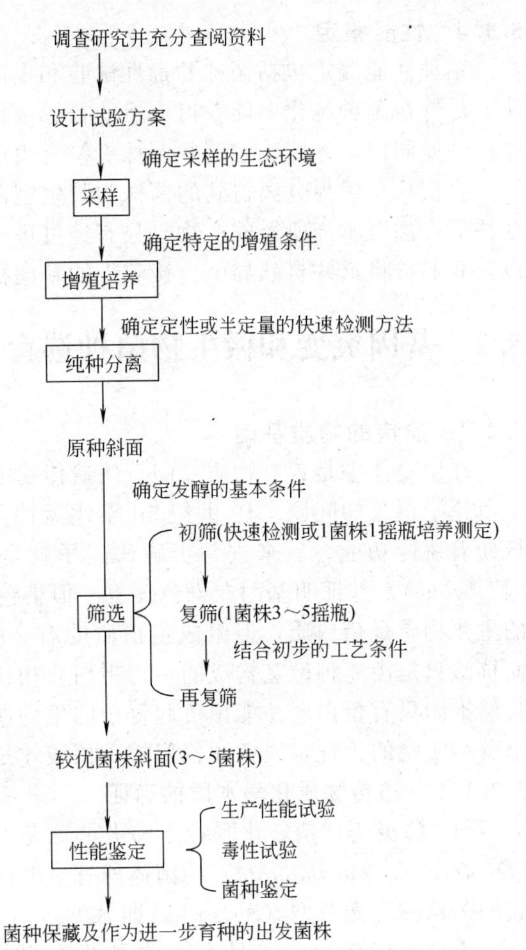

图 5.1.1 典型的微生物采样和筛选方法

5.1.2 增殖

在采集的样品中，一般待分离的菌种在数量上并不占优势，为提高分离的效率，常以投其所好和取其所抗的原则在培养基中添加特殊的养分或抗菌物质，使所需菌种的数量相对增加，这种方法称为增殖培养或富集培养。其实质是使天然样品中的劣势菌转变为人工环境中的优势菌，便于将它们从样品中分离。

5.1.3 纯化

增殖培养的结果并不能获得微生物的纯种。即使在增殖培养过程中设置了许多限制因素，但其他微生物并没有死去，只是数量相对减少。一旦遇到适宜条件就会快速生长繁殖。故增殖后得到的微生物培养物仍是一个各类微生物的混合体。为了获得某一特定的微生物菌种，必须进行微生物的纯化即纯培养。常用的菌种纯化方法很多，大体可将它们分为两个层次，一个层次较粗放，一般只能达到“菌落纯”的水平，从“种”的水平来说是纯的，其方法有划线分离法，涂布分离法和稀释分离法。划线分离法简便而快速，即用接种针挑取微生物样品在固体培养基表面划线，适当条件下培养后，获得单菌落；涂布分离法与划线法类似，用涂布棒蘸取培养液，或先将少量培养液滴在固体培养基表面，再用涂布棒在固体培养基表面均匀涂布。稀释分离法所获得的单菌落更加分散均匀，获得纯种的概率较大。该法是将降至60℃左右的固体培养基与少量培养液（事先在培养液中加入无菌的玻璃珠搅拌打散细胞团，再经过滤处理，效果更佳。）混匀后，再浇注成平板以获取单菌落。另一层次是较为精细的单细胞或单孢子分离法，它可达到细胞纯即“菌株纯”的水平。这种方法的具体操作的方法很多，最简便的方法是利用培养皿或凹玻片等分离小室进行细胞分离。也可以利用复杂的显微操作装置进行单细胞挑取。如果遇到不长孢子的丝状菌，则可用无菌小刀切取菌落边缘稀疏的菌丝尖端进行分离移植，也可用无菌毛细管插入菌丝尖端，以获取单细胞。在具体的工作中，究竟采取哪种方法，应视微生物的实际情况和实验条件而定。

为了提高分离筛选工作的效率，除增殖培养时，应控制增殖条件外，在纯种分离时，也应控制适宜的培养条件，并选用特异的检出方法和筛选方案。

5.1.4 性能鉴定

菌种性能测定包括菌株的毒性试验和生产性能测定。若毒性大而且无法排除者应予以淘汰。尽管在菌种纯化中能获得大量的目标菌株，它们都具备一些共性，但只有经过进一步的生产性能测定，才能确定哪些菌株更符合生产要求。

直接从自然界分离得到的菌株为野生型菌株。事实上，从自然界直接获得的野生型菌种往往低产甚至不产所需的产物，只有经过进一步的人工改造才能真正用于工业发酵生产。所以，我们常将这些自然界中直接获得的新菌株称为进一步育种工作的原始菌株或出发菌株。

5.2 基因突变和微生物菌种选育

5.2.1 遗传的物质基础

在生物体中是否有物质专门行使遗传功能以及究竟何种物质承担此重任，是一个在历史上争论了很久的问题。19 世纪 50 年代孟德尔（Gregor Mendel）提出是“因子”（factor）行使着遗传功能，后来进一步确认因子就是摩尔根（Thomas Hunt Morgan）提出的“基因”(gene)，并证明基因在染色体上。但染色体是由蛋白质和核酸等物质所组成的，生物体的主要物质是蛋白质，但组成蛋白质的有 20 种氨基酸，它的排列组合方式是个天文数字。而核酸只是由 4 种碱基构成的，与蛋白质相比，它的排列方式要简单得多。所以，当时人们自然推测只有蛋白质才能担负起复杂的生物遗传重任。直到 20 世纪 40 年代，由于先后有三个著名实验的论证，人们才普遍接受核酸才是真正的遗传物质。

5.2.1.1 遗传物质化学本质的确证

(1) 肺炎链球菌转化实验 肺炎链球菌（*Streptococcus pneumoniae*），旧称肺炎双球菌（*Diplococcus pneumoniae*）的菌体外有多糖的荚膜包围，它对菌体有保护作用，这种含有荚膜的菌株称为光滑型（Smooth，即 S 型），它可使人患肺炎，也可使受试动物（如兔和小鼠等）患败血症而死亡，另有一类肺炎双球菌的突变菌株，没有荚膜保护，称为粗糙型（Rough，即 R 型），它在动物体内易被吞噬细胞吞噬，对动物不具毒力，不能杀死动物。1928 年，英国医生格里菲斯（Griffith）发现将血清Ⅱ型的 R 型肺炎双球菌菌株与经加热杀死的血清Ⅲ型的 S 型菌株混合后，注射动物，能毒死动物，并从死亡动物血液中可以分离到血清Ⅲ型的 S 型菌株。这种现象被认为是血清Ⅲ型的 S 型菌株使Ⅱ型 R 型菌株发生了转化（transformation）。就是说血清Ⅱ型的 R 型菌株从已被杀死的血清Ⅲ型的 S 型菌株中获得了遗传物质，见图 5.2.1。

1944 年艾弗里（Avery）证实了转化现象的化学本质。他将 S 型菌株中的蛋白质、核酸和荚膜等成分分离纯化后，分别再与 R 型菌株混合，发现只有 DNA 才能使 R 型菌株转化成 S 型菌株，分别用蛋白酶和核酸酶处理转化因子，进一步证实转化现象与蛋白质、荚膜多糖和 RNA 无关，只与 DNA 有关，而且 DNA 纯度越高，转化效率也越高。其结果见表 5.2.1。另外，经元素分析、血清学分析和一系列物理特性（如超速离心、电泳、紫外吸收）等测定的结果也证明 DNA 是遗传信息载体。

表 5.2.1 肺炎链球菌 S 型菌株的细胞成分转化 R 型菌株（活）试验

细胞组分	处理条件	结果	细胞组分	处理条件	结果
S 菌的 DNA	未处理	长出 S 型菌株	S 菌的 RNA	未处理	只长出 R 型菌株
S 菌的 DNA	蛋白酶等(除 DNA 酶)	长出 S 型菌株	S 菌的蛋白质	未处理	只长出 R 型菌株
S 菌的 DNA	DNA 酶	只长出 R 型菌株	S 菌的荚膜多糖	未处理	只长出 R 型菌株

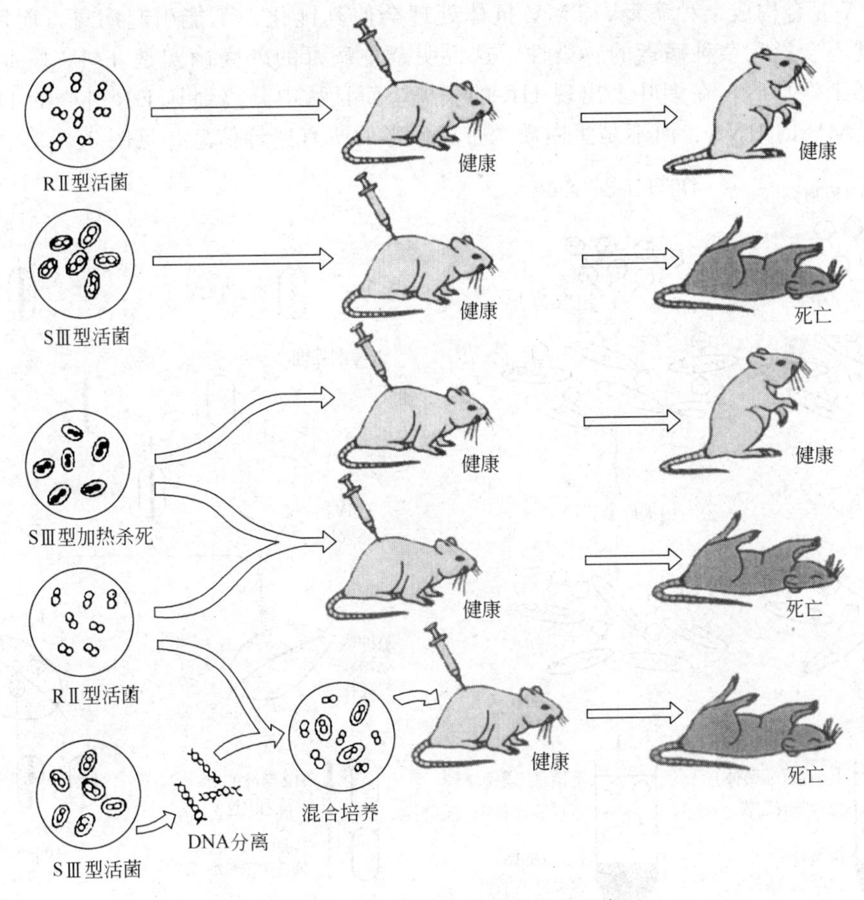

图 5.2.1 肺炎链球菌的转化现象

（2）噬菌体感染试验　1952 年，侯喜（Hershey）和蔡斯（Chase）两人利用同位素对大肠杆菌噬菌体 T_2 的吸附、增殖和释放过程进行了示踪研究。因为蛋白质含有硫元素（S），不含磷元素（P），而 DNA 含有磷元素（P），不含硫元素（S），所以可以用 ^{32}P 或 ^{35}S 标记 T_2 的核酸或蛋白质，分别得到 ^{32}P 标记的 T_2 和 ^{35}S 标记的 T_2。将标记的噬菌体和大肠杆菌混合，经短时间（如 10min）保温后，T_2 完成了吸附和侵入过程，然后在组织捣碎机中剧烈搅拌，使吸附在菌体表面的噬菌体外壳脱离细胞并均匀分布。接着进行离心沉淀，再分别测定沉淀物和上清液中的同位素标记。结果发现，几乎所有的 ^{32}P 都和细菌一起出现在沉淀物中，而几乎所有的 ^{35}S 都在上清液中，见图 5.2.2。这意味着大肠杆菌噬菌体 T_2 侵染大肠杆菌时，噬菌体的蛋白外壳完全留在菌体外，而只有 DNA 进入胞内。随后，菌体裂解释放出了具有与亲代同样蛋白质外壳的完整的子代噬菌体，这说明了只有核酸才是其全部遗传信息的载体。

（3）病毒重建实验　弗朗克-康勒托（Fraenkel-Conrat）等于 1956 年在植物病毒领域中所作的著名的病毒重建实验也证明了烟草花叶病毒（TMV）的主要感染成分是其核酸（这里是 RNA，因为该病毒不含 DNA），而病毒的外壳主要是起保护核心 RNA 的作用。

他们通过普通的 TMV 与毒株霍氏车前花叶病毒（HR）的核酸和蛋白质的拆开和相互对换重建的过程，同样令人信服地证实了核酸是 TMV 的遗传物质基础。

烟草花叶病毒经弱碱、尿素、去垢剂等处理，可以将其蛋白外壳与 RNA 分开，重新将蛋白外壳与 RNA 混合，病毒粒子又会重建。将普通的 TMV 外壳与毒株霍氏车前花叶病毒

HR 的 RNA 混合构成杂种病毒，TMV 抗体处理会使其钝化，不能引起病斑，而用 HR 抗体处理，则不会影响杂种病毒的感染性，这说明杂种病毒的外壳确实是 TMV 病毒的外壳。杂种病毒感染烟草后，在烟叶上出现 HR 的病斑，而且从中分离到具 HR 外壳的 HR 病毒，这表明是 TMV 的 RNA、而不是蛋白质携带着病毒的所有遗传信息，见图 5.2.3。

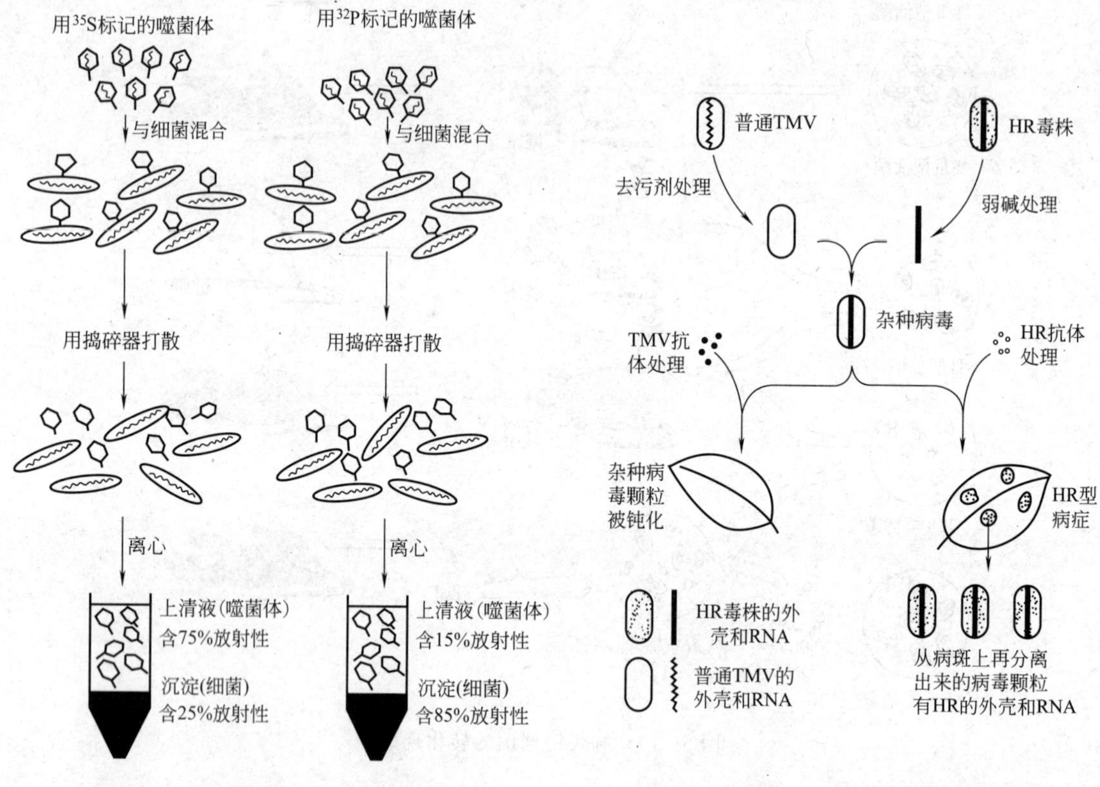

图 5.2.2 侯喜-蔡斯（Hershey-Chase）的噬菌体感染试验示意图

图 5.2.3 病毒拆开-重建实验

5.2.1.2 核酸的结构与复制

核酸有两种类型，即 DNA 和 RNA，它们都是由单核苷酸通过磷酸二酯键聚合而成的。核苷酸由碱基、戊糖和磷酸组成。DNA 具双螺旋结构；RNA 大多单链只局部为双螺旋结构。DNA 的复制为半保留复制。在真核生物中，DNA 复制有多个起点，即有数个复制叉，在原核生物中，只有一个固定的复制起点。细菌的复制为双向复制，有些病毒如 $\phi\times174$ 和 λ 噬菌体是以滚环方式复制的。

基因是在生物体内具有自主复制能力的遗传功能单位，是一个具有特定核苷酸顺序的核酸片段，每个基因约有 1000 个碱基对，分子质量 6.7×10^5 Da，曾被称为冈崎片段。由于各种微生物所含的核酸分子的大小不同，使得它所含基因的数量差异较大。大肠杆菌 DNA 中约有 7500 个基因，噬菌体 T_2 约有 360 个基因，而最小的 RNA 噬菌体 MS_2 却只有三个基因。

有关基因的概念和种类还在不断地更新和发展。例如：一个基因决定一个酶，一个基因决定一个多肽，一个基因是一个交换单位或突变单位或重组单位或功能单位等；另外还有一个基因是一个互补群；一个基因是一个顺反子等概念。基因的功能有明确的分工，如：决定蛋白结构的结构基因，控制结构基因表达的调控基因，包括启动基因、操纵基因、调节基因和抑制基因等。

总之，基因是合成有功能的蛋白质多肽链或 RNA 所必需的全部核酸序列（通常是指 DNA 序列）。它包括编码蛋白质多肽链的核酸序列，也包括保证转录所必需的核酸调控序列以及 5′和 3′端的非翻译序列。

基因不仅存在在染色体上，还存在于细胞中的染色体外的遗传因子上，这些染色体外的遗传因子见图 5.2.4。

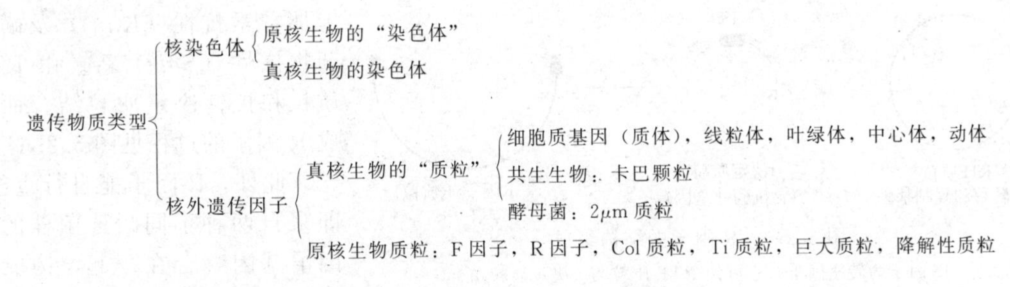

图 5.2.4 染色体内和染色体外的遗传因子

质粒（plasmid）是游离于染色体外，具有独立复制能力的小型共价闭合环状 DNA（circular covalently closed DNA ，或 cccDNA），分子质量变化较大，在 10^6～10^8 Da 范围内。在细胞质中，环状质粒 DNA 自身卷曲，呈现超螺旋结构，见图 5.2.5。只要两条链中的一条链上有个切口，超螺旋就会变成一个开口的环形状态，若两条链上都有一个切口，就会变成线性结构，线性状态的质粒 DNA 一般更容易整合到宿主 DNA 中。质粒携带着某些染色体所没有的基因，赋予细菌等原核生物对其生存并非必不可少的某些特殊功能，如：接合、产毒、抗药、固氮、产特殊酶或降解毒物等。质粒是一个复制子（replicon），它的复制若与核染色体复制同步，称严紧型复制控制（stringent replication control），一般细胞内只含 1～2 个这种质粒；另一类质粒复制与核染色体复制不同步，称松弛型复制控制（relaxed replication control），一般细胞内含 10～15 个甚至更多的这类质粒。少数质粒可以在不同的菌株之间转移，如 F 因子和 R 因子等。含质粒的细胞遇吖啶类染料、丝裂霉素 C、紫外线、利福平、重金属离子或高温等因素处理时，由于质粒的复制受到抑制，而核染色体的复制仍继续进行，可以使子代细胞中的质粒消除。某些质粒具有与核染色体 DNA 发生整合的功能，如 F 因子，这类质粒称为附加体（episome）。质粒还具有重组的功能，可在质粒之间、质粒与核染色体之间发生重组。

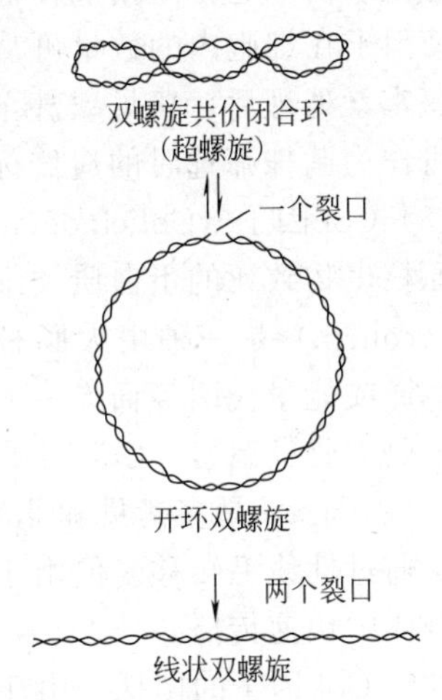

图 5.2.5 质粒 DNA 的三种存在形式

整合（integretion）则是指质粒、温和性噬菌体或转化因子等非染色体 DNA 并入染色体 DNA 中的过程。质粒有以下一些常见的类型：

（1）F 因子（fertility factor） 或称为致育因子或性因子，它决定细菌的性别，与细菌接合作用有关。分子质量 62×10^6 Da，约等于核染色体 DNA 的 2%，它足以编码 94 个中等大小的多肽，而其中三分之一的基因与接合作用有关。

（2）R 因子（resistance factor） 又称抗药性质粒，是分布最广、研究得最充分的质粒之一。它能赋予宿主抵抗各种抗生素或生长抑制剂的功能。研究表明，细菌的耐抗生素的性状主要是由于R因子在菌株之间迅速转移所致。

多数R因子是由相连的两个DNA片段组成，其一称RTF质粒（resistance transfer factor，抗性转移因子），它含调节DNA复制和转移的基因；其二是抗性决定质粒（r-determinant），含有抗性基因，如：青霉素抗性（Pen^r），氨苄青霉素抗性（Amp^r），氯霉素抗性（Cam^r），四环素抗性（Str^r），卡那霉素抗性（Kan^r）及磺胺药物抗性（Sul^r）等。由RTF质粒和抗性决定质粒结合而形成R因子的过程见图5.2.6。

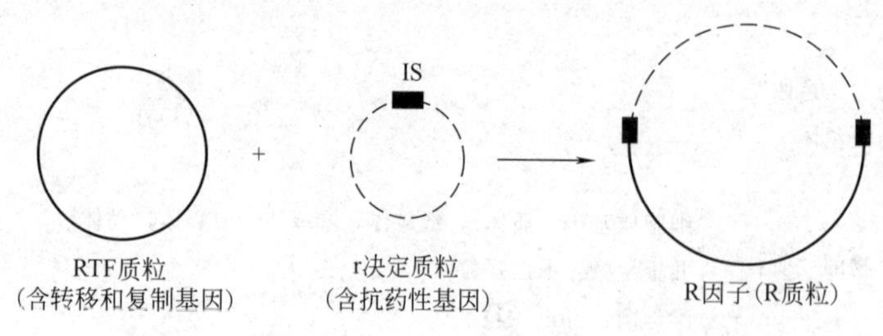

图5.2.6 R因子的结构组成

IS因子为转座因子，它可使RTF质粒与r决定质粒结合

此外，R因子能自行重组，即来自两种不同耐药菌株的R因子基因整合在一起，构成多重耐药菌株。R因子也是借助性线毛进行接合而传递的，在R因子和F因子之间也能发生重组，但R因子不能整合到核染色体上，所以它不是附加体而是一种稳定的质粒。

R因子在细胞内的数量可从1至2个到几十个不等，分属严紧型和松弛型复制控制。后者经氯霉素处理后，拷贝数甚至可达2000～3000个。因为R因子对多种抗生素有抗性，因此，可作为菌株筛选时的遗传标记，也可用作基因转移的载体。

(3) Col因子（Colicinogenic factor） 又称为产大肠杆菌素因子。许多细菌都能产生使其他原核生物致死的蛋白质类细菌毒素，Col因子是控制这类细菌毒素产生的质粒。大肠杆菌素（colicin）是一种由大肠杆菌的某些菌株所分泌的细菌毒素，它能通过抑制复制、转录、翻译或能量代谢等而专一性地杀死其他肠道细菌，其分子质量约4×10^4～8×10^4Da，负责编码大肠杆菌素，Col因子分两类，分别以ColE1和ColIb为代表。前者分子质量小，约为5×10^6Da，是多拷贝和非转移性的；后者的分子质量约为80×10^6Da，只有1～2个拷贝，可通过性线毛转移。但由于Col因子有较弱的阻遏系统，它不能像F因子或R因子那样在群体中快速传播。

凡带Col因子的菌株，由于质粒本身编码一种免疫蛋白，从而对大肠杆菌素有免疫作用，不受其伤害。

(4) Ti质粒（Tumor inducing plasmid）或称诱癌质粒 细菌侵入植物细胞后，细菌溶解，Ti质粒与植物细胞核染色体发生整合，破坏控制细胞分裂的激素调节系统，从而使植物细胞转变成癌细胞，（双子叶植物的根瘤）。Ti质粒长200kb，是大型质粒，当前Ti质粒已成为植物遗传工程研究的重要载体，一些具重要性状的外源基因可借DNA重组技术插入到Ti质粒中，并进一步使之整合到植物染色体上，以改变植物的遗传性，达到培育植物优良品种的目的。

(5) 巨大质粒（mega质粒） 它为近年来在根瘤菌属（*Rhizobium*）中发现的一种质粒，分子质量为$(200\sim300)\times10^6$Da，比一般的质粒大几十倍至几百倍，故称巨大质粒。质粒上有一系列固氮基因。

(6) 降解性质粒 只在假单胞菌属（*Pseudomonas*）中发现。它们的降解性质粒可为一系列能降解复杂物质的酶编码，从而能利用一般细菌所难以分解的物质为碳源。这些质粒以其所分解的底物命名，例如有CAM（分解樟脑）质粒，OCT（辛烷）质粒，XYL（二甲苯）质粒，SAL（水杨酸）质粒，MDL（扁桃酸）质粒，NAP（萘）质粒和TOL（甲苯）质粒等。

有关质粒的起源众说纷纭，它可能是从原噬菌体演化来的，但也可能是一个相反的过程。质粒与噬菌体之间有很多相似之处，见表 5.2.2。

表 5.2.2 质粒与噬菌体的特征比较

特征	质粒			噬菌体	
	F因子	R因子	Col因子	温和性	烈性
独立复制	+	+	+	+	+
经细胞间接触而转移	+	+	+或−	+或−	−
能整合到核染色体	+	−	−	+	−
能获得宿主染色体基因	+	−	−	+	−

5.2.2 基因突变

突变（mutation）指生物的遗传性突然发生变异，并影响生物正常遗传的表型和性状的现象。这种突变是突然发生的，可遗传的。

根据突变造成遗传物质改变的范围，可以将突变分为染色体畸变和基因突变，但它们本质上都造成了基因的突变，所以，都可以广义地理解成基因突变。

5.2.2.1 突变现象

从突变的表现型可将突变分为形态突变、生化突变、致死突变和条件致死突变四类。

（1）形态突变型　指突变的菌体发生形态可见的变化，如细胞大小、形状、鞭毛、纤毛、孢子、芽孢、荚膜，以及群体形态结构（菌落和噬菌斑等）的改变。

（2）生化突变型　指突变的菌体原有特定的生化功能发生改变或丧失，但在形态上不一定有可见的变化，通过生化方法可以检测到。如菌体对底物（糖、纤维素及烃等）的利用能力、对营养物（氨基酸、维生素及碱基等）的需求、对过量代谢产物或代谢产物结构类似物的耐性以及对抗药性发生的变化。另外，它也包括细胞成分尤其是细胞表面成分（细胞壁、荚膜及鞭毛等）的细微变异而引起抗原性变化的突变。

生化突变对于发酵工业生产具有重大意义。例如：很多氨基酸和核苷酸生产菌就是一些营养缺陷型的突变菌株，或是对某些代谢产物及其结构类似物的抗性菌株；对青霉素或链霉素等药物的抗性菌株，可改善发酵的管理，并可作为遗传标记以便于育种工作中的筛选和鉴别。

（3）致死突变型　突变造成菌体死亡或生活能力下降。致死突变若是隐性基因决定的，那么双倍体生物能够以杂合子的形式存活下来，一旦形成纯合子，则发生死亡。

（4）条件致死突变型　突变后的菌体在某些条件下，可以生存，但在另一些条件下则发生死亡。温度敏感突变型是最典型的条件致死突变型，有些菌体发生突变后对温度变得敏感了，在较窄的温度范围内才能存活，超出此温度范围则死亡。其原因是有些酶蛋白（DNA聚合酶，氨基酸活化酶等）肽链中的几个氨基酸被更换，从而降低了原有的抗热性。如有些大肠杆菌突变菌株能在 37℃下生长，但不能在 42℃下生长；噬菌体 T_4 的几个突变株在 25℃下有感染力，而在 37℃下则失去感染力。

以上四种突变类型的划分并不是绝对的，只是关注的角度不同，它们并不彼此排斥，往往会同时出现。营养缺陷型突变是生化突变型，但也是一种条件致死突变型，而且它常伴随着菌体形态的变化，即形态突变型。所有的突变从本质上看都可认为是生化突变型。

如果从研究者能否在巨大的群体中迅速检出和分离出个别的突变体的目的来看，则只有选择性突变和非选择性突变两类。前者具选择性标记，可通过某种环境条件使它们得到生长优势，从而取代原始菌株，例如营养缺陷型和抗性突变型等。后者没有选择性标记，而只是一些数量上的差异，例如菌落大小、颜色深浅、产量高低等。

5.2.2.2 突变的诱发因素

现在认为突变是可以诱发的，即在已知的物理、化学或生物因素的作用下，生物体发生突变。突变也可以是自发的，自发突变是指生物在没有人工参与的条件下所发生的突变，但这并不意味着它的发生是没有原因的，大多数自发突变本质上也是诱发的，只不过它不是人为的，而是自然环境或细胞内环境诱发的。人们将引起突变的因素称为诱发因素，诱发因素是多方面的，主要可以分为细胞外因素、细胞内因素和DNA分子内部因素三个层次。

(1) 细胞外的诱发因素　这包括自然环境或人工条件下的物理和化学因素。如自然环境中，宇宙中的宇宙线和紫外线等辐射，虽然在自然条件下，它们对地球上生物的辐射量并不大，但一般认为辐射的诱变作用不存在阈值，任何微弱的辐射均有诱变效应。多因素低剂量长期辐射的综合效应，将会引起生物的自发突变。自然环境中存在低剂量的金属离子、高分子化合物、生物碱药物、染料及微生物产生的 H_2O_2 等都能成为引起生物突变的化学因素。

人造的紫外线、γ射线、X射线、快中子、激光以及加热等都能成为基因突变的物理因素。人造的化学诱变因素有碱基类似物、烷化剂及亚硝酸盐等。

(2) 细胞内的诱发因素　生物体细胞的代谢活动会产生一些诱变物质，如过氧化氢、咖啡碱和重氮丝氨酸等，它们是引起自发突变的内源诱变剂。在许多微生物的陈旧培养物中易出现自发突变株，可能就是这类原因。

(3) DNA分子内部因素　DNA分子中的碱基存在着互变异构效应。如图5.2.7所示，因为A、T、G、C四种碱基的第6位，不是酮基（T，G）就是氨基（A，C），碱基T和G能够以酮式或烯醇式两种互变异构的状态出现，而碱基C和A能够以氨基式或亚氨基式两种互变状态出现。一般生理条件下，碱基互变平衡反应倾向于酮式或氨基式，所以，DNA两条互补链之间总是以A∶T和C⋮G碱基配对。但是T偶尔也会以稀有的烯醇式形式出

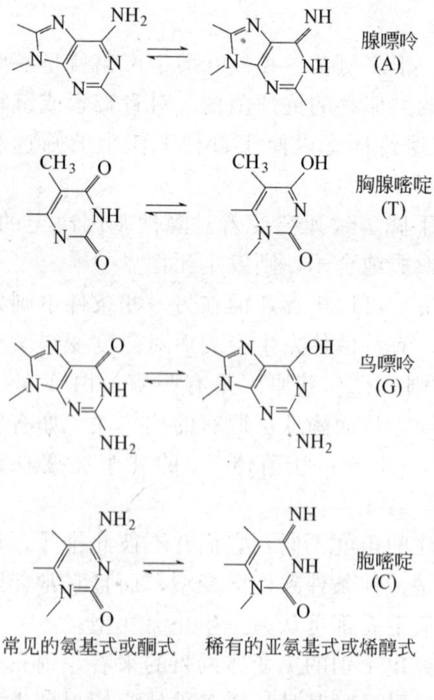

图5.2.7　碱基的互变异构效应

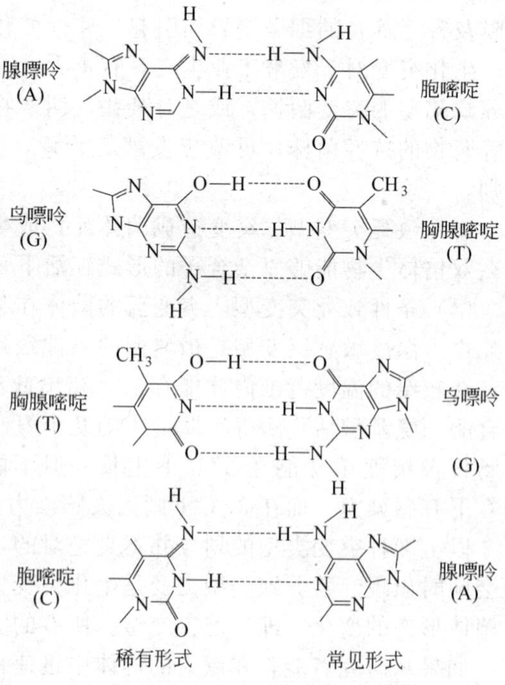

图5.2.8　互变异构效应引起的不正常的碱基配对

现，这样在DNA复制到达这一位置的瞬间，新合成链中T对应的不再是A，而是G；同理，若碱基C以稀有的亚氨基形式出现，在DNA复制到达这一位置的瞬间，则它对应的不是G，而是A，见图5.2.8。有人认为这就是造成了菌体自发突变的原因之一。

有人提出了另一种造成自发突变的原因——环出效应。在DNA复制的过程中，如果其中某一单链上偶尔产生一小环，则会因环上的基因越过了复制或重复复制而发生遗传缺失或碱基置换，从而也会造成自发突变。图5.2.9就是环出效应的设想机制。当DNA复制到C时，模板链G向外"环出"，故只有T和A等获得复制，从而发生缺失突变，而下链则可继续正常复制；另一种情况是，当DNA复制到C时，模板链G向外"环出"，当复制继续进行时，模板却又恢复了正常。结果在原来应出现C⋮G碱基对的位置变成了A∶G，再经DNA复制，便成为A∶T，从而造成C⋮G→A∶T颠换。

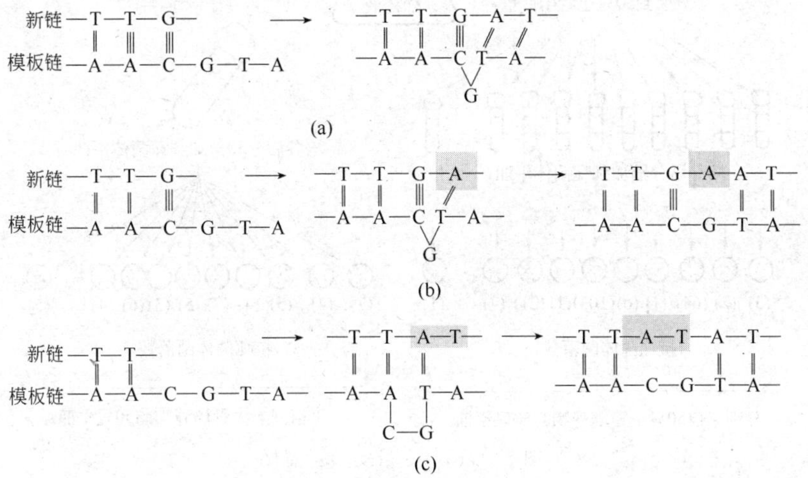

新链 —T—T—G—

模板链 —A—A—C—G—T—A

→ —T—T—G—A—T—

—A—A—C T—A—

G

(a)

新链 —T—T—G—

模板链 —A—A—C—G—T—A

→ —T—T—G—A—

—A—A—C T—A—

G

→ —T—T—G—A—A—T—

—A—A—C—G—T—A—

(b)

新链 —T—T—

模板链 —A—A—C—G—T—A—

→ —T—T—A—T—

—A—A T—A—

C—G

→ —T—T—A—T—A—T—

—A—A—C—G—T—A—

(c)

图5.2.9 核苷酸的环出效应

(a) 模板链核苷酸G环出造成新链缺失对应的C；(b) 模板链单个核苷酸偶尔环出后又恢复，造成新链的A重复复制。再经一次DNA复制后，导致C⋮G→A∶T颠换；(c) 模板链两个核苷酸偶尔环出。再经一次DNA复制后，导致两个碱基对的颠换或转换

若环出的是两个核苷酸，就会导致相邻的两个碱基发生变化。如果这两个碱基分别属于两个密码子，那么一次突变就可能引起两个氨基酸的改变。

总之，诱发因素是普遍存在的，因为所有基因的结构都由四种碱基所组成，所以任何基因都会突变。至于什么基因发生突变，什么时候发生突变，则都是随机的。采用人工的物理或化学诱变可以提高突变发生的概率。

5.2.2.3 基因突变的特点

（1）基因突变的自发性及不对应性 各种性状的突变都可以在没有任何人为诱变因素的作用下自发产生，这就是基因突变的自发性。基因突变的性状与引起突变的因素之间无直接的对应关系。任何诱变因素或通过自发突变过程都能获得任何性状的变异。就是说，在紫外线诱变下可以出现抗紫外线菌株，通过自发或其他诱发因素也可以获得同样的抗紫外线菌株，紫外线诱发的突变菌株也有不抗紫外线的，也可以是抗青霉素的，或是出现其他任何变异性状的突变。基因突变的自发性和不对应性已被波动测验、涂布实验和影印培养实验这三个著名的实验所证实。

1943年，鲁里亚（Luria）和德尔波留克（Delbrück）根据统计学原理，设计了变量试验（fluctuation test），又称为波动测验或彷徨试验，见图5.2.10。试验要点是：取对噬菌体T_1敏感的大肠杆菌对数期肉汤培养物，用新鲜培养液稀释成浓度为10^3个/ml的细菌悬液，然后取10ml菌液分装在50支小试管中（每管装0.2ml），保温培养24～36h后，把各

小试管的菌液分别倒在 50 个预先涂有 T_1 的平皿上，经培养后计算各皿上所产生的抗噬菌体的菌落数。另取 10ml 菌液不经分装而在大管中保温培养 24～36h，然后分成 50 份加到同样涂有噬菌体的平皿上，经培养后计算各皿上产生的抗性菌落数。结果指出，分装 50 小管培养后的 50 皿中，各皿间抗性菌落数相差悬殊，而先在大管整体培养后的则各皿抗性菌落数目基本相等。这说明大肠杆菌抗噬菌体性状突变，不是由于环境因素——噬菌体诱导出来的，而是在它们接触噬菌体前，在某一次细胞分裂过程中随机地自发产生的。噬菌体在这里仅起到淘汰原始的未突变的敏感菌和甄别抗噬菌体突变型的作用。

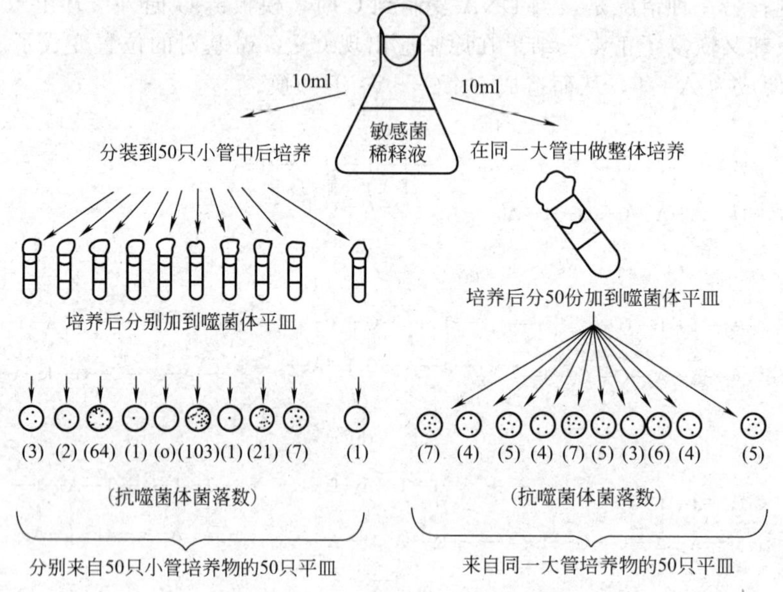

图 5.2.10 变量实验示意图

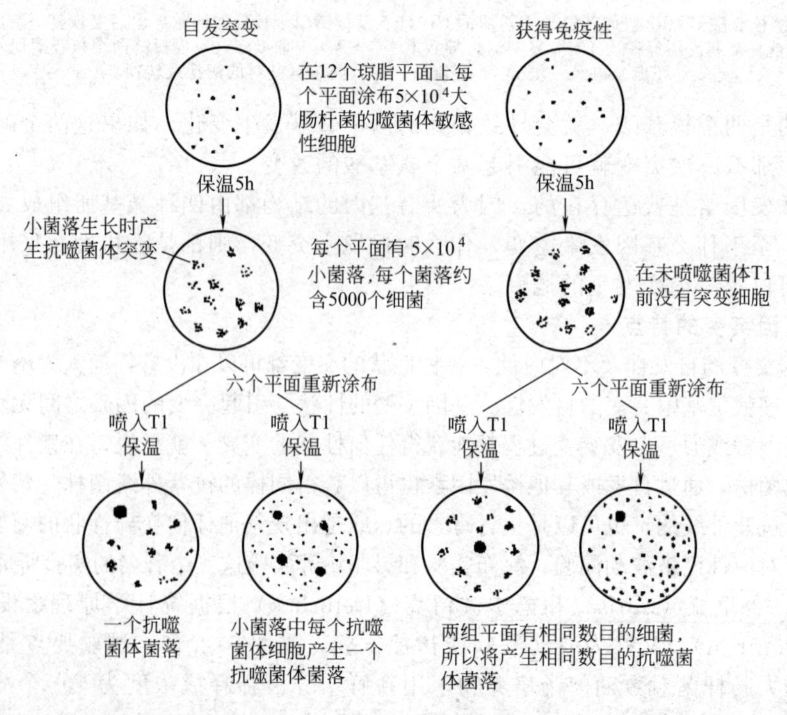

图 5.2.11 涂布试验示意图

1949年，纽康布（Newcombe）曾设计了一种与变量试验相似，但方法更为简便的证实同一观点的实验，这就是涂布试验（Newcombe experiment）。与变量试验不同，他用的是固体平板培养法。先在12只培养皿上各涂以数目相等（5×10^4）的对T_1噬菌体敏感的大肠杆菌，经过5h的培养，它们约繁殖了12.3代，于是在皿上长出大量微菌落（这时每个菌落约含5000个细菌）。取其中6皿直接喷上T_1噬菌体，另6皿则先用灭菌玻璃棒把上面得到微菌落重新均匀涂布一次，然后同样喷上相应的T_1。培养过夜后，计算这两组培养皿上所形成的抗噬菌体菌落数。结果发现，在涂布过的一组中，共有抗性菌落353个，要比未经涂布过的（仅28个菌落）高得多，见图5.2.11。这也意味着该抗性突变株发生在未接触噬菌体前。噬菌体的加入只起到甄别这类突变是否发生的作用，而不是诱导突变的因素。

1952年，莱德伯格（Lederberg）夫妇设计了一种更巧妙的影印培养法（见图5.2.12），直接证明了微生物抗药性是自发产生的，并与相应的环境因素毫不相干。试验的基本过程是将长有许多菌落（可多达数百个）的母种培养皿倒置于包有灭菌丝绒布的木圆柱（直径小于培养皿）上，木柱如“印章”一样沾满平板上所有的菌落，然后把这一“印章”上的细菌定位接种到不同的选择培养基平板上，待培养后，对各皿相同位置上的菌落作对比后，就可选出特定的突变型菌株，此过程称为影印培养法。这种方法已经广泛用于从在非选择性条件下生长的细菌群体中，分离出各种类型的突变株。

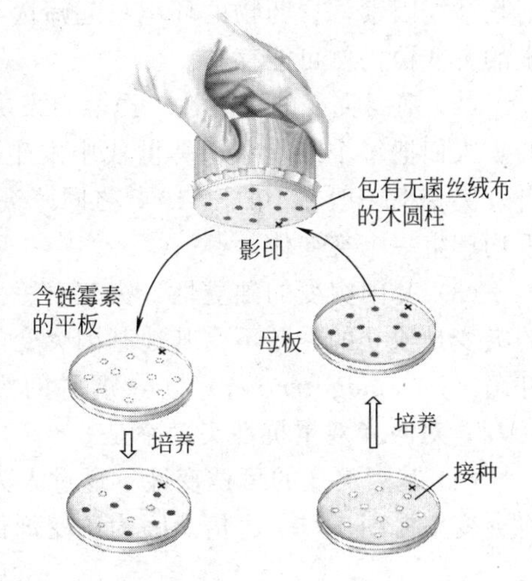

图5.2.12　影印培养法

利用影印培养法证明大肠杆菌K12自发产生抗链霉素突变的实验如图5.2.13所示。首先将大量对链霉素敏感的大肠杆菌K12细胞涂布在不含链霉素的平板1的表面，待其长出密集的小菌落后，用影印法接种到不含链霉素的培养基平板2上，随即再影印到含链霉素的选择性培养基平板3上。影印的作用可保证这3个平板上所长出的菌落的亲缘和相对位置保持严格的对应性。经培养后，在平板3上出现了个别抗链霉素菌落。经过与培养皿2和3比较，就可在

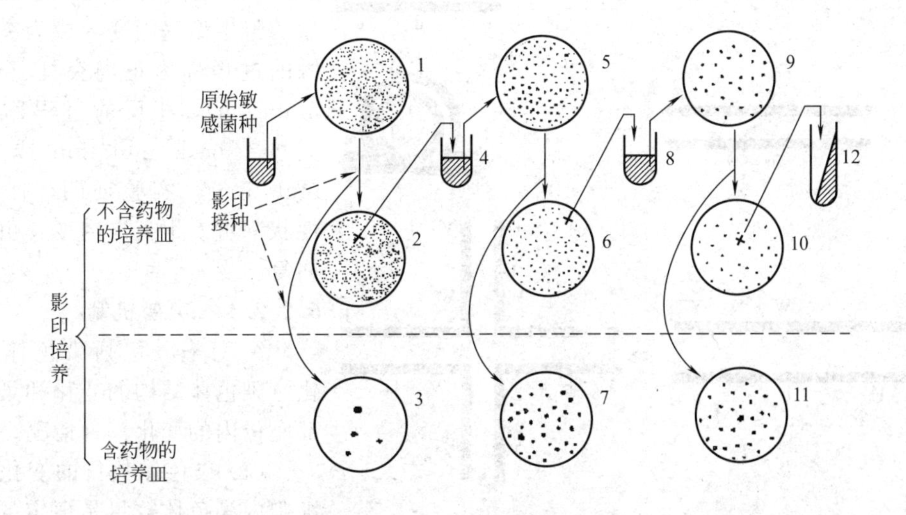

图5.2.13　影印培养试验

平板 2 的相应位置上找到平板 3 上的几个抗性菌落的“孪生兄弟”。然后把平板 2 中最明显部位的菌落（实际上有许多菌落）挑至不含链霉素的培养液 4 中，经培养后，再涂布在平板 5 上，并重复以上各步骤。上述过程几经重复后，就只要涂上越来越少的原菌液至相当于平板 1 的培养皿 5 和 9 上，而可出现越来越多的抗性菌落，最后甚至可以得到完全纯的抗性菌群体。由此可知，原始的链霉素敏感菌株只通过 1→2→4→5→6→8→9→10→12 的移种和选择序列，就可在根本未接触链霉素的情况下，筛选出大量的抗链霉素的菌株。

影印培养法不仅在微生物遗传理论的研究中有重要的影响，而且在育种实践和其他研究中均有应用。

以上三个实验充分说明了抗性突变是菌体接触所抗物质以前就已经自发产生了，药物并不是诱变因素，含药物的环境只起筛选和鉴别抗性菌株的作用。即使不存在链霉素，抗链霉素的突变株仍然可能存在。

(2) 基因突变的稀有性　虽然自发突变随时都可能发生，但自发突变发生的频率是很低的。人们把每个细胞在每一世代中发生某一性状突变的概率称为突变率（mutation ratio），自发突变率一般在 10^{-9}～10^{-6}之间。突变率为 10^{-8}表示 10^{8} 个细胞繁殖成 2×10^{8} 细胞时，平均产生一个突变体。

(3) 基因突变的独立性　突变对每个细胞是随机的，对每个基因也是随机的。每个基因的突变是独立的，既不受其他基因突变的影响，也不会影响其他基因的突变。例如巨大芽孢杆菌（*Bac. megaterium*）抗异烟肼的突变率是 5×10^{-5}，而抗氨基柳酸的突变率是 1×10^{-6}，对两者双重抗性突变率是 8×10^{-10}，与两者的乘积相近。

(4) 基因突变的可诱变性　通过人为的诱变剂作用，可以提高菌体的突变率，一般可以将突变率提高 10～10^{5} 倍。因为诱变剂仅仅是提高突变率，所以自发突变与诱发突变所获得的突变株并没有本质区别。

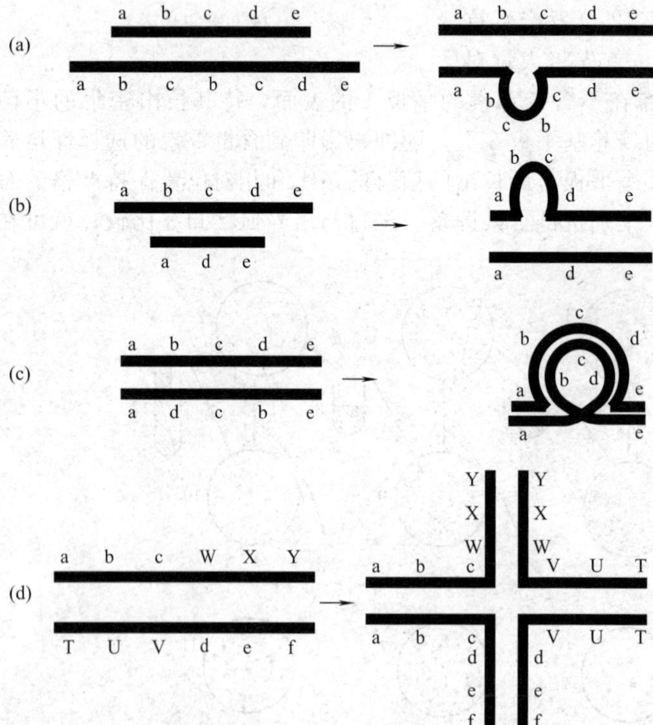

图 5.2.14　几种常见染色体畸变

(a) 重复；(b) 缺失；(c) 倒位；(d) 易位

(5) 基因突变的稳定性　因为基因突变的原因是遗传物质的结构发生了变化，所以，突变产生新的变异性状是稳定的，也是可遗传的。

(6) 基因突变的可逆性　由原始的野生型基因变异成为突变型基因的过程称为正向突变（forward mutation），相反的过程称为回复突变（back mutation 或 reverse mutation）。实验证明，任何遗传性状都可发生正向突变，也可发生回复突变。

5.2.2.4　突变机制

突变一般包括染色体数目变化、染色体结构的变化和染色体局部座位内的变化三种情况。

(1) 染色体数目的变化　生物细胞内染色体数目是恒定的，多一条或少一条都可能引起生物表型的变化。原核微生物只有一条DNA，若从外源获得一段DNA，且与细胞的部分DNA同源，则称为部分双倍体。与染色体结构变化同属于染色体畸变（chromosomal aberration）。

（2）染色体结构的变化　这是一种大段DNA变化（损伤）现象，它包括染色体缺失（deletion）、插入（insertion）、重复（duplication）、倒位（inversion）和易位（translocation），大段DNA的变化会造成染色体配对时，形成特定的电子显微镜下可见的结构改变，见图5.2.14。

（3）染色体局部座位内的变化　即基因突变（gene mutation），因为突变只发生在一个基因座位内，所以又称点突变（point mutation）。基因突变可分为碱基置换（substitution）、移码突变（frame-shift mutation）、缺失（deletion）和插入（insertion）四种形式。基因突变与染色体畸变的区别在于基因突变仅仅是DNA链中一对或少数几对碱基发生了变化。

正常DNA双链中的某一碱基对转变成另一碱基对的现象称为碱基置换（base substitution）。碱基置换又有两种情况：原来链上是嘧啶（或嘌呤）碱基的位置上置换成另一嘧啶（或嘌呤）碱基则称为转换（transition），若原来链上是嘧啶（或嘌呤）碱基的位置上置换成另一嘌呤（或嘧啶）碱基则称为颠换（transversion），见图5.2.15。颠换现象较为少见。

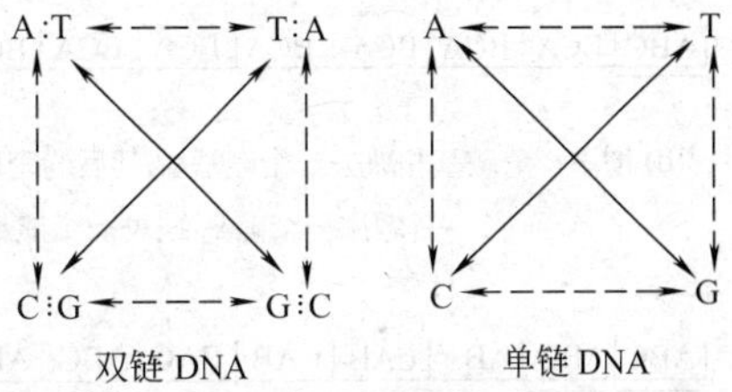

A:T　T:A　A　T
C:G　G:C　C　G
双链DNA　单链DNA

图5.2.15　碱基的置换
实线代表转换；虚线代表颠换

碱基置换后会出现下列几种情况（见图5.2.16）。

① 错义突变　使所表达的蛋白质中一种氨基酸的位置上，变成另一种氨基酸；

② 无义突变　正常翻译为氨基酸的碱基置换后变成UAG（琥珀突变）、UAA（赭石突变）或UGA（乳石突变）等终止密码子，造成多肽链合成的中止；

③ 同义突变　碱基发生了置换，但由于遗传密码子的简并性，而并没有影响原来的氨基酸顺序，如密码子GCU置换成GCC后，它们都是丙氨酸的密码子；

④ 沉默突变　碱基置换造成多肽链中一个氨基酸的改变，但该氨基酸对蛋白质的结构和功能没有多大的影响，并没引起细胞表型变化。

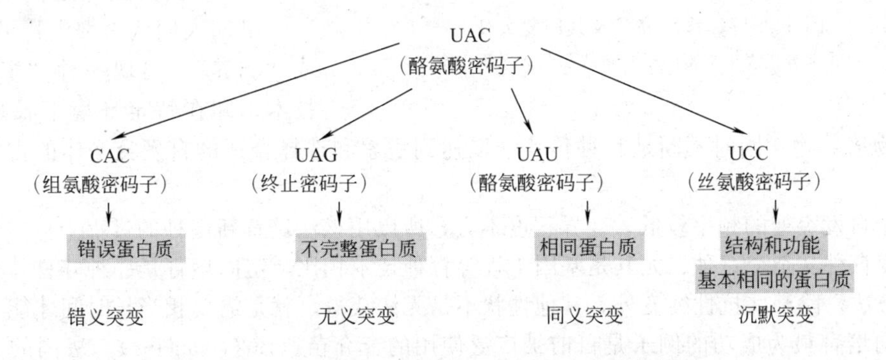

图5.2.16　编码蛋白质基因的碱基置换的可能结果

一对或少数几对邻接的核苷酸的增加或减少，将造成这一位置以后一系列密码子发生移位错误的现象称为移码突变（frame-shift mutation）。移码突变有两种情况（见图5.2.17）。

① 如果增加或减少的核苷酸数目为3或3的倍数，那么，它只改变某一部位的一个或几个氨基酸，其他氨基酸未变，有可能保持原有的蛋白质性质，这取决于这些氨基酸在蛋白质中的重要性。

② 如果增加或减少的核苷酸数目不是 3 或 3 的倍数，那么，这会改变整个蛋白质的氨基酸顺序，其影响可能很大。

如果一次移码突变后，再发生一次移码突变，则有可能会造成回复突变。

基因座位中的缺失或插入与移码突变只是程度不同，基因突变中的缺失或插入涉及的核苷酸数量比移码突变多，很难用移码突变来回复，但与染色体畸变中的缺失或插入相比，它们所变化的范围要小得多。

染色体数目的变化对生物的影响很大，对于微生物来讲，往往是致命的；而染色体大片段的改变对微生物的影响次之。这两种遗传物质的变化都可以通过细胞遗传学的方法，借助显微镜观察到。而基因座位内的变化，无法通过显微镜观察到，很多情况下，它只造成微生物遗传性状发生变化，但不会引起菌体死亡，所以，它是诱变选育高产突变菌株的主要机制。

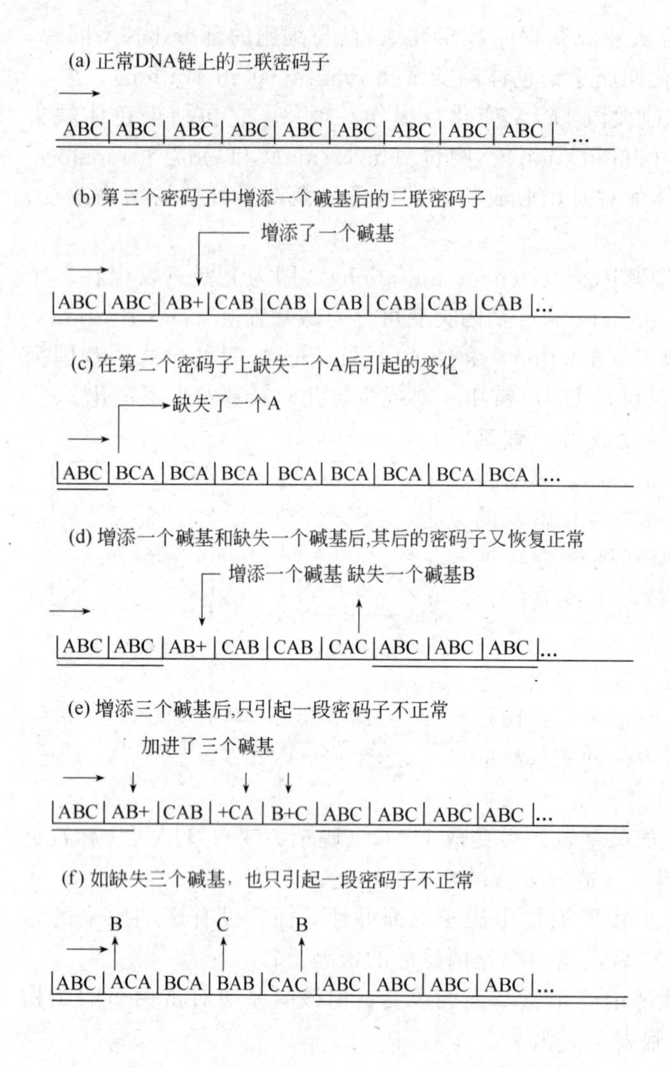

图 5.2.17 移码突变及其回复突变

双线部分代表正常密码子，单线部分表示不正常

5.2.3 自发突变与定向培育

早期人们认为微生物可“驯化”或“驯养”，出现一种“定向培育”技术，即在特定环境下长期处理某一微生物培养物，同时不断地移种传代，以达到积累和选择合适的自发突变体的古老的育种方法。

由于自发突变的频率较低，变异程度不大，所以用该法培育新菌种的过程十分缓慢。与后来的诱变育种、杂交育种、尤其是基因工程等育种技术相比，定向培育是一种守株待兔式的被动育种方法，除某些抗性突变外，其他性状不是无法获得，就是需要相当长时间才能奏效。

定向培育最为成功的例子是目前被广泛使用的卡介苗（BCG vaccine）。法国的卡尔密脱（Calmette）和介林（Guerin）把牛型的结核分枝杆菌接种在牛胆汁、甘油、马铃薯培养基上，连续传代培养 230 代，前后经历 13 年时间，终于在 1923 年获得显著减毒的结核杆菌——卡介苗。

早年，巴斯德曾用 42℃去培养炭疽杆菌，经过 20d 后，该菌丧失产芽孢能力。经 2～3 月后，菌体进一步失去致病能力，因而可用作活菌苗使用。利用它来接种，在预防牛、羊的炭疽病方面，曾获得良好的成效。巴斯德也曾将疯狗的唾液注入健康兔子脑中长期传代“驯化”，制成疫苗，救治狂犬病患者，开创了人类免疫学。当时，人们只是认为微生物与禽畜一样，长期处在特定环境中是可以被“驯服”的，并没有认识到实际上利用了自发突变。

虽然定向培育作为一种古老而低效的育种方法现已被淘汰，但是人们仍然继续在利用菌体的自发突变现象。例如从污染噬菌体的发酵液中分离得到抗噬菌体的菌株；又如在酒精发酵工业中，曾有过一株分生孢子为白色的糖化菌“上酒白种”，就是在原来孢子为黑色的宇佐美曲霉（*Aspergillus usamii*）3758 发生自发突变后，及时从生产过程中挑选出来的。这一菌株不仅产生丰富的白色分生孢子，而且糖化率比原来菌株强，培养条件也比原菌株粗放，这也就是积极的菌种复壮工作。

5.2.4 诱变育种

诱变育种是利用物理或化学诱变剂处理均匀分散的微生物细胞群，促进其突变率大幅度提高，然后采用简便、快速和高效的筛选方法，从中挑选少数符合育种目的的突变株，以供生产实践或科学研究用。当前发酵工业和其他生产单位所使用的高产菌株，几乎都是通过诱变育种而大大提高了生产性能的菌株。诱变育种除能提高产量外，还可达到改善产品质量、扩大品种和简化生产工艺等目的。诱变育种具有方法简单、快速和收效显著等特点，故仍是目前被广泛使用的主要育种方法之一。

5.2.4.1 诱变剂及其诱发机理

各种性状的突变都可以在没有人为因素的条件下自发地进行，但自发突变的突变率很低，获得符合要求的突变株的可能性很小。在人工的物理化学诱变因素作用下，菌株的突变率得以大大提高，具有有利性状的突变株被筛选到的可能性大大增强。这些物化诱变因素又称为诱变剂。

（1）物理诱变剂　物理诱变主要是采用辐射，如紫外线、X 射线、γ 射线、激光和快中子等都是常用的物理诱变剂。本节将主要讨论紫外线。

生物中核酸物质的最大紫外线吸收峰值在 265nm 波长处，该波长也是微生物的最敏感点。紫外线诱变机理是它会造成 DNA 链的断裂，或使 DNA 分子内或分子之间发生交联反应。交联是由二聚体引起的，二聚体可以在同一条链相邻的碱基之间产生，也可以是在二条链的碱基之间形成。它会引起 DNA 复制错误，正常的碱基无法配对，造成错义或缺失。嘧啶比嘌呤对紫外线敏感得多。嘧啶的光化产物主要是二聚体和水化物，见图 5.2.18，已经了解得较清楚的是胸腺嘧啶二聚体。

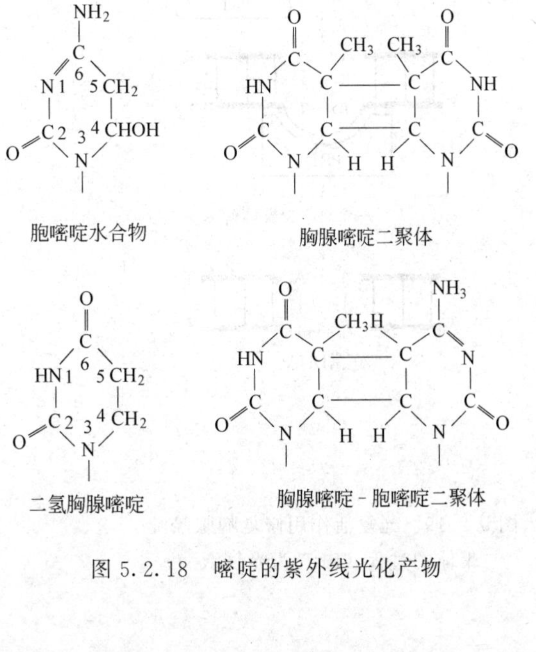

过量的紫外线照射会造成菌体丢失大段的 DNA，或使交联的 DNA 无法打开，不能进行复制和转录，从而引起菌体死亡。紫外线对生物的效应具积累作用，就是说只要紫外线处理的总时间相等，分次处理与一次性处理的效果类似。

在正常的微生物细胞中，紫外线造成的 DNA 损伤是可以得到及时修复的。若将受紫外线照射后的细胞立即暴露在可见光下，菌体的突变率和致死率均会下降，这就是光复活作用（photoreactivation）。

光复活作用是于 1949 年首先在放线

胞嘧啶水合物　胸腺嘧啶二聚体

二氢胸腺嘧啶　胸腺嘧啶-胞嘧啶二聚体

图 5.2.18　嘧啶的紫外线光化产物

菌中发现的。现在已经知道从原核生物到鸟类都有光复活现象，高等哺乳动物却没有。这说明在生物进化过程中光复活作用逐渐被其他修复系统所取代。光复活作用是因为微生物等生物的细胞内存在光复活酶（photoreactivating enzyme），即光裂合酶（photolyase）。光复活酶会识别胸腺嘧啶二聚体，并与之结合形成复合物，此时的光复活酶没有活性。可见光光能（300～500nm）可以激活光复活酶，使之打开二聚体，将 DNA 复原。与此同时，光复活酶也从复合物中释放出来，以便重新执行光复活功能，见图 5.2.19。有人计算过，每个大肠杆菌细胞中约含有 25 个光复活酶分子。

因为一般微生物细胞内都具有光复活酶，所以，微生物紫外线诱变育种应在避光或红光条件下操作。但因为在高剂量紫外线诱变处理后，细胞的光复活主要是致死效应的回复，突变效应不回复，所以有时也可以采用紫外线和可见光交替处理，以增加菌体的突变率；光复活的程度与可见光照射时间、强度和温度（45～50℃温度下光复活作用最强）等因素有关。

细胞内还存在另一种修复体系，它不需要光激活，所以称为暗修复（dark repair）或切除修复作用（excision repair）。它可修复由紫外线、γ 射线和烷化剂等对 DNA 造成的损伤。野生型大肠杆菌细胞的切除修复系统非但可以修复自身的 DNA 紫外线损伤，还能修复外来的噬菌体 T_1 及 T_3 等的 DNA 所受到的紫外线损伤。

暗修复体系有四种酶参与反应。其修复过程见图 5.2.20。首先由核酸内切酶切开二聚体的 5′末端，形成 3′-OH 和 5′-P 的单链缺口，然后，核酸外切酶从 5′-P 到 3′-OH 方向切除二聚体，并扩大缺口，接着，DNA 聚合酶以另一条互补链为模板，从原有链上暴露的 3′-

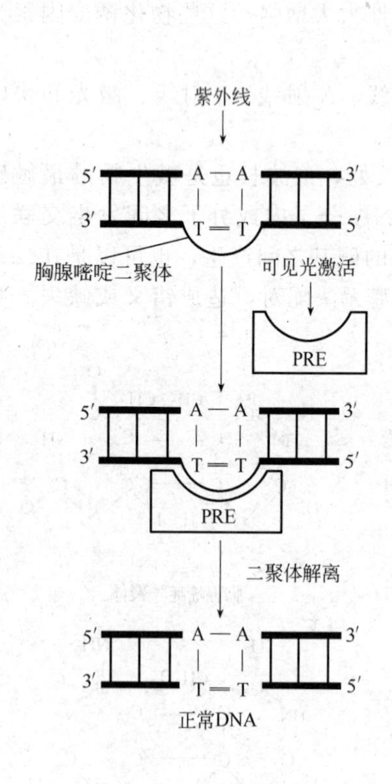

图 5.2.19 光复活作用修复胸腺嘧啶二聚体的过程（PRE 为光复活酶）

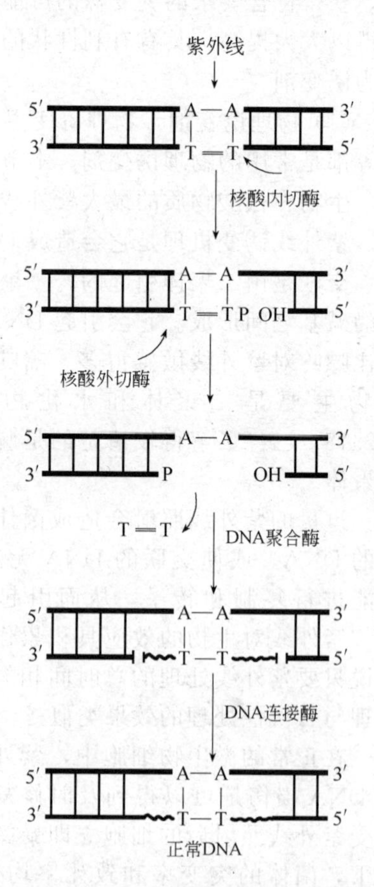

图 5.2.20 胸腺 嘧啶暗修复的过程

OH 端起合成缺失片段，最后，由 DNA 连接酶将新合成链的 3′-OH 与原链的 5′-P 相连接。

大肠杆菌等微生物中至少有三个基因与切除修复中二聚体的切除有关。这三个基因是 *uvrA*、*uvrB* 和 *uvrC*，它们分别编码核酸内切酶的三个亚基。

光复活作用使胸腺嘧啶二聚体复原成两个胸腺嘧啶，暗修复则是将胸腺嘧啶二聚体切除。细胞中还存在另一种在并不改变胸腺嘧啶二聚体的情况下的修复系统，即重组修复（recombination repair）。重组修复必须在 DNA 进行复制的情况下进行，所以又称为复制后修复（postreplication repair）。实验证明大肠杆菌可以在不切除胸腺嘧啶二聚体的情况下，以带有二聚体的这条链为模板合成互补单链，可是在每个二聚体附近留一空隙。对于重组修复的机制并不像切除修复了解得那样具体，一般认为通过染色体交换，空隙部位就不再面对着胸腺嘧啶二聚体而是面对着正常的单链，在这种条件下 DNA 聚合酶和连接酶便起作用把空隙部位进行修复，见图 5.2.21。重组修复与 *recA*、*recB* 和 *recC* 基因有关。*recA* 编码一种相对分子质量为 40000 的蛋白质，它具有交换 DNA 的活力，在重组和重组修复中均起关键作用。*recB* 和 *recC* 基因分别编码核酸外切酶Ⅴ的两个亚基，该酶也是重组和重组修复所必需的。修复合成中需要的 DNA 聚合酶和连接酶的功能与切除修复相同。

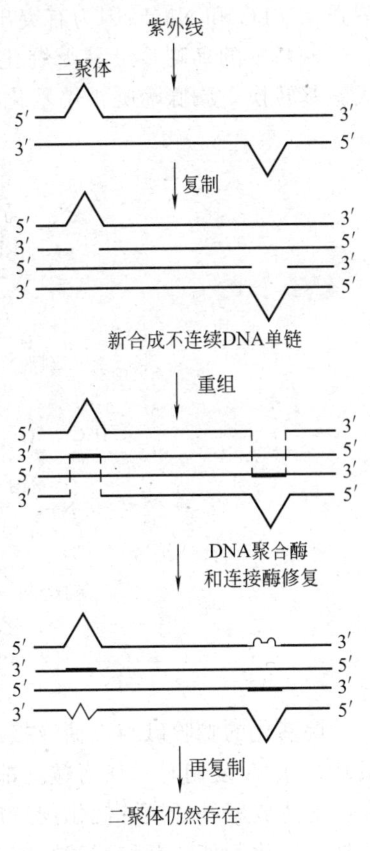

图 5.2.21 重组修复过程

重组修复中 DNA 损伤并没有除去，当进行下一轮复制时，留在母链上的损伤仍会给复制带来困难，还需要重组修复来弥补，直到损伤被切除修复消除。但是，随着复制的进行，若干代后，即使损伤未从母链中除去，而在后代的细胞群中也已被稀释，事实上消除了损伤的影响。

以上三类修复系统都是不经诱导而发生的，然而许多能造成 DNA 损伤或抑制复制的处理会引发细胞内一系列复杂的诱导反应，称为应急反应（SOS response）。早在 20 世纪 50 年代，J. Weigle 就发现，用紫外线照射过的 λ 噬菌体感染事先经低剂量紫外线照射的大肠杆菌，存活的噬菌体数大大增加，而且存活的噬菌体中出现较多的突变体。如果感染的是未经照射的大肠杆菌，那么噬菌体的存活率和突变率都较低。这称为 W-复活现象（W reactivation）。如果，将经紫外线照射过的 λ 噬菌体感染在含氯霉素培养基中的细菌，则不出现 W-复活现象，而且一旦除去紫外线等因素，W-复活现象出现后的几十分钟内就会消失。这说明细菌细胞内存在一种应答系统（response system），借用国际紧急呼救信号“SOS”（save our soul），称之为 SOS 反应。它是紫外线照射诱导产生的效应。它的功能包括修复 DNA 的损伤使噬菌体存活率增加，但是修复的过程中却带来了基因突变，使噬菌体的突变体数量增加。SOS 反应广泛存在于原核生物和真核生物中，它是生物在不利的环境中求得生存的一种功能。在一般环境条件下，突变常常是不利的，可是在 DNA 受到损伤或复制受到抑制的特殊情况下，生物发生突变将有利于生存。

实验证明 SOS 反应的修复功能依赖于某些蛋白质的诱导合成，就像细菌中诱导酶的合成机制。这些蛋白质可能是缺乏校正功能的 DNA 聚合酶及其他一些修复系统中的关键酶。

所有的修复系统都是生物对外界因素可能造成遗传物质损伤所设置的层层自我保护屏障。

(2) 化学诱变剂　化学诱变剂的种类有许多，但具有高效诱变作用的并不多，常用的化学诱变剂根据其作用方式不同分为三种类型。

① 与核酸碱基化学反应的诱变剂　此类型主要有烷化剂、亚硝酸和羟胺等。

烷化剂（alkylating agent）带有一个或多个活性烷基，带一个活性烷基称单功能烷化剂，带两个或多个的分别称为双功能或多功能烷化剂。它们的烷基可转移至其他分子中电子密度高的位置，它们的诱变作用是其与DNA中的碱基或磷酸作用。常见的烷化剂有硫酸二乙酯（EDS）、甲基磺酸乙酯（EMS）、*N*-甲基-*N*′-硝基-*N*-亚硝基胍（NTG）、亚硝基甲基脲（NMU）、氮芥、乙烯亚胺和环氧乙酸等。甲基磺酸甲酯是单功能烷化剂，氮芥是双功能烷化剂。双功能烷化剂可引起DNA二条链交联，造成菌体死亡，所以其毒性比单功能烷化剂强。NTG和NMU因为有突出的诱变效果，所以被誉为“超诱变剂”。

碱基中的鸟嘌呤最易受烷化剂作用，形成6-烷基鸟嘌呤，并与胸腺嘧啶错误配对，造成碱基转换。胸腺嘧啶被烷基化后，可与鸟嘌呤错误配对，见图5.2.22。

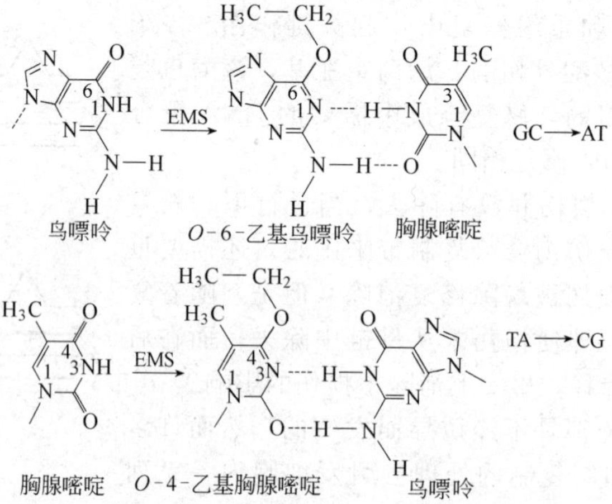

图5.2.22　EMS的烷基化造成的碱基转换

烷基化的嘌呤碱与戊糖连接的N糖苷键很不稳定，若断裂后，核苷酸残基将脱去嘌呤碱基，DNA复制时，任何碱基都能在此对应的位置插入，因此烷化剂既可能造成碱基转换，也可能造成碱基颠换。烷化剂造成的碱基置换同样都能由其回复，即A∶T⇌G∶C互变。此外，烷化剂使核苷酸残基脱嘌呤后，也可造成DNA缺失。由于烷化剂能与辐射一样引起基因突变和染色体畸变，所以也有拟辐射物质之称。

亚硝酸的作用主要是使碱基氧化脱氨基，如使腺嘌呤（A）、胞嘧啶（C）和鸟嘌呤（G）分别脱氨基成为次黄嘌呤（H）、尿嘧啶（U）和黄嘌呤（X）。复制时，次黄嘌呤、尿嘧啶和黄嘌呤分别与胞嘧啶（C）、腺嘌呤（A）和胞嘧啶（C）配对，见图5.2.23。前两者能引起碱基转换，而第三种并没有发生转换。这里仅举其中腺嘌呤→次黄嘌呤后引起的转换反应，见图5.2.24。从图中看出转换有几个环节：一是腺嘌呤经氧化脱氨后变成烯醇式次黄嘌呤（He）；二是由烯醇式次黄嘌呤通过互变异构效应而形成酮式次黄嘌呤（Hk）；三是DNA双链第一次复制，结果Hk因其在6位含有酮基，故只能与6位含氨基的胞嘧啶配对；四是DNA双链的第二次复制，这时其中的C与G正常地配对，因而最终实现了转换。这种转换必须经历两次复制才能完成。亚硝酸引起的碱基转换也可由其回复。即能使A∶T⇌G∶C互变。此外，亚硝酸也可能引起DNA双链交联。

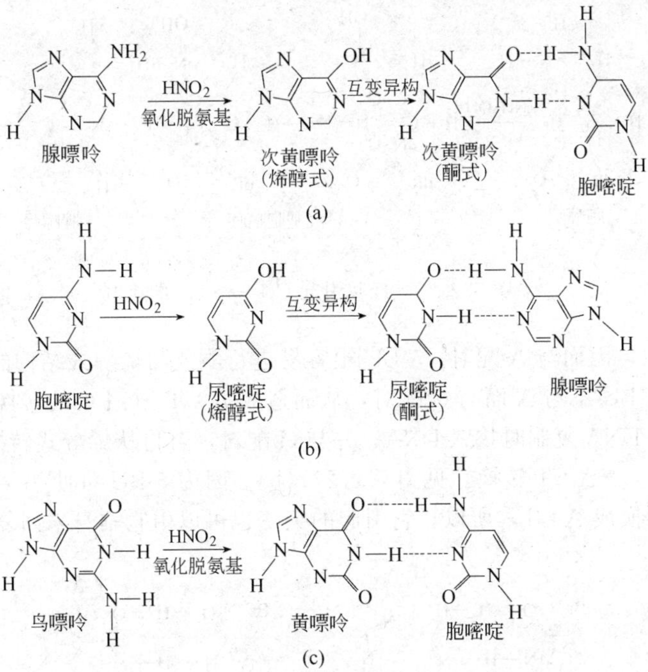

图 5.2.23 亚硝酸引起碱基氧化脱氨基效应

（a）腺嘌呤氧化脱氨基成为次黄嘌呤，与胞嘧啶配对；

（b）胞嘧啶氧化脱氨基成为尿嘧啶，与腺嘌呤配对；

（c）鸟嘌呤氧化脱氨基成为黄嘌呤，仍与胞嘧啶配对，不能引起碱基转换

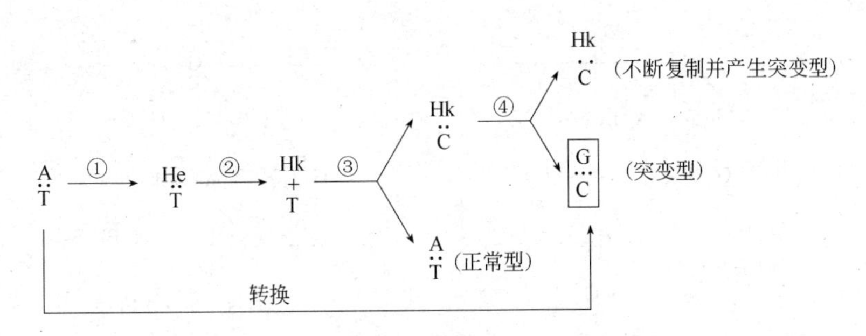

图 5.2.24 由亚硝酸引起的 AT ⟶GC 的转换

羟胺（HA）能专一地与胞嘧啶作用。修饰后的 *N*-4-羟基胞嘧啶只能与腺嘌呤配对，引起 C⋮G→T∶A 碱基转换，见图 5.2.25。羟胺引起的转换是单向的，即无法引起 T∶A→C⋮G 的碱基转换。羟胺是还原剂，在活细胞中，它与各种物质反应产生 H_2O_2 及一些非专一性的诱变剂，所以在体外它具较强的专一性，而在活细胞内便丧失了专一性。

② 碱基类似物　这些化合物有 5-溴尿嘧啶（5-BU），5-氟尿嘧啶（5-FU）、8-氮鸟嘌呤（8-NG）和 2-氨基嘌呤（2-AP）等。它们与碱基的结构类似，在 DNA 复制时，它们可以被错误地掺入 DNA，引起诱变效应，所以说它们引起碱基置换的作用是间接的。以下用 5-溴尿嘧啶为例来加以说明。

酮式的 5-BU 结构与胸腺嘧啶相似，烯醇式 5-BU 结构与胞嘧啶相似，见图 5.2.26。当把某一微生物在含 5-BU 的培养液中培养，DNA 复制时，它可取代 T。5-BU 一般以酮式状

胞嘧啶　　　*N*-4-羟基胞嘧啶　　　腺嘌呤

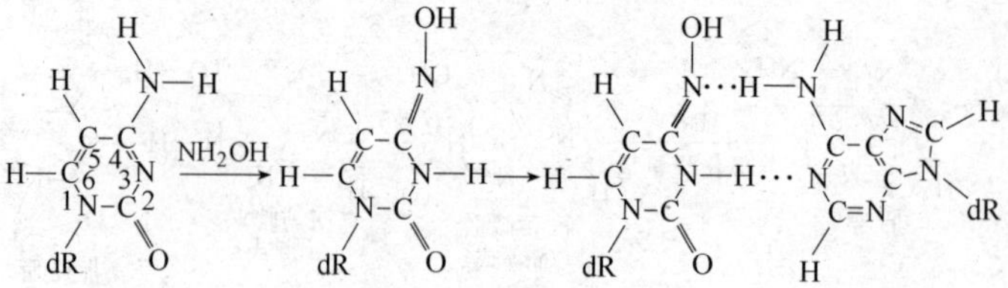

图 5.2.25　羟胺引起 CG ⟶ TA 的机制

态存在于 DNA 中，因而与 A 配对。5-BU 很容易进行酮式与烯醇式结构的互变异构，当 DNA 复制时，烯醇式 5-BU 不与 A 而与 G 配对，从而造成 A∶T→G⋮C 的转换，见图 5.2.27（a）；当烯醇式 5-BU 在 DNA 复制时掺入 DNA，并与 G 配对，若再从烯醇式转换成酮式，并与 A 配对，则会造成 G⋮C→A∶T 转换。见图 5.2.27（b）。因为 5-BU 可使 A∶T 转换成 G⋮C，也可使 G⋮C 反向转换成 A∶T，所以，它引起的突变也可以由它本身来回复。

5-BU(酮式)　　腺嘌呤　　5-BU(烯醇式)　　鸟嘌呤

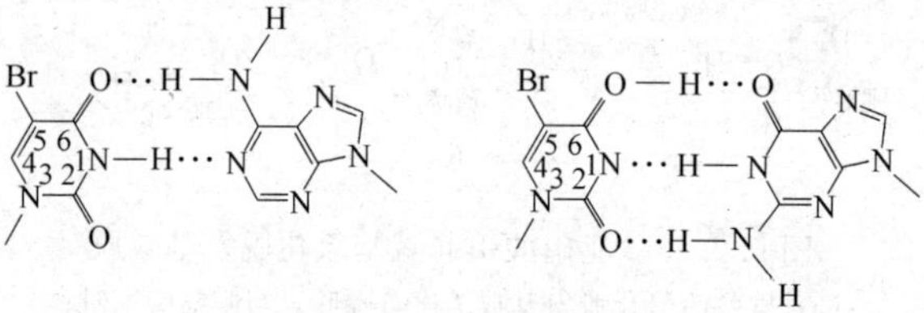

图 5.2.26　酮式和烯醇式 5-BU 分别与腺嘌呤和鸟嘌呤配对

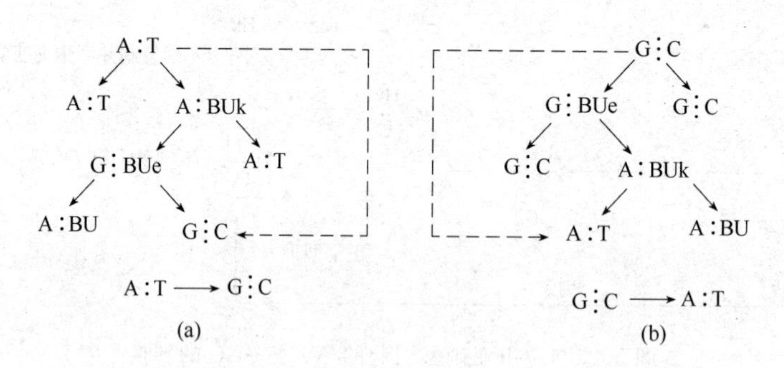

图 5.2.27　5-BU 在 DNA 复制时掺入并引起碱基转换

BUk 为酮式 5-BU；BUe 为烯醇式 5-BU

2-AP 是腺嘌呤的结构类似物，能与胸腺嘧啶配对，但当其质子化后，会与胞嘧啶错误配对，见图 5.2.28。

从上可知，碱基类似物引起的突变必须经过两代以上才能表现出来，因为引入新碱基的过程需经过三轮 DNA 复制。另外，它是通过 DNA 合成来达到诱变效应的，只对正在进行新陈代谢和繁殖的微生物起作用，对于休眠细胞、脱离菌体的 DNA 或噬菌体，则没有作用。

③ 移码突变的诱变剂　移码突变是指由一种诱变剂引起 DNA 分子中的一个或少数几个核苷酸的插入或缺失，从而使该部位后面的全部遗传密码发生转录和翻译错误的一类突变。

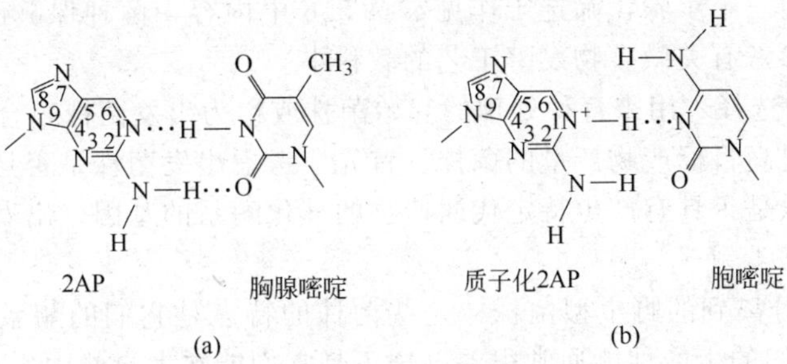

2AP 胸腺嘧啶 质子化2AP 胞嘧啶

(a) (b)

图 5.2.28 腺嘌呤类似物 2-AP 可能的配对形式

(a) 通常与胸腺嘧啶配对；(b) 质子化后与胞嘧啶错误配对

由移码突变产生的突变体称为移码突变体。

吖啶类染料（原黄素、吖啶黄、吖啶橙及 α-氨基吖啶等）和一系列称为 ICR 类的化合物（因由美国的肿瘤研究所“Institute for Cancer Research”合成而得名，它们是一些由烷化剂与吖啶类化合物相结合的化合物）都是移码突变的有效诱变剂，见图 5.2.29。

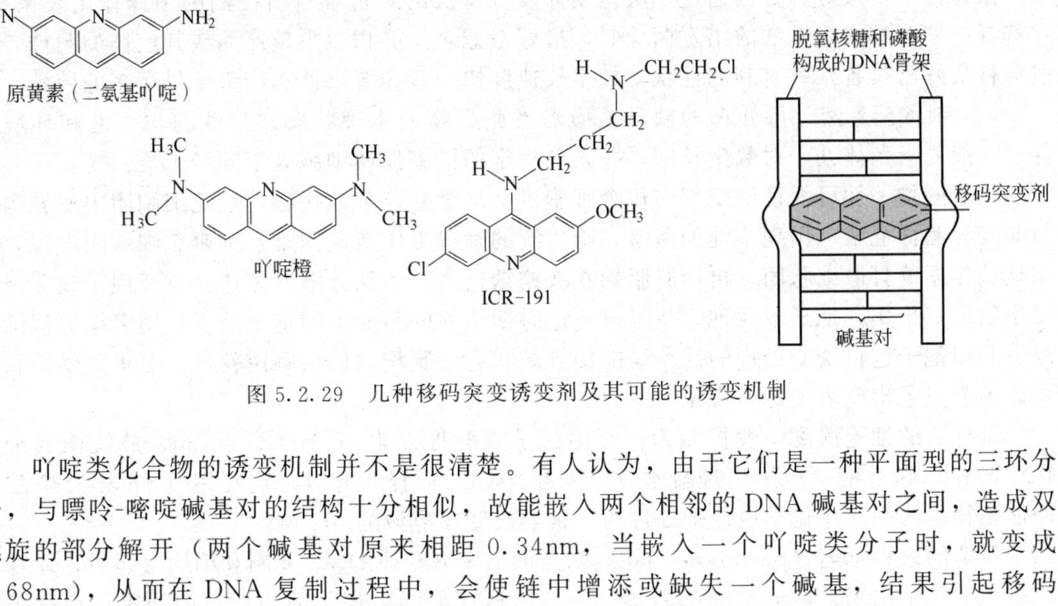

原黄素（二氨基吖啶）

吖啶橙

ICR-191

脱氧核糖和磷酸构成的DNA骨架

移码突变剂

碱基对

图 5.2.29 几种移码突变诱变剂及其可能的诱变机制

吖啶类化合物的诱变机制并不是很清楚。有人认为，由于它们是一种平面型的三环分子，与嘌呤-嘧啶碱基对的结构十分相似，故能嵌入两个相邻的 DNA 碱基对之间，造成双螺旋的部分解开（两个碱基对原来相距 0.34nm，当嵌入一个吖啶类分子时，就变成 0.68nm），从而在 DNA 复制过程中，会使链中增添或缺失一个碱基，结果引起移码突变。

吖啶类化合物可以引起移码突变及其回复突变。在 DNA 链上增添或缺失一、二、四、或五个碱基时，均会引起移码突变；而增添或缺失三或六个碱基时，则不影响读码，只引起较短的缺失或插入。

5.2.4.2 诱变育种方法

从自然界直接分离到的野生型菌株积累产物的能力往往很低，无法满足工业生产的需要，这就要求我们对它们进行菌种改造，即育种。育种的手段很多，从微生物育种发展的历史看，有定向培育、诱变育种、杂交育种、细胞融合和基因工程等育种技术。目前，诱变育种对于微生物工作者来讲仍是一个最有效而实用的方法。

诱变育种的基本过程如下：

选择合适的出发菌株 → 制备待处理的菌悬液 → 诱变处理 → 筛选 → 保藏和扩大试验

本节主要讨论前三个步骤，筛选工作见本章 5.6 中内容，菌种保藏已在第 3 章中讨论，扩大试验内容可以参考有关微生物发酵工艺的教科书。

(1) 出发菌株的选择　用来育种处理的起始菌株或称为出发菌株，合适的出发菌株就是通过育种能有效地提高目标产物产量的菌株。首先应考虑出发菌株是否具有特定生产性状的能力或潜力，即菌株是否具有产生特定代谢产物的催化酶系的基因。出发菌株的来源主要有以下三方面。

① 自然界直接分离到的野生型菌株　这些菌株的特点是它们的酶系统完整，染色体或 DNA 未损伤，但它们的生产性能通常很差（这正是它们能在大自然中生存的原因）。通过诱变育种，它们正突变（即产量或质量性状向好的方向改变）的可能性大。

② 经历过生产条件考验的菌株　这些菌株已有一定的生产性状，对生产环境有较好的适应性，正突变的可能性也很大。

③ 已经历多次育种处理的菌株　这些菌株的染色体已有较大的损伤，某些生理功能或酶系统有缺损，产量性状已经达到了一定水平。它们负突变（即产量或质量性状向差的方向改变）的可能性很大，可以正突变的位点已经被利用了，继续诱变处理很可能导致产量下降甚至死亡。

一般可选择①或②类菌株，第②类较佳，因为已证明它可以向好的方向发展。在抗生素生产菌育种中，最好选择已通过几次诱变并发现每次的效价都有所提高的菌株作出发菌株；在选择产核苷酸或氨基酸的出发菌株时，最好考虑至少能积累少量产品或其前体的菌株。出发菌株最好已具备一些有利的性状，如生长速度快、营养要求低和产孢子早而多的菌株。

(2) 制备菌悬液　待处理的菌悬液应考虑微生物的生理状态、悬液的均一性和环境条件。一般要求菌体处于对数生长期，并采取一定的措施促使细胞处于同步生长。

悬液的均一性可保证诱变剂与每个细胞机会均等并充分地接触，避免细胞团中变异菌株与非变异菌株混杂，出现不纯的菌落，给后续的筛选工作造成困难。为避免细胞团出现，可用玻璃珠振荡打散细胞团，再用脱脂棉花或滤纸过滤，得到分散的菌体。对产孢子或芽孢的微生物最好采用其孢子或芽孢。将经过一定时期培养的斜面上的孢子洗下，用多层擦镜纸过滤。利用孢子进行诱变处理的优点是能使分散状态细胞均匀地接触诱变剂，更重要的是它尽可能地避免了出现表型延迟现象。

菌悬液的细胞浓度一般控制为：真菌孢子或酵母细胞 $10^6 \sim 10^7$ 个/ml，放线菌或细菌 10^8 个/ml。菌悬液一般用生理盐水（0.85%NaCl）稀释。有时，也需用 0.1mol/L 磷酸缓冲液稀释，因为有些化学诱变剂处理时，常会改变反应液的 pH 值。

所谓的表型延迟（phenotypic lag）就是指某一突变在 DNA 复制和细胞分裂后，才在细胞表型上显示出来，造成不纯的菌落。表型延迟现象的出现是因为对数期细胞往往是多核的，很可能一个核发生突变，而另一个核未突变，若突变性状是隐性的，在当代并不表现出来，在筛选时就会被淘汰；若突变性状是显性的，那么在当代就表现出来，但在进一步传代后，就会出现分离现象，造成生产性状衰退。所以应尽可能选择孢子或单倍体的细胞作为诱变对象。但即使如此，也会出现表型延迟现象，这是因为诱变剂往往只作用于 DNA 分子的一条单链，DNA 进一步复制后，同样会出现不纯的菌落。这类表型延迟称为分离性延迟现象，见图 5.2.30。

另外，还有一种生理性延迟现象，就是虽然菌体发生了突变，并且突变基因由杂合状态变成了纯合状态，但仍不表现出突变性状。这可以用营养缺陷型和噬菌体抗性突变型来说明。

一个发生营养缺陷型突变的菌株，产某种酶的基因已发生突变，但是由于突变前菌体内所含的酶系仍然存在，仍具有野生型表型。只有通过数次细胞分裂，细胞内正常的酶得以稀释或被分解，营养缺陷型突变的性状才会表现出来。

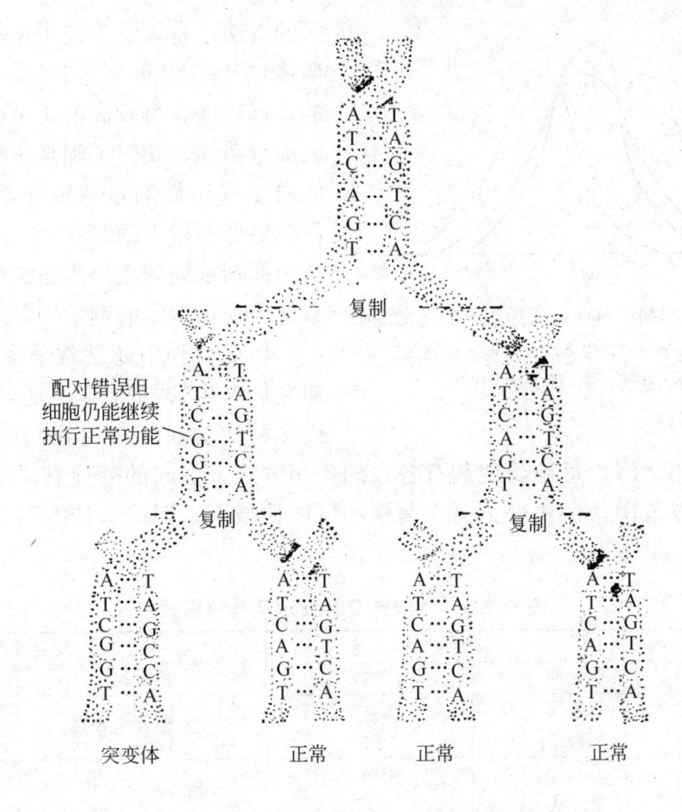

图 5.2.30 突变和分离性表型延迟现象的分子机制

噬菌体抗性突变型是由于突变引起细菌细胞表面噬菌体受体改变的结果。同样，这些受体也需要通过细胞分裂而稀释，因而从抗噬菌体基因型出现到抗噬菌体表现型的出现之间也有一个生理性延迟。

(3) 诱变处理　通常是根据经验选择恰当的诱变剂，对于已有诱变处理背景的菌株，变换使用其他诱变剂也许会得到较好的效果。一些引起碱基置换的诱变剂（如亚硝酸、硫酸二乙酯等）较易回复突变，而引起的染色体畸变、移码的诱变剂（如紫外线、^{60}Co 和吖啶等）不易回复，突变株的性状较稳定。

各种诱变剂有不同的剂量表示方法，如紫外线的强度是尔格，X 射线的单位是伦琴（R）或拉得（rad）等，化学诱变剂的剂量则以在一定温度下诱变剂的浓度和处理时间来表示。但是，仅仅采用诱变剂的理化指标控制诱变剂的用量常会造成偏差，不利于重复操作。例如，同样功率的紫外线照射诱变效应还受到紫外灯质量及其预热时间、灯与被照射物的距离、照射时间、菌悬液的浓度、厚度及其均匀程度等诸多因素的影响。另外，不同种类和不同生长阶段的微生物对诱变剂的敏感程度不同，所以在诱变处理前，一般应预先做诱变剂用量对菌体死亡数量的致死曲线，选择合适的处理剂量。致死率表示诱变剂造成菌悬液中死亡菌体数占菌体总数的比率。它是最好的诱变剂相对剂量的表示方法，因为它不仅反映了诱变剂的物理强度或化学浓度，也反映了诱变剂的生物学效应。

诱变剂的作用一是提高突变的频率，二是扩大产量变异的幅度，三是使产量变异朝正突变或负突变的方向移动，见图 5.2.31。凡是在高突变率基础上既能扩大变异幅度，又能促使变异移向正变范围的剂量，就是合适的剂量（如图 5.2.31 中的 c）。

要确定一个合适的剂量，常常需要经过多次试验。就一般微生物而言，突变率随剂量的增大而增高，但达到一定剂量后，再加大剂量反而会使突变率下降。对于诱变剂的具体用量有不

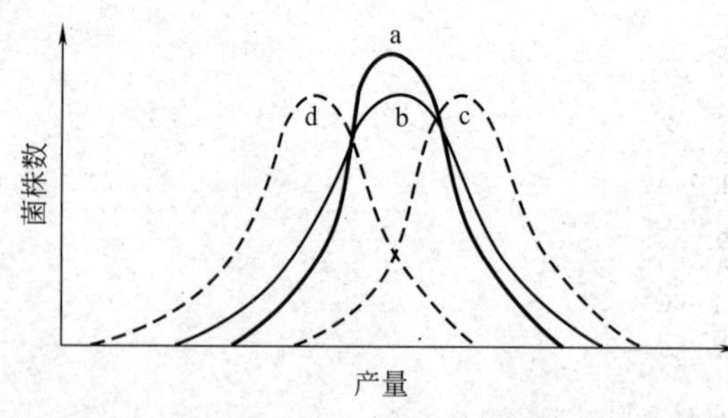

图 5.2.31 诱变剂的剂量对产量变异影响的可能结果

a—未经诱变剂处理；b—变异幅度扩大，但正负突变相等；c—正突变占优势；d—负突变占优势

同的看法。有人认为应采用高剂量，就是造成菌体致死率在 90%～99.9%时的剂量是合适的，这样能获得较高的正突变率，并且淘汰了大部分菌体，减轻了筛选工作的负担。许多人倾向于采用低剂量（致死率在 70%～80%），甚至更低剂量（致死率在 30%～70%），他们认为低剂量处理能提高正突变率，而负突变较多地出现在偏高的剂量中。

诱变育种中还常常采取诱变剂复合处理，使它们产生协同效应。复合处理可以将两种或多种诱变剂分先后或同时使用，也可用同一诱变剂重复使用。因为每种诱变剂有各自的作用方式，引起的变异有局限性，复合处理则可扩大突变的位点范围，使获得正突变菌株的可能性增大，因此，诱变剂复合处理的效果往往好于单独处理，见表 5.2.3。

表 5.2.3 诱变剂复合处理及其协同效应

菌种	单独处理		复合处理	
	诱变剂	突变率/%	诱变剂	突变率/%
土曲霉	紫外线 X 射线	21.3 19.7	紫外线＋X 射线	42.8
土曲霉	氮芥(0.1%) 紫外线	不明显 4.7	紫外线＋氮芥	11.0
链霉菌	紫外线 γ 射线	31.0 35.0	紫外线＋γ 射线	43.6
金色链霉菌(2U-84)	二乙烯三胺 硫酸二乙酯 紫外线	6.06 1.78 12.5	紫外线＋二乙烯三胺 紫外线＋硫酸二乙酯	26.6 35.86
灰色链霉菌(JIC-1)	紫外线	9.8	紫外线＋可见光照射 1 次 紫外线＋可见光照射 6 次	9.7 16.6

5.2.4.3 致突变物和致癌物的微生物检测

至今，世界上已发展有上百种针对致突变物和致癌物的快速检测法。其中埃姆斯（Ames）试验应用最为广泛。其检测结果不仅可反映化学物质的致突变性，而且可推测它的潜在致癌性。

埃姆斯试验是美国微生物学家埃姆斯（Bruce Ames）于 1975 年发明的致突变快速试验法，它被用来检测物质能否诱导丧失合成组氨酸能力的沙门菌营养缺陷型菌株发生回复突变。其原理：如果待测物是诱变剂，那么菌株恢复组氨酸合成能力的几率也会提高，而且待测物的诱变能力越强，回复突变的菌株的数量就越多（图 5.2.32）。

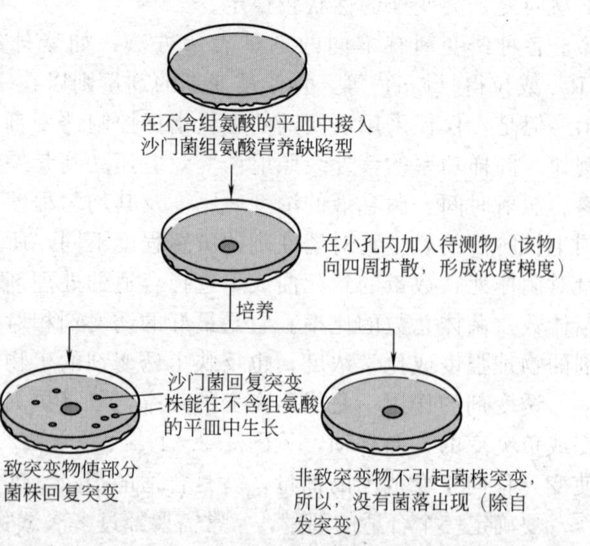

图 5.2.32 埃姆斯试验的基本原理示意图

埃姆斯试验准确性高、周期短、方便快捷。致癌物（carcinogens）一般具有致突变性，所以要判断一种物质是否是致癌物，第一步先判断它是否具有致突变性。细菌比大型生物更易突变，研究难度和费用较低，因此，细菌是筛选致突变物的理想对象。当然，能导致细菌突变的物质并不一定意味它能在人体细胞产生同样效果，即使证明了这种物质能引起人类细胞突变，也不能断言这种突变就会致癌，还需要其他大量的辅助试验来证实致癌物，包括动物试验。但利用细菌进行的初筛能为进一步研究排除掉一些物质。如果某种物质不足以引起大量细菌产生突变，一般认为它不太会是致癌物。

5.3 杂交育种

将两个不同性状个体内的基因转移到一起，经过重新组合后，形成新的遗传型个体的过程称为基因重组（gene recombination）。基因重组是生物体在未发生突变的情况下，产生新的遗传型个体的现象。杂交育种（hybridization）一般是指人为利用真核微生物的有性生殖或准性生殖，或原核微生物的接合、F因子转导、转导和转化等过程，促使两个具不同遗传性状的菌株发生基因重组，以获得性能优良的生产菌株。这也是一类重要的微生物育种手段。比起诱变育种，它具有更强的方向性和目的性。

杂交是细胞水平的概念，而基因重组是分子水平的概念。杂交育种必然包含着基因重组过程，而基因重组并不仅限于杂交的形式。

5.3.1 真核微生物的基因重组

在自然环境中，真核微生物就存在有性生殖和准性生殖等基因重组的形式。利用这些基因重组形式所进行的有性杂交和准性杂交，可以培育出优良的生产菌株。本节主要讨论酵母菌有性杂交和霉菌的准性杂交。

5.3.1.1 酵母菌的有性杂交

酵母菌的生活史既包括二倍体、单倍体世代，又包括有性和无性世代。工业上应用甚广的酿酒酵母通常是双倍体酵母菌，并且只进入无性世代。酿酒酵母产子囊孢子的能力已退化，所以，要使这些酵母菌发生基因重组，应先诱使其产生子囊孢子，再使两个不同性状的亲本发生接合，形成二倍体的杂交后代。

酵母有性杂交育种的基本过程包括亲株选择、形成子囊孢子和获得杂合子等步骤：

两个亲株——→形成子囊孢子——→接合——→杂交二倍体的筛选

（具性亲和性，遗传标记）（产孢培养基）　　　　（易与单倍体识别）

亲株选择首先应考虑育种的目的性，两亲本的有利性状组合后能培育出高产或高质的菌种，同时还需考虑两亲本间是否有性的亲和性。另外，参与重组的两个亲本一般应具有遗传标记，杂交株和亲本株在形态上或生理上应有较大的差异，以便于快速地筛选出杂交株。

将两株双倍体亲本细胞分别接入含醋酸钠的产孢培养基，可促使其产生子囊，经减数分裂形成子囊孢子。酵母菌的每个子囊中含有四个单倍体的子囊孢子，可用蜗牛酶酶解或机械法（加硅藻土和石蜡油一起研磨）破碎子囊，释放出子囊孢子。经离心得到子囊孢子并在平板上涂布培养，不同亲本的子囊孢子经发芽都形成单倍体细胞；将两个亲本的单倍体细胞密集在一起，就可能发生接合获得各种类型杂合子。再从不同的杂合子中进一步筛选出优良性状的个体。酿酒酵母的双倍体和单倍体细胞有较大的差异，很容易区分，见表5.3.1。

表 5.3.1 酿酒酵母的双倍体和单倍体细胞比较

比较项目	双倍体	单倍体
细胞	大，椭圆形	小，球形
菌落	大，形态均一	小，形态变化较多
液体培养	繁殖较快，细胞较分散	繁殖较慢，细胞常聚集成团
在产孢培养基上	能形成子囊	不能形成子囊

在生产实践中利用有性杂交培育优良品种的例子很多。例如，用于酒精发酵的酵母和用于面包发酵的酵母虽都是酿酒酵母，但它们是两个不同的菌株，前者产酒精率高而对麦芽糖和葡萄糖的利用能力较弱，而后者正好相反。通过两者之间的有性杂交，就可得到既能较好地生产酒精，又能较高地利用麦芽糖和葡萄糖的杂交株。

5.3.1.2 霉菌的准性生殖

霉菌的基因重组一般也可以通过有性生殖过程完成，即两个来源不同的孢子发生质配、核配，形成重组体细胞。这是霉菌基因重组的主要方式。而有些霉菌的基因重组则可以采取另一形式——准性生殖（parasexual hybridization）。顾名思义，准性生殖是一种类似于有性生殖，但比它更原始的生殖方式，见表 5.3.2。准性生殖可发生在同一生物的两个不同来源的体细胞之间，经细胞融合但不发生减数分裂，导致低频率的基因重组。准性生殖常见于某些真菌，尤其是半知菌类。

表 5.3.2 准性生殖与有性生殖的比较

比较项目	准性生殖	有性生殖
参与接合的亲本细胞	形态相同的体细胞	形态，生理上有分化的性细胞
独立生活的异核体阶段	有	无
接合后双倍体细胞形态	与单倍体相同	与单倍体不同
双倍本变成单倍体的途径	通过有丝分裂	减数分裂
接合发生频率	偶然，低	正常出现，高

准性生殖主要过程包括菌丝联结、异核体形成、核融合、体细胞交换及单倍体化。见图 5.3.1。

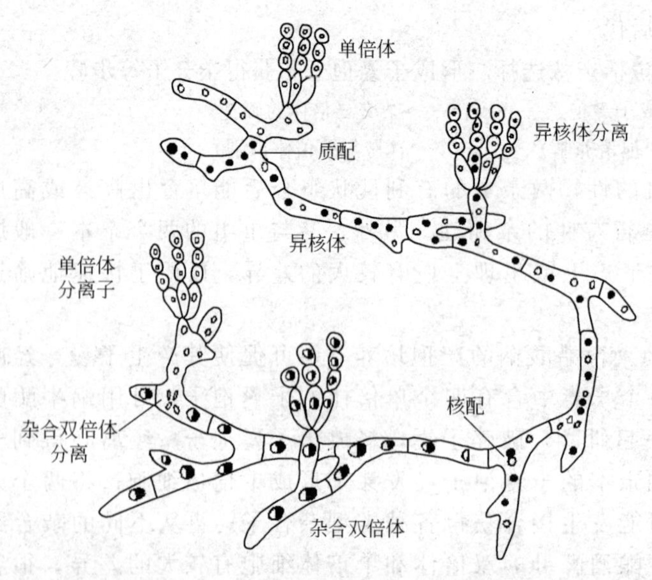

图 5.3.1 半知菌的准性生殖示意图

菌丝联结（anastomosis）发生在一些形态上无区别，但遗传特性有差别的两个同种亲本的体细胞之间，发生的频率较低。菌丝联结后，细胞核由一根菌丝进入另一根菌丝，从而形成含两种或两种以上基因型的异核菌丝，称异核体（heterocaryon）。异核体能独立生活，而且生活能力往往更强。异核体中的两个核偶尔会发生核融合（nuclear fusion）或核配（caryogamy），形成杂合双倍体。它较异核体稳定，产生的孢子比单倍体菌丝产生的孢子大一倍。构巢曲霉（*Asperigil-*

lus nidulan）和米曲霉（*Asperigillus oryzae*）发生核融合的频率为$10^{-7} \sim 10^{-5}$，某些理化因素如樟脑蒸汽、紫外线或高温处理等，可以提高核融合的频率。

杂合双倍体在有丝分裂过程中，其中极少数核内染色体会发生交换，这一过程称为体细胞交换（somatic crossing-over），并可能以单倍数量的染色体进入新细胞，即单倍体化，产生具有新性状的单倍体杂合子。若对杂合双倍体进行紫外线、γ射线或氮芥等处理，可促进染色体畸变或染色体在子细胞中分配不均，可能产生各种不同性状组合的单倍体杂合子。

准性杂交就是利用半知菌类的准性生殖，在一定的条件下促使不同性状的亲本杂交来获取新品种的过程。对于一些没有有性生殖过程但有重要生产价值的半知菌来说，准性杂交是一条重要的育种途径。例如灰黄霉素产生菌——荨麻青霉（*Penicillium urticae*）的育种中就曾采用准性杂交的方法，并取得较好的成效，其主要步骤是选择亲本、强制异合和促进变异等（见图5.3.2）。

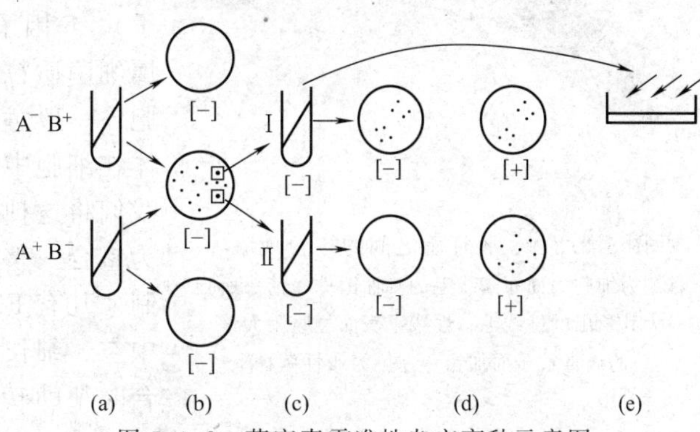

图 5.3.2 荨麻青霉准性杂交育种示意图

（[−] 表示基本培养基；[+] 表示完全培养基）

(a) 选择两种互补的营养缺陷型；(b) 只有异核体才在基本培养基上长出菌落；(c) 分离单菌落（即获取纯菌株）；(d) 稳定的杂合二倍体（Ⅰ）和不稳定、未核融合的异核体（Ⅱ）；(e) 促进变异

（1）选择亲本　即选择来自不同菌株的营养缺陷型作为准性杂交的亲本。由于在荨麻青霉等不产生孢子的霉菌中，只有极个别的细胞间才会发生联结，而且联结后的细胞在形态上无明显的特征，因此与细菌的接合一样，常需要借助营养缺陷型作为杂交亲本的性状指标，如图中的A^-B^+与A^+B^-。

（2）强制异合　即人为地强制两菌株形成异核体。将A^-B^+与A^+B^-两菌株所产生的分生孢子相互混合后，在基本培养基[−]平板上培养，同时分别将每个亲本的分生孢子在基本培养基[−]培养，作为对照。要求前者培养后只出现几十个菌落，而后者则不长菌落。这时，前者培养出现的菌落就是由A^-B^+与A^+B^-两菌株经体细胞联结所形成的异核体或杂合二倍体。

（3）移单菌落　将基本培养基[−]上长出的单菌落移种到基本培养基[−]斜面上培养。

（4）检验稳定性　先将斜面培养的孢子洗下，用基本培养基倒夹层平板，培养后，加上一层完全培养基[+]。如果在基本培养基上不长或仅出现少量菌落，而加上完全培养基后却出现大量菌落，那么，它便是一个不稳定的异核体菌株，如图5.3.2（d）中的Ⅱ。如果在基本培养基上出现多数菌落，而加上完全培养基后菌落数没有显著增加，那么，它就是一个稳定的杂合二倍体，如图5.3.2（d）中的Ⅰ。实际上多数菌株属于不稳定的异核体。

（5）促进变异　用紫外线、γ射线或氮芥等理化因素处理以上获得的杂合二倍体所产生的分生孢子，促进其发生染色体交换、染色体在子细胞中分配不均、染色体畸变或点突变，从而使分离后的杂交子代（单倍体杂合子）进一步增加新的性状，加大获取高产菌株的可能性。

5.3.2 原核微生物的基因重组

自然状态下，原核微生物也会发生基因重组。原核微生物基因重组包括接合、F因子转导、转导和转化四种形式。但是，自然条件下，原核微生物基因重组的频率和参与重组的基因是有限的，虽然可以通过人为施加理化影响，以提高基因重组发生的频率，但是，应用这些基因重组形式进行杂交育种来培育高产菌株的成功实例还不多见。

5.3.2.1 细菌的接合

所谓接合（conjugation），就是指通过供体菌和受体菌的完整细胞经直接接触、传递大段DNA（包括质粒）遗传信息的现象。

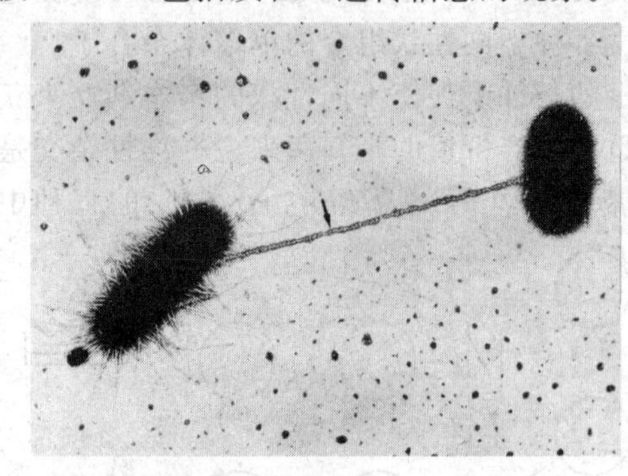

图5.3.3 大肠杆菌之间的接合现象
右侧为细胞表面布满线毛的雄性菌株，箭头所指为其长出的性线毛，性线毛表面经吸附大量的病毒粒子而加粗；左侧为雌性菌株

接合现象存在于细菌和放线菌中，其中，对大肠杆菌的接合现象已研究得较为清楚，见图5.3.3。根据对接合现象的研究发现大肠杆菌存在性别分化，决定它们性别的是F因子（即致育因子）。F因子是一种染色体外的环状DNA小分子，属细菌质粒。它可自身复制，并可转移至别的细胞。一般每个细胞可有1～4个。它既可脱离染色体在细胞中独立存在，也可插入到细菌染色体上，我们将这种外来DNA片段插入染色体中的过程称为整合。整合态的外来DNA将与染色体同步复制。凡有F因子的菌株，细胞表面会产生1～4个中空、细长的性线毛，性线毛的功能是在细菌接合时帮助转移DNA。有人认为DNA是从性线毛的中间（ϕ2.5nm）穿过，也有人认为性线毛只是连接并收缩使受体细胞和供体细胞相接触，再形成特殊的通道，至于DNA传递过程的细节还不清楚。

由于存在F因子，大肠杆菌可分为四种接合类型。

（1）F^+（雄性）菌株　细胞内有游离的F因子，有性线毛，可与F^-菌株发生接合，从而将F因子转移至F^-菌株，使F^-菌株成为F^+菌株。因为F因子是一边转移，一边复制，所以，接合完成后，F^+菌株仍然是F^+菌株。DNA是以单链形式转移到F^-菌株细胞中的，同时以滚环方式复制并重新连接成双链环状的F因子，见图5.3.4。

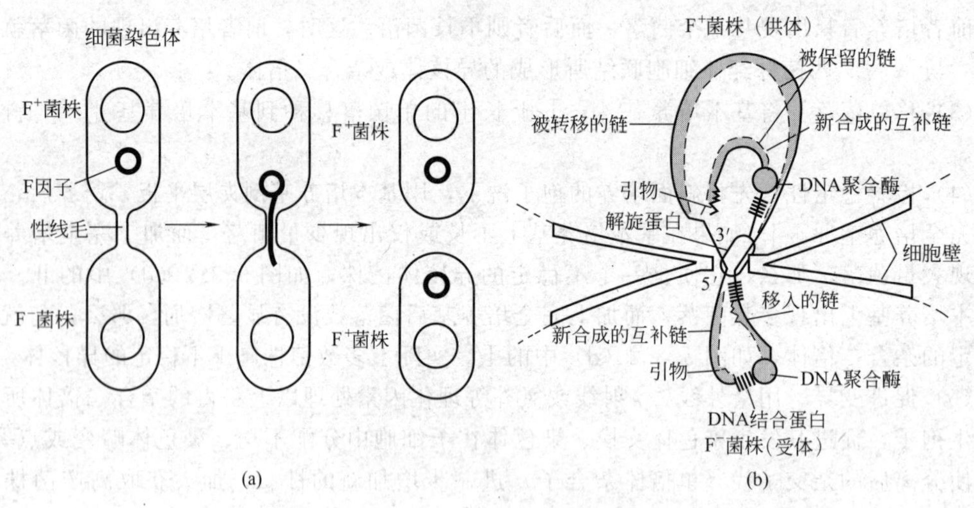

图5.3.4 在接合中F因子复制和转移的过程
(a) F^+菌株和F^-菌株发生接合后，都成为F^+菌株；(b) F因子转移和复制的细节

（2）Hfr（高频重组）菌株　含有与染色体特定位点整合的F因子。因该菌株与F^-菌株接合后的重组频率比F^+菌株高几百倍而得名。Hfr菌株中F因子的整合、断裂和转移的

细节见图 5.3.5。它与 F^- 接合时，Hfr 染色体在 F 因子处断裂，由环状变成线状，线状染色体通过性线毛帮助进入 F^- 菌株，全过程大约需 2h。F 因子在线状 DNA 的最末端，所以，在整条染色体走完后，F 因子才能最终进入 F^- 菌株细胞。由于种种原因 DNA 转移过程常会被中断，所以越是前端的基因进入 F^- 菌株的机会越大，越后面的基因传递给 F^- 菌株的机会越小，F 因子进入 F^- 菌株细胞的机会最小。这就是 Hfr 菌株与 F^- 菌株接合很难使 F^- 菌株成为 F^+ 菌株的原因。

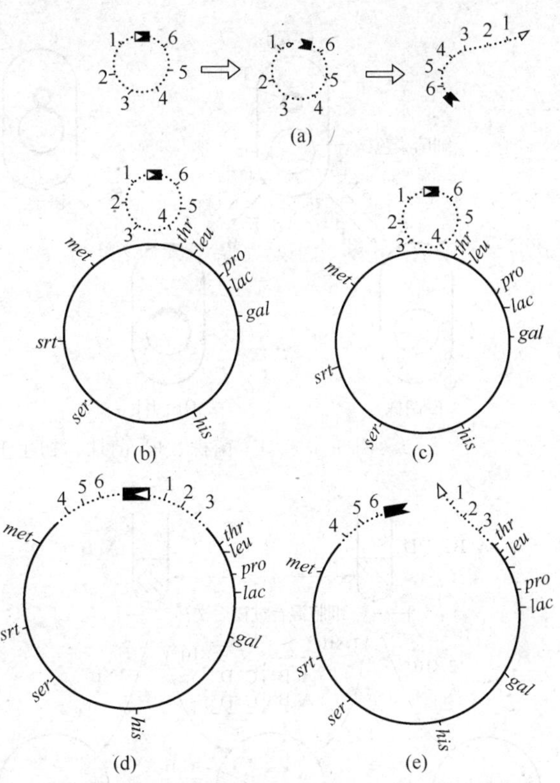

图 5.3.5 Hfr 菌株中 F 因子的整合、断裂和转移

(a) 环状 F 因子在 1 与 6 位间裂开，以箭头方向进入受体细胞；(b) F 因子在特定位点（*met* 与 *thr* 间）和受体细胞的染色体配对；(c) F 因子与染色体交叉而成环；(d) 形成单环；(e) 在 F 因子特定位点断裂，产生有一定方向和顺序的线性染色体（F 因子与性线毛形成和转移有关的 4，5，6 基因在其末端）

因为转移具有一定顺序性，所以，可通过震荡等手段，在不同时间中断转移过程，根据 F^- 菌株出现 Hfr 菌株性状的时间，可以知道各基因的排列顺序。选择几种不同整合位点的 Hfr 菌株进行实验，就可以知道完整的大肠杆菌染色体的基因顺序。原核生物的染色体呈环状也是通过这种方法认识的。

Hfr 菌株转移染色体过程与 F^+ 菌株相似，也是一边复制，一边转移，进入 F^- 菌株细胞的单链 DNA 复制成双链，然后与染色体同源部位双链交换完成基因重组，见图 5.3.6。

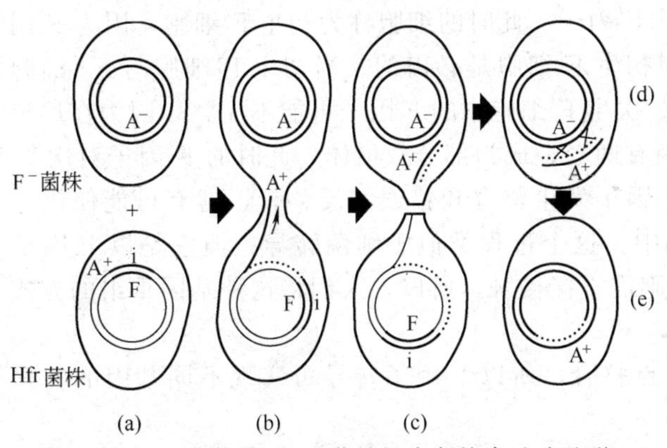

图 5.3.6 Hfr 菌株和 F^- 菌株间中断接合试验及形成接合子过程

(a) A^+ 性状的 Hfr 菌株和 A^- 性状的 F^- 菌株细胞配对；(b) Hfr 的染色体在起始点 i 开始复制，至 F 因子插入部位结束，Hfr DNA 的一条单链经过接合通道，进入 F^- 细胞；(c) 接合中断，使 F^- 细胞成为一个部分双倍体（在这里单链 DNA 合成另一条互补链）；(d) 外来 DNA 片段与受体 DNA 在同源处配对并发生两次交换；(e) F^- 菌株成为 A^+ 性状的稳定重组子（即接合子）

(3) F^-（雌性）菌株　细胞没有 F 因子，细胞表面无性线毛，可与 F^+ 菌株接合，并转变成为 F^+ 菌株，也可与 Hfr 菌株接合，并获得 Hfr 菌株的一部分或全套染色体。F^+ 菌株和 Hfr 菌株脱去 F 因子则成 F^- 菌株。

(4) F' 菌株　它介于 F^+ 菌株与 Hfr 菌株之间，细胞中有游离的、带小段染色体基因的环状 F 因子，可与 F^- 菌株接合，使其成为 F' 菌株。F' 菌株的形成见 F 因子转导。

上述四类型菌株的关系见图 5.3.7。

因为原核生物中出现基因重组现象极为罕见（如大肠杆菌 K_{12} 约为 10^{-6}），而且，较难找到检出重组子的形态指标，所以，直到 1946 年开始采

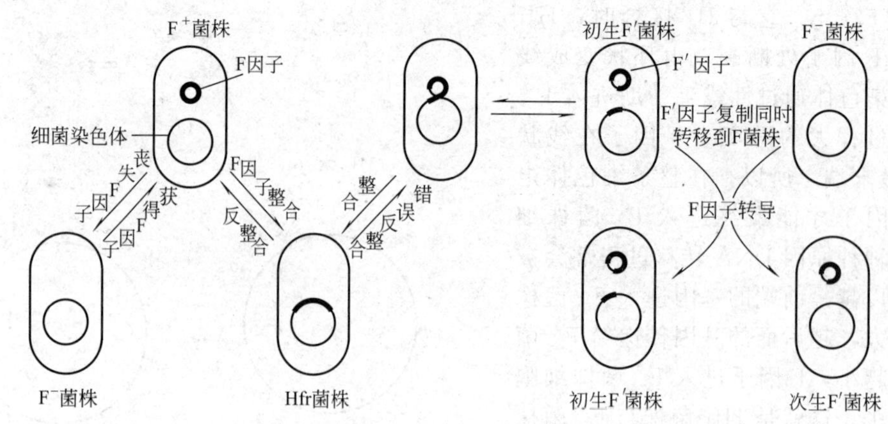

图 5.3.7 F⁺ 菌株、F⁻ 菌株、初生 F′菌株和次生 F′菌株的相互关系

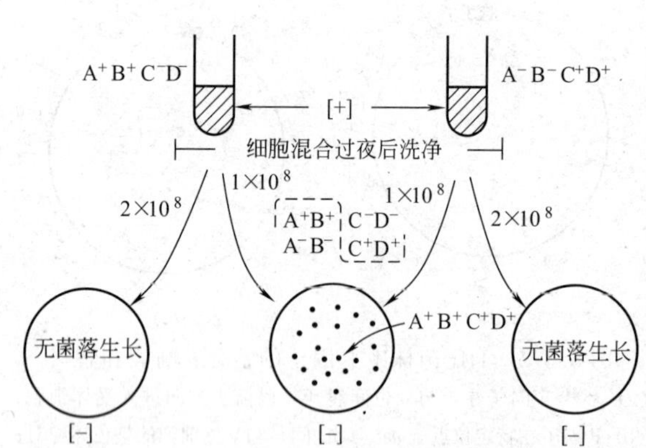

图 5.3.8 细菌杂交方法的基本原理

用营养缺陷型菌株进行实验后，才确立了方法学基础，从而使细菌杂交工作得以开展，也为此后一系列其他微生物遗传学研究创造了必要条件，这一方法的基本原理见图 5.3.8。

5.3.2.2 F 因子转导

F 因子转导（F-mediated transduction）又称性导（sexduction）。如前所述，F 因子能够以整合态或游离态存在于细胞内，整合态的 F 因子可重新成为游离态的 F 因子，此过程称反整合，见图 5.3.7。但在反整合过程中，若发生在非正常配对区域，那么游离出来的 F 因子将携带部分染色体片段，造成细胞的染色体发生缺失，而 F 因子也缺失一段 DNA，此时的 F 因子称 F′因子。此时的细胞称为初生 F′细胞，因为 F′因子携带一段染色体 DNA，所以，F′因子对初生 F′细胞是必需的。当初生 F′细胞与 F^- 细胞发生接合，则使 F^- 细胞成为次生 F′细胞。次生 F′细胞中的 F 因子可能不完整，因为在反整合时失去了一段 DNA，但少数染色体基因有两套，成为部分双倍体，此时的 F′因子对次生 F′细胞不是必需的。如果次生 F′细胞中 F′因子发生整合和错误的反整合，就有可能使供体菌的某些基因，重组进入受体菌的染色体中。这个过程类似于细菌转导，但它是以 F 因子为供体基因携带者，且受体细胞与供体细胞需直接接触，所以，人们将这种基因重组的方式称为 F 因子转导。

因为 F 因子可在细菌的染色体多位点整合，所以 F 因子转导可实现不同基因的转移和重组。

5.3.2.3 转导

借助温和型噬菌体为媒介，把供体细胞中 DNA 片段携带到受体细胞中，从而使后者获得前者部分遗传性状的现象，称转导（transduction）。获得新遗传性状的受体细胞称为转导子（transductant）。转导过程不需要细胞接触，而是以噬菌体为载体。

转导主要分为普遍性转导和局限性转导两种类型。

（1）普遍性转导（generalized transduction） 由于温和型噬菌体携带（而非整合）了供体菌染色体片段，当它去感染受体菌时，使后者获得这部分遗传性状的现象称为普遍性转导。

1952 年 J. Lederberg 为验证沙门菌属中是否存在着接合现象，把鼠伤寒沙门菌（*Salmonella typhimurium*）的两株营养缺陷型——LA-22（try^-）和 LA-2（his^-）在基本培养基上混合培养，结果在 10^7 个细胞中得到约 100 个原养型菌落。通过 U 形管实验发现，这一过程并不需要两个菌株间直接接触，而是通过一种“可滤过因子”（FA）为媒介而实现的。经过深入研究，证明这种“可滤过因子”就是一种温和型噬菌体（P_{22}）。

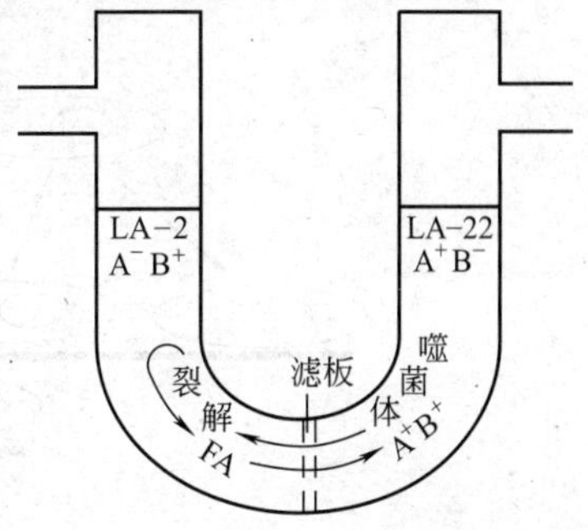

图 5.3.9 证实转导现象的 U 形管实验

U 形管实验如图 5.3.9 所示。U 形管的两端与真空泵相连，管的中间用烧结玻璃滤板隔开，它只允许液体和比细菌小的颗粒通过。管的右臂放溶源性细菌 LA-22（受体），左臂放敏感菌 LA-2（供体）。然后用泵交替抽吸，使两端的液体来回流动。结果在 LA-22 端出现了原养型的个体（his^+，try^+）。经研究后发现是溶源性菌株 LA-22 中少数细胞在培养过程中自发释放出温和型噬菌体 P_{22}，它通过滤板感染另一端的敏感菌株 LA-2，当 LA-2 裂解后，产生大量的“可滤过因子”，其中极少数在成熟过程中包裹了 LA-2 的 DNA 片段（含 try^+ 基因），并通过滤板再度感染 LA-22 的细胞群体，使极少数（10^{-8}～10^{-6}）的 LA-22 获得新的基因，再经重组后，得到原养型（his^+，try^+）的转导子。

因为鼠伤寒沙门菌噬菌体 P22 有可能携带 LA-2 基因组中任何一部分 DNA 片段，所以，它属于普遍性转导，该过程的细节见图 5.3.10。

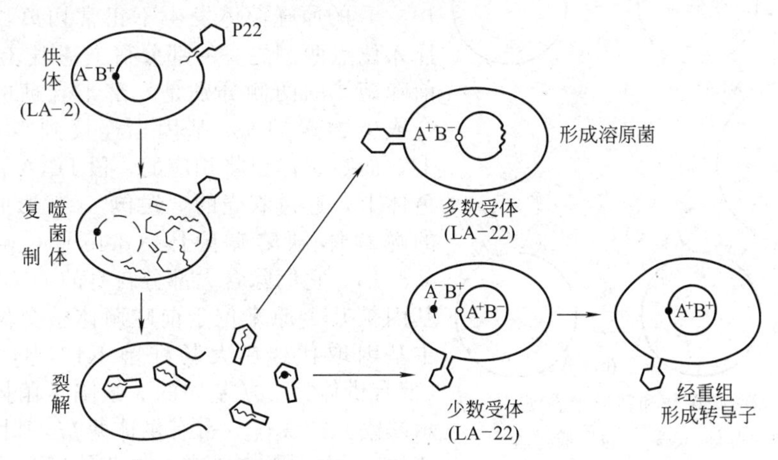

图 5.3.10 鼠伤寒沙门菌的普遍性转导

·代表野生型性状，即图中的 B^+；◦代表缺陷型的性状，即图中的 B^-

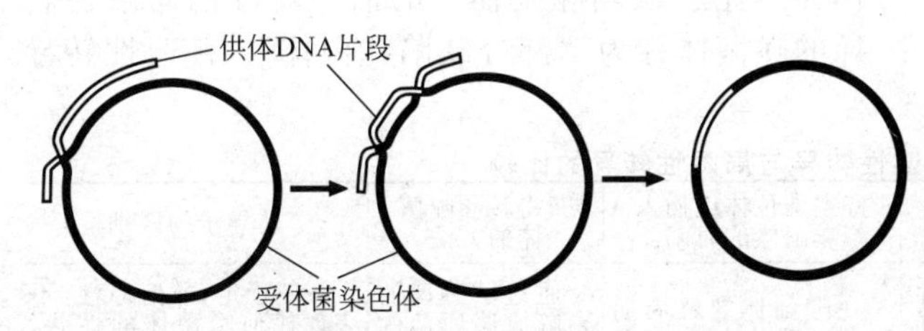

图 5.3.11 外来 DNA 片段通过双交换而形成转导子

普遍性转导中，供体染色体片段与受体染色体需经过两次交换，才可能形成稳定的转导子，见图 5.3.11。若转导获得的供体染色体片段不发生交换和重组，也不迅速从受体菌体内消失，只是进行转录和翻译，这种现象称为流产转导（abortive transduction）。流产转导后，受体细胞中开始带有供体细胞的遗传性状，但是，随着受体细胞分裂，细胞质稀释，供体菌的性状逐渐消失，见图 5.3.12。

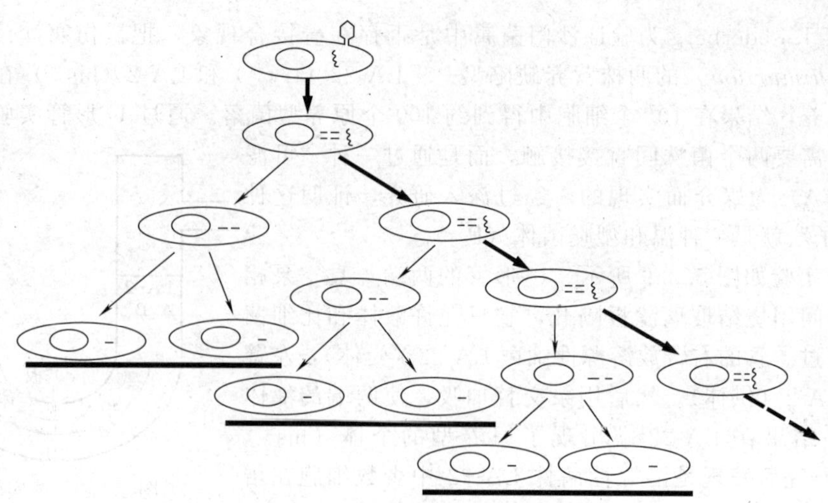

图 5.3.12 流产转导的示意图

(2) 局限性转导 局限性转导(restricted transduction)是指通过部分缺陷的温和噬菌体把供体菌的少数特定基因携带到受体菌中并获得表达的转导现象。已知当温和噬菌体感染受体菌后,它的 DNA 会开环,并以线状形式整合到宿主染色体的特定位点上,从而使宿主细胞溶源化,同时获得对相同温和噬菌体的免疫性。若溶源菌被诱导而发生裂解时,就有极少数(约 10^{-5})的原噬菌体发生不正常切离,其结果会将插入位点两侧之一的部分宿主基因(如大肠杆菌 λ 前噬菌体的两侧分别是发酵半乳糖的 *gal* 基因和合成生物素的 *bio* 基因)连接到噬菌体的 DNA 上,而噬菌体也将相应的一段 DNA 留在宿主的染色体上,通过衣壳的"误包",就形成了一个特殊的噬菌体-缺陷噬菌体(defective phage),见图 5.3.13。它们除含大部分自身的 DNA 外,缺失的基因被几个原来位于前噬菌体整合位点附近的宿主基因取代。在大肠杆菌 K12 中,可形成 λ_{dgal}(带有供体菌 *gal* 基因的 λ 缺陷噬菌体,此处 d 表示缺陷)或 λ_{dbio}(带有供体菌 *bio* 基因的 λ 缺陷噬菌体),它们没有正常 λ 噬菌体所具有的使宿主溶源化和增殖的能力。如果将普遍性转导的噬菌体称为"完全缺陷噬菌体"的话,则可把局限性转导的噬菌体称为"部分缺陷噬菌体"。普遍性转导与局限性转导的比较见表 5.3.3。

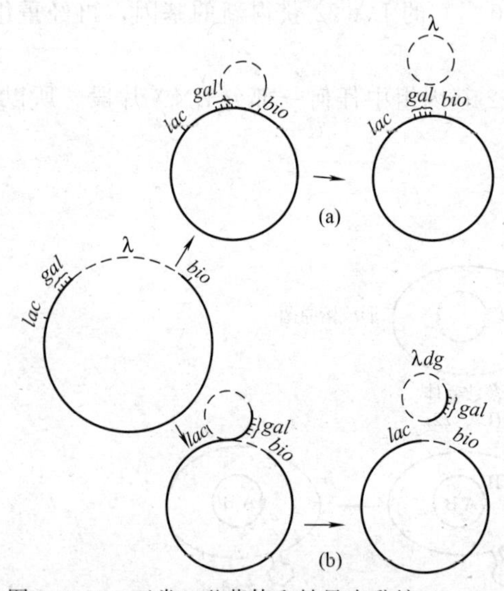

图 5.3.13 正常 λ 噬菌体和转导半乳糖(*gal*)的缺陷型噬菌体(λ*dg*)的形成过程

(a) λ 前噬菌体经正常切割,形成完整的 λ 噬菌体;(b) λ 前噬菌体经不正常切割,将宿主染色体的 *gal* 基因连在噬菌体 DNA 上,并相应地将自身一段 DNA 留在宿主染色体上,形成缺陷型噬菌体

表 5.3.3 普遍性转导与局限性转导的比较

转导类型	转导的基因	噬菌体寄生的位置	寄主染色体组插入噬菌体的时间	获得转导噬菌体的方法	转导子的区别
普遍性转导	供体细胞染色体或染色体外的任何基因	不结合在寄生染色体特定位置上	在噬菌体裂解周期的营养期	通过敏感菌的裂解或溶原菌的诱导	一般稳定,非溶原性(不表现任何噬菌体的性状,包括免疫性)
局限性转导	供体染色体上与原噬菌体紧密联锁的少数特定基因	结合在寄生染色体特定位置上	在原噬菌体期诱导前插入	紫外线诱导溶原菌获得	一般不稳定,呈缺陷溶原性(对同原噬菌体有免疫性,但不表现其他噬菌体的性状)

局限性转导又可分为低频转导和高频转导两种情况：

① 低频转导（low frequency transduction LFT） 当部分缺陷噬菌体（如 λ_{dgal}或 λ_{dbio}）感染另一个宿主（即受体菌）并整合到其核基因组中时，可使受体细胞成为一个局限转导子（即获得了供体菌的 *gal* 或 *bio* 基因）。即 λ_{dgal}感染受体菌大肠杆菌 K12 gal^-（不发酵半乳糖的营养缺陷型）群体时，gal^+ 导入了少数受体菌，通过交换和重组，最终形成少数稳定的 gal^+ 转导子。因为宿主染色体发生不正常切离的频率很低，因此，在裂解物中所含的部分缺陷噬菌体的比例极低（10^{-6}～10^{-4}），在低感染复数情况下感染宿主，可以获得极少量的局限转导子，故称低频转导。

② 高频转导（high frequency transduction，HFT） 当大肠杆菌 gal^- 受体菌用高感染复数的 LFT 裂解物进行感染，则凡感染有 λ_{dgal} 噬菌体的任一细胞，几乎都同时感染了野生型的正常噬菌体。这时，这两种噬菌体可同时整合到一个受体菌的染色体组上，并使它成为双重溶源菌（double lysogen）。当双重溶源菌被紫外线等诱导时，它所携带的正常噬菌体（称辅助噬菌体，helper phage）基因可补偿缺陷噬菌体所缺失基因的功能，因而两种噬菌体同时获得复制。由此产生的裂解物中，大体含有等量的 λ 和 λ_{dgal} 噬菌体。如果用它去感染受体菌大肠杆菌 K12 gal^-，就可高频率地获得稳定的 gal^+ 转导子，故称高频转导。

转导现象在自然界普遍存在。在低等生物的进化过程中，它可能是产生新基因组合的一种途径。还有一种与转导相似的现象，叫溶原转变（lysogenic conversion）。当温和性噬菌体感染宿主而使它发生溶原化，因噬菌体的基因整合到宿主基因组上，使后者获得除免疫性以外性状的现象称为溶原转变。宿主失去原噬菌体后，所获得的性状就会消失。这里的噬菌体不携带任何供体基因，并且是完整无缺的。以上特点与转导不同，例如：不产毒素的白喉棒杆菌被 λ 噬菌体感染而发生溶原化后，会变成产白喉毒素的菌株。

5.3.2.4 转化

某一基因型的细胞直接从周围介质中吸收另一基因型细胞的 DNA，并将它整合到自己的基因组中，造成基因型和表型发生相应变化的现象称为转化（transformation）。

转化现象在原核生物中普遍存在，如在前述的 Griffith 的转化实验中，S-Ⅱ型肺炎链球菌的 DNA 转化了 R-Ⅱ型的肺炎链球菌，使后者成为 S-Ⅱ型的肺炎链球菌。在少数真核微生物如酿酒酵母（*Saccharomyces cerevisiae*）、粗糙脉孢霉（*Neuraspora crassa*）和黑曲霉（*Aspergillus niger*）中也有转化的报道。

两个菌种的菌株间能否在菌体间发生转化与它们在进化中亲缘关系有关。但即使在转化率极高的那些种中，不同的菌株间也不一定都能发生转化。研究表明能被转化的细胞还必须是感受态（competence）细胞。所谓感受态就是指细胞能从周围环境吸收 DNA 分子，将其整合入自己的基因组，并保证不被体内 DNA 酶破坏的生理状态。它与受体细胞的遗传性、生理状态、菌龄和培养条件等因素有关。肺炎链球菌的感受态出现在生长曲线中的对数生长期的后期，而芽孢杆菌的一些菌种大多出现在对数生长期末及稳定期。加入环腺苷酸（cAMP）或 Ca^{2+} 可提高感受态水平。如 cAMP 可使嗜血杆菌细胞群体的感受态水平提高一万倍。

实现转化所需的 DNA 浓度是极低的，例如在群体中含有 15%感受态细胞的情况下，每毫升细胞悬液只要有 0.1μg DNA 就能有效地发生转化。现已分离到感受态因子，它是一种胞外蛋白，可能存在于细胞膜中。它的作用可能是催化外来 DNA 吸收过程或降解细胞膜中某些成分，让细胞表面的 DNA 受体成分显露出来。感受态细胞表面结构等条件更适合吸收外来 DNA，其吸附能力比一般的细胞大 1000 倍以上，而且吸收速度快。

被转化因子一般是分子质量 10^7Da 的 DNA 片段，约含 50 个基因，太短则不能转化。而且单链 DNA 的转化活性较低，一般应该具有完整的双螺旋结构。据报道，呈质粒形式

（双链，共价闭合环状 DNA）的转化因子的转化效率最高，因为它进入受体菌后，可不必与受体染色体进行交换、整合即可进行复制和表达。

转化的过程如图 5.3.14 所示。双链 DNA 与感受态细胞表面的特定位点吸附，几分钟后，DNA 的一条单链被降解，另一条单链进入受体细胞，并与受体细胞染色体 DNA 的同源部分配对，接着受体染色体上相应单链片段被切除，并被外来的单链 DNA 交换、整合和取代，形成杂种 DNA，见图 5.3.15。在复制并发生分离后，一个受体菌成为转化子，另一个受体菌为非转化子。除 DNA 单链进入受体细胞而被整合外，有人发现 DNA 还可以以双链形式进入受体细胞，形成部分双倍体转化子。

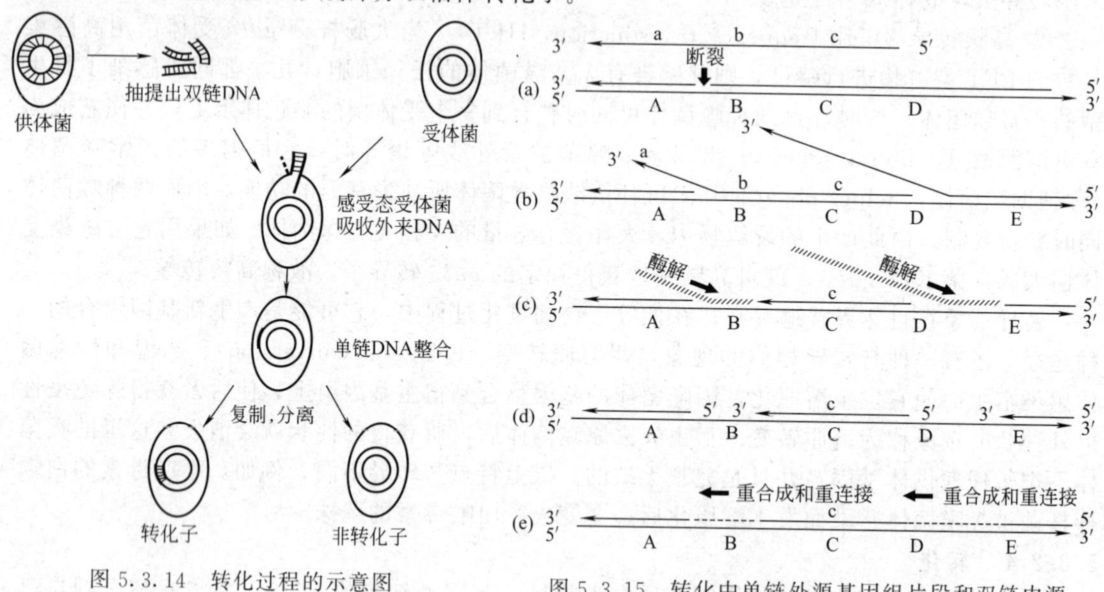

图 5.3.14　转化过程的示意图

图 5.3.15　转化中单链外源基因组片段和双链内源基因组间整合过程示意图

（a）带 abc 标记的单链外源基因组的 DNA 片段靠拢带 ABCDE 标记的双链 DNA 分子，AB 间出现裂口；（b）部分双链解开，单链与双链配对；（c）和（d）外切核酸酶从 DNA 的 3′末端进行酶解；（e）通过聚合酶和连接酶形成重组后的 DNA 分子，其中有一条链上带有 AbcDE 新标记

如果将病毒的 DNA（或 RNA）人为地抽提分离出来，用它来感染感受态的受体细胞，并进而产生正常病毒的后代，这种特殊的“转化”方式称为“转染”（transfection）。转染过程中温和性病毒带有原宿主的 DNA 片段，进入受体细胞后发生重组。转染常在基因工程中被用于以病毒为载体的外源基因导入宿主细胞的过程。

自然环境中，原核生物的基因重组现象发生的频率较低，通过人为施加影响可以促使其提高发生的频率。人为的方法较常用转化。可以采用细胞壁局部酶解或加入 Ca^{2+} 和 PEG（聚乙二醇）等化学方法促进转化过程；也可以采用一些机械方法，如将细胞置于含有供体 DNA 片段的脉冲电场中，在电场中细胞膜上出现小孔，DNA 随即进入细胞，这一过程称为电穿孔技术（electroporetion）；也有采用微弹枪技术（particle gun），像普通鸟枪一样，将带有供体核酸的微弹，射入受体细胞。这些方法已成功地用于动植物细胞以及不能正常发生转化的细菌转化。

5.4　原生质体融合

原生质体融合（protoplast fusion）是通过人工方法，使遗传性状不同的两个细胞的原生质体发生融合，并产生重组子的过程，亦可称为“细胞融合”（cell fusion）。原生质体融合技术始于 1976 年，最早是在动物细胞实验中发展起来的，后来，在酵母菌、霉菌、高等植物以及细菌和放线菌中也得到了应用。原生质体融合技术是继转化、转导和接合等微生物基因重组方式之后，又一个极其重要的基因重组技术。应用原生质体融合技术后，细胞间基因重组的频率大大提高了，在某些例子中，原生质体的重组频率已大于 10^{-1}（而诱变育种一般仅为 10^{-8}）。如今，能借助原生质体融合技术进行基因重组的细胞极其广泛，包括原核微生物、真核微生物以及动植物和人体的细胞。发生基因重组亲本的选择范围也更大了，原来的杂交技术一般只能在同种微生物之间进行，而原生质体融合可以在不同种、属、科，甚至更远缘的微生物之间进行。这为利用基因重组技术培育更多、更优良的生产菌种提供了可能。

微生物原生质体融合的一般原理和过程见图 5.4.1。主要步骤为：选择亲株、制备原生质体、原生质体融合、原生质体再生及筛选优良性状的融合子。

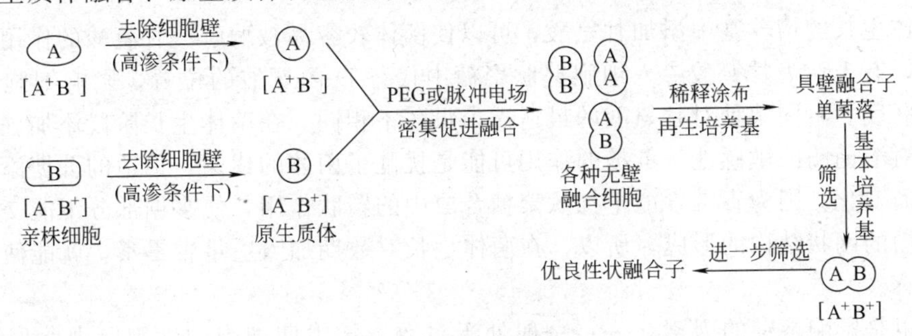

图 5.4.1 原生质体融合技术示意图

5.4.1 选择亲株

为了获得高产优质的融合子，首先应该选择遗传性状稳定且具有优势互补的两个亲株。同时，为了能明确检测到融合后产生的重组子并计算重组频率，参与融合的亲株一般都需要带有可以识别的遗传标记，如营养缺陷型或抗药性等。可以通过诱变剂对原种进行处理来获得这些遗传标记。在进行原生质体融合前，应先测定菌株各遗传标记的稳定性，如果自发回复突变的频率过高，应考虑该菌株是否适用。

5.4.2 原生质体制备

去除细胞壁是制备原生质体的关键。一般都采用酶解法去壁。根据微生物细胞壁组成和结构的不同，需分别采用不同的酶，如溶菌酶，纤维素酶，蜗牛酶等。有时需结合其他一些措施，如在生长培养基中添加甘氨酸、蔗糖或抗生素等，以提高细胞壁对酶解的敏感性。一些微生物的去壁方法见表 5.4.1。

表 5.4.1 一些微生物的去壁方法

微生物	细胞壁主要成分	去壁方法
革兰阳性菌	肽聚糖	
芽孢杆菌		溶菌酶处理
葡萄球菌		溶葡萄球菌素处理
链霉菌		溶菌酶处理(菌丝生长时补充 0.5～5.0%甘氨酸或 10%～34%蔗糖)
小单胞菌		溶菌酶处理(菌丝生长时补充 0.2～0.5%甘氨酸)
革兰阴性菌	肽聚糖和脂多糖	
大肠杆菌		溶菌酶和 EDTA 处理
碱性普罗委登斯菌		溶菌酶和 EDTA 处理
黄色短杆菌		溶菌酶处理(生长时补充 0.41mol/L 蔗糖及 0.3μ/ml 青霉素)
霉菌	纤维素和几丁质	纤维素酶或真菌中分离的溶壁酶
酵母菌	葡聚糖和几丁质	蜗牛酶

革兰阳性菌的细胞壁主要由肽聚糖组成。溶菌酶是一种内*N*-乙酰胞壁酰胺酶，能切开肽聚糖中*N*-乙酰氨基葡萄糖胺和*N*-乙酰胞壁酸之间的β-1,4-糖苷键。溶菌酶能溶解微球菌、枯草杆菌、巨大芽孢杆菌、黄色八叠球菌等革兰阳性菌的细胞壁。而溶菌酶对革兰阴性菌不能直接溶壁，只有当乙二胺四乙酸（EDTA）存在时，某些革兰阴性菌的细胞壁才能够被溶菌酶溶解。溶菌酶不能溶解金黄色葡萄球菌的细胞壁，而表皮葡萄球菌能产生一种内肽酶——葡萄球菌素（lysostaphin）可以切开肽聚糖中肽的连键，可以用于溶解葡萄球菌的细胞壁。放线菌的细胞壁结构类似于革兰阳性菌也可采用溶菌酶。

真菌细胞壁主要由纤维素、几丁质和葡聚糖等组成。青霉菌多用纤维素酶和α-1,3-糖苷酶等溶壁；曲霉用β-1,3-糖苷酶和β-1,4-糖苷酶等。不同菌种往往需要不同的酶或多种酶混合使用才能达到较好的溶壁效果；蜗牛酶能较好地溶解酵母菌细胞壁中的葡聚糖和几丁质等成分。

在菌体生长的培养基中添加甘氨酸，可以使菌体较容易被酶解。甘氨酸的作用机理并不十分清楚，有人认为甘氨酸渗入细胞壁肽聚糖中代替D-丙氨酸的位置，影响细胞壁中各组分间的交联度。不同菌种对甘氨酸的最适需求量各不相同。在菌体生长阶段添加蔗糖也能提高细胞壁对溶菌酶的敏感性。蔗糖的作用可能是扰乱了菌体的代谢，最适的蔗糖添加浓度随不同菌种而变化。因为青霉素能干扰肽聚糖合成中的转肽作用，使多糖部分不能交联，从而影响肽聚糖的网状结构的形成，所以，在菌体生长对数期加入适量青霉素，就能使细胞对溶菌酶更敏感。

菌龄也是影响溶壁的因素之一。一般处于对数生长中期细胞的细胞壁中肽聚糖含量很低，对溶菌酶敏感。

原生质体对渗透压极其敏感，低渗将引起细胞破裂。一般是将原生质体放在高渗的环境中以维持它的稳定性。对于不同微生物，原生质体的高渗稳定液组成也是不同的。如细菌的稳定液常用SMM液（用于芽孢杆菌原生质体制备和融合，其主要成分是蔗糖0.5mol/L，顺丁烯二酸0.02mol/L，$MgCl_2$ 0.02mol/L）和DF液（用于棒状杆菌原生质体制备和融合，主要成分是蔗糖0.25mol/L，琥珀酸0.25mol/L，EDTA0.001mol/L，K_2HPO_4 0.02mol/L，KH_2PO_4 0.11mol/L，$MgCl_2$ 0.01mol/L）。在链霉菌中用得较多的是P液（主要成分蔗糖0.3mol/L，$MgCl_2$ 0.01mol/L，$CaCl_2$ 0.25mol/L及少量磷酸盐和无机离子）。真菌中广为使用的是0.7mol/L NaCl或0.6mol/L $MgSO_4$溶液，它们使原生质体内空泡增大，浮力增加，易与菌丝碎片分开。

5.4.3 原生质体融合

早期的原生质体融合实验中，曾采用离心力作用使两种细胞的原生质体紧紧挤在一起以帮助融合，或者在冷的渗透稳定剂中使原生质体密集凝聚，但这些方法的效果不佳。后来有人发现聚乙二醇（PEG）能有效地促进原生质体融合。PEG促进原生质体融合的机理并不清楚，有人推测助融作用可能与下列过程有关：开始由于强烈的脱水而使原生质体粘在一起，并形成聚合体。原生质体收缩并高度变形，使原生质体之间的接触面增大，细胞膜结构发生紊乱，从而加大了细胞膜的流动性，膜内的蛋白质和糖蛋白相互作用和混合，使紧密接触的原生质体相互融合。但是，PEG对细胞尤其是原生质体有一定的毒害作用，因此作用的时间一般不宜过长。微生物的原生质体只需要与PEG接触一分钟，就应尽快加入缓冲液进行稀释。PEG有不同的聚合度，在细菌原生质体融合中，多采用高分子量的PEG（如PEG6000），对放线菌则可采用各种分子量的PEG。一般PEG的使用浓度范围在25%～40%。另外，紫外线照射或脉冲电场等物理因素处理也能促进原生质体融合。

5.4.4 原生质体再生

原生质体再生就是使原生质体重新长出细胞壁，恢复完整的细胞形态结构。不同微生物的原生质体的最适再生条件不同，甚至一些非常接近的种，最适再生条件也往往有所差别，如再生培养基成分及培养温度等。但最重要的一个共同点是都需要高渗透压。

能再生细胞壁的原生质体只占总量的一部分。细菌一般再生率为3%～10%。但有资料报道，在再生培养基中添加牛血清白蛋白，可使枯草杆菌原生质体的再生率达100%。真菌再生率一般在20%～80%。链霉菌再生率最高可达50%。

为获得较高的再生率，在实验过程中应避免因强力使原生质体破裂。再生平板培养基在涂布原生质体悬液前，宜预先去除培养基表面的冷凝水。涂布时，原生质体悬液的浓度不宜过高。因为若有残存的菌体存在，它们将会率先在再生培养基中长成菌落，并抑制周围原生质体的再生。另外，菌龄、再生时的温度、溶菌酶用量和溶壁时间等因素都会影响原生质体的再生。

5.4.5 筛选优良性状融合重组子

原生质体融合后，来自两亲代的遗传物质经过交换并发生重组而形成的子代称为融合重组子。这种重组子通过两亲株遗传标记的互补而得以识别。如两亲株的遗传标记分别为营养缺陷型A^+B^-和A^-B^+，融合重组子应是A^+B^+或A^-B^-。重组子的检出方法有两种：直接法和间接法。直接法将融合液涂布在不补充亲株生长需要的生长因子的高渗再生培养基平板上，直接筛选出原养型重组子；间接法把融合液涂布在营养丰富的高渗再生平板上，使亲株和重组子都再生成菌落，然后用影印法将它们复制到选择培养基上检出重组子。从实际效果来看，直接法虽然方便，但由于选择条件的限制，对某些重组子的生长有影响。虽然间接法操作上要多一步，但不会因营养关系限制某些重组子的再生。特别是对一些有表型延迟现象的遗传标记，宜用间接法。若原生质体融合的两亲株带有抗药性遗传标记，可以用类似的方法筛选重组子。

融合重组的频率可用下式表示：

$$\text{融合重组频率}=\frac{\text{融合重组子}}{\text{两亲株原生质体再生菌落的总数}}$$

原生质体融合后，两亲株的基因组之间有机会发生多次交换，产生多种多样的基因组合，从而得到多种类型的重组子，而且参与融合的亲株数不限于两个，可以多至三、四个。这些都是常规杂交育种不可能达到的。

以上获得的还仅仅是融合重组子，还需要对它们进行生理生化测定及生产性能的测定，以确定它是否是符合育种要求的优良菌株。

原生质体融合技术也可以改善传统诱变育种的效果。因为去除了细胞壁的障碍，诱变剂的诱变效率将提高，特别对于那些本来对诱变剂反应迟钝的微生物。一些不产孢子的丝状微生物菌丝体呈多核状态，对诱变极为不利，应该去除细胞壁，使它成为单核状态的原生质体。

5.5 基因工程

基因工程（gene engineering）是用人为的方法将所需的某一供体生物的遗传物质DNA分子提取出来，在离体条件下切割后，把它与作为载体的DNA分子连接起来，然后导入某一受体细胞中，让外来的遗传物质在其中进行正常的复制和表达，从而获得新物种的一种崭新的育种技术。基因工程的主要过程见图5.5.1。

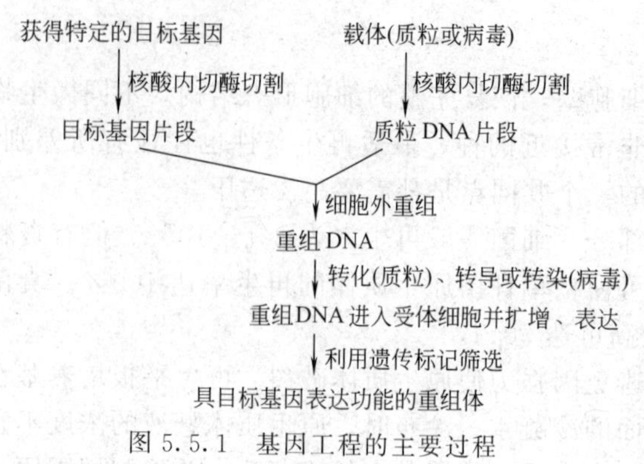

图 5.5.1 基因工程的主要过程

目标基因可以从酶切的供体细胞染色体碎片中获得，或首先提取目标产物的 mRNA，然后将其反转录合成 cDNA 而获得，或从目标蛋白的氨基酸顺序推测出基因的碱基顺序，人工合成 DNA 片段。

将目标基因的两端和载体 DNA 的两端用特定的核酸内切酶酶切后，让它们连接成环状的重组 DNA。因为这是在细胞外进行的基因重组过程，所以，有人将基因工程又称为体外重组 DNA 技术。

以质粒为载体的重组体 DNA 可以通过转化进入受体细胞，而用噬菌体为载体的重组 DNA 可以通过转导或转染进入受体细胞。重组 DNA 在受体细胞中将自主复制扩增。多拷贝的重组 DNA 将有利于积累更多的目标产物。

虽然基因工程的操作有着非常强的方向性，但是，最终获得的并非是目标重组体的纯培养物，因为还有许多其他的细胞存在，如：目标基因可能没有被重组、重组的目标基因可能是反向的、重组 DNA 无法稳定存在于受体细胞中等。所以，筛选仍然是基因工程育种工作中的重要内容。因为在载体 DNA 中可以较容易地设置多种特定遗传标记（如药物抗性标记），因此筛选工作的目标性和有效性很高，是其他育种工作所无法比拟的。

目前，基因工程的应用已不是理想，而是现实。已不只是实验室中的研究，而是有大量基因工程产品已经商品化生产。微生物的育种已进入了崭新的革命时代。

回顾微生物育种方式的历史，可发现育种的手段和技术不断发展。最早人们认为微生物可“驯化”，出现一种“定向培育”技术。后来随着对遗传变异现象认识的深入出现了诱变育种，通过诱变剂促进突变频率的提高，但这种方法有很大的盲目性，基因变异的程度也有限，特别是经过长期诱变处理，产量上升变得越来越缓慢，甚至无法继续提高。

几乎与诱变育种在同一时期，由于对微生物有性生殖、准性生殖、转化及转导接合等现象的研究，出现了杂交育种即基因重组技术。因为是在已知不同性状的亲本间杂交，所以方向性和自觉性比诱变育种更进了一步。但杂交育种方法较复杂，而且需要有合适的亲本（亲本间应具有能互补的优良遗传性状及亲本间有性的亲和性）。

1976 年开始，原生质体融合进一步发展了杂交育种技术，它可使一些未发现有转化、转导和接合等现象的原核生物之间，及微生物不同种、属、科间甚至更远缘的微生物的细胞间进行融合，获得新物种。但原生质体融合的难度也很大，并非每次都能成功。

20 世纪 70 年代出现的基因工程给微生物育种带来了革命。它不同于传统的育种方法，所创造的新物种是自然演化中不可能发生的组合。这是一种自觉的、能像工程一样事先设计和控制的育种技术，可以完成超远缘杂交，是最新最有前途的育种方法。然而，基因工程的应用仍有很大的局限性，目前，基因工程产品主要还是一些较短的多肽和小分子蛋白质（见第 11 章）。因为基因工程的实施首先需要对生物的基因结构和顺序有充足的认识，而我们对基因的了解还十分有限，蛋白质类以外的发酵产物（如糖类、有机酸、核苷酸及次级代谢产物）产生往往受到多个基因的控制，尤其是还有许多发酵产物的代谢途径还没有被确证，所以，对于这些产物，基因工程（包括代谢工程）还难以完全取代传统的菌种选育方法。

目前，我们已可以通过基因工程手段，将已知的控制产物的调控基因进行改造，或将有关的调控基因或有关代谢途径中的酶的基因导入菌体，也可以加强代谢途径中有关酶的表达，以提高发酵产量或生产新产品，这就是所谓的代谢工程，见第 11 章。

5.6 微生物育种新思路

酶是微生物新陈代谢的核心，是微生物发酵的推动力，同时酶作为生物催化剂已被广泛地应用于医药、农业、食品及日用化工等行业。然而，大多数天然的酶具有蛋白质固有的脆弱性质，易受环境因素影响而导致其活性降低或丧失。科学家们期望采取各种现代生物技术手段来获得适应特定工艺要求的酶蛋白。总体思路有三条，一条是从特定的自然环境中筛选适应需要的菌株，发酵获得符合需要的酶或从中提取目标基因。后两条是在分子水平上对目标基因进行人工改造，最终获得新型酶蛋白的方法。一条是以定点突变为代表的理性设计，另一条就是以定向进化为代表的非理性设计。见图 5.6.1。

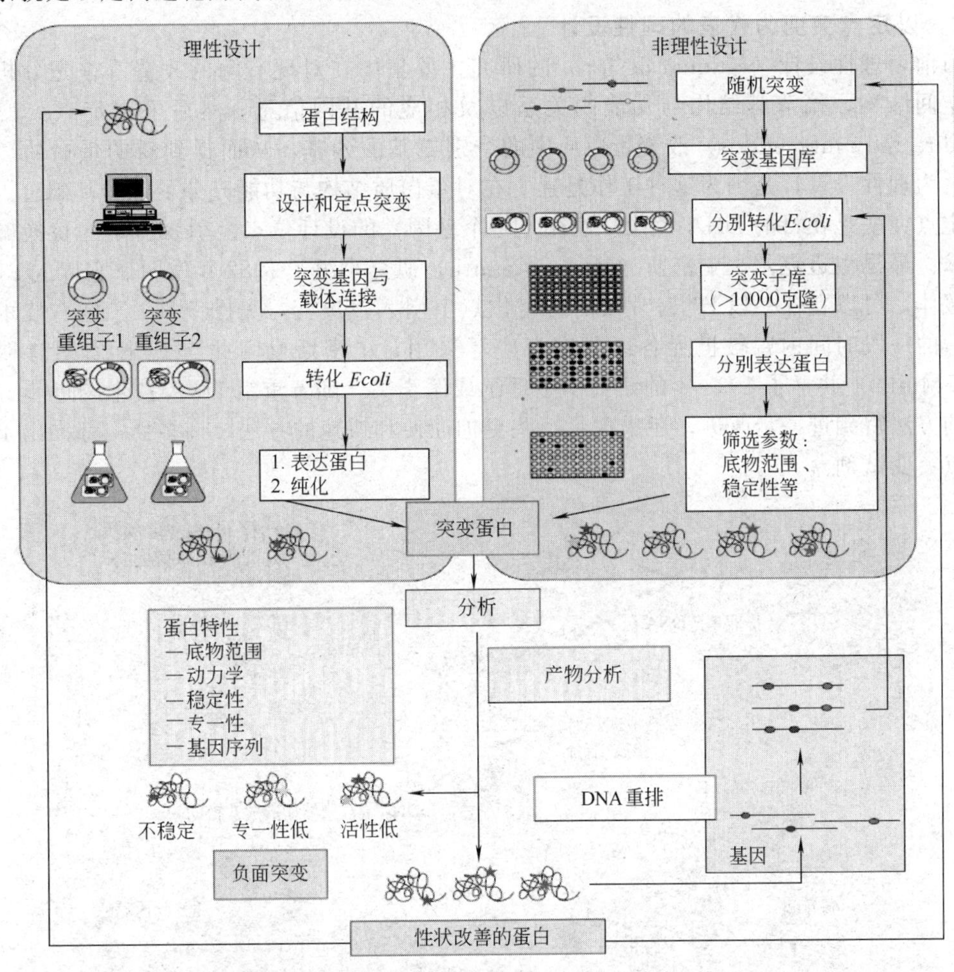

图 5.6.1 理性设计与非理性设计技术路线比较

5.6.1 拓展自然界中菌种筛选的范围和手段

从自然界筛选是传统育种的基本思路和基础。而随着现代勘探工具和培养技术的发展，人们可以触及更广阔的环境，如可以从极端环境中获得以前无法获得或以前根本无法带回实验室培养的微生物，从而筛选出更适于工业应用环境（如：温度、pH 值、盐度、压力以及化合物浓度等）的生物催化剂及其基因。大自然有着极为丰富的生物（尤其是微生物）资源，其中蕴藏着大量的酶资源。目前的一个问题是传统的菌种筛选手段都是基于培养，即利用实验室技术将微生物培养，然后根据各个纯培养物的表型特征（如产酶和抗生素等）进行菌种筛选。而这种筛选方法仍会损失绝大部分微生物资源。有人估计，环境中大约 99.8% 的微生物无法人工培养。但其中蕴含差巨大的应用潜能——其代谢产物中可能有众多具有应用开发价值的化合物。

1998 年美国威斯康星大学的 Handelsman 等人提出了“宏基因组学”（metagenomics）。宏基因组就是指特定环境或共生体内所有生物遗传物质的总和。面对环境中绝大部分不可培养微生物，包括数量甚微的微生物，宏基因组学并不是去培养和筛选微生物个体，而是将某环境中全部 DNA 作为对象，通过克隆、异源表达来筛选有用基因及其产物。宏基因组技术可以获得特定环境中复杂的微生物基因组信息。通过分析宏基因组信息，可以发现新的代谢途径和基因，这比在可培养的微生物中寻找相关基因更有价值。

5.6.2 以定点突变为代表的理性设计

目前，理性设计（rational design）的研究主要集中在对现有酶的改造。首先分析蛋白质的空间结构，搞清其结构与功能的关系以及相应的基因信息，然后采用定点突变技术（site-directed mutagenesis）改变蛋白质中的个别氨基酸残基，从而得到新的蛋白质。之所以称之为理性设计，是因为这种工作是建立在对蛋白质结构与功能充分了解的基础上。

定点突变是在目的 DNA 片段（往往是一个基因）的设计位点上引入特定的替换碱基对的技术。最早由迈克尔·史密斯（Michael Smith）研究小组于 1982 年发明。它以 M13 噬菌体为载体，可以在任一段 DNA 片段的特定位点上引入点突变，见图 5.6.2。这一技术在其发明后的一段时间内曾被世界各国研究者广泛采用，史密斯也因此与 PCR 发明者穆利斯（K. B. Mullis）共享了 1993 年的诺贝尔生理学或医学奖。随着重组 DNA 技术的进步，定点突变的方法得到进一步改进。还出现了一些更加简便和快速的方法。许多公司都推出了现成的定点突变试剂盒。

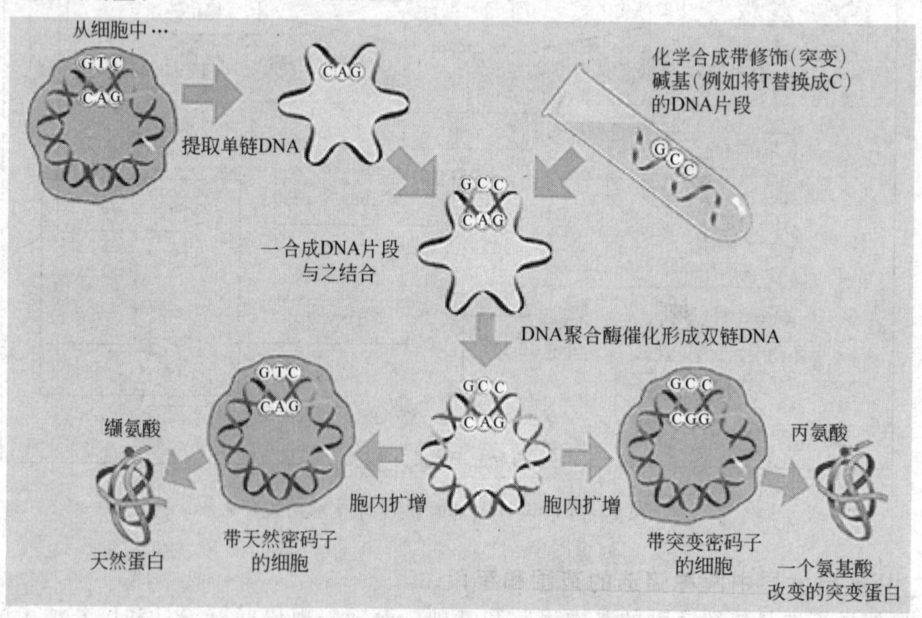

图 5.6.2 定点突变技术示意图

目前，已成功利用定点突变技术对天然酶蛋白的催化活性、抗氧化性、底物特异性、热稳定性及改进酶的别构效应等方面做出了卓有成效的工作。

然而，基于基因和蛋白质信息进行基因和蛋白质序列改造的定点突变技术一般只能对天然酶蛋白中的少数氨基酸残基进行替换、删除或插入，对酶功能的改造程度有限。另外，该法仅适用于空间结构清楚、结构与功能的关系也明确的酶。当对酶结构不甚了解时，定点突变就显得无能为力。定点突变在一次循环中一般仅能对一个位点进行突变，当靶目标是多个时，其效率就会下降。当然现在也有一些相应的对策。

另外，目前已有人提出蛋白质全新设计（protein *de novo* design），这有可能得到自然界不存在的、具有全新结构和功能的酶蛋白。这些成果既可揭示蛋白质的演变，又可为生产药物或工业催化剂提供了新途径。

5.6.3 以定向进化为代表的非理性设计

与理性设计相比，体外定向进化（*in vitro* directed evolution）的方法并不需预先了解酶的空间结构和催化机制，因此，被称为非理性设计（irrational design）。它能够解决理性设计所不能解决的问题，能大大加速人类改造酶分子原有功能和开发新功能的步伐。之所以称其为“定向进化”是因为这种策略具有明确的人为设定的目标，它只针对特定蛋白质的特定性质进行选择。而在自然进化过程中，自然选择使进化向有利于生物适应生存环境的方向发展，环境的多样性和适应方式的多样性决定了进化方向的多样性。从本质上来看，定向进化是达尔文进化论在分子水平上的延伸和应用。定向进化的理论被认为是生物学进入基因工程时代后最重要的成就之一。

一般来说，从根本上改造一个酶分子就如同改良物种性能一样，一般需要经过长期的基因变异，才有可能获得理想结果。显然，这是一种费时、费力和耗资的过程。20 世纪 90 年代初，美国加州理工学院的阿诺德（Frances Arnold）教授发明的定向进化技术是在试管内对目的酶基因进行快速的随机突变和随机杂交，从而获得突变基因库，再从众多突变子中筛选特定性能的优良突变子。这些优良突变子还可重复突变与筛选，如此循环，最终可在相对短的周期内（数周或数月），得到符合预定目标的高性能变种。而在自然进化过程中得到这个结果可能需要几千万年。

目前，定向进化技术主要用于酶的改良、蛋白药物的优化等领域。新型洗涤用酶，抗癌药和新型疫苗等大批定向进化产品已陆续面世。

酶定向进化的方法通常分 3 步（图 5.6.3）：①通过随机突变和（或）基因体外重组创造基因多样性；②导入适当载体后构建突变文库；③通过高效的筛选手段，选择阳性突变子。这个过程可重复循环，直至得到预期性状的蛋白质。

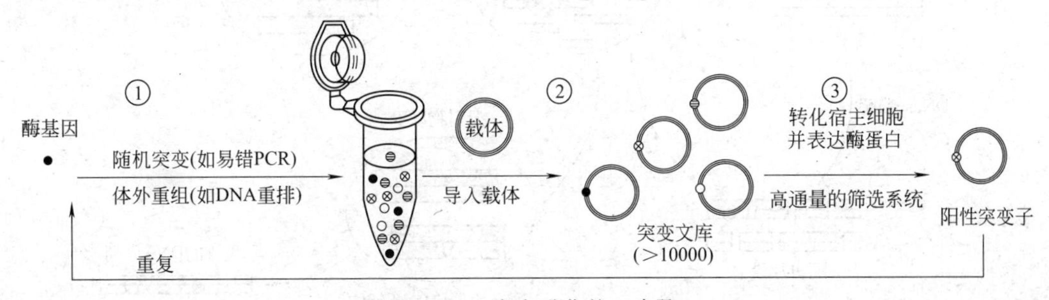

图 5.6.3 定向进化的三步骤

定向进化的主要实验基础就是以 PCR 技术为基础的易错 PCR（error-prone PCR）和 DNA 重排（DNA shuffling）等。易错 PCR 和 DNA 重排技术常被组合应用。

易错 PCR 技术一种相对简单、快速廉价的随机突变方法，见图 5.6.4。它通过改变传统 PCR 反应体系中某些组分的浓度（如在 PCR 反应体系中加入一定量 Mn^{2+} 来替代天然辅助因子 Mg^{2+}，并有意使各种 dNTP 的比例失衡），同时利用低保真 DNA 聚合酶（TaqDNA 聚合酶），使碱基在一定程度上随机错配而引入随机点突变，获得突变基因文库，然后，通

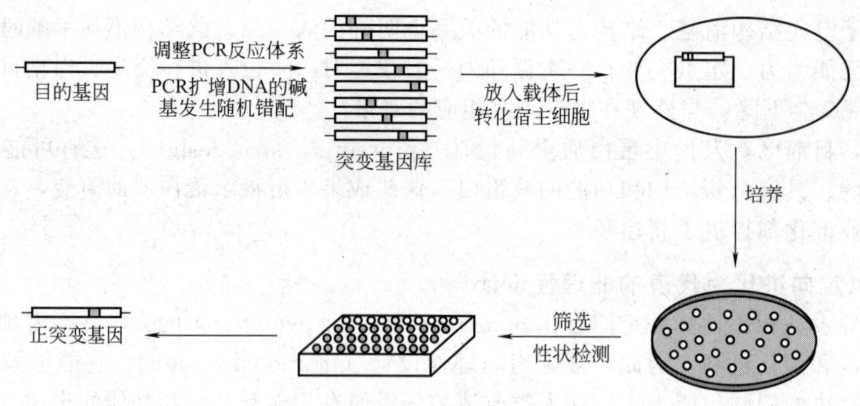

图 5.6.4 易错 PCR 技术示意图

过筛选找到性状提高的突变子。

经一次突变的基因很难获得满意的结果，由此已发展出连续易错 PCR（sequentral error-prone PCR）。即将一次 PCR 扩增得到的有益小突变累积而产生重要的有益突变。

易错 PCR 与传统诱变育种的最大区别在于，前者是基因水平上的随机诱变，后者则是在细胞水平上的随机诱变。

1994 年，W. P. C. Stemmer 等巧妙设计了 DNA 重排。它将一群密切相关的序列，如多种同源而有差异的基因（或一组突变的基因文库），在 DNase Ⅰ 等作用下随机切成小片段，这些小片段均有部分碱基序列重叠，可通过自身引导 PCR（self-priming PCR）延伸并重新组装成全长的基因。由于片段之间借助互补序列自由匹配，一个亲本的突变可与另一亲本的突变相结合，从而产生新的突变组合。对突变文库进行筛选，选择改良的突变体组成下一轮 DNA 重排的模板，重复上述步骤，多次重排和筛选后，加速累积有益突变，最终获得性能满意的突变体（图 5.6.5）。

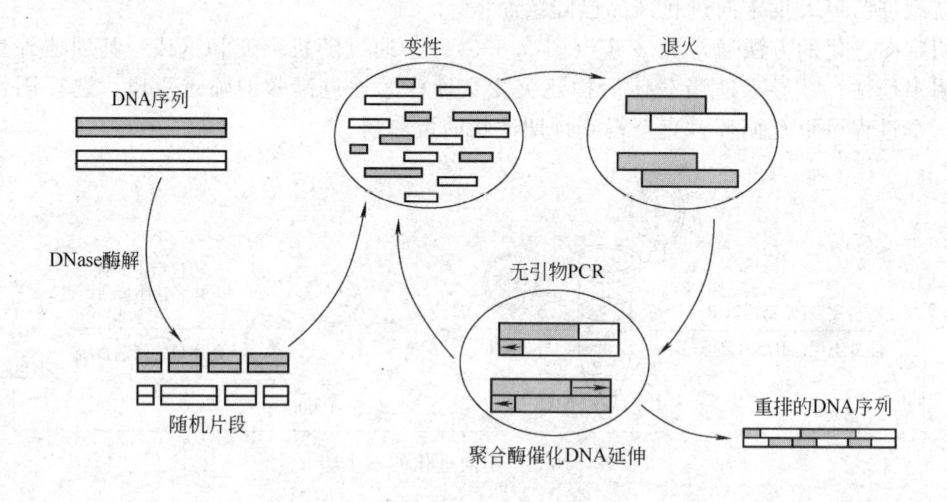

图 5.6.5 DNA 重排的一般过程

近年来，随着研究深入，以 DNA 重排为基础，出现了很多拓展和改进的方法。如，利用随机引物扩增全长基因，扩增过程中还可引入突变的随机引物体外重组法（random-priming invitro recombination，RPR）；利用单链 DNA 作为模板的截断模板重组延伸法（recombined extension on truncated templates，RETT）；简化实验过程，在同一管内即可完成改组的交错延伸法（stagger extension process，StEP）；利用临时模板获得高重组率的临时模板随机嵌合技术（random chimeragenesis on transient templates，RACHITT）等。还出现了许多基于非同源序列的改组技术，例如渐进切割杂和酶技术（incremental truncation for the creation of hybrid enzymes，ITCHY），非序列同源蛋白重组（sequence homology independent protein recombination，SHIPREC）。以及针对结构域的重排，以原生质体融合为基础的基因组重排（genome shuffling）。这些新技术的基本原理及其应用情况请查阅有关的分子生物学文献。

当然，对于DNA改组技术，第一，不能利用本技术对尚未建立筛选模型的酶分子进行改造；第二，DNA改组过程中，有益突变的重新组合和稀少的有益点突变，常被大量无益突变的背景所掩盖。

定向进化存在很多的局限性，最突出的是筛选容量过大，筛选过程复杂且费用昂贵、费时费力。所以，开发和建立高通量筛选技术（high throughput screen）是获得性能更优良或全新酶基因的关键。目前，已发展出如噬菌体展示（phage display），核糖体展示（ribosome display），mRNA展示（mRNA display），细菌细胞表面展示（bacterial cell surface display），酵母表面展示技术（yeast surface display），体外区室化IVC（in vitro compartmentalization）等筛选方法。

体外分子进化技术要求目标性状筛选必须明确易行，但是简便的筛选方法并不总是能够得到的。而利用序列比较信息的理性设计通过定点突变使表达的蛋白质产生相应的特性改变，大大减少了对表型性状筛选的依赖，所以，这两大类方法并不是互相排斥，而是可以相互结合。有人提出所谓理性的定向进化，即半理性设计（semi-rational design），就是综合了两者的长处。

5.6.4 合成生物学

合成生物学（synthetic biology）是指利用化学合成的手段生成基因，并将这些“基因”连接成网络，让细胞来完成设计人员设想的各种任务。这里的“合成”，意味着“综合集成”，它改变了过去的单基因转移技术，开创综合集成的基因链乃至整个基因蓝图设计，最终实现人工生物系统的制造。

美国维摩尔（Eckard Wimmer）实验室于2002年报道了化学合成脊髓灰白质炎病毒cDNA，并用RNA聚合酶将它转成有感染活力的病毒RNA[脊髓灰白质炎病毒含单链（正链）RNA，7440bp]。从而开辟了利用已知基因组序列，不需要天然模板，从化合物单体合成感染性病毒的先河。与此同时，也证明了实验测得的序列是正确的。

美国文特尔（J. Craig Venter）实验室发展了合成基因组的工作，该实验室只用了两周就合成了$\phi\times174$噬菌体基因（5386bp）。2008年初，文特尔宣布，他们在人造生物（artificial life）取得重大进展，已合成出一个细菌的完整基因组（entire genome）。这个细菌就是生殖支原体（*Mycoplasma genitalium*），它拥有485个基因、582970对碱基，是已知的基因组最小、最简单的有细胞生命形态。这项进展可能成为新兴的合成生物学的一个重大分水岭，因为细菌的构造远比病毒复杂。

在实验中，研究人员参照生殖支原体的序列，确定维持其生命的最小序列，简化拼接成合成支原体序列。随后，研究人员用辐射等方法破坏正常细菌染色体，再将合成的基因组置入细菌体内。不过，由于新生命是在现存生物体上构建的，其繁殖和新陈代谢仍以原来的细胞机制。因此，目前，它仍非完全意义上的新合成生命。

合成生物学开辟了设计生命的前景。一方面有可能合成模仿生命物质特点的人工化学系统；另一方面也可能重新设计改造微生物，最值得一提的莫过于由大肠杆菌或酵母菌来生产治疗疟疾的青蒿素（artemisinin）。中国人在海选治疗疟疾的中药时发现了青蒿，并在1972年提取了有效物质青蒿素。但从植物提取成本偏高。2003年，加州大学伯克利分校的杰伊·凯阿斯林（Jay Keasling）将一个青蒿基因植入大肠杆菌，重组大肠杆菌产紫穗槐-4,11-二烯（Amorpha-4,11-diene），但这种化合物还需要经过数步反应才能成为青蒿素的原料——青蒿酸（artemisinic acid）。2006年，研究人员将青蒿中发现的与青蒿酸合成有关的酶的基因植入酵母菌，构建一株适合大规模工业化生产青蒿素的酿酒酵母（*saccharomyces cerevisiae*）EPY224，见图5.6.6所示。酵母可将前面提到的紫穗槐二烯转化成青蒿酸。该菌株构建分3步完成。首先通过过量表达tHMGR、ERG20和增强菌体合成固醇途径全程转录调控因子的方法，加强自身的法呢基焦磷酸（farnesylpyrophosphate，FPP）合成途径，同时通过甲硫氨酸可抑制启动子（PMET3）抑制ERG9的表达，阻断FPP向下合成麦角固醇的支路。这些方法使FPP的产量比初始菌株提高了约500倍。第二步将来自于青蒿的紫穗槐二烯合成酶（amorphadiene synthase，ADS）基因导入菌体，实现FPP向紫穗槐-4,11-二烯（Amorpha-4,11-diene）的转化。第三步将来自青蒿的*GYP71AV1*和*CPR*基因导入，实现青蒿酸的高效合成。青蒿酸可以在体外进一步化学合成为青蒿素。

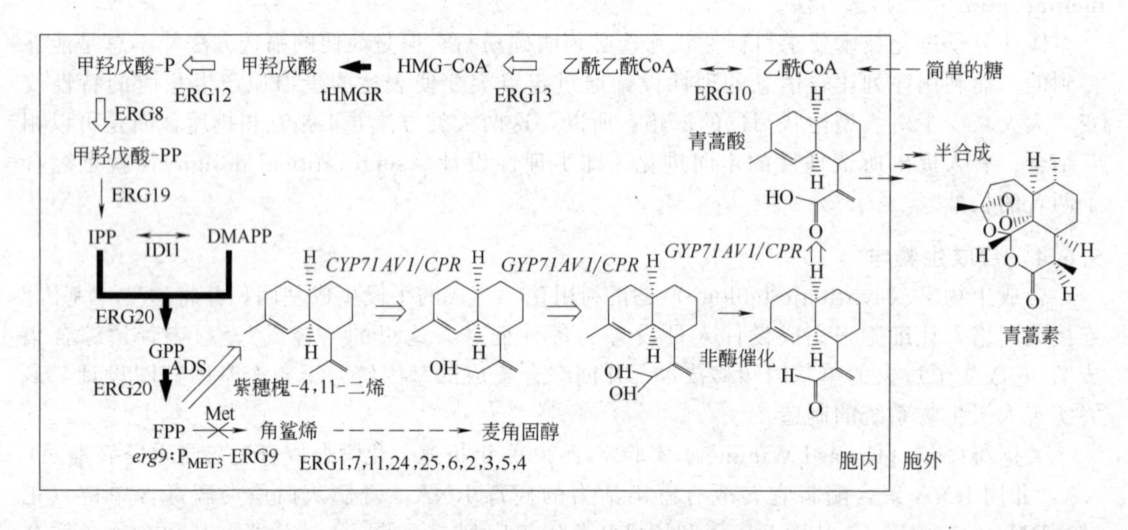

图5.6.6 酿酒酵母EPY224合成青蒿酸示意图

可以说，通过微生物工业生产青蒿素的技术链条已经基本成形。杰伊预计这一目标将在2009年实现，届时青蒿素的成本将下降90%

研究人员估计，大肠杆菌基因组含有1000个左右的非必需基因，这些基因消耗能量，并且干扰实验研究和工业生产。而变瘦的大肠杆菌基因组则有可能使细菌无需在实验室中接受特殊的照顾和培养，就能用于大量生产目标产物。

合成生物学不仅能大大促进生物学的基础研究，也能用于生产药物、疫苗或传感器；有人设想合成细菌吸收太阳能而产氢来解决洁净能源的问题。但它也能加快获得各种修饰毒株或菌株的速度。如果在实验过程中不慎泄漏，或者恐怖分子恶意散布，就可能带来严重后果。2005年8月19～20日在美国旧金山举行了合成生物学会议，讨论了它在生物安全及药物开发、细胞重建和生物机器人方面的潜在应用，以及随之而来的伦理、法律问题。这个讨论不由使人想起1975年对基因工程的担忧和讨论。总之，合成生物学给生命科学既带来了巨大的机遇，又带来了严峻的挑战。

5.7 菌种筛选

所有的微生物育种工作都离不开菌种筛选。尤其是在诱变育种工作中，筛选是最为艰难的也是最为重要的步骤。经诱变处理后，突变细胞只占存活细胞的百分之几，而能使生产状况提高的细胞又只是突变细胞中的少数。要在大量的细胞中寻找真正需要的细胞，就像是大海捞针，工作量很大。简洁而有效的筛选方法无疑是育种工作成功的关键。

为了花费较少的工作量，在较短的时间内取得较大的筛选成效，就要求采用效率较高的科学筛选方案和手段。因为诱变育种中的筛选工作最复杂，所以，本节主要讨论诱变育种的筛选方法，这些方法也为其他育种方法的筛选提供了借鉴。

5.7.1 菌种筛选方案

在实际工作中，为了提高筛选效率，往往将筛选工作分为初筛和复筛两步进行。初筛的目的是删去明确不符合要求的大部分菌株，把生产性状类似的菌株尽量保留下来，使优良菌种不致于漏网。因此，初筛工作以量为主，测定的精确性还在其次。初筛的手段应尽可能快速、简单。复筛的目的是确认符合生产要求的菌株，所以，复筛步骤以质为主，应精确测定每个菌株的生产指标。如在工作量限度为200只摇瓶的具体条件下，为了取得最大的效果，有人提出以下的筛选方案：

第一轮：

一个出发菌株 —诱变剂处理→ 选出200个单孢子菌株 —初筛（每株1瓶）→ 选出50株 —复筛（每株4瓶）→ 选出5株

第二轮：

5个出发菌株 —诱变剂处理→ {40株、40株、40株、40株、40株} —初筛（每株1瓶）→ 选出50株 —复筛（每株4瓶）→ 选出5株

第三轮、第四轮……（操作同上）。

初筛和复筛工作可以连续进行多轮，直到获得较好的菌株为止。采用这种筛选方案，不仅能以较少的工作量获得良好的效果，而且，还可使某些目前产量虽不很高，但有发展前途的优良菌株不至于落选。筛选获得的优良菌株还将进一步做工业生产试验，考察它们对工艺条件和原料等的适应性及遗传稳定性。

5.7.2 一般变异菌的筛选方法

筛选的手段必须配合不同筛选阶段的要求，对于初筛，要力求快速、简便；对于复筛，应该做到精确，测得的数据要能够反映将来的生产水平。

5.7.2.1 从菌体形态变异分析

有时，有些菌体的形态变异与产量的变异存在着一定的相关性，这就能很容易地将变异菌株筛选出来。尽管相当多的突变菌株并不存在这种相关性，但是在筛选工作中应尽可能捕捉、利用这些直接的形态特征性变化。当然，这种鉴别方法只能用于初筛。有人曾统计过3484个产维生素B_2的阿舒假囊酵母（*Eremothecium ashbyii*）的变异菌落，发现高产菌株的菌落形态有以下特点：菌落直径呈中等大小（8～10mm），凡过大或过小者均为低产菌株；色泽深黄色，凡浅黄或白色者皆属低产菌株。又如，在灰黄霉素产生菌荨麻青

霉（*Penicillium urticae*）的育种中，曾发现菌落的棕红色变深者往往产量有所提高，而在赤霉素生产菌藤仓赤霉（*Gibberella fujikuroi*）中，却发现菌落的紫色加深者产量反而下降。

5.7.2.2 平皿快速检测法

平皿快速检测法是利用菌体在特定固体培养基平板上的生理生化反应，将肉眼观察不到的产量性状转化成可见的“形态”变化。具体的有纸片培养显色法、变色圈法、透明圈法、生长圈法和抑制圈法等，见图 5.7.1。这些方法较粗放，一般只能定性或半定量用，常只用于初筛，但它们可以大大提高筛选的效率。它们的缺点是由于培养平皿上的种种条件与摇瓶培养，尤其是发酵罐深层液体培养时的条件有很大的差别，有时会造成两者的结果不一致。

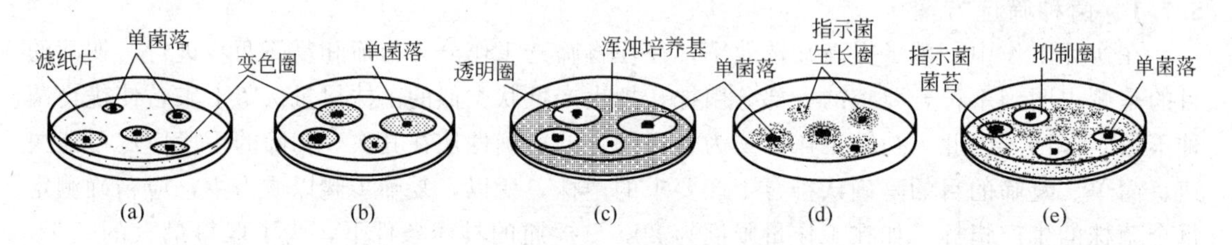

图 5.7.1 平皿快速检测法示意图

(a) 纸片培养显色法；(b) 变色圈法；(c) 透明圈法；(d) 生长圈法；(e) 抑制圈法

平皿快速检测法操作时应将培养的菌体充分分散，形成单菌落，以避免多菌落混杂一起，引起“形态”大小测定的偏差。

(1) 纸片培养显色法　将饱浸含某种指示剂的固体培养基的滤纸片搁于培养皿中，用牛津杯架空，下放小团浸有 3%甘油的脱脂棉以保湿，将待筛选的菌悬液稀释后接种到滤纸上，保温培养形成分散的单菌落，菌落周围将会产生对应的颜色变化。从指示剂变色圈与菌落直径之比可以了解菌株的相对产量性状。指示剂可以是酸碱指示剂也可以是能与特定产物反应产生颜色的化合物。

(2) 变色圈法　将指示剂直接掺入固体培养基中，进行待筛选菌悬液的单菌落培养，或喷洒在已培养成分散单菌落的固体培养基表面，在菌落周围形成变色圈。如在含淀粉的平皿中涂布一定浓度的产淀粉酶菌株的菌悬液，使其呈单菌落，然后喷上稀碘液，发生显色反应。变色圈越大，说明菌落产酶的能力越强。而从变色圈的颜色又可粗略判断水解产物的情况。

(3) 透明圈法　在固体培养基中渗入溶解性差、可被特定菌利用的营养成分，造成浑浊、不透明的培养基背景。在待筛选菌落周围就会形成透明圈，透明圈的大小反映了菌落利用此物质的能力。

在培养基中掺入可溶性淀粉、酪素或 $CaCO_3$ 可以分别用于检测菌株产淀粉酶、产蛋白酶或产酸能力的大小。

(4) 生长圈法　利用一些有特别营养要求的微生物作为工具菌，若待分离的菌在缺乏上述营养物的条件下，能合成该营养物，或能分泌酶将该营养物的前体转化成营养物，那么，在这些菌的周围就会有工具菌生长，形成环绕菌落生长的生长圈。

该法常用来选育氨基酸、核苷酸和维生素的生产菌。工具菌往往都是对应的营养缺陷型菌株。

(5) 抑制圈法　待筛选的菌株能分泌产生某些能抑制工具菌生长的物质，或能分泌某种酶并将无毒的物质水解成对工具菌有毒的物质，从而在该菌落周围形成工具菌不能生长的抑菌圈。例如：将培养后的单菌落连同周围的小块琼脂用穿孔器取出，以避免其他因素干扰，移入无培养基平皿，继续培养4～5d，使抑制物积累，此时的抑制物难以渗透到其他地方，再将其移入涂布有工具菌的平板，每个琼脂块中心间隔距离为2cm，培养过夜后，即会出现抑菌圈。抑菌圈的大小反映了琼脂块中积累的抑制物的浓度高低。该法常用于抗生素产生菌的筛选，工具菌常是抗生素敏感菌。由于抗生素分泌处于微生物生长后期，取出琼脂块可以避免各菌落所产生抗生素的相互干扰。典型的例子是春雷霉素生产菌的筛选，见图5.7.2。

5.7.2.3 摇瓶培养法

摇瓶培养法是将待测菌株的单菌落分别接种到三角瓶培养液中，振荡培养，然后，再对培养液进行分析测定。摇瓶与发酵罐的条件较为接近，所测得的数据就更有实际意义。但是摇瓶培养法需要较多的劳力、设备和时间，所以，摇瓶培养法常用于复筛。但若某些突变性状无法用简便的形态观察或平皿快速检测法等方法检测时，摇瓶培养法也可用于初筛。

初筛的摇瓶培养一般是一个菌株只做一次发酵测定，从大量菌株中选出10%～20%较好的菌株，淘汰80%～90%的菌株；而复筛中摇瓶培养一般是一个菌株培养3瓶，选出3～5个较好的菌株，再做进一步比较，选出最佳的菌株。

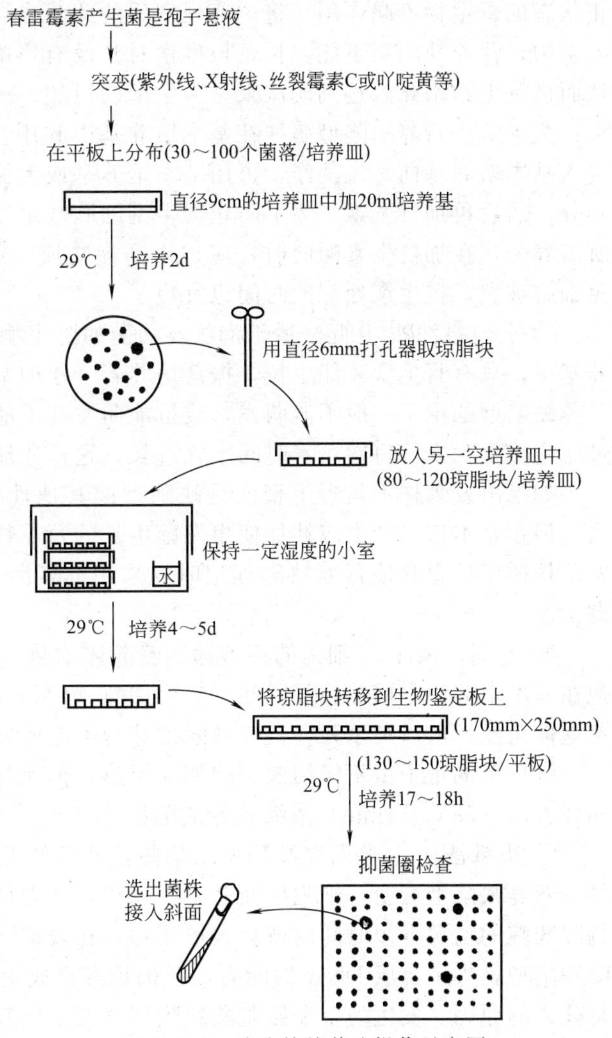

图5.7.2 琼脂块培养法操作示意图

5.7.3 特殊变异菌的筛选方法

上述一般的筛选菌株方法的处理量仍是很大的，为了从存活的每毫升10^6个左右细胞的菌悬液中筛选出几株高产菌株，要进行大量的稀释分离、摇瓶和测定工作。虽然平皿快速检测法作为初筛手段可减少摇瓶和测定的工作量，但稀释分离的工作仍然非常繁重。而且有些高产变异的频率很低，在几百个单细胞中并不一定能筛选到，所以，建立特殊的筛选方法是极其重要的。例如营养缺陷型和抗性突变菌株的筛选有它们的特殊性，营养缺陷型或抗性突变的性状就像一个高效分离的“筛子”，以它为筛选的条件，可以大大加快筛选的进程并有效地防止漏筛。在现代的育种中，常有意以它们作为遗传标记选择亲本或在DNA中设置含这些遗传标记的片段，使菌种筛选工作更具方向性和预见性。本节还将简单介绍其他一些特殊变异株的筛选方法。

5.7.3.1 营养缺陷型突变株的筛选

经诱变处理后的菌悬液在筛选前一般应先进行诱变后培养，以促使变异细胞发生分离，防止出现表型延迟现象，筛选出不纯的菌株。营养缺陷型的筛选一般包括浓缩、进一步检出和鉴别营养缺陷型等步骤。

(1) 浓缩营养缺陷型菌株　诱变后的细胞群体中大部分存活菌是野生型，而营养缺陷型占的比例相当小，这对分离是很不利的，所以，应该淘汰大量的野生型，以达到浓缩营养缺陷型的目的。常用的浓缩方法有抗生素法、菌丝过滤法、差别杀菌法和饥饿法等。

① 抗生素法　青霉素可抑制细菌细胞壁合成，杀死生长中的细菌。制霉菌素可与真菌细胞膜上固醇反应而改变膜通透性，杀死生长中的酵母菌和霉菌等真菌。这些抗生素对于休止状态的微生物不起作用。将诱变处理后的细菌或真菌培养在含青霉素或制霉菌素的基本培养基中，营养缺陷型不能生长，抗生素对其没有影响，但野生型可以在基本培养基中生长，从而被抗生素杀死。达到淘汰大量野生型的目的。

为了防止营养缺陷型菌株在基本培养基中利用自身体内的营养生长而被“误杀”，应在接入基本培养基前，先洗涤，再用基本培养基或无氮培养基中饥饿培养1～2h，以耗尽体内养分，然后再加抗生素。为了防止野生型细胞被杀死后细胞破裂自溶给营养缺陷型菌株提供所需养分，在加抗生素的同时，应加入高渗物质，如20%蔗糖，使环境的渗透压提高，避免细胞破裂，抗生素处理的时间也宜短。

② 菌丝过滤法　此法适于淘汰丝状菌的野生型。诱变后的孢子悬浮培养在液体基本培养基中，只有野生型才能生长，振荡培养若干小时后，很容易用过滤器过滤除去这些菌丝，营养缺陷型的孢子一般不能萌发，或虽能萌发却不能长成菌丝，从而得到浓缩。振荡培养和过滤应重复几次，每次培养时间不宜过长，这样才能收到充分浓缩的效果。

如果出发菌株不是野生型而是缺陷型或其他性状的菌株，淘汰野生型仍可应用以上方法，但在基本培养基中应补加使出发菌生长的营养物质，例如以苏氨酸营养缺陷型菌株为出发菌株诱变选育其他营养缺陷标记时，采用苏氨酸补充培养基，使出发菌株正常生长而遭淘汰。

③ 差别杀菌法　细菌的芽孢远比营养体耐热。使经诱变剂处理的细菌形成芽孢，把芽孢在基本培养液中培养一段时间，然后加热（例如80℃，15min）杀死营养体。由于野生型芽孢能萌发，所以被杀死，营养缺陷型芽孢不能萌发，因此得以存活并被浓缩。

酵母菌的孢子虽不像细菌芽孢那样耐热，但比起它们的营养体来说也比较耐热，能够用同样方法（58℃，4min）浓缩营养缺陷型。

④ 饥饿法　一些营养缺陷型在某些培养条件下，会自行死亡，可是如果该细胞又发生另一营养缺陷型突变，细胞反而避免了死亡，从而得到浓缩。如胸腺嘧啶缺陷型细菌在不给胸腺嘧啶的情况下短时间内就会大量死亡，在残留下来的细菌中有许多营养缺陷型，胸腺嘧啶缺陷型丧失了合成DNA的能力，但仍具有合成蛋白质的能力，这种代谢不平衡状态可能是死亡的原因。发生另一个氨基酸缺陷型突变就使它们丧失了合成蛋白质的能力，这种代谢上的平衡状态可以使它避免死亡。

另一个例子是大肠杆菌的二氨基庚二酸缺陷型。二氨基庚二酸是大肠杆菌合成赖氨酸和细胞壁物质的前体。该缺陷型在不给以赖氨酸的情况下不生长也不死亡，这是因为它既不能合成细胞壁物质、也不能合成蛋白质的缘故。可是在给以赖氨酸的情况下，这时它能合成蛋白质，可是仍然不能合成细胞壁物质，它反而在短时间内大量死亡。这种情况正像细菌在含有青霉素的培养基中生长一样。

如果二氨基庚二酸缺陷型细胞中发生另一个氨基酸缺陷型突变，那么它又丧失了合成蛋白质的能力，代谢作用又恢复到平衡状态，这时即使给以赖氨酸也不会死亡。所以在赖氨酸的培养基中可以分离到各种氨基酸缺陷型。在粗糙脉孢菌和酵母菌中利用肌醇缺陷型及在构巢曲霉中利用生物素缺陷型，都可以通过饥饿法筛选到许多营养缺陷型。

（2）进一步检出所需缺陷型　浓缩后的菌液中营养缺陷型的比例较大，但并非全部都是。并且营养缺陷型中也有不同的类型，还需要进一步检出所需要的营养缺陷型。这样就需要采用逐个检出法、夹层培养法和限量补给法等方法进一步检出所需要的营养缺陷型。

① 逐个检出法　先将菌液稀释涂布于完全培养基上，培养长成单菌落，然后将它们分别定位点种于完全培养基，补充培养基和基本培养基上培养后观察同一菌株在不同培养基中的生长情况。在基本培养基上能长的是野生型；基本培养基上不生长，而在某补充培养基上生长，那是补充物的营养缺陷型。在基本培养基和设定的补充培养基上不生长，而在完全培养基上生长，则是未确定的营养缺陷型，需进一步检测。在基本培养基、补充培养基和完全培养基上都不长，则应检查是否诱变成功。见图 5.7.3。

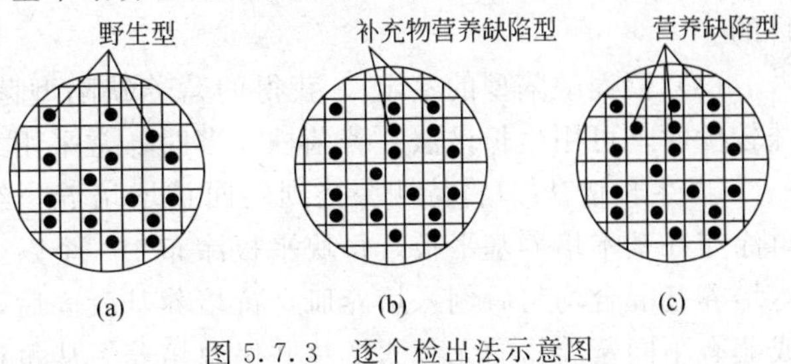

图 5.7.3　逐个检出法示意图

（a）基本培养基；（b）补充培养基；（c）完全培养基

② 影印培养法　基本原理同上。利用影印培养法也可代替逐个检出法中的定位点种，其操作更方便，但每个平皿上的菌落不宜过多，见图 5.7.4。

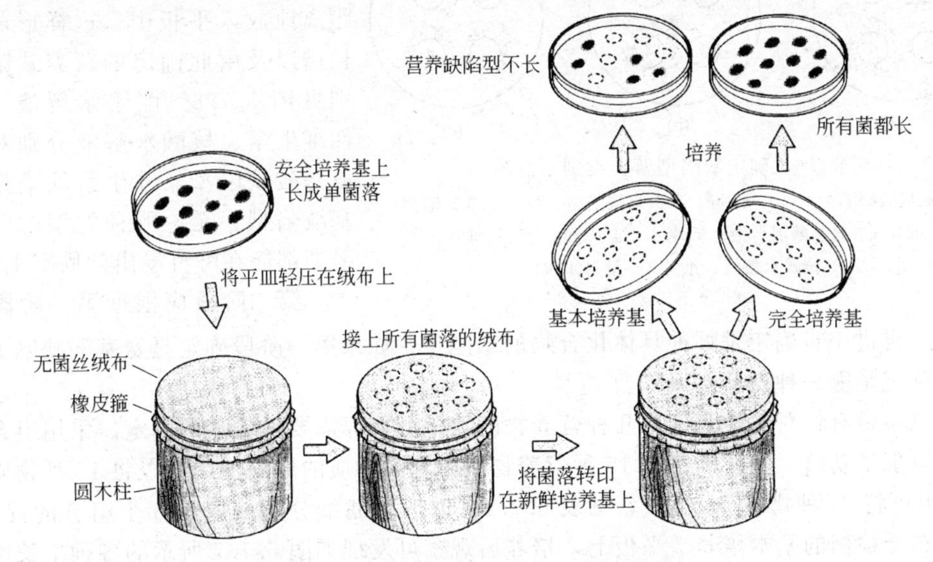

图 5.7.4　影印培养法检出营养缺陷型

③ 夹层培养法　将基本培养基铺为底层，凝固后加含待分离菌液的基本培养基为中层，培养一段时间，可长出的菌落是野生型的，在平板背面作记号后，再铺一层完全培养基作为上层，培养一段时间后新长出的则是营养缺陷型。一般从菌落大小也可以判断，新长出的菌落较小，即是营养缺陷型。见图 5.7.5。

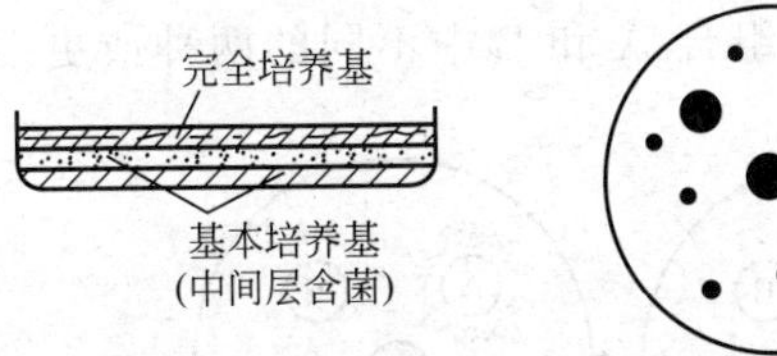

图 5.7.5　夹层培养法示意图

④ 限量补给法　将处理后的菌液涂布在含微量（0.01%或更少）蛋白胨的基本培养基上培养，营养缺陷型长得缓慢，呈小菌落；野生型长得较快，呈大菌落。从菌落大小可筛去野生型。

以上这些方法都可以应用于除细菌以外微生物的营养缺陷型检出，不过具体方法往往应随着所研究的对象而改变。例如：在霉菌的营养缺陷型检出中，首先碰到的是菌落的扩散生长问题。在培养基中添加脱氧胆酸钠（0.5%左右）往往可以防止菌丝的蔓延。在合成培养基中用山梨糖作为主要碳源略补充一些蔗糖也可以使菌落长得密而小。另一个困难是影印法检出霉菌的营养缺陷型时，必须等到完全培养基上的菌落产生了孢子才行，可是这时又容易造成污染。因此可在完全培养基上菌落还未产生孢子时，用灭过菌的薄纸贴附在平皿上，等菌丝在纸上生长后，将薄纸移到另一培养皿中，这时菌丝又伸入培养基中，达到复印菌落的目的。

(3) 营养缺陷型的鉴定　获得的营养缺陷型菌株还应进一步确认其生长的所需物。菌株较少时，可用生长谱法，若菌株较多时，常采用组合补充培养基法。

① 生长谱法　将待测菌接到斜面扩增培养，经离心洗涤除去细胞外吸附的营养物质，再涂布在基本培养基平板，每块平板涂布 10^5 个以上的细胞。也可将待测菌与融化的固体基本培养基混合均匀后倒入培养皿，待培养基凝固后，在平板上分区域放置少量不同的营养物或蘸有不同营养物的无菌滤纸片并保温培养。从每种营养物区域内该菌的生长情况，判断其对营养的需求。

测定一般应分两阶段。第一阶段应确定是哪类物质的缺陷型。将滤纸分别蘸取酪素水解液（氨基酸混合液）、水溶性维生素、核酸水解液和酵母浸出汁，等距离地放入平板中。这样形成的生长谱以及由此确定的营养缺陷型类别见图 5.7.6。酪素水解液、水溶性维生素、核酸水解液分别对应于氨基酸缺陷型、维生素缺陷型和碱基缺陷型。无论哪种类型的营养缺陷型都能在酵母浸出汁周围生长。

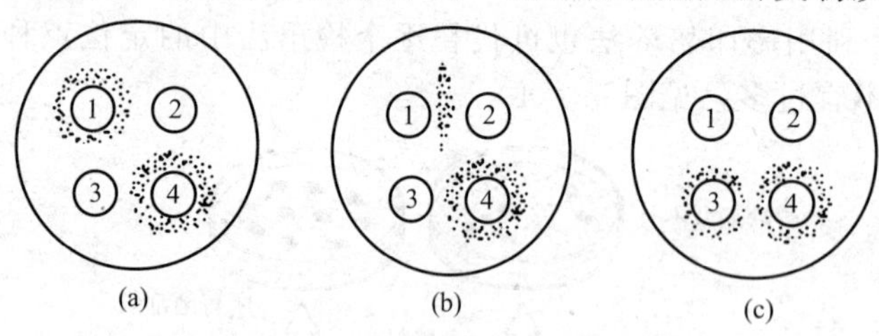

图 5.7.6　确定缺陷型营养类别示意图

(a) 氨基酸缺陷型；(b) 氨基酸-维生素缺陷型；(c) 碱基缺陷型；纸片 1—氨基酸混合液；纸片 2—维生素混合液；纸片 3—核酸水解液；纸片 4—酵母水解液

第二阶段应根据第一阶段确定的范围，再进一步确定是哪种具体化合物的缺陷型。如果第一阶段确定是氨基酸缺陷型，那就需要确定是哪一种氨基酸缺陷型。

如果不是有针对性地筛选某几种营养物的缺陷型，那需要做较多的测定。采用组合营养物法可以事半功倍。如已确定是 15 种营养物质中某一物质的缺陷型，可以将 15 种物质分成 5 组（也可将 21 种物质分 6 组），见表 5.7.1。以五张滤纸分别蘸取该 5 个组合的混合物，放在涂布受检菌的基本培养基平板上，培养后观察可发现如图 5.7.7 所示的各种生长谱的可能形式。根据生长谱和营养物组合可以判断菌株的营养缺陷型，见表 5.7.2。例如，根据图中的（a）查表可知，它是营养物 13 的缺陷型；图中的（b）是营养物 2 的缺陷型；图中的（c）表明单独的组合 A 或 B 均不能满足生长需要，必然是组合 A 和 B 中不同的两种或更多

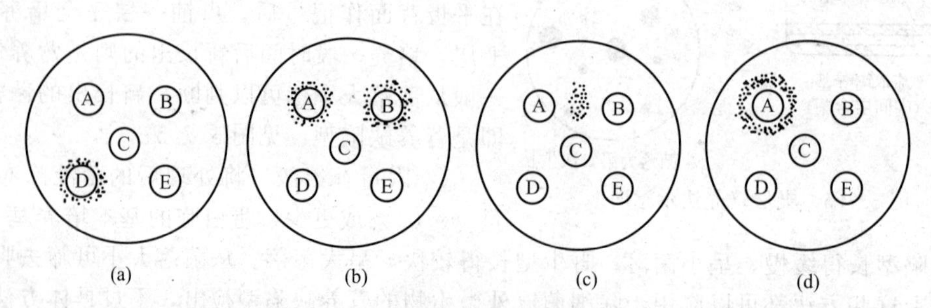

图 5.7.7　组合营养物生长谱示意图

种营养物质的缺陷型；图中的（d）显示，纸片上的营养物浓度过高而抑制了纸片A附近菌体的生长，降低营养物浓度，会出现类似（a）、（b）中的生长圈。这是营养物1的营养缺陷型。

表 5.7.1 15种营养物质的组合营养表

组号	组合的营养成分	组号	组合的营养成分
A	1 2 3 4 5	D	4 8 11 13 14
B	2 6 7 8 9	E	5 9 12 14 15
C	3 7 10 11 12		

表 5.7.2 生长谱及其对应的营养缺陷因子

生长谱形式	营养缺陷因子	生长谱形式	营养缺陷因子
A	1	A、E	5
B	6	B、C	7
C	10	B、D	8
D	13	B、E	9
E	15	C、D	11
A、B	2	C、E	12
A、C	3	D、E	14
A、D	4		

如果是多种营养物的营养缺陷型，那就无法用上述的组合营养物法。

② 组合补充培养基法　上述的生长谱法一次只能检测某一菌株。若待测菌株较多，则可按上述的营养物质组合，将它们直接添加在培养基中，组成5组补充培养基，将待测的菌点种在各种补充培养基上，逐个分析各菌的缺陷类型。

也可以根据需要，配制一组补充培养基，每一种补充培养基中只缺一种营养物。那么，所有的营养缺陷型都可用它一次性检测，尤其是对于多种营养物质的营养缺陷型。

5.7.3.2 抗性突变菌株的筛选

抗性突变株的筛选相对比较容易，只要有10^{-6}频率的突变体存在，就容易筛选出来。抗性突变株的筛选常用的有一次性筛选法和阶梯性筛选法两种手段。

（1）一次性筛选法　一次性筛选法就是指在对出发菌株完全致死的环境中，一次性筛选出少量抗性变异株。

噬菌体抗性菌株常用此方法筛选。将对噬菌体敏感的出发菌株经变异处理后的菌悬液大量接入含有噬菌体的培养液中，为了保证敏感菌不能存活，可使噬菌体数大于菌体细胞数。此时出发菌株全部死亡，只有变异产生的抗噬菌体突变株能在这样的环境中不被裂解而继续生长繁殖。通过平板分离即可得到纯的抗性变异株。

耐高温菌株在工业发酵中的应用意义在于它可以节约冷却水的用量，尤其是在夏季，并能减少染菌的机会。耐高温菌株所产生酶的热稳定性较高，适用于一些特殊的工艺过程。耐高温菌株也常采用此法筛选。将处理过的菌悬液在一定高温下处理一段时间后再分离。对此温度敏感的细胞被大量杀死，残存的细胞则对高温有较好的耐受性。

耐高浓度酒精的酵母菌的酒精发酵能力较高，也适宜提高发酵醪浓度，提高醪液酒精浓度。而耐高渗透压的酵母菌株具有积累甘油的性能，可用于甘油发酵。耐高酒精度、高渗透压的菌株也可分别在高浓度酒精或加蔗糖等造成的高渗环境下一次性筛选获得。

（2）阶梯性筛选法　药物抗性即抗药性突变株可在培养基中加入一定量的药物或对菌

体生长有抑制作用的代谢物结构类似物来一次性筛选，大量细胞中少数抗性菌在这种培养基平板上能长出菌落。但是在相当多的情况下，无法知道微生物究竟能耐受多少高浓度的药物，这时，药物抗性突变株的筛选需要应用阶梯性筛选法。

因为药物抗性常受多位点基因的控制，所以药物的抗性变异也是逐步发展的，时间上是渐进的，先是可以抗较低浓度的药物，而对高浓度药物敏感，经“驯化”或诱变处理后，可能成为抗较高浓度药物的突变株。阶梯筛选法由梯度平板或纸片扩散在培养皿的空间中造成药物的浓度梯度，可以筛选到耐药浓度不等的抗性变异菌株，使暂时耐药性不高，但有发展前途的菌株不至于被遗漏，所以说，阶梯性筛选法较适合于药物抗性菌株的筛选，特别是在暂时无法确定微生物可以接受的药物浓度情况下。

① 梯度平板法（gradient plate） 先将 10ml 左右的一般固体培养基倒入培养皿中，将皿底斜放，使培养基凝结成斜面，然后将皿底放平，再倒入 7～10ml 含适当浓度（通过实验来确定）的药物的培养基，凝固后放置过夜。由于药物的扩散，上层培养基越薄的部位，其药物浓度越稀，造成一由稀到浓的药物浓度渐增的梯度，见图 5.7.8。再将菌液涂布在梯度平板上，药物低浓度区域菌落密度大，大都为敏感菌，药物高浓度区域菌落稀疏甚至不长，浓度越高的区域里长出的菌抗性越强。在同一个平板上可以得到耐药浓度不等的抗性变异菌株。如果菌体对药物有个耐受临界浓度，则会形成的明显界线。

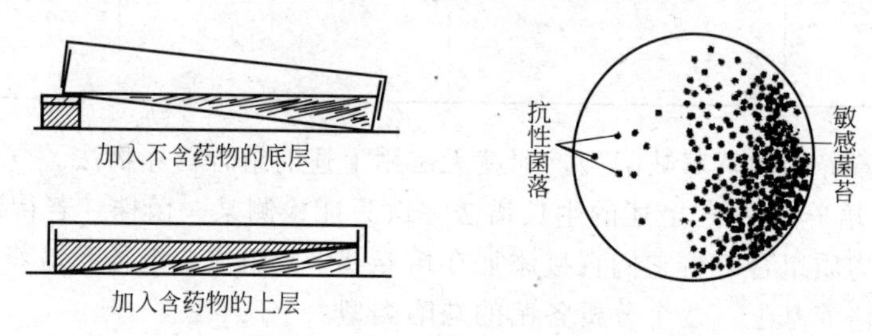

图 5.7.8 梯度平板法示意图

梯度平板法也常用于抗代谢拮抗物突变株的筛选，以提高相应代谢产物的产量。如异烟肼是吡哆醇的代谢拮抗物，两者的分子结构类似，见图 5.7.9。根据微生物产生抗药性原理，异烟肼抗性突变有可能是产生了分解异烟肼的酶类，也有可能通过合成更高浓度的吡哆醇来克服异烟肼的竞争性抑制。实验证明多数菌株是发生了后一性质的变异才获得抗性的。这样，通过梯度培养法就可以达到定向培育生产吡哆醇的高产菌株。同样原理，还获得过许多其他有关代谢产物的高产菌株，见表 5.7.3。

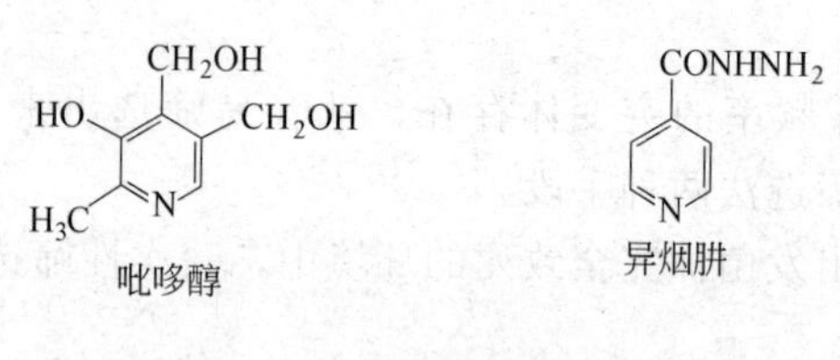

图 5.7.9 吡哆醇与代谢拮抗物异烟肼的分子结构

表 5.7.3 梯度培养法培育若干代谢产物的生产菌

代谢产物	生产菌	代谢拮抗物	代谢产物	生产菌	代谢拮抗物
肌苷	短小芽孢杆菌	8-氮鸟嘌呤	甲硫氨酸	大肠杆菌	乙硫氨酸
肌苷	棒杆菌	6-巯鸟嘌呤	酪氨酸	大肠杆菌	对氟苯丙氨酸
腺嘌呤	鼠伤寒沙门杆菌	2,6-二氨基嘌呤	亮氨酸	伤寒沙门杆菌	三氯-DL-亮氨酸
烟碱酸	衣藻	3-乙酰吡啶	吡咯叠氮	金色假单胞菌	6-氟色氨酸
色氨酸	伤寒沙门杆菌	6-甲基色氨酸			

② 纸片扩散法 与梯度平板法的原理类似，用打孔器将较厚的滤纸（如新华六号）打成小圆片，并使纸片吸收一定浓度的药物，经干燥或不经干燥，放入涂布了菌悬液的平板上，一般 9cm 的培养皿中等距放置三片为宜。经培养后观察围绕纸片的抑菌圈，抑菌圈内出现的可能就是抗性菌。

阶梯性筛选法也有一定的缺点，它们只有在抑制区域才能挑选抗性菌，而低浓度区域面积较大，优良的抗性突变株若被分散在低浓度区域或远离纸片的区域，则可能没有被检出，因此，漏检的几率较大。

5.7.3.3 组成酶变异株的筛选

许多水解酶是诱导酶，只有在含有底物或底物类似物的培养环境中，微生物才会合成这些酶类，所以，诱导酶的生产不仅需要诱导物，而且受到诱导物的种类、数量以及分解产物的影响。能迅速利用的碳源（如葡萄糖）往往会引起酶合成的减少，诱导物有时又比较昂贵。这些都可能造成这些水解酶工业生产的波动以及生产成本提高。如果控制这些酶合成的调节基因发生了变异，诱导酶就可能转变成组成酶，它的合成与细胞的其他组织蛋白一样，不再需要诱导物的存在。由诱导型的出发菌株诱变筛选出组成型变异株对于水解酶的工业生产具有重要的现实意义。具体的筛选方法有恒化器法、循环培养法和诱导抑制物法。

（1）恒化器法 恒化器常被用于微生物的“驯化”。在培养基中添加不能起诱导作用的低浓度底物，接入处理后的菌悬液进行培养，此时出发菌株由于不能被诱导，无法合成有关的诱导酶而不能分解该底物，从而生长速率极慢，而群体中少数组成型变异株则可合成有关的酶，分解利用该底物，生长速率较快。为了提高组成酶变异株的优势，即它在群体中的比例，可以应用恒化器培养技术。随着恒化器培养中不断加入新鲜基质而逐渐增大组成酶变异株的优势，这样就能够比较容易地做进一步的纯化分离。

（2）循环培养法 利用不含诱导物的培养环境和含有诱导物的培养环境进行交替循环培养待分离的菌悬液，从而使组成酶变异株得到富集。当接种到不含诱导物而含有其他可利用碳源的培养基中时，两种类型菌株同样能较好地生长，但在此环境中组成型突变株已能合成有关的水解酶，而诱导型菌株就不能合成。进而将它们转接入含诱导物的培养基中时，变异株能迅速利用诱导底物进行生长繁殖，而诱导型出发菌株需经历一个诱导合成酶的阶段，两类菌株的生长就不同步了，随着循环交替培养的继续，组成酶变异株所占的比例将逐渐增大。

（3）诱导抑制剂法 有些化合物能阻止某些诱导酶的合成，如 α-硝基苯基-β-岩藻糖苷对大肠杆菌的 β-半乳糖苷酶的诱导合成有抑制作用，称为诱导抑制剂。当在诱导物和诱导抑制剂同时存在的培养环境中培养待分离菌群时，诱导型菌株不能产生诱导酶，无法正常生长，只有组成型变异株能够利用底物进行生长繁殖。

5.7.3.4 高分子废弃物分解菌的筛选

随着石油化工和塑料工业的发展，各种高分子包装废弃物日益增多，这些“白色污染”在自然界很难被消化而进入物质循环。设法选育能分解利用这些高分子材料的微生物对于环境保护至关重要。这些高分子材料大多是不溶于水的，直接分离具有分解功能的微生物很困难。为此，有人设计了阶段式筛选法，首先寻找能在与聚乙二醇结构相似的含两个醚键的三甘醇上生长的微生物，接着，诱变筛选能分解聚乙二醇的变异株；或者筛选能以乙二醇、丙二醇为碳源的菌株，继而诱变筛选出能利用聚乙二醇等物质的变异株。这种由简单的聚合物单体入手逐级筛选高分子废弃物分解菌也许是一条有效的筛选思路。

5.7.3.5 无泡沫菌株及高凝聚性菌株的筛选

有些菌在发酵过程中会产生大量的泡沫，从而造成发酵液满溢，增大了染菌的机会，使发酵体系反应不均匀，也有可能引起某些发酵产物的生物活性丧失，如蛋白酶变性失活。为了避免泡沫的产生，常常需通过牺牲发酵液的装量或加入大量的消泡剂来消除泡沫的不利影响。发酵过程产生泡沫是菌体代谢、培养基和发酵工艺等方面的原因造成的，而菌种是产生泡沫的关键，选育无泡沫或少泡沫菌株可以从根本上解决泡沫问题。

有人用气泡上浮法筛选出了无泡沫的酒精酵母。将变异处理后的菌悬液接种入生长培养基中，培养器皿的底部放置无菌压缩空气喷口，培养过程中不断通入无菌空气，形成鼓泡，易产生泡沫的酵母菌会随泡沫而除去，留下的是不易产生泡沫的变异菌株；也有人用苯胺蓝染色法进行筛选，将经过变异处理的菌悬液经培养后涂布在含葡萄糖3%、酵母膏0.5%、苯胺蓝0.005%的平板上培养4d，出发菌株呈浅蓝色，变异菌株因细胞壁成分和结构改变造成与染料结合力改变，少泡沫的变异菌株呈深蓝色。

啤酒发酵和单细胞蛋白培养都希望由凝聚性较好的酵母菌株担任发酵菌种，以便于啤酒的澄清和保持良好的风味，以及单细胞蛋白的收集。采用上述的泡沫上浮法也可以除去不易凝聚的细胞，通过改变鼓泡速度的调节，可以获得具不同凝聚性的菌株。

复习思考题

1. 为什么说半保留复制原则和遗传密码的简并性对物种的生存有利？为什么突变和基因重组对生物进化非常重要？

2. 如何从突变的分子机制的角度来解释突变的自发性和随机性。

3. 试设计一个从土壤中筛选淀粉酶产生菌的实验方案。

4. 诱变育种的基本环节有哪些？整个工作的关键是什么？举例说明微生物学理论在育种工作中的重要性。

5. 微生物的DNA分子中碱基发生改变可能会出现哪些情况？碱基改变是否一定会产生变异菌株？

6. 什么是表型迟延现象？试分析其产生的原因并提出一些预防措施。

7. 染色体畸变主要包括哪些类型？

8. 在提高微生物发酵产量的诱变育种中，怎样的诱变剂才算是理想的诱变剂？怎样的剂量才算是合适的剂量。

9. 微生物的修复系统有怎样的作用机制？它们的存在对微生物有何意义？

10. 请用简图表示5-溴尿嘧啶（5-BU）引起AT ⟶GC和GC ⟶AT的碱基转换过程。

11. 请将下列诱变剂的作用机理与诱变方式划线配对：

掺入DNA取代正常碱基	移码诱变剂
引发高反应性的离子	碱基类似物
使鸟嘌呤形成*O*-6-乙基鸟嘌呤，并错误地与胸腺嘧啶配对	电离辐射
有可能造成一系列错误的密码子	烷化剂
引起胸腺嘧啶二聚体	非电离辐射
引起CG ⟶TA单向碱基转换	羟胺
引起碱基氧化脱氨基	亚硝酸

12. 以下哪个DNA序列最易受到紫外线的破坏：AGGCAA，CTTTGA，GUAAAU？当细菌暴露在太阳光下，为什么不会被全部杀死？

13. 试述转化的一般过程，并说明Griffith肺炎链球菌转化实验是如何实现的。

14. 试比较大肠杆菌的F^+、F^-、Hfr和F'菌株的异同，并图示这四者之间的关系。

15. 什么是缺陷噬菌体？什么是双重溶源菌？它们各是如何形成的？

16. 什么是转导？试比较普遍性转导和局限性转导的异同。

17. 原生质体融合技术的基本操作是怎样的？试分析该技术对微生物育种工作的重要性。

18. 目前，可在基因工程中担当外来基因的载体主要有哪些？它们有哪些特点？

19. 将经^{60}CO处理后的菌液涂布在CM、MM、SM培养基上，请问在哪种培养基上可能长出的菌落数最多？为什么？

20. 什么是遗传标记？它在微生物育种过程中能起哪些作用？

21. 举例说明在微生物诱变育种中，采用高效的筛选方案和方法的重要性。

22. 如何直接地将抗生素抗性突变菌株筛选出来？如何间接地将抗生素敏感菌株筛选出来？

23. 在一个细胞群体中，有抗链霉素的菌体，也有对链霉素敏感的菌体，请问如何将对链霉素抗性最强的菌株筛选出来，并进一步确认它是真正的抗性菌株。

24. 当不清楚菌株耐四环素的临界浓度时，采用哪种方式能较好地筛选到理想的抗四环素菌株？

25. 何谓影印培养？它在工业微生物学研究和应用中有哪些应用？

26. 有两个细菌培养物，培养物1：F^+，基因型$A^+B^+C^+$；培养物2：F^-，基因型$A^-B^-C^-$。

(a) 若使两个培养物发生接合，有可能产生怎样的基因型？

(b) 若先使F^+成为Hfr，然后再使两个培养物发生接合，有可能产生怎样的基因型？

27. 某突变菌株在基本培养基上无法生生，而在添加了0.1%碱水解酵母核酸后，该菌株能生长。请设计一实验方案以进一步确定该菌株的生长必需物。

28. 从微生物学发展的历史回顾微生物育种的主要方法，并说明它们各自的特点。

29. 请比较下列概念的区别：

(1) 自发突变与诱发突变；(2) 光复活作用与暗修复；(3) 转换与颠换；(4) 重组与杂交；(5) 有性杂交与准性杂交；(6) 平板影印培养法和平板划线培养法；(7) 性导（F因子转导）与转导；(8) 饰变与变异。

30. 请辨析下列说法

(1) 减数分裂是一种特殊的有丝分裂，染色体复制后，先进行一次正常的有丝分裂，继而进行一次染色体减数的有丝分裂；

(2) 遗传型相同的个体在相同环境条件下也会有不同的表现型；

(3) 低剂量照射紫外线，对微生物几乎没有影响，但以超过某一阈值的剂量后，则会导致微生物的基因突变；

(4) 碱基互变异构引起自发突变的效应需通过DNA复制而实现；

(5) 溶源转变也是一种基因重组的形式；

(6) 初生F′菌株与次生F′菌株都属于部分二倍体；

(7) 霉菌的基因重组常发生于准性生殖时，而在有性生殖过程中，却难以发生；

(8) 如果碱基的置换，并不引起其编码的肽链结构的改变，那么，这种突变现象称为无义突变；

(9) 与单独处理相比，诱变剂的复合处理虽然不一定能使微生物的总突变率增大，但能使正突变率大大提高；

(10) 在自然条件下，某些病毒DNA侵染宿主细胞后，产生病毒后代的现象称为转染；

(11) 一般认为各种抗性突变是通过适应而发生的，即由其所处的环境诱发出来的；

(12) 营养缺陷型的表型回复到野生型表型，则说明它发生了回复突变。

下篇　工业微生物学应用

6 微生物能量代谢产物

微生物生长需要消耗能量，在能量代谢过程中就会生成各种各样的代谢产物，这些产物都属于初级代谢产物，它们的合成是为了满足微生物本身的能量需求，因此属于微生物的本能。微生物的能量代谢根据能源的不同大致可以分为三种类型：光能型、无机化能型及有机化能型。光合细菌和藻类能够利用光能，电子受体及碳源为二氧化碳，能量代谢产物主要是菌体，可以作为单细胞蛋白或从中提取许多有用的化合物。光合作用还能释放出氧气，是自然界碳循环和氧循环的重要参与者。值得一提的是，有些光合微生物还能产生氢气，已经成为生物制氢的重要研究对象。无机化能型微生物以高能无机化合物为能源，二氧化碳或氧气为电子受体，二氧化碳或有机物为碳源。这类微生物在自然界的硫元素循环中起着重要作用，在工业上的应用主要是在生物冶金、生物脱硫等领域。自然界中的微生物大部分都属于有机化能型，它们从有机物代谢中获得能源，根据电子受体的不同又可以分为厌氧及好氧两大类，前者以有机物为电子受体，后者则以氧气为电子受体。具有重要工业意义的微生物能量代谢产物都是由这类微生物生产的。本章将只限于讨论有机化能型微生物的能量代谢产物。

6.1 从碳氢化合物经济向碳水化合物经济过渡中微生物能量代谢产物的地位

资源是可持续发展战略的基础，也是促进社会进步和国民生活水平提高的关键因素之一。地球上的资源是有限的，特别是不可再生的矿物质资源，正在以越来越快的速度消失。近年来，我国已经成为净能源进口国，由于国际市场原油价格快速升高，已经开始威胁我国的战略安全。

“平台化合物（platform chemicals）”是指那些来源丰富、价格低廉、用途众多的一类大吨位（一般年产量大于 10 万吨）的基本有机化合物，如：乙烯，苯等。从平台化合物出发，可以合成一系列具有巨大市场和高附加价值的产品，对国民经济发展和人们生活水平提高产生重要的影响。在 19 世纪及 20 世纪初，有机化学工业的基础是煤化工，许多平台化合物都来源于煤，如苯、萘、乙炔、甲烷等。到了 20 世纪中叶以后，来自石油化工的平台化合物，如乙烯、丙烯、乙二醇、苯、甲苯等，取代了煤化工，成了平台化合物的主要提供者。无论是煤化工还是石油化工，它们所形成的产业链都属于碳氢化合物经济。

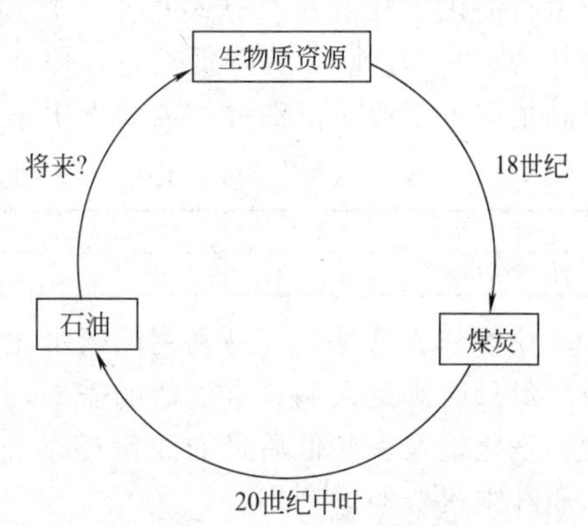

图 6.1.1 平台化合物来源的历史沿革

伴随着新世纪的发展，由于资源供应限制和消耗增加，尤其是原油价格快速上升，已经为我们依赖于石油的能源工业、有机化工、精细化工、医药化工等工业部门敲起了警钟，这些工业部门原来使用的来自于石油化工的原料将不能再维持其低廉的价格，它们的生产成本将不可避免地大幅度上升。

可再生生物质资源产量巨大、可以不断地得到再生，而且具有合适的碳氢氧元素之比（约1∶2∶1），很自然，人们重新将目光转向了可再生生物质资源（见图6.1.1），许多科学家和经济学家已经指出，未来的能源结构和基本有机化工的原料路线正面临着从碳氢化合物向碳水化合物的战略转化。

近年来，世界各国对生物资源利用的研究重新给予了极大的关注。美国国会在2000年通过了“生物质研究开发法案”（Biomass R & D Act of 2000）；2002年布什政府组建了“生物质项目办公室”（Office of the Biomass Program），成立了专门的生物质技术咨询委员会（Biomass Technical Advisory Committee）；2002年，美国能源部和农业部联合提出了《生物质技术路线图》的政策性报告。美国生物能源的发展目标是：到2020年，生物燃油将取代全国燃油消费量的10%，生物来源的基本有机化工产品将占总供应量的25%；减少相当于7000万辆汽车尾气中约1亿吨碳排放量；每年增加农民收入200亿美元。这份报告预示“一个充满活力的新行业将在美国出现，它将提高我们的能源安全、环境质量和农村经济，它将生产我们国家相当大一部分的电力、燃料和化学品”。

欧盟委员会提出，到2020年运输燃料的20%将用燃料乙醇等生物燃料替代。英国计划到2010年可再生能源发电量将占到全国总发电量的10%。一些跨国公司如荷兰皇家壳牌石油公司、英国石油公司、巴斯夫、杜邦、陶氏化学等都提高了对包括生物质能源在内的可再生能源的研究和开发投资。

日本制订了“阳光计划”，印度制订了“绿色能源工程计划”，巴西制订了酒精能源计划等，纷纷投入巨资进行生物能源的研发。

2003年6月来自世界各国、有关国际组织、企业界的1000多名代表出席了“国际可再生能源会议”，提出扩大再生能源供应是今后发展的必然趋势，全球将加速从矿物能源时代向可再生能源时代过渡。许多国家都在制定或调整本国能源政策，不约而同地把生物能源摆在了重要的位置，制定了相应的开发研究计划，并开始实施。

早在20世纪70年代的第一次石油危机时，人们就已经意识到石油不再是一种廉价的能源和化工原料，更不是一种取之不尽的资源，人类总有一天将面对没有石油的日子。当时，以美国为代表的原油主要消费国政府就投入巨资对可再生生物资源的利用开展了全面、深入的研究。由于第一次石油危机是部分产油国的禁运引起的，因此，禁运结束后，原油价格就开始下降并保持了相当长时间的稳定。在这种情况下，大多数关于可再生生物资源利用的研究成果未能发展成为工业化过程，但是也有例外，如酒精发酵。巴西缺乏石油资源，但有丰富的土地资源和良好的气候条件，通过大力发展甘蔗种植、酒精发酵和汽油醇的新技术，发酵酒精的年产量已经突破了2500万吨，大大降低了巴西对进口石油的依赖度并提高了人们的生活水平。美国也利用丰富的粮食资源发展酒精发酵工业，1991年就几乎完全取代了原来由石油化工获得的乙醇（见表6.1.1），而且产量在不断扩大，2005年已经达到了40亿加仑（约1200万吨），为降低对进口原油的依赖、为过剩的粮食寻找出路、减少二氧化碳排放及满足汽车工业对汽油醇的需要做出了贡献。

表6.1.1 历年来美国发酵酒精产量占总产量的比例

年份	1920	1935	1954	1963	1977	1982	1991	2005
发酵酒精/%	100	90	30	9	6.5	55	94	100

淀粉和蔗糖是最容易利用的碳水化合物。我国的基本国情是人多地少，每年的粮食和食糖产量只能满足人们日常生活的需要，基本上没有富余。因此，除了充分利用我国的富余粮食、陈化粮及一些低质量的淀粉资源（如木薯等）并不断扩大甘蔗种植面积外，还必须考虑木质纤维素资源的利用。

我国有着丰富的可再生生物质资源。以粮食和木质纤维素为例，我国目前的粮食产量达到约 5.0 亿吨/年，以木质纤维素为主的秸秆产量约是粮食的 1～1.5 倍。加上其他农作物秸秆及木材加工工业废弃物，我国可利用的木质纤维素资源将达到 20 亿吨/年以上，与我国的能源年消耗量有相同的数量级。

木质纤维素资源的利用应该成为我国研究和开发的主要方向。木质纤维素的主要成分是半纤维素、纤维素及木质素。半纤维素和纤维素的水解产物分别是木糖和葡萄糖，它们都属于可发酵糖。特别是葡萄糖，可以采用现有的菌种和工艺发酵生产各种平台化合物。近年来木糖发酵的研究和开发进展也很快，已经发现了很多能够代谢木糖的微生物，通过基因工程改造，使许多本来不能代谢木糖的微生物也具有了发酵木糖的能力，利用亚硫酸纸浆生产废液中的木糖发酵生产乙醇或单细胞蛋白的工业化试验已经获得成功。

如果能够将木质纤维素资源的 10%用于新型平台化合物的生产，就能够大大缓解我国能源和基本有机化工资源短缺的现状，为我国的可持续发展做出重要的贡献。

令人惊喜的是许多重要的平台化合物都属于微生物能量代谢的产物或能从这些产物通过化学或生物转化获得。这样一来，微生物能量代谢产物在未来的能源及化学工业中的作用和意义已经得到了各国政府、产业界和学术界的认同，将会迎来高速发展的新时代。

6.2 微生物能量代谢产物的发展历史和代谢途径

6.2.1 微生物能量代谢产物生产的发展历史

人类利用微生物生产饮料酒的历史几乎与人类自身的历史同样古老，有记录的酿酒历史可以追溯到公元前 2000 年以前，我国在郑州附近商代遗址出土的窖藏酒说明我国劳动人们早在商代就掌握了酿酒技术。蒸馏酒精大约出现在十二世纪并首次用于饮料之外的用途，先是作为溶剂，然后用于医药。无水酒精在 1796 年实现了工业化生产。到 19 世纪末，酒精已经广泛用于化学工业。20 世纪 50 年代石油化工的发展虽然对酒精发酵工业造成了威胁，但是由于酒精发酵工业有丰富、廉价、而且可再生的原料来源，酒精发酵工业不但没有被石油化工挤垮，反而逐渐收复了失地并快速发展。现在，酒精不但已经大量用于汽油醇，而且酒精脱水生产乙烯已经工业化，显示了强大的竞争力。酒精作为平台化合物的地位已经确立。

20 世纪初，生物技术发展历史中具有里程碑意义的丙酮/丁醇发酵投入了工业化生产。这是人类第一次用人工筛选的微生物采用发酵法生产的化学品。早在 1862 年，法国微生物学家 Pasteur 就开始研究从乳酸和乳酸钙生产丁醇，随后，波兰人 Prazmowski 将用于该过程的厌氧微生物命名为 *Clostridium*。直到 1905 年 Schardinger 才发现这种微生物除了能产生丁醇外还产生丙酮。1912 年 Weizmann 分离得到了 *Clostridium acetobutylicum*，证明该菌能将淀粉转化为丙酮、丁醇和乙醇并申请了英国专利。1914 年爆发了第一次世界大战，出于战争对火药的需要，迫切需要大量的丙酮，于是 Strange & Graham 公司开始建厂，试图生产丙酮，但是没有获得成功。然后 Weizmann 接管了该工厂，并按他自己的方法成功地生产出了丙酮和丁醇。由于当时还没有发现丁醇的适当用途，产量达丙酮一倍的丁醇就成了问题。一战后，DuPont 公司发明了从丁醇生产乙酸丁酯的方法并大量用于汽车工业用油漆的生产，从丁醇生产丁二烯的工艺则促进了二战期间合成橡胶工业的发展，从此丙酮/丁醇发酵工业进入了发展的黄金时期，到 1940 年，丙酮和丁醇的产量分别达到了 4.5 万吨和 9 万吨。以后，由于来自石油化工的竞争，各国的丙酮/丁醇发酵工业在 20 世纪 50～60 年代纷纷停止了生产，只有在中国和南非还有少量生产厂。在当前新的形势下，发酵法生产丙酮/丁醇的成本已经可以与石油化工竞争，该发酵过程所产生的大量氢气将成为未来发展氢能的重要原料，丁醇除了作为化工原料外，也可以直接掺入汽油中作为新型燃料。可以预料，通过采用现代生物技术改造丙酮/丁醇产生菌及对发酵和分离过程的改进，将进一步提高丙酮/丁醇发酵工业的效率，该工业的复苏是可以预期的。

乳酸是另一种历史悠久的微生物发酵产物，酸奶可能是人类的第一种发酵食品，而且一直沿用至今。1780年瑞士化学家Scheele从酸奶中分离出了乳酸，1847年Bloudeau证明了乳酸是乳酸杆菌发酵的最终产物。1881年，Avery首先在美国实现了乳酸发酵的工业化生产。乳酸对碳源的利用率高，葡萄糖对乳酸的理论转化率是100%，实际转化率也达到了90%以上，因此生产成本低廉。今天，乳酸不但在食品、制革和医药等工业部门广泛应用，而且由于乳酸的聚合物或共聚物是可以生物降解的高分子材料，已经在生物医药工程和包装材料领域中得到了应用，具有广阔的市场。乳酸脱水生产重要的高分子材料原料丙烯酸的过程也已经在研究与开发。有人预料，乳酸将成为产量最大的30种平台化合物之一。

柠檬酸原来是从柠檬中分离得到的，主要应用于食品工业和洗涤剂，意大利人曾经控制了世界的柠檬酸生产。1883年，Wehmer发现一种青霉能够积累柠檬酸，但是他的工业化尝试却以失败而告终。1917年，Currie发现了一株产柠檬酸的黑曲霉，并通过美国的Pfizer（辉瑞）公司于1923年采用浅盘发酵实现了工业化生产，柠檬酸液体深层发酵到20世纪50年代初才获得成功。柠檬酸不但是食品工业中最重要的酸味剂，而且是生产无磷洗涤剂的重要原料。目前从柠檬中提取柠檬酸已经完全被发酵工业所取代，我国已经成为世界上最大的发酵法生产柠檬酸的国家。

在微生物能量代谢产物的名单上还有甘油、多种有机酸及其他小分子化合物。葡萄糖酸发酵生产菌的发现和工业化发展历史几乎与柠檬酸平行；衣康酸发酵的工业化则要晚得多，在20世纪40年代中期才出现浅盘发酵技术，现在已经采用液体深层发酵。发酵法生产的丁酸、富马酸及琥珀酸等都具有各种工业应用。

6.2.2 微生物能量代谢产物的代谢途径

以葡萄糖为碳源时，微生物能量代谢产物的代谢途径一般都通过EMP途径获得丙酮酸，再合成各种产物。主要的代谢途径如图6.2.1所示。

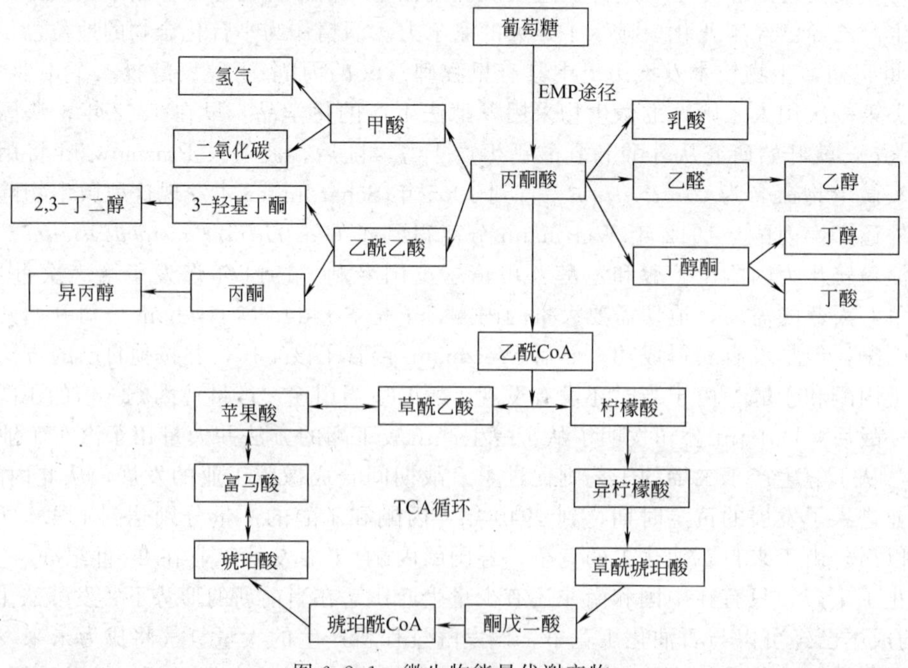

图6.2.1 微生物能量代谢产物

从图 6.2.1 可以看到，以丙酮酸和乙酰 CoA 为关键代谢中间产物获得的代谢产物都属于厌氧发酵产物，而与三羧酸循环有关的产物则属于好氧发酵产物。

值得注意的是具有重要工业化生产价值的微生物能量代谢产物多数属于厌氧代谢产物，如：氢气、甲烷、乙醇、乳酸、丙酮/丁醇、丙酸、丁酸及 2,3-丁二醇等。当以碳水化合物为碳源时，能量代谢产物的合成具有如下一些显著特点。

① 除乳酸外，发酵产物的还原度大于底物。还原度是根据一碳单位计算的化合物中可利用电子含量。定义 C、H、O、N、S 及 P 原子的还原度分别为：+4、+1、−2、−3、−2 及+5，这样，葡萄糖一碳单位（CH_2O）的还原度为：4+2−2=4；而乙醇一碳单位（$CH_3O_{1/2}$）的还原度为：4+3−1=6。用碳水化合物代替碳氢化合物生产平台化合物的主要困难是碳水化合物的氧含量太高，必需予以还原。厌氧代谢的电子受体是有机物，它们接受电子后被还原，使其分子的原子组成更接近碳氢化合物。

② 厌氧代谢产生的能量比好氧代谢少，但能量利用效率高，而且只有少部分用于菌体合成，极大部分都用于产物的合成。这样，使碳源转化为产物的转化率很高。部分厌氧代谢产物的产率、自由能变化及所产生的 ATP 列于表 6.2.1。例如，葡萄糖发酵生产乙醇的碳原子理论利用率为 2/3，重量产率为 0.51g 乙醇/g 葡萄糖，实际发酵产率可达到 0.45～0.48g 乙醇/g 葡萄糖；葡萄糖发酵生产乳酸的理论碳原子利用率为 100%，实际产率能达到 90%～95%。

表 6.2.1 部分厌氧代谢产物的产率、自由能变化及所产生的 ATP

总反应方程式	产物产率/%		$\Delta G^{0'}$ /(kJ/mol 底物)	ATP 产率 /(kJ/mol 底物)	
	重量	能量		期望	最大
葡萄糖+$4H_2O$→2 乙酸+$2HCO_3^-$ +$4H^+$ +$4H_2$	67	62	−206.3	4	6.4
葡萄糖→3/4 丙酸+2/3 乙酸+2/3HCO_3^- +8/3H_2	55/77	73/93	−308.0	4	9.6
葡萄糖+0.6H_2O→0.7 丁酸+0.6 乙酸+1.3H^+ +$2CO_2$+2.6H_2	34/74	53/73	−249.5	3.3.	7.7
葡萄糖+$2H_2O$→丁酸$^-$ +$2HCO_3^1$+$2H_2$+$3H^+$	49	78	−254.8	3	7.9
乳酸→2/3 丙酸+1/3 乙酸+1/3H_2O+1/3CO_2	55/77	75/96	−56.6	1	1.7
葡萄糖→2 乳酸	100	97	−198.3	2	6.1
葡萄糖→2 乙醇+$2CO_2$	51	97	−226.0	2	7.0
葡萄糖+H_2O→丙酮+$4H_2$+$3CO_2$	32	63	−189.8	2	5.9
葡萄糖→丁醇+$2CO_2$+H_2O	41	95	−280.5	2	8.7

注：1. $\Delta G^{0'}$ 的测定条件是在 pH 7 水溶液、除 CO_2 和水外其他组分浓度为 1mol/L，未考虑所生成的 ATP。
2. ATP 的最大理论产率基于 ATP 的生成自由能为 32.18kJ/mol。
3. 产物产率（55/77）的第一个数字指主要产物，第二个数字代表总酸产率。

③ 厌氧发酵不需要通入无菌空气、甚至不需要搅拌，发酵周期较短，因此设备投资小、能耗低、操作简单；而且厌氧微生物一般不需要经过复杂的诱变育种，遗传稳定性好，发酵过程的染菌概率又低，有可能实现连续发酵（如丙酮/丁醇发酵）。

好氧发酵的能量代谢产物基本上都是有机酸，这些有机酸的用途也很广，但是由于分子中氧原子的比例没有或很少下降，作为平台化合物就不是很合适。

6.3 微生物厌氧发酵的能量代谢产物

6.3.1 酒精发酵的微生物

酒精是产量最大的发酵工业产品，酒精发酵的主要原料是各种糖类物质。由于酒精的价格低廉，因此微生物对原料的利用率、酒精产率及生产过程的能耗就成了酒精工业的关键因素。用于酒精发酵的微生物应该符合如下要求：产物酒精相对于所利用底物的转化率高、发酵速度快、对酒精的耐受力强、能够在较高的温度及偏酸性的 pH 条件下发酵、对底物的适应范围广等。最重要的酒精发酵微生物可以分为以下三大类：代谢葡萄糖的酵母、代谢葡萄糖的细菌及代谢木糖的酵母。

6.3.1.1 葡萄糖发酵生产酒精的酵母

图 6.3.1 显示了多次出芽后的啤酒酵母（*Saccharomyces cerevisiae*）电子显微镜照片。葡萄糖发酵生产酒精的代谢途径称为酵解或 Embden-Meyerhof 途径，属于厌氧（微耗氧）发酵，理论产率为每一分子葡萄糖产生各两分子的乙醇、CO_2 及 ATP，或每克葡萄糖生产 0.51g 乙醇，实际产率一般能达到理论产率的 90%以上。常用的酵母品种有：啤酒酵母、葡萄汁酵母（*S. uvarum* 或称为 *S. carlsbergensis*）、裂殖酵母（*Schizosaccharomyces pombe*）及 *Kluyverromyces* 等。上述酵母均属兼性厌氧菌，在酵母生长期需要一定的氧气，在酒精发酵阶段则需要厌氧条件以提高酒精产率。

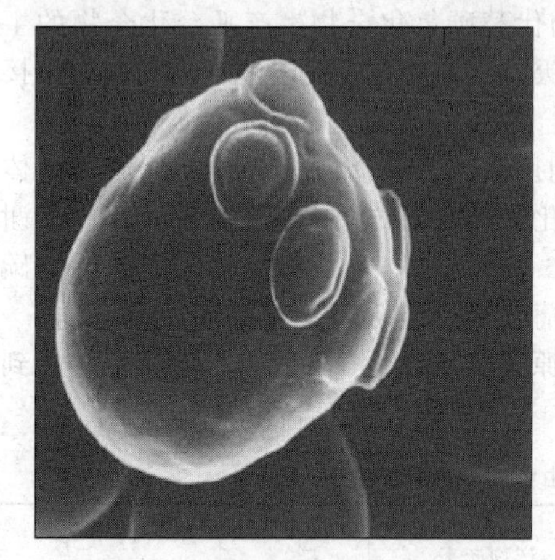

图 6.3.1 多次出芽后的啤酒酵母（*Saccharomyces cerevisiae*）电子显微镜照片

产物酒精会对酒精生产和酵母生长产生抑制作用，不同的酵母耐酒精能力也有很大的差别。对大多数酵母而言，当酒精浓度达到 5%时就会停止生长，当酒精浓度从 6%增加到 12%时，酒精生产速率逐渐减为零。某些耐酒精酵母的酒精浓度能够达到 18%，发酵醪中高浓度酒精有利于降低酒精蒸馏时的能耗。

酒精发酵是一个放热过程，普通啤酒酵母的最适发酵温度为 30℃，因此在发酵罐中需要通冷却水以保持发酵温度在 30℃左右，为此需消耗大量能量。一些研究者选育得到的高温酵母的最适发酵温度可以达到 40～50℃，适合于气温较高地区的酒精发酵工业。

酵母一般只能利用葡萄糖作为碳源，不能直接利用淀粉或纤维素。在利用淀粉或纤维素为原料时，必须先将它们用酶法或酸法水解为葡萄糖，这将增加酒精生产时的原料消耗和能耗。因此，选育能够直接代谢淀粉或纤维素的酵母将有利于降低酒精的生产成本。

6.3.1.2 葡萄糖发酵生产酒精的细菌

许多细菌也能代谢葡萄糖生产酒精，同时还会产生其他醇、有机酸、酮等副产物及各种气体。能够从每摩尔葡萄糖发酵产生 1mol 以上酒精的细菌见表 6.3.1，其中最有实际应用价值的是运动发酵单胞菌 *Zymomonas mobilis*。它的生长速率、底物消耗速率、产物生成速率等都高于酵母发酵，而细胞产率则低于酵母，因此具有较高的乙醇产率。*Z. mobilis* 与葡萄汁酵母间歇发酵的比较见表 6.3.2，可以看到该细菌的发酵速率大于酵母，而乙醇产率要比酵母高 6%以上。在细菌发酵时，葡萄糖的代谢途径除 Embden-Meyerhoff（EM）途径外，还有 Entner-Doudorof（ED）途径。在 ED 途径中，葡萄糖磷酸化后被氧化为 6-磷酸葡萄糖酸，随后脱水生成 2-酮-3-脱氧-6-磷酸葡萄糖（KDPG），再在 KDPG-缩醛酶的作用下切断。总反应是 1mol 葡萄糖生成各 2mol 乙醇和 CO_2，并产生 1mol ATP。

6.3.1.3 戊糖发酵生产酒精的微生物

在木质纤维素中，半纤维素的含量约占 20%～40%，半纤维素的水解产物是以木糖为

表 6.3.1 以乙醇为主要发酵产物的细菌

中温菌	Y	嗜温菌	Y
芽孢杆菌 (*Clostridium sphenoides*)	1.8	耐热厌氧菌 (*Thermoanaerobacter ethanolicus*)	1.9
运动发酵单胞菌 (*Zymomonas mobilis*)	1.9	芽孢杆菌 (*C. thermohydrosulfuricum*)	1.8
螺旋体菌 (*Spirochaeta aurantia*)	1.5	芽孢杆菌 (*C. thermocellum*)	1.0
解淀粉杆菌 (*Erwinia amylovora*)	1.2	杆菌 (*Bacillus stearothermophilus*)	1.0
明串珠菌 (*Leuconostoe mesenteroides*)	1.1	耐热厌氧菌 (*Thermoanaerobium brockit*)	0.95

注：Y 的单位是 mol 乙醇/mol 葡萄糖。

表 6.3.2 ***Z. mobilis*** 和 ***S. uvarum*** 不通气间歇发酵结果的比较

动力学参数	*Z. mobilis*	*S. uvarum*
比生长速率,1/h	0.13	0.055
比葡萄糖消耗速率,$q_S/gg^{-1}h^{-1}$	5.5	2.1
比乙醇产生速率,$q_P/gg^{-1}h^{-1}$	2.5	0.87
细胞产率,$Y_{X/S}/gg^{-1}$	0.019	0.033
乙醇产率,$Y_{P/S}/gg^{-1}$	0.47	0.44
相对乙醇产率/%	92.5	86
最大乙醇浓度/(g/L)	102	108

注：初始葡萄糖浓度为 250g/L，30℃，pH5.0。

主的戊糖，因此木糖发酵就成了综合利用可再生生物质资源的关键。自 20 世纪 70 年代以来，利用微生物发酵从木糖生产酒精的研究工作从未间断并取得了很大的进展，发现了许多能够发酵木糖生产酒精的微生物。它们中既有细菌也有酵母菌和霉菌。

图 6.3.2 说明了在产气气杆菌中戊糖和戊糖醇的三条不同的代谢途径：①由异构酶催化的醛糖异构化反应将醛糖转化为酮糖，然后磷酸化；②通过脱氢酶催化的氧化还原反应将戊糖醇转化为戊酮糖然后磷酸化；③由磷酸激酶催化戊糖直接磷酸化。所得到的 D-木酮糖-5-磷酸及 D-核糖-5-磷酸必须经过 D-景天庚糖-7-磷酸，赤藓糖-4-磷酸和 D-甘油醛-3-磷酸途径形成果糖-6-磷酸，随后进入糖酵解途径。图 6.3.3 则显示了毕赤酵母（*Pichia* sp）中的戊糖和戊糖醇的代谢途径。虽然酵母中也存在木糖异构酶，但是戊糖的代谢主要通过氧化-还原反应途径进行，因此必须在严格控制的好氧条件下进行。

发酵木糖生产酒精的细菌主要有：*Aeromonas hydrophila*，*Bacillus polymyxa*，*Aerobacter indologens* 等，但是它们在产生酒精的同时还会产生 2，3-丁二醇和各种有机酸等发酵副产物，从而影响酒精的得率。表 6.3.3 显示了这三种细菌发酵葡萄糖和木糖时的产物分布，从表中可以看到，产物的分布比较分散，乙醇的转化率比较低。*Bacillus macerans* 等也能够发酵木糖，主要产物是酒精、CO_2、H_2、乙酸和丙酮，但能够利用的木糖浓度只有约 1%。厌氧嗜热菌 *Clostridium thermosaccharolyticum* 及混合培养的 *C. thermocellum* 和 *C. thermosaccharolyticum* 能够直接利用纤维素和半纤维素生产酒精、乳酸和乙酸，其中后

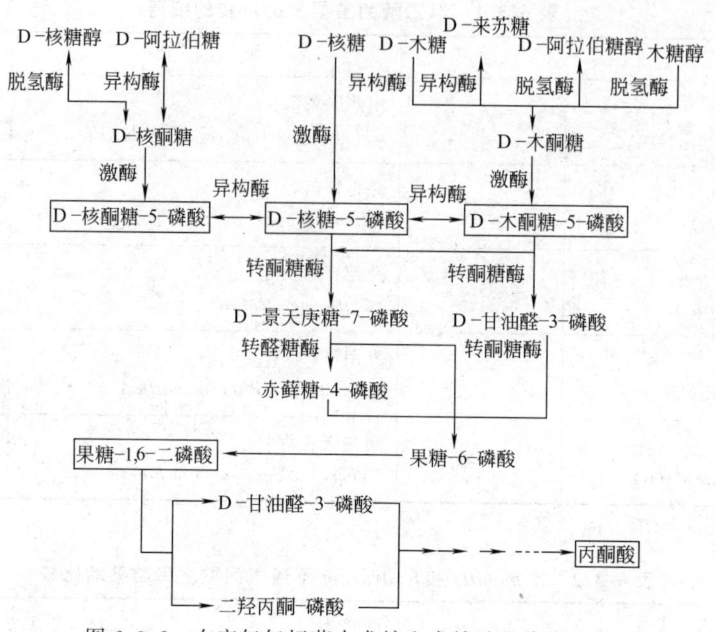

图 6.3.2 在产气气杆菌中戊糖和戊糖醇的代谢途径

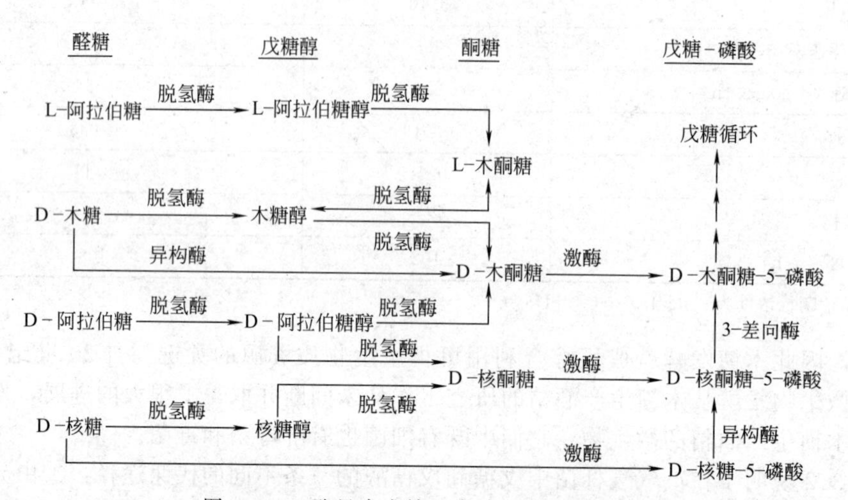

图 6.3.3 酵母中戊糖和戊糖醇的代谢途径

者可以从 1g 纤维素中生产 0.57g 酒精，但生长速率很慢。

能够利用木糖生产酒精的酵母见表 6.3.4。其中研究得最多的是属于管囊酵母（*Pachysolen*）、假丝酵母（*Candida*）和毕赤酵母（*Pichia*）属的一些种，它们发酵木糖生产酒精的一些典型数据见表 6.3.5。可以看到，假丝酵母和毕赤酵母的发酵速率、酒精浓度和酒精产率都比管囊酵母要高得多，是利用木糖生产酒精的较理想菌种，目前国内外都已经有应用这两种酵母以亚硫酸纸浆废液中的木糖为碳源发酵生产酒精的工业化生产报道。与利用葡萄糖进行啤酒酵母酒精发酵相比，木糖发酵生产酒精的过程发酵速率低、酵母对酒精的耐受力差，而且发酵过程必须在微溶氧的条件下进行。

表 6.3.6 列出了能利用木糖发酵生产酒精的霉菌。从表中可以看到，有些霉菌发酵木糖生产酒精的转化率虽然较高，但是发酵周期很长，没有什么实际应用价值。

近年来，代谢工程在利用木糖发酵生产酒精微生物中的应用发展很快，目的是实现葡萄糖和木糖的同时代谢、提高木糖的发酵速率及酒精的转化率。

表 6.3.3 三种细菌利用葡萄糖和木糖发酵时的产物分布（产物 mol/100mol 糖）

发酵产物	*A. hydrophila*		*B. polymyxa*		*A. indologenes*	
	葡萄糖	木糖	葡萄糖	木糖	葡萄糖	木糖
2,3-丁二醇	54.7	39.0	65.1	38.0	64.1	44.0
3-羟基丁酮	1.7	2.6	2.8	2.5	0.7	0.9
乙醇	52.0	48.9	66.2	63.0	66.6	55.9
乙酸	4.6	9.3	2.9	7.7	1.0	11.4
甲酸	—	—	—	—	27.9	26.3
丁二酸	3.6	1.1	—	—	—	5.5
乳酸	23.3	20.4	—	—	3.0	5.2
CO_2	166.2	134.7	199.6	161.0	153.0	114.1
H_2	57.5	70.9	70.9	82.0	27.6	19.1
碳转化率/%	98.2	96.6	101.6	92.9	97.0	98.5

表 6.3.4 能够利用木糖发酵生产酒精的酵母及其产酒精和木糖醇能力

酵　母	酒精/(g/L)	木糖醇/(g/L)
酒香酵母，*Brettanomyces naardenensis* CBS6041	1.8	—
假丝酵母，*Candida guilliermondii*	2.5	—
C. shehatae CBS 5813	6.5	—
C. shehatae CSIR 57D1	20.6	—
C. shehatae Y12856	24.0	0.2
C. tenuis CSIR-Y565	11.0	5.1
Kluyveromyces sp. KY5199	4.4	—
K. cellobiovorus KY5199	27.0	22.0
管囊酵母，*Pachysolen tannophilus* CBS 6857	2.1	—
P. tannophilus Y 246050	16.0	—
毕赤酵母，*Pichia stipitis* CBS 5773	5.9	—
P. stipitis 5Y-7124	20.0	—
P. stipitis CSIR-Y633	22.0	—
裂殖酵母，*Schizosaccharomyces* ATCC 20130	5.0	1.4

表 6.3.5 三种酵母木糖发酵生产酒精的典型数据

酵　母	浓度/(g/L)			乙醇产生速率		产率/(g/g 木糖)	
	S_0	S_R	P_{max}	$R_1/g\cdot L^{-1}\cdot h^{-1}$	$R_2/g\cdot g^{-1}\cdot h^{-1}$	木糖醇	乙醇
管囊酵母，*P. tannophilus* Y 2460	50	0	16	0.16	0.076	0.14	0.32
	150	5	24	0.13	0.058	0.24	0.25
毕赤酵母，*P. stipitis* Y 7124	50	0	20	0.28	0.170	0.00	0.41
	150	7	39	0.38	0.230	0.01	0.42
假丝酵母，*C. shehatae* Y 12856	50	0	29	0.29	0.190	0.02	0.45
	150	25	32	0.32	0.160	0.03	0.44

注：S_0—初始木糖浓度；S_R—残糖浓度；P_{max}—最高酒精浓度；R_1—体积速率；R_2—以干酵母计速率。

表 6.3.6 利用木糖发酵生产酒精的霉菌

微生物	S_0/(g/L)	P_{max}/(g/L)	产率/(g/g)	R_1/g·L^{-1}·h^{-1}	周期/h	糖利用率/%
念珠菌,*Monilia sp.*	50	10.0	0.20	0.06	168	—
毛霉,*Mucor* 105	50	8.0	0.16	0.08	96	54
镰刀菌,*Fusarium*, *lycopersici*	50	16.0	0.32	0.17	96	100
镰刀菌,*F. oxysporum*	50	25.0	0.50	0.17	144	100
链孢霉,*Neurosporum crassa*	20	6.8	0.34	0.05	144	—

6.3.2 丙酮/丁醇发酵

前面已经简要介绍了丙酮/丁醇发酵在发酵工业历史中的重要地位。用于丙酮/丁醇发酵的微生物都属于梭状芽孢杆菌（*Clostridium*），比较典型的有：*C. acetobutylicum*，*C. toanum*，*C. sacchrobutylacetonicum-liquefaciens*，*C. celerifactor* 及 *C. madisonii* 等。它们的共同特点是都属于厌氧菌，都能够形成真正的孢子，而且具有很强的生命力。最适温度和 pH 值分别为 26～32℃及 pH5.4～6.0。当以葡萄糖为碳源时，首先经 EMP 途径形成乙酰辅酶 A，一部分脱羧生成丙酮，另一部分则还原形成丁醇。事实上，除了丙酮/丁醇外，还会产生其他有机酸和醇类。梭状芽孢杆菌发酵时还会产生 CO_2 及 H_2 等气体产物。三种梭状芽孢杆菌发酵产物的分布见表 6.3.7。

表 6.3.7 三种梭状芽孢杆菌的发酵产物分布

产物	产物产率/(mmol 产物/mmol 葡萄糖)			产物	产物产率/(mmol 产物/mmol 葡萄糖)		
	C. butylicum	*C. acetobutylicum*	*C. butylicum*		*C. butylicum*	*C. acetobutylicum*	*C. butylicum*
丁酸	76	4	17	异丙醇	—	—	12
乙酸	42	14	17	3-羟基丙酮	—	6	—
乙醇	—	7	—	二氧化碳	188	221	204
丁醇	—	56	59	氢气	235	135	78
丙酮	—	22	—	总碳利用率/%	96	100	96

注：表中的丁酸梭状苯孢杆菌（*C. butybicm*）是两种不同的菌株。

从表中数据可以看到，丙酮丁醇梭状芽孢杆菌（*C. acetobutylicum*）是最好的丙酮/丁醇生产菌种。在丙酮/丁醇发酵过程中，产物（特别是丁醇）对微生物的生长存在着严重的抑制作用，以至于发酵液最终的总溶剂浓度只有约 20g/L。产物中丙酮/丁醇的比例受到发酵温度、发酵速率及氮源的影响，当发酵温度为 32℃、高稀释率及硫酸铵为氮源时有利于提高丁醇的产率。

6.3.3 发酵法生产 2,3-丁二醇的微生物

用发酵法生产 2,3-丁二醇在 20 世纪 40 年代末受到了人们的重视，因为该产物经脱水反应就能够生产合成橡胶的原料 1,3-丁二烯，但是由于石油化工提供了更经济的原料路线，发酵法生产 2,3-丁二醇的过程始终没有实现工业化。近年来，由于可以利用木糖生产 2,3-丁二醇并进一步用于生产甲乙酮作为提高汽油辛烷值的添加剂，对发酵法生产 2,3-丁二醇的兴趣又在逐渐增加。

能够产生 2,3-丁二醇的微生物很多，主要的有产气菌、塞氏菌及杆菌等，如：*Aerobacter*,

Aerobacillus，*Aeromonas*，*Serratia* 及 *Bacillus*，其中最重要的生产菌是：*Aerobacter aerogenes*，*Aeromonas hydrophilia*，*B. polymyxa*，*B. subtilis* 和 *S. marcenscens*。这些细菌中既有好氧的也有厌氧的，但是在微生物内合成 2,3-丁二醇的途径都是通过乙酰辅酶 A 经 2-羟基丁酮还原得到。好氧菌能够利用的碳源很广，不但能利用葡萄糖，而且能够利用木糖和甘露醇等。厌氧菌则只能利用葡萄糖。适宜的发酵温度和 pH 值分别为 30℃及 pH 值 6.0。

表 6.3.8 及表 6.3.9 分别列出了用两种典型细菌发酵生产 2，3-丁二醇的发酵产物分布。从表 6.3.8 可以看到，*B. polymyxa* 具有较强的同化葡萄糖和木糖的能力及较高的 2，3-丁二醇产率。表 6.3.9 列出了同样属于 *S. marcenscens* 的四个不同菌株的产物分布，可以看到不同菌株间存在很大的差异。从两个表中的数据比较得知，好氧和厌氧发酵的产物分布是不同的，主要原因是电子供体和受体不一样。另外从表中的产物分布也可以看到，发酵液中除 2，3-丁二醇外还有很多副产物，产物的分离将很困难。

表 6.3.8 *B. polymyxa*，NRC25 利用四种不同碳源好氧发酵的产物分布

碳　源	葡萄糖	木糖	丙酮酸	甘露糖
发酵消耗原料量/g	5.21	4.20	1.28	2.04
发酵产物/g				
2,3-丁二醇	1.70	0.96	—	0.14
2-羟基丁酮	0.07	0.06	0.26	0.01
乙醇	0.88	0.81	—	0.52
乙酸	0.05	0.13	0.46	0.13
CO_2	2.54	1.99	0.61	0.73
H_2	0.04	0.05	0.02	0.04
碳收率/%	101.6	92.9	93.0	106.8

表 6.3.9 *S. marcescens* 不同菌株厌氧发酵葡萄糖的产物分布

发酵产物	每消耗 100mmol 葡萄糖生成的产物的量/mmol			
	菌株 1	菌株 2	菌株 3	菌株 4
2,3-丁二醇	57.90	55.20	51.45	42.45
2-羟基丁酮	0.25	0.50	0.81	1.14
甘油	6.14	4.18	4.54	5.63
乙醇	40.85	41.30	42.24	25.90
乳酸	15.70	26.50	33.09	54.15
甲酸	48.50	44.00	39.80	27.60
琥珀酸	2.98	3.34	3.41	18.80
CO_2	103.8	102.5	106.1	78.2
H_2	0.0	0.0	0.52	0.27

6.3.4 乳酸发酵的微生物

以葡萄糖为原料进行乳酸发酵的代谢途径有三条：属于同型发酵（homofermentation）的糖酵解途径、属于异型发酵（heterofermentation）的分叉代谢途径和 6-磷酸葡萄糖酸途径。具体的代谢途径见图 6.3.4。大多数同型乳酸发酵的微生物都不具有脱羧酶，因此不会发生丙酮酸脱羧生成乙醛的反应。从图中可以看到，微生物经同型代谢途径生产乳酸时，乳酸是唯一产物，理论产率是一分子葡萄糖生产二分子乳酸，或转化率为 100%。当然微生物的生长和维持能要消耗少量碳源，另外，一些副产物，如乙酸、甲酸、乙醇及 CO_2 的形成需要从糖转化得到，因此实际产率不可能达到100%。一般而言，如果乳酸的产率达到理论产率的80%以上就可以认为是同型发酵。在异型发酵中，副产物乙酸的产量要高得多，几乎与乳酸等量，但也有例外，如：用米根霉（*Rhizopus oryzae*）生产L-乳酸属于异型发酵，但是乳酸的转化率能达到75%以上。

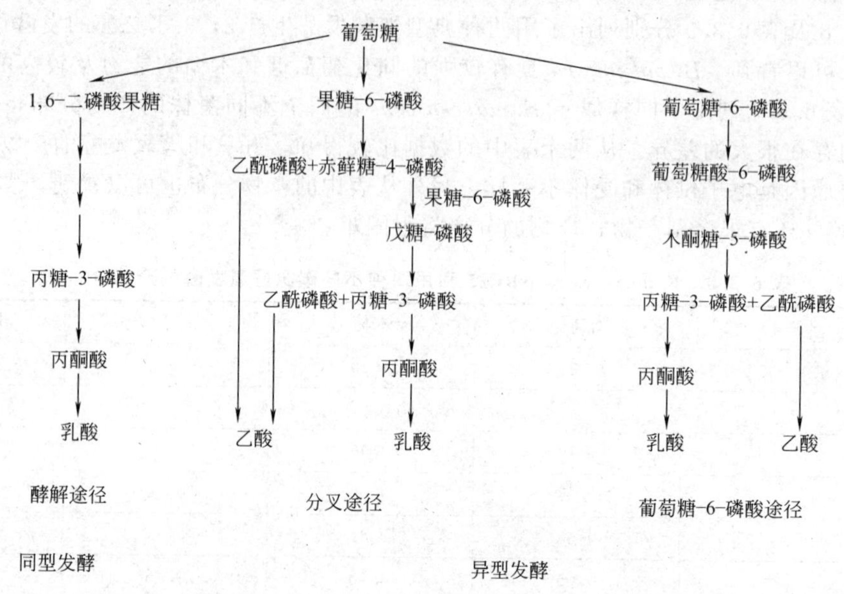

图 6.3.4 葡萄糖发酵生产乳酸的三种代谢途径

乳酸分子中有一个不对称碳原子，微生物细胞中可能含有D-或L-乳酸脱氢酶或两者都有，因此乳酸发酵的产物有右旋型L(+)-、左旋型D(-)-及消旋型DL-乳酸三类。除了在植物乳杆菌中发现同时存在D(-)和L(+)乳酸脱氢酶外，其他乳酸发酵微生物中其实都只有一种D(-)或L(-)乳酸脱氢酶，只是由于许多微生物中存在乳酸消旋酶将产生的L-或D-乳酸消旋形成了DL-乳酸。人类和动物体内只有L-乳酸脱氢酶，因此只能代谢L-乳酸。如果在食物中摄入过多的D-或DL-乳酸，就会造成体内D-乳酸的积累，引起高血酸或高尿酸症。为此，世界卫生组织（WHO）规定D-乳酸的摄入量应该低于100mg/(kg 体重·日)，也有一些国家规定在婴儿食品中不能添加D-或DL-乳酸，只能加L-乳酸。

一些主要的产乳酸细菌及其能够利用的糖类、产物分布、发酵温度及产乳酸类型列于表6.3.10，最重要的生产DL-和L-乳酸的工业用发酵菌种分别是德氏乳酸杆菌、乳酸链球菌和米根霉。乳酸杆菌发酵通常在厌氧条件下进行，乳酸杆菌一般不能在合成培养基中生长，培养介质中应含有碳源、氮源（部分应以氨基酸形式提供）、维生素（如叶酸、VB_6、VB_{12} 等）、生物素和矿物盐。由于产生少量乳酸后就会使培养液的pH降低从而会抑制细胞生长（德氏乳酸杆菌的最适pH5.5～6.0，pH小于5.0时就受到抑制，小于pH4.0时会停止生长），因此培养基中必须连续添加 $CaCO_3$、NH_3 或其他碱性物质中和乳酸。

许多根霉（*Rhizopus*）都能够产生L-乳酸，如：*R. nigricans*，*R. jarnaicus*，*R. shanghaiensis* 及 *R. elegans* 等，其中最重要的工业发酵用菌种属于米根霉（*R. oryzae*）属。米根霉的特点是：菌丝呈白色、匍匐状爬行；它有发达的假根，指状或根状分枝，呈褐色；孢囊梗直立或稍弯曲，2～4株呈束，很少单生；菌丝上形成厚垣孢子。米根霉的生长需要氧气，其发酵产物除L-乳酸外，还有乙醇、富马酸、琥珀酸、苹果酸及乙酸等，因此属于异型发酵，但是又不同于一般的异型发酵，在米根霉中乳酸和乙醇都是通过EMP途径，而且主要产物是L-乳酸。在氧供应充分时米根酶发酵生产乳酸和乙醇的计量关系式为：

$$2C_6H_{12}O_6 = 3C_3H_6O_3 + C_2H_5OH + CO_2$$

根据该反应式，L-乳酸的理论产率应该是75%（重量）。在实际发酵过程中，米根霉产乳酸的产率会发生变化，经常有L-乳酸对葡萄糖的转化率超过75%的报道，说明实际发酵机理要比上式要复杂得多。米根霉本身具有较强的产淀粉酶能力，因此可以直接利用淀粉生产L-乳酸。

近年来，利用乳酸链球菌发酵生产L-乳酸已经逐渐代替了米根酶发酵。以葡萄糖为碳源，乳酸链球菌发酵生产L-乳酸在厌氧条件下进行，发酵最适温度为45～50℃，理论转化率为100%，实际转化率能高达90%以上，产物为光学纯的L-乳酸。无论是转化率还是能量消耗，都是米根霉发酵所无法比拟的。

由于乳酸是一种较强的有机酸，因此在培养基中一般需要加入碳酸钙中和所产生的乳酸。在工业发酵中，固体碳酸钙的灭菌和添加都将发生困难。另外，所生成的乳酸钙在水中的溶解度有限（室温时的溶解度约为7%），限制了发酵液中乳酸浓度的提高。近年来对乳酸发酵和产物分离的耦合过程进行了许多研究，所采用的分离方法有离子交换、电渗析及溶剂萃取等。

表 6.3.10 一些主要的产乳酸细菌

细菌名称		碳源	温度/℃	主要产物	构型
乳酸杆菌	*L. delbruckii*	葡萄糖、半乳糖等	50～53	乳酸	DL-
	L. bulgaricus	葡萄糖，菊糖等	45～55	乳酸	DL-
	L. thermophilus	葡萄糖等	50～60	乳酸	DL-
	L. leichmannii	葡萄糖等	28～32	乳酸：乙酸=1：1	D-
	L. casei	乳糖	28～32	乳酸	L-
	L. fermenti	葡萄糖等	35～40	乳：乙：CO_2=1：1：1	DL-
链球菌	*S. thermophilus*	葡萄糖、乳糖等	45～55	乳酸	DL-
	S. lactis	葡萄糖、乳糖等	28～32	乳酸	L-
	S. faecalis	葡萄糖、乳糖等	28～32	乳酸	L-
足球菌，*Pediococcus*		葡萄糖、麦芽糖	25～32	乳酸	DL-，L-
明串珠菌，*Leuconostoc*		葡萄糖、蔗糖等	21～25	乳酸	D-
双歧杆菌，*Bifidobacterium*		葡萄糖等	35～40	乳酸：乙酸=2：3	L-

由于在合成聚乳酸时调节聚合物性质的需要，L-乳酸与D-乳酸间应保持一定的比例，因此，近年来对D-乳酸发酵的研究和开发也取得了进展。

6.3.5 丙酸发酵的微生物

早在1854年，Strecker就在发酵液中发现了丙酸，1879年，著名微生物学家Pasteur证实了丙酸是厌氧发酵的产物之一。但是丙酸菌（*Propionibacterium*）的发现则要晚得多，直到1906年，Freudenreich等人才从乳酪中的微生物中分离得到。丙酸菌不会运动，短棒状，不产孢子，属于革兰阳性菌。丙酸菌是一类绝对厌氧的微生物，最适生长温度在30℃左右，除了能代谢葡萄糖外，有些种还能代谢木糖及阿拉伯糖等五碳糖。以后又陆续发现了一些能产生丙酸的微生物，如：*Veillonella* sp.，*Selenomonas* sp.，*Clostridium* sp.，*Megashpaera* sp.，*Bacteriodes* sp. 及Fusobacterium sp. 等。

丙酸的代谢途径可分为两类。一类是从丙酮酸出发，经磷酸烯醇丙酮酸和琥珀酸合成丙酸，总反应方程是：

$$葡萄糖+2H_2O \longrightarrow 2乙酸+2CO_2+8H$$
$$2葡萄糖+8H \longrightarrow 4丙酸+4H_2O$$

$$总反应\quad 3葡萄糖 \longrightarrow 4丙酸+2乙酸+2CO_2+2H_2O+12ATP$$

该途径主要存在于丙酸菌，丙酸的最大理论产率为 54.8%（质量分数），若包括乙酸时则达到 77.0%（质量分数）。

另一条途径称为丙烯酸途径，丙酮酸还原生成乳酸后，先脱水生成丙烯酸，再还原为丙酸。总反应方程是：

$$乳酸+H_2O \longrightarrow 乙酸+CO_2+4H$$
$$2乳酸+4H \longrightarrow 2丙酸+2H_2O$$

$$总反应\quad 3乳酸 \longrightarrow 2丙酸+1乙酸+1H_2O+1CO_2+1ATP$$

该途径主要存在于 *Clostridium* sp. 和 *Megashpaera* sp. 中，丙酸和乙酸的理论产率与第一条途径完全相同，但 ATP 产率则明显小于第一条途径。

20 世纪的 20～30 年代，就有许多人研究了丙酸发酵，总酸产率可以达到理论产率的 96%，发酵液中丙酸浓度达到 21.6g · L^{-1}。60 年代，丙酸发酵再次引起了人们的重视，并进行了中试，但最终也没有实现工业化。目前，随着原油价格的不断升高，人们对丙酸发酵的兴趣再度增加，在新的基础上正在开展研究。

6.3.6 丁酸发酵的微生物

Pasteur 最早在厌氧发酵产物中发现了丁酸。在当时及以后相当长的一段时间中，由于丁酸发酵和丙酮/丁醇发酵的微生物都属于 *Clostridium* sp.，两者的差别无法区分，直到 1952 年 Winogradsky 才真正将它们各自的特点搞清楚，并将丁酸发酵微生物命名为 *Clostridium butyricum*。除了梭状芽孢杆菌外，*Butyrivibrio* sp.，*Sarcina* sp.，*Eubacterium* sp.，*Fusobacterium* sp.，*Megasphaera* sp. 等的某些种也能产生丁酸。这些微生物也都属于绝对厌氧的革兰阳性菌，部分微生物能够利用木糖等五碳糖，有些还能直接利用纤维素。大部分丁酸发酵微生物的最适宜 pH 值在 6～8 的范围内，但也有例外，有些属于 *Butyrivibrio* sp. 和 *Sarcina* sp. 的种能在 pH5～6 的范围内生长。

在所有丁酸发酵微生物中都有相同的代谢途径，丙酮酸经乙酰辅酶 A 和丁酰辅酶 A 获得丁酸，反应总方程为：

$$2葡萄糖+4H_2O \longrightarrow 4乙酸+4CO_2+16H$$
$$2葡萄糖+16H \longrightarrow 3丁酸+6H_2O+2H_2$$

$$总反应\quad 4葡萄糖 \longrightarrow 3丁酸+4乙酸+4CO_2+2H_2O+2H_2$$

丁酸及总酸的理论产率分别为 36.7%和 70%（质量分数）。值得注意的是丁酸发酵还副产氢气。很多研究者对丁酸发酵有浓厚的兴趣，进行过详尽的研究，但所报道的结果差别很大，主要原因是获得纯丁酸发酵菌有一定的困难，实际上属于混合酸发酵。

6.4 好氧发酵的能量代谢产物

6.4.1 柠檬酸发酵的微生物

能够产生柠檬酸的微生物很多，青霉、毛霉、木霉、曲霉及葡萄孢霉中的一些菌株都能够利用淀粉质原料大量积累柠檬酸；节杆菌、放线菌及假丝酵母则能够利用正烷烃为碳源生产柠檬酸。真正用于工业生产的是利用淀粉的黑曲霉及利用正烷烃的假丝酵母。

6.4.1.1 利用淀粉作为碳源发酵生产柠檬酸的黑曲霉

柠檬酸是三羧酸循环中的一种有机酸，以葡萄糖为碳源利用黑曲霉(*A. niger*)发酵生产柠檬酸的代谢途径已经很清楚，图6.4.1显示了代谢途径和调节机理。该代谢途径中第一个调节酶是磷酸果糖激酶(PFK)，在极大多数真核生物细胞中，PFK受到柠檬酸的反馈抑制，细胞中柠檬酸的生理浓度只有约0.25mmol/L，但是在黑曲霉中，由于高强度通氧并在低镁离子浓度的条件下培养，PFK对柠檬酸不敏感。镁离子浓度还会影响细胞表面的生物化学特性和改变细胞壁磷脂的含量（见表6.4.1）。氧是柠檬酸发酵的理论底物之一，总反应式可写为：

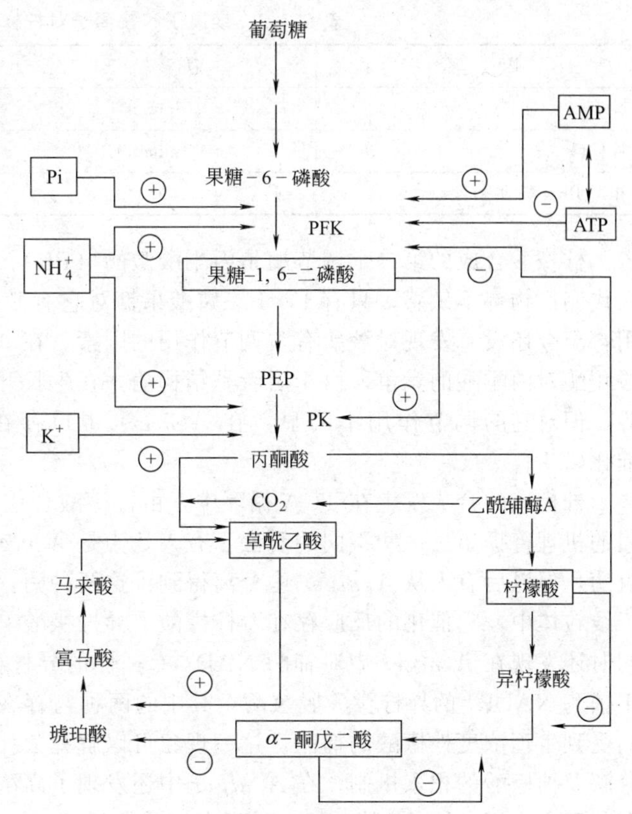

图6.4.1 以葡萄糖为原料发酵生产柠檬酸的代谢途径和调节机理

+—激活；-—抑制

葡萄糖+$3/2O_2$══柠檬酸+$2H_2O$

同时，在NADH重新氧化过程中还需要氧气作为底物，因此柠檬酸发酵需要高通氧强度。在黑曲霉中不但有标准的呼吸链，而且存在对水杨基氧肟酸(SHAM)敏感的呼吸支链。研究证明，只有在高氧强度下才能维持SHAM敏感的呼吸支链活性，该支链的功能是在细胞质中氧化NADH但不形成ATP。从图6.4.1可以看到，ATP是PFK的抑制剂，因此保持该支链活性对于降低ATP浓度、促进柠檬酸生产都是必须的。高浓度的胞内铵离子对解除柠檬酸的反馈调节也很重要，而且与镁离子的影响密切相关，已经发现在镁离子缺乏及供应充分的培养基中，铵离子对PFK的影响存在很大差别，这可能与吐根碱和亚胺环己酮能够阻断镁离子的抑制功能有关。镁离子和铵离子对柠檬酸发酵的影响见表6.4.2。

表6.4.1 镁离子对黑曲霉细胞壁组成的影响

细胞壁组成	不加镁离子	$MgCl_2\cdot 2H_2O$(0.1mg/L)
α-葡聚糖	66.4	59.0
β-葡聚糖	7.0	18.2
几丁质	20.0	6.8
蛋白质	2.4	3.9
半乳甘露聚糖半乳糖胺	3.7	12.8
脂类物质	0.5	0.5

表 6.4.2 镁离子和铵离子对柠檬酸发酵的影响

因 素	镁 缺 乏	镁 充 分
NH_4^+	15mmol/L	3mmol/L
柠檬酸	4mmol/L	1mmol/L
相对 PFK 酶活	1.1	1.0

柠檬酸合成的第二个调节酶是丙酮酸激酶（PK），PK 的调节机制尚不清楚，它对细胞内代谢产物都不敏感，只有 1，6-二磷酸果糖对它有激活作用，铵离子和钾离子也有激活作用，至今还没有发现对该酶有负调节作用的因素。在 *A. niger* 中存在丙酮酸脱氢酶和丙酮酸羧化酶对丙酮酸的竞争，由于后者是结构酶，在生长开始时就已形成，因此在竞争中处于优势，但对它的调节作用不明显。在 *A. niger* 中也存在 CO_2 的固定作用，由 PEP 羧激酶催化。

柠檬酸的合成发生在 TCA 循环中，由柠檬酸合成酶催化。对柠檬酸能在 *A. niger* 中积累的机理曾提出过一些不同的看法。有人认为是 *A. niger* 中缺少乌头酸水合酶和异柠檬酸脱氢酶，但以后有人从 *A. niger* 中分离得到了这两种酶，而且进一步确定了乌头酸水合酶存在于线粒体中，它催化的反应存在着柠檬酸：异柠檬酸：顺式乌头酸＝90：7：3 的平衡关系；同时还发现在 *A. niger* 中对辅酶 NAD^+ 专一性的异柠檬酸脱氢酶活力很低，却有三种依赖于辅酶 $NADP^+$ 的异柠檬酸脱氢酶，其中的两种与存在于线粒体的酶及 TCA 循环有关，它们受到生理浓度柠檬酸的抑制。这一现象可以解释为什么在 *A. niger* 中异柠檬酸不会进一步分解及柠檬酸的积累机制。在 *A. niger* 中还发现了高浓度葡萄糖和铵离子对 α-酮戊二酸脱氢酶的阻遏作用，该酶催化 TCA 循环中唯一的不可逆反应。TCA 循环中的二羧酸部分只有琥珀酸脱氢酶受到低浓度草酰乙酸的强烈抑制，从而防止了柠檬酸分解为草酰乙酸的反应，促进了柠檬酸积累。其他酶似乎不受代谢调节，只是受到底物和产物的控制。

总之，在 *A. niger* 发酵生产柠檬酸的过程中，应该保持高底物浓度、高铵离子浓度、高通氧强度及低镁离子浓度、低磷酸盐浓度，发酵的温度应在 28～35℃的范围内，pH 值调节到 2.2～2.6 之间。在上述条件下，从葡萄糖生产柠檬酸的转化率可以达到理论转化率的 90％以上。在柠檬酸发酵中，国外一般采用糖蜜或淀粉水解的葡萄糖作为原料。我国的微生物工作者根据中国的国情及 *A. niger* 能够产生淀粉酶的特点，成功地选育了能够直接利用淀粉质粗原料（如薯干粉及玉米粉等）发酵生产柠檬酸的高产菌种，并用于大规模工业化生产，降低了生产成本，取得了良好的效果。

6.4.1.2 利用烷烃生产柠檬酸的假丝酵母

1963 年，Yamada 等人发现棒状杆菌（*Corynebacteria*）能够利用正烷烃为碳源生产谷氨酸，几乎同时，日本的发酵工业界也开始了从正烷烃为碳源生产柠檬酸的研究和开发，并发现假丝酵母是符合要求的微生物。在假丝酵母中，正烷烃首先被氧化为脂肪酸，随后脂肪酸进一步经 β-氧化生成乙酰辅酶 A 进入 TCA 循环，为了补充草酰乙酸，还存在一个额外的乙醛酸循环。

假丝酵母利用正烷烃生产柠檬酸过程的代谢调节机理至今仍不清楚，但发酵过程具有以下一些特点：①发酵分为两个阶段，第一阶段只生长酵母，只有当培养基中的氮源消耗完以后才开始积累柠檬酸；②发酵液的 pH 值应保持在 5.0 以上；③高铁离子浓度会增加乌头酸水合酶的活性，引起柠檬酸产量减少；④产物中异柠檬酸的比例很高，甚至达到 50％，通过各种诱变育种及添加乌头酸水合酶抑制剂（如氮氟乙酸、2,4-二硝基苯酚及某些醇类）可以降低异柠檬酸的比例，但仍高于黑曲霉葡萄糖发酵生产柠檬酸的过程。

20 世纪 70 年代初，假丝酵母利用正烷烃生产柠檬酸过程首先在日本实现了工业化生产，并将该技术输出到美国和欧洲。但是由于 70 年代中期出现了石油危机及过程本身存在的缺点，该过程很快就停止了工业化生产。

6.4.2 好氧发酵产生的其他有机酸

6.4.2.1 葡萄糖酸发酵

葡萄糖酸及其盐类广泛用于补钙剂、防垢剂及清洗剂等领域，可以用电化学氧化和发酵法生产。葡萄糖酸发酵实际上是一个产生葡萄糖氧化酶并利用该酶将葡萄糖氧化为 δ-葡萄糖酸内酯然后水解得到葡萄糖酸的过程。有趣的是，在 20 世纪 40 年代初，还有不少人将葡萄糖氧化酶误认为是一种新发现的抗生素，并将其命名为青霉素 B。事实上，是在葡萄糖存在时，葡萄糖氧化酶在将葡萄糖氧化为葡萄糖酸的同时产生了等量的过氧化氢具有杀菌作用。从葡萄糖经葡萄糖酸内酯水解生成葡萄糖酸的生物合成途径见图 6.4.2，由图可见，葡萄糖在 FAD 存在下被葡萄糖氧化酶催化生成葡萄糖酸内酯的同时，形成了等量的过氧化氢。

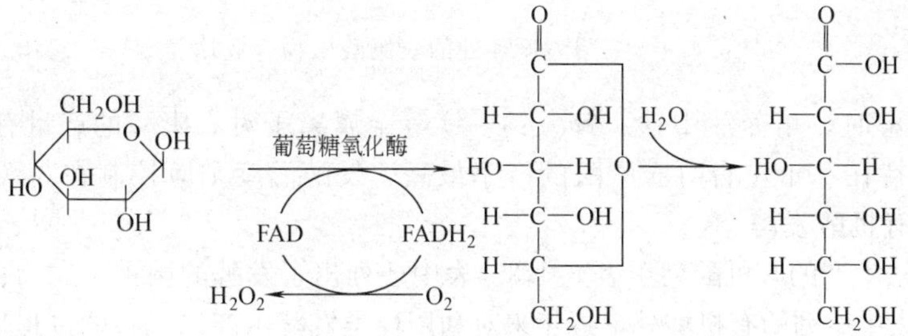

图 6.4.2　葡萄糖酸生物合成途径

许多细菌和霉菌都能够合成葡萄糖氧化酶，但是在细菌（如 *Acetobacter*、*Gluconobacter* 及 *Pseudomonas* 等）培养时，葡萄糖氧化酶存在于细胞内，所得到的葡萄糖酸还会进一步氧化形成各种氧代葡萄糖酸，再经磷酸化后回到碳水化合物的分解代谢途径，因此不能积累葡萄糖酸，只有经过诱变育种切断其后续代谢途径，才能获得较高的葡萄糖酸产量。而在霉菌（如 *Aspergillus niger* 及 *Penicillia notatum*）中，因为葡萄糖氧化酶能够释放到发酵液中，所生成的葡萄糖酸不会继续反应，从而能在发酵液中积累。

在用黑曲霉发酵生产葡萄糖酸的过程中，提高葡萄糖酸产量的要点是：①高葡萄糖浓度（110～250g/L），葡萄糖一方面是细胞生长的碳源和能源，另一方面又是生产葡萄糖酸的底物，同时对产酶还有诱导作用；②低氮源浓度，一般只在产孢子培养基中加入适量氮源，在孢子发芽及葡萄糖酸转化培养基中基本不加；③低磷源浓度，特别是在转化阶段，要控制磷源的浓度；④足够的痕量元素，特别是镁离子，对酶的活力有很大影响；⑤培养基的 pH 值应控制在 4.5～6.0 的范围内，低于 pH2.0 时葡萄糖氧化酶就会失活，发酵的产物就会转化为柠檬酸；⑥葡萄糖酸发酵的通氧强度要高，可以将罐压提高到 0.4MPa，因为每生成 1mol 葡萄糖酸要消耗等物质的量的氧气，氧也是产酶的诱导剂。

6.4.2.2 衣康酸发酵

衣康酸（itaconic acid）是一种不饱和的二元酸，分子式为 $CH_2=C(COOH)-CH_2-COOH$，主要用于塑料工业和涂料工业，衣康酸和丙烯酰胺的共聚物具有良好的染色性能，因此广泛用于地毯制造。早在 1929 年就发现一种曲霉能够产生衣康酸，该曲霉命名为

A. itaconicus，以后陆续发现了另一些能产生衣康酸的曲霉，如：*A. terreus*。个别酵母或细菌也具有产生衣康酸的能力，如：红酵母 *Rhodotorula* 及黑粉菌 *Ustilago zeae*。在微生物中，一般认为衣康酸的代谢途径有两条，一条是通过 Embden-Meyerhof-Parnas 途径进行，见图 6.4.3；另一条是从异柠檬酸出发，经过反式乌头酸脱羧得到，见图 6.4.4。衣康酸对葡萄糖的重量产率在 40%～65%的范围内。

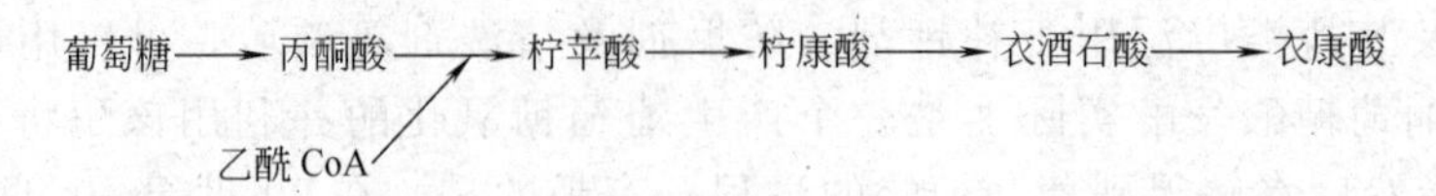

图 6.4.3 从葡萄糖发酵生产衣康酸的 EMP 途径

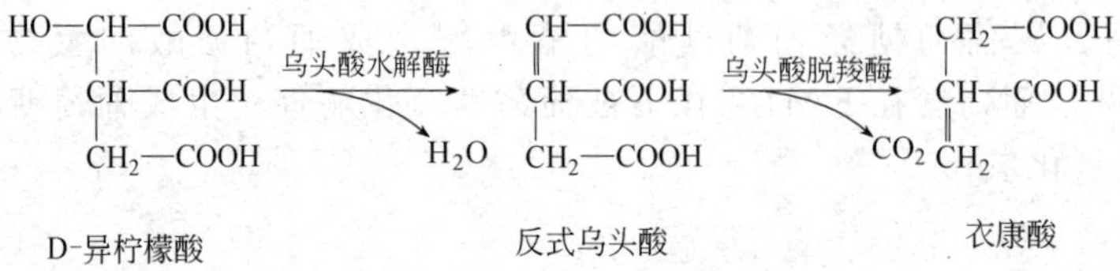

HO—CH—COOH | CH—COOH | CH_2—COOH（D-异柠檬酸） —乌头酸水解酶（$-H_2O$）→ CH—COOH ‖ CH—COOH | CH_2—COOH（反式乌头酸） —乌头酸脱羧酶（$-CO_2$）→ CH_2—COOH | CH—COOH ‖ CH_2（衣康酸）

图 6.4.4 三羧酸循环外的衣康酸生物合成途径

在衣康酸发酵时，培养液中铁、锌、钙、镁等金属离子对衣康酸的产量有较大影响，发酵液的 pH 值保持在 2.1 左右时衣康酸的产率最高，发酵温度则应控制在 37℃。

6.4.2.3 其他有机酸发酵

其他用发酵法生产的有机酸列于表 6.4.3。表中还列出了发酵的菌种、底物、发酵条件及转化率等数据。除表中所列的有机酸外，近年来对利用烃类发酵生产二元酸的过程也已经取得了进展，国内外都有工业化的报道。二元酸在香料工业、高分子材料等领域都有应用前景。

表 6.4.3 微生物发酵生产的其他有机酸

有机酸	微生物	工业化	底物名称	过程特点	产率/%	用途
富马酸	根霉族	是	葡萄糖	3d,33℃	65	高分子材料
	假丝酵母	是	正烷烃	7d,30℃	84	
苹果酸	假丝酵母	无	正烷烃	24h	72	食品工业
α-酮戊二酸	假丝酵母	无	正烷烃	40h	67	营养饮料及生化试剂
5-酮葡萄糖酸	气杆菌	是	葡萄糖	5～6d	85	L-酒石酸
2-酮葡萄糖酸	赛氏菌	是	葡萄糖	16h	95～100	生产异 Vc

复习思考题

1. 简述微生物能量代谢产物的特点。
2. 什么是还原度？计算甲烷、甘油、木糖及富马酸的还原度。
3. 从微生物及其代谢途径和培养条件等方面讨论以木糖或葡萄糖为碳源发酵生产乙醇的异同。
4. 为什么黑曲霉能大量积累柠檬酸？柠檬酸发酵的主要影响因素是什么？
5. 比较同型与异型乳酸发酵，说明两者在代谢途径和培养条件上的差异。
6. 比较微生物厌氧和好氧发酵时能量代谢的特点。举例说明厌氧发酵在生物能源开发中的应用前景。
7. 在丙酮/丁醇发酵中，可以采用哪些措施调节发酵产物中丙酮与丁醇的比例？
8. 在文献中查阅生物制氢的有关文献，对生物制氢的工业化前景进行评述。

7 氨基酸发酵的微生物

7.1 概述

既含有氨基又具有α-位羧基基团的化合物称为α-氨基酸，有些氨基酸是亚氨基羧酸，如脯氨酸。在自然界中，组成各式各样蛋白质的氨基酸共有20种，除甘氨酸外，所有组成蛋白质的天然氨基酸都是L-α-氨基（或亚氨基）羧酸，这些氨基酸通过肽键连接成为大分子的蛋白质，是所有生命的基础。其中的八种氨基酸是人类的必需氨基酸，即人类本身不能合成、必须从食物中摄入的氨基酸。这八种必须氨基酸是：苏氨酸、缬氨酸、亮氨酸、异亮氨酸、赖氨酸、蛋氨酸、苯丙氨酸及色氨酸。此外，组氨酸对婴幼儿也是必须氨酸。除了上述组成蛋白质的氨基酸外，自然界中还存在各种D-氨基酸、ω-氨基酸及一些特殊的氨基酸，如氨基磺酸、氨基硫酸及氨基磷酸等，这些特殊的氨基酸也具有重要的生理作用。氨基酸在营养保健、调味品、化妆品及药品生产中都有重要的应用，因此必须以工业规模生产氨基酸以满足市场的需要。

氨基酸可以采用化学合成、从天然物质中提取（蛋白质水解）、微生物发酵及酶催化等方法生产。化学合成得到的氨基酸是消旋的DL-氨基酸，若需要的产物是L-氨基酸，必须进行光学异构体的拆分。除少数例外，其他三种方法生产的氨基酸都是具有光学活性的L-氨基酸。

蛋白质水解得到的是各种氨基酸的混合物，要将其中的某种氨基酸分离提纯十分困难，碱性或酸性氨基酸的提纯相对容易些，如胱氨酸就是通过毛发水解方法生产的，中性氨基酸的分离就更困难。

许多氨基酸都能采用微生物发酵方法生产。利用水解酶、氨基裂解酶、以吡哆醛5′-磷酸作为辅酶的酶及NAD^+为辅酶的L-氨基酸脱氢酶等都能用于酶法合成氨基酸的生产，这些酶一般也要通过微生物发酵获得。

所有微生物在培养时都能产生氨基酸，主要用于细胞生长所必需的蛋白质合成，在野生型微生物中，细胞中合成的各种氨基酸含量由于受到负反馈调节而保持在最佳水平，积累的量很少，因此不能直接用于工业发酵。在氨基酸的工业化生产中，一般应使微生物积累较高浓度的氨基酸，才具有实际价值。因此，利用微生物发酵生产氨基酸的关键是解除反馈调节，使氨基酸能过度积累。通常可以采用如下方法：①刺激细胞同化起始底物；②抑制副反应；③刺激细胞内氨基酸合成酶系的合成并提高酶的活力；④抑制或降低使已合成氨基酸降解的酶的活性；⑤刺激细胞将胞内的氨基酸释放到细胞外。因此如果要从一种野生型微生物出发获得氨基酸的工业化生产菌种，就必须对该微生物的代谢途径进行研究，进而对其遗传基因进行改造。遗传基因的改造可以采用传统的诱变育种方法，也能应用现代的基因重组技术，这两种方法都已广泛地用于氨基酸高产菌种的选育。

7.1.1 微生物发酵法生产氨基酸的历史和发展趋势

1908年日本人Ikeda发现谷氨酸钠是鲜味的强化剂，开始了工业化生产氨基酸的历史。在此后的近50年中，谷氨酸的生产都是以大豆或面筋蛋白为原料、采用酸水解后分离提取的方法。1957年日本科学家Kinoshita等人发现，在培养某些微生物，如谷氨酸棒杆菌（*Corynbacterium glutamicum*）时会产生谷氨酸的积累，从此揭开了用微生物发酵方法生产氨基酸的历史新篇章。至今，几乎所有的氨基酸都能采用发酵法生产。谷氨酸是第一种应用发酵法进行工业化生产、也是目前产量最高的氨基酸。全世界的年产量超过50万吨，中国已经成为世界上最大的谷氨酸钠（味精）生产和消费国。

赖氨酸是人和动物的必需氨基酸之一，虽然植物蛋白中含有少量的赖氨酸，但不能满足人和动物的需要。在食物和动物饲料中添加适量的赖氨酸有利于人类健康和动物的生长。人们已经发现在某些微生物中存在着赖氨酸和苏氨酸的协同反馈抑制，据此Nakayama等人于1961年从谷氨酸棒杆菌分离到一株高丝氨酸营养缺陷型菌种；Shhe和Sano则于1969年获得了一株苏氨酸和蛋氨酸双重营养缺陷型黄色短杆菌（*Brevibacterium flavum*）菌种。这两个菌种的胞内苏氨酸合成都受到了阻遏，从而降低了对大冬氨酸激酶的抑制作用，促进了赖氨酸的积累，使赖氨酸的工业化生产成为可能。目前，赖氨酸生产菌的发酵水平已经达到100g/L以上，微生物发酵法成了唯一的赖氨酸工业化生产方法。

L-苯丙氨酸是另一种人类必需的氨基酸，近年来又在新型甜味剂Aspartame（中文商品名：天冬甜精或阿斯巴甜）的合成中发现了新的应用，因此L-苯丙氨酸的产量增加很快。1974年，Coates和Nester发现了一株β-噻吩丙氨酸抗性的枯草杆菌（*Bacillus subtilis*）突变株，该菌株的苯丙氨酸脱氢酶活力受到抑制，解除了L-苯丙氨酸的负反馈抑制；1981年，Goto等人从乳酸发酵杆菌分离到了一株p-氟苯丙氨酸（PFP）和5-甲基色氨酸抗性的突变株，属于酪氨酸缺陷型。目前化学合成、酶法合成及微生物发酵生产苯丙氨酸都已实现工业化生产，而微生物发酵法则由于原料便宜而受到青睐。

自20世纪70年代以来，几乎对所有氨基酸的发酵法生产都进行了研究和开发，已经获得工业化生产的除了上述三种氨基酸外，还有精氨酸、谷氨酰胺、亮氨酸、异亮氨酸、脯氨酸、丝氨酸、苏氨酸及缬氨酸等。

获得高产菌种始终是发酵法生产氨基酸的关键。除了从野生型菌株出发，通过筛选、诱变等方法获得营养缺陷型和/或调节突变型菌株的传统方法外，利用基因重组技术获得氨基酸发酵高产菌种已经成了新的发展方向。例如，前苏联的科学家利用基因工程方法将合成L-苏氨酸的基因克隆到大肠杆菌中，L-苏氨酸的产量提高到了55g/L；能积累L-苯丙氨酸的基因工程菌也已经应用于工业生产；基因工程菌的宿主细胞已经从革兰阴性菌发展到革兰阳性菌。生产氨基酸的基因工程菌的研究还在深入地进行，必将为提高氨基酸的发酵水平作出贡献。

发酵法生产氨基酸的另一个发展方向是采用先进的发酵技术。固定化细胞发酵、连续发酵、新型的生物反应器（如气升式反应器）、及发酵过程的优化和控制等都在氨基酸发酵工业中受到重视。

从发酵液中分离提取氨基酸的新技术和新工艺对于提高氨基酸发酵工业的水平和经济效益也有十分重要的作用。一些新颖的分离方法正在氨基酸工业推广应用，如膜分离、离子交换及电渗析等。

7.1.2 发酵法生产氨基酸的微生物

谷氨酸的产生菌可以从自然界中筛选得到，例如谷氨酸棒杆菌和黄色短杆菌。最初筛选得到的菌种积累谷氨酸的能力都不强，不超过30g/L。进过不断的诱变育种，现在工业用的菌种产谷氨酸能力已经超过100g/L，有些菌种甚至达到了150g/L以上，大大提高了生产效率，降低了生产成本。要从自然界筛选到其他氨基酸的生产菌种就不那么容易了，这是由这些氨基酸在细胞内的代谢机理决定的。至今从自然界筛选的微生物只有能积累DL-丙氨酸的嗜氨微杆菌（*Microbacterium amminophilum*）及产生 L-缬氨酸的乳酸发酵短杆菌，但是产量都很低。其他氨基酸的产生菌几乎都是从短杆菌和棒杆菌通过诱变育种或基因工程技术获得的。这是氨基酸发酵菌种的一大特点。

除了高产外，对氨基酸生产菌种的其他要求包括抗噬菌体的侵入。噬菌体是氨基酸生产的大敌，由于感染噬菌体而引起“倒罐”会给生产造成重大损失，因此，应该选育抗噬菌体的菌种。

7.2 氨基酸发酵机理和菌种选育

7.2.1 氨基酸发酵机理

如前所述，几乎所有的微生物都能在其代谢途经中合成氨基酸以满足细胞生长的需要，但由于受到产物的负反馈抑制，细胞内各种氨基酸的浓度只能维持在生理浓度范围内，不会产生过量的积累。当以葡萄糖为碳源时，细胞内各种氨基酸代谢途径如图 7.2.1 所示。

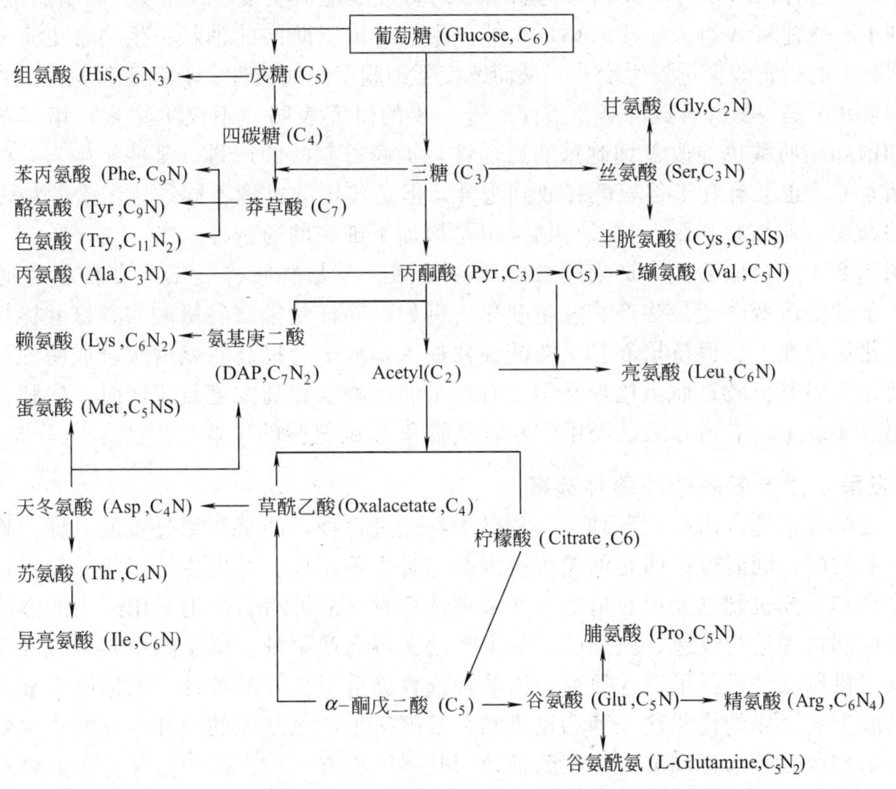

图 7.2.1　以葡萄糖为碳源时，细胞内各种氨基酸的代谢途径

从图中可以看到，细胞内氨基酸的合成具有如下特点：①某一类氨基酸往往有一个共同的前体；②氨基酸的生物合成与 EMP 途径、三羧酸循环有十分密切的关系；③一种氨基酸可能是另一种氨基酸的前体。如果要细胞大量地积累氨基酸，就必须做到：①必需解除氨基酸代谢途经中存在的产物反馈抑制；②应该防止所合成的目标氨基酸降解或者用于合成其他细胞组分；③若几种氨基酸有一个共同的前体，应该切断其他氨基酸的合成途经；④应该增加细胞膜的通透性，使得细胞内合成的氨基酸能够及时地释放到细胞外，降低其细胞内的浓度。因此在氨基酸生产菌种的育种工作中，应该在基因水平对微生物进行改造，改造的方法包括传统的诱变育种及应用现代基因工程。

下面将以谷氨酸的生物合成机理为例进行讨论。谷氨酸生产菌可以从自然界中筛选得到，但产量不高。谷氨酸是三羧酸循环中的 α-酮戊二酸在 L-谷氨酸脱氢酶的催化下与游离氨反应合成的。α-酮戊二酸则是由草酰琥珀酸脱羧生成、在三羧酸循环中又会在α-酮戊二酸脱氢酶复合物的催化下进一步脱去一分子二氧化碳形成琥珀酸辅酶A。正是由于上述机理，自然界筛选的细胞积累的谷氨酸浓度不高。通过诱变育种，限制细胞内α-酮戊二酸脱氢酶复合物的活性，就能防止α-酮戊二酸的降解，提高谷氨酸的产量。影响谷氨酸产量提高的另一个重要因素是细胞壁的通透性。细胞内的谷氨酸必需释放到细胞外，才能使胞内谷氨酸浓度保持在适当的水平，不致产生严重的负反馈抑制。过去曾有人认为生物素是谷氨酸产生的必要条件，但是通过深入研究表明，生物素的主要作用是改善细胞壁的通透性而并不是谷氨酸产生的必要条件。有人研究了原来不产谷氨酸的大肠杆菌经诱变后得到的α-酮戊二酸脱氢酶缺失的突变株，发现不需要生物素就能积累2.3g/L的谷氨酸。虽然亚适量的生物素（2.5～5.0μg/L）可以促进谷氨酸棒杆菌的生长和谷氨酸积累，但是过量的生物素（25～30μg/L）反而会抑制谷氨酸的有效产生。研究表明，生物素在谷氨酸合成中的作用一方面是作为乙酰辅酶A的辅基，当这种辅酶参与油酸和其他脂肪酸的合成反应时会受到C_{16-18}饱和脂肪酸的抑制，这样有利于乙酰辅酶A进入三羧酸循环，减少用于合成脂肪酸的消耗；生物素更重要的作用是使细胞壁中的脂肪酸含量发生变化，从而改变了细胞壁的通透性，有利于谷氨酸的释放。因此，生物素并不是谷氨酸合成的必要条件。进一步的研究表明，不仅生物素，培养基中加入油酸盐和饱和脂肪酸也能改善细胞壁的通透性，提高谷氨酸的产量。某些抗生素，如青霉素和头孢菌素C，也会有利于谷氨酸释放到胞外，但是作用的机理不同。抗生素的加入会阻碍细胞壁的合成，使细胞膨胀、拉长，结果也是增加了细胞的通透性。

从图7.2.1还可以看到，α-酮戊二酸是谷氨酸、谷氨酰胺、脯氨酸和精氨酸的共同前体，培养条件的改变会使最终产物发生变化。例如，同样是生产谷氨酸的谷氨酸棒杆菌，在高浓度氯化铵存在下、保持培养基呈弱酸性并加入锌离子会提高谷氨酰胺合成酶的活力，使谷氨酸转化为谷氨酰胺；而当培养基中含有过量的生物素和高浓度氯化铵时，L-脯氨酸的积累量将超过40g/L。上述方法已经用于谷氨酰胺和L-脯氨酸的工业化生产。

7.2.2 发酵法生产氨基酸的菌种选育

工业发酵要求选育出高产菌种。一种微生物经过育种，能够积累过量的目标产物，就可以用于工业发酵，同时也说明它的遗传基因型与野生菌相比已经发生了变化。如果目标产物的代谢途径和调控机制已经比较清楚，在菌种选育时就能够有目的地采用适当的方法对细胞内的调节控制机理进行改造，就能够比较容易地获得高产菌种。微生物中氨基酸合成的代谢途径和调控机制已经进行了深入研究，为菌种选育创造了良好的条件。根据已经掌握的微生物中氨基酸生物合成的代谢途径和调控机制，发酵法生产氨基酸的菌种选育方法主要有：选育营养缺陷型菌种；选育调节突变型菌种及用基因工程方法获得高产菌种。下面将对这三种方法分别予以讨论。

7.2.2.1 从营养缺陷型突变株选育氨基酸产生菌

营养缺陷型突变株的特点是：当菌株生长所必需的某种营养物质供应受到限制时，就不会合成产生负反馈抑制的抑制剂，从而解除了反馈抑制，使得该代谢途径下游的有关代谢产物或其前体物质能够过量积累。从氨基酸的合成途径可以看到，各种氨基酸的合成存在着密切的关系，有些有共同的前体；有些是在同一条支路上合成，既是前面一种氨基酸的反应产物，又是后一种氨基酸合成的反应物。因此为了使某一种氨基酸大量积累，就必须增加合成氨基酸前体的速率，切断竞争消耗共同前体的其他氨基酸的代谢支路，防止目标产物被下游的反应消耗。为了达到上述目标，选育营养缺陷型突变株是最简单有效的提高目标氨基酸产量的方法。表7.2.1列出了部分氨基酸生产菌种及其遗传标记，其中的鸟氨酸和瓜氨酸是精氨酸合成的中间产物。

表 7.2.1 用营养缺陷型突变菌株生产的氨基酸

氨基酸	微生物	遗传标记	参考产率/(g/L)
L-天冬氨酸 (L-Aspartic acid)	*Brevibacterium flavum*	Citrate synthase⁻	10.6
L-瓜氨酸 (L-Citrulline)	*Bacillus subtilis K* *Corynebacterium glutamicum*	Arg⁻ Arg⁻	16.5 10.7
L-亮氨酸 (L-Leucine)	*Corynebacterium glutamicum*	Phe⁻,His⁻,Ile⁻	16.0
L-赖氨酸 (L-Lysine)	*Corynebacterium glutamicum* *Brevibacterium flavum* *Brevibacterium lactofermentum*	Homoser⁻ Thr⁻,Met⁻ Homoser⁻	13.0 34.0 20.2
L-鸟氨酸 (L-Ornithine)	*Corynebacterium glutamicum* *Corynebacterium hydrocarbonlactum* *Brevibacterium lactofermentum* *Arthrobacter paraffineus*	Cit⁻ Cit⁻ Cit⁻ Cit⁻	26.0 9.0 40%① 8.0
L-脯氨酸 (L-Proline)	*Brevibacterium sp.* *Corynebacterium glutamicum* *Brevibacterium flavum*	His⁻ Ile⁻ Ile⁻,SGʳ②	23.0 14.8 35.0
L-苏氨酸 (L-Threonine)	*Arthrobacter paraffineus* *Escherichia coli* *Candida guillermondii* *Escherichia coli*	Ile⁻ DAP⁻③,Met⁻,Ile-回复突变 Ile⁻,Met⁻,Trp⁻ Met⁻,Leu⁻	9.0 13.0 4.0 10.5
L-缬氨酸 (L-Valine)	*Corynebacterium glutamicum* *Arthrobacter paraffineus*	Ile⁻,Leu⁻ Ile⁻	30.0 9.0

①——摩尔产率。

②——α,ε二氨基庚二酸。

③——磺胺胍抗性。

注：Citrate synthase⁻为柠檬酸合成酶缺陷型；Homoser⁻为高丝氨酸缺陷型。

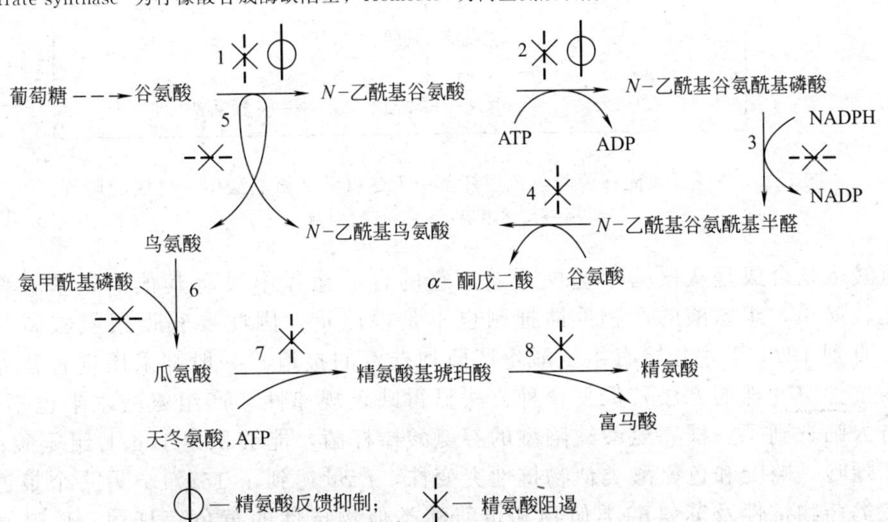

图 7.2.2 在产生谷氨酸的枯草杆菌中精氨酸生物合成的调节

1—N-乙酰基谷氨酸合成酶；2—N-乙酰基谷氨酰激酶；3—N-乙酰基谷氨酰-γ-半醛脱氢酶；4—N-乙酰基鸟氨酸-δ-氨基转移酶；5—N-乙酰基谷氨酸-乙酰基鸟氨酸乙酰基转移酶；6—鸟氨酸氨甲酰基转移酶；7—精氨基琥珀酸合成酶；8—精氨基琥珀酸酶

图 7.2.2 显示了精氨酸的合成途径。在谷氨酸棒杆菌中，从谷氨酸到精氨酸的合成途径的第一和第二个酶都受到精氨酸的反馈抑制，参与该途径生物合成的所有酶都受到精氨酸的阻遏，因此如果要利用该代谢途径生产 L-鸟氨酸，就应该切断精氨酸的合成途径，这样一来，既解除了精氨酸的阻遏和反馈抑制，又能防止 L-鸟氨酸的消耗。如果菌株的鸟氨酸氨甲酰基转移酶缺失，显然就无法催化从鸟氨酸转化为瓜氨酸的反应，因此所获得的瓜氨酸营养缺陷型或精氨酸营养缺陷型的谷氨酸棒杆菌都可以防止精氨酸的生成并能大量积累 L-鸟氨酸，L-鸟氨酸对葡萄糖的转化率高达 36%。该营养缺陷型菌株的发酵和谷氨酸发酵十分类似，只是需要在培养基中加入适量的 L-精氨酸和大量的生物素。

营养缺陷型突变株也能用于生产分支代谢途经末端的氨基酸生产，赖氨酸发酵的菌种就是其中一个典型的例子。在原核生物中 L-赖氨酸是从 L-天冬氨酸合成的，中间代谢产物是 α,ε-二氨基庚二酸。如图 7.2.3 所示，苏氨酸、蛋氨酸和异亮氨酸也是从 L-天冬氨酸合成的，因此是一个分支代谢过程。从 L-天冬氨酸合成上述氨基酸的代谢途经中，关键的控制点是第一个酶：天冬氨酸激酶，该酶受到 L-赖氨酸和 L-苏氨酸的协同反馈抑制。因此如果要使 L-赖氨酸过量积累，必须降低细胞内 L-苏氨酸的浓度以解除它对天冬氨酸激酶的抑制，与此同时还必须防止其他氨基酸的积累。这样在选育 L-赖氨酸生产菌种时就应该选育高丝氨酸缺陷型或 L-苏氨酸/L-蛋氨酸双重营养缺陷型菌株。为了防止天冬氨酸积累，在培养基中还应该加入过量的生物素。

从以上两个例子的讨论中可以看到，若要选育生产某种氨基酸的营养缺陷型高产菌种，必须清楚地了解该氨基酸及其相关代谢产物的生物合成途径及调节机理，才能有的放矢地选育出合适的营养缺陷型高产菌种，达到事半功倍的效果。

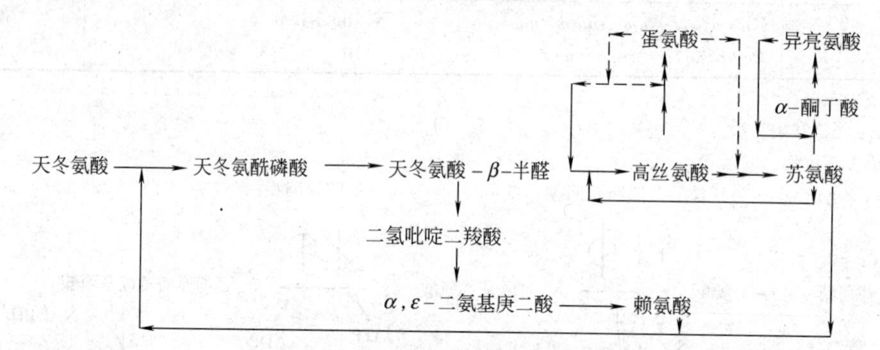

图 7.2.3 谷氨酸棒杆菌和黄色短杆菌中天冬氨酸类氨基酸生物合成的调节

——→反馈阻竭；- - - →反馈抑制

组氨酸生物合成是从核糖-5-磷酸开始，它的合成途径中没有其他的氨基酸参与，调节机理比较简单，组氨酸的产物反馈抑制也不是很严重，因此要获得组氨酸高产菌种比较困难，直到 1971 年才开始有组氨酸生产菌种选育的报道。一般都采用选育营养缺陷型或类似物抗性突变株的方法，但是育种方法显得缺乏规律性，产组氨酸水平也不是很高。例如，有人筛选到了一株亮氨酸缺陷型的谷氨酸棒杆菌，能够积累 10g/L 组氨酸；也有人筛选出了嘌呤，嘧啶和色氨酸类似物抗性突变株，产量达到了 15g/L；另一个报道是采用筛选磺胺类药物抗性及苏氨酸类似物和蛋氨酸类似物抗性的黄色短杆菌，L-组氨酸的产量也只有 10g/L。

几乎所有的氨基酸发酵都是以葡萄糖作为碳源生产的，但是也有例外。菊池和中尾根据青霉素能够促进谷氨酸积累的机理，发现谷氨酸的分泌与细胞壁中磷脂质的分泌有密切关系。图 7.2.4 显示了在葡萄糖或正烷烃为碳源时的磷脂质合成和谷氨酸合成的代谢途径和控制机理。可以看到磷脂质的合成是由甘油和乙酰辅酶A所合成的脂肪酸两者共同负责的，如果图中所示的途径（2）被切断，磷脂质的合成就只与脂肪酸有关，而脂肪酸可以通过正构烷烃的生物氧化获得。他们将溶烷棒状杆菌用MNNG进行诱变处理，得到一株甘油缺陷型菌株GL-21，发现该突变株缺少甘油井-磷酸：NADP氧化还原酶，因此不难想象无法催化将二羟丙酮磷酸转化为甘油三磷酸的反应，从而阻止了甘油的生物合成。该菌株在培养时只要限制甘油的供给量，就能抑制磷脂质的合成，使谷氨酸大量积累，谷氨酸产量达到了72g/L。

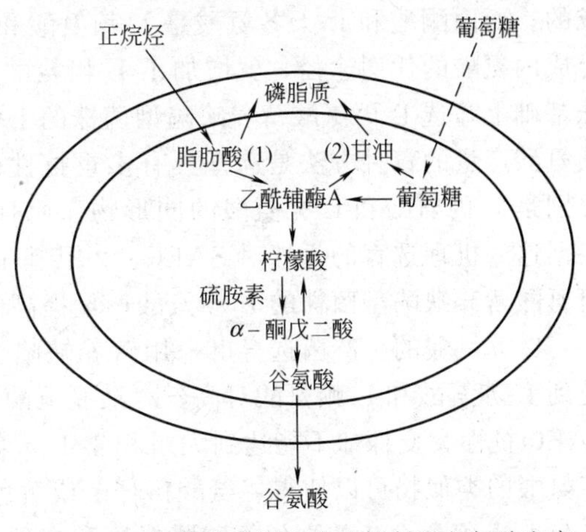

图 7.2.4 细胞内磷脂质合成控制和谷氨酸生产

7.2.2.2 选育生产氨基酸的代谢调节突变菌株

营养缺陷型突变菌株的选育方法不能用于生产非分支代谢途径中末端产物氨基酸的高产菌种，只有选育代谢调节突变株的方法才能达到这个目的。代谢调节突变株中微生物的某些生物合成的调节机制已经缺失，这样使产物氨基酸的积累得到了强化。选育的方法是分离对氨基酸类似物具有抗性的突变株，或从营养缺陷型菌株进一步得到某种调节酶缺失的回复突变株。

一般情况下，与天然氨基酸结构类似的化合物对于特定微生物的生长具有抑制作用。为了突出这类化合物与氨基酸在立体化学结构上具有类似性的特点，氨基酸类似物又被称为“同形物”。同形物对微生物生长的抑制作用可以通过加入相应的天然氨基酸而得到克服。如果在氨基酸的合成途经中加入同形物，就会成为相应酶的共阻遏剂或共反馈抑制剂，与此同时同形物又能抑制将氨基酸结合到蛋白质的反应。因此如果突变株对氨基酸的同形物具有抗性，就表明相应的调节酶已经丧失了对反馈抑制和反馈阻遏的敏感性。

以生产L-赖氨酸的菌种选育为例。图7.2.3已经显示了L-赖氨酸和L-苏氨酸对天冬氨酸激酶的协同反馈调节。硫代赖氨酸（SAEC）是赖氨酸的同形物，当培养基中加入SAEC时，细菌的生长受到抑制。若培养基中同时存在L-苏氨酸，抑制作用加强；但若加入L-赖氨酸，则使抑制减弱。因此如果能够选育出具有SAEC抗性的调节突变株，天冬氨酸激酶将对协同反馈调节不敏感，使突变菌株能够在SAEC和L-苏氨酸共同存在的培养基中生长，而且会大量积累L-赖氨酸。有人曾经选育出一株具有SAEC抗性的黄色短杆菌，它的L-赖氨酸产量比野生菌种提高了150倍，达到31.33g/L。

下面以L-赖氨酸生产菌种选育为例进一步说明营养缺陷-调节突变菌株的选育方法。L-赖氨酸和L-苏氨酸的合成途径参考图7.2.3。若以乳酸发酵棒杆菌作为出发菌种，对该菌种而言，单独或同时加入L-赖氨酸和L-苏氨酸都会抑制天冬氨酸激酶，参与L-赖氨酸合成的二氢二吡啶羧酸合成酶又会受到L-亮氨酸的阻遏，这种代谢调节作用称为“代谢联锁”。育种工作的第一步是在含SAEC的培养基上筛选出SAEC抗性的调节突变菌株，使菌株中的天冬氨酸激酶对L-赖氨酸和L-苏氨酸不敏感，L-赖氨酸生产能力达到18g/L；第二步，在SAEC抗性的调节突变菌株基础上进一步筛选出L-亮氨酸缺陷型突变株，解除L-亮氨酸对二氢二吡啶羧酸合成酶的阻遏，营养缺陷-调节突变菌株的L-赖氨酸生产能力进一步提高到41g/L。从SAEC抗性的调节突变菌株选育丙氨酸营养缺陷型也能够获得L-赖氨酸的高产菌种。丙氨酸是从丙酮酸经丙酮酸-L-氨基酸转氨酶或从L-天冬氨酸经L-天冬氨酸-β-脱氢酶合成的，而丙酮酸和L-天冬氨酸是L-赖氨酸和L-丙氨酸合成的共同前体，因此如果能够切断合成丙氨酸的代谢途径，就增加了L-赖氨酸合成的前体。为此在SAEC抗性的调节突变菌株基础上筛选L-丙氨酸营养缺陷型菌株的L-赖氨酸产量也能达到39g/L。另外一种提高L-赖氨酸产量的育种方法是选育具有多重抗性的突变株。γ-甲基-L-丙氨酸和α-氯代己内酰胺分别是L-丙氨酸和L-亮氨酸的同形物，而且乳酸发酵棒杆菌对这两种同形物均高度敏感，根据这一机理选育的一株对SAEC、γ-甲基-L-丙氨酸和α-氯代己内酰胺具有多重抗性的L-丙氨酸营养缺陷型菌株的L-赖氨酸产量提高到了60g/L。

L-苏氨酸的生产菌选育也采用营养缺陷-调节突变的方法。如前所述，L-苏氨酸的积累受到L-苏氨酸和L-赖氨酸对高丝氨酸脱氢酶的协同抑制作用，但是采用异亮氨酸营养缺陷-SAEC抗性突变株却不能达到大量积累L-苏氨酸的目的。研究发现α-氨基-β-羟基戊酸这种苏氨酸的类似物可以使得谷氨酸棒杆菌或黄色短杆菌对L-苏氨酸的反馈抑制不敏感，同时，参与L-苏氨酸合成的高丝氨酸脱氢酶和高丝氨酸激酶受到蛋氨酸的阻遏。根据以上机理选育得到的α-氨基-β-羟基戊酸抗性的蛋氨酸营养缺陷型菌株就具有较高的L-苏氨酸生产能力。

许多事实都证明了营养缺陷型和调节突变型结合的突变株可以大大提高菌株积累氨基酸的能力，这种方法已经广泛地用于氨基酸高产菌种选育。表7.2.2列出了通过选育调节突变型和营养缺陷-调节突变型突变株，菌株的氨基酸积累水平。

表7.2.2 通过调节突变和营养缺陷-调节突变获得的氨基酸生产菌种

氨基酸	微生物	遗传标记	产量/(g/L)
L-精氨酸 (L-Arginine)	*Bacillus subtilis*	ArgHX^r,6AU^r	28.0
	Corynebacterium glutamicum	D-Ser^r,D-Arg^r,ArgHX^r,2TA^r,Ile回复突变	25.0
	Brevibacterium flavum	2TA^r,guanine$^-$	34.8
	Serratia marcescens	Arg(Fr),Arg(Rr),Arg(D)	35.0
	B. subtilis	ArgHX^r,5HUR^r,TRA^r,6FT^r,6AU^r	17.0
L-瓜氨酸 (L-Citrulline)	*Bacillus subtilis*	ArgHX^r,6AU^r,Arg$^-$	26.2
L-组氨酸 (L-Histidine)	*Corynebacterium glutamicum*	TRA^r	7.0
	C. glutamicum	TRA^r,Leu$^-$	11.0
	C. glutamicum	TRA^r,6MG^r,8AG^r,4TU^r,6MP^r,5MT^r	15.0
	Serratia marcescens	Histidase$^-$,TRA^r,2MH^r	13.0
	Streptomyces coelicolor	His$^-$回复突变	3.5
L-异亮氨酸 (L-isoleucine)	*Serratia marcescens*	IleHX^r,ABA^r	12.0
	Brevibacterium flavum	AHV^r,OMT^r	14.5
	C. glutamicum	Met$^-$,AHV^r,TIL^r,AEC^r,ETH^r,AZL^r,ABA^r	8.7
		AHV^r,AEC^r,Eth^r(碳源是乙酸)	37.5
		AHV^r,AEC^r,Eth^r,α-AB^r,IleHX^r	30.0
L-亮氨酸 (L-Leucine)	*Serratia marcescens*	ABA^r,Ile-回复突变	13.5
	Brevibacterium flavum	TA^r,Met$^-$,Ile$^-$	28.0
(L-赖氨酸) L-Lysine	*Brevibacterium flavum*	Thr^s,Met^s	25.0
	Brevibacterium flavum	AEC^r	32.0
	Brevibacterium flavum	AEC^r,Ala$^-$,CCL^r,ML^r	60.0
	Brevibacterium flavum	AEC^r,AHV^r	29.0
	Candida pelliculosa	AEC^r	3.2
	C. glutamicum	AEC^r,Homoser$^-$,Leu$^-$,Pant	42.0

续表

氨基酸	微生物	遗传标记	产量/(g/L)
L-蛋氨酸 (L-Methionine)	*C. glutamicum*	Thr^{-}, ETH^{r}, SME^{r}, MetHX^{r}	2.0
L-苯丙氨酸 (L-Phenylalanine)	*Brevibacterium flavum*	MFP^{r}	2.2
	Bacillus subtilis	5FP^{r}	6.0
	C. glutamicum	PFP^{r}, PAP^{r}	9.5
	B. lactofermentum	5MT^{r}, PFP^{r}, Dec^{s}, Tyr^{-}, Met^{-}	24.8
L-丝氨酸 (L-Serine)	*C. glutamicum*	OMS^{r}, MSE^{r}, ISE^{r}	3.8
L-苏氨酸 (L-Threonine)	*Escherichia coli*	AHV^{r}, Met^{-}, Ile^{-}	6.1
	Brevibacterium flavum	AHV^{r}, Met^{-}	18.0
	C. glutamicum	AHV^{r}, Met^{-}, AEC^{r}	14.0
	Brevibacterium flavum	AEC^{r}, AHV^{r}	14.8
	Serratia marcescens	Ile^{-}, DAP^{-}, AHV^{r}	12.7
	Serratia marcescens	Ile^{-}, DAP^{-}, AHV^{r} AEC^{r}, Thr dehydrogenase^{-} Thr deaminase^{-}	25.0
L-色氨酸 (L-Tryptophan)	*Brevibacterium flavum*	5FT^{r} MFP^{r} Phe^{-}	6.2
	Brevibacterium flavum	5FT^{r} AZS^{r} PFP^{r} Tyr^{-}	10.5
	C. glutamicum	5MT^{r} 4MT^{r} 6FT^{r} TrpHX^{r} PFP^{r} PAP^{r}, TyrHX^{r} Phe^{-}, PheHX^{r} Tyr^{-}	12.0
L-酪氨酸 (L-Tyrosine)	*Brevibacterium flavum*	MFP^{r}	1.9
	C. glutamicum	3AT^{r}, PAP^{r}, PFP^{r}, TyrHX^{r}, Phe^{-}	17.6
L-缬氨酸 (L-Valine)	*Brevibacterium flavum*	TA^{r}	31.0

注：ABA—α-氨基丁酸；AEC—S-（β氨乙酰基）胱氨酸；AHV—α-氨基 β-羟基戊酸；AT—氨基-酪氨酸；AU—氮鸟嘧啶；AZL—氮亮氨酸；AZS—氮丝氨酸；CCL—α-氯代己内酰胺；Dec—德夸霉素；DAP—α,ε-二氨基庚二酸；ETH—乙硫氨酸；FT—氟代色氨酸；HUR—羟基尿苷；HX—氧污酸；ISE—异丝氨酸；MFP—m-氟代苯丙氨酸；MG—巯基鸟嘌呤；MH—甲基组氨酸；ML—γ-甲基赖氨酸；MP—巯基嘌呤；MSE—γ-甲基丝氨酸；MT—甲基色氨酸；OMS—O-甲基丝氨酸；OMT—O-甲基苏氨酸；PAP—p-甲基苯丙氨酸；PFP—p-氟代苯丙氨酸；SME—硒蛋氨酸；TA—噻唑丙氨酸；TIL—硫代异亮氨酸；TRA—1,2,4-三叠氮丙氨酸；TU—硫代鸟嘧啶；Arg（Fr）—缺失精氨酸反馈抑制；Arg（Rr）—缺失精氨酸操纵子的遏制；Arg（D）—缺失精氨酸降解酶

在黄色短杆菌中，L-苯丙氨酸的生物合成途径和调节机理如图 7.2.5 所示。在该分支代谢途径中的第一个酶是 3-脱氧-α-阿拉伯庚糖酮酸-7-磷酸（DAHP）合成酶，该酶受到 L-酪氨酸和 L-苯丙氨酸的负反馈抑制；邻氨基苯甲酸合成酶则受到色氨酸的强烈抑制；而分枝酸变位酶不受任何调节控制。酪氨酸预苯氨酸转氨酶也不受酪氨酸的调节，预苯氨酸脱水酶则受到 L-苯丙氨酸的反馈抑制。

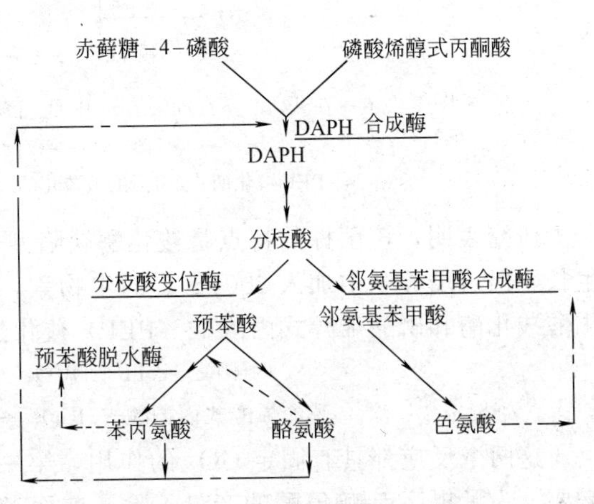

图 7.2.5 在黄色短杆菌中芳香族氨基酸生物合成途径和调节机理
---→反馈抑制；——→抑制解除

针对上述芳香族氨基酸生物合成的调节机理，显然，如果要获得 L-苯丙氨酸生产菌，就必须解除 L-苯丙氨酸对 DAHP 合成酶和预苯氨酸脱水酶的抑制。为此选育了对

L-苯丙氨酸的类似物 m-氟苯丙氨酸（MFP）抗性的突变株，但该突变株积累 L-苯丙氨酸的能力只有 2g/L。由于酪氨酸也对 DAPH 合成酶有抑制作用，选育了酪氨酸营养缺陷型菌株，L-苯丙氨酸的产量也只有 1.8g/L。但是如果将上述两种方法结合起来，选育得到的酪氨酸营养缺陷-p-氟苯丙氨酸和 5-氟代色氨酸双重抗性的突变株，L-苯丙氨酸的产量可以达到 25 g/L。

与 L-苯丙氨酸同属芳香族氨基酸的色氨酸和酪氨酸也都是以分枝酸作为前体合成的，在色氨酸的分支代谢途径中，色氨酸对该途径所有四种酶都有反馈抑制，因此如果要积累 L-色氨酸，就要解除终端产物的反馈抑制，选育出 L-苯丙氨酸类似物（5-氟色氨酸）抗性突变株的 L-色氨酸产量比出发菌株提高了 7.5 倍，达到 2.4g/L；进一步筛选得到的谷氨酰胺类似物（重氮丝氨酸）抗性突变株提高了分支代谢途径第一个酶——邻氨基苯甲酸合成酶的活性，将产量提高到了 10.3g/L；由于 p-氨基苯甲酸是合成芳香族氨基酸的前体，该中间产物是从叶酸生物合成途径中的二氢蝶酸得到，因此如果能够强化二氢蝶酸的合成，减少它用于其他生物合成途径的消耗，也将提高色氨酸的产量。为此，筛选得到了磺胺呱抗性突变株，使 L-色氨酸产量提高到了 19g/L。

在酪氨酸生产菌的诱变育种时，其他调节途径都与苯丙氨酸相同，唯一要强调的是必须切断从预苯酸到苯丙氨酸的代谢途径，因此需要选育苯丙氨酸抗性和酪氨酸类似物抗性的突变株。这样筛选得到的菌种的酪氨酸产量可达到 17.6 g/L。

以葡萄糖为碳源，利用 *Brevibacterium lactofermentum* 生产 L-赖氨酸的代谢途径如图 7.2.6 所示。从图中可以看到，如果在更广泛的范围分析赖氨酸的生物合成途径，CO_2 的固定化对提高碳源利用率和赖氨酸产量十分有利。

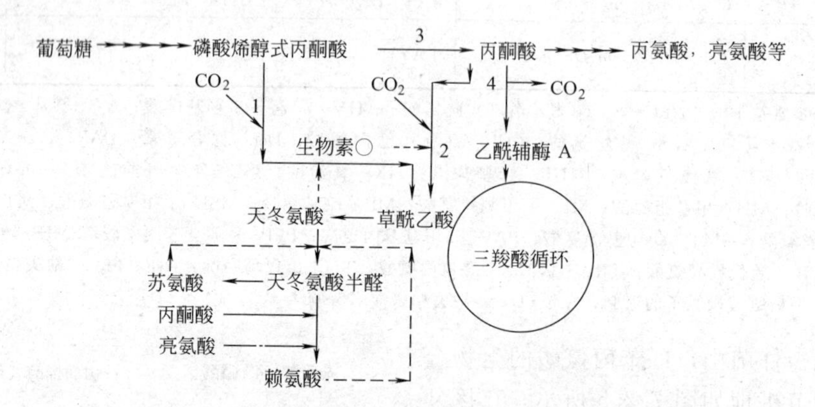

图 7.2.6 在 *B. lactofermentum* 中从葡萄糖到赖氨酸的生物合成途径和调节机理

---→—阻遏，---→—反馈抑制，○---→活化

1—PEP 羧化酶；2—丙酮酸羧化酶；3—丙酮酸激酶；4—丙酮酸脱氢酶

研究表明，该菌株的特点是羧化酶缺陷型突变株不能在葡萄糖作为唯一碳源的培养基中生长，但若培养基中加入 200μg/L 的生物素，突变株就能够生长，说明该菌株同时含有丙酮酸羧化酶和磷酸烯醇式丙酮酸（PEP）羧化酶，分别催化以下两个反应：

$$丙酮酸+ATP+HCO_3^- \longrightarrow 草酰乙酸+ADP+P$$

$$磷酸烯醇式丙酮酸+HCO_3^- \longrightarrow 草酰乙酸+P$$

这两个反应都具有固定 CO_2 的作用，第一个反应需要生物素参与，而第二个反应则不需要。为了提高 L-赖氨酸的产量，除了前面考虑的支路代谢中的抑制机理外，还很有必要促进天冬氨酸及其前体草酰乙酸的产生。

从图中可以看到，从 PEP 到草酰乙酸的代谢途经受到 L-天冬氨酸的反馈抑制，这与 L-

赖氨酸的合成需要大量的L-天冬氨酸作为前体是矛盾的。因此从PEP到草酰乙酸的代谢途径不可取，而应该强化从丙酮酸到草酰乙酸的反应。另外，丙酮酸激酶对乙酰辅酶A和L-天冬氨酸都不敏感，但能够被生物素诱导和激活，高浓度的生物素有利于将丙酮酸转化为草酰乙酸，进而促进赖氨酸的生物合成。由于丙酮酸是L-丙氨酸、L-亮氨酸等的共同前体，需要切断这些支路代谢途径。

根据图7.2.6的代谢机理和上述分析，Tosaka和Takinami从野生型*B. lactofermentum*出发，经过一系列的诱变育种，最终得到菌种的L-赖氨酸生产能力达到48g/L。具体的选育步骤如图7.2.7所示。

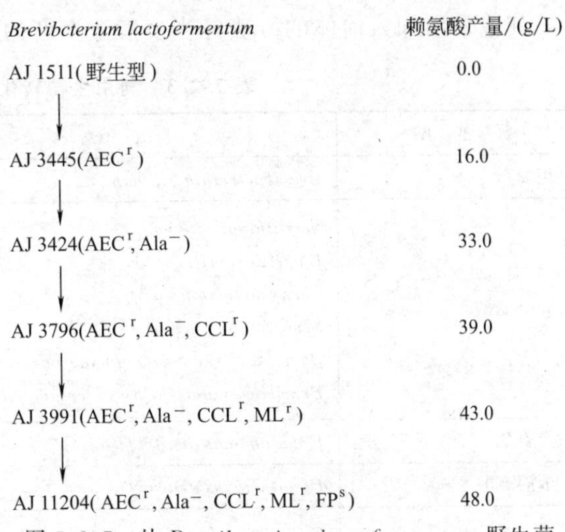

图7.2.7 从*Brevibcterium lactofermentum*野生菌株出发选育赖氨酸高产菌的步骤

7.2.3 利用氨基酸生物合成的前体生产氨基酸

这是一种半发酵法生产氨基酸的工艺。这种工艺的特点是：将氨基酸生物合成途径中的某一中间代谢产物加入细胞培养介质，利用活菌体将该中间代谢产物转化为氨基酸。利用前体生产氨基酸可以显著地消除或减少反馈抑制调节的影响，缺点是前体的价格要比发酵所用的碳源贵得多。半发酵法与酶法生产氨基酸的差别是：在半发酵法中前体是在发酵的开始或中间加入到培养介质中，一般须要一步以上的酶催化化反应，催化剂是活菌体，而酶法一般只需一步反应，催化剂是提纯的酶或死菌体。

半发酵法生产氨基酸的成功取决于对代谢途径的正确了解。以半发酵法生产L-异亮氨酸为例，在细菌中L-异亮氨酸是由L-苏氨酸经α-酮丁酸生物合成的，由于L-苏氨酸是L-苏氨酸脱氢酶的反馈抑制剂，使L-苏氨酸转化为α-酮丁酸和氨的反应受到了抑制，从而使L-异亮氨酸的积累受到影响。如果在培养基中加入DL-α-氨基丁酸或DL-α-羟基丁酸，则可以不经过苏氨酸脱氢酶的作用，从而可以避开受到L-异亮氨酸反馈抑制。生产L-异亮氨酸的另一种方法是在培养基中加入D-苏氨酸，该前体的加入会诱导D-苏氨酸脱氢酶的产生，并将D-苏氨酸转化为α-酮丁酸，D-苏氨酸脱氢酶不受L-异亮氨酸的反馈抑制。

用直接发酵法生产L-丝氨酸的方法尚不成熟，但是用甘氨酸作为前体与甲烯基四氢叶酸反应可以生成L-丝氨酸。能够利用甲醇的细菌都能产生甲烯基四氢叶酸，其代谢途径如图7.2.8所示。

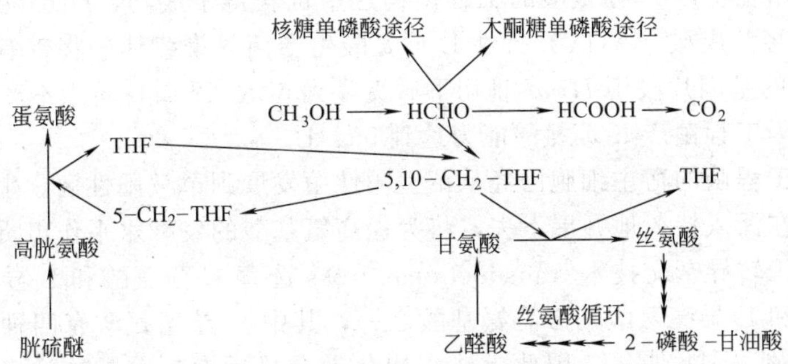

图7.2.8 甲醇利用菌生产氨基酸的代谢途径示意图

其他采用加入前体的方法经半发酵法生产的氨基酸及相应的微生物列于表7.2.3。

表7.2.3 利用生物转化的前体生产氨基酸

氨基酸	微生物	前体
L-组氨酸	*Brevibacterium flavum*	组氨醇
L-异亮氨酸	*Serratia marceecens* *Bacillus subtilis* *Cornybacterium* sp. *Serratia marceecens* *Bacellus, Brevibacterium, aerobacter, etc* *Brevibacterium, Cornybacterium, etc*	DL-α-氨基丁酸 DL-α-氨基丁酸 DL-α-氨基丁酸 D-苏氨酸 DL-α-羟基丁酸 DL-α-溴基丁酸
L-蛋氨酸	*Pseudomonas denitrificans*	2-羟基-4-甲基硫代丁酸
L-苯丙氨酸	*Pseudomonas denitrificans*	2-羟基-3-苯基丙酸
L-丝氨酸	*Cornybacterium glycinophilum* *Pseudomonas* sp. *Arthrobacter globiformis* *sarcina albida* *Nocardia butanica* *Pseudomonas* sp.	甘氨酸 甘氨酸 甘氨酸 甘氨酸 甘氨酸 甘氨酸
L-苏氨酸	*Bacillus subtilis* *Proteus rettgeri* *Enterobacter*	L-高丝氨酸 L-高丝氨酸 DL-高丝氨酸
L-色氨酸	*Claviceps purpurea* *Hansenula anomala*	吲哚 邻氨基苯甲酸

7.2.4 利用基因重组技术获得氨基酸生产菌种

早在20世纪70年代初，人们就试图将基因重组技术应用于获得氨基酸高产菌种。最初一般采用基因转导技术，分两步进行。首先挑选出各种调节机制完全缺失的突变组，然后将选出的突变株通过共转导技术结合在一起。

直接应用基因重组技术获得生产氨基酸的基因工程菌的研究在20世纪80年代初就已经开始了，最早的工作是由Aiba等人在1982年报道的，他们将L-色氨酸操纵子缺失的突变株和携带L-色氨酸操纵子的质粒结合，成功地构建了生产L-色氨酸的基因工程大肠杆菌。该质粒的邻氨基苯甲酸合成酶和磷酸核糖氨基苯甲酸转移酶对反馈抑制不敏感，而作为宿主细胞的大肠杆菌则是L-色氨酸阻遏缺陷和L-色氨酸酶缺陷型的突变株。

基因重组技术在生产L-苏氨酸的工程菌构建中也获得了成功，Debabov等人早在1982年就从α-氨基-β-羟基戊酸（AHV）抗性L-苏氨酸生产菌的染色体中将带有AHV抗性标记的合成L-苏氨酸的基因片段用*Hind* Ⅲ切下后克隆到pBR322质粒转入不产L-苏氨酸的突变株，所得到的基因工程菌产L-苏氨酸能力达到55g/L。

现在，基因工程菌的宿主细胞已经从革兰阴性菌发展到革兰阳性菌。生产氨基酸的基因工程菌的研究还在深入持久地开展下去，将为提高氨基酸的发酵水平作出贡献。

下面将介绍用转导杂交技术transductional cross选育L-苏氨酸和L-异亮氨酸生产菌的方法。L-苏氨酸和L-异亮氨酸是必需氨基酸之一，其中L-异亮氨酸有四种光学异构体，分别为L-，D-，L-别-及D-别-等，因此无法采用化学合成后在拆分的方法合成L-异亮氨酸，可以用异亮氨酸缺陷型的大肠杆以D-苏氨酸或α-氨基丁酸为前体合成。

出发菌株选用沙门菌 *Salmonella typhimurium*，该菌中异亮氨酸的合成途径是从天冬氨酸经苏氨酸合成异亮氨酸，受到异亮氨酸，缬氨酸，亮氨酸，苏氨酸，赖氨酸和单氨酸的抑制或阻遏。

L-苏氨酸的选育工作分为以下几个步骤：①获得苏氨酸生产菌 D-60。从野生菌种 8000 选育苏氨酸脱氢酶和苏氨酸脱氨酶缺陷型菌株。②以 D-60 为亲本，选育出天冬氨酸激酶Ⅰ和高丝氨酸脱氢酶Ⅰ对苏氨酸调节的反馈抑制不敏感的突变株（*thr*$A_1$1，*thr*$A_2$1）和对 β-羟基正缬氨酸抗性的突变株（*hur*A1），该物质是苏氨酸类似物，*hur*A1 突变株中解除了对上述两种酶的阻遏。③选育赖氨酸类似物，S-氨基乙基胱氨酸，抗性突变株（*lys*C1），该突变株解除了赖氨酸对天冬氨酸激酶Ⅲ的阻遏和反馈调节。④将上面得到的四个突变株通过两次转导杂交获得一个新的菌株（T-693），这个杂交株中已经除去了引起苏氨酸降解的酶系，苏氨酸的产量达到了 24～25g/L。

L-异亮氨酸的出发菌株也是 8000 野生菌株，选育步骤如下：①筛选出异亮氨酸氧肟酸抗性突变株（GIHVLr6426），该突变株在阻遏培养条件下的 L-苏氨酸脱氢酶和乙酰氧肟酸合成酶活力很高，在固体培养时若以 L-苏氨酸为底物可大量积累异亮氨酸。②通过分析发现上面得到的 GIHVLr6426 菌株实际上有两种突变形式，其中一种（*Ilu*A2）的 L-苏氨酸脱氨酶对反馈抑制脱敏；另一种（*ihr*-1）则加强了 L-苏氨酸脱氨酶和乙酰氧肟酸合成酶Ⅱ这两个组成酶的合成。③将这两个异亮氨酸调节突变株转导入上面选育的 L-苏氨酸生产菌株 T-693，采用 T-693 与生长在 GIHVLr6426 菌株上的噬菌体转导杂交的方法，筛选出异亮氨酸氧肟酸抗性菌株 T-803，该菌株的 L-异亮氨酸产量达到 25g/L。

野生菌株和转导杂交方法获得的高产菌株的基因型及各自的 L-苏氨酸和 L-异亮氨酸产量列于表 7.2.4。

表 7.2.4 野生菌株和转导杂交方法获得的高产菌株的基因型及各自的产物分布

菌 株	基 因 型						产量/(g/L)	
	*lys*C	*Thr*A_1	*Thr*A_2	*hur*A	*ihr*	*Ilu*A	L-Thr	L-Ile
8000	+	+	+	+	+	+	0.1	0.1
GIHVLr6426	+	+	+	+	1	2	0.1	3.5
T-693	1	1	1	1	+	1	23.5	0.1
T-803	1	1	1	1	1	2	0.1	24.5

注：+代表存在对酶的阻遏和抑制；1 或 2 代表解除阻遏和抑制。

复习思考题

1. 讨论常用于氨基酸发酵的微生物及氨基酸高产菌株选育的特点。

2. 由丙酮酸进入三羧酸循环时会产生二氧化碳，造成碳源的损失。在谷氨酸发酵中，微生物是怎样将二氧化碳固定化以提高谷氨酸产量的？讨论二氧化碳的固定化在环境领域的可能应用前景。

3. 在氨基酸发酵工业中，噬菌体感染是造成产量下降甚至“倒罐”的重要原因。试从菌种选育的角度讨论怎样防止噬菌体感染。

4. 利用硫殖短杆菌 D-248 油酸缺陷型（OA^-）菌株以醋酸为碳源生产谷氨酸，有人进行了如下诱变育种工作：

(1) 谷氨酸脱氢酶缺失（GDH^-）菌株对醋酸氧化能力比亲株增加了 1.5 倍，而且对油酸浓度及铵离子浓度等环境条件不敏感；

(2) 异柠檬酸脱氢酶缺失（$ICDH^-$）菌株可全部氧化醋酸；

(3) 异柠檬酸分解酶缺失（ICl^-）菌株可全部氧化醋酸；

(4) 乌头酸脱氢酶缺失（AH^-）菌株失去了氧化醋酸能力。

根据以上实验结果，讨论该菌株从醋酸合成谷氨酸的代谢途径。

5. 在选育高丝氨酸高产菌时，有人从谷氨酸棒杆菌出发，采用了如下诱变育种策略：

$$Thr^- \ Ner^- \ Lys^- \ AHV^R \ AEC^R \ MetHX^R$$

请说明理由。其中 AEC—S-β-氨乙酰基胱氨酸；AHV—α-氨基-β-羟基戊酸；HX—氧肟酸。上标⁻和 R 分别代表营养缺陷与阻遏。

6. 怎样防止氨基酸高产菌株产生回复突变？怎样抑制回复突变菌株增殖？

7. 代谢互锁是指：从生物合成途径分析，一种氨基酸的合成受到另一种完全无关的氨基酸的控制，而且只有当该氨基酸浓度大大高于其生理浓度时才显示抑制作用。已知在黄色短杆菌中，二氢吡啶二羧酸合成酶的合成受到亮氨酸的阻遏。应该采用怎样的育种策略以提高赖氨酸产量？

8. 为什么细胞膜的渗透性会影响氨基酸产量？怎样改变细胞膜的渗透性？

8 核苷、核苷酸及其类似物的微生物发酵

8.1 引言

人们发现许多核苷酸类物质都具有强化食品风味的功能，因此利用微生物发酵生产核苷和核苷酸的主要应用领域是在食品工业中作为风味强化剂。按强化能力的大小次序排列为：鸟嘌呤核苷酸（5′-GMP）＞肌苷酸（5′-IMP）＞黄嘌呤核苷酸（5′-XMP）。同时还发现当5′-GMP或5′-IMP的钠盐与谷氨酸钠合用时具有协同强化作用。而5′-AMP及其2′-和3′-的异构体、5′-脱氧核糖核苷酸、核苷及嘧啶类核苷酸则没有强化功能。核苷、核苷酸及其衍生物的另一重要应用领域是用于临床治疗药物，嘌呤类似物8-氮鸟嘌呤和6-巯基嘌呤具有与抗生素类似的功能，可以抑制癌细胞的生长；9-β-D-阿拉伯呋喃糖基腺苷聚肌胞则能用于治疗疱疹；S-腺苷蛋氨酸及其盐类用于治疗帕金森氏症、失眠并具有消炎镇痛作用。此外核苷酸在农业上也有良好的应用前景，用核苷酸及其衍生物进行浸种、蘸根及喷雾，可以提高农作物的产量。一些重要的核苷、核苷酸及相关产物见表8.1.1。

表 8.1.1 一些重要的核苷、核苷酸及相关产物

名　称	估计年产量/(t/a)	用　途
5′-IMP(肌苷酸)	3000	食品添加剂
5′-GMP(鸟苷酸)	2000	食品添加剂
鸟苷	5000	食品工业及医药中间体
Inosine(肌苷)	500	心脏病
胞苷二磷酸-胆碱	4	强心剂
ATP(三磷酸腺苷)	200	肌肉营养不良
S-腺苷-L-蛋氨酸	200	营养强化剂及抗抑郁症等
FAD(黄素腺嘌呤二核苷酸)	少量生产	肝或肾病
NAD(烟酰胺腺嘌呤二核苷酸)	少量生产	肝或肾病
腺嘌呤	少量生产	白细胞减少
腺苷	少量生产	冠状缺陷、咽炎、高血压、动脉硬化
5′-AMP(腺苷单磷酸)	少量生产	循环系统疾病、风湿症
CAMP(环腺苷单磷酸)	少量生产	糖尿病、气喘、癌症等
乳清酸	少量生产	肝病
6-氮尿苷	少量生产	癌症

目前工业上主要通过RNA的酶法水解生产核苷酸。RNA的来源很广，如啤酒厂的废酵母、单细胞蛋白及其他发酵工业的废菌体等，其中以酵母中提取RNA最为常见。有时还专门培养高RNA含量的酵母供提取核苷酸生产之用。细菌、酵母及霉菌中的DNA及RNA含量列于表8.1.2。RNA水解酶一般来自于 *Penicillium citrinum* 和 *Streptomyces aureus* 这

两个菌种的突变株。提取工艺包括细胞破碎、核酸水解及核苷酸分离等步骤。20世纪60年代初RNA酶法水解生产核苷酸在日本投入了工业化生产。

表 8.1.2 细菌、酵母及霉菌中的DNA及RNA含量

微生物	DNA含量/%	RNA含量/%
细菌	0.37～4.5	5～25
酵母	0.03～0.52	2.5～15
霉菌	0.15～3.3	0.7～28

有些核苷及核苷酸类产品采用直接发酵法生产，如肌苷、5′-IMP、S-腺苷-L-蛋氨酸和5′-GM等。本章将主要讨论直接发酵生产核苷及核苷酸的微生物、代谢途径和调控机制。

8.2 核苷酸的代谢机理

8.2.1 嘌呤类核苷酸的生物合成途径及调节机制

核苷酸是细胞内合成RNA及DNA的基本结构单元，在正常的细胞代谢中将保持在一定的生理浓度范围内。要使微生物能够过量产生核苷酸或核苷就必须掌握它们的代谢途径和调节机理，有目的地对微生物进行诱变和筛选，才能获得高产菌株。图8.2.1显示了在 *Bacillus subtilis* 中嘌呤类核苷酸的生物合成途径及调节机制。IMP是GMP和AMP生物合成的前体，由于胞内IMP脱氢酶的比活要比腺苷琥珀酸合成酶的比活高10～30倍，IMP主要转化为GMP。但是，IMP脱氢酶又受到XMP和GMP的反馈抑制和阻遏，而GMP合成酶则基本上不受GMP的影响，这样当GMP浓度较高时，IMP就会转化为AMP。AMP的合成主要受到AMP对磷酸核苷高磷酸（PRPP）酰胺基转化酶反馈抑制的调节，只要0.2mmol/L的AMP就能使PRPP酰胺基转化酶的比活降低50%，而达到同样抑制作用的GMP浓度需要2mmol/L。AMP对腺苷基琥珀酸合成酶和腺苷基琥珀酸裂解酶也存在着反馈抑制。

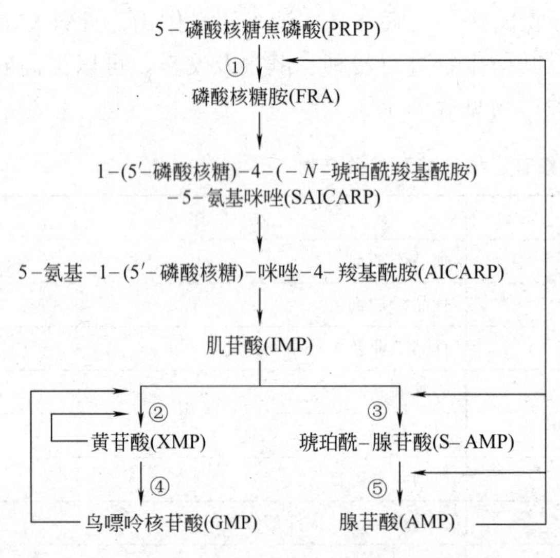

图 8.2.1 在 *Bacillus subtilis* 中嘌呤核苷酸生物合成途经及其调节机制

①—PRPP酰胺基转移酶；②—IMP脱氢酶；③—腺苷基琥珀酸合成酶；④—GMP合成酶；⑤—腺苷基琥珀酸裂解酶

8.2.2 嘧啶核苷酸的生物合成途径和调节机制

图8.2.2显示了嘧啶核苷酸的生物合成途径和调节机制。从图中可以看到，嘧啶核苷酸是从NH_3、CO_2和ATP合成氨基甲酰磷酸开始，再与天冬氨酸结合生成氨基甲酰天冬氨酸，经闭环后生成二氢乳清酸，从而形成了嘧啶环。乳清酸进一步与PRPP反应生成乳清核苷-5′-磷酸，再经过脱羧反应生成5′-UMP，5′-UMP经磷酸化后依次生成5′-UDP及5′-UTP，后者按如下反应生成5′-CTP：

$$5'\text{-UTP} + NH_3 + \text{ATP} \longrightarrow 5'\text{-CTP} + \text{ADP} + \text{Pi}$$

在嘧啶核苷酸的生物合成途径中，主要的调节酶是天冬氨酸转氨基甲酰酶。它是一个变构酶，受到CTP的强烈反馈抑制，UMP、UDP及UTP也对该酶具有抑制作用，ATP则对它有激活作用，因此ATP的存在对CTP的抑制具有拮抗作用。

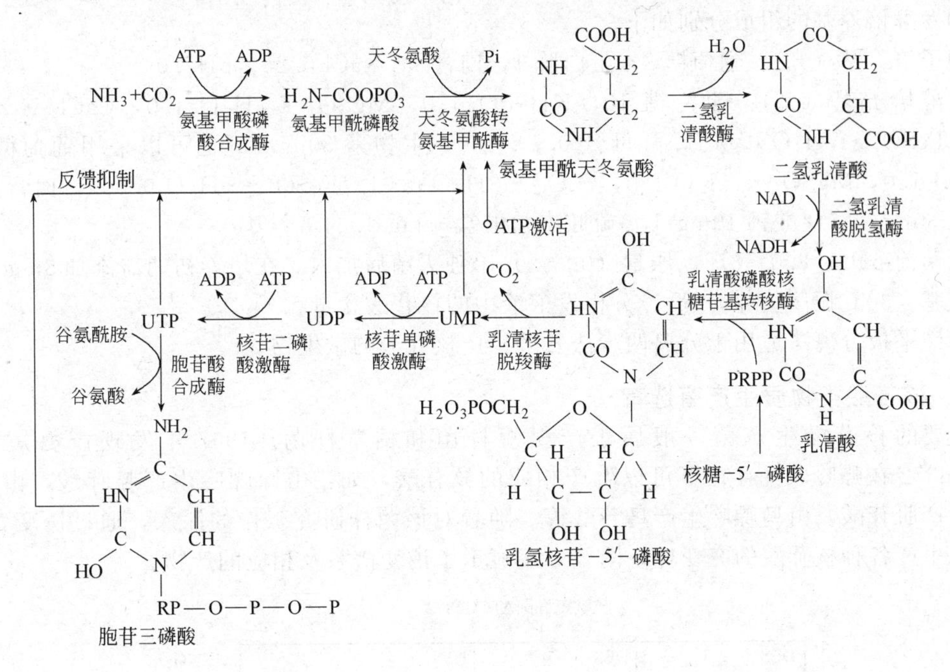

图 8.2.2 嘧啶核苷酸的生物合成途径及调节

8.3 核苷酸类物质生产菌的分离和选育

8.3.1 核苷酸类物质生产菌的分离

从野生菌中直接筛选核苷及核苷酸生产菌的方法主要有生长圈法和特殊平板培养法。

8.3.1.1 生长圈法

用生长圈法筛选核苷酸产生菌的机理是利用核苷酸产生菌能够促进嘌呤营养缺陷型大肠杆菌生长，因而能形成较大的生长圈。具体方法是将非精确的嘌呤营养缺陷型大肠杆菌（如*E. Coli* P64或B94）与不含嘌呤的琼脂混合后倒成平板，在平板表面涂布受检的细菌，在一定条件下培养。如果被检菌能够产生嘌呤类产物，在其周围形成生长圈，然后挑选生长圈较大的菌落进行进一步的鉴定后作为诱变育种的出发菌株。

也可以将被检菌株先在平板上培养，出现菌落时用紫外线照射杀菌。再用鸟嘌呤营养缺陷型的枯草杆菌的固体培养基覆盖于平板上，经过一定温度下的保温培养，如果发现能够生长的突变株，就说明它能够产生核苷类物质。

8.3.1.2 特殊平板培养法

采用含有高浓度的磷酸盐、镁盐、葡萄糖和锰盐的琼脂平板培养基也能用于筛选产核苷酸类物质的微生物，具体的筛选步骤如下：

① 采集哺乳动物、鸟类的粪和土壤样品。

② 分离培养基的成分为（%） 葡萄糖 10，琼脂 2.0，KH_2PO_4 1.0，$MgSO_4 \cdot 7H_2O$ 1.0，$CaCl_2 \cdot 2H_2O$ 0.01，$FeSO_4 \cdot 7H_2O$ 0.001，$MnSO_4 \cdot 4H_2O$ 0.0001，生物素30μg/L，泛酸钙10mg/L，硫胺素盐酸盐5mg/L，叶酸2mg/L，烟酸2mg/L，吡哆醛4mg/L，酚红

15mg/L。尿素经单独灭菌后加入培养基中，培养基调节 pH 为 8.2。

将粪或土壤样品悬浮液进行平板分离，30℃培养 2～3d，挑出培养基上的菌落。

③ 检验产核苷酸能力　将上述挑得的菌株分别进行培养并检验产核苷酸能力。种子培养基和发酵培养基的组成分别如下。

种子培养基（%）：葡萄糖 2，蛋白胨 1，肉膏 1，NaCl 0.25，pH7.0。

发酵培养基（%）：葡萄糖 10，KH_2PO_4 1.0，$MgSO_4 \cdot 7H_2O$ 1.0，$CaCl_2 \cdot 2H_2O$ 0.01，$FeSO_4 \cdot 7H_2O$ 0.001，酵母膏 0.5～1.0，生物素 30μg/L；也可以采用葡萄糖 10，KH_2PO_4 1.0，$MgSO_4 \cdot 7H_2O$ 1.0，$CaCl_2 \cdot 2H_2O$ 0.01，$FeSO_4 \cdot 7H_2O$ 0.001，肉膏 0.2，生物素 30μg/L，泛酸钙 10mg/L，硫胺素盐酸盐 5 mg/L 的培养基。

灭菌前 pH 为 8.0～8.2，尿素（0.6%）单独灭菌后加入。在培养初期需添加 3mg/L 的嘌呤碱基。30℃振荡培养 5d 后，分析发酵液中的核苷酸含量。

特殊平板分离法适用于分离两步法发酵生产核苷酸的微生物。

8.3.2 核苷酸类物质生产菌选育

主要的核苷酸生产菌一般属于产氨短杆菌和枯草杆菌。1967 年发现产氨短杆菌 ATCC6872 在嘌呤碱基存在下可以生产相应的核苷酸，如：由腺嘌呤生产腺苷酸，由次黄嘌呤生产肌苷酸及由鸟嘌呤生产鸟苷酸等。随着对该菌株研究工作的深入，通过诱变育种，获得了生产各种核苷酸的突变株，图 8.3.1 显示了诱变谱系及相应的产物。

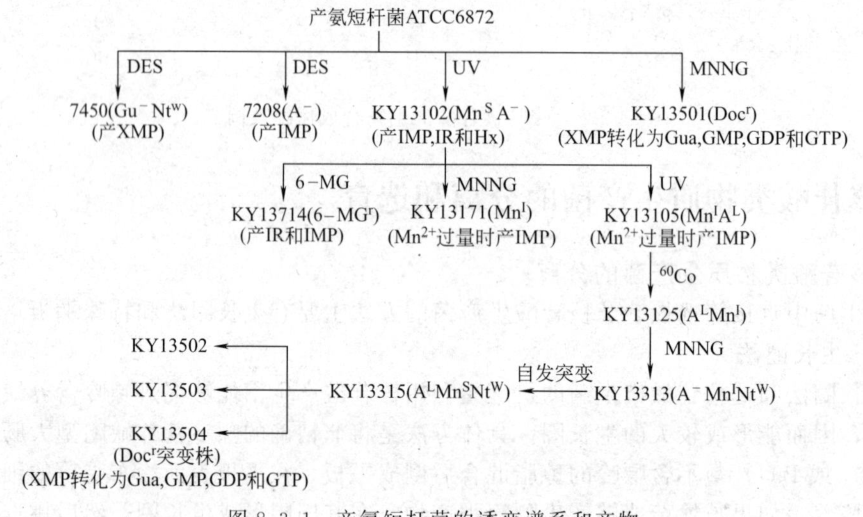

图 8.3.1　产氨短杆菌的诱变谱系和产物

DES：硫酸二乙酯；MNNG：*N*-甲基-*N*′-硝基 *N*-亚硝基胍；UV：紫外线；

A^L：腺嘌呤不完全缺陷型；A^-：腺嘌呤缺陷型；Mn^S：锰敏感型；Mn^L：锰不敏感型；

Nt^w：核苷酸分解酶弱；6-MG^r：6-巯基鸟嘌呤抗性；Doc^r：迪古霉素抗性

枯草杆菌一般具有较高的磷酸酯酶活性，能够将核苷酸转化为核苷。1963 年，日本味之素公司用 X 射线处理枯草杆菌获得了肌苷生产菌，此后关于用 X 射线、紫外线及化学诱变等方法处理枯草杆菌的报道很多，诱变后的枯草杆菌分别具有积累肌苷、鸟苷、腺苷及黄苷等的能力。

DNA 转化法也常用于肌苷及鸟苷生产菌的育种。该方法首先要从枯草杆菌制备转化用的高纯度 DNA，其方法如下：用溶菌酶使细胞壁溶解，冰冻后解冻，进一步用酚和 pH9 缓冲液的混合物在十二烷基磺酸钠存在下抽提核酸，核酸用胰 RNase（EC2.7.7.16）和 RNase T_1（由 EC3.1.4.8 制备）使 RNA 消化，再用含酚缓冲液抽提即可获得具有高转化性的 DNA。DNA 转化则可以按如下步骤进行：将受体细胞在 Difco 抗菌培养基中通气培养至对数生长期结束时分离出菌体，洗涤菌体并以 1∶10 比例重新悬浮于 5ml CHT-2 培养基中，于 37℃ 培养 4h，将细胞分离后洗涤；再次以 1∶10 比例悬浮于 CHT-10 培养基，取 0.9ml 于 30℃ 培养 90min，添加 1ml DNA 溶液（DNA 浓度为 1μg/ml），继续培养 30min 后添加脱氧核糖核酸酶 20μg/ml 并加镁盐浓度至 0.01mol/l。继续保温 10min 后取 0.1ml 的细胞悬浮液到基础培养基中进行培养，37℃ 培养 40～48h 后检查生产核苷的能力。

8.4 发酵法生产核苷酸类物质

8.4.1 发酵法生产 5′-IMP

5′-IMP 可以通过以下途径生产：①微生物发酵法生产肌苷，然后通过化学反应磷酸化得到 5′-IMP；②直接发酵法生产 5′-IMP；③发酵法生产腺嘌呤或 5′-AMP，再采用化学或酶催化转化为 5′-IMP；④将化学合成的次黄嘌呤通过微生物转化生产 5′-IMP。本节将介绍前面两种生产方法，其中第一种方法的产物肌苷本身就可以直接用于医药工业。

在细胞内合成的 5′-IMP 不能透过细胞壁释放到胞外，但是通过胞内的脱磷酸反应生成肌苷后就可以释放到胞外。野生微生物产肌苷的能力很低，必须采用诱变育种的方法才能提高肌苷的产量。根据图 8.2.1 所示的 5′-IMP 生物合成途径和调节机制可以看到，诱变育种的目标应该是解除 AMP 对 PRPP 酰胺基转移酶的反馈抑制及切断 5′-IMP 继续代谢生成 GMP 和 AMP 的途径。由此可见，筛选 AMP 和 GMP 营养缺陷型突变株（Ade^- 和 Gua^-）是提高肌苷产量的有效方法。为了使 IMP 脱氢酶和腺嘌呤基琥珀酸合成酶失活或降低活性，则应该筛选对鸟嘌呤及腺嘌呤类似物抗性的突变株以阻遏这两种酶的合成。此外，如果采用枯草杆菌进行诱变育种，某些氨基酸也会抑制 5′-IMP 的生物合成，因此选育组氨酸、苏氨酸及酪氨酸缺陷型突变株也有利于提高肌苷的产量。

表 8.4.1 肌苷发酵微生物及其遗传标记

突变株	遗传特征	肌苷产量/(g/L)
枯草肝菌(*Bacillus subtilis*)		
No.2	Ade^-	0.21
B-4	Ade^- His^-	4.46
C-30	Ade^- His^- Tyr^-	10.50
RAD-16	Ade^- Trp^- Red^- Dea^- $8AG^r$	18.00
产氨短杆菌(*Brevibacterium aminomiagenes*)		
KY13714	Ade^- $6MG^r$$Gua^-$	13.60
KY13761	Ade^- $6MG^r$$6MTP^r$$Gua^-$	30.0
41021	Ade^- $6MG^r$$Gua^-$,IMP 生物合成酶系不受 AMP、ATP 和 GMP 的阻遏,也不受腺嘌呤和鸟嘌呤抑制	52.4
微杆菌(*Microbacterium sp.*)		
No.250	Bio^- $6MP^r$ $8AG^r$ MSO^r $6TG^r$	35.0

注：营养缺陷型：Ade^-：腺苷；Bio^-.：生物素；Gua^-：鸟嘌呤；His^-：组氨酸；Tyr^-：酪氨酸；Trp^-：色氨酸。酶缺失型：Red^-：GMP 还原酶；Dea^-：AMP 脱氨酶。

类似物抗性：$8AG^r$：8-氮鸟嘌呤；$6MG^r$：6-巯基鸟嘌呤；$6MTP^r$：6-甲基硫嘌呤；MSO^r：蛋氨酸亚砜；$6TG^r$：6-硫鸟嘌呤；$6MP^r$：6-巯基嘌呤。

许多腺嘌呤营养缺陷型菌株，如：*Bacillus*、*Corynebacterium*、*Streptomyces* 及 *Saccharomyces* 等都能够产生肌苷。几种典型的肌苷发酵菌种及其遗传标记列于表 8.4.1。从表中可以看到，通过合理设计诱变育种程序和方法，能够大幅度提高肌苷的产量，其中以微杆菌 No. 250 和产氨短杆菌 41021 的产量较高，分别达到了 35 和 52.4g/L。

肌苷分子中氮含量比较高（20.9%），因此培养基中应该有充分的氮源，氯化铵、硫酸铵或尿素都能用作为氮源，但以使用氨气较为适宜，氨气既能用作为氮源，又能起到调节 pH 的作用。当用枯草杆菌发酵生产肌苷时，培养基中需要添加干酵母或粗 RNA 抽提物以提高培养基中腺嘌呤含量；最佳 pH 范围为 6.0～6.2；最佳温度为 30～34℃。培养介质应保持低的 CO_2 浓度。此外，磷酸盐浓度、镁离子和钙离子、黄血盐及溶氧等因素都对肌苷的积累有比较大的影响。

8.4.2 直接发酵生产 5′-IMP

能够用于直接发酵生产 5′-IMP 的微生物必须满足以下三个要求：

① 突变株应缺失琥珀酰 AMP 合成酶，消除 AMP 对 PRPP 酰胺基转移酶的反馈抑制；

② 具有降解 5′-IMP 能力的酶活应仅可能保持在低水平；

③ 必须增加细胞壁的渗透性，使产生的 5′-IMP 能及时地释放到胞外。

表 8.4.2 直接发酵生产 5′-IMP 的微生物

突 变 株	遗 传 特 征	5′-IMP 产量/(g/L)
枯草杆菌 A-1-25	Ade^- Nuc^-	0.6
谷氨酸棒杆菌	Ade^- $6MP^r$	2.0
产氨短杆菌 KY 7208	Ade^-	5.0
产氨短杆菌 KY13102	Ade^-	12.8
产氨短杆菌 KY13105	Ade^-，对 Mn^{2+} 不敏感	19.0

几种能直接发酵生产 5′-IMP 的微生物及其遗传特征列于表 8.4.2。从表中可以看到，腺嘌呤营养缺陷型、核苷酸酶缺失、6-巯基嘌呤抗性突变菌株有利于提高 5′-IMP 的产量。产氨短杆菌的突变株 KY13105 是工业上应用的菌种，它的优点是细胞的渗透性好，5′-IMP 的积累不会受到 Mn^{2+} 的影响。

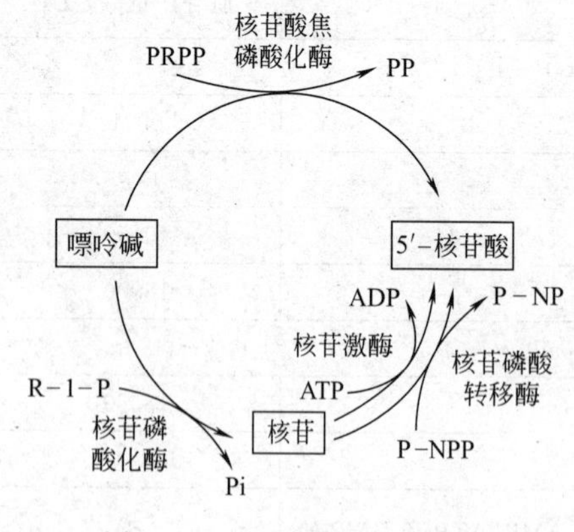

图 8.4.1 嘌呤在细胞外转化为嘌呤核苷酸的机理

产氨短杆菌 KY 7208 和 KY13102 对 Mn^{2+} 敏感，培养介质中的最佳 Mn^{2+} 浓度为 0.01～0.02 mg/L，较高浓度时会降低 5′-IMP 的产量。在产氨短杆菌 KY13102 培养的开始 2～3d 内，主要在胞外积累次黄嘌呤，随着 5′-IMP 浓度上升，次黄嘌呤的浓度开始下降。这一现象说明次黄嘌呤是在细胞外经过磷酸化反应才生成 5′-IMP 的，其反应机理见图 8.4.1。但是在随后的发酵阶段，5′-IMP 直接在胞内生成并释放到胞外介质中，不再需要胞外的磷酸化反应。培养介质中的磷酸盐和硫酸镁的浓度对 5′-IMP 积累很重要，应分别保持在 1%和 2%，同时培养基还应该提供腺嘌呤以满足细胞生长的需要。

8.4.3 直接发酵法生产 5′-GMP

由于 PRPP 酰胺基转移酶、IMP 脱氢酶及 GMP 合成酶都受到反馈调节，5′-核苷酸酶和

5′-核苷酶又都能降解5′-GMP，同时，5′-GMP还能被GMP还原酶转化为IMP，因此野生微生物基本上不积累5′-GMP。目前5′-GMP基本上都采用发酵和化学合成结合的方法生产，主要的有以下四条路线：

① 发酵法生产AICAR（5-氨基-4-咪唑基羧基酰胺核苷），然后化学合成5′-GMP；

② 发酵法生产鸟嘌呤，再经化学磷酸化生产5′-GMP；

③ 发酵法生产黄嘌呤或5′-XMP，然后酶法转化为5′-GMP；

④ 直接发酵法生产5′-GMP。

这四条路线中，目前只有前面两条用于工业化生产。

8.4.3.1 发酵法生产AICAR

AICAR不但是生产5′-GMP的前体，而且可以用于酶法生产AICA（5-氨基-4-咪唑基羧基酰胺），是生产嘌呤衍生物的重要中间体。

许多微生物，如：*E. coli*、*B. Subtilis*、*B. Megaterium* 和 *Brecibacterium flavum* 等都能用作为发酵法生产AICAR的出发菌，其中*B. Megaterium* No366已经用于工业生产，产量可以达到16g/L。该菌株的特点是：①该菌株属于嘌呤营养缺陷型，而且AICARP甲酰基转移酶所催化的反应已经被阻遏，因此AICARP不会进一步反应生成甲酰化AICARP；②细胞中不存在催化AICA核苷水解的酶活；③催化AICARP生物合成途径的酶不受胞内嘌呤核苷酸的调节，特别是PRPP酰胺基转移酶对产物AICARP不敏感。在发酵过程中，约有50%以上的AICAR生物合成发生在葡萄糖被消耗完以后，然后细胞利用前面积累的葡萄糖酸用于AICAR的生物合成。由于是嘌呤营养缺陷型，培养基中必须添加含嘌呤的酵母或RNA。

利用*B. Megaterium* No. 366菌株发酵时AICAR的产量与该菌种的孢子形成过程有密切关系，如果在发酵过程形成孢子会大大降低AICAR的产量，因此需要防止形成孢子。若采用在培养基中添加酪酸、镁盐和钙盐、表面活性剂、水溶性维生素和减少氧供应等方法可以有效地防止孢子形成，在间歇发酵的第8～12h降低通氧强度具有很好的增产效果。为了防止回复突变，可以在培养基中添加红霉素加以抑制或改变保存培养基的组成。

8.4.3.2 发酵法生产鸟苷

B. subtilis、*B. Pumilus*、*B. Licheniformis*、*Corynebacterium petrophilum*、*C. quanofaciens* 及 *Streptomyces griseus* 的突变株能用于鸟苷的生产。在枯草芽孢杆菌中鸟苷生物合成的调节和控制机理如图8.4.2所示。与图8.2.1类似，从PRPP出发经过一系列反应生成IMP后，这些突变株应该具有如下特点：①琥珀酰AMP合成酶活性受到阻遏；②GMP还原酶活性阴性；③降低核糖核苷酶的活性；④GMP生物合成途径中的酶不会受到产物的反馈抑制，特别是要解除AMP对PRPP酰胺基转移酶、IMP脱氢酶及GMP合成酶的反馈调节；⑤具有分泌GMP到胞外的能力。

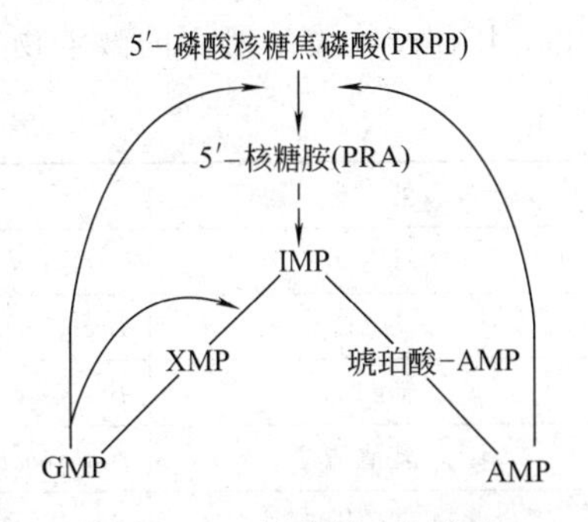

图8.4.2 枯草芽孢杆菌中GMP生物合成的调节机理

曾用于工业化生产的*B. subtilis*突变株的遗传标记和鸟苷生产水平见表8.4.3。从表中可以看出诱变育种的机理和步骤，其中腺嘌呤缺陷Ade^-解除了AMP对PRPP酰胺基转移酶的抑制；$8AX^r$抗性使IMP脱氢酶的活力提高了三倍，同时还降低了GMP还原酶的活性；蛋氨酸亚砜是谷氨酰胺的类似物，MSO^r抗性突变株也能提高IMP脱氢酶的活力；阿洛酮糖腺苷（Psicofuranine，Psi）和德夸菌素（Decoynine，Dec）是GMP合成酶的抑制剂，这样Psi^r Dec^r抗性就解除了反馈抑制作用，提高了GMP合成酶的活性。

表 8.4.3 发酵法生产鸟苷的 *B. subtilis* 突变株

突变株	遗传标记	鸟嘌呤产量/(g/L)
B. subtilis AJ 1993	$Ade^- Red^- 8AG^r$	4.3
No. 30-12	$Ade^- Trp^- Red^- 8AX^r$	5.0
1411	$Ade^- His^- Red^-$	5.5
AG169	$Ade^- His^- Red^- MSO^r$	8.0
GP-1	$Ade^- His^- Red^- MSO^r Psi^r$	10.0
MG-1	$Ade^- His^- Red^- MSO^r Psi^r Dec^r$	16.0
TA20	$Ade^- MSO^- 8AG^r$	23.7

注：$8AX^r$：8-氮黄嘌呤抗性，其余见表 8.2.1 及文中说明。

近年来，我国的鸟苷发酵工业发展很快，菌种选育和发酵水平已经处于世界先进水平，在鸟苷发酵机理研究中也取得了重要进展，发现了鸟苷发酵过程中的代谢流迁移现象，即由于产生丙酸积累而造成的代谢流向 EMP 途径的迁移，使得与鸟苷合成有关的 HMP 途径的代谢流减少。针对这一现象，通过对培养基成分的调整和反应器操作条件的变化，实现碳源代谢流由 EMP 向 HMP 回复增量，限制了丙氨酸旁路通量，鸟苷产量由 16g/L 提高到 34g/L。

8.4.4 发酵法生产腺苷、腺苷酸和其他腺苷酸类似物

腺苷和腺苷酸都是重要的医药中间体。腺苷发酵常采用产氨短杆菌和枯草杆菌的突变株。其中黄嘌呤营养缺陷型的 *Brevibacterium ammoniagenes* 产 5′-AMP 的能力为 2.16g/L，同时还产 ADP 和 ATP，分别达到 1.59g/L 和 1.57g/L。*Bacillus subtilis*B 的一个突变株 P53-18 的腺苷积累量则可以达到 16g/L。在该突变株中，腺苷脱氨酶、GMP 还原酶及 IMP 脱氢酶的活性受到了阻遏，遗传标记为（$His^- Thr^- Xan^- 8AX^r$）。

环腺苷-3′,5′-二磷酸（cAMP）也能通过发酵法生产，但目前的水平还不高，如 *Microbacterium sp*. No. 205（$Bio^- 6MP^r 8AG^r MSO^r$）突变株产 cAMP 的能力为 2.0g/L，而 No. 205-M-32 突变株的生产水平进一步提高到了 8.6g/L。

其他一些具有药用价值的核苷类似物虽然需求量不大，也能用发酵法生产。表 8.4.4 列出了几种产物发酵所用的微生物及它们的生产水平。

表 8.4.4 发酵法生产的核苷类似物

发酵产物	发酵微生物	生产水平/(g/L)
FAD	*Sarcina lutea*	1.0
NAD	*Brevibacterium ammoniagenes*	1.9
辅酶 A	*Brevibacterium ammoniagenes IFQ*12071	2.0
乳清酸	*Arthrobacter paraffineus*	20.0
CDP-胆碱	*Saccharomyces carlsbergensis*	17.0

8.4.5 发酵法生产 S-腺苷-L-蛋氨酸

S-腺苷-L-蛋氨酸（S-adenosyl-L-methionine，SAM）是一种生物细胞内广泛存在的重要小分子化合物，结构式如图 8.4.3 所示，由 Cantoni 于 1953 年首次发现。

SAM 作为甲基供体和许多酶的活性诱导剂参与了生物体内许多关键的生化反应，如脂类、蛋白质、核酸的甲基化，转硫反应及聚胺的合成等。SAM 是细胞内参加反应仅次于

ATP的一种重要辅酶，细胞内SAM浓度的微小改变，便会对细胞的生长、分化和功能产生重大影响。已经证实，肝炎、冠心病、老年痴呆症和抑郁症患者的血液和中心神经系统中都有SAM的缺乏现象。SAM还是合成细胞内另一重要小分子化合物谷胱甘肽的前体。细胞内SAM的合成及代谢途径见图8.4.4。

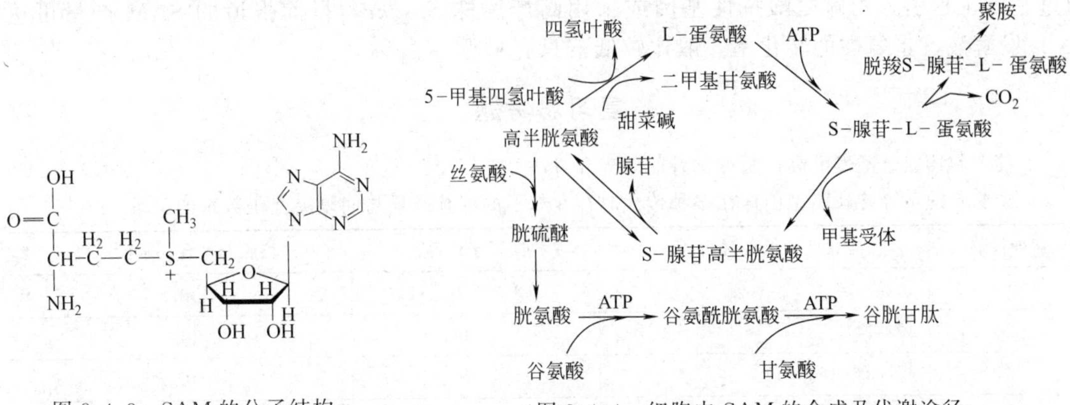

图8.4.3 SAM的分子结构　　图8.4.4 细胞内SAM的合成及代谢途径

SAM作为医药主要用于关节病及肝病治疗、抗抑郁症及改善帕金森氏症的失运和僵硬不调，它还能够改善血液流动，对动脉硬化和脑血栓具有疗效；还能诱导入睡、改善睡眠、促进皮肤的再生和延缓皮肤衰老等。

迄今了解最多的SAM合成酶是*E. Coli*内由*met K*基因编码的酶，是由四个相同亚基(43kD)组成的四聚体。研究表明，在生物体系内存在合成SAM的同工酶，而且各种生物体内编码SAM合成酶的基因在很大程度上具有相同的保守序列，尤其是酶的催化活性部位，具有较强的同源性。

由于存在特殊的透过酶，啤酒酵母*S. cerevisiae*是一种能够积累外源SAM的单细胞真核生物。在酵母细胞中存在两种SAM合成酶：SAM1和SAM2，有人曾系统研究了SAM1（*Bam* HⅠ酶切，8.7kb）和SAM2（*Bam* HⅠ酶切，7.1kb）基因编码的酶的转录调控情况，发现野生型菌株中两种酶的转录在外源蛋氨酸和SAM存在时受到严重抑制，SAM1的转录在细胞生长期内保持常数，而SAM2的转录与生长状态有关，在指数生长末期，虽然胞内SAM的浓度下降（这同聚胺的合成增加相符），酶活性仍然在升高。对于SAM1突变（只有SAM2表达）的菌株，蛋氨酸水平降低的同时伴随SAM在胞内浓度迅速升高，而对于SAM2（只有SAM1表达）突变的菌株，SAM却保持常量，对此的解释是SAM1的代谢受最终产物的负调控，使得产物浓度保持在较低水平。SAM2的转录调控可能有两种机理：一种同SAM代谢有关酶表达的负调控有关；另一种负责生长依赖的增长，也可能是SAM2编码的酶对自身合成的调节。相比SAM2突变菌株，SAM1突变菌株表现出对蛋氨酸的抗性，说明两种酶的催化机理或条件存在差别。

发酵法是SAM唯一的工业化生产方法。在前体蛋氨酸存在时，可以通过培养微生物细胞如：*Saccharomyces*，*Candida*，*Hansenula*，*Mycotorula*，*Pichia*，*Debaryomyces*，*Rhodotorula*，*Torulopsis*，*Kloeckera*，*Cryptococcus*，*Hanseniaspora*，*Sporobolomyces*，*Lipomyces*，*Trichosporon*，*Torula*，*Aspergillus*，*Penicillium*，*Rhizopus*，*Mucor*等来获得SAM，其中以酿酒酵母属微生物过量积累SAM的能力最高。

SAM的生物合成需要两种前体物质：L-蛋氨酸及ATP。ATP既是SAM合成的前体，又为SAM的合成提供所需的能量。酵母细胞具有多条利用葡萄糖产生ATP的代谢途径：厌氧发酵时虽然也能产生ATP，但大量的碳源将被转化成乙醇，ATP的产率低，无法满足

SAM合成的需要；好氧代谢时，碳源经三羧酸循环和呼吸链产生了大量的ATP，可以满足SAM合成对ATP的需求。因此，利用酵母生产SAM的过程中，必须加入葡萄糖作为碳源，在好氧的条件下进行。

酵母细胞利用外加的蛋氨酸为前体可以合成过量的SAM，产量约为50μmol/g干细胞。通过基因工程引入乙硫氨酸抗性基因或采用高产菌株*S. sake*，目前报道的SAM产量可达9g/L发酵液，蛋氨酸的转化率一般比较低，只有15%～30%。

复习思考题

1. 简要叙述肌苷酸发酵高产菌株选育的原理和方法。

2. 产腺苷的黄嘌呤缺陷型菌株在接种传代时存在如下的腺苷产量与回复突变子数量的关系：

移种代数	每代斜面保存时间/天	回复子比例	腺苷产量/$g \cdot L^{-1}$
1	147	2.2×10^{-7}	13.2
2	133/14	4.2×10^{-7}	14.9
6	4/7/3/9/3/71/14	4.5×10^{-6}	10.7
7	47/3/9/3/13/58/14	2.9×10^{-7}	13.1
9	4/7/3/9/3/13/8/3/47/14	1.9×10^{-4}	8.1
12	47/3/9/3/13/8/3/4/14/6/6/31	1.0×10^{-3}	7.4

根据表中所列的数据，讨论：

(1) 菌种的传代次数和每代的保存时间与腺苷产量之间可能存在哪些关系？

(2) 营养缺陷型菌株的回复子比例与腺苷产量间的关系？

(3) 怎样防止回复突变？

(4) 营养缺陷型菌株的保存和培养基设计时应注意哪些问题？

3. 根据鸟嘌呤的代谢途径，解释鸟嘌呤高产菌株选育的一般原则。

4. NADH/NAD^+在微生物细胞内的氧化还原反应中起着重要的作用，如果要筛选能积累NADH的高产菌，可以采用哪些方法？

5. 在核苷类产物与氨基酸类产物的高产菌选育中有哪些相同和不同之处？

6. 为了提高S-腺苷-L-蛋氨酸的产量，拟采用代谢工程的方法对酵母进行改造，请提出你的方案。

9 微生物和酶制剂工业

9.1 概述

酶是一种具有催化活性的蛋白质，因此酶具有催化剂的特点，即：能够加快特定反应的速率但不能改变反应的平衡，在反应中不消耗，反应结束时回复到原来的形态；同时酶又具有蛋白质的属性，即：酶由氨基酸通过肽键连接而成，只有在适当的温度，pH 值和离子强度下才具有生物活性，有些酶还需要辅酶或者辅因子。由于酶催化反应能够在常温常压下进行，而且具有很高的效率和专一性，酶的应用日益受到了人们的重视。

在细胞中有数以千计的酶同时催化着成千上万个反应，因此可以毫不夸张地说，酶是一切生命活动的基础。目前已经知道的酶超过了 2000 种，但是根据最简单的原核生物大肠杆菌染色体的基因图谱分析，就可能包含 3000～4500 种不同酶蛋白的信息，所以还有更多的酶有待于鉴别。

人类早在认识酶以前就知道利用酶为生产和生活服务，例如面粉发酵，酿造，鞣革及制造奶酪等已经有几千年的历史，都是人类不自觉地利用酶的例子。1783 年，Spallanzani 提出消化不是磨碎而是胃液在起作用的概念，对酶有了初步的认识；到了 19 世纪人们已经认识到了酶的存在，建立了酶的概念。1833 年 Payer 用乙醇抽提麦芽，并用于淀粉水解和织物退浆；1887 年 Büchner 发现磨碎的酵母仍然能够使糖液发酵产生酒精和二氧化碳；1926 年 Sumner 第一次分离出脲酶并获得了该蛋白质的结晶；20 世纪 40 年代末，生产 α-淀粉酶的液体深层发酵首先在日本实现了工业化生产，标志着现代酶制剂工业的开始。

商品酶制剂根据其来源可以分为动物、植物及微生物酶；依据其用途可分为工业用、分析用及药用；而且不同用途酶制剂产品的价格和生产规模也有很大的差别，见表 9.1.1。由于用微生物发酵的方法能够不受原料的限制，实现大规模工业化的酶制剂生产，成本低、效率高，因此在目前已经能够大规模工业化生产的 100 多种酶中，极大部分都是通过微生物发酵生产的。

表 9.1.1 商品酶的来源、用途及生产规模

用　途	工业用酶	分析用酶	药用酶
生产规模	以吨计	毫克-克	毫克-克
纯度	粗酶制剂	纯结晶	纯结晶
来源	微生物	微生物、动物、植物	微生物、动物、植物
产品价格	低	中-高	中-高

9.1.1 酶的分类和命名

我们知道，酶可以分为六个大类。根据酶学委员会（Enzyme Commission）的命名规则，酶的命名以酶学委员会英文的头一个字母 E. C 开始，后面跟随着四组数字，第一个数字表示酶的大类，第二和第三个数字代表所催化的反应，第四个数字用于根据所催化的底物区分具有类似功能的酶。

(1) 氧化还原酶（oxidoreductase）这类酶催化将氢或氧或电子从一种底物转移到另一种物质的反应，常称为氧化酶或脱氢酶，如葡萄糖氧化酶及乙醇脱氢酶。氧化还原酶的前三位数字的意义是：

第一个数字	第二个数字	第三个数字
1. 氧化还原酶	1. 醇	1. NAD^+ 或 $NADP^+$
	2. 醛或酮	2. Fe^{3+}
	3. 烯—CH ═CH−	3. O_2
	4. 伯胺	4. 其他
	5. 叔胺	
	6. NADH 或 NADPH	

(2) 转移酶（transferase）转移酶催化基团转移反应，一般形式为：

$$AX + B \longleftrightarrow BX + A$$

但不包括氧化还原反应和水解反应。前三位数字的意义是：

第一个数字	第二个数字	第三个数字
2. 转移酶	1. 一碳基团	转移基团的性质
	2. 醛基或酮基	
	3. 酰基（—CO—R）	
	4. 葡萄糖基	
	5. 磷酸基	
	6. 含硫基团	

(3) 水解酶（hydrolase）水解酶催化水解反应，

$$A{-}X + H_2O \longleftrightarrow X{-}OH + HA$$

前两位数字的意义是：

第一个数字	第二个数字
3. 水解酶	1. 酯键
	2. 糖苷键
	3. 肽键
	4. 除肽键外的 C—N 键
	5. 酸酐键

(4) 裂合酶（lyase）裂合酶催化除水解外的从底物中脱除基团的反应或其逆反应，产物一般含有一个双键，第二个数字代表所断裂键的类型，第三位数字代表所除去的基团。催化逆反应的酶又称为合成酶。

第一个数字	第二个数字	第三个数字
4. 裂合酶	1. C—C	1. 羧基
	2. C—O	2. 醛基
	3. C—N	3. 酮酸
	4. C—N	

(5) 异构酶（isomerase）异构酶催化异构化反应，前三个数字的定义是：

第一个数字	第二个数字	第三个数字
5. 异构酶	1. 消旋反应或差相异构化反应	1. 氨基酸
	2. 顺反（*cis-trans*）异构反应	2. 羟酸

3. 分子内氧化还原反应　　　　　　3. 碳氢化合物

4. 分子内基团转移反应

(6) 连接酶 (ligase) 连接酶催化各种键的合成，键的形成反应含能化合物（如 ATP 或核苷三磷酸）键的断裂同时发生，反应的一般形式是：

$$X+Y+ATP \longleftrightarrow X—Y+ADP+Pi$$

或

$$X+Y+ATP \longleftrightarrow X—Y+AMP+PPi$$

连接酶的第二个数字代表所形成键的类型。

第一个数字	第二个数字
6. 连接酶	1. C—O
	2. C—S
	3. C—N
	4. C—C

以乙醇脱氢酶为例，它的酶编号为：EC1.1.1.1，说明它属于氧化还原酶，电子供体是 CH—OH，电子受体是 NAD^+。因此它的正式命名应该是乙醇：NAD^+ 氧化还原酶。

9.1.2 主要的微生物酶制剂

酶作为生物催化剂具有高效、高专一性及反应条件温和等显著优点，已经广泛应用于工业、医药、食品和日常生活等各个领域（见图 9.1.1）。作为催化剂，酶所催化反应的规模相差悬殊，有些产物的产量高达千万吨，如淀粉水解生产葡萄糖及葡萄糖异构化生产高果糖浆；有些则只有毫克甚至微克，如酶电极及基因重组时所用的酶，但它们都遵循类似的动力学规律。

固定化酶技术已经日益成熟，有机相酶催化技术正在推广应用，酶在手性化合物合成和拆分中的特殊优越性得到了广泛的认同。蛋白质工程及 DNA 进化的研究成果将赋予酶新的性质和功能，基因重组技术为提高酶制剂的生产水平提供了有力的工具。基因组计划和对极端酶的研究为新的、具有特殊功能酶的发现开拓了光明的前景。酶催化应用领域的拓展也为酶的生产提供了机遇和挑战。

酶催化反应的产物具有多样性，包括医药及医药中间体、大宗化学品及精细化学品、食品及食品添加剂等。所用的酶也具有多样性。六大类酶中用于催化反应的比例如图 9.1.2 所示。部分典型的酶制剂及其生产菌列于表 9.1.2。

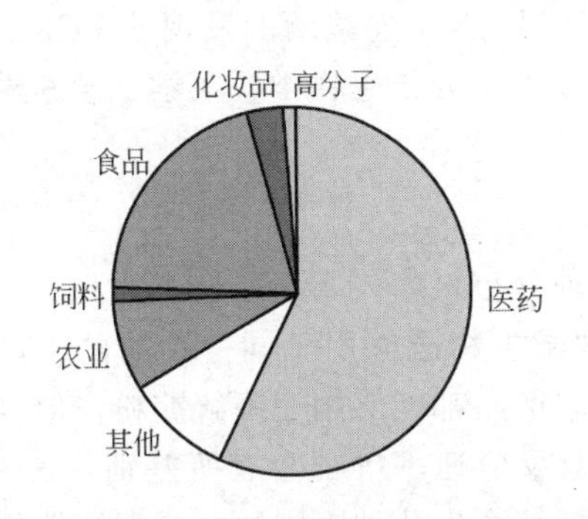

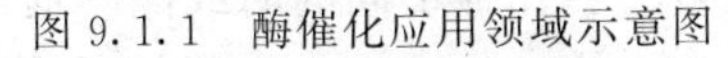
图 9.1.1　酶催化应用领域示意图

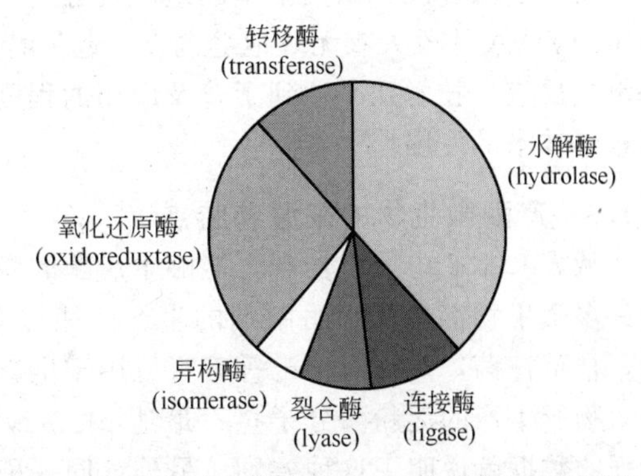

图 9.1.2　应用于酶催化反应的各类酶比例示意图

表 9.1.2 只列出了一小部分工业酶制剂，从中可以看到酶的用途已经渗透到各个工业部门和人们的日常生活。以酶的工业应用为例，α-淀粉酶和糖化酶已经代替传统的酸法水解用于从淀粉生产葡萄糖及纺织品的退浆；蛋白酶、脂肪酶及纤维素酶广泛用于洗涤剂、食品、

表 9.1.2 部分典型的酶制剂及其生产菌

酶名称		酶类型	典型生产菌名称	用途
中文	英文			
淀粉酶	amylase	水解酶	*Bacillus subtilis*	淀粉水解
葡萄糖苷酶	amyloglucosidase	水解酶	*Aspergillus niger*	葡萄糖生产
碱性蛋白酶	alkaline protease	水解酶	*Streptomyces grisus*	洗涤剂(pH8.0)
中性蛋白酶	protease	水解酶	*Bacillus subtilis*	洗涤剂(pH7.0)
脂肪酶	lipas	水解酶	*Rhizopus japonicus*	洗涤剂等
纤维素酶	cellulase	水解酶	*Trichoderma reesei*	纤维素水解等
果胶酶	pectinase	水解酶	*Eriwinia carotovora*	食品加工等
葡萄糖异构酶	glucose isomerlase	异构酶	*Bacillus coagulans*	高果糖浆制造
青霉素酰化酶	penicillin acylase	转移酶	*Escherichia coli*	6-APA 制造
天冬氨酸转氨酶	aspartic acid transaminase	转移酶	*Escherichia coli*	L-苯丙氨酸制造
延胡索酸酶	fumarase	裂合酶		L-苹果酸制造
葡萄糖氧化酶	glucose oxidase	氧化酶	Bakers Yeast	酶电极制备
T4 DNA 连接酶	T4 DNA ligase	连接酶	T4 感染的 *E. coli*	分子生物学研究
漆酶	laccase	氧化酶	*Coliolus versicolor*	木质素降解

纺织、精细化学品及手性化合物斥分和合成等；由葡萄糖异构酶催化的从葡萄糖生产高果玉米糖浆（High Fructose Corn Syrup，HFCS）年产量已超过 1000 万吨。

许多酶直接应用于疾病的诊断和治疗，如链激酶，葡萄糖氧化酶及乳酸脱氢酶等。也有许多酶用于药物的生产，如留体激素及半合成抗生素的生产都离不开酶。特别是利用酶的立体选择性在药物分子手性合成和手性拆分中的重要性，为酶的应用打开了新的领域。

值得指出的是酶在科学研究中的应用。可以毫不夸张地说，没有酶就没有现代的分子生物学研究和基因重组技术。一系列限制性内切酶就像长着眼睛的剪刀在特定的位点将 DNA 分子切成小的片段，以便于基因组序列分析和基因的克隆；一系列的连接酶则好像针和线将特定的 DNA 片段天衣无缝地缝制在一起。特别是耐高温 DNA 连接酶的发现使 PCR（聚合酶链式反应）技术几乎达到了普及应用的程度，大大促进了分子生物学、医学、诊断学及基因重组技术的发展。

9.1.3 产酶微生物的来源和特点

从表 9.1.2 中可以发现，能够生产酶的微生物菌种分布很广，属于原核生物和真核生物的许多微生物都能用于酶制剂的生产。往往有许多种微生物能够用于同一种酶的生产，例如，枯草杆菌，曲霉及根霉等都可以用于生产淀粉酶，产品都能够用于降解淀粉，但是每种微生物所生产的淀粉酶分子量、最适 pH、最适温度及反应速率等都会有所差别，表 9.1.3 所列的数据就说明了这种差别。另外，同一种微生物能够产生几种不同的酶或能够催化类似反应、但是作用位点不同的几种酶，例如，黑曲霉（*Aspergillus niger*）既能产生淀粉酶，又能产生纤维素酶或蛋白酶；而枯草杆菌（*Bacillus subtilis*）产生的淀粉酶中，则可能包括 α-淀粉酶、β-淀粉酶、支链淀粉酶及糖化酶等淀粉水解酶，如图 9.1.3 所示，它们在淀粉分子中的作用位点却完全不同。还有一些酶制剂实际上是几种不同酶的混合物并通过它们的协同作用完成催化作用。例如一般称为纤维素酶的商品酶制剂至少是三种酶的混合物：内切型葡聚糖酶（EC3.2.1.4，也称为Cx酶、CMC酶或简称EG）、外切型葡聚糖酶（EC3.2.1.91，也称为C_1酶、微晶纤维素酶、纤维二糖水解酶或简称CBH）和纤维二糖酶（EC3.2.1.21，也称为β-葡萄糖苷酶或简称BG）。Cx酶作用于纤维素分子内部的非结晶区，随机水解β-1,4糖苷键，将纤维素大分子切割成带还原性末端的许多碎片；C_1酶作用于纤维分子末端，水解β-1,4糖苷键，每次切下一个纤维二糖分子；纤维二糖酶则将纤维二糖进一步水解为葡萄糖。正是在这三种酶的共同作用下，将纤维素最终水解为葡萄糖。

表9.1.3 不同微生物生产的淀粉酶性质比较

微 生 物	最适pH	最适温度/℃	相对分子质量
杆菌 *Bacillus subtilis*	6.0	60	68000
B. licheniformis	7.0～9.0	70～90	62650
B. licheniformis	5.0～8.0	76	22500
链霉菌 *Streptomyces aureofaciens*	4.6～5.3	40	40000
微球菌 *Micrococus halobius*	6.0～7.0	50～55	89000
根瘤菌 *Bacteroides amylophilus*	6.3	43	92000
黑曲霉 *Aspergillus oryzae*	5.5～5.9	40	52600
毛霉 *Mucor pusillus*	3.5～4.0	65～70	48000
施旺酵母 *Schwanniomyces castellii*	6.0	60	40000

利用微生物生产酶制剂的主要优点是：

① 可以通过改变微生物的遗传性状和优化培养条件而大大提高产酶水平。通过对产酶菌种的选育，可以使参与微生物分解代谢的酶活水平提高甚至几千倍、合成代谢的酶活提高几百倍，这样的例子并不少见；

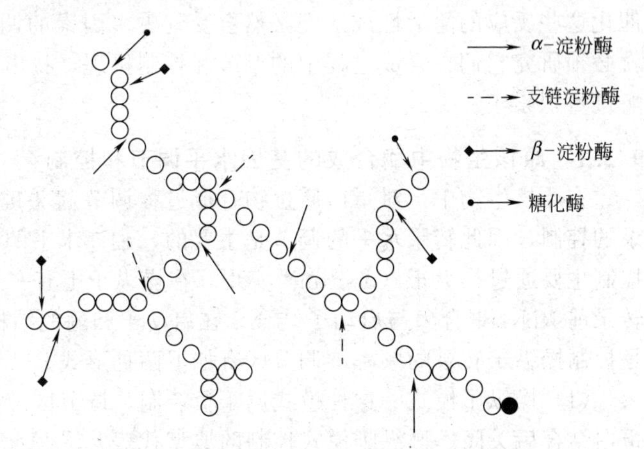

图9.1.3 各种淀粉酶在淀粉分子上的作用位点

② 由于微生物发酵的生产周期短，培养基价格低廉，酶制剂可以实现大规模、低成本的工业化生产；

③ 微生物的筛选方法比较简单，而且已经很成熟，因此有可能在较短的时间内从成千个菌株中筛选出高产菌种；

④ 同样的反应可以用来源于不同微生物所产的性质略有不同的酶催化，因此生物反应器的操作条件选择具有一定的灵活性和适应性，以便与前后工序相配合；

⑤ 微生物发酵生产的酶比活高，有利于酶的分离和提纯。

正是由于以上优点，利用微生物生产酶制剂大大降低了酶的生产成本，提高了酶制剂的生产能力，从而推动了工业规模酶制剂生产和酶制剂应用的进展。

一般而言，水解酶都是胞外酶，而其他酶通常属于胞内酶。绝大部分酶都属于结构（组成）酶，即微生物的DNA分子中存在着编码该酶蛋白的基因，在细胞生长过程中就会产生这些酶并参与细胞代谢过程，但是酶的产量受到细胞的调节和控制；有些则属于诱导酶，即需要在培养基中添加特殊的诱导剂才会产生的酶。野生微生物的产酶水平一般都不高，不能直接用于酶制剂的工业化生产，必须进行菌种选育以提高产酶水平。

传统的产酶菌种都是从土壤中筛选得到的，首先获得具有产某种酶能力的微生物，然后通过各种诱变育种方法提高它的产酶水平，直至达到工业化生产的要求。对于产酶的菌种，一般应该符合如下的要求：①菌种的遗传性能应该比较稳定；②菌种具有较高的生长速率；③除了蛋白酶生产菌种外，其他产酶菌种的产蛋白酶活力应该很低，以防止目标酶被蛋白酶水解；④目标酶制剂的产量较高。随着分子生物学和重组 DNA 技术的发展，越来越多的酶已经知道了其氨基酸序列和空间结构，因此可以通过基因重组获得基因工程菌生产酶制剂。

9.2 酶合成的调节和控制

酶是一种蛋白质。根据生物化学和分子生物学的研究，蛋白质的合成是一个十分复杂的过程，涉及到三种 RNA（tRNA，mRNA 及 rRNA），几种核苷酸（ATP，GTP 等），一系列的酶和蛋白辅助因子，总共大约有 200 种细胞成分参与了蛋白质的合成过程。因此与蛋白质合成有关的调节和控制因素都会影响酶的产量。微生物细胞产生的酶可以分为两大类：胞外酶和胞内酶。胞外酶一般都属于水解酶，是微生物为了利用环境中的大分子底物（如淀粉、纤维素、蛋白质等）而释放到胞外的，这样即使水解酶的胞外浓度很高，在细胞内这类酶仍能维持在较低水平，所受到的调节和控制相对要少一些，因此许多野生菌种（如革兰阳性菌及霉菌等）也能达到较高的产水解酶水平。胞内酶的作用是催化在细胞内发生的一系列反应，由于胞内的代谢中间产物或终产物浓度都必须保持在适当的细胞生理浓度的范围内，催化这些反应的酶活性或浓度必然会受到更多因素的调节和控制。因此如果要生产胞内酶，就必须研究它们在合成过程中的调节和控制机理，找出解除调节和控制的方法，才能使胞内酶过量积累。

9.2.1 原核生物中酶合成的基因水平调节和控制

在原核生物中，对蛋白质生物合成过程调节起关键作用的是 mRNA，mRNA 又受到转录的控制，因此转录水平的调节是主要的，翻译水平的调节影响则比较小。原核生物的转录控制主要通过操纵子（operon）实现，在操纵子上有一个启动子（promoter）位点，在开始转录前 RNA 聚合酶与启动子结合。在启动子和酶的结构基因之间有一个调节区，它的作用是控制操纵子转录的频率。调节区有如下两种形式。

（1）操纵子模式　这种模式属于负控制，调节区敞开让 RNA 聚合酶通过，当它与组遏蛋白结合后关闭。操纵子模式控制的典型代表是乳糖（*lac*）操纵子（见图 9.2.1），大肠杆菌的乳糖操纵子含有三个结构基因，分别表达 β-半乳糖苷酶（*Z*）、半乳糖苷渗透酶（*Y*）和硫代半乳糖苷转乙酰酶（*A*），这些基因的表达受到阻遏蛋白的控制，阻遏蛋白的结构基因则位于乳糖操纵子的第二个转录单元中，Lac 阻遏蛋白由四个紧密结合在一起的相对分子质量同为 38000 的子单元组成，作用区域位于启动子 *P* 和 *Z* 基因之间。一旦与操纵子（*O*）结合，Lac 阻遏蛋白就很难解离，加入诱导剂后不能直接取代阻遏蛋白，而是通过与阻遏蛋白和操纵子的复合物作用，使其结构不稳定并发生构型变化，然后才能取而代之，使酶的结构基因发生转录；环腺苷一磷酸（cAMP）、cAMP/CRP（环腺苷酸受体蛋白）复合物及 RNA 聚合酶（RNA_P）则将分别键合到启动子各自的位点上。

（2）启动子模式　这种模式属于正控制，调节区本身是关闭的，不允许 RNA 聚合酶通过，只有当它与活化蛋白结合后，操纵子打开使 RNA 聚合酶得以通过，转录随之开始。启动子模式的典型代表是如图 9.2.2 所示的阿拉伯糖（*ara*）操纵子。*ara* 操纵子中包括三种

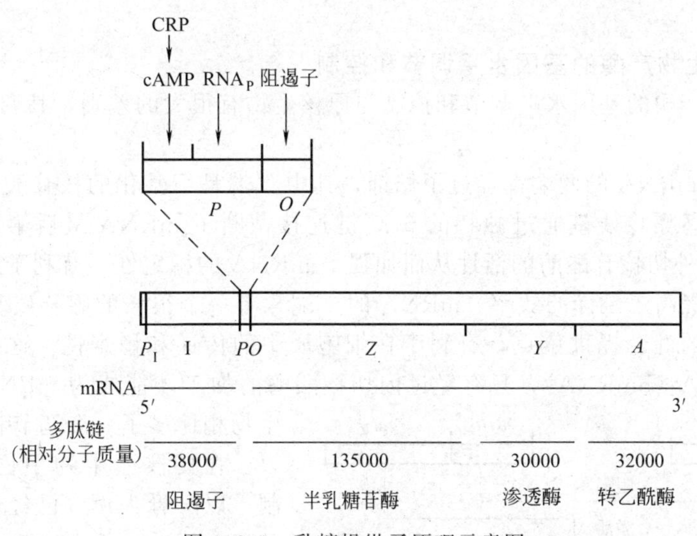

图 9.2.1 乳糖操纵子原理示意图

与 L-阿拉伯糖转化为 D-木酮糖-5-磷酸有关的酶（*araB*、*A* 和 *D*）、两种传递酶及一种低分子量渗透酶（*araE*）的结构基因，操纵子的控制区如图 9.2.2 的放大部分所示。当 *araC* 基因表达的蛋白质是阻遏蛋白构型（C^{rep}）并与操纵子的活性位点结合时，酶的结构基因转录不能进行，而且占据了两个 cAMP/CRP 复合物的结合位点。加入诱导剂后，使 C^{rep} 改变成了活化型（C^{ind}），cAMP/CRP 复合物也重新与操纵子结合，在两者的共同作用下，酶的转录开始。

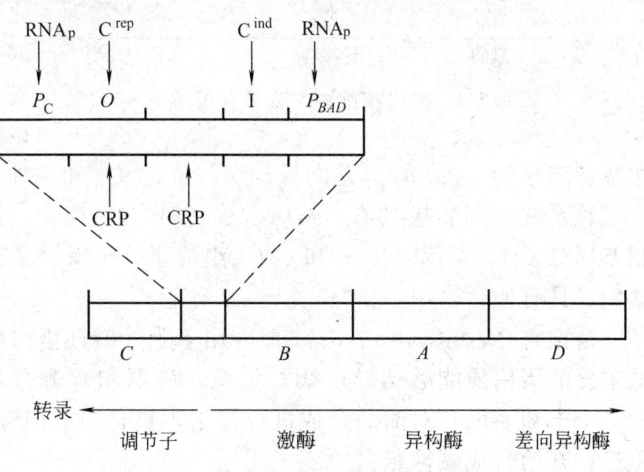

图 9.2.2 阿拉伯糖操纵子控制原理示意图

除了以上两类由诱导剂引起的酶合成调节机理外，原核生物中还存在着自发的阻遏蛋白-控制的诱导机制，典型例子是在沙门菌 *Salmonella typhimirium* 中与组氨酸酶（*hut*）有关的双操纵子模型（见图 9.2.3）。两个操纵子的核苷序列不完全相同，右面操纵子与阻遏蛋白的结合能力比左面的强 3～4 倍，位于左面操纵子中的 *hutC* 基因编码阻遏蛋白，该蛋白与操纵子结合，完全阻遏了右面操纵子的转录，但是左面的操纵子仍能够进行少量的转录。由于细胞中总是存在着生理浓度的组氨酸及组氨酸酶，因此会产生少量的尿狗酸，尿狗酸则是操纵子的诱导剂，它使阻遏蛋白失活，两个操纵子就能够启动结构基因的转录并导致酶蛋白表达。与此同时，*hutC* 基因表达的阻遏蛋白量也增加，因此系统将处

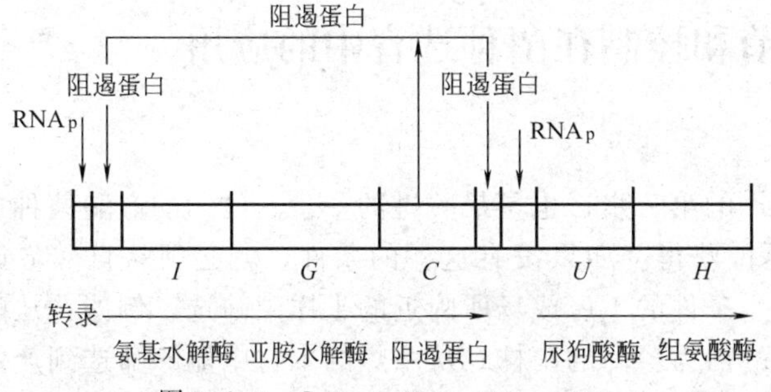

图 9.2.3 *Salmonella typhimurium* 中酶合成的双操纵子自诱导模型

于一个动态平衡中。

9.2.2 真核微生物产酶的基因水平调节和控制

真核微生物产酶的基因水平调节和控制与原核生物有很大的差别，其调节和控制机理也要复杂得多。

真核微生物 mRNA 的两端都经过了修饰，其中 5′端是甲基化的核苷酸片段，有一个含三个磷酸基团的鸟嘌呤残基通过独特的 5′-5′键连接截断了 mRNA 最后第二个碱基。这个 5′-帽通过削弱 5′外切核苷酸酶的活性从而加强了 mRNA 的稳定性，有利于 7-甲基鸟嘌呤与核糖体的结合，提高了翻译的效率。mRNA 的 3′端含有一个很长的腺苷残基（*Poly*A），其功能是为蛋白质的键合提供位点，有利于在细胞质中的传递和稳定性。这种两端修饰过的 RNA 称为核 RNA（hmRNA），只有经过内切核酸酶的加工才能成为 mRNA，因此与原核生物相比多了一个调节和控制步骤。

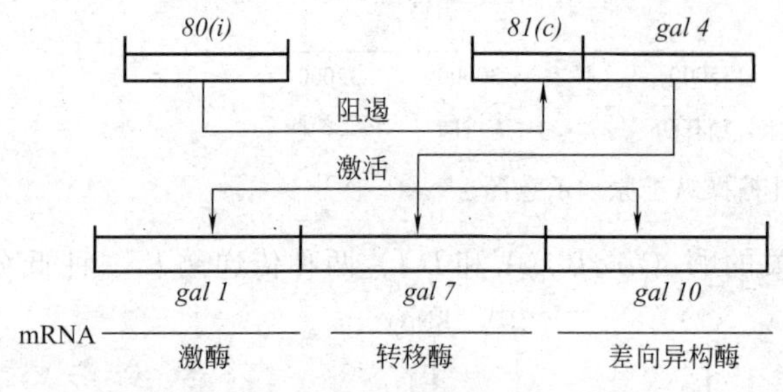

图 9.2.4 酵母细胞中半乳糖利用系统

在真核微生物中同样存在转录控制。以酵母为例，已经证实细胞色素 C 基因（*cyc 1*）和与嘧啶生物合成有关的 *ura 3* 基因都受到转录控制，存在着与原核生物中类似的操纵子，但真核生物的操纵子一般都属于正控制。图 9.2.4 显示了酵母细胞中的半乳糖利用系统，该系统包括三种酶：一种激酶（*gal 1*）、尿嘧啶转移酶（*gal 9*）、差向异构酶（*gal 10*）和一种传递蛋白的结构基因。

该系统的调节基因是：*gal 4* 、*80*（*i*）和*81*（*c*），其中基因*80*（*i*）编码的阻遏蛋白将遏制基因*81*（*c*），基因*81*（*c*）和 *gal 4* 组成了一个操纵子。*gal 4* 编码的蛋白则对三种酶的结构基因都具有激活作用。

链孢霉 *Neurospora crassa* 能够用于胞外碱性蛋白酶的生产，产酶的控制机理非常复杂，低浓度的蛋白质能够诱导产酶，氮源、硫源和碳源分别通过各自的调节基因（*cys 3*、*amr* 和一个未知基因）对酶的合成进行控制，只有当链孢霉处于氮、硫或碳饥饿状态时才能解除阻遏，开始合成碱性蛋白酶。

通过基因水平酶合成调节和控制机理的研究可以为产酶菌种的选育和产酶工艺条件的优化提供方向，这样就能够大大加快菌种选育的进度，并大幅度提高酶的产量。

9.3 微生物中酶生物合成调节和控制在菌种选育中的应用

9.3.1 产酶菌种的筛选

产酶菌种的筛选是酶制剂工业化生产的第一步，也是最关键的一步。已知的产酶菌种可以从菌种库或从事该种酶研究的科研单位获得。如果没有这样的条件，就必须从自然界筛选。对于水解酶，可以从具有水解酶产生条件的工厂或场所附近的土样中筛选，例如：从酿造厂附近的土样中可以筛选得到产淀粉酶活力较高的菌株；从腐烂的木材中能够筛选到产纤维素酶的菌株等。筛选用的培养基中应该含有这种酶所催化反应的底物或诱导物，最好能够用简便的方法鉴别出产物生成，如：透明圈法、变色圈法等，以提高筛选工作的效率。但是也有例外，例如有些蛋白酶生产菌（*B. licheniformis*）的透明圈很小而液体深层发酵的产酶水平却很高。

9.3.2 微生物产酶的诱导及组成型变异株的选育

许多微生物虽然具有目的酶的结构基因，但是如果培养基中不含该酶所催化反应的底物，结构基因将处于无活性状态，即酶的合成受到阻遏。一旦加入底物，结构基因将被激活，酶的合成开始。这种现象称为"诱导"，这种酶称为"诱导酶（induced enzyme）"。许多参与分解代谢的酶都属于诱导酶，诱导剂一般是该酶所催化反应的底物。例如：淀粉或糊精能够诱导淀粉酶的产生；蔗糖是转化酶的诱导剂；尿素则是脲酶的诱导剂等。某些诱导剂的诱导作用非常强，半乳糖苷可以使 *E. coli* 产生β-半乳糖苷酶的活力提高约 1000 倍，该酶在 *E. coli* 细胞中的含量可以达到胞内蛋白质总量的百分之几。

一些底物的类似物对酶来说是无活性或低活性的，但是往往具有很强的产酶诱导作用。表 9.3.1 列出了一些典型的底物类似物。除了底物外，有些酶催化反应的产物也能够起诱导作用，表 9.3.2 列出了一些产物诱导产酶的例子。

表 9.3.1 底物类似物诱导产酶

酶	底　物	底物类似物诱导剂
β-半乳糖苷酶	乳糖	异丙基-β-*D*-硫代半乳糖苷
青霉素 β-内酰胺酶	苄基青霉素	二甲氧基苯青霉素
马来酸 *cis-trans* 异构酶	马来酸	丙二酸
脂族酰胺酶	乙酰胺	*N*-甲基乙酰胺
酪氨酸酶	L-酪氨酸	D-酪氨酸，D-苯丙氨酸
纤维素酶	纤维素	槐二糖

表 9.3.2 产物诱导产酶

酶	微 生 物	底　物	产物诱导剂
糖化酶	*Aspergillus niger*	淀粉	麦芽糖，异麦芽糖
淀粉酶	*Bacillus stearothermophilus*	淀粉	麦芽糊精
葡聚糖酶	*Penicillum* sp.	糊精	异麦芽糖
支链淀粉酶	*Klebsiella aerogenes*	支链淀粉	麦芽糖
脂酶	*Geotrichum candidum*	脂肪	脂肪酸
内切聚半乳糖醛酸酶 外切聚半乳糖醛酸酶 果胶脂酶	*Acrocylindrium* sp.	聚半乳糖醛酸	半乳糖醛酸
色氨酸氧化酶	*Pseudomonas* sp.	色氨酸	犬尿氨酸
组氨酸酶	*Klebsiella aerogenes*	组氨酸	尿犬酸
尿素羧化酶	*Saccharomyces cerevisiae*	尿素	脲基甲酸

有些辅酶也能够诱导酶的产生，例如，在培养基中添加维生素 B_1 可以增加丙酮酸脱羧酶的产量；维生素 B_6 的加入则会起到强化酪氨酸苯酚裂合酶的产生。

通过诱变育种方法可以消除微生物产酶对诱导剂的依赖性。诱变的目的是使酶合成的调节基因发生突变，但是不会影响结构基因，因此这样的诱变育种方法又称为调节突变。调节突变的机理一种是通过调节基因的突变，消除了阻遏酶合成阻遏蛋白的能力；第二种机理是使操纵子基因发生突变，从而防止了操纵子基因与阻遏蛋白的键合，这样即使能够在胞内合成阻遏蛋白，但调节酶合成的操纵子无法启动，酶就能够被大量合成。一种本来需要诱导剂诱导才能产酶的微生物，经过诱变育种后不再需要诱导剂的突变菌株称为组成型变异株。这类变异株的选育方法很多，下面是几个诱变育种的成功实例：①经过诱变处理的 *E. coli* 在恒化器中进行培养，通过进口培养基中限制加入诱导剂 β-半乳糖苷，Novick 和 Horiuchi 筛选出了不需要加入诱导剂就能够产生高水平 β-半乳糖苷酶的变异株；②在只含有一种碳源（不是诱导剂）的平板上筛选出产酶的变异株，利用这种方法，Jayaraman 等人用 2-硝基苯-α-1-阿拉伯糖苷为唯一碳源筛选出了产 β-半乳糖苷酶的变异株；Hynes 和 Pateman 用类似的方法以丙烯酰胺为唯一氮源筛选出了产乙酰胺酶的变异株。

9.3.3 酶合成的反馈阻遏及其解除

某些酶能够在细胞的生长过程中合成，但是随着代谢途径中终端产物的积累或者在培养介质中加入该物质，酶的合成将受到阻遏。这种低分子量的终端产物（或称为共阻遏物）会与一种胞内蛋白质（阻遏物蛋白）结合，然后被调节基因编码，产生阻遏物，该阻遏物就会切断结构基因对酶蛋白的表达。这类酶称为可阻遏的酶。

催化分解代谢的一些酶会受到直接或间接产物的阻遏。图 9.3.1 显示了纤维素酶的调节模型。从图中可以看到，胞内的纤维二糖诱导纤维素酶的合成，而胞内的葡萄糖会阻遏纤维素酶基因的转录和翻译。此外，纤维二糖的水解产物葡萄糖和葡萄糖的氧化产物葡萄糖酸内脂及葡萄糖酸对葡萄糖苷酶存在反馈抑制，因此有利于纤维素酶的合成。分泌到胞外的纤维素酶催化纤维素底物水解，产生胞外纤维二糖，而胞外纤维二糖必须通过主动输送才能进入胞内并进一步水解为葡萄糖。可以预料，跨膜输送对纤维素酶的合成也将具有重要的作用。在纤维素酶的工业化生产实践中，已经证明在培养基中添加表面活性剂（如吐温-80）会显著提高纤维素酶的产量。

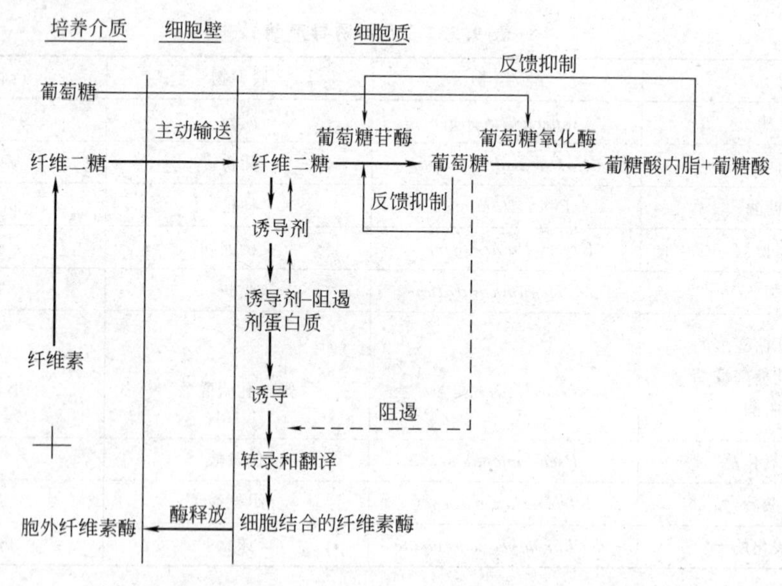

图 9.3.1 *Trichoderma viride* 纤维素酶合成的调节模型

虽然蛋白酶是由氨基酸合成的，但是蛋白酶的生物合成却受到氨基酸的阻遏。如果在培养基中含有氨基酸，细菌产蛋白酶的能力就很差；反之，不加氨基酸时却会大幅度提高蛋白酶产量。已经有实验事实证明氨基酸的存在对细胞膜的渗透性有影响，妨碍了蛋白酶的释放。也有一些实验证明氨基酸的阻遏作用发生在转录水平，而且可能与细菌中 mRNA 的存在形式有关。

对于尿酶、硝酸还原酶、核糖核酸酶及精氨酸酶而言，因为这些酶能够催化含氮化合物的降解生成氨，在培养介质中限制氨的加入将有利于酶的合成。在利用 *Bacillus licheniformis* 生产谷氨酸脱氢酶时，因为谷氨酸是该酶催化反应的产物，在培养基中添加谷氨酸无疑会增加胞内谷氨酸浓度，加重反馈抑制作用。如果用葡萄糖或马来酸代替谷氨酸或酪蛋白水解液作为碳源，就能使谷氨酸脱氢酶的产量提高约 20 倍。为了避免终端氨基酸产物在胞内积累，可以在培养基中加入该氨基酸代谢途径中某些关键酶的抑制剂，例如在微生物培养基中加入 2-噻唑丙氨酸可以使细胞中参与组氨酸合成的十种酶的活力降低约 30 倍。

一种更为有效的避免终端产物在胞内积累的方法是选育营养缺陷型菌株。这样，只要限制供给营养缺陷型菌株必须的生长因子，就能够降低胞内终端产物浓度，大幅度地提高酶的产量，表 9.3.3 列出了一些典型的例子。某些部分营养缺陷型菌株（即能够在最低培养基中缓慢生长而又能受到生长因子刺激生长的菌株）也能显著提高酶的产量，例如 Moyed 曾经用一株部分嘧啶缺陷型菌株生产天冬氨酸转氨甲酰酶，产量比原菌株提高了 500 倍。

表 9.3.3 通过限制加入营养缺陷型菌株的生长因子解除对酶合成的阻遏

营养缺陷型菌株的生长因子	解除阻遏的酶	产量提高倍数
亮氨酸	乙酰羟酸合成酶	40
硫胺素（维生素 B_1）	硫胺素生物合成途径的四种酶	1500
生物素	7-羟基-8-氨基壬酸氨基转移酶	>400
鸟嘌呤	肌苷单磷酸脱氢酶	>45

对于存在反馈阻遏影响酶合成的微生物，也可以选育调节突变株。通过诱变处理后，筛选对终端产物的类似物的抗性突变株。诱变可能引起调节基因发生突变，所合成的阻遏物蛋白没有活性，因此不能与共阻遏蛋白结合；或者使操纵子基因发生突变，使其不能与阻遏蛋白结合。这类突变株即使在含正常水平终端产物的培养基中也能够产酶。利用这种方法，Hollowy 等人曾经选育了一株乙基硫氨酸抗性的突变株，使胱硫醚合成酶的含量提高了 120 倍，一些甲胺抗性的突变株则可以解除由氨引起的反馈阻遏。

9.3.4 酶的分解代谢阻遏及其解除

当微生物在一种容易利用的碳源培养基中快速生长时，某些酶，特别是受分解代谢产物诱导的酶合成将受到阻遏。其主要原因是细胞的快速生长会导致胞内环腺苷酸（cAMP）浓度降低，使结构基因的转录停止。一些酶的分解代谢阻遏见表 9.3.4。从表中可以看到分解代谢阻遏对一些重要的酶制剂生产具有很大的影响，其中碳源的选择对酶的产量起着关键作用。一些实验事实证明，若用其他碳源代替会产生分解阻遏的碳源，能够成百倍地提高酶的产量。例如，Welker 和 Campbell 用甘油代替果糖作为 *Bacillus stearothermophilus* 的碳源，使淀粉酶的产量提高了 25 倍；Yamane 等用甘露糖为碳源生产纤维素酶，比半乳糖提高了 1500 倍。如果出于经济考虑必须采用会产生分解阻遏的碳源时，可以采用流加或连续发酵的方法，使发酵罐中的碳源浓度始终能够维持在低水平，以减少阻遏作用。有时产酶诱导剂的迅速代谢也会产生阻遏，这就需要采用缓慢添加诱导剂、寻找不会产生阻遏的诱导剂类似物或诱导剂的衍生物等方法。Reese 等人曾用蔗糖单棕榈酸酯代替蔗糖生产转化酶，使酶产量提高了 80 倍以上。

表 9.3.4 酶的分解代谢阻遏

酶名称	微生物名称	起阻遏作用的碳源
α-淀粉酶	*Bacillus Stearothermophilus*	果糖
纤维素酶	*Trichoderma viride*	葡萄糖、甘油、淀粉、纤维二糖
纤维素酶	*Pseudomonas flurorescens*	半乳糖、葡萄糖、纤维二糖
蛋白酶	*Bacillus megaterium*	葡萄糖
蛋白酶	*Candida lipolytica*	葡萄糖
糖化酶	*Endomycopsis bispora*	葡萄糖、麦芽糖、淀粉、甘油
聚半乳糖醛酸反式消去酶	*Aeromonas liquefaciens*	葡萄糖、聚半乳糖醛酸
转化酶	*Neurospora crassa*	葡萄糖、果糖、木糖、甘露糖
次甲基羟化酶	*Arthrobacter sp.*	醋酸

如果分解代谢阻遏影响酶的产量时，也可以通过诱变育种方法选育出对分解代谢阻遏抗性的菌株。经过诱变处理的菌株可以将分解代谢所阻遏的酶的底物作为唯一氮源，在平板上进行筛选。例如脯氨酸氧化酶的合成受到葡萄糖的分解代谢阻遏，脯氨酸是脯氨酸氧化酶的底物，因而野生型的 *Salmonnella typhimurium* 不能在葡萄糖-脯氨酸平板上生长；而对分解代谢阻遏抗性的突变株，由于它能够合成脯氨酸氧化酶，就可以从脯氨酸氧化获得氮源，因此能够在该培养基上生长，这种方法能筛选到对分解代谢阻遏抗性的脯氨酸氧化酶生产菌株。从野生型的假单胞菌 *Pseudomonus aeruginusa* 选育酰胺酶生产菌株也可以采用类似的方法，该微生物存在对琥珀酸的分解代谢阻遏，因此可以在乳酰胺-琥珀酸平板上筛选。若野生型菌株的酰胺酶合成受到阻遏，不能利用酰胺作为氮源，因而不能在该平板上生长。通过上述方法选育得到的酰胺酶生产菌的胞内蛋白质中，酰胺酶的积累量占总蛋白量的10%。

下面将以葡萄糖异构酶为例说明酶的调节机理和菌种选育。葡萄糖异构酶（glucose isomerase），事实上是木糖异构酶，能够催化醛糖-酮糖之间的异构化反应。1957 年，Marshall 和 Kooi 发现这种酶能够催化将葡萄糖异构化为果糖的反应。由于果糖的甜度是葡萄糖的 1.8 倍，因此能够用于食品工业以减少糖的用量，同时也为一些国家过剩的粮食创造了一个巨大的市场。酶法生产高果糖浆具有工艺路线简单和生产成本低的优点，目前全世界已经形成了年产上千万吨高果糖浆（HFCS）的生产规模。

Salmonella typhimuriu 中葡萄糖异构酶的调节机理如图 9.3.2 所示。沙门菌 *Salmonella typhimuriu* 对木糖的利用受到类似于操纵子的基因片段所控制，该基因片段由三个结构基因（*xyl T*、*xyl B* 和 *xyl A*）组成，分别负责木糖跨膜传递及木酮糖激酶和木糖（葡萄糖）异构酶的合成。这三个结构基因受到调节基因 *xyl R* 的控制，如果培养基中缺少木糖作为诱导剂，*xyl R* 基因的转录产物 A1 会对操纵子产生阻遏。加入木糖后，木糖与转录产物 A1 结合产生 A2，A2 则是操纵子的活化因子，通过复杂的活化过程，

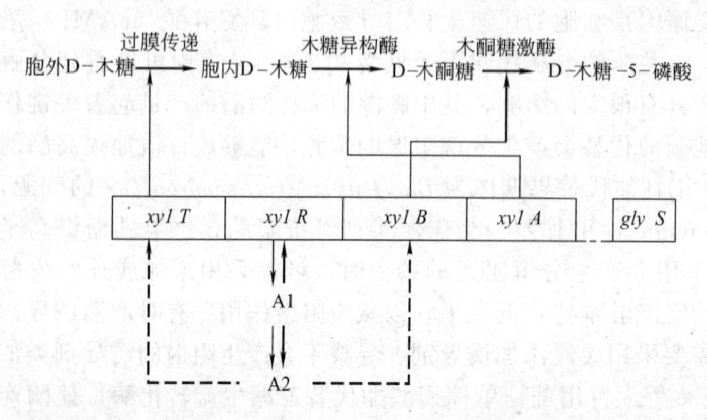

图 9.3.2 在 *Salmonella typhimuriu* 中木糖的代谢途径及调节

使 *xyl T*、*xyl B* 和 *xyl A* 基因开始转录。葡萄糖的加入将通过基因 *gly S* 而对操纵子产生阻遏。

已经发现至少有 65 种微生物能够产生葡萄糖异构酶。沙门菌并不是葡萄糖异构酶的生产菌，对工业上使用的菌种，如黄杆菌 *Flavobacterium arborescens*、链霉菌 *Streptomyces sp.* 或芽孢杆菌 *Bacillus licheniformis* 的调节机理还没有进行过仔细的研究，但是上述机理还是很有参考价值的。为了避免使用价格昂贵的木糖作为诱导剂，在进行工业用的葡萄糖异构酶产生菌诱变育种时，常筛选 2-脱氧葡萄糖或 β-D-葡萄糖肟缺陷的菌种，可以降低培养基中 20%～66%的木糖添加量。

在葡萄糖异构酶的生产菌选育中，另一个值得注意的问题是金属离子的作用。钴离子对产酶有促进作用，但是出于高果糖浆食用安全性及环境保护的考虑，其用量应该受到限制。过去曾经认为钴离子对酶催化的异构化反应也有活化作用，但是进一步的研究工作已经证明，只要采用固定化整细胞，是否添加钴离子对酶的活力并无影响。添加镁离子也能提高葡萄糖异构酶的产量，但是铜、锌、镍、钙等离子及重金属离子会抑制产酶。

9.3.5 酶生物合成与微生物生长的关系

在微生物间歇培养过程中，大多数酶的生物合成都发生在指数生长阶段的后期或稳定期，特别是胞外酶，如枯草杆菌产生的淀粉酶等。但是也有例外，如米曲霉生产的淀粉酶、弧菌 SA1 生产的蛋白酶等在微生物的指数生长阶段就会产生，因此只有这类微生物才适合于在恒化器中连续生产。

9.4 酶蛋白的释放

如前所述，微生物产生的水解酶都能释放到胞外，因此水解酶通常有较高的产量，也便于酶的分离和提纯，从而降低了生产成本。对于众多的胞内酶而言，酶蛋白在细胞内的大量积累肯定会引起产物抑制，影响酶的产量，而且胞内酶的分离提纯也非常困难。正因为如此，酶蛋白释放的机理引起了人们的重视。通过对酶蛋白释放及其调控机理的研究，已经证明强化蛋白质的释放不但能够增加本来是胞内酶的产量，而且也能提高胞外酶的产量。研究酶蛋白的释放机理对改进基因工程蛋白质的释放也具有指导意义。

动物细胞的核糖体可以分为两类：膜束缚的和游离的核糖体。但是细菌的核糖体紧密地堆积在一起，又缺乏与动物细胞类似的内质网系统，因此一直对细菌中是否有膜束缚核糖体存在怀疑。有人曾比较了两株特殊芽孢杆菌 *Bacillus amyloliquefaciens* 产 α-淀粉酶的情况，发现多核糖体与细胞膜部分缔合的菌株比只含可溶性多核糖体的菌株产酶能力高 5 倍。用大肠杆菌生产碱性磷酸酯酶和其他蛋白质时也有类似的现象。新的研究工作已经证明，各种细菌产生的碱性磷酸酯酶、α-淀粉酶、青霉素酶及白喉毒素等都是在膜束缚核糖体中合成的，细胞质中的蛋白质，延长因子 G 和 F 则是由大肠杆菌中的游离多核糖体所合成的。

细菌产生的蛋白质通过共翻译释放已经被放射性标记方法所证实。许多通过膜释放的酶蛋白链实际上是正在延长的多肽链，链的起点在附着于细菌原生质膜的核糖体上。推动很大的亲水蛋白质分子通过膜是由以下四种机理实现的：①附着在膜上的核糖体为蛋白质链的伸长提供了推动力；②已经在膜外的亲水蛋白质链卷曲所产生的力将膜内的剩余部分拉到了膜外；③位于膜上的核糖体使所合成的肽链直接挺出到膜外；④利用代谢能和有组织的膜结构将肽链送到膜外。

蛋白质共翻译释放的必要条件是核糖体与细胞膜发生缔合，为此提出了“信号肽”假设并得到了实验证实。根据信号肽理论，核糖体在 mRNA 的引导下到达细胞膜的特定位置。对蛋白质释放到胞外起关键作用的是 mRNA，它的 5′端有一个约 75 个碱基组成的延伸段，该延伸段翻译得到的肽分子就称为信号肽，当它在核糖体中形成后，就能够辨识膜上的受体蛋白（大肠杆菌外膜上的受体蛋白有：脂蛋白，λ 受体蛋白及周质体蛋白等），促使核糖体与受体蛋白结合并形成一个蛋白质释放的通道。信号肽的长度为 16～25 个氨基酸残基，其中以疏水性氨基酸占多数以利于与膜的结合，各种微生物来源的信号肽氨基酸序列变化很大，尚无一般规律可以遵循。

对于杆菌释放到胞外的蛋白质，胞内首先合成的是带有一段信号肽的蛋白质前体，在前体蛋白质的释放过程中或释放到胞外后，信号肽脱落，使蛋白质具有正确的构型和生物活性。已经在内质网膜上分离鉴别到了将信号肽从前体蛋白质切下的信号酶（signalase）。通过对 *Bacillus licheniformis* 中青霉素酶生物合成和释放过程的深入研究，充分证实了信号肽的存在是细菌所合成酶蛋白释放的普遍规律。图 9.4.1 显示了在信号肽引导下的蛋白质释放过程。

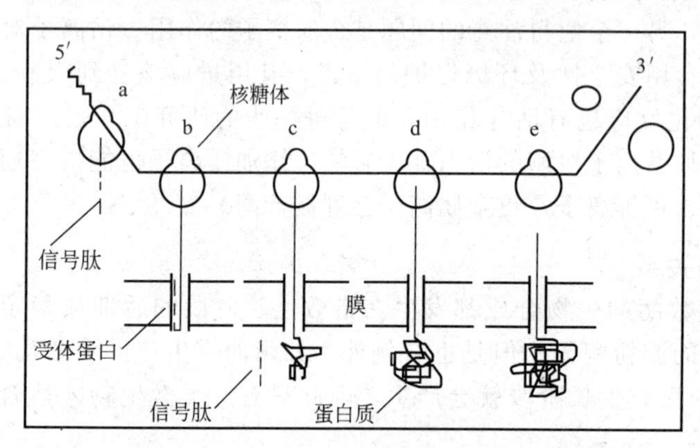

图 9.4.1 信号肽引导下酶蛋白释放示意图

a—信号肽合成；b—信号肽与膜上的受体蛋白结合；c—信号肽脱落，部分翻译好的酶蛋白释放到胞外；d—翻译好的酶蛋白继续释放到胞外；e—酶蛋白的翻译结束，酶蛋白全部释放到胞外

在真核微生物中所产生的酶蛋白释放过程要复杂得多。胞内合成的蛋白质首先释放到粗糙内质膜空间，随后转移到光滑内质膜，再进一步释放到液泡。酶蛋白在液泡中积累，与高尔基体融合后通过高尔基室进入释放液泡。在释放液泡中酶蛋白缩合形成酶原，在 Ca^{2+} 存在下与原生质体膜融合。经过以上过程后，酶蛋白就能够释放到细胞外。有些真核微生物没有高尔基体或粗糙内质网，因此蛋白质的释放途径会有所不同。

虽然对细菌酶蛋白的释放机理已经进行了许多研究，但是细胞是否对释放过程进行调节和控制及怎样进行控制还知之甚少。从对 *B. licheniformis* 产生青霉素酶的研究中得知，周质体蛋白酶的活性对调节青霉素酶的释放起着重要作用；革兰阳性菌所产的胞外酶在释放前会在胞内积累，酶的释放是被动扩散过程，因此无法予以控制；革兰阴性菌所产生的酶蛋白受到外膜的拦截而留在周质体中，但是也有例外，*Serratia mardescens* 产生的外脂肪酶（exolipase）就能够释放到胞外。当存在某些胞外多糖时，由于空间排斥作用或构型变化而使外脂肪酶从膜上的脱离过程得到强化，因此能增加这种酶的产量。

对真菌产生的胞外酶释放过程的调控机理研究较少，但是有人认为真菌细胞酶的释放是产酶的速率控制步骤，因此如能采用诱变育种获得原生质膜及细胞壁结构发生了突变的菌株，就能够大幅度提高酶的产量。这种假设已经得到了一些实验数据的支持，例如镰胞菌 *Fusarium* 产生的杀真菌素（kabicidin）抗性突变株，它的细胞壁表面结构与出发菌株比发生了很大变化，从而大大提高了释放到胞外的碱性蛋白酶产量。在培养基中添加表面活性剂也会影响细胞壁的组成和结构，因此若使用得当也能大幅度提高胞外酶产量，一个典型例子是在黄胞原毛平革菌的培养液中若不加吐温-80，深层培养时几乎检测不到木素过氧化物酶的活性，添加了吐温-80 后酶活可以达到 400U/L 以上。

9.5 应用基因重组技术获得酶制剂的生产菌种

基因重组技术在酶的生产中具有特别重要的意义。因为酶是蛋白质，因此只要找到负责该蛋白质编码的DNA片段，将其整合到适当的质粒中，再转入宿主细胞，就可以通过培养宿主细胞获得所需要的酶产品。许多重要的酶制剂生产菌都已经采用基因重组技术代替传统的诱变育种方法，例如：β-半乳糖苷酶、青霉素酰化酶、天冬氨酸转氨甲酰酶、氯霉素转乙酰酶及苯丙氨酸合成酶等的生产已经部分应用了基因工程菌。

基因工程还为改变酶蛋白的结构和功能开辟了广阔的应用前景。近年来蛋白质工程的研究进展已经积累了大量关于蛋白质结构和功能关系方面的知识，这样就有可能采用点突变等方法获得性质更稳定、反应速率更快、反应的专一性更好、并使底物和抑制物的亲和性得到改变的新型酶蛋白。

通过X射线结晶谱、光谱及电子自旋共振谱的研究，可以获得酶蛋白的三维结构，然后通过研究酶-底物的相互作用或与类似蛋白质的比较，再在计算机上模拟选出蛋白质结构中的关键氨基酸，这样就可以根据需要改变基因编码获得新的酶蛋白。常规的诱变育种方法不可能做到使某一个特定的氨基酸编码发生突变，例如酪氨酸的基因编码是UAC，每次传代后其中一个字符发生突变的概率是10^{-8}，两个字符突变的概率更小，只有10^{-16}，而且单字符突变产生的氨基酸有：AAC（天冬酰胺）、GAC（天冬氨酸）、CAC（组氨酸）、UCC（丝氨酸）、UUC（苯丙氨酸）、UGC（胱氨酸）、UAA（终止符）、UAG（终止符）及UAU（酪氨酸）等九种可能性。因此传统的诱变育种不可能使突变按照主观意志得到所希望的点突变，只有用基因工程的方法才能将所需要的氨基酸精确地插入酶蛋白结构中的指定位置。

点突变的方法如图9.5.1所示。目的是将原蛋白质第73位上的缬氨酸（编码为GTA）用异亮氨酸（ATA）代替。第一步是将该蛋白质的基因克隆到单股的DNA载体M13；第二步是化学合成与该DNA基本上互补、但缬氨酸被异亮氨酸代替的基因片段（一般为18个氨基酸）；第三步加入DNA合成酶完成双股DNA的合成；第四步是进行质粒的扩增；最后一步是将质粒转入宿主细胞。该质粒所表达蛋白质产品的第73位氨基酸已经从原来的缬氨酸变成了异亮氨酸。

以下是两个利用基因重组技术构建酶高产基因工程菌的实例。

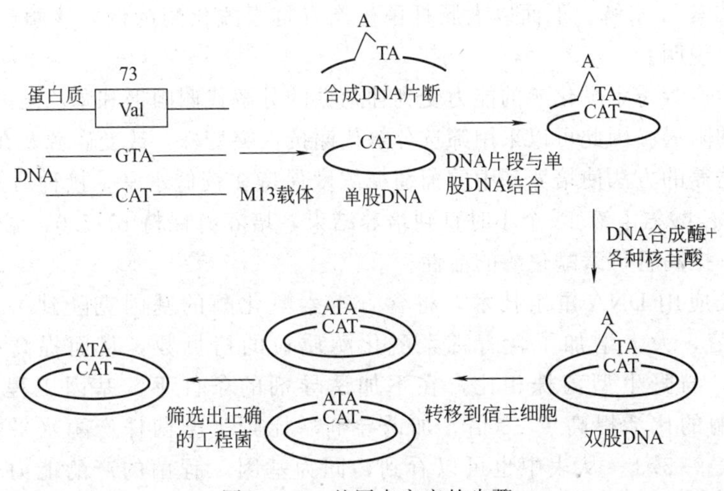

图9.5.1 基因点突变的步骤

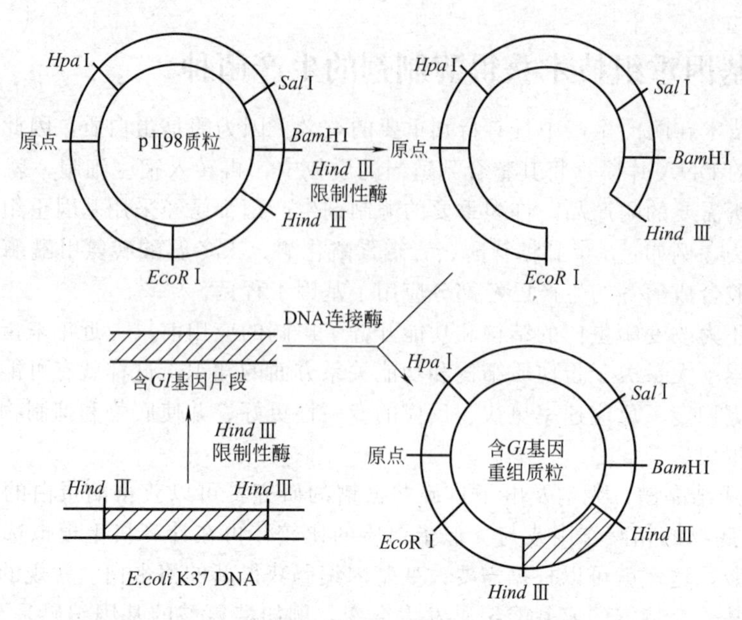

图 9.5.2 含葡萄糖异构酶（GI）基因的质粒构建

（1）葡萄糖异构酶的生产　在野生型大肠杆菌中，每个染色体只含有一个葡萄糖异构酶基因的拷贝，因此葡萄糖异构酶的产量很低。构建含葡萄糖异构酶基因的质粒包括如下步骤：①大肠杆菌 K37 中提取 DNA；②用嗜血流感病毒（Haemophilus influenzae）*Hind* Ⅲ 切割提取的 DNA，获得含葡萄糖异构酶（GI）基因的 DNA 片段；③将所得到的 DNA 片段重组到含四环素抗性标记的 pM89 质粒；④将构建的质粒转入葡萄糖异构酶缺陷型宿主细胞 *E. coli* K12（JC1553）；⑤培养基因工程大肠杆菌，发现产酶水平比野生型菌株提高了 5 倍。

上述过程图解地示于图 9.5.2。

（2）青霉素酰化酶的生产　青霉素酰化酶是一种重要的工业用酶，催化青霉素 G 水解生成苯乙酸和 6-氨基青霉烷酸的反应，后者是生产半合成抗生素的原料。霉菌（如青霉，曲霉及木霉族中的一些种）生产的青霉素酰化酶属于类型 Ⅰ 酰化酶，只能催化青霉素 V 的水解，工业上用途不大；细菌（如大肠杆菌，假单胞菌及微球菌等）产生类型Ⅱ酰化酶，工业上用于青霉素 G 水解。下面以大肠杆菌生产青霉素酰化酶为例对该酶产生的调节机理及生产方法加以说明。

大肠杆菌生产青霉素酰化酶的能力受到葡萄糖的分解代谢阻遏和苯乙酸的诱导，同时还受到高氧分压的阻遏。因此可以采用筛选分解代谢抗性突变株，改变碳源及在培养方法上应用流加后连续培养的方法使培养基中的葡萄糖浓度保持在较低水平。接种后第 8h 起流加经灭菌的 0.1%苯乙酸氨溶液 13 个小时直到培养结束，培养时保持 pH7.0，温度 24℃和适当的氧分压，即可提高青霉素酰化酶的活性。

Mayer 等人应用 DNA 重组技术，将含青霉素酰化酶的基因克隆到一个多拷贝质粒后转入大肠杆菌，大大增加了含青霉素酰化酶质粒的拷贝数，从而提高了青霉素酰化酶的生产水平。与野生型菌株相比，在不加诱导剂的条件下，基因工程菌 5 K pHM6 产青霉素酰化酶的比活提高了 28 倍，加诱导剂后比野生型菌株产酶水平也可以提高约 6 倍，结果见表 9.5.1。从表中也可以看到，同为基因工程菌的产酶能力也会有较大的变化。

表 9.5.1 基因工程大肠杆菌产青霉素酰化酶能力与野生菌的比较

大肠杆菌		青霉素酰化酶相对酶活	
		不加苯乙酸氨诱导	加苯乙酸氨诱导
野生型菌株	ATCC11105	1.0	6.0
基因工程菌	5 K pHM6	28.0	35.0
	5 K pKM7	—	22.0
	5 K pHM8	—	18.0
	5 K pHM11	—	14.0

我国科学家在构建基因工程菌产青霉素酰化酶方面已经取得了很大的进展，所生产的青霉素酰化酶已能基本满足国内生产 6-APA 的需要。

复习思考题

1. 简述酶的分类和命名原则。
2. 名词解释：胞内酶、胞外酶、组成酶、诱导酶。
3. 是否从不同来源得到的同工酶都具有完全相同的性质？为什么？
4. 对产酶微生物一般有哪些要求？
5. 简要叙述产胞外酶微生物筛选的一般原理和方法。
6. 什么是分解代谢阻遏？对微生物产酶会产生哪些影响？
7. 比较原核和真核微生物合成的蛋白质向胞外释放的规律。
8. 纤维素酶在木质纤维素资源利用中有非常重要的意义。请查阅有关文献，对产纤维素酶微生物进行综述。
9. 青霉素酰化酶是生产半合成抗生素原料 6-APA 的重要生物催化剂。根据文献，提出一个构建生产青霉素酰化酶基因工程菌的方案。

10　微生物发酵生产抗生素

10.1　概述

微生物在其生命活动中会产生种类繁多的小分子代谢产物，这些代谢产物一般可以分为两类：初级代谢产物和次级代谢产物。初级代谢产物一般属于能量代谢或分解代谢的产物，如乙醇、有机酸、氨基酸等，因此初级代谢产物往往与细胞的生长代谢有着密切的关系。次级代谢产物是在微生物细胞分化过程中产生的，往往不是细胞生长所必需的代谢产物，对细胞生长并不具有明显的作用，而且通常以一簇结构相似的化合物组成。次级代谢产物的概念由Bu'Lock于20世纪60年代初提出，至今已被广泛接受。抗生素就属于次级代谢产物。

10.1.1　微生物次级代谢产物

并非所有的次级代谢产物都符合上述特点，对细胞生长不具有明显的作用也并不等于完全没有作用，已经证明抗生素Pamacycin能够诱导放线菌产生气生菌丝就是一个例子。微生物次级代谢产物是微生物生理、生化状态的体现，通常在细胞生长受到限制的情况下产生。

次级代谢产物虽然对细胞的生长影响不大，但是具有重要的工业应用价值。抗生素、色素、蛋白抑制剂及毒素等都是次级代谢产物，近年来还发现了具有特殊生理活性的次级代谢产物，如：免疫调节剂（Bestatin，Cyclosporin A，FK506等），具有临床药理活性的物质（Acarbose，Lovastatin，Asperlicin等）以及农用和动物饲养业用的生物活性物质（Avermectin，Phosphinothricin等）。在次级代谢产物中，最重要的是抗生素。

10.1.2　抗生素的定义和分类

抗生素是人类使用得最多的一类药物，自从第二次世界大战期间青霉素正式投入工业化生产以来，已经有一百多种抗生素进行商品化生产，为人类的防病治病作出了重要的贡献。虽然抗生素已被广泛使用，但是由于抗生素的多样性，关于抗生素的定义在专家中一直存在着分歧。目前，一个为大多数专家所接受的定义是：抗生素是低分子质量的微生物代谢产物，能够在很低的浓度下抑制其他微生物的生长。这里所指的低分子质量代谢产物是指抗生素的分子质量一般不会超过几千道尔顿。如溶菌酶（lysozyme）这类酶及其他复杂的蛋白质分子虽然也具有抗菌活性，但由于它们的分子量很大，因而在习惯上不将它们归入抗生素一类。只有微生物的天然代谢产物才能称为抗生素，通过化学修饰的只能称为半合成抗生素，根据天然抗生素的结构完全采用化学合成方法制造的则称为全合成抗生素。所谓抑制其他微生物生长是指抑制细胞的再生繁殖，因此是针对微生物群体而不是个别细胞而言的。这种抑制作用一类是永久性的，例如杀细菌剂（bactericidal）和杀霉菌剂（fungicidal）等可以将微生物杀死；另一类抗生素只能起到抑制微生物繁殖生长的作用，但不能将它们杀死。在抗生素的定义中还包含一个很重要的限制条件：低浓度。因为在高浓度下，即使是正常的细胞组分，如甘氨酸和亮氨酸，也会对某些细菌的生长产生抑制作用。基于同样的理由，一些厌氧发酵的产物，如乙醇和丁醇，虽然在高浓度下也有杀菌或抑菌作用，也不属于抗生素。典型的抗生素的抗菌活性非常高，只要在微摩尔甚至纳摩尔浓度时就会有显著的抗菌活性。

抗生素的抗菌活性用最小抑制浓度（minimal inhibitory concentration，MIC）表示，单

位是 μg/ml。MIC 可以在液体试管或固体平板上测量，在一系列含有培养基和试验微生物的试管或平板中，分别加入浓度不断减少的抗生素，能够抑制微生物生长的最低抗生素浓度即为 MIC 值。显然，MIC 值反映的是抗生素和特定微生物菌株之间的对应关系，即使是同一种微生物的不同菌株，也可能具有不同的 MIC 值。

抗生素对各种微生物的抗菌活性称为抗生素的抗菌谱。一些抗生素只对革兰阳性或阴性微生物具有抗菌活性，抗菌谱很窄；另一些则称为广谱抗生素，其中有些不但能抑制细菌、还能抑制霉菌的生长。还有一类称为抗肿瘤抗生素，这类抗生素也是根据其抗菌活性筛选的，然后再检验它们杀肿瘤细胞的能力。

抗生素研究中最吸引人的课题是抗生素抗菌的作用机理。经过生物化学家和药理学家多年的共同努力，已经证明的抗菌机理有：抑制细胞壁合成、抑制 DNA 复制或转录、抑制蛋白质合成及破坏细胞膜的正常功能等。抗生素抗菌作用机理的专一性，决定了其抗菌谱，例如若某种抗生素是几丁质酶的强抑制剂，而几丁质是霉菌细胞壁的主要成分之一，这样该抗生素就具有抑制霉菌生长的功能，但对细菌就没有抗菌效果。理想的抗生素应该只与微生物细胞中的某一目标分子起作用，而且在哺乳动物细胞中不存在该目标分子。这样，这种抗生素就不会对高等生物产生毒性，即没有副作用。

已经发现并鉴别结构的抗生素有几千种之多，从化学的观点看，结构多样性是抗生素的一个显著特点。Bérdy 于 1974 年提出了一个抗生素的正式分类方法并为大家所接受，见表 10.1.1。

表 10.1.1　抗生素的分类

编号	抗生素类别	编号	抗生素类别
1.	碳水化合物类抗生素	5.1	非缩聚(单)杂环
1.1	纯多糖	5.2	缩聚(聚并)杂环
1.2	氨基糖苷类抗生素	6.	含氧多环抗生素
1.3	其他(N-或 C-)糖苷类	6.1	呋喃衍生物
1.4	各种糖的衍生物	6.2	吡喃衍生物
2.	大环内酯类抗生素	6.3	苯基吡喃衍生物
2.1	大环内酯类抗生素	6.4	小内脂类
2.2	多烯类抗生素	6.5	聚醚类抗生素
2.3	其他大环内酯类抗生素	7.	脂环类抗生素
2.4	大环内酰胺类抗生素	7.1	环烷烃衍生物
3.	醌类和其他抗生素	7.2	小的萜烯类化合物
3.1	线性缩聚多环化合物	7.3	低聚萜烯类化合物
3.2	萘醌衍生物	8.	芳香族抗生素
3.3	苯醌衍生物	8.1	苯类化合物
3.4	各种醌类似物	8.2	缩环芳香族化合物
4.	氨基酸、多肽类抗生素	8.3	非苯型芳香族化合物
4.1	氨基酸衍生物	8.4	芳香族化合物的各种衍生物
4.2	均肽类	9.	脂族抗生素
4.3	非均肽类	9.1	烷烃衍生物
4.4	肽脂类	9.2	脂族羧酸衍生物
4.5	高分子量肽类	9.3	含 S 或 P 的脂族化合物
5.	含氮多环抗生素	0	其他(含未知结构)

从表中可以看到，与蛋白质、核酸等不同，抗生素的化学结构具有多样性，没有一般规律可循。除了表 10.1.1 的分类方法外，还有一种常用的非正式分类方法将抗生素分为若干类。分类的依据是具有类似的结构特点、类似的作用机理和生物活性。下面将对一些常见的抗生素进行简要讨论。

（1）β-内酰胺（β-lactam）类抗生素（图 10.1.1） 这类抗生素分子的结构特点是都有一个 β-内酰胺的四元环，它们的共同功能是抑制细菌细胞壁主要成分肽聚糖的合成。β-内酰胺类抗生素又可以根据其化学特性分成几个子类，如青霉素类、头孢菌素类、碳青霉烯类及单环内酰胺类等。

（2）氨基糖苷（Aminoglycosides）类抗生素（图 10.1.2） 它们的结构特点是都含有一个六元脂环，环上有羟基及氨基取代物，分子中还会有若干个糖基或氨基糖基。氨基糖苷类抗生素都具有抑制核糖体的功能。链霉素和庆大霉素属于这类抗生素。

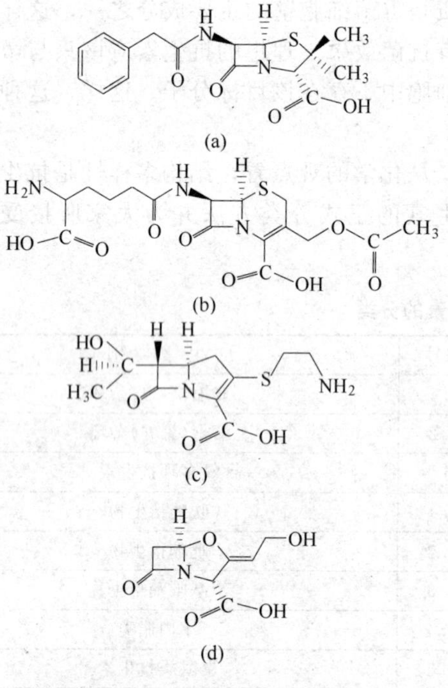

图 10.1.1 β-内酰胺类抗生素
（a）青霉素 G；（b）头孢菌素；
（c）噻烯霉素；（d）棒酸

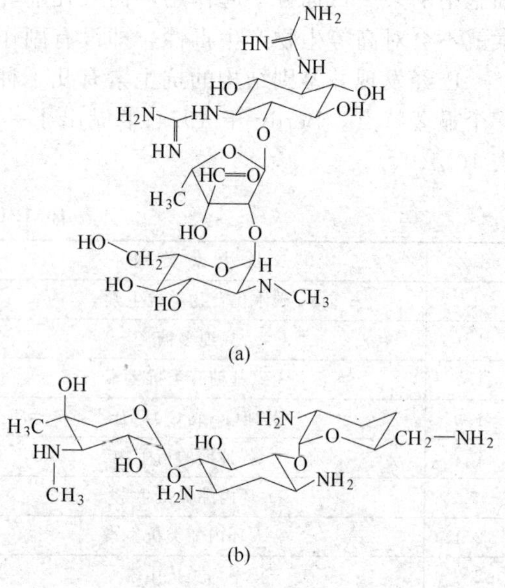

图 10.1.2 氨基糖苷类抗生素
（a）链霉素，含链霉胍的氨基糖苷；
（b）庆大霉素 C1a，含脱氧链霉胺

（3）四环素（Tetracyclines）类抗生素（图 10.1.3） 四环素类抗生素分子结构中都有一个由四个缩聚环呈线性排列的核，其共同的功能是在核糖体水平抑制蛋白质合成。这类抗生素的典型例子是四环素。

（4）蒽环（Anthracyclines）类抗生素（图 10.1.3） 它们的结构特点与四环素类抗生素类似，也有四个缩聚环，但是它们的作用是在 DNA 水平，干扰拓扑异构酶（topoisomerase）的功能，因此常用作抗肿瘤药，如道诺红霉素（Daunorubicin）。

（5）抗细菌大环内酯类抗生素（图 10.1.4） 这类抗生素的结构特点是含有一个很大的内酯环，通过与细菌核糖体的亚基结合以抑制蛋白质的合成，如红霉素（Erythromycin）。

（6）抗霉菌大环内酯类抗生素、或聚烯类抗生素（图 10.1.5） 它们的分子结构中也有一个很大的内酯环，环上有一系列的共轭双键。这类抗生素的作用是干扰真核细胞膜中甾醇

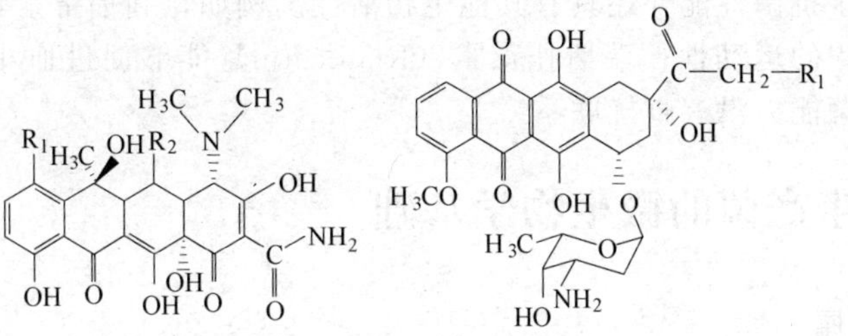

(a) (b)

图 10.1.3 四环素和蒽环类抗生素

(a) 四环素 ($R_1=R_2=H$)(Tetracycline); 金霉素 ($R_1=Cl$, $R_2=H$)(Chlorotetracycline); 土霉素 ($R_1=H$, $R_2=OH$)(Oxytetracycline); (b) 道诺红霉素 ($R_1=H$)(Daunorubicin); 阿霉素 ($R_1=OH$)(Doxorubicin)

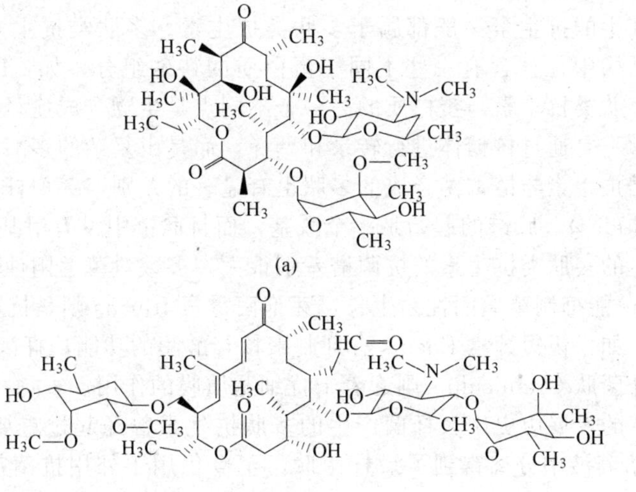

(a)

(b)

图 10.1.4 大环内酯类抗生素

(a) 红霉素 (Erythromycin); (b) 泰乐霉素 (Tyrosin)

的合成，如两性霉素 B (Amphotericin B)。

(7) 安沙霉素 (Ansamycin) 类抗生素 (图 10.1.6) 安沙霉素类抗生素中有一个被脂链扩展的芳香环，该环通过一个酰胺键闭合。它们又可以分成几个子类，其中利福霉素 (Rifamycin) 是 RNA 聚合酶的抑制剂。

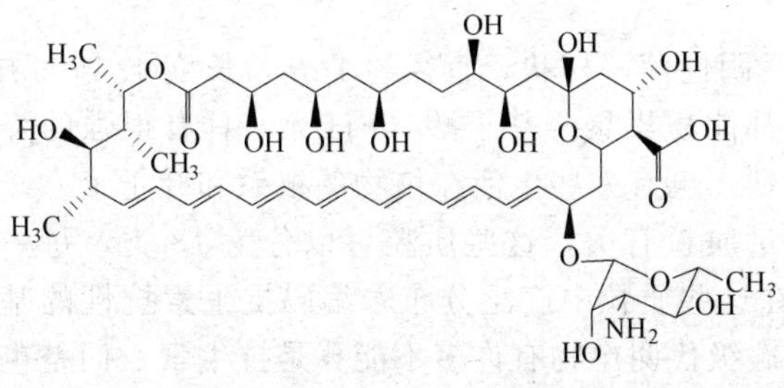

图 10.1.5 聚烯类抗生素两性霉素 B

(两性霉素 B Amphotericin B)

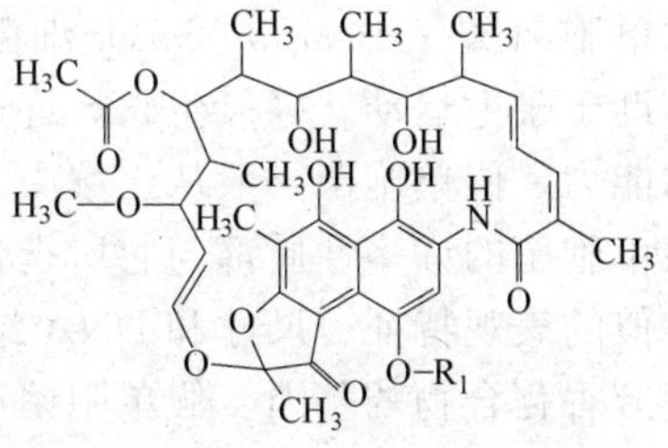

图 10.1.6 安沙霉素类抗生素

利福霉素 B ($R_1=CH_2COOH$)

利福霉素 SV ($R_1=H$)

某些抗生素除了抗菌性能外还具有其他生物活性。例如，利福霉素具有降低胆固醇的功能；红霉素能诱导胃的运动性；瑞斯托霉素（Ristocetin）能够促进血小板凝固等。这些生物活性与它们的抗菌能力没有直接联系。

10.2 抗生素生产菌的微生物学基础

10.2.1 芽孢杆菌属

芽孢杆菌属（*Bacillus*）微生物是一类单细胞、杆状菌的总称，好氧或兼性厌氧。它们的共同特点是当环境条件不利时会形成内生孢子。芽孢杆菌属于革兰阳性菌，一般可以借助于侧生或有缘毛的鞭毛运动。芽孢杆菌通常作为腐生菌生活在土壤中，但是也有例外，如：*B. anthracis* 是人类病原菌，而 *B. thuringiensis* 是昆虫的病原菌等。

芽孢杆菌在工业发酵中主要用于胞外水解酶类生产，而苏云金杆菌 *B. thuringiensis* 芽孢中的毒蛋白晶体则可用作为生物杀虫剂，是一种广泛使用的生物农药。

由芽孢杆菌产生的抗生素一般都属于多肽类抗生素。多肽类抗生素的分子量小于蛋白质，它们的分子结构中往往含有一些不同于蛋白质的特殊组分，如：D-氨基酸、脂肪酸及环状氨基酸等。多肽类抗生素与蛋白质的另一个不同点是生物合成途径存在显著的差别，杆菌产生的多肽通常不是通过核糖体进行转录和翻译，而是由复杂的多酶体系催化合成。芽孢杆菌合成的多肽类抗生素与链霉菌合成的多肽也有显著的差别，芽孢杆菌合成的多肽不含缩酚肽键（depsipeptides），肽链的起始是一个酰基，而且肽链中没有甲基化的氨基酸残基。

芽孢杆菌产生的多肽类抗生素的抗菌谱差别很大，多数对革兰阳性菌有抑制作用，但多黏菌素 Polymyxins 能抑制革兰阴性菌生长，芽孢菌霉素 Iturins 则是抗霉菌剂。它们的作用机理也各不相同，如：伊短菌素 Edeins 有抑制聚核苷酸酶的功能；杆菌肽 Bacitracin 会阻碍肽聚糖合成；短杆菌肽 Gramicidins 则起着干扰细胞质膜的作用。

在抗生素生产的发展历史中，杆菌产生的多肽抗生素曾经起过重要的作用。早在 1939 年就从 *B. brevis* 培养液中分离得到了短杆菌肽，至今仍用于外用抗菌剂的配制；杆菌肽是 1945 年从 *B. licheniformis* 分离得到的，曾用于治疗链球菌的严重感染，现在则限于外用抗菌剂及饲料添加剂；多黏菌素 B 和 E 曾经是治疗严重的假单胞菌感染用药，但由于毒性较大，现在已停止使用。

芽孢杆菌也能够产生非肽类的抗生素，如 *B. circulans* 产生氨基糖苷类抗生素丁苷菌素 Butirocin，*B. megaterium* 能够产生安沙霉素类的 Lucomycotrienin。虽然丁苷菌素并不用于医药，但是其结构特点却引起了人们的重视，受其启发而开发了各种氨基糖苷类抗生素的化学改性方法，在对付细菌对抗生素耐药性方面开辟了新的途径。

10.2.2 假单胞菌属

假单胞菌属（*Pseudomonas*）细菌是革兰阴性菌，杆状，直径约 1μm，长度 1.5～5μm，能够借助于鞭毛运动，好氧生长。许多菌株都能积累聚羟基丁酸（PHB），具有很强的降解有机物能力。假单胞菌一般从土壤中分离得到，也有一些生活在植物的根系和叶子上。

假单胞菌的许多性质都与它所携带的大量质粒有关，这些质粒可以分为 13 类，每一类都有类似的表观特征、尺寸和 DNA 结构。在这些质粒中广泛分布着编码抗生素抗性的基因及降解芳香化合物的基因。假单胞菌产生的次级代谢产物有许多不能算是抗生素，而是色素（如绿脓菌荧光素 Fluorescent pyoverdines）及植物毒素（如丁香霉素 Syringomycins）等。

真正能产抗生素的假单胞菌只有 *P. aeruginosa* 和 *P. fluorescens* 两个种。所产生的抗生素一般是含氮的杂环化合物，在氨基酸分解代谢的过程中被生物合成，如吩嗪衍生物碘菌素

(Iodinin) 和绿脓菌素 (Pyocyanine)。从假单胞菌中分离得到的抗生素在其他微生物中也曾获得过，如环丝氨酸、磷霉素及氨霉素等。真正首次从假单胞菌分离得到并已经用于医药的只有两种抗生素：吡咯菌素 (Pyrrolnitrin) 和拟摩尼酸 A (Pseudomonic acid A)。

吡咯菌素原来也由 *P. fluorescens* 或 *P. pyrrolnitrica* 生产，属于天然的含氮化合物，有广泛的抗真菌作用，常用于治疗皮肤感染，但现在这种药已经改用化学合成方法生产。拟摩尼酸 A 也是由 *P. fluorescens* 产生的，它的抗菌谱很广，包括大部分革兰阳性菌和部分革兰阴性菌，能有效地在健康载体上杀死葡萄球菌。但是拟摩尼酸 A 在人体内会迅速降解为摩尼酸而失去活性，因此也只能外用。

单环内酰胺磺胺净素和异胺磺胺净素分别从 *P. acidophila* 和 *P. mesoacidophila* 中首先分离获得，它们的抗菌活性并不高，但是在它们的分子结构启发下，已经合成了具有临床应用价值的药物 Azthreonam。

10.2.3 链霉菌和链轮丝菌

链霉菌 (*Streptomyces*) 和链轮丝菌 (*Streptoverticillium*) 都属于放线菌，两者很难从生物学的角度进行区分，只是在气生菌丝的形态上稍有区别。它们都属于革兰阳性菌、专性好氧、化学异养型、以菌丝状生长。一般只需要一种碳源 (如葡萄糖、淀粉或甘油)、一种无机氮源和少数无机盐就能够生长，但在复合培养基中会生长得更好些。大部分链霉菌都属于中性、中温菌，最佳生长条件的范围为：pH6.8～7.5、温度 22～37℃，通常为 28℃，但也有例外。链霉菌的分布非常广泛，主要寄居在土壤中，而且与土壤中的有机大分子，如几丁质、淀粉和纤维素等的降解有着十分密切的关系。链霉菌也是几种重要的工业用酶的生产菌，如葡萄糖异构酶、链霉蛋白酶 (pronase) 及胆固醇氧化酶等。

链霉菌产生的次级代谢产物数以千计，大多数都具有抗菌能力，这些次级代谢产物的化学结构千差万别，反映了各种链霉菌代谢途径的多样性。链霉菌是抗生素生产的主要菌种，它们产生的抗生素主要有以下类型。

10.2.3.1 氨基环多醇类抗生素

氨基环多醇类抗生素又称为氨基糖苷类抗生素，是一类拟多糖，有一个含羟基、氨基或胍基的六碳环和若干个糖分子 (主要是氨基糖) 构成。链霉菌产生的氨基环多醇类抗生素主要有：

(1) 链霉素 (Streptomycin) 抗革兰阴性菌和结核分枝杆菌，最初从 *S. griseus* 获得，是一种重要的医用抗生素。与链霉素结构类似的抗生素还有：Hydrostreptomycin 和 Mannosidostreptomycin，但目前尚无实际应用。

(2) 新霉素 (Neomycins) 是一种抗菌抗生素，结构特点是氨基环多醇 2-脱氧链霉胺的 4 及 5 位上分别被糖取代，由两种结构类似物新霉素 B 和 C 组成，生产菌是 *S. fradiae*。其他具有类似结构的抗生素有：Paromomycins (*S. rimosus*)；Lividomycins (*S. lividus*) 及 Ribostamycin (*S. ribosidificus*)。这类抗生素的毒性比较大，除了最后一种用于治疗感染外，其余都只能用于外用药。

(3) 卡那霉素 (Kanamycins) 和妥布拉霉素 (Tobramycin) 其结构特点是 2-脱氧链霉胺的 4 和 6 位被糖取代。卡那霉素 A 由 *S. kanamyceticus* 生产，具有抗革兰阴性菌和抗分枝杆菌的能力，是一种常用抗生素；妥布拉霉素由 *S. Tenebrarius* 产生，是一些雷布霉素 (Nebramycins) 的复合物，具有抗 *P. aeruginosa* 和其他病原体的能力。

(4) 越霉素 (Destomycins) 也是 2-脱氧链霉胺的衍生物，从 *S. rimofaciens* 发酵获得，另一种类似的抗生素 Hygromycin B 从 *S. hygroscopicus* 发酵得到。它们具有驱肠虫活性，因此用于家禽和猪的驱虫药。

（5）春雷霉素（Kasugamycin）和有效霉素（Validamycins）分别由 *S. kasugaensis* 和 *S. hygroscopicus* 产生，它们的环多醇结构与上述抗生素不同。这两种抗生素都用于农业上防治霉菌引起的水稻病害。

10.2.3.2 含聚酮链结构的抗生素

从链霉菌合成的聚酮化合物次级代谢产物的数量很多，它们都是通过乙酸和丙二酸的缩合生物合成的。其中最重要的两类医用抗生素是抗肿瘤的蒽环类（Anthracyclines）和抗菌的四环素类（Tetracyclines）。

蒽环类抗肿瘤剂的化学结构特点是含有一个或多个糖取代的羟基蒽醌。它们最先是根据其抗菌活性而分离得到的，然后发现它们还具有抗肿瘤活性，如从 *S. peucetius* 分离得到了具有抗白血病的道诺红霉素（Daunorubicin 或 Daunomycin），从 *S. peucetius* 变异株发现了其羟基衍生物阿霉素（Doxorubicin 或 Adiamycin），阿霉素对白血病和几种恶性肿瘤都有活性。最近又从 *S. galilaeus* 发现了一种新的抗肿瘤抗生素 Aclarubicin。这些抗肿瘤抗生素都已经用于临床治疗。

四环素（Tetracycline）类抗生素具有广谱抗菌能力。它们与蒽环类抗生素的主要区别是环上没有糖基取代，但是有二甲基胺取代。这类抗生素中首先发现的是从 *S. aureofaciens* 产生的金霉素（Chlortetracycline）和从 *S. rimosus* 产生的土霉素（Oxytetracycline），然后从 *S. aureofaciens* 的突变株获得了四环素，四环素的副作用是使牙齿变黑。去甲基金霉素（Demethyltetracycline）也是由 *S. aureofaciens* 的另一突变株生产的。现在，金霉素已只用于动物饲养业；四环素的半合成衍生物，如强力霉素（Doxycycline）及二甲胺四环素（Minocycline）仍可用于人类疾病的治疗。

10.2.3.3 聚酮链经取代、还原后的次级代谢产物

聚酮链类抗生素是放线菌典型的代谢产物，但当构成聚酮链的丙二酸被甲基丙二酸取代或聚酮链上的羧基被部分或全部还原时就会形成一系列其他次级代谢产物，主要有以下六类：抗菌大环内酯类、安沙霉素类、聚烯类、聚醚类、阿尔法霉素及抗寄生虫大环内酯等。

（1）抗菌大环内酯类抗生素 它们属于有支链的大环内酯，环上有一个或两个糖基。环的大小不等，一般由 12～26 个原子构成。具有工业重要性的这类化合物大约有 100 个以上，有些直接用于药物，有些是半合成抗生素的前体，其中最重要的抗生素及生产菌株有：红霉素（Erythromycin，*S. erythraeus*）、竹桃霉素（Oleandomycin，*S. antibioticus*）、柱晶白霉素（Leucomycin，*S. kitasatoensis*）、交沙霉素（Josamycin，*S. narbonensis*）、螺旋霉素（Spiramycin，*S. ambofaciens*）、麦迪霉素（Medecamycin，*S. mycarofaciens*）、麦里多霉素（Maridomycin，*S. hygroscopicus*）及泰乐霉素（Tylosin，*S. fradiae*）等。上述抗生素中除泰乐霉素用于兽药及兽用生长促进剂外，其他都是人用药。有些生产菌的分类最近已经改变，如：红霉素生产菌已经重新命名为糖多孢菌（*Saccharopolyspora*）；柱晶白霉素生产菌的现用名是链轮丝菌（*Streptoverticillium*）。

（2）安沙霉素类抗生素 它们的结构与大环内酯不同，属于大环内酰胺类，大环通过形成一个内酰胺键闭合，而不是酯键。根据生物活性、环的大小、及芳香侧链的差别，安沙霉素类抗生素可进一步分为四类，但是只有利福霉素 B（Rifamycin B）是工业化生产的产品，它的结构中有一个萘环，是合成抗结核药利福平的前体。利福霉素 B 由 *S. mediterranei* 生产，该菌种后来被重新分类为 *Nocardia mediterranei*，最近又有人建议命名为 *Amycolatopsis mediterranei*。

（3）聚烯类抗生素 有一个含 26～38 个原子的内酯环，环上有一系列的共轭双键，与此相对的环上则有一系列的羟基。聚烯类抗生素可根据双键的数目进一步细分为若干类。这

类抗生素主要有：抗真菌剂两性霉素 Amphotericin B 由 *S. Nodosus* 产生，用于致命的真菌病治疗；由 *S. nursei* 产生的制霉菌素 Nystatin 和由 *S. griseus* 产生的杀假丝菌素 Candicidin 都能用于表皮感染的治疗。

（4）聚醚类抗生素 它属于被甲基和乙基高度取代的线性脂族分子，沿着分子链有一系列的四氢吡喃环和四氢呋喃环。从链霉菌中已经分离出上百种聚醚，从其他放线菌还分离出许多类似代谢产物。聚醚类抗生素具有抗好氧和厌氧微生物的能力，但主要的商业用途是作为抗球虫剂用于兽药，也用于饲料添加剂以增加饲料转化率。主要品种有：由 *S. cinnamonensis* 生产的 Momensin、由 *S. lasaliensis* 生产的拉沙菌素 Lasalocid、由 *S. albus* 生产的盐霉素 Salinomycin 及由 *S. aureofaciens* 生产的奈良菌素 Narasin 等。

（5）阿尔法霉素（Elfamycin） 它也属于线性脂链分子，与聚醚类不同的是分子中的醚键较少，但存在共轭双键，而且在分子中至少有一个氮原子。Elfamycin 的作用机理是抑制伸长因子 Tu。主要用途是作为兽药和饲料添加剂，如：由 *S. goldiniensis* 生产的 Aurodox 及由 *S. ramosissimus* 生产的摩雪霉素 Mocimycin（Kirromycin）等。

（6）抗寄生虫大环内酯类 抗寄生虫大环内酯的基本结构是一个由 16 个原子组成的环状内酯，而抗菌大环内酯一般有含氧的杂环与大环内酯结合而成。抗寄生虫大环内酯没有抗菌活性，但具有驱肠虫（anthelmintic）、杀昆虫及杀螨虫活性。已知的这类抗生素为由 *S. hydroscopicus* 产生的密比霉素（Milbemycins）和由 *S. avermitilis* 产生的阿福霉素（Avermectins）。阿福霉素中的 B1 组分是生产依维菌素（Ivermectin）的前体，阿福霉素和依维菌素目前广泛用于农药和兽药，并正在往人用驱虫药的方向发展。

10.2.3.4 多肽类抗生素

链霉菌产生的多肽类抗生素一般通过硫模板多酶催化机理合成，它们的结构单元变化很大，而且在最初的链形成后还要经过各种修饰。由于结构的不同，它们的生物活性也有很大变化。有些多肽类抗生素具有重要的临床应用价值。

（1）抗肿瘤多肽（antitumor peptides） 这类多肽中，从 *S. antibioticus* 分离得到的放线菌素（Actinomycins）具有历史重要性，因为它是第一个从链霉菌分离得到的抗生素。其结构中含有噻吩嗪酮稠环发色基和两个环形肽。放线菌素 D 一直用于临床治疗肿瘤。另一种多肽博莱霉素（Bleomycin）从 *S. verticillus* 发酵得到，有复杂糖基化的线性肽链，还含有杂环基团，用于治疗淋巴肿瘤和皮肤癌。

（2）糖肽类（glycopeptides or dalbaheptides） 抗生素有一个含 7 个氨基酸组成的多环核，其芳香残基形成了一个三苯醚和一个二苯基团，糖基可以接在环上的不同位置。这类抗生素中的阿沃菌素 Avoparcin 由 *S. Candidus* 产生，用于饲料添加剂，有促进动物生长的作用；万古霉素 Vancomycin 是一种重要的临床用广谱抗生素，从 *S. orientalis* 发酵得到，现在该菌种已经重新分类为 *Amycolatopsis orientalis*；游壁菌素（替考拉宁）Teicoplanin 则是 *Actinoplanes* 的代谢产物，也已开始应用于临床。

（3）β-内酰胺（β-Lactams） 类抗生素这类抗生素主要由低等真菌生产，但是有些链霉菌也能生产，如 *S. lipmanii* 能够产生青霉素 N 和 7-甲氧基头孢菌素 C；在 3 位取代的甲氧基头孢菌素（Cephamycin）则由 *S. clavuligerus* 产生。这些都是半合成抗生素的前体。碳青霉烯（Carpapenems）也有一个 β-内酰胺结构，但它不是从三肽衍生的，其内酰胺环由不含硫原子的五元环组成，其中最重要的是噻烯霉素（Thienamycin），是合成具有广谱抗菌活性的亚胺青霉烯（Imipenem）的前体，从 *S. cattleya* 发酵获得。棒酸（Clavulanic acid）的环上含有氧原子，首先是从 *S. clavulgerus* 分离得到的，棒酸本身几乎没有抗菌活性，但与其他抗生素结合使用时具有抑制细菌 β-内酰胺酶的作用。

（4）肽酶抑制剂（peptidase inhibitors）和免疫调节剂（immunomodifier） 由于Umezawa实验室的出色工作，从链霉菌中分离出了一系列的蛋白酶抑制剂。亮抑蛋白酶肽Leupeptin和β-MAPI分别是末端的羧基已经还原为醛基的三肽和四肽，是丝氨酸蛋白酶的抑制剂。有些抑制剂能与细胞表面上的蛋白酶作用，具有免疫强化作用。如佳制霉素Bestatin是一种由*S. olivoreticili*产生的二肽，在白血病和黑色素瘤的治疗中正在进行临床试验。用于农业和饲养业的多肽类抗生素有维吉尼亚霉素S和M_1（Virginiamycin S & M_1），前者是一个环六肽，后者则具有肽内酯结构。另一种作为饲料添加剂的硫链丝菌肽（Thiostrepton）分子结构中有多个噻唑和杂环基团。在基因工程和分子生物学中常用作硫链丝菌肽抗性标记。由*S. viridochromogenes*分离得到的Bialaphose是一个含两个丙氨酸分子和磷丝菌素（phosphinotricin）的三肽类似物，其结构中的磷丝菌素部分能抑制谷氨酰胺合成酶，因此具有抗菌和杀虫活性。

10.2.3.5 核苷类抗生素

已经从链霉菌分离得到的核苷类抗生素有200多种，它们的活性和作用方式各不相同，只有少数已应用于农业上。如杀稻瘟素（Blasticidin）S可以防止水稻稻瘟病的发生，由*S. griseochromogenes*产生；多氧菌素（Polyoxins）对植物病原体具有广谱抗真菌功能，由*S. cacaoi*产生。

不属于以上类型但由链霉菌生产的其他重要抗生素及生物活性物质还有：氯霉素（Chloramphenicol），属于芳香胺-醇化合物，是少数几种含硝基的天然化合物之一。氯霉素具有广谱抗菌活性，特别是对革兰阴性菌的抗菌效果更好，由*S. venezuelae*产生。林可霉素（Lincomycin）分子由一个脯氨酸衍生物与一个改性的糖分子结合而成，其生物活性与红霉素类似，由*S. lincolnesis*发酵生产。新生霉素（Novobiocin）的分子结构很复杂，含有一个香豆素、一个糖基和一个苯甲酸衍生物，临床上用作抗葡萄球菌，但主要用于兽药。新生霉素由*S. niveus*生产。磷霉素（Posfomycin）是肽葡聚糖合成的抑制剂，对革兰阳性和阴性菌都有抗菌活性，有好几种链霉菌都能用于生产磷霉素，典型的有*S. fradiae*。FK506的分子结构中含有一个23元的内脂环，结构复杂，是一种免疫抑制剂，由*S. tsukubaensis*产生。米多霉素（mildiomycin）是1978年由日本的Takashi Iwasa等人从一株龟裂链轮丝菌（*Streptoverticillium rimofaciens* B-98891）的次级代谢产物中分离得到的一种新型核苷类抗生素，属于抗真菌类抗生素，对白粉菌有强烈的抑制或杀灭作用，而且对人类及鱼类的毒性很小，已经商品化生产。

10.2.4 其他放线菌生产的抗生素

其他对抗生素生产有重要意义的放线菌有：诺卡菌形放线菌（*Nocardioform Actinomycetes*）、游动放线菌（*Actinoplanetes*）及足分枝菌（*Maduromycetes*）。

10.2.4.1 诺卡菌形放线菌

诺卡菌形放线菌中最重要的是诺卡菌（*Nocardia*）。它既有营养菌丝、又有气生菌丝，有时不发育的菌丝还会断裂成不会运动的碎片，进一步形成不运动的孢子链。这是一种中温菌，在简单培养基中就能够生长，但生长速度慢，分裂时间要5h，能够利用长链脂肪烃及气态烃作为碳源。诺卡菌生产的最重要的抗生素有：利福霉素（Rifamycins）、万古霉素（Vancomycin）及瑞斯托菌素（Ristocetin）。另外一些由诺卡菌生产的抗生素包括：诺卡杀菌素（Nocardicins，*S. uniformis*），这是一种单环内酰胺抗生素；间型霉素（Formycin）和助间型霉素（Coformycin），两者都是核苷类抗生素，由*N. interforma*生产。后者虽然没有抗菌活性，但对腺苷脱氨酶有抑制作用，类似的还有2-脱氧助间型霉素（2-deoxycoformycin，*S. antibioticus*）。

拟无分枝酸菌（*Amycolatopsis*）属于诺卡菌形放线菌。这些菌本来也分类为诺卡菌，但由于它们的细胞膜不含支链脂肪酸而被重新分类。有许多拟无分枝酸菌能合成糖肽类抗生素，如万古霉素（*A. orientalis*）和瑞斯托菌素（*A. orientalis subsp. Lurida*）。也能产生 Elfamycin 和胞壁菌素（Muraceins），胞壁菌素是血管紧张肽转化酶（Angiotensin-converting enzyme）的抑制剂，是胞壁酰的肽衍生物。*A. mediterranei* 也是利福霉素的重要生产菌种，它的基因图谱已经经过了细致的研究，因此常用于基因工程的宿主细胞。

糖多孢菌（*Saccharopolyspora*）也属于诺卡菌形放线菌，它们的营养菌丝容易断裂，细胞壁的组成含有阿拉伯糖、乳糖和内消旋二氨基庚二酸。这一属微生物只有两个种，其中 *S. erythrea* 是生产红霉素的优良菌种。

10.2.4.2 游动放线菌

游动放线菌因形成包在孢子囊中的游动孢子而命名，属于革兰阳性菌，好氧生长，属中温菌，最适温度 20～30℃、pH7.0。能长成有分枝和分隔的菌丝，气生菌丝则非常少见。细胞壁的肽葡聚糖中含有内消旋二氨基庚二酸或 3-羟基二氨基庚二酸和甘氨酸。游动放线菌的菌斑比较小，说明生长缓慢，菌斑呈黄色，也有棕色、蓝色及红色等颜色的菌斑。

从游动放线菌分离的抗生素有 120 余种，包括氨基酸衍生物、聚烯、核苷及氯代杂环化合物等种类。游壁菌素（Teicoplanin，*A. teichomyceticus*）属于脂糖肽类抗生素，用于治疗革兰阳性菌感染；Ramoplanin 是一种大环肽类抗生素，环上有多个糖和脂肪酸取代基，具有临床应用的前景。由 *Actinoplanes SE* 50 菌株产生的一种四聚假糖是糖化酶的抑制剂，已经用于治疗代谢紊乱疾病，商品名为 Acarbose。

指孢囊菌（*Dactylosporangium*）也属于游动放线菌，因指状的孢子囊而得名，每根营养菌丝上有 3～4 个运动孢子。从指孢囊菌分离得到的抗生素有 30 种左右，其中属于氨基环多醇类的有：紫素霉素（Sisomicin，*D. thailandense*）、*N*-甲酰基紫素霉素（*N*-Formylsisomicin，*D. thailandense*）、指孢囊霉素（Dactimicin，*D. matsuzakiense*）、抗分枝杆菌的多肽类卷曲霉素（Capreomycin，*D. variesporum*）及聚烯类的尼日菌素（Nigericin，*D. aurantiacum*）等。

另一类游动放线菌是小单胞菌（*Micromonospora*），其菌落与游动放线菌类似，并有同样的橘黄色，但小单胞菌不形成孢子囊，而是在子实体中。从小单胞菌分离得到的抗生素有 300 多种，其覆盖范围几乎与放线菌一样广，抗生素的品种也类似，如庆大霉素（*M. purpurea*，*M. echinospora*）、健霉素（Fortimicin，*M. olivoasterospora*）；大环内酯类的蔷薇霉素（Rosamicin，*M. rosaria*）、霉素霉素（mycinamicins，*M. griseorubida*）及闰年霉素（Lipiarmycin，*M. echinospora*）等；另外还有利福霉素及多糖类的扁枝衣霉素（Everninomycin，*M. carbonacea*）等。

10.2.4.3 足分枝菌

足分枝菌（*Maduromycetes*）是一类性质差别很大的放线菌，带有气生菌丝的营养菌丝分化时形成短链孢子或者孢子囊，孢子有些能运动，有些则不能。整细胞水解后可以检测到马杜拉糖，细胞壁含有内消旋二氨基庚二酸。属于足分枝菌的马杜拉放线菌的孢子链比链霉菌短，孢子直径要超过菌丝，生长周期长达 14～15d。马杜拉放线菌产生的抗生素有 250 种以上，最常见的是离子型聚醚，如马杜拉霉素（Madurimicin，*A. yumaensis*）和阳离子霉素（Cationomycin，*A. azurea*）。此外，经常可以在足分枝菌分离得到蒽环类的抗肿瘤抗生素，如洋红霉素（Carminomycin，*A. roseoviolacea*）、A-40926（*Actinomadura ATCC* 39727）和血管紧张肽转化酶抑制剂 I-5 B（*A. spiculosoapora*）。

10.2.5 黏细菌

黏细菌（Myxobacteria）是一类能滑动的革兰阴性杆菌，在饥饿条件下会形成称之为孢子果的复杂结构，成千上万个细胞聚集在一起，内中的营养细胞处于休眠期，并转化为黏孢子。黏细菌广泛分布于土壤、腐烂的植物和素食动物的粪便中。

20世纪70年代开始，对黏细菌进行了普遍的筛选以期获得新的抗生素生产菌。人们发现，黏细菌次级代谢产物中抗菌活性物质的检出率非常高，而且许多都是新发现的抗生素。如纤维素堆囊菌（*Sorangium cellulosum*）产生的大环内酯类抗生素堆囊菌素（Sorangicin）、*M. coralloides* 产生的珊瑚黏菌素（Corallopyronin）等。具有抗真菌能力的琥苍菌素（Ambruticin）也是由纤维素堆囊菌产生的。

10.2.6 曲霉

曲霉（*Aspergillus*）主要用于有机酸和酶制剂的生产。由曲霉生产的最重要的次级代谢产物是洛伐他汀（Lovastatin），由 *A. terreus* 生产，它的功能是抑制胆固醇生物合成途径中的第一个酶（甲基羟基谷氨酸还原酶）的活性，从而达到降低胆固醇的目的。洛伐他汀及其半合成产物新伐他汀已经成了医治心血管疾病的常用药。

曲霉中，*A. nidulans* 虽然能够产生青霉素，但活力不高，不能用于工业生产。*A. alliaceus* 能产生葱曲霉素（Asperlicin），这是一种非肽类的氨基酸衍生物，是一种正在研究中的缩胆囊肽的拮抗物。从 *A. oryzae* 和其他霉菌中分离的小肽 Aspergillomarasmine 对血管紧张肽转化酶有一定的生物活性。从 *A. nidulans* 或 *A. rugulosus* 分离得到的脂肽棘白菌素（Echinocandins）具有抗霉菌活性，其中 Echinocandin B 经化学改性后得到的 Cilofungin 抗霉菌剂有较好的临床应用前景。

10.2.7 青霉

Penicillium 来源于拉丁文 *Penicillus*，意义为小刷子，形象地说明了青霉菌（*Penicillum*）的形态特征：分叉的菌丝上长着许多的分生孢子。大多数青霉属于腐生菌，广泛生存于土壤和腐败的水果和蔬菜中。

人类第一个工业化生产的抗生素青霉素是由青霉属中的 *Penicillium notatum* 中发现的，至今青霉素及其半合成抗生素仍是产量最大、用途最广的抗生素，因此青霉在抗生素工业中具有特别重要的地位。

1928年9月在伦敦圣玛利医院工作的 Alexander Fleming 医生在分离金黄色葡萄球菌时，发现其中一个平板受到了污染，在污染菌斑附近，其他细菌不能生长。一般情况下，这种受污染的平板立即就会被丢掉，但 Fleming 却没有这样做，而是对这一现象进行了深入研究，最终导致了具有强大抗菌作用的抗生素——青霉素的发现。但是 Fleming 重要的发现当时并未受到重视，被搁置了十几年。第二次世界大战为青霉素的工业化提供了机会。牛津大学的 Howard Flory 和 Ernst Chain 重新对青霉素进行了研究并获得了一定数量的青霉素，他们将青霉素用于一位血液受到感染的病人，病情出现了明显的好转迹象。令人遗憾的是宝贵的青霉素用完了，病人最后还是没有治愈。二战的发展使青霉素的研究工作不得不从英国转移到了美国，在美国战时生产局的领导下，许多政府部门和制药公司共同协作，终于实现了青霉素的工业化生产。到二战末，已经具备了生产每年治疗十万个病人的青霉素生产能力。今天，青霉素仍然是主要的抗生素品种之一，而且以它为基础，开发出了一系列更有效、毒性更低的半合成抗生素品种，为人类的健康作出了重要的贡献。青霉素的发酵水平也从刚开始时的0.001g/L提高到了目前超过50g/L，这一成就是微生物学家和生物化工工程师多年辛勤研究和共同合作的成果。

青霉属中分离得到的其他抗生素不多，比较重要的是由 *A. janczewskii* 和

P. griseofulvin 生产的七肽类化合物灰黄霉素，临床用于外用抗霉菌剂。

10.2.8 生产抗生素和次级代谢产物的其他微生物

除了上面讨论的能够生产抗生素的主要微生物种属外，其他微生物也能够产生一些重要的抗生素。在细菌中，从葡萄糖杆菌 *Gluconobacter* SQ26445 分离得到了磺胺净素（Sulfazecin），属于磺酰基单环 β-内酰胺类抗生素。以后发现农杆菌（*Agrobacterium*）、色杆菌（*Chromobacterium*）、纤维黏细菌（*Cytophage*）和曲挠杆菌（*Flexibacter*）的一些种也能产生磺胺净素。黄杆菌（*Flavobacterium*）和黄单胞菌（*Zanthomonas*）的某些菌株则能够产生头孢菌素 C。

霉菌中的头孢霉（*Cephalosporium chrysogenum*）是最重要的头孢类抗生素生产菌种。头孢霉在分类学上有一些不同看法，它们的共同特点是分生孢子的结构简单，在一小部分分生孢子的顶上有一个单茎或分枝很少的茎，其菌丝分化形成节孢子。*Cephalosporium chrysogenum* 的营养要求与青霉类似，一些糖类、甲基油酸或甘油都能作为碳源，无机氮、氨基酸或复合的多肽作为氮源。除头孢类抗生素外，*Cephalosporium* 生产的其他重要抗生素都属于聚酮类或萜类化合物，如六酮类的浅蓝菌素 Cerulenin（*C. caerulens*）是脂肪酸生物合成的抑制剂；梭链孢酸（Fusidic acid，*Acremonium fusidioides*）则是抗葡萄球菌剂。

木霉属的 *Trichoderma inflatum* 是环孢 A 的生产菌，环孢 A 具有抗霉菌活性，更重要的用途是作为器官移植的免疫抑制剂。

10.3 新抗生素生产菌种的筛选

微生物的次级代谢产物是发现新抗生素和其他生物活性物质的巨大宝库。许多国家和大制药公司都投入了大量的人力和物力从事这项工作，发现了数以万计的新化合物，从中进一步筛选出了具有临床应用价值的抗生素和生物活性物质等，其中许多产物已经形成了知识产权，在创造了巨大经济利益的同时，也为人类的健康和工农业生产的发展作出了贡献。今天，虽然基因工程和组合化学的发展为新药的开发提供了新的思路和方法，但是持之以恒地对各种微生物的次级代谢产物进行分析鉴别，从中发现新的化合物、筛选出新的抗生素仍然具有重要意义。

10.3.1 抗生素的基本筛选方法

自从发现青霉素后，各国科学家已经对发现新抗生素建立了一套比较系统的方法，可以在短时间内从微生物的次级代谢产物中发现数以千计的活性分子，从中又能够进一步筛选出几个具有临床应用价值的抗生素。这种筛选方法最初是由美国 Rutgers 大学的 Waksman 教授于 1940 年建立起来的，至今仍然被工业界和学术界广泛采用。

在上一节中我们已经介绍了许多抗生素生产菌都是来自于有机物在自然界的循环过程，因此筛选的第一步是收集各种环境条件下的土壤和腐败植物样品，从中进行筛选。最常用的筛选过程包括如下步骤：①将土壤样品加水后充分搅拌或震荡；②离心取上清液并稀释后涂在事先准备好的琼脂平板上；③在平板上挑选一些菌落接种于液体培养基进行培养；④吸取培养液检验其抗菌或其他生物活性。

当某一菌落的生物活性得到确证后，就必须将生物活性物质进行分离和部分提纯，以确定该物质是否具有新颖性，并进行一系列初步的生物试验以评价其应用前景。这一步骤的关键是要避免与前人工作的重复。一般而言，培养液中生物活性物质的浓度很低，而且存在许多结构类似物，若要完全将它们分别予以提纯将需要消耗大量的人力和物力。因此对代谢产物的提纯要适度，粗产物的纯度应该在 5%～10%以上。在分离前应该确定活性物质是在发酵液中还是菌体中。

确定活性物质的新颖性是筛选工作的重点，为此要对活性物质进行一系列的生物学性质和物理化学性质检验。主要的生物学性质有：①对活性物质的抗菌谱进行评价，包括交叉抗菌谱，血清、pH、接种量及离子等因素对抗菌谱的影响；②活性物质对实验动物的影响，特别是对已受到感染的动物鼠的 ED_{50}（50%有效剂量）和 LD_{50}（50%致死剂量）的测定，除了确定其绝对值外，有效剂量和致死剂量的相对比值具有更重要的意义，因为经初步提纯的活性物质中，虽然纯度不高，但如果活性物质只有一种，该比值就与样品的纯度无关；③如果产物是某一特定代谢途经中某一种酶的抑制剂，鉴别其新颖性就比较容易，因为需要比较的对象只是具有同样功能的数量有限的几种化合物，当然也要注意该化合物是否在过去已经根据它的其他活性而被分离、鉴别过。

由于产物只经过初步的分离提纯，还不可能进行纯物质物性的测定，如熔点、红外及 NMR 谱等，但是可以进行紫外和可见光谱的测量，从中可以获得许多有用的信息。样品虽然不纯，但活性物质的含量往往是最多的，因此利用质谱可以测定其正确的分子量，这对于新颖性的鉴别非常有用。在各种溶剂系统中进行纸层析和薄层层析能获得该物质的酸碱性、亲水或亲脂性等性质，斑点的迁移值可以用来与已知数据比较。现代 HPLC 技术既可以用于分离也可以鉴定有关物质，如：毛细管色谱可以达到很高的理论板数，因此有很好的分离效果。从紫外扫描得到的谱图可以与已知谱图比较以确定其新颖性，半制备色谱能提供一定数量的纯物质供进一步的生物活性鉴定。

为了确定新发现的生物活性物质是否具有新颖性，需要建立一个所有已知抗生素的数据库，如 Bioactive Natural Product Database（BNPD）。如果确实发现了一个具有特殊结构又具有特殊生物活性的新化合物，就需要将它提纯并精确测定其物理化学性质和化学结构。与此同时，可以考虑申请专利以保护知识产权。

10.3.2 提高筛选效率

发现新的微生物是发现新抗生素的基础。经过 20 世纪 40 年代和 50 年代大规模的抗生素生产菌筛选以后，人们发现要筛选得到新的抗生素已经变得越来越难了，筛选得到的活性物质与以前已经发现的抗生素相同的频率越来越高。为了解决这一问题，人们一方面采取了从不同的地域和生态环境的土壤样品中进行筛选的方法，如：从海洋沉积物、特殊气候条件地区的土样或特殊土壤成分的土样等；另一方面则采用了一些特殊的筛选方法从普通的土样中筛选出新的微生物及新的抗生素。事实证明，后一种方法也取得了许多意想不到的成果。

10.3.2.1 改进筛选方法

新筛选方法的目标是尽可能地提高某一类微生物的富集度。例如，如果要从土样中分离杆菌，可以首先将土样加热到 70℃或在 50%乙醇溶液中浸泡一小时。经过这种条件的处理，只有杆菌的孢子才能存活，这样就使杆菌的富集度大大提高。再与选择性培养基相结合，就能得到性能更特殊的微生物，如嗜酸菌或革兰阴性菌等。

对于除链霉菌以外的其他放线菌，一种很有用的筛选方法是先将土样在空气中干燥，然后加热到 100～120℃，并保温一小时。虽然这种方法的选择性不是很理想，但是能大大减少细菌和链霉菌的数量，结合应用选择性培养基往往能起到很好的筛选效果。如：利用含溶菌酶或土霉素的培养基能筛选到链轮丝菌（*Streptoverticillium*）；含脱甲基金霉素或甲烯土霉素的培养基则用于诺卡菌（*Nocardia*）的筛选；指孢囊菌（*Dactylosporangium*）会在含几丁质的培养基中选择性地生长等。

在筛选霉菌时，可以在培养基中加入四环素等抗生素以抑制细菌的生长，同时可选择在 20℃的温度下培养，在较低温度下，放线菌基本上不会生长。另外，生长在极端气候条件下及与高等生物共同生活的霉菌中筛选出新抗生素的概率也比较大。

近年来，抗生素产生菌的高通量筛选方法的发展很快，大大提高了筛选效率和发现新抗生素的概率。

10.3.2.2 改进抗生素生物活性的试验方法

除了改进微生物的筛选技术外，发展新的生物活性试验方法对于提高新抗生素的筛选效率也非常重要。

(1) 抗细菌剂的筛选　对于抗细菌剂的筛选，可以采用两种策略。一种是以获得新化合物为目标，可以应用与传统概念不同的方法进行试验。传统筛选方法往往根据是否能杀死或抑制金黄色葡萄球菌 *S. aureus* 和枯草芽孢杆菌 *B. subtilis* 的生长来试验抗生素的抗性。因为对这两种细菌有抗性的物质已被广泛研究，取而代之的是筛选对其他细菌，如梭状芽孢杆菌（*Clostridium*）等有抗性的物质，黄色霉素 Kirromycin 就是这样筛选得到的。又如：将传统的以是否抑制细菌的生长作为筛选目标，改变为根据是否抑制细菌的某些功能，如运动性或夹膜形成等作为目标进行筛选。另外也可以筛选那些具有特殊基团或结构的化合物，如含硝基、含氯的化合物，然后再测定其抗菌活性。另一种策略是以寻找已知抗生素的类似物为目标。一种比较简单的方法是将两种同基因菌株的发酵液活性进行比较，其中一个菌株是对所筛选的抗生素具有抗性的突变株，另一菌株则是对该类抗生素十分敏感而对其他抗生素不敏感的菌株。这种策略在筛选新的 β-内酰胺类抗生素时取得了成功，如诺卡杀菌素的发现就是用这种方法筛选成功的一个典型例子。

一个更先进而且有效的方法是根据事先确定的目标去筛选新的抗生素。例如，若目标是要筛选对细菌细胞膜的合成起抑制作用的新抗生素，就可以采用比较发酵液对正常金黄色葡萄球菌 *S. aureus* 和缺少细胞壁突变株的作用差别来确定其是否具有所需的活性；也可以利用细菌代谢途径中任意一个必需酶的抑制剂作为筛选目标，或者利用生物活性物质是否能与细菌中的特定受体形成复合物的方法进行筛选。

(2) 抗霉菌剂的筛选　抗霉菌生物活性物质的筛选比较困难，主要原因是霉菌是真核生物，与哺乳动物细胞的性质比较接近，许多具有杀霉菌功能的抗生素对人体也具有毒性。因此必须根据霉菌的特点进行筛选。例如霉菌的细胞壁含有大量的几丁质，而哺乳动物细胞则不含几丁质。虽然直接筛选霉菌细胞壁合成抑制剂的工作没有取得成功，但是以后采用了在无细胞体系中对几丁质合成酶的抑制剂进行筛选，却成功地筛选到了多氧菌素（Polyoxin）和三国霉素（Nikkomycin）这两种抗生素；另外通过对葡聚糖（霉菌细胞壁的另一种主要成分）合成酶抑制剂的筛选，发现了一种辣白霉素的衍生物，具有抑制霉菌生长的良好效果。麦角固醇也是霉菌细胞膜的特有成分，因此有人提出通过活性物质和麦角固醇的亲和性来筛选新抗生素。在霉菌的蛋白质合成系统中有一种必需的物质称为伸长因子 EF-3，该蛋白质的抑制剂已经显示出是一种新的、对人体无毒的抗生素。其他筛选抗霉菌的新抗生素的方法也引起了人们的重视，如天冬氨酸蛋白酶抑制剂等。

(3) 抗病毒抗生素的筛选　抗病毒抗生素的经典筛选方法基于是否能够抑制受病毒粒子感染的细胞单层上形成裂解噬菌斑。具体方法如下：将受新城（New castle）病病毒感染的鸡胚胎成纤维细胞悬浮液涂在琼脂平板上，上面覆盖一张浸渍了试验样品的滤纸，将平板进行培养并用中性红染色，如果细胞被染色，说明具有抗病毒活性。抗微生物病毒的抗生素也用类似的方法筛选，只是用细菌和 DNA 或 RNA 噬菌体作为试验体系。随着病毒酶的发现，现在已开始应用目标更明确的筛选方法。一个典型的例子是日本国立健康研究所筛选逆转录病毒的逆转录酶抑制剂时所采用的方法，他们利用 poly（dT）poly（A）共聚物作为模板，测定被鼠白血病病毒蛋白催化的 DNA 合成，用这种方法他们筛选得到了逆转录酶的抑制剂——制逆转录酶素 Revistin。在进行这类筛选工作时，需要注意的是必须避免体系中存在蛋白酶，否则会得到错误的信息，因此在试验前要加热到 100℃使蛋白酶失活。重组 DNA 技术的发展为将病毒蛋白克隆到细菌细胞并大量表达提供了方便，这对于抗病毒抗生素的筛选创造了有利条件。抗逆转录酶抑制剂、HIV 病毒蛋白酶抑制剂及病毒蛋白与细胞受体的竞争键合剂等都是筛选的目标。

(4) 抗肿瘤抗生素的筛选　抗肿瘤抗生素可以通过微生物评价的方法筛选，这些方法基本上都基于原噬菌体诱导方法以评价抗生素与 DNA 键合或干扰 DNA 合成的能力。通过观察在敏感细菌培养平板上裂解噬菌斑的形成，或基于受到原噬菌体启动子控制的细菌酶的诱导进行生化方法测量，都可以评价其抗肿瘤活性。另一类抗肿瘤抗生素属于辅酶或氨基酸的拮抗物，因此需要设计能检测抗代谢物活性的方法。最常用的抗肿瘤抗生素筛选方法是基于对肿瘤细胞的细胞毒性直接进行评价，通过直接观察抗生素对肿瘤细胞的生长抑制和死亡率的影响以确定其抗肿瘤效果。染色法、放射化学法等有助于大量样品的快速筛选。

(5) 其他抗生素的筛选　至于其他具有临床应用价值的次级代谢产物筛选，必须根据筛选的目标确定筛选的方法和程序。近年来，在筛选引起代谢紊乱的酶抑制剂、各种不同类型的配体和受体及细胞和细胞相互关系的调节剂等方面的研究进展很快，每年都有几十种新药面市，在心血管疾病、糖尿病及某些癌症的治疗中正在起着越来越大的作用。典型的有：免疫调节剂佳制霉素 Bestatin、免疫阻遏剂 FK506、引起炎症的弹性蛋白酶抑制剂 Elasinin 和 Elastinal、胰淀粉酶和蔗糖酶的抑制剂低聚糖 Acarbose、胆固醇生物合成抑制剂密实菌素 Compactin 和 Mevinolin。最近的新趋势是筛选能干扰控制细胞分裂的酶，如抑制酪氨酸激酶和蛋白激酶 C 的生物活性物质及激素的拮抗物，这些药物对于控制恶性肿瘤的发展和代谢紊乱型疾病的治疗有着良好的应用前景。

在早期的抗生素筛选工作中，一般不考虑抗原生动物的活性。以后，抗原生动物的抗生素引起了人们的重视，采用了以能够降低试验原生动物的运动性作为判断标准进行筛选的方法；抗昆虫活性的抗生素也可以用类似的方法筛选得到。近年来提出了采用生化试验方法进行筛选的新方法，筛选的原理是基于昆虫的几丁质含量很高，可以根据抗生素对几丁合成酶和几丁酶的抑制能力进行筛选。抗虫抗生素筛选的一个成功例子是 Merck 公司生产的阿福霉素 Avermectin，该抗生素首先由日本的 Kitasato 研究所分离得到，但由于它没有抗菌活性而得不到重视。Merck 公司的专家根据对受蠕虫感染鼠的体内试验，证实了它的抗寄生虫功能。作为除草剂的抗生素可以根据其对谷氨酰胺合成酶的抑制作用进行筛选，例如若某种发酵液能使 *B. subtilis* 在最低培养基中的生长受到抑制，而当加入谷氨酰胺后抑制消失，就可以判断该发酵液中可能含有具有除草功能的化合物，除草剂 Bialaphos 就是用这种方法筛选得到的。另外还可以根据是否能抑制纤维素生物合成进行筛选，例如若能对细胞壁中含纤维素的霉菌 *Phytophthora parasitica* 有抑制功能，就有希望筛选到具有除草功能的次级代谢产物。

总之，随着筛选技术的发展，新抗生素的筛选速度已经大大提高。由于生物化学的研究进展及人类基因组计划的接近完成，人们对疾病起因的认识已经提高到酶水平和基因水平，因此能够发现更科学的筛选基准，从而提高筛选的效率和抗生素类药物的治疗效果。可以预料，许多新的抗生素和次级代谢产物将被筛选出来，而且它们将具有更强的对症治疗功能、更低的副作用。

10.4 抗生素的生物合成机理

对抗生素生物合成机理的研究包括：细胞内将一种或几种初级代谢产物转化为最终次级代谢产物的反应顺序以及该反应系统的调节机制。本节将讨论反应顺序问题，而将调节放在下一节。

与抗生素品种的多样性不同，描述微生物合成次级代谢产物的生化反应却可以归纳为数目有限的若干条生物合成途径。论证生物合成途径的步骤一般包括：①确定构成最终产物分子的初级代谢产物“建筑构件”来源；②确定生物合成途径中的关键中间产物，通过该中间产物，就能够合理地推断反应顺序；③分离和鉴别催化每一反应的酶。在实际应用时，这三个步骤并不完全按上述次序进行，有时首先发现的是关键中间产物或关键酶。

10.4.1 研究抗生素生物合成途径的方法

10.4.1.1 示踪剂技术

为了确定构成最终产物分子的初级代谢产物“建筑构件”的来源，一种最有用的技术是应用放射性同位素标记的示踪剂。将具有放射性同位素^{14}C、^{3}H或^{13}C标记的抗生素生物合成前体物质加入生产该抗生素的微生物培养基中，最佳加入时间是微生物生长阶段的末期，当培养结束后，将抗生素分离、提纯，然后测定结合到抗生素分子中的同位素，从放射性同位素的计数就可以获得前体物质结合到抗生素分子的程度。在分析数据时应该注意两点：一是示踪物质虽然是抗生素合成的前体物质，但由于不能通过微生物的细胞壁吸收而得出不是前体物质的错误结论，事实上如果该物质能够进入细胞内就可以结合到抗生素分子中；二是在抗生素分子中虽然检测出了示踪物质，但示踪物质已经在细胞中通过其他代谢途径降解，真正结合到抗生素分子的是示踪物的降解产物。为了避免上述误差，可以采用双重标记的示踪物，如前体分子同时有^{14}C和^{3}H的标记。

在确定了抗生素分子中结合进去了某一前体物后，下一个任务是确定该前体在抗生素分子结构中的位置，这样就要将抗生素分子降解为一定的小片段，然后确定标记物在哪一个片段中，这是一个困难而又耗时的工作。一个比较有效的替代方法是用^{13}C标记的前体物。^{13}C在自然界的丰度有1.1%，表面看来似乎会干扰测定结果，但它的优点是能够合成^{13}C的含量高达99%的化合物，因此自然丰度的干扰可以忽略不计。将用^{13}C合成的前体加入培养基中进行抗生素发酵，得到的产物可以直接用核磁共振（NMR）谱峰的高度增加值判断抗生素分子的每个碳原子中^{13}C所占的分数。如能采用双重标记的前体物，则可以根据谱峰多重性的高分辨分析和偶合常数来判断两个原来相连的原子在经过复杂的代谢过程后是否还继续相连，或连接键虽然已经断裂但经不同的途径结合到了抗生素分子中。

如果不能确定合理的前体物，则可以采用放射性标记的更普通的底物分子，如葡萄糖或甘油，同时结合中间代谢产物的确定，也能对研究抗生素代谢途径提供有用的信息。此外，用氘标记的前体物产生的抗生素用NMR谱进行研究也很有用，氘在质子共振谱中不出现谱峰，很容易鉴别。

10.4.1.2 利用阻断突变技术确定中间代谢产物

将抗生素生产菌经诱变处理后筛选出失去生产能力的突变株，如果生产能力的丧失是一次突变的结果，往往意味着抗生素生物合成途径中的某一种酶已经失活，这样的突变株称为阻断突变株。由于酶失活，使生物合成不能继续，中间代谢产物就会积累并被分离提纯。关键问题是要确认它的确是抗生素合成的中间代谢产物，为此也必须借助于放射性标记技术。在培养阻断突变株的培养基中加入放射性标记的前体，就可以得到有放射性标记的中间代谢产物，然后将它加到抗生素生产菌种的培养基中，如果结合到抗生素分子中的带有放射性标记中间产物的比例很高，就可以证明该物质是抗生素代谢途径的中间产物。另外一种方法是在不加营养物质的悬浮细胞培养时，如果加入了中间产物后能够提高抗生素产量，也可以间接证明该物质确实是中间代谢产物。

那么，怎样确定突变株只经过一次突变呢？如果将两个突变株放在一个摇瓶中进行混合培养并与它们的单独培养进行比较，如果其中的一个突变株单独培养时不产中间代谢产物而混合培养时能检测到，则说明该菌株可能经历了两次突变；而一起培养的另一菌株则具有积累中间代谢产物的能力，从而证明它只经历了一次突变。如果混合培养时一个突变株产生的中间代谢产物被另一个突变株消耗，则可以通过将其中一个突变株单独培养的培养液加到另一突变株的培养液，看该突变株是否能恢复抗生素生产，如果是的话，就可证实后者具有积累中间代谢产物的能力。

10.4.1.3 酶的鉴别

一般来说，通过示踪剂技术和代谢中间产物的鉴别足以确定抗生素的生物合成途径，但是只有证实微生物中确实存在催化这些反应的酶时，研究工作才能算完成。酶的鉴别可以采用一般的生物化学方法，需要先将酶分离提纯，在无细胞体系中研究酶的催化活性和酶学性质。如果微生物产生的是一组结构类似的抗生素，则有必要搞清楚不同代谢产物的前体——产物关系。

随着基因重组技术的进展，不需要任何有关酶的知识就可以确定合成抗生素的基因。因为基因序列的确定比蛋白质中氨基酸序列的测定要容易得多，因此从基因序列及已知的初级和次级代谢产物基因的基础上，可以确定酶的结构和性质。

10.4.2 抗生素生物合成反应和途径

虽然抗生素的分子结构要比初级代谢产物复杂得多，而且有些抗生素分子中还含有初级代谢产物所没有的基团，如氯或硝基基团，但是在初级和次级代谢产物的生物合成之间却存在着紧密的联系。催化特殊次级代谢产物合成反应的酶可以从那些普通代谢途径的酶演化而来。即使是能催化生物分子氯代反应的酶也与催化普通反应的酶密切相关。例如催化氯霉素合成途径中氯代反应的酶是血红素蛋白，具有溴过氧化物酶和催化酶的活性，与从 *Micrococcus luteus* 获得的细菌催化酶具有许多共同的性质。

抗生素生物合成反应一般可根据形成抗生素的初级代谢产物进行分类，例如从糖、氨基酸、乙酸或核苷酸等合成的抗生素。这种方法虽然实用，但不够科学，因为从同样的起始物质可以发生互相间没有关系的一系列反应，最后获得不同的抗生素，而且许多抗生素是由各种初级代谢产物所形成的中间产物组成的，事实上很难区分哪一个初级代谢产物是主要的。一种更合理的分类方法是既考虑开始合成的分子，又根据初级代谢的经典生化途径对抗生素的合成反应进行分类。主要的有以下三类反应。

10.4.2.1 类型Ⅰ反应：初级代谢产物转化为生物合成的中间产物

这类反应与初级代谢产物本身的代谢途径有关，如氨基酸的合成和分解、核苷酸代谢、糖转化及辅酶合成等。所获得生物合成中间产物的功能是：①通过进一步的修饰从单一初级代谢产物合成抗生素；②与其他中间产物缩合形成复杂分子，合成方法与某些辅酶（如叶酸、辅酶 A 或醌蛋白的辅基等）合成类似；③通过类型Ⅱ反应与几个类似的代谢物缩合。

(1) 与氨基酸代谢有关的反应　缩酚酸肽类抗生素的羟基和酮酸取代基来源于几种氨基酸的转氨反应，得到相应的酮酸，然后再经过氧化脱羧反应产生碳链缩短了一个碳原子的羧酸。离子载体缬氨霉素（Ionophore valinomycin）和蒽镰霉素 B（Enniantin B）的 α-酮基 β-异缬草酸基反应和吡啶霉素的 α-酮基 β-甲基缬草酸基反应就属于这一类。从色氨酸开始，通过类似的一系列反应可以得到咔唑霉素（Carbazomycin）A 和 B 的吲哚环。苏氨酸通过氨基丙酮和酮丙醇路线代谢为乳酸，缬氨霉素的乳酸基团就来源于此。多肽类抗生素宜他霉素（Etamycin）分子中的 3-羟基吡啶甲酸则是赖氨酸分解代谢生成乙酰乙酸的中间产物哌啶-2-羧酸的脱氢产物。

在次级代谢产物的合成途径中，第一个反应往往是氨基酸的 β-羟基化反应，这在初级代谢反应中只见于有机酸，典型例子有：①*p*-羟基苯甘氨酸的合成，这是所有 dalbaheptide 抗生素和诺卡杀菌素的一个组成部分，是从酪氨酸*β*-羟基化或经一系列的反应得到的，见图 10.4.1；②链丝菌素 F(Streptothricin F) 的 Streptolidine 结构是精氨酸经*β*-羟基化再氧化为*β*-酮精氨酸后成环得到的多环衍生物，反应历程见图 10.4.2；③*p*-氨基苯丙氨酸的*β*-羟基化是氯霉素生物合成的第一步反应，见图 10.4.3；④*β*-羟基亮氨酸是远霉素（Telomycin）和亮可他汀（Leucostatins）的结构成分。事实上，其他抗生素生物合成的第一步也可以用*β*-羟基化解释，只是细胞很难吸收外源性的*β*-羟基化氨基酸，因而难以通过实验方法证实。

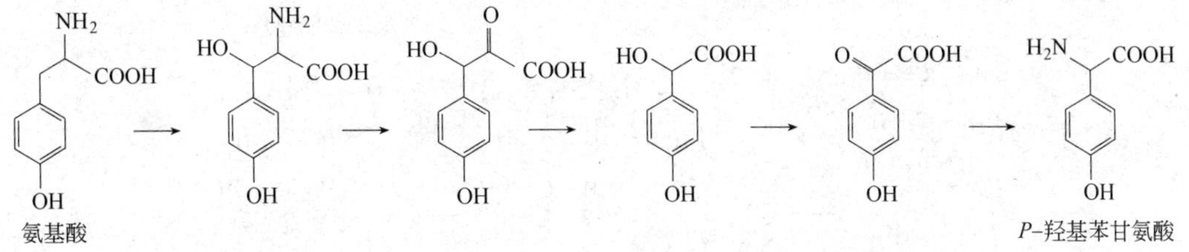

氨基酸

P-羟基苯甘氨酸

图 10.4.1 从酪氨酸合成 *P*-羟基苯甘氨酸的代谢途径

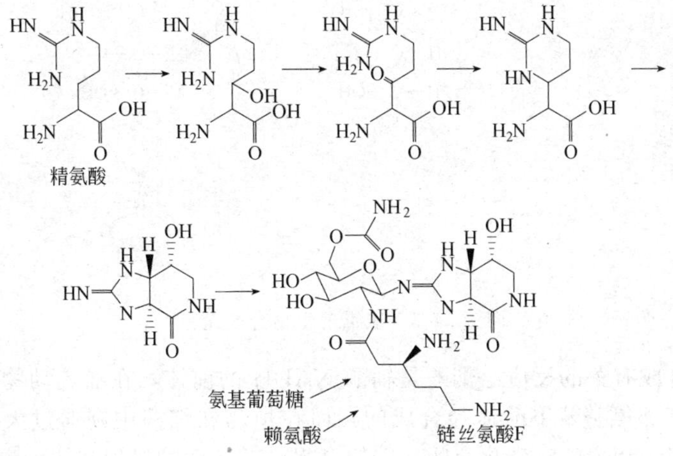

精氨酸

氨基葡萄糖

赖氨酸

链丝氨酸F

图 10.4.2 链丝氨酸合成的代谢途径

另外，在黑色素（Melanin）的生物合成途径中，酪氨酸的芳香环上羟基化生成二羟基苯丙氨酸，随后将氮结合到环上形成吡咯环。林可霉素和恩霉素分子结构中的烷基脯氨酸则是按图 10.4.4 的途径从酪氨酸反应得到的，吡咯烷环是从丙氨酰链环化而成，而芳香环开环降解后形成了脂肪烃侧链。

(2) 与核苷酸代谢有关的反应　一个有趣的现象是：脱氧核苷抗生素 PA 399（5,6-二氢-5-氮胸苷）的生物合成与嘧啶类核苷酸的合成平行进行。从氨甲酰基和乙醛酸尿素缩合开始，其后续反应，如核糖基化、脱羧等反应都与嘧啶的合成类似。

核糖核苷通过还原反应转化为脱氧核糖核苷，催化该反应的是核糖核苷还原酶，反应位点是 2′位的羟基。抗生素 Cordicepin（3′-脱氧腺苷）的合成只是对上述过程略有改变而已，反应位点在 3′位的羟基，还原机理与 2′脱氧核糖核苷形成机理十分类似。

微生物也能通过补救（salvage）途径合成核苷，通过外源嘌呤或嘧啶的核糖基化实现。狭霉素 C（Psicofuranine）就是通过类似的反应，由腺苷与阿洛酮糖的糖基化反应生物合成的。

上述现象表明许多抗生素的合成途径都与核苷酸代谢存在着密切的关系。

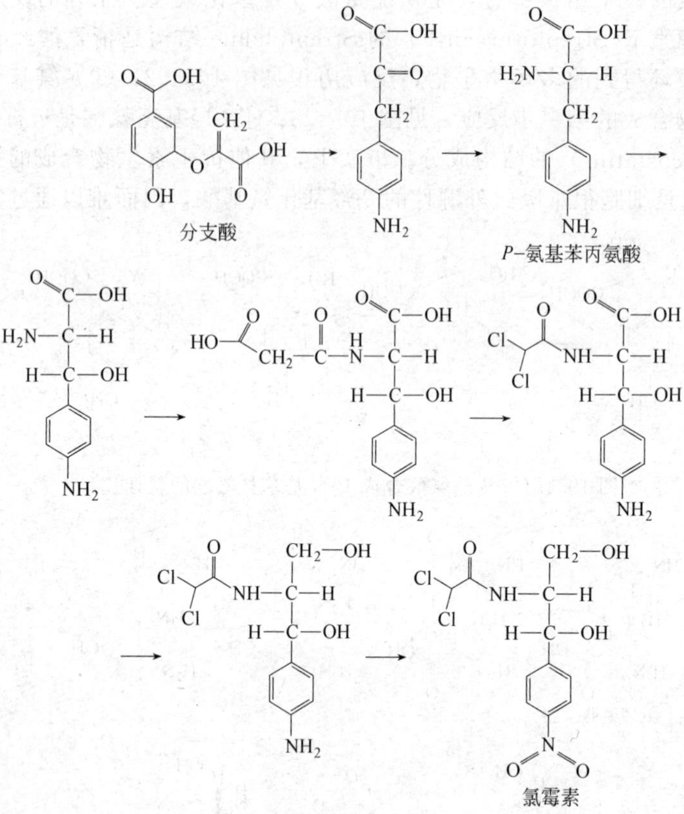

分支酸

P-氨基苯丙氨酸

氯霉素

图 10.4.3 氯霉素生物合成途径

(3) 与辅酶合成有关的反应 烟酸是辅酶 NADH 的前体，在哺乳动物和链孢霉中是由色氨酸通过 3-羟基邻氨基苯甲酸途径合成的，而在植物和细菌中则通过天冬氨酸和三碳单元（甘油或与其密切相关的三碳化合物）的缩合得到。这两种机理在抗生素前体合成中都能看到。在多肽类抗生素吡啶霉素中有两个嘧啶环就是由天冬氨酸和甘油醛缩合而成的；放线菌素和恩霉素的前体 3-羟基-4-甲基-邻氨基苯甲酸则从色氨酸经 3-羟基犬尿氨酸（链孢霉中合成烟酸的另一中间产物）途径合成，见图 10.4.5。

蝶啶（Pteridine）是核黄素和叶酸的前体，由三磷酸鸟苷合成，生物合成的第一个反应是除去 GTP 中的 C-8，形成甲酸。该反应由 GTP-环化水解酶Ⅰ和Ⅱ催化。在抗生素杀结核菌素（Tubercidin）、东洋霉素（Toyocamycin）和桑霉素（Sangivamycin）的结构中都有一个核糖基吡咯嘧啶环，它的嘧啶部分都来自于 ATP，生物合成的第一个反应是在 GTP-8-甲酰羧化酶的催化下除去 C-8；吡咯环上的碳原子来自核糖，生物合成途径与叶酸合成平行，核糖用于构成蝶啶环。其中东洋霉素的生物合成途径见图 10.4.6。

(4) 糖转化 在抗生素分子结构中，经常可以见到各种糖结构单元，低聚糖和氨基环多醇类抗生素更是完全由糖的衍生物所构成。这些糖单元中，有些是非常常见的，如氨基葡萄糖及甘露糖等，有些则只能在次级代谢产物中才能看到，具有特殊结构，生物合成的途径与 O-抗原合成类似。

许多实验事实已经证明抗生素中的糖单元一般直接从葡萄糖或其他常见的糖类转化而来，不发生碳原子的重排。在初级代谢中，糖的相互转化一般发生在其端部碳原子形成二磷酸核苷

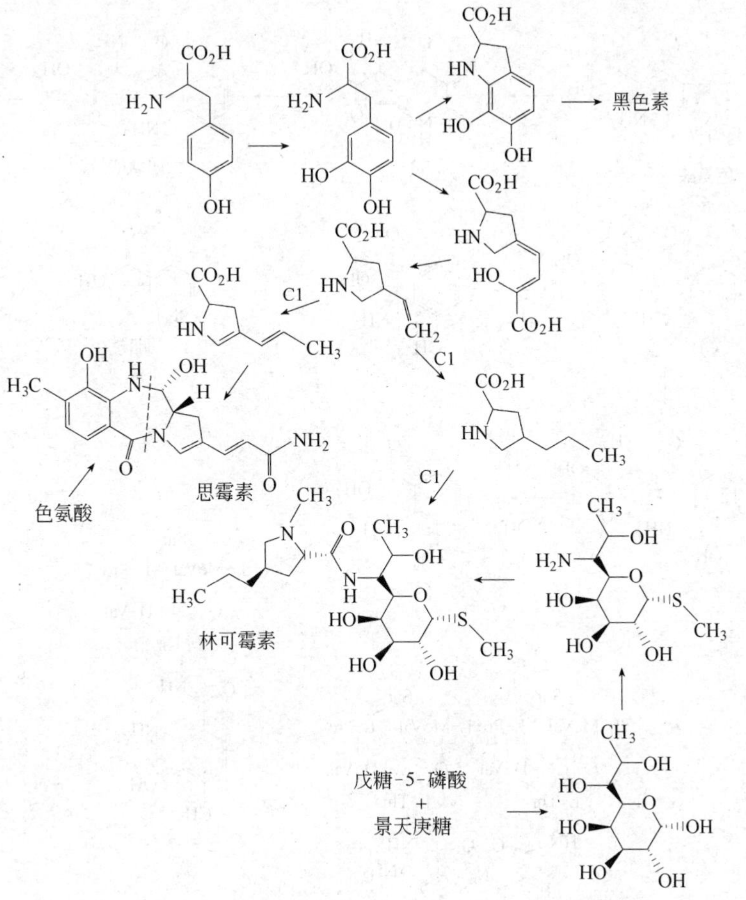

图 10.4.4 林可霉素和组成恩霉素的烷基脱氢脯氨酸的生物合成

酯而活化后，在抗生素的糖苷合成中有时也能观察到这种现象，下面是一些具体例子。

碳霉糖（Mycarose）是存在于泰乐霉素和大环内酯类抗生素中的一种脱氧糖，其生物合成途径中的两种酶已经鉴别，其中第一种酶脱水酶将脱氧胸苷二磷酸（dTDP）-葡萄糖转化为 dTDP-4-酮-6-脱氧葡萄糖；第二种酶差向异构酶进一步将其转化为 dTDP-4-酮-L-鼠李糖，但以后的合成途经尚不清楚，图 10.4.7 显示了碳霉糖的合成途径。链霉糖是链霉素的结构单元，其合成途径的头两步反应与碳霉糖一样，然后 dTDP-4-酮-L-鼠李糖被重排为 dTDP-二氢链霉糖，在 dTDP-二氢链霉糖装配到抗生素分子上以后发生最终氧化为链霉糖的反应。链霉素中还含有甲基-L-氨基葡萄糖，是 D-氨基葡萄糖的衍生物，合成途径包括四个手性中心的转化，但还不清楚具体的反应是怎样进行的。

在有些氨基糖苷类抗生素中，链霉胍和 2-脱氧链霉胺是必须的结构单元，虽然它们都从葡萄糖合成，而且结构上具有类似性，但合成途径却并不相同。链霉胍合成途径的关键中间产物是 D-myo-肌醇，而 2-脱氧链霉胺的中间产物是 2-脱氧-scyllo-肌糖。两者的生物合成途径都已经研究清楚。

10.4.2.2 类型Ⅱ反应：小分子代谢产物的聚合

（1）聚酮化合物的合成 脂肪酸合成由脂肪酸合成酶（FAS）催化，属于聚合过程。在脊椎动物中脂肪酸合成酶（FAS Ⅰ型）是一种多功能聚肽，而在细菌和高等植物中（FAS Ⅱ型）则是多酶复合物。关于聚合过程的研究已很详尽，基本步骤是：

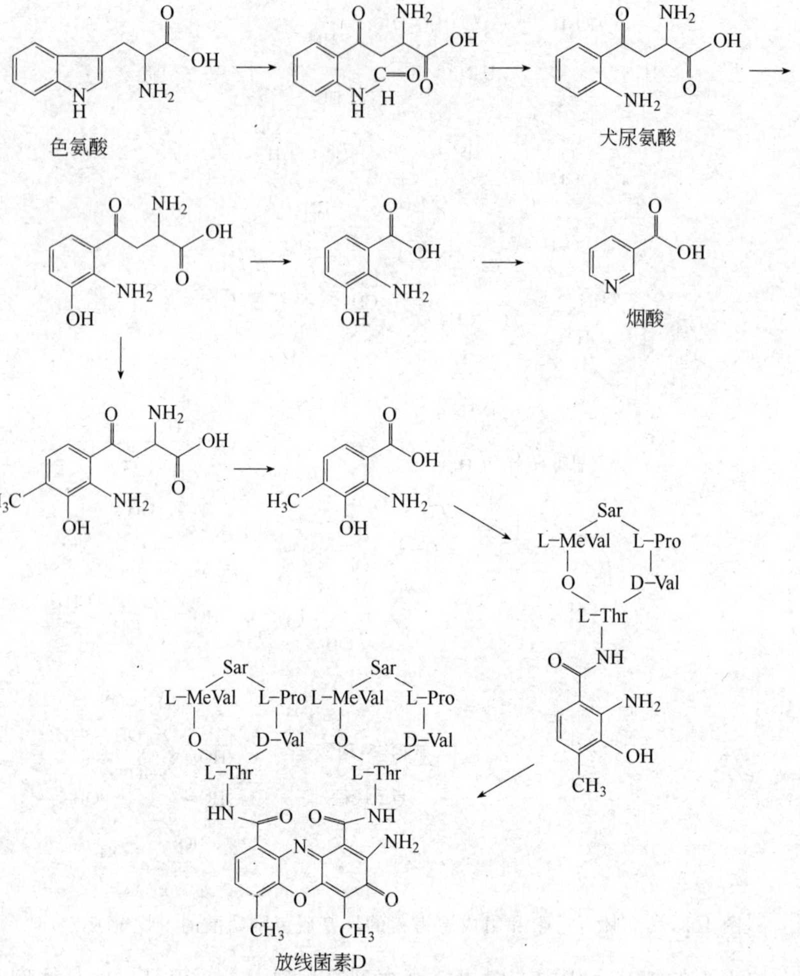

色氨酸

犬尿氨酸

烟酸

放线菌素D

图 10.4.5 放线菌素 D 和烟酸的芳香烃单元生物合成途径

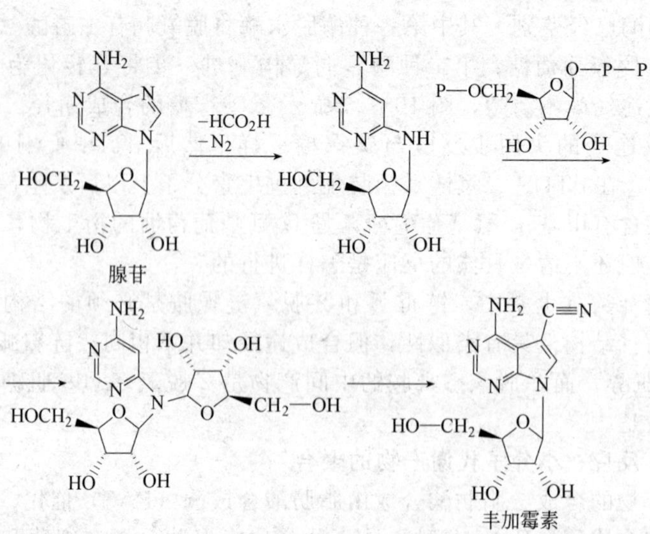

腺苷

$-HCO_2H$

$-N_2$

丰加霉素

图 10.4.6 从腺苷合成东洋（丰加）霉素的代谢途径

① 出发分子乙酸和延伸单元丙二酸分别连接到酶分子；

② 乙酸的羧基碳原子与丙二酸的甲叉基缩合，同时其自由端羧基生成 CO_2 脱去，产物乙酰乙酸则以硫酯键结合到酶的乙酰基载体蛋白（ACP）；

③ 乙酰乙酸的羰基还原为羟基，再通过脱水反应形成双键，经第二次还原后生成丁酸；

④ 链的增长在缩合酶上完成，另一个丙二酸分子结合到 ACP。重复上述过程，直至达到所需链长后在硫酯酶的作用下被释放。

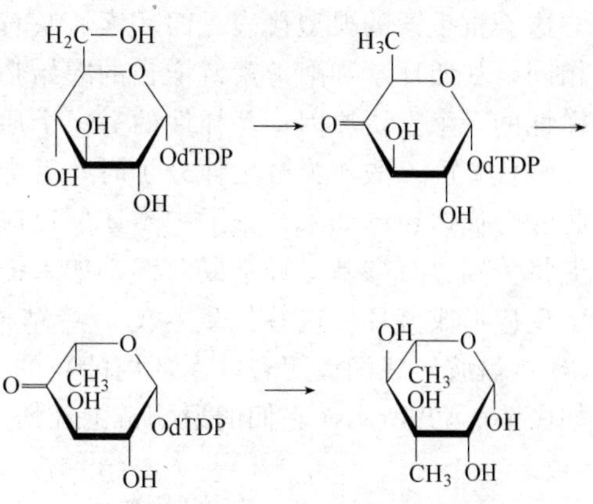

碳霉糖

图 10.4.7 碳霉糖的生物合成

如果上述过程中第三步的还原被删去，聚合产物就会变成聚酮甲烯链，由羰基和甲烯基相间排列。这种结构是放线菌和霉菌产生的很多抗生素所共有的结构。聚酮链有折叠的倾向，而且具有高度的反应性。由于折叠（有些折叠须在酶催化下进行）的方法及链长不同，就会形成多种不同的结构。在空间和能量的作用下，有些还形成了芳香环。由于聚酮链的反应性很好，因此不稳定，很难进行分离。但是根据示踪剂实验及合成前几步反应的中间产物，还是能够分析出这类抗生素合成，可用如图 10.4.8 所示的代谢途径描述。

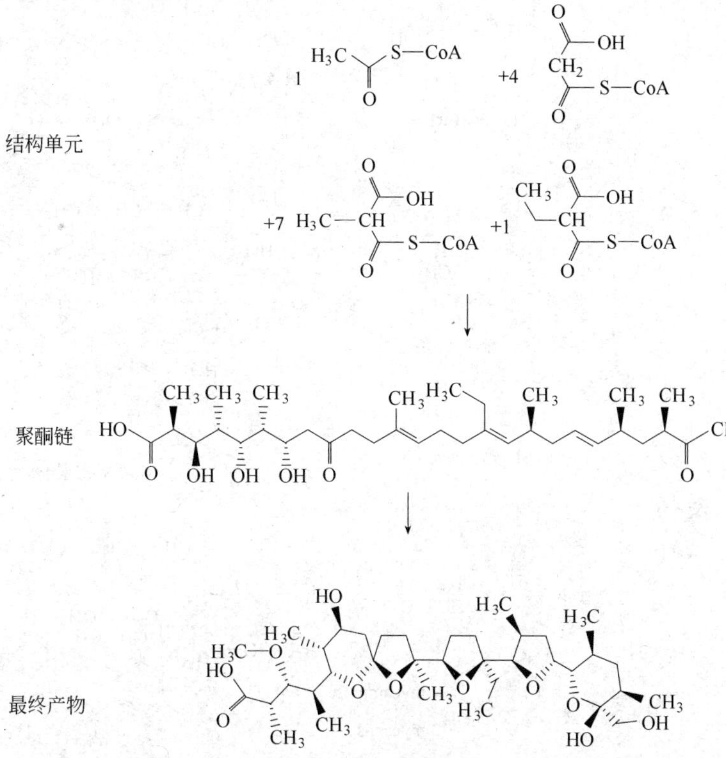

结构单元

聚酮链

最终产物

莫能菌素

图 10.4.8 以聚酮链为基本结构的抗生素的生物合成途径

这类抗生素的典型代表是四环素、灰黄霉素和阿霉素。值得指出的是它们的起始物可能不相同，如四环素和阿霉素链增长的起始物质分别为丙二酰胺和丙酸，这是造成这类抗生素多样性的一个重要原因；多样性的另一个原因是链延伸分子的变化，当用甲基丙二酸或乙基丙二酸代替丙二酸作为链延伸分子时，就会形成带有甲基或乙基取代基的链；在上面讨论的脂肪酸合成途径中如果失去了一步还原反应或脱水反应也是抗生素多样性的重要原因，这样链上将分别含有羰基、羟基或双键。如果链上没有反应性很强的甲烯基，就不会通过简单的脱水反应形成芳环。这些抗生素的最终结构要么是线性分子、要么形成终端由酰胺键闭合（大环内酰胺）或酯键闭合（大环内酯）的大环分子。泰乐霉素和利福霉素 B 的生物合成途径如图 10.4.9 所示，它们的聚酮链上经历了取代、还原等反应。

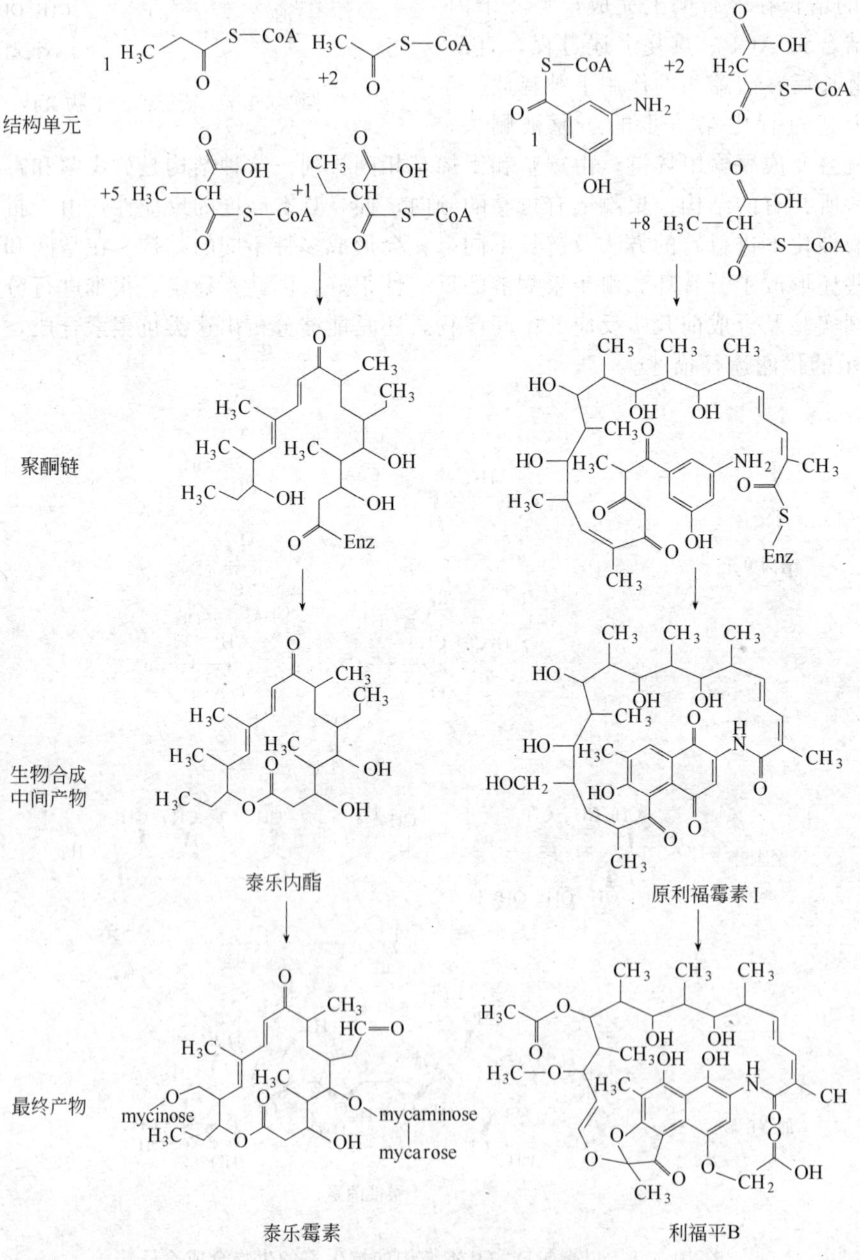

结构单元

聚酮链

生物合成中间产物

泰乐内酯　　原利福霉素Ⅰ

最终产物

泰乐霉素　　利福平B

图 10.4.9　聚酮链经取代、还原等反应后得到的抗生素

聚烯类抗生素是线性分子，由丙二酸、甲基丙二酸、乙基丙二酸单元构成，通过聚酮链上氧原子的缩合形成吡喃和呋喃环，反应途径见图 10.4.10。

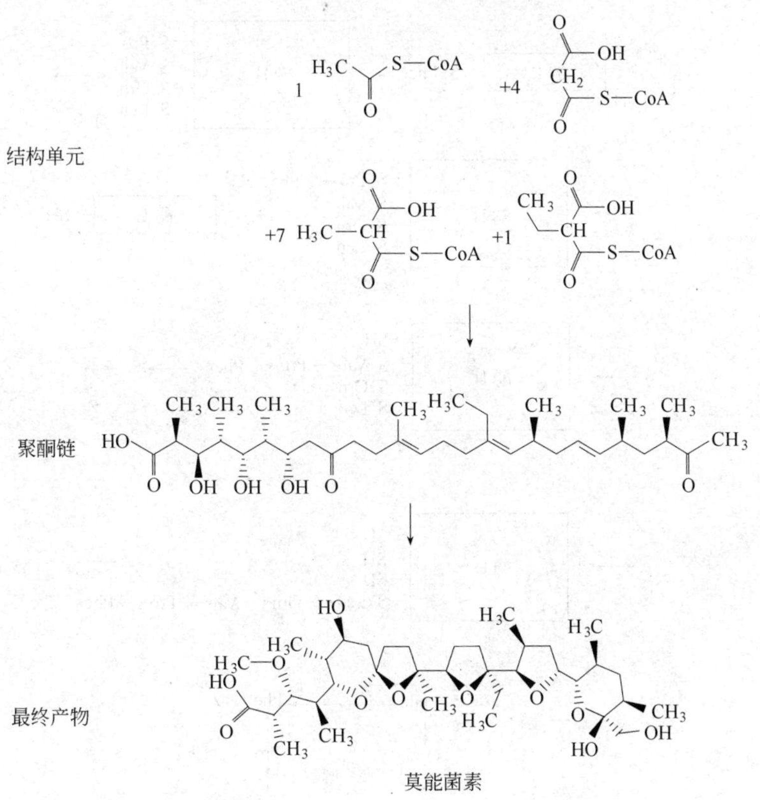

结构单元：1 $H_3C-CO-S-CoA$ +4 $HOOC-CH_2-CO-S-CoA$ +7 $HOOC-CH(CH_3)-CO-S-CoA$ +1 $HOOC-CH(CH_2CH_3)-CO-S-CoA$

聚酮链

最终产物

莫能菌素

图 10.4.10 聚烯类抗生素生物合成途径

在抗生素生物合成中，链的每次延伸插入的分子并不完全相同，有烷基取代的、部分还原的等，因此链的装配必需十分精确、按一定的顺序进行。对红霉素生物合成基因的研究已经证明了这一点。

(2) 多肽合成的硫模板机理　氨基酸缩合形成多肽次级代谢产物有三种不同的机理。

① 氨基酸活化生成磷酸酯，然后被一种特定的酶催化缩合。谷胱甘肽就是在初级代谢阶段合成的，一些小肽通常也都用这种方法合成，如蛋白酶抑制剂亮抑蛋白酶肽（Leupeptin）；

② 大分子聚肽链通过蛋白质合成的常规途径经转录-翻译系统合成；

③ 经多酶复合物将氨基酸活化后按硫模板机理缩合。

本节将要介绍的是第三种机理。

多肽合成的硫模板机理包括以下步骤：①氨基酸与 ATP 反应在羧基上形成腺苷单磷酸酯而被活化；②氨基酸转移到酶的巯基，根据多酶复合物确定的次序形成巯酯键；③由巯酯键的断裂提供能量，在第一个氨基酸的羧基和第二个氨基酸的氨基间形成一个肽键；④类似地，二肽的巯酯键断裂，与第三个氨基酸的氨基形成肽键。重复这一过程直至完成多肽抗生素肽链的合成。催化该过程的酶复合物最多可以有四个多酶体系组成，每个多酶体系独立完成一些氨基酸的活化、硫酯化和肽键形成过程，有时这些酶系还具有一些额外的功能，如 L-氨基酸转化为 D-氨基酸及为 S-腺苷基蛋氨酸提供甲基的酰胺氮原子上的甲基化反应等。缩肽类抗生素的生物合成中，氨基酸和羧酸都是抗生素的建筑构件，最终形成酯键和酰胺键交替的链。

下面将以短杆菌肽 S 的生物合成为例进行说明，合成途径见图 10.4.11。

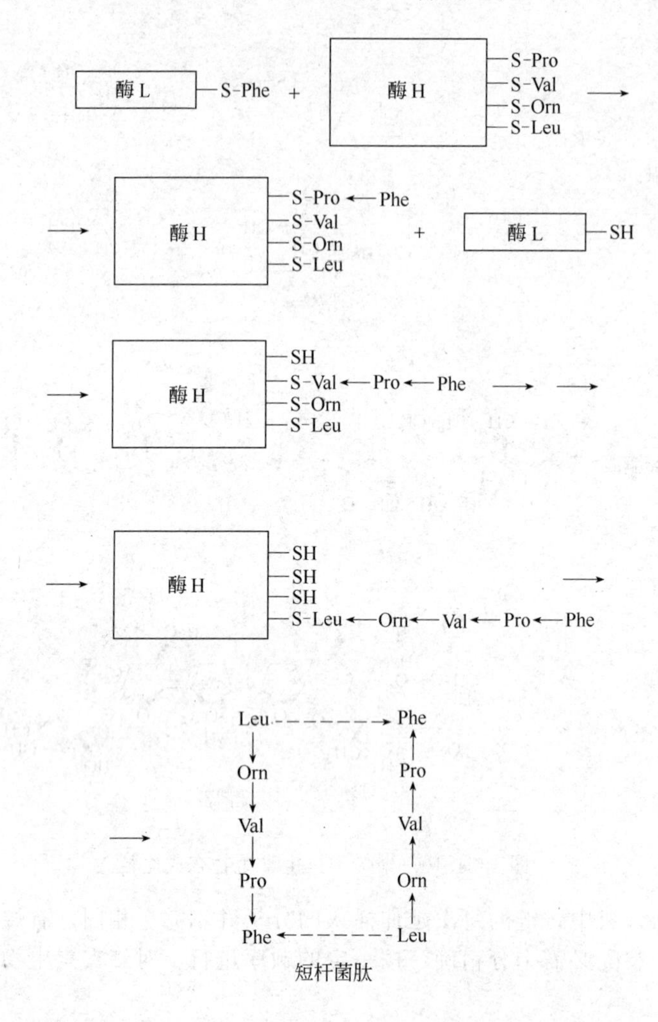

图 10.4.11 短杆菌肽 S 通过硫模板机理进行生物合成的途径

短杆菌肽 S 是一个环状多肽抗生素，由两条相同的五肽链头尾连接而成。它的合成由两个可溶性酶 GS1 和 GS2 催化，两者的相对分子质量分别为 130000 和 500000。GS1 酶负责苯丙氨酸的活化、消旋、D-氨基酸的硫酯化；GS2 酶则负责另外四个氨基酸的活化并作为它们的载体。然后按照图 10.4.11 中所示的次序合成五肽链，最后首尾相接形成短杆菌肽 S。

近年来的研究工作已经证明，青霉素和头孢霉素类抗生素也是由多酶体系通过硫模板机理开始合成的，而且从 *Aspergillus nidulans*，*Cephalosporium acremonium* 和 *Streptomyces clavuligerus* 分离提纯了 ACV 合成酶，该酶的功能是活化 α-氨基己二酸（在 β-羧基基团处）、胱氨酸和缬氨酸，然后将活化的氨基酸与酶结合形成硫酯并将 L-缬氨酸转化为 D-缬氨酸，将上述氨基酸聚合成三肽 δ-氨基己二酸基胱氨酸基 D-缬氨酸。在青霉素和头孢霉素类抗生素的生物合成中，该三肽在异青霉素 N 合成酶的催化下成环形成异青霉素 N，这是 β-内酰胺类抗生素生物合成的最后一个中间产物。β-内酰胺类抗生素生物合成途径可见图 10.4.12 和图 10.4.13。

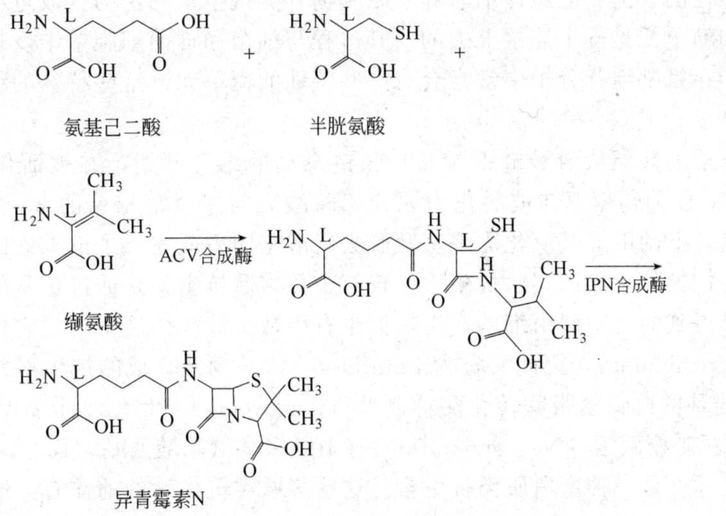

氨基己二酸 + 半胱氨酸 +

缬氨酸 ACV合成酶 IPN合成酶

异青霉素N

图 10.4.12 异青霉素 N 的生物合成途径

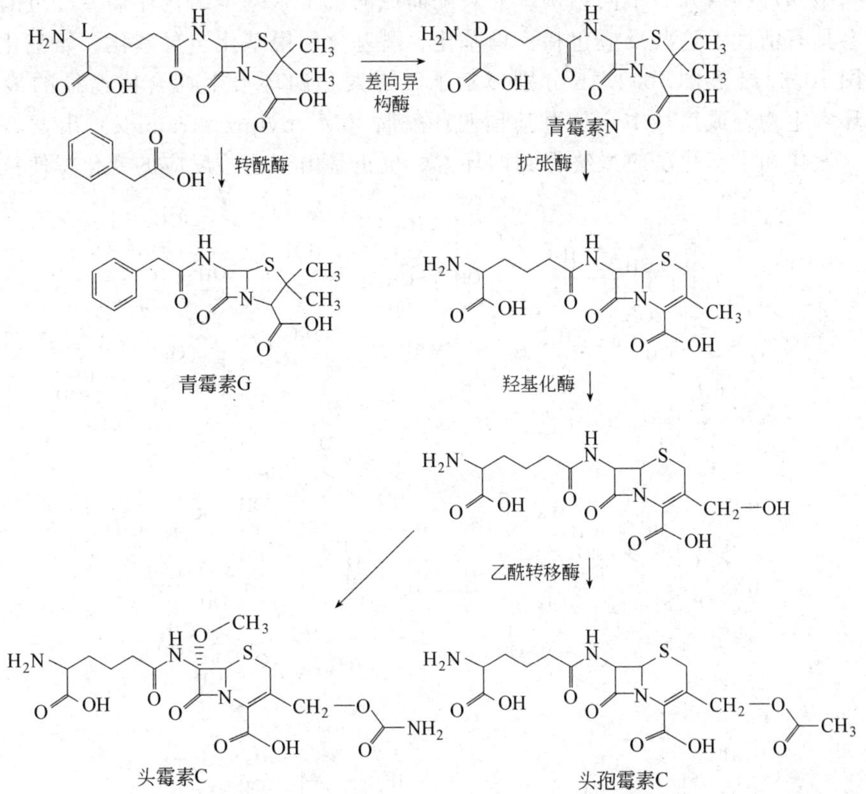

差向异构酶

青霉素N

转酰酶

扩张酶

青霉素G

羟基化酶

乙酰转移酶

头霉素C

头孢霉素C

图 10.4.13 β-内酰胺类抗生素生物合成的最后几步反应

(3) 类异戊二烯的合成　许多霉菌的次级代谢产物是从初级代谢产物异戊二烯缩合而成的，常见的衍生物有：三单元缩合产物倍半萜（sesquiterpenes）、由四聚物分解的二萜及固醇。类异戊二烯类抗生素的碳架构与类似初级代谢产物的已知结构基本一致，但是由于碳链的成环、各种重排及其他反应，这类抗生素的结构变化很多。唯一的一种临床应用的抗生素梭链孢酸的生物合成途径与霉菌膜的固醇合成类似。

（4）低聚糖的装配 已经详细研究了氨基糖苷类抗生素的生物合成过程，从分离得到的中间产物证明糖单元是逐个连接上去的，其过程与细菌和霉菌细胞壁中发现的低聚糖合成途径十分类似。在氨基糖苷分子中常常会有一些特殊的糖单元，这些特殊的糖分子往往在低聚糖装配前就已经合成。

链霉素分子的装配从磷酸链霉胺与二氢链霉糖的结合开始，并被活化为脱氧胸苷二磷酸，而 *N*-甲基-L-葡萄糖氨在被活化为尿苷二磷酸后与二氢链霉糖的 2′-羟基结合，再经过将二氢链霉糖环上的甲醇基氧化为醛基及脱去磷酸基团后就完成了链霉素的合成。

（5）通过核糖体合成的多肽抗生素 仅有少数多肽抗生素是通过正常的蛋白质合成系统经转录和翻译得到的。一般由细菌产生，但也有少数是放线菌产生的。它们的结构中含有羊毛硫氨酸（Lanthionine），因此又称为 Lantibiotics。核糖体合成的抗生素分子比较大，如含 19 个氨基酸残基的血管紧张肽转化酶抑制肽（Ancovenin）和含 34 个氨基酸残基的乳链菌肽（Nisin）。新制癌菌素（Neocarzistatin）有 100 多个氨基酸残基，而且与一个复杂的发色基团结合，实际上是一种蛋白质类抗生素。这些多肽类抗生素的前体有一段导肽，须在翻译后加工时切除，然后再经过对氨基酸残基的修饰反应而获得最终产物。

10.4.2.3 类型Ⅲ反应：基本结构的修饰

从一个中间产物或几个不同结构单元装配而成的抗生素基本结构还需要经过酶催化反应的修饰才会具有活性。这些反应包括：糖基化、酰基化、甲基化、羟基化、氨基化反应及还原反应。图 10.4.14 和图 10.4.15 分别显示了红霉素和四环素生物合成途径的最后几步反应。在四环素生物合成途径中，从甲基预四环酰胺（Methylpretetramide）出发，经过一系列的氧化、氨化和甲基化反应最终得到四环素。也正是由于这些反应的变化，使抗生素生产

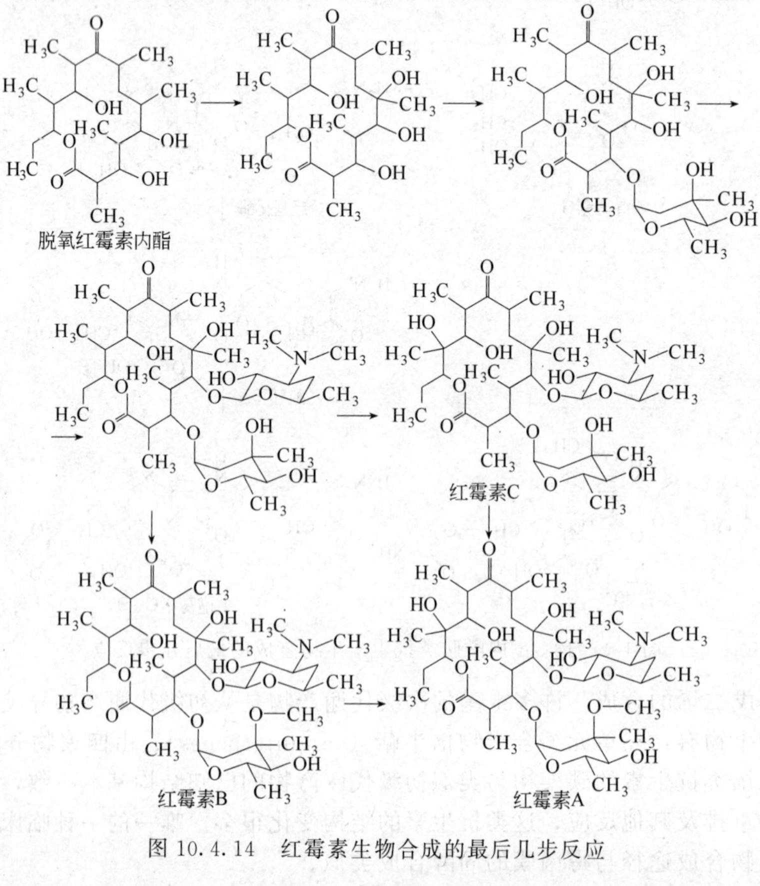

图 10.4.14 红霉素生物合成的最后几步反应

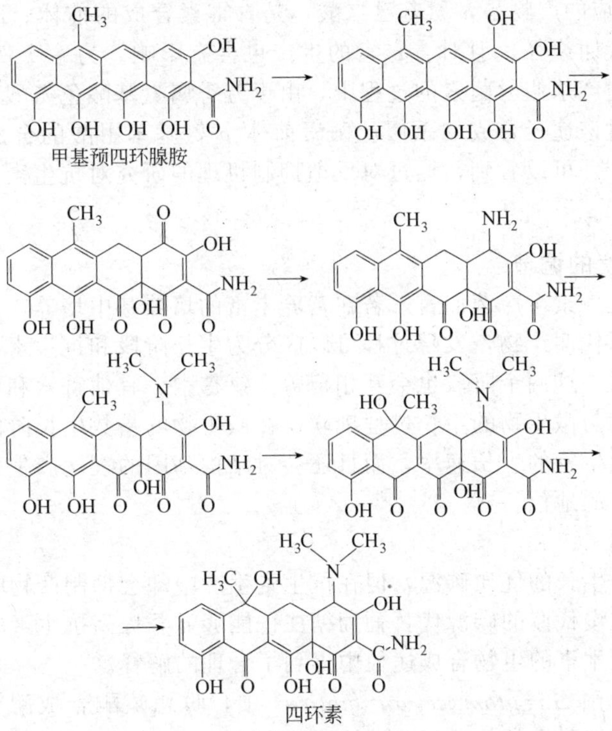

甲基预四环腺胺

四环素

图 10.4.15 四环素生物合成的最后几步反应

中往往存在一系列同系物，这些同系物具有类似的结构和或多或少的生物活性，形成了抗生素的多样性。在抗生素的菌种筛选中，也就需要筛选出那些含高活性组分最高的突变株。

10.5 抗生素生物合成的调节

与初级代谢产物的生物合成一样，抗生素的合成也受到酶合成的阻遏和酶活力的抑制等调节和控制。同时抗生素等次级代谢产物又是微生物分化阶段的产物，因此凡是调节和控制分化过程的因素都会对抗生素的生物合成产生影响，分化时的一些现象，如孢子形成和气生菌丝的产生等都会影响抗生素的产量。

10.5.1 反馈调节

抗生素生物合成的反馈调节已经从两个方面得到证明。直接的实验事实是：如果在培养基中加入产物，抗生素的合成将会停止；间接证据是：若将产生的抗生素不断地从发酵液中分离，将增加抗生素的产量。但是这些实验却无法区分引起这种现象的原因究竟是酶合成的阻遏还是酶活力的抑制。只有对那些生物合成途径中的酶系已经了解得比较清楚的体系，才有可能进行深入的研究。

在 *Streptomyces venezuelae* 发酵生产氯霉素的发酵液中加入氯霉素或其 *p*-甲硫基类似物会抑制抗生素生产。研究工作已经证实产物对芳胺合成酶有阻遏作用，该酶的作用是将分枝酸转化为 *p*-氨基苯丙酮酸，这是氯霉素生物合成过程中第一个特殊的中间代谢产物。

在嘌呤霉素发酵中，生物合成途径最后一个酶是 *O*-甲基转移酶，其活性受到终产物的抑制。在泰乐霉素和霉酚酸发酵中，同样存在着产物对 *O*-甲基转移酶的抑制现象。

抗生素的生产也会受到初级代谢产物反馈抑制的间接调节。例如在 *Penicillium chrysogenium* 发酵生产青霉素时，赖氨酸积累会抑制其本身合成途径中的第一个酶（单柠檬酸合成酶），该酶催化反应的产物是α-氨基己二酸，是青霉素合成的前体。因此赖氨酸的反馈抑制虽然存在于初级代谢途径，但对青霉素的生产也会有影响。另一个例子发生在用 *Stretomyces griseus* 发酵生产杀假丝菌素的过程中，由于芳香属氨基酸色氨酸在莽草酸途径中的反馈抑制作用，使通过该途径合成的杀假丝菌素前体 *p*-氨基苯甲酸的合成受到影响，从而也抑制了抗生素的生产。可以看到，通过对反馈抑制机理的研究对抗生素生产菌种的选育具有指导意义。

10.5.2 营养物浓度的调节

对于绝大多数抗生素生产菌而言，若在营养丰富的培养基中培养，只有当生长完全停止时才会开始积累次级代谢产物，发酵过程可以区分为生长阶段和抗生素生产阶段。但当营养物的浓度受到限制时，这两个阶段也会互相覆盖。氯霉素、宜他霉素和利福霉素等抗生素的情况比较特殊，它们与微生物的生长过程耦联，在微生物的指数生长阶段就能积累。营养物的浓度不但会影响微生物的生长速率，而且还会对结构基因的表达产生影响，因此在抗生素发酵中具有举足轻重的地位。

10.5.2.1 碳源阻遏

葡萄糖是微生物生长的优质碳源，但在抗生素生产中却会抑制产物的合成。抗生素生产的实践已经证明用缓慢代谢的碳源代替葡萄糖往往能够显著提高抗生素的产量。葡萄糖的阻遏机理已经在不少抗生素的生物合成途径中得到了合理的解释。

在放线菌素生产菌 *Streptomyces antibioticus* 中，吩恶嗪酮合成酶受到葡萄糖的阻遏。正常情况下，该酶在细胞生长停止后合成、葡萄糖耗尽后活力增加，菌体内特定的 mRNA 的水平变化与此十分相似，因此有理由认为葡萄糖的遏制作用发生在转录水平。事实上，放线菌素生物合成过程中的所有酶都受到葡萄糖的阻遏。在 *Norcardia lactamdurans* 合成头霉素途径中，最后两个酶：ACV 合成酶和扩展酶（expandase）也受到葡萄糖的阻遏。

葡萄糖不抑制 *Penicillium chrysogenium* 中青霉素合成酶系的活性，但阻遏异青霉素 N 合成酶和 ACV 合成酶的生物合成。在 *C. acremonium* 中的异青霉素 N 合成酶也会受到葡萄糖或甘油的一定程度的阻遏，而扩展酶则会受到严重阻遏。扩展酶是一种不稳定酶，因此如果葡萄糖的浓度较高时头孢菌素的产量很低而异青霉素 N 则会大量积累。在 *C. acremonium* 中葡萄糖虽然不会阻遏 ACV 合成酶的合成，但该酶的活性却受到葡萄糖或糖酵解中间产物的抑制。

一般都将抗生素的碳源调节归因于与大肠杆菌中诱导酶阻遏机理类似的碳源分解代谢阻遏，但实际上两者的机理并不等同，在 *E. coli* 中，调节的对象是 cAMP，而在放线菌和霉菌中则可以排除 cAMP 参与代谢的问题。

10.5.2.2 氮源调节

抗生素生产受到高浓度氨离子的抑制是一个普遍存在的现象。事实上，抗生素只有在介质中的大部分氨已被消耗后才会开始合成，因此用缓慢利用的氮源代替氨可以显著增加抗生素产量。在链霉素发酵中用脯氨酸代替氨作为氮源使链霉素的产量提高了约三倍；在大环内酯类抗生素发酵中如在发酵液中加入能固定氨离子的磷酸镁，可以大大提高这类抗生素的产量。

根据对 *S. clavuligerus* 生产头孢菌素过程的研究，氨离子的作用不是抑制酶的活性，而是直接阻遏酶的合成，但阻遏的机理尚不十分清楚。在霉菌中，氨离子会抑制许多与氮源利用有关的酶，特别是在曲霉中，氨离子会抑制基因 *are A* 的表达，而该基因编码的蛋白质对转录有正调节作用。同样，霉菌中氨离子的阻遏作用和抗生素生物合成的内在联系还有待于进一步研究。

有人对氨离子抑制大环内酯类抗生素合成的机理提出了一种解释。构成大环内酯链的丙酸单元是分枝氨基酸的降解产物，降解的第一步是将氨基酸转化为酮酸，由缬氨酸脱氢酶或缬氨酸转氨酶催化。已经证明氨离子会阻遏和抑制缬氨酸脱氢酶，因此可以将氨基酸对抗生素合成的阻遏归因于缺少足够的前体物质。

10.5.2.3 磷酸盐控制

在细菌、霉菌和植物中次级代谢产物的生物合成常常受到磷酸盐的控制。实际上，在高浓度磷酸盐的培养条件下所有次级代谢产物都将受到抑制，但是对磷酸盐抑制的敏感性却存在很大的差别。不同的产物之间、甚至同一细胞产生的不同次级代谢产物也会有不同的表现。*S. clavuligerus* 发酵生产棒酸或头霉素就是一个典型例子，棒酸的合成受到磷酸盐的抑制，而头霉素的生产则基本上不受影响。因此只要调节磷酸盐的浓度进行培养就可以得到不同的产物。一般而言，如果抗生素的生物合成直接由氨基酸装配而成，它们对磷酸盐浓度的敏感性就比较小，如聚酮类和氨基糖苷类抗生素就是如此。

磷酸盐控制的机理一般是通过对酶合成的阻遏影响抗生素的生物合成，主要受阻遏的酶类是磷酸酶和合成酶。

(1) 磷酸酶　磷酸转移酶参与氨基糖苷的形成。在抗生素的生物合成途径中，首先合成的是磷酸化的无活性中间产物，然后经过酶催化脱去磷酸基团而生成最终的活性产物。

在 *S. glancescens* 和 *S. griseus* 中，编码链霉素-6-磷酸磷酸转移酶的基因与其他生物合成基因相连接，而且受到磷酸盐的阻遏。在 *S. griseus* 培养时，过量的磷酸盐会造成链霉素-6-磷酸的积累，而在正常情况下，特殊的磷酸转移酶应该将链霉素-6-磷酸转化为有活性的抗生素。在 *S. fradiae* 培养时，新霉素生物合成的磷酸化中间产物转化为最终活性产物的过程也受到磷酸盐的抑制和阻遏。各种氨基糖苷类抗生素生物合成途径中都存在类似的磷酸化-脱磷酸反应。除氨基糖苷类外，其他抗生素合成中也可能存在这类反应，虽然磷酸盐所阻遏的究竟是什么酶还不是很清楚，但磷酸盐的阻遏作用是抗生素生产中普遍存在的现象。

(2) 合成酶类　许多反应中正磷酸既不是底物，也不是反应产物，但是催化该反应的酶仍有可能受到磷酸盐的阻遏。与放线菌生产抗生素的代谢途径中，有关的这类酶有：脱水四环素（ATC）氧化酶、*p*-氨基苯甲酸（PABA）合成酶和泰乐霉素发酵中的某些合成酶。

在 *S. aureofaciens* 中，ATC 合成酶催化四环素合成途径中最后第二个反应，这种酶在细胞内的比活对培养基中的磷酸盐非常敏感，但经过提纯的酶活却不受磷酸盐的影响，说明是细胞内这种酶的合成受到了磷酸盐的阻遏而不是简单的抑制作用。与杀假丝菌素合成有关的 PABA 合成酶也受到磷酸盐的强烈阻遏，虽然磷酸盐的存在会激发 RNA 合成，但与 PABA 合成酶有关的基因 *pabS* 却受到了抑制。事实上已经鉴别出了 *pabS* 结构基因的启动子，该启动子受磷酸盐调节。在 *S. fradiae* 发酵生产泰乐霉素的生物合成途径中，已经发现至少有三种酶受到磷酸盐的阻遏，值得一提的是催化泰乐霉素合成最后一步反应的大菌素（Macrocin）*O*-甲基转移酶，该酶由基因 *tylF* 编码，也受到磷酸盐的阻遏。

在霉菌生产 β-内酰胺类抗生素的合成途径中也有一些酶受到磷酸盐的阻遏，如头孢菌素 C 合成途径中的几种酶，包括 ACV 合成酶、环化酶及扩展酶等都受到磷酸盐的阻遏，而且磷酸盐还起到了部分抑制酶活性的作用。

10.5.3 自调节因子和多效应影响因子

细胞内存在的各种效应因子控制着微生物生命循环的必需步骤，如孢子和气生菌丝的形成及次级代谢产物的生物合成等。在许多菌株中已经鉴别出了能在非常低的浓度下作用于次级代谢的多效应影响因子，其中研究得最多的是 A-因子，对 B-因子及 C-因子也开展了一些研究工作。

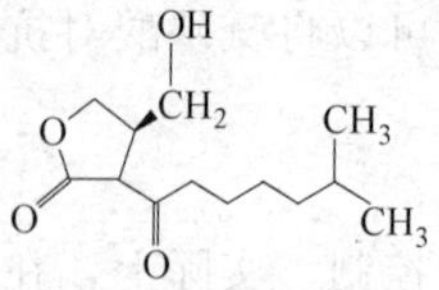

图 10.5.1 A-因子的结构式

将少量的链霉素生产菌 *S. griseus* 的培养液加入非生产菌的培养液后，人们发现非生产菌也具有了产生链霉素的能力，并进而分离鉴定了造成这种变化的活性物质，将其命名为 A-因子。A-因子的结构式如图 10.5.1 所示，它的学名是 2-异辛酰基-3-R-羟甲基-γ-丁酸内酯。

在 *S. griseus* 和 *S. bikiniensis* 中，A-因子与某种蛋白质结合后，会对若干个基因的转录产生负效应，而对链霉素的合成和微生物对链霉素的抗性产生正效应。在其他放线菌中也分离得到了 A-因子，同时发现，在不同的微生物中 A-因子的功能有所差别。在某些菌种中，A-因子不是抗生素生产和孢子形成的必须物质。在 *S. bikiniensis* 和 *S. coelicolor* 中还分别克隆了控制生成 A-因子的基因 *afsA* 和 *afsB*。基因 *afsB* 的功能是编码对 A-因子和几种色素有正调节作用的蛋白质，该蛋白质所引起的一系列表达能够解释由该基因引发的次级代谢和细胞分化的控制机理。

B-因子的结构与 A-因子不同，它的学名是丁基-磷酰基腺苷。B-因子最早从酵母提取物中分离得到，它能使对抗生素和孢子形成均是阴性的 *Nocardia mediterranei* 突变株恢复利福霉素 B 的生产，但是不会形成气生菌丝，然后在同样是 *Nocardia mediterranei* 的抗生素生产菌种中也分离到了 B-因子，因此一般认为它是一个自调节因子。

C-因子是一个分子质量为 34.5kD 的调节蛋白质，可释放到胞外。C-因子广泛分布于放线菌和真核细胞中，是细胞分化的指示剂，主要与分生孢子的形成有关，对抗生素的生产影响不大。

10.6 微生物对抗生素的自抗性

抗生素具有杀死或抑制微生物生长的功能，因此抗生素的积累对产生抗生素的微生物本身当然也是不利的。如果能够提高产抗生素菌种的自抗性，显然能够大大提高抗生素的产量。因此有必要从基因水平了解自抗性的机理。

与抗生素生物合成有关基因的研究还刚刚开始，除了杆菌外，只有链霉菌的基因结构已经比较清楚，它们一般具有环状 DNA，基因中 G+C 的比例为 70%～74%，每个基因约有 6～9 百万对碱基。链霉菌的基因不能被外源 DNA 转化，而且由于基因组经常发生重排而高度不稳定。霉菌的基因更复杂，约有 2～4 千万对碱基，霉菌巨大的线性 DNA 分子位于细胞核。

了解抗生素生物合成、调节和抗性机理并不需要知道基因组的全部结构。只要应用分子生物学技术将有关的基因克隆、鉴别出来就能满足要求。人们发现与抗生素生物合成、调节和抗性有关的基因常常聚集在一起，因此只要鉴别分离出其中的一个基因，就可以利用该基因作为“探针”进入染色体并分离出与它相连的其他基因。具体的方法有如下几种：

① 将生产抗生素的链霉菌 DNA 文库转移到另一个对抗生素敏感的链霉菌，选择抗性株，就能够得到自抗性的基因编码；

② 在抗生素生物合成途径被截断的互补突变株之间，根据其合成最终产物的能力是否恢复就可以知道生物合成基因是否转移；

③ 与 DNA 探针杂交，该探针应来源于有类似生物合成途径的基因；

④ 与合成探针杂交，合成探针应根据生物合成酶的氨基酸序列构建；

⑤ 将抗生素的全部生物合成基因都克隆到宿主细胞，使一个原本不生产抗生素的宿主细胞能积累抗生素。

对抗生素生产而言，影响抗生素产量最关键的问题是产物的抑制作用。为了避免产物抑制微生物生长和抗生素合成，抗生素发酵只能在产物浓度很低的水平操作，从而降低了生产效率、提高了生产成本。为此许多人对于使生产抗生素的微生物产生对抗生素具有自抗性的机理进行了深入研究，获得了提高对抗生素产生自抗性的方法，主要有以下三种：

① 通过抗生素的化学改性或物理结合降低抗性；

② 通过改变抗生素在其生产菌中合成的目标位置以减少抗性；

③ 通过改变抗生素在细胞膜中的通透性及通量降低抗性。

最常用的对抗生素结构的化学修饰是通过乙酰 CoA 使氨基 *N*-乙酰化和在 ATP 的参与下使羟基磷酰化，经过修饰的抗生素将失去抗菌活性，从而降低了对微生物的抗性。许多抗生素生产菌的 *N*-乙酰化酶和 *O*-磷酰化酶的基因已经编码，大多数生产菌中只有编码一种酶的基因，只有少数例外，如新霉素的生产菌（*S. fradiae*，*M. chalcea*，*S. albogriseolus*）中编码两种酶的基因都存在。在抗生素生物合成途径中这些酶起到了胞内减毒剂的功能，如嘌呤霉素生产菌 *S. alboniger* 中，通过基因 *pac* 的作用解除了抗生素的 *N*-乙酰基中间产物对生产菌核糖体的遏制作用。

值得注意的是一些抗性基因在异源宿主中表现出对药物的抗性，但在其原来的菌体中却有着不同的功能。例如从卡那霉素生产菌中分离得到的 *aac* 基因编码氨基糖苷乙酰转移酶，只是在卡那霉素生物合成中催化中间产物的转化，但若在抗生素敏感菌 *S. lividans* 中表达后却成了抗性因子。

另一类使抗生素失活的酶是 *β*-内酰胺酶。链霉菌在生产 *β*-内酰胺时有三种方法产生对该化合物的抗性：产生 *β*-内酰胺酶、产生与青霉素键合的蛋白及渗透性控制。其中起主要作用的是青霉素键合蛋白对抗生素的低亲和性结合。抗生素键合蛋白与药物结合后，可以避免与目标分子的接触，但这种抗性的能力有限，当抗生素浓度超过一定程度后就会影响到细胞的成活。

抗生素特定作用目标的改变可以使微生物对抗生素不敏感或降低敏感性。有些生产菌的抗生素作用目标对内源抗生素具有耐药性，如 *S. lactamdurans* 和 *S. cinnamoneus* 中含有改进型的 EF-TU 分子，伸长因子 TU 本来是敏感菌株的目标分子，但改进后的 EF-TU 分子对这两个菌种产生的埃福霉素（Efrotomycin）和黄丝链菌素（Kirrothricin）都具有抗性。有些报道发现高产菌株对目标分子的抗性比野生菌株要高得多。也有一些生产菌能够在抗生素生物合成的同时“诱导”耐药性目标分子的表达，而在微生物的其他生长阶段产生的则是敏感分子。新生霉素生产菌 *S. sphaeroides* 就是一个典型例子，它有两个 DNA 回旋酶，其中的一个在营养菌丝生长阶段产生，对抗生素敏感，另一种在抗生素生产阶段表达，对抗生素有明显的抗性。另一类抗生素生产菌的目标分子会被某种酶修饰后变成具有抗性的分子。例如 *S. azurens* 产生的 Thiostrepton 能与核糖体子单元（50S）结合，是蛋白质合成的抑制剂。但生产菌能够表达一种甲基化酶，能在 rRNA 的 23S 腺苷残基的核糖上引入甲基，这样避免了抗生素与核糖体结合，这是第一个发现的核糖体抗性机理。此后的研究表明 rRNA 转录后甲基化是一种非常普遍的抗性机理，只是不同菌的甲基化位置有所差别，有些在 23S，另一些在 16S。

使抗生素生产菌对其本身产生的抗生素产生抗性的另一个因素是将所产生的抗生素及时释放到胞外而且防止它们重新进入胞内。大环内酯类和四环素类抗生素的释放机理已经比较清楚，抗生素输送蛋白的基因已经鉴别，该基因的编码依赖于 ATP。

10.7 抗生素生产菌种的选育

新筛选出来的能够产生抗生素的野生菌生产水平很低，一般每升发酵液只含有几毫克的抗生素，这样的水平当然满足不了生产要求。即使用于新抗生素的结构鉴定、动物试验及临床试验，也需要提供足够数量的抗生素样品。因此当筛选得到一种新抗生素后就要同时开展菌种的改进工作。提高抗生素产量并不是育种的唯一目标，改进抗生素生产菌的传代（基因）稳定性、筛选出能在价格低廉的培养基中生长而且低耗氧的菌种也是重要的目标。选育的主要方法有：菌种的提纯、诱变育种及基因重组。

10.7.1 菌种的提纯

无论是新分离得到的还是经过诱变处理的菌株，菌种的提纯都十分重要。一个菌落往往是由几个基因型的菌种组成的群体，由于基因型的不同，它们生产抗生素的能力也存在很大的差异，因此必须将它们分离才能获得真正的高产菌种。提纯菌种的方法一般采用在不同的平板上进行稀释培养，注意观察它们的形态差异和遗传稳定性，并进一步测定它们的抗生素生产能力和生产稳定性，为以后的菌种选育和培养条件优化打下坚实的基础。

10.7.2 诱变和筛选

经验证明，提高菌种抗生素生产能力最有效的方法是通过诱变和筛选的方法。一些抗生素产生菌种通过诱变和筛选使生产能力提高了几千倍的例子很多。通过诱变育种提高抗生素产量不完全是由于生物合成效率的提高，主要还是因为控制抗生素生物合成的调节机理被破坏，使得生物合成向有利于抗生素合成的方向进行。一般而言，通过诱变产生正突变的概率很低，筛选的工作量非常大，因此必须合理设计诱变和筛选过程并采用推理育种的方法以提高突变株中高产菌株的比例。

理想的诱变处理应该利用单核细胞，对于菌丝类微生物最好利用休眠或发芽的孢子，但是对放线菌而言，高产菌种往往会丧失形成孢子的能力，因此要选择菌丝片段作为诱变和筛选的对象，菌丝要预先经超声破碎以获得单核或多核的片段，然后再进行诱变处理。

传统的诱变剂是氮芥、紫外线和亚硝基胍等。为了提高诱变的效率，几种不同的诱变剂及不同的诱变剂量常交替使用。经诱变处理后得到的大量菌落需要进行筛选和鉴别，这是一项工作量很大的任务，因此有必要研究一种高效率的筛选方法，最好能有选择性标记，如抗生素的抗性标记。诱变处理的目标应该是每个核只经受一次突变，因为若一个核经受了两次或多次诱变，可能会产生相反的结果而互相抵消。

经诱变处理后，一般情况下 DNA 分子的双螺旋结构中只有其中的一股发生了突变，或两股分别发生了不同的突变。如果是菌丝的多核片段进行诱变处理，还有可能出现同一片段中有些核发生了突变，而有些没有发生突变或发生了不同的突变，因此必须将发生突变的核提纯。可以将菌丝片段在营养丰富的培养基中传代几次后，经过均质、超声振荡及稀释后在平板上进行分离提纯。

诱变处理使突变株的抗生素生产能力已经很大提高后，要进一步提高产量就比较困难。新的诱变可能会引起抗生素产量的小幅增加，但由于摇瓶发酵时的误差，有时会忽略这种小幅度的产量增加，这时就应该应用循环筛选的方法以保证即使抗生素的产量增加幅度不大的突变株也不会被忽略。

与任意筛选方法相比，推理筛选获得高产菌种的可能性要大得多。推理育种的主要原则是：

（1）筛选对抗生素具有抗性的突变株　如前一节所讨论的，许多抗生素生产菌都对其所产生的抗生素敏感。通过逐步提高培养基中抗生素的浓度，可以筛选到对高浓度抗生素具有抗性的突变株，这说明突变株的抗生素生物合成调节机制已经发生了变化。这种突变株可能就是抗生素的高产菌，如果暂时还不是，则可以作为进一步诱变育种的出发菌。

(2) 筛选菌体形态变异的菌株　经验表明，高产菌株的菌落形态往往与出发菌有明显不同。当然菌落形态变化的菌株不一定就是高产菌，有些还可能是非产生菌。但即使是非产生菌，也不要轻易丢掉，它们可以用于抗生素代谢机理的研究或作为进一步诱变育种的出发菌。

(3) 非生产突变菌的回复突变　经诱变处理后，非生产突变株的鉴别和分离比较容易，如果该突变株产生抗生素能力的丢失是由于调节机理的改变而引起的，则经过再次诱变处理后，很可能会发生回复突变而成为抗生素高产菌。

(4) 选择性脱毒　某些化学试剂，主要是铜、铝、汞等金属离子，这些金属离子对抗生素产生菌有毒，会抑制菌的生长。但它们能够与抗生素结合形成稳定的络合物，络合物无毒，因此不会影响菌体的生长和代谢。根据以上原理，如果将诱变处理后的菌种接种到含金属离子培养基的平板上进行筛选，那些不产生抗生素或产量不高的突变株的生长将受到抑制，而抗生素高产菌由于能大量生产抗生素，而抗生素又能与培养基中的金属离子形成无毒的络合物，就能够在该平板上生长良好。

(5) 筛选出添加生物合成前体后能提高抗生素产量的突变株。有时，抗生素产生速率的限制步骤是其生物合成前体的生产，这种前体往往是一种初级代谢产物，因此在培养基中添加这种前体物质就能大大提高抗生素的产量，在此基础上还能进一步筛选到对该前体的类似物具有抗性的突变株，或解除前体生物合成途径中反馈抑制的突变株以提高前体的生成速率，满足抗生素生物合成的需要。

以上介绍的抗生素推理育种方法已经广泛用于抗生素高产菌种的选育，并有许多成功的例子。下面将以维吉尼亚霉素生产菌种的选育为例介绍抗生素菌种的育种过程。

维吉尼亚霉素由两个具有协同作用的组分（组分 M 和组分 S，见图 10.7.1）组成，是环状的聚肽酯内酯，可溶于有机溶剂，难溶于水，是蛋白质合成的抑制剂，对革兰阳性菌有抑制作用，但是不能被肠吸收。常用作外科用药及饲料添加剂，有促进动物生长的作用。维吉尼亚霉素的生产菌是 1954 年从比利时的一个土壤样品中筛选得到的，命名为

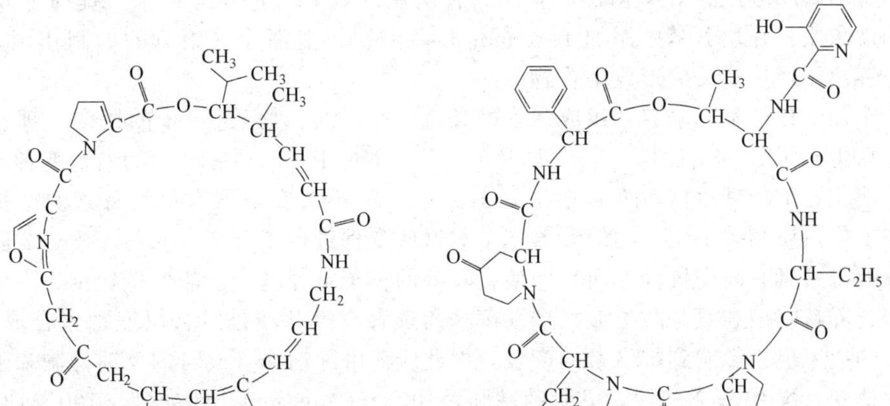

组份S　　组份M

图 10.7.1　维吉尼亚霉素的两个组分 M 和 S

S. virginiae，原菌种编号为 899，对自身产的抗生素和噬菌体敏感，因此野生菌种 899 的维吉尼亚霉素产量很低。维吉尼亚霉素高产菌种选育种的关键问题是要解除产物的抑制作用和增加对噬菌体的抗性，主要采用了如下的诱变育种方法：

(1) 物理和化学诱变　利用紫外线或氮芥处理的方法筛选维吉尼亚霉素产量高、菌丝形态好及遗传性能稳定的突变菌株。原菌株 899 只能在菌丝的生长阶段产弗吉尼亚霉素，随着抗生素的积累，由于它对蛋白质合成有抑制作用，菌体生长和抗生素生产迅速停止。经过诱变处理后，维吉尼亚霉素产量达到了 250μg/ml，于 1958 年获得了第一个能用于工业生产的菌株 PDT30。

(2) 维吉尼亚霉素抗性菌株　通过在液体或固体培养基中或在连续培养过程中不断提高维吉尼亚霉素的浓度，筛选抗性菌株，获得了维吉尼亚霉素产量达到 1000μg/ml 的 PDT1830 菌株（1961 年），该菌株能形成红棕色色素。

(3) 去除两种噬菌体和类大肠菌素物质的影响　人们发现菌丝的生长在液体深层培养 30h 就会停止，并随着发生菌丝的裂解，裂解因子能够通过孔径 0.45μm 的过滤器、在 80℃ 时稳定、pH 值大于 8.0 或小于 2.0 时不稳定，同时确定了该裂解因子是噬菌体 ϕS_1。通过诱变在固体培养基上选育出了即使该噬菌体浓度高达 10^8 个/ml 时菌丝也不会裂解的抗性突变株。但是问题并未完全解决，在培养 30h 后菌丝再次发生了裂解，人们认识到菌种对噬菌体的抗性还不完全，从而进一步发现了存在第二种噬菌体 ϕS_2，并从生长在裂解圈内的菌斑中筛选得到了对两种噬菌体都有抗性的突变株。解决了噬菌体问题后，发现弗吉尼亚霉素的深层液体发酵还受到另一种物质的抑制，并鉴别出是一种大肠菌素的类似物质。它不能用透析方法除去，能被硫酸铵沉淀，被蛋白水解酶失活，能吸附到对其敏感的活细胞上，而且在紫外线诱变后能提高其产量。在含有高浓度类大肠菌素的培养基中可以筛选到抗性突变株，从几百个突变株中获得到了两株完全不产类大肠菌素的突变株，最终获得了稳定、高产的维吉尼亚霉素生产菌种 R81。

(4) 降低维吉尼亚霉素 S 组分的抑制作用　通过深入研究，人们发现在发酵的早期加入 S 组分将会大大降低 S 组分维吉尼亚霉素的产量，但对微生物的生长却影响不大；在发酵 20h 后添加则对产量也没有影响。而 M 组分的存在对产量和生长都没有明显的影响。为此，在添加了 S 组分的固体平板上筛选了 S 组分抗性、但保持了 M 组分生产能力的突变株，从 8000 个菌株中筛选到了 R341 菌株，它的维吉尼亚霉素生产能力比 R81 又提高了 60%。一个有趣的现象是：在培养基中添加 10^{-4} mol/L 硫酸镍也能消除 S 组分的抑制作用，因为 S 组分能与镍离子经可逆反应形成络合物。

(5) 全面优化菌种、培养基组成和发酵条件　R341 菌种经进一步的诱变处理和培养条件的优化后得到了 R1081 菌株，但是发现在正常培养的 R1081 中有 2%的白色变种，再经吖啶黄素或溴化乙啶处理后白色变种增加到了 20%，但不会影响维吉尼亚霉素的产量。于是在含低浓度蛋白质和碳水化合物的培养基中对这些变种进行了分离，获得了 SV32 菌株，它对维吉尼亚霉素具有高度抗性，而且即使在较差的种子培养基中也能保持稳定。

(6) 营养缺陷型和氨基酸类似物抗性菌株的选育　氨基酸是维吉尼亚霉素合成的前体，前体合成的速率也会影响到抗生素的产量，因此应该解除前体合成时的反馈抑制和阻遏。采用了化学诱变（*N*-甲基-*N′*硝基-*N*-亚硝基胍，100～500μg/ml）、热处理（100～130℃处理 1～45min）及近紫外线（365nm，90min）处理，并添加 100μg/ml 的 8-氧化补骨脂素，获得了多重营养缺陷型菌株和氨基酸类似物抗性菌株，并结合转导、原生质体融合等手段，最终获得的最好菌株是苯丙氨酸类似物抗性菌株 SV3582 及蛋氨酸类似物抗性菌株 SV6282。

通过以上一系列的菌种选育步骤，经过对 90000 多个菌株的筛选，使最终获得的生产菌株产维吉尼亚霉素的能力比野生菌种提高了1000倍以上。

10.7.3 基因工程在抗生素生产菌选育中的应用

事实证明，应用基因工程的方法可以大大改进微生物的抗生素生产能力。基因重组既可以采用传统的接合、转导、转化及原生质体融合等方法，也可以通过现代的基因工程技术对基因进行直接操纵来实现。本小节将介绍这方面的一些成功实例。

通过微生物的自然生殖系统改良菌种的方法一般适用于霉菌，经过准性生殖循环可以获得单倍体分离子或双倍体杂交子，往往比亲本具有更高的抗生素生产能力。有人针对青霉素生产菌 *P. chrysogenum* 进行了研究，发现在两个有不同标记的亲本间杂交后筛选异核体，所得到的二倍体产青霉素能力明显高于亲本。这种方法也可以用于放线菌，应用例子是卡那霉素高产菌株的选育，通过营养缺陷型 *S. rimosus*（巴龙霉素生产菌，也生产少量的新霉素）和 *S. kanamyceticus*（卡那霉素生产菌）的种间杂交，所得到的原养型重组菌卡那霉素生产能力高于亲本。

原生质体融合技术广泛应用于抗生素生产菌的育种。这种技术不需要掌握抗生素的生物化学和基因方面的详细知识，但针对每一种微生物必须要有一套获得原生质体并使其再生的有效方法。原生质体融合技术在霉菌和放线菌中均能应用。一个成功例子是通过 *C. acremonium* 的原生质体融合获得头孢菌素C生产菌，而且分离出了能有效利用无机硫酸盐的菌种。利用原生质体融合技术得到的 *P. chrysogenum* 能够快速生长，而且基本不产 *p*-羟基青霉素V。由于 *p*-羟基青霉素V是青霉素V的污染物，会干扰青霉素V化学转化为头孢菌素的过程，因此该菌种生产的青霉素V适合用于半合成抗生素生产。

重组DNA技术为抗生素生产菌种的选育提供了新的工具。由于抗生素是分子结构复杂的非蛋白质产品，参与抗生素生物合成的酶很多，要将编码这些酶的基因都克隆到一个质粒显然既不可能也没有必要。因此重组DNA技术在抗生素生产中的应用往往采用代谢工程的方法，即根据对抗生素代谢途径和调节机理的了解和分析，找出影响抗生素产量的主要因素，进而对与这些因素有关的基因进行改造，如对结构基因的强化及对条件和抗性基因的改造等。

在抗生素的生物合成途径中，往往可以鉴别、确定影响抗生素合成的限速步骤，这样催化该反应的酶就成了提高抗生素产量的关键，如果能通过重组DNA技术增加微生物中编码这种酶的基因剂量，就可以提高酶的表达量，从而提高抗生素产量。有人研究了用 *C. acremonium* 生产头孢菌素C的生物合成途径中，限速步骤是中间产物青霉素N的扩环和脱乙酰头孢菌素C的羟基化，催化这两个反应的酶都由基因 *cefEF* 编码，将该基因克隆到有潮霉素抗性标记的质粒中并转导到生产菌株，实验证实该工程菌中存在额外的 *cefEF* 基因拷贝数，而且头孢菌素C生产水平显著提高。

上一节的讨论已经提到抗生素生物合成的基因群中包括调节基因，调节基因的作用是阻遏或诱导结构基因的表达。在次甲霉素生产菌 *S. coelicolor* 中，次甲霉素的合成受到处于基因群末端DNA片段的负调节，将该片段改变或删除后就能够增加抗生素的产量；同样在这种微生物中，基因 *actII* 起正调节作用，因此增加该基因的拷贝数也能大幅度提高抗生素产量。

道诺红霉素生产菌 *S. peucetius* 中的 $dnrR_1$ 和 $dnrR_2$ DNA片段能够刺激次级代谢产物的生产并增加微生物对产物的抗性。研究工作证明，在野生型菌株中插入这两个基因片段能增加道诺红霉素和它的一个关键中间产物的产量，将 $dnrR_2$ DNA片段插入产物敏感型的生产菌则有利于提高其抗性。

目前代谢工程在抗生素生产中的应用还是初步的，关键问题是目前对抗生素生物合成途径和调节控制机理的认识还非常有限，对放线菌及霉菌等主要抗生素生产菌种的基因还缺乏了解，掌握的质粒也不多。可以预料，随着人们对抗生素合成基因的研究不断深入，代谢工程在提高抗生素产量方面是大有可为的。

复习思考题

1. 什么是微生物的次级代谢产物？什么是抗生素？
2. 简要讨论链霉菌在抗生素生产中的地位。
3. 以青霉素发酵为例，说明菌种选育在提高抗生素发酵水平中的贡献。
4. 举例说明高通量筛选在抗生素高产菌株选育中的应用。
5. 举例说明代谢工程在抗生素高产菌株选育中的应用。
6. 为什么要研究微生物中抗生素的合成机理？可以采用哪些方法？
7. 什么是基因组重排？举例说明基因组重排在抗生素高产菌株选育中的应用。
8. 简要叙述在多肽类抗生素生物合成中的硫模板机理。

11 微生物和基因工程

将外源基因通过体外重组后导入受体细胞内，使该基因能在受体细胞内复制、转录、翻译表达的操作过程称为基因重组或基因工程。

基因重组技术的理论基础是遗传学和分子生物学的研究成果。科学家在20世纪30年代发现了生物的遗传物质是DNA，50年代提出了DNA的双螺旋结构，60年代完全破译了全部密码子，70年代初创建了基因体外重组技术，80年代初第一个基因工程产品——人胰岛素就开始商品化生产。今天，体外基因重组已经成了生物科学与技术的研究和开发中最重要、应用最广泛的技术。

基因重组技术在工业上的应用主要是表达各种蛋白质类产物，特别是具有药用价值的蛋白质，但是随着科学技术的发展，基因重组技术的工业应用已经远远超过了单纯的蛋白质生产。随着对微生物中代谢途径和调控机理的认识不断深入，可以通过基因重组技术改造微生物的代谢途径，从而大幅度提高目的产物产量、扩大微生物的底物利用范围，形成了“代谢工程”这一新的应用领域。由于研究蛋白质结构和功能关系的需要，利用基因重组技术改造蛋白质结构、提高蛋白质生物活性，发展了点突变、基因重排（DNA shuffling）或基因进化（DNA evolution）技术，为“蛋白质工程”提供了技术支撑。全基因组重排（genome shuffling）技术则为提高育种效率提供了新的思路。

11.1 概述

自从分子生物学家发现所有生物的遗传信息都是由DNA分子携带并发现了基因的密码后，人们就一直致力于将分子生物学的这一划时代成果用于微生物细胞的改造，使得微生物细胞能够生产更多的目标产物、合成新的代谢产物及转化原本不能转化的底物或有毒物质。通过科学家们的不懈努力，基因工程已经成了工业微生物菌种选育的重要手段，正在发酵工业中发挥愈来愈大的作用。可以说工业微生物遗传育种取得的重要进展既是基因工程发展的基础之一，又为工业微生物的育种提供了强有力的新工具。两者始终存在着十分密切的依赖关系。

基因是细胞的染色体中含有遗传信息的基本单元。在对基因进行操纵前，必须对DNA分子的脱氧核糖核酸顺序、各个结构单元的功能及其相互关系有一个清楚的认识，即所谓的基因组学。目前，许多微生物、植物、动物及人类基因组计划已经完成或即将完成，怎样利用从基因组中获得的大量信息为人类服务已经成了生物技术的重要研究内容和发展方向。

基因重组技术诞生于1973年。它是过去数十年中无数科学家智慧的结晶。生物科学领域的三大发现为基因工程的诞生奠定了坚实的基础：

① 30年代发现了生物的遗传物质是DNA　1934年，Avery首次报道了肺炎双球菌（*Diplococcus pneumoniae*）的转化现象。他不但证明了DNA是生物的遗传物质，而且实现了通过DNA分子将一个细菌的性状转化到另一个细菌。

② 50年代提出了DNA的双螺旋结构　1953年，Watson和Crick提出了DNA的双螺旋结构模型和半保留复制机理（图11.1.1）。随后X射线衍射证明了DNA具有规则的螺旋

结构。他们的研究成果奠定了分子遗传学的基础，推动了生命科学的发展；

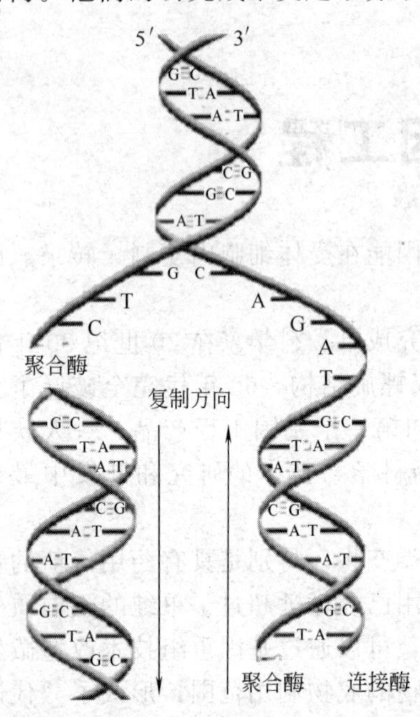

图 11.1.1 DNA 分子的双螺旋模型和半保留复制

③ 60 年代确定了遗传信息的传递方式 1961 年，Monod 和 Jacob 提出了基因的操纵子学说。以 Nireberg 为代表的一批科学家经过艰苦努力，确定了遗传信息是以密码子方式传递的，每三个核苷酸组成一个密码子，代表一种氨基酸。到 1966 年，全部破译了 64 个密码，编排了密码字典，叙述了中心法则，提出了遗传信息流，即 DNA→RNA→蛋白质。他们在分子水平上揭示了遗传现象。

DNA 分子的结构十分精细，要对 DNA 分子进行重新设计和改造绝不是一件容易的事，DNA 分子的体外重组技术的实现还需要发明新的工具、方法和技术。以下三大发明对促成基因体外重组技术获得成功起了关键作用：

① 工具酶 从 20 世纪 40 年代至 60 年代，从理论上已经指出了基因体外重组的可能性，但科学家们面对庞大的双链 DNA 分子束手无策，无法根据需要将 DNA 分子切割成单个的基因片段，也无法将两个 DNA 片段正确地连接起来。限制性核酸内切酶的发现解决了 DNA 分子的切割问题，1970 年，Smith 和 Wilcox 从流感嗜血杆菌（*Haemophilus influenzae*）中分离并纯化了限制性核酸内切酶 *Hind* Ⅱ；1972 年，Boyer 实验室发现了 *Eco* RⅠ核酸内切酶，能够识别核苷酸链上的 GAATTC 序列；从此以后，相继发现了各种类似于 *Eco* RⅠ的限制性核酸内切酶，它们可以在特殊的位点切割 DNA 分子，因此，有人将限制性核酸内切酶形象地称为“长眼睛的剪刀”。

几乎与此同时的另一项重要发现是 DNA 连接酶。1967 年，世界上有 5 个实验室几乎同时发现了 DNA 连接酶。这种酶能够将 DNA 的裂口修复，将两条 DNA 片段按预定的方向重新连接在一起。1970 年，美国 Khorana 实验室发现了具有更高连接活性的 T_4 DNA 连接酶。可以毫不夸张地说 DNA 连接酶就是重组 DNA 的“缝纫针和线”。

② 载体 有了对 DNA 进行切割和连接的工具酶，还不能完成 DNA 体外重组工作，因为大多数 DNA 片段不具备自我复制能力。为了能够在宿主细胞中进行增殖，必须将 DNA 片段连接到一种特定的、具有自我复制能力的 DNA 分子上。这种 DNA 分子就是基因工程载体（vector）。从 1946 年起，Lederberg 开始研究细菌的性因子——F 因子，以后相继发现了其他质粒，如抗药性因子（R 因子）、大肠杆菌素因子（CoE）。1973 年，Cohen 首先将质粒作为基因工程的载体使用。噬菌体及病毒的 DNA 分子也被用作为携带目的基因进入宿主细胞的基因工程载体。这些载体就成了基因工程诞生的第二项技术发明。

③ 逆转录酶 以 DNA 为模板、在 RNA 聚合酶（依赖于 DNA 的 RNA 聚合酶）的催化下合成 RNA 的过程称为转录。以 RNA 为模板在逆转录酶（依赖于 RNA 的 DNA 聚合酶）催化下合成 DNA 的过程称为逆转录。原核生物的基因序列是连续的，比较容易被识别和克隆。真核生物的基因要复杂得多，在 DNA 分子中的序列常常被插入了若干个内含子（intron）而不连续，这给基因的识别、克隆和表达带来了极大的困难。1970 年，Baltimore 小组和 Temin 小组的科学家同时发现了逆转录酶，逆转录酶被逆转录病毒（retrovirus）RNA 所编码，在逆转录病毒的生活周期中，负责将病毒 RNA 逆转录成互补的 DNA（cDNA），

进而形成双螺旋的DNA，并整合到宿主细胞的染色体DNA中。逆转录酶打破了中心法则，使真核细胞基因的制备成为可能。

在实现了三大理论发现和完成了三大技术发明后，基因工程诞生的条件已基本成熟。1972年，斯坦福大学的Berg等人在世界上第一次成功地实现了DNA体外重组。他们使用限制性内切酶*Eco* RⅠ在体外对猿猴病毒SV40的DNA和λ噬菌体的DNA分别进行酶切，再用T_4DNA连接酶把两种酶切的DNA片段连接起来，获得了重组的DNA分子。1973年，斯坦福大学的Cohen等人进行了体外重组DNA实验并成功地实现了细菌间性状的转移。他们将大肠杆菌的抗四环素（TC^r）质粒pSC101和抗新霉素（Ne^r）及抗磺胺（S^r）的质粒R6-3，在体外用限制性内切酶*Eco* RⅠ切割，再连接成新的重组质粒，然后转化到大肠杆菌中。结果在含四环素和新霉素的平板中，筛选出了抗四环素和抗新霉素的重组菌落，即表型为TC^rNe^r的菌落。这是人类历史上第一次有目的地进行基因重组实验，是第一个实现重组体转化的成功例子。基因工程从此诞生，许多科学家将1973年称为基因工程元年。

在20世纪70～80年代，基因重组技术还只被少数科学家、少数研究机构和企业所掌握，虽然该技术的重要性已被基因重组蛋白质药物的相继上市而受到重视，但在实施时的困难使许多人望而生畏。一项基于以上三大技术发明的综合技术的出现彻底改变了这种情况，这就是1993年诺贝尔奖获得者之一Kary B. Mullis所发明的PCR（polymerase chain reaction）技术。该技术不但为基因体外重组提供了非常方便而高效的设备，而且极大地促进了分子生物学、人类基因组计划、甚至疾病诊断学的发展。可以毫不夸张地说，PCR已经成了现代生物科学和技术不可或缺的基本工具，每个与生物有关实验室的必需设备。

基因工程是将外源DNA分子的新组合引入到一种宿主细胞中进行繁殖和表达的工程技术。这种DNA分子的重新组合按照工程学的方法进行设计和操作。这就赋予了基因工程跨越天然物种屏障的能力，克服了固有的生物种间限制，引入了定向创造新物种的可能性。这是基因工程区别于其他遗传育种方法的显著特点。

基因工程中常用的克隆（clone）一词，当它作为名词时，是指从同一个祖先通过无性繁殖方式产生的后代，或具有相同遗传性状的DNA分子、细胞或个体所组成的特殊的生命群体；当作为动词时，是指从同一祖先生产这类同一DNA分子群或细胞群的过程。

基因重组的目标是通过基因体外重组技术使细胞获得新的遗传特性，通过基因重组细胞培养获得所需要的产物或达到一定的社会目标。

基因工程包括基因的分离、重组、转移及在受体细胞的生长周期中外源基因的保持、转录、翻译表达等全过程。基因工程的实施至少要有四个必要条件：①工具酶；②基因；③载体；④受体细胞。下面将分别予以讨论。

11.2 基因工程工具酶

基因工程操作是分子水平上的操作，它依赖于一些重要的酶作为工具来对基因进行人工切割和拼接等操作。一般把这些切割DNA分子、进行DNA片段修饰和DNA片段连接等所需的酶称为工具酶。

基因工程涉及的工具酶种类繁多、功能各异，就其用途可分为三大类：①限制性内切酶；②连接酶；③修饰酶。基因工程中常用的工具酶如表11.2.1所示。

11.2.1 限制性内切酶

识别和切割双链DNA分子内特殊核苷酸顺序的酶统称为限制性内切酶，简称限制酶。

表 11.2.1 基因工程中常用的工具酶

核酸酶名称	主要功能
Ⅱ型核酸内切限制酶	在特异性碱基序列部位切割 DNA 分子
DNA 连接酶	将两条 DNA 分子或片段连接成一个 DNA 分子
大肠杆菌 DNA 聚合酶Ⅰ	通过向 3′-端逐一增加核苷酸，填补双链 DNA 分子上的单链缺口
反(逆)转录酶	以 RNA 分子为模板合成互补的 cDNA
多核苷酸激酶	把一个磷酸分子加到多核苷酸链的 5′—OH 末端
末端转移酶	将同聚物尾巴加到线性双链或单链 DNA 分子的 3′—OH 末端
核酸外切酶Ⅲ	从一条 DNA 链的 3′-端移去核苷酸残基
λ 核酸外切酶	自双链 DNA 分子的 5′-端移走单核苷酸，暴露出延伸的单链 3′-端
碱性磷酸酶	从 DNA 分子的 5′-端或 3′-端或同时从 5′-和 3′-端移去末端磷酸
S1 核酸酶	将 RNA 和单链 DNA 降解成 5′-单核苷酸，或切割双链核苷酸单链区
Bal31 核酸酶	有单链特异的核酸内切酶特性，也有双链特异的核酸外切酶活性
Tag DNA 聚合酶	在高温下一单链 DNA 为模板按 5′→3′方向合成新生互补链

从原核生物中已发现了约 400 种限制酶，可分为Ⅰ类、Ⅱ类和Ⅲ类。其中Ⅰ类酶能结合在特定的识别位点，但没有特定的切割位点；Ⅲ类酶对其识别位点进行随机切割，很难形成稳定的特异性切割末端。基因工程研究中基本不用Ⅰ类和Ⅲ类限制性内切酶。

Ⅱ类限制性内切酶有如下特点：①识别特定的核苷酸序列，长度一般为 4、5 或 6 个核苷酸且呈二重对称；②具有特定的酶切位点，即限制性内切酶能够在其识别序列的特定位点对双链 DNA 进行切割，由此产生特定的酶切末端；③没有甲基化修饰酶功能、不需要 ATP 和 SAM 作为辅助因子，一般只需要 Mg^{2+} 参与。Ⅱ类限制性内切酶主要作用是切割 DNA 分子，以便对含有特定基因的 DNA 片段进行切割和分析，是基因工程中使用的主要工具酶。

限制性内切酶在双链 DNA 分子上能识别的特定核苷酸序列称为识别序列或识别位点，它们对碱基序列有严格的专一性，限制性内切酶切断双股 DNA 分子时有如图 11.2 所示的两种方式：沿对称线切断形成两个平端分子［图 11.2.1（a）］及在对称线附近沿对称位置切断形成两个含黏性末端（sticky ends）的分子［图 11.2.1（b）］。

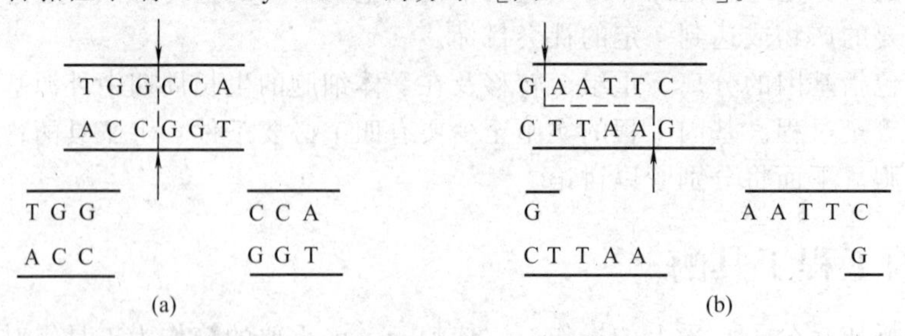

图 11.2.1 限制性内切酶的两种切断方式

（a）平端；（b）黏性末端

一些常用的限制性内切酶及其识别位点列于表 11.2.2。

11.2.2 连接酶

将两段乃至数段 DNA 片段拼接起来的酶称为连接酶。基因工程中最常用的连接酶是 T_4DNA 连接酶。它催化 DNA 5′-磷酸基与 3′-羟基之间形成磷酸二酯键。除 T_4DNA 连接酶

表 11.2.2 核酸内切限制酶的类型和主要特性

酶	识别序列	同裂酶	同尾酶	质粒中切割位点数目		
				λ	SV40	pBR322
AvaⅠ	C↓PyCGPuG	—	SalⅠ,XhoⅠ,XmaⅠ	8	0	1
BamHⅠ	G↓GATCC	BstⅠ	BclⅠ,BglⅡ,MboⅠ,Sau3A,XhoⅡ	5	1	1
BclⅠ	T↓GATCA	—	BamHⅠ,BglⅡ,MboⅠ,Sau3A,XhoⅡ	7	1	0
BglⅡ	A↓GATCT	—	BamHⅠ,BclⅡ,MboⅠ,Sau3A,XhoⅡ	6	0	0
ClaⅠ	AT↓CGAT	—	AccⅠ,AcyⅠ,AsYⅡ,HpaⅡ,TaqⅠ	15	0	1
EcoRⅠ	G↓AATTC	—	—	5	1	1
EcoRⅡ	↓CC(A/C)GG	AtuⅠ,ApyⅠ	—	>35	16	6
HaeⅢ	GC↓CC	BspRⅠ,BsuRⅠ	—	>50	19	22
HgaⅠ	GACGC$(N)_5$↓ CTGCG$(N)_{10}$↓	—	—	>50	0	11
HhaⅠ	GCG↓C	FnuDⅢ,HinPⅠ	—	>50	2	31
HincⅡ	CTPy↓PuAC	HindⅡ	—	34	7	2
HindⅡ	GTPy↓PuAC	HincⅡ,HinJCⅠ	—	34	7	2
HindⅢ	A↓AGCTT	HsuⅠ	—	6	6	1
HinfⅠ	G↓ANTC	FnuAⅠ	—	>50	10	10
HpaⅠ	GTT↓AAC	—	—	13	4	0
HpaⅡ	C↓CGG	HapⅡ,MnoⅠ	AccⅠ,AcyⅠ,AsuⅡ,ClaⅠ,TaqⅠ	>50	4	12
HphⅠ	GGTGA$(N)_6$ ↓CCACT$(N)_7$	—	—	>50	4	12
KpnⅠ	GGTAC↓C	—	BamHⅠ,BclⅠ,BglⅡ,XhoⅡ	2	1	0
MboⅠ	↓GATC	DpnⅠ,Sau3AⅠ	—	>50	8	22
PstⅠ	CTGCA↓G	SalPⅠ,SfⅡ	—	18	2	1
PvuⅡ	CAG↓CTG	—	—	15	3	1
SacⅡ	CCGC↓GC	CscⅠ,SstⅡ	—	>25	0	0
SalⅠ	G↓TCGAC	HgiCⅢ,HgiDⅡ	AvaⅠ,XhoⅠ	1	0	0
Sau3A	↓GATC	MhoⅠ	BamHⅠ,BclⅠ,BglⅡ,boⅠ,XhoⅡ	>50	8	22
SmaⅠ	CCC↓GGG	XmaⅠ	—	3	0	0
SstⅠ	GAGCT↓C	SacⅠ	—	2	0	0
XbaⅠ	T↓CTAGA	—	—	1	0	0
XhoⅠ	C↓TCGAG	BluⅠ,PaeR7Ⅰ	AvaⅠ,SalⅠ	1	0	0
XmaⅠ	C↓CCGGG	SmaⅠ	AvaⅠ	3	0	0

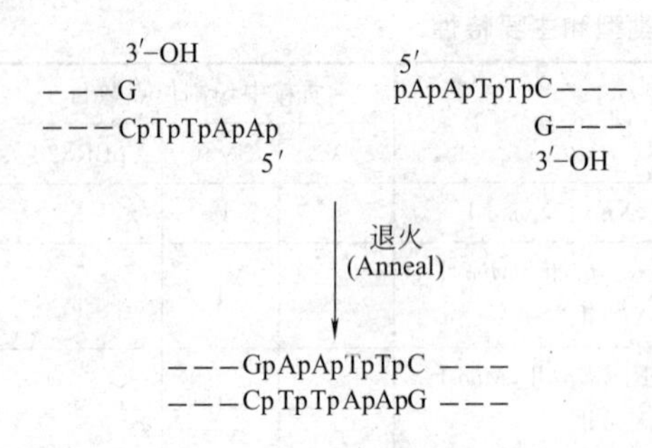

图 11.2.2 T_4DNA 连接酶的作用原理

外，还有大肠杆菌的 DNA 连接酶，它所催化反应与 T_4DNA 连接酶基本相同，只是需要辅酶 NAD^+ 参与。

T_4DNA 连接酶的作用原理如图 11.2.2 所示。它能将两个具有相同黏性末端的 DNA 片段连接在一起，这一过程又被称为退火（anneal）。

目前常用的 DNA 聚合酶有大肠杆菌 DNA 聚合酶Ⅰ、大肠杆菌 DNA 聚合酶Ⅰ大片段（Klenow fragment）、T_4 噬菌体 DNA 聚合酶、T_7 噬菌体 DNA 聚合酶以及耐高温 DNA 聚合酶（如 Taq DNA 聚合酶）等。不同来源的 DNA 聚合酶具有各自的酶学特性。耐高温的 DNA 聚合酶（如 Taq）的最佳作用温度为 75～80℃，广泛用于 PCR 扩增及 DNA 测序。无论哪种 DNA 聚合酶，所催化的反应都是将两个 DNA 片段末端之间的磷酸基团和羟基基团连接形成磷酸二酯键。

11.2.3 其他常用的基因工程工具酶

基因工程常用的工具酶还有：逆转录酶、T_4 多核苷酸酶和碱性磷酸酶等。

逆转录酶是以 mRNA 为模板逆转录形成互补 DNA（cDNA）的酶。逆转录酶在基因工程中的主要用途是以真核生物的 mRNA 为模板，合成 cDNA，用于真核基因的重组和表达。将逆转录与 PCR 偶联建立起来的逆转录 PCR（RT-PCR）技术使真核基因的分离更加快速、有效。

T_4 多核苷酸酶催化 ATP 的 γ-磷酸基团转移至 DNA 或 RNA 片段的 5′-末端。在基因工程中主要用于标记 DNA 片段的 5′端、制备杂交探针及在基因化学合成中将寡核苷酸片段 5′端磷酸化和用于测序引物的 5′端磷酸标记。

常用的碱性磷酸酶有两种：来源于大肠杆菌的细菌碱性磷酸酶（BAP）和来源于牛小肠的碱性磷酸酶（CIP）。CIP 的比活性比 BAP 高出 10 倍以上，而且对热敏感，便于加热使其失活。碱性磷酸酶用于去除 DNA 片段中的 5′-磷酸以防止在重组中自身环化，提高重组效率。也可用于在以［γ-^{32}P］ATP 标记 DNA 或 RNA 的 5′-磷酸前，去除 DNA 或 RNA 片段的非标记 5′-磷酸。

11.3 获得目的基因

基因是具有遗传功能的 DNA 分子上的片段，平均长度约 1000bp。早在 1946 年就有人提出了“一个基因一种酶”的理论，即一个基因经转录、翻译后将表达一种蛋白质分子。一个完整的基因应该包括：结构基因、调节基因、操纵基因、启动基因和终止基因，其中结构基因含有所表达蛋白质的全部信息。基因工程的目的是将性状优良的相关基因进行重组获得具有高度应用价值的新物种。因此，基因工程的首要任务是从现有生物群体中分离出特定的目的基因，目的基因一般都是结构基因。通过目的基因将所需的外源遗传信息额外流入宿主细胞中，使宿主表现出所需要的性状。因此理想的目的基因应不含多余的干扰成分、纯度高，而且片段大小应适合重组操作。

最传统的获得外源基因方法是手枪克隆法（shortgun cloning）。若对细胞的基因信息一无所知，从细胞中提取的 DNA 分子用若干种限制性内切酶切割成片段，将这些片段进行分离后分别克隆到宿主细胞进行表达，从表达产物中鉴别每一 DNA 片段的生物活性以确定是否含有所需要的目的基因。显然这种方法的工作量非常大。

从20世纪60年代起，科学家就开展了测定DNA分子中核苷酸排列序列方法的研究工作，但是进展不大。1975年Sanger等人发明了加减法，能够直接分析100～500个核苷酸的DNA片段，取得了DNA测序的重大突破。1977年Maxam和Gilbert等人发明了化学降解法，能够更快速地分析DNA序列。同年Sanger等人又提出了双脱氧链终止法，该方法能快速、准确、可靠地测量DNA序列，是目前DNA序列分析的重要手段。随着计算机技术的快速发展，20世纪80年代实现了DNA的自动测序，从而人类能够从各种生物体的DNA中得到海量的序列信息，相继完成了人类基因组、水稻基因组及许多微生物基因组的测序，为基因的发现、合成和分离奠定了物质基础。通过几十年来的努力和数据积累，世界上已经建立了多个基因库和基因文库。

11.3.1 PCR法

目前，PCR已经成为获得目的基因最常用的方法，因此有必要对PCR技术进行介绍。PCR技术可以在体外通过酶促反应快速扩增特异DNA片段，它要求反应体系具有以下条件：①要有与被分离的目的基因两条链各一端序列互补的DNA引物（约20bp）；②具有热稳定性的酶，如Taq DNA聚合酶；③dNTP；④作为模板的目的DNA序列。一般，PCR反应可扩增出100～5000bp的目的基因。

PCR反应过程见图11.3.1，包括以下三个步骤：①变性，将模板DNA置于95℃的高温下，使双链DNA解开变成单链DNA；②退火，将反应体系的温度降低到50℃左右，使得一对引物能分别与变性后的两条模板链相配对；③延伸，将反应体系温度调整到TagDNA聚合酶作用的最适温度72℃，以目的基因为模板，合成新的DNA链。

PCR技术具有两个显著特点：①能够指导特定DNA序列的合成。新合成DNA链的起点由加入到反应混合物中的一对寡核苷酸引物在模板DNA链两端的退火位点决定；②能够使特定的DNA区段得到迅速大量的扩增。由于PCR所选用的一对引物，是按照与扩增区段两端序列彼此互补的原则设计的，因此每一条新合成的DNA链上都具有新的引物结合位点，并进入下一个反应循环。经n次循环后，反应混合物中所含有的双链DNA分子数，即两条引物结合位点之间的DNA区段的拷贝数，理论上可达到2^n。

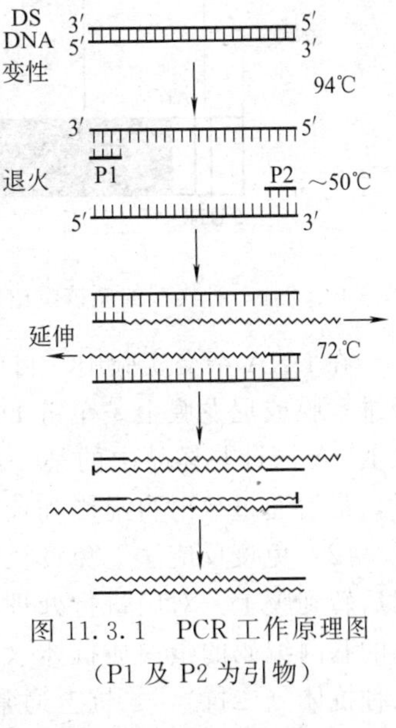

DS DNA 3′ 5′ 5′ 3′
变性 94℃
3′ 5′
退火 P1 P2 ～50℃
5′ 3′
延伸 72℃

图11.3.1 PCR工作原理图
（P1及P2为引物）

反复进行约30个PCR循环后，理论上可使目标DNA数量增加约10^9倍，实际上能达到约10^6～10^7倍，已经能够满足基因重组的需要。正因为PCR技术能在短时间内大量扩增目标DNA片段，使该技术在生物学、医学、人类学、法医学等许多领域内获得了广泛应用。可以说PCR技术给整个分子生物学领域带来了一场变革。

如果从已知的基因库中能够查到目的基因或类似基因的序列，就可以根据该序列设计合适的引物。一般而言，引物应该与目的基因的核苷酸序列互补，长度则应大大小于目的基因，但仍有足够的长度去识别目的基因而不会引起与其他基因的混淆。如果知道了蛋白质的结构，也可以从氨基酸序列反推基因的核苷酸序列并设计相应的引物，但由于密码子的简并性，核苷酸序列有多种可能性，就需要设计多种引物才能克隆到相应的基因。

11.3.2 获得原核生物目的基因

在原核生物中结构基因通常会在基因组 DNA 上形成一个连续的编码区域，见图 11.3.2。目的基因在染色体 DNA 中的含量非常少，首先需要培养一定数量的细胞并从中提取总 DNA。然后用限制性内切酶对总 DNA 酶解，再把酶解得到的 DNA 片段分别克隆进载体并转化到宿主细胞培养，通过对带有外源 DNA 片段的重组克隆进行鉴定、分离、再培养和进一步鉴定以确定基因的功能。整个过程称为建立基因文库（genomic DNA library）。

基因组 DNA 文库可用于分析、分离特定的基因片段，通过染色体步查（chromosome walking）研究基因的组织结构，也可用于基因表达调控研究，用于人类及动植物基因组的分析等。一个完整的基因文库应该包括生物体所有的基因组 DNA。

构建基因文库后，就要鉴定出文库中带有目的基因序列的克隆。有以下三种常用的鉴定方法。

（1）DNA 杂交法　DNA 杂交成功与否取决于探针和目的序列之间的碱基对能否形成稳定的碱基配对。图 11.3.3 显示了 DNA 杂交法鉴定目的基因的方法

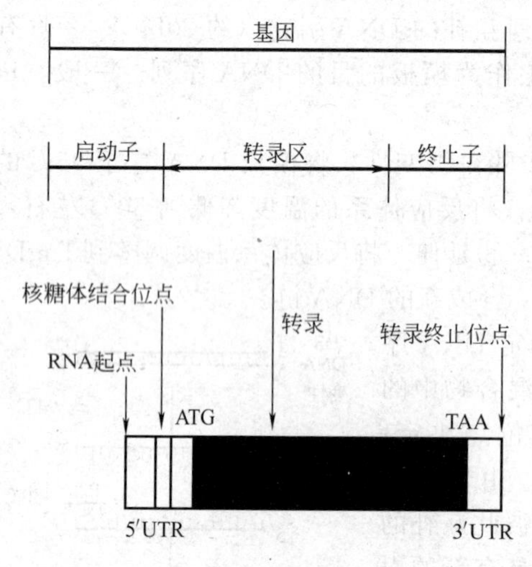

图 11.3.2　一种典型的原核蛋白质编码基因的结构

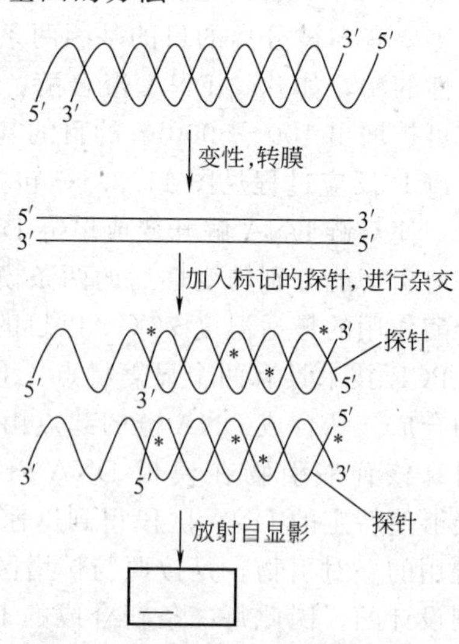

图 11.3.3　DNA 杂交原理示意图

在 DNA 杂交实验中，目的 DNA 先变性，然后将单链的目的基因在高温下结合到硝酸纤维素膜或尼龙膜上。单链 DNA 探针用放射性同位素或荧光进行标记，与膜一起保温。如果 DNA 探针与样品中的某一核苷酸序列互补，那么通过碱基配对的作用就会形成杂合分子，最后通过放射自显影和荧光方法检测。

（2）免疫反应法　免疫反应法如图 11.3.4 所示。先对基因文库中所有的克隆进行培养，然后转到膜上，对膜进行处理，使菌裂解后释放出的蛋白质附着于膜上，这时加入针对某一目的基因编码的蛋白质抗体（一抗），反应后多余的杂物经洗脱除去，再加入针对一抗的第二种抗体（二抗），二抗上通常都连有一种酶，如碱性磷酸酶等，再次洗脱后就加入该酶的一种无色底物。如果二抗与一抗结合，无色底物就会被连在二抗上的酶水解，从而产生一种有颜色的产物。

若一个目的基因 DNA 序列可以转录和翻译成蛋白质，那么只要出现这种蛋白质，甚至只需要该蛋白质的一部分，就可以用免疫的方法检测。免疫反应法与 DNA 杂交过程在方法上有许多共同之处。

（3）酶活性法　如果目的基因编码一种酶，而这种酶又是宿主细胞所不能编码的，那么

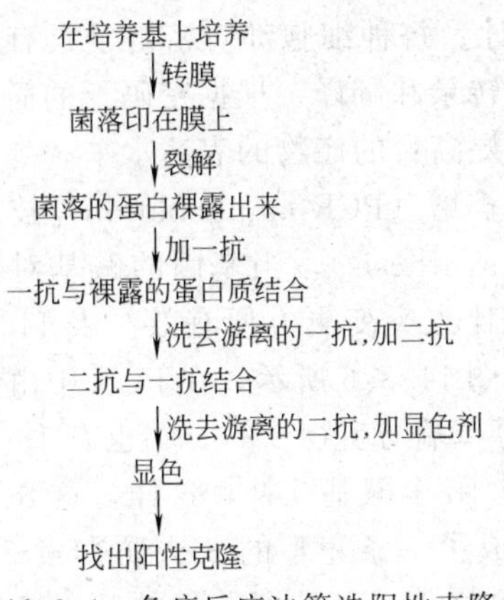

图 11.3.4 免疫反应法筛选阳性克隆子

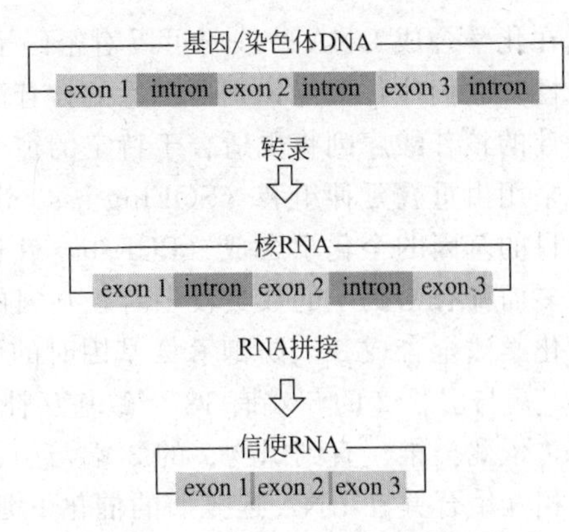

图 11.3.5 真核生物中的基因转录和后加工
exon—外显子；intron—内含子

就可以通过检查酶活性来筛选含目的基因的重组子。

11.3.3 真核生物目的基因的获得

真核生物中的基因转录和后加工如图 11.3.5 所示。由于内含子（intron）的存在，基因的外显子被若干个内含子分开，转录时必须跳过内含子。这样一来，直接从 DNA 无法获得可以在其他宿主细胞表达蛋白质产物的基因。从图中还可以看到，转录后得到的 mRNA 就不再含有内含子了，可以直接翻译得到蛋白质。当逆转录酶被发现后，人们就开始致力于利用逆转录酶的功能以 mRNA 为模板获得没有内含子的基因，即互补基因或 cDNA。通过上述方法就可以方便地建立真核生物的基因文库。真核生物基因组比原核生物要大得多，一般需要选择识别 6 个或更多个碱基序列的限制性内切酶来酶解真核生物基因组 DNA。

真核生物 cDNA 文库的构建包括如下步骤：①分离表达目的基因的组织或细胞；②从组织或细胞中制备总 RNA 和 mRNA；③以 mRNA 作为模板，在含有预先设计的 cDNA 合成引物、逆转录酶及 4 种脱氧核苷三磷酸的缓冲液（含 Mg^{2+}）中合成第一条 cDNA 链；④合成第二条 cDNA 链；⑤cDNA 甲基化后加入接头；⑥将双链 cDNA 连接到载体。

当真核基因序列已知时，也可以通过化学法合成。化学法合成 DNA 分子对分子克隆和 DNA 鉴定方法的发展起到了重要作用。化学合成的 DNA 片段可用于连接成一个长的完整基因，或用于 PCR 扩增目的基因，也可以引入点突变及作为测序引物等。单链 DNA 短片段的合成已成为分子生物学和生物技术实验室的常规技术，利用 DNA 合成仪就能够全自动快速合成 DNA 片段。

表 11.3.1 化学法合成 β-人防御素-2 基因的引物设计

编　号	引物序列(5′→3′)
引物 1	AGATCTATGAGGGTCTTGTATCTCCTCTTCTCGTTCC
引物 2	AAGCTTTCATTAGGATCCCATTGGCTTTTTGCAGCAT
引物 3	AGGATCGCCTATACCCATACCAAAAACACCTGG
引物 4	GTTACCTGCCTTAAGAGTGGAGCAATATGTCATCCAGTC
引物 5	CCCATGGGAATTCGGATCCATGCATCACCATCACCATCACGGTACCG
引物 6	GATCCGGTACCGTGATGGTGATGGTGATGCATGGATCCGAATTCCCATGGGGGCC
引物 7	GATCTTAATGAAAGCTTCTCGAGGCGGCCGCCTGCAGG
引物 8	TCGACCTGCAGGCGGCCGCCTCGAGAAGCTTTCATTAA

在化学合成DNA片段时可以对密码子进行重新设计。每种细胞都对密码子具有独特的偏爱性，它们往往只能识别所熟悉的核苷酸序列并进行转录和翻译。根据密码子的简并性重新设计的核苷酸序列将更适合于特定的宿主细胞，可以提高目的产物的表达水平。

采用由重叠延伸组装（SOEing-assembly）及PCR扩增（PCR amplicfiation）技术可以进行目的基因的全化学合成（PCR-based gene SOEing synthesis），当基因的碱基对数目不是太多而稀有密码子的数量较多时，基因的全化学合成比点突变更方便有效。表11.3.1列出了化学法全合成β-人防御素-2基因时的引物设计。如图11.3.6所示，在PCR中由于引物1的3′端与引物2的5′端有18个碱基互补、而引物2的3′端与引物3的5′端也有18个碱基互补，依此类推，直到引物7的3′端与引物8的5′端有18个碱基互补，这样，这8个互补引物相互结合并在DNA连接酶的催化下延伸，最后形成了一条完整的β-人防御素-2基因。PCR产物经琼脂糖凝胶回收纯化DNA后，通过DNA测序可以证明所获得的基因确实是所需要的目的基因。

引物1　　　　　　　　　　　　　　　　　　　　　　　　引物3
AGATCTATGCGTGTTCTGTATCTGC　　　　　　　　GTTCATCTTCCTGATGCCTTTGCCTGGTGTATTCGGTATGGGCATTG
ACGCACAAGACATAGACGACAAGAGAAAGGACAAGTAGAAGGACTACGG　　　ATAAGCCATACCCGTAAC
引物2　　　　　　　　　　　　　　　　　　　　　　　　引物4

引物5
GTCACCTGCCTGAAATCCGGTGCCATCTGTCATCCTGTGTTCTGTCCTCGTCGTT　　　GTACTTGCGG
CACTAGGTCAGTGGACGGACTTTAGG　　　ACAAGACAGGAGCAGCAATGTTCGTTTAACCATGAACGCC
引物4　　　　　　　　　　　　　　　　　　　　　　　　引物6

引物7
TTTGCCAGGCACCAAGTGCTGTAAGAAGCCAATG
AAACGGTC　　　ACGACATTCTTCGGTTACCCTAGGATTACTTTCGAA
引物6　　　　　　　　引物8

图11.3.6　全基因合成中的八条互补寡聚核苷酸链的PCR合成原理

11.4　基因工程载体

外源基因片段无法直接进入微生物和动植物受体细胞，需要与特定的载体DNA结合后才能进入细胞。这种能承载外源DNA片段（基因）、能带入受体细胞而且具有自我复制能力的DNA分子称为基因工程载体（vector）。

基因工程载体决定了外源基因的复制、扩增、传代乃至表达。常用的基因工程载体有：质粒载体、噬菌体载体、病毒载体以及由它们互相组合或与其他基因组DNA组合成的载体。

载体可分为克隆载体和表达载体。根据载体转移的宿主细胞不同，所用的表达载体也不同。根据载体功能不同还可分为测序载体、克隆转录载体、基因调控报告载体等。在基因工程操作中，需要根据运载的目的基因片段大小、将来要进入的宿主细胞类型及是否需要将目的基因插入染色体等选用合适的载体。

11.4.1　用于原核生物宿主的载体

分离得到了目的基因后，基因重组的第二步就是把目的基因装配到载体DNA。载体是在细胞群体中为目的基因片段提供增殖场所的DNA分子。载体应该具有以下性质：在宿主细胞中具有自我复制的能力；能够与各种分子量的外来DNA片段结合而又不会影响本身的复制能力；载体DNA经过细胞外重组后仍然能够顺利进入宿主细胞；载体DNA应该含有至少一个选择性标记，这样可以迅速而又可靠地筛选出含有载体DNA的细胞；对于一种或几种限制性内切酶，载体 DNA 上只有一个酶切位点。

11.4.1.1 质粒载体

质粒（plasmid）是一类双链闭合环状 DNA 分子的总称，它们在细菌中以独立于染色体外的方式存在，可以自我复制。一个质粒就是一个 DNA 分子，其大小从 1kb 到 200kb（1kb=1000 碱基对）。质粒广泛存在于细菌中，某些蓝藻、绿藻和真菌细胞中也存在质粒。从不同细胞中获得的质粒性质存在很大的差别。

常用的细菌质粒有 F 因子、R 因子、大肠杆菌素因子等。F 质粒携带有帮助其自身从一个细胞转入另一个细胞的信息，R 质粒则含有抗生素抗性基因。还有一些质粒携带着参与或控制一些特殊代谢途径的基因，如降解质粒。一些常用的质粒如表 11.4.1 所示。

虽然质粒的复制和遗传独立于染色体，但质粒的复制和转录仍依赖于宿主所编码的蛋白质和酶。每个质粒都有一段 DNA 复制起始位点的序列，使质粒 DNA 能在宿主细胞中自我复制。按复制方式，质粒分为松弛型和严紧型质粒。松弛型质粒的复制不需要质粒编码的功能蛋白，而完全依赖于宿主提供的半衰期较长的酶来进行，这样，即使在没有进行蛋白质合成时，松弛型质粒仍然能够复制。松弛型质粒在每个细胞中可以有 10～100 个拷贝，又称为高拷贝质粒。严紧型质粒的复制则要求同时表达一种由质粒编码的蛋白质，在每个细胞中只有 1～4 个拷贝，称为低拷贝质粒。在基因工程中一般都使用松弛型载体。下面，将介绍一种常用的质粒载体 pBR322。

表 11.4.1 一些常用的质粒

质粒名称		分子质量/10^6Da	拷贝数/染色体	自我转移能力	表型特征
Col 质粒	ColE1	4.2	10～18	不能	大肠杆菌 EⅠ(膜的变化)
	ColE2	5.0	10～18	不能	大肠杆菌 EⅡ(Dnase)
	ColE3	5.0	10～18	不能	大肠杆菌 EⅢ(核糖体 RNase)
性质粒	F	62	1～2	能	F 性须(F pilus)
	F′lac	95	1～2	能	F 性须，Lac 操纵子
R 质粒	R100	70	1～2	能	Cml^{r}，Str^{r}，Sul^{r}，Tet^{r}
	R64	78	少数	能	Tet^{r}，Str^{r}
	R6K	25	12	能	Amp^{r}，Str^{r}
	PSC101	5.8	1～2	不能	Tet^{r}
重组体质粒	pDM500	9.8	约 20	不能	黑腹果蝇组蛋白基因
	pBR322	2.9	约 20	不能	高拷贝数
	pBR345	0.7	约 20	不能	ColE1 改型

如图 11.4.1 所示的质粒 pBR 322 是人们研究最多、使用最广泛的载体，具备一个好载体的所有特征。pBR 322 大小为 4363bp，有一个复制起点、一个抗氨苄青霉素基因和一个抗四环素基因。质粒上有 36 个单一的限制性内切酶位点，包括 *Hin*dⅢ、*Eco*RⅠ、*Bam*HⅠ、*Sal*Ⅰ、*Pst*Ⅰ、*Pvu*Ⅱ等常用酶切位点。而 *Bam*HⅠ、*Sal*Ⅰ和 *Pst*Ⅰ分别位于四环素和氨苄青霉素抗性基因内。应用该质粒的优点是：将外源 DNA 片段在 *Bam*HⅠ、*Sal*Ⅰ或 *Pst*Ⅰ位点插入后，可引起抗生素抗性基因失活，从而能方便地筛选出重组菌。如将一个外源 DNA 片段插入到 *Bam*HⅠ位点时，四环素抗性基因（Tet）失活，因此就可以通过 Amp^{r} Tet^{s} 平板筛选重组菌。

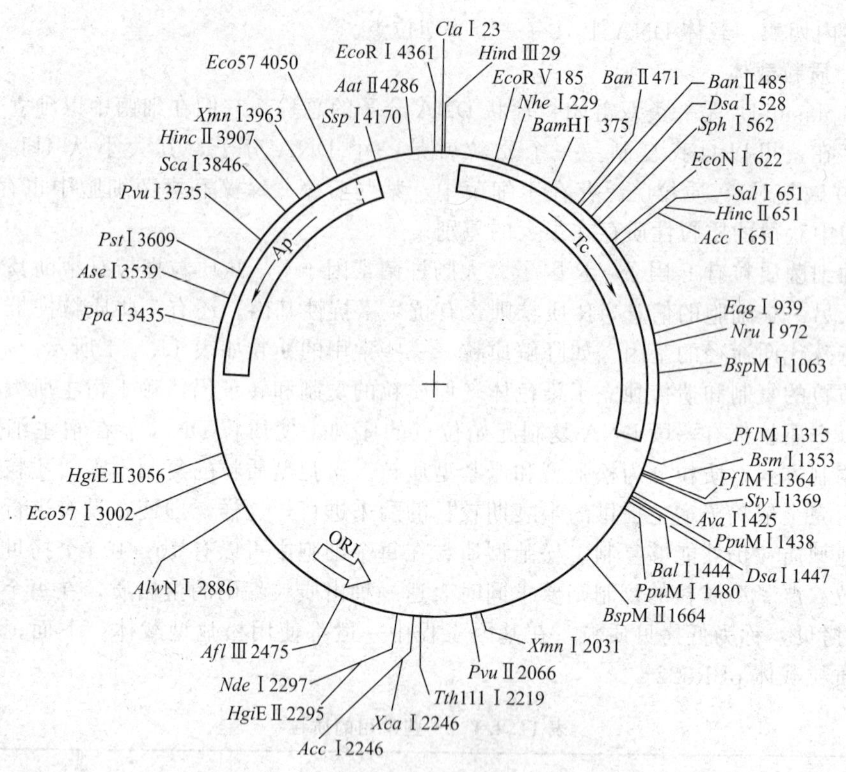

图 11.4.1 pBR 322 的结构图谱和多克隆位点

将纯化的 pBR 322 质粒用一种位于抗生素抗性基因中的限制性内切酶酶解后，产生了一个具有黏性末端单链的线性 DNA 分子，把它与用同样的限制性内切酶酶解的目的基因混合，在 ATP 存在下，用 T_4DNA 连接酶连接处理后，形成了一个重组的环型 DNA 分子。连接产物中可能包含一些不同连接的混合物，如质粒自身环化的分子等，为了减少这种不正确的连接产物，酶切后的线性分子需先用碱性磷酸酶处理以除去质粒末端的 5′磷酸基团。T_4DNA 连接酶不能把两个末端都没有磷酸基团的线状质粒 DNA 连接，就减少了自身环化的可能性。

11.4.1.2 噬菌体载体

质粒载体可以克隆的 DNA 最大片段一般在 10kb 左右，但在构建一个基因文库时往往需要克隆更大的 DNA 片段以减少克隆的数量。为此，人们将噬菌体发展成为一种克隆载体。常用的噬菌体及其性质列于表 11.4.2。

表 11.4.2 常用的噬菌体及其性质

噬菌体 λ				
载体名称	载体类型	克隆位点	克隆能力/kb	重组体的识别
λBV2	插入型载体	*Bam*HⅠ	0～10.1	No
λNM641	插入型载体	*Eco*RⅠ	0～9.7	清亮噬菌斑
Cheron 4	替换型载体	*Eco*RⅠ	7.9～18.8	Lac^-，Bio^-
λEMBL 3	替换型载体	*Bam*HⅠ	10.4～20.1	Spi^-
λgtWES. T5-622	替换型载体	*Eco*RⅠ	2.4～13.3	对 ColⅠb 不敏感
λ1059	替换型载体	*Bam*HⅠ	8.0～21.0	Spi^-

续表

黏粒载体					
载体名称	复制子	分子量/kb	选择记号	克隆位点	克隆能力/kb
c2XB	pMBI	6.8	Amp^r,Kan^r	*Bam*HⅠ,*Cla*Ⅰ,*Eco*RⅠ,*Hind*Ⅲ,*Pst*Ⅰ,*Sma*Ⅰ	32～45
pHC79	pMBI	6.4	Amp^r,Tet^r	*Bam*HⅠ,*Cla*Ⅰ,*Eco*RⅠ,*Hind*Ⅲ,*Pst*Ⅰ,*Sma*Ⅰ	29～46
pHS262	ColE1	2.8	Kan^r	*Bam*HⅠ,*Eco*RⅠ,*Hind*Ⅱ	34～50
pJC74	ColE1	15.8	Amp^r	*Bam*HⅠ,*Eco*RⅠ,*Bgl*Ⅱ,*Sal*Ⅰ	21～37
pJB8	ColE1	5.4	Amp^r	*Bam*HⅠ,*Hind*Ⅲ,*Sal*Ⅰ	31～47
MuA-10	pMBI	4.8	Tet^r	*Eco*RⅠ,*Bal*Ⅰ,*Pvu*Ⅰ,*Pvu*Ⅱ	32～48

噬菌体载体				
噬菌体	质粒	单链噬菌体	辅助噬菌体	大肠杆菌寄主菌株
pMBL8	pUC8	f1	IR1	71/18
pRSA101	πVX	M13	M13 变异株	XS127,XS101
pUC118/pUC119	pUC18/pUC19	M13	M13K07	MV1184
pBS	pUC	f1	M13K07	XL-1-Blue

注：Lac^-：不能合成半乳糖苷酶；Bio^-：不能合成生物素；Spi^-：对 P2 噬菌体的抑制作用呈抗性；Amp^r：氨苄青霉素抗性；Kan^r：卡那霉素抗性；Tet^r：四环素抗性。

λ噬菌体属于双链线性 DNA 分子。野生型λ噬菌体内含有太多的限制性酶切位点，需要经过改造后才能成为可应用的载体。Charon 系列λ噬菌体有插入型和替换型两种，带有来自大肠杆菌的β-半乳糖苷酶基因 *lacZ*。M13 噬菌体是单链环状 DNA，改造后的 M13mp8，加入了大肠杆菌的 *lac* 操纵子，常用于核酸测序。

λ噬菌体是线性双链 DNA 分子，其长度为 48502bp，两端各有由 12 个碱基组成的 5′端凸出的互补黏性末端，当λDNA 进入宿主细胞后，互补黏性末端连接成为环状 DNA 分子，这种由黏性末端结合形成的序列，称为 cos 位点；λ噬菌体为温和噬菌体，可以整合到宿主细胞染色体 DNA 上，以溶原状态存在，随染色体的复制而复制；λ噬菌体能包装本身长度的 75%～105%，约 38～54kb 的 DNA 片段。

构建λ噬菌体载体时，需要抹去某种限制性内切酶在λDNA 分子上的一些识别序列，只在非必需区保留 1～2 个识别序列。若只保留 1 个识别序列，则可供外源 DNA 插入；若保留 2 个识别序列，则 2 个识别序列之间的区域可被外源 DNA 片段置换也可以用合适的限制性内切酶切去部分非必需区，但是所构建的λDNA 载体应不小于 38kb；同时在λ噬菌体分子合适区域应插入可供筛选的标记基因。

11.4.1.3 柯斯质粒

用于真核生物宿主的人工载体大多具有大肠杆菌质粒的抗药性或噬菌体的强感染力，同时还应满足携带真核生物目的基因大片段 DNA 的要求。柯斯质粒（cosmid）是将λ噬菌体的黏性末端（cos 位点序列）和大肠杆菌质粒的抗氨苄青霉素和抗四环素基因相连而获得的人工载体，含一个复制起点、一个或多个限制酶切位点、一个 cos 片段和抗药基因，能插入

40～50kb 的外源 DNA，常用于构建真核生物基因组文库。

11.4.2 用于真核生物宿主的载体

真核细胞基因表达调控要比原核细胞基因复杂得多，用于真核细胞的克隆和表达载体也不同于原核细胞。目前所用的真核载体大多是所谓的穿梭载体（shuttle vector），这种载体既能在原核细胞中复制扩增，也可以在相应的真核细胞中扩增及表达。由于在原核体系中易于进行基因的复制、扩增、测序等，因此可以利用穿梭载体先将要表达的基因装配好并大量复制后再转移到真核细胞中去表达，这为真核细胞基因工程操作提供了很大的方便。用于真核生物基因表达的载体应具备如下条件：①含有原核基因的复制起始序列以及筛选标记，以便于在 *E. coli* 细胞中进行扩增和筛选；②含有真核基因的复制起始序列以及真核细胞筛选标记；③含有有效的启动子序列，保证其下游的外源基因能启动有效的转录；④应包含 RNA 聚合酶Ⅱ所需的转录终止序列和 poly（A）加入的信号序列；⑤具有合适的供外源基因插入的限制性内切酶位点。下面是几种酵母细胞的典型载体。

（1）YIP 载体　YIP 载体由大肠杆菌质粒和酵母的 DNA 片段组成，可与受体或宿主的染色体 DNA 同源重组，整合进入宿主染色体中，故只能以单拷贝方式存在，常用于遗传分析。

（2）YRP 载体　YRP 载体也由大肠杆菌质粒和酵母的 DNA 片段组成，但酵母 DNA 片段不仅提供抗性基因筛选标志，而且带有酵母的自主复制顺序（ARS）。由于大肠杆菌质粒本身也有一个复制点，所以这类质粒既可在大肠杆菌、又可在酵母中复制和表达，属于大肠杆菌-酵母穿梭载体。

（3）YAC 载体　YAC 载体是酵母人工染色体（yeast artificial chromosone）的缩写，属于能在酵母细胞中克隆大片段外源 DNA 的克隆体系，是由酵母染色体中分离出来的 DNA 复制起始序列、着丝点、端粒以及酵母选择性标记组成的能自我复制的线性克隆载体。

实际上 YAC 载体以质粒的形式出现，该质粒的长度约 11.4kb，带有人工染色体所需的一切元件。如图 11.4.2 所示，当用它进行克隆时，先用 *Bam*HⅠ和 *Sma*Ⅰ对它进行酶解，回收两个臂，然后平末端的外源大片段 DNA 就可以同两个臂连接，形成真正意义上的人工染色体。

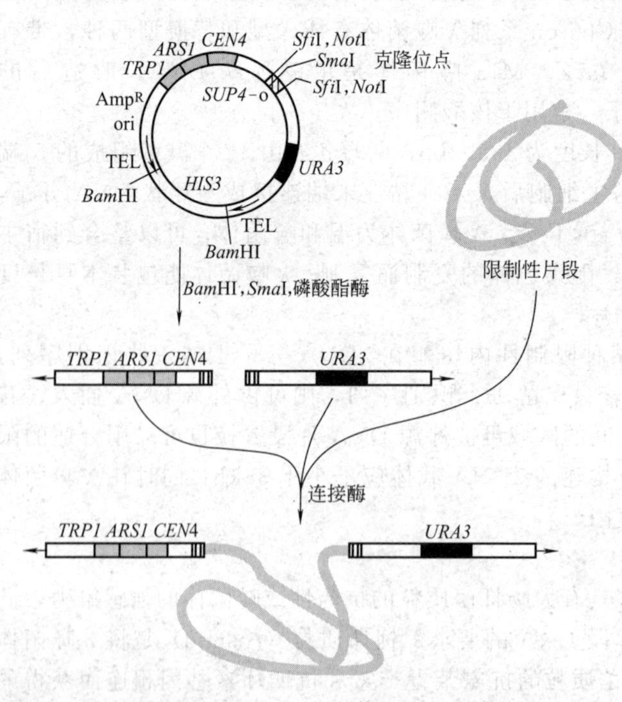

图 11.4.2　pYAC 载体克隆示意图

结果表明，每个 YAC 可以装进 100 万碱基以上的大片段 DNA，比柯斯质粒的装载能力还要大得多。YAC 既可以保证基因结构的完整性，又可以大大减少建立基因文库所需的克隆数目，从而使文库的操作难度减少。这种能组装大片段 DNA 的质粒对生物基因组计划的实施具有重要的意义。

11.4.3 基因工程载体的设计

载体设计在基因工程中占有十分重要的地位，对基因转录、翻译和产物表达、基因工程菌培养和产物分离等都具有很重要的影响。在基因工程产物的研究开发中，质粒设计需要生物科学家和工程专家的紧密协作。

通过对DNA重组技术中的各种载体的分析，可以发现，作为DNA重组的载体，一般应具备如下条件：①能够进入宿主细胞；②可以在宿主细胞中存活并独立复制，即本身是一个复制子，或者能够整合到宿主细胞的染色体；③要有筛选标记，如抗生素抗性标记、营养缺陷型标记等，以便于筛选出重组细胞，同时在重组细胞培养时还能利用筛选标记以抑制不含载体细胞的生长，提高细胞培养和产物表达的效率；④对多种限制酶有单一或较少的酶切位点，最好是单一切点，使基因操作容易进行；⑤能容纳目的基因。

目的基因至少应包括：启动子、目的蛋白的基因序列及终止子。常见的用于大肠杆菌的启动子列于表11.4.3。用于霉菌的启动子有：*Cbh*1、*glaA*、*gpd*及*alcA*等。

表11.4.3 用于*E. coli*的强启动子

启动子名称	诱导方法	特征
LacUV5	添加IPTG	对胺内环状AMP水平不敏感(约5%)
Tac	同上	诱导引起细胞死亡 (>30%)
Ipp-OmpA	同上	用于释放型蛋白质 (20%)
Ipp^{p}-5	同上	最强的启动子 (47%)
Trp	色氨酸饥饿	比较弱 (约10%)
λp_L	在42℃生长	(>30%)
$\lambda p_L/cl_{trp}$	加色氨酸	容易诱导，适合大生产 (24%)
Att-nutL-p-att-N	在42℃培养10min	诱导前无产物生成(on/off启动子)
T7启动子	加IPTG或病毒感染	同上 (>35%)
T4启动子	病毒感染	诱导抑制产物降解的方法
PhoA	磷酸盐饥饿	不适合于大规模生产时诱导

注：挂号内数字是被诱导细胞内积累的产物占细胞总蛋白质的百分数。

理想的启动子应该是受到很好调节的强启动子，同时，宿主细胞的基底调节蛋白质产生水平应该是零。启动子对诱导剂的响应要迅速、诱导剂价格低、使用安全，诱导方法不但能够在试验室小试中应用，还应考虑在工业规模的可行性。例如温度诱导在小规模培养时较容易实现，但在大发酵罐中要改变温度会产生严重的滞后、对细胞产生热冲击响应及增加蛋白水解酶的活力，就不是十分合适。另外许多化学诱导剂价格昂贵，如果残留在产品中还会造成健康问题。某些启动子需要营养缺陷进行诱导，存在着怎样精确地控制诱导的问题。

与载体中启动子相对应的是目的基因转录的终止子（terminator）。如果采用强启动子，就必须有强终止子与之匹配。终止子的作用是：在目的基因被转录后当读到特定的密码子时会释放出RNA聚合酶以结束转录。如果终止子不够强，RNA聚合酶得不到及时释放，就会造成不需要基因的转录，而且会干扰控制质粒拷贝数的基因单元，严重时还会发生质粒复制失控和细胞死亡。原则上基因密码表中的终止密码都能用于终止子，典型的用于*E. coli*的终止子有：Rho factor；T1及T2系列的转录终止子等。

DNA重组使用的载体可以分为三大类：①克隆载体。是以繁殖DNA片段为目的的载体；②表达载体。用于目的基因的表达；③穿梭载体。穿梭载体是一类人工构建的具有两套复制起点和筛选标记、可以在两类不同细胞中存活和复制的质粒载体，它们能携带外源DNA序列在不同物种的细胞间，特别是在原核和真核细胞间往返穿梭，一般用于真核生物DNA片段在原核生物中增殖，然后再转入真核细胞宿主表达，如用于大肠杆菌和酵母细胞的穿梭质粒及大肠杆菌和哺乳动物细胞的穿梭质粒等。

11.5　目的基因与载体DNA的连接

含有目的基因的DNA片段既不会自我复制也无法表达相应的产物，必须同能够自我复制的载体DNA分子（如质粒及病毒分子等）结合后才能在宿主细胞内随着质粒的复制而复制，并表达产物。

核酸限制性内切酶和DNA连接酶对外源DNA片段同载体分子连接起了关键作用。目的基因与载体的连接可分为互补黏性末端、非互补的黏性末端和平末端的连接。本节将只讨论黏性末端DNA片段的连接。

大多数核酸限制性内切酶切割DNA分子后都能形成具有1～4个单链核苷酸的黏性末端。若用同样的限制酶切割载体和外源DNA，或是用能够产生相同黏性末端的限制酶切割时，所形成的DNA末端就能够彼此退火，并被T_4连接酶共价地连接起来，形成重组DNA分子。当然，所选用的核酸酶对克隆载体分子最好只有一个识别位点，而且还应位于非必要区段内。

根据是否用一种或两种不同的限制酶消化外源DNA和载体，黏性末端DNA片段的连接方法可分为插入式（单酶切）和取代式（双酶切）两种。

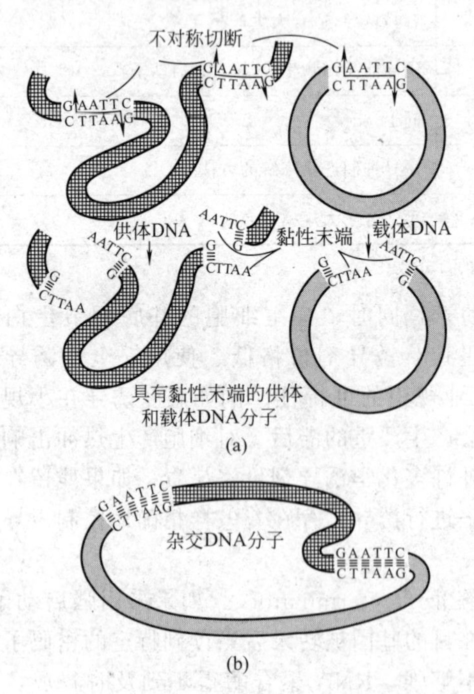

图11.5.1　用限制性酶*Eco*RⅠ单酶切目的基因和载体后形成的黏性接头及其连接

（a）用限制性酶*Eco*RⅠ切割；（b）用DNA连接酶将两个DNA分子共价连接

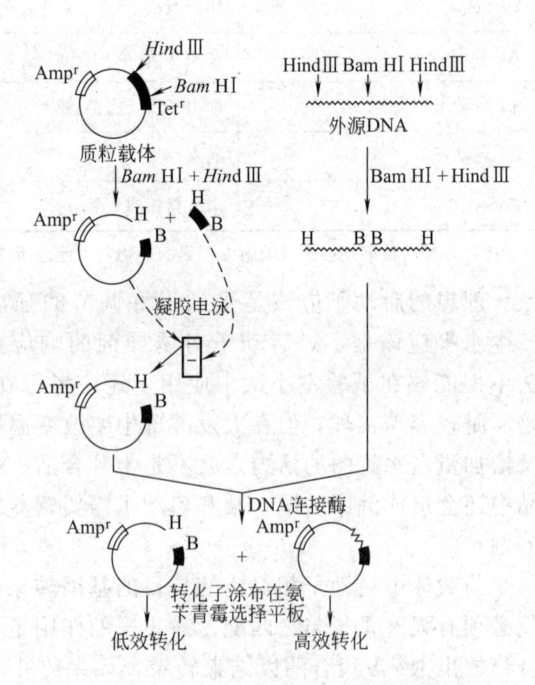

图11.5.2　外源DNA片段的双酶切定向克隆

采用 *Bam*H Ⅰ 切割只有一个酶切位点的环状质粒时，环被打开成为线性分子，两端都留下了由四个核苷酸组成的单链，这种末端称为黏性末端。用 *Bam*H Ⅰ 切割含目的基因的 DNA 时，所获得的目的基因将具有与质粒完全互补的两个黏性末端。这样，在 T_4 连接酶的催化下，质粒与目的基因的互补末端就能形成共价键，重组质粒重新成为了环状质粒（见图 11.5.1）。但这种方法得到的外源 DNA 片段插入到质粒中时，可能有两种彼此相反的取向，这将增加筛选的难度。

根据限制性核酸内切酶的性质，用两种不同的限制酶同时消化一种特定的 DNA 分子，将形成两个黏性末端不同的 DNA 片段。从图 11.5.2 可知，载体分子和待克隆的 DNA 分子，都是用同一对限制酶（*Hind* Ⅲ 和 *Bam*H Ⅰ）切割，然后混合起来，那么载体分子和外源 DNA 片段将按唯一的一种取向退火形成重组 DNA 分子。这就是所谓的定向克隆技术，可以使外源 DNA 片段按一定的方向插入到载体分子中。

11.6 宿主细胞选择

可以用于基因工程的细胞很多，包括原核微生物、真核微生物、植物、昆虫及哺乳动物细胞等，它们的特点列于表 11.6.1。

表 11.6.1 用于基因工程宿主细胞的特点

特　征	细　胞					
	E. coli	*B. subtilis*	*S. cerevisiae*	霉菌	昆虫[①]	动物
高生长速率	E	E	VG	G-VG	P-F	P-F
基因系统的可用性	E	G	G	F	F	F
表达水平	E	VG	VG	VG	G-E	P-G
是否可用廉价培养基	E	E	E	E	P	P
蛋白质折叠	F	F	F-G	F-G	VG-E	E
简单的糖基化	No	No	Yes	Yes	Yes	Yes
复杂的糖基化	No	No	No	No	Yes	Yes
低水平蛋白酶活	F-G	P	G	G	VG	VG
产物释放胞外的能力	P/VG	E	VG	E	VG-E	E
安全性	VG	VG	E	VG	E	F

① 昆虫细胞与哺乳动物细胞进行糖基化的形式不同。

注：E—优秀；VG—非常好；G—好；F——般；P—差。

最早应用于基因工程、至今仍最广泛使用的受体细胞是大肠杆菌。枯草杆菌、酵母和霉菌等也已经广泛用作为基因工程的宿主细胞。

大肠杆菌表达产物常常在细胞内形成不溶性包含体，以不正常的蛋白折叠形式存在，产物无生物活性。需要将包含体溶解和蛋白质复性后才能得到具有生物活性的目标蛋白质。分离提纯的流程长、工艺复杂、具有生物活性蛋白质的收率低。

枯草杆菌主要用于分泌型表达，缺点是表达产物容易被枯草杆菌分泌的蛋白酶水解，而且重组质粒在枯草杆菌中的稳定性较差；链霉菌培养方便，产物分泌能力强，常用于抗生素抗性基因和生物合成基因表达；通过在质粒上编码乳糖代谢、柠檬酸吸收、蛋白酶等基因，乳酸菌可用于食品工程；假单胞菌用于构建环境保护所需的具有多种降解能力的工程菌；棒状杆菌主要用于氨基酸基因工程；啤酒酵母安全、不致病、不产生内毒素，而且是真核生物，对其肽链糖基化系统改造后，已广泛用于真核生物基因的表达。

昆虫细胞既能表达原核基因，又可表达哺乳动物基因，且有较强的分泌能力和修饰能力，但糖基化的寡糖链与人类糖蛋白相差较大。由于用于昆虫细胞表达一般采用杆状病毒质粒系统，开始表达后会引起细胞死亡，因此蛋白质的修饰往往来不及完成。哺乳动物细胞具有很强的蛋白质合成后的修饰能力并能将表达产物分泌到胞外，可用于表达人类各种糖蛋白，但培养条件苛刻，成本较高，且易污染。目前常用的动物受体细胞有 L 细胞，HeLa 细胞，猴肾细胞和中国仓鼠细胞（CHO）等。

在选用宿主细胞时应遵循如下原则：①假如目标蛋白质产物需要进行复杂的翻译后修饰糖基化后才具有生物活性，应该首先考虑选用哺乳动物细胞；如果不需要，则应优先选用原核微生物；若只要简单的修饰，可以考虑选择真核微生物；②若目标产物的应用对象是食品工业，产物的安全性考虑是第一位的，宿主细胞的首选是具有很高安全性的面包酵母；③除大肠杆菌外，其他宿主细胞表达的蛋白质产物都能够释放到细胞外。

虽然大肠杆菌作为宿主细胞有一定的局限性，如较差的蛋白质折叠能力、无法进行翻译后修饰及产物常常形成包含体、不能释放到胞外等，由于大肠杆菌的细胞生理及遗传学背景已经非常清楚，可供使用的质粒和启动子等品种多、基因操作容易、比较安全、表达水平高及培养成本低等优点，在基因工程中，大肠杆菌仍是使用最广泛的宿主细胞，特别是研究开发的开始阶段，几乎都利用大肠杆菌作为宿主细胞，即使最终选择了其他细胞，也将通过构建穿梭质粒，先在大肠杆菌中复制增殖后再转化到最终的宿主细胞。

显然，宿主细胞选择对培养基设计、生物反应器选型、操作方式及产物的分离提纯等都有重要影响，应该在保证产物质量的前提下，综合考虑各种因素后确定。

11.7 目的基因导入宿主细胞

目的基因与载体在体外连接重组后形成重组 DNA 分子，必需导入到适当的宿主细胞进行繁殖，才能使目的基因得到大量扩增或表达。随着基因工程的发展，从低等的原核细胞，到简单的真核细胞，进一步到结构复杂的高等动植物细胞都可以作为基因工程的受体细胞。外源重组 DNA 分子能否有效地导入受体细胞，取决于所选用的宿主细胞类型、克隆载体结构和基因转移方法等因素。

带有外源 DNA 片段的重组子在体外构建后，需要导入适当的宿主细胞进行繁殖。才能获得大量而且一致的重组体 DNA 分子，这一过程叫做基因的扩增。因此，选定的宿主细胞必须具备使外源 DNA 进行复制的能力，而且还应能表达由导入的重组体分子所提供的某些表型特征，以利于含转化子细胞的选择和鉴定。

将外源重组 DNA 分子导入受体细胞的方法很多，其中转化（转染）和转导主要适用于原核的细菌细胞和低等真核细胞（酵母），显微注射和电穿孔则主要应用于高等动植物的真核细胞。

11.7.1 转化

对于原核细胞，常采用转化将目的基因导入受体细胞。原核细胞的转化过程就是一个携带基因的外源 DNA 分子通过与膜结合进入受体细胞、并在胞内复制和表达的过程。转化过程包括制备感受态细胞和转化处理。

感受态细胞（competent cells）是指处于能摄取外界 DNA 分子的生理状态的细胞。在制备感受态细胞时，应注意：①在最适培养条件下培养受体细胞至对数生长期，培养时一般控制受体细胞密度 OD_{600} 在 0.4 左右；②制备的整个过程控制在 0～4℃；③为提高转化率，

常选用 $CaCl_2$ 溶液。

$CaCl_2$ 促进转化的机制尚不清楚，可能是 $CaCl_2$ 在细胞壁上打了一些孔，DNA 分子就能够从这些孔中进入细胞，这些孔随后又被宿主细胞修复。

11.7.2 转导

所谓转导是指通过噬菌体（病毒）颗粒感染宿主细胞的途径将外源 DNA 分子转移到受体细胞内的过程。具有感染能力的噬菌体颗粒除含有噬菌体 DNA 分子外，还包括外被蛋白，因此，要以噬菌体颗粒感染受体细胞，首先必须将重组噬菌体 DNA 分子进行体外包装。1975 年 Becker 和 Gold 建立了噬菌体体外包装技术，即在体外模拟噬菌体 DNA 分子在受体细胞内发生的一系列特殊的包装反应过程，将重组噬菌体 DNA 分子包装成成熟的具有感染能力的噬菌体颗粒的技术。现在已经发展成为一种能够高效地将大分子量重组 DNA 分子转导到宿主细胞内的常规实验手段。

11.7.3 显微注射

利用显微操作系统和显微注射技术将外源基因直接注入实验动物的受精卵原核，使外源基因整合到动物基因组，再通过胚胎移植技术将整合有外源基因的受精卵移植到受体的子宫内继续发育，进而得到转基因动物。该法实际上属于物理方法。应用显微操作器，用特制的玻璃微管，可以将基因片断直接注入到靶细胞的细胞核（图 11.7.1）。

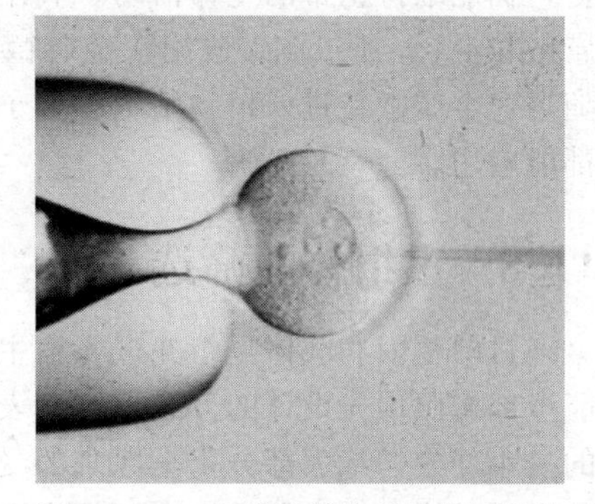

图 11.7.1 显微注射进行转基因操作

11.7.4 高压电穿孔法

外源 DNA 分子还可以通过电穿孔法转入受体细胞。所谓电穿孔法（electroporation），就是把宿主细胞置于一个外加电场中，通过电场脉冲在细胞壁上打孔，DNA 分子就能够穿过孔进入细胞。通过调节电场强度、电脉冲频率和用于转化的 DNA 浓度，可将外源 DNA 分别导入细菌或真核细胞。电穿孔法的基本原理是：在适当的外加脉冲电场作用下，细胞膜（其基本组成为磷脂）由于电位差太大而呈现不稳定状态，从而产生孔隙使高分子（如 DNA 片段）和低分子物质得以进入细胞质内，但还不至于使细胞受到致命伤害。切断外加电场后，被击穿的膜孔可自行复原。电压太低时 DNA 不能进入细胞膜，电压太高时细胞将产生不可逆损伤，因此电压应控制在 300～600V 范围内，维持时间约为 20～100ms，温度以 0℃ 为宜。较低的温度使穿孔修复迟缓，有利于增加 DNA 进入细胞的机会。

用电穿孔法实现基因导入比 $CaCl_2$ 转化法方便、转化率高，尤其适用于酵母菌和霉菌。该法需要专门的电穿孔仪。

11.7.5 多聚物介导法

聚乙二醇（PEG）和多聚赖氨酸等是协助 DNA 转移的常用多聚物，尤以 PEG 应用最广。这些多聚物与二价阳离子（如 Mg^{2+}、Ca^{2+}、Mn^{2+} 等）及 DNA 混合后，可在原生质体表面形成颗粒沉淀，使 DNA 进入细胞内。

这种方法常用于酵母细胞以及其他真菌细胞，也可用于动物细胞。处于对数生长期的细胞或菌丝体用消化细胞壁的酶处理变成球形体后，在适当浓度的聚乙二醇 6000（PEG6000）的介导下就可将外源 DNA 导入受体细胞中。

将外源基因导入哺乳动物细胞还可以采用磷酸钙或DEAE-葡聚糖介导的转染法。这是一种进行瞬时表达的常规方法。哺乳动物细胞能捕获黏附在细胞表面的DNA-磷酸钙沉淀物，并能将DNA转入细胞中，从而实现外源基因的导入。

在实验中，先将重组DNA同$CaCl_2$混合制成$CaCl_2$-DNA溶液，随后加入磷酸钙形成DNA-磷酸钙沉淀，黏附在细胞表面，通过细胞的内吞作用进入受体细胞，达到转染目的。

DEAE（二乙胺乙基葡聚糖）是一种高分子多聚阳离子材料，能促进哺乳动物细胞捕获外源DAN分子。其作用机制可能是DEAE与DNA结合后抑制了核酸酶的活性，或DEAE与细胞结合后促进了DNA的内吞作用。

脂质体（liposome）是人工构建的由磷脂双分子层组成的物质，成膜状结构。在形成脂质体时，可把用来转染的目标DNA分子包在其中，然后将该种脂质体与细胞接触，就将外源DNA分子导入受体细胞。脂质体介导法的原理是：受体细胞的细胞膜表面带负电荷，脂质体颗粒带正电荷，利用不同电荷间引力，就可将DNA、mRNA及单链RNA等导入细胞内。

11.7.6 粒子轰击法

金属微粒在外力作用下达到一定速度后，可以进入植物细胞，但又不引起细胞致命伤害，仍能维持正常的生命活动。利用这一特性，先将含目的基因的外源DNA同钨、金等金属微粒混合，使DNA吸附在金属微粒表面，随后用基因枪轰击，通过氦气冲击波使DNA随高速金属微粒进入植物细胞。粒子轰击法普遍应用于转基因植物。无论是植物器官或组织都能应用。

11.8 重组体的筛选

目的基因和载体重组并进入宿主细胞后，由于操作失误及不可预测因素的干扰等，并不能全部按照预先设计的方式重组和表达，真正获得目的基因并能有效表达的克隆子只是其中的一小部分，绝大部分仍是原来的受体细胞，或者是不含目的基因的克隆子。为了从处理后的大量受体细胞中分离出真正的克隆子，目前已建立起一系列的筛选和鉴定方法。

重组体筛选的方法很多，归纳起来可分为两种：在核酸水平或蛋白质水平上筛选。从核酸水平筛选克隆子可以通过核酸杂交的方法。这类方法根据DNA-DNA、DNA-RNA碱基配对的原理，以使用基因探针技术为核心，发展了原位杂交、Southen杂交、Northen杂交等方法。从蛋白质水平上筛选克隆子的方法主要有：检测抗生素抗性及营养缺陷型、观测噬菌斑的形成、检测目标酶的活性、目标蛋白的免疫特性和生物活性等。

无论采用那一种筛选方法，最终目的都是要证实基因是否按照人们所要求的顺序和方式正常存在于宿主细胞中。

11.8.1 利用抗生素抗性基因筛选

这是一种最早发展而且目前仍广泛使用的方法。在DNA重组载体设计时已经在质粒中装配了抗生素抗性基因标记，如四环素抗性基因（Tet^r）、氨苄青霉素抗性基因（Amp^r）、卡那霉素抗性基因（Kan^r）等。当编码有这些抗药性基因的质粒携带目的基因进入宿主细胞后，细胞就具有了相应的抗生素抗性，如果在筛选平板的培养基中加入有关抗生素，只有含质粒的细胞才能生长。这种方法只能证明细胞中确实已经有质粒存在，但无法保证质粒中已经携带了目的基因。为了防止误检，人们进一步发展了采用插入缺失的方法，同一质粒中往往有两种抗药性基因，在体外重组时故意将目的DNA插入到其中一个抗性基因中，使其失活，这样得到的宿主细胞便可在含另一抗生素的培养基中存活，但在两种抗生素都加入的平板上则不能生长。将这种菌株筛选出来，就能保证细胞中的重组质粒确实已经插入了目的基因。由于需要两次筛选，操作比较麻烦。

例如 pBR 322 质粒上有两个抗生素抗性基因，抗氨苄青霉素基因（Amp^r）上有单一的 *Pst* Ⅰ位点，抗四环素基因（Tet^r）上有 *Sal* Ⅰ和 *Bam*H Ⅰ位点。当外源 DNA 片段插入到 *Sal* Ⅰ/*Bam*H Ⅰ位点时，使抗四环素基因失活，这时含有重组体的菌株从 Amp^r Tet^r 变为 Amp^r Tet^s。这样，凡是在 Amp^r 平板上生长而在 $Amp^r Tet^r$ 平板上不能生长的菌落就可能是所要的重组体。

11.8.2 营养缺陷互补法筛选

若宿主细胞属于某一营养缺陷型，则在培养这种细胞时的培养基中必须加入该营养物质后，细胞才能生长。如果重组后进入这种细胞的外源 DNA 中除了含有目的基因外再插入一个能表达该营养物质的基因，就实现了营养缺陷互补，使得重组细胞具有完整的代谢能力，培养基中即使不加该营养物质也能生长。如宿主细胞有的缺少亮氨酸合成酶基因，有的缺少色氨酸合成酶基因，通过选择性培养基，就能将重组子从宿主细胞中筛选出来。这种筛选方法就称为营养缺陷互补法。

β-半乳糖苷酶显色反应就是一种利用宿主细胞和重组细胞中 *β*-半乳糖苷酶活性有无，表现出营养缺陷互补，从而能以直观的显色检测方法进行重组子筛选的常用方法。若 pUC 质粒载体含有 *β*-半乳糖苷酶基因（*lac Z′*）的调节片段，具有完整乳糖操纵子的菌体能翻译 *β*-半乳糖苷酶（z），如果这个细胞带有未插入目的 DNA 的 pUC 19 质粒，当培养基中含有 IPTG 时，*lac* Ⅰ的产物就不能与 *lac Z′*的启动子区域结合，因此，质粒的 *lac Z′*就可以转录和翻译，产生的 Lac Z 蛋白会与染色体 DNA 编码的一个蛋白形成具有活性的杂合 *β*-半乳糖苷酶，当有底物 5-溴-4-氯-3-吲哚-*β*-D-半乳糖苷（x-gal）存在时，x-gal 会被杂合的 *β*-半乳糖苷酶水解形成蓝色的产物，即那些带有未插入外源 DNA 片段的 pUC 19 质粒的菌落呈蓝色。如果 pUC 19 质粒中插入了目的 DNA 片段，就破坏了 *lac Z′*的结构，导致细胞无法产生功能性的 Lac Z 蛋白，也就无法形成杂合 *β*-半乳糖苷酶，因而菌落是白色的。据此可以根据菌落的颜色，筛选出含目的基因的重组体。这一方法大大简化了在这种质粒载体中鉴定重组体的工作。

11.8.3 核酸杂交法筛选

利用碱基配对的原理进行分子杂交是核酸分析的重要手段，也是鉴定基因重组体的常用方法。核酸杂交法的关键是获得有放射性或非放射性但有其他类似放射性的探针，探针的 DNA 或 RNA 序列是已知的。根据实验设计，先制备含目的 DNA 片段的探针，随后采用杂交方法进行鉴定。

核酸分子杂交的基本原理是：具有互补的特定核苷酸序列的单链 DNA 或 RNA 分子，当它们混合在一起时，其特定的同源区将会退火形成双链结构。利用放射性同位素 ^{32}P 标记的 DNA 或 RNA 作探针进行核酸杂交，即可进行重组体的筛选与鉴定。

在 DNA 杂交实验中，目的 DNA 先变性，然后把单链的目的 DNA 在高温下结合到硝酸纤维素膜或尼龙膜上。单链 DNA 探针用放射性同位素或其他物质进行标记，与膜一起保温。如果 DNA 探针与样品中的某一核苷酸序列互补的话，那么通过碱基配对作用就可形成杂合分子，最后通过放射自显影或其他方式检测出来。通常，探针的长度在 100bp 至 1kb 之间，但有时用小于 100bp 或大于 1kb 的探针，也能得到较好的效果。杂交的反应条件非常重要，稳定的结合往往需要在最少 50 个碱基的片段中至少 80%的碱基完全配对。

DNA 探针既可用同位素标记，也可用生物素（biotin）等非同位素标记物连接到其中一种脱氧核糖核苷三磷酸中，然后掺入到新合成的 DNA 链。要检测这种标记需要一种中间化合物——链霉抗生物素蛋白（streptavidin）。该化合物能与生物素结合，同时细胞自身带有某种酶，可以催化形成有颜色的化合物，最后结果很容易分辨出来。

核酸分子杂交的方法有：原位杂交、Southern 杂交及点杂交等。

将含重组体的菌落或噬菌斑由平板转移到滤膜上并释放出 DNA，变性并固定在膜上，再同 DNA 探针杂交的方法称为原位杂交。Southern 杂交是一种典型的异位杂交，1975 年由 Southern 设计创建并以他的名字命名。该方法将重组体 DNA 用限制酶切割，分离出目的 DNA 后进行电泳分离，再将其原位转至薄膜上，固定后用探针杂交。

11.8.4 通过免疫反应筛选

免疫方法的基本原理是：以目的基因在宿主细胞中的表达产物（蛋白质或多肽）作抗原，以该基因表达产物的免疫血清作抗体，通过抗原抗体反应检测所表达的蛋白并进一步推断目的基因是否存在。如果重组子中的目的基因可以转录和翻译，那么根据发生免疫反应颜色变化的克隆所在的位置，找出原始的培养板上与之相对应的克隆，就能筛选到重组子。免疫方法专一性强、灵敏度高。

11.8.5 通过酶活性筛选

如果目的基因编码的是一种酶，而这种酶又是宿主细胞所不能编码的，那么就可以根据这种酶活性存在与否来筛选重组子。另外，如果重组子中表达的目标酶的存在对细胞生长极其重要，通过设计选择性培养基，那么在该选择性培养基上生长的菌落也可鉴定为重组子。

11.9 目的基因的高效表达

通过基因操作及筛选获得重组子后，最重要的问题就是目的基因的表达效率。提高表达效率是一个多学科交叉的问题，应该在基因体外重组的初期就考虑基因表达效率的问题，然后通过工程实践进行优化，并将工程中发现的问题不断进行改进。需要通过生物科学家和工程科学家的共同努力。

在基因重组的前期工作中，影响目的基因表达的主要因素是：宿主细胞选择、基因密码子优化、质粒或其他载体的选择及设计、抗性标记设计、诱导剂或诱导方法选择及设计、产物表达方式设计等。这些问题已经在前面几节中进行了讨论，如果要了解更详细的细节，可以参考有关专著和研究论文。值得指出的是：这些问题虽然已经有了必要的理论指导，但仍无法保证就能够获得高效表达，而且经验往往占有很重要的地位。

从工程角度考虑，要获得高效表达应该做好如下工作：宿主细胞培养基设计和培养条件优化、提高培养过程中的质粒稳定性问题、降低底物和/或产物（副产物）抑制的策略等。本节将针对基因重组微生物培养及目标产物表达进行讨论。

11.9.1 质粒设计对目的基因表达的影响

影响外源 DNA 转录的主要因素是启动子的强弱。启动子是 DNA 序列中与宿主细胞的 RNA 聚合酶专一结合并起始转录合成 mRNA 的部位。大多数外源的特别是真核细胞的启动子不能被大肠杆菌 RNA 聚合酶识别，因此必须将外源基因置于大肠杆菌启动子控制下。Lac、LacUV5、Tac 等都是常用的强启动子。但是太强的启动子在启动外源基因表达时可能严重损害重组菌的正常生长代谢，因而需要选择合适的启动子。转录终止信号也会影响转录，人工合成的基因一定要装配合适的终止子，以减少能量消耗及保持转录的准确性。

翻译水平影响外源基因表达的重要因素是翻译起始区。翻译是在核糖体上进行的，因此 mRNA 上必须有核糖体的结合部位（称 SD 序列）。由于密码子的简并性，同一种氨基酸可以有不同的密码子翻译得到，每种宿主细胞都有其偏爱的密码子，对于人工合成基因来说，应该对密码子进行优化，采用宿主菌偏爱密码子代替稀有密码子，同时保持嘌呤和嘧啶碱基配对反应的能量平衡。翻译后的加工修饰也将影响表达水平，包括切除新生肽键 N 端甲酰蛋氨酸、形成二硫键、糖基化和肽键本身的后加工等。

在基因工程诞生后研究开发第一代重组 DNA 产品时，发现在大肠杆菌细胞内表达的胰岛素的产量很低。经过深入研究，发现这些表达的蛋白质大部分都被细胞内蛋白酶降解了。但当目标产物与 β-半乳糖苷酶融合表达时，不会被蛋白酶降解，使融合蛋白产物能在细胞内高水平积累，从而产生了目的基因高效融合表达的新方法。融合表达的蛋白质没有生物活性，但在质粒设计时已经预先考虑了酶切或化学方法的切割位点，可以很容易地将融合的一段肽链切除后恢复目标蛋白的活性。该方法的表达产量高，已得到了广泛应用。

通过采用目标蛋白与带纯化标签的细菌蛋白融合的新策略，所得到的融合蛋白不仅能够抵抗蛋白酶的进攻，而且可以利用带纯化标签的蛋白与相应的抗体之间的亲和反应，实现目标蛋白的高效亲和分离。

11.9.2 目的基因的高效分泌型表达

大肠杆菌是最常用的宿主细胞，但大肠杆菌没有能力将所表达的蛋白质产物分泌到胞外，一般在胞内形成包含体。包含体的分离需要细胞破碎，而且包含体不溶于水，也没有生物活性。一般需要重新溶解并折叠复性后才具有生物活性。这一过程时间很长而且活性收率往往很低。为了克服这一缺点，如果在质粒设计时就加上一段信号肽基因，就有可能实现目标蛋白质的分泌型表达。目的基因的分泌型表达有两种情形：目标蛋白分泌到细胞周质中或目标蛋白转运到细胞周质后，再分泌到细胞外。

常用的大肠杆菌信号肽有 PhoA，LamB，OmpA 和 STII 的导肽。通过与这些导肽的融合，已经有多种蛋白质实现了分泌型表达，如：人生长激素，人干扰素，人表皮生长因子，牛生长因子等。但是，目标蛋白与信号肽的融合并不能保证产物一定会分泌到胞外，分泌到细胞周质中的目标蛋白也不一定是可溶的。通过添加非代谢性糖和降低表达速率能增加其溶解性。对于以大肠杆菌作为宿主细胞的表达系统而言，要顺利实现分泌型表达还有许多问题有待于解决。

另一类分泌型表达系统则从破坏细胞壁的结构着手。例如：将目标蛋白和细胞壁裂解酶基因同时转化到宿主细胞中，在细菌生长到一定阶段后加入诱导剂后，在目标蛋白质开始表达的同时，细胞壁裂解酶也开始表达并破坏细胞壁的结构，使表达的目标蛋白质释放到胞外。这种方法已经在基因工程菌生产聚羟基烷酸时取得成功。

11.9.3 重组细胞培养基设计和培养条件优化

一般而言，基因重组微生物培养基设计与普通微生物并无本质差别，培养基中应该包括细胞生长需要的各种营养物质，并以细胞生长和产物高效表达为目标对培养基组成进行优化。对于生物反应器选型、细胞培养过程中的传质和反应动力学及培养条件优化和控制也可以参照普通微生物培养中建立的理论和方法进行设计。

基因重组微生物培养也有一些特殊问题需要考虑。

(1) 如果在质粒设计中已经考虑了抗性标记，这样就需要加入相应的标记物质。例如若质粒中有氨苄青霉素抗性标记，则应该在培养基中加入一定浓度的氨苄青霉素，这样就能够抑制不含质粒细胞的生长，始终保持含质粒细胞的生长优势，有利于目标产物的高效表达。

(2) 如果目标产物的表达需要在诱导物存在的情况下才能够启动，就需要在适当的培养阶段加入适当浓度的诱导物以启动目标产物表达。例如，当选择大肠杆菌作为宿主细胞时，经常采用乳糖启动子，这样就必须加入乳糖类似物IPTG启动操纵子；毕赤酵母表达系统常常利用甲醇启动等。

(3) 由于目标产物的表达要消耗大量的前体物质及能量，基因重组细胞的培养基成分应比普通微生物丰富，特别是蛋白质、多肽及氨基酸类的营养物质应该充分满足目标蛋白质产物表达的需要。

(4) 当以大肠杆菌作为宿主细胞时，培养条件的改变也可能影响目标蛋白质的表达形式，降低培养温度有利于蛋白质的可溶性表达。如在表达人干扰素α2b的重组大肠杆菌中，采用T_4启动子和在25℃下培养，细胞内可溶性表达可达到1.0g/L以上。

11.9.4 利用细胞培养工程手段提高基因表达水平

当一个重组菌构建完成后，重组菌的生理代谢和培养条件就成为影响目的基因表达效率的重要因素。重组菌不仅要维持菌体的正常生长而且还要表达外源基因，因此重组菌存在能量分流现象，从而限制了重组菌的高密度培养；重组菌中表达的目标蛋白是宿主细胞的异源物质，往往对细胞存在一定程度的毒性，而且在细胞培养过程中亦会积累乙酸等抑制性有机酸，这些抑制性物质将会严重抑制细胞生长和目的基因的高表达。

11.9.5 提高基因工程菌的质粒稳定性

与传统细胞培养不同，一方面重组菌存在质粒丢失倾向，另一方面，由于质粒或宿主细胞的突变，即使质粒没有丢失，也会发生目标蛋白无法表达的问题。而且不含质粒、少含质粒或含有不表达质粒的细胞生长速率将明显高于含质粒、含质粒数量多和质粒能表达目标产物的细胞。因此，随着培养时间增加，不含质粒的宿主菌比例将会越来越高，最终将严重影响目的基因的表达效率。提高工程菌的质粒稳定性需要从质粒构建和培养方法改进两条途径进行。

11.9.5.1 引起基因工程菌质粒不稳定的原因

如图11.10.1所示，在重组菌分裂时，母细胞中的质粒在两个子代细胞中的分配往往是不均匀的，在极端情况下，其中一个子代细胞可能不含有质粒。在质粒中加入抗性标记不但能用来筛选含质粒细胞，而且也可以用于在培养过程中防止不含质粒细胞的大量繁殖。例如，若质粒上已经含有卡那霉素抗性基因，就可以在培养基中加入一定浓度的卡那霉素，这样，不含质粒细胞无法生长，而含质粒细胞的生长不受影响。另外，在质粒构建时应该加入称为par和cer的位点，par位点能够在细胞分裂过程中使质粒分布更均匀，cer位点则能够防止多聚体质粒的形成，从而能从源头上提高质粒稳定性。若细胞中所含质粒数目较少，分裂时形成不含质粒细胞的概率就会大大增加，因此一般推荐使用高拷贝质粒。

工程菌培养的环境对质粒稳定性也有很大的影响，溶氧浓度、培养温度、培养基组成及连续培养时的稀释率等都会影响质粒稳定性，需要进行优化。一般而言，适当降低菌体的生长速率，将有利于提高重组细胞内质粒的拷贝数，防止在细胞分裂时产生不含质粒细胞。

质粒还会形成多倍体。在细胞分裂时，多倍体在子细胞中的分配只相当于一个单倍体。因此多倍体或高聚多倍体的比例越高，不含质粒细胞出现的概率也就越高。

其他造成宿主细胞丢失外源质粒的因素还有很多。大量合成的外源蛋白质会对宿主细胞的生长产生危害，含质粒细胞的生长速度总是要比不含质粒细胞的生长速度低，而且所含的质粒越多，生长速度越慢；质粒会形成多倍体，形成二倍体、四倍体等。虽然多倍体也能够复制，但是多倍体的形成减少了细胞内质粒的数目，提高了细胞分裂时产生不含质粒子细胞的概率。另一类质粒不稳定性是由质粒本身或宿主细胞的基因突变引起的。例如，由于基因突变，使有些质粒中的抗性基因有可能整合到宿主细胞的染色体

DNA，使宿主细胞也获得了抗性，在这种情况下，即使在培养基中加入了抗性物质，这类不含质粒细胞也能生长。

宿主细胞的突变会引起目标蛋白质表达的下降，特别是当质粒中的启动子受到宿主细胞所产生的某种蛋白质调节时，突变可能引起该蛋白质合成能力的下降，使启动子的启动转录能力降低，目标蛋白的合成能力也就受到了影响。例如，当质粒采用 lac 启动子时，需要加入乳糖或其类似物 IPTG 诱导才能表达，细胞吸收乳糖或 IPTG 需要 lac 渗透酶的协助下才能通过细胞膜。如果宿主细胞发生突变使 lac 渗透酶失活，将造成诱导剂被拒之细胞外。这样虽然已经加入了诱导剂，也无法启动目标产物表达。

11.9.5.2 生长速率引起的质粒不稳定

外源质粒的存在一方面将大量消耗细胞代谢的中间产物和能量，将不可避免地降低含质粒细胞的生长速率；另一方面也将促进质粒及宿主细胞发生突变，突变的结果要么使质粒丢失，要么使质粒表达蛋白质能力下降，这体现了宿主细胞的自我保护功能，突变的结果是生长速率增加。因此在基因工程菌培养时，从严格的意义上说，不能算是纯种培养，而是含不同质粒（包括不含质粒）细胞的混合培养，它们以不同的生长速率生长，互相竞争营养物质。由于不含质粒、少含质粒或突变的细胞生长速率快，在长期的培养过程中它们将具有生长优势，比例不断增加。不含质粒细胞的生长优势，将不利于提高蛋白质产物表达水平。通过在质粒中加入选择性标记，如抗生素抗性标记，就可以抑制不含质粒细胞的生长，保证含质粒细胞占优势，提高目标蛋白质产物的表达水平。

11.10 代谢工程

代谢工程的定义是：利用基因重组技术赋予细胞新的或增强了的代谢途径。代谢工程的最终目标产物往往不是蛋白质，而是抗生素、生物素、氨基酸等非蛋白质类产物。通过代谢工程改造的微生物可以引入新的代谢途径，能够利用不同的底物，有时还能赋予难以生物降解的污染物（如苯甲酸、三氯乙烯等）的代谢能力。因此代谢工程自 1991 年提出至今发展迅速并得到广泛应用，在现代生物技术中已经显示出越来越重要的作用。

代谢工程以基因组学等现代生物科学及相应的技术为平台，对特定代谢途径进行修饰或改造，通过操纵细胞的初级代谢或次生代谢途径以获得有价值的产物。代谢工程的特点是针对整个代谢网络而不是单个的生化反应进行改造，同时强调现代生物科学平台技术的整合与集成。

代谢工程的应用范围包括：①合成异源代谢产物；②扩大底物利用范围；③生产非天然的新物质；④降解环境中有害物质；⑤提高对环境的适应能力；⑥阻断或降低副产物的合成；⑦提高代谢产物产率等。还能用于研究细胞生长、认识癌症发生、疾病诊断与治疗、药物开发、建立细胞过程模型、改进细胞工厂、加快发酵过程的开发与优化。图 11.10.1 显示了代谢工程的理论基础、平台技术及应用范围。

与传统的诱变育种相比，利用代谢工程改造微生物的代谢途径具有许多优点：①加入细胞的新代谢途径受到严格的调节与控制，该途径所包括的基因可以根据需要诱导表达；②在天然微生物中有些酶的表达量很低，它们催化特定反应的活性也很低，使目标产物的生产能力很难提高。若采用基因重组技术表达这种酶，可以通过设计多拷贝质粒、多拷贝基因及强启动子等方法大大提高酶的表达水平，从而提高目标产物的产量或降解有害污染物的能力；③当微生物细胞被用于生物转化时，由于细胞中存在许多有类似性质的酶，生物转化反应的副产物多、选择性差，若目标产物是手性化合物，则光学纯度低。但是如果将催化该反应的酶或酶系克隆并在另一宿主细胞中表达，由于宿主细胞不会合成类似的酶或酶系，将大大提

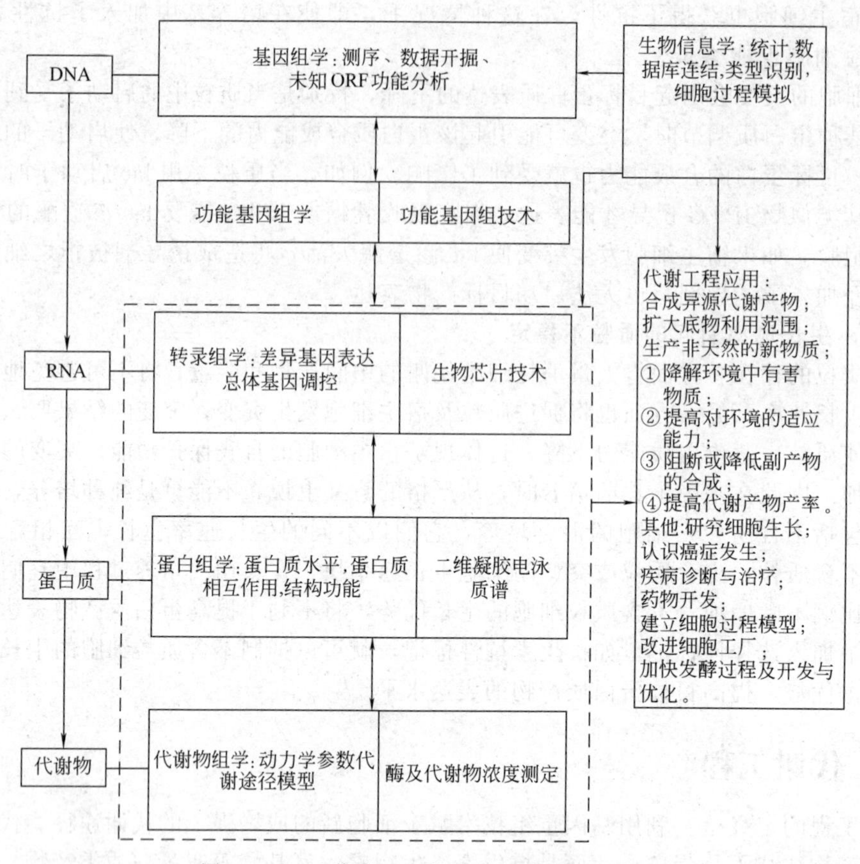

图 11.10.1　代谢工程的学科基础和应用范围

高反应的选择性和产物的光学活性；④可以将真核生物的代谢途径转化到原核生物中表达，真核生物中每个基因都有相应的启动子控制，而在原核生物中则可以用同一个启动子控制几个基因的同时转录，提高了效率；⑤天然细胞中，代谢中间产物将被其他代谢途径消耗，无法达到高产量，通过基因重组技术敲除一些基因，可使目标产物不被消耗或减少消耗，从而促进该产物的积累。

目前，世界上已经建立了许多代谢途径的数据库，表 11.10.1 列出了几个较为广泛使用的代谢途径数据库，可以方便地从网上查找所需要的资料，为代谢工程的研究与开发提供了方便。

代谢工程已经广泛用于工业微生物高产菌株的构建或赋予微生物新的代谢能力，并取得了显著的效果。下面以代谢工程改造酿酒酵母为例说明代谢工程的应用。

表 11.10.1　几个较为广泛使用的代谢途径数据库及其内容

数据库	反应数	途径数	化合物数	重构的物种
KEGG	5473	201	10760	132
MetaCyc	4218	445	2335	18
WIT	—	约 5000	—	39
BRENDA	3518	—	47630	—
UMBBD	800	130	750	—

如图 11.10.2 所示，酿酒酵母中不存在与木糖代谢有关的酶（图中的 E1、E2 及 E3），因此无法利用木糖。而在毕赤酵母及热带假丝酵母中，通过酶 E2 及 E3 的作用可以将木糖转化为木酮糖后被利用。在许多细菌中，则通过酶 E3 将木糖转化为木酮糖。在生物质资源利用中，木质纤维素中的纤维素水解得到的葡萄糖几乎能被所有的微生物代谢，酿酒酵母能够将水解获得的葡萄糖转化为酒精，而半纤维素水解的产物木糖则不能被酿酒酵母代谢。为了使酿酒酵母既能代谢葡萄糖又能代谢木糖，可以通过代谢工程的方法对酿酒酵母的代谢途径进行改造，例如：将毕赤酵母中的 E2 和 E3 基因克隆并转化到酿酒酵母中和/或将细菌中的 E3 基因克隆到酿酒酵母中，就能使酿酒酵母具有同时代谢葡萄糖和木糖的能力，使木质纤维素水解液中的葡萄糖和木糖都能得到利用，有利于提高酒精的产量。

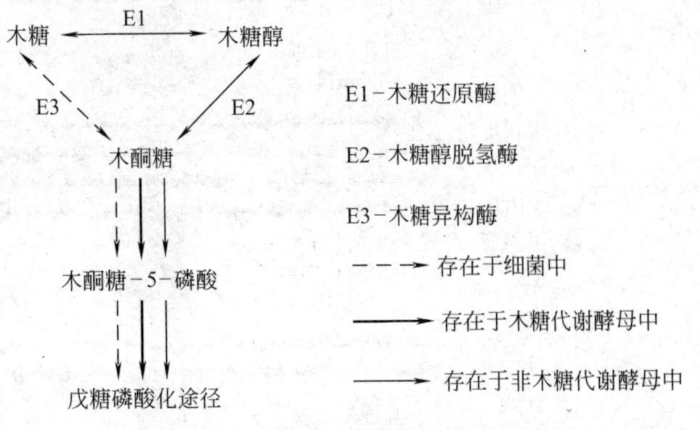

图 11.10.2 木糖在不同微生物中的代谢途径

11.11 蛋白质工程及基因重排

蛋白质工程的研究对象是蛋白质的结构与功能之间的关系，并对蛋白质结构进行修饰和改造，使蛋白质具有更优良的性质和更完美的功能，甚至创造出新的非天然蛋白质。对蛋白质工程的主要研究方法是点突变。DNA 重排（DNA shuffling）是一种体外 DNA 进化（DNA evolution）技术，属于蛋白质工程的范畴。常规的蛋白质工程常常采用点突变的方法研究蛋白质的结构-功能关系，进而对蛋白质的结构进行改造，以获得人们所期望的蛋白质新的功能，但这种方法的缺点是实验工作量大、效率低。利用计算机技术分析蛋白质的三维结构并用于指导蛋白质的结构-功能分析可以加速这一过程，但前提条件是蛋白质的三维结构已知，即使如此，这种方法的可靠性仍无法得到保证。近年来，一种新的体外 DNA 进化技术开始发展并吸引了许多研究者的重视，由美国的 Stemmer 首先提出，以 PCR 扩增所得的 *LacZa* 基因为实验材料，用 DNase Ⅰ消化，分离纯化 10～50bp 大小的随机片段，先进行无引物 PCR，以达到在同一 DNA 序列上汇聚多个正向突变位点，再进行有引物 PCR，验证体外 PCR 中的 DNA 重组现象。Stemmer 将这种方法称为体外 DNA shuffling 技术，并于 1998 年申请了专利。该技术的要点是将诱变技术与基因片段的重组技术和高通量筛选技术结合，就有可能获得具有新功能的蛋白质或多肽。

DNA shuffling 通过改变单个基因（或基因家族，gene family）原有的核苷酸序列，创造新基因，并赋予表达产物以新的功能。DNA shuffling 目的是为亲本基因群中的突变创造尽可能多组合的机会，最终获取最佳突变组合的基因及其所表达的蛋白质。值得指出的是，DNA 重排的效果必须由重排后基因表达产物的功能来验证，而灵敏可靠的高通量筛选方法是 DNA 重排技术成功与否的关键。DNA shuffling 与传统的定点突变、易错 PCR（error-prone PCR）等技术相比，不仅可加速积累有益突变，而且可使酶的两个或多个已优化性质合为一体，是酶体外定向进化（directed evolution of enzyme *in vitro*）的一种重要方法，为酶的结构功能研究与改进开辟了崭新途径。DNA shuffling 的基本原理如图 11.11.1 所示。出发基因经酶切后产生许多不同长度的基因片段，这些片段经重组后产生了许多新的基因，将这些基因转化到宿主细胞中进行表达，经高通量筛选获得蛋白质性状得到改进的基因。这

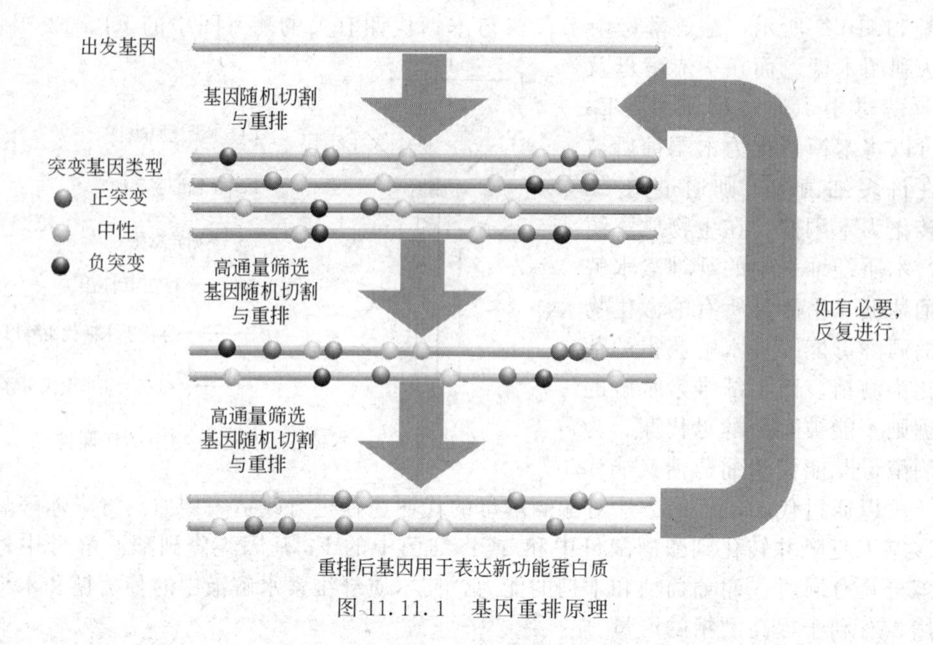

图 11.11.1 基因重排原理

样的过程需要反复进行，直到蛋白质的性状符合预先设定的要求为止。

当 DNA shuffling 用来重排一系列进化上相关的基因时，就称为 family shuffling，此方法中的 DNA 基因之间的同源性一般要达到 70%以上。因为是多个相关基因的重排，Family shuffling 可以获得高质量的蛋白质多样性库。采用 family shuffling 进行基因重排已成为 DNA 重排的主要方法之一。

DNA shuffling 技术对酶工程的发展具有重大的影响，已用于提高酶的活性、稳定性及改变底物专一性等方面。随着 DNA shuffling 技术的发展，利用此技术进行酶基因改造的研究和报道也越来越多，并且在许多酶的基因改造中取得了显著的成绩。例如，青霉素 G 酰化酶（PGA）是 β-内酰胺类半合成抗生素工业中最为关键的酶，它可用来生产 β-内酰胺类抗生素的母核，又可催化 β-内酰胺母核与侧链氨基酸衍生物缩合，生产 β-内酰胺类半合成抗生素。有人对来自于大肠杆菌（*E. coli*）、嗜柠檬酸克氏菌（*K. citrophita*）和雷氏普罗威登斯菌（*P. rettgeri*）的同源性在 62.5%到 96.9% 的 PGA 基因进行了 family shuffling，构建了种间的 PGA 杂合基因库，经筛选得到一个比原酶活力高 40%的突变体，进一步研究发现 PGA 的 α 亚单位与合成活性的提高有关。

酶的理性设计依赖于酶分子结构生物学数据的完善、空间结构预测和结构与功能关系的深入研究，因此在应用上有一定的局限性。而 DNA shuffling 技术不需事先了解酶的空间结构和催化机制，就可以对酶进行改造，已成为一种快速、高效的酶定向进化技术。DNA shuffling 不但可以对单个基因进行改组还可以进行家族改组，大大加速了酶进化的过程。

随着 DNA shufling 的发展，从数量巨大的克隆中筛选出数量非常有限的突变体，显得越来越困难。如何快速从突变库中筛选出所需要的基因已成为阻碍基因进化速度的关键，因此高通量筛选方法的进步对 DNA shuffling 技术的广泛应用显非常重要。随着 DNA shufling 的不断优化和高通量筛选方法的建立，该技术在微生物领域的应用范围也将不断拓宽，必将会在工业、农业和医药等领域显示其更旺盛的生命力。

11.12 基因工程的应用与发展前景

经过 30 多年的发展，基因重组已成为一项最重要的基因操作技术，在生命科学研究中发挥了极其重要的作用。同时，基因工程技术自它诞生之日起，就以应用作为研究目标，以新型蛋白质类药物的研究开发为重点，政府、企业、大学和研究单位投入了大量的人力和物力用于基因工程的应用研究，而且在世界范围内展开了激烈的竞争。今天，基因工程的研究开发水平已经成了反映一个国家竞争力的重要指标，并将对世界经济的可持续发展、人们生活水平和生活质量的提高及解决人类所面临的许多重大问题产生深远的影响。

我国对基因工程的研究和开发也十分重视，自20世纪70年代末以来，一直将基因工程作为生物科学与技术领域研究、开发和产业化的重点，组织了大量的基础研究和科技攻关项目，促使我国在基因工程研究和应用领域迅速缩短了与世界先进水平的差距，在基础研究和产业化方面都取得了重要进展。

近年来，基因工程已成为生物科学与技术的核心技术，基因工程本身也有了重大的进展和外延。基因工程的宿主细胞已经从微生物发展到植物、动物和人类细胞；基因工程的目的基因已经从单个基因推广到基因簇，并从基因组学的高度解决目的基因的来源、定位和功能，形成了基因组工程的新学科；从人类基因组和植物、动物、微生物基因组研究获得的海量信息，开始发展后基因组工程，以便开发利用基因组学的巨大研究成果。生物芯片技术、体细胞克隆技术、基因诊断和基因治疗技术等都已经崭露头角。这些研究工作的顺利开展，将极大地推动人类对生命现象和生命规律的认识，促进人类文明的发展，并为生物技术发展成为21世纪的支柱产业作出重要贡献。

代谢工程的发展使基因重组技术的应用扩大到了非蛋白质类产物的生产、有机污染物降解等新的领域，已经在发酵法生产氨基酸、核苷酸、抗生素等微生物高产菌株选育中发挥了重要作用。

总之，基因工程已经成为工业微生物学的重要手段，将为提高微生物发酵产物产量、开发新的发酵产物作出重要贡献。

复习思考题

1. 基因重组技术是怎样发展起来的？
2. 简述PCR的原理，说明PCR在基因重组中的应用。
3. 怎样获得目的基因？对载体DNA有哪些要求？
4. 哪些因素影响质粒稳定性？在质粒构建时，可以采取哪些措施提高质粒的稳定性？
5. 为什么基因重组细胞的生长速率总是比野生型细胞慢？
6. 名词解释：代谢工程、蛋白质工程、基因文库、工具酶。
7. 人表皮生长因子（Human epidermal growth factor，hEGF）是一种能促进表皮细胞生长、加速创伤愈合的多肽，请①从文献中查阅出hEGF基因的核苷酸序列；②设计PCR引物；③选择适当的宿主细胞和表达质粒，说明理由。
8. 试述微生物基因组研究进展对工业微生物学发展的意义。

12 微生物与环境保护

我们只有一个地球。现在，保护地球的环境已经成了人类的共识，也是我国可持续发展战略的重要组成部分。随着人口增加及人类生产和生活活动的增加，人类物质和精神文明的水平得到了很大的提高。但是人们在对环境质量的要求越来越高的同时，对环境的威胁和破坏也越来越严重。在工业化发展的初期，人们一方面对环境问题还缺乏认识，另一方面出于对发展经济的良好愿望，往往会忽略工业化对环境的破坏作用。当工业化发展到一定程度时，人们已经开始认识到了保护环境的重要性，又会发现环境保护的复杂性和困难性。环境保护是需要全社会共同努力并持之以恒的一项伟大事业。微生物在环境中扮演着十分重要的角色，一直默默地为保护环境作出了重要的贡献，随着人们对微生物和环境关系研究的不断深入，微生物在环境保护中必将发挥更大的作用。

在自然生态环境（土壤、水和空气）中，存在着大量的、形形色色的微生物，它们具有将有机物经氧化、还原、转化、分解等途径最终转化为无机物的巨大能力，在自然界的碳、氮、氧、硫、磷等元素的物质循环中起着不可替代的重要作用。人们在实践中发现可以采用各种方法强化微生物的这些功能，在人工创造的环境中，使微生物在最有利的条件下分解人类生活和生产活动中排放的污染环境的废弃物。用微生物处理废弃物已经成了保护环境最有效的方法之一。

12.1 环境中微生物的相互作用

在自然环境中，许多不同的微生物共同生活，相互之间存在着复杂的关系。微生物用于处理环境中的污染物时，往往也是通过多种微生物、甚至原生动物的共同作用完成的。因此研究不同微生物之间的相互作用具有非常重要的意义。在自然或人工生态系统中，由于环境因素的影响，如营养物种类、pH 及温度等，微生物群中往往又是由几种微生物占据着统治或优势地位，这样会对微生物群的生物多样性造成一定的限制。因此为了减少分析讨论的复杂性，而又能反映出微生物相互作用的特点，我们将把讨论的重点放在只有二、三种微生物组成的简单系统。

微生物之间的相互作用可以根据一种微生物是否因为另一种微生物的存在而受益、受害或不受影响进行分类，表 12.1.1 列出了各种相互作用的类型。

表 12.1.1 微生物间相互作用的分类

相互作用分类	特点	相互作用对微生物的影响	
		微生物 A	微生物 B
种间共处(neutralism)	微生物间没有相互作用	0	0
共栖现象(commensalism)	一种受益而其他种不受影响	0	＋
互惠共生(mutualism)	每一种都因其他种的存在而受益	＋	＋
竞争作用(competition)	微生物间为营养或空间而竞争	－	－
偏害共生(amensalism)	一种微生物改变了环境并不利于另外物种生长	0 或＋	－
寄生现象(parasatism)	一种微生物寄生在另一种上	＋	－
捕食现象(predation)	一种微生物捕食其他微生物	＋	－

注：0—不受影响；＋—有利于生长；-—不利于生长。

如果不同的微生物之间存在种间共处，就说明这些微生物所利用的营养物质不同，它们释放到环境中的代谢产物不会影响其他微生物的生长。这种情况在自然界几乎不存在，只在实验室中观察到了几个特殊例子。例如，专性无机化能营养菌 *Thiobacillus neapolitanus* 和专性异养菌 *Spirillum* G7 能够在交替供应还原态硫化物和醋酸的培养基中共存，它们的生长不会因对方存在而受到影响。

共栖现象可以分为两种情况：属于第一种情况时，一种微生物的代谢产物是另一种微生物生长所必需的营养物质，而后者对其本身的生长则没有明显的影响；另一类是一种微生物除去了环境中的有害物质，使得其他微生物能够生长。共栖生长的共同特点是一种微生物受益而其他微生物不受影响。表 12.1.2 列出了这两种共栖现象的例子。

表 12.1.2 共栖现象的典型例子

(a)一种微生物为另一微生物提供生长所需的物质

化合物	产生该化合物的微生物	受益微生物
烟酸	酵母 *Saccharomyces cerevisiae*	变形杆菌 *Proteus vulgaris*
硫化氢	脱硫弧菌 *Desulfovibrio*	硫细菌 Sulphur bacteria
甲烷	厌氧甲烷菌 Anaerobic methane bacteria	甲烷氧化菌 Methane oxidizing bacteria
硝酸盐	硝化杆菌 *Nitrobacter*	反硝化杆菌 Denitrifying bacteria
果糖	醋杆菌 *Acetobacter suboxydans*	酵母 *Saccharomyces carlsbergensis*

(b)一种微生物除去了有害于另一种微生物生长的化合物

化合物	微生物间的相互关系
氧	好氧微生物消耗氧气以利于厌氧微生物生长
硫化氢	有毒的硫化氢被光能自养型硫细菌消耗以利于其他微生物生长
食品防腐剂	一种微生物将苯甲酸等防腐剂降解，使其他微生物能够生长
含汞杀菌剂	脱硫菌将硫酸盐或硫化物还原为硫化氢并与含汞杀虫剂结合，这样其他微生物才能生长

互惠共生的微生物之间存在着密切的相互依赖关系，如果不加入特殊的生长因子，每种微生物在单独培养时都无法生存，但当它们混合培养时，由于能互相提供对方生长所需的生长因子，就能够生长。生长因子的交换对双方都有利。互惠共生的一个典型例子是乳杆菌（*Lactobacillus*）和链球菌（*Streptococcus*）之间的关系，乳杆菌的生长需要苯丙氨酸，但能够产生叶酸，而链球菌则正好相反，需要叶酸而产生苯丙氨酸。两者混合培养时正好满足了对方的生长需求。另外一个生态系统中的例子是藻类和细菌之间的关系，通过光合作用，藻类利用二氧化碳合成碳水化合物，并产生氧气；而细菌则利用藻类产生的碳水化合物和氧气，释放出二氧化碳。这是自然界中碳循环的重要组成部分。

如果互惠共生是微生物生长的必要条件，则称为共生现象（symbiosis）。白蚁能够消化纤维素，但白蚁自身不会产生纤维素酶，而是通过寄生在原生动物上的细菌所分泌的纤维素酶将纤维素水解，然后才能被利用。在牛胃中也存在着类似的关系，瘤胃微生物能够帮助消化植物性饲料。

竞争作用是指许多微生物为了生存而对环境中那些有限的、共同需要的营养要素，如营养物质、光、水及生存空间等，进行竞争的现象。在微生物系统中，微生物之间的竞争一般不是因为一种微生物产生了对其他微生物有害或有利的化合物，而是由于微生物的密度和传代速度的快慢引起的。这种竞争往往非常激烈，只有当环境中有限的营养资源消耗完时竞争才会结束。竞争也是微生物产生突变的重要原因，通过突变使微生物具有更强的利用营养物质的能力或获得抗生素抗性，这些突变株就会比原菌株具有更强的竞争力。即使在工业微生物纯种培养中，也会产生自然突变，产生能够更好地适应培养环境的突变株，它们在与原菌株的竞争中逐渐占据优势。

偏害共生关系中，一种微生物在代谢过程产生的有机或无机产物会抑制其他微生物的生长。微生物所合成的某些次级代谢产物，如抗生素，就起着这样的作用。

在寄生关系中，一种较小的有机体寄生在一个较大的宿主细胞上，通过消耗宿主细胞来满足寄生菌的营养需求。寄生者不一定杀死宿主细胞，这一点是与捕食关系相区别的关键。噬菌体系统就是典型的寄生关系，噬菌体本身不会利用环境中的营养物质，完全通过获取宿主细胞中的遗传物质进行复制和合成，因此噬菌体是发酵工业的大敌。

在捕食关系中存在着捕食者（predator）和牺牲品（prey）之间的关系。捕食者通过掠夺牺牲品使自己大量繁殖，但是当繁殖到一定程度时，就会出现牺牲品数量大量减少、满足不了捕食者需要的情况，捕食者本身开始死亡。捕食者的数目减少又会使牺牲品恢复增长，捕食者由于有了充分的食物也会随之增长，开始新一轮的循环。捕食关系已经在微生物和动物界中得到证明，并在活性污泥法处理废水时起着重要作用。下面将从数学角度举例说明这种关系。

设在系统中牺牲品和捕食者的数量分别为 n_1 和 n_2，牺牲品的生长速率可以用一级反应动力学描述，而捕食者的生长速率则与 n_1 和 n_2 的乘积成正比，求捕食者和牺牲品的关系式。

解：系统中捕食者和牺牲品的物料平衡公式可以分别表示为：

$$\frac{\mathrm{d}n_1}{\mathrm{d}t}=an_1-\gamma n_1 n_2 \tag{12.1.1}$$

$$\frac{\mathrm{d}n_2}{\mathrm{d}t}=-bn_2+\varepsilon n_1 n_2 \tag{12.1.2}$$

式中，a 是 n_1 的生长速率常数；γ 是牺牲品被捕食者捕食的有效消失速率常数；ε 是捕食者的生长速率常数；b 是捕食者的死亡速率常数。上述两个常微分方程的解是：

$$\hat{n}_1=\frac{b}{\varepsilon\gamma} \qquad \hat{n}_2=\frac{a}{\gamma} \tag{12.1.3}$$

为了了解式（12.1.1）和式（12.1.2）所描述的动态行为，需要研究 $n_1(t)$ 与 $n_2(t)$ 之间的关系。将式（12.1.1）和式（12.1.2）相除，得到：

$$\frac{\mathrm{d}n_2/\mathrm{d}t}{\mathrm{d}n_1/\mathrm{d}t}=\frac{-bn_2+\varepsilon\gamma n_1 n_2}{an_1-\gamma n_1 n_2}=\frac{(-b+\varepsilon\gamma n_1)n_2}{(a-\gamma n_2)n_1} \tag{12.1.4}$$

上式两边乘以 $(a-\gamma n_2)(\mathrm{d}n_1/\mathrm{d}t)/n_2$ 后重排，

$$\frac{a}{n_2}\frac{\mathrm{d}n_2}{\mathrm{d}t}-\gamma\frac{\mathrm{d}n_2}{\mathrm{d}t}=-\frac{b}{n_1}\frac{\mathrm{d}n_1}{\mathrm{d}t}+\varepsilon\gamma\frac{\mathrm{d}n_1}{\mathrm{d}t} \tag{12.1.5}$$

这样将式（12.1.5）积分，可以得到：

$$a\ln n_2-\gamma n_2+b\ln n_1-\varepsilon\gamma n_1=C \tag{12.1.6}$$

$$\left[\frac{n_2^a}{(e^{n_2})^{\gamma}}\right]\cdot\left[\frac{n_1^b}{(e^{n_1})^{\varepsilon\gamma}}\right]=e^C \tag{12.1.7}$$

积分常数 C 可以根据 $n_1(t)$ 与 $n_2(t)$ 的初始条件确定。式（12.1.6）或式（12.1.7）属于超越方程，只能应用数值方法求解，根据 $n_1(t)$ 与 $n_2(t)$ 的范围，该方程有零个、一个或两个解，图 12.1.1 显示了方程的解。这是一条封闭曲线，曲线内面积的大小取决于 $n_1(t)$ 与 $n_2(t)$ 的初值。如果将封闭曲线 $n_1(t)$ 与 $n_2(t)$ 用瞬时值描述，就会发现两个组分的振荡现象。

将式（12.1.1）在该系统一个周期内从 $t=0$ 到 $t=T$ 积分，得到：

$$\int_0^T \frac{1}{n_1}\frac{\mathrm{d}n_1}{\mathrm{d}t}\mathrm{d}t=\int_0^T(a-\gamma n_2)\mathrm{d}t \tag{12.1.8}$$

$$\ln\left[\frac{n_1(T)}{n_1(0)}\right]=aT-\int_0^T\gamma n_2\mathrm{d}t \tag{12.1.9}$$

注意到经过一个周期后，$n_1(T)=n_1(0)$，式（12.1.9）可以重写为：

$$\frac{1}{T}\int_0^T\gamma n_2\mathrm{d}t=a \tag{12.1.10}$$

由于 n_2 的稳态解等于 a/γ，因此

$$\frac{1}{T}\int_0^T n_2\mathrm{d}t=\hat{n}_2 \tag{12.1.11}$$

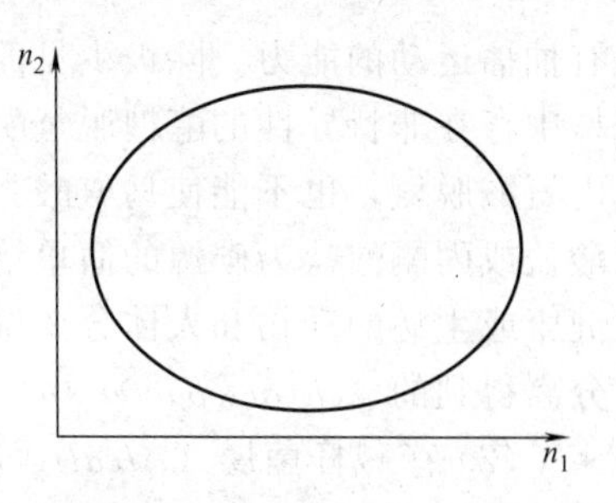

图 12.1.1 $n_1(t)$ 与 $n_2(t)$ 的相平面图

稳定的稳态解位于封闭曲线中的焦点

上式指出，虽然 n_2 的值在一个循环中始终在变化，每个循环中的平均值始终等于其稳态浓度 a/γ。积分式（12.1.2）可以得到关于 n_1 的类似结果。

研究微生物群之间的相互作用不但对生态系统的研究非常重要，在环境保护领域也有重要的应用，例如：利用微生物之间的互惠共生系统可以将环境中的有害化合物降解得更彻底；利用降解有害化合物菌群的生长优势，废水不经过灭菌就可以进行生化处理，并能获得更好的处理效果；利用捕食者和牺牲品的关系可以减少活性污泥的量等。

12.2 环境保护中常见的微生物群

微生物本身需要不断地繁殖并维持其正常活动，因而需要从环境中获得能源、碳源和其他无机元素。自养型微生物从二氧化碳中获得碳源，在自然界的碳循环中扮演着重要角色，但显然与有机废弃物处理的宗旨不符，因此不能用于环境工程。异养型微生物能够从有机物中获得能源和碳源，与此同时，有机物本身被最终降解为 CO_2，从而达到废弃物处理之目的，因此是废弃物处理过程中分布最为广泛的微生物群；无机化能异养型微生物从无机化合物获得能源，在有些应用领域非常重要，如生物脱硫、脱氮等。

微生物在环境保护中的应用已经从自然生态系统发展到活性污泥方法处理废水，并进一步扩大到固体废弃物和废气的处理及生物修复领域。参与废弃物生物降解的微生物种类和数量十分庞大，但是根据处理的方法，还是可以将它们分为好氧和厌氧微生物两大类。在好氧活性污泥方法中，一些原生动物也起着很重要的作用。

12.2.1 好氧微生物群

在废弃物的好氧生物降解系统中，起主要作用的是细菌、真菌、藻类和原生动物，还可能存在一些后生动物。影响微生物群组成的主要因素是废弃物的种类和处理条件，例如，处理城市污水和化工厂污水的微生物群会有显著的差别；废弃物处理的环境条件，如：温度、pH 等也会对微生物的种类和分布产生影响。另外，反应器形式对微生物群的构成也有影响，如用普通的曝气池和形成生物膜的反应器处理同样的废水，由于氧传递的差别会形成不同的微生物群。

12.2.1.1 好氧的有机化能异养型微生物

属于这一类的细菌主要包括：无色杆菌属、产碱杆菌属、芽孢杆菌属、假单胞菌属、黄杆菌属及微球菌属等。下面将分别进行简要的讨论。

（1）无色杆菌属（*Achromobacter*） 有时也将其分类为不动杆菌属。该属细菌的菌落在 24h 后为 2～3mm，通常菌落光滑，有时极黏而附着于培养基上。表面扩散试验表明它们具

有抽搐运动的能力。除极少见的情况外，一般不还原硝酸盐。可能产酸或不产酸，在产酸菌株中存在非特异性的醛糖脱氢酶。有些菌株能够液化明胶，有些会产生脲酶。它们不能使苯丙氨酸脱氨，也不能使鸟氨酸、赖氨酸及精氨酸脱羧。能够在以铵盐为氮源和以乙酸盐、丁酸盐或丙酮酸盐为碳源的简单培养基中生长。无色杆菌广泛存在于土壤和水体中，常可以从健康或生病的动物和人体分离得到，但是其致病力尚未确定。典型菌株为从原油污染的海滨分离得到的 *Achromobacter sp*. *ATCC*21910，具有将原油分散并降解的能力。

(2) 产碱杆菌属（*Alcaligenes*） 产碱杆菌都属于革兰阴性菌，好氧生长，最适生长温度范围是 15～30℃，最适 pH 值为 8～10。产碱杆菌在自然界分布很广，在土壤、人畜的肠道、牛奶及污水中都能够找到它们的踪迹。它们不能分解糖类，能随粪便而使食物受到污染，乳品和肉类食品受到产碱杆菌污染时会产生黏性而变质。该属细菌的典型菌株是粪产碱杆菌（*Alcaligenes faecalis*），细胞成杆状，细胞尺寸为 (0.5×1.0) μm～(1.0×2.0) μm，单细胞，成对或成链状生长，通常没有荚膜，能够借助于周身鞭毛而运动。

(3) 芽孢杆菌属（*Bacillus*） 芽孢杆菌大部分属革兰阳性，只有少数为阴性菌，好氧或兼性厌氧，最适生长温度范围很广，为－5～75℃。它们的外形多数呈杆状，少数呈丝状，尺寸范围为 (0.3×2.2) μm～(1.2×7.0) μm，大部分具有夹膜、无运动功能，只有少数生长鞭毛、能够运动。芽孢杆菌会形成耐热的内生孢子，孢子囊的尺寸与营养细胞类似。芽孢杆菌属于化能营养型，能产生多种胞外水解酶，如淀粉酶、蛋白酶、脂肪酶等，具有很强的分解有机物能力。它们在自然界的分布很广，主要生活在土壤中，但是在水体及空气中也可以分离得到。芽孢杆菌基本上是非病原菌，对人畜无害。酶制剂工业中具有重要地位的枯草芽孢杆菌（*Bacillus subtilis*）是这一属的典型代表。

(4) 假单胞菌属（*Pseudomonas*） 假单胞菌是革兰阴性菌，极大部分属专性好氧、化能营养型，个别种能利用氢气或一氧化碳为能源自养生长。它们的生长温度范围为 5～45℃，最适生长温度在 30℃左右，最适 pH 值为 7.0～8.5。假单胞菌一般是直的或弯曲的杆状细菌，细胞尺寸为 (0.5×1.0) μm～(0.4×1.5) μm，部分具有单生或丛生鞭毛的假单胞菌能够运动，无鞭毛的则不能运动。假单胞菌在培养时会产生荧光物质及各种颜色的色素。大部分菌种能够将葡萄糖氧化成葡萄糖酸和 α-酮葡萄糖酸，但是不能氧化乳糖。有些种可以分解脂肪。许多假单胞菌都具有降解芳香属化合物的能力，因此是污水处理中的主要细菌种类。在缺少氮源的条件下，胞内会积累聚 β-羟基丁酸（PHB），这是一种新型的可生物降解高分子材料。假单胞菌的例子是铜绿假单胞菌（*Pseudomonas aeruginosa*）。

(5) 黄杆菌属（*Flavobacterium*） 黄杆菌是革兰阴性菌，属化能异养型，发酵作用不明显，在含碳水化合物培养液中培养时不产酸也不产气。好氧或兼性厌氧生长。最适生长温度在 30℃以下，最适 pH 值为 7.0～8.5。大部分黄杆菌有鞭毛、能够运动，多数具有荚膜，不形成芽孢。菌体呈直杆状，尺寸范围为 (0.5×1.0) μm～(0.8×3.0) μm。黄杆菌通常生活在土壤、淡水及海水中，有很强的蛋白质分解能力。当环境中存在含氮化合物时，它们不能代谢碳水化合物生成有机酸。在固体培养基上生长时会产生黄色、红色、或褐色等不溶于水的色素。水生黄杆菌（*Flavobacterium aquatile*）及贪食黄杆菌（*Flavobacterium devorans*）等是其中的代表性菌种。

(6) 动胶杆菌属（*Zoogloea*） 动胶杆菌是在活性污泥及生物膜中形成絮体结构的一类细菌的通称。它们的功能是形成菌胶团或活性污泥絮状体，对曝气池中活性污泥的稳定起着重要作用。动胶杆菌分为生枝动胶杆菌（*Flavobacterium ramigira*）和悬丝动胶杆菌（*Flavobacterium filipendula*）两个种。

12.2.1.2 原生动物

原生动物是单细胞的微小动物，由原生质和一个或多个细胞核组成。原生动物虽然是单细胞，但从生理上看是一个独立的生物体，即使在群体中也各自独立生活。它们与多细胞动物一样，也具有代谢、运动、繁殖、感应外界刺激和适应环境等生理和生化功能。

原生动物的尺寸比微生物大得多，一般为 30μm×300μm。大多数原生动物的细胞膜结实而有弹性，因此能够保持它们特殊的体形，但也有一些种属的外壁只是一层很薄的原生质膜，这类原生动物就很难保持其体形。

原生动物的原生质分为两层：外层均匀而且透明，无内含物，称为外质；内层呈流体状，含有各种内含物，不太透明，称为内质。

原生动物含有一个或多个细胞核，细胞核的形状各式各样，核的大小也会有很大的差别。有些原生动物的两个核一个大，另一个小，大核负责细胞的运动、代谢等，小核则与细胞的生殖功能有关。

原生动物绝大多数都只能生长在有氧的环境中，但对氧的要求不高，即使水中氧的饱和度只有 10%也能生存。少数原生动物甚至能在无氧的环境中生存。

原生动物是从微生物进化而来的，其细胞已经分化出执行各种生命活动和生理功能的细胞器，如：运动胞器、营养胞器、排泄胞器、感应胞器。它们的生殖分为无性生殖和有性生殖两类。无性生殖即细胞的分裂，细胞核和原生质一分为二，细胞个体数呈几何级数增加。无性生殖一般发生在营养、温度、氧等供应充分、环境条件良好的场合。有性生殖并不是原生动物专门的繁殖方式，而是出于细胞核更新的需要。有性生殖往往发生在环境条件较差、细胞经过长期的无性繁殖后种群已经衰老的情况。种群通过有性生殖可以增强生命力。原生动物在一定的条件下会分泌胶质、进而形成膜将自身包裹起来，成为胞囊。胞囊的作用是当外界环境因素不利时保护原生动物，属于休眠胞囊。只要环境条件好转，原生动物就会脱囊而出，恢复其生命力。

在废物处理系统中，常见的原生动物有：内足亚门（Sarcodina Schmada）、纤毛门（Ciliophora Doflein）和鞭毛亚门（Mastigophora Dieseng）的一些种。

鞭毛类的原生动物能够通过体表首先将有机物吸附到表面并进而吸收到体内进行代谢。变形虫的伪足能够包裹有机物碎屑，再从体内分泌出消化酶系将其水解后吸收利用。这些摄食方式决定了它们只能生活在有机物浓度高的环境中及污水处理反应器的启动阶段。该阶段首先出现的是异养型游离细菌，然后将大量出现原生动物，常见的有滴虫类、波豆虫类及变形虫类等。随着启动过程的进展，细菌数目大大增加，污水中就会出现能够大量吞噬细菌的原生动物，如游动纤毛虫、肾型虫、豆型虫、漫游虫及变形虫等。当污水中的有机污染物逐渐被微生物消耗和分解后，微生物形成了活性污泥或生物膜，游离的细菌数减少，使纤毛虫等原生动物的食料受到限制而无法生存，游动型纤毛虫就会被固体附着型纤毛虫所代替，同时还会产生以有机物碎屑和生物尸体为食的匍匐型纤毛虫，如楯纤虫。种虫类原生动物的出现标志着污水已经得到很好的净化，有机污染物和游离菌的含量已经很低，活性污泥絮体已经形成而且大量增殖。

随着废水中有机污染物的浓度继续降低，污水中会出现轮虫、线虫及寡毛类动物。轮虫既能够以细菌和原生动物为食，也能吞噬小块的活性污泥，因此即使在游离细菌和游动型纤毛虫被大量吞噬并完全消失的情况下也能继续生存，成为具有生长优势的原生动物种。轮虫的出现标志着活性污泥方法污水处理系统中已经形成了一个比较稳定的生态系统。线虫及寡毛类动物能够大量吞噬污泥絮体，常出现在曝气池中积累了大量活性污泥的时候，有利于降低活性污泥量，减少污泥后处理的工作量。这一阶段中又会出现真菌以消耗掉捕食轮虫和线虫。

在污水生物处理的启动期，原生动物种群的演变规律是：游动型⟶匍匐型⟶附着型的变化及从鞭毛虫⟶纤毛虫⟶根足虫⟶鞭毛虫的演变过程，充分体现了生态系统中适者生存的普遍规律。在稳定期则存在捕食者和牺牲品之间的关系。正是由于微生物和原生动物之间复杂的相互作用，提高了污水处理的效率、降低了活性污泥量，使好氧的活性污泥方法在城市污水和工业污水处理过程中得到了广泛的应用。

12.2.1.3 与污泥膨胀有关的微生物

在污水的好氧处理过程中，有机污染物一部分被彻底氧化为二氧化碳和水，另一部分则被转化为微生物菌体或原生动物体。由于菌体与原生动物体也是有机物，因此离开污水生化处理装置的出水质量与出水中污泥的分离程度存在着密切的关系。如果污泥发生膨胀，就会危及污泥的分离，使出水中的有机物含量增加，从而大大降低污水处理的效果。造成污泥发生膨胀的微生物主要有：球衣菌、贝日阿托菌和芽孢杆菌等细菌。

(1) 球衣菌属（*Sphaerotilus*） 在活性污泥中若存在球衣菌属细菌，将会引起污泥的丝状菌性膨胀。球衣菌属革兰阴性菌，呈杆状或圆柱状，尺寸为（0.7×2.4）μm～(3.0×10.0)μm，有一束亚端生的鞭毛，化学异养型，严格好氧，通过呼吸代谢，从不发酵。球衣菌的最适 pH 值和温度分别为 5.8～8.1 和 15～40℃。该属细菌具有衣鞘，内中包括多个细胞并形成丝状体，菌体几乎无色。生长旺盛的球衣菌其衣鞘紧贴在细胞表面，许多这种有外鞘裹着的长链牢固地粘在一起形成长穗状物，再附着于淹没在水中的固体表面。虽然球衣菌严格好氧，但对溶氧的适应性却很强，对其他环境条件和有机物种类的适应能力也非常强。如果废水处理时溶氧浓度很低并小于某些细菌的临界值时，这些细菌就会死亡，而球衣菌则能够忍受这样的低氧环境，得以存活下来。当环境条件好转时又会大量繁殖。若经常发生这样的环境变化，会引起球衣菌的异常增殖，成为活性污泥中的主导菌种。当球衣菌老化时，衣鞘内的细胞链会出现松动或缺位现象。如果活性污泥中球衣菌的比例很高，就会发生污泥膨胀而且不易沉淀，从而影响出水的质量。

(2) 贝日阿托菌（*Beggiatoa*） 贝日阿托菌属于硫细菌，革兰阴性，细胞成链，形成无色的丝状体，能够以滑动方式运动。该科菌属于混合营养或有机化能营养型，呼吸代谢，好氧或微好氧，以分子氧作为最终的电子受体，细胞内可能积累聚 β-羟基丁酸或异染粒。当废水中含有较高浓度的硫化物时，会促使贝日阿托氏菌的大量繁殖，引起污泥膨胀。典型的菌种如白色贝日阿托菌（*B. alba*）及巨大贝日阿托菌（*B. gigantea*）。

(3) 芽孢杆菌属（*Bacillus*） 如果将枯草芽孢杆菌进行纯种培养，也能够引起污泥膨胀，性状与丝状菌引起的污泥膨胀十分类似。许多种芽孢杆菌能够形成夹膜，而夹膜是黏性物质的重要来源，这些黏性物质在活性污泥中的大量积累是非丝状菌型污泥膨胀的重要原因。此外，环境条件不利时芽孢杆菌可以生成内生孢子，孢子含有一个中心细胞，并被一个有肽烯糖构成的外膜和一层胞外壳所包裹。内生孢子对环境的适应能力和抗性较强，当废水中含有有毒物质时会使有些微生物停止生长并失去活性。环境一旦恢复，芽孢杆菌就会快速恢复和增殖。以上性质使得芽孢杆菌可能成为活性污泥中的优势菌，从而引起非丝状菌型污泥膨胀。

12.2.2 厌氧微生物群

对于含高浓度有机污染物的废水，如来自发酵工业、食品工业等的废水，直接进行好氧生化处理会大大增加曝气池的负荷，降低处理效率及出水质量，因此需要先经过厌氧消化使 BOD 降低后再进入曝气池。曝气池产生的大量剩余污泥，处理起来十分困难，也需要通过厌氧消化以减少污泥量。农作物秸秆及家畜饲养业产生的有机固体废物，可以在厌氧沼气池中通过厌氧微生物的作用产生甲烷，一方面可以充分利用资源，另一方面又减少了固体废弃物的量。因此厌氧微生物群在环境保护中与好氧微生物群一样具有重要的地位。

厌氧微生物群包含专性厌氧和兼性厌氧两大类，它们在自然界的分布非常广泛。如河流湖泊的底部淤泥及土壤中都存在着大量的厌氧微生物群。在有机污染物的厌氧处理过程中，各种厌氧微生物在有机物降解过程中发挥着不同的作用。有机物的厌氧消化过程及每一步骤中起作用的主要微生物群如图 12.2.1 所示。

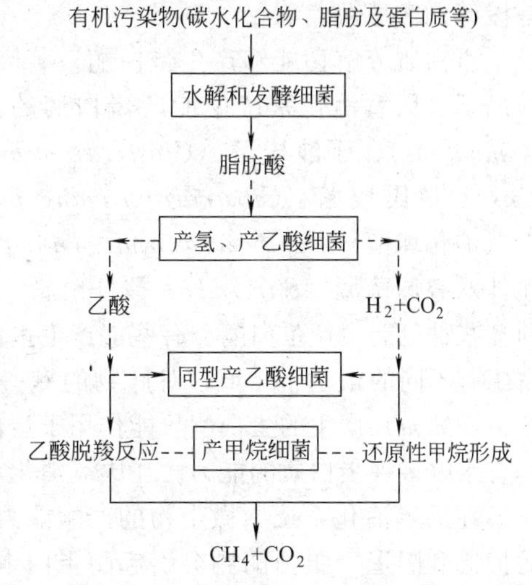

图 12.2.1 厌氧消化过程及其微生物

厌氧消化过程一般可以分为四个步骤。第一步是有机物的水解和发酵，首先在发酵细菌分泌的胞外酶的作用下，将有机物水解为各自的单体，如单糖、脂肪酸及氨基酸，这些单体化合物能被发酵细菌摄入胞内并通过发酵作用将它们分解为低级脂肪酸、醇等，并释放出 CO_2、H_2、NH_3 及 H_2S 等气体；第二步是在产氢产乙酸细菌的作用下将各种有机酸和醇进一步分解为乙酸、甲酸、甲醇、H_2 和 CO_2 等；第三步是产甲烷阶段，在产甲烷细菌的作用下，乙酸及甲酸等通过裂解及还原反应被转化为甲烷（约占甲烷总量的 70%），H_2 和 CO_2 则在合成酶的作用下也被合成为甲烷（约占 30%）；最后一步是在同型产乙酸菌的作用下将 H_2 和 CO_2 重新合成为乙酸，这一步在厌氧消化中的作用不是很大。

参与上述每一步骤中的厌氧微生物群是不同的，下面将对每一步起作用的主要微生物进行讨论。

12.2.2.1 水解发酵细菌

要将复杂的大分子有机污染物，如碳水化合物、脂肪和蛋白质等降解的第一步是要将它们水解为能够被微生物利用的小分子单体，因此在厌氧处理系统中必须存在能够产生水解酶的微生物群。如果有机污染物主要以大分子的形式存在，水解作用往往是整个消化过程的速率限制步骤，也是影响污染物降解效果的关键。

碳水化合物的代表是淀粉和纤维素。淀粉的水解比较容易，许多厌氧细菌都能够分泌淀粉酶，如：丁酸羧菌（*Clostridium bifermentus*）、乳杆菌（*Lactobacillus*）、枯草芽孢杆菌、蜡状芽孢杆菌、地衣芽孢杆菌等，它们都能产生水解 α-1,4 和 α-1,6-糖苷键的淀粉酶，因此能将淀粉、糖原及其他多糖降解成单糖，以便于这些细菌本身及其他微生物利用。在厌氧消化液中，产淀粉酶的细菌浓度约为 4×10^4 个/ml。

纤维素的水解要比淀粉困难得多。纤维素是由葡萄糖经 β-1,4 糖苷键连接而成的大分子，纤维素的水解是外切纤维素酶、内切纤维素酶和 β-葡萄糖苷酶共同作用的结果。在厌氧消化液中，纤维分解菌的浓度约为 4×10^5 个/ml。有人在处理猪粪的消化液中分离得到了 11 种中温纤维素分解菌，除一种外，其余都是革兰阴性菌。热纤梭菌（*Clostridium thermocellum*）是一种高温菌，能够将纤维素直接转化为乙醇和乙酸。半纤维素酶在厌氧消化的初期起着重要作用。同样，在处理猪粪的消化液中分离得到了 4 种产半纤维素酶的菌种，其中一种经鉴定为瘤胃拟杆菌（*Bacteroides ruminicola*）。

在厌氧消化器中，脂肪的水解尚未得到普遍证实，其原因可能是在细菌的混合培养时脂肪酶的活力会受到蛋白酶的抑制，但也有实验证明乳品加工工业废物中的脂肪可以被脂肪酶水解为脂肪酸和甘油。许多微生物产生的脂肪酶只能作用于甘油酯的1和3位的酯键，只有少数作用于甘油酯的所有3个酯键。消化液中分解脂肪菌的浓度约为10^4～10^5个/ml，主要是梭菌和微球菌。

蛋白质分解菌能够产生蛋白酶。若废物中的蛋白质浓度较高，蛋白质分解菌的重要性就增加了。厌氧消化系统中能产蛋白酶的菌种很多，主要的有：双酶梭菌（*Clostridium bifermentans*）、丁酸梭菌（*Clostridium butyricum*）、产气甲膜梭菌（*Clostridium perfringens*）、芒氏梭菌（*Clostridium mangenotii*）、象牙海岸梭菌（*Clostridium litusburense*）、厌氧消化球菌（*Peptococcus anaerobius*）及金黄色葡萄球菌（*Staphylococcus aureus*）等。此外八叠球菌属（*Sarcina*）、拟杆菌属（*Bacteriodes*）及丙酸杆菌属（*Proprionibacterium*）的某些种也能生产蛋白酶。有些能产生蛋白酶的菌还同时具有水解多糖的能力。不同来源的蛋白酶有不同的最适pH值，对底物的专一性也有很大差别，例如由溶组织梭菌（*Clostridium histolyticum*）产生的蛋白酶只能作用于蛋白质的羧基端，而链球菌（*Streptococci*）的蛋白酶则具有水解多种蛋白质的能力。在厌氧消化系统中产蛋白酶细菌的密度约为10^4～10^5个/ml。

在厌氧消化系统中微生物的产酶能力受到底物和产物浓度的影响，可能存在底物或产物的抑制和阻遏，蛋白酶则会引起酶蛋白本身的水解。

蛋白质的水解产物氨基酸能够被微生物摄入体内进行发酵，主要代谢途径是脱氢反应和还原脱氨反应。脱氢反应可以将有机物氧化分解，产生的氢将被甲烷菌利用合成甲醇。氯仿会抑制甲烷菌的活性，从而抑制氨基酸的脱氢降解并改变所产生的挥发性有机酸组成。甘氨酸也是一种氢受体，因此如果在厌氧消化系统中加入甘氨酸，就能够减轻氯仿对氨基酸降解的抑制作用。通过还原脱氨反应，精氨酸将被分解为NH_3和CO_2，鸟氨酸被转化为乙酸、丙酸、丁酸和戊酸，赖氨酸则分解为乙酸和丁酸等。参与氨基酸厌氧代谢的微生物主要有：梭菌、链球菌及支原体（*Mycoplasmas*）等。

多糖的水解产物是单糖，能够被许多微生物所利用，特别是葡萄糖，几乎能作为所有微生物的碳源，厌氧发酵的主要产物是乙酸、乳酸及氢等，但是巨球型菌（*Megasphaera*）、丙酸梭菌（*Clostridium propionicum*）、戊糖丙酸杆菌（*Propionibacterium pentosaceum*）及谢氏丙酸杆菌（*Propionibacterium shermanii*）的发酵产物是丙酸和丁二酸。乳酸菌发酵的主要产物是乳酸。同型乳酸发酵菌（Homofermentative bacteria）能将一分子葡萄糖转化为两分子乳酸，而异型乳酸发酵菌（Heterofermentative bacteria）的发酵产物除乳酸外还有乙酸及乙醇等。能利用葡萄糖的微生物一般都能以乳酸作为碳源并将乳酸进一步分解为乙酸等产物；反之则不一定，如有一株巨球型菌就不能代谢乳酸。有些乳酸发酵菌还能利用柠檬酸作为碳源，发酵产物是3-羟基丙酮和丁二酮，如乳脂链球菌（*Streptococcus cremoris*），这类细菌在厌氧处理含柠檬酸的废水（如柠檬酸发酵工业和乳制品工业等）时起着重要的作用。

12.2.2.2 产氢、产乙酸细菌

乙酸是废水厌氧消化的主要代谢中间产物。乙酸一部分来自于发酵过程，另一部分则来自于产氢、产乙酸细菌对脂肪酸的降解。脂肪酶将脂肪水解后得到的脂肪酸能被产氢、产乙酸细菌利用，其中碳链数是偶数的脂肪酸被降解为乙酸和氢气，而奇数碳链的脂肪酸则被分解为乙酸、丙酸和氢气。这类细菌一般要与利用氢的产甲烷菌或脱硫弧菌共栖生存，在厌氧消化污泥中，只能与氢利用细菌共栖才能生存的细菌浓度高达4.5×10^6个/ml。

由于产甲烷菌通常只能利用乙酸，只有极少数才能够利用丙酸，而在发酵和奇数碳链脂肪酸的降解过程中都会产生丙酸和丁酸等，这些有机酸如不能被降解，将使厌氧消化液的pH降低，产生酸败。因此在厌氧消化的微生物群中还应该包含能将丙酸和丁酸等降解为乙酸和氢的微生物，人们将它们称为OHPA菌。沃氏互营单胞菌（*Syntrophobacter wolinii*）

就能将丙酸分解为乙酸和氢。

由 OHPA 菌代谢产生的乙酸和氢约占产甲烷菌底物的一半左右，因此 OHPA 菌在厌氧消化系统中起着重要的作用。但是 OHPA 菌对 pH 非常敏感，必须保证厌氧消化液的 pH 在中性范围内，否则就会造成酸败；同时它们的倍增周期需要 2～6d，生长速率比甲烷菌要慢得多，这样在连续厌氧消化操作中如何保证这类细菌不发生酸败、不流失就成了关键问题。

发酵细菌和 OHPA 菌的生长和代谢需要消耗大量的 ATP。与好氧过程可以通过呼吸链产生大量的 ATP 不同，厌氧过程只能在生物脱氢过程中获得 ATP，产 ATP 的效率要比好氧呼吸作用低得多。因此消耗大量的 ATP 就意味着需要降解更多的有机物、发生更多的脱氢反应。脱氢反应的进行则依赖于细菌内的氢受体 NAD^+，但是 NAD^+ 的数量也是有限的，因而又依赖于还原态 $NADH_2$ 的重新氧化。$NADH_2$ 的氧化有两条途径：一是在氢酶的作用下 $NADH_2$ 直接脱氢形成 H_2 逸出系统，这一途径在厌氧消化系统中并不常见；二是以部分代谢中间产物作为氢受体，在 $NADH_2$ 氧化的同时使中间代谢产物本身转化为还原态发酵产物。由于这些发酵产物基本上都是有机酸，因此又会对 pH 的控制和微生物生长产生不利影响。解决这些问题的关键是系统中必须存在产甲烷菌，通过产甲烷菌的代谢，就能将从底物上脱除下来的氢用于甲烷的合成而逸出系统，这样就可以保持系统中 pH 值的稳定。

12.2.2.3 产甲烷细菌

产甲烷细菌在厌氧消化系统中虽然处于食物链的末端，但对有机污染物的降解和系统的正常运行起着决定性作用。正是由于产甲烷细菌在厌氧消化系统中的重要地位，对它们的研究也最为深入。

(1) 产甲烷细菌的形态和分类　迄今为止，已经分离鉴别的产甲烷细菌有 70 种左右，有人根据它们的形态和代谢特征划分为 3 目、7 科、19 属，见表 12.2.1。此外，还有一些不属于这三个目的产甲烷细菌。产甲烷杆菌的细胞呈细长弯曲的杆状、链状或丝状，两端钝圆，细胞尺寸为 (0.4～0.8)μm×(3～15)μm；甲烷短杆菌的细胞呈短杆或球杆状，两端锥形，细胞大小为 (0.7×0.8)μm～1.7μm；甲烷球菌的细胞为不规则球形，直径在 1.0～2.0μm 之间；甲烷螺菌细胞呈对称弯杆状，常结合在一起成为长度达几十到几百微米的波浪丝状；甲烷八叠球菌的菌体呈球状，而且常常有很多菌体不规则地聚集在一起，形成直径可达几百微米的球体；甲烷丝菌细胞呈杆状，两端扁平，能形成很长的丝状体。

表 12.2.1 产甲烷细菌的分类

<table>
<tr><td rowspan="4">甲烷杆菌目
Methanobacteriales</td><td rowspan="3">甲烷杆菌科
Methanobacteriaceae</td><td>甲烷杆菌属</td><td>Methanobacterium</td></tr>
<tr><td>甲烷短杆菌属</td><td>Methanobrevibacter</td></tr>
<tr><td>甲烷球状菌属</td><td>Methanosohaera</td></tr>
<tr><td>高温甲烷杆菌科
Methanothermaceae</td><td>高温甲烷菌属</td><td>Methanothermus</td></tr>
<tr><td>甲烷球菌目
Methanococcales</td><td>甲烷球菌科
Methanococcaceae</td><td>甲烷球菌属</td><td>Methanococcus</td></tr>
<tr><td rowspan="8">甲烷微菌目
Methanomicrobiales</td><td rowspan="5">甲烷微菌科
Methanomicrobiaceae</td><td>甲烷微菌属</td><td>Methanomicrobium</td></tr>
<tr><td>甲烷螺菌属</td><td>Methanospirillum</td></tr>
<tr><td>产甲烷菌属</td><td>Methanogenium</td></tr>
<tr><td>甲烷叶状菌属</td><td>Methanolacinia</td></tr>
<tr><td>甲烷袋形菌属</td><td>Methanoculleus</td></tr>
<tr><td rowspan="3">甲烷八叠球菌科
Methanosarcinaceae</td><td>甲烷八叠球菌属</td><td>Methanosarcina</td></tr>
<tr><td>甲烷叶菌属</td><td>Methanolobus</td></tr>
<tr><td>甲烷丝菌属</td><td>Methanothrix</td></tr>
</table>

续表

甲烷微菌目 *Methanomicrobiales*	甲烷八叠球菌科 *Methanosarcinaceae*	甲烷拟球菌属	*Methanococcoides*
		甲烷毛状菌属	*Methanosaeta*
		甲烷嗜盐菌属	*Methanohalophilus*
	甲烷片菌科 *Methanoplanaeae*	甲烷片菌属	*Methanoplanus*
		甲烷盐菌属	*Methanohalobium*
	甲烷微粒菌科 *Methanocorpusculaceae*	甲烷微粒菌属	*Methanocorpusculum*

(2) 产甲烷菌的生理特征　从产甲烷菌的营养需求看，它们能利用的碳源和能源非常有限。常见的底物有：H_2/CO_2、甲酸、甲醇、甲胺和乙酸等。它们中的有些种能利用CO作为碳源，但生长很差；有些种则能利用异丙醇和CO_2；也有一些种能以甲硫醇或二甲基硫化物为底物合成甲烷。

多数产甲烷菌能利用氢，但也有例外，例如嗜乙酸型的索氏甲烷丝菌、甲烷八叠球菌TM-1菌株和嗜乙酸甲烷八叠球菌等都不能利用氢。另外专性甲基营养型的蒂氏甲烷叶状菌、嗜甲基甲烷拟球菌和甲烷嗜盐菌等只能利用甲醇、甲胺和二甲基硫化物等含甲基的底物，也不能利用氢。若系统中硫酸盐的浓度过高，即使本来能利用氢的产甲烷菌也会丧失其消耗氢的能力。

产甲烷菌都能利用氨作为氮源，但利用有机氮源的能力很弱。因此即使系统中存在氨基酸和肽等，细菌的生长仍离不开氨。

低浓度的硫酸盐具有刺激某些产甲烷菌生长的作用，但它们不能利用硫酸盐作为硫源，大多数产甲烷菌只能利用硫化物，少数能够利用半胱氨酸和蛋氨酸等含硫氨基酸中的硫作为硫源。

金属离子Ni、Co和Fe对产甲烷菌的生长和代谢具有重要意义。Ni离子是氢酶和辅酶F_{420}的重要成分，Co离子在咕啉合成中是必须的，Fe离子的需求量也很大。

许多产甲烷菌的生长还需要生物素。

(3) 甲烷菌中与产甲烷有关的特殊辅酶　甲烷的产生需要一些特殊的辅酶参与酶催化反应，这些辅酶是：辅酶F_{420}、辅酶M、甲烷蝶呤（Methanopterin，MPF）及二氧化碳还原因子（CDR）。

辅酶F_{420}是一种低分子量的荧光物质，当它被氧化时，在紫外线的激发下会产生荧光，在420nm处有最大吸收峰；被还原后就失去了产生荧光的能力。产甲烷菌在420nm紫外线的激发下产生蓝绿色荧光就是因为细胞内含有辅酶F_{420}和甲烷蝶呤及其衍生物的缘故。辅酶F_{420}的功能与铁氧还蛋白类似。

辅酶M是已知所有辅酶中分子量最小、高渗透性和高含硫量的一类辅酶，对酸和热较为稳定。辅酶M的作用是参与甲基转移反应，辅酶M的分子结构有以下几种：

$$HS—CH_2—CH_2—SO_3^-$$

$$^-O_3S—CH_2—CH_2—S—S—CH_2—SO_3^-$$

$$CH_3—S—CH_2—CH_2—SO_3^-$$

$$HOCH_2—S—CH_2—CH_2—SO_3^-$$

甲烷蝶呤的功能与叶酸类似，参与C_1化合物的还原反应。这是一种会发出蓝色荧光的化合物，有多种衍生物，如：H_4MPT、$HCO—H_4MPT$、5，10—(═CH—)—H_4MPT、$CH_2═H_4MPT$、和$CH_3—H_4MPT$等。

二氧化碳还原因子CDR又称为甲烷呋喃（Methanofuran，MFR），它参与产甲烷和产乙酸的反应，起着甲基载体的作用。

(4) 产甲烷的代谢途径　在产甲烷细菌中已经比较清楚的代谢途径是由H_2和CO_2合成甲烷

的途径、甲醇转化为甲烷的途径和乙酸分解途径。由 H_2 和 CO_2 合成甲烷的途径是由 Jones 等人根据他们对嗜热自养甲烷杆菌的研究提出来的，如图 12.2.2 所示。CO_2 在 HCO—MFR 脱氢酶催化下获得两个电子首先与 MFR 反应形成甲酰基甲烷呋喃（HCO—MFR），随后甲酰基转移到四氢甲烷蝶呤，形成 HCO—H_4MPT。第三步是水解反应，产物是 5,10-(═CH—)-H_4MPT，进一步在脱氢酶的催化下生成 CH_2 ═H_4MPT、在还原酶的作用下得到 CH_3—H_4MPT。在辅酶 M 的参与下，甲基被转移到辅酶 M，形成 CH_3—S—CoM，最后还原酶将甲基还原得到甲烷，辅酶 M 也得到再生。总反应式是：

$$4H_2 + HCO_3^- + H^+ \longrightarrow CH_4 + 3H_2O$$

从甲醇转化为甲烷的总反应是：

$$4CH_3OH \longrightarrow 3CH_4 + CO_2 + 2H_2O$$

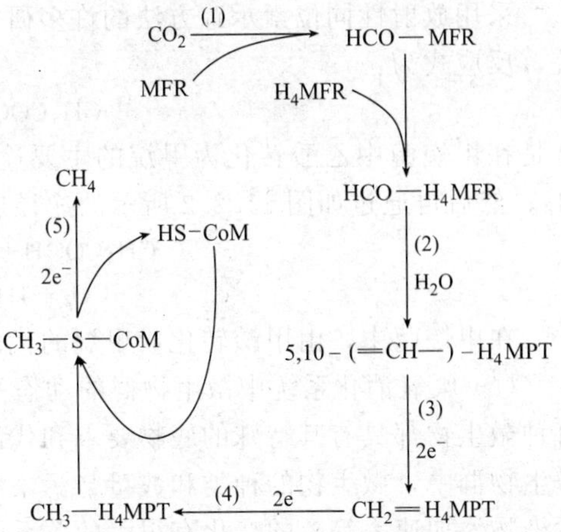

图 12.2.2 Jones 等人提出的嗜热自养甲烷杆菌中 CO_2 还原为 CH_4 的途径

(1) HCO—MFR 脱氢酶；(2) 环化水解酶；(3) 5,10-(═CH—)-H_4MPT 脱氢酶；(4) CH_2 ═ H_4MPT 还原酶；(5) CH_3—S—CoM 还原酶

在巴氏甲烷八叠球菌中从甲醇转化为 CH_3—S—CoM 的过程如图 12.2.3 所示。甲烷在 MT_1 酶的催化下形成 CH_3—[Co]—MT_1，再在 MT_2 酶催化下将甲基转移到辅酶 M，与图 12.2.2 类似，CH_3—S—CoM 进一步在还原酶的催化下释放出甲烷。当系统中存在氧化剂时，酶联的咕啉中的钴离子被氧化为两价，形成没有活性的［CoⅡ］—MT_1，在还原态辅酶 F 的作用下将其重新还原为［CoⅠ］—MT_1。如果系统中存在 CO，也可以直接将［CoⅡ］—MT_1 还原，CO 则被氧化为 CO_2。甲胺转化为甲烷的过程与甲醇类似。

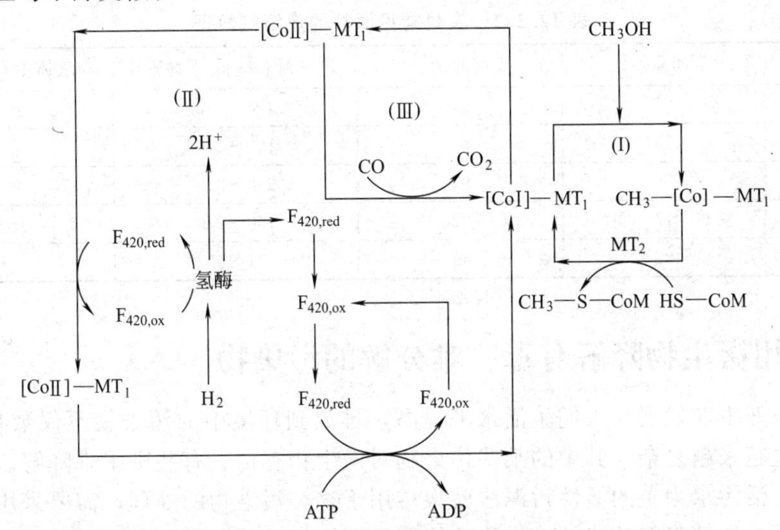

图 12.2.3 巴氏甲烷八叠球菌中甲醇转化为 CH_3—S—CoM 的代谢途径

（Ⅰ）表示碳循环，甲醇在 5-羟苯并咪唑钴胺甲基转移酶（MT_1）催化下形成 Co-甲基钴胺，然后在 HS—CoM 甲基转移酶（MT_2）的催化下完成甲基 转移；（Ⅱ）表示 MT_1 酶的失活和活化，存在氧化剂时引起酶联的咕啉向［Co Ⅱ］转化并导致酶的失活，而在还原剂的存在下又使酶活化；（Ⅲ）显示存在 CO 时 MT_1 酶的化学活化

采用放射性同位素示踪方法的许多研究工作已经证明了乙酸中的甲基可以直接还原为甲烷，反应式为：

$$^{14}CH_3COOH \longrightarrow {}^{14}CH_4 + CO_2$$

这是在甲烷菌中乙酸转化为甲烷的主要途径。在甲烷菌中也存在着乙酸先氧化生成 CO_2 和 H_2，然后再通过如图 11.2.2 所示的途径还原成甲醇。两步反应式分别如下：

$$CH_3COOH + 2H_2O \longrightarrow 2CO_2 + 4H_2$$

$$CO_2 + 4H_2 \longrightarrow CH_4 + 2H_2O$$

在甲烷菌中，由甲酸转化成甲烷的代谢机制至今还无定论，有待于进一步的研究。

(5) 厌氧消化系统中微生物群的动态平衡　在厌氧消化系统中存在着复杂的微生物群，每种微生物都具有其特殊的底物要求和代谢途径，承担有机物降解过程中的某一特定步骤。微生物群中，微生物的种类和数量与污染物种类、工艺条件（如温度、pH、无机物组成及污染物添加速率等）的变化有很大的关系。在厌氧消化系统开工阶段，微生物群会随着营养成分的变化而改变其组成。例如在研究猪粪厌氧消化系统开工阶段时，Hobson 和 Shaw 发现，在第一周细菌总数达到 $5\times10^6\sim5\times10^7$ 个/ml，其中淀粉分解菌数大于 4×10^4 个/ml；第三周开始出现产甲烷细菌，数量有 10^3 个/ml；第四至五周内纤维分解菌增加到 $10^4\sim10^5$ 个/ml，蛋白质分解菌也达到 4×10^4 个/ml；第六周的产甲烷细菌数量上升到 10^6 个/ml，各类细菌的数量基本上趋向稳定。

通过研究各种细菌在厌氧消化系统中的作用及相互关系，就有可能对操作条件予以优化和控制，使系统中的微生物群能够更好地发挥各自的作用，最大限度地降解有机污染物。例如，提高有机物的容积负荷率将促进水解及发酵细菌的生长，使有机酸的产量增加，有机酸浓度的提高则会刺激产甲烷菌的生长和活性，使系统的沼气产量增加。

我国在厌氧消化系统方面进行了大量的研究，特别是在农村沼气的研究和推广应用中取得了很大的成绩。表 12.2.2 列出了利用农牧业肥料生产沼气的产气数据。

表 12.2.2　农村常见原料的产沼气数据

原料	含水量/%	发酵时间/d	产气量/(L/kg 干物质)	气体中 CH_4 含量/%
猪粪	95	94	440～500	65
牛粪	75	94	190～210	66
青草	76	92	290～320	68
稻草	17	92	150～200	65
麦秆	82	41	51～60	61

12.3 利用微生物降解有毒、难分解的污染物

随着工农业生产发展和人们生活水平提高，排放到环境中的污染物不仅数量大大增加，而且其成分也越来越复杂，其中的某些污染物对微生物有毒、有些则很难降解。因此通常所用的处理以生活污水为主的活性污泥法就很难用于这类污染物的处理，需要采用一些特殊的方法或筛选具有特殊降解功能的微生物才能满足环境保护的要求。

自然界中各种微生物间存在复杂的相互依赖关系，我们就可以利用这些关系用于处理有害有毒污染物。在处理有害有毒污染物的微生物混合培养中，主要是利用互惠共生或共栖现象。另外，许多微生物并不是天生就具有降解有害有毒污染物的能力，而是通过驯化而逐渐“学会”的，即催化有毒化合物的酶系是可以诱导的，各种微生物相互之间的密切关系也是在驯化过程中慢慢形成的。

有些微生物群会形成以特殊营养物为纽带的相互联系。例如，诺卡菌能够单独氧化环己烷，但必须有假单胞菌为其提供生长因子，特别是生物素，若环己烷是唯一的碳源，这两种细菌必须混合进行培养；在55～65℃的条件下从土壤中分离得到的嗜热微生物群能在含十六烷的最低培养基中生长，但如挑单菌落进行培养则不能生长，说明这种嗜热微生物需要其伴生菌为其提供生长因子。因此嗜热微生物群也必须共同培养才能降解特定的底物十六烷。

有些微生物群则通过消耗抑制性产物而相互联系。这种关系的一个典型例子是：甲烷菌产生的甲烷对假单胞菌的生长有抑制作用，而生丝微菌属（*Hyphomicrobium*）则可以利用甲烷，从而消除了对假单胞菌生长的抑制。因此这三类微生物的共存有利于假单胞菌的生长，并进而促进其对有害有毒污染物的降解。

在含地衣二酚的培养基中进行驯化富集时，会形成假单胞菌、亚麻短杆菌（*Brevibacterium linens*）和角质菌（*Curtobacterium*）共存的三元群落，但是，只有当假单胞菌存在时，后两类细菌才能在含地衣二酚的培养基中生长，这说明假单胞菌为它们提供了基本的生长条件。

有些有毒化合物的降解不是群落中某种微生物的作用，而是依赖于群落中各微生物的协同作用，直至完全矿化。这说明单独一种微生物并不具备有毒化合物彻底降解的全部酶系，而是借助于各种微生物的接力作用，共同完成降解任务。这样的例子很多，如将能够降解苯乙烯的微生物群落混合培养，能够检测到苯乙醇和苯乙酸等中间产物；又如在一个降解氯代苯甲酸的厌氧微生物群中，第一类微生物将氯代苯甲酸降解为苯甲酸，第二类则进一步将苯甲酸降解为乙酸、CO_2 和 H_2，最后由产甲烷螺菌转化为甲烷。

在降解有毒化合物时，如果有毒化合物本身不能作为微生物的碳源及能源，有时还需要加入碳源（如葡萄糖）才能使它们生长，但微生物所产生的酶系却能代谢有毒化合物。

12.4 降解有害有毒污染物的特殊微生物

有害有毒污染物的种类很多，能将它们降解的微生物也就千差万别。本节将就几种典型的并具有实际应用价值的微生物及它们降解的污染物作一简单介绍，它们是：代谢含硫化合物的硫细菌、代谢含氯有机化合物的微生物、降解木质素和多环芳烃的微生物。

12.4.1 硫细菌

地球上某些元素通过循环而达到动态平衡，典型的有碳、氮和硫的循环，生命活动既是这些元素循环的动力又是受益者。有机物中通常都含有这三种元素，而且硝酸盐和硫酸盐能代替氧作为电子受体，因此三类循环又是密切相关的。在自然界的硫循环如图12.4.1所示。从图中可以看到，微生物在硫循环中起着决定性的作用。这些能够代谢含硫化合物的微生物在环境保护中也起着重要的作用，它们能通过生物氧化作用将有害有毒的含硫化合物转化为元素硫或硫酸盐，这样就可以进行直接利用（如元素硫）或进入自然界的硫循环。人们已经对硫细菌在煤脱硫、湿法冶金、烟道气脱硫及有机硫化物降解中的应用进行了广泛深入的研究，显示了良好的应用前景。

能够代谢含硫化合物的微生物主要有无色硫细菌和光养型硫细菌两大类，下面将分别予以讨论。

12.4.1.1 无色硫细菌

无色硫细菌（colorless sulfur bacteria）属于革兰阴性菌，是硫化物氧化菌，因此在自然界中常分布在发生硫酸盐氧化反应及地理上分布有硫化物的区域。大多数无色硫细菌是好氧菌，常生活在好氧-厌氧的界面、有低浓度氧和硫化物共存的条件下，如果界面能受到光

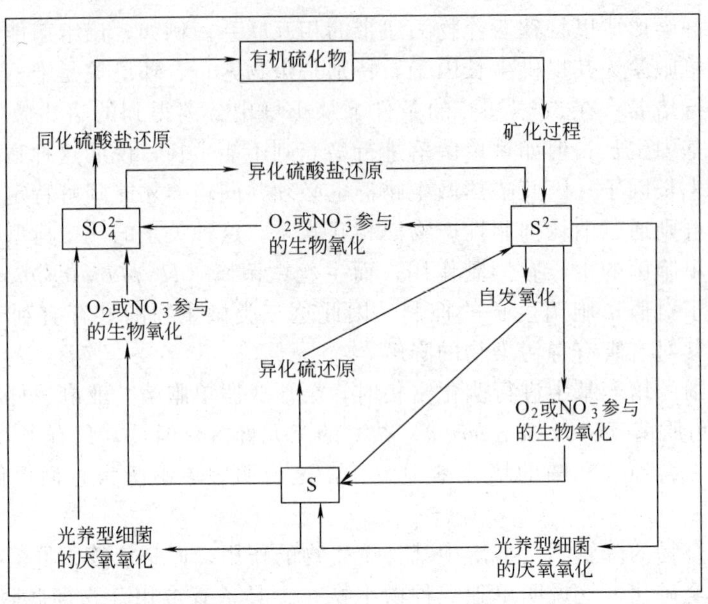

图 12.4.1 自然界中的硫循环

照，则可能存在光养性的无色硫细菌。无色硫细菌能够在广泛的温度、pH、好氧或厌氧环境中生长，根据它们对营养要求的不同可以分为专性无机化能自养型、兼性无机化能营养型、无机化能异氧型及脱氮硫细菌等类型。代表性的无色硫细菌见表 12.4.1。

表 12.4.1 代表性的无色硫细菌

代谢类型	微生物属	代表性种	呼吸类型	特殊营养要求
专性无机化能自养型	硫杆菌属 *Thiobacillus*	*T. neapolitanus*	O_2	—
		T. ferrooxidans	O_2	嗜酸性
		T. denitrificans	O_2/NO_3^-	—
	硫微螺菌属 *Thiomicrospira*	*T. denitrificans*	O_2/NO_3^-	微需氧
兼性无机化能营养型	硫杆菌属 *Thiobacillus*	*T. intermedius*	O_2	—
		T. acidophilus	O_2	嗜酸性
		T. versutus	O_2/NO_3^-	脱氮异养型
	贝氏硫菌属 *Beggiatoa*	*Beggiatoa*	O_2	微需氧
	硫化球菌属 *Sulsphaera*	*S. acidocaldarius*	O_2	嗜酸性、嗜热
	硫球菌属 *Thiosphaera*	*T. pantotropha*	O_2/NO_3^-	—
无机化能异养型	硫杆菌属 *Thiobacillus*	*T. perometabolis*	O_2	—
异养型(能养化硫化物、但不提供能源)	贝氏硫菌属 *Beggiatoa*	*Beggiatoa*	O_2/S	—

(1) 专性无机化能自养型（obligate chemolithoautotrophs） 这类硫细菌能自养生长，利用无机硫化物作为能源，通过 Calvin 循环固定二氧化碳作为碳源生长，在这些微生物中不存在柠檬酸循环。这类细菌的大多数能利用少量的外源性有机碳作为碳源但是不能用作能

源。虽然是自养型生长，但它们也显示了一定的灵活性和适应性。如 *T. neapolitanus* 的碳和氮代谢会适应环境的变化，通过 Calvin 循环能对二氧化碳浓度变化进行调节，氮代谢途径中存在酶的诱导和阻遏调节，而且在细胞内能够储存糖原以便在厌氧条件下通过混合乳酸发酵产生能量为细胞生长提供能源。

(2) 兼性无机化能营养型　这类细菌既能自养型生长、也能利用各种有机化合物异养型生长，而且事实上许多细菌能同时通过自养和异养两条不同代谢途径利用两类不同的碳源呈混养型生长，在恒化器培养中可以看到具有双底物限制的特点。但在间歇培养时，若存在有机底物，Calvin 循环的酶系受到抑制，呈现二次生长现象。

研究得最多的代表菌株是 *T. versutus*。该菌株的特点是具有很强的适应性，能利用多种有机物作为碳源，能够在有机化合物的混合物或有机化合物与还原性硫化物的混合物中生长，而且能根据需要自动调节代谢途径以便最好地利用限制性底物。例如，当它在醋酸或葡萄糖与硫代硫酸盐的混合培养基中生长时，若有机物的供应量高于还原性硫化物，Calvin 循环的酶活力降低以减少从二氧化碳固定所获得的碳源，有时 Calvin 循环的酶活力甚至完全被抑制。*T. versutus* 对环境很强的适应性使其既能在混养型的条件下生长，又能适应环境中营养物质供应的急剧变化。在该菌株的连续培养实验中，每隔 4h 交替供应有机底物和硫化物，细菌仍能生长良好，因为它能将酶系及时地进行切换并将酶水平调整到所需的反应速率。

无色硫细菌 *Beggiatoa* 属中的一些种也能兼性生长，但它们的培养非常困难，关于它们的代谢机理也知之甚少。

(3) 无机化能异养型（chemolithoheterotrophs）　这类硫细菌能利用还原态的硫化物作为能源，不能固定二氧化碳，因此需要有机物作为碳源。它们的原栖居地一般都存在硫化物作为能源，但是从能学角度分析，利用硫化物所产生的能量还不足以满足通过 Calvin 循环固定二氧化碳的能量需求。

Beggiatoa 属的一些种属于无机化能异养型，它们在好氧生长时需要利用硫化物，但是硫化物是否作为生长的能源至今还有争论。有人认为它们在好养培养时硫化物的作用是还原剂，能与所产生的过氧化氢作用，硫化物本身被氧化；也有人认为在以醋酸盐作为碳源培养时，硫化物只是一种辅助性能源。

(4) 脱氮硫细菌（denitrifying sulfur bacteria）　几乎所有的硫细菌在呼吸时都能利用氧作为最终电子受体，但 *Thiomicrospira denitrificans* 只能在微氧环境下才能利用氧作为最终电子受体。在厌氧条件下，少数几个种只有在硝酸盐或氧化氮的存在下才能生长，并将硝酸盐或氧化氮作为电子受体。属于这类的微生物有：专性自养型的 *Thiobacillus denitrificans* 和 *Thiomicrospira denitrificans*、兼养型的 *Thiosphaera pantotropha*、*Thiobacillus versitus* 和 *Paracoccus denitrificans* 等。

12.4.1.2　光养型硫细菌

各种不同类型的光养型硫细菌（*Phototrophic Sulfur Bacteria*）列于表 12.4.2。氰细菌（又名蓝绿藻，*Cyanobacteriaceae*）与其他类型的光养型细菌不同之处是它们在光合作用中甚至能利用水作为电子供体，最终产物是氧气。紫色和绿色细菌不能进行产氧的光合作用，而需要在厌氧条件下才能光养生长，它们的电子供体的氧化还原势比水还要低，如还原态的硫化物、氢或小的有机分子等。绿色光养型细菌分为两类：绿菌科（*Chlorobiaceae*）和滑行丝状绿色硫细菌（*Chloroflexaceae*），两者都是硫细菌；紫色菌也分为两类：红硫菌科（*Chromatiaceae*）和红螺菌科（*Rhodospirillaceae*）。氰细菌和 *Rhodospirillaceae* 利用硫化物或硫代硫酸盐作为电子供体，但不会利用硫，而且在自然界中的数量比 *Chlorobiaceae* 和

Chromatiaceae 要少得多，对 *Chloroflexaceae* 的了解比较少，是一类绿色的、嗜热的滑动菌。*Chlorobiaceae* 和 *Chromatiaceae* 的差别表现在超微结构、细菌叶绿素和二氧化碳固定方式的不同。*Chlorobiaceae* 还缺少 Clavin 循环。

表 12.4.2 光养型硫细菌

颜色	科	光合色素	代谢特点	电子供体
绿色	*Chlorobiaceae*	细菌叶绿体 a、c、d 或 e，chlorobactene	专性光养、兼性光自养、外部 S 积累、专性厌氧	S^{2-}，$S_2O_3^{2-}$，S，H_2，有机酸
	Chloroflexaceae	细菌叶绿体 a 和 c；β-和 γ-胡萝卜素	兼性光养、兼性光自养、外部 S 积累、嗜热	S^{2-}，有机酸
紫色	*Chromatiaceae*	细菌叶绿体 a 和 c	兼性光养、兼性光自养、外部 S 积累、兼性好氧	S^{2-}，$S_2O_3^{2-}$，S，H_2，有机酸
	Rhodospirillaceae	细菌叶绿体 a 和 c	兼性光养、兼性光自养	S^{2-}，$S_2O_3^{2-}$，有机酸
蓝-绿色	*Cyanobacteriaceae*	叶绿体 a，藻蓝蛋白或藻红蛋白，别藻蛋白，β-胡萝卜素	光养、兼性光自养	S^{2-}，H_2O

(1) 专性光养菌　专性光养菌属于绿菌科（*Chlorobiaceae*），能在硫化物/二氧化碳介质中生长，在缺乏硫化物的介质中生长十分缓慢甚至根本就不生长，颜色呈绿色或棕色。硫化物既作为专性光养菌的硫源又是光合成的电子供体。与红硫菌科（*Chromatiaceae*）通过 Calvin 循环固定二氧化碳不同的是专性光养菌通过柠檬酸循环固定二氧化碳。柠檬酸循环是可逆的，因此虽然 *Chlorobiaceae* 能同化少数低分子量的有机化合物（如乙酸），但不能提供用于细胞生长的还原功。如介质中没有硫化物，乙酸是不能被同化的，因为必须有硫化物存在时专性光养菌才能合成还原态铁氧还原蛋白，随后乙酸在还原态铁氧还原蛋白催化下羧基化生成丙酮酸。

专性光养菌通过细菌叶绿体 c、d 或 e 吸收光能，为细胞生长提供还原功，细菌叶绿体 a 则存在于反应中心。有些棕色的细菌含有胡萝卜素，如 *Chlorobium phaeobacteroides* 和 *C. phaeovibroides*。与所有光养型细菌一样，*Chlorobiaceae* 通过增加色素含量，可以适应低光强度的环境条件。

Chlorobiaceae 是专性光养菌，这意味着该菌在黑暗状态下可以从糖原分解中获得一些 ATP 用于维持生命，但是不能用于生长。它们又是专性厌氧的，即使在微氧环境中也不能生长。由于对硫化物的亲和性很好，所有的 *Chlorobiaceae* 都具有良好的代谢硫化物能力，而且对维持能的要求不高。

氰细菌的特点是能够利用水作为光合成的电子供体并产生氧，从这一点看，氰细菌与高等植物有类似之处，但是，它们的碳和氮代谢与专性光养菌类似。氰细菌的一些菌株也能够利用硫化物作为光合成的电子供体，最终产物是元素硫。

(2) 兼性无机光养型细菌　除了 *Chlorobiaceae* 和大部分氰细菌外，其他光养型细菌在利用无机或有机电子供体方面都或多或少地有一定的适应性，许多种都可以混合营养型生长，其中部分菌只有在生长限制的条件下（连续培养）能够混合营养型生长，另一些在间歇培养时就能够混养型生长。例如 *Chromatiaceae* 通常在硫化物和二氧化碳存在时就能够生长，但也能在含硫化物和乙酸或其他低分子量有机碳源的混合培养基中生长。绝大多数菌株只要有乙酸就能生长，只有少数几种一定要有硫化物存在，因为它们缺乏腺苷磷酰硫酸酯（APS），因此不能从同化硫酸盐还原的途径获得细胞生长所需要的硫。*Chromatiaceae* 能利用的有机物很有限，它们不能利用氨基酸作为碳源生长。无论是利用硫化物还是有机物生长，它们氧化硫化物的速度都很快，而且兼性无机光养型硫细菌中硫化物的氧化与二氧化碳的固定之间存在着确定的计量关系。

红螺菌科（*Rhodospirillaceae*）基本上属于有机光养型，但也能利用硫化物作为电子供体，因此也可以归入兼性无机光养型细菌。它们利用有机物的范围比较广，而且需要有比较稳定的有机底物供应，对环境变化的适应性就要差一些。

（3）兼性光养型　某些光养型细菌能够通过有机物的发酵、呼吸作用或光吸收产生ATP，但利用有机物往往是为了生存而不是用于细胞生长，因此在这些条件下生长速度很低甚至不生长。生理上最为多样性的光养型细菌是*Rhodospirillaceae*，能以硫化物作为电子供体、利用厌氧光合成获得能量，大多数菌株都能在微氧或好氧的环境中生长，因此它们对供氧条件变化的适应能力特别强。

12.4.2 降解木质素及多环芳烃的微生物

木质素是地球上仅次于纤维素的第二大可再生的有机物质，主要存在于高等植物中。在植物体内，它与纤维素紧密结合在一起构成植物的细胞壁。木质素是主要由芥子醇、松柏醇和香豆酮三种基本结构单元构成的、具有三维结构的芳香族高聚物，由各种C—C键和苯氧基键连接在一起，见图12.4.2。由于木质素的这种特殊结构，微生物几乎不能通过水解方式进行分解。

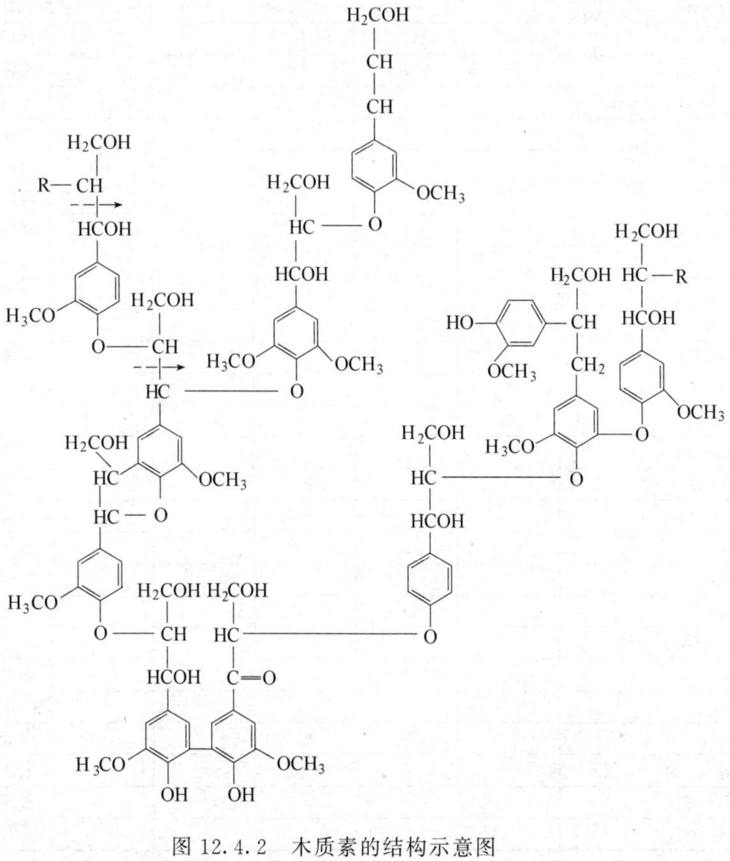

图12.4.2　木质素的结构示意图

木质素是造纸工业废水的主要成分，是我国重要污染源之一。多环芳烃的结构与木质素有一定的类似性，它们是印染工业、煤焦油加工工业、制药和农药等工业废水的主要成分，也是我国的主要污染源。多环芳烃一般都有毒，有些还会致癌，它们会抑制大多数微生物的生长，因此很难被生物降解。

自20世纪70年代以来，筛选降解木质素微生物的工作取得了长足的进展，人们从腐烂的木材中分离得到了能降解木质素的微生物，主要是那些称为白腐菌（*White-rot fungi*）的真菌，它们因为能够引起木材的白色腐烂而得名。同时也从它们的培养液中分离鉴别出了对木质素降解真正起作用的酶，包括：木素过氧化物酶（Lignin peroxidase，Lip）、锰过氧化物酶（Manganese peroxidase，Mnp）、漆酶（Laccase，La）、苯酚氧化酶（Phenol oxidase，Pho）及芳香醇氧化酶（Aryl alcohol oxidase，Aao）等。一些典型的白腐菌、它们来源及所产的酶系列于表12.4.3。其中研究得最多、也是最重要的是黄孢原毛平革菌（*Pharerochacte chrysosporium*）及其所产生的木素过氧化物酶和锰过氧化物酶。近年来随着生物制浆和纸浆生物漂白的需要，对漆酶及其生产菌的研究也在显著增加，如对采绒革盖菌（*Coliolus versicolor*）生产漆酶的研究受到了广泛的重视。本节将围绕这两种微生物及其在环境工程中的应用进行讨论。

表12.4.3 一些白腐真菌产各种氧化酶的能力及其生长的宿主木材

微生物	Lip	Mnp	La	Pho	Aao	来源
Coliolus versicolor	+	+	+			落叶树木
Pharerochacte chrysosporium	+	+	少			来源不清楚
Phlabia radiata	+	+	+			落叶树木,针叶树木
Phlabia brevispora	+	+	+			来源不清楚
Pleurotus ostreatus	+	+	+		+	落叶树木
Pleurotus sajor caju	+	+	+		+	来源不清楚
Ceriporiopsis subvermispora		+	+			落叶树木
Dichomitussqualeus		+	+			桦木、杨木、云杉等
Lentinula edodus		+	+			落叶树木
Panus tigrinus		+	+	+		落叶树木
Rigidoporus lignosus		+	+			橡胶树
Coriolus pruinosum	+	+				落叶树木
Ganoderma applanatum	+			+		来源不清楚
Oudemansiella radicata	+		+			山毛榉
Phlebia ochraceofulva	+		+			来源不清楚
Phlebia tremellosus	+		+			落叶树木、针叶树
Pleurotus florida	+		+			来源不清楚
Polyporus platensis	+		+			来源不清楚
Polyporus brumalis	+		+			落叶树木
Polyporus pinsitus	+		+			来源不清楚
Ustulina deusta	+		+			落叶树木(山毛榉)
Xylaria polymorpha	+		+			落叶树木(山毛榉)
Bjerkandera adusta	+				+	落叶树木
Daedaleopsis confragosa	+					落叶树木(樱桃树)
Phallus impudicus	+					落叶树木、针叶树
Polyporus varitus	+					山毛榉、赤杨
Phellimus noxius			+			橡胶树
Pleurotus eryngii					+	来源不清楚
Polystietus versicolor					+	来源不清楚
Phellinus weirii				+		针叶树

12.4.2.1 黄孢原毛平革菌

黄孢原毛平革菌属于担子菌纲（Basidiomycetes）、同担子菌亚纲（Homobasidiomycetidae)、非褶菌目（Aphyllophorales）、丝核菌科（Corticiaceae）。它的无性阶段产无色粉状分生孢子，菌丝体成平伏状。黄孢原毛平革菌广泛分布于北美各地，在我国尚未发现。

黄孢原毛平革菌能够产生一系列的胞外过氧化物酶和氧化酶，包括木素过氧化物酶、锰过氧化物酶、漆酶、乙二醛酶等，也能产生纤维素酶和半纤维素酶。在木质素降解中起主要作用的是过氧化物酶和乙二醛酶，过氧化物酶的催化作用依赖于 H_2O_2 的存在，但是过量的 H_2O_2 反而会引起过氧化物酶的失活，而乙二醛酶则起到了提供适量 H_2O_2 的作用。过氧化物酶都含有血红素，事实上是一组同工酶，有人曾用 HPLC 或凝胶电泳分别分离得到了 10 种或 12 种同工酶。

1983 年，Tien 和 Glenn 两个研究小组几乎同时从黄孢原毛平革菌的培养液中发现了木素过氧化物酶，但是酶的活力很低，而且只能在静止培养时产酶。20 世纪 80 年代中期，产酶研究出现了两个方面的突破，一是发现添加低浓度吐温能使黄孢原毛平革菌在液体深层培养时产酶；二是发现该菌的中间代谢产物藜芦醇对产酶具有诱导作用，从而大大提高了酶产量。黄孢原毛平革菌需要在限氮、或限碳、或限硫的培养基中进行培养，而且需要经常通纯氧才能产木素过氧化物酶。昂贵的藜芦醇、通纯氧及较低的酶活限制了木素过氧化物酶的应用。最近的研究进展表明，采用苯甲醇代替藜芦醇，即使在通空气培养时也能达到生产木素过氧化物酶的目标，而且酶活能够达到 400U/L 以上。通过黄孢原毛平革菌的固定化，还能做到菌体的重复使用或连续产酶。对锰过氧化物酶的研究还比较少。

木素过氧化物酶降解木质素及多环芳烃的机理如图 12.4.3 所示。在酶催化反应过程中，该酶形成了两个中间体 Lip1 和 Lip2。Lip1 是 Lip 被 H_2O_2 氧化后失去两个电子而形成的过渡态形式；接着 Lip1 与一个底物分子反应得到一个电子生成另一种过渡态 Lip2 和一个自由基产物；最后 Lip2 又与第二个底物分子反应，Lip2 得到第二个电子，使底物分子形成另一个自由基产物，酶本身则回复到原酶形态 Lip。每一循环中生成的两个芳香正离子自由基具有很强的活性，经过一系列反应后，会发生侧链 C—C 键断裂、甲氧基水合或脱甲基等反应，从而被降解。

锰过氧化物酶只有在 Mn^{2+} 存在时才具有催化活性，首先 H_2O_2 将 Mn^{2+} 氧化为 Mn^{3+}，含 Mn^{3+} 的酶是一个非特异性氧化剂，能将有机物氧化，本身则还原为含 Mn^{2+} 的原酶。锰过氧化物酶的催化机理如图 12.4.4 所示，与木素过氧化物酶类似，也生成两个酶中间体 Mnp1 和 Mnp2，酶的每一个循环中将两个底物分子氧化。

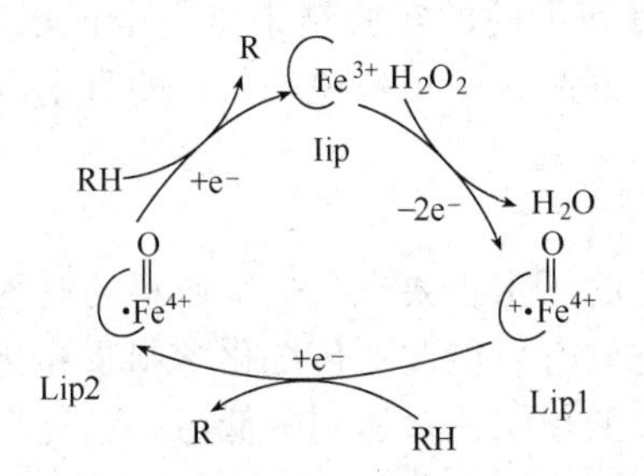

图 12.4.3 木素过氧化物酶降解木质素或多环芳烃的机理

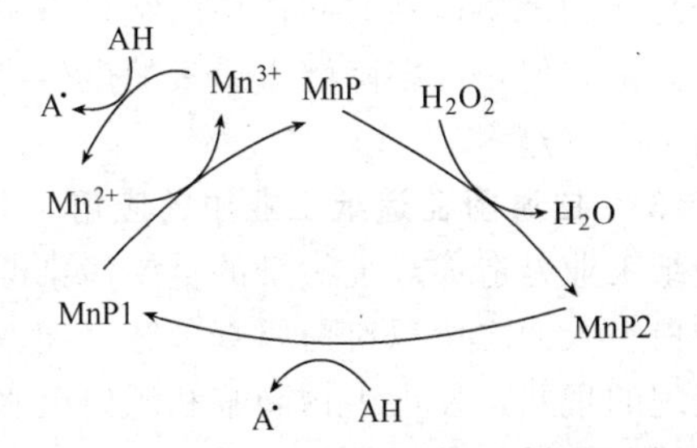

图 12.4.4 锰过氧化物酶降解木质素或多环芳烃的机理

12.4.2.2 彩绒革盖菌

彩绒革盖菌（*Coliolus versicolor*）又称为杂色云芝，是一种具有药用价值的担子菌，属于无隔担子菌亚纲（*Homobasidiomycetes*）。它所产生的木质素降解酶主要是漆酶（Laccase），又称为酚酶（Phenolase）或多酚氧化酶（Polyphenoloxidase）。这是一种含铜的氧化酶，也是一种非特异性氧化酶，能够氧化多酚、甲氧基酚、二胺等多种有机化合物。到目前为止，还没有全部掌握它能作用的所有底物。漆酶氧化底物的机理是一种产生自由基的单电子反应，开始时形成的中间化合物不稳定，再经历第二次酶催化氧化或非酶催化反应，如水合反应、歧化反应、聚合反应等，最终得到氧化产物。与木素过氧化物酶和锰过氧化物酶需要过氧化氢不同，漆酶催化的反应只需要氧气作为电子受体，氧气本身被还原成水。图12.4.5显示了两种典型的漆酶催化反应。

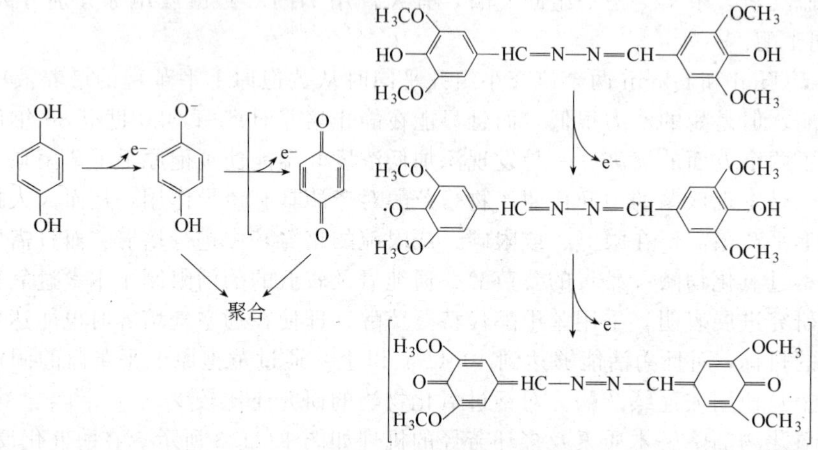

图 12.4.5 两种典型的漆酶催化反应

对于漆酶在白腐菌降解木质素中的作用问题上有两种不同的看法，一些研究者认为漆酶的作用很关键，它能参与许多溶木素必需的反应，能够降解酚型木质素底物，在特殊条件下也能氧化非酚型木质素底物，而且只要存在酚类物质或某些木素类底物，就能够将 Mn^{2+} 氧化为 Mn^{3+} 螯合物，这些螯合物在木质素降解中起着重要的作用；另一些研究者的实验却表明漆酶和锰过氧化物酶单独作用时都不能降解木质素，混合在一起却能有效地起协同作用。也有一些研究者认为漆酶在降解木质素时几乎不起作用，当微生物产漆酶的能力受到抑制时，对其降解木质素的能力没有影响。事实上，木质纤维素是由纤维素、半纤维素和木质素组成的结构复杂的材料，各种木质纤维素的组成和结构存在着很大的差别，木质素的降解又是一个复杂的多酶体系共同作用的结果，不同的人得到不同的实验结果是完全可以理解的。但是，无论如何，许多降解木质素的微生物都能产生漆酶这一现象说明，漆酶肯定以某种形式参与了降解过程。

12.4.2.3 白腐菌在造纸工业中的应用

造纸工业是造成环境污染的重要污染源。造纸厂的污水主要来自造纸原料的脱木素和纸浆的漂白。人们之所以对白腐真菌感兴趣就是因为它们有可能改变传统化学制浆和化学漂白废水处理的现状，发展生物制浆和漂白废水生物处理的新工艺，达到降低污染、提高资源利用率和纸制品质量的目的。

白腐菌用于生物制浆可以采用两种方法：直接用菌丝体或经提取后的酶降解木质素。在直接用白腐菌处理硬木牛皮纸浆时取得了较好的效果，五天后纸浆的 Kappa 指数（Kappa 指数是造纸工业常用的木质素含量指标）从 11.6 降到了 7.9；在处理软木牛皮纸浆时直接效果并不明显，但是进一步用碱抽提后，Kappa 指数降到了 8.5，而不经白腐菌处理、直接用碱抽提时 Kappa 指数只能降到 24，表明白腐菌在处理软木牛皮纸浆时也起着重要作用。直接用白腐菌制纸浆的另一个优点是不需要加过氧化氢，因为菌丝中的乙二醛酶能为木素过氧化物酶提供必须的过氧化氢。但是由于白腐菌也产生纤维素酶，直接应用菌丝也造成了一部分纤维素的降解，从而降低纸浆的收率。采用经过提纯的酶则可以避免纤维素损失。由于过氧化物酶需要过氧化氢参与才具有降解木质素的功能，因此一般不用提取的过氧化物酶，而是应用漆酶。单独用漆酶处理硬木牛皮纸浆时效果也不理想，要与 ABTS（2,2′-azinobis-3-ethylbenzthiazoline-6-sulphonate）共同处理，五天后纸浆的 Kappa 指数可以从 12.1 降低到 9.2。目前生物制浆正处于工业化试验阶段，如果与机械磨浆结合，能够达到较好的效果。

白腐菌用于纸浆漂白废水处理已经取得了很大进展，一般都直接利用白腐菌菌丝进行处理，还有人应用固定化菌丝。经过 3～4d 的处理后，废水的脱色率可以达到 90%，COD 和 BOD 降低 60%以上，氯代有机物可减少 45%，50%以上的芳香族化合物被降解，利用固定化菌丝的反应器可以连续操作 30d 以上。

12.4.2.4 白腐菌在多环芳烃降解和染料降解中的应用

白腐菌所产生的能够降解木质素的酶系有一个显著特点，这就是它们对底物的非特异性。它们能够将结构和性质存在很大差异的化合物降解，如：多环芳烃（如苯并芘、蒽等）、含氯芳香化合物（如五氯苯酚、4-氯苯胺、2,4,5-三氯苯氧乙酸及二噁烷等）、杀虫剂（如 DDT、六六六及氯丹等）、染料（如结晶紫、酸性黄 9、天青 B 及雷玛唑亮兰等）、炸药（如 TNT、RDX 及 HMX 等）和其他化合物如氰化物、叠氮化合物、甚至四氯化碳等。上述类型的有机化合物在一般的废水生化处理过程中是很难被降解的，浓度较高时还会引起活性污泥中微生物群的死亡。正是由于白腐菌非特异性的广谱降解性能，近年来对白腐菌在环境工程中的应用引起了广泛的兴趣，对降解机理和动力学的研究正在逐渐深入。一般认为只要有机污染物中至少有一个广域 π 分子轨道系统，就能产生一个正电子自由基，这种 π 分子轨道系统允许正离子/自由基离域，从而降低了自由能，维持了中间体的稳定。这类化合物都能够被白腐菌所产的酶系降解。根据这一原理，白腐菌不能降解脂肪族醚类化合物，如甲基叔丁基醚等。

白腐菌降解这些有机化合物时既可以直接用菌丝进行，也可以应用提取的酶。同样，如果应用提取的过氧化物酶，系统中必须保持一定浓度的过氧化氢，而漆酶则不需要。

下面的例子说明了用 *C. versicolor* 处理印染废水的实验结果。

在一个鼓泡反应器中处理印染废水，*C. versicolor* 将形成直径约 3mm 的菌丝球而自固定化，然后用于染料的脱色。当采用重复间歇操作时对染料酸性橙的脱色能力见表 12.4.4；连续操作时稀释率对酸性橙脱色率的影响见表 12.4.5；当直接用于某丝绸印染厂含卡布龙红及弱酸大红的真实废水时，保持稀释率为 0.014h^{-1}时，废水的脱色率达到 93.5%，漆酶活力则保持在 1～2.5U/ml 的范围内。

表 12.4.4 用 *C. versicolor* 重复间歇培养处理含酸性橙溶液的脱色率和漆酶活力

批次		1	2	3	4	5	6	7	8	9
吸光值(480nm)	开始	10.20	9.74	11.74	11.88	9.58	9.32	9.12	13.82	14.10
	结束	0.21	0.18	0.19	0.21	0.20	0.22	0.20	0.29	0.28
脱色率/%		97.9	98.2	98.4	90.2	97.9	97.6	97.8	97.9	98.0
漆酶活力/(U/ml)		2.83	2.92	2.38	2.85	6.95	2.75	4.90	3.24	2.78

表 12.4.5 用 *C. versicolor* 连续培养处理含酸性橙溶液的稀释率和脱色率的关系

稀释率/h^{-1}	0.0056	0.014	0.026
脱色率/%	97.0	70.0	53.0

从以上实验结果可以看出 *C. versicolor* 具有良好的染料脱色效果、稳定的产漆酶能力，在印染废水处理中有广泛的应用前景。

12.4.3 降解含氯有机化合物的微生物

微生物降解有机化合物时，由于有机化合物的结构和元素组成有很大的不同，它们被降解的难易程度也就存在着很大的差异。有机物的不同化学基团在微生物表面不同的部位进行吸附和反应，而且反应往往从有机物分子所含的基团开始。如果以有机物所含的官能团降解的难易程度进行排序，则有：羧基>醛基>酮基>羟基>胺基>卤代基。由此可见含卤素基团的有机化合物是最难被微生物降解的。含卤素的有机化合物因其用途广泛而成为主要的环境污染物之一，而且绝大部分有毒，会引起人类的多种疾病，有些甚至引起癌症。因此研究降解含氯有机化合物的微生物是一项很有意义的工作。

与其他有机化合物相比，含氯有机化合物不易被微生物降解的主要原因是因为氯并不是微生物的必需元素。微生物的主要结构物质，如蛋白质、核酸、多糖及脂类物质中都不需要氯元素，即使细胞需要氯离子，也能够从环境（如水、土壤等）中大量获得，因此细胞中几乎不具备将含氯有机化合物转化为不含氯中间产物的酶系。

最初对含氯有机化合物的降解研究试图采用常规的混合微生物体系，如活性污泥，但往往不能获得满意的效果。后来，人们通过在含有含氯有机化合物的培养基中的富集培养和“驯化”，诱导出降解含氯有机化合物的酶系，获得了可以降解含氯有机化合物的菌株。可以降解含氯有机化合物的主要微生物属于假单胞菌属、分枝杆菌属、甲基单胞菌属、不动杆菌属、亚硝化单胞菌属及生丝微菌属等。上一节介绍的白腐菌也具有降解含氯有机化合物的能力，因此能用于含氯的纸浆漂白废水处理。能降解特定含氯有机化合物的菌株列于表12.4.6。从表中可以看到，通过富集、诱导和“驯化”等方法，可以使许多微生物具有降解含氯有机化合物的能力，但是降解的机理和参与降解的酶系却有很大的差别，有些能产生脱氯酶，有些是通过还原脱氯作用，更多的是各种氧化酶在起作用。

12.4.3.1 氯代烃的降解机理

Vogel将氯代脂肪烃的降解区分为两种机理：①需要外部电子转移体的氧化还原反应；②不需要外部电子转移体的取代和脱氯作用。第一种机理在好氧环境下进行，一般先将氯代

表 12.4.6 降解含氯有机化合物的微生物及其酶系

含氯有机化合物	微生物	酶系
2,2′二氯丙酸	恶臭假单胞菌，根瘤菌属快速生长菌	脱卤酶
2-氯乙醇	假单胞菌	脱卤酶
二氯甲烷	好氧菌DM1，生丝微菌属，兼性甲基营养菌	脱卤酶为谷胱甘肽诱导酶
二氯乙烷	活性污泥体系	—
四氯化碳	活性污泥体系，恶臭假单胞菌	—
氯乙烯	分枝杆菌属	烯烃单氧化酶
反-1,2-二氯乙烯	甲基单胞甲烷菌，甲基球菌	甲烷诱导酶
三氯乙烯	硝化假单胞菌属的氨氧化菌 微生物混合培养 混合培养甲烷氧化菌体系 洋葱假单胞菌 不动杆菌属的好氧菌G4 苯诱导假单胞菌 甲烷营养菌 分枝杆菌属丙烷氧化菌	氨氧化酶 甲烷氧化酶 还原脱氯作用 还原脱氯作用 苯酚或甲苯诱导酶 甲苯双氧化酶 溶解型甲烷单氧化酶 特异性丙烷氧化酶
四氯乙烯	属厌氧菌的芽孢杆菌和脱硫肠状菌，甲烷营养菌	—
氯代苯类	芽孢杆菌，短杆菌，棒杆菌，诺卡菌，毛单胞菌，产碱菌，厚单胞菌等	—
氯酚类	假单胞菌，气单胞菌，黄杆菌，白腐菌	—
氯苯酸类	恶臭假单胞菌，不可闻不动杆菌	—

烃氧化为醇，再进一步氧化为酸或醛，然后自发分解为二氧化碳和水。三氯乙烯通过甲烷营养菌 46-1 菌株在甲烷单氧化酶作用下降解过程的第一步是形成三氯乙烯环氧化合物，然后在水溶液中自发水解为醇，再进一步氧化为二氯乙酸、乙醛酸及甲酸。第二种机理发生在厌氧环境中，如图 12.4.6（a）所示的四氯乙烯在芽孢杆菌作用下逐个进行还原脱氯反应形成乙烯，然后进一步转化为甲烷。在氯代脂肪族化合物中，生物降解的难易次序为：氯代脂肪酸＞氯代脂肪醇＞氯代烷烃或氯代烯烃；同系物中含氯原子越多，越难降解；分子量大的含氯有机化合物比分子量小的难降解；多氯代物，如四氯乙烯和氯仿，只能在厌氧环境中才能被降解。

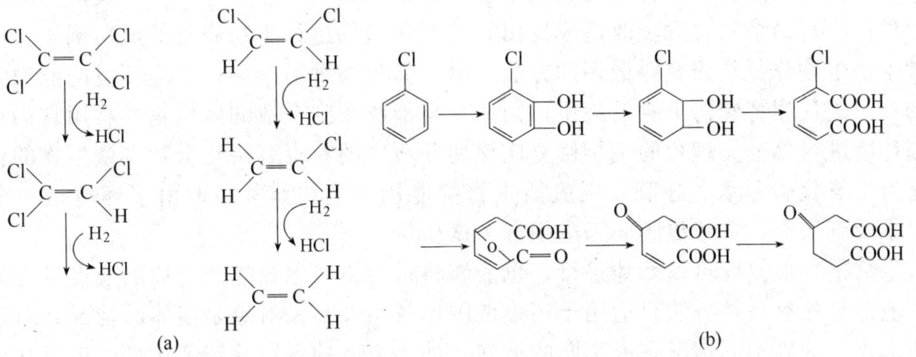

图 12.4.6　氯代烃在厌氧环境中的降解机理

（a）芽孢杆菌在厌氧条件下四氯乙烯被逐次还原脱氯，最终生成甲烷；

（b）氯苯经氧化开环后再发生脱氯反应

氯代芳烃的降解是从苯环先氧化为酚开始的，然后进一步开环并氧化为酸。以后的降解步骤就与脂肪族化合物类似了［图 12.4.6（b）］。

12.4.3.2　微生物共代谢在含氯有机物降解中的作用

微生物的共代谢是指：只有当初级能源物质存在时微生物才能进行有机化合物的生物降解过程。共代谢不但存在于微生物在正常生长代谢过程中对非生长底物的共同氧化，而且也适用于休止细胞（resting cell）对不利用底物的共同氧化。

许多研究结果表明，微生物只有当初级能源物质存在时才能通过其诱导酶系完成氧化脱氯。例如：以甲烷和甲醇作为初级能源物质，甲烷营养菌就能够共代谢三氯乙烯，并检测到了乙醛酸和三氯乙酸等中间代谢产物；某些能分解代谢苯酚或甲苯的微生物也具有共代谢三氯乙烯及二氯乙烯的能力；一种生长在柠檬酸介质中的细菌能降解多氯乙烯等。究其原因，是因为微生物本身不能直接利用含氯有机化合物，因此必须有其他能被微生物代谢的碳源和能源物质时才能生长，并通过它们在氧化过程所产生的能量使含氯有机化合物氧化降解。

在厌氧环境中，还原脱氯是含氯有机物降解的第一步，因此也必须有其他能够被厌氧微生物利用的底物存在时，通过底物的代谢产生还原功使含氯有机物还原脱氯，因此产甲烷条件有利于氯乙烯和氯乙烷的生物转化。许多在好氧条件下难降解的氯代芳烃，如六氯苯及多氯联苯等也可以通过厌氧微生物的共代谢还原脱氯，形成毒性较小、更容易降解的部分脱氯中间产物，而且发现苯环上氯代程度越高，还原脱氯的速度反而越快。

12.5　生物修复

生物修复（bioremediation）是近年来出现的一个新名词。它是指用生物的方法修复被人类长期的生产和生活活动所污染和破坏的局部环境，使之重现生机的过程。这类局部被破坏的环境很多，如：废弃的工厂和军事基地、地下水、加油站附近的土壤、原油泄漏造成的海洋及海滨污染等。这些受到严重污染的地区往往已经不适合于普通生物的生存，因此需要采用特殊的生物和特殊的方法予以处理。常用的生物修复方法有植物生物修复与微生物生物修复两类。

对于受污染的土壤，如果能找到在这种环境中生存的植物，植物根系就能够将污染物逐步分解或积累在植物组织中。这一方法对于受原油及其制品污染的土壤特别有用，已经发现了一些耐油的植物品种，它们的根系能够将污染物分解、转化。有些植物还能在受到重金属严重污染的土壤上生长，并将重金属离子逐步富集到植物的躯干和枝叶。我国对大量的盐碱地采用种植耐盐碱植物，逐步改造成良田，是利用植物进行生物修复的成功例子。

微生物生物修复是研究得最多的方法。由于微生物种类繁多，适应环境的能力强，而且能够诱导产生代谢特殊污染物的酶系，因此总是能够找到合适的微生物并利用它们对被污染的局部环境进行修复。理想的生物修复应该使环境中的有毒有机化合物在微生物的作用下彻底矿化为二氧化碳和水。好氧及厌氧微生物都能用于生物修复，但由于环境是一个开放体系，很难做到厌氧，一般更倾向于应用好氧微生物。

微生物生物修复既可以就地进行，也能够将被污染对象输送到合适的地点进行处理后再返回原地。显然后一种方法只适用于污染范围比较小及污染对象是流体的情况。对于受到污染的土壤，要区别不同情况采取不同的措施。如果土壤的表层受到了污染，可以在土壤的表面喷洒已经培养好的能降解特定污染物的微生物、营养物和水，并加强通风。理想的情况是微生物能够增殖，这样就能够增强生物修复的能力并加快进度。若深层土壤也受到了污染，则要充分利用土壤及地下水中的微生物，添加这些微生物需要的营养物质，增强通风，以强化生物降解过程。也可以采用加水浸泡，将污染物转移到水相，收集含污染物的污水进行处理。地下水的更新周期长达上百年，而且基本不含微生物，一旦地下水受到污染，要清除污染物将是一项十分困难的任务。通常需要将地下水抽到地面进行处理后再回注到地下，一些地区受三氯乙烯污染的地下水就是应用这种方法得以修复的。

应用基因工程的方法获得具有特殊降解能力的微生物并用于生物修复的研究已经受到了广泛的关注，但是从使用基因工程细胞安全性的角度考虑，它们只适用于在密闭系统中应用，目前还不宜用于大规模的现场就地生物修复。

从上面的简单讨论中可以看到，生物修复是一项十分复杂而且昂贵的任务，需要投入很大研究力量和巨额处理经费。另外，在某些情况下，生物修复还需要与其他物理或化学方法结合才能获得满意的效果。

复习思考题

1. 在环境中各种微生物间存在着哪些相互关系？对维持生态系统平衡起着什么作用？
2. 在环境中有许多微生物是不可培养的？怎样对这些微生物开展研究？
3. 好氧微生物群与厌氧微生物群的主要区别及它们在污水处理中的功能？
4. 在活性污泥法处理污水时，为什么会发生污泥膨胀现象？怎样避免污泥膨胀？
5. 在活性污泥法处理污水时，可以采取哪些措施减少剩余污泥量？
6. 举例说明微生物在生物冶金中的应用。
7. 试述硫细菌的分类和特点。
8. 讨论在沼气生产中的微生物群和其相互作用。
9. 什么是生物修复？以我国富营养化湖泊中蓝藻暴发为例说明生物修复的意义。

附录 1　微生物学发展史上相关事件及有关的诺贝尔奖

附录 2　伯杰氏细菌系统分类学手册

附录 3　病毒的分类

该部分内容请登录 www. cip. com. cn 浏览下载。

参考文献

1. 主要参考书籍

1 丁友昉，陈宁．普通微生物遗传学．天津：南开大学出版社，1990

2 王定昌．工业废水生产单细胞蛋白．北京：中国轻工业出版社，1991

3 刘国诠．生物工程下游技术．北京：化学工业出版社，1993

4 刘颐屏．抗生素菌种选育的理论和技术．北京：中国医药科技出版社，1992

5 李靖炎．细菌在生命进化历史中的发生——真核生物的起源．北京：科学出版社，1990

6 汪谦．现代医学实验方法．北京：人民卫生出版社，1993

7 陈诗书，汤雪明．医学细胞与分子生物学．上海：上海医科大学出版社，1995

8 沈自法，唐孝宣．发酵工厂工艺设计．上海：华东理工大学出版社，1994

9 沈同，王镜岩．生物化学（上、下册）．第2版．北京：高等教育出版社，1990

10 吴乃虎．基因工程原理．第2版．北京：科学出版社，2003

11 张克旭．氨基酸发酵工艺学．北京：中国轻工业出版社，1992

12 张伟国．氨基酸生产技术及其应用．北京：中国轻工业出版社，1997

13 张纪忠．微生物分类学．上海：复旦大学出版社，1990

14 张嗣良，李凡超．发酵过程中pH及溶解氧的测量与控制．上海：华东化工学院出版社，1992

15 张惠康．微生物学．(适用于工业发酵专业)．北京：中国轻工业出版社，1992

16 杨歧生．分子生物学基础．杭州：浙江大学出版社，2004

17 杨浩等．工业微生物学基础及其应用．北京：科学出版社，1991

18 郑平，冯孝善．废物生物处理理论和技术．杭州：浙江教育出版社，1997

19 郑善良，胡宝龙，盛宗斗等．微生物学基础．北京：化学工业出版社，1992

20 周德庆．微生物学教程．北京：高等教育出版社，1993

21 俞俊棠，唐孝宣．生物工艺学．(上、下册)．上海：华东化工学院出版社，1992

22 崔涛．细菌遗传学．合肥：中国科学技术大学出版社，1991

23 焦瑞身，丁正民，周德庆，李碧城．今日的微生物学．上海：复旦大学出版社，1990

24 焦瑞身等．生物工程概论．北京：化学工业出版社，1991

25 无锡轻工业学院．微生物学．第2版．北京：中国轻工业出版社，1990

26 王雅贤．微生物学与免疫学．北京：清华大学出版社，2004

27 杨革．微生物学实验教程．北京：科学出版社，2004

28 曹军卫，马辉文．微生物工程．北京：科学出版社，2002

29 杨苏声，周俊初．微生物生物学．北京：科学出版社，2004

30 施巧琴，吴松刚．工业微生物育种学．北京：科学出版社，2003

31 周德庆，微生物学教程，第2版．北京：高等教育出版社，2002

32 黄秀梨．微生物学，第2版．北京：高等教育出版社，2003

33 闵航．微生物学．杭州：浙江大学出版社，2005

34 岑沛霖．生物工程导论．北京：化学工业出版社，2004

35 岑沛霖，关怡新，林建平．生物反应工程．北京：高等教育出版社，2005

36 施莱杰．普通微生物学．陆卫平，周德庆，郭杰炎译．上海：复旦大学出版社，1990

37 杰奎琳·布莱克．微生物学：原理与探索，第六版，蔡谨主译．北京：化学工业出版社，2008

38 Anthony，Griffiths J F Jeffrey Miller H David and Suzuki T. An Introduction to Genetic Analysis. New York：W H Freeman and Company，1993

39 Crueger W，Crueger A. A Textbook of Industrial Microbiology. 2nd Ed.，Madison：Science Tech，Inc.，1990

40 Eugene W，Nester E W，Evans R，Nester M T. Microbiology. New York：Wm. C. Brown Publishers 1995

41 Eugene W. Nester. Microbiology：a human perspective，4th ed. New York：McGraw-Hill，2004

42 Fiechter A Ed. Advances in Biochemical Engineering/Biotechnology，Vol. 1～65，Berlin：Springer-Verlag，1975～1999

43 Finkelstein B S，Ball C Eds. Biotechnology of filamentous fungi. London：Butterworths，1992

44 Tortora G J，Funke B R，Case C L. Microbiology An Introduction. 4th Ed，1992

45 Jacquelyn G. Black. Microbiology：Principles and Explorations，6th Edition. New York：John Wiley & Sons，2005

46 Lancini G C，Lorenzetti G. Biotechnology of antibiotics and other bioavtive metabolites. New York：Plenum Press，1993

47 Lee J M. Biochemical Engineering. Englewood Cliffs: Prentice Hall Inc, 1992

48 Martinko, John M., Parker, Jack. Brock biology of microorganisms, 10th ed. Englewood Cliffs: Prentice Hall/Pearson Education, 2003

49 National Institutes of Health. Guidelines for Research Involving Recombinant DNA Molecules. Federal Register 51 (May 7) 16958, 1987

50 National Academy of Science. Putting biotechnology to work—Bioprocess engineering, Washington DC: National Academy Press, 1992

51 Nichlin J Graeme-Cook K Paget T. Instant Notes in Microbiology, BIOS Scientific Publishers, 1999

52 Postlethwait J H, Hopson J L, Veres R C. Biology-Bringing Science to Life. New York: McGraw-hill, 1991

53 Prescott, Harley, Klein. Microbiology, 5th ed. New York: The McGraw-Hill Companies, 2002

54 Shuler M L, Kargi F. Bioprocees Engineering. Englewood Cliffs: Prentice Hall, 1992

55 Talaro, Kathleen P. Foundations in microbiology. New York: McGraw-Hill Higher Education, 2005

56 Turner P C, McLennan A G, Bates A D, White M R H. Instant Notes in Molecular Biology. BIOS Scientific Publishers, 1997

2. 与工业微生物有关的主要中文期刊

中国科学
中国抗生素杂志
中国激光工业
中国环境科学
中国医药工业杂志
中国生物医学工程学报
中国医学科学院学报
中国酿造
中国调味品
中国药科大学学报
中国病毒学
中国药理学报
中国药学杂志
中华医学杂志
中华微生物学和免疫学杂志
自然科学进展
科学通报
生物化学与生物物理学报
生物学通报
生物化学杂志
生物化学与生物物理进展
生物工程进展
生物技术通报
生命的化学
生物技术科学通报
生物化学杂志
生物工程学报
生物数学学报
生物物理学报
遗传学报
药学学报
中国药理学报
实验生物学报
细胞生物学杂志
微生物学通报
微生物学报
真菌学报（菌物系统）
病毒学报
化工学报
化工进展
高校化工学报
化学反应工程与工艺
食品科学
食品与发酵工业
环境科学
环境科学学报
环境科学与技术
环境工程
环境科学研究
水处理技术
环境污染和防止

3. 与工业微生物有关的主要外文期刊

Acta Biotechnology
Advances in Biological Engineering
Advances in Biochemical Engineering
Agricultural Biological Chemistry
Amino Acid and Nucleic Acid
Annual Review of Microbiology
Applied Microbiology and Biotechnology
Applied Biochemistry and Biotechnology
Applied Environmental Microbiology
Bacteriology Review
Biochemistry
Biochemistry and biophysics Acta
Bioprocess Biochemistry
Bioresources Technology
Biotechnology Technique
Bioprocess Engineering
Biological Industry
Cell
Development in Industrial Microbiology
Enzyme Microbiology and Technology
FEMS Microbiology Letter
Folia Microbiology
Food Technology
Genetics
Hindustan Antibiotics
Journal of Bacterialogy
Journal of biological Chemistry
Journal of Bioseience
Journal of Chemical Technology and Biotechnology
Journal of Fermentation Bioengineering
Journal of Food Science
Journal of General Applied Microbiology
Journal of General Virology
Journal of Virology

Biotechnology and Bioengineering
Bioteknologiya
Biotechnology Progress
Biotechnology letter
Biotechnology and Applied Biochemistry
Bio/Technology
Chinese Journal of Chemical Engineering
Chinese Journal of Biotechnology
Canada Journal of Microbiology
Journal of Theoretical Biology
Methods in Enzymology
Microbiology (USSR)
Microbial Technology
Progress in Industrial Microbiology
Science
Trends in Biotechnology
Water Research
World Journal of Microbiology and Biotechnology